Seite 11 Mengen, Relationen und Funktionen 1

Seite 78 Zahlen, Rechenregeln und Algebraische Strukturen 2

Seite 128 Darstellung von Zahlen 3

Seite 152 In die Praxis fertig los – Größen und ihre Darstellung 4

Seite 169 Die wichtigsten Werkzeuge der Praxis 5

Seite 219 Maße für die Welt 6

Seite 272 Reelle Funktionen 7

Seite 421 Vektoren und Vektorräume 8

Seite 527 Komplexe Zahlen 9

Frank Paech

Mathematik – anschaulich und unterhaltsam

Frank Paech

Mathematik – anschaulich und unterhaltsam

Mit 311 Bildern, 52 Tabellen und zahlreichen Illustrationen

Fachbuchverlag Leipzig
im Carl Hanser Verlag

Dr. rer. nat. Frank Paech
Husum
www.dr-paech.de

Bibliografische Information der Deutschen Nationalbibliothek

Die Deutsche Nationalbibliothek verzeichnet diese Publikation in der Deutschen Nationalbibliografie; detaillierte bibliografische Daten sind im Internet über http://dnb.d-nb.de abrufbar.

ISBN 978-3-446-42123-3

Fachbuchverlag Leipzig im Carl Hanser Verlag

Internet: http://www.hanser.de

Lektorat: Christine Fritzsch
Herstellung: Renate Roßbach
Satz: Frank Paech, Husum
Layout: Medienprofis GmbH, Leipzig
Druck und Binden: Firmengruppe APPL, aprinta druck, Wemding

Printed in Germany

Vorwort

Sie haben, liebe Leserin und lieber Leser, das Vorwort doch nicht überschlagen. Das gibt mir die Gelegenheit, Sie zu Beginn ein bisschen auf dieses Lehrbuch einzustimmen.

Sicherlich haben Sie das Buch schon einmal durchgeblättert und sich über die vielen bunten Zeichnungen gewundert. Vielleicht sind Sie aufgrund dessen auf die Idee gekommen, es handele sich hier um leicht lesbaren Stoff, den man schnell einmal in der S-Bahn oder im Strandbad durcharbeiten kann. Leider muss gesagt werden, dass das bei dem „Brotfach" Mathematik nicht immer möglich ist. Auch dieses Buch enthält Abschnitte, die konzentriert durchgearbeitet werden müssen. Die Illustrationen sollen Ihnen helfen, sich bei der nicht immer einfachen Arbeit eine humorvolle Distanz zu bewahren.

Nicht für alle Kapitel als Arbeitsort empfehlenswert!

Ich bin sicher, Ihnen mithilfe dieses Lehrbuches ein gutes Fundament in anwendungsorientierter Mathematik vermitteln zu können, denn ein Großteil der Kapitel mitsamt den zugehörigen „Bildern" sind Weiterentwicklungen meiner langjährig erprobten Unterrichtskonzepte an der Theodor-Storm-Schule Husum. Beim Schreiben dieses Buches hatte ich keine anonyme Leserschaft vor Augen, sondern mir vertraute Schülerinnen und Schüler mit all ihren speziellen Fragen und Schwierigkeiten. Das traurig dreinblickende Nasenmonster diente im Schulunterricht auf Tafelbildern und Arbeitsbögen als „Identifikationsfigur". Es musste Vorder-, Seiten- und Draufsicht geometrischer Figuren anzeigen, musste an elektrische Weidezäune fassen, durfte Rennwagen steuern oder musste sich abquälen, Berghänge zu erklimmen. Die Benutzung dieser Figuren in diesem Lehrbuch ist eine Reminiszenz an meine ehemaligen Schüler – Sie werden mir das sicher nachsehen.

Die anwendungsorientierte Mathematik ist ein unabdingbares Werkzeug für natur- und ingenieurwissenschaftliche Fachrichtungen!

Auch Ihr Begleiter – eine Identifikationsfigur für Blickrichtungen, Merksätze und Gedankenexperimente:

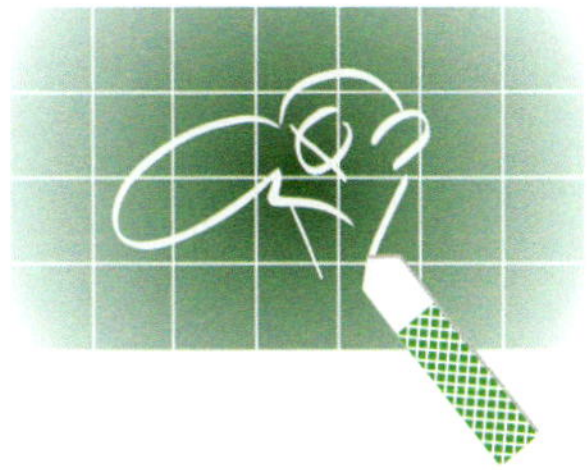

Letzten Endes bleiben Sie aber doch ganz persönlich gefordert, liebe Leserin und lieber Leser. Jeder hat zwangsläufig eine andere Wissensbasis und muss den Lehrstoff auf seine spezielle Weise darin verankern. Dafür gibt es, auch wenn einige das behaupten, keine allgemeingültigen Rezepte.

Dank und Respekt gebührt der Arbeit des Verlages unter dem Lektorat von Frau Christine Fritzsch und der Herstellung von Frau Renate Roßbach. Es ist schon ein beträchtlicher Weg vom Manuskript bis zum fertigen Buch zu bewältigen.

Ich wünsche Ihnen viel Geduld beim Durcharbeiten dieses Buches. Lohn wird Ihnen gewiss sein: Sie werden über umfangreiches Rüstzeug für Ihre künftigen natur- und ingenieurwissenschaftlichen Studien verfügen.

Husum im Januar 2010 Frank Paech

Was Sie zu Beginn unbedingt noch wissen sollten ...

Ein nützliches Korsett: DIN

Eine unnötig hohe Anfangshürde für den Einsteiger sind die vielen unterschiedlichen Schreibweisen in der Mathematik. Jeder Professor bevorzugt seine eigene Nomenklatur. Was aus der Sicht eines Fortgeschrittenen kein Problem (mehr) darstellt, ist ein Graus für den Anfänger. Deshalb widmet sich ein Teil des Buches diesem Nomenklaturproblem und versucht, Sie gegen das Verwirrspiel zu wappnen. Die Schreibweisen in diesem Buch wurden überwiegend mit dem DIN-Taschenbuch 202 (Beuth) abgeglichen. Die folgenden Schreibkonventionen sind von so fundamentaler Bedeutung, dass sie bereits hier im Vorspann herausgestellt werden müssen.

Kursiv und nicht kursiv geschriebene Zeichen unterscheiden sich in der Regel in ihrer Bedeutung beträchtlich!

- Zeichen, deren Bezeichnung frei wählbar sind, werden kursiv geschrieben. Hier dürfen Sie nicht rätseln: „Warum heißt das nur so?" Die Wahl der Bezeichnungen liegt im Ermessen des Verfassers. Natürlich sollten die Zeichen vernünftigerweise so gewählt sein, dass ein Leser Rückschlüsse auf deren Bedeutung ziehen kann. Nicht ganz in diese Vorschrift passen die physikalisch-technischen Formelzeichen. Die werden zwar auch kursiv geschrieben – es gibt jedoch Normen und Konventionen, die zu berücksichtigen sind.
- Zeichen mit feststehender Bedeutung werden **nicht** kursiv geschrieben! Dazu gehören neben den Zahlen, Einheiten, Präfixe, Infixe, Postfixe – die Namen spezieller Funktionen.
- Abweichend von den vorherigen Konventionen wird die kursive Darstellung auch für Hervorhebungen von Fachvokabeln sowie für Formel-, Bild-, Merksatz- und Tabellenverweise benutzt.

(*s. 7.12.4*)
Formelverweis

Gleichheitszeichen treten in unterschiedlicher Bedeutung auf!

- Das Gleichheitszeichen wird so verwendet, wie Sie es gewohnt sind. Wenn etwas nicht nur gleich, sondern durchgängig gleich ist, verwendet man drei horizontale Striche ($\equiv$). Statt „ist gleich" sagt man dann „ist identisch".
- Das Gleichheitszeichen wird ebenfalls für Definitionen und Zuweisungen verwendet. In den Fällen stellt sich nicht mehr die Frage: „Weshalb ist das links und rechts vom Gleichheitszeichen Stehende gleich?" Die Frage lautet jetzt: „Ist die Zuweisung oder Definition sinnvoll oder ist sie möglicherweise unsinnig?" Wer etwas definiert, muss für seine Definitionen geradestehen! Um ein Definitions- bzw. Zuweisungszeichen von dem normalen Relationszeichen (=) unterscheiden zu können, kann man optional hinter das Gleichheitszeichen ein tief gestelltes „def" schreiben. Es gibt aber auch andere Schreibweisen. In diesem Buch wurde die computerfreundliche Alternative benutzt: Man

setzt einen Doppelpunkt **vor** das Gleichheitszeichen. Die Schreibweise ist insofern angenehm, weil sie keinerlei Hoch- oder Tiefstellungen und auch keine Sonderzeichen erfordert.

Punkt-vor-Strich-Konvention

Der „Malpunkt" ist ein wunderbares Trennzeichen.

- Mit dieser Konvention wird die Anzahl der Klammern reduziert. Wegen des Vorranges der „Punktrechnung" kann man auf den „Malpunkt" verzichten. Andererseits ist ein „Malpunkt" ein wunderbares Trennzeichen und verbessert die Lesbarkeit von Formeln. Aus diesem Grund sind hier Formeln vielfach mit Malpunkten ausgestattet, obwohl sie eigentlich überflüssig sind. Lassen Sie beim handschriftlichen Notieren derartiger Formeln, so wie Sie es gewohnt sind, „Malpunkte" getrost fort!

Einige Anmerkungen sind noch zur (unkonventionellen) Auswahl der Kapitel und zu den Formelobjekten dieses Buches erforderlich.

Unkonventionelle Kapitelfolge

Differenzial- und Integralrechnung sind auf mehrere Kapitel verteilt.

- Die Differenzial- und Integralrechnung wurde anders als sonst üblich auf mehrere Kapitel verteilt. Hier hat Anwendungsbezogenheit Priorität. Um sinnvolle Beispiele verwenden zu können, mussten Kapitel zwischengeschoben werden.
- Für die einfachen Beispiele im ersten Kapitel reichen rudimentäre Schulkenntnisse völlig aus. Was darüber hinaus geht, wird in späteren Kapiteln ausführlich vertieft.
- Trotz der enormen Bedeutung wurden hier keine Kapitel über Geometrie und Wahrscheinlichkeitsrechnung aufgenommen. Geometrie wird im Allgemeinen in der Schule recht gut verstanden (Ausnahme: Beweise). Sollte Ihnen hier etwas entfallen sein, können Sie das leicht in jeder beliebigen Formelsammlung nachschlagen. Mit der Wahrscheinlichkeitsrechnung ist es umgekehrt. Die ist aus gutem Grund in der Schule unbeliebt. Für die Auswertung von Messreihen in den Praktika reichen aber zunächst die in den Formelsammlungen aufgeführten „Rezepte".

Eine konventionelle Formelsammlung reicht (zunächst).

Allgemeinbildende Schule – ein Tanz auf vielen Hochzeiten. Ein roter Faden ist schwer zu legen.

Zum Schluss eine beruhigende Anmerkung. Sie können mit Sicherheit (viel) mehr als Sie denken. Sie haben in der Schule an die hundert Klassenarbeiten und Tests in den Fächern Mathematik und Physik hinter sich gebracht. Das, was Sie dafür gelernt haben, kann nicht vollständig „gelöscht" sein! Was fehlt ist im Allgemeinen der verbindende rote Faden; und daran werden wir in diesem Buch arbeiten …

… und woran erkennen Sie Ihren Lernfortschritt?

Die absolute Spitze: Sie können einer interessierten Person die Formel erklären!

- Es geht in diesem Buch um Lernen durch Verstehen und nicht darum, Formeln auswendig herbeten zu können. Die Formelobjekte dienen im Grunde „nur" dazu, Sachverhalte kompakt darzustellen. Also „Buch zuklappen und Formel aus dem Kopf wiederholen" ist nicht erforderlich. Wenn Sie aber ein Formelobjekt vor sich haben und erkennen, was damit ausgesagt wird, sind Sie am Ziel. Dass Sie einen Grundstock an wichtigen Formeln auswendig beherrschen, stellt sich nach einer gewissen Zeit automatisch ein – die vielen Wiederholungen bringen das mit sich.

Inhalt

1 Mengen, Relationen und Funktionen 11

1.1 Mengen . . . 11
1.2 Variable – Virtuelle Speicherplätze . . . 14
1.3 Aussagen, Formeln und Lösungsmengen . . . 17
1.4 Noch einmal Mengen . . . 20
1.5 Beziehungskisten – Relationen . . . 23
1.6 Graphen sind keine Grafen . . . 28
1.7 Funktionen . . . 32
1.8 Umkehrfunktionen I . . . 35
1.9 Explizite Darstellung von Funktionen . . . 37
1.10 Abbildungen sind auch Funktionen . . . 43
1.11 Auch Verknüpfungen sind Funktionen . . . 46
1.12 Aus Zwei mach Eins – ein Ausflug in die mathematische Logik . . . 50
1.13 Wenn dann und genau dann, wenn . . . 56
1.14 Dienstbare Geister auf Rechnern – Funktionsunterprogramme . . . 61
1.15 Verknüpfungen von Mengen . . . 67
1.16 Unterwegs auf dem Zahlenstrahl – Intervalle . . . 70
1.17 Quantoren – oder wie viel darf es denn sein? . . . 73

2 Zahlen, Rechenregeln und Algebraische Strukturen 78

2.1 Abzählprinzipien – Addition . . . 78
2.2 Abzählprinzipien – Multiplizieren . . . 82
2.3 Abzählprinzipien – Multiplizieren und Addieren . . . 84
2.4 Ganze Zahlen . . . 87
2.5 Ganze Zahlen kann man auch multiplizieren . . . 90
2.6 Subtraktionen gibt es auch noch . . . 92
2.7 Die Likedeeler und das Teilen – Rationale Zahlen . . . 98
2.8 Gruppen, Ringe und Körper . . . 102
2.9 Bruchrechnung – der Schrecken von Klasse 6 . . . 105
2.10 Potenzen . . . 115
2.11 Tante Sally erweitert Punkt-vor-Strich . . . 121
2.12 Binomische Formeln . . . 123

3 Darstellung von Zahlen 128

3.1 Stellenwertsysteme ... 128
3.2 Dezimalbrüche ... 132
3.3 Periodische Dezimalbrüche ... 136
3.4 Keine Angst vor unendlichen Summen ... 140
3.5 Reelle Zahlen ... 144
3.6 Irrationalzahlen in der Praxis ... 150

4 In die Praxis fertig los – Größen und ihre Darstellung 152

4.1 Größen ... 152
4.2 Gleitkommazahlen ... 160
4.3 Präfixe – Vorsatzzeichen ... 165

5 Die wichtigsten Werkzeuge der Praxis 169

5.1 Ebene Winkel – mehr dahinter, als man denkt ... 169
5.2 Grafische Darstellung in Koordinatensystemen ... 181
5.3 Proportionalitäten und Lineare Funktionen ... 187
5.4 Der Differenzenquotient ... 194
5.5 Der Differenzialquotient ... 198
5.6 Ableitungsfunktionen ... 201
5.7 Von Stammfunktionen und Integralen ... 210
5.8 Bestimmte Integrale ... 216

6 Maße für die Welt 219

6.1 Das Meter ... 219
6.2 Sekunde und Meter pro Sekunde ... 225
6.3 Von numerischer Integration und bestimmten Integralen ... 234
6.4 Der Fundamentalsatz der Differenzial- und Integralrechnung ... 240
6.5 Das Integral als Flächeninhalt ... 245
6.6 Masse, Gewicht und Stoffmenge ... 248
6.7 Die Krafteinheit Newton ... 257
6.8 Watt und Joule ... 262
6.9 Antiproportional versus Proportional ... 266

7 Reelle Funktionen 272

7.1 Umkehrfunktionen einstelliger reeller Funktionen ... 272
7.2 Quadratische Funktionen und Wurzeln ... 278
7.3 Potenzfunktionen ... 285
7.4 Ganzrationale Funktionen ... 296
7.5 Rationale Funktionen ... 303
7.6 Winkelfunktionen ... 307
7.7 Tangens gibt es auch noch ... 315
7.8 Anwendung der Winkelfunktionen auf Dreiecke ... 319
7.9 Additionstheoreme ... 324

7.10 Miniwinkel 328
7.11 Ableitungen der Winkelfunktionen 331
7.12 Koordinatentransformationen 333
7.13 Noch mehr Koordinatentransformationen 337
7.14 Schwingungen 345
7.15 Die Schwingungsdifferenzialgleichung 352
7.16 Die Taylorreihe 355
7.17 Zweite Ableitung und Krümmung 361
7.18 Berg und Tal 365
7.19 Singularitäten 373
7.20 Lawinenartiges Wachstum oder die Exponentialfunktion 379
7.21 Exponentielle Zerfalls- und Abklingprozesse 387
7.22 Der Logarithmus 390
7.23 Andere Basen gibt es auch 397
7.24 Produktintegration und Substitutionsregel 403
7.25 Logarithmische Skalierungen 412

8 Vektoren und Vektorräume 421

8.1 Translationen 421
8.2 Verknüpfung Nr. 1 424
8.3 Noch eine Verknüpfung 427
8.4 Linearkombination, Basis und Dimension 431
8.5 Koordinatenvektoren 440
8.6 Das skalare Produkt 444
8.7 Vektorfelder 457
8.8 Das Kreuzprodukt 473
8.9 Vektorgleichungen und lineare Gleichungssysteme 482
8.10 Der Gaußsche Algorithmus 495
8.11 Matrizengymnastik 499
8.12 Höherdimensionale Vektorräume 517

9 Komplexe Zahlen 527

9.1 Zahlen mit zwei Komponenten? 527
9.2 Mit komplexen Zahlen rechnen 531
9.3 Polarkoordinaten 536
9.4 Funktionen im Komplexen 543
9.5 Komplexe Wurzeln 548
9.6 Berechnung von Stromkreisen mithilfe der komplexen Zahlen 553
9.7 Lineare Differenzialgleichungen mit konstanten Koeffizienten 571

Anhang 585

Ergänzende Hinweise 585
Sachwortverzeichnis 587

Mengen, Relationen und Funktionen

1.

Angewandte Mathematik und Mengenlehre – passt das zusammen? Die Antwort ist unbedingt ja! Die Mengenlehre und die Logik liefern der Wissenschaft und der Technik die grundlegenden Zeichen und Begriffe. Diese sind für die fachliche Kommunikation unentbehrlich. Sie müssen deshalb hier Ihr bisheriges mathematisches Begriffssystem überprüfen und gegebenenfalls korrigieren.

1.1 Mengen

In der Mathematik „rechnet" man entgegen der landläufigen Meinung eben nicht nur mit Zahlen, sondern auch mit anderen „Objekten". Aus diesem Grunde müssen wir uns mit den so genannten *Mengen* befassen. Der Begriff Menge, so wie er in der Mathematik gebräuchlich ist, weicht beträchtlich von der umgangssprachlichen „Menge" ab. Nehmen wir ein Beispiel, das zwar nicht die Notwendigkeit des Mengenbegriffs demonstriert, aber zumindest den Unterschied der mathematischen Menge vom umgangssprachlichen Mengenbegriff aufzeigt. *Bild 1.1.1* zeigt eine Schublade mit Wälzlagern, die für die Montage einer bestimmten Baugruppe – nennen wir sie B_1 – erforderlich sind. Um Ordnung halten zu können, bekommt die Schublade eine Beschriftung: B_1.

Der „mathematische" und der umgangssprachliche Mengenbegriff weichen beträchtlich voneinander ab!

Bild 1.1.1
Schublade mit Wälzlagern

Man hat somit eine „Menge" von Objekten zusammengefasst und dieser Menge eine Bezeichnung zugewiesen. Diese Objekte sind eindeutig definiert, es müssen Wälzlager für die Montage von B_1 sein. Das ist bei einer mathematischen Menge genauso. *Tabelle 1.1.1* zeigt die Wälzlager, die für eine Baugruppe B_1 erforderlich sind. Man beachte, einige Rillenkugellager werden paarweise benötigt.

Tabelle 1.1.1
Wälzlager mit Kurzbezeichnungen

Stck.	Bezeichnung	Kurzzeichen
1	Schrägkugellager	3208
1	Zylinderrollenlager	NUP208
2	Rillenkugellager	6408
2	Rillenkugellager	6212
1	Rillenkugellager	6206
1	Rillenkugellager	6005

Eine „mathematische" Menge ist mit einem Katalog vergleichbar.

Sinnvollerweise enthält die Schublade mehrere Sätze dieser Kugellager. Da es sich um fabrikneue Qualitäts-Bauelemente handelt, enthält die Schublade schon wegen der Rillenkugellagerpärchen mehrere **ununterscheidbare** Objekte. Genau das ist bei einer mathematischen Menge anders. Sie ist sozusagen ein **Katalog** des Schubladeninhalts. Von jedem Typ wird lediglich **ein** Muster aufgeführt. Beachten Sie dazu Folgendes!

Merksatz 1.1.1

Merke:
Eine Menge ist eine Zusammenfassung unterscheidbarer Objekte, genannt Elemente. Die Zugehörigkeit der Objekte zur Menge muss durch eine eindeutige Definition geklärt sein. Die Anzahl der Elemente heißt Mächtigkeit der Menge.

Unsere „Wälzlagermenge" schrumpft dann, unabhängig davon, wie viele Wälzlager die Schublade enthält, auf sechs Elemente zusammen.

(1.1.1)
$$B_1 = \{3208,\ \text{NUP208},\ 6408,\ 6212,\ 6206,\ 6005\} \qquad |B_1| = 6$$

Für die Bezeichnung der Elemente wurden hier die üblichen Kurzzeichen für Wälzlager verwendet. Man führt die Elemente der Menge einfach innerhalb geschweifter Klammern auf und trennt sie mit Kommas.

Merksatz 1.1.2

Achtung Kommakonvention!
Die Verwendung des Kommas als Aufzählungszeichen birgt die Gefahr, es mit dem Dezimalkomma zu verwechseln! Ein Dezimalkomma ist **eindeutig** daran zu erkennen, dass **weder davor noch danach** ein Leerzeichen steht. Ein Komma wird erst zum Aufzählungszeichen, wenn ihm ein Leerzeichen folgt. Bei Benennungskonflikten verwendet man ein Semikolon als „Notaufzählungszeichen".

z. B.:
- Dezimalkomma: 587,314
- Aufzählungszeichen: 587, 314
- Benennungskonflikt: ~~587,314, 37,63~~ 587,314; 37,63 (mit Semikolon!)

Die Reihenfolge der Elemente ist beliebig.

Die Reihenfolge der Elemente spielt keine Rolle! Für die frei wählbare Bezeichnung der Menge, hier B_1, nimmt man meist Großbuchstaben, und versieht sie eventuell noch mit einem Index. In *(1.1.1)* wurde auch noch die Mächtigkeit der Menge vermerkt. Dazu setzt man die Mengenbezeichnung einfach in so genannte Betragsstriche. Ein Sonderfall ist die scheinbar sinnlose Menge, die nichts enthält – die *„Leere Menge"*. Man schreibt sie entweder als Pärchen aus geschweiften Klammern „{}“ oder benutzt das Zeichen „∅“ für leere Mengen. Weder die Elemente einer mathematischen Menge noch ein Behältnis dafür müssen physisch vorhanden sein. Es sind sozusagen virtuelle Objekte in einem virtuellen Behälter. Eine Menge kann daher ohne Weiteres unendlich viele Elemente enthalten – man spricht von einer unendlichen Menge.

Sonderfall, aber nicht sinnlos: die leere Menge

Mengen dürfen unendlich viele Elemente enthalten.

Hat man ein Objekt und stellt fest, dass es die Zugehörigkeitsmerkmale einer bestimmten Menge hat, verwendet man das Zeichen „∈“. In (*1.1.2*) steht, dass das Wälzlager NUP208 zur Baugruppe B_1 gehört. Ausführlich sagt man „NUP208 ist Element von B_1“.

$$\text{NUP208} \in B_1 \tag{1.1.2}$$

Sie dürfen auch kurz sagen „NUP208 ist aus B_1“. Die Forke ohne Stiel (∈) bedeutet also „… ist Element von …“. Durchgestrichen, also „∉“, bedeutet es „… ist nicht Element von …“.

Eine Forke ohne Stiel?

Die Lager mit der Anfangskennziffer 6 sind so genannte Rillenkugellager, der Fachbegriff für ganz „normale“ Kugellager. Fasst man die Rillenkugellager zu einer Menge R_1 zusammen, dann ist jedes Element dieser Menge auch Element von B_1. Man sagt: R_1 ist eine *Teilmenge* von B_1 bzw. B_1 ist *Obermenge* von R_1 und schreibt dies wie folgt:

$$R_1 \subset B_1 \quad \text{bzw.} \quad B_1 \supset R_1 \quad \text{oder} \quad R_1 \subseteq B_1 \quad \text{bzw.} \quad B_1 \supseteq R_1 \tag{1.1.3}$$

Der Teilmengenbegriff schließt die Gleichheit mit ein, denn jede Menge ist natürlich Teilmenge von sich selbst. Beide Zeichen haben (leider) dieselbe Bedeutung und geben keinen Hinweis darauf, ob es sich um eine echte Teilmenge handelt oder um eine Gleichheit. Schreiben Sie unter das Teilmengenzeichen (⊂) ein Ungleichzeichen (≠), wenn Sie unbedingt auf eine echte Teilmenge hinweisen wollen!

Echte und unechte Teilmengen

Der Name unserer Baugruppe B_1 signalisiert, dass es noch ähnliche Baugruppen nur mit anderen Dimensionen gibt. Dann ist die Menge B_1 Teilmenge der Wälzlagertypen aller Baugruppen der B-Serie, d. h. $B_1 \subset B_S$.

Bild 1.1.2
B_1 als Teilmenge von B_s

In *Bild 1.1.2* sind die verpackten Wälzlager der B-Serie ausgebreitet. B_1 ist eine Teilmenge davon. Sie wurde blau unterlegt und illustriert so die Teilmengenbeziehung.

1.2 Variable - Virtuelle Speicherplätze

Betrachten Sie einmal die folgende einfache Zeile (*1.2.1*) sowie die Ausführungen im *Merksatz 1.2.1*!

(1.2.1)

$$x \in B_1$$

So etwas Ähnliches haben wir schon in (*1.1.3*) gesehen, aber anstelle eines konkreten Wälzlagers bzw. dessen Kurzzeichen steht hier nur der Buchstabe „x". In unserem Beispiel müsste das heißen: „x ist irgendein Wälzlager aus der Baugruppe B_1".

Merksatz 1.2.1

Merke:
Allgemein bedeutet $x \in M$, dass x für irgendein Element der Menge M steht, und muss deshalb auch genau wie ein konkretes Element dieser Menge behandelt werden. x nennt man eine (freie) Variable (manchmal auch Platzhalter, Unbekannte, Veränderliche). Der Variablenname ist (fast) frei wählbar. In der Regel werden kleine Buchstaben, eventuell mit Indizes versehen, verwendet.

Ein Computerprogramm ist eine Abfolge von Anweisungen.

Ein kleiner Ausflug in die (angewandte) Informatik gefällig?

Programmiersprachen ermöglichen eine experimentelle Mathematik.

In der angewandten Informatik ist der Begriff Variable so fundamental, dass es sinnvoll ist, sich einmal anzusehen, wie er dort gehandhabt wird. Es ist nicht einmal erforderlich, über Programmierkenntnisse zu verfügen, man muss nur wissen, dass ein (Computer-) Programm aus einer Abfolge von Anweisungen besteht. Nun braucht es dienstbare Geister, die diese Anweisungen ausführen. Diese dienstbaren Geister gibt es tatsächlich, sie befinden sich auf der Hauptplatine jedes Computers. Allerdings stellen sich unüberwindliche Kommunikationsprobleme in den Weg. Sie verstehen nur vage, wie ein Rechner aufgebaut ist und wie er funktioniert und Ihr Rechner versteht (umgangssprachliche) Anweisungen überhaupt nicht. Hier gibt es wieder die gute und die schlechte Nachricht. Die gute: Es gibt Programme, die eine Brücke schlagen. Sie übersetzen Ihre Anweisungen in einen Maschinen-Code, den der Rechner versteht. Solche Programme heißen, je nach Arbeitsweise, Compiler oder Interpreter. Die schlechte Nachricht: Es gibt keinen Compiler bzw. Interpreter, der umgangssprachliche Anweisungen übersetzen kann. Der Compiler fordert gnadenlos fehlerfreie Anweisungen in einer speziellen (Programmier-) Sprache. Aber keine Angst, viele Sprachelemente einer Programmiersprache sind der Mathematik entlehnt und somit ohne Weiteres nachvollziehbar. Gratis dazu bekommt man ein mächtiges Experimentiergerät, das es ermöglicht, auch ohne mathematische Höchstbegabung, Probleme der (angewandten) Mathematik zu verstehen. Wir werden in diesem Buch davon Gebrauch machen. Die Programmiersprache, auf die sich im Folgenden alle Beispiele beziehen, heißt *Visual Basic* (abgekürzt VB).

Kehren wir zu den Variablen zurück! Etwas Vergleichbares zu (*1.2.1*) gibt es in VB auch – nur heißt das dann *Variablendeklaration* und könnte so wie in (*1.2.2*) aussehen.

$$\text{Public } x \text{ As String} \qquad (1.2.2)$$

Hier geht es in den Speicher eines Rechners.

Unsere Elemente von B_1 werden durch Buchstaben und Ziffern beschrieben – also muss unsere Variable dem Rechner als Zeichenkette (engl.: string) zugänglich gemacht werden. Man ahnt es schon, in der Variablendeklaration steht „As" für „∈" und „String" für eine (hier Zeichenketten-) Menge mit dem Namen „String" (nicht für B_1!). Dieses ist bereits eine Anweisung! Sie bewirkt, dass im Hauptspeicher (RAM) des Rechners ein Platz für eine Zeichenkette reserviert wird. Die Adressen im Hauptspeicher muss man nicht kennen, das nimmt uns der Compiler ab. Wir brauchen uns nur einen Namen für die Variable auszudenken und der Compiler ordnet diesem Namen eine Speicheradresse zu. Häuser in Ferienorten haben oft neben einer Hausnummer einen Namen (z. B. Haus Klabautermann) und sind dann auch unter dem Hausnamen erreichbar. Genau verhält es sich mit dem reservierten Speicherplatz. Der Name ist (fast) frei wählbar (er muss mit einem Buchstaben beginnen) und darf max. 255 Zeichen enthalten (nur auf einige Sonderzeichen muss man verzichten). In einem normalen Programm hat man es in der Regel mit vielen verschiedenen Variablen zu tun. Man wird gut daran tun, sie nicht mit einzelnen Buchstaben zu benennen, sondern ihnen Namen zu geben, die einen Hinweis darauf zulassen, um was es sich handelt. Ein besserer Name für unsere Variable $\boldsymbol{x}$ wäre vielleicht „Wälzlager_B1". Da wir im Rahmen dieses Buches keine Programme schreiben müssen, bleiben wir hier beim $\boldsymbol{x}$. „Public" bedeutet übrigens, dass die Variable überall im Programm zur Verfügung steht. Weisen Sie der deklarierten Variablen einen konkreten Wert zu, dann heißt so etwas *Wertzuweisung* und könnte so wie (1.2.4) aussehen (Strings müssen in Anführungszeichen geschrieben werden – Zahlen nicht).

Ein Speicherplatz muss…
… reserviert werden
… einen Namen bekommen

Die Belegung eines Speicherplatzes heißt beim Rechner Wertzuweisung.

$$x = \text{"NUP208"} \qquad (1.2.3)$$

Damit ist der String "NUP208" auf dem reservierten Speicherplatz abgelegt. Aus persönlicher Erfahrung weiß man, dass es oft mit Mühe verbunden ist, etwas aus einem Speicher wieder herauszusuchen. Aber genau da liegen die Stärken eines Computersystems – das Speichern und Abrufen geht blitzschnell. Man braucht in einer Anweisung die Variable nur zu erwähnen und schon steht der Inhalt des Speicherplatzes zur Verfügung. Deshalb kann man eine Variable (*vgl. Merksatz 1.2.2*) so behandeln, als ob man es mit dem konkreten Element selbst zu tun hat. Das konkrete Element ist aber nicht auf dem Speicherplatz eingebrannt, sondern veränderlich (variabel).

Das Aufsuchen eines Speicherplatzes schafft ein Rechner „blitzschnell".

Anweisung (*1.2.4*) bewirkt beispielsweise, dass der unter dem Namen $\boldsymbol{x}$ abgespeicherte Wert verändert wird.

$$x = x \ \& \ \text{"-E-TVP2"} \qquad (1.2.4)$$

Es wird immer erst ausgeführt, was rechts vom Gleichheitszeichen steht: An die Variable x wird der String „-E-TVP2" angehängt (bei Strings nimmt man dafür das Zeichen „&"). Dann wird der so entstandene neue String „NUP208-E-TVP2" der Variablen x zugewiesen.

Computervariablen sind immer gebunden.

Dieser kleine Ausflug in die Anfangsgründe der Informatik soll Ihnen zeigen, dass Sie keinen Fehler machen, wenn Sie sich eine Variable, so wie gerade beschrieben, als einen Speicherplatz vorstellen, auf dem etwas abgelegt wurde (*s. Merksatz 1.2.2*). Allerdings spricht man in diesem Fall nicht von einer freien, sondern von einer *gebundenen Variablen*. Verwandt mit einer gebundenen Variablen ist die so genannte *Konstante*. Allerdings kann der ihr einmal zugewiesene Wert während der Laufzeit eines Programms nicht geändert werden. Davon abgesehen verhalten sich die Konstanten wie gebundene Variablen.

Merksatz 1.2.2

Merke:
Man kann eine Variable als (virtuellen) Speicherplatz betrachten, auf dem ein Element einer bestimmten Menge abgelegt wurde. Der Variablenname entspricht der Adresse dieses Platzes. Bei Aufruf des Variablennamens steht das konkrete Element augenblicklich zur Verfügung.

Es ist nicht unbedingt erforderlich, eine Programmiersprache lernen. In der Praxis kommt man (sehr) oft mit so genannten Anwendungen schneller zum Ziel. Eine davon ist die Tabellenkalkulation MS-Excel. Zwar muss man auch bei Anwendungen in Handbüchern nachschlagen – aber hat man erst den Begriff der Variablen verstanden, wird der Einstieg einfacher. Wählt man Excel an, hat man neben den üblichen Menüleisten das in *Tabelle 1.2.1* dargestellte Fenster.

Tabelle 1.2.1
Fenster der Tabellenkalkulation EXCEL

Bei einer Tabellenkalkulation sind die Variablen mit den ihnen zugewiesenen Werten sichtbar.

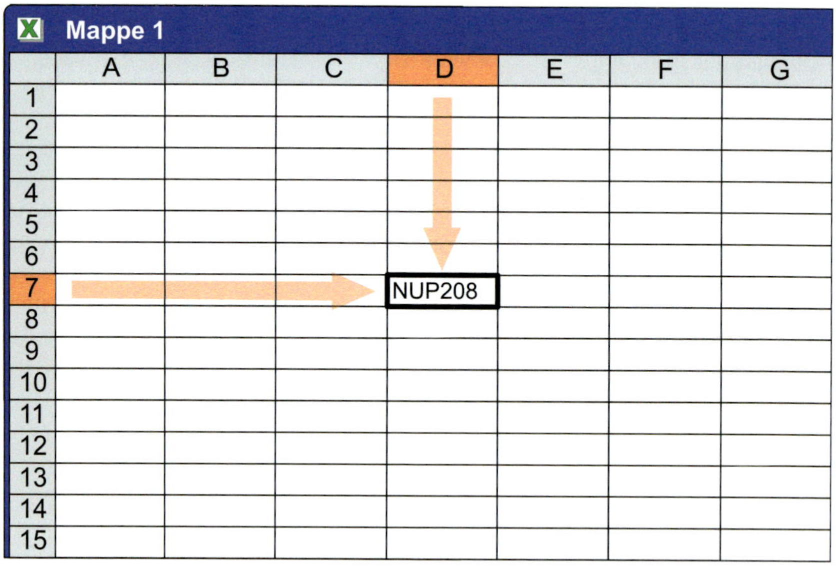

Das, was Ihnen ein Programm auf dem Bildschirm präsentiert, heißt Oberfläche.

Die Oberfläche ist eingeteilt in Zeilen und Spalten. Durch die Einteilung entstehen so genannte Zellen, die nach Schachbrettart benannt sind (Buchstabe für die Spalte – Zahl für die Zeile). Das ist natürlich nichts Aufregendes, aber jede Zelle steht für eine Variable mit der Zellenbezeichnung als Variablenname. Markiert man wie in *Tabelle 1.2.1* mit dem Mauszeiger die Zelle D7 und schreibt NUP208 hinein, dann hat man der Variablen D7 den (String-) Wert NUP208 zugewiesen (*vgl. Wertzuweisung* (*1.2.3*)). In einer Tabellenkalkulation hat man somit seine Variablen mitsamt den ihnen zugewiesenen Werten ständig vor Augen.

1.3 Aussagen, Formeln und Lösungsmengen

Wie beim Gericht! Aussagen können wahr oder falsch sein.

Es mag verwundern, einem Alltagsbegriff wie *„Aussage"* einen Abschnitt zu widmen – aber er spielt in der Mathematik eine außerordentliche Rolle. Anders als im normalen Sprachgebrauch müssen Aussagen eindeutig die Wahrheitswerte „WAHR" (W, TRUE oder 1) oder „FALSCH" (F, FALSE oder 0) zugeordnet werden können. Beispielsweise ist „NUP208 ist das Kurzzeichen eines Zylinderrollenlagers" eine Aussage. Sie ist in diesem Falle wahr, denn das N steht für zylindrische Laufrollen. Dagegen ist die Aussage „6008 ist das Kurzzeichen eines Zylinderrollenlagers" falsch. Wischi-Waschi-Aussagen wie „Ein Kugellager lässt sich schwer zeichnerisch darstellen" sind keine Aussagen im mathematischen Sinn! Sind in einer Aussage Leer-Stellen enthalten, an denen etwas ausgefüllt werden muss, entsteht ein „Aussagenformular":

… ist das Kurzzeichen eines Zylinderrollenlagers **(1.3.1)**

Zeile (*1.3.1*) wäre dann so ein Aussagenformular – man sagt eine *Aussageform*. Allerdings werden Sie den Begriff „Aussageform" außerhalb der Schule kaum hören – wesentlich häufiger sagt man dazu einfach *„Formel"*. Zum Ausfüllen von Formularen muss man wissen, was für ein Eintrag gefordert ist. Ein Stimmzettel zur Bundestagswahl wird sofort ungültig, wenn etwas anders als ein Kreuz eingetragen wird. In der Mathematik nimmt man anstelle von Leer-Stellen lieber (*freie*) *Variable*. Durch eine Deklaration, wie z. B. $x \in B_1$, weiß man eindeutig, was der Variablen x zugewiesen werden darf und was nicht. Die der Aussageform/Formel zugrunde liegende Menge, hier die Menge der in Baugruppe B_1 verwendeten Lager, heißt auch *Grundmenge* oder *Grundbereich*. Die oben genannte Aussageform sieht dann wie folgt aus:

„Freie Variablen" gibt es auch.

x ist das Kurzzeichen eines Zylinderrollenlagers ; $x \in B_1$ **(1.3.2)**

Anders als bei Programmiersprachen darf die Variablendeklaration auch hinten stehen, das Komma (Semikolon geht auch) ist nur ein Trennzeichen. Je nach dem, welches Element aus B_1 der Variablen zugewiesen wird, entsteht aus der Formel/Aussageform entweder eine wahre oder eine falsche Aussage. Man sagt auch: Die Formel wird durch Elemente von B_1 interpretiert. Beachten Sie folgenden *Merksatz*!

Merke:
Eine *Formel* ist eine *Aussageform* mit Variablen, die in eine wahre oder falsche Aussage übergeht, wenn man den Variablen Elemente aus ihrer Grundmenge zuweist. Im Falle einer wahren Aussage sagt man auch: Das Element *erfüllt* die Formel oder es ist eine *Lösung*.

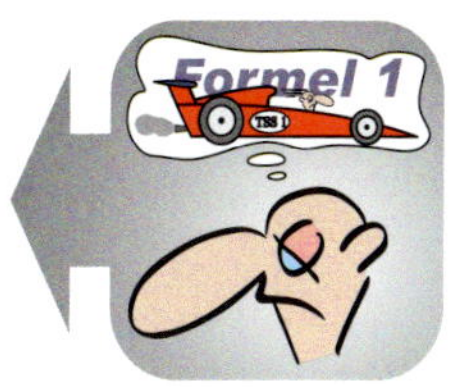

Merksatz 1.3.1

Wenn irgend möglich, verzichtet man bei Aussageformen/Formeln auf Textelemente und benutzt algebraische Termini. Nehmen wir zum Beispiel folgende Formel:

(1.3.3)

$$x^2 - 8 \cdot x + 15 = 0, \ x \in \{0, 1, 2, 3, \ldots\}$$

Niemand würde schreiben: „x mit sich selbst multipliziert, davon das 8-Fache von x subtrahiert und dazu wiederum 15 addiert, soll gleich null sein." Sie sehen, Gleichungen, mit denen Sie sich häufig in der Schulzeit herumärgern mussten, sind spezielle Formeln.

Lachen Sie nicht! Probieren ist eine intelligente Methode!

Die Lösungen einfacher Gleichungen kann man noch durch **Probieren** ermitteln: Einfach nacheinander die Elemente der Grundmenge einsetzen und prüfen, ob die so entstandene Aussage WAHR oder FALSCH ist (*s. Tab. 1.3.1*). Hier erfüllen die Elemente 3 und 5 die Formel – alle anderen Elemente nicht.

Tabelle 1.3.1
Eine Formel mutiert durch Interpretationen zu Aussagen

x	**Aussage**	**W/F ?**
0	$0^2 - 8 \cdot 0 + 15 = 0$	FALSCH
1	$1^2 - 8 \cdot 1 + 15 = 0$	FALSCH
2	$2^2 - 8 \cdot 2 + 15 = 0$	FALSCH
3	$3^2 - 8 \cdot 3 + 15 = 0$	**WAHR**
4	$4^2 - 8 \cdot 4 + 15 = 0$	FALSCH
5	$5^2 - 8 \cdot 5 + 15 = 0$	**WAHR**
6	$6^2 - 8 \cdot 6 + 15 = 0$	FALSCH
7	usw.	FALSCH

Mithilfe einer Formel lassen sich die Elemente der zugehörigen Grundmenge in zwei Teilmengen einsortieren. In die eine kommen diejenigen Elemente, die – eingesetzt in die Formel – diese in eine wahre Aussage überführen. In die andere kommen diejenigen Elemente, die falsche Aussagen produzieren.

„Lebenswichtige" Begriffe: Grundmenge Formel/Aussageform Lösungsmenge (Erfüllungsmenge) Lösung

Die Sortiermaschine in *Bild 1.3.1* soll das demonstrieren. Im oberen Kessel befinden sich anfangs die Elemente der Grundmenge G einer Formel. Der obere Kessel füttert mit seinen Elementen einen „Formelsortierer". Dort wird geprüft, was aus der Formel mit dem jeweiligen Element wird. Wird sie zu einer wahren Aussage, leitet der Sortierer das Element in den rechten Tank (hier mit „L" bezeichnet) – wird sie zu einer falschen Aussage, werden die Elemente in den linken Tank befördert (mit „$G \backslash L$" beschriftet). Sind alle Elemente von G durchlaufen, befindet sich im rechten Tank die *Lösungsmenge* (oder Erfüllungsmenge) der Formel. Die Elemente der Lösungsmenge sind die *Lösungen*. Im linken Tank sind diejenigen Elemente der Grundmenge, die falsche Aussagen produziert haben und deshalb nicht im rechten Tank L landen durften. Der obere Kessel ist nun zwar leer, nicht aber die Menge G – die hat sich nur auf die beiden unteren Kessel verteilt.

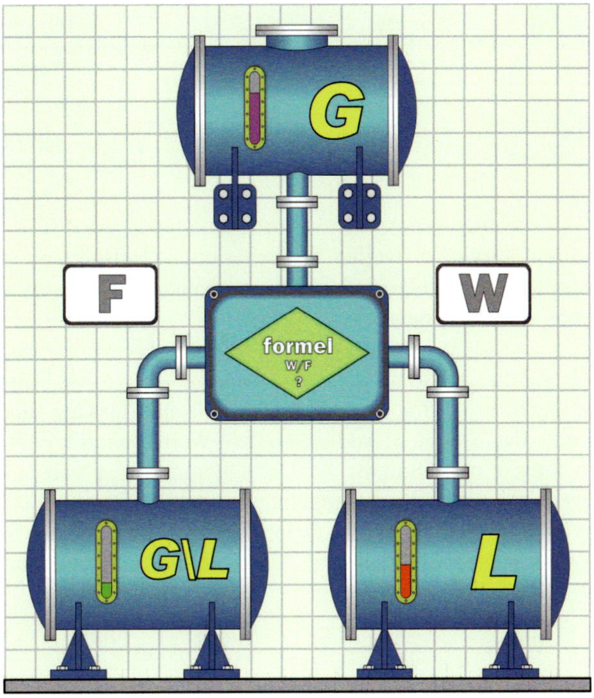

Grundmenge

Was wird aus der Formel – eine wahre oder eine falsche Aussage?

Sammelbehälter für die Elemente der Grundmenge: Rechts: die Lösungen Links : der Rest

Bild 1.3.1
Der „Formelsortierer“

Je nach Formel und Grundmenge gibt es für eine Lösungsmenge folgende Möglichkeiten:

1. Kein Element von G überführt die Formel in eine wahre Aussage. Dann ist die Lösungsmenge leer: $L = \{\}$ bzw. $L = \emptyset$. Die Formel hat *keine Lösung.*

Keine Lösung

2. Es gibt genau ein Element von G, das die Formel in eine wahre Aussage überführt. Dann besteht die Lösungsmenge aus einem Element – z. B. $L = \{ x_1 \}$. Man sagt, die Formel hat eine *eindeutige Lösung.*

Eindeutige Lösung

3. Die Formel wird von mehreren Elementen von G (aber nicht von allen) erfüllt. Für L gilt dann beispielsweise $L = \{x_1, x_2, \ldots, x_n\}$. Die Formel hat n Lösungen (n steht für irgendeine natürliche Zahl). Hat man eine eindeutige Lösung erwartet, sagt man im Falle 1 und 3: Die Formel hat *keine eindeutige Lösung.*

Mehr als eine Lösung (keine eindeutige …)

4. Alle Elemente von G erfüllen die Formel. Dann gilt $G = L$. Die Formel ist *allgemeingültig.*

Allgemeingültig

Nichttriviale allgemeingültige Formeln sind immer etwas Besonderes und bekommen in der Regel Namen: z. B. binomische **Formel**n, Additions**theorem**e, Sinus**satz**, Assoziativ**gesetz**, Distributiv**gesetz**, …..

Wichtige allgemeingültige Formeln enden zumeist mit: …theorem, …satz, … gesetz

Tabelle 1.3.2 gibt Ihnen für jeden der Fälle ein Beispiel aus der Schule. Die Grundmenge sind die Ihnen aus der Schule bekannten rationalen Zahlen (*vgl. Bild 1.4.1*).

Tabelle 1.3.2
Beispiele für Formeln und deren Lösungsmengen

Fall	*G*	Formel	*L*	Bemerkungen
1	$\mathbb{Q}$	$x^2 + 1 = 0$	$\{\}$	keine Lösung
2	$\mathbb{Q}$	$x^2 - 6x + 9 = 0$	$\{3\}$	genau eine Lösung
3	$\mathbb{Q}$	$x^3 - x = 0$	$\{-1; 0; +1\}$	drei Lösungen
4	$\mathbb{Q}$	$\sin^2 x + \cos^2 x = 1$	$\mathbb{Q}$	allgemeingültig

Einfache Formeln sorgen bisweilen für Irritationen. Beispielsweise kann man „$x = 1$“ als simple Formel oder auch als Wertzuweisung auffassen. In der Praxis läuft das auf das Gleiche hinaus.

„$x = x + 1$“ könnte ein Scherz sein – ist es aber nicht!

Unangenehmer wird es schon bei diesem Beispiel: $x = x + 1$. Als Formel – hier als Gleichung aufgefasst – wäre es eine immer falsche Aussage, aber als Wertzuweisung würde das bedeuten: Addiere zu dem Wert von x die Zahl 1 und weise der Variablen x diese neue Summe zu. Das Dilemma lässt sich beheben, wenn man bei Wertzuweisungen einen Doppelpunkt vor das Gleichheitszeichen setzt. Einige Programmiersprachen (z. B. Delphi) unterstützen diese Schreibweise. Dasselbe Zeichen verwendet man auch, wenn etwas per Definition gleich sein soll (Beispiel: $10^0 := 1$):

Merksatz 1.3.2

Merke:
Um eine Definition oder eine Wertzuweisung eindeutig von einer Gleichheitsrelation unterscheidbar zu machen, kann man das Gleichheitszeichen optional mit folgenden Zusätzen ausstatten:

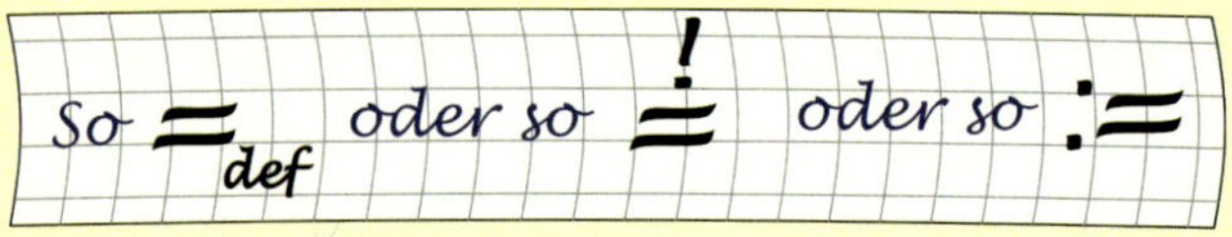

Sehr instruktiv ist folgende Schreibweise: Über dem Gleichheitszeichen wird ein Ausrufungszeichen platziert. Leider lässt sich so etwas nur für handschriftliche Aufzeichnungen benutzen – Formeleditoren unterstützen diese Schreibweise in der Regel nicht. Im *Merksatz 1.3.2* wird Ihnen noch eine dritte Alternative vorgestellt: ein tiefgestelltes „def“.

1.4 Noch einmal Mengen

Wenn Sie irgendwelche Objekte zu einer Menge zusammenfassen wollen, dann müssen Sie diese Objekte, dann Elemente genannt, einzeln in einer geschweiften Klammer aufzählen. Das wird aber eine mühsame Angelegenheit, wenn es sich um viele Elemente handelt, und wird bei einer Menge mit unendlich vielen Elementen unmöglich. In diesem Fall spricht man von einer *unendlichen Menge*. Ist es trotz der unendlichen Anzahl möglich, die Elemente eindeutig durchzunummerieren, nennt man die Menge *abzählbar unendlich*. Einfach ist das Notieren solcher mächtigen Brocken (zur Erinnerung: die Anzahl der Elemente einer Menge heißt Mächtigkeit der Menge), wenn ein mehr oder weniger offensichtliches Bildungsgesetz vorliegt. In diesem Fall notiert man so viele Elemente, wie zum Erkennen des Bildungsgesetzes erforderlich ist, und deutet durch Punkte – in der Regel drei – an, wie die Aufzählung fortzusetzen ist.

Mächtige Brocken: unendliche Mengen

Leider oft ein Intelligenztest: das Erkennen von Bildungsgesetzen

$\mathbb{N}=\{0,1,2,3,\ldots\}$	Natürliche Zahlen
$\mathbb{N}^{*}=\{1,2,3,4,\ldots\}$	N. Zahlen ohne $\{0\}$
$\mathbb{Z}=\{0,\pm1,\pm2,\pm3,\ldots\}$	Ganze Zahlen
$\mathbb{Q}=\{0,\pm\frac{1}{1},\pm\frac{1}{2},\pm\frac{1}{3},\ldots$ $\ldots,\pm\frac{2}{1},\pm\frac{2}{2},\pm\frac{2}{3},\ldots$ $\ldots,\pm\frac{3}{1},\pm\frac{3}{2},\pm\frac{3}{3},\pm\frac{3}{4},\ldots\}$	Rationale Zahlen

Bild 1.4.1
Unendliche Mengen mit leicht erkennbaren Bildungsgesetzen

Der griechische Lieblingsbuchstabe der Physik: Das Vieh

Es geht aber auch anders. Wir brauchen lediglich umzusetzen, was im vorherigen Abschnitt besprochen wurde. Die Elemente einer Menge müssen „wohldefiniert" sein, das heißt, wir müssen präzise sagen, welche Merkmale die Objekte haben müssen, um zur Menge zu gehören. Eindeutige Merkmale lassen sich (meist) durch eine Formel definieren. Erfüllt das Objekt die Formel, ist es Element der Menge, sonst nicht. Genau das haben wir vorher Lösungsmenge genannt. So fassen wir einfach die Menge als Lösungsmenge einer Formel mit der Grundmenge G auf. Ähnlich wie bei einer Variablen kann man einer Formel auch einen Namen geben. Standardnamen für Variablen sind x, y, z – für Formeln die griechischen Buchstaben φ, ψ, ϑ (lies Vieh, Psieh, Theta!). Um anzudeuten, welche freien Variablen die Formel enthält, hängt man diese als Klammerpaket an den Formelnamen an. Man kann dann eine Menge folgendermaßen darstellen:

$$M=\{x\in G\mid\varphi(x)\}\tag{1.4.1}$$

„$M=\{x\in G|$.." bedeutet: „M ist die Menge aller x aus G, für die folgende Formel erfüllt ist …". In der Regel bevorzugt man die verkürzte Lesart: „M ist die Menge aller x aus G, für die gilt … " – anschließend folgt das Lesen der speziellen Formel. Anstelle von „für die gilt" können Sie noch kürzer „mit" sagen. Die Zeichenkombination $\{\ldots|\ldots\}$ nennt man vornehm Mengenbildungsoperator. Anstelle von x dürfen Sie natürlich auch andere Variablennamen verwenden. Die Variablendeklaration vor dem senkrechten Strich kann man auch hinter die Formel schreiben und mit einem Komma oder Semikolon abtrennen. Ist die Grundmenge von vornherein klar, kann man die Variablendeklaration auch fortlassen. Anstelle des senkrechten Striches wird manchmal auch ein Doppelpunkt verwendet.

Kennen Sie den Mengenbildungsoperator „$\{\ldots|\ldots\}$"?

$$T_{60}=\{x\in\mathbb{N}^{*}\mid 60 \text{ ist Teiler von } x\}\tag{1.4.2}$$

In (*1.4.2*) ist als Beispiel die Menge aller Teiler der Zahl 60 dargestellt. Vergleicht man diese Menge mit der allgemeinen Form in (*1.4.1*), so entspricht „T_{60}" dem „M" und „60 ist Teiler von x" steht für die Formel $\varphi(x)$. Alternativ lässt sich diese Menge auch in aufzählender Form darstellen.

(1.4.3)

$$T_{60} = \{1, 2, 3, 4, 5, 6, 10, 12, 15, 20, 30, 60\}$$

Während es sich beim ersten Beispiel (*1.4.2*), (*1.4.3*) noch um eine endliche Menge handelt, hat die nächste Beispielmenge unendlich viele Elemente, und es gibt auch kein einfaches Bildungsgesetz (*s. 1.4.4*). Die Darstellung in aufzählender Form ist somit unmöglich. Es verbleibt die Darstellung der Menge als Lösungsmenge der Formel „tan(x) = x".

(1.4.4)

$$S = \{x \in \mathbb{R} \mid \tan(x) = x\}$$

Kennen Sie alles über die Tangensfunktion? Nein? Hier kein (noch) Problem!

Grundmenge der Formel tan(x) = x sind die so genannten *reellen Zahlen*. Ausgerechnet die wichtigste aller Zahlenmengen sperrt sich hartnäckig gegen die Definition durch eine handliche Formel. Sie wissen möglicherweise noch, dass man jede rationale Zahl als periodischen Dezimalbruch darstellen kann. Natürliche Zahlen oder abbrechende Dezimalbrüche bilden keine Ausnahme, denn man kann sie ebenfalls durch Zufügen der „Periode null" als periodischen Dezimalbruch ansehen. Die Menge der rationalen Zahlen ist dann als Menge aller positiven und negativen periodischen Dezimalbrüche auffassbar. Nun wussten bereits die alten Griechen, dass es Zahlen mit unendlich vielen Nachkommastellen gibt, denen man nachweislich keine endliche Periode zuordnen kann (Beispiel: die Zahl π). Fügt man den rationalen Zahlen noch alle nichtperiodischen Dezimalbrüche (positiv und negativ) hinzu, hat man zumindest vorab eine Vorstellung von der Menge der reellen Zahlen. Wir werden die Reellen Zahlen in *Abschnitt 3.5* ausführlich diskutieren. Im *Merksatz 1.4.1* sind die beiden Darstellungsmöglichkeiten einer Menge noch einmal zusammengefasst.

Schreibweisen für Standardmengen:

von Hand:
N, Z, Q, R

mit Formeleditor:
$\mathbb{N}, \mathbb{Z}, \mathbb{Q}, \mathbb{R}$

ohne Formeleditor:
N, Z, Q, R

Um Schreibarbeit zu sparen, weist man einer Menge Namen zu. Meist nimmt man dazu große Buchstaben in Kursivschrift (eventuell mit Index). Für Standardmengen nimmt man gern gedoppelte Großbuchstaben oder alternativ Großbuchstaben im Fettdruck. Die Namen sind genormt und dürfen deshalb nicht kursiv geschrieben werden! Echte Schwierigkeiten gibt es, wenn man (sinnvolle) Mengen konstruieren soll, die sich nicht aus bekannten Mengen zusammenbasteln lassen. Aber damit wären wir mitten in der reinen Mathematik und das sprengt den Rahmen dieses Buches.

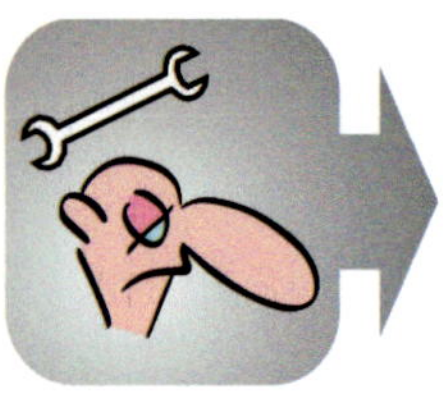

Merksatz 1.4.1

Merke:
Bei der Darstellung einer Menge haben Sie zunächst zwei Alternativen:

- Notation als Lösungsmenge einer Formel unter Angabe der Grundmenge(n).
- Aufzählung der Elemente innerhalb geschweifter Klammern. Bei einem erkennbaren Bildungsgesetz darf man die Aufzählung mit (drei) Punkten abbrechen.

1.5 Beziehungskisten - Relationen

Zwei Grundmengen! Formeln mit zwei Variablen!

Bisher haben wir nur Formeln mit einer Variablen und deren zugehöriger Grundmenge behandelt – das soll jetzt geändert werden. Es geht jetzt um Formeln mit mehr als einer Variablen. Konstruieren wir ein einfaches Beispiel! Es geht darum, wer aus einer Menge potenzieller Blutspender wem aus einer Menge Empfänger komplikationslos Blut spenden könnte. Dazu definieren wir zunächst die Mengen M und W.

$$M = \{\mathrm{M0, MA, MB, MAB}\} \text{ bzw. } W = \{\mathrm{W0, WA, WB, WAB}\} \qquad (1.5.1)$$

M steht für männlich, W für weiblich und 0, A, B bzw. AB sind die Landsteinerschen Blutgruppenkennungen. Auf der Basis der so definierten Mengen können wir dazu eine geeignete Formel mit zwei Variablen bereitstellen:

$$x \text{ kann Blutspender für } y \text{ sein}\,; \quad x \in M\,; \quad y \in W \qquad (1.5.2)$$

Nur Paare aus Elementen beider Grundmengen erfüllen die Formel.

Das Besondere an Formel (*1.5.2*) ist, dass nur Paare von Elementen aus beiden Grundmengen die Formel erfüllen können. *Bild 1.5.1* illustriert derartige Spender-Empfänger-Paare, die den Landsteinerschen Verträglichkeitsregeln genügen. Sie brauchen kein Leser der Regenbogenpresse zu sein, um herauszufinden, was in *Bild 1.5.1* dargestellt ist – es sind *Beziehungen* zwischen den Elementen der beiden Mengen, hier durch Pfeile angedeutet.

„Beziehungen" lassen sich durch Pfeildiagramme darstellen.

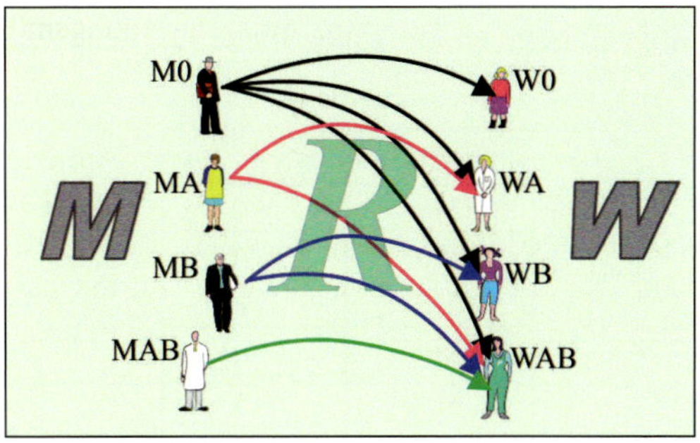

Bild 1.5.1
Illustration der Mengen M, W und K

Erstaunlich: Die Relation ist eine Menge

Dementsprechend nennt man in der Mathematik die Lösungsmenge einer Formel mit zwei (oder mehr) Variablen *Relation*. Die Elemente unserer Relation sind Pärchen. Beispielsweise könnte der Mann M0 dem Mädchen WB Blut spenden. Anders ausgedrückt: das Pärchen M0, WB erfüllt die Formel. Für solche Paare sind (leider) viele Schreibweisen im Gebrauch und verwirren den Anfänger. In (*1.5.3*) finden Sie eine Auswahl.

$$(\mathrm{M0}|\mathrm{WB}),\ \langle \mathrm{M0}|\mathrm{WB}\rangle,\ (\mathrm{M0;\ WB}),\ \langle \mathrm{M0;\ WB}\rangle,\ (\mathrm{M0,WB}),\ \langle \mathrm{M0,WB}\rangle \qquad (1.5.3)$$

~~M0 WB~~ Bitte vermeiden!

Alle Schreibweisen haben Vor- und Nachteile. Den senkrechten Strich benutzen wir als Mengenbildungsoperator (*s. Abschn. 1.3*) aber auch für Betragsstriche. Das Komma kann mit einem Dezimalkomma verwechselt oder sogar ganz übersehen werden. Das Semikolon trennt stärker als ein Komma und passt so nur bedingt. Am schlechtesten ist, wenn Klammern und Trennzeichen fortgelassen werden.

Mithilfe der Pärchenschreibweisen ist man jetzt in der Lage, die Relation als Menge darzustellen und ihr einen Namen zuzuweisen (*s. folgende Ausdrücke!*).

1. Mithilfe der Formel und dem Mengenbildungsoperator:

(1.5.4)

$$R = \{(x, y) \mid x \text{ kann Blutspender für } y \text{ sein; } x \in M\,; y \in W\}$$

2. Durch Aufzählung der Elemente:

(1.5.5)

$$R = \{\ (\text{M0,W0}), (\text{M0,WA}), (\text{M0,WB}), (\text{M0,WAB}), (\text{MA,WA}), (\text{MA,WAB}), (\text{MB,WB}), (\text{MB,WAB}), (\text{MAB,WAB})\ \}$$

R steht hier natürlich für Relation. Soll man einem interessierten Laien die Blutverträglichkeiten veranschaulichen, so eignen sich die beiden Darstellungen der Relation nur bedingt. Bei der ersten muss der Leser die Landsteinerschen Verträglichkeitsregeln kennen, um selbst die konkreten Elemente ermitteln zu können. Bei der zweiten sind zwar alle Elemente aufgeführt, aber wegen der vielen Klammern und Trennzeichen ist diese Darstellung unübersichtlich. Das kann man umgehen, wenn man die Menge in Tabellenform anordnet – das wäre dann Möglichkeit 3. Die Elemente der Relation bestehen aus zwei *Koordinaten* – also bietet sich eine zweispaltige Tabelle an, die linke Spalte für die erste, die rechte für die zweite Koordinate.

Tabelle 1.5.1
Darstellung einer Relation in Tabellenform

Immer eine sehr gute Idee: Die Verwendung einer Tabelle

x	y
M0	W0
M0	WA
M0	WB
M0	WAB
MA	WA
MA	WAB
MB	WB
MB	WAB
MAB	WAB

Die erste Zeile (Kopfzeile) der Tabelle ist für Beschriftungsfelder reserviert, in die entsprechend der Formel x und y eingetragen werden. Klammern und Trennzeichen werden durch das Tabellenkreuz überflüssig. Eine elegante Möglichkeit, diese Relation darzustellen, ergibt sich, wenn man Anleihen beim Schachspiel oder beim „Schiffe versenken" macht. Man baut eine so genannte *Matrix*, hier aus 4×4 „Zellen", auf. Diese Zellen werden auch *Matrixelemente* genannt. Eine horizontale Reihe von Matrixelementen nennt man *Zeile* – dementsprechend nennt man eine vertikale Reihe *Spalte*. Für die notwendigen Benennungen dieser Zeilen und Spalten fügt man noch geeignete Beschriftungsfelder hinzu.

x \ y		Empfänger			
		W0	WA	WB	WAB
Spender	M0	*w*	*w*	*w*	*w*
	MA	*f*	*w*	*f*	*w*
	MB	*f*	*f*	*w*	*w*
	MAB	*f*	*f*	*f*	*w*

Tabelle 1.5.2
Darstellung der Relation R als Matrix

Ein Matrixelement ist durch Angabe der Zeile und der Spalte eindeutig gekennzeichnet. Beachten Sie bitte dazu die folgende Warnung!

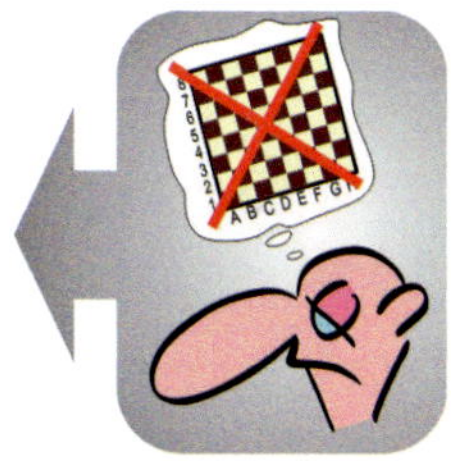

Merksatz 1.5.1

> **Warnung:**
> Die Benennung der Matrixelemente folgt **nicht** der Schachbrettnorm!
> Bei einer Matrix nennt man zuerst die Zeile, in der das Matrixelement steht – erst an zweiter Stelle folgt die Spalte!

Die grünen Matrixelemente in *Tabelle 1.5.2* zeigen die möglichen Spender-Empfänger-Paare übersichtlich an. Man sieht z. B. sofort, dass M0 Universalspender ist. Umgekehrt kann WAB von allen Blut erhalten. *Bild 1.5.2* zeigt einen Ausschnitt von *Tabelle 1.5.2*. Dort weist der horizontale Pfeil auf die Zeile MB und der vertikale Pfeil auf die Spalte WAB. Damit ist klar, hier ist das Element der Relation (MB, WAB) gemeint. Die Gesamtheit der grünen Matrixelemente repräsentiert alle Elemente unserer Relation R.

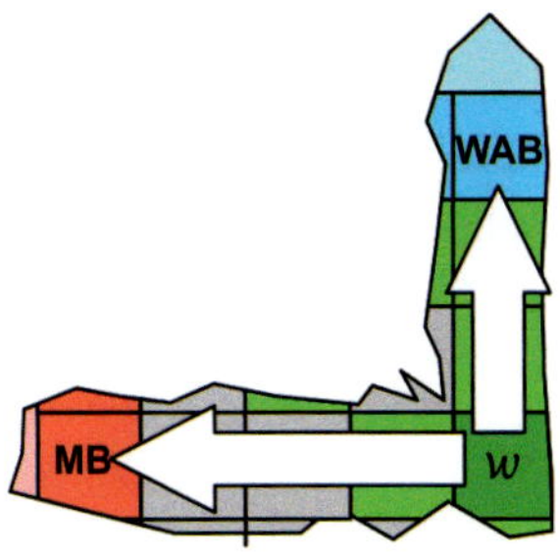

Bild 1.5.2
Detailansicht der Matrix

An unserem Beispiel lässt sich noch mehr zeigen. Im *Bild 1.3.1* wurde Ihnen eine Sortiermaschine vorgestellt, in der ein „Formelsortierer" seine Grundmenge in die Lösungsmenge L und die Restmenge $G \backslash L$ aufteilt. Die Lösungsmenge ist dort Teilmenge der Grundmenge. Bei der Mengendarstellung der Relation oben ist das anders, die Pärchenmenge R_S ist weder Teil von M noch von W. Betrachten wir noch einmal die letzte Tabelle! Wenn man **alle** 16 Zellen (die grünen, die grauen, aber natürlich nicht die Beschriftungsfelder!) der Tabelle als Grundmenge nehmen würde, müsste unser „Formelsortierer" wieder einsetzbar sein – und genau so etwas wird auch gemacht. Man definiert einfach eine *Produktmenge*, deren Elemente aus **allen** möglichen Paaren von Elementen aus beiden Mengen gebildet werden. In (*1.5.6*) ist eine derartige Produktmenge definiert.

Nicht verwirren lassen! Der Begriff „Produkt" ist nicht nur auf Zahlen beschränkt!

Produktmenge

(1.5.6)

$$M \times W = \{(x,y) \mid x \in M \text{ und } y \in W\}$$

Bitte das kartesische Produkt nicht mit dem Vektorprodukt (Kreuzprodukt) verwechseln!

Die linke Hälfte eines Elementes dieser Produktmenge – z. B. (x, y) – heißt *erste Koordinate*, die rechte dementsprechend *zweite Koordinate*. Um anzudeuten, dass es sich hier um ein besonderes Produkt handelt, nennt man es *kartesisches Produkt* – hier der Mengen M und W. Gelesen wird das so: „M kreuz W"! Beachten Sie, es handelt sich um ein Produkt, deren Faktoren nicht vertauschbar sind! Die Menge M hat $|M|$ Elemente. Da zu jedem dieser Elemente $|W|$ Paare gebildet werden können, hat die Produktmenge $|M|\cdot|W|$ Elemente. Für die Mächtigkeit der Produktmenge gilt daher die Gleichung:

(1.5.7)

$$|M \times W| = |M| \cdot |W|$$

Mit der Produktmenge als Grundmenge dürfen Sie die Relation R alternativ – wie in *(1.5.8)* dargestellt – schreiben.

(1.5.8)

$$R = \{(x,y) \in M \times W \mid x \text{ kann Blutspender für } y \text{ sein}\}$$

Damit wird unsere Relation R, wie in *Bild 1.5.1* illustriert, zu einer Teilmenge ihrer Grundmenge $M \times W$.

(1.5.9)

$$R \subseteq M \times W$$

Merksatz 1.5.2

Merke:
Eine Relation ist die Lösungsmenge einer Formel mit zwei oder mehr Variablen. Die Grundmenge besteht aus dem kartesischen Produkt der Mengen, die den Variablen „zugrunde" liegen. Hat die Formel n Variable, spricht man auch von einer *n-stelligen Relation*.

Ersetzt man in *(1.5.8)* die speziellen Bezeichnungen durch allgemeine, erhält man eine beliebige zweistellige Relation:

(1.5.10)

$$R = \{(x,y) \in A \times B \mid \varphi(x,y)\}$$

R ist der Name der Relation, und anstelle der konkreten Formel wie in *(1.5.8)* wurde hier mit dem Formelnamen φ angedeutet, dass es sich um eine beliebige Formel handelt. Oft findet man auch eine verkürzte Schreibweise: Hinter den Namen der Relation wird ein Doppelpunkt gesetzt, und es folgen Formel und Grundmengenangaben.

(1.5.11)

$$R: \ \varphi(x,y); \ \ (x,y) \in A \times B$$

Fixus <lat., „angeheftet">

Vielfach wird auch auf einen eigenen Relationsnamen verzichtet – in diesem Fall würde in *(1.5.11)* das „R:" fehlen. Egal ob die Relation verkürzt oder ausführlich definiert wurde, $(a, b) \in R$ bedeutet, dass das Element (a, b) die Formel hinter dem Mengenbildungsoperator erfüllt. Bei zweistelligen Relationen ist dafür eine alternative Schreibweise im Gebrauch. Man benutzt einfach den Namen der Relation als Relationszeichen und benutzt anstelle von $(a, b) \in R$ bzw. $(a, b) \notin R$ die *Infix-Schreibweise*.

$$a\,R\,b \text{ bzw. } a\,\not R\,b \tag{1.5.12}$$

Gelesen wird das so: „a steht (nicht) in der Relation R zu b" oder „R trifft (nicht) auf a und b zu". Die Schreibweise wirkt auf den ersten Blick exotisch – Sie werden aber merken, dass Sie mit dieser Schreibweise in der Schule schon oft zu tun hatten. Betrachten wir einmal die folgende Allerweltsrelation in der Produktmenge **Q** × **Q**!

$$R_< = \{(x, y) \in \mathbb{Q} \times \mathbb{Q} \mid x < y\} \tag{1.5.13}$$

Nimmt man anstelle des Relationsnamens $R_<$ nur das „Kleiner-Zeichen" „<" als Namen für diese spezielle Relation, wird die oben so merkwürdig erscheinende Infix-Schreibweise (*1.5.12*) vertrauter. Man erkennt, dass sie völlig im Einklang mit der „Kleiner - Als - Relation" zwischen a und b ist.

$$a < b \text{ bzw. } a \not< b \tag{1.5.14}$$

Das Blutspenderbeispiel gibt noch mehr her: Verträglichkeit hat schon etwas mit männlich/weiblich zu tun – nicht aber die Blutverträglichkeit! Die Relation R wäre auch zwischen den Personen einer einzigen Menge sinnvoll. Nehmen wir eine Menge H (Homo sapiens), bestehend aus vier Menschen unterschiedlicher Blutgruppen, und definieren eine Spender-Empfängerrelation R_H!

$$\begin{aligned} &H = \{0, \text{A}, \text{B}, \text{AB}\} \\ &R_H = \{(x, y) \mid x \text{ kann Blutspender für } y \text{ sein }; x \in H; y \in H\} \end{aligned} \tag{1.5.15}$$

Die Formel hat in diesem Beispiel nach wie vor zwei Variable, nur stammen beide aus ein und derselben Menge, nämlich H. Für dieses Beispiel brauchen wir keine neue Tabelle, denn Tabelle *1.5.1* gilt für diesen Fall ebenfalls – man braucht nur die M- bzw. W-Kennungen fortzulassen. Die Felder lassen sich in diesem Fall als Elemente eines kartesischen Produktes der Menge H mit sich selbst auffassen. Man definiert ähnlich wie in (*1.5.6*) eine Menge aus Elementen mit zwei Koordinaten, die aber aus derselben Menge stammen.

$$H \times H = \{(x, y) \mid x \in H \text{ und } y \in H\} \tag{1.5.16}$$

Ähnlich wie bei Zahlen schreibt man für $H \times H$ kurz H^2 und nennt diese Menge *Potenzmenge*. In (*1.5.17*) sehen Sie, wie sich die Relation nun darstellt.

Potenzmenge

$$R_H = \{(x, y) \in H^2 \mid x \text{ kann Blutspender für } y \text{ sein}\} \tag{1.5.17}$$

Um zeigen zu können, dass Relationen nicht nur zwischen zwei, sondern auch zwischen beliebig vielen Mengen einen Sinn haben können, gruppieren wir unsere Figuren etwas um und formulieren eine Relation zwischen den im *Bild 1.5.3* illustrierten Mengen M, W und einer zusätzlichen Menge K (**K**inder). Gleichfalls soll gezeigt werden, dass die beteiligten Mengen nicht etwa die gleiche Anzahl von Elementen (Mächtigkeit) haben müssen. Der Einfachheit halber wurde die Mächtigkeit von M auf drei und W auf zwei reduziert.

Bild 1.5.3
Illustration der Mengen M, W und K

Die nun dreistellig gewordene Beispielrelation sieht dann wie folgt aus:

(1.5.18)
$$R_K = \{(x, y, z) \in M \times W \times K \mid x \text{ und } y \text{ sind nicht Eltern von } z\}$$

Relationen können mehr als zweistellig sein!

Es sind drei Mengen im Spiel, also hat die Formel auch drei Variable und die Elemente des kartesischen Produktes $M \times W \times K$ drei Koordinaten. Die einzelnen Elemente von R_K – oder anders gesprochen die Lösungsmenge der zugehörigen Formel – können Sie selbst nur dann ermitteln, wenn Sie die Mendelschen Gesetze kennen. Da uns hier nur die Schreibweisen interessieren, sei die Lösungsmenge hier einfach nur mitgeteilt:

(1.5.19)
$$R_K = \{(\text{M0, W0, KA}), (\text{MB, W0, KA})\}$$

Die Lösungsmenge enthält lediglich nur zwei Elemente. Das heißt: Kinder von Eltern, die beide die Blutgruppe 0 haben, können nicht Blutgruppe A haben. Gleiches gilt für die Kombination 0 und B. Die Relation (*1.5.18*) lässt sich auch mit einer Potenzmenge als Grundmenge formulieren. Werfen wir die Elemente von *M*, *W* und *K* zusammen:

(1.5.20)
$$H = \{\text{M0, MA, MB, W0, WA, K0, KA}\}$$

So sieht die veränderte Relation in Mengenschreibweise aus:

(1.5.21)
$$R_K^* = \{(x, y, z) \in H^3 \mid x \text{ und } y \text{ sind nicht Eltern von } z\}$$

Es ist hier zwar nichts Neues dabei herausgekommen, die Elemente von R_K sind gleich R_K*. Es wurde aber gezeigt, dass es auch Relationen mit mehr als zwei Variablen gibt, deren Grundmenge aus einer Potenzmenge, hier H^3 (ausgeschrieben $H \times H \times H$) besteht. Gemischte kartesische Produkte aus einfachen Mengen und Potenzmengen sind ebenfalls möglich.

1.6 Graphen sind keine Grafen

Im Falle einer zweistelligen Relation kann man, wie in *Tabelle 1.5.2* gezeigt, eine Matrix aus Zeilen und Spalten verwenden, um eine Relation in ansprechender Form zu präsentieren. Anhand der folgenden Beispielrelation (*1.6.1*) soll gezeigt werden, wie diese Methode modifiziert werden kann, um zweistellige Relationen, deren Grundmengen Zahlenmengen sind, grafisch zu veranschaulichen.

$$R_{\mathrm{E}} = \left\{ (x, y) \in \mathbb{G} \,\middle|\, x^2 + 4 \cdot y^2 = 100 \right\}$$
$$\text{mit} \quad \mathbb{G} = \{-10, -9, \ldots, +9, +10\} \times \{-5, -4, \ldots, +4, +5\} \qquad (1.6.1)$$

Da wir es in der Relation (*1.6.1*) mit einer (endlichen) Grundmenge mit 21·11 Elementen zu tun haben, lassen sich die Elemente der Beispielrelation durch Probieren ermitteln.

$$R_{\mathrm{E}} = \{(0, 5), (6, 4), (8, 3), (10, 0), (8, -3), (6, -4),$$
$$(0, -5), (-6, -4), (-8, -4), (-10, 0), (-8, 3), (-6, 4)\} \qquad (1.6.2)$$

Beachten Sie bitte, dass die Quadrate negativer Zahlen positiv werden. Folglich kommen zu den in (*1.6.1*) blau eingetragenen Elementen noch die roten Elemente mit negativen Koordinaten hinzu. Die ersten Koordinaten der Grundmenge korrespondieren mit den Zeilen, die zweite mit den Spalten der Matrix. Da die ersten Koordinaten der Grundmenge von –10 bis +10 reichen, benötigt die Matrix 20 +1 Zeilen. Die zweiten Koordinaten reichen von –5 bis +5, also sind 10+1 Spalten erforderlich. Ein Ärgernis ist die Nummerierungsrichtung der Zeilen. Die Spaltennummerierung fängt links bei eins an und steigt nach rechts zu höheren Nummern, das ist in Ordnung. Aber die Zeilennummerierung beginnt oben mit Zeile eins und steigt nach unten an. Es wäre aber wünschenswert, wenn die Anstiegsrichtungen von rechts nach links und von unten nach oben weisen würden. Das ist – wie *Bild 1.6.1* zeigt – zu erreichen, wenn man die Matrix um 90° im Gegenuhrzeigersinn dreht – und genau so macht man das.

Manchmal ein Ärgernis: die Nummerierungsrichtung von oben nach unten.

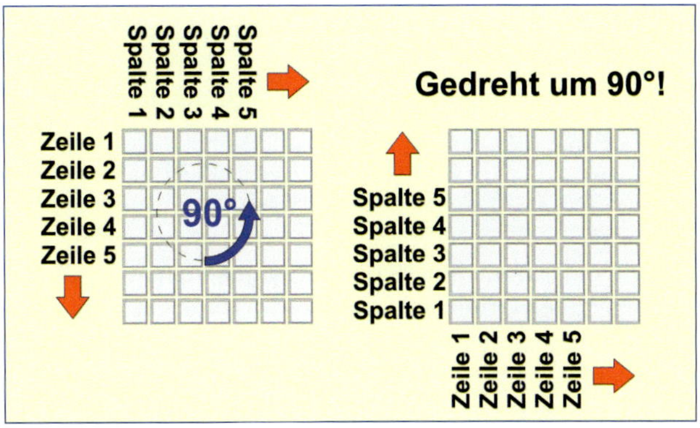

Bild 1.6.1
Drehung der Matrix um 90°

Die Quadrate repräsentieren nach wie vor die Elemente der Grundmenge. Zu einer *grafischen Darstellung* der Relation wird eine derartige Matrix erst, wenn man die Quadrate, die für die Elemente der Relation stehen, bunt einfärbt. Wie das dann aussieht, sehen Sie in *Bild 1.6.2* gezeigt. Die Beschriftungen der „Zeilen“ und „Spalten“ sind ebenfalls modifiziert worden. Diese befinden sich jetzt auf zwei Geraden, die sich damit in so genannte *Zahlenstrahlen* verwandeln. Der horizontale Zahlenstrahl trägt die ersten Koordinaten und heißt *Abszissenachse* oder schlicht *x-Achse*. Der vertikale heißt *Ordinatenachse* oder *y-Achse*. Entsprechend nennt man die Koordinaten *Abszisse* oder *x-Koordinate* bzw. *Ordinate* oder *y-Koordinate*. Diese (rechtwinklig) gekreuzten Zahlenstrahlen bzw. Achsen bil-

x-Achse und y-Achse sind Zahlenstrahlen

1. Koordinate → x-Koordinate

2. Koordinate → y-Koordinate

den zusammen ein *Kartesisches Koordinatensystem*. Die roten Pfeile in *Bild 1.6.2* sollen Ihnen zeigen, wie man die Koordinaten irgendeines Elements der Grundmenge abzulesen hat – in diesem Beispiel handelt es sich um das Element **(8, 3)**.

Probleme mit den gedrehten Zeilen und Spalten? Drehen Sie das Buch um 90° im Uhrzeigersinn!

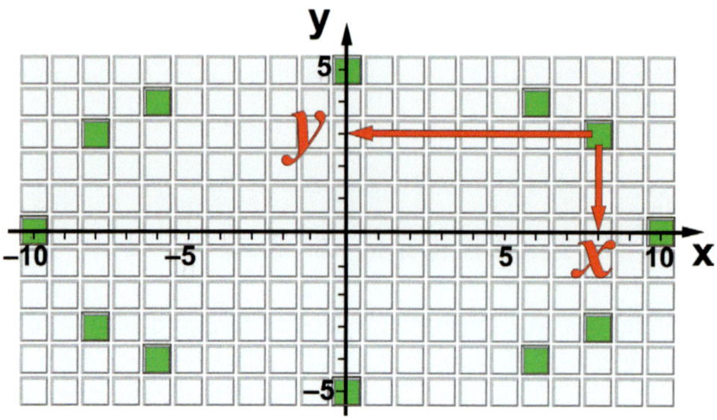

Bild 1.6.2
Grafische Darstellung der Relation $R_E{}^*$

Von Bedeutung wird die grafische Darstellung einer zweistelligen Relation allerdings erst, wenn die Grundmenge aus dem kartesischen Produkt der reellen Zahlen mit sich selbst besteht. Geben wir also unserer Beispielrelation die Potenzmenge $\mathbf{R}^2$ als Grundmenge.

(1.6.3)

$$R_{\mathrm{E}}{}^{*} = \left\{ (x, y) \in \mathbb{R}^2 \,\middle|\, x^2 + 4 \cdot y^2 = 100 \right\}$$

$\mathbb{R}^2$ bzw. $\mathbf{R}^2$

Sie dürfen für diese Potenzmenge auch „Rzwei“ sagen.

Im *Abschnitt 1.5* wurde bereits darauf hingewiesen, dass bei der Darstellung von Relationen meist auf die aufwendige Mengenschreibweise verzichtet wird. Man geht nämlich davon aus, dass es selbstverständlich ist, zu einer Formel (hier einer Gleichung) die Lösungsmenge zu ermitteln. Wenn es sich bei der Grundmenge um reelle Zahlen oder eine Potenzmenge daraus handelt, entfällt in der Regel auch die Angabe der Grundmenge. In (*1.6.4*) wird die abgespeckte Darstellung der Relation $R_E{}^*$ vorgestellt.

(1.6.4)

$$R_{\mathrm{E}}{}^{*}: \quad x^2 + 4 \cdot y^2 = 100$$

Da die Grundmenge der umdefinierten Relation jetzt eine unendliche Menge geworden ist, hat man guten Grund anzunehmen, dass das auch für die Relation gilt. Aber wie kann eine (unendliche) Relation grafisch dargestellt werden? Elemente des $\mathbf{R}^2$ lassen sich nicht mehr in Form kleiner Quadrate darstellen, denn es gibt keine Lücken zwischen reellen Zahlen. Zwischen zwei verschiedenen reellen Zahlen liegen immer noch beliebig viele andere. Jedes noch so kleine Quadrat würde unendlich viele benachbarte reelle Zahlenpaare, die nicht zur Relation gehören, mit abdecken. Aber niemand kann uns daran hindern, das Ganze so zu betrachten, als ob die Quadrate jetzt so winzig sind, dass sie nur noch als Punkte anzusehen sind. Da aber ein Punkt keinen Flächeninhalt hat, können wir ihn auch nicht grün färben. Doch es gibt einen Ausweg! Um ein Element der Relation darzustellen, richten wir in Gedanken das Fadenkreuz eines Zielfernrohres auf die Koordinaten des Punktes und zeichnen dort ein kleines Rohr mit (Faden-) Kreuz ein. Sie können sich auch auf Kreuze oder auf kleine Kreise beschränken. Wenn man es geschafft hat, genügend viele Elemente der Relation zu erraten und diese in Form von Minizielfernrohren eingetragen hat, lässt sich der Verlauf der Rela-

Elemente des „Rzwei“ werden mit kleinen (Faden-) Kreuzen oder Kreisen dargestellt.

tion oft schon erahnen. Man versucht anschließend, so gut es eben geht, durch die Mittelpunkte der Minikreuze/Minikreise eine Kurve zu zeichnen. Damit hat man, im Rahmen der Zeichengenauigkeit, eine grafische Darstellung der Relation.

Zeichnen einer Kurve von Hand? Leider nicht einfach! Man skizziert die Kurve hauchdünn mit Bleistift und zeichnet sie dann mit Kurvenlinealen nach.

Alternative: Lassen Sie EXCEL das übernehmen!

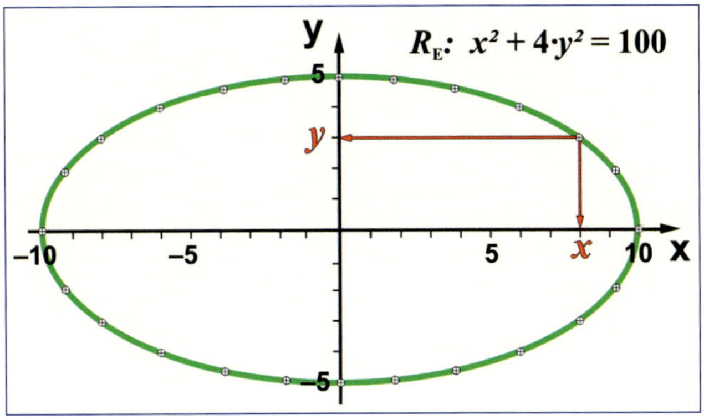

Bild 1.6.3
*Grafische Darstellung der Relation R_E**

In *Bild 1.6.3* wurden noch zwölf zusätzliche Elemente eingetragen, und man erkennt, dass die Minikreuze wohl auf einer Ellipse liegen. Man muss sich aber klar machen, dass das Zeichnen einer Kurve mehr oder weniger spekulativen Charakter hat. Man schließt von einer endlichen Teilmenge der Relation auf die vollständige Relation. Im Falle unserer „gutmütigen" Beispielrelation mag das noch angehen – im Allgemeinen kann man sehr daneben liegen. Allerdings besteht noch die Möglichkeit, sich mit den Mitteln einer so genannten *Kurvendiskussion* mehr Informationen über den Kurvenverlauf zu verschaffen. Sehr häufig wird im Zusammenhang mit Relationen der Begriff „*Graph*" verwendet.

Hier kommt der Begriff des „Graphen" ins Spiel

Merke:
Bei einer grafischen Darstellung bilden die Elemente der Relation eine geometrische Punktmenge in einem ebenen Koordinatensystem. Diese Punktmenge kann man als **eigenständige** Menge auffassen. Man nennt sie dann *Graph* oder *Schaubild* der Relation.

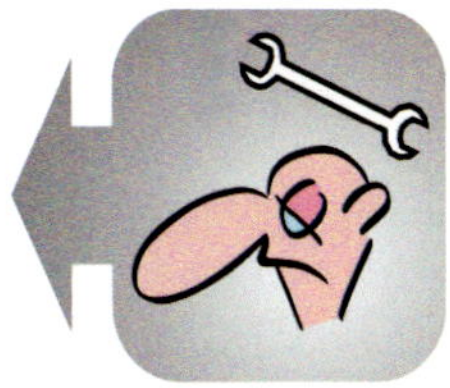

Merksatz 1.6.1

Die folgende Relation soll zeigen, dass Relationsgraphen nicht nur Kurven, sondern auch Flächen bilden können.

$$R_{KB} = \left\{ (x, y) \in \mathbb{R}^2 \;\middle|\; \left(x^2 + y^2\right)^3 \le 400 \cdot x^2 y^2 \right\} \qquad (1.6.5)$$

Gilt nur das Gleichheitszeichen, würden die Elemente der Relation eine Kleeblattkurve bilden. Da auch noch ein „<" zugelassen ist, gehören auch die Elemente im Inneren mit zur Relation und bilden ein schönes grünes Kleeblatt (*s. Bild 1.6.4*). Das Erraten von Elementen der Kurvenpunkte des Kleeblatts beschränkt sich gerade einmal auf den Punkt (0, 0). Nur mithilfe eines Tricks (Koordinatentransformation: *s. Abschn. 7.10*) ist es möglich, so viele Elemente zu ermitteln, dass der Kurvenverlauf sichtbar wird.

Hier gehören sowohl Randpunkte als auch innere Punkte zur Relation.

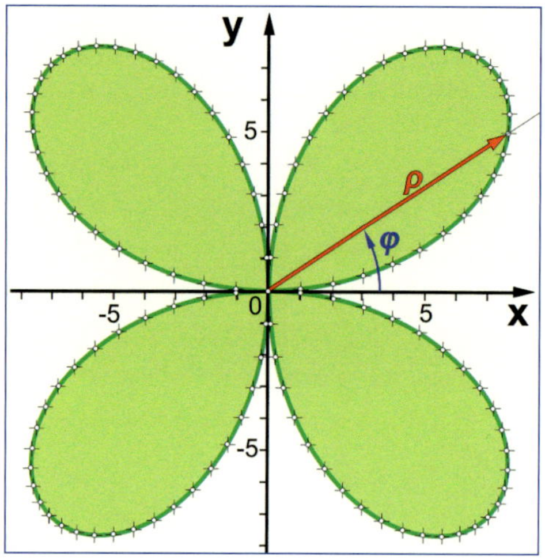

Bild 1.6.4
Grafische Darstellung der Kleeblattrelation R_{KB}

1.7 Funktionen

Ein wichtiger Spezialfall

Unter den Relationen gibt es einen überaus wichtigen Spezialfall. Um diesen an einem Beispiel erklären zu können, müssen unsere Figuren noch einmal bemühat werden. Die Elemente der Menge E (**E**ltern) sind hier nicht einzelne Personen sondern Paare, gekennzeichnet durch ihre Blutgruppen (*s. (1.7.1)*). Um Verwechslungen zu vermeiden, musste die Blutgruppe AB in (eckige) Klammern gesetzt werden. [AB]A bedeutet also, dass ein Partner Blutgruppe AB, der andere die Blutgruppe A hat.

(1.7.1)
$$E = \{[\mathrm{AB}][\mathrm{AB}],\ [\mathrm{AB}]\mathrm{A},\ [\mathrm{AB}]\mathrm{B},\ [\mathrm{AB}]0,\ \mathrm{B}0,\ \mathrm{BB},\ \mathrm{AA},\ \mathrm{A}0\}$$

Die Menge K besteht aus drei Kindern der Blutgruppen 0, A bzw. B.

(1.7.2)
$$K = \{\mathrm{K}0,\ \mathrm{KA},\ \mathrm{KB}\}$$

In dem folgenden Beispiel geht es nicht um Blutspenden, sondern darum, wie sich die Blutgruppenzugehörigkeit vererbt. Betrachten wir dazu die folgende Relation:

(1.7.3)
$$f = \{(x, y) \in E \times K \mid y \text{ kann nicht Kind von } x \text{ sein}\}$$

Leider ein fantasieloser Name aber üblich: das kleine „f“.

Um die Elemente der Relation f zu ermitteln, müssen wir alle Elemente der Grundmenge durch den „Formelprüfer“ schicken – vergleiche *Bild 1.3.1*! E hat sieben und K hat drei Elemente d. h., es gibt 21 mögliche Eltern-Kinder-Paarungen. Man müsste also 21 Elemente prüfen, ob sie die Formel erfüllen. Nach den Mendelschen Gesetzen erfüllen genau acht Elemente die Formel und sind somit die Elemente der Relation f (*s. 1.7.4*).

$$f = \{ ([AB][AB], K0), ([AB]A, K0), ([AB]B, K0), ([AB]0, K0), (B0, KA), (BB, KA), (AA, KB), (A0, KB) \} \quad (1.7.4)$$

In *Bild 1.7.1* sind die Elemente der Relation wie in *Bild 1.5.1* durch Pfeile dargestellt. Nun stellt sich die Frage: Was unterscheidet die Relation f in diesem Beispiel grundsätzlich von der Spender-Empfängerrelation R in *Abschnitt 1.5* (*1.5.4*) bzw. (*1.5.8*)?

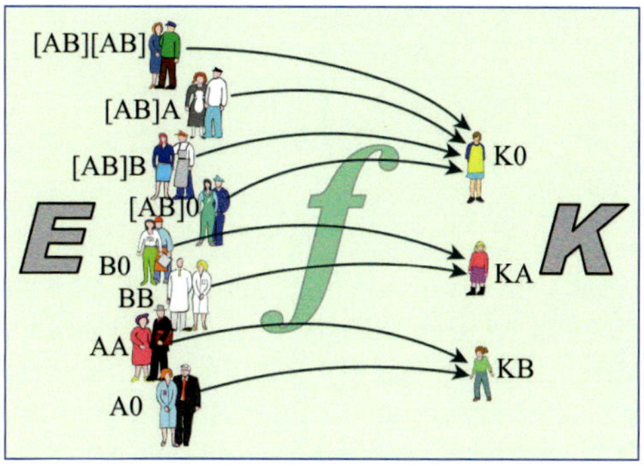

Wichtig! Blättern Sie zurück zum Pfeildiagramm der Relation R und vergleichen Sie!

Bild 1.7.1
Pfeildiagramm der Beispielrelation f

Über kurz oder lang werden Sie feststellen:

- Die Elemente der Mengen E und K lassen sich in *Bild 1.7.1* so anordnen, dass sich die Pfeile nicht überschneiden. Das war bei der Relation R nicht möglich (*s. Bild 1.5.1*).
- Jedes Element von E ist Ausgangspunkt von nur einem Pfeil. Bei der Relation R nahmen von M0 vier und von MA bzw. MB jeweils zwei ihren Ausgang (*s. Bild 1.5.1*).
- In den Elementen von f kommt die erste Koordinate jeweils nur einmal vor. Dementsprechend hat die Relation genau so viel Elemente wie die Menge E – d. h. $|E| = |f|$ (*s. 1.7.4*).

Alle drei Besonderheiten lassen sich zusammenfassen:
Diese spezielle Relation ist mehr als nur eine Beziehung. Jedem Element der Menge E ist nur jeweils **ein** Element der Menge K zugeordnet. Genau so könnte man sagen: Jedem Element der Menge E ist **eindeutig** ein Element der Menge K zugeordnet. Die Relation beinhaltet eine *eindeutige Zuordnung*!

Die spezielle Relation beinhaltet eine eindeutige Zuordnung.

Diese speziellen Relationen sind in der Praxis von so großer Bedeutung, dass sie eine eigne Bezeichnung erhalten: Relationen dieser Art heißen *Funktionen*. Die erste Menge (hier E) heißt *Definitionsbereich* oder *-menge*. Die Elemente dieser Mengen heißen *Argumente* (der Funktion). Die zweite Menge (hier K) heißt *Wertebereich* oder *-menge*. Die Elemente des Wertebereichs – es sind die zweiten Koordinaten der Relation – heißen (*Funktions-*) *Werte*. Anstelle die Elemente der Funktion als Menge innerhalb geschweifter Klammern aufzuführen, kann man sie, wie bei den Relationen auch, als Tabelle schreiben (*s. Tab. 1.7.1*). Im Falle der Funktionen heißen derartige Tabellen *Wertetabellen*. Alle Elemente der Menge f finden sich in den Zeilen der Wertetabelle wieder – hier heißen sie nur anders: *Wertepaare*.

Funktionen sind spezielle Relationen!

(Argument, Funktionswert) – so etwas heißt Wertepaar

Tabelle 1.7.1
Wertetabelle der speziellen Relation f

x	*y*
[AB][(AB]	K0
[AB]A	K0
[AB]B	K0
[AB]0	K0
B0	KA
BB	KA
AA	KB
A0	KB

Die eindeutige Zuordnung fest im Blick: senkrechte Wertetabellen.

Meiden Sie, auch wenn es Platz kostet, horizontale Wertetabellen!

Bei Relationen und Funktionen müssen die beteiligten Mengen genau definiert sein!

Beachten Sie: Bei Funktionen ist wie bei den Relationen eine sorgfältige Definition der beteiligten Mengen unerlässlich. Unsere Beispielrelation *f* würde trotz gleicher Formel bereits keine Funktion mehr sein, wenn man die Menge *K* um nur ein Element, nämlich ein Kind mit der Blutgruppe AB erweitern würde. Nichttriviale Formeln, deren Lösungsmengen mithilfe der Mendelschen Vererbungsgesetze ermittelt werden müssen, sind in der Regel keine Funktionen, sondern Relationen. Bei gleichen Mengen *E* und *K* wie oben würde beispielsweise eine Relation mit der Formel „*y* ist Kind von *x*" keine eindeutige Zuordnung mehr gestatten. Nur wenn beide Elternteile Blutgruppe 0 haben, hätte das Kind zwangsläufig Blutgruppe 0. Falls dagegen ein Elternteil A und der andere Teil Blutgruppe B hat, sind beim Kind sogar alle vier Blutgruppen möglich.

Was ist bei der Bremsfunktion Definitionsbereich und was ist Wertebereich?

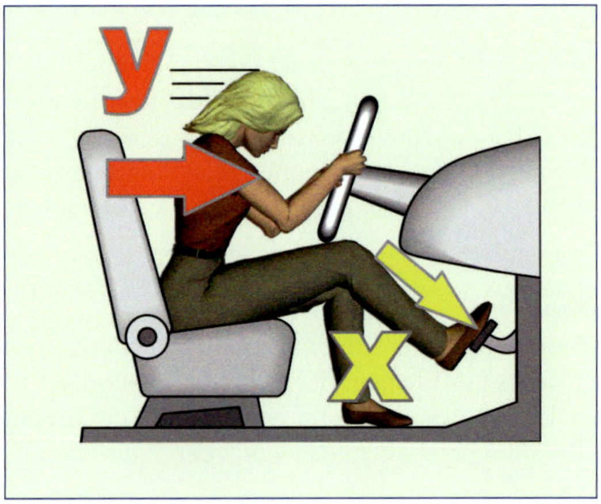

Bild 1.7.2
Das Bremsen als Funktionsbeispiel

Zur Festigung des Funktionsbegriffes sehen wir uns in *Bild 1.7.2* exemplarisch eine lebenswichtige Funktion an – das Bremsen. Die Funktion sollte gerne eine eindeutige Zuordnung zwischen der Pedalkraft *x* und der Trägheitskraft *y* sein. Man sagt dann: „Die Trägheitskraft ist eine Funktion der Pedalkraft". Die so genannte Trägheitskraft, mit der Ihr Körper mehr oder weniger nach vorne getrieben wird, ist ein genaues Maß für die Bremsverzögerung (Geschwindigkeitsverminderung pro Sekunde). Sie haben somit im Gefühl, welche Bremswirkung sich bei einer von Ihnen ausgeübten Pedalkraft einstellt. Sollte aber einer bestimmten Pedalkraft keine eindeutige Bremswirkung zugeordnet sein, handelt es sich um keine Funktion mehr und Sie können hoffentlich noch als gesunder Mensch sagen: „Die Bremse **funktioniert nicht**“. Das könnte beispielsweise bei hoher Geschwindigkeit auf einer pfützenreichen Straße passieren. Wegen Aquaplaning kann die Bremsverzögerung auf der Pfütze verschwinden, egal was Sie mit dem Bremspedal machen. Am Ende der Pfütze ist bei gleicher Pedalkraft die Bremswirkung wieder normal. Das Bremsen wird auch zur „Relation des Schreckens“, wenn sich Luftblasen in der Bremsleitung befinden.

„Funktioniert nicht“ heißt: Die Relation beinhaltet keine eindeutige Zuordnung.

In *Merksatz 1.7.1* sind die wichtigsten Begriffe rund um den Funktionsbegriff noch einmal zusammengestellt.

Merke:
Eine Relation f mit der Grundmenge $D \times W$ ist eine *Funktion*, wenn jedem Element der Menge D genau ein Element der Menge W zugeordnet ist. Die dann *Definitionsbereich* und *Wertebereich* genannten Mengen können ihrerseits aus kartesischen Produkten zusammengesetzt sein.
Die Elemente des Definitionsbereichs D nennt man *Argumente* und die des Wertebereichs W *Funktionswerte* (oder auch schlicht nur *Werte*). Da sich die Mengen D und W speziell auf eine bestimmte Funktion beziehen, fügt man noch gerne den Funktionsnamen – tiefgestellt oder in Klammern – hinzu: $D(f)$, $W(f)$ oder D_f, W_f

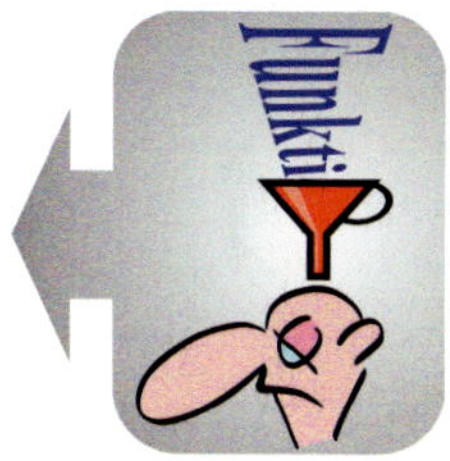

Merksatz 1.7.1

1.8 Umkehrfunktionen I

Noch mehr über Umkehrfunktionen finden Sie in den Kapiteln 8 und 9.

Stutzen wir spaßeshalber den Definitionsbereich unserer Beispielfunktion (*1.7.3*) aus *Abschnitt 1.7* zusammen und lassen nur noch Elternpaare mit gleicher Blutgruppe zu.

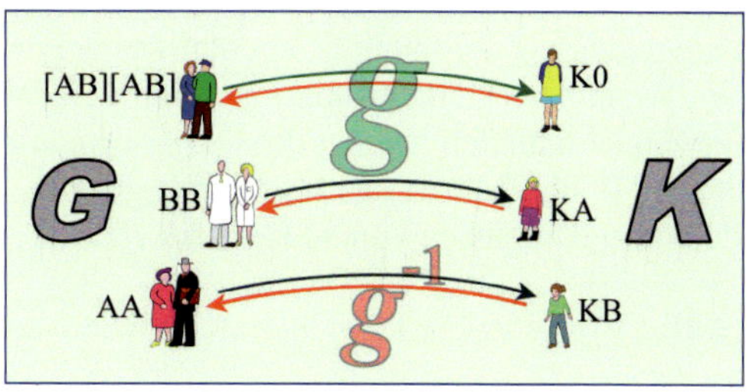

Bild 1.8.1
Illustration von Funktion und Umkehrfunktion

Die Beispielfunktion ändert sich und nimmt die folgende Form an.

$$g = \{(x, y) \in G \times K \mid y \text{ kann nicht Kind von } x \text{ sein}\} \tag{1.8.1}$$

Nun erfüllen nur noch drei Elemente die Formel in (*1.8.1*).

$$g = \{([\text{AB}][\text{AB}], \text{K0}), (\text{BB}, \text{KA}), (\text{AA}, \text{KB})\} \tag{1.8.2}$$

Immer daran denken, eine Funktion wird durch ein „Dreierpack“ aus Definitionsbereich, Wertebereich und Formel festgelegt!

Man erkennt, dass die Funktion (*1.8.2*) trotz gleich gebliebener Formel einen neuen Namen bekommen muss, denn mit der Änderung des Definitionsbereichs ist auch eine Änderung der Erfüllungsmenge verbunden. Unterschiedliche Mengen müssen unterschiedliche Namen haben!

Sehen wir uns noch der Vollständigkeit halber an, wie die mit der Mengendarstellung (*1.8.2*) gleichwertige Wertetabelle aussieht!

Tabelle 1.8.1
Wertetabelle der umkehrbaren Beispielfunktion g

x	y
[AB][(AB]	K0
BB	KA
AA	KB

Grundsätzliche Änderung: Es ist möglich, vom Funktionswert auf das Argument zurückzuschließen.

Es hat sich mit dem veränderten Definitionsbereich auch grundsätzlich etwas geändert. Es handelt es sich nach wie vor um eine eindeutige Zuordnung, also um eine Funktion. Jetzt weist aber nur ein Zuordnungspfeil auf jedes Element des Wertebereichs! Damit führen bei dieser Funktion unterschiedliche Argumente auch immer zu unterschiedlichen Funktionswerten. Die Konsequenz daraus: Man kann **umgekehrt** von einem Funktionswert eindeutig auf das Argument zurückschließen. In unserem Beispiel weiß man jetzt genau, welches Paar aus der Menge G nicht mit dem Jungen der Blutgruppe 0 verwandt (ersten Grades) sein kann. Vorher gab es dafür vier Möglichkeiten! Beachten Sie dazu bitte *Merksatz 1.8.1*!

Merksatz 1.8.1

Merke:
Führen unterschiedliche Argumente ausschließlich zu unterschiedlichen Funktionswerten, so nennt man diese Funktion *umkehrbar* oder *injektiv*. Entsprechend heißen diese Funktionen *Injektivitäten* oder auch *Eins-zu-Eins-Abbildungen* (Abbildungen: *vgl. Abschnitt 1.10*!).

Umkehrfunktion

Post (als Vorsilbe): <lat., „nach“>

Die Möglichkeit des eindeutigen „Zurückschließens“ ist sozusagen eine **umgekehrte** (eindeutige!) Zuordnung – in *Bild 1.8.1* wurde das durch rote Pfeile angedeutet. Diese umgekehrte Zuordnung ist ebenfalls eine Funktion. Man nennt sie *Umkehrfunktion*. Wenn eine Umkehrfunktion keinen eigenständigen Namen bekommen soll, verwendet man den Namen der Originalfunktion zusammen mit einem hochgestellten „–1“ als *Postfix*. In (*1.8.3*) wird gezeigt, wie die Umkehrfunktion unserer Funktion g aussehen könnte (*vgl. mit 1.8.1*).

(1.8.3)

$$g^{-1} = \{(x,y) \in K \times G \mid x \text{ kann nicht Kind von } y \text{ sein}\}$$

Lies „g hoch minus eins“!

Definitions- und Wertebereich der Originalfunktion haben in der Umkehrfunktion ihre Rollen vertauscht. Die einstigen Funktionswerte von g sind jetzt die Argumente der Umkehrfunktion g^{-1}! Da man gern ein Argument mit x und den Funktionswert mit y benennt, ist x jetzt ein Element aus der Menge K und y aus G. Deswegen ist es zweckmäßig, dass in der Formel x und y vertauscht werden. Die Formel selbst verändert sich nicht oder sie ist in eine **gleichwertige** Fassung überführt worden.

Sind wie in unserem Beispiel Definitions- und Wertebereich endliche Mengen, ist die Umkehrfunktion in aufzählender Form simpel. Die erste und die zweite Koordinate sind einfach, wie durch Vergleich mit (*1.8.2*) ersichtlich, vertauscht.

$$g^{-1} = \{(\text{K0,[AB][AB]}), (\text{KA,BB}), (\text{KB,AA})\} \quad (1.8.4)$$

Genauso einfach gestaltet sich die mit der Mengendarstellung (*1.8.4*) gleichwertige Wertetabelle der Umkehrfunktion g^{-1} (*s. Tab. 1.8.2*). Die beiden Spalten vertauschen ihre Inhalte, die Kopfzeile dagegen bleibt – vergleichen Sie bitte mit *Tabelle 1.8.1*!

x	*y*
K0	[AB][(AB]
KA	BB
KB	AA

Tabelle 1.8.2
Wertetabelle der Umkehrfunktion g^{-1}

1.9 Explizite Darstellung von Funktionen

Da es sich bei einer Funktion um eine (spezielle) Relation handelt, gilt alles, was über Relationen gesagt wurde, auch für Funktionen. Den Namen, der dieser Menge zugewiesen ist, kann man natürlich auch als Relationszeichen benutzen. Anstelle von $(x, y) \in f$ könnte man auch die Infix-Schreibweise $x\,f\,y$ verwenden. Spricht man also von einer Funktion, ist damit genau wie bei den Relationen eine (Lösungs-) Menge gemeint. Da eine Funktion zusätzlich jedem Element des Definitionsbereiches eindeutig ein Element des Wertebereichs zuordnet, müsste sich dafür eine *Zuordnungsvorschrift* finden lassen.

Und noch einmal: Funktionen sind spezielle Relationen!

Hier wird eine Zuordnungsvorschrift mithilfe einer Fallunterscheidung formuliert!

$$y = \underbrace{\begin{cases} \text{K0} & \text{falls} \quad x = \text{[AB][AB]} \\ \text{K0} & \text{falls} \quad x = \text{[AB]0} \\ \text{K0} & \text{falls} \quad x = \text{[AB]A} \\ \text{K0} & \text{falls} \quad x = \text{[AB]B} \\ \text{KA} & \text{falls} \quad x = \text{B0} \\ \text{KA} & \text{falls} \quad x = \text{BB} \\ \text{KB} & \text{falls} \quad x = \text{A0} \\ \text{KB} & \text{falls} \quad x = \text{AA} \end{cases}}_{f(x)} \quad (1.9.1)$$

Wir machen es uns zunächst einfach und bleiben bei unserem Blutgruppenbeispiel (*1.7.3*)! Unsere Überlegungen führen wir zunächst an der simpelsten aller möglichen Zuordnungsvorschriften, einer *Fallunterscheidung*, durch (s. (*1.9.1*)).

Frei oder gebunden ist hier die Frage?

Die Variable x auf der rechten Seite der Zuordnungsvorschrift *(1.9.1)* ist eine freie Variable. Diese kann aber auch alternativ als gebundene Variable aufgefasst werden, d. h. auf einem (virtuellen) Speicherplatz x ist eines der Elemente des Definitionsbereiches abgelegt worden – es ist nur nicht bekannt welches. Bei dieser Interpretation der Variablen x fallen die Zeilen mit den falschen Aussagen fort und von der Zuordnungsvorschrift rechts in *(1.9.1)* verbleibt nur noch ein einzelner Wert, der dem Argument x zugeordnete Funktionswert:

(1.9.2)

$$x := (\text{ein konkretes Element aus D}): \quad y = (\text{Funktionswert})$$

Die Zuordnungsvorschrift muss einen Namen bekommen!

Für den durch die Zuordnungsvorschrift ermittelten Funktionswert muss eine vernünftige Schreibweise gefunden werden! Betrachten wir dazu Zuordnungsvorschrift *(1.9.1)* noch einmal! Rechts neben der geschweiften Klammer stehen in modifizierter Schreibweise die Elemente/Wertepaare unserer Beispielfunktion f – *vgl. (1.7.4) und Tab. 1.7.1*! Wegen dieser engen Verwandtschaft kann man ruhigen Gewissens den Funktionsnamen f für das oben genannte Namensfindungsproblem benutzen.

Die einfachste Lösung ist in der Regel auch die beste!

Zwei Möglichkeiten kommen zur Benennung der Funktionswerte in Frage:

Und wie sollen die Funktionswerte heißen?

- *Postfix-Schreibweise*: $x\,f$ lies: „x abgebildet mit f"
- *Präfix-Schreibweise*: $f(x)$ lies: „f von x"

Prae (als Vorsilbe): <lat., „vor">

Der Vorteil der Postfix-Schreibweise ist, dass sie mit der *Infix-Schreibweise* der Relationen $x\,f\,y$ kompatibel ist. Am häufigsten wird, wie in *(1.9.1)* bereits unten angedeutet, die Präfix-Schreibweise verwendet. Der Name der Funktion wird der Variablen (hier x) **voran**gestellt. Da Funktionsnamen durchaus aus mehreren Buchstaben bestehen dürfen, packt man die Variable(n) in ein „Klammerpaket". Man könnte sonst Buchstaben des Funktionsnamens für Variable halten.

Das Klammerpaket ermöglicht Funktionsnamen aus mehreren Buchstaben und Zeichen.

Will man unbedingt auf einen ganz konkreten Funktionswert hinweisen, gibt es einen einfachen Ausweg. Man setzt anstelle der durch eine Wertzuweisung gebundenen Variablen das konkrete Argument direkt in das „Klammerpaket" ein:

Wenn es konkret wird:

(1.9.3)

$$f(\text{A0}) \quad \text{oder} \quad f(\text{A0}) = \text{KB}$$

Die „Ein-Ausgabe-Maschine" aus *Bild 1.9.1* soll helfen, eine Anschauung zu gewinnen. Die Maschine sortiert nicht wie die in *Bild 1.3.1*, sondern gibt bei Eingabe eines Elementes aus dem Definitionsbereich das (eindeutig) zugeordnete Element des Wertebereichs heraus. Der Funktionswert $f(x)$ wird hier durch einen Zuordnungs-Mechanismus ermittelt.

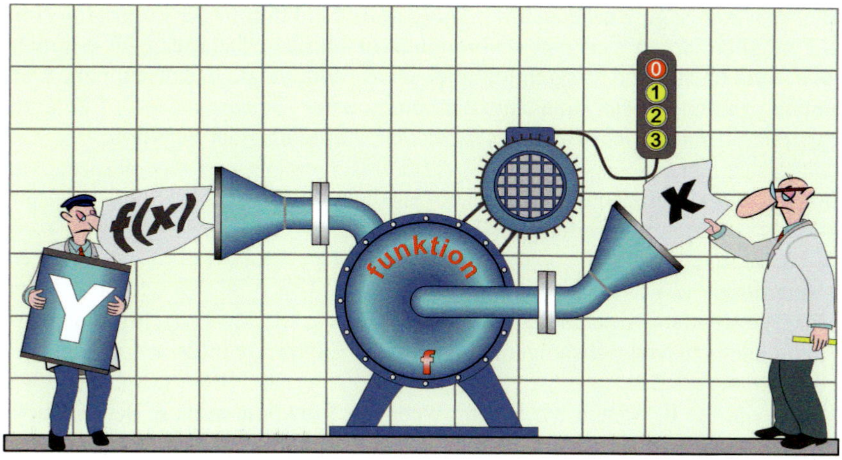

Die Geschwindigkeitsstufen des E-Motors stehen für die „Parameter" der Funktion.

Der Zuordnungsmechanismus hat denselben Namen wie die Funktion!

Bild 1.9.1
Ein-Ausgabe-Maschine zur Veranschaulichung des Funktionsbegriffs

Rechts im Bild wird eine Variable x eingegeben, die mit irgendeinem Element des Definitionsbereiches belegt ist. Damit kann der Mechanismus der Variablen x einen konkreten Wert, genannt Funktionswert, zuordnen – es ist $f(x)$! Dieser von der Maschine ausgegebene Wert flattert dann in einen mit y beschrifteten Eimer. Damit soll illustriert werden, dass der Funktionswert $f(x)$ der Variablen y zugewiesen wird. In (*1.9.4*) sehen Sie eine Schreibweise für das, was oben illustriert ist.

Hier ist eine Funktion explizit dargestellt:

$$y = f(x) \quad \text{mit} \quad x \in D(f) \quad \text{und} \quad y \in W(f) \tag{1.9.4}$$

Bedenken Sie, viele Verständnisprobleme haben ihre Ursache in missverstandenen Schreibweisen.

Merke:
Steht der Name einer Funktion als Präfix vor einem Klammerpaket mit Variablen – z. B. $f(x_1, x_2, \ldots, x_n)$ – so benennt diese Kombination den **Funktionswert,** der dem Argument $(x_1, x_2, \ldots, x_n)$ zugeordnet ist. Die Variablen werden dabei als gebunden betrachtet.
Weist man den Funktionswert einer Variablen (z. B. y) zu, wird daraus eine Relation der Form $y = f(x_1, x_2, \ldots, x_n)$. Man nennt sie eine *explizite Darstellung* der Funktion.

Merksatz 1.9.1

Da man der Variablen x unabhängig von irgendwelchen Zuordnungsvorschriften Elemente aus dem Definitionsbereich zuweisen darf, heißt die Variable *unabhängige Variable* oder, wie schon erwähnt, *Argument*. Die Zuweisung der Variablen y ist dagegen an die Zuordnungsvorschrift und das konkrete Argument gebunden – sie heißt dementsprechend *abhängige Variable*.

Alternative zum „Argument": „unabhängige Variable"

Die Schreibweise $y = f(x)$ kann man sowohl als Wertzuweisung als auch als Relation (*Funktionsgleichung*) betrachten, deren Lösungsmenge den Namen f hat. In *Abschnitt 1.5 bzw. 1.6* wurde darauf hingewiesen, dass man bei Relationen meist auf die ausführliche Mengenschreibweise verzichtet – *vgl.* (*1.5.11*) und (*1.6.2*)! Bei Funktionen wird das in der Praxis fast ausnahmslos so gehandhabt und die Schreibweise (*1.9.4*) zur Darstellung einer Funktion eingesetzt.

Zweierlei Betrachtungsweisen:
- *als Relation (Funktionsgleichung)*
- *als Zuordnungsvorschrift*

Leider oft ein vergebliches Unterfangen: die Überführung der impliziten in eine handlichere explizite Funktionsdarstellung

Die, wie man sagt, *Explizite Darstellung* einer Funktion in der Form (*1.9.4*) ist nur möglich, wenn sich eine Zuordnungsvorschrift auch tatsächlich ermitteln lässt. Sind unendliche Mengen im Spiel, ist es oft unmöglich, eine explizite Darstellung zu finden. Man kann dann die Funktion nur wie eine „normale" Relation darstellen – man spricht von einer *Impliziten Darstellung* der Funktion.

Im Falle einer explizit dargestellten Umkehrfunktion gibt es einen Schreibweisenkonflikt – beachten Sie bitte dazu die Warnung!

Merksatz 1.9.2

Warnung:
Die Verwendung des hochgestellten Postfixes „–1" für Umkehrfunktionen kann leider zu Verwechslungen mit negativen Exponenten führen – vergleiche *Definition 2.10.3*!
Benutzen Sie deswegen Klammern, wenn Sie Funktionswerte in den Nenner schicken wollen!

$$\frac{1}{f(x)} = \left(f(x)\right)^{-1} \text{ aber keinesfalls } f^{-1}(x)\,!$$

$f^{-1}(x)$ ist nämlich Funktionswert der Umkehrfunktion von f!

Wenn es sinnvoll ist, eine Variable vorübergehend als konstant anzusehen, heißt sie „Parameter"!

Eigentlich hat unsere in *Bild 1.9.1* symbolisierte Funktion nicht eine, sondern zwei Variable, denn an dem Elektromotor sind noch drei verschiedene Drehzahlen vorwählbar. Der Zuordnungsmechanismus ist somit modifizierbar. In der Praxis nennt man derartige Variablen *Parameter*. Parameter nimmt man nicht mit ins Klammerpaket, sondern hängt sie tiefgestellt als Postfix an den Funktionsnamen. Der Definitionsbereich des Parameters muss natürlich ebenfalls vermerkt werden.

(1.9.5)

$$y = f_k(x) \quad \text{mit} \quad x \in D(f)\,; \quad y \in W(f)\,; \quad k \in \{1;\, 2;\, 3\}$$

Einen wichtigen Sonderfall stellen Funktionen dar, deren Definitionsbereich aus den natürlichen Zahlen besteht. In diesem Fall ist es üblich, das Argument der Funktion nicht als Klammerpaket, sondern, wie bei den Parametern, als tiefgestellten Postfix an den Namen der Funktion zu hängen. Als Argumentnamen werden Buchstaben aus der Mitte des Alphabets (i, j, k, l, m, n) bevorzugt.

(1.9.6)

$$y = f_n \quad \text{mit} \quad n \in \mathbb{N} \quad \text{und} \quad y \in W(f)$$

In der Praxis verwendet man gerne anstelle des Funktionsnamens den Namen der abhängigen Variablen für die Zuordnungsvorschrift. Der Vorteil ist zwar an dieser Stelle nicht unbedingt einsehbar – trotzdem sollten Sie sich aber schon an dieser Stelle damit vertraut machen.

(1.9.7)

$$y = y(x)$$

Nehmen Sie bitte die hier vorgestellten Schreibweisen ernst!

Verwechslungen kann es auch hier nicht geben, denn das angehängte Klammerpaket zeigt an, dass der Variablenname rechts als Name für die Funktion herhält. Die hier vorgestellten Schreibweisen werden in Naturwissenschaft und Technik allen anderen Schreibweisen vorgezogen.

Ihre Nachteile sollen aber nicht verhehlt werden. In einer Wertetabelle geht die Zuordnung von links nach rechts, eine Richtung, die man standardmäßig als positive Richtung annimmt. In der Schreibweise $y = f(x)$ steht die zugeordnete Variable links und die unabhängige Variable rechts – die Zuordnung geht in die „verkehrte Richtung". Da $y = f(x)$ aber auch eine Wertzuweisung beinhaltet, sollte die Variable, der ein Wert zugewiesen wird, links stehen.

Eine Alternative zur Darstellung einer Funktion wie in *(1.9.4)*, bei der vor allem die Zuordnungseigenschaft besser herauskommt, ist die Verwendung von einem (Zuordnungs-) Pfeil, einem *Funktionsbildungsoperator*.

Ein vornehmer Name für einen (Zuordnungs-) Pfeil: Funktionsbildungsoperator

$$x \mapsto f(x) \quad \text{mit} \quad x \in D(f) \quad \text{und} \quad f(x) \in W(f) \tag{1.9.8}$$

Bisher wurden nur Funktionen mit einer (unabhängigen) Variablen betrachtet – man sagt auch einstellige Funktionen. Um zeigen zu können, dass Funktionen auch mit mehr als einer Variablen sinnvoll sind, kehren wir wieder zu dem konkreten Beispiel am Anfang des vorherigen Abschnitts zurück. Die zweistellige Relation f (*s. 1.7.3*) lässt sich mit abgespeckten Grundmengen auch als dreistellige Relation formulieren (*vgl. Merksatz 1.9.3*).

$$f^* = \{(x,y,z) \in M^* \times W^* \times K \mid z \text{ kann nicht Kind von } x \text{ und } y \text{ sein}\}$$
$$\text{mit } M^* = \{(\text{AB}), 0\}, \ W^* = \{\text{A, B}\}, \ K = \{\text{K0, KA, KB}\} \tag{1.9.9}$$

Die Relation musste (z. B.) in f^* (lies f-Stern) umbenannt werden, weil sich Formel und Grundmenge gegenüber f verändert haben! Die Elemente der Relation haben nun drei Koordinaten.

$$f^* = \{((\text{AB}), \text{A, K0}), ((\text{AB}), \text{B, K0}), (0, \text{A, KB}), (0, \text{B, KA})\} \tag{1.9.10}$$

Es ist nicht mehr auf den ersten Blick zu erkennen, dass es sich hier um eine Funktion handelt. Auf den zweiten Blick sieht man es vielleicht doch – die ersten beiden Koordinaten sind Elemente der Produktmenge $M \times W$. Da sie jeweils nur einmal vorkommen, handelt es sich um eine eindeutige Zuordnung – also um eine Funktion. Gemäß den vorher besprochenen Schreibweisenkonventionen sieht die explizite Darstellung der Funktion wie folgt aus:

$$z = f^*(x,y) \quad \text{mit} \quad (x,y) \in M^* \times W^* \quad \text{und} \quad z \in K \tag{1.9.11}$$

$M^* \times W^*$ ist hier der Definitionsbereich, der sich seinerseits aus dem kartesischen Produkt der Mengen M^* und W^* zusammensetzt. K ist der Wertebereich. Eine Wertetabelle leistet auch hier wieder hervorragende Dienste. Zur Erhöhung der Übersichtlichkeit bringt man die Elemente des kartesischen Produktes am besten in zwei Spalten unter (*s. Tab. 1.9.1*). Lassen Sie sich nicht täuschen! Dass in den linken beiden Spalten Elemente doppelt vorkommen, widerspricht keineswegs der Eindeutigkeit! Die Elemente des Definitionsbereiches haben zwei Koordinaten! Zwei Elemente des Definitionsbereichs sind nur dann gleich, wenn sie in **beiden** Koordinaten übereinstimmen.

Tabelle 1.9.1
*Wertetabelle der zweistelligen Beispielfunktion f**

y	x	z
A	AB	K0
B	AB	K0
A	0	KB
B	0	KA

Funktionen können – wie Relationen auch – beliebig viele Variablen haben. Kommt man mit den Variablennamen x, y, z, t nicht mehr aus, benutzt man Indizes. Beispiel: $x_1, x_2, x_3, \ldots, x_n$.

Merke:
Spricht man von einer Funktion mit n Variablen oder von einer n-stelligen Funktion, so hat diese Funktion n unabhängige Variable (Argumente). Abhängige Variable werden dabei **nicht** mitgezählt.

Merksatz 1.9.3

In *Abschnitt 1.3* wurden Ihnen Aussageformen mit einer Variable, im weiteren Verlauf nur noch Formeln genannt, vorgestellt. Merkmal einer Formel ist, dass sie in eine wahre oder falsche Aussage übergeht, wenn man Elemente aus der Grundmenge einsetzt. Mit dieser Definition erfüllen Formeln genau die Bedingung für eine eindeutige Zuordnung. Die Grundmenge entspricht dem Definitionsbereich und der Wertebereich ist denkbar einfach, er besteht nur aus zwei Elementen, WAHR bzw. FALSCH. Man kann auch anstelle von WAHR die „1" und entsprechend für FALSCH die Zahl „0" nehmen (*s. (1.9.12)*). Das heißt: Auch Formeln sind Funktionen!

(1.9.12)

$$\{\text{WAHR, FALSCH}\} \text{ oder } \{\text{w, f}\} \text{ oder } \{1, 0\} \text{ oder } \{\text{TRUE, FALSE}\}$$

Damit steht Ihnen auch für Formeln mit einer Variablen das ganze Schreibweisen- und Begriffsrepertoire der Funktionen zur Verfügung. Nehmen wir beispielsweise das griechische φ als Formelnamen, dann müssten $\varphi(x)$ die Funktionswerte sein (*vgl. 1.4.1*). Das macht Sinn, denn die Werte sind definitionsgemäß entweder WAHR oder FALSCH. Man kann (muss aber nicht!) dem Wahrheitswert eine (abhängige) Variable zuweisen und bekommt eine explizite Darstellung der als Funktion aufgefassten Formel. Machen wir davon Gebrauch, dass man der abhängigen Variablen denselben Namen geben darf wie der Formel (*vgl. (1.9.7)*)! Die nächste Zeile zeigt, wie unsere Formel, geschrieben als Funktion in expliziter Darstellung, jetzt aussieht.

(1.9.13)

$$\varphi = \varphi(x) \quad \text{mit} \quad x \in G \quad \text{und} \quad \varphi \in \{\text{w, f}\}$$

Eine Variable φ, die nur Werte WAHR oder FALSCH annehmen kann, heißt *Boolesche Variable*. Selbstverständlich dürfen die Formeln – wie bereits besprochen – auch mehr als ein Argument haben. Missverständlich wird die Schreibweise (*1.9.13*) einer Formel, wenn es sich um eine Gleichung handelt:

(1.9.14)

$$\varphi = \tan(x) = x \quad \text{mit} \quad x \in \mathbb{R} \quad \text{und} \quad \varphi \in \{\text{w, f}\}$$

Die Darstellung (*1.9.14*) könnte man zähneknirschend akzeptieren, denn man kann an den verschiedenen Grundmengen der Variablen sehen, dass es sich nicht um eine Gleichungskette handeln kann. Tatsächlich würde man so etwas niemanden zumuten. Schließt man die Formel in Klammern ein, bekommt die Formel (*1.9.14*) eine gut lesbare Struktur.

$$\varphi = (\tan(x) = x) \quad \text{mit} \quad x \in \mathbb{R} \quad \text{und} \quad \varphi \in \{\text{w}, \text{f}\} \qquad (1.9.15)$$

1.10 Abbildungen sind auch Funktionen

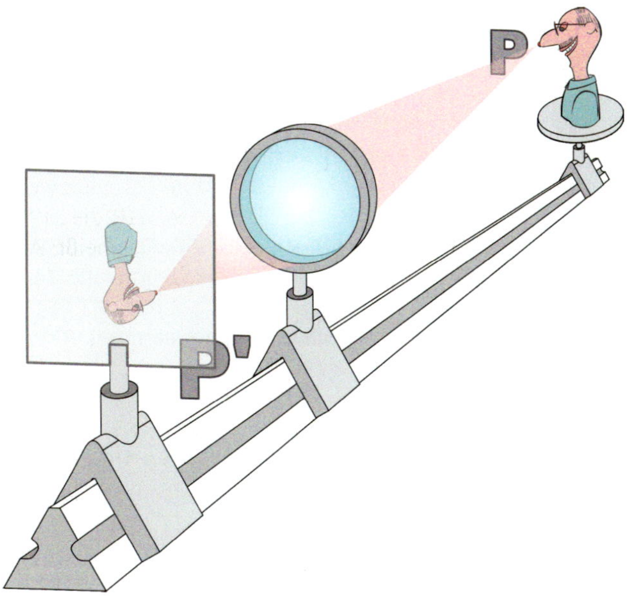

Objekt

P ist ein exemplarischer Punkt des Objektes

Objektiv (hier Linse)

Bild des Objekts

P' ist der Bildpunkt von P

Bild 1.10.1
Optische Abbildung eines Objekts

Häufig sagt man in der Mathematik anstelle von „Funktion“ auch Abbildung. Das in *Bild 1.10.1* vorgestellte Beispiel ist im wahrsten Sinne des Wortes eine Abbildung. Ein Objekt wird durch ein Objektiv – im Bild eine einfache Linse – auf einer Mattscheibe abgebildet. Man muss dazu bemerken, dass man die Oberfläche unseres Männchens als Punktmenge auffassen kann. Durch Beleuchtung mit einer Lampe (nicht im Bild) werden die Objektpunkte ihrerseits zu Lichtquellen. Eingezeichnet ist nur das Licht, das von einem einzigen (Nasen-) Punkt *P* des Objektes auf die Linse trifft. Die Linse fokussiert dieses Licht im Punkt *P*' der Mattscheibe. Der so beleuchtete Punkt wird auf diese Weise selbst zu einer Lichtquelle – man hat einen sichtbaren Bildpunkt *P*'. Das passiert mit allen Punkten des Objektes, vorausgesetzt, deren Licht gelangt durch die Linse. Die Abstände Objekt-Linse-Mattscheibe sind entsprechend der so genannten Linsenrelation eingestellt und der umgebene Raum ist abgedunkelt. Dann „erstrahlt“ auf der

P' wird zu einer Lichtquelle

Auch hier: eine eindeutige Zuordnung.

Mattscheibe ein Bild des Objektes. Wenn man noch dafür sorgt, dass ausschließlich Licht auf die Mattscheibe gelangen kann, das von den Punkten des Objektes abgestrahlt wird, handelt es sich bei dieser Abbildung um eine Funktion. Jedem (beleuchteten) Objektpunkt wird mithilfe der Linse eindeutig ein Bildpunkt zugeordnet. Man kann daher mit Fug und Recht eine Funktion als eine Art Abbildung auffassen und auch so nennen. Die diesem Beispiel zugrunde liegende Formel ist alles andere als einfach – es sei denn, Sie hätten anstelle der Linse ein Leica-Objektiv eingeschraubt. Normale Linsen oder billige Objektive verändern geometrische Proportionen sowie Farb- und Helligkeitsverhältnisse. Das Beispiel aus der Praxis signalisiert, dass bei Funktionen/Abbildungen Definitions- und Wertebereich nicht immer genau bekannt sind, sondern nur Obermengen davon. Bei einer optischen Abbildung wird nur ein Teil der Objektpunkte abgebildet – schon deshalb, weil sich die der Linse abgewandten Punkte nicht abbilden lassen. Nur die Punkte, die tatsächlich abgebildet werden, bilden den Definitionsbereich. Für den Wertebereich, auch Bildbereich, Bildmenge oder auch nur kurz Bild genannt, gilt Ähnliches. Es ist nicht zu erwarten, dass die Mattscheibe als Ziel der Abbildung vom Bild des Objektes komplett ausgeleuchtet wird. Hier ist das Bild ebenfalls nur eine Teilmenge der Mattscheibenpunkte (Zielmenge). Manchmal betrachtet man nur eine Teilmenge des Bildes – beispielsweise die Brille unseres Männchens. Dann nennt man die Menge der Objektpunkte, die für das Bild der Brille verantwortlich sind, das *Urbild* der Menge der Brillenbildpunkte. Natürlich ist der Definitionsbereich das Urbild des kompletten Bildes!

Nicht allen Objektpunkten wird ein Bildpunkt zugeordnet!

Nicht alle Mattscheibenpunkte sind Bildpunkte!

„Urbilder" gibt es auch!

Nehmen wir an, dass wir von einer Funktion/Abbildung f – ähnlich wie beim optischen Beispiel – vom Definitionsbereich nur die Obermenge A und vom Wertebereich nur die Obermenge B kennen, d. h. $D(f) \subseteq A$ bzw. $W(f) \subseteq B$. Die Menge B ist hier die oben erwähnte Zielmenge! Wir erinnern uns: Die Teilmengenbeziehung beinhaltet auch die Fälle $D(f) = A$ oder $W(f) = B$!

In welcher Relation Definitions- und Wertebereich zu den Mengen A bzw. B stehen, kann man mithilfe der in *Tabelle 1.10.1* aufgeführten Pfeilschreibweisen darstellen.

Tabelle 1.10.1
Spezialpfeile zur Kennzeichnung von Abbildungen

	Mengenrelationen	Schreibweise	alternativ	f ist Abbildung ...
I	$D(f) \subseteq A \wedge W(f) \subseteq B$	$f\colon A \dashrightarrow B$		... aus A in B
II	$D(f) = A \wedge W(f) \subseteq B$	$f\colon A \longrightarrow B$	$A \xrightarrow{f} B$	... von A in B
III	$D(f) = A \wedge W(f) = B$	$f\colon A \twoheadrightarrow B$	$f\colon A \xrightarrow{\text{auf}} B$	... von A auf B
IV	$D(f) = A \wedge W(f) \subseteq B$	$f\colon A \rightarrowtail B$	$f\colon A \xrightarrow{\text{1-1}} B$	... umkehrbar von A in B
V	$D(f) = A \wedge W(f) = B$	$f\colon A \rightarrowtail\!\!\!\!\twoheadrightarrow B$	$f\colon A \xrightarrow[\text{auf}]{\text{1-1}} B$	... umkehrbar von A auf B

Erläuterungen zu Tabelle 1.10.1:

Allgemeinster Fall: aus A in B

I. Hier sind sowohl $D(f)$ als auch $W(f)$ Teilmengen von A bzw. B. Man sagt: „f ist eine (partielle) Abbildung *aus A in B*". Zur Darstellung dieses Sachverhalts verwendet man einen unterbrochenen Pfeilschaft. Es besteht in diesem Fall sehr häufig die Aufgabe, sowohl den Definitionsbereich als auch den Wertebereich zu ermitteln.

Häufigster Fall: von A in B

II. Dieser Fall kommt am häufigsten vor und schließt die folgenden Fälle mit ein. Der Definitionsbereich ist von vornherein bekannt oder wurde bereits ermittelt. Von den Werten $W(f)$ kennt man aber nur eine Obermenge B. Dann ist f eine Abbildung von A *in* B und man verwendet dazu einen einfachen Pfeil (*s. Merksatz 1.10.1*).

Alle Punkte von B sind Bildpunkte: von A auf B

II. Im Fall II sind auch noch Elemente von B zulässig, die nicht Funktionswerte sind. Hier ist jetzt **jedes** Element der Menge B Funktionswert. Man sagt dann: „f ist eine Abbildung von A **auf** B". Solch eine Abbildung/Funktion heißt dann *surjektiv*, und aus dem Zuordnungspfeil wird eine Klobürste. Bei der Relation (*1.7.3*), die in dem Abschnitt als Funktion herausstellte, handelt es sich um eine *Surjektion*!

Unterschiedliche Argumente führen immer zu unterschiedlichen Werten: umkehrbar von A in B

III. Im Fall II können verschiedene Argumente durchaus zu ein und demselben Wert führen – der Eindeutigkeit der Funktion tut das keinen Abbruch. In diesem Fall jedoch haben unterschiedliche Argumente ausnahmslos unterschiedliche Funktionswerte – die Funktion ist umkehrbar/injektiv. Da bei einer injektiven Abbildung der Bildbereich nur Teil der Zielmenge zu sein braucht, bekommt der Pfeil wieder eine ganz gewöhnliche Spitze. Die Injektivität wird durch ein Büschel an der Argumentseite angedeutet.

IV und V: umkehrbar von A auf B

IV. Ist so eine Injektivität zusätzlich auch noch surjektiv, dann nennt man solche Funktion *bijektiv*. Man sagt auch: Es handelt sich um eine *eineindeutige* Zuordnung/Funktion. In diesem Fall erhält der Pfeil hinten das Büschel, was die Injektivität anzeigt und vorne die Klobürste, die auf die Surjektivität hinweist. Bei der umkehrbaren Funktion (*1.8.3*) handelte es sich um eine *Bijektion*.

Beachten Sie bitte den Hinweis!

> **Hinweis:**
> Die Fälle III bis V sind Spezialfälle von Fall II!
> Wenn bei einer Funktionsbetrachtung die Eigenschaften der Surjektivität, Injektivität oder Bijektivität nicht im Vordergrund stehen, kann auf die Spezialpfeile verzichtet werden. Man begnügt sich mit dem einfachen Pfeil von Fall II.

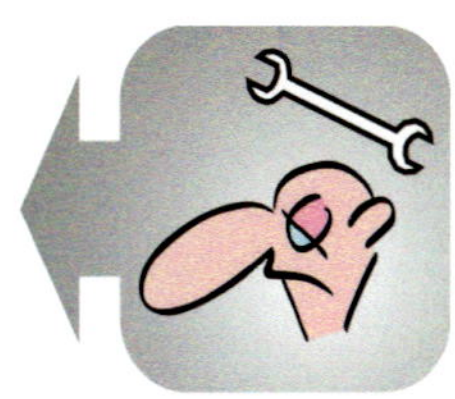

Merksatz 1.10.1

Vielfach wird die Darstellung der an der Abbildung beteiligten Mengen kombiniert mit der Funktionsdarstellung mittels Funktionsbildungsoperator (*1.9.8*). Im Falle einer Abbildung f von A in B liefert diese Kombination die folgende „kombinierte" Schreibweise:

Die „Kombischreibweise":

$$f : A \to B \, , \; x \mapsto f(x) \qquad (1.10.1)$$

Im konkreten Fall stünde dann anstelle von $f(x)$ die spezielle Zuordnungsvorschrift. Eine dreistellige Funktion könnte beispielsweise so aussehen:

(1.10.2)
$$f:\mathbb{R}^3 \to \mathbb{R},\ (x,y,z) \mapsto\ 8\left(x^2-4y\right)^3+\left(1-z^4\right)^2$$

Leider müssen Sie sich damit abfinden, dass es weder für Relationen noch für Funktionen einheitliche Schreibweisen gibt. Wenn ohnehin klar ist, dass nur reelle Zahlen beteiligt sind, wird meist nur notiert, wie sich der Funktionswert $f(x,y,z)$ errechnet.

(1.10.3)
$$f(x,y,z)=\ 8\left(x^2-4y\right)^3+\left(1-z^4\right)^2$$

In den beiden Darstellungen (*1.10.2*) und (*1.10.3*) wurde auf die Deklaration einer abhängigen Variablen verzichtet. Das kann man ändern. Die Variable y ist schon vergeben, also muss ein anderer Buchstabe, zum Beispiel das u, herhalten.

(1.10.4)
$$f:\mathbb{R}^3 \to \mathbb{R},\ (x,y,z) \mapsto\ u$$
$$\text{mit}\quad u=8\left(x^2-4y\right)^3+\left(1-z^4\right)^2$$

Wem die Schreibweise (*1.10.4*) aus verständlichen Gründen zu mühsam ist, der kann auch eine einfachere Darstellung wählen:

(1.10.5)
$$u=\ 8\left(x^2-4y\right)^3+\left(1-z^4\right)^2$$

In (*1.10.5*) ist wiederum der Funktion explizit kein Name zugewiesen worden. In diesem Falle würde man gemäß (*1.9.8*) annehmen, dass der Name der Funktion ebenfalls u wäre.

(1.10.6)
$$u=u(x,y,z)$$

Andernfalls müsste man wie in (*1.10.3*) einen Funktionsnamen definieren:

(1.10.7)
$$u=f(x,y,z)\quad \text{mit}\quad f(x,y,z)=\ 8\left(x^2-4y\right)^3+\left(1-z^4\right)^2$$

1.11 Auch Verknüpfungen sind Funktionen

Funktionen/Abbildungen tauchen in der Mathematik und deren Anwendungen in so vielen verschiedenen Varianten auf, dass man sich oft dabei nicht mehr bewusst ist, dass es sich im Grunde immer nur um Funktionen bzw. Abbildungen handelt. So wird eine Funktion/Abbildung, deren Definitionsbereich aus einem kartesischen Produkt gleicher oder unterschiedlicher Mengen besteht, auch (n-stellige) *Verknüpfung* oder auch *Operation* genannt.

$$f: A_1 \times A_2 \times \ldots \times A_n \rightarrow B \; ; \; (x_1, x_2, \ldots, x_n) \mapsto f(x_1, x_2, \ldots, x_n) \qquad (1.11.1)$$

Ein Sonderfall liegt vor, wenn $A_1 = A_2 = \ldots = A_n = B$. In diesem Fall spricht man von einer n-stelligen *inneren Verknüpfung*. Gilt dagegen $B \neq A_i$ für mindestens einen Faktor der Produktmenge, handelt es sich um eine n-stellige *äußere Verknüpfung*. Für den Anfang ist es nicht notwendig, den gesamten Zoo möglicher Verknüpfungsarten zu durchstreifen. Es reicht, sich auf ein- und zweistellige Verknüpfungen zu beschränken. Dagegen ist der Begriff des *Operators* außerordentlich hilfreich. Kern unserer Ein-Ausgabe-Maschine in *Bild 1.9.1* war ein Mechanismus, der das Argument zum Funktionswert verarbeitet. Dieser Verarbeitungsmechanismus wurde mit dem Funktionsnamen f belegt. Damit kann der Funktionsname nicht nur als Name, sondern als Stellvertreter für den kompletten Verarbeitungsmechanismus – dem „Operator" – dienen. Davon wird in Naturwissenschaft und Technik gern und vielfältig Gebrauch gemacht.

Innere Verknüpfung

Äußere Verknüpfung

Hat nur bedingt etwas mit Chirurgie zu tun: operari <lat., „an etwas arbeiten">

„f" ist Operator

Merke:
Eine *Verknüpfung* (*Operation*) ist die Abbildung einer Produktmenge $A_1 \times A_2 \times \ldots \times A_n$ **in** oder **auf** eine Zielmenge B. Die beteiligten Mengen dürfen untereinander teilweise oder vollständig gleich sein. Der Name der Verknüpfung repräsentiert den „Zuordnungsmechanismus" und wird gern *Operator* genannt. Das Argument der *„Operation"* genannten Verknüpfung heißt bei dieser Betrachtungsweise *Operand*.

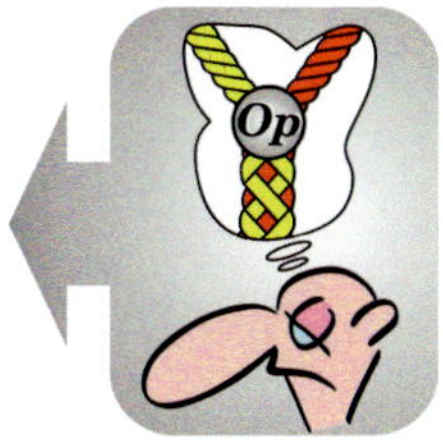

Merksatz 1.11.1

Merke:
Auch wenn eine Funktion die in *Merksatz 1.11.1* beschriebene Struktur aufweist, wird sie in der Praxis nicht unbedingt mit dem Namen „Verknüpfung" geadelt! Es muss sich schon um eine sehr wichtige grundlegende Funktion handeln, wenn man von einer Verknüpfung spricht! Wenn normalerweise von einer Verknüpfung ohne irgendwelche Zusätze gesprochen wird, ist eine **zweistellige** Verknüpfung gemeint!

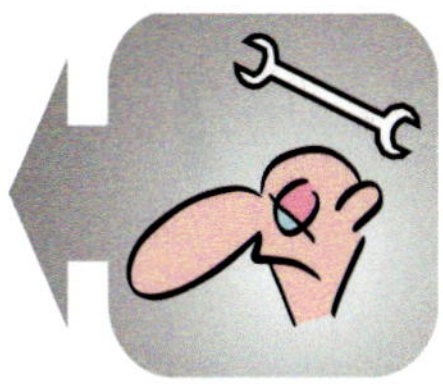

Merksatz 1.11.2

Für wirklich wichtige Operatoren gibt es genormte Symbole, und bei der Darstellung der Funktionswerte kommen neben Präfix- auch Infix- und Postfix-Schreibweisen zum Einsatz. Beispiele werden Ihnen noch zuhauf geliefert. Begnügen wir uns an dieser Stelle mit drei Beispielen:

$$\sqrt{} : \mathbb{R}_{\geq 0} \rightarrow \mathbb{R}_{\geq 0} \; ; \; x \mapsto \sqrt{x} \qquad (1.11.2)$$

Die ganz normale Quadratwurzel stellt sich als (innere) einstellige Verknüpfung heraus. Der Operator ist hier ein Symbol, das an eine Mohrrübe mit Grünzeug erinnert. Für die Darstellung des Funktionswertes wird die Präfix-Schreibweise benutzt. Da das Wurzelsymbol nicht mit einem Variablennamen verwechselt werden kann, ist ein Klammerpaket nicht erforderlich.

Eine „Wurzel" als Operator!

Postfix-Schreibweise einer Operation:

Auch das Quadrieren (mit sich selbst multiplizieren) ist eine einstellige Verknüpfung.

(1.11.3)

$$...^2 : \mathbb{R} \to \mathbb{R}_{\geq 0};\ x \mapsto x^2$$

Hier ist für die Darstellung des Funktionswertes die Postfix-Schreibweise üblich. Der Operator, hier eine hochgestellte Zwei, wird hinter das Argument gestellt.

&: Eine Verknüpfung im wahrsten Sinne des Wortes:

Eine zweistellige Verknüpfung im wahrsten Sinne des Wortes ist das Zusammenfügen zweier Strings (Zeichenketten), wovon bereits in *Abschnitt 1.2* die Rede war.

(1.11.4)

$$\& : S^2 \to S\ ;\ (x,y) \mapsto x \;\&\; y$$

S sei die Menge aller Zeichenketten. Für die wichtigen (zweistelligen) Verknüpfungen benutzt man nicht die vertraute Präfix-Schreibweise, sondern die Infix-Schreibweise und, wie schon erwähnt, genormte Symbole und Sonderzeichen als Operatoren. In *(1.11.4)* ist das Sonderzeichen „&" üblich. Für die speziellen Operanden "NUP208" und "-E-TVP2" gilt:

(1.11.5)

$$\text{"NUP208" \& "-E-TVP2"} = \text{"NUP208-E-TVP2"}$$

Auch in der Schule (Klasse 5/6) werden ein- und zweistellige Verknüpfungen (Operationen) thematisiert. Sie werden dort kindgemäß als Ein-Ausgabe-Maschinen dargestellt.

Sind Ihnen die Begriffe schon vertraut? Die Argumente heißen hier Operanden!

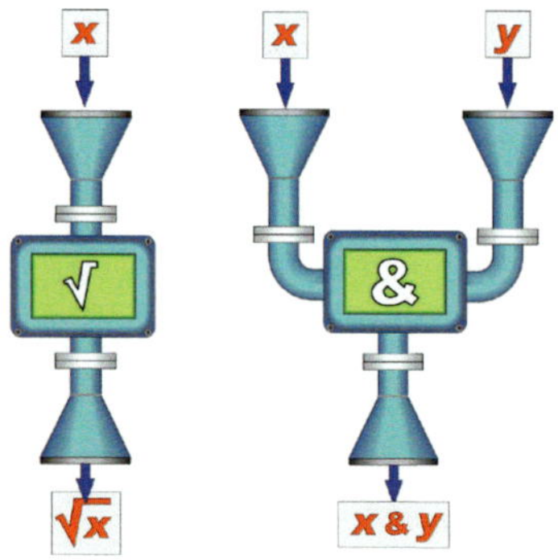

Bild 1.11.1
Modelle für ein- bzw. zweistellige Verknüpfungen (Operationen)

Natürlich stellen Verknüpfungen, wie sie *in Bild 1.11.1* illustriert sind, im Rahmen dieses Buches nichts Neues mehr dar. In *Abschnitt 1.8* wurde bereits von einer „Ein-Ausgabe-Maschine" Gebrauch gemacht (*vgl. Bild 1.9.1*). Hier allerdings werden die Argumente (Operanden) oben eingegeben und die Funktionswerte unten ausgegeben. Weiterhin ist bei der zweistelligen Verknüpfung für jede Koordinate ein separater Eingang eingezeichnet. Der Vorteil der Maschinchen zeigt sich erst, wenn man mehrere davon zusammenschraubt. Es entsteht dann eine baumartige Struktur, die dementsprechend in der Schule *Rechenbaum* heißt.

Wir greifen tief zurück! Kennen Sie noch Rechenbäume? Hier kehren sie zurück.

Nehmen wir als Beispiel einen aus vier Verknüpfungen (es sind hier die Grundrechnungsarten) komponierten Rechenbaum (*s. Bild 1.11.2*). Die Funktionswerte der oberen drei Verknüpfungen werden nicht etwa ausgegeben, sondern jeweils erneut einer darunter liegenden Verknüpfung zugeführt. Erst die unterste Verknüpfung liefert den endgültigen Funktionswert.

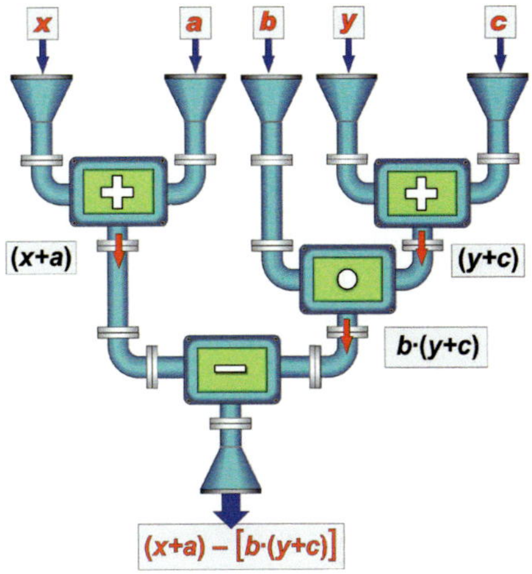

x, a, b, y, c sind Argumente bzw. Parameter.

Hier sind zweistellige Verknüpfungen zusammengeschraubt.

Rote Pfeile: Zwischenwerte

Unten: der Funktionswert

Bild 1.11.2
Rechenbaum aus vier zweistelligen Verknüpfungen

Durch die Auswahl der Verknüpfungen und die Art, wie man sie zusammenschraubt, ist eindeutig eine Funktion definiert. Fasst man die Variablen a, b, c als Parameter auf, so handelt es sich im vorliegenden Beispiel um eine zweistellige Funktion.

Bitte machen Sie sich auch mit den alternativen Begriffen vertraut!

Interpretiert man so einen Rechenbaum mit den alternativen Begriffen Operation, Operator und Operand, wird ein solches System besonders anschaulich. Die Zuordnung mit diesem System ist die Operation. Die Variablen x, y sind die Operanden und die zusammengeschraubten Einzelverknüpfungen bilden den Operator. Gewöhnlich werden die „Innereien" eines Operator in einer Blackbox verborgen. Mithilfe des Rechenbaumes lässt sich das „Innenleben" eines Operators (für Unterrichtszwecke) illustrieren.

Blackbox-Betrachtungsweise: Man betrachtet lediglich, was hinein- und was hinausgeht. Was sich im Inneren abspielt, wird nicht analysiert!

Baumdiagramme sind leicht zu verstehen, erfordern aber auch in vereinfachter Form Zeichenaufwand. Sie werden deshalb auch nur zu Unterrichtszwecken eingesetzt. Es stellt sich dann aber die Frage, wie man zweidimensionale Baumstrukturen ohne Informationsverlust eindimensional darstellen kann. Das gelingt, wie Sie sich eventuell erinnern, mithilfe einer Klammerkonvention/-regel.

Klammerregel:
Funktionswerte einer Verknüpfung, die einer weiteren Verknüpfung zugeleitet werden, müssen in Klammern eingeschlossen werden!
Der nun in Klammern eingeschlossene Wert, man sagt auch *Zwischenwert*, wird dann zum Argument/Operand für die nächste Verknüpfung.

Merksatz 1.11.3

Kein Merksatz am Rande! Die Klammerregel muss beherrscht werden!

Wird ein in Klammern gepackter Zwischenwert wiederum einer weiteren darunter liegenden Verknüpfung zugeführt, muss deren Funktionswert noch einmal komplett in Klammen eingeschlossen werden. Leider muss man bei diesem Verfahren ineinander geschachtelte Klammern in Kauf nehmen. Man kann die Übersichtlichkeit etwas verbessern, indem man für die Klammerpaare nicht nur runde, sondern auch eckige oder sogar geschweifte Klammern verwendet. In *Bild 1.11.2* sind die Zwischenwerte der Klammerkonvention entsprechend eingetragen, und man erkennt, wie sich der endgültige Funktionswert entwickelt.

Im Folgenden sehen Sie schließlich, wie der Funktionswert in dieser Klammerkonvention dargestellt wird.

(1.11.6)

$$f_{a,b,c}(x,y)=\left(x+a\right)-\left[b\cdot(y+c)\right] \quad ; \quad x,y,a,b,c\in\mathbb{R}$$

Wir erinnern uns: Je nachdem, wie man die unabhängigen Variablen/Parameter betrachtet (gebunden oder frei), kann man *(1.11.6)* als Funktionswert oder als Zuordnungsvorschrift der Funktion $f_{a,b,c}$ interpretieren.

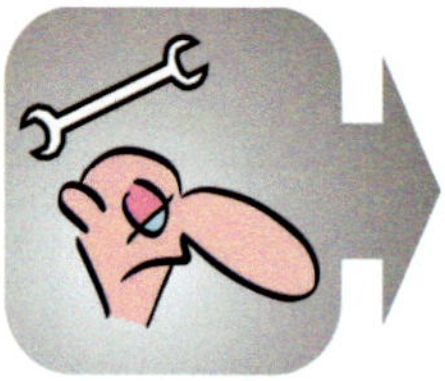

Merksatz 1.11.4

Merke:
Funktionswerte bzw. Zuordnungsvorschriften von Funktionen, die aus ein- und zweistelligen Verknüpfungen komponiert wurden, bezeichnet man zumeist mit *Funktionsterm* oder einfach auch nur *Term.*

Mehr Klammerregeln später!

Die Art und Weise, wie eine Funktion aus Verknüpfungen komponiert wurde, wird also durch die Klammern ausgedrückt. Leider sind *Terme* (*s. Merksatz 1.11.4*) nicht immer leicht lesbar. Deswegen gibt es eine Reihe zusätzlicher Klammerregeln, mit denen wir uns aber erst in späteren Kapiteln beschäftigen werden. Lässt man in unserem Beispiel „überflüssige“ Klammerpaare fort, wird der Funktionsterm schon übersichtlicher.

(1.11.7)

$$f_{a,b,c}(x,y)=x+a\,-\,b\cdot(y+c)$$

1.12 Aus Zwei mach Eins - ein Ausflug in die mathematische Logik

Neue Formeln durch Verknüpfungen

Junctio <lat., „Verbindung“>

Wie im normalen Sprachgebrauch kann man in der Mathematik durch Verwendung von „ODER“, „UND“, „NICHT“ bzw. „WENN … DANN …“ verschiedene Formeln zu neuen Formeln verknüpfen. Diese Spezialverknüpfungen von Formeln heißen in der Mathematik vornehm *Junktionen*.

Wir benötigen ein möglichst überschaubares System!

Beginnen wir mit dem „ODER“ und betrachten dazu als Beispiel eine einfache Duschinstallation. Ein Duschkopf wird mit Warmwasser über Kupferrohrnormteile gleicher Querschnittsflächen (2 cm²) gespeist. Die Besonderheit der Installation: In der Zuleitung sind zwei Ventile hintereinander eingelötet (*s. Bild 1.12.1*). Wenn im Folgenden von einem Drehwinkel x bzw. y gesprochen wird, ist damit Folgendes gemeint: Ist das Handrad eines Ventils im Uhrzeigersinn bis zum Anschlag gedreht, so ist das Ventil geschlossen $\rightarrow x = 0°$ bzw. $y = 0°$. Dreht man das Handrad anschließend im Gegenuhrzeigersinn um einen Drehwinkel von $2 \cdot 360°$ (das sind zwei Umdrehungen), ist das Ventil vollständig geöffnet. Für die Drehwinkel gilt dann $x = 720°$ bzw. $y = 720°$. Die Drehwinkel sind zwischen 0° und 720° kontinuierlich einstellbar.

Warmwasserzulauf über zwei hintereinander geschaltete Ventile

Vergrößerte Darstellung der Ventile

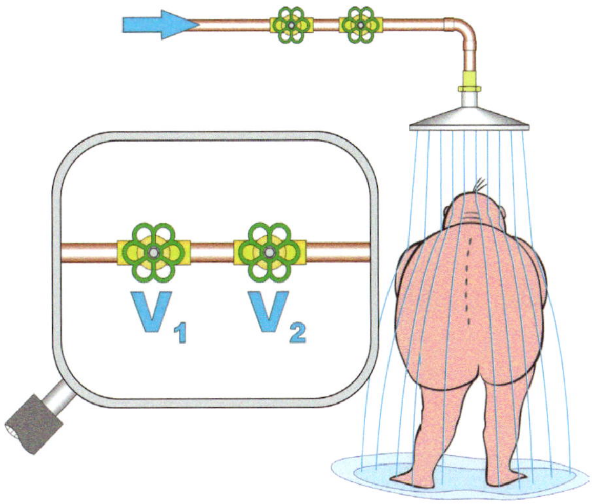

Bild 1.12.1
Hintereinanderschaltung zweier Ventile

Wird dem Mann unter der Dusche zu heiß, ist es für ihn wichtig zu wissen, welche Möglichkeiten er hat, um die Warmwasserleitung zu unterbrechen. Man benötigt kein großes technisches Verständnis, um einzusehen, dass es dafür drei Möglichkeiten gibt: Entweder dreht man Ventil1 oder Ventil2 oder (sicherheitshalber) beide ab. Man hat es hier offensichtlich mit einem „ODER" zu tun, was auch beide Möglichkeiten mit einschließt. So ein „Inklusiv-ODER" heißt auf Latein **vel** und bekommt deshalb das Zeichen „∨".

Vel <lat., „oder">

Für unseren „Mann unter der Dusche" wurde eine passende Formel definiert.

$$\varphi(x,y) = \underbrace{(x=0)}_{\text{Ventil 1 sperrt}} \vee \underbrace{(y=0)}_{\text{Ventil 2 sperrt}} \qquad (1.12.1)$$

Formel *(1.12.1)* ist offensichtlich durch Verknüpfung zweier Teilformeln entstanden. Benennen wir sie mit $\varphi_1(x)$ und $\varphi_2(y)$! Beachten Sie, dass ein Ventil genau dann sperrt, wenn der jeweilige Drehwinkel gleich null ist!

Wichtig: die Wertebereiche von φ, φ_1 und φ_2 sind {w, f}!

$$\varphi_1(x) = (x=0)\;; \quad \varphi_2(y) = (y=0) \qquad (1.12.2)$$

Es sei noch einmal darauf hingewiesen, dass man Formeln als Funktionen mit dem Wertebereich {w, f} auffassen kann (*vgl. (1.9.13)*)! In expliziter Darstellung sehen unsere „Funktionen" dann folgendermaßen aus:

$$\varphi_1 = \varphi_1(x) \;\;;\;\; \varphi_2 = \varphi_2(y) \;\;;\;\; \varphi_1 \vee \varphi_2 = \varphi(x,y) \qquad (1.12.3)$$

Die Namen der abhängigen Variablen können wir frei bestimmen: $\varphi_1(x)$ und $\varphi_2(y)$ weisen wir gemäß (*1.9.13*) denselben Namen zu wie den Funktionen. Für die abhängige Variable von $\varphi(x, y)$ wählen wir die Infix-Schreibweise für Verknüpfungen: $\varphi_1 \vee \varphi_2$ (lies:„Vieh1 ODER Vieh2"!) Beachten Sie bitte, dass die Definitionsbereiche der Funktionen *(1.12.3)* aus **allen** Drehwinkeln von 0° bis 720° bestehen und deshalb unendliche Mengen sind. Da aber φ_1 und φ_2 nur für $x = 0$ bzw. $y = 0$ WAHR sind, können wir die anderen Argumente mit „≠ 0" zusammenfassen.

Haben Sie die Formeln φ, φ_1 und φ_2 verstanden? Nein? Schauen Sie sich die Wertetabellen an (s. Tab. 1.12.1)!

Tabelle 1.12.1
(Wahrheits-) Wertetabellen für φ_1, φ_2, $\varphi_1 \vee \varphi_2$

x	φ_1
0	w
$\neq 0$	f

y	φ_2
0	w
$\neq 0$	f

x	y	$\varphi_1 \vee \varphi_2$
0	0	w
0	$\neq 0$	w
$\neq 0$	0	w
$\neq 0$	$\neq 0$	f

Einfach aber sehr effektiv: die Verwendung von Tabellen mit mehr als zwei Spalten

In *Tabelle 1.12.1* stehen die Verhältnisse der Duschinstallation aus *Bild 1.12.1*. Da es sich um ein System handelt, bringt man gerne die drei Tabellen in einer unter.

Tabelle 1.12.2
Kombinierte Wertetabelle für hintereinander geschaltete Ventile

x	y	φ_1	φ_2	$\varphi_1 \vee \varphi_2$
0	0	w	w	w
0	$\neq 0$	w	f	w
$\neq 0$	0	f	w	w
$\neq 0$	$\neq 0$	f	f	f

Die drei hinteren Spalten der Tabelle definieren eine Verknüpfung!

Betrachtet man die letzten drei Spalten von *Tabelle 1.12.2* genauer, erkennt man, dass es sich um die Wertetabelle einer zweistelligen inneren Verknüpfung mit den (booleschen) Argumenten (φ_1, φ_2) und den (booleschen) Funktionswerten $\varphi_1 \vee \varphi_2$ handelt. Die mithilfe dieser Wertetabelle **definierte** Funktion /Verknüpfung heißt *Disjunktion*.

(1.12.4)

$$\vee : \{\text{w}, \text{f}\}^2 \to \{\text{w}, \text{f}\} \;;\; (\varphi_1, \varphi_2) \mapsto \varphi_1 \vee \varphi_2$$

Die Operatoren für die Junktionen heißen „Junktoren".

Soll man die Wahrheitswerte einer durch den Junktor „∨" gebildeten beliebigen Formel ermitteln, brauchen wir uns um die Grundmengen der Teilformeln nicht mehr zu kümmern. Die Wahrheitswerte der Disjunktion ordnen wir einfach, gemäß den letzten drei Spalten von *Tabelle 1.12.2*, den Wahrheitswerten der beteiligten Teilformeln zu.

Merksatz 1.12.1

Definition:
Einer *Disjunktion* $\varphi_1 \vee \varphi_2$ aus den beiden Formeln φ_1, φ_2 wird nur dann der Wert WAHR zugewiesen, wenn φ_1 **oder** φ_2 oder **beide** WAHR sind. Sind beide Teilformeln FALSCH, hat auch ihre Disjunktion den Wert FALSCH.
Wertetabelle der Disjunktion *s. Tab. 1.12.2, Spalte 3 bis 5*!

Für die Betrachtung eines weiteren Junktors manipulieren wir die Warmwasserzuleitung und schalten die beiden Ventile parallel (*s. Bild 1.12.2*).

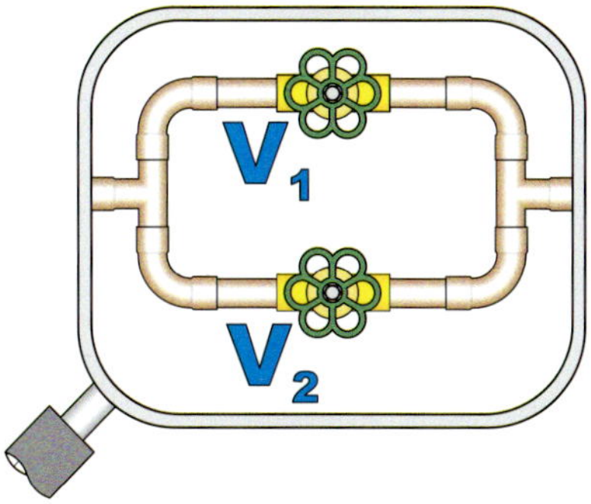

Vorteil der Parallelschaltung: Wenn ein Ventil verstopft ist, kann der Zulauf immer noch mit dem anderen Ventil gesteuert werden.

Bild 1.12.2
Parallelschaltung zweier Ventile

Dusche abstellen? Ein Ventil reicht jetzt nicht mehr!

Zum Abstellen der Dusche ist es in diesem Fall mit dem Zudrehen eines Ventils nicht getan. Eine Parallelschaltung sperrt nur dann, wenn Ventil1 UND zugleich Ventil2 zugedreht sind! Wir haben es nun mit dem Junktor „UND" zu tun. Das Zeichen dafür ist einfach das auf den Kopf gestellte „∨" also „∧". Die für das Abstellen der Dusche relevante Formel lautet jetzt:

$$\psi(x,y) = \underbrace{(x=0)}_{\text{Ventil 1 sperrt}} \wedge \underbrace{(y=0)}_{\text{Ventil 2 sperrt}} \qquad (1.12.5)$$

Noch ein Junktor

Formel (*1.12.5*) setzt sich aus denselben Teilformeln wie in (*1.12.2*) aufgeführt zusammen, sind aber jetzt mit dem Junktor „∧" verbunden. Deshalb muss diese Formel auch einen anderen Namen bekommen. In Zeile (*1.12.6*) wird gezeigt, wie unsere Funktionen in expliziter Darstellung jetzt aussehen.

$$\varphi_1 = \varphi_1(x) \quad ; \quad \varphi_2 = \varphi_2(y) \quad ; \quad \varphi_1 \wedge \varphi_2 = \psi(x,y) \qquad (1.12.6)$$

Da im Falle der Parallelschaltung die Leitung nur unterbrochen ist, wenn beide Ventile sperren, ist $\varphi_1 \wedge \varphi_2$ nur für $x = y = 0$ wahr (*s. Tab. 1.12.3*). $\varphi_1 \wedge \varphi_2$ liest man so: „Vieh1 UND Vieh2".

x	y	$\varphi_1 \wedge \varphi_2$
0	0	**w**
0	$\neq 0$	f
$\neq 0$	0	f
$\neq 0$	$\neq 0$	f

Tabelle 1.12.3
(Wahrheits-) Wertetabelle für $\varphi_1 \wedge \varphi_2$

Packen wir wieder wie oben die Wahrheitswerte für φ_1, φ_2 und jetzt $\varphi_1 \wedge \varphi_2$ in eine Tabelle.

x	y	φ_1	φ_2	$\varphi_1 \wedge \varphi_2$
0	0	**w**	**w**	**w**
0	$\neq 0$	**w**	f	f
$\neq 0$	0	f	**w**	f
$\neq 0$	$\neq 0$	f	f	f

Tabelle 1.12.4
Kombinierte Wertetabelle für parallel geschaltete Ventile

Es ist wieder eine Verknüpfung entstanden.

Genau wie oben handelt es sich bei den letzten drei Spalten um die Wertetabelle einer zweistelligen inneren Verknüpfung mit den (booleschen) Argumenten (φ_1, φ_2) und den (booleschen) Funktionswerten $\varphi_1 \wedge \varphi_2$. Die mithilfe dieser Wertetabelle **definierte** Verknüpfung heißt *Konjunktion*.

Σ≤∏: (1.12.7)

$$\wedge\colon \{\mathrm{w,f}\}^2 \to \{\mathrm{w,f}\} \;;\; (\varphi_1, \varphi_2) \mapsto \varphi_1 \wedge \varphi_2$$

Die Wahrheitswerte einer durch den Junktor „∧" gebildeten beliebigen Formel werden wieder nur gemäß der (roten) Tabelle aus den Wahrheitswerten der beteiligten Teilformeln ermittelt.

Merksatz 1.12.2

Definition:
Einer *Konjunktion* $\varphi_1 \wedge \varphi_2$ aus den beiden Formeln φ_1, φ_2 wird nur dann der Wert WAHR zugewiesen, wenn **beide** Teilformeln **zugleich** WAHR sind. Andernfalls hat die Konjunktion den Wert FALSCH.
Definition mittels Wertetabelle *s. Tab. 1.12.4, Spalte 3 bis 5*!

Wenig Aufwand ist für den dritten Junktor – der *Negation* – mit dem Zeichen „¬" erforderlich, denn er dreht einfach nur die Wahrheitswerte einer Formel um.

Tabelle 1.12.5 *Wertetabelle einer Negation*

φ	$\neg\varphi$
w	f
f	**w**

Die Negation ist nur einstellig!

Im Gegensatz zu der Disjunktion und der Konjunktion ist die Negation nur eine einstellige Verknüpfung.

(1.12.8)

$$\neg\colon \{\mathrm{w,f}\} \to \{\mathrm{w,f}\};\; \varphi \mapsto \neg\varphi$$

Die Anwendung der Negation auf eine Formel (hier z. B. $\neg\varphi$) liest man einfach „NICHT Vieh". Alternativ schreibt man anstelle des Negationszeichens „¬" einen Querstrich **über** das Formelzeichen, das dann im vorliegenden Beispiel „Viehquer" gelesen werden kann. „Viehquer" und „NICHT Vieh" sind also identisch. Um *Identitäten* auszudrücken, wird gerne das Zeichen „≡" benutzt.

(1.12.9)

$$\neg\varphi \equiv \bar{\varphi}$$

Da uns zwei leicht überschaubare Beispiele vorliegen, können wir diese dazu benutzen, um Rechenregeln mit booleschen Variablen zu verifizieren. Nehmen wir beispielsweise die erste *De Morgansche Regel*:

(1.12.10)

$$\neg(\varphi_1 \vee \varphi_2) = \neg\varphi_1 \wedge \neg\varphi_2$$

In der Hintereinanderschaltung der Ventile ist das Warmwasser abgestellt, wenn „Vieh1 oder Vieh2" wahr sind. Die Negation dieser Aussage heißt somit, dass das Wasser läuft. Auf der anderen Seite wissen wir, dass die Hintereinanderschaltung nur Wasser passieren lässt, wenn **beide** Ventile **nicht** abgedreht sind – also „nicht Vieh1 und zugleich nicht Vieh2". Die erste De Morgansche Regel (*1.12.10*) ist somit bestätigt.

Interessant ist, dass durch die Verneinung aus dem ODER ein UND geworden ist. Das umgekehrte „∨“ ist somit ein sinnvolles Zeichen für diesen Junktor. Die Parallelschaltung der Ventile (*Bild 1.12.2*) kann uns bei der zweiten De Morganschen Regel behilflich sein.

Allerhand: Durch die Verneinung mutiert ODER zu UND!

De Morgan II:

$$\neg(\varphi_1 \wedge \varphi_2) = \neg\varphi_1 \vee \neg\varphi_2 \qquad (1.12.11)$$

Die linke Formel ist wahr, wenn die Parallelschaltung Wasser passieren lässt. Das ist aber bei einer Parallelschaltung gleichbedeutend damit, dass entweder Ventil1 **nicht** sperrt **oder** Ventil 2 **nicht** sperrt **oder beide nicht** sperren – genau das steht rechts in (*1.12.11*).

In (*1.12.12*) wurden die beiden De Morganschen Regeln noch einmal notiert. Dabei wurde von der Querstrichschreibweise für Negationen Gebrauch gemacht. Da Querstriche Klammern ersetzen, sehen die Formeln in dieser Schreibweise kompakter aus.

Negationsjunktor kontra Querstrichschreibweise

$$\text{I)}\ \overline{\varphi_1 \vee \varphi_2} = \overline{\varphi_1} \wedge \overline{\varphi_2} \quad \text{II)}\ \overline{\varphi_1 \wedge \varphi_2} = \overline{\varphi_1} \vee \overline{\varphi_2} \qquad (1.12.12)$$

Man kann Rechenregeln für Junktoren ohne Weiteres unabhängig von irgendwelchen Beispielen durch Einsetzen der Wahrheitswerte in geeigneten Tabellen „nachrechnen“. In *Tabelle 1.12.6* wird das für die erste De Morgansche Regel vorgeführt. Die ersten drei Spalten dieser Tabelle sind die Wahrheitswerte der Disjunktion. In der vierten Spalte werden diese negiert, d. h., die Wahrheitswerte der dritten Spalte drehen sich um. In der fünften und sechsten Spalte werden einfach die Wahrheitswerte der ersten beiden Spalten negiert. Die letzte Spalte ergibt sich durch die Konjunktion aus den beiden vorherigen (*vgl. Tab. 1.12.4*). Man erkennt, die Wahrheitswerte der vierten und siebten Spalte sind gleich – also ist die erste De Morgansche Regel allgemeingültig.

Die De Morganschen Regeln lassen sich „nachrechnen“!

φ_1	φ_2	$\varphi_1 \vee \varphi_2$	$\neg(\varphi_1 \vee \varphi_2)$	$\neg\varphi_1$	$\neg\varphi_2$	$\neg\varphi_1 \wedge \neg\varphi_2$
w	w	w	f	f	f	f
w	f	w	f	f	w	f
f	w	w	f	w	f	f
f	f	f	**w**	w	w	**w**

Tabelle 1.12.6
Nachrechnen von De Morgan I

Wer sich derartige mühselige Nachweise ersparen will, muss sich mit der so genannten Booleschen Algebra beschäftigen.

Eine große Rolle spielen die Junktoren in Computerprogrammen. Allerdings werden die oben genannten Zeichen in Programmiersprachen oder (ins Deutsche übersetzte) Anwendungen (z. B. Excel) nicht unterstützt und Sie müssen wohl oder übel OR, AND, NOT bzw. ODER, UND, NICHT ausschreiben. Dafür braucht man sich zumindest in den Programmiersprachen das Exklusiv-Oder nicht zusammenbasteln. Es steht mit XOR ein eigener Junktor zur Verfügung.

Junktoren in Programmiersprachen und Anwendungen:
ODER – OR
UND – AND
NICHT – NOT
sowie XOR für das „exklusive Oder“

1.13 Wenn dann und genau dann, wenn

WENN ... DANN ... ist ein Junktor!

Zwei Formeln lassen sich durch Verwendung der Bindewörter WENN und DANN zu einer neuen Formel verknüpfen: WENN Formel1 DANN Formel2. Auch durch diese Verknüpfung entsteht eine Junktion, eine so genannte *Subjunktion*. Auch die Bezeichnung *Implikation* ist gebräuchlich! Um die Wahrheitswerte dieser Junktion zu ermitteln, folgen wir wieder der Methode des vorangegangenen Abschnitts. Wir entnehmen die Wahrheitswerte dem leicht überschaubaren Duschsystem (*s. Bild 1.12.1* – die Ventile sind hintereinander geschaltet) und formulieren (wieder) eine einfache Formel.

(1.13.1)

$$\text{WENN} \quad \underbrace{(x=0)}_{\text{Ventil 1 sperrt}} \quad \text{DANN} \quad \underbrace{(z=0)}_{\text{Kein Duschwasser tritt aus}}$$

Beachten Sie: Ventil2 ist nicht in der Formel enthalten.

Die Variable x ist hier wieder der Drehwinkel von Ventil1 in Grad. Wenn die Formel $x = 0$ erfüllt ist, sperrt das Ventil. Die andere Variable z ist die aus dem Duschkopf strömende Wassermenge in Litern pro Minute. Wenn $z = 0$ erfüllt ist, strömt kein Duschwasser aus. Der Definitionsbereich für z besteht dann aus allen Ausströmmengen zwischen 0 und 10 Litern pro Minute. Formel (*1.13.1*) soll eine Aussage darüber machen, ob es bei einem Ventildrehwinkel x **möglich** ist, dass kein Duschwasser ausströmt. Beachten Sie unbedingt, dass der Drehwinkel y des zweiten Ventils in der Formel (*1.13.1*) **nicht enthalten ist! Er kann somit beliebig sein**!

Der Doppelpfeil bedeutet nicht unbedingt: „Daraus folgt"!

Zur Darstellung von Subjunktionen benutzt man lieber eine Infix-Schreibweise mit einem gedoppelten Pfeil (*1.13.2*). Trotzdem wird die Formel immer noch „WENN (...) DANN (...)" gelesen – also genau wie (*1.13.1*)!

(1.13.2)

$$(x=0) \Rightarrow (z=0)$$

Benennen wir die Teilformeln mit $\varphi_1(x)$ bzw. $\varphi_2(z)$! Beachten Sie, dass $\varphi_2(z)$ in diesem Abschnitt nicht identisch mit der Formel φ_2 des vorangegangenen Abschnitts ist!

(1.13.3)

$$\varphi_1(x)=(x=0) \;;\quad \varphi_2(x)=(z=0)$$

Die Junktion aus den beiden Teilformeln nennen wir $\varphi(x, z)$. In expliziter Darstellung sehen unsere booleschen Funktionen jetzt so aus:

(1.13.4)

$$\varphi_1=\varphi_1(x) \;;\quad \varphi_2=\varphi_2(z) \;;\quad (\varphi_1 \Rightarrow \varphi_2)=\varphi(x,z)$$

Alle Möglichkeiten müssen durchprobiert werden! Entscheidend ist nicht, was die Dusche tatsächlich macht, sondern ob die Möglichkeit realistisch ist oder nicht.

Damit sind wir in der Lage, die Wahrheitswerte zusammenzubasteln und in einer Tabelle mit fünf Spalten zusammenzufassen (*s. Tab. 1.13.1*). In der ersten Zeile der Tabelle steht, dass Ventil1 zugedreht ist und der Dusche kein Wasser zu entlocken ist. Das ist unbedingt wahr, denn ein Ventil reicht zum Sperren aus. Die Subjunktion aus φ_1 und φ_2 hat somit den Wert WAHR. Eine Manipulation an Ventil2 kann daran nichts ändern! In der zweiten Zeile der Tabelle soll das erste Ventil zugedreht sein, aber trotzdem soll aus dem Duschkopf Wasser strömen. Das kann bei einer Hintereinanderschaltung nicht sein, die Subjunktion hat den

Wert FALSCH. In der dritten Zeile wird betrachtet, ob es möglich ist, dass kein Duschwasser läuft, obwohl Ventil1 geöffnet ist. Das ist möglich, denn Ventil2 könnte geschlossen sein. Die Subjunktion hat in diesem Fall den Wert WAHR. In der letzten Zeile soll bei geöffnetem Ventil1 Duschwasser laufen. Auch das ist möglich. Ventil2 könnte ja geöffnet sein. Die Subjunktion hat wieder den Wert WAHR. Die letzten drei Spalten der *Tabelle 1.13.1* sind unabhängig vom speziellen Beispiel und **definieren** allgemein eine Subjunktion/Implikation.

Ventil2 gehört mit zum System und muss unbedingt beachtet werden!

Wichtig: Ventil2 könnte geöffnet sein.

x	z	φ_1	φ_2	$\varphi_1 \Rightarrow \varphi_2$
0	0	w	w	w
0	$\neq 0$	w	f	f
$\neq 0$	0	f	w	w
$\neq 0$	$\neq 0$	f	f	w

Tabelle 1.13.1
Kombinierte Wahrheitswerte für eine Subjunktion

Am schwierigsten zu verstehen: die dritte Zeile.

Man erkennt, dass die Subjunktion eine Verknüpfung mit den booleschen Argumenten (φ_1, φ_2) und den Funktionswert $\varphi_1 \Rightarrow \varphi_2$ ist (*vgl. Merksatz 1.13.1*):

$$\Rightarrow : \{w,f\}^2 \to \{w,f\} \;\; ; \;\; (\varphi_1, \varphi_2) \mapsto \varphi_1 \Rightarrow \varphi_2 \qquad (1.13.5)$$

Von besonderer Bedeutung sind Subjunktionen/Implikationen, wenn sie **allgemeingültig** sind. In unserem Beispiel ist das zunächst nicht der Fall (wg. Zeile 2). Aber man könnte die Grundmenge den physikalischen Gegebenheiten des Systems anpassen. Wenn $x = 0$ (Ventil1 ist abgedreht) wahr ist, kann z nicht ungleich null sein. Entfernen wir die entsprechenden Elemente aus der Grundmenge, fällt die zweite Zeile der Tabelle fort und unsere Subjunktion ist für alle Elemente der zusammengestutzten Grundmenge wahr, also dort allgemeingültig.

Nur im Falle einer allgemeingültigen Subjunktion darf man sagen: „Aus … folgt …“.

Definition:
Einer *Subjunktion* (*Implikation*) $\varphi_1 \Rightarrow \varphi_2$ aus den Formeln φ_1, φ_2 wird genau dann der Wert FALSCH zugewiesen, wenn die erste Teilformel WAHR und die Zweite FALSCH ist. Ansonsten ist die Subjunktion WAHR.
Definition mittels Wertetabelle *s. Tab. 1.13.1, Spalte 3 bis 5*!

Merksatz 1.13.1

Sehen wir uns die auf drei Zeilen geschrumpfte Tabelle einer allgemeingültigen Subjunktion genauer an!

φ_1	φ_2	$\varphi_1 \Rightarrow \varphi_2$
w	w	w
f	w	w
f	f	w

Tabelle 1.13.2
Wahrheitswerte einer allgemeingültigen Subjunktion

Wenn φ_1 WAHR ist, **dann** gibt es für φ_2 nur die Möglichkeit, ebenfalls WAHR zu sein. Man kann daher sagen: „**Aus** φ_1 **folgt** φ_2“. Man sagt auch: „φ_1 ist eine *hinreichende Bedingung* für φ_2.“ Die Umkehrung gilt aber nicht! Wenn φ_1 FALSCH ist, kann φ_2 WAHR oder auch FALSCH sein.

Bitte genau studieren: „die hinreichende Bedingung“

Merksatz 1.13.2

> **Merke:**
> Sei $\varphi_1 \Rightarrow \varphi_2$ eine allgemeingültige Subjunktion! Dann sagt man:
> „Aus φ_1 **folgt** φ_2"
> bzw.„φ_1 ist eine **hinreichende** Bedingung für φ_2"

Es gibt aber doch eine Art Umkehrung! Wenn φ_2 FALSCH ist, dann ist auch φ_1 eindeutig FALSCH: „**Aus** $\neg\varphi_2$ **folgt** $\neg\varphi_1$". Anders ausgedrückt: Wenn φ_2 FALSCH ist, kann φ_1 nicht WAHR sein! Das heißt, φ_2 ist *notwendig* für φ_1. Man sagt daher: φ_2 ist eine *notwendige Bedingung* für φ_1.

Merksatz 1.13.3

> **Merke:**
> Sei $\varphi_1 \Rightarrow \varphi_2$ eine allgemeingültige Subjunktion! Dann gilt auch:
> „Aus $\neg\varphi_2$ **folgt** $\neg\varphi_1$" bzw.
> „φ_2 ist eine **notwendige** Bedingung für φ_1"

Oft die letzte Rettung: der indirekte Beweis

Man kann natürlich zwei beliebige Formeln zu einer Subjunktion kombinieren – aber zu beweisen, dass diese Subjunktion allgemeingültig ist, steht auf einem ganz anderen Blatt – insbesondere, wenn unendliche Grundmengen im Spiel sind. Oft verbleibt nur der so genannte *indirekte Beweis*. Grundlage dafür ist *Tabelle 1.13.1*. Jetzt wandeln wir sie etwas ab: Die ersten beiden Spalten benötigen wir nicht, denn sie gelten nur für das spezielle Beispiel. Anstelle von φ_1, φ_2 notieren wir die negierten Wahrheitswerte, vertauschen aber die Spalten.

Tabelle 1.13.3
Umkehrung einer Subjunktion durch Negationen

$\neg\varphi_2$	$\neg\varphi_1$	$\varphi_1 \Rightarrow \varphi_2$	$\neg\varphi_2 \Rightarrow \neg\varphi_1$
f	f	w	w
w	f	f	f
f	w	w	w
w	w	w	w

Die Wahrheitswerte in der dritten Spalte dürfen natürlich nicht angetastet werden. Fügen wir noch eine Spalte hinzu und tragen die Wahrheitswerte der Subjunktion $\neg\varphi_2 \Rightarrow \neg\varphi_1$ gemäß der in *Merksatz 1.13.1* definierten Zuordnungsvorschrift ein. Beachten Sie, die Reihenfolge der Zeilen ist beliebig! Erstaunlicherweise hat die Subjunktion $\neg\varphi_2 \Rightarrow \neg\varphi_1$ dieselben Wahrheitswerte wie $\varphi_1 \Rightarrow \varphi_2$, d. h., beide Subjunktionen sind im wahrsten Sinne des Wortes gleichwertig. Beachten Sie dazu bitte den folgenden *Merksatz*!

Merksatz 1.13.4

> **Merke:**
> Die *Subjunktionen* $\varphi_1 \Rightarrow \varphi_2$ und $\neg\varphi_2 \Rightarrow \neg\varphi_1$ sind **gleichwertig**!
> Kommt man beim Beweisen der Allgemeingültigkeit einer Subjunktion mit dem direkten Beweis ($\varphi_1 \Rightarrow \varphi_2$) nicht zurecht, hat man eine weitere Möglichkeit: Man versucht es mit dem *indirekten Beweis* ($\neg\varphi_2 \Rightarrow \neg\varphi_1$).

Subjunktionen können ihrerseits wieder durch Junktoren zu einer neuen Formel kombiniert werden.

Wir wollen jetzt zwei Subjunktionen durch eine Konjunktion verbinden:

$$(\text{WENN } \varphi_1 \text{ DANN } \varphi_2)\,\text{UND}\,(\text{WENN } \varphi_2 \text{ DANN } \varphi_1) \quad (1.13.6)$$

Formel (*1.13.6*) schreiben wir lieber mithilfe der Infix-Schreibweise um:

$$(\varphi_1 \Rightarrow \varphi_2) \wedge (\varphi_2 \Rightarrow \varphi_1) \quad (1.13.7)$$

Eine Subjunktion, wie z. B. $\varphi_2 \Rightarrow \varphi_1$, darf man auch gespiegelt schreiben; und sie sieht dann so aus: $\varphi_1 \Leftarrow \varphi_2$. Die gespiegelt geschriebene Subjunktion muss aber von rechts nach links gelesen werden! Die „Spiegelung" hat hier den Vorteil, dass die Reihenfolge von φ_1 und φ_2 erhalten bleiben kann.

$$(\varphi_1 \Rightarrow \varphi_2) \wedge (\varphi_1 \Leftarrow \varphi_2) \quad (1.13.8)$$

Wir brauchen zum Erstellen einer Wertetabelle für (*1.13.8*) das Duschbeispiel nicht mehr. Benutzen wir die Definitionen der Subjunktion und der Konjunktion (*s. Merksätze 1.13.1 bzw. 1.12.2*)! Die folgende Tabelle zeigt das Ergebnis.

φ_1	φ_2	$\varphi_1 \Rightarrow \varphi_2$	$\varphi_1 \Leftarrow \varphi_2$	$(\varphi_1 \Rightarrow \varphi_2) \wedge (\varphi_1 \Leftarrow \varphi_2)$
w	w	w	w	w
w	f	f	w	f
f	w	w	f	f
f	f	w	w	w

Tabelle 1.13.4
Wahrheitswerte einer Äquijunktion

Die erste, zweite und fünfte Spalte definiert eine neue Junktion, die jetzt nur dann wahr ist, wenn die Wahrheitswerte der Teilformeln φ_1 und φ_2 gleich sind. Man nennt diese Junktion *Äquijunktion* (*s. Merksatz 1.13.5*). Hält man wie in Formel (*1.13.8*) die Reihenfolge φ_1, φ_2 ein, weist der Subjunktionspfeil mal nach rechts und mal nach links. Damit ergibt sich zwangsläufig das Zeichen für den neuen Junktor. Es ist ein Doppelpfeil mit zwei Spitzen (Äquivalenzzeichen):

Es reicht: Dies ist die letzte Junktion!

$$\varphi_1 \Leftrightarrow \varphi_2 \quad (1.13.9)$$

Die Frage ist nur: „Wie liest man diese Junktion?" Man könnte sie natürlich nach wie vor wie in (*1.13.6*) lesen – das ist aber zu lang! Man kürzt die Formulierung ab und liest die Äquijunktion folgendermaßen:

$$\varphi_1 \text{ GENAU DANN WENN } \varphi_2 \quad (1.13.10)$$

Zugegeben, sprachlich klingt (*1.13.10*) holperig – aber der Vorteil ist, dass das Äquivalenzzeichen für „GENAU DANN WENN" steht. Manchmal wird anstelle von „*genau dann wenn*" auch „*dann und nur dann wenn*" gesagt.

Merksatz 1.13.5

Definition:
Einer *Äquijunktion* $\varphi_1 \Leftrightarrow \varphi_2$ aus den Formeln φ_1, φ_2 wird genau dann der Wert WAHR zugewiesen, wenn die Wahrheitswerte der Teilformeln φ_1 und φ_2 gleich sind. Sind die Wahrheitswerte unterschiedlich, ist der Wert der Äquijunktion FALSCH. Definition mittels Wertetabelle *s. Tab. 1.13.4, Spalte 1,2 und 5*!

(logische) Äquivalenz

Genau wie bei den Subjunktionen sind die allgemeingültigen Äquijunktionen von herausragender Bedeutung. In diesem Falle sind die Wahrheitswerte der Teilformeln stets gleich. Bei unserem Duschbeispiel würde die Äquijunktion (*1.13.9*) erst dann allgemeingültig werden, wenn Ventil2 bei dem Drehwinkel $y = 720°$ blockiert ist. In diesem Fall haben die Formeln φ_1 und φ_2 stets denselben Wahrheitswert. Sie sind dann, wie man sagt, *gleichwertig* oder *logisch äquivalent*. Ist die erste Formel wahr, ist zwingend auch die zweite wahr (und umgekehrt) und wenn die erste Formel falsch ist, muss auch die zweite falsch sein (und umgekehrt) (*s. Merksatz 1.13.6*).

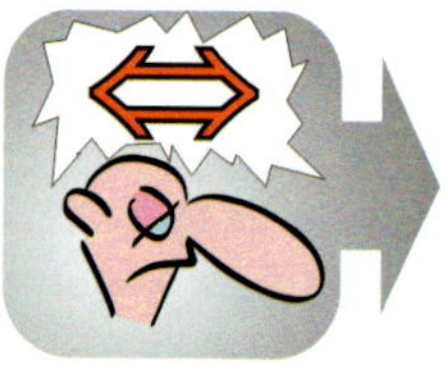

Merksatz 1.13.6

Merke:
Ist die Äquijunktion $\varphi_1 \Leftrightarrow \varphi_2$ allgemeingültig, sagt man auch: „φ_1 und φ_2 sind (logisch) *äquivalent*. φ_1 ist dann zugleich notwendige **und** hinreichende Bedingung für φ_2 (und umgekehrt).

Beispiele für (allgemeingültige) Subjunktionen und Äquivalenzen kennen Sie aus Ihrer Schulzeit. Prüfen wir beispielsweise nach, ob die folgende Subjunktion allgemeingültig ist!

(1.13.11)

$$(x-1=0) \Rightarrow \left(x^2-3\cdot x+2=0\right) \quad ; \; x \in \mathbb{N}$$

Wir benutzen dazu die simpelste, aber mühsamste Methode, nämlich sämtliche Elemente der Grundmenge in die Formel einzusetzen und die Wahrheitswerte in einer Tabelle zusammenzustellen (*s. Tab. 1.13.5*). Man könnte darauf verzichten, den Formeln, also den beiden Gleichungen und der Subjunktion, eigene Namen zuzuweisen (z. B. φ_1, φ_2 und $\varphi_1 \Rightarrow \varphi_2$), denn daraus ergibt sich kein Vorteil. Damit die Tabelle mit den vorherigen Beispielen vergleichbar ist, machen wir es trotzdem und benennen die Formeln wie folgt:

(1.13.12)

$$\varphi_1 = (x-1=0)\;;\; \varphi_2 = \left(x^2-3x+2=0\right)$$
$$(\varphi_1 \Rightarrow \varphi_2) = \left(x-1=0 \Rightarrow x^2-3x+2=0\right)$$

Tabelle 1.13.5
Überprüfung einer Subjunktion auf Allgemeingültigkeit

x	φ_1		φ_2		$\varphi_1 \Rightarrow \varphi_2$
0	$0-1=0$	f	$0^2-3\cdot0+2=0$	f	**w**
1	$1-1=0$	**w**	$1^2-3\cdot1+2=0$	**w**	**w**
2	$2-1=0$	f	$2^2-3\cdot2+2=0$	**w**	**w**
3	$3-1=0$	f	$3^2-3\cdot3+2=0$	f	**w**
4	$4-1=0$	f	$4^2-3\cdot4+2=0$	f	**w**
5	$5-1=0$	f	$5^2-3\cdot5+2=0$	f	**w**
....	....	....	....	....	....

Wenn in irgendeiner Zeile von Tabelle *1.13.5* φ_1 = WAHR und φ_2 = FALSCH vorkommen würden, dann wäre die Subjunktion FALSCH. Da aber kein Element der Grundmenge derartige Wahrheitswerte nach sich zieht, ist die Subjunktion immer WAHR – ist also allgemeingültig.
Machen wir uns an dieser Stelle das Leben (noch) nicht mit komplizierten Formeln schwer, sondern ändern in dem vorangegangenen Beispiel lediglich die erste Formel:

$$\big((x-1)\cdot(x-2)=0\big) \Rightarrow (x^2-3\cdot x+2=0) \;\; ; \; x\in\mathbb{N}$$

(1.13.13)

Lassen Sie sich durch den Klammersalat links nicht irritieren! Die äußeren Klammern fassen die Formel zusammen, die inneren sind wegen des Produktes erforderlich. Nun ist die erste Formel nicht nur für x = 1, sondern auch für x = 2 WAHR. Damit sind die Wahrheitswerte beider Formeln immer gleich – sie sind (logisch) äquivalent. (Die Äquivalenz ist hier natürlich eine Trivialität, weil das Produkt $(x-1)(x-2)$ ausmultipliziert x^2-3x+2 ergibt).

Leider ist der Beweis der Allgemeingültig nicht immer so simpel!

Ein berühmtes Beispiel aus der Geometrie ist der *Satz des Pythagoras* (s. (*1.13.14*)). Die Grundmenge besteht aus allen Dreiecken der Ebene mit den Eckpunkten A, B, C und den Kantenlängen a, b, c (alle $\in$ **R**).

$$\Delta(ABC) \text{ ist rechtwinklig} \;\Leftrightarrow\; a^2 + b^2 = c^2$$

(1.13.14)

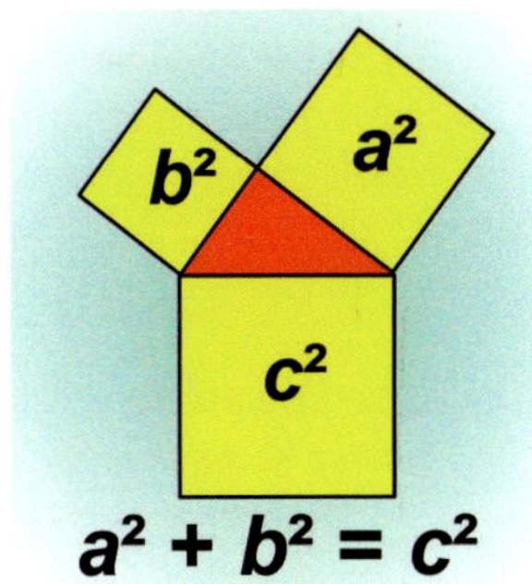

Die Formel ist, wie Sie eventuell noch wissen, nicht nur eine allgemeingültige Subjunktion (von links nach rechts), sondern sogar logisch äquivalent. Eine logische Äquivalenz lässt sich nicht immer „geradeaus" beweisen – man muss dann auf die Form (*1.13.7*) zurückgreifen und die Allgemeingültigkeit der beiden Subjunktionen getrennt nachweisen. So ist es auch beim Satz von Pythagoras. Die Allgemeingültigkeit der Subjunktion von rechts nach links zeigt man am einfachsten durch einen indirekten Beweis. Die Beweise sind Ihnen sicher in der Schule vorgeführt worden – aber ob Sie diese noch zusammenbringen?
Es ist, gelinde gesagt, nicht immer einfach, eine Allgemeingültigkeit von Sub- bzw. Äquijunktionen zu beweisen, denn einfach Durchprobieren geht nur bei endlichen Grundmengen. Leichter ist es dagegen, eine vermutete Allgemeingültigkeit zu Fall zu bringen. Sie müssen nur ein einziges Gegenbeispiel finden!

1.14 Dienstbare Geister auf Rechnern - Funktionsunterprogramme

Haben Sie bedacht, dass Sie durch Benutzung eines Taschenrechners bereits über Erfahrungen mit Funktionen verfügen? Leider sind die Taschenrechner von Hersteller zu Hersteller und Preiskategorie sehr unterschiedlich, aber eines haben sie alle gemeinsam: Funktionstasten für die wichtigsten „transzendenten" Funktionen wie Sinus, Kosinus, Tangens, Logarithmus und deren Umkehrfunktionen. Die Tasten sind in der Regel mehrfach belegt, sodass einige Funktionen nur über Umschalttasten (unter anderem „Shift") zu erreichen sind.

Funktionstasten: Auf dem Taschenrechner eine Selbstverständlichkeit

Funktionsnamen bestehen aus drei Buchstaben

Auf einer Funktionstaste (bzw. darüber bei Zweit- oder Drittbelegung) steht der Funktionsname, und zwar genau in der Bedeutung, wie in Abschnitt 1.7 erläutert. Da mehrere Funktionen zu verwalten sind, kommt man natürlich mit dem fantasielosen Standardnamen „f" nicht weiter – in der Regel besteht der Funktionsname aus drei Buchstaben. Nun kommt es darauf an, welche Funktionsschreibweise der Hersteller zugrunde gelegt hat. Nehmen wir als Beispiel die Sinusfunktion:

(1.14.1)

$$\text{Entweder } x \mapsto \sin(x) \text{ oder } y = \sin(x)\,,\ D = \mathbb{R}$$

Taschenrechnerhersteller halten sich i. Allg. an keine Norm!

Ein Taschenrechner stellt Ihnen ein paar Speicherplätze zur Verfügung, die Sie als Variable verwenden können.

Im ersten Fall müssen Sie **erst das Argument x** eintippen und dann auf die Funktionstaste drücken. Im anderen Fall drücken Sie **erst die Funktionstaste** und geben dann das Argument ein. Die Argumentseingabe muss eventuell mit der Gleichheitstaste (oder Enter) abgeschlossen werden. Anschließend steht der Funktionswert in beiden Fällen im Anzeigespeicher und bleibt auch dort, aber nur solange Sie den Rechner in Ruhe lassen. Man kann danach den Funktionswert für andere Rechnungen benutzen; aber sobald diese Folgerechnung mit dem Gleichheitszeichen (oder Enter) quittiert wird, ist der Funktionswert unwiderruflich gelöscht. Die Schreibweise in (*1.14.1*) rechts beinhaltet, dass der Funktionswert einer Variablen y zugewiesen wird. Eine Variable entspricht keinem kurzlebigen Zwischenspeicher, sondern einem Speicher, der solange seinen Wert behält, bis ihm explizit eine neuer zugewiesen wird. Das macht der Taschenrechner **nicht** automatisch – Sie müssen den Funktionswert durch entsprechende Tasten in einen der Speicher des Taschenrechners ablegen. Welche Tasten das sind, sagt Ihnen die Betriebsanleitung (möglicherweise <STO> und dann <Y>).

Die Bezeichnungen der Speicherplätze sind vom Hersteller festgelegt. Beispiel: x, y, A, B, C, D, E, F, M

Die Wertzuweisung erfolgt in der Regel über eine Speichertaste. Beispiel: <STO>

Die beiden Eingabemöglichkeiten haben natürlich ihre Vor- und Nachteile. Im ersten Fall wird konsequent erst das Argument, dann die Funktion eingeben. Im zweiten Fall könnte man dem Hersteller Inkonsequenz vorwerfen, denn bei Potenzfunktionen kommt das Argument zuerst. Der Vorteil ist aber, dass Sie Rechenausdrücke so eintippen können, wie Sie das von der Schule her kennen. Je nach Preiskategorie des Taschenrechners ist es sogar möglich, in gewissen Grenzen, eigene Funktionen zu programmieren.

Keine Angst vor Programmiersprachen! Die sind verständlicher als Sie denken. Beispiel: Visual Basic (VB)

Der Kauf eines teuren Taschenrechners lohnt sich in der Regel nicht, denn Computer, auf denen eine Programmiersprache installiert ist, leisten viel mehr – Problem: Sie müssen die Programmiersprache büffeln. Dann aber haben Sie in dem System ein mächtiges Werkzeug. Die folgenden Beispiele sollen Ihnen zeigen, wie Funktionen, geschrieben in einer Programmiersprache (hier VB), aussehen. Lesen Sie ruhig diagonal, Details sind hier noch nicht wichtig. Lassen Sie sich auch nicht durch die hässlichen Variablendeklarationen in den „Klammerpaketen" nach dem Funktionsnamen irritieren – der Compiler von VB braucht das. Leider stört das die Lesbarkeit der Anweisungen.

In (*1.14.2*) sehen Sie, wie man die Funktion f aus Abschnitt 1.9 (*s.*(*1.9.1*)) in VB darstellt!

```
Function f(x As String) As String
  Select Case x
    Case "(AB)A", "(AB)B", "(AB)O"
      f = "KO"
    Case "BO", "BB"
      f = "KA"
    Case "A=", "AA"
      f = "KB"
  End Select
End Function
```

Case <engl., „hier: falls“>

(1.14.2)

So sieht eine Fallunterscheidung in VB aus.

Nachdem der Compiler ein – wie man sagt Funktionsunterprogramm – übersetzt hat, wird der Maschinencode dafür ähnlich wie bei den Variablen unter dem Namen f abgespeichert. Für den Namen gelten dieselben Konventionen wie für Variablennamen. Damit wird beispielsweise f(AA) zu einem ausführbaren Befehl! Steht irgendwo in einer Anweisung Ihres Programms f(AA), dann wird sofort das Funktionsunterprogramm mit dem Namen f aktiv. Es stellt den Funktionswert „KB“, ähnlich wie oben beim TR beschrieben, zum sofortigen Gebrauch (innerhalb dieser Anweisung) zur Verfügung. Danach ist der Funktionswert aber „vergessen“. Soll der Wert in mehreren Anweisungen zu Verfügung stehen, stellt man ihnen diese (altbekannte) Anweisung voran: $y = f$(AA). Diese bewirkt zweierlei. Zunächst ermittelt das Funktionsunterprogramm mit dem Namen f den Funktionswert und weist ihn dann der Variablen y zu – genau das, was unsere blaue Maschine in *Bild 1.9.1* demonstriert hat.

f(AA): Der Funktionswert wird berechnet und steht zum einmaligen Gebrauch zur Verfügung. Danach wird er gelöscht.

y = f(AA): Der Funktionswert wird berechnet und danach der Variablen y zugewiesen.

Das zweite Beispiel ermittelt im Rahmen eines Funktionsunterprogramms den Momentanwert einer periodischen Spannung in Volt (*s. Bild 1.14.1 sowie Funktionsunterprogramm 1.14.3*). Die Funktion heißt u, die unabhängige Variable ist die Zeit t in Millisekunden.

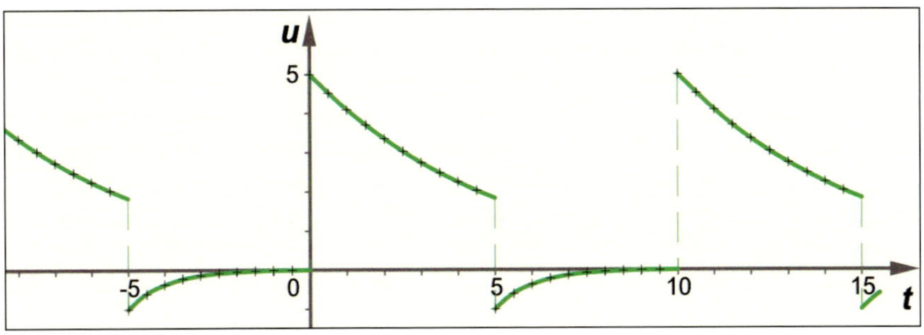

Bild 1.14.1
Grafische Darstellung von u(t)

Die Funktionswerte wiederholen sich nach einer Periodenlänge von 10 ms. Deswegen muss in der ersten Anweisung die Anzahl ganzer Perioden ermittelt und die Zeit dafür einfach vom Argument t abgeschnitten werden. Das Beispiel soll den Einsatz von Junktoren – hier einer Subjunktion (Implikation) zeigen. Wenn die Formel nach dem **If** ($t < 5$) erfüllt ist, d. h. die Zeit liegt innerhalb der ersten 5 ms einer Periode, wird der Funktionswert u mithilfe der dem **Then** folgenden Formel ermittelt. Ist $t < 5$ nicht erfüllt, wird die Formel nach dem **Else** (sonst) benutzt.

Hier kommen die Junktoren ins Spiel: Wenn … dann …

Im Falle einer falschen Aussage wird eine Alternative mit „ELSE/Sonst“ eröffnet..

Wenn t kleiner als 5 ist, dann …

Sonst …

(1.14.3)

```
Function u(t  As Single) As Single
  t = t -10 * Int(t / 10)
  If  t  <  5 Then
    u = 5 * Exp(-0.2 * t)
  Else
    u = -Exp(-10 * (0.1 * t - 0.5))
  End If
End Function
```

Toll: Sie rufen im Programm „u(t)“ auf und schon wird „blitzschnell“ der Funktionswert zum Argument t berechnet.

Anders als beim ersten Beispiel kann man in (*1.14.3*) die Elemente der Funktion (Wertepaare) nicht an zwei Händen abzählen. Der Datentyp Single beinhaltet zwar endlich viele Zahlen – umfasst aber immerhin mehr als 80 Zehnerpotenzen. Mit einem derartigen Funktionsunterprogramm steht ein allzeit bereiter dienstbarer Geist zur Verfügung, der eine Wertetabelle aus beispielsweise 1000 Wertepaaren in Bruchteilen einer Sekunde erstellen kann.

Ein Beispiel mit den Junktoren: OR, AND und NOT

Versteht man auch als Nichtskatspieler!

Hört man am Stammtisch: 18, 20, 22, (23), 24, … , ?

Beachten Sie, sowohl die Variablennamen als auch die Funktionsnamen bestehen aus mehreren Buchstaben!

Die nächste Beispielfunktion hat zwar wieder (nur) wenige Wertepaare (64), aber benutzt noch weitere Junktoren, nämlich die Disjunktion (ODER) und die Konjunktion (UND) sowie auch die Negation (NICHT). Weiterhin wird der Einsatz von Booleschen Variablen demonstriert. Die Funktion ermittelt die „Bubenkennzahl“ beim Skatspiel. Ein richtiger Skatspieler wird diese Funktion nur mit einem Lächeln quittieren und hat wahrscheinlich vergessen, wie oft er selbst einem Skat-Anfänger durch miserables Erklären das Spiel verleidet hat. Da Skat ein Spiel für drei Personen ist, spielt immer einer gegen zwei. Um zu ermitteln, welcher Spieler allein spielen darf, muss jeder Spieler nach dem Verteilen der Karten nach festen Regeln eine Maximalzahl ermitteln, die er unter-, aber keinesfalls überschreiten darf. Wer beim so genannten Reizen die höchste Zahl nennt, darf allein gegen die andern spielen – aber wehe, er hat sich verrechnet und seine Maximalzahl überschritten (überreizt). Basis zur Ermittlung der Maximalzahl ist eine Kennzahl, die sich aus der Verteilung der Buben errechnet. Genau diese Kennzahl ermittelt das folgende Funktionsunterprogramm mit dem Namen „mitohne“. Damit haben wir nun endlich auch einmal einen vernünftigen Funktionsnamen.

Die vierstellige Funktion heißt „mitohne“; „kreuz“, „pik“, „herz“ und „karo“ sind hier die Argumente der Funktion!

(1.14.4)

„Else If“ gibt es nicht in der Umgangssprache – ist aber trotzdem verständlich.

```
Function  mitohne (kreuz As Boolean, pik As Boolean, _
herz As Boolean, karo As Boolean)  As Integer
  If (kreuz And Not pik) Or (Not kreuz  And pik) Then
    mitohne = 1
  ElseIf (pik  And Not herz) Or (Not pik And herz) Then
    mitohne = 2
  ElseIf (herz  And Not karo) Or (Not herz  And karo) Then
    mitohne = 3
  Else
    mitohne = 4
  End If
End Function
```

Die Funktion hat vier Variable, für die problemangepasste Variablennamen verwendet wurden. Diese Variablen sind nun die Argumente der Funktion. Man gibt mit ihnen an, ob man jeweils den Buben mit dem entsprechenden Symbol (kreuz, pik, herz oder karo) hat (TRUE) oder nicht (FALSE). Beispielsweise liefert „mitohne(TRUE, TRUE, FALSE, TRUE)“ den Funktionswert für einen Spieler, der den Kreuz-, Pik- und Karobuben hat – in diesem Fall kommt zwei heraus.

Verständliches Kauderwelsch!

Durch die Verwendung der booleschen Variablen entstehen zusammen mit den Junktoren Formeln in einem verständlichen Kauderwelsch. Da die Grundmenge der booleschen Variablen bereits aus TRUE und FALSE besteht, kann man (z. B.) anstatt „kreuz = TRUE“ auch einfach nur kreuz schreiben. Die erste Formel ist erfüllt, wenn der Spieler entweder den Kreuzbuben hat – aber nicht den Pikbuben hat, oder er hat keinen Kreuzbuben, aber den Pikbuben. Der Funktionswert ist in diesem Fall gleich 1. Die übrigen Karten kommen in der Formel nicht vor, spielen somit für den Funktionswert keine Rolle. Ist die erste Formel nicht erfüllt, kommt die nächste Formel (hinter ElseIf/sonst wenn) ins Spiel. Dabei muss man beachten, dass das, was in der ersten Formel bereits festgestellt wurde, in der zweiten nicht mehr abgefragt werden muss. Wenn bei einem Spieler die erste Formel nicht erfüllt ist, muss er entweder Kreuzbube und Pikbube haben oder aber beide nicht. Nach dem „SonstWenn“ wird eine alternative Formel angeboten, in der zusätzlich die Variable „herz“ mit dazukommt. Die Formel ist erfüllt, wenn der Spieler den Kreuz- und Pikbuben hat, den Herzbuben aber nicht – oder er hat Kreuz- und Pikbube nicht, aber den Herzbuben. In diesem Fall ist der Funktionswert 2.

Einstellige Formeln lassen sich als Funktionsunterprogramm schreiben.

Wir hatten bereits gesehen, dass auch einstellige Formeln als Abbildungen auf die Menge {TRUE, FALSE} aufgefasst werden können. Es ist in der Regel kein Problem, so etwas auf einen Rechner zu implementieren. Im folgenden Beispiel wird gezeigt, wie man die simple Formel „$x \in B_1$“ aus *Abschnitt 1.2* in VB darstellen kann.

„$x \in B_1$“ als Funktionsunterprogramm

```
Function B1_enthaelt_das_Element (x As String) As Boolean
  Select Case x
    Case "6005", "6206", "6212", "6408", "NUP208", "3208"
      B1_enthaelt_das_Element = True
    Case Else
      B1_enthaelt_das_Element = False
  End Select
End Function
```

(1.14.5)

Hier wird auch wieder davon Gebrauch gemacht, dass Compiler Funktionsnamen mit mehr als einem Zeichen akzeptieren. Da die Variable unbedingt hinter dem Funktionsnamen stehen muss, sollte man möglichst den Namen der Funktion so umformulieren, dass die Formel verständlich bleibt. Da Leerzeichen in Variablen- und Funktionsnamen nicht erlaubt sind, kann man sich mit Unterstrichen behelfen. Will man z. B. mit dieser Formel überprüfen, ob der String x Element von B_1 ist, fügt man die Zeilen (*1.14.6*) ins Programm ein.

Funktionsunterprogramme: Nur Präfix-Schreibweisen sind erlaubt.

(1.14.6)

```
If  B1_enthaelt_das_Element(x) Then
  MsgBox Prompt:= x & "ist aus B1"
Else
  MsgBox Prompt:= x & "ist nicht aus B1"
End If
```

Auch hier wieder: Nach dem Aufruf der Funktion steht „sofort" der Funktionswert zur Verfügung.

Diese Anweisungen veranlassen, dass auf dem Bildschirm das bekannte Windows-Nachrichtenfenster (Message Box) mit einem Signalton erscheint. Nehmen wir an, die Variable x wäre mit dem String "Kohlenschaufel" belegt, dann wird die Funktion/Formel zu einer falschen Aussage und die Nachricht lautet: „Kohlenschaufel gehört nicht zu B1." Das Programm stoppt und es werden weitere Anweisungen erst ausgeführt, wenn man den OK-Knopf gedrückt hat. Auch hier ist wieder zu beachten, es braucht nur der Name der Funktion aufgerufen zu werden, und schon steht der Funktionswert hier TRUE oder FALSE zur Verfügung.

Im *Abschnitt 1.3* wurde Ihnen folgende Formel als Beispiel vorgestellt:

$$x \text{ ist das Kurzzeichen eines Zylinderrollenlagers} \; ; \quad x \in B_1$$

Auch diese Formel lässt sich leicht in VB darstellen:

(1.14.7)

```
Function Es_ist_ein_Zylinderrollenlager_aus_B1_
(x As String) As Boolean
  If  Left(x, 1) = "N" And B1_enthaelt_das_Element(x) Then
    Es_ist_ein_Zylinderrollenlager_ aus_B1_ = True
  Else
    Es_ist_ein_Zylinderrollenlager_ aus_B1_ = False
  End  If
End Function
```

Wählen Sie systemangepasste Variablennamen!

Lassen Sie sich bitte nicht beeindrucken! Die Originalformel wurde (wieder) nicht als Funktionsname verwendet, da bei ihr die Variable am Anfang steht! Ist in der Kurzbezeichnung eines Wälzlagers das erste Zeichen ein „N", handelt es sich um ein Zylinderrollenlager. Left(x,1) ist eine String-Funktion, deren Wert das erste Zeichen des Strings x ist. Alle anderen Zeichen werden abgeschnitten. Left(x,1) = "N" ist eine Formel (speziell eine Gleichung)! Ist diese erfüllt, bedeutet das lediglich, dass das erste Zeichen von x ein „N" ist. Wenn x dann auch noch aus B_1 ist, muss es sich um das bewusste Zylinderrollenlager handeln. Bemerkenswert ist hier, dass man selbst definierte boolesche Funktionen in anderen Funktionen benutzen kann. Durch Wahl vernünftiger Funktionsnamen lässt sich erreichen, dass ein verständliches Kauderwelsch entsteht. Man nimmt dafür gern das Eintippen langer Namen in Kauf.

Nehmen Sie ruhig das Eintippen längerer Namen in Kauf!

1.15 Verknüpfungen von Mengen

Mit den Begriffen der vorangegangenen Abschnitte können wir nun die fehlenden Grundbegriffe der Mengenlehre behandeln. Es fehlen noch die grundlegenden Mengenverknüpfungen. Von denen haben Sie sicher gehört – trotzdem erwähnen wir sie sicherheitshalber. Es geht um Vereinigungs-, Schnitt- und Restmengen-bildungen.

„Alte Bekannte": Vereinigungs-, Schnitt- und Restmengen

Nehmen wir an, G sei der Grundbereich der Formeln φ_1 bzw. φ_2 und die Mengen A und B seien durch die beiden folgenden Formeln definiert:

$$A = \{x \in G \mid \varphi_1(x)\} \; ; \; B = \{x \in G \mid \varphi_2(x)\} \tag{1.15.1}$$

Mittels der Disjunktion $\varphi_1 \vee \varphi_2$ können wir eine dritte Menge definieren:

$$A \cup B \; := \; \{x \in G \mid \varphi_1 \vee \varphi_2 \} \tag{1.15.2}$$

Per Definition einer Menge gelten die Äquivalenzen:

$$x \text{ erfüllt } \varphi_1 \Leftrightarrow x \in A \quad \text{bzw.} \quad x \text{ erfüllt } \varphi_2 \Leftrightarrow x \in B \tag{1.15.3}$$

Wegen der Äquivalenzen der Formeln lässt sich die Menge $A \cup B$ auch so darstellen:

$$A \cup B \; := \; \{x \mid x \in A \vee x \in B \} \tag{1.15.4}$$

Die Elemente dieser so definierten Menge stammen entweder aus A oder aus B oder, falls die Mengen gemeinsame Elemente haben, von beiden. Die Elemente beider Mengen werden sozusagen vereinigt. Die Menge heißt deswegen *Vereinigungsmenge*, und das Zeichen „$\cup$" leitet sich vom „oder" her („$\vee$" abgerundet). Lies „A vereinigt B"!

A vereinigt B

Ähnlich wie in (*1.15.2*) können wir eine neue Menge durch eine Konjunktion aus den Formeln φ_1, φ_2 definieren.

$$A \cap B \; := \; \{x \in G \mid \varphi_1 \wedge \varphi_2 \} \tag{1.15.5}$$

Alternativ lässt sich diese Menge wegen (*1.15.3*) wie folgt schreiben:

$$A \cap B \; := \; \{x \mid x \in A \wedge x \in B \} \tag{1.15.6}$$

Nur Elemente, die A und zugleich B angehören, können Elemente dieser Menge sein. Die Menge heißt *Schnittmenge*, und das Zeichen „$\cap$" leitet sich vom „und" her („$\wedge$" abgerundet). „$A \cap B$" liest man so: „A geschnitten B".

A geschnitten B

Fragen wir uns, wie viele Elemente (Mächtigkeit) die Vereinigungsmenge $A \cup B$ hat, d. h. $|A \cup B| = ?$ Wenn wir die Anzahl der Elemente von A und B addieren, haben wir diejenigen Elemente, die beiden gemeinsam sind, doppelt gezählt. Die Sache stimmt wieder, wenn wir die einfache Anzahl der gemeinsamen Elemente subtrahieren. Damit ergibt sich für $|A \cup B|$ die Beziehung:

(1.15.7)

$$|A \cup B| = |A| + |B| - |A \cap B|$$

Betrachten wir noch die folgende Menge …

(1.15.8)

$$A \setminus B := \{x \in G \mid \varphi_1(x) \wedge \neg\varphi_2(x)\}$$

… bzw. in der alternativen Darstellung:

(1.15.9)

$$A \setminus B := \{x \mid x \in A \wedge x \notin B\}$$

Differenz- oder Restmenge: „A ohne B"

Die Elemente dieser Menge sind diejenigen Elemente von A, die nicht zugleich auch Element von B sind. Aus der Menge A sind sozusagen alle Elemente, die auch zu B gehören, „herausgekickt". Die so erklärte Menge heißt *Differenzmenge* oder auch *Restmenge*. Man liest das so: *A ohne B*. Für den Schrägstrich gibt es eine Eselsbrücke aus der Schule: Der Schrägstrich ist ein Bein, das die „armen" Elemente, die B angehören, aus A herauskickt.

Sonderfall: das Komplement

Ein Sonderfall der Restmenge ist das so genannte *Komplement*. Formal entsteht diese Menge, wenn φ_1 in (*1.15.8*) allgemeingültig ist. In diesem Fall bleibt von der Konjunktion nur noch $\neg\,\varphi_2$ bzw. $x \notin$ B. Man schreibt für so eine Restmenge nicht $G\setminus B$ sondern nur:

(1.15.10)

$$\setminus B = \{x \in G \mid \neg\varphi_2\} \text{ oder } \bar{B} = \{x \in G \mid \neg\varphi_2\}$$

Alternativ schreibt man die Komplemente in (*1.15.10*) auch in der Form:

(1.15.11)

$$\setminus B = \{x \in G \mid x \notin B\} \text{ oder } \bar{B} = \{x \in G \mid x \notin B\}$$

Das folgende Bild zeigt eine Illustration der Mengen $A \cup B$, $A \cap B$, $A\setminus B$ *und* $G\setminus B$.

Die gelben Quadrate gehören beiden Mengen an.

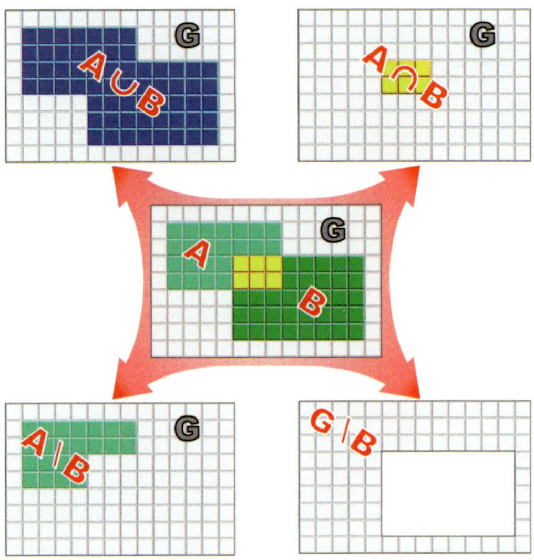

Bild 1.15.1
Illustration der Mengen A, B, G und deren Verknüpfungen

Bemerkungen zu Bild 1.15.1:

Elemente einer Menge müssen nicht aber dürfen geordnet werden.

Die Elemente einer Menge müssen innerhalb der geschweiften Klammern nicht unbedingt geordnet aufgezählt zu werden – das heißt aber nicht, dass sie nicht geordnet werden dürfen!! Die Elemente der für Mengenbilder verwendeten Mengen A bzw. B sind so geordnet, dass sie sich „überschneiden". Im Überschneidungsbereich liegen die Elemente, die beiden Mengen zugleich angehören – die Elemente der Schnittmenge. Auf diese Weise lassen sich die oben erklärten Mengen $A \cup B, A \cap B,\ A \setminus B, \setminus B$ veranschaulichen.

Aus dem Rahmen fällt die Lösungsmenge der Subjunktion (Implikation) $\varphi_1 \Rightarrow \varphi_2$ (hier wurde die äquivalente Darstellung gleich hinzugefügt):

$$\{x \in G \mid \varphi_1 \Rightarrow \varphi_2\} = \{x \in G \mid x \in A \Rightarrow x \in B\} \qquad (1.15.12)$$

Es ist empfehlenswert, zu der Wahrheitswerttabelle der Subjunktion zurückzublättern (*s. Tab. 1.13.1*). Die Formel $\varphi_1 \Rightarrow \varphi_2$ ist nur dann falsch, wenn φ_1 wahr und gleichzeitig φ_2 falsch ist. Das hieße, dass diejenigen Elemente von A, die nicht gleichzeitig zu B gehören, **nicht** in der Menge liegen. Dann muss die gesuchte Menge das Komplement davon sein:

$$\{x \in G \mid x \in A \Rightarrow x \in B\} = \underline{\underline{G \setminus (A \setminus B)}} \qquad (1.15.13)$$

Das Ergebnis ist nicht gerade aufregend – aber bitte erinnern Sie sich: Subjunktionen interessieren hauptsächlich dann, wenn sie allgemeingültig sind. Allgemeingültigkeit bedeutet hier, dass die Menge (*1.15.13*) aus allen Elementen der Grundmenge besteht, also gleich G ist. Dann muss die Restmenge $A \setminus B$ leer sein. Das ist sie, wenn B eine Obermenge von A ist – oder andersherum gesagt, wenn A eine Teilmenge von B ist. Die Mengenverhältnisse sind in *Bild 1.15.2* illustriert – beachten Sie *Merksatz 1.15.1*.

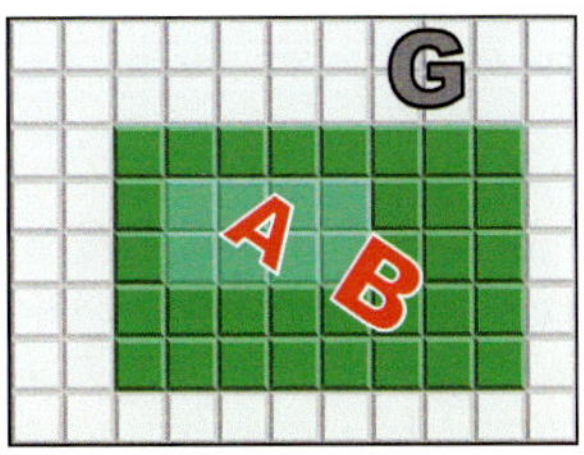

Bild 1.15.2
Mengenverhältnisse im Falle einer allgemeingültigen Subjunktion

Merke:
Seien φ_1, φ_2 zwei Formeln mit den Lösungsmengen A bzw. B. Dann ist A eine Teilmenge von B, wenn die Subjunktion (Implikation) $\varphi_1 \Rightarrow \varphi_2$ allgemeingültig ist. Ist darüber hinaus noch die Äquijunktion $\varphi_1 \Leftrightarrow \varphi_2$ allgemeingültig (logisch äquivalent), so sind die Mengen A und B sogar gleich.

Merksatz 1.15.1

1.16 Unterwegs auf dem Zahlenstrahl - Intervalle

Die wichtigsten Grundmengen für Formeln sind und bleiben die reellen Zahlen bzw. Potenzmengen daraus ($\mathbf{R}^2$, $\mathbf{R}^3$, ...). Für Teilmengen reeller Zahlen gibt es einige wichtige Schreibweisen und Konventionen, die Sie unbedingt beherrschen müssen.

x ist größer als b.

x größer als a und (zugleich) kleiner als b.

x ist kleiner als a.

Bild 1.16.1 *Illustration eines (dreigeteilten) Zahlenstrahles*

Trivial aber wichtig: Schreitet man in die positive Richtung des Zahlenstrahles, gelangt man zu größeren Zahlen.

Um die Elemente der Lösungsmenge einer Formel (Grundmenge **R**) grafisch darzustellen, benötigen wir keine gekreuzten Zahlenstrahlen – einer reicht aus. *Bild 1.16.1* zeigt Ihnen einen Zahlenstrahl, auf dem die reellen Zahlen a und b durch Querstriche und Signalflaggen dargestellt sind. Die Zahl b ist bezüglich der positiven Richtung des Zahlenstrahles weiter voraus – also markiert Flagge b eine größere Zahl als die von a.

Durch die Querstriche und die Signalflaggen werden die reellen Zahlen in Teilmengen aufgeteilt, die wir jetzt betrachten wollen. Die Variable x sei die Zahl, die jeweils durch die vorderste Fußspitze einer der drei Figuren markiert ist. Man überzeugt sich anhand von *Bild 1.16.1*, dass für die (rechte) Fußspitze der mittleren Figur $a < x$ gilt. Da der Mann b noch nicht erreicht hat, muss gleichzeitig $x < b$ gelten. Beide Relationen verbinden wir durch eine Konjunktion (UND):

(1.16.1)

$$a < x \wedge x < b$$

Die so entstandene Formel sagt aus, dass der Mann zwischen a und b steht. Dafür gibt es eine (etwas) kürzere gleichwertige Schreibweise):

(1.16.2)

$$a < x \wedge x < b \quad \Leftrightarrow \quad \underline{\underline{a < x < b}}$$

Für die Menge aller Zahlen zwischen a und b schreibt man noch kürzer:

$$\{x \in \mathbb{R} \mid a < x < b\} = \underline{\underline{(a,b)}} \qquad (1.16.3)$$

Beachten Sie bitte, a bzw. b liegen selbst außerhalb von (a, b)! Man nennt diese Menge ein *offenes Intervall*.

Ein „offenes" Intervall?

Aber weshalb sagt man offen, wo doch die Zahlen a und b das Intervall eindeutig begrenzen? Betrachten wir dazu als Beispiel das „offene" Intervall $(0, 1)$ sowie die Zahlenmenge B (B steht für Brüche):

$$B = \left\{\tfrac{1}{2}, \tfrac{1}{3}, \tfrac{2}{3}, \tfrac{1}{4}, \tfrac{3}{4}, \tfrac{1}{5}, \tfrac{4}{5}, \ldots\right\} \qquad (1.16.4)$$

Offensichtlich ist B eine unendliche Menge positiver Zahlen (d. h. alle Elemente von B sind größer als null) und, da die Zähler der Brüche immer kleiner als ihre Nenner sind, kann keiner dieser Brüche den Wert 1 je erreichen. B ist damit eine echte Teilmenge des offenen Intervalls $(0, 1)$. Schaut man sich aber die Elemente von B genauer an, erkennt man, dass sich unendlich viele Brüche oberhalb der Null und unterhalb der Eins **häufen** – aber aus diesen unendlichen Haufen scheinen die Intervallgrenzen null und eins „entfleucht" zu sein, denn sie liegen gerade außerhalb des Intervalls. Dieser Sachverhalt wird mit dem Wort „offen" belegt. Schanzt man dem offenen Intervall seine Intervallgrenzen zu, hat man ein so genanntes *abgeschlossenes Intervall*. Sie können dann nur noch unendliche Teilmengen des Intervalls finden, deren Elemente sich um Zahlen des Intervalls häufen. Man sagt: Ein abgeschlossenes Intervall enthält alle seine „*Häufungspunkte*".

Offenes Intervall: Die Intervallgrenzen gehören nicht der Menge an.

Abgeschlossenes Intervall: Auch die Intervallgrenzen gehören zur Menge.

Kehren wir zum Zahlenstrahl im *Bild 1.16.1* zurück! Wenn wir für die Position x des Mannes auch $a = x$ und $b = x$ zulassen, können wir diese Möglichkeiten mittels Disjunktionen (ODER) hinzufügen (*s. 1.16.5*).

$$\begin{aligned}&(a = x \vee a < x) \wedge (b = x \vee x < b)\\ &\Leftrightarrow a \le x \wedge x \le b \Leftrightarrow \underline{\underline{a \le x \le b}}\end{aligned} \qquad (1.16.5)$$

Man erkennt, dass zusätzlich noch eine Kurzschreibweise für „kleiner oder gleich" verwendet wurde. Für das Intervall, das man nun, wie oben bereits erwähnt, *abgeschlossenes Intervall* nennt, schreibt man (*s. 1.16.6*).

$$\begin{aligned}&(a = x \vee a < x) \wedge (b = x \vee x < b) \Leftrightarrow a \le x \wedge x \le b \Leftrightarrow \underline{\underline{a \le x \le b}}\\ &\{x \in \mathbb{R} \mid a \le x \le b\} = \underline{\underline{[a,b]}}\end{aligned} \qquad (1.16.6)$$

In einer Siedlung kann es sein, dass der rechte Zaun zu Ihrem Grundstück, der linke aber dem Nachbarn gehört. So etwas gibt es hier auch – es wäre ein halboffenes Intervall $(a, b]$.

Halboffen gibt es auch!

In *Bild 1.16.1* warten die beiden Dame noch darauf, dass wir auch die Teilmengen benennen, auf denen sie stehen.

(1.16.7)

$$\text{Frau:} \quad -\infty < x \wedge x < a \quad \Leftrightarrow \quad \underline{\underline{x < a}}$$
$$\text{Kind:} \quad b < x \wedge x < \infty \quad \Leftrightarrow \quad \underline{\underline{b < x}}$$

Wie oben sind hier die beiden „kleiner-als"-Relationen durch eine Konjunktion (UND) verbunden. Da die Teilformeln $-\infty < x$ und $x < +\infty$ allgemeingültig sind, können sie die Gesamtformeln nicht falsch machen – man darf sie also fortlassen. In der Intervallschreibweise tauchen sie allerdings wieder auf:

(1.16.8)

$$\text{Frau:} \quad \{x \in \mathbb{R} \,|\, x < a\} = \underline{\underline{(-\infty, a)}}$$
$$\text{Kind:} \quad \{x \in \mathbb{R} \,|\, b < x\} = \underline{\underline{(b, \infty)}}$$

Plus unendlich und minus unendlich sind keine reellen Zahlen und gehören dem Intervall nicht an. Daher muss links bzw. rechts eine runde Klammer stehen. Sollten a und b mit zu den Mengen gehören, bekommen die Intervallgrenzen einseitig eckige Klammern.

Betrachten wir zum Schluss noch eine Formel, bei der die beiden Ungleichungen durch eine Disjunktion (ODER) verbunden sind: $x < a \vee x > b$! Hieraus lässt sich nicht wie oben eine Ungleichungskette bilden – sie muss so stehen bleiben. Die zugehörige Lösungsmenge ist die Vereinigungsmenge der Teilmengen, auf denen unsere beiden Damen stehen. Das Krokodil in *Bild 1.16.2* soll zeigen, wie man eine derartige Menge schreibt.

Bild 1.16.2
Ein Krokodil verursacht eine Lücke im Zahlenstrahl

Das Krokodil hat das abgeschlossene Intervall $[a, b]$ herausgebissen. Es verbleiben alle reellen Zahlen mit Ausnahme dieses fehlenden Intervalls (lies: **R** ohne …):

(1.16.9)

$$\{x \in \mathbb{R} \,|\, x < a \;\vee\; b < x\} = (-\infty, a) \cup (b, \infty) = \underline{\underline{\mathbb{R} \setminus [a, b]}}$$

Beachten Sie, es handelt sich in (*1.16.9*) um eine offene Menge. Sollte unser Krokodil die Punkte a und b verschont haben, sieht die Restmenge folgendermaßen aus:

(1.16.10)

$$\{x \in \mathbb{R} \,|\, x \le a \;\vee\; b \le x\} = (-\infty, a] \cup [b, \infty) = \underline{\underline{\mathbb{R} \setminus (a, b)}}$$

Ein Spezialfall des offenen Intervalls ist die im nächsten Bild dargestellte ε-*Umgebung*.

Bild 1.16.3
ε-Umgebung von x_0

Mit der X-Signalflagge aus der Seeschifffahrt soll eine ganz bestimmte reelle Zahl auf dem Zahlenstrahl markiert werden. Um auszudrücken, dass es sich bei dieser Zahl nicht um eine freie Variable handelt, benutzt man einen Index, hier z. B. die Null. Wenn Sie sagen, die Flagge markiert die *Stelle* x_0, so ist das eine völlig korrekte übliche Formulierung. Das Intervall zwischen den rot-weißen Markierungsstäben ist nun eine ε-Umgebung von x_0. ε steht für eine beliebige positive reelle Zahl. Anstelle der Intervallschreibweise verwendet man in der Regel ein großes U (für Umgebung) gefolgt von einen Präfix aus der halben Intervallbreite (tief gestellt, hier ε) und einem Klammerpaket mit der Intervallmitte (hier x_0).

Ein (völlig) korrekte Sprechweise: „die Stelle x_0"

$$U_\varepsilon(x_0) := (x_0 - \varepsilon,\ x_0 + \varepsilon) \qquad (1.16.11)$$

Nehmen wir an, das Mädchen in *Bild 1.16.3* befinde sich an der Stelle x innerhalb der ε-Umgebung von x_0. Dann und nur dann ist der Abstand des Mädchens von der Stelle x_0 immer kleiner als ε. Die folgenden Relationen sind also logisch äquivalent.

$$x \in U_\varepsilon(x_0) \quad \Leftrightarrow \quad |x - x_0| < \varepsilon \qquad (1.16.12)$$

1.17 Quantoren – oder wie viel darf es denn sein?

Für Schreibfaule ideal: Quantoren

Wenn Sie bei der Formulierung von Formeln sprachliche Elemente vermeiden wollen, dann kommen Sie um den *Allquantor* und den *Existenzquantor* nicht herum. Was eher nach exotischen Reptilien klingt, sind in Wirklichkeit sehr praktische Kürzel.

Betrachten wir ein Beispiel! Nehmen Sie an, $\varphi(x)$ sei irgendeine Formel auf der Grundmenge G und L sei deren Lösungsmenge. Die Formel ist genau dann allgemeingültig, wenn gilt: $G = L$. Für Allgemeingültigkeit gibt es auch ein Zeichen. Es handelt sich um einen senkrechten Strich mit bündig folgenden Gleichheitszeichen. Um die Allgemeingültigkeit zu definieren, könnte man die folgenden Schreibweise wählen.

(1.17.1)

$$\vDash \varphi(x) \Leftrightarrow G = L$$

Man könnte einwenden, dass *(1.17.1)* zu abstrakt ist. Der Leser muss dazu das merkwürdige Zeichen kennen, obendrein genau wissen, was genau eine Lösungsmenge ist, und was der Junktor bedeutet. Man könnte stattdessen alles ausschreiben:

(1.17.2)

$\varphi(x)$ ist genau dann allgemeingültig,
wenn **für alle** x aus G $\varphi(x)$ WAHR ist

Hier ist er schon: der Allquantor

„Für alle" wurde fett hervorgehoben, denn das ist bereits der Allquantor. Das Symbol dafür ist ein umgedrehtes großes „A". Das „genau-dann-wenn" wird durch den entsprechenden Junktor ersetzt. Aus dem „für alle" machen wir ein umgedrehtes A und benutzen die Konvention, dass mit $\varphi(x)$ automatisch nur die wahren Aussagen gemeint sind (Sie dürfen aber auch schreiben $\varphi(x)$=WAHR). Damit verkürzt sich die Definitionsformel für Allgemeingültigkeit:

(1.17.3)

$$\vDash \varphi(x) \Leftrightarrow \forall x \in G : \varphi(x)$$

Eine sinnlose Geheimschrift?

Negieren Sie eine Formel, die einen Allquantor enthält!

Liest man die Zeile genau so vor, wie es dort steht, klingt es zwar etwas holperig – ist aber durchaus noch zu verstehen: „$\varphi(x)$ ist allgemeingültig genau dann, wenn für alle x aus G gilt, $\varphi(x)$." Anstelle des Doppelpunktes liest man, je nach dem, was passt: „mit" oder „gilt". Man könnte zu Recht einwenden, dass man zugunsten einer Art Geheimschrift lediglich ein paar Buchstaben gespart hat. Der Vorteil zeigt sich, wenn man die Gesamtformel negieren soll. Die Verneinung von „für alle" wäre natürlich „nicht für alle". Aber wenn etwas nicht für alle gilt, dann heißt das: „Es existiert" (mindestens) eine Ausnahme. Unsere negierte Definitionsformel ist trotz Verwendung des Junktors immer noch länglich:

(1.17.4)

$\varphi(x)$ ist nicht allgemeingültig.
$\Leftrightarrow$ **Es existiert** ein x aus G, so dass nicht $\varphi(x)$ gilt.

Zu guter Letzt: der Existenzquantor

„Es existiert" ist wieder „fett" hervorgehoben – das ist nämlich der oben erwähnte *Existenzquantor*, der mit einem gespiegelten großen „E" abgekürzt wird. Notieren wir die Formel neu!

(1.17.5)

$$\nvDash \varphi(x) \Leftrightarrow \exists x \in G : \neg\varphi(x)$$

Durch Verneinung geht der Allquantor in den Existenzquantor über (und umgekehrt)!

Man erkennt, dass sich durch die Verneinung der Allquantor in den Existenzquantor verwandelt hat. „Nicht alle …" lässt sich durch „es existiert ein …" ersetzen! Wenn man beweisen soll, dass eine Formel nicht allgemeingültig ist, braucht man bloß herauszufinden, ob eine Ausnahme, ein *Gegenbeispiel*, existiert.

Definition des „Häufungspunktes" mithilfe des Umgebungsbegriffs

Mithilfe der Quantoren und dem oben beschriebenen Umgebungsbegriff lassen sich die Begriffe „Häufungspunkt" und „Grenzwert" für unendliche Teilmengen reeller Zahlen definieren. Man spricht von einem Häufungspunkt einer (reellen) Teilmenge an der Stelle x_0, wenn sich in jeder noch so kleinen ε-Umgebung von x_0 immer noch unendlich viele Elemente der Menge befinden.

Betrachten wir zunächst eine spezielle Abbildung/Funktion, und zwar der natürlichen Zahlen (**N** oder $\mathbf{N}_0$) in die Menge der reellen Zahlen:

$$a:\mathbb{N}\rightarrow\mathbb{R}\ ;\ n\mapsto a_n \tag{1.17.6}$$

Eine derartige Funktion heißt *Zahlenfolge*. Die einzelnen (Funktions-) Werte a_n nennt man *Glieder* der Folge. Das Argument wird üblicherweise nicht in Form eines Klammerpakets an den Funktionsnamen – hier a – gehängt, sondern als tief gestelltes Postfix. Die Argumente bekommen Variablennamen aus der Mitte des Alphabets (i bis n). Die Argumente kann man gleichzeitig zur Nummerierung der Glieder benutzen. Man spricht sie dann als Index an. Der Wertebereich einer Zahlenfolge kann zwar eine unendliche Menge sein, aber wegen der „Nummerierbarkeit" nennt man sie *abzählbar unendlich*.

Achtung: Eine Zahlenfolge ist eine Abbildung von den natürlichen (mit oder ohne null) in die reellen Zahlen. Das Argument erhält kein Klammerpaket!

Unendlich, aber abzählbar!

Betrachten wir ein Beispiel einer Folge in expliziter Darstellung …

$$a_n=\begin{cases}3 & \text{falls } n=0\\ 2+\dfrac{(-1)^n}{n} & \text{falls } n\in\mathbb{N}\setminus\{0\}\end{cases} \tag{1.17.7}$$

… oder als Menge!

$$a=\left\{(0,3),(1,1),(2,2\tfrac{1}{2}),(3,1\tfrac{2}{3}),(4,2\tfrac{1}{4}),(5,1\tfrac{4}{5}),(6,2\tfrac{1}{6}),\ldots\right\} \tag{1.17.8}$$

Die Glieder/Werte dieser Folge sind bereits als rote Markierungen in *Bild 1.16.3* auf dem Zahlenstrahl eingezeichnet, aber schlecht erkennbar. Im folgenden Bild ist die ε-Umgebung mitsamt den Markierungen vergrößert herausgezeichnet worden.

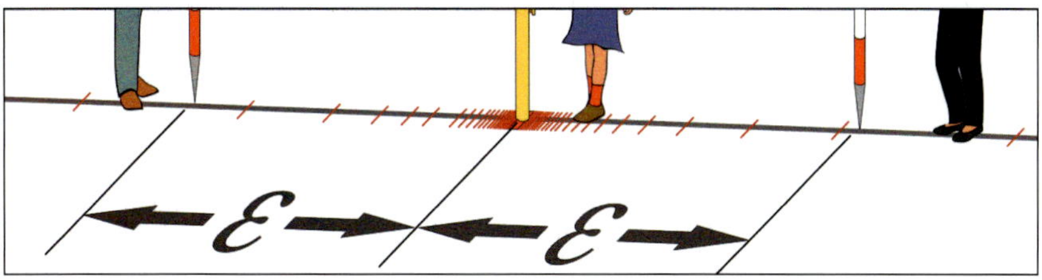

Bild 1.17.1
ε-Umgebung der Stelle x_0 = 2 mitsamt den Folgegliedermarkierungen

Man erkennt leicht, dass die Werte der Folge a um die Zahl 2 herumpendeln, da der zweite Summand einmal positiv (für gerades n) und einmal negativ (n ungerade) ist. Da obendrein n im Nenner steht, kann der Summand beliebig klein werden. Der komplette Funktionswert a_n nähert sich der 2 immer mehr an. In diesem Beispiel wäre also $x_0 = 2$ ein Häufungspunkt der Folge. Hat eine Zahlenfolge wie hier nur einen Häufungspunkt, sagt man, sie *konvergiert* und der Häufungspunkt heißt *Grenzwert* der Folge. Wenn man bei einer Zahlenfolge mit dem Namen a ausdrücken will, dass eine Folge konvergiert, und zwar gegen den Grenzwert x_0, dann benutzt man gern die in dem „Anatomieschild" (*s. Bild 1.17.2*) illustrierte Limes-Schreibweise. Gelesen wird das so: „Limes n gegen unendlich ist gleich x_0".

x_0 ist einziger Häufungspunkt der Folge!

x_0 ist Grenzwert!

Limes <lat., „Grenze“>

Bild 1.17.2
„Anatomie“ eines Grenzwertes

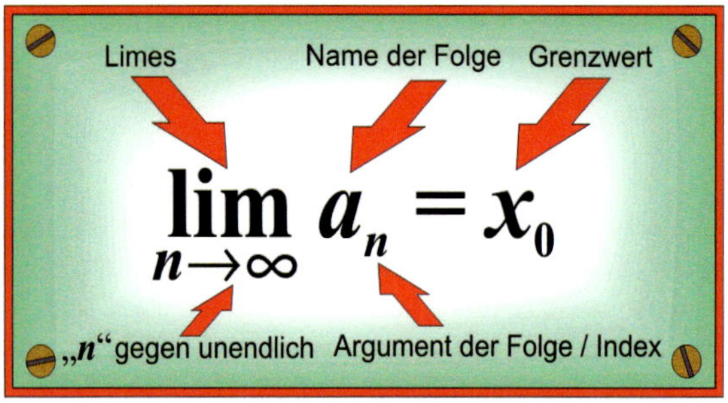

Folgen mit dem Grenzwert null heißen *Nullfolgen. Bild 1.16.3* zeigt, dass unser Pärchen die Messlatten ruhig zusammenschieben kann – in jeder noch so kleinen ε-Umgebung von x_0 verbleiben immer noch unendlich viele Punkte der Folge. Genau diesen Sachverhalt kann man mithilfe der Quantoren formulieren:

Ein harter Prüfstein:

(1.17.9)

$$a \text{ konvergiert } \Leftrightarrow \forall \varepsilon > 0 \left(\exists n_0(\varepsilon) \left(\forall n > n_0 : a_n \in U_\varepsilon(x_0) \right) \right)$$

Nicht aufgeben, man kommt dahinter!

Zugegeben, die Formel (*1.17.9*) ist für Einsteiger ein harter Prüfstein! Übersetzen wir zunächst einmal die Formel: „Die Folge a konvergiert genau dann, wenn für alle $\varepsilon > 0$ eine Funktion $n_0(\varepsilon)$ existiert, derart, dass alle Folgeglieder mit Indizes größer oder gleich n_0 in der ε-Umgebung von x_0 liegen.“ Wegen der (drei) ineinander geschachtelten Teilformeln wurden (optional) Klammern und ein Doppelpunkt gesetzt. Versuchen wir, die Formel zu entschlüsseln. Klar ist, dass für alle $\varepsilon > 0$ der Inhalt der äußeren Klammern gelten soll. Das Folgende ist schwerer zu begreifen: Es wird die Existenz einer Funktion mit dem Namen n_0 und dem Argument ε verlangt. Die verlangte Eigenschaft steht in Klammern dahinter. Es wird gefordert, dass alle Glieder der Folge mit einem Index größer oder gleich dem Funktionswert $n_0(\varepsilon)$ in der ε-Umgebung von x_0 liegen. Da die natürlichen Zahlen oberhalb $n_0(\varepsilon)$ immer eine unendliche Menge bilden, würden damit, wie oben gefordert, immer unendlich viele Glieder der Folge in der ε-Umgebung von x_0 liegen.

Das ist der Schlüssel zum Verständnis der Formel: „$\exists\ n_0(\varepsilon)$“

Es wird die Existenz einer Funktion verlangt! Dabei ist ε das Argument dieser Funktion.

Die Konvergenz einer Folge ist erst nachgewiesen, wenn Sie den Grenzwert erraten und dazu eine Funktion $n_0(\varepsilon)$ gefunden haben. Hat man den Grenzwert richtig erraten, ist die dreistellige Relation (*1.17.10*) mit den Variablen n, ε und x_0 nur noch zweistellig.

(1.17.10)

$$a_n \in U_\varepsilon(x_0)$$

Man muss nun versuchen, (*1.17.10*) so umzuformen, dass man daraus eine Relation vom Typ (*1.17.11*) erhält.

(1.17.11)

$$n > n_0(\varepsilon)$$

Bei der Umformung muss man dafür sorgen, dass Relation (*1.17.11*) eine notwendige oder (logisch) äquivalente Bedingung für (*1.17.10*) ist. Der Vollständigkeit halber sei an dieser Stelle eine Rechnung für unser Beispiel eingefügt (*s. 1.17.12*). Die Rechnung benutzt die Äquivalenz (*1.16.12*). Sollten Sie die Rechnung (noch) nicht vollständig verstehen, ist das an dieser Stelle nicht weiter schlimm – die Rechenregeln sind erst Themen späterer Kapitel.

$$
\begin{aligned}
a_n \in U_\varepsilon(2) \quad &\Leftrightarrow \quad |a_n - 2| < \varepsilon \\
\Leftrightarrow \quad & \left|\left(2 + \frac{(-1)^n}{n}\right) - 2\right| < \varepsilon \qquad \left| \; a_n = 2 + \frac{(-1)^n}{n} \text{ einsetzen!} \right. \\
\Leftrightarrow \quad & \left|\not{2} + \frac{(-1)^n}{n} - \not{2}\right| < \varepsilon \qquad \left| \; \left|(-1)^n\right| = 1 \text{ einsetzen!} \right. \\
\Leftrightarrow \quad & \frac{1}{n} < \varepsilon \quad \Leftrightarrow \quad \underline{\underline{n > \frac{1}{\varepsilon} := n_0(\varepsilon)}}
\end{aligned}
$$

(1.17.12)

Vermerken Sie Umformungsschritte rechts hinter einem senkrechten Strich!

In unserem Beispiel führt von der Relation (*1.17.10*) sogar eine Kette logischer Äquivalenzen zu einer Relation vom Typ (*1.17.11*). Ein Vergleich der Relation „$n > \ldots$“ mit (*1.17.11*) liefert dann die gesuchte Funktion:

$$
n_0(\varepsilon) = \frac{1}{\varepsilon}
$$

(1.17.13)

Durch Einsetzen der Funktion (*1.17.13*) in die Formel (*1.17.9*) wird diese für unsere spezielle Folge allgemeingültig. Das heißt, die Folge konvergiert und $x_0 = 2$ ist wirklich Grenzwert der Folge.

2. Zahlen, Rechenregeln und Algebraische Strukturen

Dieses Kapitel führt Sie von Containerstapeln im Hamburger Hafen zu abstrakten „algebraischen Strukturen". Eine derartige Struktur, man sagt auch nur schlicht *Algebra*, ist Ihnen bereits vertraut. Es handelt sich um die Menge der (reellen) Zahlen in Kombination mit den grundlegenden Rechengesetzen der Addition und Multiplikation (Axiome). Diese „Zahlenalgebra" reicht für Naturwissenschaft und Technik nicht aus – es werden auch zusätzliche Algebraische Strukturen benötigt. In den Mathematikvorlesungen der Hochschulen werden die zu einer Algebra gehörenden Mengen mitsamt den Rechengesetzen (Axiomen) einfach definiert und anschließend darauf hehre Denkgebäude aufgebaut. Wir gehen hier einen anderen Weg! Um Ihnen den Zugang zu abstrakteren Strukturen zu erleichtern, gehen wir von den einfachen – in unserem Gehirn „fest verdrahteten" – Abzählprinzipien aus und entwickeln daraus die Menge der reellen Zahlen mitsamt den zugehörigen Rechengesetzen. Hat man dieses Prinzip verstanden, kommt man auch mit „exotischen" Mengen und Axiomen zurecht.

Algebra ist keine Hexerei!

Wir wollen die in Ihrem Gehirn festverdrahtete algebraischen Strukturen aufspüren.

2.1 Abzählprinzipien - Addition

Scheuen wir nicht einen Rückgriff in die Grundschulzeit und betrachten noch einmal einfache Abzählprinzipien!

Zu einfach ist viel besser als zu schwierig!

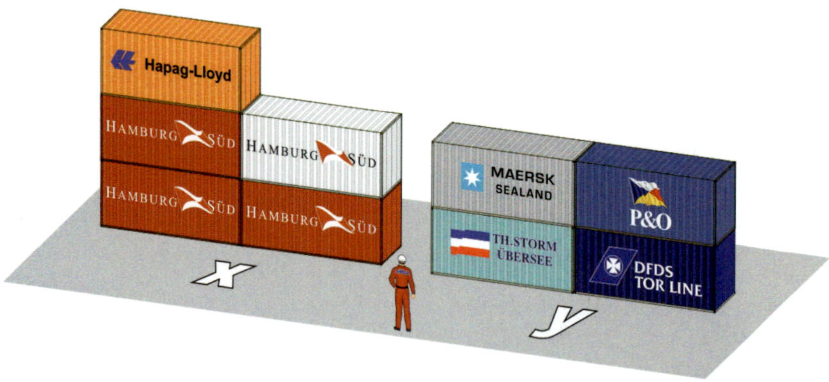

Bild 2.1.1
Addition natürlicher Zahlen

Der in *Bild 2.1.1* dargestellte Hafenarbeiter zählt auf einem Kontrollgang die auf den Plätzen „x" und „y" abgestellten Containerstapel zusammen. Egal wie viel Container dort lagern, unser Mann wird den Stapeln x und y **eindeutig** die Gesamtzahl $x + y$ **zuordnen**. Eine eindeutige Zuordnung – das ist eine Funktion/Abbildung! Mit der Potenzmenge $\mathbf{N}^2$ als Definitionsbereich und $\mathbf{N}$ als Wertebereich handelt es sich um eine zweistellige innere Verknüpfung. Das Plus ist dabei der Operator, (x, y) das zweistellige Argument und $x + y$ der Funktionswert in Infix-Schreibweise:

$$+: \mathbb{N}^2 \to \mathbb{N}, \ (x,y) \mapsto x+y \qquad (2.1.1)$$

Die Verknüpfung heißt bekanntlich *Addition*, die Operanden *Summanden* und der Funktionswert *Summe*. *Bild 2.1.2* zeigt die „Verknüpfungsmaschine", jetzt allerdings mithilfe der in der Technik üblichen Rohrleitungssymbole dargestellt.

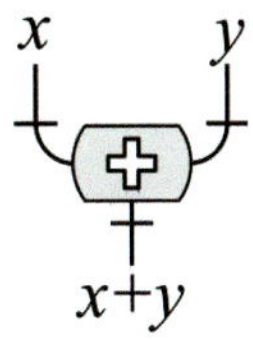

Bild 2.1.2
Addition als Verknüpfung

Weisen wir den Funktionswert einer Variablen zu, dann haben wir die Funktion explizit dargestellt. Es zeigt sich die vertraute Darstellung mit u als abhängiger Variablen:

$$u = x + y \qquad (2.1.2)$$

Über die Zuordnungsvorschrift brauchen wir nichts zu sagen, die ist in Ihrer Denkzentrale „fest verdrahtet".

Die Null ist das neutrale Element bezüglich der Addition.

Zu den Selbstverständlichkeiten beim Zusammenzählen gehört, wie man sagt, „die Existenz eines *neutralen Elementes*" – das ist hier die Zahl Null. Neutral heißt in diesem Fall, dass eine Addition mit der Zahl Null nichts bewirkt:

$$x + 0 = 0 + x = x \qquad (2.1.3)$$

Dass die Gesamtzahl der Container in *Bild 2.1.1* nicht davon abhängt, welcher Stapel zuerst gezählt wird, ist klar. Das bedeutet, bei dieser speziellen Verknüpfung ändert sich der Funktionswert nicht, wenn man die beiden Koordinaten des Arguments vertauscht. Notiert man diese Selbstverständlichkeit als (allgemeingültige) Formel, so erhält man das so genannte *Vertauschungs-* oder *Kommutativgesetz*:

$$x + y = y + x \qquad (2.1.4)$$

Es sei darauf hingewiesen, dass die Vertauschbarkeit bei zweistelligen Verknüpfungen allgemein keine Selbstverständlichkeit ist! Bei der Stringverknüpfung „&" führt die Vertauschung der Operatoren keineswegs zur selben Zeichenkette.

Vertauschbarkeit ist keine Selbstverständlichkeit.

Verändern wir unsere Containerlager etwas und betrachten in *Bild 2.1.3* drei Stapel, die paarweise zusammengezählt werden sollen. Der Mann im blauen Overall könnte seine beiden Stapel addieren und dem Kollegen die (Zwischen-) Summe mitteilen. Der Mann im roten Overall addiert dann zu dieser Summe seinen Stapel. Wir könnten aber genau so gut den Mann im roten Overall anweisen, lediglich die beiden rechten Stapel zusammenzuzählen und diesen Wert seinem Kollegen weiter zu geben.

Assoziativgesetz = Verbindungsgesetz

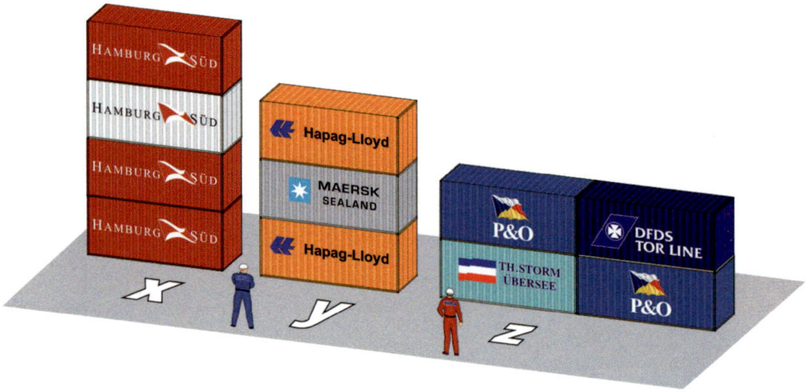

Bild 2.1.3
Assoziativgesetz der Addition

Die im Bild demonstrierten Zählweisen lassen sich durch zwei Rechenbäume darstellen:

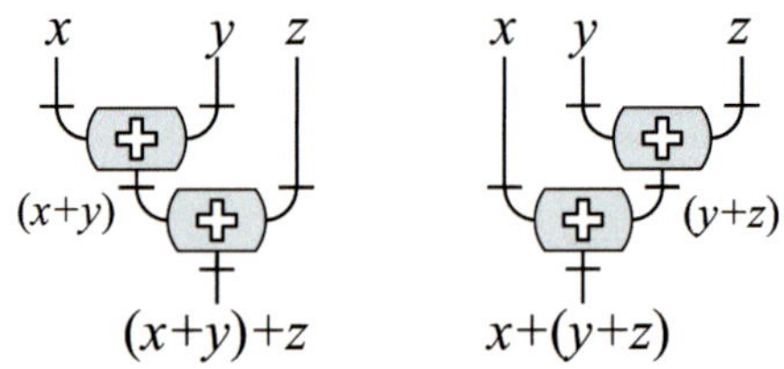

Bild 2.1.4
Rechenbäume für Assoziativgesetz

Im linken Rechenbaum wird der Zwischenwert $(x + y)$ zum Argument für die unterste Addition. Vereinbarungsgemäß muss er in ein Klammerpaket gesetzt werden. Rechts wird dagegen der Zwischenwert $(y + z)$ zum Argument. Beide Rechenbäume führen zwar zu unterschiedlichen Termen. Da die Gesamtzahl bei beiden Zählweisen gleich ist, müssen die beiden Terme trotzdem gleichwertig sein. Oder anders gesprochen: die Formel (*2.1.5*) ist allgemeingültig.

(2.1.5)

$$(x+y)+z = x+(y+z)$$

Formel (*2.1.5*) heißt *Assoziativgesetz* (Verbindungsgesetz) und sagt im Grunde aus, dass in Termen, in denen **ausschließlich** Additionen vorkommen, Klammern den Wert des Terms nicht beeinflussen. Man könnte das erweitern und vier Containerstapel paarweise addieren.

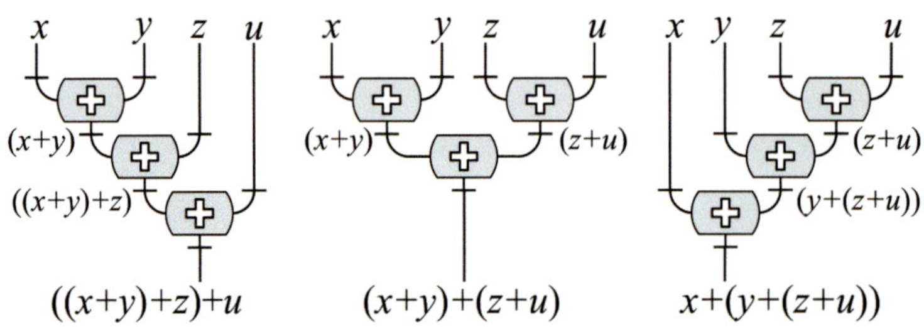

Bild 2.1.5
Rechenbäume für die Addition von vier Summanden

Die drei Verknüpfungen lassen sich nun auf drei verschiedene Arten zusammenschrauben und führen natürlich zu gleichwertigen Termen. Die beiden rechten

Rechenbäume darf man, ohne dass sich am Wert des Terms etwas ändert, in die kaskadenartige linke Struktur überführen.

Klammern – hier eher störend als nützlich! Das wird sich ändern!

Das lässt sich verallgemeinern: Werden beliebig viele Additionen kombiniert, darf man die Verknüpfungen immer so umordnen, dass sie eine kaskadenartige Struktur bilden.

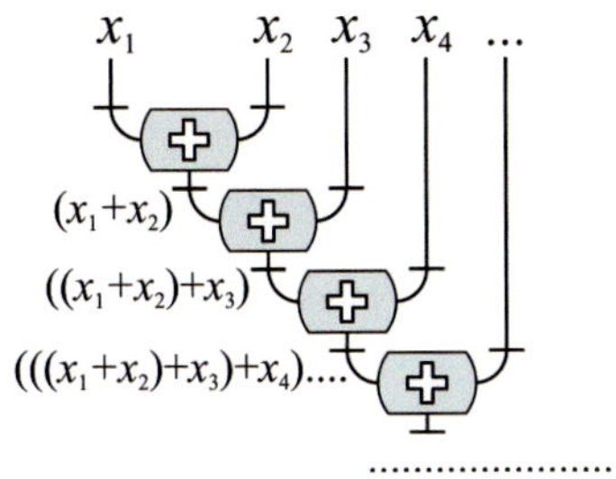

Bild 2.1.6
Kaskade von Additionen

Durch die Umordnung zur Kaskade werden zunächst nicht die entsetzlichen geschachtelten Klammern vermieden. Aber hier hilft eine sinnvolle Regel, die Sie wahrscheinlich als Selbstverständlichkeit ansehen:

Merke:
Im Falle einer kaskadenartigen Anordnung gleicher Verknüpfungen darf man die Klammern fortlassen:

$$\cdots((((x_1+x_2)+x_3)+x_4)+x_5)\cdots = x_1+x_2+x_3+x_4+x_5+\cdots$$

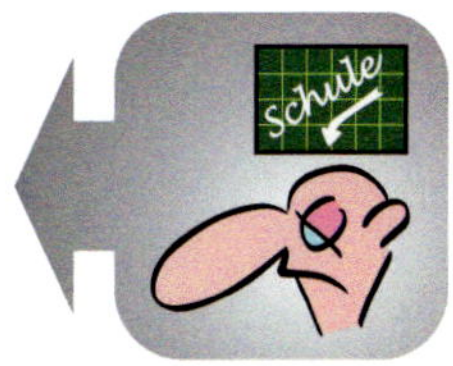

Merksatz 2.1.1

Für das praktische Rechnen hat *Merksatz 2.1.1* keinen Wert. Man würde im Falle einer Summe mit mehr als zwei Summanden automatisch so rechnen, wie es der kaskadenartige Rechenbaum vorschreibt: Zu der Summe aus den ersten beiden Summanden addiert man den dritten. Zu dieser Summe wiederum addiert man den vierten und so fort. Die Regel ist aber Teil eines Regelwerks, mit dessen Hilfe man komplizierte Terme entschärfen kann.

Für Summen mit (abzählbar) vielen Summanden wie die in *Merksatz 2.1.1* gibt es eine Kurzschreibweise:

$$x_1+x_2+\ldots.+x_i+\ldots.x_n := \sum_{i=1}^{n} x_i \qquad \textbf{(2.1.6)}$$

Das Σ-Zeichen (lies: Sigma) ist das große griechische S und steht für Summe. Dahinter schreibt man einen Stellvertreter der Summanden mit einer ganzzahligen Variablen als so genannten *Laufindex*. Unter- und oberhalb des Summenzeichens wird vermerkt, von wo bis wo der Index laufen soll. Man liest das dann so: „Summe von $i = 1$ bis n: x_i." In *(2.1.6)* geht man davon aus, dass die Indizes von 1 bis n lückenlos vertreten sind. Eventuelle Ausnahmen müssen unbedingt vermerkt werden.

Kein Weg führt daran vorbei: Sie müssen die Σ-Schreibweise für Summen beherrschen!

2.2 Abzählprinzipien - Multiplizieren

Noch ein Abschnitt für das Strandbad – aber trotzdem unabdingbar!

Schauen wir uns den folgenden Containerstapel an und überlegen, was für Funktionen und Formeln sich noch aus selbstverständlichen Abzählprinzipien ergeben.

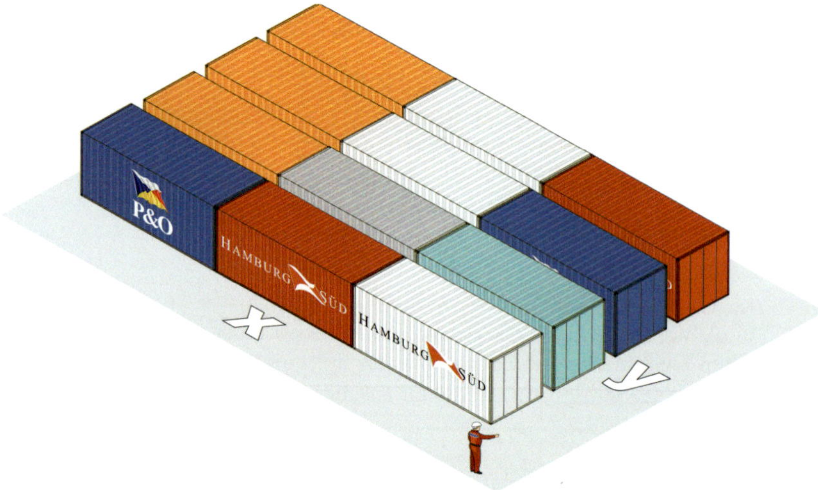

Bild 2.2.1 *Multiplikation natürlicher Zahlen*

Einzeln abzählen wäre mühsam, der Kontrolleur zählt die Anzahl der Container in der ersten Reihe x. Anschließend zählt er die Anzahl der Reihen y und ordnet diesen beiden Zahlen eindeutig die Gesamtzahl zu. Damit haben wir wieder eine Funktion, eine Verknüpfung, die einen Punkt als Operatorzeichen bekommt:

(2.2.1)
$$\odot : \mathbb{N}^2 \to \mathbb{N},\ (x, y) \mapsto x \cdot y$$

Die Operation heißt *Multiplikation*, die Operanden *Faktoren* und der Funktionswert *Produkt*. Die explizite Darstellung ergibt ein völlig vertrautes Bild:

(2.2.2)
$$u = x \cdot y$$

Ist umgekehrt sowohl die Anzahl der Container u als auch die Anzahl der Reihen y bekannt, kann man auf die Anzahl der Container x in einer Reihe durch den Quotienten $u : y$ zurückrechnen.

(2.2.3)
$$x = u : y$$

Anders als die Multiplikation führt die Division aus der Menge der natürlichen Zahlen heraus, wenn u kein Vielfaches von y ist. Bezüglich der Multiplikation gibt es, wie bei der Addition auch, ein neutrales Element – es ist die „1“ (*vgl.* (*2.1.3*)).

(2.2.4)
$$x \cdot 1 = 1 \cdot x = x$$

Natürlich könnte unser Kontrolleur auch y als erste Reihe auffassen und x als Anzahl der hintereinander stehenden Reihen ansehen. Die Gesamtzahl hängt davon nicht ab: Wie bei der Addition gilt ein Kommutativgesetz:

$$x \cdot y = y \cdot x \tag{2.2.5}$$

Wenn zwischen Addition und Multiplikation so viele Gemeinsamkeiten existieren, stellt sich die Frage nach einem Assoziativgesetz. Dazu stapeln wir auf die Container in *Bild 2.2.1* vier zusätzliche Schichten (*s. Bild 2.2.2*).

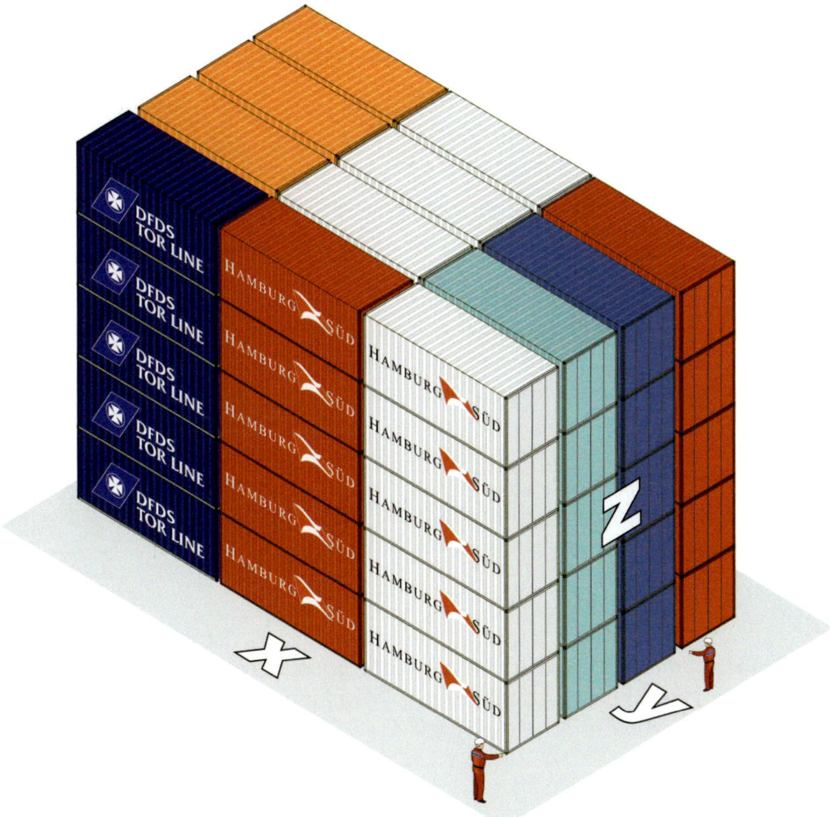

Der vordere Hafenkontrolleur zählt die Containerzahl pro Schicht (entweder die unterste oder die vorderste)

Der hintere Hafenkontrolleur registriert die Anzahl kompletter Schichten (entweder übereinander oder hintereinander liegend).

Bild 2.2.2
Assoziativgesetz der Multiplikation

Benutzen wir wieder wie vorher das Zurufprinzip der beiden Hafenkontrolleure. Der Vordere zählt nach dem obigen Verfahren die unterste Schicht und gibt den Wert weiter. Der Rechte multipliziert diesen Wert mit der Anzahl der gestapelten Schichten. Genauso gut könnte der rechte Mann die Container seiner Frontseite zählen und es dem anderen überlassen, mit der Anzahl der hintereinander stehenden Stapel die Gesamtzahl auszurechnen. Diese beiden Zählweisen können wir wie bei der Addition durch zwei Rechenbäume darstellen (*s. Bild 2.2.3*).

Es gibt noch mehr Zählweisen!

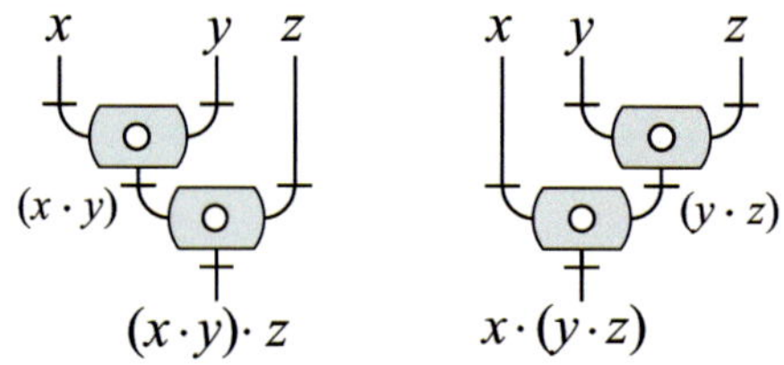

Bild 2.2.3
Rechenbäume zum Assoziativgesetz

Etwas Neues hat sich im Vergleich zu den Additionen nicht ergeben. Die Rechenbäume in *Bild 2.2.3* unterscheiden sich von denen in *Bild 2.1.4* nur in der Art der Verknüpfung. Beide Zählweisen in *Bild 2.2.3* müssen zur selben Gesamtzahl führen – also gilt auch für die Multiplikation ein Assoziativgesetz:

(2.2.6)

$$(x \cdot y) \cdot z = x \cdot (y \cdot z)$$

Addition und Multiplikation „gehorchen" denselben Gesetzen!

Damit gelten alle weiteren Überlegungen, die wir bei der Addition durchgeführt haben, auch für die Multiplikation. Man braucht dazu nur in den entsprechenden Rechenbäumen (*Bild 2.1.5, Bild 2.1.6*) das Verknüpfungszeichen durch den „Malpunkt" zu ersetzen.
Insbesondere gilt ebenfalls: Werden beliebig viele Multiplikationen kombiniert, darf man die Verknüpfungen immer so umordnen, dass sie eine kaskadenartige Struktur bilden (*vgl. Bild 2.1.6*) nur mit „Malpunkt"! Bei dem zugehörigen Funktionsterm darf man ebenfalls die Klammern fortlassen:

(2.2.7)

$$\cdots((((x_1 \cdot x_2) \cdot x_3) \cdot x_4) \cdot x_5) \cdots = x_1 \cdot x_2 \cdot x_3 \cdot x_4 \cdot x_5 \cdots$$

Analog zu der Summenschreibweise (*2.1.6*) kann man auch ein Produkt aus abzählbar vielen Faktoren bequemer schreiben:

(2.2.8)

$$x_1 \cdot x_2 \cdot \ldots \cdot x_i \cdot \ldots \cdot x_n \;:=\; \prod_{i=1}^{n} x_i$$

Nicht ganz so häufig wie die Σ-Schreibweise: Die Verwendung des „Π" für Produkte

Das Produktsymbol Π (lies Pie) ist das große griechische P. Wieder steht hinter dem Produktsymbol ein indizierter Faktor. Man liest analog zu Summenschreibweise: „Produkt von $i = 1$ bis n: x_i" (*vgl.* (*2.1.6*)).

2.3 Abzählprinzipien - Multiplizieren und Addieren

Es gibt noch ein weiteres Abzählprinzip, das zu einer allgemeingültigen Formel umarbeitet werden kann. *Bild 2.3.1* zeigt Container auswärtiger Reedereien, auf denen Container Hamburger Reedereien gestapelt wurden.

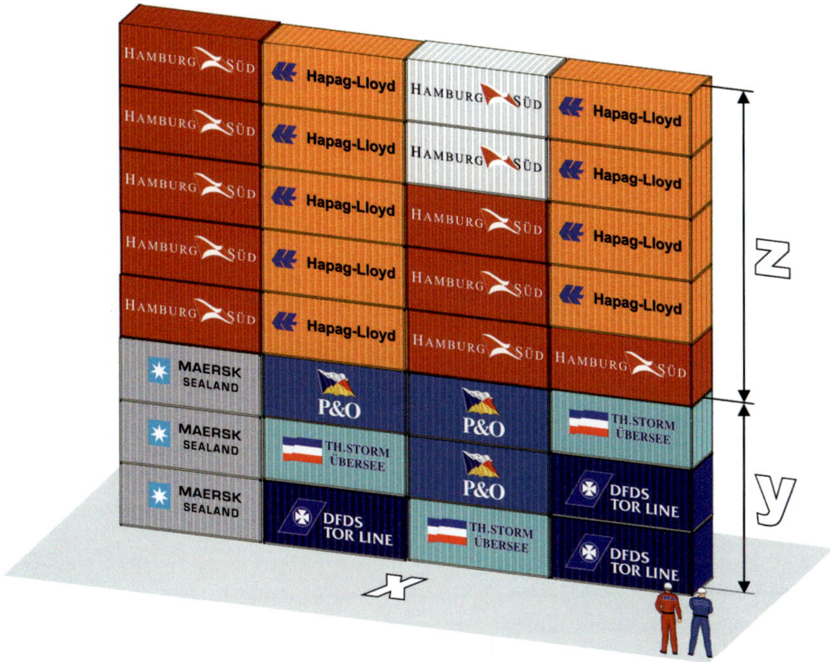

Distributivgesetz = Verteilungsgesetz

z = 5 (Containerhöhen)

y = 3 (Containerhöhen)

Bild 2.3.1
Containerstapel für das Distributivgesetz

Der Mann im blauen Overall zählt zunächst die vertikalen Stapelreihen zusammen ($y + z$), der „Rote“ **multipliziert** die Anzahl der Container der untersten Reihe (x) mit der ihm mitgeteilten Summe ($y + z$). Also errechnet sich die Gesamtzahl mithilfe der in *Bild 2.3.2* dargestellten Rechenbaumkombination – hier mit Typ I bezeichnet.

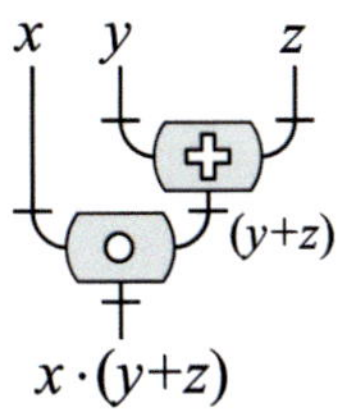

Bild 2.3.2
Rechenbaum Typ I

Im Typ I sind zwei verschiedene Verknüpfungen zusammengefügt. Die letzte Verknüpfung führt der Mann im roten Overall aus – es ist eine Multiplikation. Man könnte aber auch die Anzahl der auswärtigen – und der Hamburger Container mittels der Produkte $x{\cdot}y$ und $x{\cdot}z$ einzeln berechnen und erst dann addieren. Das führt zu dem in *Bild 2.3.3* dargestellten Rechenbaum – hier mit Typ II bezeichnet.

Es geht auch anders!

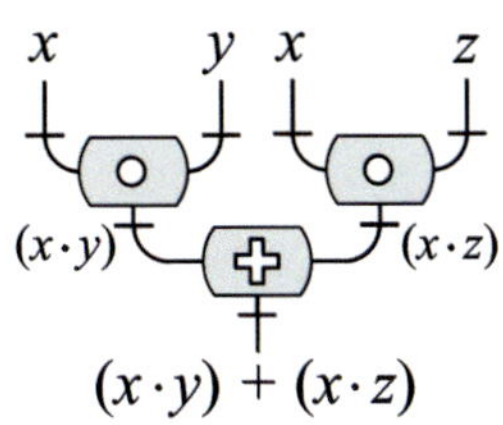

Bild 2.3.3
Rechenbaum Typ II

Produkt kontra Summe

Hier ist die letzte Rechenoperation eine Addition. Um Funktionsterme grob einteilen zu können, zieht man gerne den Namen der **letzten** Verknüpfung heran (*s. Merksatz 2.3.1*). Also nennt man den Term vom Typ I (s. Bild 2.3.2) einen Produktterm – den vom Typ II (*s. Bild 2.3.3*) dagegen ein Summenterm.

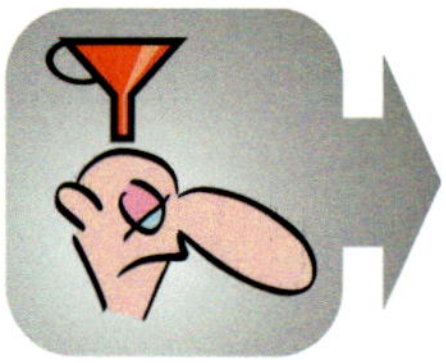

Merksatz 2.3.1

Merke:
Ein wichtiges Merkmal eines Terms ist diejenige Verknüpfung, die den endgültigen Termwert ermittelt (es ist die unterste Verknüpfung im Rechenbaum). Ist sie eine Addition, nennt man den kompletten Term *Summe*. Im Falle einer Multiplikation sagt man zu dem Term *Produkt*.

Die Zwischenwerte in dem Summenterm vom Typ II (*s. Bild 2.3.3*) sind Produkte und müssen gemäß der Klammerkonvention in Klammern eingeschlossen werden. Nun verbessern Klammern nicht gerade die Lesbarkeit von Termen. Man versucht daher, mit möglichst wenigen Klammern auszukommen. Hier hilft eine einprägsame Punkt-vor-Strich-Regel, die Sie bestimmt noch aus Ihrer Schulzeit kennen.

Merksatz 2.3.2

Merke:
Man sagt einfach, Punktverknüpfungen (auch Divisionen in Bruchstrichschreibweise) binden **stärker** als Strichverknüpfungen. Damit sind Produkte, die einer „Strichverknüpfung" zugeführt werden, auch ohne Klammern als Zwischenwerte zu erkennen. Die Klammern können fortgelassen werden.
Die Merkregel ist einprägsam: „**Punkt vor Strich!**"

Gemäß „Punkt-vor-Strich" kann der Summenterm vom Typ II (*s. Bild 2.3.3*) ohne Klammern geschrieben werden:

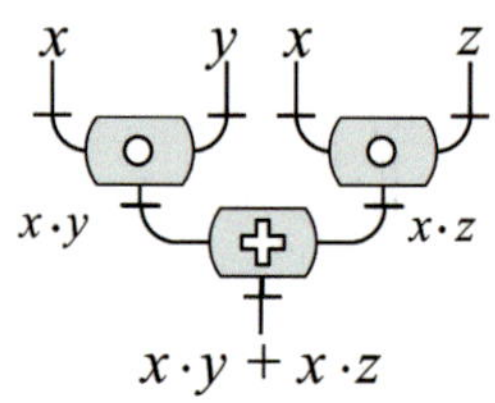

Bild 2.3.4
*Summe aus Produkten **ohne** Klammern*

Wegen der „Punkt-vor-Strich-Regel" sieht man dem Funktionsterm auch ohne Rechenbaum an, dass beide Produkte Zwischenwerte sein müssen. Die Produkte müssen somit **vor** der abschließenden Addition bereitgestellt werden. Beachten Sie unbedingt die Warnung in folgendem Merksatz!

Merksatz 2.3.3

Warnung:
Schreiben Sie, um Fehler zu vermeiden, Faktoren enger zusammen als Summanden! Keinesfalls umgekehrt!
Die Faktoren sollen sich wegen „Punkt-vor-Strich" „anziehen"!
Sie dürfen sogar den „Malpunkt" ganz fortlassen. „Kein Operator" heißt automatisch „Mal"!

Beispiele: $xy \equiv x \cdot y$; $2x \equiv 2 \cdot x$; $2(a+b) \equiv 2 \cdot (a + b)$;
$(x^2+5x-4)(2x-1) \equiv (x^2 + 5 \cdot x - 4) \cdot (2 \cdot x - 1)$

Kehren wir zurück zum Abzählen der Container in *Bild 2.3.1*! Beide Zählweisen müssen zur selben Gesamtzahl führen (*s. Bilder 2.3.2, 2.3.3, 2.3.4*). Beide Terme müssen somit gleichwertig sein:

$$x \cdot (y+z) = x \cdot y + x \cdot z \qquad (2.3.1)$$

Die allgemeingültige Formel (*2.3.1*) heißt *Distributivgesetz*. Hier scheiden sich in der Schule erfahrungsgemäß die Geister. Wendet man noch die Kommutativgesetze (*2.1.4*)/(*2.2.5*) an und berücksichtigt, dass die Gleichung auch von rechts nach links gelesen werden kann, ergeben sich insgesamt 64 Möglichkeiten für Formel (*2.3.1*)! Notieren Sie, wenn irgend möglich, Faktoren und Summanden so, dass die Variablen in alphabetischer Reihenfolge stehen.

Das Distributivgesetz wird in der Regel benutzt, um Terme zu vereinfachen. Wandelt man einen Produktterm vom Typ I (*s. Bild 2.3.2*) in einen Summenterm vom Typ II (*s. Bild 2.3.4*) um, nennt man das *Ausmultiplizieren*.

Lassen Sie sich nicht dazu verleiten, sinnlos etwas auszumultiplizieren!

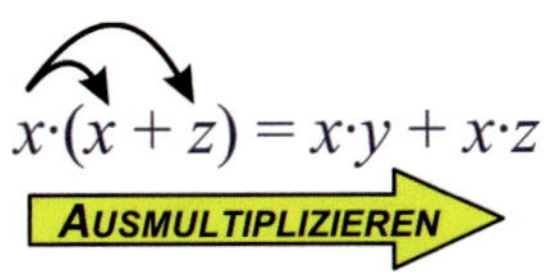

Bild 2.3.5
Ausmultiplizieren mittels Distributivgesetz

Der Faktor vor (oder hinter) der Klammer wird in die Klammer „geschossen" und auf die beiden Summanden verteilt. Eselsbrücke: „Kein Summand wird verschont!" Hat man es umgekehrt mit einem Summenterm vom Typ II zu tun, kann man den Faktor, den die Summanden gemeinsam haben, vor (oder hinter) die Klammer setzen – man nennt das *Ausklammern*. Eselsbrücke: „Der gemeinsame Faktor muss vor die Tür!"

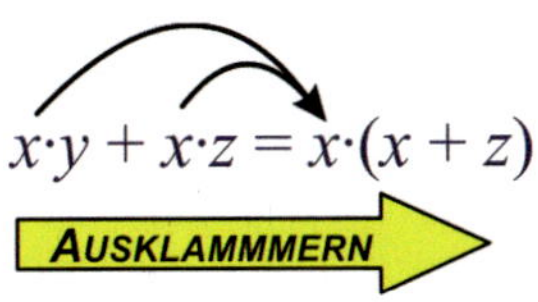

Bild 2.3.6
Ausklammern mittels Distributivgesetz

Aus dem Summenterm ist somit ein Produkt geworden. Man sagt ausführlich, der Term wurde durch *Ausklammern faktorisiert*.

2.4 Ganze Zahlen

Wir hatten im Abschnitt 1.16 (Unterwegs auf dem Zahlenstrahl), bereits davon Gebrauch gemacht, dass man (reelle) Zahlen *eineindeutig/bijektiv* auf einem Zahlenstrahl abbilden kann. Bildet man nur natürliche Zahlen ab, fällt natürlich auf: Unterhalb der Null ist nichts und zwischen den Zahlen sind Lücken. Das soll jetzt geändert werden. Fangen wir zunächst damit an, den Zahlenstahl ins „*Negative*" fortzusetzen und mit „*negativen Zahlen*" zu besetzen. Die auf diese Weise erweiterte Zahlenmenge sind die so genannten *ganzen Zahlen* (Mengensymbol **Z**, engl.

Eine Menge wird komplettiert: Fortsetzung ins Negative

integer). In *Bild 2.4.1* ist diese Zahlenmenge bzw. eine Teilmenge davon illustriert. Rechts im Bild finden Sie die „Anatomie" einer *ganzen Zahl* (engl. *Integer*). Sie besteht aus *Vorzeichen* und *Betrag*. Die Klammer ist optional. Ein positives Vorzeichen darf man auch fortlassen. Die Zahl Null bekommt als einzige ganze Zahl überhaupt kein Vorzeichen. Schließt man eine Variable in senkrechte Striche ein, so ist nur der Betrag des zugewiesenen Wertes gemeint. Man sollte vielleicht noch darauf hinweisen, dass die Pfeilspitze des Zahlenstrahles nach wie vor in Richtung größerer Zahlen weist (→ positive x-Richtung). Das bedeutet (–4) ist kleiner als (–1) aber umgekehrt ist (–4) **betragsmäßig** größer als (–1)! Natürlich sind insbesondere alle negativen Zahlen kleiner als null. Weiterhin sind ganze Zahlen mit gleichem Betrag, aber unterschiedlichen Vorzeichen stets ungleich!

Beachten Sie die Größer-Kleiner-Releation im Falle ganzer Zahlen! Alle drei Personen im Bild schreiten in Richtung größerer Zahlen.

Man sagt auch, die drei Personen schreiten in positive x-Richtung. Entsprechend weisen ihre Hinterpartien in negative x-Richtung.

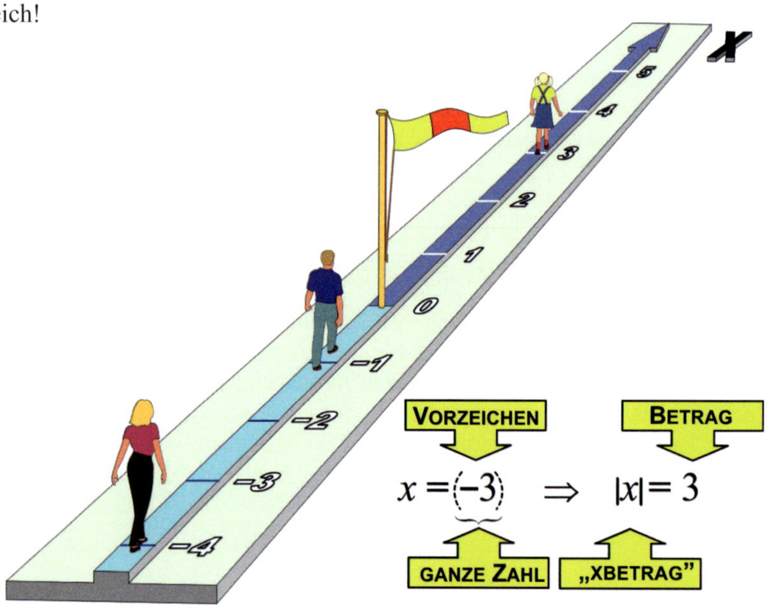

Bild 2.4.1
Ganze Zahlen auf dem Zahlenstrahl

Den Wert der Erweiterung der natürlichen Zahlen ins Negative wird niemand bestreiten wollen, es gibt jedoch einen Wermutstropfen: Für die Addition sind neue Regeln zu lernen.

Unersetzliches Standardbeispiel für die Addition ganzer Zahlen: Buchungen auf dem Girokonto

Erlauben Sie hier eine völlig unmathematische Vorgehensweise (wie bei den Junktoren) – Ihr Matheprofessor sieht es ja nicht. Wir machen uns die Rechenregeln an einem Standardbeispiel klar und betrachten ein Girokonto. Wird so ein Konto überzogen, ist der Kontostand eine negative Zahl – allerdings steht in den Kontoauszügen oft das „Vorzeichen" hinten. Wird von dem Konto etwas abgehoben, erfolgt die Buchung einer negativen Zahl. Im Falle einer Einzahlung wird eine positive Zahl gebucht. Der neue Kontostand ist dann gleich der **Summe** aus dem alten Kontostand und aller bis zum aktuellen Zeitpunkt getätigten Buchungen. Notieren wir in einer Tabelle (*s. Tab. 2.4.1*), welcher Kontostand sich nach 2 Buchungen jeweils ergeben würde. Der Einfachheit halber nehmen wir an, das Konto wäre vor der ersten Buchung gerade erst eröffnet worden und trotzdem eine Überziehung des Kontos zulässig. Sie würden sicherlich die in der fünften Spalte aufgeführten neuen Kontostände nicht beanstanden. Zur Vermeidung verbotener Zeichenkombinationen (+ +, + –, – +, – –) wurde bei den Termen von der Klammeroption Gebrauch gemacht. Um bei den Termen ein einheitliches Bild vor Augen zu haben, sind auch die positiven Zahlen mit Vorzeichen und Klammern ausgestattet worden. Normalerweise schreibt man (z. B.) natürlich nicht (+150) sondern nur 150.

Streng verbotene Zeichenkombinationen: + +, + –, – +, – –

Zunächst einmal sollte in der Tabelle auffallen, dass die neuen Kontostände nicht von der Reihenfolge der Buchungen abhängen. Weiterhin ist völlig klar, dass sich positive Buchungen wie ganz normale natürliche Zahlen addieren (Fall 1/2) **müssen**. „Miese“ dagegen addieren sich auch – betragsmäßig (Fall 7/8). Das Vorzeichen bleibt (leider) negativ. Bei Buchungen unterschiedlichen Vorzeichens (Fall 3 bis 6) bleibt das Vorzeichen der Summe negativ, wenn die negative Buchung betragsmäßig überwiegt (Fall 5/6). Überwiegt die Einzahlung, bleibt der Kontostand positiv. In den Fällen unterschiedlichen Vorzeichens (Fall 3 bis 6) ist der Betrag des neuen Kontostandes gleich der Differenz der Buchungsbeträge. Dabei wird immer der kleinere vom größeren Betrag abgezogen. Fall Nr. 9/10 zeigt noch, dass es zu jeder Buchung eine Gegenbuchung gibt, sodass beide zusammen null ergeben.

Buchungen sind vertauschbar.

Nichts Neues bei positiven Zahlen

„Miese“ addieren sich betragsmäßig.

Das ist Teil der Addition: Größerer Betrag minus kleinerer Betrag

Nr.	1. Buchung x	2. Buchung y	Term $x+y$	Kontostand $x+y$
1	+200	+150	(+200) + (+150)	+350
2	+150	+200	(+150) + (+200)	+350
3	+200	–150	(+200) + (–150)	+50
4	–150	+200	(–150) + (+200)	+50
5	–200	+150	(–200) + (+150)	–50
6	+150	-200	(+150) + (–200)	–50
7	–200	–150	(–200) + (–150)	–350
8	–100	–200	(–100) + (–200)	–350
9	+200	–200	(+200) + (–200)	0
10	–200	+200	(–200) + (+200)	0

Tabelle 2.4.1
Fiktive Buchungen auf einem Girokonto

Eine Buchung lässt sich durch eine Gegenbuchung aufheben.

Unabhängig von diesem Beispiel übernehmen wir die Regeln zur Ermittlung eines neuen Kontostandes als Additionsregeln für ganze Zahlen.

Die Rache der ganzen Zahlen: die umfangreiche Verknüpfungsvorschrift

Additionsregel:
- Addiert man zwei ganze Zahlen x, y, so ist das **Vorzeichen der Summe** $x+y$ gleich dem Vorzeichen des betragsmäßig größeren Summanden.
- Haben beide Summanden gleiches Vorzeichen, so ist der **Betrag der Summe**, d. h. $|x+y|$, gleich der **Summe der Einzelbeträge** $|x|+|y|$.
- Sind die Vorzeichen der Summanden dagegen verschieden, ergibt sich der Betrag der Summe aus der **Differenz der Einzelbeträge**. Dabei wird immer der kleinere vom größeren Betrag abgezogen, also je nachdem $|x|-|y|$ oder $|y|-|x|$.

Merksatz 2.4.1

Weiter entnehmen wir dem Fall 9/10 Formel (*2.4.1*), die für ganze Zahlen allgemeingültig sein soll.

(2.4.1)

$$\forall x \in \mathbb{Z} \left(\exists x^* \in \mathbb{Z}:\ x + x^* = 0 \right)$$

Der Ausgleich für die umfangreiche Additionsregel: Es gibt zu jeder Zahl eine inverse.

In Worten: Zu jedem Element von Z gibt es ein *inverses Element* bezüglich der Addition, sodass die Summe aus beiden gleich dem neutralen Element ist. Das ist hier die Zahl Null. Nach einem inversen Element x^* braucht man bei ganzen Zahlen auch nicht lange zu fahnden, es ist gleich dem x mit entgegengesetztem Vorzeichen.

Nun ist es endlich Zeit, sich von dem Girokonto-Beispiel zu lösen und für die komplette Menge der ganzen Zahlen, so wie sie in *Bild 2.4.1* definiert ist, (vernünftige) Festlegungen zu treffen:

Die vertrauten Rechengesetze gelten weiterhin.

- Die ganzen Zahlen sind eine Obermenge der natürlichen Zahlen. Daher müssen für ganze Zahlen mindestens die für natürliche Zahlen gültigen Rechengesetze gelten! Das sind das Assoziativgesetz (*2.1.5*), die Existenz eines neutralen Elements (*2.1.3*) und das Kommutativgesetz (*2.1.4*). „Mindestens“ bedeutet, dass Rechengesetze hinzukommen dürfen. Bezüglich der Addition ist es die Existenz der inversen Elemente (*s. 2.4.1*).

Ab hier hat das Girokonto-Beispiel schon wieder ausgedient.

Buchungen auf einem Girokonto sind zwar Idealbeispiele, um sich die Rechenregeln der ganzen Zahlen bezüglich der Addition klar zu machen. Leider hat das einfache Beispiel bereits ausgedient, wenn es um die Multiplikation geht. Produkte aus Buchungen ergeben keinen Sinn.

2.5 Ganze Zahlen kann man auch multiplizieren

Multiplikationen ganzer Zahlen sind einfach!

Sie können (zunächst) beruhigt weiter lesen, die Rechenregeln für die Multiplikation ganzer Zahlen sind einfacher als die der Addition.
Formel (*2.2.2*) sagt aus, dass man jedem Element (x, y) aus $\mathbf{N}^2$ eindeutig ein Produkt u zuordnen kann. Formel (*2.2.3*) sagt zusätzlich aus, dass man bei Kenntnis des Produktes u und einem der beiden Faktoren, z. B. y, eindeutig durch Division auf den zweiten Faktor zurückrechnen kann. Obwohl es der Eindeutigkeit nicht widerspricht, können deshalb Produkte, die lediglich in einem Faktor übereinstimmen, nie gleich sein – z. B. $\mathbf{6} \cdot 3 \neq \mathbf{6} \cdot 4$. Produkte, die sich in **beiden** Faktoren unterscheiden, können dagegen durchaus gleich sein – z. B. $6 \cdot 9 = 2 \cdot 27$. Das gilt zunächst nur für natürliche Zahlen. Da natürliche Zahlen eine Teilmenge der ganzen Zahlen sind, übernimmt man diese Sachverhalte für alle ganzen Zahlen! Damit ist es möglich, auch ohne konkretes Beispiel, die Multiplikationsregeln für ganze Zahlen hinzubiegen:

Für die Multiplikation ist kein konkretes Beispiel erforderlich!

Im Positiven sind Betrag und Zahl gleich. Wenn wir dort sagen, der Betrag eines Produktes errechnet sich aus den Beträgen der Faktoren, stimmt das trivialerweise. Wir übernehmen diese Regel für alle ganzen Zahlen und sagen: „Der Betrag eines Produktes ist gleich dem Produkt aus den Beträgen der Faktoren:

Betrag eines Produktes? Überhaupt kein Problem. Multiplizieren Sie die Beträge der Faktoren!

$$|x \cdot y| = |x| \cdot |y| \qquad (2.5.1)$$

Wir brauchen uns wegen (*2.5.1*) nur noch darum zu kümmern, wie man aus den Vorzeichen der Faktoren das Vorzeichen des Produktes zu ermitteln hat. Das geht (wieder) am einfachsten mithilfe einer Tabelle. Darin stehen in diesem Fall a und b für die **Beträge** zweier ganzer Zahlen. Diese Beträge werden mit Vorzeichen versehen und mutieren so zu ganzen Zahlen.

Nr.	x	y	$x \cdot y$
1	$+a$	$+b$	$+a \cdot b$
2	$-a$	$+b$	$-a \cdot b$
3	$+a$	$-b$	$-a \cdot b$
4	$-a$	$-b$	$+a \cdot b$

Tabelle 2.5.1
Vorzeichenregel beim Produkt ganzer Zahlen

„Plus mal minus"? Plausibel: Wenn sich Schulden vervielfachen, bleiben es (leider) immer noch Schulden.

Im Fall 1 (*s. Tab. 2.5.1*) steht das ganz normale Produkt zweier natürlicher Zahlen bzw. zweier positiver ganzer Zahlen. Das Produkt ist selbstverständlich positiv. Der zweite Faktor in Fall 2 bleibt gleich, aber der erste Faktor hat sich wegen des entgegengesetzten Vorzeichens geändert. Das Produkt kann nicht mehr $+a \cdot b$ wie im Fall 1 sein – es muss sich ändern! Da am Betrag nicht gerüttelt werden darf, können wir das Produkt nur mithilfe des Vorzeichens ändern, also gilt: $-a \cdot b$. Analog gilt das auch für den Fall 3. Dass die Produkte im Fall 2 und 3 übereinstimmen, geht in Ordnung, denn sie unterscheiden sich in **beiden** Faktoren (durch die Vorzeichen!). Für Anfänger bereitet der Fall 4 Schwierigkeiten. Wenn sich beispielsweise Schulden verdoppeln (Faktor 2), ist jedermann klar, dass das Vorzeichen des Produktes „minus" sein muss. Für das Produkt zweier negativer Zahlen gibt es keine einfachen plausiblen Beispiele. Klar ist aber, dass das Produkt nicht auch noch negativ sein kann, denn es stimmt jeweils in einem Faktor mit Fall 2/3 überein. Es verbleibt nur die Möglichkeit des positiven Produktes. Auch hier ist das kein Widerspruch zu Fall 1, denn beide Faktoren sind voneinander verschieden – in diesem Fall darf das Produkt durchaus gleich sein:

Beispiele für „minus mal minus" gibt es in Physik und Technik zuhauf – erfordern aber Kenntnisse in diesen Gebieten.

Das Merklogo zeigt es an: Hier geht es wieder um eine Verknüpfungsvorschrift.

Multiplikationsregel:
Der Betrag eines Produktes aus den ganzen Zahlen x bzw. y ist gleich dem Produkt aus den Beträgen der Faktoren – d. h. $|x \cdot y| = |x| \cdot |y|$. Das Produkt ist positiv, wenn die Vorzeichen der Faktoren übereinstimmen. Sind die Vorzeichen der Faktoren dagegen unterschiedlich, ist das Produkt negativ.

Traditionelle Eselsbrücke aus der Schule:
„+ mal + = +; + mal – = –; – mal + = –; – mal – = +".

Merksatz 2.5.1

Mehr ist über das Produkt ganzer Zahlen nicht zu lernen. Die Rechengesetze der Multiplikation natürlicher Zahlen gelten uneingeschränkt. Es handelt sich um das Assoziativgesetz (*2.2.6*), die Existenz eines neutralen Elements (*2.2.4*) und das

Für ganze Zahlen gibt es bezüglich der Multiplikation kein inverses Element!

Kommutativgesetz (*2.2.5*). Auch beim Distributivgesetz (*2.3.1*) muss nicht umgelernt werden. Allerdings müssen wir im Falle ganzer Zahlen bezüglich der Multiplikation auf ein inverses Element verzichten.

2.6 Subtraktionen gibt es auch noch

Möglicherweise haben Sie irritiert bemerkt, dass die Subtraktion in den vorherigen Abschnitten kaum eine Rolle spielte. Das war auch nicht erforderlich, denn Ihre bisherigen Kenntnisse über das Subtrahieren bedurften keiner Ergänzung. Subtrahiert man dagegen ganze Zahlen, ist das anders: Hier müssen wir alles noch einmal unter die Lupe nehmen.

Keine Methode der reinen Mathematik: das Klarmachen mithilfe eines Beispiels

Die Regeln der *Subtraktion* ganzer Zahlen machen wir uns anhand eines Pegels im Wattenmeer klar.

Seeschwalbe, nach Beute Ausschau haltend

Drei Dorsche auf Beute hoffend

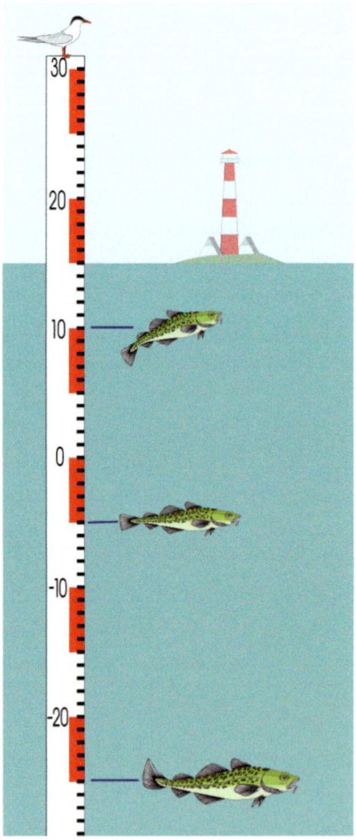

Bild 2.6.1
Pegel im Wattenmeer

Sie sehen in *Bild 2.6.1* drei Dorsche, die sich bei Hochwasser ins Wattenmeer gewagt haben, um in verschiedenen Tiefen auf Jagd zu gehen. Ein Pegel muss als Zahlenstrahl herhalten. Der Nullpunkt sei das so genannte Normalnull (NN). Auf dem Pegel wartet eine Seeschwalbe mit vergleichbaren Absichten.

Nehmen wir an, die Seeschwalbe fliegt hoch. Dann würden Sie, um die Höhendifferenz zu ermitteln, wahrscheinlich automatisch „aktuelle Höhe minus vorherige Höhe" rechnen und es vernünftig finden, dass dabei etwas Positives herauskommt. Aber was, wenn sich der Vogel aufs Wasser setzt? Dann hätte sich seine aktuelle Höhe vermindert – ein „Abstieg". Dass man dann der (Höhen-) Differenz ein negatives Vorzeichen zuordnet, akzeptiert man gern, denn man kann so am Vorzeichen Auf- und Abstieg unterscheiden. Um die Höhendifferenzen zwischen den vier Tieren im Bild betragsmäßig zu ermitteln, benötigen wir zunächst keine Rechenregel – man kann einfach auf dem Pegel die Dezimeterspannen zwischen den Tieren abzählen. Auch das Vorzeichen der Differenz macht kein Problem – sie bekommt immer dann ein positives Vorzeichen, wenn von einer größeren Zahl eine kleinere abgezogen wird. Im umgekehrten Fall ordnet man der Differenz ein negatives Vorzeichen zu.

Höhendifferenz = aktuelle Höhe – vorherige Höhe

Höhendifferenz negativ: ein Abstieg

Das Vorzeichen der Differenz „größere minus kleinere Zahl!" ist stets positiv – im umgekehrten Fall negativ.

In *Tabelle 2.6.1* sind in Spalte 2 und Spalte 3 verschiedene Höhen (bezüglich des Pegels) der Tiere notiert. In Spalte 5 stehen die zugehörigen Höhendifferenzen.

Nr.	Minuend x	Subtrahend y	Term $x-y$	Differenz $x-y$	Ersatzterm $x+y^*$
1	+31	–5	(+31) – (–5)	+36	(+31) + (+5)
2	–5	+31	(–5) – (+31)	–36	(–5) + (–31)
3	+31	+10	(+31) – (+10)	+21	(+31) + (–10)
4	+10	+31	(+10) – (+31)	–21	(+10) + (–31)
5	+10	–25	(+10) – (–25)	+35	(+10) + (+25)
6	–25	+10	(–25) – (+10)	–35	(–25) + (–10)
7	–5	–25	(–5) – (–25)	+20	(–5) + (+25)
8	–25	–5	(–25) – (–5)	–20	(–25) + (+5)
9	–25	–25	(–25) – (–25)	0	(–25) + (+25)
10	+31	+31	(+31) – (+31)	0	(+31) + (–31)

Tabelle 2.6.1
Verschiedene Höhendifferenzen der Seeschwalbe und der Dorsche

Damit haben wir folgende Situation: Wir kennen die Terme, wir wissen, was „herauskommt" – es fehlt dagegen eine handliche Rechenregel oder Zuordnungsvorschrift.

Gehen wir die einzelnen Zeilen von *Tabelle 2.6.1* durch! In Zeile 1 wird eine negative Zahl von einer positiven subtrahiert. Völlig klar, der Minuend x ist größer als der Subtrahend y, die Differenz muss positiv sein. Beim Abzählen der Dezimeter zwischen der Seeschwalbe und dem mittleren Dorsch haben Sie garantiert gemäß *Bild 2.6.1* die 31 und die 5 addiert. Aus der Subtraktion ist eine Addition geworden. Verzieren wir spaßeshalber diese zur Summe mutierte Differenz mit optionalen Vorzeichen und Klammern! Dann ergibt sich daraus der Term (+31) + (+5). Man erkennt unschwer, dass der erste Summand gleich dem Minuend (+31) ist und der zweite gleich dem inversen Subtrahenden ist. Aus der negativen Zahl (–5) wurde (+5)! Es könnte eventuell sinnvoll sein, in *Tabelle 2.6.1* eine sechste Spalte mit „Ersatztermen" aufzunehmen, in der der Minuend x und der inverse Subtrahend y^* **addiert** werden (y^*: *vgl. (2.4.1)*).

Die Subtraktion mutiert zur Addition mit dem inversen Subtrahenden.

Ein Ersatzterm für die 6. Spalte: Minuend plus inverser Subtrahend

Geht man alle Zeilen von *Tabelle 2.6.1* noch einmal durch, wird deutlich: es hat sich gelohnt! Die Ersatzterme $x + y^*$ und die Differenzterme $x - y$ sind gleichwertig. Damit ist dann die Rechenregel für die Subtraktion ganzer Zahlen aufgespürt. Das Subtrahieren ist gleichwertig mit dem Addieren mit dem Inversen (Gegenzahl) Subtrahenden (*s. Merksatz 2.6.1*).

Subtraktion ganzer Zahlen: Geht nicht gibt es nicht!

Betrachten wir zunächst Zeile 3 in *Tabelle 2.6.1* in der eine kleinere von einer größeren positiven Zahl subtrahiert wird. In diesem Fall ist die Regel überflüssig. Dieser Fall entspricht Zeile 3 in *Tabelle 2.4.1*, wo eine positive und eine negative Zahl addiert werden. Wird dagegen wie in Zeile 4 eine größere von einer kleineren positiven Zahl subtrahiert, führt das nicht mehr wie im Falle der natürlichen Zahlen aus der Menge heraus – es gibt bei der Subtraktion ganzer Zahlen kein „DAS GEHT NICHT!“ mehr.

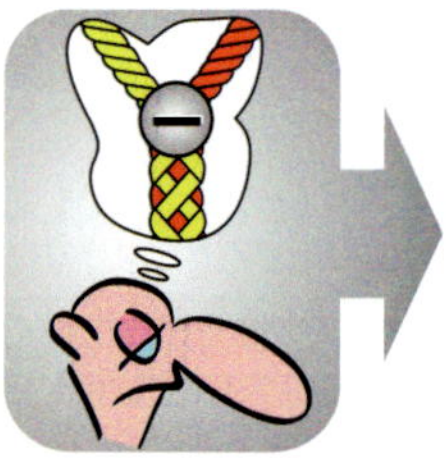

Merksatz 2.6.1

Merke:
Man subtrahiert zwei ganze Zahlen, indem man zum Minuenden x das Inverse (Gegenzahl) des Subtrahenden y addiert:

$x - y := x + y^*$

Die Subtraktion ist damit innerhalb der ganzen Zahlen neben Addition und Multiplikation eine weitere Verknüpfung.

Praktisch: der Faktor (−1)

Gemäß den Rechenregeln der Multiplikation ändert ein Faktor (−1) lediglich das Vorzeichen, der Betrag bleibt erhalten. Deshalb kann man das Inverse einer ganzen Zahl ohne Benutzung des Sterns mithilfe des Faktors (−1) ausdrücken:

(2.6.1)
$$y^* = (-1) \cdot y$$

Mithilfe des Faktors (−1) kann man die Subtraktionsregel umschreiben (*vgl. Merksatz 2.6.1*):

(2.6.2)
$$x - y = x \; + (-1) \cdot y$$

Das Minuszeichen ist damit formal durch die Kombination … + (−1) • … ersetzt worden. Wir können somit in irgendwelchen Termen jedes Minuszeichen als Kurzschreibweise für diese Zeichen-Kombination auffassen. Das funktioniert auch für den Spezialfall $y = 0$:

(2.6.3)
$$0 - y = 0 + (-1) \cdot y \quad \Leftrightarrow \quad -y = (-1) \cdot y$$

Ein Minuszeichen lässt sich immer als Kurzschreibweise für den Faktor (−1) auffassen!

Nullsummanden kann man gemäß (2.1.5) mitsamt dem Pluszeichen fortlassen, deshalb die Äquivalenz in (*2.6.3*). Ein Minuszeichen am Anfang eines Terms lässt sich als Kurzschreibweise für einen Faktor (−1) auffassen. Damit ist es möglich, das Distributivgesetz (*2.3.1*) für Subtraktionen umzuschreiben. Dazu addiert man in (*2.3.1*) statt z einfach das Inverse, nämlich z^* :

(2.6.4)
$$\begin{aligned} & x \cdot (y + z^*) = x \cdot y + x \cdot z^* \\ \Leftrightarrow\; & \underline{\underline{x \cdot (y - z)}} = x \cdot y + (-1) \cdot x \cdot z = \underline{\underline{x \cdot y - x \cdot z}} \end{aligned}$$

Da im Vergleich zum Distributivgesetz (*2.3.1*) lediglich aus dem Plus ein Minus geworden ist, findet man in Formelsammlungen das Distributivgesetz in der folgenden Form:

$$x \cdot (y \pm z) = x \cdot y \ \pm \ x \cdot z \qquad (2.6.5)$$

Das Distributivgesetz gilt natürlich auch, wenn $z = y$ ist. Setzt man dies in (*2.6.5*) ein, erhält man:

$$x \cdot (y - y) \ = \underline{\underline{x \cdot 0}} = x \cdot y - x \cdot y = \ \underline{\underline{0}} \qquad (2.6.6)$$

Das Ergebnis in (*2.6.6*) ist unbedingt einen Merksatz wert.

Merke:
Multipliziert man eine beliebige Zahl mit null, so ist der Wert des Produktes immer gleich null.
Eselsbrücke aus der Schule: „**Null mal irgendwas ist gleich null!**“

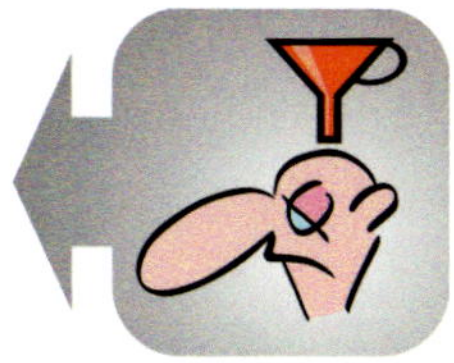

Merksatz 2.6.2

Da Vorzeichen optional als Faktoren verstanden werden können, müsste jetzt auch die *Signumfunktion* zu verstehen sein (s. (*2.6.7*)). Die Signumfunktion ist nicht nur für ganze, sondern auch für reelle Zahlen definiert.

$$\text{sgn:} \quad \mathbb{R} \to \{-1;\, 0;\, +1\}; \quad x \mapsto \text{sgn}(x)$$

$$\text{mit} \qquad \text{sgn}(x) = \begin{cases} +1 & \text{falls } x > 0 \\ 0 & \text{falls } x = 0 \\ -1 & \text{falls } x < 0 \end{cases} \qquad (2.6.7)$$

Signumfunktion: das einfachste Beispiel für eine unstetige Funktion

Die grafische Darstellung der Signumfunktion zeigt, dass die Funktion an der Stelle $x = 0$ eine „Sprungstelle“ hat, die zeichnerisch unvollkommen wiedergegeben werden kann (s. *Bild 2.6.2*). Der Funktionswert ist nur dann gleich null, wenn auch das Argument x gleich null ist. Ansonsten sind die Funktionswerte, auch für betragsmäßig beliebig kleine Argumente, entweder +1 oder –1. Man sagt: Die Funktion ist an der Stelle $x = 0$ nicht *stetig*.

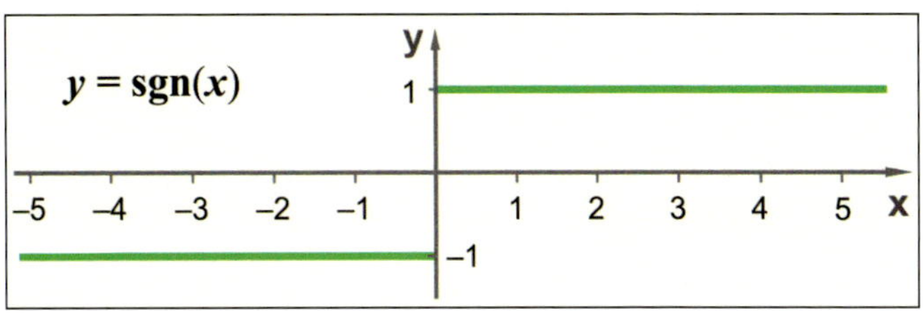

Bild 2.6.2
Grafische Darstellung der Signumfunktion

Es gibt noch eine weitere Funktion, die auf (*2.6.3*) fußt. Es handelt sich um die *Betragsfunktion:*

$$\text{abs:} \quad \mathbb{R} \to \mathbb{R}^{+}; \quad x \mapsto |x| \quad \text{bzw. abs}(x)$$

$$\text{mit} \quad |x| = \begin{cases} +x & \text{falls } x \geq 0 \\ -x & \text{falls } x < 0 \end{cases} \qquad (2.6.8)$$

Üblicher Name der Betragsfunktion: abs (von Absolutbetrag)

Erfahrungsgemäß ist der Funktionswert $-x$ für negative Argumente ($x < 0$) irritierend. Mit (*2.6.3*) kein Problem mehr! Im Falle eines negativen Arguments x sorgt der Faktor (–1) dafür, dass das negative Vorzeichen des Arguments umgedreht wird. Das so geänderte Argument wird zum positiven Funktionswert. Auch hier ist eine grafische Darstellung instruktiv.

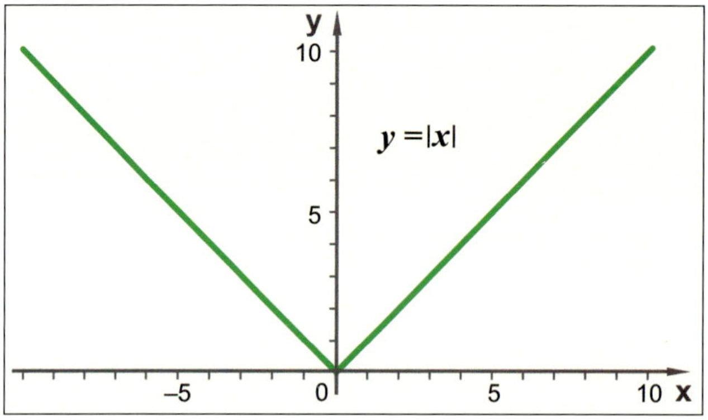

Bild 2.6.3
Grafische Darstellung der Betragsfunktion

Betragsfunktion: Einfachstes Beispiel für eine nicht differenzierbare Funktion

Die Betragsfunktion ist zwar überall stetig, hat aber an der Stelle $x = 0$ einen „Knick“. Sieht man den Funktionsgraphen als „bergab – bergauf“ an, kann man der Knickstelle keine Steigung zuordnen. Man sagt, die Funktion ist an der Stelle $x = 0$ nicht *differenzierbar*.

Faktor (–1): keinesfalls eine sinnlose Verkomplizierung!

Möglicherweise sehen Sie den Einsatz des Faktors (–1) als sinnlose Verkomplizierung an. In der Praxis erweist sich diese Betrachtungsweise bei der Vereinfachung von (Funktions-)Termen langfristig als vorteilhaft. Die Gleichungskette in *Bild 2.6.4* demonstriert das Verfahren an einem einfachen Beispiel – dem Auflösen einer so genannten *Minusklammer*. Durch die formale Ersetzung des Minuszeichens gemäß (*2.6.2*) wird deutlich: „Punkt-vor-Strich“, und Distributivgesetz/ Ausmultiplizieren (*s. Bild 2.3.5*) müssen angewendet werden. Im dritten Term der Gleichungskette in *Bild 2.6.4* werden die (–1) Faktoren wieder durch Minuszeichen ersetzt, und man erhält den rechten klammerfreien Term. Beachten Sie, dass alle Operationen, die oberhalb der geschweiften Klammer stehen, hier nur zum Erklären aufgeführt worden sind. Normalerweise werden diese Schritte im Kopf gemacht.

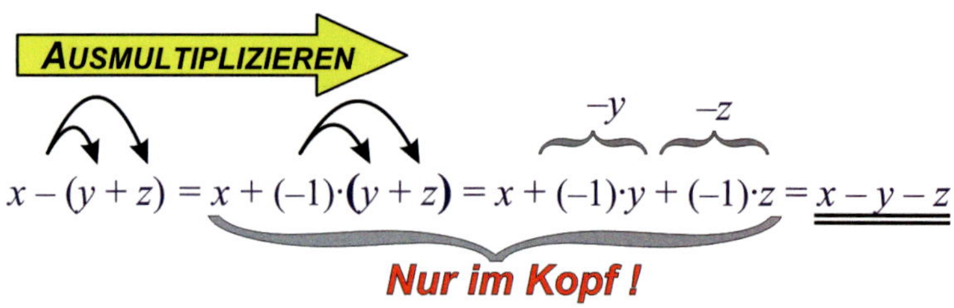

Bild 2.6.4
Ausmultiplizieren von Differenzen (1)

Das Ganze funktioniert ebenfalls exzellent, wenn in der Klammer $y - z$ stünde (*s. Bild 2.6.5*). Beim Ausmultiplizieren treffen dann zwei (–1) Faktoren aufeinander und werden zu $(-1)^2 = +1$.

AUSMULTIPLIZIEREN

$$x-(y-z)=x+(-1)\cdot(y+(-1)\cdot z)=x+\overbrace{(-1)\cdot y}^{-x}+\overbrace{(-1)^2\cdot z}^{+z}=\underline{\underline{x-y+z}}$$

Nur im Kopf !

Bild 2.6.5
Ausmultiplizieren von Differenzen (2)

Das Distributivgesetz in der in *Bild 2.3.6* dargestellten Fassung kann man zum „Ausklammern" von Minuszeichen verwenden (*s. Bild 2.6.6*).

AUSKLAMMMERN

$$-x-y-z=(-1)\cdot x+(-1)\cdot y+(-1)\cdot z=(-1)\cdot(x+y+z)=\underline{\underline{-\,(x+y+z)}}$$

Nur im Kopf !

Bild 2.6.6
Ausklammern des Minuszeichens

Hoffentlich ist der Vorteil jetzt erkennbar: Man benötigt für Terme mit Subtraktionen keine zusätzlichen Rechenregeln, sondern kann sich auf die grundlegenden Gesetze zurückziehen. Der zweite Term von links in *Bild 2.6.6* ist wegen „Punkt-vor-Strich" zwangsläufig eine Summe! Durch die oben demonstrierten Betrachtungsweisen können Sie auch den linken Term als Summe mit den Summanden $-x$, $-y$ und $-z$ ansehen, für die dann alle Rechengesetze der Addition anwendbar sind.

Keine Spezialregeln! Man kann immer die grundlegenden „Gesetze" anwenden!

Obwohl Sie natürlich nicht mehr zu den Anfängern zählen, sei doch an dieser Stelle auf ein Anfängerproblem hingewiesen: Das ist die Schreibweise einer ganzen Zahl mit dem Klammerpaket (*vgl. Bild 2.4.1*). Das Klammerpaket ist für den Anfänger wichtig, um zu zeigen, dass für eine ganze Zahl Vorzeichen und Betrag eine Rolle spielen. Weiterhin müssen die Vorzeichen von den Operatorzeichen für Addition und Subtraktion getrennt werden (*vgl. Tab. 2.4.1*). So gibt es dann unweigerlich Ärger, wenn man Lernenden bedeutet, dass diese Klammern (bei Termen mit Variablen) meist überflüssig und sogar störend sind.

Ärger: Erst müssen ganze Zahlen ins Klammerkorsett und dann ist das doch wieder nicht gut. Man muss damit leben.

Nr.	Mit (...)	Bemerkungen	Ohne (...)
1	(+23) ...	Termanfang!	23 ...
2	(−23) ...	Termanfang!	−23 ...
3	... + (+23) ...	Innerhalb eines Terms!	... +23 ...
4	... − (+23) ...	(s. 3)	... −23 ...
5	... + (−23) ...	(s. 3) $=\ldots+(-1)\cdot 23\ldots$	... −23 ...
6	... − (−23) ...	(s. 3) $=\ldots+(-1)^2\cdot 23\ldots$	... +23 ...
7	... · (−23) ...	(s. 3) evtl.: $\ldots\cdot(-1)\cdot 23\ldots$	–

Tabelle 2.6.2
Schreibkonventionen ganzer Zahlen

In *Tabelle 2.6.2* sind die Schreibkonventionen aufgezeigt. Die Punkte in der Tabelle sollen andeuten, wo sich der Ausdruck in Spalte 2 innerhalb eines Terms befinden kann.

Zusatzbemerkungen zu den Schreibkonventionen:
Im Fall 1 sind sowohl die Klammern als auch das Vorzeichen überflüssig und sollten fortgelassen werden. Wenn – wie im Fall 2 – am Termanfang eine negative Zahl steht, lässt man die Klammern fort. Das negative Vorzeichen muss bleiben! In den Fällen 3 und 4 stehen im Inneren eines Terms ein Operatorzeichen (+ oder –) gefolgt von einer positiven Zahl. Die Klammern und das (pos.) Vorzeichen werden fortgelassen, das Operatorzeichen bleibt. In den Fällen 5 und 6 macht man aus dem negativen Vorzeichen den Faktor (–1), der dann mit dem Operator verrechnet wird. Im letzten Fall steht irgendwo im Term ein negativer Faktor. In diesem Fall kann man keine allgemeine Aussage machen.

In der folgenden Tabelle wurden die Terme von *Tabelle 2.6.1* unter Benutzung der in *Tabelle 2.6.2* dargestellten Konventionen umgeschrieben.

Tabelle 2.6.3
Anwendung der Schreibweisenkonventionen auf Differenzen

Nr.	Term $y - x$	Ersatzterm $y + x^*$	Ohne (...)	Term-wert
1	(+31) – (–5)	(+31) + (+5)	31 + 5	36
2	(–5) – (+31)	(–5) + (–31)	–5 – 31	–36
3	(+31) – (+10)	(+31) + (–10)	31 – 10	21
4	(+10) – (+31)	(+10) + (–31)	10 – 31	–21
5	(+10) – (–25)	(+10) + (+25)	10 + 25	35
6	(–25) – (+10)	(–25) + (–10)	–25 – 10	–35
7	(–5) – (–25)	(–5) + (+25)	–5 + 25	20
8	(–25) – (–5)	(–25) + (+5)	–25 + 5	–20
9	(–25) – (–25)	(–25) + (+25)	–25 + 25	0
10	(+31) – (+31)	(+31) + (–31)	31 – 31	0

2.7 Die Likedeeler und das Teilen - Rationale Zahlen

Die Lücken im Zahlenstrahl müssen gefüllt werden.

In Abschnitt 2.3 wurde gezeigt, wie man durch Fortsetzung der natürlichen Zahlen ins Negative die Menge der ganzen Zahlen erhält. Jetzt geht es darum, die Lücken zwischen den ganzen Zahlen zu füllen, und dazu wollen wir die Likedeeler (Norddeutsche Seeräuber 14./15. Jahrhundert) bemühen.

like <plattdt., „gleich">
deele <plattdt., „Teile">

Nehmen wir an, sieben Seeräuber hätten drei Flaschen edlen Weins erbeutet und wollten ihn, wie ihr Name schon sagt, in gleiche („like") Teile („deele") aufteilen. Man könnte den Inhalt der drei Flaschen auf sieben gleiche Gläser verteilen. Den Likedeelern wird es recht sein, wenn der Wein in allen Gläsern gleich hoch steht. Jeder hätte damit „drei (Flaschen) geteilt durch sieben" oder kürzer gesagt „Dreisiebentel" im Glas (*s. Bild 2.7.1*).

Bild 2.7.1
Die Likedeeler und der Wein

Will man verhindern, dass die wilden Gesellen das volle Glas auf einmal herunterschütten, kann man auch erst den Inhalt einer Flasche auf die sieben Gläser verteilen. In einem Glas befindet sich dann jeweils **ein sieben**ter **Teil** einer Flasche – verkürzt sagt man bekanntlich „**Einsiebentel**". Nachdem dieses Siebentel in Ruhe geleert wurde, kommen noch Runde zwei und drei. Jeder hat also „dreimal Einsiebentel" bekommen – nicht mehr und nicht weniger als die „**Dreisiebentel**" der ersten Teilungsmethode. Es gilt also die Gleichung:

$$3:7 = 3\cdot(1:7) \qquad (2.7.1)$$

Offensichtlich sind die Bruchteile der Weinmengen durch einen Quotienten aus zwei natürlichen Zahlen eindeutig gekennzeichnet und auch sprachlich kein Problem. Man schreibt bekanntlich ein derartiges Zahlenpärchen nicht vor und hinter einen Doppelpunkt. Stattdessen schreibt man die Zahlen über und unter einen Bruchstrich. Der *Dividend* heißt dann schlicht *Zähler*, der *Divisor Nenner* und das ganze Gebilde *Bruchzahl* oder einfach nur *Bruch*. Der Zähler darf natürlich auch größer als der Nenner sein – in dem Fall spricht man von einem *Unechten Bruch*. Nur auf eine Null im Nenner muss verzichtet werden!

Bruchteile sind durch Zahlenpärchen eindeutig festgelegt.

Eine Buchzahl besteht aus Zähler und Nenner.

In *Bild 2.7.2* ist illustriert, dass man anstelle der Weinmengen auch einen Zahlenstrahl problemlos unterteilen kann.

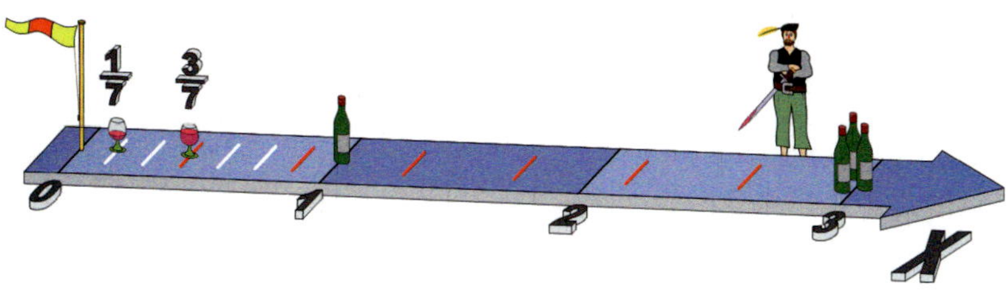

Bild 2.7.2
Unterteilung des Zahlenstrahles

Die erste Einheit ist in sieben Teile geteilt („1 geteilt durch 7"), entsprechend markiert der erste weiße Strich die Bruchzahl „Einsiebentel". Die drei Einheiten sind ebenfalls in sieben gleiche Teile eingeteilt („3 geteilt durch 7") und durch rote Striche gekennzeichnet. Der erste rote Strich markiert die Bruchzahl „Dreisiebentel". Die Bezeichnung „Dreisiebentel" rechtfertigt sich, da „Dreisiebentel" das Dreifache von „Einsiebentel" ist.

Bruchzahlen füllen die Lücken zwischen den ganzen Zahlen.

Wie bei den ganzen Zahlen: Fortsetzung ins Negative

Bruchzahlen lassen sich durch ein negatives Vorzeichen ins Negative fortsetzen. Die Menge aller Bruchzahlen positiv und negativ inklusive der Zahl Null heißt Menge der *Rationalen Zahlen* und sind die gesuchten Lückenfüller zwischen den ganzen Zahlen. Da der Buchstabe **R** schon für die reellen Zahlen verbraucht ist, bekommt diese Menge den Namen **Q** (von Quotient). *Bild 2.7.3* zeigt Ihnen die „Anatomie" einer solchen rationalen Zahl.

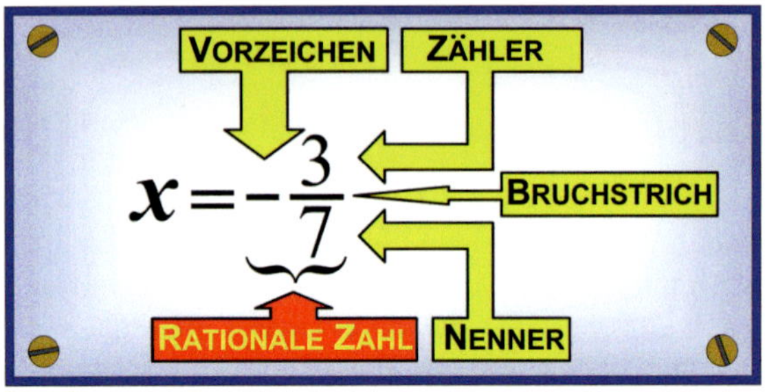

Bild 2.7.3
„Anatomie" einer rationalen Zahl

Der Betrag einer rationalen Zahl ist eine Bruchzahl.

Man beachte, eine rationale Zahl besteht – wie eine ganze Zahl auch – aus einem Vorzeichen und einem Betrag. Der Betrag ist wiederum ein Bruch aus Zähler und Nenner. Wird die rationale Zahl einer Variablen zugewiesen, müssen, um Verwechslungen zu vermeiden, Variable, Gleichheitszeichen, Vorzeichen und Bruchstrich auf einer Höhe stehen. Den Betrag einer einzelnen rationalen Zahl darf man (zur Not) auch einzeilig mit einem Schrägstrich schreiben. Beispiel: $x = -\ 3/7$ oder $x = -\ {}^{3}\!/_{7}$. Für Terme sind diese Schreibweisen nur unter Einsatz von Klammern anwendbar!

Ein bisschen Schulnostalgie: die „Eintel"

Auch ganze Zahlen lassen sich als rationale Zahlen auffassen. Ihre Beträge bekommen dann (in Gedanken) einfach den Nenner eins (Schuljargon: „Eintel"). Damit sind natürliche und ganze Zahlen Teilmengen der rationalen Zahlen. Die Rechenregeln, die wir in den vorangegangenen Abschnitten für natürliche und ganze Zahlen behandelt haben, werden einfach auf die rationalen Zahlen ausgedehnt.

Gesucht: inverse Elemente bezüglich der Multiplikation

Die Zahlen Null und Eins sind natürlich auch weiterhin die neutralen Elemente der Addition bzw. Multiplikation Rationaler Zahlen. Inverse Elemente der Addition sind auch kein Problem. Die Inversen ergeben sich wie bei den ganzen Zahlen durch Vorzeichenumkehr. In der Menge der ganzen Zahlen findet man aber zu keiner Zahl (außer ±1) ein inverses Element bezüglich der Multiplikation. Sehen wir nach, ob wir bei den rationalen Zahlen fündig werden! Dazu überführen wir zunächst die Quotienten (*2.7.1*) in die Bruchschreibweise:

(2.7.2)

$$3:7 = 3\cdot(1:7) \xrightarrow{\text{Bruchschreibweise}} \frac{3}{7} = 3\cdot\frac{1}{7}$$

Nichts außer den Seeräuberillustrationen zwingt dazu, spezielle Zahlen zu verwenden. Jede Anzahl Flaschen z und Verteiler n wären im Prinzip möglich, also gilt:

(2.7.3)

$$z \in \mathbb{N},\ \ n \in \mathbb{N}^*:\ \ \frac{z}{n} = z\cdot\frac{1}{n}$$

Man erkennt in (*2.7.3*), dass der Zähler ohne Weiteres vom Bruchstrich herunterhüpfen darf, um dann zum Faktor zu werden. Natürlich darf (*2.7.3*) auch von rechts nach links gelesen werden. Dann springt der Faktor auf den Bruchstrich. Speziell für $z = n$ erhalten wir aus (*2.7.3*) die folgenden Gleichungen.

$$z \cdot \frac{1}{z} = \frac{z}{z} = 1 \quad \text{bzw.} \quad n \cdot \frac{1}{n} = \frac{n}{n} = 1 \qquad (2.7.4)$$

Aus „$1 \cdot 1 = 1$“ erhält man durch Einsetzen von (*2.7.4*) sowie der Anwendung des Kommutativ- und des Assoziativgesetzes die Gleichungskette:

$$\underbrace{z \cdot \frac{1}{z}}_{1} \cdot \underbrace{n \cdot \frac{1}{n}}_{1} = z \cdot \frac{1}{n} \cdot n \cdot \frac{1}{z} = \underline{\underline{\frac{z}{n} \cdot \frac{n}{z} = 1}} \qquad (2.7.5)$$

Rechts in (*2.7.5*) steht schließlich: Das Produkt aus Bruch und seinem Kehrbruch ergibt stets eins. (Vertauscht man Zähler und Nenner einer Bruchzahl, so wird daraus der so genannte *Kehrbruch* oder *Kehrwert*.)

Wenn man sowohl den Bruch als auch den Kehrbruch mit einem negativen Vorzeichen bestückt, ist das Produkt weiterhin plus eins:

$$\left(-\frac{z}{n}\right) \cdot \left(-\frac{n}{z}\right) = \frac{z}{n} \cdot \frac{n}{z} = 1 \qquad (2.7.6)$$

Mit (*2.7.6*) haben wir schließlich die gesuchte Vorschrift, um für jede rationale Zahl (außer null) das Inverse bezüglich der Multiplikation zu finden: Man belässt das Vorzeichen und nimmt den Kehrbruch als Betrag. In (2.7.7) ist die Existenz der inversen Elemente ausführlich mithilfe der Quantoren formuliert.

Das multiplikative Inverse ist gefunden!

$$\forall x \in \mathbb{Q}^* \left(\exists x^{-1} \in \mathbb{Q}^* : x \cdot x^{-1} = 1\right)$$
$$\text{mit } |x| = \frac{z}{n} \text{ und } x^{-1} = \operatorname{sgn}(x) \cdot \frac{n}{z} \quad ; \; z, n \in \mathbb{N}^* \qquad (2.7.7)$$

In (*2.7.7*) steht die Variable x für eine beliebige rationale Zahl. Wie vorher steht z für Zähler und n für Nenner. Der Stern hinter dem **Q** soll andeuten, dass es sich um die Menge der rationalen Zahlen ohne die Null handelt, denn für die Null gibt es kein Inverses. Das Inverse von x liest man „**x hoch minus eins**“.

An dieser Stelle muss auf den sehr häufig benutzten Begriff „reziprok“ für das multiplikative Inverse hingewiesen werden:

Alternativer Begriff für das Inverse einer Zahl:
Man nennt das Inverse einer rationalen Zahl bezüglich der Multiplikation das *Reziproke* dieser Zahl[1].
$x \in \mathbb{Q} \setminus \{0\}$: x^{-1} ist das **Reziproke** von x

[1] Gilt ebenfalls für reelle Zahlen!

Merksatz 2.7.1

2.8 Gruppen, Ringe und Körper

Wir werden vornehm und nennen die Rechengesetze Axiome!

Die bisher behandelten „Gesetze" für die Zahlen wurden nicht etwa hergeleitet, sondern es wurde nur gezeigt, dass sie vernünftig sind. Trotzdem setzen wir voraus, dass sie innerhalb der rationalen (und reellen) Zahlen allgemeingültig sind. Solche als wahr angenommenen Grundsätze bekommen einen eigenen Namen – sie heißen *Axiome*.
Um diese Axiome genannten Gesetze besser überblicken zu können, ist es hilfreich, sie übersichtlich zusammenzustellen (*s.* (*2.8.1*), (*2.8.2*) *und* (*2.8.3*)). Um auf die Besonderheit der Elemente 0 bzw. 1 hinzuweisen, wurden sie hier fett und etwas verfremdet dargestellt.

(2.8.1)

1. Verknüpfung "+": $\mathbb{Q}^2 \to \mathbb{Q}; \quad x, y \mapsto x + y$

1)	$(x+y)+z = x+(y+z)$	Assoziativgesetz
2)	$\exists \mathbf{0} \in \mathbb{Q}: \quad x + \mathbf{0} = x$	Existenz eines neutralen Elements
3)	$\exists x^* \in \mathbb{Q}: \quad x + x^* = \mathbf{0}$	Existenz eines inversen Elements
4)	$x + y = y + x$	Kommutativgesetz

(2.8.2)

2. Verknüpfung "•": $\mathbb{Q}^2 \to \mathbb{Q}; \quad x, y \mapsto x \cdot y$

1)	$(x \cdot y) \cdot z = x \cdot (y \cdot z)$	Assoziativgesetz
2)	$\exists\, \mathbf{1} \in \mathbb{Q}: \quad x \cdot \mathbf{1} = x$	Existenz eines neutralen Elements
3)	$\exists x^{-1} \in \mathbb{Q}^*: \quad x \cdot x^{-1} = \mathbf{1}$	Existenz eines inversen Elements
4)	$x \cdot y = y \cdot x$	Kommutativgesetz

(2.8.3)

3. Distributivgesetz:

$$x \cdot (y + z) = x \cdot y + x \cdot z$$

Axiomensysteme beschränken sich nicht auf Zahlenmengen!

Zunächst ist es verblüffend, dass beide Verknüpfungen (die normale Addition und die Multiplikation) gleichen Gesetzen „gehorchen". Lediglich bei der Existenz des inversen Elements der zweiten Verknüpfung muss das neutrale Element der ersten Verknüpfung ausgeschlossen werden. Erinnert sei noch einmal an dieser Stelle, dass im Distributivgesetz auch ein Minus stehen darf (*vgl.* (*2.6.4*)). Weiterhin gilt auch *Merksatz 2.6.2*.

Werden Sie Schöpfer einer Menge und denken sich dazu zwei Verknüpfungen aus!

Es ist für Sie möglicherweise irritierend, dass Axiomensysteme auch bei anderen für die Praxis wichtigen Mengen auftauchen. Lassen Sie uns, um derartige Kombinationen aus Menge, Verknüpfung und Axiomensystem von vornherein zu entzaubern, ein Gedankenspiel machen: Nehmen wir an, Sie hätten sich eine Menge ausgedacht. Weiterhin hätten Sie sich dazu zwei Verknüpfungen zusammengestrickt und für beide Verknüpfungen je ein neutrales Element gefunden. Nehmen wir an, Sie hätten die Menge mit einem Fraktur-M benannt. Für die Namen der beiden Operatoren dürfen Sie nicht einfach „+" und „·" verwenden, denn diese Zeichen sind bereits für Zahlenmengen verbraucht. Sie müssen eigene Symbole erfinden!

Auch die neutralen Elemente dürfen nicht einfach „0" bzw. „1" heißen. Nehmen wir also an, Sie hätten sich für Namen und Symbole, so wie sie rechts in *Tabelle 2.8.1* aufgeführt sind, entschieden.

Ihrer Fantasie sind keine Grenzen gesetzt!

	Rationale Z.	**Ihre Menge**
Name der Menge	$\mathbb{Q}$	$\mathfrak{M}$
Verknüpfung I	$+$	$\oplus$
Verknüpfung II	$\cdot$	$\odot$
Neutrales Element I	0	$\mathfrak{n}$
Neutrales Element II	1	$\mathfrak{e}$

Tabelle 2.8.1
Alternative Namen und Symbole

Nun könnten Sie die Axiome für die rationalen Zahlen mit Ihren Bezeichnungen umschreiben. Das sähe dann wie folgt aus:

1. Verknüpfung $\oplus: \mathfrak{M}^2 \to \mathfrak{M}; \quad x, y \mapsto x \oplus y$ **(2.8.4)**

1) $(x \oplus y) \oplus z = x \oplus (y \oplus z)$ Assoziativgesetz
2) $\exists \mathfrak{n} \in \mathfrak{M}: \quad x \oplus \mathfrak{n} = x$ Existenz eines neutralen Elements
3) $\exists x^* \in \mathfrak{M}: \quad x \oplus x^* = \mathfrak{n}$ Existenz eines inversen Elements
4) $x \oplus y = y \oplus x$ Kommutativgesetz

2. Verknüpfung $\odot: \mathfrak{M}^2 \to \mathfrak{M}; \quad x, y \mapsto x \odot y$ **(2.8.5)**

1) $(x \odot y) \odot z = x \odot (y \odot z)$ Assoziativgesetz
2) $\exists\, \mathfrak{e} \in \mathfrak{M}: \quad x \odot \mathfrak{e} = x$ Existenz eines neutralen Elements
3) $\exists x^{-1} \in \mathfrak{M}^*: x \odot x^{-1} = \mathfrak{e}$ Existenz eines inversen Elements
4) $x \odot y = y \odot x$ Kommutativgesetz

3. Distributive Gesetze: **(2.8.6)**

$$x \odot (y \oplus z) = x \odot y \oplus x \odot z$$
$$(y \oplus z) \odot x = y \odot x \oplus z \odot x$$

Wichtig: Sie müssen überprüfen, welchen Gesetzen die von Ihnen erdachten Verknüpfungen gehorchen!

Nun ist zu prüfen, ob Ihre Verknüpfungen **wirklich** Verknüpfungen sind, und dann, welche der oben aufgeführten „Gesetze" von Ihren Verknüpfungen erfüllt werden. Wenn Ihre erste Verknüpfung die Gesetze 1 bis 3 erfüllt, nennt man diese Menge **zusammen mit dieser Verknüpfung** eine *Gruppe*. Gilt auch noch das Kommutativ-gesetz, so haben Sie eine *kommutative Gruppe* (oder *abelsche Gruppe*) erfunden. Erfüllt die zweite Verknüpfung zusätzlich noch das Assoziativgesetz sowie die distributiven Gesetze, nennt man die Menge einen *Ring*. (Wenn keine Kommutativität vorliegt, muss das Distributivgesetz auch mit vertauschten Faktoren erfüllt sein). Ist Ihre zweite Verknüpfung auch noch kommutativ, heißt Ihre Menge jetzt „*kommutativer Ring*".

Widerstehen Sie der Versuchung, über den „Körper" zu witzeln, Ihr Professor versteht da absolut keinen Spaß!

Gilt alles von 1.1 bis 2.4 sowie das Distributivgesetz, dann sind Sie Schöpfer eines kommutativen *Körpers*.

Algebraische Strukturen: Der „artenreiche" Zoo bleibt Ihnen weitgehend erspart – „reinen Mathematikern" nicht.

Ein System aus einer Menge, Verknüpfungen und speziellen Elementen nennt man eine *algebraische Struktur* oder kurz eine *Algebra*. Als Schreibweise für eine algebraische Struktur bietet sich ein Klammerpaket an, in dem neben der Menge, die Operatoren und die speziellen Elemente aufgeführt werden. Es gibt natürlich einen „fürchterlichen Zoo" mit anderen algebraischen Strukturen, die wir uns aber an dieser Stelle ersparen wollen. Für den Anfang sind zunächst Gruppe, Ring, Körper und Vektorraum (*siehe Kapitel 8*) die wichtigsten algebraischen Strukturen.

Eine Menge ohne Verknüpfungen ist noch keine Algebra!

Viele algebraische Strukturen haben (noch) keinen praktischen Nutzen.

Sie können sich die exotischsten Mengen mit noch exotischeren Verknüpfungen ausdenken. Sofern die obigen Axiome gelten, können Sie alles, was Sie bei den Zahlenmengen gelernt haben, auf Ihre Menge übertragen. Ob Ihre Menge einen praktischen Nutzen hat, steht natürlich auf einem anderen Blatt. Seien Sie aber versichert, **in der angewandten Mathematik gibt es viele befremdliche Mengen mit noch befremdlicheren Verknüpfungen, die unverzichtbar sind!**

Einfache Beispiele, die Sie bereits kennen:

$$1.\,(S, \&, "")$$

Eine Menge mit Verknüpfung aber keine Gruppe

Die Menge aller Zeichenketten (Strings) bildet bezüglich der Verknüpfung „&" keine Gruppe. Es gilt zwar das Assoziativgesetz, es gibt auch ein neutrales Element (zwei Anführungszeichen: ""), aber keine inversen Elemente.

$$2.\,(\mathbb{N}, +, 0)$$

Die freundlichen natürlichen Zahlen bilden weder bezüglich der Addition noch der Multiplikation eine Gruppe.

Die natürlichen Zahlen bilden bezüglich der Addition ebenfalls keine Gruppe, da es keine inversen Elemente gibt. Das ändert sich, wenn man die Menge durch negative Zahlen erweitert.

$$3.\,(\mathbb{Z}, +, 0, -)$$

Ganze Zahlen bilden bezüglich der Addition eine Gruppe.

Die Menge der ganzen Zahlen ist bezüglich der normalen Addition eine kommutative Gruppe, das Minuszeichen soll die Existenz eines inversen Elements der Verknüpfung andeuten. Bezüglich der Multiplikation ist die Gruppeneigenschaft nicht erfüllt – es fehlen inverse Elemente.

$$4.\,(\mathbb{Z}, +, 0, -, \bullet, 1)$$

Ein kommutativer Ring (mit Einselement)

Nimmt man die Multiplikation als Zweitverknüpfung hinzu, bilden die ganzen Zahlen zumindest einen kommutativen Ring – sogar mit „Einselement". Erst durch das Ausfüllen der Lücken auf dem Zahlenstrahl durch positive und negative Bruchzahlen ergibt sich ein (kommutativer) Körper.

$$5.\,(\mathbb{Q}, +, 0, -, \bullet, 1, ^{-1}) \quad \text{bzw.} \quad (\mathbb{R}, +, 0, -, \bullet, 1, ^{-1})$$

Hier ist er nun: der kommutative Körper

Jetzt existieren auch bezüglich der zweiten Verknüpfung inverse Elemente, angedeutet durch „$^{-1}$". Sowohl die rationalen Zahlen als auch die reellen Zahlen bilden kommutative Körper.

$$6.\,(\mathfrak{M}, \oplus, \mathfrak{n}, -, \odot, \mathfrak{e}, ^{-1})$$

Ihr „Körper"??

So schriebe man den von Ihnen möglicherweise erdachten „Körper".

2.9 Bruchrechnung - der Schrecken von Klasse 6

Niemand kann sich der Bruchrechnung entziehen!

Auch wenn Sie Klasse 6 längst hinter sich haben, kommen Sie um die Bruchrechnung nicht herum. Zwar hat heutzutage jeder Taschenrechner mittlerer Preisklasse eine Bruchrechnungsoption, sodass das reine Rechnen mit Bruchzahlen in den Hintergrund treten kann. Für Sie ist es dagegen wichtig, dass Sie sicher mit Bruchtermen umgehen können. Eine gute Übung ist es, wenn man versucht, die Regeln für die Verknüpfung von Brüchen aus den Körperaxiomen (*2.8.1*), (*2.8.2*) und (*2.8.3*) zu entwickeln. Zeile (*2.9.1*) zeigt Ihnen die Variablen mit ihren Grundmengen, so wie sie in diesem Abschnitt verwendet werden.

Nehmen Sie diesen Abschnitt als Übung!

$$x=\frac{z_1}{n_1};\quad y=\frac{z_2}{n_2}\quad \text{mit}\quad x,y\in\mathbb{Q}^+;\ h,z,n,z_1,z_2,n_1,n_2\in\mathbb{N}^* \tag{2.9.1}$$

Beginnen wir mit der Multiplikation zweier Brüche, deren Zähler eins beträgt:

$$n_1\cdot\frac{1}{n_1}\cdot n_2\cdot\frac{1}{n_2}=1\Leftrightarrow\left(\frac{n_1\cdot n_2}{1}\right)\cdot\left(\frac{1}{n_1}\cdot\frac{1}{n_2}\right)=1\Leftrightarrow\underline{\underline{\frac{1}{n_1}\cdot\frac{1}{n_2}=\frac{1}{n_1\cdot n_2}}} \tag{2.9.2}$$

Die allgemeingültige Gleichung links in (*2.9.2*) soll umgeformt werden. Erst werden die Faktoren $1/n_1$ und n_2 vertauscht (*s. Kommutativgesetz* (*2.8.2*) *und* (*2.8.4*)). Aus dem Produkt $n_1 \cdot n_2$ formen wir einen Bruch mit dem Nenner 1 und setzen Klammern. Die sind zwar nicht notwendig, aber aufgrund des Assoziativgesetzes (*s.* (*2.8.2*)/*1*) erlaubt. Damit die Gleichung auch wirklich immer 1 ergibt, muss der Term innerhalb der zweiten Klammer gleich dem Kehrbruch des ersten Faktors sein. Genau das steht unterstrichen in der letzten Gleichung. Die Klammern sind nun entbehrlich. Nun sollen zwei beliebige Brüche multipliziert werden:

$$\underline{\underline{\frac{z_1}{n_1}\cdot\frac{z_2}{n_2}}}=z_1\cdot z_2\cdot\frac{1}{n_1}\cdot\frac{1}{n_2}=z_1\cdot z_2\cdot\frac{1}{n_1\cdot n_2}=\underline{\underline{\frac{z_1\cdot z_2}{n_1\cdot n_2}}} \tag{2.9.3}$$

Die beiden Zähler der Brüche dürfen wir vor die beiden Brüche setzen. Das Produkt der beiden Brüche wiederum lässt sich wegen (2.9.2) zu einem Bruch zusammenfassen. Zum Schluss wird den Faktoren wieder erlaubt, auf den Bruchstrich zu springen (*vgl.* (*2.7.3*)). Damit steht rechts einfach das Produkt der Zähler dividiert durch das Produkt der Nenner.

Multiplikation von Brüchen:
Man multipliziert Brüche, indem man das Produkt aus den Zählern durch das Produkt aus den Nennern teilt.
Kurz: „**Zähler mal Zähler durch Nenner mal Nenner**“

Merksatz 2.9.1

Ein Zahlenbeispiel zur Multiplikation zweier Brüche muss sein:

(2.9.4)
$$\frac{5}{7}\cdot\frac{9}{13}=\frac{5\cdot 9}{7\cdot 13}=\underline{\underline{\frac{45}{91}}}$$

Eine Selbstverständlichkeit, die aber wegen ihrer Bedeutung herausgehoben werden muss: die Multiplikationsungleichung.

Ein Produkt aus zwei Echten Brüchen wie in (*2.9.4*) kann man auch so lesen: „Fünf Siebentel von neun Dreizehntel“ oder „Neun Dreizehntel von fünf Siebentel“. Im ersten Fall weiß man, dass das Produkt mit Sicherheit kleiner als neun Dreizehntel, im anderen Fall kleiner als fünf Siebentel ist. Das lässt sich auf jedes Produkt echter Brüche verallgemeinern.

Merksatz 2.9.2

Multiplikationsungleichung:
Das Produkt zweier (oder mehr) echter Brüche ist **kleiner** als der **kleinste** der Faktoren.

$$\frac{z_1}{n_1},\frac{z_2}{n_2}<1:\quad \frac{z_1}{n_1}\cdot\frac{z_2}{n_2}<\min\left(\frac{z_1}{n_1},\frac{z_2}{n_2}\right)$$

Betrachten wir die Multiplikationsregel einmal für den Spezialfall $n_1 = 1$! Das hieße, in (*2.9.3*) wird ein Bruch mit einer natürlichen Zahl multipliziert. Durch die „Eintel“ wird eine natürliche Zahl zum Bruch und die normalen Bruchrechenregeln können angewandt werden. Bei Bedarf kann man die Eins wieder fortlassen.

(2.9.5)
$$z_1\cdot\frac{z_2}{n}=\frac{z_1}{1}\cdot\frac{z_2}{n}=z_1\cdot z_2\cdot\frac{1}{n}=\frac{z_1\cdot z_2}{n}$$

Notieren wir die Gleichungskette (*2.9.5*) noch einmal in anderer Reihenfolge, lassen aber den Mittelteil fort:

(2.9.6)
$$z_1\cdot\frac{z_2}{n}=\frac{z_1\cdot z_2}{n}$$

Ein Faktor darf auf den Bruchstrich springen!

Der Faktor z_1 darf sozusagen auf den Bruchstrich springen. Von links nach rechts gelesen hieße das, der Faktor im Zähler darf vom Bruchstrich „herunterhüpfen“. Wegen der Gültigkeit des Kommutativgesetzes können Faktoren natürlich auch hinten stehen. Man kann also sagen: Alles, was multipliziert, steht entweder vor, auf oder hinter dem Bruchstrich (*s. Merksatz 2.9.5*).

(2.9.7)
$$z_1\cdot\frac{z_2}{n}=\frac{z_2}{n}\cdot z_1=\frac{z_1\cdot z_2}{n}=\frac{z_2\cdot z_1}{n}=z_2\cdot\frac{z_1}{n}=\frac{z_1}{n}\cdot z_2=z_1\cdot z_2\cdot\frac{1}{n}=$$
$$z_2\cdot z_1\cdot\frac{1}{n}=\frac{1}{n}\cdot z_1\cdot z_2=\frac{1}{n}\cdot z_2\cdot z_1=z_1\cdot\frac{1}{n}\cdot z_2=z_2\cdot\frac{1}{n}\cdot z_1$$

Nutzt man alle Rechengesetze, ergeben sich allein 12 Möglichkeiten, einen Bruchterm der Form (*2.9.6*) darzustellen (*s.* (*2.9.9*)). Sie müssen in der Lage sein zu erkennen, dass es sich um gleichwertige Darstellungen handelt.

Ein weiterer Sonderfall von (*2.9.3*) kommt zustande, wenn $z_2 = n_2 := t$.

$$z_2 = n_2 := t \quad \Rightarrow \quad \frac{z_1}{n_1} \cdot \frac{t}{t} = \frac{z_1 \cdot t}{n_1 \cdot t} \qquad (2.9.8)$$

Erweitern und Kürzen

Der auf den ersten Blick sinnlose Sonderfall markiert zwei unverzichtbare Werkzeuge der Bruchrechnung: Das *Erweitern* und das *Kürzen*. Das erkennt man, wenn (*2.9.8*) noch einmal notiert wird. Die Indizes sind überflüssig geworden. Da t/t eins ergibt, kann man den Faktor auch fortlassen.

$$\frac{z}{n} = \frac{z \cdot t}{n \cdot t} \qquad (2.9.9)$$

Liest man Gleichung (*2.9.9*) von links nach rechts, steht dort nichts weiter, als dass sich der Wert eines Bruches nicht ändert, wenn Zähler und Nenner mit derselben Zahl multipliziert werden. Genau das nennt man Erweitern eines Bruches. Von rechts nach links gelesen erlaubt die Gleichung das paarweise Streichen („Wegkürzen") gleicher Faktoren aus Zähler und Nenner (*s.* (*2.9.10*)). Zahlenbeispiel zum Kürzen siehe (*2.9.18*)!

$$\frac{z \cdot \cancel{t}^{1}}{n \cdot \cancel{t}^{1}} = \frac{z}{n} \qquad (2.9.10)$$

Die Division wird zur Verknüpfung.

Es fehlt noch die *Division*! Wir erinnern uns: Die Subtraktion ganzer Zahlen wurde durch Addition mit dem Inversen definiert (*s. Merksatz 2.6.1*). Bezüglich der Multiplikation existiert innerhalb der rationalen Zahlen für jede Zahl ein Inverses! Somit kann die Division rationaler Zahlen als Produkt des Dividenden mit dem Inversen des Divisors definiert werden. Anders als in der Menge der ganzen Zahlen führt die Division nicht aus der Menge der rationalen Zahlen heraus! Die Division wird somit wie die Multiplikation auch zu einer „richtigen" (zweistelligen) Verknüpfung/Operation (*s. 2.9.11*). Die Operanden heißen *Dividend* und *Divisor* und der Funktionswert *Quotient*. Beachten Sie, die Variablen x, y in (*2.9.11*) stehen für rationale Zahlen (*vgl. Bild 2.7.3*)!

$$\underline{\underline{x : y}} =_{\mathbf{Def}} x \cdot y^{-1} \qquad (2.9.11)$$

An dieser Stelle wird es Zeit, sich von dem Doppelpunkt als Operatorzeichen für die Division zu distanzieren! Man nimmt statt des Doppelpunktes lieber einen „Bruchstrich" (*s. Bild 2.9.1*).

Doppelpunkt ade – aber nicht ganz! Beim schriftlichen Dividieren und bei der Polynomdivision greift man beispielsweise gern auf den Doppelpunkt zurück!

Ganz wollen wir uns von dem Doppelpunkt jedoch nicht trennen! Für Divisionsalgorithmen und bei der Beschriftung von Äquivalenzumformungen wird er nach wie vor gern verwendet. Beachten Sie: Die Division bleibt auch in Bruchstrichschreibweise eine „Punktrechnung"! Die Verwendung des Schrägstriches als Divisionsoperator hat den Vorteil, dass der Doppelpunkt für andere Verwendungen freigegeben ist. In Programmiersprachen bzw. Tabellenkalkulationen ist der Schrägstrich als Divisionsoperator obligatorisch!

x bzw. y können auch Terme sein!

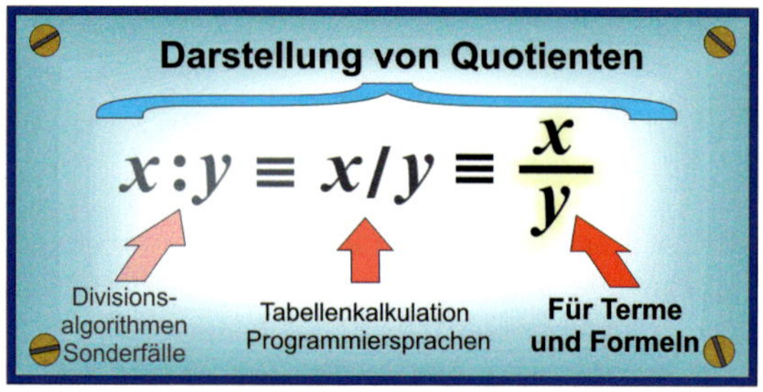

Bild 2.9.1
Darstellung von Quotienten

Ein Abfallprodukt der Divisionsdefinition (*2.9.11*) ist die Divisionsregel für Brüche. Dazu werden in (*2.9.11*) die Variablen x und y einfach durch Brüche ersetzt.

(2.9.12)

$$\underline{\underline{x : y \equiv x / y \equiv \frac{x}{y}}} = x \cdot y^{-1} = \underline{\underline{\frac{z_1}{n_1} \cdot \frac{n_2}{z_2}}}$$

Der Dividend wird gemäß der in (*2.9.11*) definierten Verknüpfung mit dem Inversen des Divisors multipliziert. Das Inverse des (positiven) Divisors ist wegen (*2.7.7*) dessen Kehrwert. Damit können wir die sehr kurze Divisionsregel für Brüche notieren:

Merksatz 2.9.3

> **Divisionsregel für Brüche:**
> Man **dividiert** durch einen Bruch, indem man mit seinem **Kehrwert multipliziert**.

Da die Division innerhalb der rationalen Zahlen eine Verknüpfung ist, kann man sie auch in Terme einbauen (*vgl. Rechenbäume in Abschnitt 1.11/Bild 1.11.2*). Ist die letzte Rechenoperation eine Division, heißt der Term *Quotient*. In diesem Fall sind Dividend und Divisor nur Zwischenwerte (*s. Bild 2.9.2*).

Ein Quotient als Term!

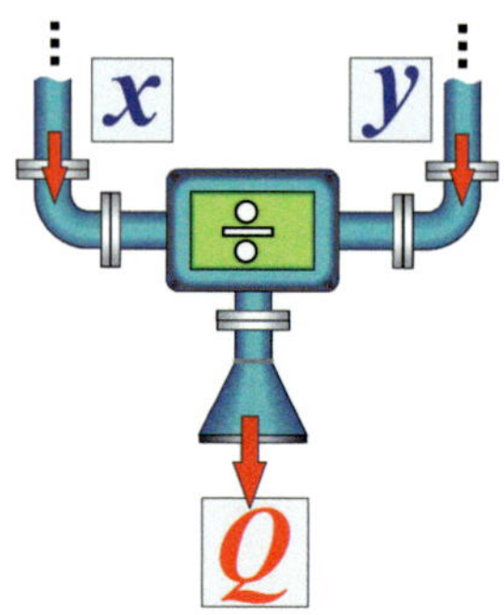

Bild 2.9.2
Unterer Teil des Rechenbaumes eines Quotienten

Wegen der wichtigen Klammerregel für Terme müssen Zählerterm und Nennerterm in Klammern eingeschlossen werden (*s. Merksatz 1.11.3*). Es wurde bereits erwähnt (*Abschn. 1.11*), dass die Klammerregel entsetzlich ineinander geschachtelte Klammern zur Folge haben kann. Mit Hilfe von „Punkt-vor-Strich" lassen sich die Terme bedingt vereinfachen. Die Schreibweise des Divisionsoperators mithilfe des horizontalen Bruchstrichs ermöglicht zusammen mit einer zusätzlichen sehr einprägsamen Regel weitere Einsparungen von Klammern.

Beachten Sie: Die Division bleibt auch mit dem Bruchstrich als Operatorzeichen eine „Punktrechnung"!

Klammersparregel für Quotienten: Bruchstrich ersetzt Klammer!

Beispiel: $(5x-7)/(2x+3) \equiv \dfrac{5x-7}{2x+3}$

Beachten Sie: Die Regel gilt nur für horizontale Bruchstriche.

Merksatz 2.9.4

Wenn man die Variablen x und y in (*2.9.12*) durch ihre Bruchdarstellung ersetzt und die Klammersparregel für Quotienten anwendet, erhält (*2.9.11*) eine zunächst befremdliche Form:

$$x : y \equiv \boldsymbol{x} / \boldsymbol{y} \equiv \frac{\boldsymbol{x}}{\boldsymbol{y}} = \frac{\frac{z_1}{n_1}}{\frac{z_2}{n_2}} = \frac{z_1}{n_1} \cdot \frac{n_2}{z_2} \tag{2.9.13}$$

Auf keinen Fall dürfen Sie für den Quotienten links in (*2.9.13*) etwa „iksüpsilontel“ sagen! Man liest nach wie vor „**x durch y**“!

Verboten: „iksüpsilontel“

Den mittleren Term in (*2.9.13*) nennt man einen *Doppelbruch* und zu dem (langen) Bruchstrich sagt man *Hauptbruchstrich*. Die Darstellung eines Quotienten als Doppelbruch ist die Konsequenz der Darstellung des Divisionsoperators durch einen horizontalen Bruchstrich! Für die Division bleibt selbstverständlich nach wie vor die Divisionsregel für Brüche (*s. Merksatz 2.9.3*) zuständig:

Doppelbrüche – nicht schön, aber nicht immer vermeidbar

$$\frac{\frac{7}{13}}{\frac{15}{21}} = \frac{7}{13} \cdot \frac{21}{15} = \frac{7 \cdot 21}{13 \cdot 15} = \underline{\underline{\frac{147}{195}}} \tag{2.9.14}$$

Ähnlich wie in (*2.9.5*) betrachten wir einen Sonderfall – jetzt $n_2 = 1$:

$$\frac{\frac{z_1}{n_1}}{\frac{z_2}{1}} = \frac{\frac{z_1}{n_1}}{z_2} = \frac{z_1}{n_1} \cdot \frac{1}{z_2} = \frac{1}{z_2} \cdot \frac{z_1}{n_1} = \frac{z_1}{n_1 \cdot z_2} \tag{2.9.15}$$

Man erkennt, dass der Divisor stets unter einem (Haupt-) Bruchstrich verbleibt. Der Divisor darf dabei ohne Weiteres auch im Nenner eines abgespaltenen Faktors stehen. Schreiben wir den letzten Teil der Gleichungskette (*2.9.15*) noch einmal separat!

$$\frac{1}{z_2} \cdot \frac{z_1}{n_1} = \frac{z_1}{n_1 \cdot z_2} \tag{2.9.16}$$

Man könnte (*2.9.16*) auch so interpretieren: Alles, was unter einem Hauptbruch steht, dividiert. Nimmt man (*2.9.16*) und (*2.9.6*) zusammen, ergibt sich eine bewährte Eselsbrücke:

Merksatz 2.9.5

> **Eselsbrücke:**
> Alles, was multipliziert, steht entweder **vor, auf** oder **hinter** einem Bruchstrich. Alles, was dividiert, steht **unter** einem Bruchstrich.
>
> Beachten Sie: Bei Doppelbrüchen ist der Hauptbruchstrich gemeint.

Die Eselsbrücke beinhaltet insbesondere, dass ein Bruchterm gleich null ist, wenn eine Null vor, auf oder hinter dem Bruchstrich steht. Selbstverständlich gilt das Kommutativgesetz. Deswegen steht in der Eselsbrücke nicht nur „vor, auf" sondern „vor, auf oder hinter"!

Spielen wir bei der Divisionsregel wie oben bei der Multiplikationsregel noch den Sonderfall $z_2 = n_2 := k$ durch. Die nun überflüssig gewordenen Indizes lassen wir genau wie den Faktor eins fort. Es ergibt sich dann die folgende Formel:

(2.9.17)

$$\frac{\frac{z}{k}}{\frac{n}{k}} = \frac{z}{n}$$

Kürzen:
1. Zähler und Nenner durch dieselbe Zahl teilen
2. Streichen gleicher Faktoren aus Zähler und Nenner

Zugegeben, der Sinn von Gleichung (*2.9.17*) ist nicht sofort erkennbar, zumal Sie diese auch noch von rechts nach links lesen sollen. Die Gleichung sagt aus, dass sich der Wert eines Bruches nicht ändert, wenn man Zähler und Nenner durch dieselbe Zahl teilt. Das ist besonders hilfreich, wenn k ein gemeinsamer Teiler von Zähler und Nenner ist. Auch das Verfahren nennt man *Kürzen*, denn das Streichen eines Faktors aus Zähler und Nenner in (2.9.12) kann man ebenfalls als Teilen von Zähler und Nenner durch dieselbe Zahl auffassen (*s. Merksatz 2.9.6*). Damit Laien nicht auf die Idee kommen, ein durchgestrichener Faktor wäre eine Null, kann man **optional** den gestrichenen Faktor durch eine Eins ersetzen (*s. 2.9.10*).

Zahlenbeispiele zum Erweitern und Kürzen:

(2.9.18)

Ideal: Kürzen mit dem ggT

$$\text{Erweitern:} \quad \frac{117}{125} = \frac{117 \cdot 8}{125 \cdot 8} = \underline{\underline{\frac{936}{1000}}}$$

$$\text{Kürzen:} \quad \frac{17 \cdot \cancel{9}^{1}}{35 \cdot \cancel{9}^{1}} = \underline{\underline{\frac{17}{35}}} \quad \text{oder} \quad \frac{\cancel{153}^{17}}{\cancel{315}^{35}} = \underline{\underline{\frac{17}{35}}}$$

Im Zahlenbeispiel (*2.9.18*) unten rechts wurden Zähler und Nenner durch den größten gemeinsamen Teiler dividiert (im vorliegenden Fall ist 9 der größte gemeinsame Teiler). Man schreibt aber den Doppelbruch nicht mit. Zähler und Nenner werden im Kopf durch 9 dividiert, die alten Zähler und Nenner durchgestrichen und die neuen Werte darüber geschrieben.

Merksatz 2.9.6

> **Erweitern/Kürzen:**
> Man erweitert einen Bruch, indem man Zähler und Nenner mit derselben Zahl multipliziert.
> Man kürzt einen Bruch, indem man gleiche Faktoren aus Zähler und Nenner paarweise streicht oder Zähler und Nenner durch dieselbe Zahl dividiert.

Sicherlich erinnern Sie sich noch an die Eselsbrücke „**Aus der Summe kürzen nur Dumme**“. Sehen wir uns an einem Beispiel an, welche Regel verletzt wird, wenn einen der Teufel reitet und man doch aus einer Summe kürzt (*s. (2.9.19) links*).

$$\cancel{\frac{\cancel{x}+y}{\cancel{x}} = \underline{\underline{1+y}}}\ ; \quad \underline{\underline{\frac{x+y}{x}}} = \underbrace{\frac{1}{x}\cdot(x+y)}_{\text{ausmultiplizieren!}} = \frac{x}{x}+\frac{y}{x} = \underline{\underline{1+\frac{y}{x}}} \qquad (2.9.19)$$

Um den Fehler aufzuzeigen, lassen wir die Summe im Zähler vom Bruchstrich „hüpfen“ (*s. Merksatz 2.9.5*). Dabei ist unbedingt zu beachten, dass der Bruchstrich Klammern ersetzt (*s. Merksatz 2.9.4*). Sobald man die Summe vor oder hinter den Bruchstrich schreibt, muss sie durch Klammern als Zwischenwert gekennzeichnet werden. Der Rest ist nur noch Ausmultiplizieren nach dem Distributivgesetz, und genau das wird verletzt, wenn aus der Summe gekürzt wird.

Das Distributivgesetz wird verletzt, wenn aus der Summe gekürzt wird.

Im Gegensatz dazu ist im folgenden Beispiel das Kürzen erlaubt:

Erlaubt:

$$\frac{2\cdot\cancel{x}\cdot y\cdot\cancel{(y-x)}}{\cancel{x}\cdot\cancel{(y-x)}} = \frac{2\cdot y}{1} = \underline{\underline{2\cdot y}} \qquad (2.9.20)$$

Im Fall (*2.9.20*) ist nicht **aus** der Summe gekürzt worden! Die beiden Summen in Zähler und Nenner, erkenntlich an den Klammern, sind gleiche Zwischenwerte in einem Term und die darf man streichen. Beachten Sie bitte hierzu:

> **Warnung:**
> Tasten Sie beim Kürzen auf keinen Fall eine Summe an!
> Dagegen dürfen Sie **komplette** Summen aus Zähler und Nenner streichen, sofern diese allein oder als **Faktoren** in Zähler und Nenner auftauchen.

Merksatz 2.9.7

Die Regel für die Addition und Subtraktion von Brüchen erhält man durch Anwendung des Distributivgesetzes in der Form (*2.6.5*). Zunächst addieren bzw. subtrahieren wir zwei *gleichnamige* Brüche. Zur Erinnerung: Brüche mit gleichen Nennern heißen gleichnamig.

$$\underline{\underline{\frac{z_1}{n}\pm\frac{z_2}{n}}} = z_1\cdot\frac{1}{n} \pm z_2\cdot\frac{1}{n} = \frac{1}{n}\cdot(z_1\pm z_2) = \underline{\underline{\frac{z_1\pm z_2}{n}}} \qquad (2.9.21)$$

Zunächst schreibt man die Zähler wieder vor die Bruchstriche. Dann klammert man den gemeinsamen Faktor aus (*vgl. Distributivgesetz* (*2.6.5*)). Die nun zum Faktor gewordene Summe der Zähler darf auf den Bruchstrich springen und wird so zum Zähler der gesuchten Summe/Differenz der Brüche. Die Formel (*2.9.21*) ist auch von rechts nach links gelesen wichtig. In dem Falle wird beschrieben, wie man eine Summe/Differenz zu dividieren hat. Es handelt sich dann um ein Distributivgesetz für das Dividieren. Genau dieses Gesetz wird verletzt, wenn „aus der Summe gekürzt wird“ (siehe oben).

Additions- und Subtraktionsregel: Beachten Sie unbedingt auch die genauso wichtige Umkehrung!

Anfang und Ende von (*2.9.21*) sind noch einmal in folgendem Merksatz zusammengefasst:

Merksatz 2.9.8

Additionsregel/Subtraktionsregel für Brüche:
Man addiert (subtrahiert) gleichnamige Brüche, indem man ihre Zähler addiert (subtrahiert). Der gemeinsame Nenner bleibt unverändert.
Umkehrung: Man dividiert einen Bruch mit einer Summe im Zähler, indem man jeden Summanden einzeln dividiert.

Zahlenbeispiel Addition/Subtraktion:

(2.9.22)

$$\frac{17}{35}+\frac{9}{35}=\frac{17+9}{35}=\underline{\underline{\frac{26}{35}}} \quad \text{bzw.} \quad \frac{17}{35}-\frac{9}{35}=\frac{17-9}{35}=\underline{\underline{\frac{8}{35}}}$$

Im Falle ungleichnamiger Brüche müssen die Summanden durch geeignetes Erweitern gleichnamig gemacht werden:

(2.9.23)

$$\frac{z_1}{n_1}\pm\frac{z_2}{n_2}=\frac{z_1\cdot e_1}{n_1\cdot e_1}\pm\frac{z_2\cdot e_2}{n_2\cdot e_2}=\frac{z_1\cdot e_1\pm z_2\cdot e_2}{h}$$

Hauptnenner gesucht? Das Produkt aus den Nennern geht immer. Ideal ist das kgV.

Gleichnamigmachen bedeutet, Sie müssen zwei Erweiterungszahlen e_1 und e_2 finden, sodass n_1 „vervielfältigt" mit e_1 gleich n_2 „vervielfältigt" mit e_2 ist. Mit anderen Worten, Sie suchen ein gemeinsames Vielfaches der Nenner. Dieses gemeinsame Vielfache verwendet man als gemeinsamen Nenner, dem so genannten *Hauptnenner*. Als gemeinsames Vielfaches lässt sich immer das Produkt aus den Nennern $n_1 \cdot n_2$ verwenden. In diesem Fall wäre „kreuzweise" $e_1 = n_2$ und $e_2 = n_1$. Wenn man verhindern will, dass Zähler und Nenner der Summe noch gemeinsame Teiler haben, muss man das kleinste gemeinsame Vielfache (kgV) als Hauptnenner finden und benutzen.
Im Zahlenbeispiel (*2.9.24*) wird das Produkt der Nenner als Hauptnenner verwendet. Anschließend muss die Summe noch durch 6 gekürzt werden.

(2.9.24)

$$\frac{17}{84}+\frac{13}{18}=\frac{17\cdot 18}{84\cdot 18}+\frac{13\cdot 84}{18\cdot 84}=\frac{17\cdot 18+13\cdot 84}{84\cdot 18}=\frac{\cancel{1398}^{233}}{\cancel{1512}^{252}}=\underline{\underline{\frac{233}{252}}}$$

Im nächsten Zahlenbeispiel wird das kleinste gemeinsame Vielfache als Hauptnenner verwendet. Das kgV beträgt hier 252. Also muss der erste Summand mit 3 und der zweite mit 14 erweitert werden. Ein Kürzen der Summe ist nicht mehr erforderlich.

(2.9.25)

$$\frac{17}{84}+\frac{13}{18}=\frac{17\cdot 3}{84\cdot 3}+\frac{13\cdot 14}{18\cdot 14}=\frac{17\cdot 3+13\cdot 14}{252}=\underline{\underline{\frac{233}{252}}}$$

Die Regeln dieses Kapitels gelten für alle rationalen und reellen Zahlen!

Für die Rechenregeln dieses Abschnitts wurden ausschließlich die Körperaxiome benutzt. Also gelten die Regeln für alle Körper! Insbesondere gelten sie natürlich für rationale (und reelle Zahlen). Folglich sind die in (*2.9.1*) gemachten Restriktionen überflüssig. Alle in diesem Abschnitt vorkommenden Variablen dürfen auch rationale (oder reelle Zahlen) sein. Einzige Einschränkung: Auf eine Null im Nenner muss verzichtet werden.

Da man negative Vorzeichen als Faktor (–1) ansehen kann, ist die Einbeziehung negativer Zahlen völlig unproblematisch. Das erkennt man anhand der folgenden Gleichungen:

Negative Vorzeichen sind unproblematisch:

$$\text{I)}\ \frac{\cancel{(-1)}^{1}}{\cancel{(-1)}^{1}} = \underline{\underline{1}} \qquad \text{II)}\ \frac{(-1)}{1} = \underline{\underline{(-1)}} \qquad \text{III)}\ \frac{1}{(-1)} = \underbrace{\frac{1\cdot(-1)}{(-1)\cdot(-1)}}_{\text{Erw. mit (1)!}} = \frac{(-1)}{1} = \underline{\underline{(-1)}}$$

(2.9.26)

Sollte in Zähler und Nenner ein Term oder eine Zahl mit negativem Vorzeichen stehen, ist das gleichbedeutend mit einem Faktor (–1) in Zähler und Nenner. Der kann weggekürzt werden (*s. Fall I in* (*2.9.26*)). Der Gesamtterm ist somit positiv. Ein negatives Vorzeichen im Zähler oder im Nenner gibt einen negativen Gesamtterm (*s. Fall II/III in* (*2.9.26*)). In *Merksatz 2.9.9* wird dieser Sachverhalt auf beliebige Terme in Zähler und Nenner erweitert.

Merke: $\dfrac{(\text{Term}_1)}{-(\text{Term}_2)} = \dfrac{-(\text{Term}_1)}{(\text{Term}_2)} = -\dfrac{(\text{Term}_1)}{(\text{Term}_2)}$

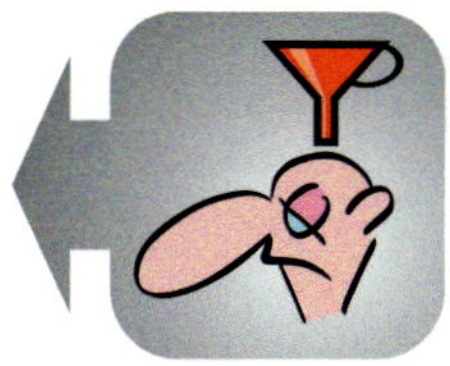

Merksatz 2.9.9

Es soll zum Schluss dieses Abschnitts nicht verhohlen werden, dass man beim Einsatz von Bruchzahlen zur Darstellung rationaler Zahlen Nachteile in Kauf nehmen muss. Da man Brüche erweitern kann, gibt es für gleichwertige Bruchzahlen (beliebig) viele verschiedene Darstellungen. Man kann deshalb nicht auf einem Blick erkennen, ob zwei Brüche gleichwertig sind:

$$\overbrace{\frac{504}{819} = \frac{512}{832}}^{\text{w/f ?}} \quad \text{kürzen mit 63 bzw. mit 64:} \quad \frac{\cancel{504}^{8}}{\cancel{819}^{13}} = \frac{\cancel{512}^{8}}{\cancel{832}^{13}}$$

(2.9.27)

Eine eindeutige Darstellung ergibt sich erst, wenn man einen Bruch so weit wie möglich gekürzt hat. Dann sind Zähler und Nenner, wie man sagt, *teilerfremd*. Im vorliegenden Beispiel sind beide Bruchzahlen tatsächlich gleichwertig. Vollständig gekürzt ergibt sich für beide der Bruch $^8/_{13}$.

Eine Darstellung als Bruchzahl ist erst mit teilerfremdem Zähler und Nenner eindeutig.

Hat man es schließlich geschafft, den Bruch so zu kürzen, dass Zähler und Nenner teilerfremd sind, kann man wiederum bei unterschiedlichen Brüchen nicht (immer) auf einem Blick erkennen, welche Bruchzahl die größere ist.

$$\overbrace{\frac{8}{13} < \frac{11}{17}}^{\text{w/f ?}} \quad \Leftrightarrow \frac{8\cdot 17}{13\cdot 17} < \frac{11\cdot 13}{13\cdot 17} \Leftrightarrow \frac{136}{221} < \frac{143}{221} \quad \text{w}$$

(2.9.28)

Hätten Sie in (*2.9.28*) ohne Rechnung beschworen, dass $^8/_{13}$ der kleinere Bruch ist? Zum Größenvergleich müssen die Brüche (wie bei der Addition) gleichnamig gemacht werden. Sind beide Nenner schließlich gleich, zeigt der kleinere Zähler die kleinere Zahl an. Sind zwei Brüche zu vergleichen, deren Zähler gleich sind, erkennt man die kleinere Zahl am größeren Nenner (*vgl. Abschn. 2.7*).

Zum Größenvergleich müssen Bruchzahlen i. Allg. gleichnamig gemacht werden.

Bei unechten Brüchen wird der Größenvergleich erleichtert, wenn man ihn als so genannte *gemischte Zahl* darstellt. Dazu teilt man den Bruch, wie im folgenden Beispiel gezeigt, in seinen ganzzahligen Anteil und den als echten Bruch geschriebenen Rest auf.

(2.9.29)

$$8367 : 13 = 643 \text{ Rest } 8 \quad \Leftrightarrow \quad \frac{8367}{13} = 643 + \frac{8}{13} := \underline{\underline{643\tfrac{8}{13}}}$$

Wie in dem Beispiel angegeben, hängt man den echten Bruch – etwas kleiner als normal geschrieben – **ohne** Pluszeichen an die ganze Zahl an. Darin liegt auch die Schwäche der Darstellung. Die Schreibweise beißt sich mit der Konvention, dass bei Multiplikationen der Punkt fortgelassen werden darf. Zwar ist die gemischte Zahl wegen des verkleinert geschriebenen Bruches eindeutig von einem Produkt zu unterscheiden, trotzdem kommt es leicht zu Verwechslungen:

Tabelle 2.9.1
Schreibweisenprobleme bei unechten Brüchen

Leider nicht unproblematisch: die gemischten Zahlen

Darstellung	Verwechselbar mit:
$643\tfrac{8}{13}$ $643\,{}^{8}\!/\!{}_{13}$ $643 + 8/13$	**Eindeutig!**
643 8/13	$\frac{6438}{13}$
$643\,\frac{8}{13}$	$643\cdot\frac{8}{13}$

Besonders problematisch können gemischte Zahlen werden, wenn man sie innerhalb von Funktionstermen verwendet. Bitte beachten Sie unbedingt die Warnung im letzten Merksatz dieses Abschnitts.

Merksatz 2.9.10

Warnung:
Bruchzahlen können als Summanden, Faktoren oder Exponenten in Funktionstermen vorkommen.
Stellen Sie dort unechte Brüche **nie** als gemischte Zahlen dar!

Schlussbemerkung zu Abschnitt 2.9:
Die meisten Formeln aus Naturwissenschaft und Technik enthalten Bruchterme. Diese Formeln sind wegen der vielen Darstellungsmöglichkeiten (*vgl. (2.9.7)*) für Einsteiger nicht immer leicht lesbar. Alle Regeln, die Sie hier durchgearbeitet haben, gelten selbstverständlich nicht nur für blanke Zahlen, sondern auch für Funktionswerte. Sie müssten nach dem Durcharbeiten dieses Abschnitts gut gerüstet sein. Mehr über Funktionsterme mit Bruchtermen lesen Sie in Kapitel 7.

2.10 Potenzen

Wir müssen noch einmal zu den Abzählprinzipien (*s. Abschn. 2.1 ff*) zurückkehren. Speziell geht es wieder um die Multiplikation. Im Abschnitt 2.2 wurden abgestellte Container gezählt und das Abzählprinzip dazu benutzt, um die Gesetze der Multiplikation herauszuarbeiten. Jetzt soll ein Sonderfall betrachtet werden: Die Anzahl der Objekte pro Reihe soll gleich der Anzahl der Reihen hintereinander sein. Nimmt man dazu Einzelobjekte mit quadratischer Fläche, ordnen sie sich in diesem Sonderfall zwangsläufig zu einem Quadrat an. In *Bild 2.10.1* sind als Einzelobjekte quadratische Schokoladentafeln verwendet worden.

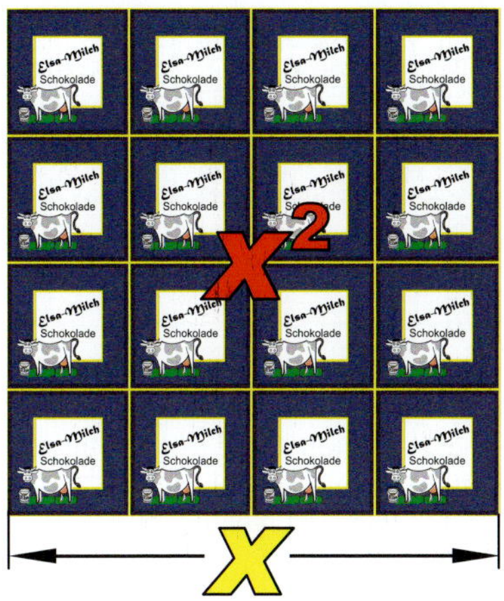

Bild 2.10.1
Illustration der Zweierpotenz

Errechnete sich in (*2.2.1*) die Gesamtzahl der Tafeln aus dem Produkt aus x und y, braucht x hier nur noch mit sich selbst multipliziert zu werden. Damit ist aus der zweistelligen Verknüpfung (Multiplikation) eine einstellige geworden. Sie heißt (Zweier-)*Potenz*. Die Funktionswerte schreibt man ungern $x{\cdot}x$. Man benutzt im Allgemeinen die Postfix-Schreibweise x^2. Man liest „x hoch 2“, „x zum Quadrat“ oder einfach nur „x Quadrat“. Die hochgestellte Zwei sagt aus, dass ein Produkt aus zwei gleichen Faktoren x vorliegt. Für die *Hochzahl* sagt man auch *Exponent* und für die (gleichen) Faktoren *Basis*. Der Definitionsbereich der Zweierpotenz beschränkt sich, wie bei der Multiplikation auch, nicht nur auf natürliche Zahlen. Die einzige Beschränkung liegt im Wertebereich vor. Da stets zwei Zahlen gleichen Vorzeichens miteinander multipliziert werden, sind die Werte einer Zweierpotenz immer positiv oder gleich null.

Aus der zweistelligen Verknüpfung wird eine einstellige.

Basis, Hochzahl(Exponent)

$$...^2 : \mathbb{Q} \to \mathbb{Q}^+ \; ; \; x \mapsto x^2 \qquad \textbf{(2.10.1)}$$

Eine Dreierpotenz ist ebenfalls geometrisch interpretierbar. Nehmen wir an, die Einzelobjekte seien würfelförmige Großpackungen (für die Schokoladentafeln), die zu einem großen Würfel aufgestapelt wurden (*s. Bild 2.10.1, vgl. Bild 2.2.2*). Die Gesamtzahl der (Groß-) Packungen beträgt jetzt $x{\cdot}x{\cdot}x$. Dafür schreibt man nun x^3 und liest „x hoch drei“.

Würfelförmige Kartons für quadratische Schokoladentafeln.

Bild 2.10.2
Illustration der Dreierpotenz

Bei der Dreierpotenz handelt es sich nach wie vor um eine einstellige Verknüpfung (*s.* (*2.10.2*)). Der Wertebereich umfasst, anders als bei der Zweierpotenz, auch die negativen Zahlen, da ein Produkt aus drei negativen Faktoren negativ ist (*vgl. Merksatz 2.5.1*).

(2.10.2)

$$...^3 : \mathbb{Q} \to \mathbb{Q} \; ; \; x \mapsto x^3$$

Zwar sind Potenzen mit Exponenten größer als drei nicht mehr im Anschauungsraum illustrierbar, aber das spielt keine Rolle. Man verwendet für ein Produkt aus n gleichen Faktoren die gleiche Schreibweise wie oben.

(2.10.3)

$$\underbrace{x \cdot x \cdot .... \cdot x}_{n \text{ gleiche Faktoren}} \equiv x^n \quad ; \quad n \in \mathbb{N}^*$$

Die entsprechenden Potenzfunktionen haben nur im Falle eines ungeraden Exponenten alle (rationalen) Zahlen als Wertebereich. Für gerade Exponenten gilt das Gleiche wie bei (2.10.2). Man kann sich darüber streiten, ob man $n = 1$ zulässt, denn $x^1 \equiv x$. Vermeiden Sie „x^1“, es könnte zu Missverständnissen führen!

Potenzen selbst kann man auch wieder verknüpfen. Dabei ergeben sich zum Teil sehr handliche Regeln. Beginnen wir mit der Multiplikation:

(2.10.4)

$$\underline{\underline{x^n \cdot x^m}} = \underbrace{x \cdot x \cdot .... \cdot x}_{n \text{ Faktoren}} \cdot \underbrace{x \cdot x \cdot .... \cdot x}_{m \text{ Faktoren}} = \underbrace{x \cdot x \cdot x \cdot .... \cdot x}_{n+m \text{ Faktoren}} = \underline{\underline{x^{n+m}}}$$

Da zu den n Faktoren noch m gleiche Faktoren hinzukommen, ergeben sich insgesamt $n + m$ gleiche Faktoren. Das Multiplizieren reduziert sich folglich auf das Addieren der Exponenten (*s. Merksatz 2.10.1*).

Merksatz 2.10.1

Multiplikation von Potenzen:
Man multipliziert Potenzen **gleicher** Basis, indem man ihre Exponenten (Hochzahlen) addiert:

$x^n \cdot x^m = x^{n+m}$

Ein Zahlenbeispiel zur Multiplikation von (Zehner-)Potenzen:

$$10^3 \cdot 10^5 = 10^{3+5} = 10^8 \tag{2.10.5}$$

Bei der Division von Potenzen *gleicher* Basis nehmen wir das Zahlenbeispiel vorweg:

$$\underline{\underline{\frac{3^9}{3^4}}} = \frac{3\cdot 3\cdot 3\cdot 3\cdot 3\cdot \not{3}\cdot \not{3}\cdot \not{3}\cdot \not{3}}{\not{3}\cdot \not{3}\cdot \not{3}\cdot \not{3}} = 3\cdot 3\cdot 3\cdot 3\cdot 3 = 3^{9-4} = \underline{\underline{3^5}} \tag{2.10.6}$$

Man kann alle vier Nennerfaktoren wegkürzen. Dadurch verliert der Zähler vier seiner Faktoren und es verbleiben im Zähler sieben minus vier Faktoren. Der neue Exponent ist also fünf. Für allgemeine Exponenten sieht das zwangsläufig unübersichtlich aus:

$$\underline{\underline{\frac{x^n}{x^m}}} = \frac{\overbrace{x\cdot x\cdot \ldots \cdot x\cdot x\cdot x\cdot \ldots \cdot x}^{n\text{ Faktoren}}}{\underbrace{x\cdot x\cdot \ldots \cdot x}_{m\text{ Faktoren}}} = \frac{\overbrace{\overbrace{x\cdot x\cdot \ldots \cdot x}^{n-m\text{ Faktoren}}\cdot \overbrace{\not{x}\cdot \not{x}\cdot \ldots \cdot \not{x}}^{m\text{ Faktoren}}}^{n\text{ Faktoren}}}{\underbrace{\not{x}\cdot \not{x}\cdot \ldots \cdot \not{x}}_{m\text{ Faktoren}}} = \underline{\underline{x^{n-m}}} \tag{2.10.7}$$

Gleichungskette (*2.10.7*) signalisiert die einfache, aus der Schule bekannte Divisionsregel für Potenzen.

Division von Potenzen:
Man dividiert Potenzen **gleicher** Basis, indem man ihre Exponenten (Hochzahlen) subtrahiert:

$$\frac{x^n}{x^m} = x^{n-m}$$

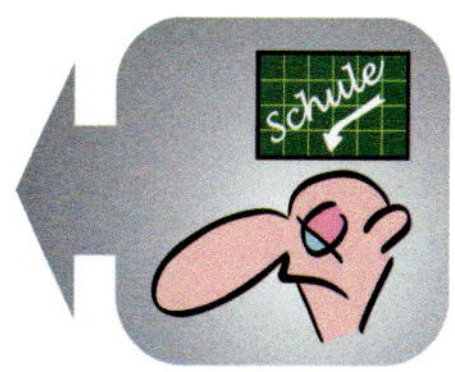

Merksatz 2.10.2

Nun ist in (*2.10.6*) und (*2.10.7*) der Zählerexponent größer als der im Nenner. Der Nennerexponent kann aber durchaus den Zählerexponenten übertreffen. Dann wäre n kleiner als m und die schöne einfache „Rechenregel" lieferte einen negativen Exponenten. Wegen (*2.10.3*) haben jedoch eigentlich nur positive Exponenten einen Sinn. Sehen wir uns das an einem Zahlenbeispiel an!

$$\underline{\underline{\frac{3^5}{3^7}}} = \frac{\not{3}\cdot \not{3}\cdot \not{3}\cdot \not{3}\cdot \not{3}}{3\cdot 3\cdot \not{3}\cdot \not{3}\cdot \not{3}\cdot \not{3}\cdot \not{3}} = \frac{1}{3\cdot 3} = \frac{1}{3^{7-5}} = \underline{\underline{\frac{1}{3^2}}} := \underbrace{3^{-2}}_{\text{laut "Rechenregel"}} \tag{2.10.8}$$

In diesem Fall kürzen sich alle Faktoren des Zählers weg und die Faktoren im Nenner lassen sich zu einer Potenz zusammenfassen. Nach dem Motto „was nicht passt, wird passend gemacht" lässt sich die Divisionsregel (*s. Merksatz 2.10.2*) mit einem Trick retten: Man darf ohne Weiteres die Bedeutung eines negativen Vorzeichens im Exponenten festlegen. Das hat man längst getan. Man nimmt das Minuszeichen im Exponenten als Kurzschreibweise für eine im Nenner stehende Potenz – dort natürlich mit positivem Exponenten (*s. Merksatz 2.10.3*). In (*2.10.8*) ist diese Festlegung durch das „ : = "-Zeichen angedeutet.

Negative Exponenten retten die handliche Divisionsregel für Potenzen!

Merksatz 2.10.3

Definition negativer Exponenten: $\frac{1}{x^m} := x^{-m} \quad ; \; x \neq 0 \; ; \; m \in \mathbb{N}^*$

Eine (schlechte) Eselsbrücke aus der Schule: Das Minuszeichen im Exponenten ist eine Schottenschreibweise für einen Bruchstrich. Die Regel lässt sich dazu verwenden, um einen Quotient aus Potenzen als Produkt schreiben:

$$\frac{x^n}{x^m} = x^n \cdot \frac{1}{x^m} = x^n \cdot x^{-m} = x^{n-m}$$

Endlich wird auch die Schreibweise für das inverse Element der Multiplikation in (*2.7.7*) verständlich (*s. 2.10.9*). Beachten Sie auch den Begriff „reziprok"! $1/x$ ist das Reziproke von x (*vgl. Merksatz 2.7.1*). Wenn Sie eine Zahl in den Nenner eines Bruches (Zähler = 1) schicken, haben Sie die Zahl „*reziprok genommen*":

(2.10.9)

$$x^{-1} = \frac{1}{x^1} = \frac{1}{x}$$

Das merkwürdige x^{-1} ist nichts weiter als eine alternative Schreibweise für $^1/x$. Hier liegt auch einer der wenigen Fälle vor, in dem der Exponent eins benötigt wird.

Ebenfalls Ergebnis einer Rettungsaktion: der Exponent null

Tatsächlich müssen Sie noch eine Kröte schlucken: Wenn Zähler- und Nennerexponent gleich sind, wird eine Zahl (hier ein Term) durch sich selbst geteilt. Dabei muss eins herauskommen! Wendet man dagegen die Divisionsregel an, kommt der Exponent null heraus.

(2.10.10)

$$\frac{\cancel{x^n}}{\cancel{x^n}} = 1 \; := \underbrace{x^0}_{\text{nach Divisionsregel}}$$

Ein Exponent null gibt zunächst wieder keinen Sinn. Auch hier hat man eine sinnvolle Festlegung getroffen:

Merksatz 2.10.4

Definition: $x^0 := 1 \quad ; \; x \neq 0$
Eselsbrücke: Irgendetwas – außer null selbst – ergibt stets eins.
Beachten Sie: Null hoch null ist unbestimmt.

Wenn Sie die letzten beiden Definitionen verinnerlicht haben, dürfen Sie die beiden simplen Rechenregeln für das Multiplizieren und Dividieren von Potenzen **ohne** irgendwelche Fallunterscheidungen anwenden.

Potenzen selbst kann man ebenfalls potenzieren. Dazu benutzt man einfach die vorherigen Rechenregeln:

(2.10.11)

$$\underline{\underline{\left(x^n\right)^m}} = \underbrace{x^n \cdot x^n \cdot \ldots \cdot x^n}_{m \text{ Faktoren}} = x^{\overbrace{n+n+\ldots+n}^{m \text{ Summanden}}} = \underline{\underline{x^{m \cdot n}}}$$

Die m-te Potenz von x^n lässt sich als Produkt mit m Faktoren darstellen. Gemäß der Multiplikationsregel für Potenzen dürfen wir die Exponenten addieren. Der neue Exponent ist dann einfach das Produkt aus den ursprünglichen Exponenten. Das lässt sich in einer handlichen Regel ausdrücken.

Potenzieren von Potenzen:
Man potenziert Potenzen, indem man ihre Exponenten multipliziert:

$$\left(x^n\right)^m = x^{m \cdot n}$$

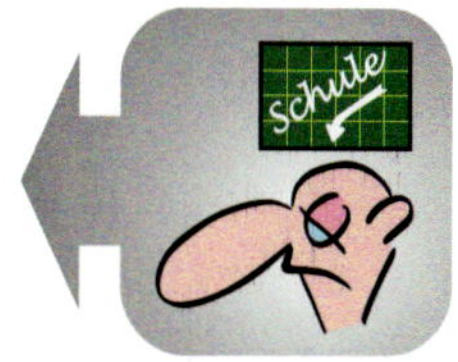

Merksatz 2.10.5

Zu der Regel für das Potenzieren von Potenzen gehört noch eine Ergänzung (*s. Merksatz 2.10.6*):

$$\underline{\underline{\left(x^n\right)^m}} = x^{m \cdot n} = x^{\overbrace{m+m+\ldots+m}^{n \text{ Summanden}}} = \underbrace{x^m \cdot x^m \cdot \ldots x^m}_{n \text{ Faktoren}} = \underline{\underline{\left(x^m\right)^n}} \tag{2.10.12}$$

Vertauschbarkeit von Potenzierungen:
Die Reihenfolge von Potenzierungen ist vertauschbar:

$$\left(x^n\right)^m = \left(x^m\right)^n$$

Merksatz 2.10.6

Produkte oder Quotienten von Potenzen unterschiedlicher Basen und Exponenten lassen sich nicht umformen! Lediglich bei Potenzen mit gleichem Exponenten „lässt sich etwas machen“. Betrachten wir zunächst ein Beispiel:

$$\underline{\underline{x^3 \cdot y^3}} = x \cdot x \cdot x \cdot y \cdot y \cdot y = x \cdot y \cdot x \cdot y \cdot x \cdot y = (x \cdot y) \cdot (x \cdot y) \cdot (x \cdot y) = \underline{\underline{(x \cdot y)^3}} \tag{2.10.13}$$

In (*2.10.13*) wurden zunächst die Faktoren vertauscht (wg. Kommutativgesetz), sodass sie paarweise nebeneinanderstehen. Die Pärchen wurden (optional) eingeklammert (wg. Assoziativgesetz). Das Produkt aus drei gleichen Faktoren darf wieder als Potenz geschrieben werden. Die mühsame Darstellung mit allgemeinem Exponenten überspringen wir und formulieren die Regel sofort:

Potenzen mit gleichen Exponenten:
Produkte/Quotienten aus Potenzen mit gleichem Exponenten kann man auch als Potenz des Produktes/Quotienten der Basen darstellen:

$$x^n \cdot y^n = (x \cdot y)^n \quad ; \quad \frac{x^n}{y^n} = \left(\frac{x}{y}\right)^n \quad ; n \in \mathbb{Z}$$

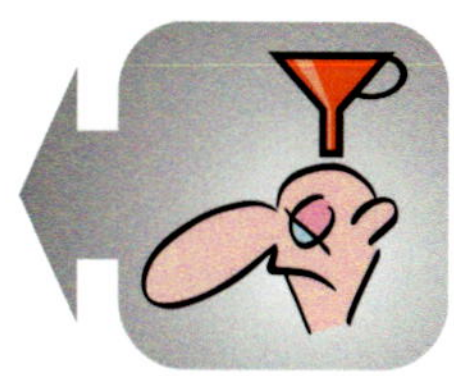

Merksatz 2.10.7

Im Merksatz bereits vorweggenommen: Bei Quotienten aus Potenzen mit gleichem Exponenten funktioniert das Verfahren ebenso.

$$\underline{\underline{\frac{x^3}{y^3}}} = \frac{x \cdot x \cdot x}{y \cdot y \cdot y} = \frac{x}{y} \cdot \frac{x}{y} \cdot \frac{x}{y} = \underline{\underline{\left(\frac{x}{y}\right)^3}} \tag{2.10.14}$$

Aufgrund der Konvention „Bruchstrich ersetzt Klammer“ lässt sich die Gleichungskette (*2.10.14*) kompakter schreiben als in (*2.10.13*). Auch bei negativen Exponenten muss nicht umgedacht werden.

(2.10.15)

$$\underline{\underline{x^{-3} \cdot y^{-3}}} = \frac{1}{x \cdot x \cdot x} \cdot \frac{1}{y \cdot y \cdot y} = \frac{1}{x \cdot y} \cdot \frac{1}{x \cdot y} \cdot \frac{1}{x \cdot y} = \frac{1}{(x \cdot y)^3} = \underline{\underline{(x \cdot y)^{-3}}}$$

Nicht für alle Terme mit Potenzen gibt es Rechenregeln!

Die relativ einfachen Verknüpfungsregeln für Potenzen könnten zu der Annahme verleiten, dass für jede mögliche Verknüpfung eine Regel existiert. Das folgende Kästchen zeigt Verknüpfungen, die auf **keinen** Fall angetastet werden dürfen.

Merksatz 2.10.8

Merke: Falls $x \neq y$ und $n \neq m$: $\begin{cases} \text{I)} & x^n \cdot y^m \quad \textbf{muss} \text{ so bleiben!} \\ \text{II)} & x^n \pm y^m \quad \textbf{muss} \text{ so bleiben!} \end{cases}$

Aus der Multiplikationsungleichung in *Merksatz 2.9.2* ergibt sich eine bemerkenswerte Konsequenz für Potenzen **echter** Brüche. Die Variable x sei im Folgenden ein echter Bruch ($0 < x < 1$)! Wir wenden hier die Multiplikationsungleichung für zwei gleiche Faktoren an:

(2.10.16)

$$\left.\begin{array}{ll} x^2 = x^1 \cdot x < x & \Rightarrow 0 < x^2 < x < 1 \\ x^3 = x^2 \cdot x < x^2 & \Rightarrow 0 < x^3 < x^2 < x < 1 \\ x^4 = x^3 \cdot x < x^3 & \Rightarrow 0 < x^4 < x^3 < x^2 < x < 1 \\ \ldots & \\ x^n = x^{n-1} \cdot x < x^{n-1} & \Rightarrow 0 < x^n < x^{n-1} < \ldots < x^2 < x < 1 \end{array}\right\} \underline{\underline{\lim_{n \to \infty} x^n = 0}}$$

Man erkennt, dass die Potenz des echten Bruches x mit jeder Erhöhung des Exponenten zwangsläufig näher an die Null heranrückt – und somit schließlich beliebig klein wird. Null ist hier somit der Grenzwert.

Merksatz 2.10.9

Merke:
Die Potenzen eines echten Bruches bilden eine konvergente Zahlenfolge mit der Null als Grenzwert (Limes).

$0 < x < 1: \quad \lim_{n \to \infty} x^n = 0$

Eine heimliche Klammersparregel: Terme im Exponenten benötigen kein Klammerpaket.

In diesem Abschnitt ist stillschweigend von einer weiteren Klammersparregel Gebrauch gemacht worden. Wenn Sie sich noch einmal die Regeln für die Multiplikation, Division und Potenzierung von Potenzen ansehen, werden Sie bemerken, dass im Exponenten ohne Weiteres Terme stehen dürfen. Um eine derartige Potenz berechnen zu können, muss zuerst der Wert des Terms (Zwischenwert!) im Exponenten und erst dann die Potenz berechnet werden. Nach der Klammerregel für Terme (*Merksatz 1.11.3*) muss dann der Term in Klammern eingeschlossen werden. Da aber der Exponent verkleinert und hochgestellt hinter die Basis geschrieben wird, ist der Exponententerm eindeutig von nachfolgenden Operationen abgesetzt. Die Klammer um den Exponententerm ist somit überflüssig.

(2.10.17)

$$x^{(2n+1)} \equiv x^{2n+1} \text{ nicht verwechselbar mit } x^2 n + 1 \text{ oder } x^{2n} + 1\,!$$

2.11 Tante Sally erweitert Punkt-vor-Strich

Verschachtelte Klammern erschweren die Lesbarkeit eines Terms drastisch.

Oberstes Ziel: Klammern einsparen

In Abschnitt 1.11 wurde davon gesprochen, dass man ein- und zweistellige Verknüpfungen zu einem Rechenbaum „zusammenschrauben“ kann. Ein solches Gebilde definiert dann einen Funktionsterm. Jede Verknüpfung oberhalb der untersten produziert einen Zwischenwert, der (zunächst) in Klammern gesetzt werden muss. Allerdings ergäben sich aufgrund dieser Klammerregel ohne zusätzliche Regeln bzw. Konventionen ineinander geschachtelte Klammern. Die Terme werden dadurch schwer lesbar.

Paranthesis <engl., „Klammer“>

Bild 2.11.1
Amerikanische Tante-Sally-Regel

Die wichtigste Klammersparregel ist die „Punkt-vor-Strich“-Regel. Leider reicht sie nicht aus, denn beispielsweise die wichtigen Potenzen bleiben unberücksichtigt. Da Potenzen aus der Multiplikation hervorgehen, ist es plausibel, Potenzen eine höhere Priorität als Multiplikationen und Divisionen einzuräumen. Wenn also ein Faktor vor (oder hinter) einer Potenz steht, braucht man, wie in (*2.11.1*) gezeigt, die Potenz nicht in Klammern zu setzen. Erst wenn Faktoren mitpotenziert werden sollen, sind Klammern erforderlich.

$$a \cdot (x^n) = (x^n) \cdot a \equiv \underline{\underline{a \cdot x^n}} \neq (a \cdot x)^n \qquad (2.11.1)$$

In (*2.11.1*) wurde der „Malpunkt“ mitgeschrieben. Auch wenn man von der Option Gebrauch macht, den Punkt fortzulassen, ändert sich an der Priorität der Potenz nichts. Der Exponent gilt nur für die Zahl, Variable oder Konstante, die unmittelbar davor steht:

$$a(x^n) = (x^n)a \equiv \underline{\underline{ax^n}} \neq (ax)^n \qquad (2.11.2)$$

Eine Klammer lässt sich nicht einsparen, wenn nicht eine einzelne Variable, sondern ein kompletter Term potenziert werden soll:

$$\underline{\underline{(a+x)^n}} \neq a + x^n \qquad (2.11.3)$$

Bei fehlender Klammer würde in (*2.11.3*) nur die Variable x potenziert und diese Potenz zu dem Parameter a addiert – es sollte aber der Wert des Terms $(a + x)$ potenziert werden! Die kompakte „Punkt-vor-Strich“-Regel muss ergänzt werden. Sie könnte lauten „Klammer-vor-Potenz-vor-Punkt-vor-Strich“. Wem das zu

Klammer-vor-Potenz-vor-Punkt-vor-Strich oder Please excuse my dear aunt Sally

nüchtern ist, kann auch bei den Amerikanern eine Anleihe machen und sich deren „Tante Sally"-Regel merken (*s. Bild 2.11.1*). Bitte beachten Sie auch die Klammersparregeln, die sich aus der Assoziativität von Addition bzw. Multiplikation ergeben – s. *Merksatz 2.1.1 bzw.* (*2.2.10*).

Im Falle einer kaskadenartigen Anordnung gleicher Verknüpfungen darf man die Klammern fortlassen. Da die Subtraktion als Addition mit dem Inversen definiert ist, darf die Kaskade aus *Merksatz 2.1.1* auch Subtraktionen enthalten:

(2.11.4)

$$\cdots ((((x_1 \pm x_2) \pm x_3) \pm x_4) \pm x_5) \cdots = x_1 \pm x_2 \pm x_3 \pm x_4 \pm x_5 \pm \cdots$$

Ähnliches gilt für eine Kaskade aus Multiplikationen. Auch die Division ist durch eine Verknüpfung mit dem Inversen definiert. Also darf die Kaskade von Multiplikationen (*2.2.10*) auch Divisionen enthalten. Da es für „±" kein Pendant bei der Multiplikation/Division gibt, lässt sich die Klammersparregel dort schlecht allgemein formulieren. Begnügen wir uns mit dem folgenden Beispiel!

(2.11.5)

$$\cdots ((((x_1 \cdot x_2) / x_3) \cdot x_4) \cdot x_5) / x_6 \;\; \cdots \equiv x_1 \cdot x_2 / x_3 \cdot x_4 \cdot x_5 / x_6 \;\; \cdots$$

Bezüglich Übersichtlichkeit unschlagbar: die Bruchstrichschreibweise

Für die Divisionen in (*2.11.5*) wurde die Schrägstrichschreibweise gewählt. Das Fortlassen der Klammern ist auch jetzt erlaubt – allerdings würde man einen solchen Term nur im Zusammenhang mit Taschenrechnern, Computerprogrammen oder Tabellenkalkulationsformeln so schreiben. Eine übersichtlichere Darstellung ergibt sich mithilfe der Bruchstrichschreibweise (*s. 2.11.6*). Alles, was multipliziert, kommt auf – alles, was dividiert, unter den Bruchstrich.

(2.11.6)

$$\cdots \equiv \frac{x_1 \cdot x_2 \cdot x_4 \cdot x_5 \;\; \cdots}{x_3 \cdot x_6 \;\; \cdots}$$

Die Praxis fordert Sonderregelungen!

Trotz der kompakten übersichtlichen Schreibweise mithilfe eines einzigen Bruchstriches werden Sie in der Praxis Terme finden, in denen die Variablen in einzelne Faktoren und Bruchterme gruppiert wurden. Wann derartige Gruppierungen sinnvoll sind, kann man nicht generell sagen, das hängt von der physikalischen Bedeutung des Terms ab. Ein einfaches Beispiel ist der Term für die Widerstandskraft eines umströmten Körpers.

(2.11.7)

$$\mathrm{c_w} \cdot \frac{A \cdot \rho}{2} \cdot v^2 \quad \text{nicht aber} \quad \frac{\mathrm{c_w} \cdot A \cdot \rho \cdot v^2}{2}$$

Bei der Darstellung eines Terms sollte man dessen Bedeutung mit in Betracht ziehen.

In (*2.11.7*) hat der Faktor $A{\cdot}\rho/2$ die Bedeutung des Strömungswiderstandes eines ebenen Bleches mit dem Flächeninhalt A, das von einem Medium (z. B. Luft) der Geschwindigkeit 1 m/s umströmt wird. Die Größe ρ ist die Dichte dieses Mediums. Wegen dieser konkreten Bedeutung ist es sinnvoll, diesen Faktor separat auf einen Bruchstrich zu schreiben.

Ein Divisor 2 bekommt aber nur ausnahmsweise die „Ehre eines eigenen Bruchstriches". Ergibt sich zusammen mit anderen Größen nichts Sinnvolles wie in (*2.11.7*), wird er als Faktor ½ vor den Term gesetzt. Ein Beispiel ist der Term für die so genannte *Kinetische Energie*.

$$\underline{\underline{\tfrac{1}{2}mv^2}} \quad \text{nicht aber} \quad \frac{mv^2}{2} \qquad (2.11.8)$$

Es sind die vielen (richtigen) Möglichkeiten, einen Term zu schreiben, die dem Einsteiger Schwierigkeiten bereiten. Auf alle Fälle sollte man alle Klammersparmöglichkeiten ausschöpfen (*s. Merksatz 2.11.1*). Ein Benutzer bzw. Leser würde kaum auf die Idee kommen, dass der vermeintliche Fachmann überflüssige Klammern gesetzt hat. Er würde an sich zweifeln und irgendeinen Sinn oder Unsinn hineininterpretieren. Denken Sie beispielsweise daran, dass Klammerpaare auch für Funktionsargumente verwendet werden!

Merke:
Schöpfen Sie unbedingt **alle** Klammereinsparmöglichkeiten aus!
Setzen Sie auf **keinen** Fall überflüssige „Sicherheitsklammern"!
Sie könnten einen Leser, Benutzer oder auch sich selbst zu Fehlern verleiten.

Merksatz 2.11.1

2.12 Binomische Formeln

Zu einer lästigen Angelegenheit wird es, wenn man Summen mit mehreren Summanden (aus-) multiplizieren muss.

$$y = (x+2)\cdot(x-5)+3x+10 \qquad (2.12.1)$$

Wegen „Punkt-vor-Strich" bleiben in diesem Fall die beiden Summanden $3x$ und 10 zunächst außen vor. Wenn man trotzdem versuchen will, den Term noch weiter zu vereinfachen, muss man das Produkt aus $(x + 2)$ und $(x - 5)$ mithilfe des Distributivgesetzes ausmultiplizieren und dann in Summanden zerlegen. Dabei erinnern Sie sich bitte daran, dass eine Klammer einen Zwischenwert markiert. Im ersten Schritt (*s. (2.12.2)*) des Ausmultiplizierens bleibt ein Zwischenwert zunächst unangetastet – hier ist es $(x - 5)$!

$$\text{N.R}: \ (x+2)\cdot(x-5) = x\cdot(x-5)+2\cdot(x-5)$$
$$= x^2-5x+2x-10 = \underline{x^2-3x-10} \qquad (2.12.2)$$

Fügt man jetzt die obigen Summanden hinzu, vereinfacht sich der Term beträchtlich (*s. (2.12.3)*). Man sagt, die Summanden $3x$ und 10 **heben sich weg.**

$$y = x^2 \cancel{-3x} \cancel{-10} + \cancel{3x} \cancel{+10} = \underline{\underline{x^2}} \qquad (2.12.3)$$

Bei „reinen" Potenz- oder Produkttermen wird man i. Allg. durch das Ausmultiplizieren keine Vereinfachung erzielen. Verlegen Sie die ursprüngliche (kompaktere) Fassung nicht! Es könnte sein, dass Sie aus irgendeinem Grunde doch eine ausmultiplizierte Version des Terms benötigen. Potenz- oder Produktterme sind nicht nur (in der Regel) übersichtlicher, sondern sind zugänglicher für die Ermitt-

Gleichungen höheren Grades als zwei lassen sich im allgemeinen nicht geschlossen lösen!

lung ihrer Nullstellen. Da ein Produkt immer dann gleich null ist, wenn einer der Faktoren gleich null ist, müssen lediglich die Nullstellen der Faktoren ermittelt werden. Man kommt auf diese Weise um Gleichungen höheren Grades herum. Das wird im folgenden Beispiel drastisch demonstriert: Geht man vom Produktterm aus, sind lediglich zwei simple Gleichungen ersten Grades zu lösen. Beim ausmultiplizierten Term führt das Nullstellenproblem dagegen auf eine Gleichung 4. Grades.

(2.12.4)

Produktterm: $(x+2)^3 \cdot (x-5)$ Nullstellen dazu: $x+2=0 \vee x-5=0$

Das Ausmultiplizieren führt auf die Gleichung: $x^4+x^3-18x^2-52x-40=0$

Merksatz 2.12.1

Merke:
Man multipliziert ein Produkt aus Summen innerhalb eines Terms nur dann aus, wenn die Hoffnung besteht, dass sich anschließend Summanden wegheben. Stellt sich aber heraus, dass das nicht der Fall ist, lässt man das Produkt tunlichst so, wie es war!

Sollen zwei oder mehrere gleiche Summen multipliziert werden, handelt es sich um Potenzen. In diesen Fällen lässt sich das mühselige Ausmultiplizieren mithilfe von Formeln etwas erträglicher gestalten – es handelt sich um die so genannten *binomischen Formeln.*

Klammern Sie sich nicht stur an die Variablennamen „a" und „b"! Die Variablen können auch für irgendwelche Termwerte stehen.

In *Bild 2.12.1* sind zwei Verknüpfungen „zusammengeschraubt", eine Addition und eine Potenz. Diese beiden Verknüpfungen sind ein häufig vorkommender Bestandteil umfangreicherer Rechenbäume. Die Eingaben sind meist keine echten Eingaben, sondern Zwischenwerte darüber befindlicher Verknüpfungen. Sie werden standardmäßig a und b genannt. Die Ausgabe $(a+b)^n$ kann auch wieder nur ein Zwischenwert sein und weiteren Verknüpfungen zugeführt werden. In *Bild 2.12.1* ist die Ausgabe auch in der ausmultiplizierten Form eingetragen. Die allgemeingültige Gleichheit dieser beiden Terme heißt binomische Formel für die Potenz n.

Der Zwischenwert (a+b) wird in den „Potenzierer" eingespeist.

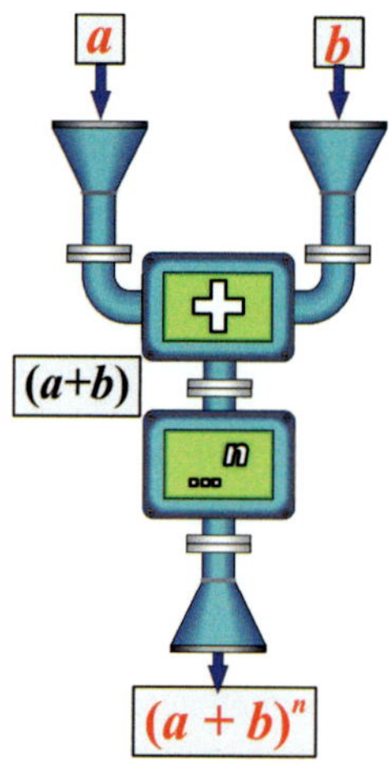

$$= a^n + \binom{n}{1} a^{n-1} b + \binom{n}{2} a^{n-2} b^2 + \ldots + \binom{n}{n-1} a^1 b^{n-1} + b^n$$

Bild 2.12.1
Rechenbaum für (a + b)^n

Bevor wir uns ansehen, wie die binomische Formel für die Potenz n zustande kommt, wiederholen wir zunächst (Ihre Schule lässt grüßen!) die „ersten" drei binomischen Formeln:

Nützliche Werkzeuge:

$$\underline{\underline{(a+b)^2}} = (a+b)\cdot(a+b) = a\cdot(a+b)+b\cdot(a+b) = a^2 \underbrace{+ab+ba}_{+2ab} + b^2 = \underline{\underline{a^2+2ab+b^2}}$$

1. binomische Formel

$$\underline{\underline{(a-b)^2}} = (a-b)\cdot(a-b) = a\cdot(a-b)-b\cdot(a-b) = a^2 \underbrace{-ab-ba}_{-2ab} + b^2 = \underline{\underline{a^2-2ab+b^2}}$$

2. binomische Formel

$$\underline{\underline{(a+b)\cdot(a-b)}} = a\cdot(a-b)+b\cdot(a-b) = a^2 \underbrace{\cancel{-ab}\ \cancel{+ab}}_{0} - b^2 \qquad = \underline{\underline{a^2-b^2}}$$

3. binomische Formel

Die zweite binomische Formel ist eine Potenz von $(a - b)$ und die dritte ist überhaupt keine Potenz von $(a \pm b)$. Beide bilden aber zusammen mit der ersten binomischen Formel nützliche Werkzeuge bei der Vereinfachung von Termen.

Die 3. ist ein Sonderfall.

Erinnern wir uns noch einmal daran, wie die Anwendung der ersten binomischen Formel funktioniert: Dazu multiplizieren wir die Potenz oben in (*2.12.5*) mit „Formelhilfe" aus! Die Variablen a und b sind Zwischenwerte. Beachten Sie dabei die Klammerkonventionen und Rechenregeln für Produkte und Potenzen!

$$z = \left(5xy^2 + 7x^3\right)^2$$
$$a := 5xy^2 \ ; \ b := 7x^3$$
$$z = \left(5xy^2\right)^2 + 2\cdot 5xy^2 \cdot 7x^3 + \left(7x^3\right)^2 = \underline{\underline{25x^2y^4 + 70x^4y^2 + 49x^6}} \qquad \textbf{(2.12.5)}$$

Für a und b wurden sofort die konkreten Zwischenwerte $(5xy^2)$ und $(7x^3)$ eingesetzt. Da diese hier ausschließlich aus Produkten und Potenzen bestehen, konnte man die Klammer fortlassen!

Für die Potenz zwei könnte man notfalls auch ohne Binomische Formeln auskommen und einfach – wie oben beschrieben – ausmultiplizieren. Das wird natürlich bei höheren Potenzen mühselig. Was müsste man beispielsweise tun, wenn man gezwungen wäre, ohne Formelsammlung $(a + b)^6$ auszumultiplizieren? Sehen wir uns an, wie es in der Schule gezeigt wird! Die Schüler müssen dazu nacheinander die Potenzen ausmultiplizieren und alles schön systematisch zu Papier bringen (selbstverständlich gilt $a \neq -b$).

Binomische Formel für Potenzen größer als zwei? Spielen Sie Schüler!

$$(a+b)^0 ; (a+b)^1 ; (a+b)^2 ; (a+b)^3 ; \ \ldots\ldots? \qquad \textbf{(2.12.6)}$$

Das müssen die „Ärmsten" so lange machen, bis sie das Bildungsgesetz erraten. Mithilfe der erratenen Formel könnte dann $(a + b)^6$ ausmultipliziert werden. In der Regel erkennen Schüler das Bildungsgesetz nach dem Ausmultiplizieren von $(a + b)^4$. Sie bekommen die Ergebnisse dieses Mühsals in *Bild 2.12.2* vornehmer serviert. Dazu wurden die Summanden mit den (überflüssigen) Faktoren a^0 und b^0 verziert und dann ist auch noch mit der Zeile $(a + b)^0 = 1$ begonnen worden. Bei der Suche nach Bildungsgesetzen kann man manchmal mit derartigen Tricks viel erreichen. Hier wird auf diese Weise eine übersichtlich strukturierte Illustration möglich, die das Bildungsgesetz offensichtlich macht.

... schon um die lästige Ausmultipliziererei zu umgehen

$$
\begin{array}{lll}
n=0 & (a+b)^0= & 1\\
n=1 & (a+b)^1= & 1\cdot a^1b^0+1\cdot a^0b^1\\
n=2 & (a+b)^2= & 1\cdot a^2b^0+2\cdot a^1b^0+1\cdot a^0b^2\\
n=3 & (a+b)^3= & 1\cdot a^3b^0+3\cdot a^2b^1+3\cdot a^1b^2+1\cdot a^0b^3\\
n=4 & (a+b)^4= & \underbrace{1\cdot a^4b^0}_{k=0}+\underbrace{4\cdot a^3b^1}_{k=1}+\underbrace{6\cdot a^2b^2}_{k=2}+\underbrace{4\cdot a^1b^3}_{k=3}+\underbrace{1\cdot a^0b^4}_{k=4=n}
\end{array}
$$

Bild 2.12.2
Binomische Formeln für n = 0 bis n = 4

n+1 Summanden!

Erster Exponent: beginnt bei n und wird bis auf null abgebaut

Zweiter Exponent: beginnt bei 0 und baut sich auf bis n

Die ausmultiplizierten Formen bestehen aus jeweils $n + 1$ Summanden. Dabei steht n für den jeweiligen Exponenten. Die Summanden selbst enthalten neben Zahlenfaktoren Produkte der Form $a^i \cdot b^j$. Dabei wird der erste Exponent von n auf null abgebaut; der zweite wiederum baut sich von null bis n auf. Die Zahlenfaktoren – man sagt auch die *Binomialkoeffizienten* – ergeben sich aus einem Dreiecksschema. Denken Sie sich dazu in *Bild 2.12.2* vorübergehend die Faktoren $a^i \cdot b^j$ weg, dann haben Sie das so genannte *Pascalsche Dreieck*. Die Spitze sowie die rechte und linke Flanke bestehen aus Einsen. Alle anderen ergeben sich aus der Summe der beiden unmittelbar darüber stehenden Zahlen.

Die Binomialkoeffizienten werden mithilfe des Pascalschen Dreiecks ermittelt.

Kommen wir zurück auf das Ausmultiplizieren von $(a + b)^6$! Ein Schüler würde zunächst ein Pascalsches Dreieck bis $n = 6$ zeichnen. Er hat damit die Binomialkoeffizienten zur Verfügung und kann dann die ausmultiplizierte Form notieren. In *Bild 2.12.3* sehen Sie, wie das auf einem Schülerzettel aussehen würde.

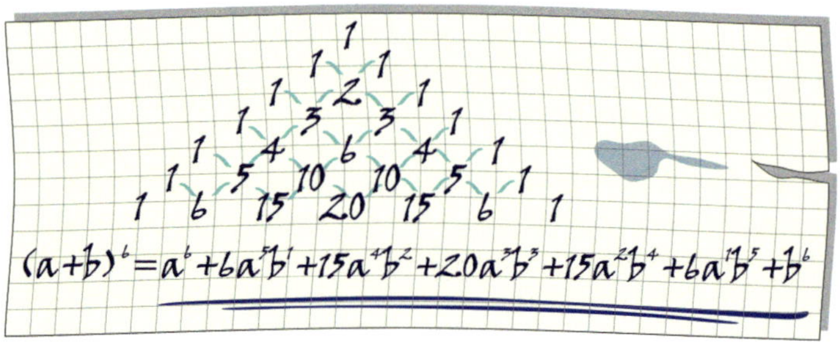

Bild 2.12.3
Pascalsches Dreieck und Binomische Formel für n = 6

Eine 2. binomischen Formel bringt keinen Vorteil. Ersetzen Sie b durch (–b)!

Für $(a - b)^n$ mit $n > 2$ notiert man keine „Zweite Binomische Formel“, sondern ersetzt einfach b durch $(-b)$. Alle Summanden mit einem ungeraden Exponenten von b werden dann negativ.

Wenden Sie die binomischen Formeln nicht sinnlos an!

Leider werden die binomischen Formeln häufig missverstanden. Sie besagen auf keinen Fall, dass eine Potenz ausmultipliziert werden muss. Die binomischen Formeln sollten nur dann angewendet werden, wenn sich dadurch ein Vorteil ergibt (*vgl. (2.12.3) bzw. Merksatz 2.12.1*). Bedenken Sie, eine Potenz ist wesentlich übersichtlicher und kompakter als ein „Rattenschwanz“ von Summanden.

Wie alle (allgemeingültigen) Formeln lassen sich auch die binomischen Formeln von rechts nach links lesen. Sie werden in dieser Fassung dazu benutzt, um Summen zu faktorisieren – hier ergibt sich sogar ein Potenzterm.

Die Binominalkoeffizienten in der allgemeinen binomischen Formel lassen sich auch ohne Schema berechnen. Wenn n der Exponent und k ein Laufindex für die Summanden (beginnend bei 0) ist (*vgl. Bild 2.12.2*), ergibt sich:

$$\mathrm{B}_{n,k} := \binom{n}{k} = \frac{\overbrace{n \cdot (n-1) \cdot (n-2) \cdot \ldots\ldots (n-k+1)}^{\text{insgesamt } k \text{ Faktoren!}}}{k \cdot (k-1) \cdot (k-2) \cdot \ldots\ldots \cdot 3 \cdot 2 \cdot 1} \qquad \text{z.B.:} \binom{6}{3} = \frac{6 \cdot 5 \cdot 4}{3 \cdot 2 \cdot 1} = \underline{\underline{20}} \tag{2.12.7}$$

Unter Benutzung des Summenzeichens und des Klammersymbols für die Binominalkoeffizienten (sprich „n über k“!) kann man die allgemeine binomische Formel eleganter notieren.

$$(a+b)^n = \sum_{k=0}^{n} \binom{n}{k} \cdot a^{n-k} \cdot b^k \tag{2.12.8}$$

Man sieht dem Pascalschen Dreieck an, dass die Binomialkoeffizienten „achsensymmetrisch“ sind. Deswegen ergibt sich:

$$\binom{n}{k} = \binom{n}{n-k}; \quad \binom{n}{n} = 1 \Rightarrow \binom{n}{0} = 1 \tag{2.12.9}$$

Die Binomialkoeffizienten B_{nk} haben noch eine weitere interessante Bedeutung! Sie geben an, wie viele Teilmengen der Mächtigkeit k man aus einer Menge mit n Elementen bilden kann – es handelt sich um die Anzahl der so genannten *Kombinationen*. Unter dieser Bezeichnung finden Sie auch eine Funktionstaste auf Ihrem Taschenrechner (z. B. nCk). Beim Skatspiel bekommen Sie beispielsweise 10 Karten von insgesamt 32. Mengenmäßig ausgedrückt heißt das: Sie bekommen aus einer Menge mit 32 Elementen eine Teilmenge mit 10 Elementen zugeteilt. In (*2.12.10*) sehen Sie, wie viel Möglichkeiten es gibt.

Für Binomialkoeffizienten hat Ihr Taschenrechner eine Funktionstaste!

$$\binom{32}{10} = \frac{32 \cdot 31 \cdot 30 \cdot 29 \cdot 28 \cdot 27 \cdot 26 \cdot 25 \cdot 24 \cdot 23}{10 \cdot 9 \cdot 8 \cdot 7 \cdot 6 \cdot 5 \cdot 4 \cdot 3 \cdot 2 \cdot 1} = \underline{\underline{64.512.240}} \tag{2.12.10}$$

Es gibt also ca. 65 Millionen mögliche Teilmengen mit jeweils 10 Elementen.

3. Darstellung von Zahlen

Thematisiert werden Zahlendarstellungen bereits in der Unterstufe. Allerdings muss man, um die Darstellung von Zahlen richtig zu verstehen, die Potenzrechenregeln sicher beherrschen. Sie müssten jetzt in dieser Situation sein und können deshalb in diesem Kapitel die Darstellung von Zahlen von einer höheren Warte aus betrachten. Sie werden hier alles über das raffinierte Stellenwertsystem lernen. Zahlen im Zweiersystem (Dualzahlen) oder im Sechszehnersystem („Hexzahlen“) werden wie Zahlen im Zehnersystem zu Selbstverständlichkeiten. Vielleicht werden Sie erstaunt sein, dass auch Zahlen im Sechziger- und im Tausendersystem keine Exoten sind.

Zahlendarstellungen: Keine Trivialitäten! Werden nur in der Schule behandelt – später immer vorausgesetzt

In dieses Kapitel gehört auch die Darstellung rationaler Zahlen (Brüche) mithilfe der Perioden. Mithilfe der periodischen Dezimalbrüche können Sie dann Ihr Grundwissen über die irrationalen bzw. reellen Zahlen überprüfen.

3.1 Stellenwertsysteme

Im Abschnitt 2.9 wurde auf die Nachteile bei der Verwendung von Brüchen zur Darstellung rationaler Zahlen hingewiesen. Alle Fliegen mit einer Klappe scheint man zu erschlagen, wenn man Brüche dezimal darstellt. Natürlich sind Sie mit Dezimalzahlen vertraut. Sie werden sehen, dass eine nochmalige Beschäftigung mit diesen Zahlen durchaus sinnvoll ist. Dazu sehen wir uns zunächst das geniale, aus Indien stammende Stellenwertsystem, an. Die vier nicht aus Indien stammenden Sechsfingermonster in *Bild 3.1.1* sollen dieses System demonstrieren und mit ihren Fingern die Elemente einer Menge abzählen.

Hätten die Hominiden nur sechs Finger, hätten wir ein Sechsersystem!

Bild 3.1.1 *Illustration des Stellenwertsystems*

Fingerzahl = b (Basis)

Die **Basis** für das Abzählsystem der Sechsfingermonster ist natürlich ihre Fingerzahl, im Folgenden auch mit *b* bezeichnet. Das Monster an Stelle 0 zählt, indem es für jedes erfasste Element einen Finger herausstreckt. Sobald es allerdings alle (sechs) Finger ausgestreckt hat, ballt es sofort wieder die Hände zur Faust und fängt von vorne an. Die schon gezählten Elemente sind damit aber nicht vergessen, denn nun kommt das Monster an der Stelle 1 ins Spiel. Immer, wenn an Stelle 0 alle Finger gezeigt werden, muss es selbst einen herausstrecken. Sind an Stelle 1 alle Hände voll, werden auch an dieser Stelle die Fäuste geballt und es wird wieder begonnen, von vorn zu zählen. Nun erfolgt ein Übertrag nach Stelle 2, denn dort wird gezählt, wie oft an Stelle 1 alle Finger draußen waren. Das geht nach diesem Prinzip so weiter. Jede Figur ab Stelle 1 muss immer zählen, wie oft der rechte Nachbar alle Finger draußen hatte.

Machen Sie das Spiel, auch wenn Ihnen das Prinzip längst klar ist, ruhig mit. Es könnte sein, dass Sie es einmal jemandem erklären müssen.

Betrachten wir nun die Wertigkeit der Finger! Man nennt sie die *Stellenwerte*! Jeder Finger an Stelle 0 entspricht einem Einer ($6^0 = 1$). An Stelle 1 wird immer nur dann ein Finger herausgestreckt, wenn der Vorgänger (kurz) alle 6 Finger zeigte. Sein Stellenwert beträgt somit 6^1. Die folgende Figur reagiert mit einem Finger auf volle Hände an Stelle 1. Das sind dann $6 \cdot 6 = 6^2$. Der Stellenwert ist somit 6^2. Das setzt sich so fort. Der Stellenwert von Stelle 3 beträgt schon 6^3. Die Stellenwerte ergeben sich somit ganz einfach aus den Potenzen der Basis. Damit das auch für die 0-te Stelle gilt, schreibt man formal für die Einer b^0. Die Anzahl der Stellen kann man natürlich für größere Zahlen beliebig erhöhen. Ist die Abzählprozedur abgeschlossen, behalten unsere Figuren die Finger oben. Das Zählsystem beinhaltet, dass dann keines der Monster mehr als $b - 1$ Finger oben haben kann! In *Bild 3.1.1* werden beispielsweise an Stelle 0 fünf, an Stelle 1 drei, an Stelle 2 vier und an Stelle 3 ein Finger gezeigt. Damit ergibt sich die Zahl x, die die Monster anzeigen, als Summe aus den Produkten der Fingerzahlen mit ihren jeweiligen Stellenwerten:

Stellenwerte: $b^0, b^1, b^2, b^3, \ldots$

Kosmetik muss sein: Schreiben Sie b^0 für die Einer!

$$x = 1 \cdot 6^3 + 4 \cdot 6^2 + 3 \cdot 6^1 + 5 \cdot 6^0 \qquad (3.1.1)$$

Zwar spielt die Reihenfolge der Summanden in (*3.1.1*) im Prinzip keine Rolle – aber Ordnung schafft Übersichtlichkeit. Hier wurde die Reihenfolge so gewählt, dass die Stellenwerte von rechts nach links (!) aufsteigen. Üblicherweise macht man sich in der Regel nicht die Mühe, die Summe (*3.1.1*) auszuschreiben. Man schreibt sowohl die Stellenwerte als auch die Pluszeichen nicht mit und notiert nur die Folge der „Fingerzahlen" (im Folgenden *Ziffern* genannt). Das ist ohne Informationsverlust möglich, da die Stellenwerte durch Basispotenzen leicht errechenbar sind und deren Exponenten sich durch die jeweilige Stelle ergeben. Man muss nur von rechts nach links von null beginnend zählen! Die verwendete Basis wird (nach DIN 1333) dieser „Summensparschreibweise" als Präfix vorangestellt – das Dollarzeichen dient nur als Trennzeichen.

Das Dollarzeichen wird oft als Trennzeichen benutzt.

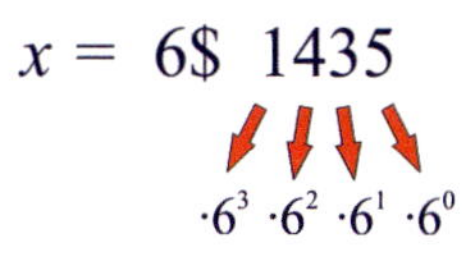

Bild 3.1.2
Zifferndarstellung einer Zahl im Sechsersystem

Fehlt bei einer Ziffernfolge ein Prä- oder Postfix, geht man davon aus, dass die Basis 10 (Dezimalsystem) gemeint ist. Die Kennzeichnung der Basis wird nicht einheitlich gehandhabt, vielfach wird die Basis der Ziffernfolge auch als Postfix angehängt.

Basen der Praxis:
2, 8, 10, 16, 60, 1000

Die in *Bild 3.1.1* dargestellte Zählweise funktioniert genauso mit jeder anderen natürlichen Zahl ($b \geq 2$) als Basis (in der Praxis spielen nur die Basen 2, 8, 10, 16, 60 und 1000 eine Rolle). Man kann jede natürliche Zahl x eindeutig in Summanden zerlegen, die aus Produkten der „Fingerzahlen" mit den Basispotenzen (Stellenwerten) bestehen.

(3.1.2)

$$x = z_n \cdot b^n + z_{n-1} \cdot b^{n-1} + \ldots.. + z_2 \cdot b^2 + z_1 \cdot b^1 + z_0 \cdot b^0$$
$$\text{mit} \quad b \in \mathbb{N} \setminus \{0,1\} \; ; \; z_i \in \{0, 1, \ldots., b-1\}; \; z_n \neq 0$$

Genau wie in *Bild 3.1.2* kann man die Summe in (*3.1.2*) verkürzt als Ziffernfolge mit dem Präfix $b\$$ darstellen (*s.* (*3.1.3*)). Man geht davon aus, dass $z_n \neq 0$ ist. Führende Nullen vermeidet man nach Möglichkeit.

(3.1.3)

$$x := b\$ \; z_n z_{n-1} \ldots\ldots\ldots\ldots z_2 z_1 z_0$$

Indizierung gemäß den Exponenten der Basispotenzen

Etwas befremdend dürfte die Indizierung von rechts nach links – und auch noch mit null beginnend – sein. Der Grund dafür ist, dass der schreckliche Variablensalat etwas abgemildert wird, wenn man die Indizierung gemäß den Exponenten in den Basispotenzen wählt. Das soll auf keinen Fall an der Betrachtungsweise einer Zahl von links nach rechts etwas ändern!

Tabelle 3.1.1 soll einen Eindruck vermitteln, wie die Dezimalzahlen von 0 bis 255 in anderen Systemen aussehen. Beachten Sie: Die Dezimalzahlen stehen in der 4-ten Spalte!

Tabelle 3.1.1
Zahlendarstellungen in den Basen 2, 6, 8, 10 *und* 16

Die üblichen Zahlwörter gelten nur für das Dezimalsystem!

2$ 10 ist nicht etwa zehn!

Ab hier Buchstaben als Ziffern bei den Hexzahlen!

2$	6$	8$	10$	16$
0	0	0	0	0
1	1	1	1	1
10	2	2	2	2
11	3	3	3	3
100	4	4	4	4
101	5	5	5	5
110	10	6	6	6
111	11	7	7	7
1000	12	10	8	8
1001	13	11	9	9
1010	14	12	10	A
1011	15	13	11	B
⋮	⋮	⋮	⋮	⋮
1111	23	17	15	F
10000	24	20	16	10
⋮	⋮	⋮	⋮	⋮
11111110	1102	376	254	FE
11111111	1103	377	255	FF

Natürliche Zahlen von
0 bis 255
in verschiedenen Darstellungen

Man beachte:
A = 10
B = 11
C = 12
D = 13
E = 14
F = 15

Was für uns als Zehnfingertier das Dezimalsystem ist, stellt für elektronische Rechner und Speicher das Zweiersystem (*Dualsystem*) dar. Der Grund: Das Zweiersystem kommt mit zwei Ziffern aus. Zwei Ziffern sind leicht durch Systeme mit zwei stabilen Zuständen darstellbar. Ideal sind (schnelle) elektronische Schalter (*Flip-Flop*) mit ihren Zuständen {Ein, Aus}. Wie man die Zustände nennt, ist unerheblich, man nimmt der Einfachheit halber gern 0 und 1. Die Menge {0, 1} bzw. {f, w} ist aber gerade die Grundmenge der Junktoren (*vgl. Abschn. 1.12*). Diese Junktoren genannten Verknüpfungen sind ebenfalls mithilfe einfacher elektronischer Schaltungen (so genannte logische Schaltungen) leicht zu realisieren. Logische Schaltungen lassen sich problemlos zu Addierern (XOR) kombinieren. Damit stehen die Grundfunktionen eines Computers – Speichern und Rechnen – zur Verfügung. Die Schaltungen für die Flip-Flops und die logischen Schaltungen sind so einfach, dass sie in kaum vorstellbarer Anzahl auf einer Siliziumscheibe (Chip) untergebracht werden können. Je nach Bauart entstehen so Speicherchips und Prozessoren.

Dualzahlen: Idealzahlen der Digital-Elektronik

Exklusiv ODER: Entweder die eine oder die andere, aber nicht beide (Formeln).

Ein Flip-Flop kann gerade mal eine Eins oder eine Null speichern, aber das reicht für eine Stelle im Dualsystem. Sehen wir uns an, welche Zahlen ein Register aus 8 hintereinander geschalteten Flip-Flops speichern kann. Die größte Zahl wird dargestellt, wenn alle acht Flip-Flops auf „1" stehen. Mithilfe von (*3.1.2*) kommen wir dabei auf immerhin 255.

Nur 8 Flip-Flops für Zahlen von 0 bis 255

$$2\$\ 11111111 = 1\cdot 2^7 + 1\cdot 2^6 + 1\cdot 2^5 + 1\cdot 2^4 + 1\cdot 2^3 + 1\cdot 2^2 + 1\cdot 2^1 + 1\cdot 2^0 = \underline{\underline{255}} \qquad (3.1.4)$$

Es können somit alle natürlichen Zahlen von 0 bis 255 gespeichert werden. Die Informationseinheit eines Flip-Flops nennt man **1 Bit**, die eines Acht-Bit-Registers (plus ein Prüfbit) heißt **1 Byte**.

Bit und Byte

Möglicherweise kommen Sie über die Informatik oder Numerik auch mit anderen Systemen, z. B. mit dem Achtersystem (*Oktalsystem*) oder dem Sechszehnersystem (*Sedezimalsystem*), in Berührung. Das Sedezimalsystem – man sagt auch *Hexadezimalsystem* („Hexzahlen") – benötigt 15 Ziffern. Man braucht also für die Ziffern 10 bis 15 noch zusätzliche einstellige Symbole. Eingebürgert haben sich dafür die Großbuchstaben A (für 10) bis F (für 15). In (*3.1.5*) finden Sie dazu ein Beispiel.

Eine Ziffer – ein Zeichen! Deswegen müssen bei Hexzahlen Buchstaben hinzugenommen werden! 10→A, 11→B, ..., 15→F

$$16\$\ \mathrm{AF37B} = \underbrace{10}_{\mathrm{A}}\cdot 16^4 + \underbrace{15}_{\mathrm{F}}\cdot 16^3 + 3\cdot 16^2 + 7\cdot 16^1 + \underbrace{11}_{\mathrm{B}}\cdot 16^0 = \underline{\underline{717691}} \qquad (3.1.5)$$

Bei den „Hexzahlen" sorgt man durch Hinzunahme der Buchstaben als Ziffersymbole dafür, dass jede Ziffer genau aus einem Zeichen besteht. Beim Sechziger- und beim Tausendersystem geht das nicht mehr. Die Lösung des Problems: Eine Ziffer im Sechzigersystem besteht grundsätzlich aus zwei, im Tausendersystem grundsätzlich aus drei Zeichen. Die Zeichen selbst bestehen aus Dezimalzahlen, die durch führende Nullen ergänzt werden.

Auch ein Sechziger- und ein Tausendersystem sind von Bedeutung!

$$\begin{aligned} b &= 60: && 01, 02, 03, ..., 10, 11, ..., 50, 51, ..., 59 \\ b &= 1000: && 001, 002, ..., 010, ...020, 021, ..., 100, ..., 900, ..., 999 \end{aligned} \qquad (3.1.6)$$

„Eine Ziffer – ein Zeichen" ist nicht mehr praktikabel. Ausweg: zwei- bzw. dreistellige Ziffern mit Trennzeichen

Um eine Zahl in diesen Systemen eindeutig lesbar machen zu können – müssen anders als vorher – Trennzeichen zwischen die Ziffern platziert werden. Da beginnt ein Ärgernis! Jeder scheint hier seine eigene Suppe zu kochen. Rechts in (*3.1.7*) sind die beiden (europäischen) Darstellungsmöglichkeiten der Zahl 743.059.005 im Tausendersystem dargestellt (Trennzeichen: Punkt, Leerzeichen).

(3.1.7)

$$b=1000:\quad 743\cdot 1000^3+59\cdot 1000^2+188\cdot 1000^1+5\cdot 1000^0=\begin{cases}743.059.005\\743\ 059\ 005\end{cases}$$

Trennzeichen für das Tausendersystem: Zwischenraum (Leerzeichen, Space) oder ein Punkt

Im Tausendersystem spucken uns die Amerikaner in die Suppe. Sie nehmen ausgerechnet statt eines Punktes das Komma als Trennzeichen. Umgekehrt trennt dort ein Punkt die „Kommastellen" ab. Für Europäer **blanker Horror**: Dicke Kommas als Trennzeichen und ein Pünktchen für die **superwichtige** Kommastelle. Das Problem ist leidlich gelöst, wenn man als Trennzeichen einen Zwischenraum (Leerzeichen) verwendet. Dann können wir den amerikanischen Dezimalpunkt als mickriges Komma lesen und für die Amerikaner wäre unser Komma ein verfetteter Punkt. Auch wenn man ein Leerzeichen vergisst, ist ein Irrtum schlecht möglich. Eine Zahl im Tausendersystem ist, wie Sie längst bemerkt haben, immer noch korrekt als Dezimalzahl lesbar. Deswegen braucht eine Zahl im Tausendersystem auch nicht durch ein Prä- oder Postfix gekennzeichnet zu werden.

Sonderfall: Sechzigersystem Höchster praktikabler Stellenwert = 60^2

Im Sechzigersystem ist das kritischer! Dort sollte nur dann mit einem Leerzeichen getrennt werden, wenn ein Prä- oder Postfix auf das Sechzigersystem hinweist. Tatsächlich wird auf die Prä- oder Postfix-Kennzeichnung gern verzichtet und durch die Zweierbündelung mittels Trennzeichen auf das Sechzigersystem hingewiesen. Populäre Beispiele für Darstellungen in diesem System sind Zeiten und Winkel. In (*3.1.8*) sehen Sie drei mögliche Darstellungen einer Zahl im Sechzigersystem.

(3.1.8)

$$b=60:\qquad 23\cdot 60^2+46\cdot 60^1+7\cdot 60^0=\begin{cases}23.46.07\\23:46:07\\23°46'07''\end{cases}$$

3.2 Dezimalbrüche

Kehren wir zu der Darstellung einer Zahl als Kombination aus Basispotenzen zurück (*s.* (*3.1.2*)). Es bietet sich an, das Verfahren auszuweiten, um damit die Vorteile eines Stellenwertsystems auch für eine alternative Darstellung von Bruchzahlen ausnutzen zu können. Dazu lässt man formal in (*3.1.2*) Summanden mit negativen Basispotenzen zu. Beachten Sie bitte: Die Summanden mit den negativen Exponenten in den Basispotenzen sind Brüche (in alternativer Darstellung) – *s. Merksatz 2.10.3*! Für Faktoren, die vor Basispotenzen mit negativen Exponenten stehen, verwendet man praktischerweise auch negative Indizes.

Die Exponenten der Basispotenzen dürfen negativ sein!

$$\begin{aligned} x &= z_n b^n + z_{n-1} b^{n-1} + \ldots + z_1 b^1 + z_0 b^0 + z_{-1} b^{-1} \ldots + z_k b^k \\ &= \sum_{i=k}^{n} z_i \cdot 10^i \\ &\text{mit } b \in \mathbb{N} \setminus \{0,1\};\ z_i \in \{0,\ 1, \ldots,\ b-1\};\ z_n, z_k \neq 0;\ k, n \in \mathbb{Z} : k \leq n \end{aligned} \quad (3.2.1)$$

Erstaunlich: In der Welt der Sechsfingermonster sind auch „Kommazahlen" möglich.

Überführt man (*3.2.1*) in die Ziffernschreibweise (zur Basis b), muss man, gemäß den verschiedenen Vorzeichenmöglichkeiten der Indizes, Fallunterscheidungen machen:

$$x = \begin{cases} b\$\ 0{,}0 \ldots 0 z_n z_{n-1} \ldots z_k & \text{für } k \leq n < 0 \\ b\$\ z_n z_{n-1} \ldots z_0, z_{-1} \ldots z_k & \text{für } k < 0 \leq n \end{cases} \quad (3.2.2)$$

Dabei ist $|k|$ die Anzahl der Stellen hinter dem Komma. Der Fall $k = 0$ wurde in (*3.2.2*) nicht mit aufgenommen, da er bereits in (*3.1.3*) dargestellt wurde.Nach wie vor benutzt man die Faktoren vor den Basispotenzen als Ziffern in der Zahlendarstellung. Diese Ziffern sind normalerweise keine indizierten Variablen, sondern konkrete Zahlen. Deshalb muss durch eine geeignete Markierung gekennzeichnet werden, an welcher Stelle die zu den negativen Basispotenzen gehörenden Ziffern beginnen. Das geschieht im Allgemeinen durch ein *Komma* – im Amerikanischen (ärgerlicherweise) durch einen Punkt.

Kommastelle: Trennt die Ziffern, die zu den negativen Basispotenzen gehören, ab.

Ärgerlich: Der amerikanische Dezimalpunkt!

Im Falle $b = 10$ und $-\infty < k < 0$ heißt die in (*3.2.2*) dargestellte Zahl (abbrechender) *Dezimalbruch*. Namensgeber für die Stellen sind nicht die Indizes, sondern die Basispotenzen. Im Dezimalsystem steht für die Zehnerpotenzen ein umfangreiches Reservoir an Zahlwörtern zu Verfügung, die gerne zur Benennung der Stellen herangezogen werden:

...	Zehntausender	Tausender	Hunderter	Zehner	Einer	Zehntel	Hundertstel	Tausendstel	Zehntausendstel	...
...	10^4	10^3	10^2	10^1	10^0	10^{-1}	10^{-2}	10^{-3}	10^{-4}	...

Tabelle 3.2.1
Benennung der Stellen im Dezimalsystem

Es mag überrascht haben, dass (*3.2.1*) bzw. (*3.2.2*) nicht nur für die Basis 10, sondern für beliebige Basen gilt. Im Folgenden benutzen wir nur noch die Basis 10. Das Präfix 10$ darf dann entfallen.

Ab hier nur noch Basis 10!

Ein Problem gibt es, wenn Dezimalbrüche notiert werden müssen, deren Ziffern Variablen sind. In (*3.2.2*) erkennt man noch am Präfix $b\$$, dass eine Ziffernfolge gemeint sein muss. Normalerweise bedeutet aber „kein Zeichen" zwischen Variablen automatisch eine Multiplikation. Ohne Präfix (= Basis 10) könnte so eine Variablenfolge mit einem Produkt verwechselt werden!

In diesem Abschnitt sind mit den indizierten Variablen z ausschließlich Ziffern gemeint!

Müssen Sie einem Sechstklässler erklären können: die Kommaverschiebungsregel

Auf die Summendarstellung in (*3.2.1*) greift man im Allgemeinen nur dann zurück, wenn man sich oder jemand anderem eine Rechenregel klar machen will. Eine Wichtige davon ist die so genannte *Kommaverschiebungsregel*. Multipliziert man die Summe in (*3.2.1*) mit der Basis, hier 10^1, erhöhen sich wegen des Distributivgesetzes alle Exponenten der Basispotenzen um eins. Damit werden unter anderem die Zehntel zu Einern und das Komma verschiebt sich um eine Stelle nach rechts. Das Dividieren durch die Basis ist gleichwertig mit der Multiplikation der Basis mit 10^{-1}. In diesem Fall vermindern sich die Exponenten der Basispotenzen um eins. Die Einer werden zu Zehnteln, das Komma muss um eine Stelle nach links gerückt werden. Sollte das Komma über die Ziffern hinausgehen, wird einfach eine Null vorangestellt oder angehängt.

Bild 3.2.1
Kommaverschiebungsregel

$$z_n \ldots z_2\, z_1\, z_0 \,,\, z_{-1}\, z_{-2} \ldots z_k \cdot 10^1 = z_n \ldots z_2\, z_1\, z_0\, z_{-1} \,,\, z_{-2} \ldots z_k$$

$$z_n \ldots z_2\, z_1\, z_0 \,,\, z_{-1}\, z_{-2} \ldots z_k \cdot 10^{-1} = z_n \ldots z_2\, z_1 \,,\, z_0\, z_{-1}\, z_{-2} \ldots z_k$$

Im Falle der Multiplikation mit der Basispotenz 10^i wird das Komma um i Stellen nach rechts verschoben. Im Falle einer Division durch 10^i, entsprechend der Multiplikation mit $10^{-i,}$ rückt das Komma um i Stellen nach links (*s. Bild 3.2.1*).

Merksatz 3.2.1

> **Kommaverschiebungsregel:**
> Man multipliziert einen Dezimalbruch mit 10^i, indem man das Komma um i Stellen ($i \in \mathbb{N}^*$) nach rechts verschiebt.
> Man dividiert einen Dezimalbruch durch 10^i, indem man das Komma um i Stellen nach links verschiebt. Die Division ist gleichbedeutend mit einer Multiplikation mit dem Faktor 10^{-i}!

Greift man sich aus der Summe in (*3.2.1*) mehrere benachbarte Summanden heraus, lässt sich daraus die kleinste Basispotenz ausklammern:

Bild 3.2.2
Ausklammern der Basispotenz

$$z_n \cdot 10^n + \ldots + \underbrace{(z_i \cdot 10^i + \ldots + z_j \cdot 10^j)}_{(z_i \cdot 10^{i-j} + \ldots + z_j \cdot 10^0) \cdot 10^j} + \ldots z_k \cdot 10^k$$

Um das Ausklammern in *Bild 3.2.2* nicht durch Fallunterscheidungen unnütz zu verkomplizieren, lassen wir für die Indizes bzw. die Exponenten i, j, k ganze Zahlen zu. In jedem Fall stehen nach dem Ausklammern von 10^j in der Klammer nur noch Basispotenzen mit Exponenten größer oder gleich null. Überführt man das Ausklammern der Basispotenz (*Bild 3.2.2*) in die Ziffernschreibweise, erhält man die Grundlage des schriftlichen Rechnens:

Bild 3.2.3
Ziffernschreibweise nach dem Ausklammern der Basispotenz

$$z_n \ldots \underbrace{z_i \ldots z_j}_{z_i \ldots z_j \cdot 10^j} \ldots z_k$$

In den üblichen Algorithmen zum schriftlichen Rechnen schreibt man die Stellen möglichst exakt untereinander. Die Angabe der Basispotenz kann dann entfallen. Zahlenbeispiele:

$$58\,\underbrace{723}_{723\cdot 10^3}\,419 \qquad 6\underbrace{87{,}13}_{8713\cdot 10^{-2}}2$$

Bild 3.2.4
Beispiele zum Ausklammern der Basispotenz

Anstelle der Zehnerpotenzen in *Bild 3.2.4* liest man auch gerne 723 Tausender bzw. 8713 Hundertstel.

Um einen Dezimalbruch in einen Bruch zu verwandeln, wendet man das Basispotenzausklammern (*s. Bild 3.2.2*) auf die komplette Summe (*3.2.1*) an, d. h., man klammert die Basispotenz mit dem kleinsten Exponenten aus (s. (*3.2.3*)). Beachten Sie bitte: Hier wurde ausnahmsweise der kleinste Index statt mit k mit $-s$ benannt ($k = -s,\ s > 0$)!

$$\begin{aligned} &z_n 10^n + \ldots + z_1 10^1 + z_0 10^0 + z_{-1} 10^{-1} + \ldots + z_{-s} \cdot 10^{-s} \\ &= \left(z_n 10^{n+s} + \ldots + z_1 10^{1+s} + z_0 10^s + z_{-1} 10^{s-1} + \ldots + z_{-s} 10^0\right) \cdot 10^{-s} \end{aligned} \qquad (3.2.3)$$

Schreibt man die niedrigste Basispotenz (dann natürlich mit positivem Exponenten) unter einen Bruchstrich, wird aus dem abbrechenden Dezimalbruch ein Bruch:

$$z_n z_{n-1} .. z_0, z_{-1} \ldots z_{-s} = \underline{\underline{\frac{z_n z_{n-1} \ldots z_0\ z_{-1} \ldots z_{-s}}{10^s}}} \qquad (3.2.4)$$

Sofern Zähler und Nenner nicht teilerfremd sind, muss der Bruch noch gekürzt werden. Zahlenbeispiel:

$$56{,}4375 = \frac{564375}{10^4} \overset{\text{kürzen!}}{=} \underline{\underline{\frac{903}{16}}} \qquad (3.2.5)$$

Man könnte an dieser Stelle fragen, was passiert, wenn man einem Dezimalbruch Nullen anhängt. Nehmen wir dazu *Zahlenbeispiel* (*3.2.5*)!

$$56{,}4375000 = \frac{564375000}{10^7} \overset{\text{kürzen!}}{=} \underline{\underline{\frac{903}{16}}} \qquad (3.2.6)$$

Die Bruchzahl hat nun drei Stellen mehr hinter dem Komma, dementsprechend erhöht sich der Nenner um den Faktor 10^3 auf 10^7. Da sich gleichzeitig der Zähler um den Faktor 1000 erhöht hat, erkennt man, dass das Anhängen von Nullen nur eine Erweiterung des Bruches (hier mit 1000) bewirkt.

Formel (*3.2.4*) kann selbstverständlich auch von rechts nach links gelesen werden. Sie sagt dann aus, wie ein Bruch in einen Dezimalbruch umgewandelt werden kann. Dazu muss allerdings der Bruch so erweitert werden, dass eine Zehnerpotenz im Nenner steht. Das geht aber nur dann, wenn die *Primfaktorzerlegung* des ursprünglichen Nenners ausschließlich aus Zweier- und Fünferpotenzen besteht. Zahlenbeispiel (man beachte die Rechenregeln für Potenzen!):

Nur spezielle Bruchzahlen lassen sich in (abbrechende) Dezimalbrüche umwandeln.

(3.2.7)

$$\frac{539421}{62500}=\frac{539421}{2^2\cdot 5^6}=\frac{539421\cdot 2^4}{2^2\cdot 5^6\cdot 2^4}$$
$$=\frac{8630736}{(2\cdot 5)^6}=\frac{8630736}{10^6}=\underline{\underline{8,630736}}$$

3.3 Periodische Dezimalbrüche

Benutzen Sie ruhigen Gewissens Ihren Taschenrechner! Trotzdem: Sie sollten das schriftliche Dividieren verstehen (nicht nur als Rezept).

Einen Bruch kann man auch durch „schriftliches" Dividieren, so wie man es auf der Grundschule gelernt hat, in einen Dezimalbruch umwandeln. Dabei wird ausnahmsweise der Doppelpunkt als Operatorzeichen reaktiviert. Grundlage des schriftlichen Dividierens sind das Stellenwertsystem (*s. (3.1.2)*) sowie das in den *Bildern 3.2.2 und 3.2.3* gezeigte Basispotenzausklammern. Nehmen wir als Beispiel den Bruch 9088/55, schreiben den Zähler als Summe und den Quotienten als Produkt!

(3.3.1)

$$\frac{9088}{55}=\left(9\cdot 10^3+0\cdot 10^2+8\cdot 10^1+8\cdot 10^0\right)\cdot\frac{1}{55}$$

Gemäß dem Distributivgesetz muss der „Faktor" 1/55 auf alle Summanden verteilt werden. Der ganze Trick beim schriftlichen Dividieren besteht darin, die Einzeldivisionen als Ganzzahldivisionen auszuführen und die Reste an die nächste Stelle weiterzureichen. Das lässt sich glücklicherweise in einem einfachen Algorithmus ausführen.

Algorithmus: <gr./arab., „Rechenvorgang nach einem festgelegten Verfahren">

„200" kam schon einmal vor. Es kann sich nichts Neues mehr ergeben – also zurück zur vorherigen „200"!

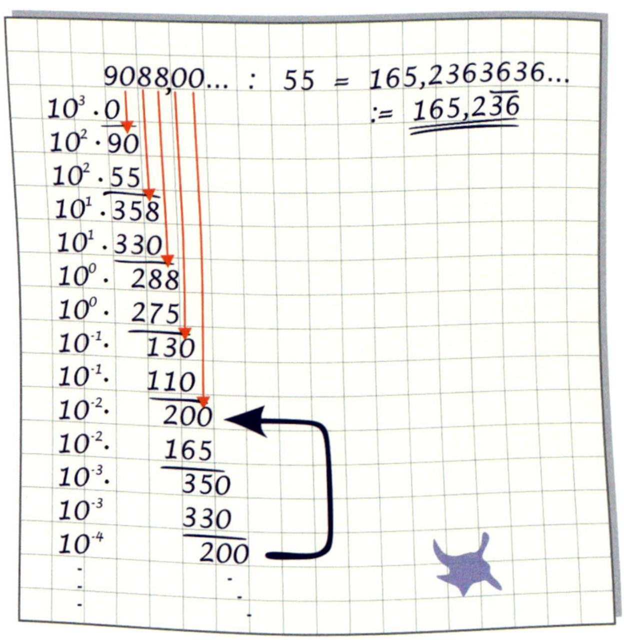

Bild 3.3.1
Divisionsalgorithmus mit Periode

In *Bild 3.3.1* sind zum besseren Verständnis die Basispotenzen dazugeschrieben worden. Der Divisionsalgorithmus funktioniert auch, wenn, wie im vorliegenden Beispiel, der Nenner nicht ausschließlich aus Zweier- und Fünferpotenzen besteht. Leider bricht der Algorithmus in diesen Fällen nicht ab und produziert so unendlich viele Kommastellen. Hat man sich dabei nicht verrechnet und alles ordentlich notiert, erkennt man, dass der Divisionsalgorithmus zumindest in eine Endlosschleife, Periode genannt, einmündet. Schreibt man über die Kommastellen des ersten Durchgangs der Endlosschleife einen Querstrich (Periodenstrich), gewinnt man trotz der unendlich vielen Kommastellen eine handliche Darstellung eines, wie man sagt, *periodischen Dezimalbruches*.

Der Divisionsalgorithmus funktioniert immer!

Die Periode als Endlosschleife

Man kann periodische Dezimalbrüche ohne Weiteres wieder in einen Bruch zurückverwandeln. Grundlage dafür sind die folgenden einfachen Dezimalbruchdarstellungen, die man leicht mithilfe des Divisionsalgorithmus überprüfen kann:

$$\frac{1}{9}=\underline{\underline{0,\overline{1}}}\;;\;\frac{1}{99}=\underline{\underline{0,\overline{01}}}\;;\;\frac{1}{999}=\underline{\underline{0,\overline{001}}}\;;\;....\;;\;\frac{1}{10^p-1}=\underline{\underline{0,\overline{0......01}}} \qquad (3.3.2)$$

Die Variable p in (*3.3.2*) ist die so genannte Periodenlänge. Mit „etwas" Schreibarbeit kann man zeigen, dass sich ein periodischer Dezimalbruch wie folgt faktorisieren lässt:

$$0,\overline{z_{-1}z_{-2}...z_{-p}} = z_{-1}z_{-2}...z_{-p}\cdot 0,\overline{00...01} \qquad (3.3.3)$$

Gemäß (*3.3.3*) gilt dann für echte periodische Dezimalbrüche, deren Periode unmittelbar hinter dem Komma beginnt, folgende Gleichung:

$$0,\overline{z_{-1}z_{-2}...z_{-p}} = \underline{\underline{\frac{z_{-1}z_{-2}...z_{-p}}{10^p-1}}} \qquad (3.3.4)$$

Ein periodischer Dezimalbruch wird zur Bruchzahl.

Das Zahlenbeispiel (*3.3.5*) hat die Periodenlänge $p = 3$.

$$0,\overline{243}=\frac{243}{10^3-1}=\frac{243}{999}=\frac{9}{\underline{\underline{37}}}\quad\text{(gekürzt)} \qquad (3.3.5)$$

Die (verbotene) Neunerperiode mit $p = 1$ können wir gleich mit abhandeln.

Verboten: die Neunerperiode

$$0,\overline{9}=\frac{9}{10^1-1}=\underline{\underline{1}} \qquad (3.3.6)$$

Etwas Aufwand muss man treiben, wenn die Periode nicht unmittelbar hinter dem Komma beginnt und/oder auch noch vor dem Komma von null verschiedene Ziffern stehen. In diesem Fall zerlegt man den periodischen Dezimalbruch in einen periodischen und einen nichtperiodischen Summanden. Mithilfe der Kommaverschiebungsregel bringt man den Beginn der Periode auf die erste Stelle hinter dem Komma. Dann lassen sich (*3.2.10*) und (*3.3.4*) anwenden. Der Rest ist, wie das folgende Zahlenbeispiel zeigt, gewöhnliche Bruchrechnung.

Die Periode muss nicht unmittelbar hinter dem Komma beginnen.

(3.3.7)

$$51,75\overline{243} = 51,75 + 0,00\overline{243} = 51,75 + 0,\overline{243}\cdot 10^{-2} = \frac{5175}{100} + \frac{243}{999}\cdot\frac{1}{100} = \underline{\underline{\frac{47871}{925}}}$$

Die Formel ist nicht wichtig – beachten Sie den Merksatz!

Der in (*3.3.7*) benutzte Algorithmus zum Umwandeln eines periodischen Dezimalbruchs in einen Bruch lässt sich natürlich als Formel notieren (*s.* (*3.3.8*)). Allerdings lohnt es sich nicht, sie näher zu studieren – es reicht, wenn man sich (*3.3.4*) merkt.

(3.3.8)

$$z_n\ldots z_0, z_{-1}\ldots z_{-s}\,\overline{z_{-(s+1)}\ldots z_{-(s+p)}} = \frac{z_n\ldots z_0 z_{-1}\ldots z_{-s}}{10^s} + \frac{z_{-(s+1)}\ldots z_{-(s+p)}}{10^s\cdot\left(10^p-1\right)}$$

Wichtig ist dagegen die Erkenntnis, dass sich jeder Dezimalbruch, egal ob abbrechend oder periodisch, in einen Bruch zurückverwandeln lässt. Für abbrechende Dezimalbrüche verwendet man (*3.2.4*) für periodische (*3.3.4*) bzw. eventuell (*3.3.8*). Die Möglichkeiten, einen Dezimalbruch eindeutig in eine Bruchzahl (und umgekehrt) umzuwandeln, lässt sich in einem einprägsamen Merksatz zusammenfassen:

Merksatz 3.3.1

Merke:
Dezimalbrüche sind „nur“ alternative Darstellungen der Bruchzahlen.

Stellen wir uns noch der Frage, was passiert, wenn eine Zahl ab einer Stelle k ausschließlich aus einer unendlichen Folge Neunen besteht. Dann gibt es zwei Möglichkeiten – entweder stehen schon Neunen vor dem Komma oder fangen erst hinter dem Komma an. In (*3.3.9*) ist die Stelle k mit einem Unterstrich markiert. Die erste Neun steht dann an der (k – 1)ten Stelle.

(3.3.9)

$$\left.\begin{array}{ll} k>0: & \underline{\ }999\ldots9,999\ldots \\ k\le 0: & 0,00\ldots\underline{0}999\ldots \end{array}\right\} = \underbrace{\underbrace{9\cdot10^{k-1}+9\cdot10^{k-2}+\ldots.}_{10^k\cdot(9\cdot10^{-1}+9\cdot10^{-2}+\ldots)}}_{10^k\cdot 0,\overline{9}} = \underline{\underline{10^k}}$$

Achtung! Für k sind auch negative Zahlen zugelassen!

Dadurch, dass für den Index k auch negative Zahlen zugelassen sind, kommt man rechts in (*3.3.9*) um eine Fallunterscheidung herum. Nach dem Ausklammern von 10^k erkennt man in der Klammer die „Null-Komma-Periode-Neun“, und die ist gleich eins. Damit ist unsere unendliche „Neunerziffernfolge“ gleich 10^k. Bestehen nicht alle Ziffern aus Neunen – das ist bei jedem erlaubten Dezimalbruch der Fall – bleibt die Zahl zwangläufig unter 10^k.

(3.3.10)

$$\left.\begin{array}{l} k>0: \underline{\ }z_{k-1}z_{k-2}\ldots z_1 z_0, z_{-1}z_{-2}\ldots \\ k\le 0: 0,00\ldots\underline{0}z_{k-1}z_{k-2}\ldots \end{array}\right\} < 1\cdot10^k$$

Hängt man einem abbrechenden Dezimalbruch ab Stelle k beliebig viele Ziffern an, erhöht sich die Zahl um weniger als 10^k – also nicht einmal ein voller Stellenwert! Damit können nicht einmal unendlich viele angehängte Ziffern einen Übertrag in die Stelle k bewirken. So ist gesichert, dass man beim Größenvergleich zweier Dezimalbrüche genau so verfahren kann wie bei natürlichen Zahlen:

Hat die eine Zahl mehr Stellen vor dem Komma als die andere, dann ist sie sowieso die Größere. Im anderen Fall vergleicht man die Ziffern beider Zahlen stellenweise solange von links nach rechts, bis man – z. B. an der Stelle k – auf unterschiedliche Ziffern trifft. Die größere Ziffer markiert dann die größere Zahl. Die folgenden Ziffern sind dann für den Größenvergleich unerheblich, denn sie können die „größere" Zahl nur größer machen und bei der „Kleineren" schaffen die folgenden Stellen keinen *Übertrag* in die Stelle k.

Die Nachteile der Bruchzahlendarstellung sind ausgebügelt:
1. Eindeutige Darstellung
2. Simpler Größenvergleich

Die Segnungen eines Stellenwertsystems – gleich welcher Basis – werden deutlich, wenn man sich in den römischen Legionär in *Bild 3.3.2* hineinversetzt. Er soll nämlich sekundenschnell entscheiden, ob die Zahl MCMLXXVIII wirklich kleiner als MMCXL ist.

Kein Geniestreich der Menschheit: Das „Römersystem"

Bild 3.3.2
Größenvergleich römischer Zahlen

Das *„Römersystem"* basiert zwar wie unser Dezimalsystem auf dem Abzählen mit Fingern, ist aber kein Stellenwertsystem. Es ist im Römersystem ohne Weiteres möglich, dass die Darstellung einer kleineren Zahl mehr Zeichen als die einer Größeren erfordert. Ein sekundenschneller Größenvergleich ist nicht immer möglich.

Für das in *Bild 3.3.2* angegebene Zahlenbeispiel gilt konkret:

$$\begin{aligned} \text{MCMLXXVIII} &= \overbrace{1000}^{\text{M}} + \overbrace{(1000-100)}^{\text{CM}} + \overbrace{50}^{\text{L}} + \overbrace{10}^{\text{X}} + \overbrace{10}^{\text{X}} + \overbrace{5}^{\text{V}} + 1 + 1 + 1 &&= \underline{\underline{1978}} \\ \text{MMCXL} &= \underbrace{1000}_{\text{M}} + \underbrace{1000}_{\text{M}} + \underbrace{100}_{\text{C}} + \underbrace{(50-10)}_{\text{XL}} &&= \underline{\underline{2140}} \end{aligned} \qquad (3.3.11)$$

Die in dem Gedankenwölkchen des Legionärs angegebene Aussage ist somit wahr. In einem Stellenwertsystem – nicht nur zur Basis 10 – gelten dagegen die folgenden Aussagen:

Merke:
Unterscheiden sich die Ziffern (von links nach rechts betrachtet!) zweier Dezimalbrüche erstmalig an der Stelle k, so spielen die Stellen von $k-1$ bis $-\infty$ für den Größenvergleich keine Rolle mehr ($k \in \mathbb{Z}$). Die größere Ziffer an der Stelle k markiert auch die größere Zahl.
Beachten Sie: Fehlende Ziffern werden als Nullen angesehen

Merksatz 3.3.2

3.4 Keine Angst vor unendlichen Summen

Eine Summe mit unendlich vielen Summanden – muss da nicht auch etwas Unendliches herauskommen? Normalerweise schon, aber es geht auch anders.

Aus Gliedern einer Zahlenfolge entsteht eine neue Folge S_n.

Kommen wir zu den in (*1.17.6*) definierten Folgen zurück. Wir erinnern uns: Eine Folge ist eine Abbildung/Funktion der natürlichen Zahlen in die reellen Zahlen. Summiert man die Folgeglieder bis zum n-ten Glied auf, erhält man – wie in (*3.4.1*) gezeigt – das Glied einer neuen Folge.

(3.4.1)

$$S_n = a_0 + a_1 + a_2 + \ldots + a_n \quad \text{oder} \quad S_n = \sum_{i=0}^{n} a_i$$

Machen Sie sich unbedingt mit der Σ-Schreibweise für Summen vertraut!

Anstelle der simplen Schreibweise links in (*3.1.4*) benutzt man gerne die abstraktere Schreibweise mit dem Σ-Zeichen. Bei dieser Schreibweise wird allerdings eine zusätzliche Variable erforderlich – ein Laufindex (hier mit i benannt). Wenn erforderlich, darf so ein Laufindex ohne Weiteres bei einer von null verschiedenen natürlichen oder sogar ganzen Zahl beginnen! Beachten Sie dazu bitte die folgende Warnung:

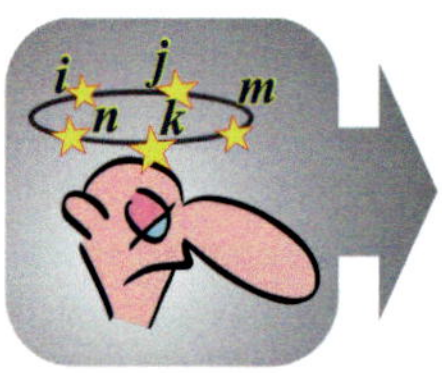

Merksatz 3.4.1

Warnung:
Lassen Sie sich nicht durch die Variablennamen verwirren!
Der Standardname für einen Index ist im Allgemeinen das kleine ***n***.
Sind in einer Formel mehr Indizes im Spiel, müssen diese zwangsläufig unterschiedliche Namen haben. Wird in einer späteren Formel nur noch ein Index benötigt, geht man meist wieder auf den Standardindex ***n*** zurück.

Notieren wir jetzt den Grenzwert der Folge S_n – sofern er überhaupt existiert!

(3.4.2)

$$S = \lim_{n \to \infty} S_n$$

Der Grenzwert ist eine unendliche Reihe.

Stellt man die Grenzwertbildung mittels der Schreibweisen (*3.4.1*) dar, entpuppt sich der Grenzwert S als Summe mit unendlich vielen Summanden oder – wie man sagt – als *unendliche Reihe*. In der Σ-Schreibweise nimmt man das Unendlich-Zeichen als „obersten Laufindex".

(3.4.3)

$$S = a_0 + a_1 + a_2 + a_3 + \ldots \quad \text{oder} \quad S = \sum_{i=0}^{\infty} a_i$$

Unendliche Reihe: Grenzwert einer Folge aus Teilsummen

Geht man umgekehrt von einer unendlichen Reihe der Form (*3.4.3*) aus, kann man die Folgeglieder der Form (*3.4.1*) als *Teilsummen* (*Partialsummen*) ansprechen. Die unendliche Reihe kann dann als Grenzwert der Teilsummen aufgefasst werden.

Beispiele beweisen die Existenz!

Dass aus einer unendlichen Reihe tatsächlich etwas Endliches herauskommen kann, ist Ihnen bereits im vorherigen Abschnitt begegnet. Betrachten Sie beispielsweise den periodischen Dezimalbruch Null-Komma-Periode-Drei!

$$0,\overline{3} = 0,3 + 0,03 + 0,003 + \ldots \qquad (3.4.4)$$

Da jeder folgende Summand nur noch gleich dem zehnten Teil des Vorgängers beträgt, kann er die vorangegangenen Stellen nicht mehr beeinflussen – die (unendliche) Summe bleibt endlich.

„Nullkommaperiodedrei" dargestellt als unendliche Reihe mit den Parametern a_0 und q

Formen wir (*3.4.4*) ein wenig um! Im Gegensatz zum vorherigen Abschnitt vermeiden wir jetzt (aus kosmetischen Gründen) die Verwendung negativer Indizes:

$$\begin{aligned} 0,\overline{3} &= 0,3 \cdot (1 + 0,1 + 0,01 + 0,001 + \ldots) \\ &= a_0 \cdot \sum_{i=0}^{\infty} q^i \quad \text{mit} \quad a_0 = 0,3\ ;\ q = 0,1 \end{aligned} \qquad (3.4.5)$$

Mit anderen periodischen Dezimalbrüchen funktioniert das ebenfalls.

Eine unendliche Reihe gleicher Struktur ergibt sich auch für andere Perioden:

$$\begin{aligned} & 0,\overline{537} = 0,537 + 0,000537 + 0,000000537 + \ldots \\ & = 0,537 \cdot (1 + 0,001 + 0,000.001 + 0,000.000.001 \ldots) \\ & = a_0 \cdot \sum_{i=0}^{\infty} q^i \quad \text{mit} \quad a_0 = 0,537\ ;\ q = 0,001 \end{aligned} \qquad (3.4.6)$$

Was von Bedeutung ist, muss einen Namen bekommen.

Es wird sich herausstellen, dass Reihen mit der Struktur (*3.4.5*), (*3.4.6*) eine größere Bedeutung haben; sie werden unter der Bezeichnung „*Geometrische Reihen*" geführt.

> **Definition:**
> Eine Reihe der Form $S_n = a_0 \cdot \sum_{i=0}^{n} q^i$ heißt *geometrische Reihe.*

Merksatz 3.4.2

Die Zahl q in der Definition darf durchaus negativ sein. Multipliziert man a_0 in die geometrische Reihe, so wie sie in *Merksatz 3.4.2* steht, hinein, stellen sich die Glieder der Folge als Potenzfunktionen dar (*s. 3.4.7*). Beachten Sie bitte die Warnung in *Merksatz 3.4.1*!

$$a_n = a_0 \cdot q^n \qquad (3.4.7)$$

Wenn man einen nachfolgenden Summanden durch seinen Vorgänger dividiert, erkennt man, dass dieser Quotient immer gleich ist.

$$\forall n \in \mathbb{N}: \quad \underline{\underline{\frac{a_{n+1}}{a_n}}} = \frac{\not{a_0}\, q^{n+1}}{\not{a_0}\, q^n} = \underline{\underline{q}} \qquad (3.4.8)$$

„Nachfolger durch Vorgänger gleich q" – eine alternative Definition geometr. Reihen

Formel (*3.4.8*) ist eine gleichwertige Definition der geometrischen Reihe (*vgl. Merksatz 3.4.2*). Der Quotient q muss nicht unbedingt eine Zehnerpotenz sein!

Bei einer geometrischen Reihe kann man die Teilsummen leicht ermitteln. Wenn $q = 1$ ist, dann gilt Folgendes:

(3.4.9)

$$q = 1 \Rightarrow S_n = a_0 \cdot \sum_{i=0}^{n} 1 = a_0 \cdot \underbrace{(1+1+\ldots+1)}_{n+1 \text{ Einsen}} = \underline{\underline{a_0 \cdot (n+1)}}$$

Auf so einen (simplen) Trick muss man erst einmal kommen!

Wenn $q \neq 1$ ist, subtrahiert man einfach von der Teilsumme S_n das q-Fache und erhält nach dem Ausklammern und Durchdividieren schließlich einen Term für die Teilsumme S_n.

(3.4.10)

$$\begin{aligned} S_n - q \cdot S_n &= a_0\left(1+q+q^2+\ldots q^n\right) - a_0\left(q+q^2+q^3+\ldots+q^n+q^{n+1}\right) \\ &= a_0\left(1+\not{q}+\not{q}^2+\ldots+\not{q}^n-\not{q}-\not{q}^2-\ldots-\not{q}^n-q^{n+1}\right) \\ &= a_0 \cdot \left(1-q^{n+1}\right) \\ \Rightarrow S_n \cdot (1-q) &= a_0 \cdot \left(1-q^{n+1}\right) \\ \Rightarrow \quad S_n &= a_0 \cdot \frac{1-q^{n+1}}{1-q} \end{aligned}$$

Sehr bequem: eine Formel für Teilsummen geometrischer Reihen.

Falls $|q| < 1$: Geometrische Reihen konvergieren und die Grenzwerte lassen sich ganz einfach berechnen!

Schauen wir nach, wann diese Teilsummen konvergieren. Offensichtlich steht das „q^{n+1}" im Zähler der Konvergenz im Wege, denn die Potenzen mit $|q| > 1$ wachsen mit steigendem Exponenten über alle Grenzen. Wenn dagegen $|q| < 1$ ist, handelt es sich um einen echten Bruch. Potenzen echter Brüche werden mit größer werdenden Exponenten immer kleiner und streben schließlich gegen null, wenn der Exponent über alle Grenzen geht (*vgl. Merksatz 2.10.9*).

(3.4.11)

$$|q| < 1 \Rightarrow \lim_{n\to\infty} q^{n+1} = 0$$

$$\Rightarrow \quad S = \lim_{n\to\infty} S_n = \lim_{n\to\infty} a_0 \cdot \frac{1-q^{n+1}}{1-q} = \underline{\underline{a_0 \cdot \frac{1}{1-q}}}$$

Lassen Sie uns (*3.4.11*) auf das Beispiel (*3.4.6*) anwenden und den Bruchterm mit 10^3 erweitern! Dann sieht man, dass die Formel zur Umwandlung eines periodischen Dezimalbruchs in einen Bruch auf den Grenzwert einer geometrischen Reihe zurückgeht (*s. (3.4.12), vgl. (3.3.4)*).

(3.4.12)

$$0,\overline{537} = 0,537 \cdot \frac{1}{1-0,001}\Bigg|_{\text{Erweitern!}} = \frac{537}{1000-1} = \frac{537}{999}$$

Nicht alle unendlichen Reihen verhalten sich so freundlich wie die geometrischen!

In vielen Fällen sehr nützlich: Das Quotientenkriterium.

Ob eine beliebige unendliche Reihe konvergiert oder nicht ist (leider!) nicht immer leicht einzusehen. Für Reihen mit positiven Summanden/Gliedern gibt allerdings einen einfachen Ausweg, der in vielen Fällen zum Erfolg führt. Man verwendet eine geometrische Reihe (mit $0 < q < 1$) als Vergleichsreihe. Wenn man nachweisen kann, dass (fast) jeder Summand der zu untersuchenden Reihe kleiner oder gleich dem entsprechenden Summanden einer unendlichen geometrischen Reihe ist, kann man sicher sein, dass die fragliche Reihe ebenfalls konvergiert. Diese Überprüfung, ob eine zu untersuchende unendliche Reihe von einer (konvergenten) unendlichen geometrischen Reihe majorisiert wird, geht am einfachsten mit dem so genannten *Quotientenkriterium* (*vgl. (3.4.8)*):

Quotientenkriterium:
Eine unendliche Reihe konvergiert, wenn **für fast alle** ihrer Summanden gilt:

$$\exists q\ ;\ 0 < q < 1: \quad \left|\frac{b_{n+1}}{b_n}\right| \le q$$

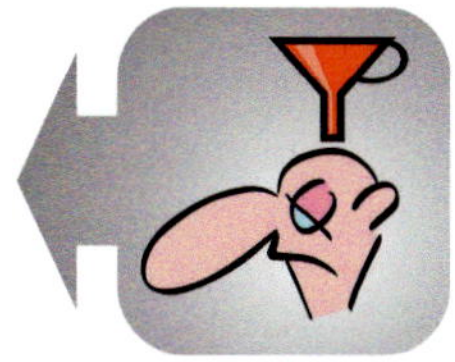

Merksatz 3.4.3

In dem Quotientenkriterium fällt Ihnen sicher die Formulierung „fast alle“ auf. Zwar wird sich der Grenzwert einer konvergenten Reihe ändern, wenn man „ein paar“ Summanden fortlässt – aber an der Tatsache der Konvergenz selbst ändert sich nichts. Man kann deshalb getrost **endlich viele (!!)** „Ausreißer“ außer acht lassen, die das Quotientenkriterium nicht erfüllen.

„fast alle“ ≡ „alle mit Ausnahme von endlich vielen“

„Ein paar Ausnahmen“ ≡ „Ausreißer“

Wenn man in einer Summe aus positiven Summanden Vorzeichen verändert, wird der Betrag der Summe nie größer werden. Das wird sich natürlich auch nicht ändern, wenn die Summe aus unendlich vielen Summanden besteht. Wenn eine Reihe mit ausschließlich positiven Gliedern konvergiert, wird das auch weiterhin der Fall sein, wenn an den Vorzeichen der Glieder manipuliert worden ist. Deshalb können wir bei der Konvergenzuntersuchung einer unendlichen Reihe (zunächst) so tun, als ob alle Glieder positiv wären. Wenn nämlich diese Reihe konvergiert, dann hat auch die Reihe mit den Originalvorzeichen diese Eigenschaft. Aus diesem Grund stehen in *Merksatz 3.4.3* die Betragsstriche.

In (*3.4.13*) wird gezeigt, dass bei erfülltem Quotientenkriterium tatsächlich eine majorisierende geometrische Reihe existiert (rechts neben der geschweiften Klammer).

$$\left.\begin{array}{l} |b_1| \le |b_0|\cdot q \\ |b_2| \le |b_1|\cdot q \le \left(|b_0|\cdot q\right)\cdot q \le |b_0|\cdot q^2 \\ |b_3| \le |b_2|\cdot q \le \left(|b_0|\cdot q^2\right)\cdot q \le |b_0|\cdot q^3 \\ \ldots \end{array}\right\} \quad \underline{\underline{M = \sum_{i=0}^{\infty} |b_0|\cdot q^i}} \qquad (3.4.13)$$

Bedauerlich: Das Quotientenkriterium ist nur hinreichend! Erfreulich: Es gibt noch andere (hinreichende) Kriterien.

Leider ist das handliche Quotientenkriterium nur **hinreichend**. Ist das Quotientenkriterium nicht erfüllt, heißt dies noch lange nicht, dass die Reihe divergieren muss! Schauen wir uns dazu zwei Beispiele an. Das erste ist die *harmonische Reihe*:

$$1 + \frac{1}{2} + \frac{1}{3} + \ldots + \frac{1}{n} + \frac{1}{n+1} + \ldots \qquad (3.4.14)$$

Prüfen wir die harmonische Reihe mithilfe des Quotientenkriteriums!

$$\frac{b_{n+1}}{b_n} = \frac{\frac{1}{n+1}}{\frac{1}{n}} = \frac{n}{n+1} \to 1 \qquad (3.4.15)$$

Zwar ist der Quotient aus zwei aufeinander folgenden Gliedern immer kleiner als eins; aber da der Quotient gegen eins konvergiert, lässt sich keine feste Zahl $q < 1$ finden, unterhalb der fast alle Quotienten liegen. Das Quotientenkriterium ist nicht erfüllt. Auf der Basis des Quotientenkriteriums ist somit eine konkrete Aussage über Konvergenz oder Divergenz nicht möglich. Tatsächlich divergiert die Reihe.

Alternare <lat., „abwechseln">

Das zweite Beispiel ist die *alternierende harmonische Reihe*:

(3.4.16)

$$1-\frac{1}{2}+\frac{1}{3}-\frac{1}{4}+\frac{1}{5}-/+\ldots$$

Das Quotientenkriterium ist wie bei der harmonischen Reihe nicht erfüllbar – trotzdem konvergiert die Reihe.

Neben dem Quotientenkriterium gibt es noch ein hilfreiches Kriterium, das Ihnen möglicherweise selbstverständlich vorkommt.

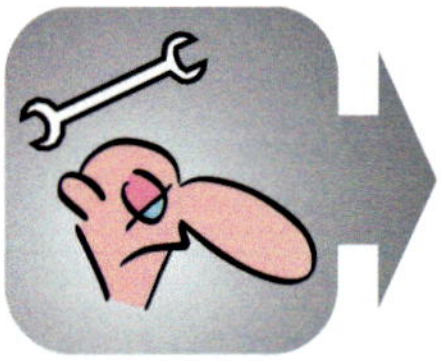

Merksatz 3.4.4

Kriterium:
Wenn eine Reihe konvergiert, dann ist die Folge ihrer Glieder eine Nullfolge.

$$\sum_{i=0}^{\infty} b_i \text{ konvergiert } \Rightarrow \lim_{i\to\infty} b_i = 0$$

Die Nullfolge ist **notwendig** für Reihenkonvergenz!

Die Bedeutung des Kriteriums von *Merksatz 3.4.4* liegt in der Verneinung der Implikation. Wenn die Folge der Glieder einer Reihe **keine** Nullfolge bilden, dann konvergiert die Reihe **nicht**!!

Keine Nullfolge – die Reihe divergiert!

Sie werden sich später in Ihrem Studium noch ausführlich mit Konvergenzkriterien und deren Beweisen befassen müssen. Vorläufig reichen die in diesem Abschnitt besprochenen Kriterien.

3.5 Reelle Zahlen

Unendlich viele Stellen hinter dem Komma und doch ohne Periode?

Nur ein Algorithmus könnte so eine Zahl erzeugen.

Von (reellen) Zahlen, die wie periodische Dezimalbrüche unendlich viele Stellen nach dem Komma haben, aber keine Periode aufweisen, war bereits in Abschnitt 1.4 die Rede. Ziffern ohne Periode könnte man mit einem Würfelgenerator erzeugen – aber die so erzeugte Zahl wäre ein nicht reproduzierbares Zufallsprodukt. Die Ziffern nichtperiodische Dezimalzahlen müssten durch wohldefinierte Algorithmen erzeugt werden. Eine geometrische Reihe kommt dazu nicht in Frage, sie führt bei rationalen a_0 und q wegen (*3.4.11*) immer wieder zu rationalen Zahlen. Versuchen wir es mit einer anderen Reihe und wählen als Beispiel die berühmte *Eulersche Zahl* **e**.

(3.5.1)

$$\mathbf{e} := a_0 + a_1 + a_2 + a_3 + \ldots \quad \text{mit} \quad a_n = \frac{1}{n\,!} \qquad n \in \mathbb{N}$$

Dabei steht „$n!$" für die Funktionswerte der in (*3.5.2*) definierten Funktion. Der Definitionsbereich dieser Funktion sind die natürlichen Zahlen inklusive null. Die Funktionswerte nennt man Fakultäten und werden in Postfix-Schreibweise mit einem Ausrufungszeichen dargestellt (lies „n-Fakultät"!).

$$\text{Fakultät}: \mathbb{N}_0 \to \mathbb{N},\ n \mapsto \begin{cases} 1 & \text{für } n = 0 \\ 1 \cdot 2 \cdot 3 \cdot \ldots \cdot (n-1) \cdot n & \text{für } n > 0 \end{cases} \tag{3.5.2}$$

Gemäß (*3.5.2*) ergeben sich die Fakultäten aus einem Produkt, dessen Faktoren sich bis herunter auf eins abbauen. Größter Faktor ist das Argument selbst. Es könnte irritieren, dass „0!" gleich 1 gesetzt ist; aber aufgrund dieser Festlegung ist es (z. B.) möglich, die Glieder der Reihe in (*3.5.1*) ohne Fallunterscheidung zu erklären.

Raten Sie! Was ergibt 10 Fakultät?

Ihr Taschenrechner hat eine Funktionstaste für Fakultäten!

Eine Prüfung der Konvergenz der Reihe (*3.5.1*) mittels Quotientenkriterium (*s. Merksatz 3.4.3*) liefert etwas Überraschendes:

$$\left|\frac{b_{n+1}}{b_n}\right| = \frac{\frac{1}{(n+1)!}}{\frac{1}{n!}} = \frac{n!}{(n+1)!} = \frac{n \cdot \cancel{(n-1) \cdot \ldots \cdot 3 \cdot 2 \cdot 1}}{(n+1) \cdot n \cdot \cancel{(n-1) \cdot \ldots \cdot 3 \cdot 2 \cdot 1}}$$
$$= \frac{1}{n+1} \le \frac{1}{2} \quad \text{für } n \ge 1 \tag{3.5.3}$$

Die Reihe „übererfüllt" das Quotientenkriterium! Der Quotient ist nicht nur für fast alle Glieder kleiner als ½, sondern wird auch noch beliebig klein. Die Reihe wird daher viel schneller konvergieren als eine geometrische Reihe. Ein Blick auf einige Funktionswerte der Fakultätsfunktion verschafft Klarheit. Die Werte steigen rasant an und lassen, da sie im Nenner stehen, die höheren Glieder der Reihe verschwindend klein werden. Dies wird in *Tabelle 3.5.1* deutlich. Dort sind neben den Werten der Fakultätsfunktion die Teilsummen S_0 bis S_{15} aufgeführt.

Eine rasante Konvergenz!

n	$n!$	S_n
0	1	1,0000000000
1	1	2,0000000000
2	2	2,5000000000
3	6	2,6666666667
4	24	2,7083333333
5	120	2,7166666667
6	720	2,7180555556
7	5.040	2,7182539683
8	40.320	2,7182787698
9	362.880	2,7182815256
10	3.628.800	2,7182818011
11	39.916.800	2,7182818262
12	479.001.600	2,7182818283
13	6.227.020.800	2,7182818284
14	$8{,}7\ldots\cdot 10^{10}$	2,7182818285
15	$1{,}3\ldots\cdot 10^{12}$	2,7182818285

Tabelle 3.5.1
Werte der Fakultätsfunktion/ Approximation der Zahl **e**

Spielen Sie mit Ihrem Taschenrechner! Für welche Zahl kann er gerade noch den Fakultätswert berechnen bzw. ab wann streikt er?

S_{15}: Eine höhere Genauigkeit ist selten erforderlich.

Die Teilsummen S_n in *Tabelle 3.5.1* wurden mit VB/EXCEL berechnet. Man erkennt, wie rasch sich die Stellen nach dem Komma stabilisieren. Unendlich viele Summanden sind gar nicht erforderlich! Bereits S_{15} wird wohl eine gute Näherung des Grenzwertes – hier der Eulerschen Zahl **e** – darstellen. Es scheint zwar so, als ob die Zahl nichtperiodisch wäre, aber ein Nachweis ist das nicht. Bereits bei einer Periodenlänge von vier müssen wir passen. Im vorliegenden Beispiel ist „1828" keine Periode, denn dann müsste die letzte Ziffer eins oder (gerundet) zwei sein!

Wiederholen wir das Spiel noch einmal mit einer exotischeren unendlichen Reihe:

(3.5.4)

$$x = \sum_{n=0}^{\infty} a_n \quad \text{mit} \quad \begin{cases} a_0 = \frac{3}{2}, \quad a_1 = -\frac{1}{12} \\ a_{n+1} = \dfrac{2n-1}{18(n+1)} \cdot a_n \text{ sonst} \end{cases}$$

Rekursiv: Der Nachfolger berechnet sich aus dem Vorgänger.

Die ersten beiden Summanden in (*3.5.4*) sind konkret angegeben, die restlichen sind – wie man sagt – *rekursiv* definiert. Das heißt, man benötigt zur Berechnung des Nachfolgers den Wert des Vorgängers. Damit lassen sich manchmal Formeln für Folgeglieder, wie auch hier, kürzer formulieren. Der Nachteil ist: hat man sich einmal verrechnet, sind auch alle Nachfolger falsch. Konkret ergibt sich für (*3.5.4*) die folgende Reihe.

(3.5.5)

$$x = \underbrace{\frac{3}{2} - \frac{1}{12} - \frac{1}{36}\cdot\frac{1}{12}}_{S_2 = 1{,}4143\ldots} - \frac{3}{54}\cdot\frac{1}{36}\cdot\frac{1}{12} - \frac{5}{72}\cdot\frac{3}{54}\cdot\frac{1}{36}\cdot\frac{1}{12} - \ldots..$$

Die Rekursivformel (*3.5.4*) liefert den Quotienten zweier aufeinander folgender Glieder gratis dazu.

(3.5.6)

$$\left|\frac{a_{n+1}}{a_n}\right| = \frac{2n-1}{18(n+1)} < \frac{1}{9}$$

S_2 ist ein periodischer Dezimalbruch!

Zufall oder nicht: $S_2^2 \approx 2$?

Man erkennt unschwer, dass für alle Glieder ab $n = 2$ der Quotient kleiner als $^1/_9$ ist. Die „exotische" Reihe (*3.5.4*) konvergiert also. Die Teilsumme S_2 dieser Reihe lässt sich noch leicht mit dem Taschenrechner addieren. Das Ergebnis ist 1,414351852.... Quadriert man diese Zahl, so kommt merkwürdigerweise ziemlich genau zwei heraus (2,000391161...). Überlassen wir weitere Rechnungen lieber dem Computer (VB/EXCEL) und sehen uns in *Tabelle 3.5.2* (wie oben) an, wie sich die Teilsummen von S_0 bis S_{15} entwickeln. Um weiterhin herauszubekommen, ob es sich um einen Zufall handelt, dass S_2^2 ziemlich genau gleich zwei ist, sind die Quadrate der Teilsummen mit in die Tabelle aufgenommen worden.

S_{15}: eine vernünftige Näherung für den Grenzwert

Dass sich in *Tabelle 3.5.2* die Kommastellen der Teilsummen rasch stabilisieren, überrascht nicht (mehr). Die Reihe ist konvergent, also müssen sich die Werte der Teilsummen einem Grenzwert annähern. Die Teilsumme S_{15} wird auch hier eine vernünftige Näherung des Grenzwertes sein. Das Überraschende sind die quadrierten Werte! Wir haben guten Grund anzunehmen, dass unser Beispiel – die unendliche Reihe (*3.5.4*) – ein Algorithmus für die Ermittlung einer Zahl x ist, die quadriert exakt zwei ergibt. Die Zahl mit dieser Eigenschaft heißt bekanntlich „Wurzel2“. Wie Sie sicher wissen, hat diese Zahl eine geometrische Bedeutung: sie ist der Zahlenwert der Kantenlänge eines Quadrates mit dem Flächeninhalt 2 m².

n	S_n	S_n^2
0	1,50000000000000	2,25000000000000
1	1,41666666666667	2,00694444444444
2	1,41435185185185	2,00039116083676
3	1,41422325102881	2,00002740375049
4	1,41421432041610	2,00000214406996
5	1,41421362581288	2,00000017943482
6	1,41421356792928	2,00000001571527
7	1,41421356287595	2,00000000142230
8	1,41421356241975	2,00000000013196
9	1,41421356237751	2,00000000001248
10	1,41421356237352	2,00000000000120
11	1,41421356237314	2,00000000000012
12	1,41421356237310	2,00000000000001
13	1,41421356237310	2,00000000000000
14	1,41421356237309	2,00000000000000
15	1,41421356237309	2,00000000000000

Tabelle 3.5.2
Entwicklung der Teilsummen und deren Quadrate

Nicht mehr erstaunlich: die Stabilisierung der Kommastellen der Teilsummen.

Sehr erstaunlich: die Entwicklung der quadrierten Teilsummen.

Wir konnten bei der Eulerschen Zahl **e** anhand der errechneten Teilsummen nicht entscheiden, ob der Grenzwert der Reihe periodisch oder nicht periodisch ist. Jetzt, bei unserer zweiten Reihe, haben wir aber zusätzlich eine mächtige Eigenschaft dieses Grenzwertes in der Hand – er ergibt mit sich selbst multipliziert (quadriert) exakt zwei! Eventuell kann diese Eigenschaft bei der Entscheidung über die Periodizität oder Nichtperiodizität helfen.

Periodisch oder nicht periodisch ist hier die Frage!

Bevor man sich da heranwagt, sollte man sich über drei einfache Äquivalenzen im Klaren sein (*s. (3.5.7)*, *(3.5.8) und (3.5.9)*).

$$n := 10\$\, z_n \ldots\ldots z_0 :\ n \text{ ist gerade} \Leftrightarrow z_0 \text{ ist gerade} \qquad \textbf{(3.5.7)}$$

Eine natürliche Zahl n ist genau dann gerade, wenn ihre letzte Ziffer gerade ist. Stellt man n als Summe dar, sieht man, dass alle Summanden wegen der Zehnerpotenzen von „Haus aus“ durch zwei (und durch fünf) teilbar sind. Folglich hängt die Teilbarkeit durch zwei (bzw. durch fünf) nur von den Einern ab.

Erinnern Sie sich noch an die Teilbarkeitsregeln?

Die Trivialität, dass es im Falle einer geraden Zahl immer eine natürliche Zahl als Hälfte gibt, sieht – formuliert mit Quantoren – umständlich aus.

$$\forall n \in \mathbb{N} : n \text{ ist gerade} \Leftrightarrow \exists h \in \mathbb{N} : n = 2 \cdot h \qquad \textbf{(3.5.8)}$$

Nicht ganz so trivial, ist die Äquivalenz (*3.5.9*): Das Quadrat einer natürlichen Zahl ist genau dann gerade, wenn sie selber gerade ist.

(3.5.9)

$$\forall n \in \mathbb{N} : n \text{ ist gerade} \quad \Leftrightarrow \quad n^2 \text{ ist gerade}$$

Sehen wir uns – Ihre Schule lässt schön grüßen – dazu die Zettel in dem folgenden Bild an!

Rechter Zettel: Gerade Zahlen stehen nur geraden Zahlen gegenüber!

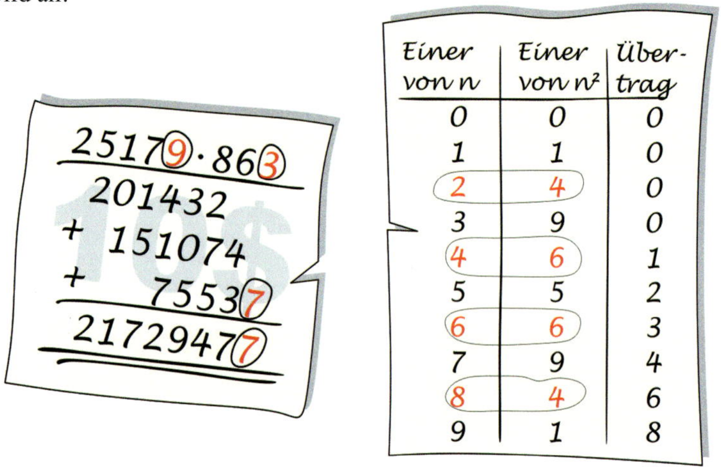

Bild 3.5.1
Betrachtung der letzten Stelle eines Produktes bzw. einer Potenz

- Linker Zettel: Die letzte Stelle des Produktes zweier natürlicher Zahlen (hier 7) ergibt sich aus den Einern der Faktoren (hier 9·3 → 7 Übertrag 2).
- Rechter Zettel: Im Spezialfall des Produktes mit sich selbst sind alle zehn Möglichkeiten für die letzten Stellen von n und n^2 tabelliert. Zusammen mit (*3.5.8*) ist damit klar, dass alle Quadrate gerader Zahlen gerade sind, und umgekehrt, alle geraden Quadratzahlen auch von geraden Zahlen stammen. Genau das steht in (*3.5.9*).

Eine gute Übung zum Gebrauch von Junktoren und Quantoren!

Stellen wir zunächst eine geeignete Formel mit Junktoren und Quantoren auf (die Klammern dienen nur der Übersichtlichkeit!) und untersuchen deren Lösungsmenge.

(3.5.10)

$$x \in \mathbb{Q}^+ \;\Rightarrow\; \exists m,n \in \mathbb{N}_0 : \left(x = \frac{m}{n}\right) \wedge (m,n \text{ teilerfremd}) \wedge \left(x^2 = 2\right)$$

Ohne die Forderung „$x^2 = 2$“ wäre die Formel allgemeingültig!

In (*3.5.10*) steht: Wenn x eine (positive) rationale Zahl ist, dann lässt sie sich auch als Bruch mit teilerfremdem Zähler und Nenner (d. h. der Bruch ist vollständig gekürzt) schreiben. Das wäre natürlich allgemeingültig, aber rechts steht zusätzlich noch eine harte Forderung: die quadrierte Zahl soll zwei ergeben. Die Formel (*3.5.10*) wäre mit der Zahl „Wurzel2“ erfüllt, wenn es gelänge, sie als teilerfremden Bruch darzustellen.
Untersuchen wir zunächst die rechte Aussageform der Subjunktion (*3.5.10*) und benutzen dabei (*3.5.9*):

(3.5.11)

$$x = \frac{m}{n} \Rightarrow x^2 = \left(\frac{m}{n}\right)^2 = \frac{m^2}{n^2} = 2 \Rightarrow m^2 = 2 \cdot n^2 \Rightarrow m^2 \text{ ist gerade} \Rightarrow m \text{ ist gerade}$$

Zähler gerade? Kein Problem!

Der Zähler m muss also eine gerade Zahl sein. Dann gibt es aber wegen (*3.5.8*) eine Zahl h, die verdoppelt m ergibt.

$$\exists h \in \mathbb{N}_0 : m = 2 \cdot h \tag{3.5.12}$$

Um auch eine Aussage über den Nenner zu bekommen, ersetzen wir m durch das Doppelte seiner Hälfte, also durch $2h$.

$$\underbrace{m^2}_{\text{Ersetzen!}} = 2 \cdot n^2 \Rightarrow (2 \cdot h)^2 = 4 \cdot h^2 = 2 \cdot n^2 \Rightarrow 2 \cdot h^2 = n^2 \Rightarrow n^2 \text{ gerade}$$
$$\Rightarrow \underline{n \text{ ist gerade}} \tag{3.5.13}$$

Das ist eine Überraschung, sowohl der Zähler als auch der Nenner sind gerade, also durch zwei teilbar. Also können m und n überhaupt nicht teilerfremd sein. Die Teilformeln dieser Konjunktion widersprechen sich. Damit ist die rechte Aussageform in (*3.5.10*) nicht erfüllbar, **sie ist immer falsch**! Blättern Sie zurück zu der Wahrheitswerttabelle einer Subjunktion (*s. Tab. 1.13.1*)! Die Gesamtformel (*3.5.10*) kann nur erfüllt werden, wenn die linke Aussage ebenfalls falsch ist, also keine rationale Zahl ist. Keine rationale Zahl bedeutet: „Wurzel2" ist weder durch einen Bruch noch durch einen periodischen Dezimalbruch darstellbar.

Nenner ebenfalls gerade? Das kann hier nicht sein – m, n sind teilerfremd!

Gesamtformel ist nur wahr, wenn x keine rationale Zahl ist.

Andererseits konvergiert die unendliche Reihe (*3.5.4*). Der Grenzwert existiert und ist beliebig genau durch Dezimalbrüche approximierbar. Diese nichtrationale Zahl nennt man *Irrationalzahl*. Solche Irrationalzahl hat wie ein periodischer Dezimalbruch „unendlich viele" Nachkommastellen – aber eben keine Periode! Es gibt somit für diese Zahlen keine handliche Darstellungsmöglichkeit.

Existenz ist durch die Reihe (3.5.4) gesichert!

Man könnte verleitet werden anzunehmen, dass es sich bei Irrationalzahlen nur um ein paar Sonderfälle handelt – vielleicht die oben erwähnte Eulersche Zahl **e**, die berühmte Kreiszahl π und „Wurzel2". Tatsächlich ist das nicht der Fall – mehr noch: Die Menge aller Irrationalzahlen ist sogar noch mächtiger als die Menge der rationalen Zahlen, die ja „nur" abzählbar unendlich viele Elemente hat. In den Wertebereichen vieler Ihnen bekannter Funktionen wie Sinus, Kosinus, Tangens, Logarithmus und Exponentialfunktion sind irrationale Elemente die „Regel" und die rationalen Zahlen eher die „Exoten".

Wurzel2 ist nicht die einzige irrationale Zahl! Die Menge der irrationalen Zahlen ist eine unendliche Menge.

Etwas irritierend ist es, wenn man Irrationalzahlen auf dem Zahlenstrahl abbilden möchte. Wir erinnern uns (*Abschn. 2.7*): Rationale Zahlen (in Bruchdarstellung) lassen sich zumindest im Prinzip exakt abbilden. Was ist mit Irrationalzahlen, die sich ja nun nicht als Brüche darstellen lassen? Nehmen wir dazu wieder exemplarisch „Wurzel2" und notieren (*vgl. Tab. 3.5.2*):

$$\sqrt{2} = 1{,}41421356237\ldots \tag{3.5.14}$$

Mit den drei Punkten in (*3.5.14*) wird angedeutet, dass es sich um einen nicht abrechenden Dezimalbruch handelt. Daran, dass weder ein Bildungsgesetz zu erkennen ist noch ein Periodenstrich eingetragen wurde, sieht man, dass eine Irrationalzahl gemeint ist. Wenn wir beispielsweise alle Stellen unterhalb der vierten Stelle hinter dem Komma ($k = -4$) abschneiden, ist die so gestutzte Zahl rational und kleiner als „Wurzel2" geworden. Würden wir unterhalb der vierten Stelle alle Ziffern auf neun erhöhen, übertrifft diese Zahl „Wurzel2". Die (verbotene) Neunerperiode, sie ist gemäß (*3.3.9*) gleich 10^{-4}, werfen wir gleich wieder heraus und erhöhen stattdessen die vierte Stelle um eins.

(3.5.15)

$$k = -4: \quad 1{,}4142999... = 1{,}4142 + 1 \cdot 10^{-4} = \underline{\underline{1{,}4143}}$$

Damit ergibt sich ein Intervall für „Wurzel2":

(3.5.16)

$$1{,}4142 < \sqrt{2} < 1{,}4143 \quad \text{bzw.} \quad \sqrt{2} \in (1{,}4142\,;\ 1{,}4143)$$

Eine Irrationalzahl lässt sich beliebig genau durch rationale Zahlen einschachteln.

Bester Näherungswert: Mittelwert der Intervallgrenzen

Die Irrationalzahl liegt also in einem offenen Intervall der Breite 10^{-4} mit rationalen Grenzen. Würde man nun „Wurzel2" durch eine der Grenzen annähern, betrüge der Fehler maximal 10^{-4}. Den Fehler kann man noch verkleinern, wenn man Informationen über die fünfte Stelle hat. Beträgt die Ziffer fünf und mehr, nimmt man als Näherung die obere Intervallgrenze (aufrunden), im anderen Fall, wie hier, nimmt man die untere Intervallgrenze (abrunden). Man kann nach gleichem Muster jede beliebige Irrationalzahl in ein beliebig schmales Intervall mit rationalen Grenzen einsperren und als Näherungszahl die untere oder die obere Grenze oder noch besser deren Mittelwert verwenden.

Die gute Nachricht: keine neuen Rechenregeln

Reelle Zahlen: Vereinigungsmenge von rationalen und irrationalen Zahlen.

$$\underbrace{\left(\mathbb{R}, +, 0, -, \cdot, 1, ^{-1}\right)}_{\textit{Körper der reellen Zahlen}}$$

Die beliebig enge Tuchfühlung der Irrationalzahlen mit rationalen Intervallgrenzen sorgt dafür, dass wir uns über Rechenregeln keine Sorgen machen müssen. Für Irrationalzahlen gelten dieselben Rechenregeln wie für die rationalen Zahlen. Allerdings bilden die Irrationalzahlen für sich allein keinen Körper. Das sieht man bereits an dem „Wurzel2"-Beispiel. Das Produkt zweier irrationaler Zahlen, hier „Wurzel2" mal „Wurzel2", führt aus der Menge der Irrationalzahlen heraus und ist rational (= 2). Erst die Vereinigungsmenge von rationalen und irrationalen Zahlen – die so genannten *Reellen Zahlen* – bildet einen Körper. Der Körper der reellen Zahlen und davon abgeleitete Mengen (z. B. die komplexen Zahlen) bilden die Standardmengen der Praxis. Die Bezeichnung ist bekanntlich ein Doppelstrich-R oder ein fett gedrucktes **R**.

3.6 Irrationalzahlen in der Praxis

Tabelle 3.6.1
Liste der wichtigsten transzendenten Funktionen

Funktion	Funktionswert	VB
Sinus	$\sin(x)$	Sin
Kosinus	$\cos(x)$	Cos
Tangens	$\tan(x)$	Tan
Arcustangens	$\arctan(x)$ oder $\tan^{-1}(x)$	Atn
Exponentialfunktion	e^x oder $\exp(x)$	Exp
Natürlicher Logarithmus	$\ln(x)$	Log

Transzendente Funktionen können irrationale Werte produzieren.

In der Praxis werden Ihnen Irrationalzahlen keine Probleme bereiten. Im vorangegangenen Abschnitt wurde bereits erwähnt, dass es so genannte *transzendente Funktionen* gibt, die rationalen Argumenten irrationale Funktionswerte zuordnen.

Sobald Sie mit Formeln arbeiten, die diese Funktionen enthalten, hantieren Sie mehr oder weniger bewusst auch mit Irrationalzahlen. Es ist nicht einmal erforderlich, dass Sie wissen, ob es sich um eine transzendente Funktion handelt oder nicht. In *Tabelle 3.6.1* sind die (aller-) wichtigsten transzendenten Funktionen aufgelistet.

Genormten Platzhalter oder Funktionswert!

Wenn man eine ganz bestimmte Irrationalzahl notieren soll, macht man es nicht in der Form wie auf der rechten Seite von (*3.5.14*). Entweder verwendet man den genormten Platzhalter – wie z. B. **e**, π – dafür, oder man gibt sie, wie in (*3.6.1*), als Funktionswert an (*vgl. 1.9.3*).

$$\begin{aligned} &\text{nicht } 1{,}414212562\ldots \quad \text{sondern } \sqrt{2} \\ &\text{nicht } 0{,}69314718\ldots. \quad \text{sondern } \ln(2) \\ &\text{nicht } 0{,}367879441\ldots \quad \text{sondern } e^{-1} \end{aligned} \qquad (3.6.1)$$

Für Taschenrechner und Computeranwendungen kein Problem: transzendente Funktionen

Anders als die „Feld-, Wald- und Wiesenfunktionen" besitzen transzendente Funktionen keine Funktionsterme, die sich aus einer endlichen Anzahl der Verknüpfungen „+, •, ^{n}, √" zusammensetzen (*vgl. Merksatz 1.11.4*). Transzendente Funktionen basieren dagegen auf unendlichen Reihen oder Folgen. Trotzdem brauchen Sie sich um die Ermittlung von konkreten Funktionswerten keine Sorgen zu machen, denn die werden Ihnen durch Taschenrechner oder Computeranwendungen abgenommen. Diese Systeme enthalten die entsprechenden Algorithmen als „eingebaute" Funktionsunterprogramme (Module). Man muss nur die entsprechende Funktionstaste drücken oder den Funktionsnamen aufrufen (*vgl. 1.14.1*) und der Funktionswert steht zur Verfügung. Dass es sich bei den Werten „nur" um rationale Näherungen handelt, wird angesichts der vielen Stellen leicht vergessen. Wer allerdings bei Taschenrechner und Computeranwendungen gern einmal hinter die Kulissen gucken möchte, wird enttäuscht. Sie kommen an die Funktionsunterprogramme nicht heran. Die wichtigste Irrationalzahl, die Kreiszahl π ist als Konstante – *vergleiche Abschnitt 1.2* – Bestandteil des jeweiligen Systems. Unter welchem Namen oder mit welcher Tastenkombination diese (irrationale) Konstante aufzurufen ist, muss natürlich in den Systemhandbüchern nachgelesen werden.

Periodische Dezimalbrüche: nur für zahlentheoretische Überlegungen – nichts für die Praxis.

Entwarnung gibt es auch bei den periodischen Dezimalbrüchen. Man vermeidet den Ärger mit ihnen, indem man sie nicht benutzt. Genauer: Periodische Dezimalbrüche benötigt man eigentlich nur für zahlentheoretische Überlegungen – in der Praxis ersetzt man sie durch Brüche bzw. Quotienten. Wenn Sie kein spezielles Bruchrechnungsprogramm benutzen, gibt Ihr Rechensystem im Rahmen seiner Stellenzahl einen gerundeten Näherungswert aus.

4. In die Praxis fertig los - Größen und ihre Darstellung

Halten Sie den Begriff „Größe" für einen Fachbegriff oder für ein umgangssprachliches Allerweltswort? Er ist beides! Wann immer reale Systeme aus Naturwissenschaft und Technik quantitativ beschrieben werden sollen, kommen so genannte „Größen" ins Spiel.

In diesem Kapitel lernen Sie, welche Konventionen und Regeln bei der Darstellung von Größen unbedingt zu beachten sind. Die Kenntnisse dieses Kapitels werden Sie (hoffentlich) vor Peinlichkeiten oder Katastrophen bewahren.

4.1 Größen

In Naturwissenschaft und Technik dreht sich „alles" um Größen.

Nachdem bei den Nicht-Abbrechenden-Dezimalbrüchen sowie bei den transzendenten Funktionen die Warnsirene verstummen kann, kommen für den Laien Tücken aus einer völlig unerwarteten Richtung. Sie werden in Zukunft wohl nicht mathematische Denkgebäude errichten, sondern konkrete Dinge bearbeiten. Sie werden möglicherweise Wirtschaftlichkeitsberechnungen anstellen oder eine Maschine durchrechnen, damit sie ihren Dienst tut und nicht auseinanderfliegt oder Materialstärken für eine Brücke ermitteln oder … oder … Jedem denkbaren Beispiel ist gemein, dass die Zahlen, mit denen Sie umgehen, nicht abstrakte Punkte auf einem Zahlenstrahl sind, sondern ganz konkret etwas bedeuten. Um solche Zahlen „mit Bedeutung" von ganz normalen (reellen) Zahlen unterscheiden zu können, hängt man ihnen einen „Faktor" an – eine so genannte *Einheit*, genauer: deren Kürzel. Das könnte z. B. m (Meter), V (Volt), A (Ampere) sein. Derartige „Produkte" aus Zahl und Einheit nennt man *Größen* (engl.: *quantities*). *Bild 4.1.1* zeigt Ihnen die „Anatomie" einer Größe am Beispiel der elektrischen Spannung.

Zahlen mit „Bedeutung"!

„Produkte" aus Zahlenwert und Einheit

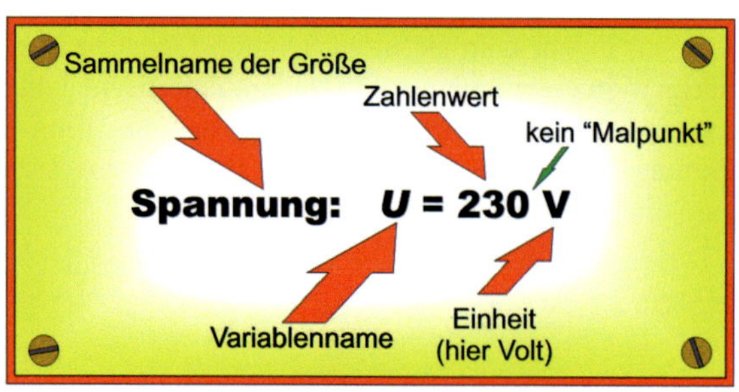

Bild 4.1.1
„Anatomie" einer Größe

Dass es sich bei den Größen um eine Art Produkt handelt, merkt man, wenn man die Wertzuweisung so liest: „*U* ist gleich dem 230-**Fachen** eines Volts".

Beachten Sie für Größen unbedingt folgende Konventionen:

Sie benutzen eine Größe? Orientieren Sie sich über deren physikalischen Hintergrund!

- Als Sammelnamen der Größe sollte die übliche Bezeichnung verwendet werden. Die Einheit ist kein geeigneter Name für eine Größe! Man sagt „die Spannung" und nicht „die Volts".
- Der Name der Variablen wird bei Größen in der Regel *Formelzeichen* genannt! Auch bei Verwendung der genormten Formelzeichen werden diese **kursiv** geschrieben. Die Schreibweise der Einheiten ist durch Normen streng festgelegt. Deshalb dürfen Einheiten **nicht kursiv** geschrieben werden.
- Der Variablen wird nicht nur ein *Zahlenwert* (man sagt auch *Maßzahl*), sondern auch eine *Einheit* zugewiesen. Erst zusammen bildet dieses „Gespann" den Wert der Größe. Der Zahlenwert ist eine ganz normale reelle Zahl – kann also auch ein Vorzeichen haben.
- Anders als bei normalen Produkten soll zwischen Zahlenwert und Einheit kein „Malpunkt" stehen – man könnte sonst die Einheit mit einer Variablen verwechseln.
- Ein Variablenname wird in eckige Klammern gesetzt, wenn lediglich die Einheit der Größe gemeint ist. Hier ist z. B. [*U*] = V.

Maßzahl dürfen Sie auch sagen.

Kein „Malpunkt"!

Sehr nützliche Konvention!

Wenn man sich daran hält, Variablennamen kursiv zu schreiben, erkennt man sofort, was Variable und was Einheit ist. In Schreibschrift gibt es leider Probleme, da Einheiten und Variablennamen gleich sein können (z. B. *m* für Masse und m für Meter). Deswegen muss zumindest in Endergebnissen der Variablenname vorn und die Einheit hinten stehen! Wir werden in den nächsten Abschnitten näher darauf eingehen. Ein Sonderfall sind so genannte *dimensionslose Größen*. Das sind Größen, bei denen man auf eine Einheit verzichten kann. Beispiele: Stückzahlen, Einwohnerzahlen. Es schadet aber nicht, wenn man auch in diesen Fällen an den Zahlenwert ein geeignetes Kürzel anhängt (z. B. Stck., EW).

Vorsicht bei handschriftlichen Aufzeichnungen! Schreiben Sie Einheiten nicht in Ihrer normalen Handschrift!

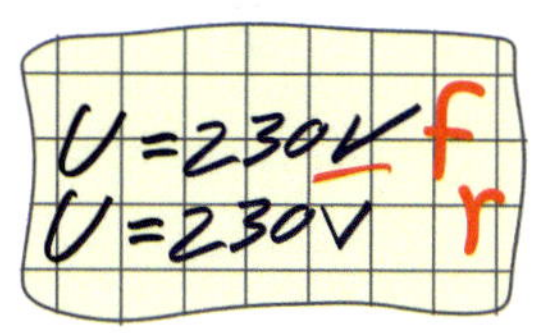

y = f(x), f = ?

Bild 4.1.2
Archäologe mit Oberschenkelknochenfund

Die oben erwähnten Tücken beim Umgang mit Größen machen wir uns mithilfe des Hobby-Archäologen aus *Bild 4.1.2* klar. Nehmen wir an, er habe im Teutoburger Wald einen der Oberschenkelknochen unseres Legionärs gefunden und will

Die Formel ist authentisch!

von der Knochenlänge x auf dessen Körpergröße y schließen. Einem Handbuch über prähistorische Anthropologie entnimmt er eine Formel, die es gestattet, auch beim Fund anderer Oberschenkelknochen die Körpergrößen errechnen zu können:

(4.1.1)
$$y = 81{,}306 + 1{,}880 \cdot x \;; \quad x, y \text{ in cm}$$

Sein Römerknochen habe eine Länge von 42,7 cm. Er rechnete nun auf seinem Taschenrechner:

(4.1.2)
$$y = 81{,}306 + 1{,}880 \cdot 42{,}7 = \underline{\underline{161{,}582 \text{ (cm)}}}$$

Er würde sich bis „auf die Knochen" blamieren, wenn er das, was sein Taschenrechner anzeigte, auch so in die Zeitung setzte. Es würde bedeuten, er könnte die Größe des Römers auf den hundertstel Millimeter genau angeben.

Empirisch gefundene Funktionen sind nie „exakt"!

Von der Null weg aufrunden!

Beim Rechnen mit Größen muss man sich immer über deren Genauigkeit Klarheit verschaffen. Die simple Formel (*4.1.1*) könnte einem Laien vortäuschen, dass es sich um eine exakte Funktion handelt. Tatsächlich handelt es sich um eine, aus mehreren Skelettfunden ermittelte Näherungsfunktion. Der Autor der Näherungsformel gibt dann auch eine Unsicherheit von 3,3 cm an. Akzeptabel wäre beispielsweise, wenn unser Archäologe die Unsicherheit auf 4 cm aufrunden und wie folgt veröffentlichen würde.

(4.1.3)
$$y = (162 \pm 4) \text{ cm}$$

Eine seriöse Information!

In diesem Fall weiß der Leser und ist dabei sicher nicht schlecht informiert:

- Die Körpergröße liegt bei 162 cm.
- Die Unsicherheit beträgt 4 cm, d. h., der Legionär muss zwischen 158 und 166 Zentimeter groß gewesen sein.

Die Klammer in (*4.1.3*) besagt, dass die Einheit Zentimeter sowohl für die errechnete Körpergröße als auch für die Unsicherheit gilt. Erlaubt ist auch, die Unsicherheit in Prozent oder Promille anzugeben.

(4.1.4)
$$y = 162 \text{ cm} \pm 25 \text{ ‰} \quad \text{oder} \quad 162 \cdot \left(1 \pm {}^{25}\!/_{1000}\right) \text{m}$$

Logische Fehler: Das sind die allerfiesesten! Sie sind zumeist schwer aufzuspüren.

Im Grunde ist alles gestattet, was nicht zu Missverständnissen führen kann! „*Unsicherheiten*" bei Größen nennt man in Naturwissenschaft und Technik auch schlicht *Fehler*.. Diese „Fehler" sind nicht zu verwechseln mit Rechenfehlern, Verwendung falscher Formeln (logische Fehler) oder mit anderen Katastrophen!

Freundliche „Fehler": Fertigungstoleranzen

Es gibt auch „tolerierte Fehler". Die nennt man dann (Fertigungs-) *Toleranzen*. Schreibt man eine Größe vor, so gibt man tunlichst neben dem *Sollwert* (*Nennwert*) ein Intervall an, in dem die Größe liegen darf. Wenn wir also bei einem Bildhauer einen Legionär bestellen würden, wäre (*4.1.3*) ebenfalls eine geeignete Angabe über Höhe und Toleranz des zu fertigenden Objektes. Die Grenzabweichungen (= Grenzen des Toleranzintervalls) müssen nicht notwendig symmetrisch um den Sollwert pendeln. Wenn die Figur durch eine 1,625 m große Öffnung passen müsste, könnte man auch die Größe in folgender Form angeben:

$$y = \left(1{,}62\,^{+0{,}04}_{-0{,}12}\right)\,\text{m} \qquad (4.1.5)$$

Das natürlich völlig überzeichnete obige Beispiel mit dem „Archäologen“ soll Ihnen zeigen, was beim Arbeiten mit Größen unbedingt zu beachten ist:

- Fehlerrechnung bzw. Abschätzung der Unsicherheiten/Fehler
- Richtig Runden
- Korrekte Darstellung fehlerbehafteter Größen

Mit einer Fehlerrechnung ermittelt man den Fehler von Größen, die mithilfe anderer fehlerbehafteter Größen errechnet wurden. Fehlerrechnung wird Ihnen später als eigene Vorlesung oder im Rahmen anderer Vorlesungen (Experimentalphysik, Statistik) an der Hochschule angeboten. An dieser Stelle reicht es, wenn Sie für das Problem sensibilisiert sind und nicht blindlings das übernehmen, was Ihr Taschenrechner oder Computer herausgibt.

Eng verbunden mit den Unsicherheiten/Fehlern bei der Ermittlung von Größen ist das *Runden* der Zahlenwerte, und da gibt es für Sie **keine Gnade**.

Keine Gnade beim Runden!

Die erste (unerwartete) Schwierigkeit entsteht bereits beim Ermitteln der *Rundungsstelle*. Der Stellenwert der Rundungsstelle muss in derselben Größenordnung wie der Fehler liegen! Nennen wir den Zahlenwert der Größe y, die Unsicherheit Δy und die Rundungsstelle k, dann muss nach DIN 1333 folgende Relation gelten! Beachten Sie, 10^k ist der Stellenwert der Rundungsstelle!

Zum richtigen Runden gehört die Ermittlung der richtigen Rundungsstelle!

$$\frac{\Delta y}{30} < 10^k \leq \frac{\Delta y}{3} \qquad (4.1.6)$$

In (*4.1.3*) ist $\Delta y = 0{,}04$ m. Der Stellenwert der Rundungsstelle muss also zwischen 0,00133 und 0,0133 liegen. Die Zehnerpotenz, die dazwischen liegt, ist 10^{-2}. Die Rundungsstelle ist folglich $k = -2$. Die Unsicherheit Δy rundet man ebenfalls an dieser Stelle – sie wird aber **immer** aufgerundet (von der Null weg – siehe unten!).

Unsicherheiten aufrunden!

Dass die Stelle k auch vor dem Komma liegen darf, zeigt ein anderes Beispiel: die Zählung einer Tierpopulation. Sagen wir, es wären 1526 Exemplare gezählt worden. Es könnten aber Tiere übersehen oder auch mehrfach gezählt worden sein. Wenn wir eine Unsicherheit von 36 Tieren annehmen, muss die Rundungsstelle gemäß (*4.1.6*) zwischen 1,2 und 12 liegen. Dazwischen liegt 10^1 – also muss die Anzahl der Population auf Zehner ($k = +1$) gerundet werden. Das Ergebnis der Zählung wäre dann (1530 ± 40) Tiere.

Wird gerne für überflüssig erachtet: das Runden vor dem Komma.

Es ist kaum zu glauben, wie viele Fehler beim Runden gemacht werden. Das Rundungsprogramm Ihres Taschenrechners oder Ihrer Computeranwendung rundet auf die Stelle k – (*vgl. 3.2.1*) – indem er/sie zu der zu rundenden Zahl den halben Stellenwert addiert und dann alle Ziffern rechts von der Rundungsstelle abschneidet. Für Rundungsstellen vor dem Komma ($k \geq 0$) gilt:

$$\begin{aligned} &z_n \ldots z_k z_{k-1} \ldots z_0 , z_{-1} \ldots \mapsto \left(z_n \ldots z_k z_{k-1} \ldots z_0 , z_{-1} \ldots + 5 \cdot 10^{k-1}\right) \\ &\mapsto \underline{\underline{z_n \ldots \tilde{z}_k 0 \ldots 0}} \quad \text{mit} \quad \tilde{z}_k = \begin{cases} z_k & \text{falls } z_{k-1} \leq 4 \\ z_k + 1 & \text{falls } z_{k-1} \geq 5 \end{cases} \end{aligned} \qquad (4.1.7)$$

Im Falle $k > 0$ müssen die abgeschnittenen Ziffern vor dem Komma durch Nullen ersetzt werden. Auf keinen Fall darf ein „Komma-Null" folgen! Liegt die Rundungsstelle hinter dem Komma ($k < 0$) gilt:

(4.1.8)

$$z_n\ldots z_0, z_{-1}\ldots z_k z_{k-1}\ldots \mapsto \left(z_n\ldots z_0, z_{-1}\ldots z_k z_{k-1}\ldots + 5\cdot 10^{k-1}\right)$$

$$\mapsto \underline{\underline{z_n\ldots z_0, z_{-1}\ldots \tilde{z}_k}} \quad \text{mit} \quad \tilde{z}_k = \begin{cases} z_k & \text{falls } z_{k-1} \le 4 \\ z_k + 1 & \text{falls } z_{k-1} \ge 5 \end{cases}$$

Sträflich: das Anhängen sinnloser Nullen

Der gerundeten Stelle dürfen in diesem Fall ($k < 0$) unter **keinen** Umständen noch Nullen angehängt werden! Beiden Fällen ist gemeinsam, dass die Addition des halben Stellenwertes der Rundungsstelle nur dann einen Übertrag von eins auf die Rundungsstelle bewirkt, wenn die Ziffer an der Stelle $k - 1$ fünf oder mehr beträgt. Sollten sich links von der Rundungsstelle eine oder mehrere Neunen anschließen, bewirkt der Übertrag zur Rundungsstelle eine Kaskade von Überträgen, und zwar solange, bis eine Stelle ohne Neunerziffer erreicht wird.

Eine wichtige Selbstverständlichkeit!

Es sei noch einmal betont: Entscheidend für die Rundung ist **nur die eine** Stelle rechts von der der Rundungsstelle (Stellenwert 10^{k-1}). Alle weiter rechts liegenden Stellen spielen für die Rundung **keine** Rolle. Wegen (*3.3.10*) beträgt der Abstand zwischen der nach unten und der nach oben gerundeten Zahl 10^k. Mit der Fallunterscheidung in (*4.1.8*) wird erreicht, dass der Abstand der ungerundeten Zahl zur gerundeten Zahl halbiert, also maximal $0{,}5\cdot 10^k$ betragen kann.

Merksatz (4.1.1)

Unsicherheit aufgrund Rundung an der Stelle *k*:
Die maximale Abweichung eines gerundeten Wertes von seinem ungerundeten Wert ist kleiner als der halbe Stellenwert der Rundungsstelle. Wenn ***k*** die Rundungsstelle ist, dann beträgt die Unsicherheit aufgrund der Rundung demnach:
$0{,}5\cdot 10^k$ ($= 5\cdot 10^{k-1}$)

Es soll auch erwähnt werden, dass es Fälle gibt, in denen man anders runden muss:

Die Rundungsart hängt von der Aufgabenstellung ab!

- **Aufrunden:** Bei positiven Zahlen wird zunächst der **volle** Stellenwert (nicht wie oben der halbe) der Rundungsstelle addiert und dann alle Ziffern rechts der Rundungsstelle abgeschnitten. Im Falle eines negativen Zahlenwerts werden alle Ziffern rechts von der Rundungsstelle abgeschnitten.
- **Abrunden:** Im Falle eines positiven Zahlenwertes werden alle Ziffern rechts von der Rundungsstelle abgeschnitten. Im negativen Fall wird vor dem Abschneiden der volle Stellenwert der Rundungsstelle addiert.
- **Runden von der Null weg**: (**←0→**): Zum **Betrag** wird vor dem Abschneiden der volle Stellenwert addiert. **Fehler bzw. Unsicherheiten werden immer so gerundet!**
- **Runden zur Null hin (→0←):** Der **Betrag** des Zahlenwertes wird abgerundet, d.h. die Ziffern rechts neben der Rundungsstelle werden abgeschnitten.

Bei den letzten vier Rundungsarten ist die maximale Abweichung des gerundeten Wertes von dem ungerundeten Wert gleich dem vollen Stellenwert der Rundungsstelle! Zur Sicherheit sind in *Tabelle 4.1.1* einige Rundungsbeispiele aufgelistet.

Zahlenwert	k	Runden	Aufrunden	Abrunden	←0→	→0←
+5,579 41	–3	+5,579	+5,580	+5,579	+5,580	+5,579
–5,579 41	–3	–5,579	–5,579	–5,580	–5,580	–5,579
+9 536 899	+4	+9 540 000	+9 540 000	+9 530 000	+9 540 000	+9 530 000
–9 536 899	+4	–9 540 000	–9 530 000	–9 540 000	–9 540 000	–9 530 000
+0,999825	–2	+1,00	+1,00	+0,99	+1,00	+0,99
–0,999825	–2	–1,00	–0,99	–1,00	–1,00	–0,99
+0,000 453	–4	+0,000 5	+0,000 5	+0,00 4	+0,000 5	+0,000 4
–0,000 453	–4	–0,000 5	–0,000 4	–0,000 5	–0,000 5	–0,000 4

Tabelle 4.1.1
Beispiele zu den verschiedenen Rundungsarten

Wenn jemand den Wert einer Größe veröffentlicht, geht man davon aus, dass die Rundungsstelle gemäß (*4.1.6*) gewählt wurde („unit“ steht anstelle einer bestimmten Einheit).

$$y = \left(z_n \ldots z_0, z_{-1} \ldots \tilde{z}_k \pm \Delta y\right) \text{ unit} \qquad (4.1.9)$$

Eigentlich kommt zu der Unsicherheit Δy noch die Rundungsunsicherheit $0{,}5 \cdot 10^k$ dazu. Nach dem so genannten Fehlerfortpflanzungsgesetz gilt für die gesamte Unsicherheit (*4.1.10*).

$$\Delta y_{\text{GESAMT}} = \sqrt{\Delta y^2 + \left(0{,}5 \cdot 10^k\right)^2} \qquad (4.1.10)$$

Da aber eine Berücksichtigung des Rundungsfehlers die Unsicherheit im äußersten Fall gerade mal um 4 % erhöhen könnte, vernachlässigt man hier dessen Beitrag.

In vielen Publikationen – insbesondere bei populärwissenschaftlichen – werden Sie nach dem oben Gesagten die Angabe einer Unsicherheit vermissen. Entweder ist der Zahlenwert als ganz normaler abbrechender Dezimalbruch angegeben oder die letzte Ziffer ist klein gedruckt bzw. tiefer gesetzt. Damit ist eine Unsicherheit **indirekt** mitgeteilt worden.

Indirekte Mitteilung von Unsicherheiten:
Sollte die letzte Ziffer (muss hinter dem Komma liegen) klein oder tiefer gesetzt sein, ist die Unsicherheit „automatisch“ gleich dem dreifachen Stellenwert der letzten Stelle.

Beispiel: **$55{,}35_7$ mm** → Unsicherheit = $3 \cdot 10^{-3}$ mm = **0,003 mm**

Ist die letzte Ziffer normal geschrieben (dürfen auch die Einer sein), ist die Unsicherheit gleich dem 0,6-fachen Stellenwert der letzten Stelle – also etwas mehr als der maximale Rundungsfehler.

Beispiel: **55,36 mm** → Unsicherheit = $0{,}6 \cdot 10^{-2}$ mm = **0,006 mm**

Merksatz 4.1.2

Im folgenden Absatz wird erklärt, wie die Konventionen aus *Merksatz 4.1.2* zustande kommen. Sollte Ihnen diese Erklärung nicht so wichtig sein, dürfen Sie „diagonal“ lesen. Wenn Sie die Ungleichungskette (*4.1.6*) noch einmal betrachten, erkennen Sie, dass die maximale Unsicherheit gleich dem 30-fachen Stellen-

Sie wollen Ihre Präzisionstechnologie geheim halten? Benutzen Sie die indirekten Unsicherheitsmitteilungen!

wert sein kann. Will man die Unsicherheit der Größe **geheim** halten, rundet man die tatsächliche Unsicherheit auf diesen Maximalwert auf. Gleichzeitig rundet man den Zahlenwert nicht mehr an der Stelle k, sondern eine Stelle weiter links, also bei der $(k+1)$-ten Stelle. Nun gilt gemäß (*4.1.10*) für die Unsicherheit:

(4.1.11)

$$\Delta y_{\text{GESAMT}} = \sqrt{\left(30\cdot10^{k}\right)^{2} + \left(0{,}5\cdot10^{k+1}\right)^{2}} = \left(\sqrt{3^{2}+0{,}5^{2}}\right)\cdot10^{k+1} \approx \underline{\underline{3\cdot10^{k+1}}}$$

Die Unsicherheit ist nun gleich dem dreifachen Stellenwert der Rundungsstelle.

(4.1.12)

$$y = \left(z_{n}\ldots z_{0}, z_{-1}\ldots\tilde{z}_{k+1} \pm 3\cdot10^{k+1}\right)\text{units}$$

Die Konvention besteht nun darin, die Unsicherheit nicht zu notieren und stattdessen die letzte Ziffer verkleinert zu schreiben oder tief zu setzen. Würde man noch gröber runden und statt an der Stelle k zwei Stellen links davon, also $k+2$, runden, dominiert in (*4.1.11*) die Rundungsunsicherheit.

(4.1.13)

$$\Delta y_{\text{GESAMT}} = \sqrt{\left(30\cdot10^{k}\right)^{2} + \left(0{,}5\cdot10^{k+2}\right)^{2}} = \left(\sqrt{0{,}3^{2}+0{,}5^{2}}\right)\cdot10^{k+2} \approx \underline{\underline{0{,}6\cdot10^{k+2}}}$$

Womit die Unsicherheit gleich dem 0,6-fachen Stellenwert der Rundungsstelle (jetzt $k+2$) beträgt:

(4.1.14)

$$y = \left(z_{n}\ldots z_{0}, z_{-1}\ldots\tilde{z}_{k+2} \pm 0{,}6\cdot10^{k+2}\right)\text{units}$$

In diesem Fall notiert man einfach nur den gerundeten Zahlenwert.

Das in *Bild 4.1.3* vorgestellte Beispiel zeigt die drei Möglichkeiten, die Sie haben, um den Wert einer Größe zu veröffentlichen. Für die Möglichkeit II bzw. III entscheidet man sich beispielsweise, wenn man Informationen über die tatsächliche Genauigkeit der Messung des Größenwertes zurückhalten will.

Ungerundeter Wert $y = 59{,}56735$ mm
Unsicherheit $\Delta y = 0{,}0063$ mm

$$\left.\begin{matrix} y = 59{,}56735\ \text{mm} \\ \Delta y = 0{,}0063\ \text{mm} \end{matrix}\right\} \frac{0{,}0063}{30} < 10^{k} \le \frac{0{,}0063}{3} \Rightarrow \underline{\underline{k=-3}}$$

I) $y = (59{,}567 \pm 0{,}007)$ mm

II) $y = 59{,}5_{7}$ mm (Unsicherheit = $3\cdot10^{-2}$ mm = 0,03 mm)

III) $y = 59{,}6$ mm (Unsicherheit = $0{,}6\cdot10^{-1}$ mm = 0,06 mm)

Bild 4.1.3
Beispiele zur Mitteilung einer mit einer Unsicherheit behafteten Größe

Kein Scherz!!!

Mit dem Wissen dieses Kapitels dürfte es für Sie kein Problem sein zu entscheiden, ob die folgende merkwürdige Relation wahr oder falsch ist.

(4.1.15)

$$55\ \text{mm} = 55{,}00\ \text{mm} \quad \text{w/f ?}$$

Keine Frage, die Zahlenwerte sind selbstverständlich gleich. Der rechte Dezimalbruch geht einfach durch Erweiterung mit 100 aus dem linken hervor (*vgl. (3.2.6)*). Da aber den Zahlen Einheiten folgen, handelt es sich um die Werte von Größen. Da eine Unsicherheit/Fehler nicht mitgeteilt wurde und die letzten Ziffern normal gedruckt sind, gilt der Fall III. Damit beträgt die Unsicherheit links ± 0,6 mm, rechts aber nur ± 0,006 mm!

Ein gewaltiger Unterschied!

Wenn Sie Werte irgendwelcher Größen veröffentlichen, müssen Sie auch für die letzte Stelle geradestehen. Nehmen wir an, Sie würden sich in einer Maschinenfabrik ein Ersatzteil für eine Oldtimermaschine fertigen lassen. Dazu müssen Sie von dem Bauteil eine (technische) Zeichnung, in der die Maße eingetragen sind, anfertigen. Sollten Sie bei einem unwichtigen Maß statt „55 mm" übereifrig „55,00 mm" geschrieben haben, würde die Werkstatt „rotieren". Sie forderten eine Genauigkeit von ± 0,006 mm an! Während ein halber Millimeter im Maschinenbau ein „Scheunentor" darstellt, ist ± 0,01 mm die Genauigkeitsgrenze üblicher Werkzeugmaschinen. Eine Genauigkeit von ± 0,006 mm ist zwar machbar, aber der Fertigungsaufwand wäre hoch. Sie würden sehr erstaunt sein, wenn der Meister Ihnen die Rechnung präsentiert. Beachten Sie die folgende Warnung!

Uninformiertheit kann sehr peinlich und teuer werden.

Warnung:
Zahlenwerte sind in ihrer Stellenzahl durch Runden so zu begrenzen, dass nur Ziffern angegeben werden, für die man auch garantieren kann!
Nur so genau wie nötig, nicht so „genau" wie möglich!

Merksatz 4.1.3

Im *Merksatz 4.1.3* wurde „genau" in Anführungsstriche gesetzt, um darauf hinzuweisen, dass viele Stellen nur eine Genauigkeit vortäuschen können (vgl. Archäologenbeispiel)! Satteln wir auf diese Warnung noch ein böses Zitat von C. F. Gauß auf.

Zitat von C. F. Gauß:
Der Mangel an mathematischer Bildung gibt sich durch nichts so auffallend zu erkennen, wie die **maßlose** Schärfe im Zahlenrechnen.

Merksatz 4.1.4

Sollte die Rundungsstelle vor dem Komma liegen, nehmen wir beispielsweise an „5500 m", könnte auf Einer, Zehner oder auf Hunderter gerundet sein. Hier geht es nicht ohne zusätzliche Angaben (z. B. „ca.", „ungefähr", „≈")!

Merkwürdig mag nach dem oben Gesagten erscheinen, dass es auch Größen gibt, deren Zahlenwert ein abbrechender Dezimalbruch ist und **nicht** mit einer Unsicherheit behaftet ist. Das könnten zum Beispiel Umrechnungsfaktoren sein. Wenn man bei derartigen Zahlenwerten andeuten will, dass die letzte Stelle exakt und nicht gerundet ist, druckt man sie fett oder unterstreicht sie. Ein Beispiel ist der Umrechnungsfaktor von Seemeilen in Kilometer:

„Exakte" Größen gibt es auch.

$$1\ \text{sm} = 1{,}85\mathbf{2}\ \text{km} \quad \text{oder} \quad 1{,}85\underline{2}\ \text{km} \qquad (4.1.16)$$

4.2 Gleitkommazahlen

Stellen Sie sich vor, Sie sollten die Zahl 67 548 435,3 in einem wichtigen Formular eintragen. Aus Versehen haben Sie das Komma hinter die vorderste Stelle geschrieben. Ein „eingraviertes" Komma lässt sich schlecht unsichtbar machen: Die Peinlichkeit, mit dem Komma „geschlampt" zu haben, trotzt den besten Radiergummis. Es stellt sich die Frage: „Ist dann die Zahl, ohne zu radieren noch zu retten?"

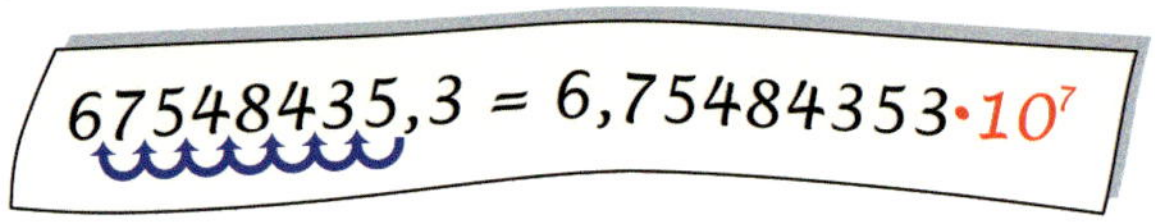

Bild 4.2.1
Entstehung einer Gleitkommazahl (positiver Exponent)

Eine Notlüge!

Die Antwort finden Sie auf dem Zettel in *Bild 4.2.1*. Sie behaupten einfach, mit Absicht das Komma hinter die erste Ziffer verschoben zu haben. Die damit verbundene Verkleinerung der Zahl um den Faktor 10^{-7} wurde durch das Hinzufügen des Korrekturfaktors 10^{7} ausgeglichen. Das Verfahren funktioniert auch bei echten Dezimalbrüchen:

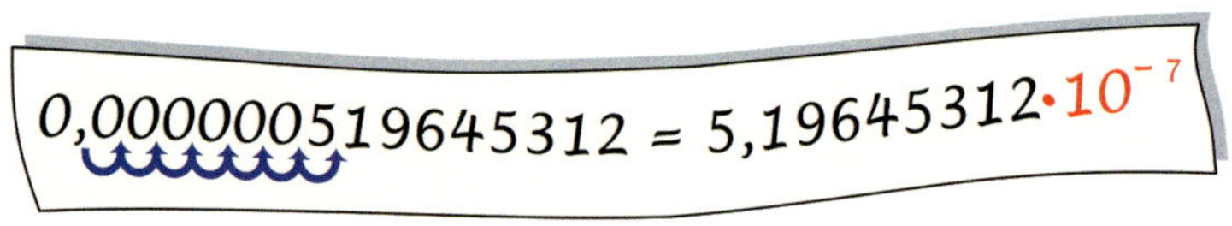

Bild 4.2.2
Entstehung einer Gleitkommazahl (negativer Exponent)

In diesem Fall lässt man das Komma um sieben Stellen nach rechts hinter die erste von null verschiedene Ziffer „gleiten". Die Vergrößerung um den Faktor 10^{7} wird durch den Faktor 10^{-7} ausgeglichen. Die Nullen werden zu führenden Nullen – man lässt sie fort. In beiden Fällen kann man sicherheitshalber mithilfe der Kommaverschiebungsregel (*s. Merksatz 3.2.1*) überprüfen, ob bei Multiplikation mit der Zehnerpotenz auch tatsächlich die Originalzahl wieder herauskommt. Auf beiden Zetteln ist die Überführung einer Zahl von der *Festkomma*- in die so genannte *Gleitkommadarstellung* demonstriert worden. Dadurch, dass das Komma hinter die erste von null verschiedene Ziffer „geglitten" ist, muss der Zahlenfaktor vor der Zehnerpotenz zwischen eins und zehn liegen – genauer: Er muss im halb offenen Intervall [1; 10) liegen.

Festkommadarstellung – der Name spricht für sich.

Fließkomma dürfen Sie auch sagen.

Während die Gleitkommadarstellung des ersten Beispiels (*s. Bild 4.2.1*) außer der „Kommakorrektur" scheinbar keine Vorteile bringt, sieht es beim zweiten Beispiel (*s. Bild 4.2.2*) schon anders aus. Als Festkommazahl erfordert die Zahl 16 Stellen. In der Gleitkommadarstellung sind die Nullen überflüssig geworden, da die Information jetzt im Exponenten steckt. Da der Exponent nur eine Stelle benötigt, kommt die Gleitkommazahl mit zehn Stellen aus. Ein bit ist allerdings noch für das Vorzeichen im Exponenten erforderlich.

„Gleitkommazahlen" auf englisch: floats

Sechs eingesparte Stellen sind noch nicht allzu überzeugend. Machen wir einen kleinen Ausflug in den Mikrokosmos, der Welt sehr großer oder auch sehr kleiner Zahlenwerte!

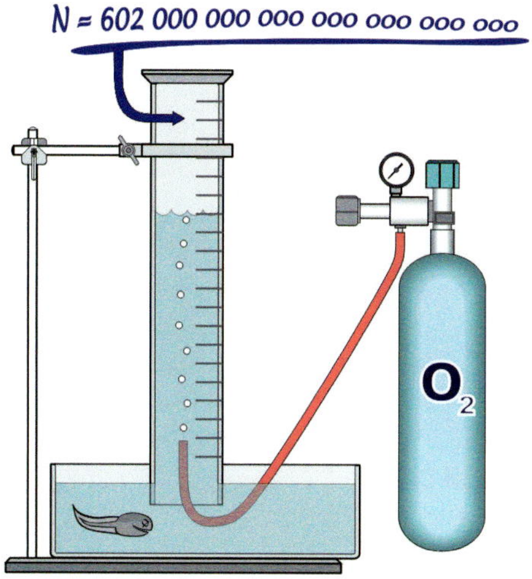

Raucher nehmen lieber Stickstoff!

Bild 4.2.3
Apparatur zum Abfüllen von 22,4 l Sauerstoffgas

Denken wir uns, wir würden in einen umgestülpten vollständig mit Wasser gefüllten Messzylinder vorsichtig Sauerstoffgas blubbern lassen. In einer Anordnung, wie sie in *Bild 4.2.3* dargestellt ist, wird das Wasser vom Gas verdrängt und man kann das jeweilige Gasvolumen problemlos ablesen. Wenn die Anordnung groß genug ist und 22,4 l Gas hineinpassen, hätten wir gerade ein so genanntes Mol abgefüllt, das sind rund 602 000 000 000 000 000 000 000 Moleküle. In diesem Fall erfordert die Zahl 24 Stellen. In Gleitkommadarstellung dagegen sind gerade einmal fünf Stellen plus Exponentenvorzeichen erforderlich:

Gleitkommazahlen: unentbehrlich im Mikro- u. Makrokosmos

$$N = 602\,000\,000\,000\,000\,000\,000\,000 = \underline{\underline{6{,}02 \cdot 10^{+23}}} \qquad (4.2.1)$$

Auch die Masse eines Moleküls ist leicht bestimmbar, denn 22,4 ℓ Sauerstoff wiegen 32 g (= 1 Mol O_2). Für den Zahlenwert der Masse ist eine Dezimalzahl aus 26 Ziffern erforderlich. Auch hier kommt die Gleitkommazahl mit fünf Stellen plus Exponentenvorzeichen aus:

$$m_{O2} = 0{,}000\,000\,000\,000\,000\,000\,000\,0531\,\mathrm{g} = \underline{\underline{5{,}31 \cdot 10^{-23}\ \mathrm{g}}} \qquad (4.2.2)$$

Die Stellenersparnis durch Gleitkommadarstellung ermöglicht, sehr große bzw. sehr kleine Zahlen auf elektronischen Rechensystemen darzustellen und auch damit zu rechnen. Es führt kein Weg daran vorbei: Sie müssen Gleitkommazahlen beherrschen.

Sehen wir uns dazu in *Bild 4.2.4* die „Anatomie" einer Größe mit einem Zahlenwert in Gleitkommadarstellung an. Es handelt sich um die elektrische Ladung eines Elektrons. Dass der Betrag des Faktors vor der Basispotenz (hier Zehnerpotenz) Mantisse (lat., Zugabe, Anhängsel) heißt, ist nur eine Namensgebung. Wichtig ist dagegen die Nummerierung, die sich jetzt an dem Beitrag der Stelle für den Zahlenwert orientiert – vornehm ausgedrückt: an der Signifikanz der jeweiligen Stelle! Klar ist, dass die Stelle vor dem Komma die wichtigste Stelle ist, denn sie bestimmt zusammen mit der Zehnerpotenz die Größenordnung der Zahl. Die Ziffer an dieser Stelle ist folglich die erste signifikante Stelle. Dem nach rechts ab-

Erste „signifikante" Stelle = erste Stelle „von Bedeutung"

Signifikante Stellen auch bei Festkommazahlen!

nehmenden Stellenwert entsprechend wird dann fortlaufend weiter nach rechts bis zur Rundungsstelle nummeriert. Würde man die Gleitkommazahl aus *Bild 4.2.4* wieder (z. B. durch Kommaverschiebung) in eine Festkommazahl zurückverwandeln, stünde die „erste signifikante Stelle" an der Stelle –19. Vorher stünden nur Nullen. Um den Begriff „signifikante Stelle" auch bei Festkommazahlen verwenden zu können, definiert man die erste signifikante Stelle als erste Stelle (von links nach rechts!) mit einer von Null verschiedenen Ziffer.

Gleitkommazahl: Die erste signifikante Stelle steht vor dem Komma!

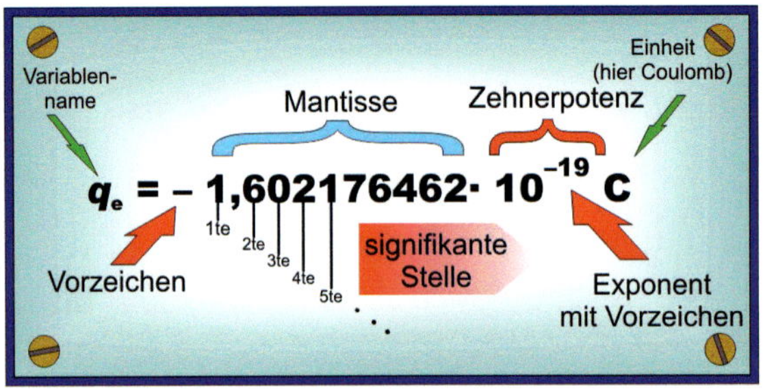

Bild 4.2.4
„Anatomie" einer Größe in Gleitkommadarstellung

Die Mantisse der Gleitkommazahl in *Bild 4.2.4* umfasst zehn signifikante Stellen – der Zahlenwert ist auf zehn signifikante Stellen genau bzw. gerundet. Die Zahlenbeispiele auf den *Bildern 4.2.1 und 4.2.2* umfassen beide neun signifikante Stellen! Die Molekülanzahl und die Molekülmasse aus unserem Ausflug in den Mikrokosmos sind, obwohl viel genauer bekannt, auf drei signifikante Stellen gerundet!

Kann als eigenständige Rundungsart angesehen werden: das Runden auf die n-te signifikante Stelle

Für den Umgang mit Gleitkommazahlen ist es wichtig, dass man sich über die Rundungsfehler im Klaren ist. Nehmen wir an, eine beliebige Gleitkommazahl $x = m \cdot 10^n$ wäre auf drei signifikante Stellen gerundet. Die Mantisse liegt definitionsgemäß zwischen 1 und 10. Der Rundungsfehler Δx ist gleich dem halben Stellenwert der dritten signifikanten Stelle – also $0{,}005 \cdot 10^n$. Damit liegt der relative Rundungsfehler $\Delta x/x$ zwischen 0,0005 und 0,005. Durch die Betrachtung des relativen Fehlers kürzt sich die Zehnerpotenz freundlicherweise heraus:

(4.2.3)

$$\underline{1{,}00 \cdot 10^n \le x < 10{,}00 \cdot 10^n,\quad \Delta x = 0{,}005 \cdot 10^n}$$
$$\frac{0{,}005 \cdot 10^n}{10 \cdot 10^n} < \frac{\Delta x}{x} \le \frac{0{,}005 \cdot 10^n}{1 \cdot 10^n}$$
$$\Leftrightarrow \quad \underline{\underline{0{,}0005 < \frac{\Delta x}{x} \le 0{,}005}}$$

Meistens völlig ausreichend: Runden auf drei signifikante Stellen

Beim Runden auf drei signifikante Stellen liegt der relative Rundungsfehler gerade einmal zwischen 0,5 ‰ und 5 ‰ (beachte 1 ‰ ≡ $^1/_{1000}$!). Das heißt, für die meisten Rechnungen, die Sie in Ihrem Leben durchführen, reichen drei signifikante Ziffern völlig aus!! In *Tabelle 4.2.1* sind die relativen Rundungsfehler in Abhängigkeit von der Anzahl der signifikanten Stellen aufgelistet.

Anzahl signif. Stellen	Minimaler	Maximaler	Minimaler	Maximaler
	relativer Fehler		relativer Fehler in % bzw. ‰	
1	0,05	0,5	**5 %**	**50 %**
2	0,005	0,05	**0,5 %**	**5 %**
3	0,0005	0,005	**0,5 ‰**	**5 ‰**
4	0,00005	0,0005	**0,05 ‰**	**0,5 ‰**

Tabelle 4.2.1
Relative Rundungsfehler

Tabelle 4.2.1 soll Ihnen helfen, Ihre Stellen auf Taschenrechner und Computer mutig zu runden. Die meisten Maschinen und Flugzeuge, die Sie im Deutschen Museum (München) bewundern können, sind mit einer Genauigkeit von drei signifikanten Stellen mithilfe von Rechenschiebern berechnet worden. Das Schlimmste, was bei wichtigen Berechnungen passieren kann, ist nicht eine zu grob gerundete Mantisse, sondern das Verrechnen um Zehnerpotenzen. Man tut gut daran, mithilfe geeigneter Überschlagsrechnungen zu prüfen, ob die Größenordnung des errechneten Zahlenwertes stimmt. Dazu rundet man die Zahlenwerte auf eine oder zwei signifikante Stellen, fasst die Zehnerpotenzen zusammen und schätzt den Rest im Kopf ab. Die Rechenregeln für Potenzen (auch mit negativen Exponenten!) müssen Sie selbstverständlich beherrschen! In *Bild 4.2.5* wird anhand eines Beispiels gezeigt, wie bei einer Überschlagsrechnung vorzugehen ist.

Darf nicht passieren: ein Irrtum bei den Zehnerpotenzen!

$$\frac{1}{2}\frac{m_e \cdot v^2}{q_e} = ? \quad \text{mit } m_e = 9{,}109 \cdot 10^{-31}\,\text{kg}\,; \quad v = 2{,}156 \cdot 10^{7}\,\text{m/s}\,; \quad q_e = 1{,}602 \cdot 10^{-19}\,\text{C}$$

$$\text{Überschlag} = \frac{9 \cdot 10^{-31} \cdot (2 \cdot 10^{7})^2}{2 \cdot 1{,}5 \cdot 10^{-19}} = \frac{9 \cdot 4}{3} \cdot 10^{-31+14+19} = 12 \cdot 10^{2} = \underline{\underline{1200}}$$

Bild 4.2.5
Beispiel einer Überschlagsrechnung

Rechnet man mit vier signifikanten Stellen, käme ein Zahlenwert von 1322 heraus. Auch wenn das Ergebnis der Überschlagsrechnung um etwa 10 % zu niedrig liegt, hat die Überschlagsrechnung die Größenordnung des genaueren Werts bestätigt. So einfach ist das in der Praxis natürlich nicht. Wenn ein Programm einen Computer acht Stunden lang rechnen lässt, muss man sich schon etwas sehr Intelligentes einfallen lassen, um das Ergebnis überschlagsmäßig überprüfen zu können.

Überschlagsrechnungen sind erstaunlich „genau"!

Wie überprüft man Rechenergebnisse, die ein Computerprogramm ermittelt hat?

Für Taschenrechner sind Gleitkommazahlen überhaupt kein Problem – allerdings sind Ein- und Ausgabe herstellerbedingt unterschiedlich. Sobald eine Zahl zu groß oder zu klein für das Display ist, wird sie automatisch in Gleitkommadarstellung überführt. Die Mantisse wird dabei durch Runden auf die passende Stellenzahl gebracht. Um eine Gleitkommazahl einzugeben, tippt man erst ganz normal die Mantisse (mit Vorzeichen) ein! Meist verfügen die Rechner über eine spezielle Exponententaste. Nach dem Tippen auf diese Taste fasst der Rechner die restlichen Eingaben als Exponent zur Basis 10 auf. Dafür stehen zwei Stellen plus Vorzeichen zur Verfügung. Leider ist die Beschriftung der Exponententaste zwei-

Zweideutige Tastenbeschriftung bei den Taschenrechnern!

Vorsicht beim Ablesen von Gleitkommazahlen vom TR-Display!

Nur für Baumarktmerkzettel: ein Kreuz für einen normalen „Malpunkt".

Beachten Sie das Manual Ihres Taschenrechners!

„EXP" steht hier nicht für die Exponentialfunktion!

deutig. Ein „e" oder „EXP" könnte mit der wichtigen Exponentialfunktion verwechselt werden. Bei der Darstellung der Gleitkommazahl im Display kommt die Basis zumeist schlecht weg. Sie wird sehr klein oder manchmal überhaupt nicht angezeigt. Der Exponent (zur Basis 10!) ist dann nur durch einen Zwischenraum von der Mantisse getrennt. Übernehmen Sie auf keinen Fall die Darstellungsweise eines Taschenrechnerdisplays!

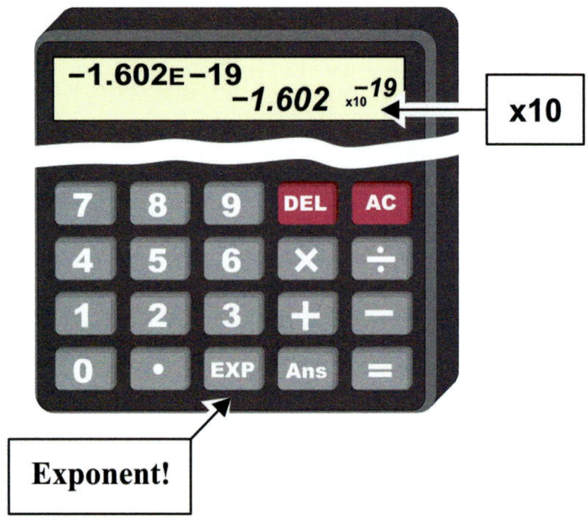

Bild 4.2.6
Gleitkommazahl auf einem Taschenrechner

Bild 4.2.6 zeigt einen Tascherechner mit einem zweizeiligen Display. Die Eingabe wird oben angezeigt. Die zweite Zeile ist für die Ausgabe vorgesehen. Falls Sie oben einen Term eingegeben haben, erscheint der Wert des Terms nach Betätigung der Taste mit dem Gleichheitszeichen in der unteren Zeile. Um zu zeigen, wie eine Gleitkommazahl im Ausgabemodus angezeigt wird, wurde im vorliegenden Fall lediglich „minus 1punkt602", "EXP", „minus19" eingetippt und mit der „Gleichtaste" quittiert. Man beachte die mickrige Zehn, der auch noch ein – für normale Produkte verbotenes – Kreuz vorgesetzt ist!

Einen **unverzeihlichen** Fehler würden Sie begehen, wenn Sie den Betrag der Gleitkommazahl im Display als „1,602 hoch minus 19" deuten! Man kann einen Taschenrechner auch in einen Ausgabemodus versetzen, indem alle Zahlen in Gleitkommadarstellung ausgegeben werden. Der Modus wird meistens mit SCI (von scientific, engl. wissenschaftlich) bezeichnet. Der unmögliche Name geht wohl auf Marketingleute zurück. Beachten Sie bitte die folgende Warnung!

Beachten Sie den Sprengstoff in Merksatz 4.2.1!

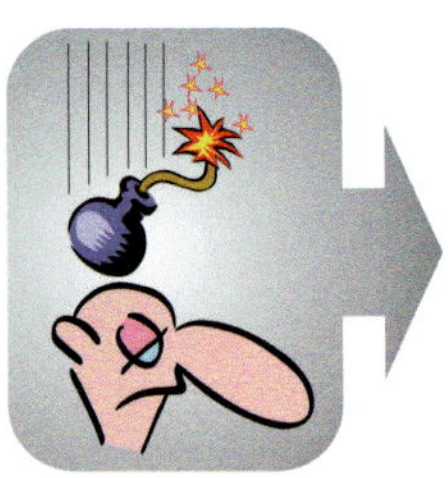

Merksatz 4.2.1

Warnung:
Vergessen Sie nicht, die Basis (10) zu notieren, wenn Sie eine Gleitkommazahl vom Display eines Taschenrechners abschreiben!
Beispiel: $\mathbf{1{,}602 \cdot 10^{-19} \neq 1{,}602^{-19}}$
Die EXP-Taste eines Taschenrechners bereitet die Eingabe des Exponenten für die Zehnerpotenz einer Gleitkommazahl vor – sie hat nichts mit der Exponentialfunktion zu tun. Auf der Funktionstaste für die Exponentialfunktion steht **ln** / $\mathbf{e^x}$!

Computeranwendungen (z. B. Tabellenkalkulationen, Programmiersprachen) geben eine Gleitkommazahl im Format „Vorzeichen, Mantisse (meist mit Dezimalpunkt), dem Buchstaben e", "Exponent zur Basis 10 mit Vorzeichen" heraus. Man kann eine Gleitkommazahl auch in diesem Format eintippen. Beispiel: –1.602e–19. Die Verwechslungsgefahr mit der Exponentialfunktion ist gering, da die „eingebauten" Funktionen aus drei Buchstaben bestehen! Der Name der Exponentialfunktion ist „Exp".

Wieder ein Benennungskonflikt! Sie müssen damit leben.

Werfen wir einen Blick auf die Zahlenmenge der Datentypen der Norm IEEE754 auf Computern:

Datentyp	Stellen	von	bis
Single	**32 bit**	–3,402823**e**38	–1,401298**e**–45
		1,401298**e**–45	3,402823**e**38
Double	**64 bit**	–1,79769313486232**e**308	–4,94065645841247**e**–324
		4,94065645841247**e**–324	1,79769313486232**e**308

Tabelle 4.2.2
Die Datentypen Single und Double

Die Grenzen der zur Verfügung stehenden Zahlen signalisieren einen beruhigenden Spielraum. Möglicherweise wundern Sie sich über die entsetzlich krummen Mantissen. Diese Grenzen kommen durch die Umrechnung vom Zweier- in das Zehnersystem zustande. Intern rechnet ein Computer mit Gleitkommazahlen zur Basis 2! Auch wenn es Rechner gibt, die mit mehr als 64 Dualstellen rechnen können, ist allen gemeinsam, dass die Stellenzahl begrenzt und somit ihre Zahlenmenge trotz ihres enormen Umfangs endlich ist. Das bedeutet, dass Zwischenergebnisse einer Rechnung immer auf die begrenzte Stellenzahl gestutzt werden müssen und somit fehlerhaft werden. So addieren sich Rechenschritt für Rechenschritt die Fehler. Ob der endgültige Fehler schließlich vernachlässigbar ist oder aber zu fürchterlichem Datenmüll führt, hängt vom Computerprogramm ab. Wenn Sie so weit sind, selbst umfangreiche Computerprogramme zu entwickeln, werden Sie sich wohl oder übel mit den Tücken der Gleitkommaarithmetik befassen müssen. Zunächst dürfen Sie aber noch vertrauensvoll mit den Gleitkommazahlen arbeiten.

Computerzahlen: keine unendliche Menge!

4.3 Präfixe - Vorsatzzeichen

Größen mit Zahlenwerten in Gleitkommadarstellung haben einen Nachteil: Sie sind keine „Schnell-auf-einen-Blick"-Größen. Man muss, um sicher zu gehen, sehr genau hinschauen, insbesondere wegen der klein geschriebenen vorzeichenbehafteten Exponenten. Bei Zahlenwerten mit Beträgen zwischen 10^{-12} und 10^9 gibt es eine populäre Alternative. Das sind zwar auch Gleitkommazahlen – aber zur Basis 1000! Sie werden sicher einwenden, noch nie ein derartiges Gebilde gesehen zu haben. Doch das haben Sie – nur nicht bewusst! Die Gleitkommazahlen sind nämlich „getarnt". Damit Sie gleich sehen, worum es sich handelt, sehen wir uns in *Bild 4.3.1* die „Anatomie" einer Größe an, deren Zahlenwert eine solche „getarnte" Tausender-Gleitkommazahl ist.

Wird oft unbewusst verwendet: das Tausendersystem

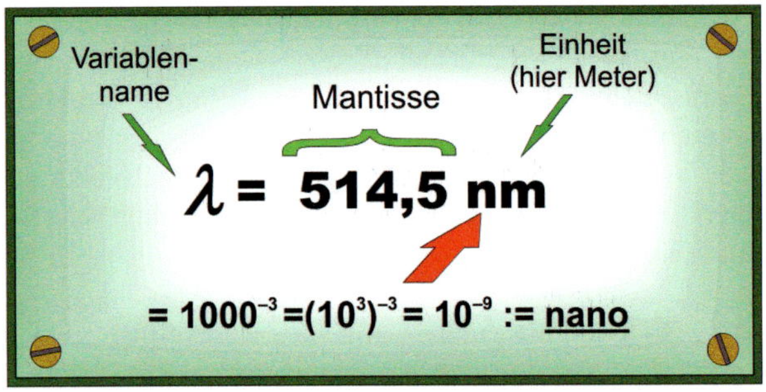

Bild 4.3.1
„Anatomie“ einer Größe mit Gleitkommazahl zur Basis 1000

Es handelt sich in *Bild 4.3.1* um eine der Wellenlängen eines Argonlasers. Genau wie bei Gleitkommazahlen zur Basis 10 ist hier das Komma hinter die erste von null verschiedene Ziffer gerückt. Ziffern im Tausendersystem sind dreistellig – also ist 514 diese erste Ziffer. Die Tausenderpotenzen drückt man doch lieber in den handlicheren Zehnerpotenzen aus und gibt ihnen – das ist der zweite Trick in diesem Verfahren – Namen.
Im vorliegenden Beispiel nennt man 1000^{-3} (= 10^{-9}) „Nano“. Die Größe in *Bild 4.3.1* liest man dann so: „Lambda = 514,5 Nanometer“.

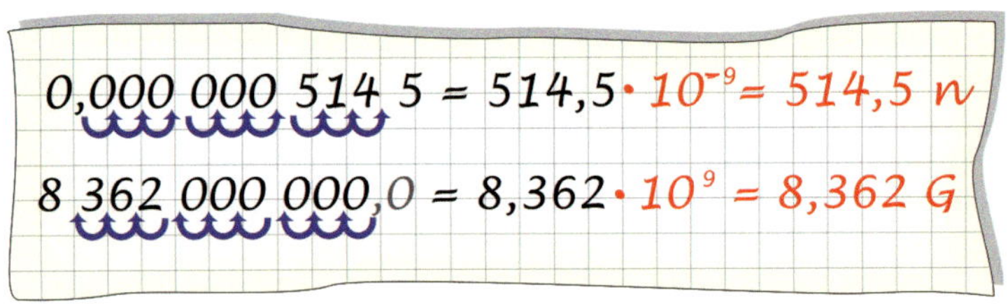

Bild 4.3.2
Gleitkommazahl im Tausendersystem

Der Zettel (*Bild 4.3.2*) zeigt die Umwandlung je einer Zahl im Tausendersystem in eine Gleitkommazahl im selben System. Wie bereits in Abschnitt 3.1 Beispiel (*3.1.7*) gezeigt wurde, ist eine Dezimalzahl, bei der die Ziffern in Dreierbündel gruppiert sind, auch gleichzeitig zur Basis 1000 dargestellt, denn die Dreierbündel sind die Ziffern des Tausendersystems. Beim Dreierbündel an der Spitze kann man auf führende Nullen verzichteten. Das Komma (auch wenn es nicht mitgeschrieben wurde) wird in beiden Beispielen in Dreierschritten verschoben und die Änderung des Zahlenwertes mit einer Zehnerpotenz kompensiert. Aufgrund der Dreierschritte – die Basis ist ja eigentlich 1000 – ist der Exponent immer ein Vielfaches von drei. Der Name für die Zehnerpotenz im zweiten Beispiel von *Bild 4.3.2* ist Giga. Sobald die Zehnerpotenz durch einen Namen bzw. dem Kürzel dafür ersetzt wird, muss der „Malpunkt“ verschwinden!

Tabelle 4.3.1 listet die gebräuchlichsten Namen und deren Kürzel für Zehnerpotenzen auf. Die Darstellung im Tausendersystem unter Benutzung der Kürzel für die Potenzen werden ausschließlich bei Größen angewendet. Das Kürzel wird vor die Einheit geschrieben. In dieser Kombination wird das Kürzel zu einem *Präfix* (*Vorsatzzeichen*) der Einheit. Es wird erwartet, dass Sie die eingefärbten Präfixe/ Vorsatzzeichen für Einheiten auswendig können! Zenti, Dezi, Deka und Hekto haben natürlich nichts mit dem Tausendersystem zu tun. Sie sind bei der Darstellung einiger Größen (u.a. Fläche, Volumen, Kraft und Druck) immer noch nicht

Meiden Sie, wenn möglich, die Präfixe Zenti, Dezi, Deka und Hekto!

(ganz) entbehrlich. Wenn Sie das Komma nur um eine oder zwei Stellen nach links oder rechts verschieben, können diese Vorsatzzeichen die entsprechenden Zehnerpotenzen ersetzen.

Tabelle 4.3.1
Die wichtigsten Präfixe für Einheiten

Präfixe (Vorsatzzeichen)					
10^n	Name	Kürzel	10^{-n}	Name	Kürzel
10^3	Kilo	k	10^{-3}	Milli	m
10^6	Mega	M	10^{-6}	Mikro	µ
10^9	Giga	G	10^{-9}	Nano	n
10^{12}	Tera	T	10^{-12}	Pico	p
10^{15}	Peta	P	10^{-15}	Femto	f
10^{18}	Exa	E	10^{-18}	Atto	a
10^1	Deka	da	10^{-1}	Dezi	d
10^2	Hekto	h	10^{-2}	Zenti	c

Taschenrechner machen es heutzutage fast zu leicht und verführen zur Nachlässigkeit. Sie verfügen tatsächlich über einen Gleitkommamodus zur Basis 1000. Ist er aktiviert, werden alle Zahlen, egal, wie sie eingegeben worden sind, als Gleitkommazahl zur Basis 1000 ausgegeben. Die Basispotenz wird entweder wie in der Tabelle als Kürzel (von Femto bis Tera) oder sonst als Zehnerpotenz angezeigt. Der Modus heißt meistens ENG (von engl. Engineer). Zusätzlich verfügen die Taschenrechner noch über eine ENG-Taste auf dem Funktionstastenfeld. Tippt man auch außerhalb des ENG-Modus darauf, wird die im Display stehende Zahl in eine Tausendergleitkommazahl umgewandelt. Dabei werden neben der Mantisse nur die Zehnerpotenzen, aber keine Kürzel angezeigt (die sollte man auch so wissen!). Man kann sogar durch mehrfaches Tippen dieser Taste das Komma in Dreierschritten nach rechts oder über „SHIFT" nach links verschieben. Die Zehnerpotenz passt sich automatisch an. Die Mantisse liegt dann zwar nicht mehr im Intervall [1,1000), dafür kann man aber Zahlenwerte einer Größe, die in ihrer Größenordnung stark schwanken, auf dieselbe Zehnerpotenz bzw. dessen Kürzel bringen. Die Werte sind dann besser vergleichbar.

ENG-Modus beim TR

Falsch : 5 mm; 5,120 m; 354 mm; 890 µm
Richtig : 5 mm; 5 120 mm; 354 mm; 0,890 mm (4.3.1)

Während man bei Gleitkommazahlen zur Basis 10 die Mantisse streng auf das Intervall [1, 10) normieren muss, darf man hier etwas großzügiger sein.

Es sei noch einmal betont, dass Sie die Präfixe/Vorsatzzeichen für Einheiten inklusive Dezi, Zenti, Hekto und Deka beherrschen müssen. Wenn Sie das Komma nicht um ein Vielfaches von drei, sondern nur um eine oder zwei Stellen nach links oder rechts verschieben, können die Vorsatzzeichen Dezi, Zenti, Hekto und Deka die entsprechenden Zehnerpotenzen 10^{-2}, 10^{-1}, 10^{+1}, 10^{+2} ersetzen.

Auswendig lernen!

In der Praxis sind Fehler bei den Präfixen immer gleich Fehler um Zehnerpotenzen – führen also zu Katastrophen. Außerdem können Präfixe mit Variablen oder

Fehler bei den Präfixen führen zu Katastrophen!

mit Einheiten verwechselt werden, was auch hässliche Sachen mit sich bringen kann.

Merksatz 4.3.1

Merke:
Präfixe/Vorsatzzeichen sollten nur in Kombination mit einer Einheit verwendet werden. Sie müssen ohne Zwischenraum vor die Einheit gesetzt werden. Andernfalls belässt man sie als Zehnerpotenz.
Folgt umgekehrt dem Zahlenwert einer Größe eine Kombination aus zwei Buchstaben, wird der erste als Präfix und der zweite als Einheit aufgefasst.
Vorsicht, es gibt Ausnahmen!
Quälen Sie einen Leser nicht mit Exoten, wie (z. B.) mit Exa oder Atto, verwenden Sie dann lieber normale Gleitkommazahlen zur Basis 10!

Mehr oder weniger zugelassene Ausnahmen:

- Das Kürzel für Deka (10^{+1}) hat zwei Buchstaben: Es sollte, wenn überhaupt, nur in Kombination mit der Krafteinheit Newton verwendet werden: 10 N = 1 daN.
- Wenn dem Präfix „Mikro", keine Einheit folgt, ist automatisch damit „µm" (Mikrometer) gemeint: 5,32 µ (sprich 5,32 müh) ≡ 5,32 µm.

Ansonsten wird das Fortlassen der Einheit – auch wenn völlig klar ist, um welche es sich handelt – bestenfalls **zähneknirschend** geduldet.

Leider nicht die einzige Ausnahme!

Die wichtigste Ausnahme sind die Millimeter! Wenn in einer technischen Zeichnung bei den Bemaßungen weder Präfixe noch Einheiten stehen, sind automatisch Millimeter gemeint. Sollten andere Längeneinheiten verwendet werden, ist dies unbedingt zu vermerken! Es hat sich schon mancher gewundert, dass das von ihm bestellte Werkstück so entsetzlich klein geraten ist! Hüten Sie sich, unbedacht den Meister zu beschimpfen und zu vergrätzen!

Es wird erwartet, dass Sie das wissen!

Zentimeter sind in der Technik **nicht** üblich!

Anstelle von Kilo, Mega und Giga wird auch manchmal Tsd., Mio. oder Mrd. benutzt. Widerstehen Sie der Versuchung, noch höhere Zehnerpotenzen mit Zahlwörtern bzw. deren Abkürzungen zu belegen, denn auch hier drohen gefährliche Verwechslungen – in den USA sagt man für 10^9 nicht „Milliarde", sondern „Billion"! Bei uns ist 1 Billion gleich 10^{12}!

Die wichtigsten Werkzeuge der Praxis

5.

Wissen Sie wirklich alles über Winkel? Können Sie fachgerechte grafische Darstellungen anfertigen und umgekehrt auch auswerten? Halten Sie Proportionalitäten und lineare Funktionen für Trivialitäten? Beantworten Sie die drei Fragen lieber nicht voreilig mit ja! Gewiss, es handelt sich hier um relativ einfache „Werkzeuge" – sie sind aber von enormer Wichtigkeit. Mit dem Studium dieses Kapitels sichern Sie sich ab, dass Ihre Mathematikkenntnisse auf einem stabilen Fundament stehen. Ausgehend von diesem Fundament ist es nur noch ein kleiner Schritt zur Differenzial- und Integralrechnung. Diesen Schritt machen wir im Rahmen dieses Kapitels auch noch und stellen damit ein weiteres unentbehrliches Denkwerkzeug für Naturwissenschaft und Technik bereit.

Naturwissenschaft und Technik benötigen Denkwerkzeuge.

Unentbehrliches „Werkzeug": Differenzial- und Integralrechnung

5.1 Ebene Winkel – mehr dahinter, als man denkt

Eigentlich ist ein *Winkel* überhaupt keine Größe. Unter einem Winkel versteht man in der Geometrie eine Punktmenge in der Ebene, die von jeweils zwei Strahlen, auch *Halbgeraden* oder Schenkel genannt, begrenzt werden. Ein Winkel ist demnach eine (einfache) geometrische Figur.

Winkel: Punktmenge zwischen zwei Strahlen

Von g nach h: ein Schwenk mit dem Bordscheinwerfer

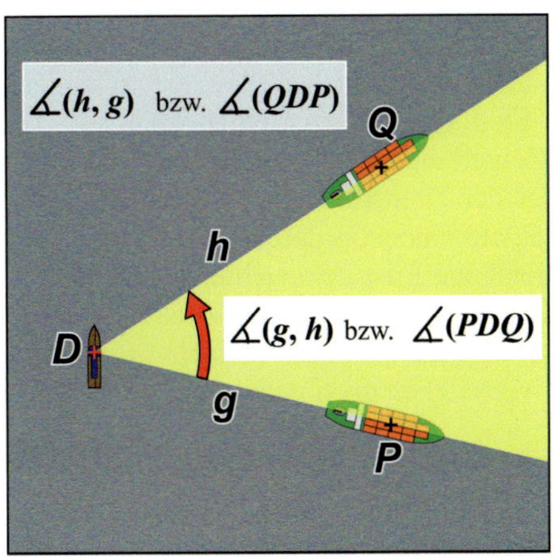

Bild 5.1.1
Winkel als Punktmenge

Bild 5.1.1 zeigt eine gelb eingefärbte „Winkelmenge", die von den Strahlen *g* und *h* begrenzt wird. Geometrische Strahlen reichen bis ins Unendliche – somit setzt sich auch der Winkel bis ins Unendliche fort. Der gemeinsame Anfangspunkt der Strahlen heißt *Scheitelpunkt*. Auf die Mengenbezeichnungen kommen wir später zurück! Im Gegensatz dazu ist ein *Winkelmaß* eine Größe, die den Richtungsunterschied der Strahlen quantitativ erfassen soll. In *Bild 5.1.1* wurde das durch Schiffe angedeutet, deren Kurs identisch mit der Richtung der Strahlen ist. Da in der Praxis aus dem Kontext hervorgeht, ob eine Punktmenge oder ein Winkelmaß gemeint ist, wird meistens anstelle von „Winkelmaß" ebenfalls „Winkel" gesagt. Wir schließen uns hier dieser Konvention an!

Winkel kontra Winkelmaß: Die Verwechslungsgefahr ist gering.

Betrachten wir, um die Besonderheiten der Größe „Winkel" herauszuarbeiten, den Ruderlagenanzeiger eines alten Schiffes. Das Messgerät zeigt gerade an, dass das Steuerruder des Schiffes von null auf „Backbord 15" umgelegt wurde (*s. Bild 5.1.2a*). Daneben ist die Zeigerbewegung des Ruderlagenanzeigers noch einmal vergrößert dargestellt (*s. Bild 5.1.2b*).

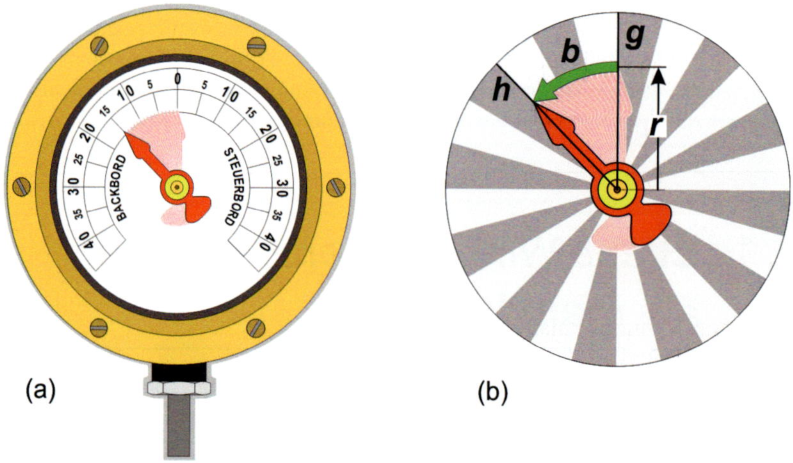

Bild 5.1.2
a) Ruderlagenanzeiger eines alten Schiffes
b) Vergrößerte Darstellung der Zeigerbewegung

Der Weg der Zeigerspitze b, in *Bild 5.1.1b* illustriert durch einen dicken gebogenen Pfeil, ist die Messgröße. Die Symmetrieachse des Zeigers in Nulllage definiert den Strahl g, die Symmetrieachse des „ausgeschlagenen" Zeigers definiert den Strahl h. Beide Strahlen begrenzen einen „Winkel". Der Pfeilweg b ist ein Kreisbogen mit der Zeigerlänge r (Abstand Drehpunkt – Zeigerspitze) als Radius. Scheitelpunkt ist hier der Drehpunkt des Zeigers. Man erkennt, dass der Ausschlagwinkel des Zeigers eindeutig durch Länge und Richtung des Bogens bestimmt ist. Die Bogenlänge b ist demnach ein geeignetes Winkelmaß, das den Richtungsunterschied zwischen den Strahlen g und h erfasst! Der Schönheitsfehler der Bogenlänge als Winkelmaß ist, dass sie nicht nur vom Richtungsunterschied der Strahlen, sondern zusätzlich noch von der Zeigerlänge/Radius abhängt.

Die Bogenlänge b ist ein Maß für den Winkel.

Lästig: Die Bogenlänge hängt vom Radius ab.

Uraltbekannter Ausweg: Unterlegen des Kreises mit Segmenten in gleicher Teilung

Man kann jedoch Radiusabhängigkeit durch einen einfachen Trick beseitigen: Man denkt sich, wie in *Bild 5.1.2b* dargestellt, den Winkel-Bogen mit einem in gleiche Segmente geteilten Kreis unterlegt und zählt, wie viele Segmente der Bogen überspannt. Bei unserem Ruderlagenanzeiger wurde dieser Kreis in 24 Teile geteilt: somit beträgt das Winkelmaß des Zeigerausschlags **3 Vierundzwanzigstel** und das bliebe auch so, wenn man das Messgerät größer oder kleiner bauen würde. (Natürlich wurde die Skalenbeschriftung der Ruderanlage des Schiffes angepasst. Ein Skalenteil entspricht hier einem Steuerruderausschlag von 5°.)

Wir können nun unser Schiffsbeispiel verlassen. Man kann aber weiterhin jeden Winkel so betrachten, als ob sich ein imaginärer Zeiger gedreht hätte. Den standardmäßig in einen Winkel eingezeichneten Winkelbogen können Sie als Weg der Zeigerspitze eines imaginären Minizeigers betrachten. Die Anzahl (oder ein Bruchteil davon) der Kreissegmente, die der Winkelbogen überspannt, wird als Einheit für Winkel bzw. Winkelmaße verwendet. Der Name der Einheit richtet sich nach der Teilung. Es fragt sich nur, in wie viele Teile man den Kreis einteilen soll. Wir gehen die vier wichtigsten Teilungsmöglichkeiten durch.

Rotierende Zeiger bleiben wichtige Hilfsmittel!

1. Man lässt den Kreis ungeteilt

In diesem Fall kann man keine Segmente abzählen. Man muss den Sektor, der den Bogen überspannt, wie ein Tortenstück durch einen Bruch beschreiben. Um kenntlich zu machen, dass man den Bruchteil eines ungeteilten Kreises (*Vollwinkel*) meint, gibt es eine Einheit: **pla**. Die nicht sehr verbreitete Einheit pla ist nichts Weiteres als das verkürzte **la**teinische Wort für Vollwinkel (**pl**enus **a**ngulus). Umfasst ein Bogen den vollen Kreis, würde ein (gedachter) Zeiger eine volle Umdrehung gemacht haben. Soll mit dem Winkel eine Drehung beschrieben werden, verwendet man statt der Einheit pla lieber ein **U** (von **U**mdrehung). In unserem Beispiel wäre der Zeigerwinkel (eigentlich Winkelmaß des Zeigerwinkels) $^{3}/_{24}$ pla bzw. 3/24 U.

Sie mögen die Einheit pla nicht? Kein Problem: Ersetzen Sie „pla“ durch „Vollwinkel“!

$$\varphi = \tfrac{3}{24}\,\text{pla} \quad \text{bzw.} \quad \tfrac{3}{24}\,\text{U} \qquad (5.1.1)$$

Standardmäßig nimmt man griechische Buchstaben als Namen für Winkelmaßvariable. Ein (Dreh-) Winkel muss sich nicht notwendig auf Bruchteile einer Umdrehung beschränken. Der ungeteilte Kreis bietet sich insbesondere an, wenn es sich um (wesentlich) mehr als eine Umdrehung handelt. Wenn die Trommel Ihrer Waschmaschine beim Schleudern beispielsweise in einer Minute 1500 Vollwinkel durchläuft, schreibt man 1500 U/min.

Vollwinkel/pla sind am besten geeignet, wenn Drehungen beschrieben werden sollen.

2. Man teilt den Kreis in 360 Teile

Mit der Teilung in 360 Kreissegmente kommt man zu dem (uralten) Winkelmaß in Grad. Es bekommt als Einheit eine hochgestellte Null (…°). Der Bruch mit dem Winkelmaß in Grad als Zähler und 360 als Nenner ist dann gleich dem Winkelmaß in pla.

Uraltes Winkelmaß: Grad (engl.: degree)

$$\frac{1}{360}\,\text{pla} := 1^\circ \ \text{(auch 1 grad)} \quad \varphi \text{ in pla} = \frac{\varphi \text{ in}^\circ}{360} \qquad (5.1.2)$$

Es stellt sich die Frage: Weshalb nimmt man ausgerechnet 360 Teile und teilt diese dann noch einmal in 60 beziehungsweise 60^2 Teile und nicht einfach dezimal? Vielleicht akzeptieren Sie die folgende Erklärung: Da es bei Winkelmaßen bequem ist, mit ganzzahligen Zahlenwerten zu arbeiten, benötigt man eine Zahl, deren Teilermenge möglichst alle natürlichen Zahlen von 1 bis 10 enthält. Die kleinste Zahl, die das leistet, wäre gerade $2^3 \cdot 3^2 \cdot 5^1 \cdot 7^1 = 2520$. Verzichtet man auf die Sieben, verbleibt $2^3 \cdot 3^2 \cdot 5^1 = 360$. Verzichtet man zusätzlich noch auf die Acht und die Neun, reduziert sich die Zahl auf $2^2 \cdot 3^1 \cdot 5^1 = 60$. Es bietet es sich somit an, auf die Sieben als Teiler zu verzichten und den Kreis in 360 Teile einzuteilen. Eine nochmalige Einteilung eines Grades in 360 Teile wäre zu fein – also nimmt man eben 60. Der sechzigste Teil von einem Grad ist dann eine Winkelminute (1’).

$\{1, 2, 3, 4, 5, 6, 7, 8, 9, 10\} \subseteq T_{2520}$

Ohne die Sieben:

$\{1, 2, 3, 4, 5, 6, 8, 9, 10\} \subseteq T_{360}$

Ohne sieben, acht und neun: $\{1,2,3,4,5,6,10\} \subseteq T_{60}$

Sollte es noch genauer werden, teilt man die Winkelminute noch mal in 60 Teile. Der sechzigste Teil der Winkelminute ist die Winkelsekunde (1"). Damit sind 1° gleich 3600 Winkelsekunden.

Sekunde, Minute, Grad: dreistelliges Sechzigersystem

Winkelsekunden sind in der Navigation nicht mehr empfohlen (vgl. DIN 13 312).

Obwohl in Computer- bzw. Taschenrechnerzeiten Umrechnungen der Bruchteile eines Grades in Minuten und Sekunden und umgekehrt unproblematisch sind, gibt man Gradbruchteile in der Regel dezimal an. In der Navigation gibt man Winkel in Grad und Minuten an. Bruchteile der Winkelminute werden aber dezimal ausgedrückt – Winkelsekunden sind kaum noch üblich. Bereits Taschenrechner der unteren Preisklassen verfügen über eigene Funktionstasten für Winkelumrechnungen.

(5.1.3)

$$
\begin{aligned}
56°17'20{,}4'' &= (56+\tfrac{17}{60}+\tfrac{20{,}4}{3600})° = \underline{\underline{56{,}289°}} && \text{(Standard)}\\
56{,}289° &= 56° + [0{,}289\cdot 60]' = \underline{\underline{56°17{,}34'}} && \text{(Navigation)}\\
56° + 17' &+ (0{,}34\cdot 60)'' = \underline{\underline{56°17'20{,}4''}} && \text{(optional)}
\end{aligned}
$$

Häufig benötigt man die Länge des Winkelbogens (*Bogenlänge*) in absoluten Einheiten. Dazu schreibt man den Winkel wieder als Bruch, d. h. in pla. Dieser Bruch teilt nicht nur den Kreis, sondern ebenso den kompletten Bogen, den die Zeigerspitze bei einer Umdrehung (1 pla) durchläuft. Dieser volle Bogen ist ein Kreis mit der Zeigerlänge als Radius bzw. der doppelten Zeigerlänge als Durchmesser. Die Länge des vollen Bogens heißt auch (Kreis-) Umfang und ist bekanntlich das 3,14159 … -Fache des Durchmessers. Der Faktor 3,14159 … ist irrational und heißt *Kreiszahl* (Name: π). Für den Umfang des Zeigerkreises gilt:

Bereits den alten Griechen bekannt: π ist irrational.

(5.1.4)

$$U = \pi \cdot d \quad \text{mit} \quad d = 2\cdot r: \quad \underline{\underline{U = 2\pi\cdot r}}$$

Man braucht also nur den Umfang mit dem Winkel in pla zu multiplizieren und erhält mit (*5.1.4*) die Bogenlänge, die von der Zeigerspitze durchlaufen wird (*s. 5.1.5 links*). Drückt man gemäß (*5.1.2*) den Winkel durch den Dreihundertsechzigstel-Bruch aus, kommt man zu der üblichen Formel für die Bogenlänge eines Kreisegments:

(5.1.5)

$$\varphi \text{ in pla: } b = \varphi\cdot 2\pi r \qquad \varphi \text{ in}°: b = \frac{\varphi}{360°}\cdot 2\pi r$$

Möglicherweise wundern Sie sich, dass in (*5.1.5*) der 360 im Nenner (optional) ein Grad-Postfix angehängt wurde. Durch diesen „Kunstgriff" erkennt man, dass die Variable *für* ein Winkelmaß in Grad steht. Setzt man *mit* der richtigen Einheit ein, kürzt sie sich heraus und die Einheit der Bogenlänge wird durch die des Radius bestimmt.

(5.1.6)

$$\varphi = 10°,\ r = 100\,\text{mm}: \quad b = \frac{10\cancel{°}}{360\cancel{°}}\cdot 2\pi\cdot 100\,\text{mm} = \underline{\underline{17{,}5\,\text{mm}}}$$

Verwendet man dagegen die falsche Einheit für den Winkel, verbleibt ein merkwürdiger Einheitensalat, der anzeigt, das wohl etwas nicht stimmen kann.

3. Man teilt den Kreis in 400 Teile

Nicht unattraktiv erscheint die Einteilung des Vollwinkels in 400 Einheiten, denn der rechte Winkel ($^1/_4$ pla = 90°) käme dann auf glatte 100 dieser Einheiten. Dieses Winkelmaß stammt aus der Zeit um 1790 und wurde früher *Neugrad* genannt, der hundertste Teil Neuminuten und davon wiederum der hundertste Teil Neusekunden. Inzwischen ist die Einheit in der Topografie bzw. Geodäsie Standard und die Einheit heißt *Gon*. Bruchteile dieses Gon gibt man dezimal an oder benutzt die bewährten Präfixe „centi" oder „milli".

Kennen Sie die Einheit Gon?

Gon: Im Vermessungswesen Standard!

$$\frac{1}{400}\,\text{pla} := 1\,\text{gon (auch } 1^{\text{g}}) \quad 0{,}01\,\text{gon} := 1\,\text{cgon (auch } 1^{\text{c}})$$
$$0{,}001\,\text{gon} := 1\,\text{mgon} \quad \text{alternativ:} \quad 0{,}01^{\text{c}} := 1^{\text{cc}} = 10\,\text{mgon} \tag{5.1.7}$$

Nachteilig der 400er Teilung des Vollwinkels bzw. 100er Teilung des rechten Winkels ist, dass die Primfaktorzerlegung von 400 bzw. 100 nur Zweier- und Fünferpotenzen enthält: $2^4 \cdot 5^2 = 400$ bzw. $2^2 \cdot 5^2 = 100$. Auf Teiler wie drei, sechs und neun muss verzichtet werden. Der schöne glatte 30° Winkel entspräche beispielsweise ärgerlichen $33^1/_3$ gon. Dieser Unbequemlichkeit stehen jedoch die Vorteile des Dezimalsystems entgegen und es fällt schwer, Argumente zu finden, das Gon nicht zu benutzen. „Neuminuten" und „Neusekunden" sind nichts weiter als die ersten vier Stellen hinter dem Komma.

$T_{100} = \{1, 2, 4, 5, 10, 20, 25, 50, 100\}$

Zum Vergleich:
$T_{60} = \{1, 2, 3, 4, 5, 6, 10, 12, 15, 20, 30, 60\}$

$$62{,}5437^{\text{g}} = 62^{\text{g}}\ 543{,}7^{\text{mg}} = 62^{\text{g}}54^{\text{c}}37^{\text{cc}} \tag{5.1.8}$$

Das Hochstellen der Postfixe in Anlehnung an die bewährte Gradschreibweise ist optional. Besonders, wenn Verwechslungsmöglichkeiten bestehen, schreibt man sie lieber aus (gon, cgon, mgon). Zur Berechnung der Bogenlänge in absoluten Einheiten ersetzt man in (*5.1.5*) einfach im Nenner die 360 durch 400.

$$b = \frac{\varphi}{400^{\text{g}}} \cdot 2\pi r \tag{5.1.9}$$

Analog zu (*5.1.5*) sorgt ein Postfix – hier gon – im Nenner, dass die Variable jetzt für ein Winkelmaß in gon steht.

4. Winkel im Bogenmaß

Es gibt noch ein weiteres Winkelmaß, das Sie beherrschen müssen. Es wurde Ende des 17. Jahrhunderts im Zuge der Entwicklung der Differenzial- und Integralrechnung und der darauf basierenden rasanten Entwicklung der Physik und der Technik notwendig.

Für Physik und Technik das wichtigste Winkelmaß!

Bei der Berechnung der konkreten Bogenlänge in (*5.1.5*) und (*5.1.9*) gibt es Ärger: Aufgrund der irrationalen Kreiszahl als Faktor werden aus schönen glatten Winkelmaßen unhandliche Irrationalzahlen. Das würde sich ändern, wenn im Nenner nicht 360 oder 400 sondern 2π stehen würde. In diesem Fall würde sich 2π herauskürzen. Das hieße: Der Kreis müsste in 2π Segmente eingeteilt werden!

Bogenlängen sind in der Regel irrational!

$$b = \frac{\varphi}{2\pi} \cdot 2\pi r = \varphi \cdot r \qquad (5.1.10)$$

Radius: „2π-te Teil" des Umfanges!

Will man einen Kreis statt in 360 bzw. 400 in 2π Segmente einteilen, so ist man wohl von allen guten Geistern verlassen. Teilt man dagegen den Umfang des Zeigerkreises durch 2π, und bedenkt, dass $U = 2\pi r$ (*s. 5.1.4*), so erhält man ein freundliches Resultat. Der „2π-te Teil" des Umfangs ist nicht irgendeine hässliche Irrationalzahl, sondern gleich dem Radius. Damit lässt sich die zusammengestutze Formel für die Bogenlänge (*s. 5.1.10/rechts*) so interpretieren: Der Faktor φ gibt an, **„wie viel Radien der Bogen lang ist"**. Man hat mit diesem Faktor ebenfalls ein radiusunabhängiges Winkelmaß zur Verfügung. Es heißt *Bogenmaß* und benötigt noch nicht einmal eine Einheit – es ist eine dimensionslose Größe. Das birgt allerdings Verwechslungsgefahren mit anderen Winkeleinheiten: es könnte ja das Postfix ...° vergessen worden sein. Da kommt uns Formel (*5.1.10*) entgegen, denn die Beziehung lässt sich auch anders lesen: φ ist (nur) der Zahlenwert und der Faktor r ist die Einheit – ausnahmsweise mit Malpunkt geschrieben – der Größe b. Vergleichen Sie bitte dazu *Abschnitt 4.1* bzw. *Bild 4.1.1*! Das kann man ohne Weiters machen und lässt den Faktor r zur Einheit *Radiant* (abgekürzt **rad**) mutieren. Mit dem oben Gesagten ist rad eine „Kann-Einheit": Man kann sie hinzufügen, aber auch wieder fortlassen.

Der Radius wird zur Einheit Radiant (rad).

rad, eine „Kann-Einheit"

Ein Winkelmaß ohne Einheit wird automatisch als Winkel im Bogenmaß aufgefasst!

Löst man (*5.1.10*) nach φ auf, ergibt sich ($r > 0$) eine Formel, die im Allgemeinen als Definitionsgleichung für Winkel im Bogenmaß aufgefasst wird.

$$b = \varphi \cdot r \quad \Leftrightarrow \quad \varphi = \frac{b}{r} \qquad (5.1.11)$$

Bild 5.1.3 demonstriert dieses Bogenmaß anhand von drei einfachen Beispielen. Neben den Winkeln sind die jeweils glatt gebügelte Bogenlängen und der Radius hinzugefügt. Der Doppelpunkt dazwischen deutet den Quotienten b/r an (*vgl. rechts in* (*5.1.11*)).

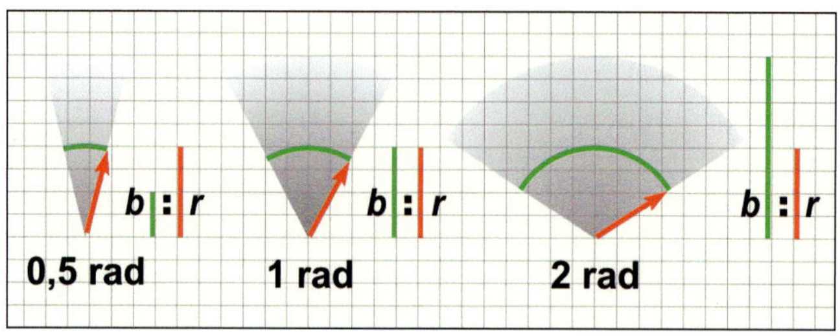

Bild 5.1.3
Drei markante Winkel in rad

Fehler bei Verwechslungen: (Fast) zwei Zehnerpotenzen!

Man erkennt, dass es sich bei 1 rad im Gegensatz zu 1° oder 1^g um einen relativ großen Winkel (ca. 60° bzw. 64 gon) handelt. Verwechselt man das Bogenmaß mit Grad oder Gon, liegt man gleich um fast zwei Zehnerpotenzen daneben!

Die Bedeutung des Winkels im Bogenmaß ist an dieser Stelle schwer vermittelbar. Einen Anhaltspunkt für die Vorteile dieses Winkelmaßes gibt der Vergleich der Formeln für die Bogenlänge in absoluten Einheiten: (*5.1.10*) mit (*5.1.5*) bzw.

(*5.1.9*). Bei Verwendung des Winkels im Bogenmaß entfallen alle lästigen Umrechnungsfaktoren. Für die Bogenlänge gilt einfach nur Winkel mal Radius. Die Umfangsformel des Kreises (*5.1.4*) ist jetzt lediglich ein Spezialfall von (*5.1.10*) für $\varphi = 2\pi$.

Winkel im Bogenmaß: Lästige Umrechnungsfaktoren entfallen!

Leider sind im Zusammenhang mit dem Bogenmaß Kröten zu schlucken: Der Vollwinkel beträgt 6,2831853 … rad – also 2π! Der rechte Winkel muss dann der vierte Teil von 2π sein, also $\pi/2$ – wieder eine Irrationalzahl! Alle populären Winkel wie 30°, 45°, 60°, 90° usw. sind im Bogenmaß ärgerlicherweise irrational! Durch Kombination der Kreiszahl mit einem rationalen Faktor lässt sich das Ärgernis mit den Kommastellen leidlich umgehen (*s. Tab. 5.1.1*). Die Tabelle verschafft Ihnen einen Überblick, wie sich acht ausgewählte Winkel in den verschiedenen Einheiten darstellen.

pla	$\frac{1}{12}$	$\frac{1}{8}$	$\frac{1}{6}$	$\frac{1}{4}$	$\frac{1}{3}$	$\frac{1}{2}$	$\frac{3}{4}$	1
grad	30	45	60	90	120	180	270	360
gon	$33\frac{1}{3}$	50	$66\frac{2}{3}$	100	$133\frac{1}{3}$	200	300	400
rad	$\frac{\pi}{6}$	$\frac{\pi}{4}$	$\frac{\pi}{3}$	$\frac{\pi}{2}$	$\frac{2\pi}{3}$	π	$\frac{3\pi}{2}$	2π

Tabelle 5.1.1
Gebräuchliche Winkel in verschiedenen Einheiten

Bogenmaße werden nur in Spezialfällen als Kombination mit dem Faktor π dargestellt. Ansonsten schreibt man sie mit geeigneter Rundung dezimal. Für Winkel in gon gilt Ähnliches. Sie werden ebenfalls nur in Sonderfällen als gemischte Zahlen angegeben. Warum sollte man denn auch auf die Segnungen der Dezimaldarstellung verzichten? In *Tabelle 5.1.2* sind die wichtigsten Umrechnungsfaktoren zwischen den verschiedenen Winkeleinheiten zusammengestellt. Damit die Systematik der Matrix besser zu erkennen ist, wurden die Faktoren nicht gekürzt!

Umrechnen		in			
		pla	grad	gon	rad
von	pla	1	$\cdot 360$	$\cdot 400$	$\cdot 2\pi$
	grad	$\cdot \frac{1}{360}$	1	$\cdot \frac{400}{360}$	$\cdot \frac{2\pi}{360}$
	gon	$\cdot \frac{1}{400}$	$\cdot \frac{360}{400}$	1	$\cdot \frac{2\pi}{400}$
	rad	$\cdot \frac{1}{2\pi}$	$\cdot \frac{360}{2\pi}$	$\cdot \frac{400}{2\pi}$	1

Tabelle 5.1.2
Umrechnungsmatrix zwischen den verschiedenen Winkeleinheiten

Mehr Teilungsmöglichkeiten? Traditionelle Kompassteilung: 32 ($=2^5$) Teile.
1 Teil = 1 „Strich" = 11,25°
Marschkompass: 64 ($\approx 20\pi$) Teile.
1 Teil = 1 „Marschzahl" $\approx$ 0,1 rad

Unsicherheit ±1 °: Ist das viel oder wenig?

Versuchen wir uns, anhand dreier Beispiele einen Eindruck darüber zu verschaffen, welche Toleranzen bzw. Messunsicherheiten bei Winkeln in der Praxis realistisch sind. Allgemeine Aussagen lassen sich nicht machen; zu verschieden sind die möglichen Systeme: Geht es um die Konstanthaltung eines Winkels, geht es um Winkelmessung oder sollen große Massen (Kran, Roboterarm oder Kanone) möglichst präzise gedreht werden? Als Schlüssel zum Abschätzen der Genauigkeiten dient immer ein Kreissegment wie z. B. das in *Bild 5.1.4*. Es ist zu empfehlen, Formel (*5.1.11*) und nicht (*5.1.5*) bzw. (*5.1.9*) zu benutzen.

Beispiel 1:
Schätzen wir ab, wie genau ein Schiff den Kurs halten müsste, um bei pottendickem Nebel ohne Radar und ohne GPS von Büsum aus die Insel Helgoland zu erreichen.

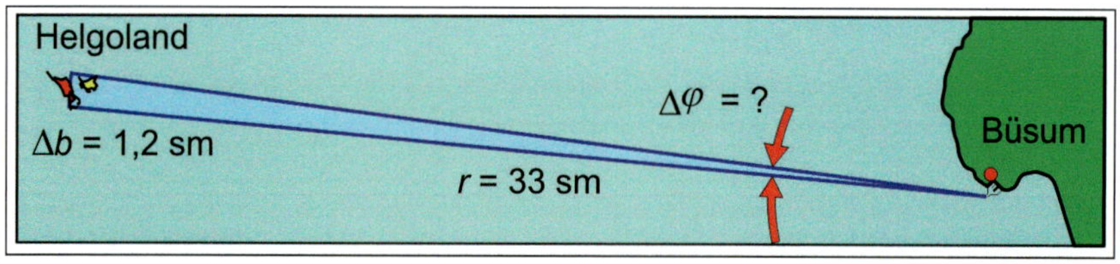

Bild 5.1.4
Winkeltoleranz beim Ansteuern von Helgoland

(5.1.12)

$$\Delta\varphi = \frac{\Delta b}{r} = \frac{1{,}2\,\text{sm}}{33\,\text{sm}} = 0{,}036\,\text{rad} = \underline{\underline{2^\circ}}$$

Mehr als ±1°: Hoffentlich reicht der Treibstoff bis England.

Das große griechische D (Delta – Δ) steht für Differenz: größter Wert des möglichen Kurswinkels minus kleinster Wert des Kurswinkels. Diese Differenz ist das Doppelte der zulässigen Unsicherheit. Variablen mit einem Delta vorweg behandelt man wie ganz normale Größen! Die kleine Rechnung (*5.1.12*) ergibt, dass man, um Helgoland auf jeden Fall zu „schrammen", den Kurs auf ±1° stabil halten müsste. Angesichts der Strömungsverhältnisse dieses Seereviers ist das kaum möglich. Ohne zusätzliche Navigationshilfen würde man Helgoland im Nebel nicht finden. Man sieht: „±1°" kann bereits eine respektable Genauigkeit sein.

Beispiel 2:
Exemplarisch für hohe Winkelgenauigkeiten im Maschinenbau sind Industrieroboter. Eine wichtige Kenngröße sind die Wiederholungsgenauigkeiten. Sie liegen größenordnungsmäßig bei ± 0,1 mm. Das hört sich zunächst nicht nach einer überwältigenden Genauigkeit an, es ist aber zu bedenken, dass die Reichweiten derartiger Systeme mehr als 2 m betragen können. Nehmen wir exemplarisch „± 0,1 mm" und 2 m Reichweite an und schätzen die Winkelgenauigkeit ab:

(5.1.13)

$$\Delta\varphi = \frac{\Delta b}{r} = \frac{0{,}2\,\text{mm}}{2000\,\text{mm}} = 10^{-4}\,\text{rad} \approx \underline{\underline{20''}} \approx \underline{\underline{6\,\text{mgon}}}$$

Industrieroboter: ±50 µrad bzw. ±10" bzw. ±3 mgon

Das bedeutet, dass die Genauigkeiten in den Winkelsekunden- bzw. Milligonbereich hineinreichen und das, obwohl große Massen zu bewegen sind. Es ist völlig klar, dass derartige Systeme nicht im Baumarkt erhältlich sind.

Beispiel 3:
Winkelmessungen im Gelände werden mit so genannten Theodolithen durchgeführt. Während für den Bau in der Regel Genauigkeiten von 2 bis 10 mgon ausreichen, gibt es so genannte Sekundentheodolithe, mit denen Winkelmessungen in einer Genauigkeit von ± 0,2 mgon (± 0,6" ≈ 3 μrad) durchgeführt werden können. Schätzen wir ab, wie genau Abstände in 1000 m Entfernung ermittelt werden können.

Sekundentheodolith: ca. ±1"

$$\Delta\varphi = 0{,}4\,\text{mgon} \approx 6\cdot 10^{-6}\,\text{rad}\,,\ r = 1000\,\text{m}:$$
$$\Delta b = \Delta\varphi \cdot r = 0{,}006\,\text{m} = \underline{\underline{6\,\text{mm}}} \qquad (5.1.14)$$

Es handelt sich um eine schier unglaubliche Genauigkeit. Könnte ein „Westernheld" mit derartiger Genauigkeit schießen, wäre er in der Lage, aus 1 km Entfernung das Seil, an dem sein Kumpan baumelt, zu durchtrennen.

Merke:
Scheuen Sie sich nicht, für Berechnungen aller Art das **Bogenmaß** zu bevorzugen! Sollte der Winkel selbst als Endergebnis präsentiert werden, geben Sie ihn in grad oder gon mit geeigneter Rundung an!
Winkelsekunden, Milligon bzw. Mikroradiant sind in der Praxis nur mit hohen Kosten erreichbare Genauigkeiten! Sie müssen schon **sehr gute Gründe** haben, Winkel in dieser oder einer höheren Genauigkeitsklasse anzugeben oder gar anzufordern.

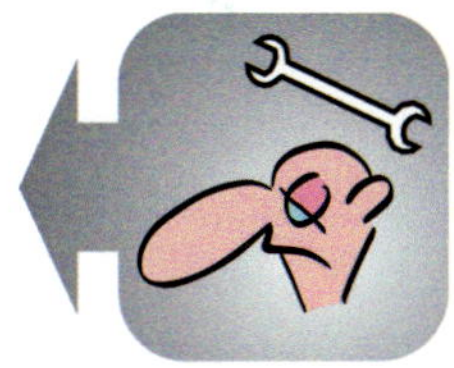

Merksatz 5.1.1

Der Zeiger unseres Ruderlagenanzeigers signalisierte bereits, dass Winkel etwas mit Drehungen zu tun haben können. Auch wenn dies bei irgendwelchen Ecken und Kanten nicht der Fall sein sollte, kann man einen, der den Winkel begrenzenden Strahlen immer so betrachten, als ob er durch eine Drehung um den Scheitelpunkt aus dem anderen hervorgegangen ist. Eine Drehung hat aber einen Drehsinn! Man sollte nun meinen, dass eine Rechtsdrehung (Drehung im Uhrzeigersinn, Steuerborddrehung) generell positiv gezählt wird. Das ist aber nicht ausnahmslos der Fall! In der Mathematik zählen Winkel im Gegenuhrzeigersinn positiv.

Drehsinn: Welche Drehrichtung ist positiv?

Den Grund dafür soll *Bild 5.1.5* plausibel machen. Nehmen wir einen Schraubstock, in dessen Arbeitsebene ein rechtwinkliges kartesisches Koordinatensystem gelegt wurde! Wenn man so ein ebenes Koordinatensystem zu einem räumlichen (kartesischen) System erweitern will, stellt man senkrecht zur xy-Ebene eine z-Achse auf. Damit ist aber noch nicht klar, in welche Richtung die positive z-Richtung weisen soll: nach oben oder nach unten?

Die Antwort gibt das Rechtsgewinde einer Schraube. Man spannt in Gedanken eine normale M10–Sechskantschraube mit Mutter ein, sodass deren Symmetrie-Achse in z-Richtung verläuft. Wenn Sie den Schraubenschlüssel auf dem **kürzesten** Weg aus der x-Richtung in die y-Richtung drehen, schraubt sich die Sechskantmutter in **positive z-Richtung**. Dabei vollführt der Schraubenschlüssel eine Drehung im **Gegenuhrzeigersinn**. Dementsprechend nimmt man den Gegenuhrzeigersinn als mathematisch **positive** Drehrichtung. Beachten Sie bei der Drehsinnbetrachtung die Blickrichtung: **Der Pfeil der z-Achse muss auf Ihre Nase zielen**!

M10: Schraube mit metrischem Gewinde und 10 mm Außendurchmesser

So ist die Blickrichtung:

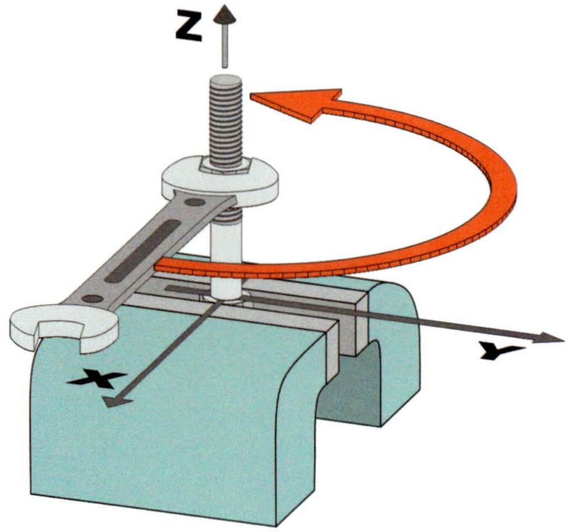

Bild 5.1.5
Demonstration der Schraubenregel

Beachten Sie weiterhin, dass die Definition der positiven z-Richtung **nicht** von „oben und unten" Gebrauch gemacht hat! Wie man die xy-Ebene eines räumlichen kartesischen Koordinatensystems in den Raum legt, ist einem selbst überlassen. Die z-Achse allerdings muss zwangsläufig senkrecht auf dieser Ebene stehen und die positive z-Richtung ermittelt man mithilfe der oben beschriebenen *Schraubenregel*. Würde man beispielsweise im *Bild 5.1.5* die x-Achse mit der y-Achse vertauschen, müsste die positive z-Richtung nach „unten" zeigen.

Universelle „Rechte-Hand-Regel": sie ersetzt auch die „Dreifingerregel!

Wenn Sie in Gedanken nicht mit schweren Schraubstöcken hantieren mögen, können Sie auch Ihre rechte Hand nehmen (*s. Bild 5.1.6*). Der Unterarm weist in x-Richtung, der Handrücken in y-Richtung, die gebogenen Finger markieren den Drehpfeil mit den Fingernägeln als Pfeilspitzen. Der ausgestreckte Daumen zeigt Ihnen die positive z-Richtung. Das heißt dann *„Rechte-Hand-Regel"*. Probieren Sie es aus! Die Beherrschung dieser Regel verhindert auch, dass Sie Schrauben und Muttern, die Sie eigentlich losschrauben wollten, unlösbar „festknallen".

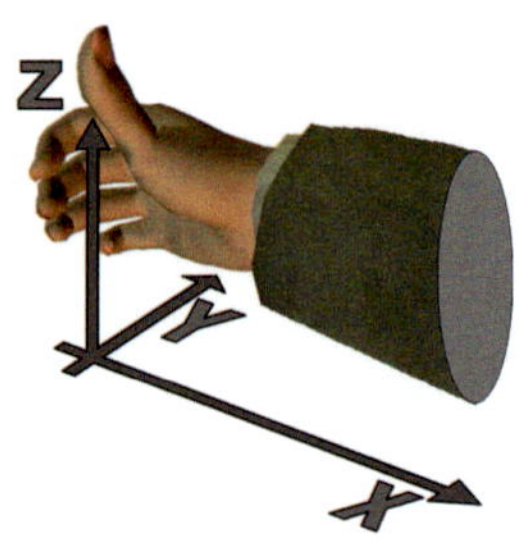

Bild 5.1.6
„Rechte-Hand-Regel"

Mit der Festlegung der Gegenuhrzeigersinndrehung als mathematisch positive Richtung kann man auch die Bezeichnungen für Winkel als Punktmenge verstehen (*vgl. Bild 5.1.1*).

(5.1.15)

$$\measuredangle(g,h) \text{ bzw. } \measuredangle(PDQ) \quad \text{mit} \quad P \in g,\, Q \in h,\, \{D\} = g \cap h$$

Die den Winkel definierenden Strahlen schreibt man einfach in ein Klammerpaket hinter das Winkelsymbol. Dazu betrachtet man den zweitplatzierten Strahl so, als ob er durch eine Drehung in mathematisch positiver Richtung um den Scheitelpunkt D aus dem Erstplatzierten hervorgegangen ist. Man könnte den Winkel in *Bild 5.1.1* als Schwenk des Bordscheinwerfers eines Küstenwachbootes in Gegenuhrzeigerrichtung auffassen. Die gelb gefärbten Punkte, die bei dieser Drehung überstrichen werden, bilden die Punktmenge „Winkel“. Alternativ kann man in das Klammerpaket auch drei (verschiedene) Punkte eintragen. Der Erste muss auf dem erstplatzierten Strahl liegen, der Mittlere ist der Scheitelpunkt/Drehpunkt und der Dritte ist ein Punkt des zweitplatzierten Strahles. Vertauscht man die Reihenfolge der Strahlen bzw. die Punkte P und Q, wird h zum ersten Strahl! Dreht man diesen Strahl im Gegenuhrzeigersinn, muss er zwangsläufig einen überstumpfen Winkel überstreichen. In diesem Fall ist die grau markierte Menge der Winkel.

Winkel als Punktmenge der Ebene

Vorsicht, die Reihenfolge ist von Bedeutung!

Soll ausnahmsweise ein Winkel durch eine Drehung im Uhrzeigersinn definiert werden, macht man aus dem kleinen Bogen im Winkelsymbol einen rechtsdrehenden Pfeil. Meint man nicht Punktmengen, sondern das Winkelmaß, so setzt man die Mengenbezeichnungen einfach in Betragsstriche.

$$\begin{aligned} |\measuredangle(g,h)| &= |\measuredangle(PDQ)| = 0{,}788\,\text{rad} = 45{,}2 \\ |\measuredangle(h,g)| &= |\measuredangle(QDP)| = 5{,}485\,\text{rad} = 314{,}8 \end{aligned} \tag{5.1.16}$$

Beachten Sie unbedingt, dass es beim Richtungssinn von (Dreh-)Winkeln auch eine andere Konvention gibt!

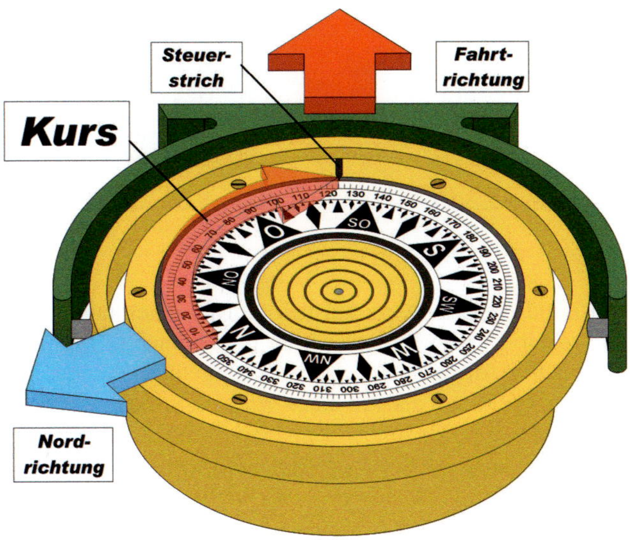

1 Strich = (z. B.) halber Winkel zwischen N und NNO

Bild 5.1.7
Schiffskompass mit traditioneller Teilung

Wichtige Beispiele, bei denen die mathematischen Vorzeichenkonventionen nicht angewendet werden, sind die Kurswinkel in der Navigation (Luft- und Schifffahrt). *Bild 5.1.7* zeigt einen Schiffskompass mit traditionellen Teilungen. Der Kompass hat außen eine Skala von 0° bis 359°, und zwar **im Uhrzeigersinn**!

Vorzeichen werden nur bei der mathematischen Winkelkonvention verwendet!

Zusätzlich bieten lustige Dreiecke und Drachenvierecke in verschiedener Größe alternative Teilungen in Zweierpotenzen von 2^2 bis 2^7 an. Der Winkel von der Nordrichtung (blauer Pfeil) bis zum Steuerstrich im Uhrzeigersinn heißt Kurswinkel (transparenter Pfeil) bzw. einfach nur *Kurs*. Der Kompass zeigt, dass das Schiff einen Kurs von 124° steuert. Das wäre eine Himmelsrichtung zwischen Ostsüdost und Südost. Bedenken Sie: Die Kompassrose (Windrose) bleibt bei Drehungen des Schiffes stehen, alles andere dreht sich drüber und drunter weg.

Tabelle 5.1.3 listet die Kurswinkel der 2^3-Teilung mit den dazugehörigen Himmelsrichtungen sowie den Zwischenrichtungen von NNO bis NNW auf.

Tabelle 5.1.3
Gebräuchliche Kurswinkel

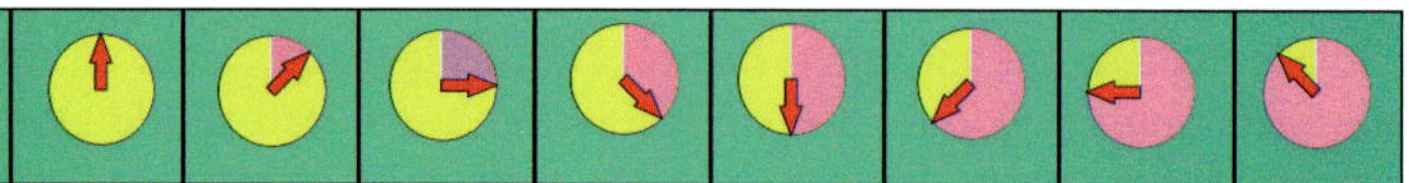

pla	0	$\frac{1}{8}$	$\frac{1}{4}$	$\frac{3}{8}$	$\frac{1}{2}$	$\frac{5}{8}$	$\frac{3}{4}$	$\frac{7}{8}$
Kurs	0°	45°	90°	135°	180°	225°	270°	315°
Himmels-richtung (2^3-Teilung)	N	NO	O	SO	S	SW	W	NW
2^4-Teilung	NNW	NNO	ONO	OSO	SSO	SSW	WSW	WNW

Zur Vorbereitung des nächsten Abschnitts muss im Zusammenhang mit Winkeln noch ein einfacher Sachverhalt erwähnt werden. Betrachten Sie bitte den in *Bild 5.1.8* durch einen Daumen und einem Zeigefinger gebildeten Winkel!

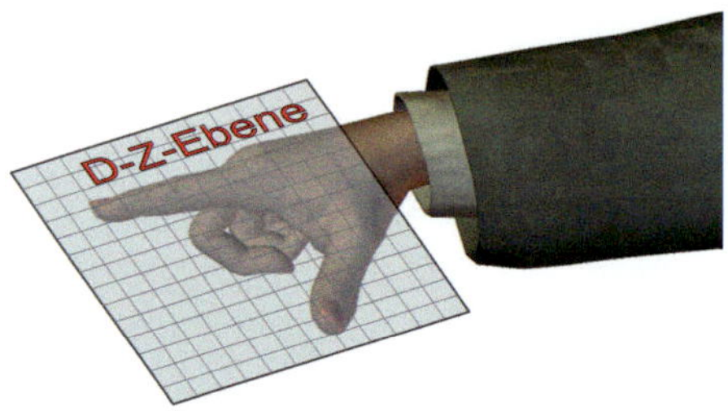

Bild 5.1.8
Definition der „Daumen-Zeigefinger"-Ebene

Egal, wie die Hand gehalten wird, auf den Fingerwinkel kann man immer ein Stück Papier kleben. Das Stück Papier kann man immer als Teil einer unendlichen Ebene betrachten, die man hier „Daumen-Zeigefinger-Ebene" nennen könnte. Betrachten wir die Finger als Teil eines Winkels, können wir sagen, dass die beiden Strahlen eines Winkels immer dann eine Ebene definieren, wenn der eingeschlossene Winkel ungleich null bzw. ungleich einem ganzzahligen Vielfachen von π ist. Das gilt natürlich auch, wenn man die Strahlen zu Geraden (Achsen) verlängert oder zu Strecken zusammenstutzt. Wir haben bereits entsprechend dieser Festlegung von *xy-Ebenen* gesprochen.

Ebenen können mithilfe von Geraden (Achsen) bzw. Strahlen benannt werden.

5.2 Grafische Darstellung in Koordinatensystemen

Ein unverzichtbares Hilfsmittel in Wissenschaft und Technik sind Darstellungen in Koordinatensystemen (man sagt auch einfach nur Diagramme). In Abschnitt 1.6 wurden Ihnen bereits grafische Darstellungen zweistelliger Relationen im $\mathbf{R}^2$ vorgestellt. Die dort verwendeten (kartesischen) Koordinatensysteme wurden von zwei senkrecht gekreuzten Zahlenstrahlen, dann auch Achsen genannt, gebildet. Bei grafischen Darstellungen der Praxis ändert sich an diesem Sachverhalt nichts, nur handelt es sich bei den Zahlen auf den Achsen um die Zahlenwerte/Maßzahlen der an der Relation beteiligten Größen. Lediglich die Achsenbeschriftungen müssen etwas modifiziert werden. An die Stelle der Variablennamen tritt jeweils eine Kombination aus Variablenname/Formelzeichen und Einheit der Größe. *Tabelle 5.2.1* zeigt Ihnen die drei wichtigsten Beschriftungsmöglichkeiten.

Vergessen Sie nicht, die Achsen Ihrer grafischen Darstellungen zu beschriften!

Tabelle 5.2.1
Beschriftung von Koordinatenachsen

Nr.	Darstellungsweise	Oder:	Bemerkung
I	20 25 30 35 *U*/V	$\frac{U}{\mathrm{V}}$	„Korrekteste" Schreibweise
II	20 25 30 35 *U* in V	*U* [V]	Übliche Schreibweise
III	20 25 30 35 V 35 *U* →	*U*/V	Mit Gitternetz und Minipfeil

Sie haben die Wahl!

Möglichkeit I ist insofern die „korrekteste", da der formale Quotient aus Größe und Einheit ausdrückt, dass an den Achsen nur deshalb noch blanke Zahlenwerte stehen, weil die Einheit herausgekürzt worden ist. Möglichkeit II ist wohl die am häufigsten angewandte Schreibweise; sie dürfte Ihnen aus der Schulzeit bekannt sein. Um dem Betrachter das Ablesen der Werte zu erleichtern, zeichnet man gerne ein Gitternetz in das Koordinatensystem ein, wie es in Möglichkeit III angedeutet wurde. Auf keinen Fall sollte man darauf verzichten, die positive Richtung durch einen Pfeil anzudeuten. Dabei kann die gesamte Achse Pfeil sein oder, wie in III, zu einem Minipfeil mit Formelzeichen zusammenschrumpfen. Um den Betrachter nicht zu verwirren, sollte die Beschriftung der Achsen mit Zahlenwerten in gleicher Teilung erfolgen. Die in *Tabelle 5.2.1* dargestellten Möglichkeiten dürfen auch miteinander kombiniert werden. Wenn man nur qualitativ eine Relation zwischen zwei Größen darstellen will, kann man die Einheit alternativ fortlassen, muss dann aber die Achsen mit den **üblichen** Formelzeichen für die Größen beschriften.

In gleicher Teilung beschriften!

In Abschnitt 1.16 „Unterwegs auf dem Zahlenstrahl" spazierten zur Veranschaulichung Fußgänger auf einem Zahlenstrahl. Damit wurde bereits angedeutet, dass es ohne Weiters möglich ist, eine reelle Zahl für die Kennzeichnung eines geome-

Oft sehr hilfreich: die vorübergehende Interpretation eines Funktionsgraphen als Kurve in der Ebene

trischen Ortes auf dem Zahlenstrahl heranzuziehen. Der Betrag der Zahl wird zum Abstand (vom Nullpunkt) in willkürlichen Einheiten und das Vorzeichen klärt, ob man sich rechts oder links vom Nullpunkt befindet. Im Falle von Elementen der Potenzmenge $\mathbf{R}^2$ (*vgl. Abschn. 1.5*) kreuzt man, wie in Abschnitt 1.6 gezeigt, zwei Zahlenstrahlen und nennt das Gebilde kartesisches Koordinatensystem. Interpretiert man jetzt die Zahlenstrahlen wie oben, wird aus einem Element des $\mathbf{R}^2$ ein geometrischer Punkt auf der xy-Ebene. Wir erinnern uns, eine Relation ist eine Menge! Der Graph einer Relation mit der Grundmenge $\mathbf{R}^2$ wird dann zu einer Punktmenge der Ebene, die man optional als „Kurve" interpretieren kann (*s. Bild 5.2.1*).

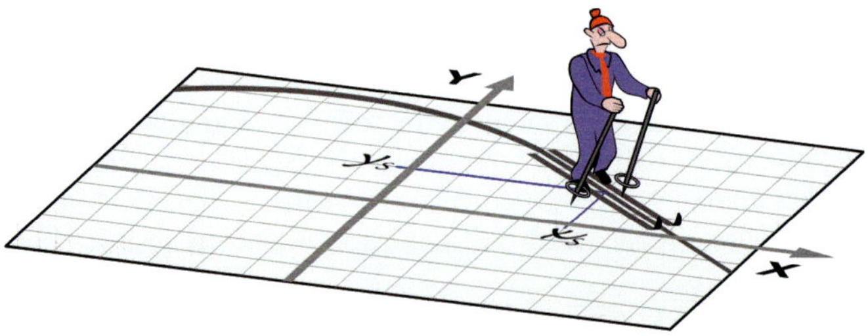

Bild 5.2.1
Interpretation eines Relationsgraphen als Kurve in der xy-Ebene

In *Bild 5.2.1* befindet sich der Langläufer im Punkt (x_S, y_S). Die Kurve deutet eine Punktmenge an und könnte die grafische Darstellung einer Relation oder Funktion sein. Wenn man die xy-Ebene hochkant stellt, kann man so eine Kurve auch als Höhenweg im Gebirge interpretieren.

Hochkant geht auch! Dann geht es bergauf und bergab!

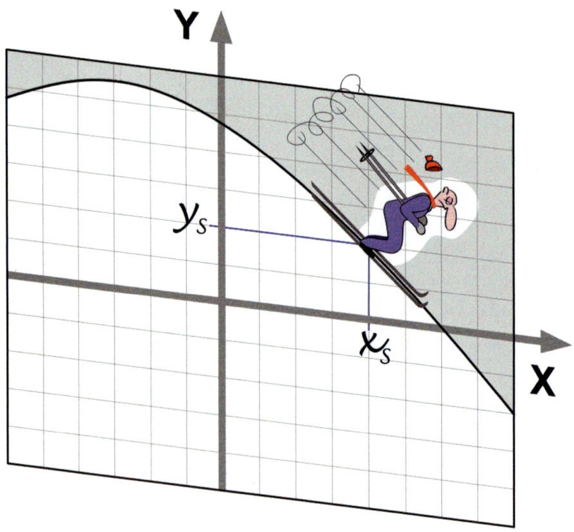

Bild 5.2.2
Interpretation eines Relationsgraphen als Berghang

Der Abfahrtsläufer in *Bild 5.2.2* befindet sich ebenfalls im Punkt (x_S, y_S) und demonstriert diese alternative Betrachtungsweise. Jetzt lassen sich Begriffe wie Steigung, Hoch- und Tiefpunkt (Maxima/Minima) besser veranschaulichen. Auch wenn die beiden Koordinatenachsen Zahlenwerte beliebiger nichtgeometrischer Größen tragen, kann man trotzdem die Graphen derartiger Relationen vorübergehend so wie in *Bild 5.2.1* oder *Bild 5.2.2* betrachten.

Eine vorübergehende geometrische Betrachtungsweise ist besonders hilfreich, wenn es darum geht, Elemente des **R**³ darzustellen. Wie bereits in *Bild 5.1.5* illustriert, kann man ein kartesisches Koordinatensystem mit zwei gekreuzten Zahlenstrahlen durch einen dritten Zahlenstrahl zu einem räumlichen Koordinatensystem ausbauen und ist somit in der Lage, auch dreistellige Relationen grafisch darzustellen. Allerdings sind dabei einige Hürden zu überwinden, denn jetzt ist räumliches Vorstellungsvermögen gefragt! *Bild 5.2.3* soll Ihnen zeigen, welche Möglichkeiten es gibt, einen Punkt in einem räumlichen System darzustellen.

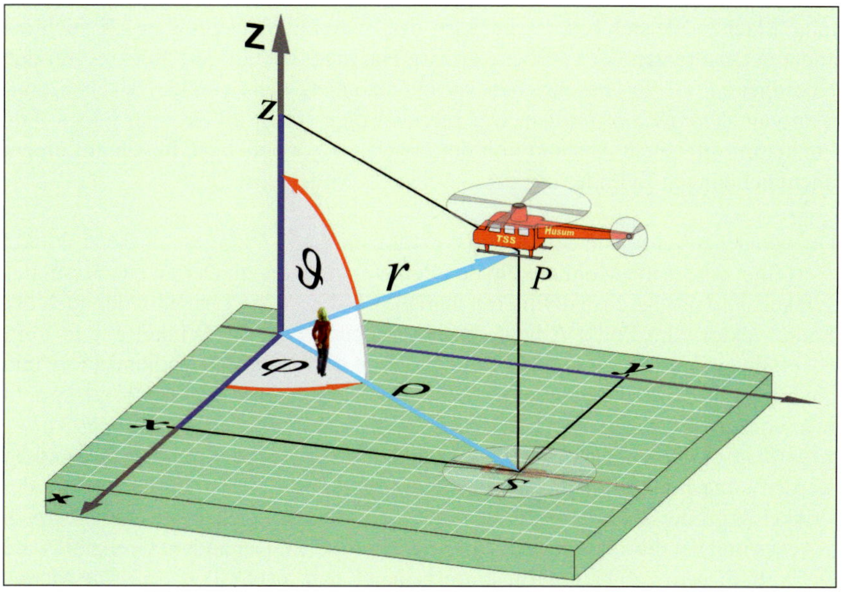

Beachten Sie die Dame im Bild!

Bild 5.2.3
Illustration eines räumlichen Koordinatensystems

Im Bild sehen Sie einen Hubschrauber, der vom Punkt S in der xy-Ebene mit den Koordinaten (x, y) auf die Höhe z aufgestiegen ist. Damit ist eine Koordinate hinzugekommen. Der Punkt, an dem sich der Hubschrauber befindet, heißt P und hat die kartesischen Koordinaten (x, y, z). Wegen des Übergangs von einem ebenen zu einem räumlichen System können auch die Koordinaten des Punktes S zu $(x, y, 0)$ modifiziert werden, denn die z-Koordinate von S ist gleich null. Der Hubschrauber demonstriert, wie man einen Raumpunkt mit den kartesischen Koordinaten (x, y, z) findet. Man sucht den Punkt, gebildet aus den ersten beiden Koordinaten in der xy-Ebene. Anschließend geht es um die dritte Koordinate senkrecht zu dieser Ebene nach „oben", falls sie positiv ist, bzw. nach „unten" im Falle einer negativen dritten Koordinate. Bei einer negativen dritten Koordinate müsste ein U-Boot als Beispiel herhalten. Betrachten Sie bitte *Bild 5.2.3* genau! Sie haben die perspektivische Darstellung erst dann verstanden, wenn Ihnen klar ist, dass die Vierecke mit den Eckpunkten $(0, 0, 0)$, $(x, 0, 0)$, S, $(0, y, 0)$ und $(0, 0, 0)$, S, P, $(0, 0, z)$ **Rechtecke** sind!

Vertikaler Aufstieg des Hubschraubers von seinem Standplatz S zum Punkt P

Alle Koordinaten dürfen negativ sein!

Um den Punkt P auch durch Winkel kennzeichnen zu können, sind in *Bild 5.2.3* zusätzlich zwei Zeiger eingetragen. Derartige Zeiger werden auch *Ortsvektoren* oder *Radiusvektoren* genannt. Der eine zeigt – ausgehend vom Koordinaten-

Wieder Zeiger! Hier heißen sie anders: Ortsvektoren oder Radiusvektoren.

ursprung – auf den Punkt S. Die Länge dieses Radiusvektors lässt sich auch als Abstand des Punktes P von der z-Achse deuten. Der andere Radiusvektor weist auf den Punkt P. Dessen Länge wiederum ist gleich dem Abstand des Punktes P vom Koordinatenursprung (0, 0, 0).

Alternative Beschreibung der Raumpunkte durch Zylinderkoordinaten.

Nur die z-Koordinate ist vorzeichenbehaftet.

Die x-Achse und der Radiusvektor zum Punkt S schließen den Winkel *ein*. Durch Angabe der Länge dieses Radiusvektors, dem Winkel *sowie* der z-Koordinate, lässt sich der Punkt P alternativ zu den kartesischen Koordinaten beschreiben. Der Winkel φ kann Werte von 0 bis 2π (360°, 400^g) annehmen. Beachten Sie bitte die Winkelkonvention! Der Gegenuhrzeigersinn ist die positive Winkelrichtung. Machen Sie sich bitte weiter klar, dass man mit Winkeln über $\pi/2$ auch die anderen Quadranten der xy-Ebene erfasst. Hat man den Ort des Objektes mit den Koordinaten (ρ, φ, z) beschrieben, spricht man nicht mehr von kartesischen, sondern von *Zylinderkoordinaten*. Der merkwürdige Name erklärt sich leicht. Alle Punkte mit gleichem Abstand von der z-Achse (φ, z beliebig), liegen auf einem unendlich langen Zylinder mit der z-Achse als Mittelachse.

Noch eine Alternative: Kugelkoordinaten

Kugelkoordinaten kommen ohne Vorzeichen aus.

Der von der z-Achse und dem Radiusvektor zum Punkt P eingeschlossene Winkel ϑ eröffnet eine dritte Möglichkeit, den Punkt P festzulegen. Der zweite Strahl des Winkels *und* die z-Achse definieren gemäß *Bild 5.1.8* eine Ebene, in der auch der Radiusvektor zum Punkt P liegt. In dieser Ebene liegt der Winkel ϑ und führt ebenfalls eindeutig zum Punkt P. Benutzt man die Länge des Radiusvektors und die beiden in *Bild 5.2.4* definierten Winkel als Koordinaten, also (r, ϑ, φ), spricht man von *Kugelkoordinaten* (bzw. *Sphärische Koordinaten* oder *räumliche Polarkoordinaten*). Obwohl es sich ausschließlich um positive Koordinaten handelt, werden auch Punkte mit negativer z-Koordinate erfasst. In diesem Fall ist der Winkel ϑ größer als $\pi/2$. Im Grenzfall $\vartheta = 0$ befindet sich P auf der positiven z-Achse und hat die kartesischen Koordinaten $(0, 0, r)$. Der andere Grenzfall wäre $\vartheta = \pi$. In diesem Fall hätte P die kartesischen Koordinaten $(0, 0, -r)$. Die Menge aller Punkte mit gleichem Abstand zum Koordinatenursprung liegen auf einer Kugel, was die obige Bezeichnung der Koordinaten erklärt.

Populärste Anwendung der Kugelkoordinaten: Geodäsie und Navigation

Vorsicht: andere Winkelkonventionen und andere Formelzeichen!

Eine wichtige Anwendung von Kugelkoordinaten finden Sie in der Geodäsie und Navigation. Allerdings werden hier nicht die bereits vorgestellten Konventionen benutzt. In *Bild 5.2.4* wurde die Erde in ein räumliches kartesisches Koordinatensystem eingezeichnet. Um die Winkel sichtbar zu machen, wurde ein dickes Stück der nördlichen Halbkugel herausgeschnitten. Die x-Achse wurde so gewählt, dass die xz-Ebene gerade das Observatorium Greenwich bei London teilt. Die z-Achse ist gleichzeitig Drehachse der Erde. Der Äquator der Erde liegt in der xy-Ebene, die hier natürlich Äquatorialebene heißt. Anders als bei mathematischen Kugelkoordinaten lässt man den Winkel zwischen der x-Achse und der Projektion des Radiusvektors auf die xy-Ebene von –180° bis +180° durchlaufen. Der Drehsinn des Winkels wird aber nicht durch ein Vorzeichen, sondern durch ein O bzw. W gekennzeichnet. O bzw. W steht für östlich bzw. westlich von Greenwich. Der Winkel heißt *Geografische Länge* und bekommt, anders als vorher, das kleine griechische „ℓ“ (= λ) als Formelzeichen. Als zweiter Winkel wird nicht der Winkel zwischen z-Achse und Radiusvektor verwendet, sondern das Komplement zu 90°, d. h. $90° - \vartheta$. Das ist der Winkel zwischen der Äquatorialebene und dem Radiusvektor. Der Winkel heißt geografische Breite und bekommt ärgerlicherweise das Formelzeichen φ. Damit ergibt sich – wie so oft – ein Benennungskonflikt! (Mit mathematischen Kugelkoordinaten wäre φ geografische Länge!) Die so definierte geografische Breite kann zwangsläufig nur Werte zwischen –90° und +90° annehmen. Auch hier wird nicht mit dem Vorzeichen gearbeitet. Stattdessen wird mit einem N bzw. S ausgedrückt, ob der Radiusvektor in die Nord- oder in die Südhalbkugel geklappt wird. Wenn man sich nur auf der Erdoberfläche bewegt, ist die Angabe der Länge des Radiusvektors überflüssig. Mit den beiden Winkeln ist jeder Punkt auf der Erde eindeutig bestimmt. Die Koordinaten des Punktes P in *Bild 5.2.4* lauten beispielsweise (N 50°,O 70°). Das liegt irgendwo in Kasachstan. Üblicherweise wird die geografische Breite vor der Länge genannt.

Erde:
Geografische Breite = φ
Geografische Länge = λ

Breite vor Länge!

P liegt in Kasachstan.

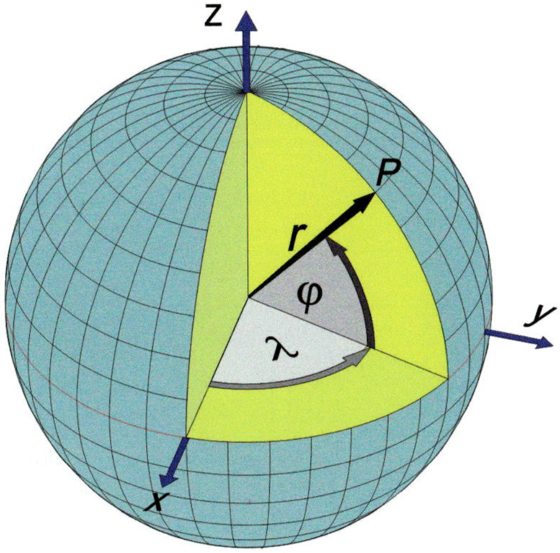

Bild 5.2.4
Erde in Kugelkoordinaten

In der Navigation werden Bruchteile eines Grades nur noch in Minuten angegeben. Bruchteile einer Winkelminute gibt man dezimal an. Als Beispiel seien nicht die Koordinaten eines Ortes in Kasachstan, sondern die des Leuchtfeuers Westerhever-Sand in Nordfriesland angegeben.

Bild 5.2.5
GPS-Koordinaten von Westerhever-Sand

Alle Punkte auf der Erde gleicher geografischer Längen liegen auf einem „Großkreis“, einem so genannten Meridian (Längenkreis), wobei der Null-Meridian durch Greenwich verläuft. Meridiane verlaufen von Pol zu Pol, d. h. in Nord-Südrichtung. Alle Punkte mit gleicher geografischer Breite liegen auf Kreisen parallel zur Äquatorialebene. Sie heißen Breiten- oder Parallelkreise. Von den Parallelkreisen ist nur der Äquator – er hat die geografische Breite 0° – ein Großkreis. Gern illustriert man die Erde, wie es auch in *Bild 5.2.4* in 10°-Schritten gemacht wurde, mit einem Gradnetz aus Längen- und Breitenkreisen. Dabei wird deutlich, dass der Abstand der Breitenkreise immer gleich bleibt. Im Gegensatz

Auch ein Ellipsoid ist nur eine Näherung!

dazu wird der Abstand der in den Polen zusammenlaufenden Meridiane zu den Polen hin immer geringer. Bekanntlich ist die Erde nur näherungsweise eine Kugel und wird besser durch einen Ellipsoid angenähert. In aller Strenge kann der Erdkörper jedoch durch keine einfache geometrische Figur wiedergegeben werden.

Polarkoordinaten sind auch in der Ebene sinnvoll!

Wenn in *Bild 5.2.3* die z-Achse fortgelassen wird, ist man wieder in einem ebenen Koordinatensystem. Für die Punkte in diesem ebenen System können alternativ zu den kartesischen Koordinaten die Länge des Radiusvektors und der Winkel verwendet werden. In diesem Fall spricht man von (ebenen) Polarkoordinaten. (Bei ebenen Polarkoordinaten können Sie die Länge des Radiusvektors auch mit r bezeichnen!) Ein Beispiel für (ebene) Polarkoordinaten ist das Display eines Radargerätes:

y-Richtung: wahlweise Fahrt- oder Nordrichtung

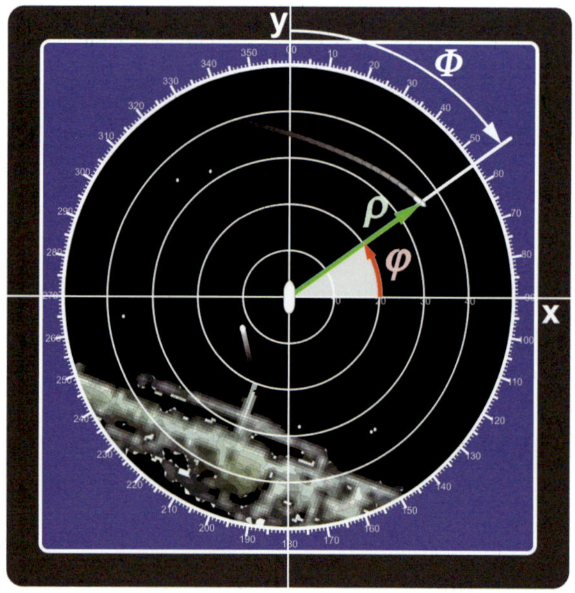

Bild 5.2.6
Polarkoordinaten auf einem Radarschirm

Ein solches Display zeigt Objekte in Form von mehr oder weniger hellen Flecken an, die sich in der Umgebung der rotierenden Antenne des Systems befinden. Die rotierende Antenne lässt einen elektromagnetischen Suchstrahl kreisen und ist gleichzeitig auf Empfang für Echos irgendwelcher Objekte. Die Richtung des Objekts ergibt sich aus dem Drehwinkel der Antenne zum Empfangszeitpunkt des Echos. Die Laufzeit des Echos ist ein Maß für die Entfernung. Dementsprechend erscheint ein Fleck auf dem Display. Bei mathematischen Koordinaten wird der Winkel, im Bild mit φ benannt, zwischen der x-Achse und dem Radiusvektor gezählt. Positive Richtung ist der Gegenuhrzeigersinn! Die Polarkoordinaten des Objektes, auf die der Radiusvektor in *Bild 5.2.6* zeigt, sind (36 km, 35°) bzw. (36 km, 0,61 rad).

In der Navigation wird dagegen der Winkel zwischen der y-Achse und dem Radiusvektor gewählt, und zwar traditionell **im Uhrzeigersinn**. Im Bild wurde der Winkel mit φ gekennzeichnet. Die y-Achse selbst kann optional in Nord- oder in Fahrtrichtung (falls die Antenne auf einem Fahrzeug montiert ist) gerichtet werden. Die Polarkoordinaten des Objektes in dieser Konvention wären dann (36 km, 55°).

Beachten Sie die unterschiedlichen Winkelkonventionen!

5.3 Proportionalitäten und Lineare Funktionen

Das Verständnis von Proportionalitäten und linearen Funktionen ist von enormer Bedeutung und muss ein absolut solider Bestandteil Ihres Wissensfundaments sein. Um dieses Fundament abzusichern und gegebenenfalls auszubessern, wollen wir uns (wieder) nicht scheuen, in Ihre Schulzeit zurückzugreifen. Sie erinnern sich sicher noch an die so genannten *Dreisätze*. Böse Zungen behaupten, die Dreisätze wären das einzig Wichtige der Schulmathematik. Hier ist nun eine derartige einfache klassische Dreisatzaufgabe aus der Schule:

Kann gar nicht oft genug wiederholt werden: Proportionalitäten, das absolute Fundament

Dreisatzaufgabe:
Ein Traktor soll eine steile Rampe hoch fahren. Über der Stelle $x_0 = 2{,}6$ m hat er eine Höhe von $y_0 = 0{,}9$ m erreicht – *siehe Bild 5.3.1*. Leider gibt der Motor über der Stelle $x = 6{,}5$ m seinen Geist auf.
Auf welcher Höhe ist der Traktor stehen geblieben?

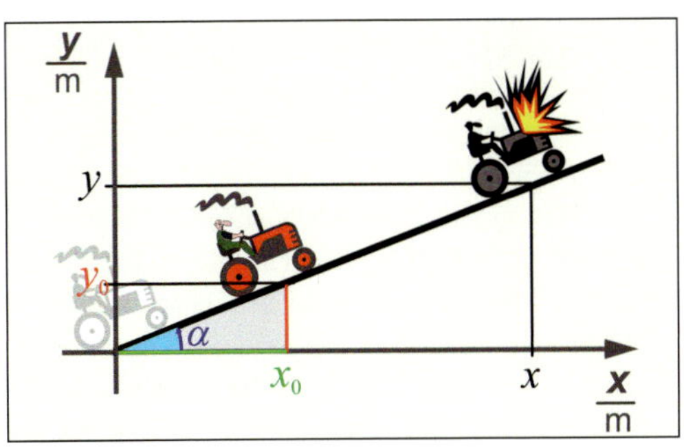

Bild 5.3.1
Beispiel für eine Proportionalität aus der Schule

Jeder Stelle auf der x-Achse ist eindeutig eine bestimmte Höhe des Traktors zugeordnet. Es handelt sich also um eine Funktion $y = f(x)$. Da die Rampe völlig gerade ist, kann man wohl annehmen, dass dem doppelten, dreifachen … Argument (hier Stellen auf der x-Achse) auch der doppelte, dreifache … Wert (hier die Höhen) zugeordnet ist. Umgekehrt müssen dann ebenfalls dem halben -, drittel -, viertel - … Argument der halbe, drittel, … Wert zugeordnet sein. Funktionen mit dieser Eigenschaft heißen bekanntlich *Proportionalitäten*.

Leider ein fürchterlich langer Name: Proportionalität

Merksatz 5.3.1

Definition der Proportionalität:

Sei $f:\mathbb{R} \dashrightarrow \mathbb{R};\ n \in \mathbb{R}$

Eine Funktion f heißt *Proportionalität*, wenn dem n-fachen Argument immer auch der n-fache Wert zugeordnet ist:

$n \cdot x \mapsto n \cdot f(x)$ $\left[\text{bzw.}\quad f(n \cdot x) = n \cdot f(x)\right]$

Antiproportionalitäten: *s. Abschnitt 6.9*

Die obige Aufgabe wird in der Schule standardmäßig mit dem so genannten Dreisatz gelöst. Der Dreisatz wiederum fußt auf der Proportionalitäts-Definition in *Merksatz 5.3.1*. Sehen wir uns dazu die Rechnung eines Schülers dazu an:

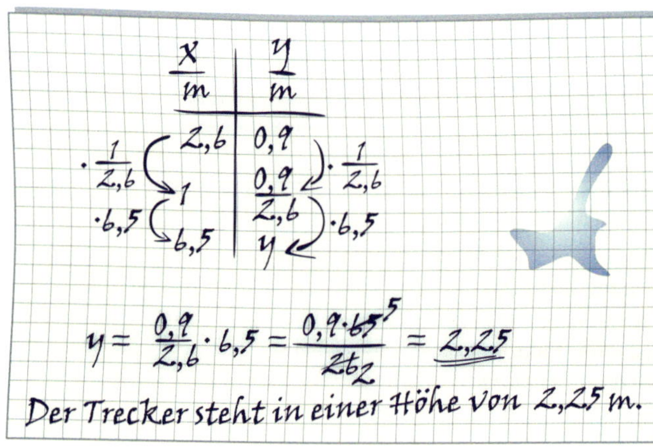

Bild 5.3.2
Dreisatz eines Schülers

Wegen der Dezimalkommas trennt man die Koordinaten besser durch ein Semikolon oder einen senkrechten Strich: (2,6; 0,9) oder (2,6| 0,9)

Der Dreisatz besteht aus einer Kurztabelle aus drei Wertepaaren. Das erste Wertepaar – hier (2,6; 0,9) – steckt mehr oder weniger getarnt in der Aufgabenstellung. Die Multiplikations-Operatoren links und rechts der gebogenen Pfeile entsprechen dem „n“ in der Definition (*s. Merksatz 5.3.1*). Um das zweite Wertepaar zu erhalten, wählt man speziell $n = {}^{1}/_{2,6}$. Damit erhält man den der Eins zugeordneten Funktionswert gratis. Bei klassischen Dreisatzaufgaben ist dieser Wert nicht gefragt und wird deshalb in der Tabelle nur als Term – hier (0,9; 2,6) – eingetragen! Das dritte Wertepaar mit dem gesuchten Funktionswert ergibt sich durch Wahl von $n = 6{,}5$.

Die Quotientengleichheit kann ebenfalls zur Definition einer Proportionalität verwendet werden..

Schaut man sich an, wie das „Gratiswertepaar“ zustande gekommen ist, erkennt man eine bemerkenswerte Eigenschaft der Proportionalitäten. Offensichtlich würde man den der Eins zugeordneten Funktionswert $f(1)$ aus jedem Wertepaar ($x \neq 0$) der Funktion errechnen können. Daraus ergibt sich, dass der Quotient aus dem Funktionswert und dem zugehörigen Argument stets gleich ist. Man sagt, die Zuordnung ist *quotientengleich*.

(5.3.1)

$$x \neq 0;\quad n := \frac{1}{x}:\quad f(1) = \frac{f(x)}{x}$$

Lassen Sie uns den Schüler-Dreisatz noch einmal notieren!

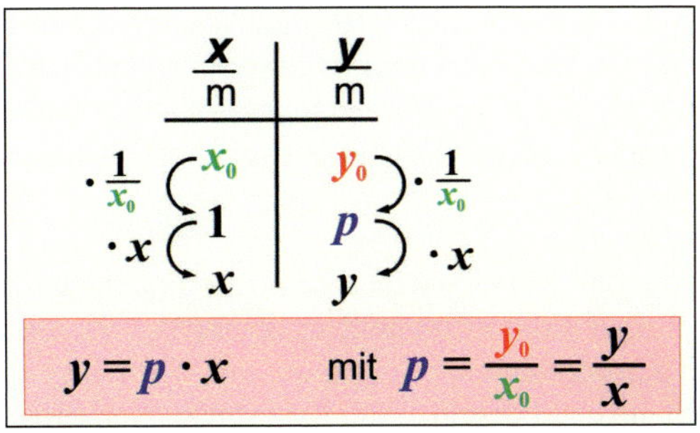

Bild 5.3.3
Dreisatz mit Variablen

Nichts Neues – aber trotzdem instruktiv!

Im Gegensatz zum Schüler-Dreisatz werden in *Bild 5.3.3* ausschließlich Variable benutzt. Das erste Wertepaar steht für irgendein bekanntes Wertepaar – vorher (2,6; 0,9). Dafür wird zumeist ein Index „null" an die Variablen gehängt. Der Index dient nur als Kennzeichen, dass es sich um gebundene Variablen handelt (*vgl. Abschn. 1.2*). Man könnte auch andere Kennungen dafür benutzen. Im zweiten Wertepaar wird der der Eins zugeordnete Wert – also $f(1)$ – der ebenfalls gebundenen Variablen p zugewiesen. Im dritten soll der Wert für beliebiges x (bei uns $x = 6{,}5$) ermittelt werden. Betrachten wir die Variablen der dritten Zeile als ungebunden, bekommen wir anstelle eines konkreten Zahlenwertes jetzt mithilfe des Dreisatzes in *Bild 5.3.3* eine Funktion, mit der man für jeden Zeitpunkt x den Ort y ermitteln kann. Die Funktion, hier eine Proportionalität, ist wirklich nicht spannend. Es ist nur eine einstellige Verknüpfung, in der das Argument einfach mit einem konstanten Faktor multipliziert wird. Dieser konstante Faktor – er heißt auch *Proportionalitätsfaktor* – ist immer derjenige Wert, der der Eins zugeordnet ist. Wir können damit *Merksatz 5.3.1* ausbauen:

Vom „Gratiswertepaar" zum Proportionalitätsfaktor

Merke:
Für Proportionalitäten gilt $f(x) = p \cdot x$ mit $p = f(1)$.
Der konstante reelle Faktor p heißt *Proportionalitätsfaktor*, er ist gleich dem Funktionswert an der Stelle $x = 1$. Der Graph einer Proportionalität im kartesischen Koordinatensystem ist eine Gerade durch den Koordinatenursprung bzw. eine Teilmenge davon.

Merksatz 5.3.2

Im folgenden Merksatz wird Ihnen noch die in der Praxis wichtige Relation *„ist proportional zu"* vorgestellt. Dabei geht es um eine Beziehung zwischen zwei Funktionen mit gleichen Definitionsbereichen, die auch mehrstellig sein dürfen.

Definition:
Zwei Funktionen mit gleichen Definitionsbereichen heißen zueinander proportional, wenn ein konstanter Faktor p existiert, sodass gilt:

$$f(x) = p \cdot g(x) \quad \forall x \in D$$

Man schreibt dann: $\boldsymbol{f \sim g}$ bzw. $f \propto g$

Merksatz 5.3.3

Beachten Sie, die Proportionalitätsrelation ist *„reflexiv"* d. h., wenn $f \sim g$ ist, gilt umgekehrt auch $g \sim f$! Vorsicht, anstelle der Schlange als Relationszeichen wird auch eine „angebissene" Brezel verwendet!

In der Praxis interessiert, in wie weit die Relation „ist prop. zu" näherungsweise erfüllt ist.

Die Funktion $g(x)$ in *Merksatz 5.3.3* darf ohne Weiteres eine Identität sein, d. h. $g(x) = x$. In diesem – in der Praxis häufig vorkommenden Spezialfall – erhält die Identität natürlich nicht die Ehre eines eigenen Funktionsnamens. Man schreibt $f(x) \sim x$ bzw. $y \sim x$ und liest „$f(x)$ ist proportional zu x" bzw. „y ist proportional zu x".

Simpler geht es kaum: Eine Gerade durch den Koordinatenursprung

Mit der Rampe in der obigen Dreisatzaufgabe bekommen wir gleich noch die grafische Darstellung einer Proportionalität mitgeliefert – es handelt sich um eine Gerade durch den Koordinatenursprung bzw. eine Teilmenge davon. In unserem Fall handelt es sich um eine Strecke, vom Koordinatenursprung bis zum Rampenende.

Der Prop.faktor hat eine geometrische Bedeutung – es handelt sich um die Steigung.

35 % entspricht einem Steigungswinkel von knapp 20° – keine geringe Steigung!

Auch die geometrische Bedeutung des Proportionalitätsfaktors ist leicht erkennbar. Es ist immer der Wert, der der Eins zugeordnet ist. In unserem Fall ist das die Höhe, die der Traktor nach einem Meter in x-Richtung erreicht hat. Man nennt die Größe *Steigung* – sie beträgt bei uns $^{9}/_{26}$ ($\approx 0{,}35$). Da Steigungen normal befahrbarer Straßen zwischen null und eins liegen, gibt man auf Verkehrsschildern Steigungen lieber in Prozent an. Das wäre dann der Höhengewinn in Meter auf 100 m in der Horizontalen. Unser Traktor musste 35 % bewältigen. Schauen Sie sich in diesem Zusammenhang noch einmal *Bild 5.3.1* an! Geometrisch ist der Steigungsbegriff verknüpft mit rechtwinkligen Dreiecken, so genannten *Steigungsdreiecken*. Eines davon ist hier grau unterlegt. Der Winkel mit dem Koordinatenursprung als Scheitelpunkt heißt *Steigungswinkel*. Die beiden kurzen Seiten eines rechtwinkligen Dreiecks heißen *Katheten*, die lange Seite *Hypotenuse*. Die dem Steigungswinkel **gegen**überliegende Kathete heißt *Gegenkathete* (rot gezeichnet), die **an** dem Winkel liegende dementsprechend *Ankathete* (grün gezeichnet). Für die Steigung gilt mit diesen Bezeichnungen die folgende Relation.

Merksatz 5.3.4

Merke:

$$\text{Steigung} = \frac{\text{Gegenkathete}}{\text{Ankathete}} = \tan(\alpha)\ ;\ \alpha = \text{Steigungswinkel}$$

Man erkennt in dem rot unterlegten Kästchen von *Bild 5.3.3*, dass man den Proportionalitätsfaktor aus jedem beliebigen Wertepaar errechnen kann. Man muss nur den Quotienten aus dem Wert und dessen zugehörigem Argument bilden. Die proportionale Zuordnung ist sozusagen *quotientengleich*. Man kann somit zur Ermittlung der Steigung ein Steigungsdreieck beliebiger Größe benutzen – z. B. mit dem in *Bild 5.3.1* nicht besonders hervorgehobenen Steigungsdreieck mit der Gegenkathete y und der Ankathete x.

Die Begriffe gehören zusammen: Steigung, Steigungsdreieck, Gegenkathete, Ankathete, Steigungswinkel

Steigung und Steigungswinkel sind nicht zueinander proportional!

Mit dem Steigungswinkel ist die Steigung durch die transzendente Tangensfunktion verknüpft – wir kommen später in Abschnitt 7.7 darauf zurück. Steigung und Steigungswinkel sind also **nicht** proportional zueinander! Sind Gegen- und Ankathete des Steigungsdreiecks gleich, ist die Steigung 1 (100 %) und der Steigungswinkel 45°. Eine Steigung von 0,1 (10 %) hat aber nicht einen Steigungswinkel von 4,5° sondern ca. 5,7°.
Bleiben wir bei unserem Traktor und betrachten *Bild 5.3.4*!

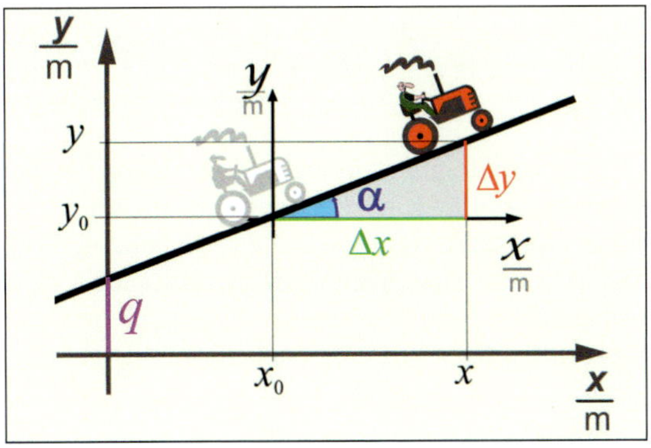

Ein Gruß in den Süden: lupfen <süddt., „anheben">

Bild 5.3.4
Beispiel für eine lineare Funktion

Der Traktor wurde mitsamt seiner Rampe um die Strecke q in positive y-Richtung angelupft. Damit kommt zu den ursprünglichen Höhen des Traktors $p{\cdot}x$ immer noch ein Summand q dazu:

$$f(x) = p \cdot x + q \qquad (5.3.2)$$

Mit der Proportionalität zwischen x und y ist es damit vorbei – jetzt handelt es sich „nur" noch um eine so genannte *lineare Funktion*. Aus der Zeichnung ist ersichtlich, dass Steigungswinkel bzw. Steigung immer noch einen Sinn haben. Da die Rampe nur parallel verschoben worden ist, müsste Steigungswinkel und damit auch die Steigung unverändert geblieben sein.

Koordinatensysteme kann man sich aussuchen!

Um die Begriffe mit denen der Proportionalitäten vereinbar zu machen, definieren wir uns ein zweites Koordinatensystem und legen dessen Ursprung in den Punkt (x_0, y_0) (*s. Bild 5.3.4*). Für den Anfang ist es für Sie vorteilhafter, die neuen Achsen nicht mit ungewohnten Benennungen zu versehen, sondern auch dort mit dem vertrauten „xy" zu arbeiten. Zur Unterscheidung kann man auf so genannte „funny letters", beispielsweise x und y, zurückgreifen. Wie in *Bild 5.3.4* ersichtlich, ist die x-Koordinate im neuen System gleich der Differenz zwischen x und x_0 ist und entsprechend die y-Koordinate gleich der Differenz zwischen y und y_0. Wegen dieser Differenzen bietet sich hier für die Koordinaten eines Punktes im verschobenen Koordinatensystem eine praktische Schreibweise an. Man schreibt für die x-Koordinate Δx und für die y-Koordinate Δy. Dabei steht das große griechische „D" (→ Δ = Delta für Differenz). Diese Schreibweise ist bereits in *Bild 5.3.4* verwendet worden.

In dem verschobenen Koordinatensystem wird aus der linearen Funktion eine Proportionalität!

Bequem: die Δ-Schreibweise für Differenzen

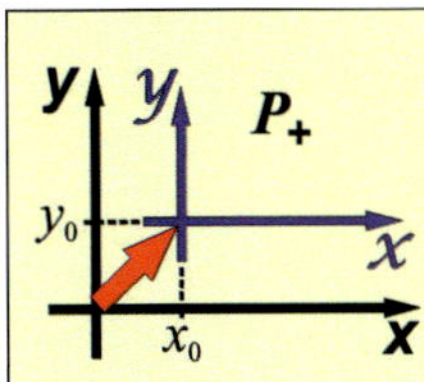

Verschiebung eines Koordinatensystems:
Für die Koordinaten eines Punktes P im verschobenen System gilt:

$$\mathsf{x} = x - x_0 \qquad (:= \Delta x)$$
$$\mathsf{y} = y - y_0 \qquad (:= \Delta y)$$

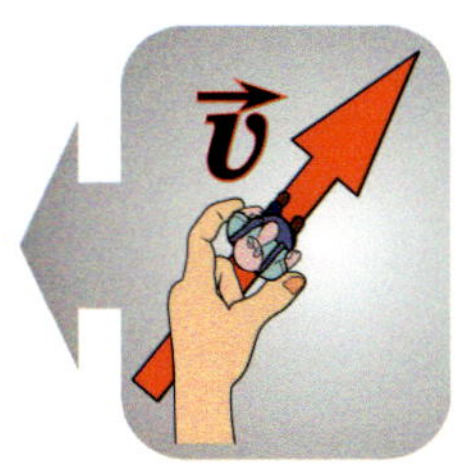

Merksatz 5.3.5

Im verschobenen Koordinatensystem wird die Höhe y genau wie die in *Bild 5.3.3* durch eine Proportionalität beschrieben.

(5.3.3)

$$y = p \cdot x \;\Leftrightarrow\; p = \frac{y}{x} \quad \text{bzw.} \quad \Delta y = p \cdot \Delta x \;\Leftrightarrow\; p = \frac{\Delta y}{\Delta x}$$

Machen Sie sich bitte mit der Δ-Schreibweise vertraut!

Jetzt kann, wie vorher, ein Steigungsdreieck eingezeichnet werden. Einziger Unterschied, die Gegenkathete heißt jetzt Δy und die Ankathete Δx, ansonsten gilt *Merksatz 5.3.4*. Da die Punkte (x_0, y_0) und (x, y) beliebige (unterschiedliche) Punkte auf der Geraden sind, sind dementsprechend auch Größe und Position des Steigungsdreiecks beliebig. In folgendem *Merksatz* sind die Definition sowie die wichtigsten Eigenschaften linearer Funktionen zusammengefasst.

Merksatz 5.3.6

Definition:
Sei $f: \mathbb{R} \dashrightarrow \mathbb{R}$, $f(x) = p \cdot x + q$; $p, q \in \mathbb{R}$.
Dann nennt man f eine lineare Funktion. Der Faktor p kann als Steigung, der Summand q als y-Koordinate des Schnittpunktes des Graphen mit der y-Achse interpretiert werden. Der Graph einer linearen Funktion im kartesischen Koordinatensystem ist eine Gerade bzw. eine Teilmenge davon.

In *Merksatz 5.3.6* steht, dass sowohl die Steigung p als auch der Summand q negativ sein dürfen.

Positive bzw. negative Steigung: Blickrichtung ist immer die positive x-Richtung!

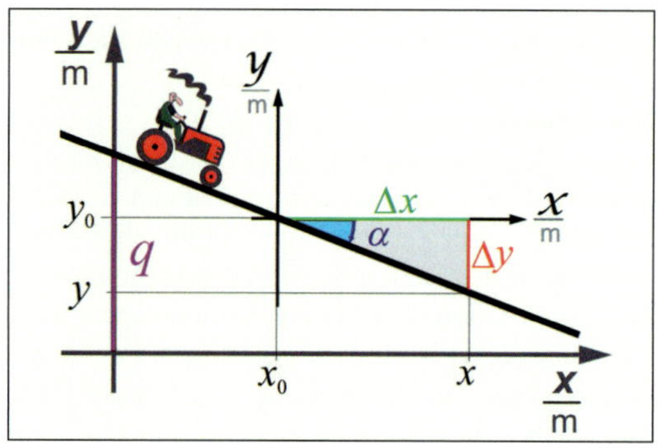

Bild 5.3.5
Lineare Funktion mit negativer Steigung

Bild 5.3.5 zeigt zunächst den Fall einer linearen Funktion mit negativer Steigung. Zeichnen Sie in diesem Fall ein Steigungsdreieck grundsätzlich so, wie hier vorgestellt, also mit einer Ankathete in **positiver** x-Richtung! Da y jetzt unterhalb von y_0 liegt, ist $\Delta y = y - y_0$ negativ, muss also nach unten weisen. Der Steigungswinkel, jetzt im Uhrzeigersinn, ist in diesem Fall mathematisch negativ.

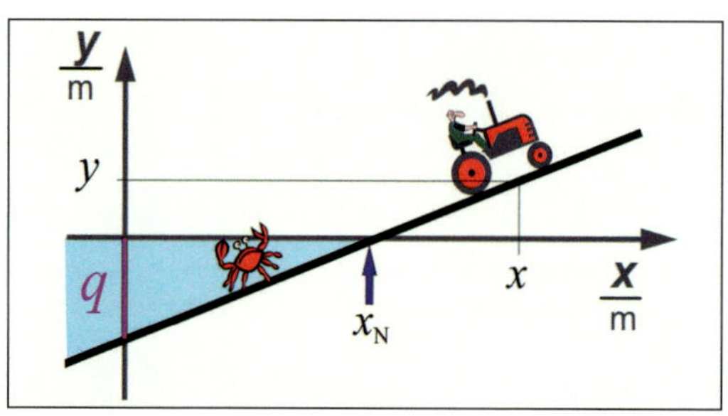

Bild 5.3.6
Lineare Funktion mit negativem Summanden q

In *Bild 5.3.6* ist die Rampe nicht angehoben, sondern um q abgesenkt worden. Der Summand q in dem Funktionsterm von f in *Merksatz 5.3.6* ist demnach negativ. Steigungsdreieck und das lokale xy-Koordinatensystem sind nicht mit eingezeichnet. Eingetragen ist dagegen die so genannte Nullstelle der (linearen) Funktion.

Überhaupt nichts Besonderes: ein negatives q.

Geometrisch ist eine Nullstelle einfach die x-Koordinate des Schnittpunktes eines Funktionsgraphen mit der x-Achse. Allgemein gilt für die Nullstellenmenge einer Funktion:

$$S_0 = \{x \mid f(x) = 0\} \tag{5.3.4}$$

Im Falle einer linearen Funktion ist die Nullstellenmenge sehr einfach:

$$S_0 = \begin{cases} \left\{-\frac{q}{p}\right\} & \text{falls} \quad p \neq 0 \\ \{\} & \text{falls} \quad p = 0 \wedge q \neq 0 \\ D & \text{falls} \quad p = 0 \wedge q = 0 \end{cases} \tag{5.3.5}$$

Im ersten Fall lässt sich die Gleichung $p \cdot x + q = 0$ nach x auflösen und hat deshalb genau eine Lösung, nämlich $x = -q/p$. Im zweiten Fall ist die Steigung null ($f(x) = 0 \cdot x + q \equiv q$), d. h., es handelt sich um eine Parallele zur x-Achse, die natürlich keinen Schnittpunkt mit der x-Achse zulässt. Die Menge ist leer. Im dritten Fall liegt diese Parallele genau auf der x-Achse. Damit sind alle Elemente des Definitionsbereichs trivialerweise Nullstellen.

Schreibt man die Katheten des Steigungsdreiecks Δx und Δy in *Bild 5.3.4* (*bzw. Bild 5.3.5*) als Differenz aus, ergibt sich die so genannte *Punkt-Steigungsform* einer Geraden:

$$p = \frac{\Delta y}{\Delta x} = \frac{y - y_0}{x - x_0} \tag{5.3.6}$$

Wenn die Steigung p bekannt ist und man die Variable x als frei auffasst, kann man die Formel nach y auflösen und erhält den Funktionsterm einer linearen Funktion mit der Steigung p und $q = y_0 - p \cdot x_0$ (*vgl. Merksatz 5.3.6*):

$$y = p \cdot (x - x_0) + y_0 = p \cdot x + \underbrace{(y_0 - p \cdot x_0)}_{q} \tag{5.3.7}$$

Wenn zwei Punkte auf der Geraden, sagen wir (x_1, y_1) und (x_0, y_0), bekannt sind, kann man mithilfe von (*5.3.6*) die Steigung ausdrücken:

$$p = \frac{y_1 - y_0}{x_1 - x_0} \tag{5.3.8}$$

Kombiniert man den Term für die Steigung in (*5.3.8*) mit der Punkt-Steigungsform (*5.3.6*), erhält man die so genannte *Zweipunkteform* einer Geraden:

(5.3.9)

$$(p=)\quad \frac{y_1-y_0}{x_1-x_0}=\frac{y-y_0}{x-x_0}$$

Lineare Funktionen lassen sich als Näherungsfunktionen verwenden.

Wenn die Punkte (x_0, y_0) und (x_1, y_1) Elemente einer beliebigen Funktion sind und die Punkte nahe genug zusammenliegen, kann man in der Regel den Graphen dazwischen näherungsweise als Gerade mit dem Quotienten (*5.3.8*) als Steigung p betrachten. Dann lässt sich die Zweipunkteform dazu benutzen, um den Funktionswert $f(x)$ einer zwischen x_0 und x_1 gelegenen Stelle x näherungsweise zu ermitteln.

(5.3.10)

$$f(x)\approx f(x_0)+\frac{f(x_1)-f(x_0)}{x_1-x_0}\cdot(x-x_0)$$

Die Zweipunkteform (*5.3.9*) wurde einfach nach y aufgelöst und die Werte der linearen Funktion durch Funktionswerte der beliebigen Funktion ersetzt. Wenn Sie mithilfe von (*5.3.10*) den Zwischenwert einer Funktion näherungsweise ermitteln, heißt das (lineares) *Interpolieren*.

5.4 Der Differenzenquotient

Der Graph einer linearen Funktion hat im ganzen Definitionsbereich überall die gleiche Steigung. Was wird aus dem Steigungsbegriff bei nichtlinearen Funktionen? Schicken wir wieder unseren Traktorfahrer los und fragen, wie groß denn die Steigung eines Funktionsgraphen im Punkt (x_0, y_0) bzw. „an der Stelle x_0" sei.

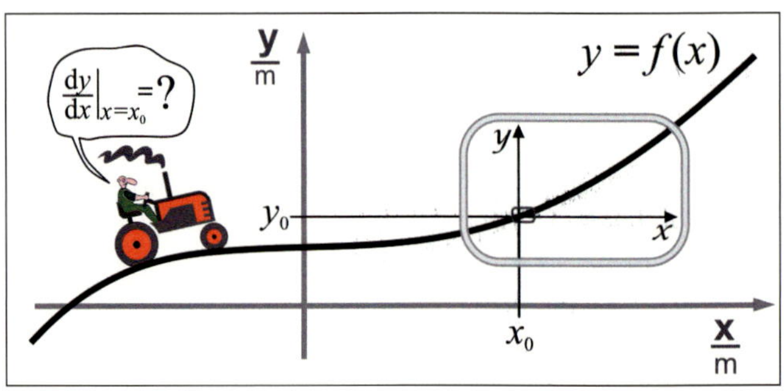

Bild 5.4.1
Steigungsbegriff im Falle einer nichtlinearen Funktion

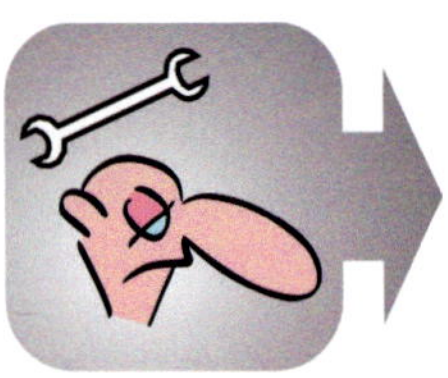

Merksatz 5.4.1

Merke:
Bei Funktionsgraphen ergibt sich die y-Koordinate eines Punktes (x, y) zwangsläufig aus dem Funktionswert, d. h. $y = f(x)$. Deshalb ist dieser Punkt bereits durch die Erwähnung der x-Koordinate festgelegt. Anstatt „Punkt (x,y)" sagt man (auch wenn es holperig klingt): „an der **Stelle** x". Im vorliegenden Fall suchen wir **„die Steigung an der Stelle x_0"**!

Da die gesuchte Steigung eine lokale Angelegenheit ist, müssen wir nur einen kleinen Teil des Funktionsgraphen in der Umgebung des Punktes (x_0, y_0) betrachten. Die beiden symbolischen Lupen in *Bild 5.4.1* zeigen, welche Bildausschnitte betrachtet werden sollen. Beginnen wir mit dem größeren Ausschnitt:

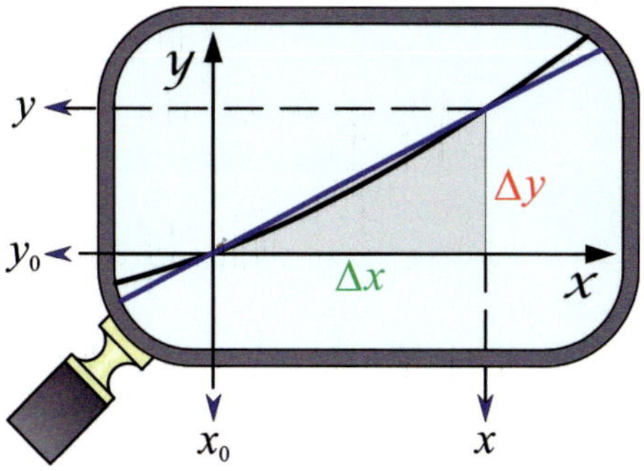

Schauen Sie genau hin, auf dem Graphen krabbelt ein Maikäfer.

Bild 5.4.2
Ausschnittsvergrößerung des Funktionsgraphen

Ignorieren wir einmal die Krümmung des Graphen und gehen genauso wie bei den linearen Funktionen vor (*vgl. Bild 5.3.4*). Dazu wählen wir rechts neben dem Punkt (x_0, y_0) einen zweiten Punkt (x, y) auf dem Graphen und zeichnen ein „Steigungsdreieck". Aber ein Steigungsdreieck ohne Gerade? Denken wir uns einfach die Hypotenuse dieses Dreiecks zu einer Geraden verlängert. Diese Gerade – in Bild 5.4.3 blau eingezeichnet – nennen wir *Sekante*! Dann ist der Quotient $\Delta y/\Delta x$ die *Steigung* dieser Sekante.

Sinnvoll oder nicht: ein Steigungsdreieck ohne Gerade?

Merke:
Eigentlich heißt eine Gerade, die einen Kreis in zwei Punkten schneidet, **Sekante** und eine Gerade, die mit einem Kreis nur einen Punkt gemeinsam hat, ihn sozusagen berührt, **Tangente**. **Beide** Begriffe werden ebenfalls für Kurvenbögen benutzt!

Merksatz 5.4.2

Da der Quotient aus Differenzen von Funktionswerten und der Differenz der zugehörigen Argumente besteht, heißt der Quotient $\Delta y/\Delta x$ *Differenzenquotient*. Bezüglich des Funktionsgraphen kann die Sekantensteigung als **mittlere Steigung** im Intervall (x_0, x) angesehen werden – die wollen wir nicht, uns interessiert die Steigung **an der Stelle x_0**!

Differenzenquotient: mittlere Steigung

Gehen wir jetzt zu dem wesentlich kleineren Bildausschnitt über und vergrößern ihn auf das Zehnfache (*s. Bild 5.4.3*). Damit wird der in *Bild 5.4.2* noch nicht zu erkennende Maikäfer sichtbar. Dagegen ist von der Krümmung des Funktionsgraphen nichts mehr zu erkennen, d. h., die Kurve ist visuell nicht mehr von einer Geraden zu unterscheiden. Damit wird der Steigungsbegriff auch ohne Anführungszeichen anwendbar. Wir zeichnen ein verkleinertes Steigungsdreieck. Die Stelle x wurde dabei so dicht an die Stelle x_0 herangerückt, dass Δx im Vergleich zu *Bild 5.4.2* auf den zehnten Teil zusammengeschrumpft ist. Berechnen wir nun den Wert des Differenzenquotienten, können wir zwar immer noch nicht sicher sein kann, ob sich hinter der Strichstärke doch noch eine Krümmung verbirgt, aber jetzt müsste bereits eine brauchbare Näherung für die gesuchte Steigung vorliegen.

Eine Krümmung ist nicht mehr erkennbar: Der Graph kann näherungsweise als Gerade angesehen werden.

Bei der Vergrößerung wird der Käfer sichtbar. Die Krümmung ist nicht mehr erkennbar.

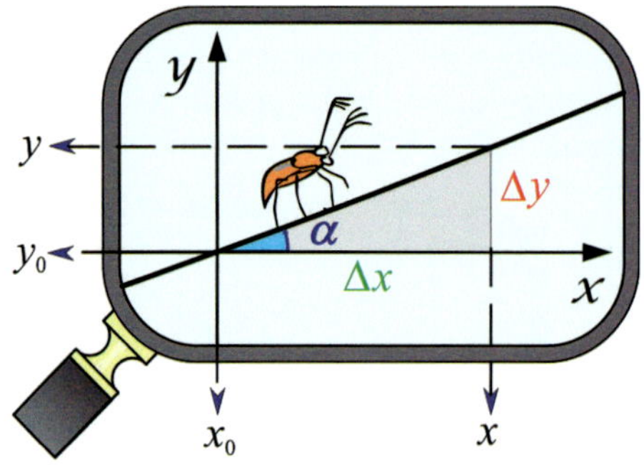

Bild 5.4.3
Nochmalige Ausschnittsvergrößerung

Auf alle Fälle dürfte die Vorgehensweise klar sein. Man lässt die Stelle x sukzessive an die Stelle x_0 heranrücken und ermittelt jeweils den Wert des Differenzenquotienten. Wenn sich die avisierte signifikante Stelle der Sekantensteigung nicht mehr ändert, können wir die Prozedur beenden. Die gesuchte Steigung ist gefunden.

Merksatz 5.4.3

Merke:
Bitte vergessen Sie nicht, dass die Variable x eine freie Variable ist. Ihr können deshalb beliebige Werte zugewiesen werden! Im Gegensatz dazu ist x_0 gebunden!
Wegen $\Delta x = x - x_0$ kann man x durch $x_0 + \Delta x$ ersetzen. Aus $f(x)$ wird somit alternativ im xy-Koordinatensystem $f(x_0 + \Delta x)$!
Beachten Sie unbedingt: $f(x_0 + \Delta x) \neq f(x_0) + \Delta x$!

Im verschobenen xy-Koordinatensystem stellt sich der Differenzenquotient wie folgt dar:

(5.4.1)

$$\frac{\Delta y}{\Delta x} = \frac{y - y_0}{x - x_0} = \frac{f(x) - f(x_0)}{x - x_0} = \underline{\underline{\frac{f(x_0 + \Delta x) - f(x_0)}{\Delta x}}}$$

Es ist unbedingt erforderlich, dass Sie alle Darstellungsmöglichkeiten des Differenzenquotienten verstehen! Hier handelt es sich um das Fundament der Differenzialrechnung! Testen Sie Ihr Verständnis und betrachten dazu folgendes Bild!

Bild 5.4.4
Alternativer Differenzenquotient

Unser Traktor demonstriert einen alternativen Differenzenquotienten. Wie oben erwähnt, ist die Sekantensteigung als mittlere Steigung in einem Intervall der Breite Δx anzusehen. Warum wird das Intervall nicht so gelegt, dass die Stelle x_0 in der Intervallmitte liegt? Auf diese Weise könnte der Mittelwert der wahren Steigung auch ohne drastische Verkleinerung von Δx nahe kommen.

Verbesserter Differenzenquotient

$$\frac{\Delta y}{\Delta x} = \frac{f(x_0 + \frac{\Delta x}{2}) - f(x_0 - \frac{\Delta x}{2})}{\Delta x} \quad (5.4.2)$$

In *(5.4.3)* ist angegeben, welche konkrete Funktion und welche Stelle x_0 für die nichtlineare Funktion in *Bild 5.4.1* bisher verwendet wurde. In *Bild 5.4.2* betrug $\Delta x = 0{,}2$ – in *Bild 5.4.3* waren es nur noch 0,02.

$$f(x) = x^3 - \tfrac{1}{2} \cdot x^4 + \tfrac{1}{10} \quad \text{und} \quad x_0 = 0{,}4 \quad (5.4.3)$$

Lassen wir uns nun von EXCEL ein paar Differenzquotienten für diese Funktion an der Stelle $x_0 = 0{,}4$ für verschiedene Δx konkret ausrechnen:

Tabelle 5.4.1
Differenzenquotienten

Δx	$\frac{\Delta y}{\Delta x}$ nach 5.4.1	$\frac{\Delta y}{\Delta x}$ nach 5.4.2
+ 0,20000	0,50000	0,35400
– 0,20000	0,22000	
+ 0,02000	0,36648	0,35202
– 0,02000	0,33768	
+ 0,00200	0,35344	0,35200
– 0,00200	0,35056	
+ 0,00020	0,35214	0,35200
– 0,00020	0,35186	
+ 0,00002	0,35201	0,35200
– 0,00002	0,35199	
$+ 1 \cdot 10^{14}$	0,35250	0,35232

Rote Zeile: Aufgrund der Differenzbildung sind zu viele signifikante Stellen verloren gegangen. Die Werte sind deshalb unbrauchbar!

In *Tabelle 5.4.1* wird gezeigt, dass man Δx auch negativ wählen kann. In diesem Fall wird das Steigungsdreieck am Punkt (x_0, y_0) gespiegelt. Gegen- und Ankathete werden negativ. Das Vorzeichen des Differenzenquotienten ändert sich nicht. Man erhält damit die mittlere Steigung für ein links von der Stelle x_0 liegendes Intervall der Breite $|\Delta x|$. Im Falle des symmetrischen Differenzenquotienten kann sich dessen Wert durch Vorzeichenänderung von Δx nicht ändern.

Man kann anhand der Tabelle bereits vermuten, wie sich die Werte der Differenzenquotienten entwickeln, wenn man für Δx die Glieder einer Nullfolge einsetzt. Sie nähern sich immer mehr dem Wert 0,35<u>2</u>; diesen Grenzwert können wir wohl als die gesuchte Steigung an der Stelle $x = x_0$ ansehen.

Die Steigung an der Stelle x_0 ist gleich 0,35<u>2</u>.

Für den Grenzwert gibt es auch eine kompakte Schreibweise (*s. (5.4.4)*). Man liest das so: „Limes Δx gegen null Δy durch Δx ist gleich effgestrichen von x_0". Mit „Δx gegen null" wird gesagt, dass Δx Glieder einer beliebigen (deswegen wird auch kein Index mitgeschrieben) Nullfolge sind. Mit dem Wort „Limes" wird gesagt, dass die zugeordneten Folgen von Differenzenquotienten konvergieren. Der **einheitliche** Grenzwert, der hier die geometrische Bedeutung einer Steigung hat, soll $f'(x_0)$ heißen („effgestrichen von x_0“)! Die Schreibweise ist ideal, enthält sie doch sowohl den speziellen Funktionsnamen f als auch die jeweilige Stelle x_0. An dem Hochkomma als Postfix erkennt man, dass nicht der Funktionswert, sondern die Steigung an der Stelle x_0 gemeint ist.

(5.4.4)

$$\lim_{\Delta x \to 0} \frac{\Delta y}{\Delta x} = f'(x_0)$$

Rotes Tabellenende – eine weitere Genauigkeitssteigerung ist nicht mehr möglich.

Leider lassen sich derartige Grenzwerte nicht mit Computern berechnen. Erinnern Sie sich bitte an die Gleitkommazahlen in Abschnitt 4.2! Bei der Differenzbildung gehen signifikante Stellen verloren. Wenn Δx zu klein wird, spielen die errechneten Werte für die Differenzenquotienten verrückt. Bei unserem Beispiel passiert das bei $\Delta x = 10^{-14}$ und kleiner. Die Werte sind deshalb in der Tabelle rot unterlegt! Aus diesem Grund kann man $f'(x_0)$ nur erraten. Bei uns ist wohl $f'(x_0)$ gleich $0{,}35\underline{2}$. Sollte etwa $f'(x_0)$ eine Irrationalzahl sein, wäre man allerdings völlig aufgeschmissen. Wir werden im übernächsten Abschnitt sehen, dass es mit vielen Tricks doch gelingt, derartige Grenzwerte exakt zu ermitteln.

5.5 Der Differenzialquotient

Gerade und Funktionsgraph: ein gemeinsamer Punkt und dort gemeinsame Steigung

In *Bild 5.5.1* wurde der in *Bild 5.4.2* bereis dargestellte Kurvenbogen noch einmal gezeichnet. Die Sekante wurde fortgelassen und stattdessen eine Gerade durch den Punkt (x_0, y_0) mit der vermuteten Steigung $f'(x_0) = 0{,}352$ eingetragen. Weiterhin wurde rechts von dem Punkt (x_0, y_0) ein Steigungsdreieck gezeichnet. Die Länge der Ankathete ist frei wählbar, hier wurde 0,2 genommen! Die Gegenkathete muss dann $0{,}352 \cdot 0{,}2 = 0{,}0704$ lang sein.

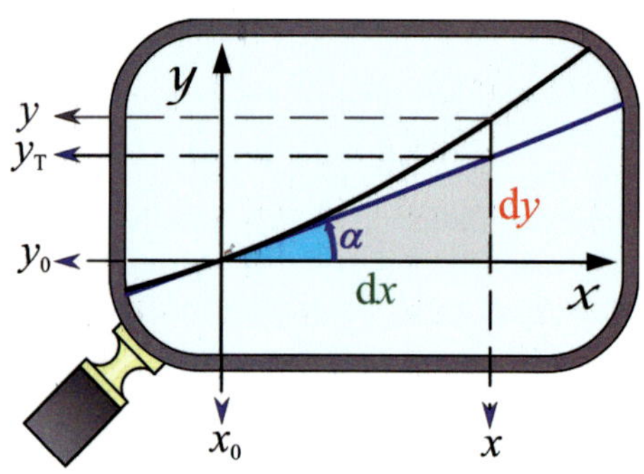

Bild 5.5.1
Funktionsgraph mit Tangente

Auf diese, in *Bild 5.5.1* blau gezeichnete Gerade, wollen wir uns im Folgenden konzentrieren! Man erkennt, dass diese Gerade die Kurve nicht in zwei Punkten schneidet, sondern sie berührt (tangiert). Sie ist eine Tangente! Ganz im Gegensatz zu den aus den Differenzenquotienten ermittelten Geraden. Diese schneiden die Kurve in zwei Punkten, es sind Sekanten.

Die Gerade ist eine Tangente!

Geometrisch lässt sich der Übergang von den Sekanten im vorherigen Abschnitt zur Tangente so interpretieren: Durch Verkleinerung von Δx rücken die Schnittpunkte der Sekanten mit der Kurve immer dichter zusammen, und haben sich im Grenzfall zu einem Punkt zusammengezogen. Vergleichen Sie bitte dazu *Bild 5.5.1* mit *Bild 5.4.1*! Aus den Sekanten ist eine *Tangente* geworden. Weiterhin ist in *Bild 5.5.1* das lokale xy-Koordinatensystem eingezeichnet. Um die Koordinaten eines Punktes auf der Tangente von den Kurvenpunkten unterscheiden zu können, heißen die Koordinaten der Tangentenpunkte im lokalen System $\mathrm{d}x$ und $\mathrm{d}y$. Sie sind gleichzeitig An- und Gegenkathete des grau unterlegten Steigungsdreiecks und heißen jetzt *Differenziale*. Im lokalen xy-Koordinatensystem sind diese Differenziale zueinander proportional. Analog zu (*5.3.3*) ergibt sich:

Durch Verkleinerung von Δx: von der Sekante zur Tangente

Neue Namen für Gegen- und Ankathete: „dy" und „dx"

$$\mathrm{d}y = f'(x_0)\cdot \mathrm{d}x \quad \Leftrightarrow \quad f'(x_0) = \frac{\mathrm{d}y}{\mathrm{d}x} \qquad (5.5.1)$$

Bei den Proportionalitäten und den linearen Funktionen wurde die Steigung mit p benannt; jetzt heißt sie $f'(x_0)$. Der Quotient aus $\mathrm{d}y$ und $\mathrm{d}x$ heißt *Differenzialquotient*. Man könnte in (*5.4.4*) anstelle $f'(x_0)$ den Differenzialquotienten setzen. In diesem Fall vermerkt man gern am unteren Ende eines dünnen senkrechten Striches, welche Stelle gemeint ist.

Steigung der Tangente: $f'(x_0)$

$$\lim_{\Delta x\to 0}\frac{\Delta y}{\Delta x} = \left.\frac{\mathrm{d}y}{\mathrm{d}x}\right|_{x=x_0} \qquad (5.5.2)$$

Aufgrund von (5.5.2) werden die Differenziale $\mathrm{d}x$ und $\mathrm{d}y$ häufig missverstanden. Man wird verleitet, die Differenziale als „unendlich kleine" Strecken anzusehen. Wie in *Bild 5.5.1* ersichtlich, **dürfen** die Differenziale beliebig klein (aber von null verschieden!) sein – aber sie **müssen** es nicht!

Die Differenziale dx und dy sind keine Ministrecken!

Merke:
Beachten Sie, die Differenzen Δx und Δy beziehen sich auf Wertepaare, die auf dem Graphen der **Funktion** selbst liegen.
Die Differenziale $\mathrm{d}x$ und $\mathrm{d}y$ sind ebenfalls Differenzen, beziehen sich aber auf Wertepaare der **Tangente**!

Merksatz 5.5.1

Da Δx und $\mathrm{d}x$ unabhängige Variablen sind, darf man sie ohne Weiteres auch gleich wählen, so wie das in *Bild 5.5.1* gemacht wurde. Dann sieht man, dass der Unterschied zwischen der Differenz Δy ($= y - y_0$) und dem Differenzial $\mathrm{d}y$ ($= y_\mathrm{T} - y_0$) beträchtlich sein kann. Der Graph der Funktion und die Tangente laufen in der Regel auseinander.

Auch Differenziale sind Differenzen!

Gehen wir ins „normale" xy-Koordinatensystem zurück und ersetzen die Differenziale durch die Differenzen, bekommen wir die *Punkt-Steigungsform* der Tangente.

$$f'(x_0) = \frac{\mathrm{d}y}{\mathrm{d}x} = \frac{y_\mathrm{T} - y_0}{x - x_0} \qquad (5.5.3)$$

Die Tangente wird zu einer gewöhnlichen linearen Funktion.

Löst man (*5.5.3*) nach y_T auf, erhält man die der Tangente zugrunde liegende lineare Funktion (*s. (5.5.4)*). Lassen Sie sich nicht irritieren, (*5.5.4*) ist eine ganz normal lineare Funktion! Die Variablen x_0 und y_0 sind gebunden – also sind x_0, $f'(x_0)$, y_0 lediglich als Parameter anzusehen.

(5.5.4)

$$y_T = f'(x_0)\cdot(x-x_0)+y_0 = \underbrace{f'(x_0)}_{p}\cdot x+\underbrace{(y_0-p\cdot x_0)}_{q}$$

Man könnte kritisieren, dass die beiden Katheten im Steigungsdreieck der linearen Funktion im vorherigen Abschnitt nicht mit dx und dy benannt wurden. Das wäre missverständlich, denn dort betrachteten wir die lineare Funktion als eigenständige Funktion. Von einer Tangente war noch keine Rede. Die lateinisch geschriebenen d's weisen darauf hin, dass sich die Differenzen auf die Tangente beziehen (*s. Merksatz 5.5.1*). In *Bild 5.4.3* hätte man mit gewisser Berechtigung Δx und Δy durch dx und dy ersetzen können. In der dort dargestellten Umgebung der Stelle x_0 kann man den Funktionsgraphen praktisch nicht von der Tangente unterscheiden. (Nur) in diesem Fall können wir mit ruhigem Gewissen $y \approx y_T$ setzen (damit wäre $\mathrm{d}y \approx \Delta y$).

Im Kopf genauer rechnen als mit einem Taschenrechner?

Man könnte dies ausnutzen, um benachbarte Funktionswerte zu ermitteln. Berechnen wir den Funktionswert $y = f(0{,}400.000.000.000.000.000.000.001)$! Sie werden rasch merken, dass das weder mit einem Taschenrechner noch einem gewöhnlichen Computer (PC) möglich ist. Mithilfe der *Differenzialrechnung* ist das ein Kinderspiel! Man ersetzt die Originalfunktion näherungsweise durch die Tangente. Man könnte dazu die Tangentendarstellung (*5.5.4*) nehmen. Wir benutzen hier lieber die gleichwertige Form mit den hübschen Differenzialen und der Näherung $y \approx y_T$.

(5.5.5)

$$\mathrm{d}y = y - y_0 \Leftrightarrow \underline{\underline{y = y_0 + \mathrm{d}y}} \quad \text{mit} \quad \mathrm{d}y = f'(x_0)\cdot dx$$

In *Bild 5.5.2* finden Sie die zugehörige Rechnung eines Schülers; können Sie es genauer?

Kein Rechner kann es genauer!

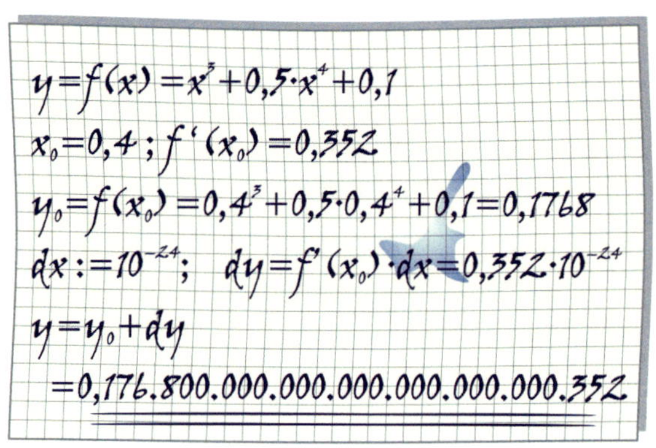

Bild 5.5.2
Funktionswertberechnung mit Differenzialen

Man beachte, dass nicht jede Funktion die Eigenschaft hat, dass man sie an einer bestimmten Stelle durch eine lineare Funktion approximieren kann. Ist das nicht möglich, nennt man die Funktion *nicht differenzierbar* an der Stelle x_0. Funktionen mit Sprungstellen wie z. B. die Signumfunktion (*s. (2.6.7) bzw. Bild 2.6.2*) oder mit Knickstellen wie die Betragsfunktion (*s. (2.6.8) bzw. Bild 2.6.3*) kann man an diesen Stellen natürlich nicht durch eine Tangente annähern. Auch die Zuordnung einer Steigung ist dort nicht möglich.

5.6 Ableitungsfunktionen

In Abschnitt 5.4 ging es darum, die Steigung einer Funktion an der Stelle x_0 zu ermitteln (oder zu erraten). Lassen wir den Traktorfahrer in *Bild 5.4.1* in Gedanken die bergige Strecke durchfahren! Wir wissen, dass nicht nur der speziellen Stelle x_0, sondern jeder Stelle eine Steigung zugeordnet werden kann. Das heißt aber, es müsste eine Funktion geben, mit deren Hilfe man zu jedem Argument x_0 die Steigung ausrechnen könnte. Damit wird die Variable x_0 aus ihrer Bindung entlassen. Der Index null ist überflüssig geworden. Zwar haben wir eine derartige Funktion noch nicht, aber immerhin schon einen Namen dafür: $f'(x)$. Der Name ist praktisch, denn man kann auf einen Blick sehen, von welcher Funktion sich diese Funktion „ableitet" – dementsprechend heißt sie auch Ableitungsfunktion oder einfach nur Ableitung.

Aus der Steigung wird eine Funktion!

Beachten Sie: Der Operator schluckt keine Zahlen, sondern Funktionen …

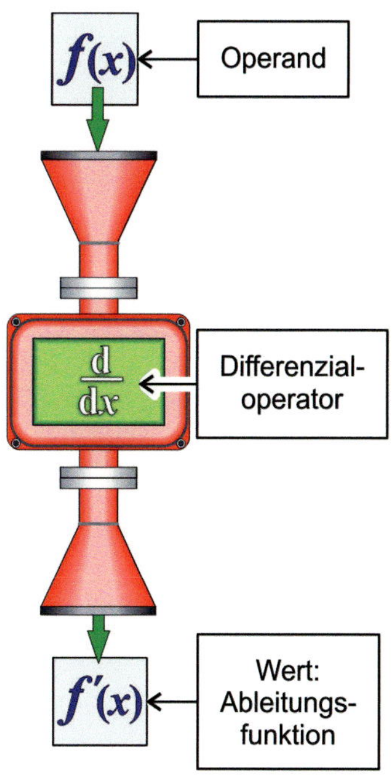

… und ordnet der eingegebenen Funktion eindeutig eine (andere) Funktion zu!

Bild 5.6.1
Modell eines Differenzialoperators

Das Zuordnen einer Ableitungsfunktion nennt man *ableiten* oder besser *differenzieren*. Differenzieren deshalb, weil der Wert einer Ableitungsfunktion an einer Stelle gleich dem Wert des dortigen Differenzialquotienten ist. Betrachten wir die Funktion als Element einer Menge einstelliger reeller Funktionen, dann ist das Differenzieren **innerhalb** dieser Funktionsmenge eine einstellige Verknüpfung.

Die Elemente der Grundmenge sind hier Funktionen!

Wir streichen Operatormodelle, die Funktionen schlucken, rot an.

Wir erinnern uns: Das Argument einer Verknüpfung kann man *Operand*, die Verknüpfung selbst *Operation* und den Namen der Verknüpfung *Operator* nennen. In der Diffenzialrechnung macht man gerne davon Gebrauch. Lassen Sie uns einen solchen Differenzialoperator mithilfe unserer Rohrleitungssysteme veranschaulichen (*s. Bild 5.6.1*). Die Operation Differenzieren ist im Vergleich zu den bisher behandelten Verknüpfungen etwas Besonderes! Der Operator „schluckt" keine Zahlen, sondern Funktionen! Diesen Funktionen werden eindeutig Funktionen und keine Zahlen zugeordnet. Um diesen Unterschied hervorzuheben, wurde das Operatormodell rot gestrichen.

Für den (*Differenzial-*)*Operator* verwendet man eine dem Differenzialquotienten nachempfundene Schreibweise. Man liest übrigens „d $f(x)$ **nach** dx" und nicht „d $f(x)$ durch dx"! Damit wird gleichzeitig gesagt, **nach** welcher Variablen differenziert wird.

(5.6.1)

$$f'(x) = \frac{\mathrm{d}f(x)}{\mathrm{d}x} \qquad \left(\text{oder} \quad f(x) \mapsto \frac{\mathrm{d}f(x)}{\mathrm{d}x}\right)$$

Für einen Operator hätte man gern ein kompaktes Symbol, das man als Präfix **vor** den Operanden schreiben kann. Dazu lässt man den Operanden $f(x)$ formal vom Bruchstrich herunterrutschen und liest: „d **nach** dx von $f(x)$".

(5.6.2)

$$\frac{\mathrm{d}f(x)}{\mathrm{d}x} \equiv \frac{\mathrm{d}}{\mathrm{d}x}f(x)$$

Die Ihnen wahrscheinlich noch aus der Schule geläufige Postfix-Schreibweise mit dem Hochkomma wird – wie bereits erwähnt – benutzt, um Ableitungsfunktionen zu benennen. Alternativ kann dieser Strich auch als Postfix-Schreibweise eines Differenzialoperators verwendet werden:

(5.6.3)

$$\frac{\mathrm{d}}{\mathrm{d}x}(\ldots)=\ldots \quad \text{oder alternativ} \quad (\ldots)' = \ldots$$

Das Hochkomma als Postfix hat Nachteile!

Die Postfix-Schreibweise ist kompakt, hat aber den Nachteil, dass sie nur für einstellige Funktionen anwendbar ist. Sie werden es in der anwendungsorientierten Mathematik meist mit mehrstelligen Funktionen zu tun haben! Die Präfix-Schreibweise ist dagegen – wie wir noch sehen werden – problemlos auf mehrstellige Funktionen übertragbar.

Mehrfachableitungen? Bis auf die Schreibweisen unproblematisch! Machen Sie sich mit den Schreibweisen vertraut!

Der Differenzialoperator d/dx lässt sich, wie in (*5.6.4*) gezeigt, ohne Weiteres mehrfach anwenden. Lassen Sie sich nicht durch die Schreibweisen beeindrucken!

(5.6.4)

$$f''(x) = \frac{\mathrm{d}}{\mathrm{d}x}\left(\frac{\mathrm{d}}{\mathrm{d}x}f(x)\right) := \frac{\mathrm{d}^2}{\mathrm{d}x^2}f(x)$$

Man liest das so: „d zwei nach dx Quadrat von $f(x)$" oder die Postfix-Schreibweise: „f-zweistrich". Die Funktion heißt „zweite Ableitung". Bei dreimaliger Anwendung liest man „d drei nach dx zur Dritten" und ersetzt in (*5.6.4*) die Zwei durch eine Drei. Die zugeordnete Funktion heißt dritte Ableitung und bekommt drei Striche in der Postfix-Schreibweise. Höhere Ableitungen erhalten in Klammern gesetzte arabische Ziffern. Die Anzahl der Ableitungen selbst darf auch eine Variable, z. B. n, sein (*s. 5.6.5*). An den „sinnlosen" Klammern erkennt man, dass es sich um Ableitungen und **nicht** um Potenzen handelt.

Eine Variable in einer sinnlosen Klammer im Exponenten?

$$\text{4. Ableitung}: f^{(4)}(x) = \frac{\mathrm{d}^4}{\mathrm{d}x^4} f(x), \quad n\text{-te Ableitung}: f^{(n)}(x) = \frac{\mathrm{d}^n}{\mathrm{d}x^n} f(x) \qquad (5.6.5)$$

Ableitungsfunktionen sind für sich genommen „ganz normale Funktionen", deren Werte wie in (*1.9.4*) einer (abhängigen) Variablen zugewiesen werden können. Für diese Variablen übernimmt man den Namen der abhängigen Variable der Originalfunktion, z. B. y, und versieht ihn mit dem entsprechenden Postfix:

$$y = f(x),\; y' = f'(x),\; y'' = f''(x),\; \dots, y^{(4)} = f^{(4)}(x),\; \dots,\; y^{(n)} = f^{(n)}(x) \qquad (5.6.6)$$

Eine mehrstellige Funktion kann man als einstellig betrachten, wenn man alle Variablen – bis auf eine – als Parameter auffasst. Leitet man eine mehrstellige Funktion nach dieser einen Variable ab, nennt so etwas *partielle Ableitung*.

$$f_x(x,y,z) = \frac{\partial}{\partial x} f(x,y,z) \qquad (5.6.7)$$

Im Falle einer partiellen Ableitung wird der Differenzialoperator mit abgerundeten „d's" geschrieben (*s.* (*5.6.7*)). Der Operator wird aber weiter „d nach d…" gelesen. Auf die Hochkommas der Postfix-Schreibweise muss man hier verzichten. Stattdessen können die Variablen, nach denen abgeleitet wurde, als Indizes an den Funktionsnamen gehängt werden. Die Postfix-Schreibweise liest man einfach so: „f nach x"! Genauso wie oben können Sie auch die abhängige Variable einer mehrstelligen Funktion mit Postfixen verzieren, um Namen für die abhängigen Variablen der (partiellen) Ableitungen zu gewinnen. Leider ist die Schreibweise nicht eindeutig, da man den Index auch für einen Parameter halten kann (*vgl.* (*1.9.5*)).

Mehrstellige Funktionen: Keinesfalls das „∂" mit dem „d" verwechseln!

Missverständliche Alternativschreibweisen!

$$z = f(x,y)\,;\quad z_x = f_x(x,y) \qquad (5.6.8)$$

Wenn Sie nun konkret eine Funktion ableiten müssen, werden Sie selbstverständlich die in jeder Formelsammlung aufgeführten *Ableitungsregeln* benutzen. Um allerdings damit sicher umgehen zu können, ist es erforderlich, sich zumindest exemplarisch klar zu machen, wie diese Regeln zustande gekommen sind.

Ableitungsregeln entnimmt man der Formelsammlung!

Grundsätzlich bedeutet das Differenzieren, dass der Grenzwert des Differenzenqotienten (*5.4.4*) nicht wie im letzten Abschnitt erraten, sondern ermittelt werden muss. Dazu benutzt man den Differenzenquotient in der ausführlichen Form (*5.4.1*). Da bei den Rechnereien ein fürchterlicher „Δx-Salat" entstehen kann, nimmt man anstelle von Δx besser einen einzelnen Buchstaben. In der Regel wird das kleine h verwendet! Damit sieht die kompaktere Grundformel für das Differenzieren wie folgt aus:

Δx heißt jetzt h!!

$$f'(x) = \lim_{h\to 0} \frac{f(x+h)-f(x)}{h} \qquad (5.6.9)$$

h ist freie Variable!

Eine schwierige Bedingung: „Für jede Nullfolge ...“

Die Variable x wird im Differenzenquotient (*5.6.9*) zunächst als gebunden betrachtet – wir verzichten hier optional auf einen Index. Das Δx, das jetzt h heißt, ist zunächst wieder eine freie Variable. Wenn man für h die Werte einer Nullfolge verwendet, wird dadurch eine Folge von Differenzenquotienten generiert. Gleichung (*5.6.9*) ist erst dann erfüllt, wenn nachgewiesen ist, dass die Folge der Differenzenquotienten für **jede** erdenkliche Nullfolge ($h \to 0$) konvergiert. Das ist aber noch nicht alles! Die Grenzwerte dieser Differenzenquotienten müssen alle gleich sein. Beide Aussagen sollen dann auch noch für jede beliebige andere Stelle aus dem Definitionsbereich der Funktion gelten! Dies nachzuweisen, dürfte nicht immer einfach sein. Hat man aber den Nachweis erbracht, heißt die Funktion *differenzierbar*. Der in *Bild 5.6.1* illustrierte Differenzialoperator „schluckt“ nur differenzierbare Funktionen!

Schauen wir, ob sich zumindest die Ableitungsfunktion eines Parabelbogens ($f(x) = x^2$) mit „unseren“ Mitteln finden lässt.

(5.6.10)

$$f'(x) = \lim_{h\to 0}\frac{f(x+h)-f(x)}{h} = \lim_{h\to 0}\frac{(x+h)^2-x^2}{h}$$
$$= \lim_{h\to 0}\frac{\cancel{x^2}+2xh+h^2-\cancel{x^2}}{h} = \lim_{h\to 0}\frac{\cancel{h}\cdot(2x+h)}{\cancel{h}} = \lim_{h\to 0}(2x+h) = \underline{\underline{2x}}$$

Wird immer gerne falsch interpretiert: f(x+h)! f(x + h) ist nicht gleich f(x) + h!

x^2 hebt sich im Zähler weg und h kürzt sich heraus!

Man beginnt mit der Grundformel und setzt den konkreten Funktionsterm ein! Dabei ist zu beachten, „$f(x+h)$“ bedeutet, dass $(x+h)$ das Argument ist. Man muss also in dem Funktionsterm von $f(x)$ überall x durch $(x+h)$ ersetzen (Klammer nicht vergessen!). Dann versucht man den Differenzenquotienten mithilfe der Rechengesetze (*2.8.3*) so umzuformen, dass sich ein von h ($\equiv \Delta x$!) unabhängiger Summand abspalten lässt. In (*5.6.10*) ist das Ausmultiplizieren mithilfe der ersten binomischen Formel der Schlüssel. Damit hebt sich x^2 im Zähler weg und nach dem Ausklammern von h kann man kürzen. Somit ist das h aus dem Nenner verschwunden und das Ziel erreicht. Egal, welche Nullfolge Sie sich für h ausdenken, der Differenzenquotient strebt immer gegen $2x$! Wenn man nun die Variable x aus ihrer Bindung entlässt, hat man die Ableitungsfunktion $f'(x) = 2x$.

Die Tangenten sind lokal nicht vom Funktionsgraphen zu unterscheiden!

In *Bild 5.6.2* wurde die Funktion $y = x^2$ grafisch dargestellt. Der Graph heißt (Normal-) Parabel. Mithilfe der Ableitungsfunktion ist die Steigung an jeder Stelle berechenbar. Hier wurden die Steigungen für 11 Stellen berechnet und Steigungsdreiecke mit der Ankathete dx = 0,05 und der Gegenkathete $dy = 2x\cdot dx$ angetragen. Die Hypotenusen der Steigungsdreiecke wurden zu Tangentenstückchen (blau) verlängert. Im Bild ist zu erkennen, wie gut die Tangenten den Funktionsgraphen stückchenweise approximieren. Da über die Tangensfunktion auch Winkel zur Verfügung stehen, könnte man leicht zeigen, dass paralleles Licht an dem Parabelbogen so reflektiert wird, dass es im Punkt F (Brennpunkt, Fokus) fokussiert wird. Befindet sich eine „punktförmige“ Lichtquelle im Fokus, entsteht umgekehrt paralleles Licht.

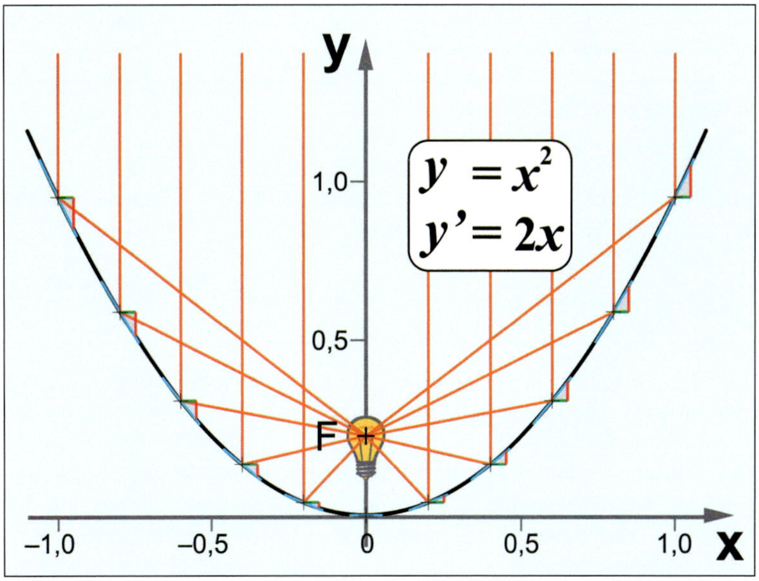

Bild 5.6.2
Parabolspiegel mit Tangentenstückchen

Eine entsetzliche Schreiberei ergibt sich, wenn man die Ableitungsfunktion der Potenzfunktion $f(x) = x^n$ ermitteln soll:

$$f'(x) = \lim_{h\to 0}\frac{f(x+h)-f(x)}{h} = \lim_{h\to 0}\frac{(x+h)^n - x^n}{h}$$

$$= \lim_{h\to 0}\frac{\cancel{x^n} + \binom{n}{1}x^{n-1}h + \binom{n}{2}x^{n-2}h^2 + \ldots + \binom{n}{n}h^n - \cancel{x^n}}{h}$$

$$= \lim_{h\to 0} nx^{n-1} + \left[\binom{n}{2}x^{n-2}h^1 + \ldots + \binom{n}{n}h^{n-1}\right] = \underline{\underline{nx^{n-1}}} \qquad (5.6.11)$$

Hier ist das Ausmultiplizieren unabdingbar!

Wie in (*5.6.10*) wurde eine binomische Formel angewendet, diesmal Formel (*2.12.7*). Auch hob sich die höchste Potenz von x heraus und nach dem Ausklammern konnte man das h herauskürzen. Damit spaltete sich ein von h unabhängiger Summand ab, nämlich $n{\cdot}x^{n-1}$. Alle anderen Summanden sind mit mindestens einem Faktor h behaftet, sodass dieser Teil mit jeder Nullfolge beliebig klein wird. Die Ableitungsfunktion ist also $f'(x) = n{\cdot}x^{n-1}$.

Setzt man eine lineare Funktion in die Grundformel ein, muss sich natürlich, sofern die „Minusklammer" nicht vergessen wurde, der Proportionalitätsfaktor ergeben:

Achtung: Minusklammer nicht vergessen!

$$\lim_{h\to 0}\frac{p(x+h)+q-(px+q))}{h} = \lim_{h\to 0}\frac{\cancel{px} + ph + \cancel{q} - \cancel{px} - \cancel{q}}{h} = \underline{\underline{p}} \qquad (5.6.12)$$

Im Falle $p = 0$ handelt es sich um eine *konstante Funktion* $f(x) \equiv q$. Die Ableitungsfunktion ist natürlich identisch null (eine Horizontale hat keine Steigung!). Wenn $q = 0$ und $p = 1$, liegt eine Identität vor $f(x) = x$. In diesem Fall ist die Ableitungsfunktion identisch eins. In *Merksatz 5.6.1* finden Sie die komplette Ableitungsregel für Potenzen.

Merksatz 5.6.1

Ableitungsregeln für Potenzen:

$$\frac{\mathrm{d}}{\mathrm{d}x}x^n = n\cdot x^{n-1} \quad ; \; n\in\mathbb{Q}\setminus\{0,1\}$$

Der ursprüngliche Exponent wird zum Faktor und der neue Exponent ist gleich dem Ursprünglichen, vermindert um eins.
Ansonsten gilt:

$$\frac{\mathrm{d}}{\mathrm{d}x}x^1 \equiv 1 \;\; ; \;\; \frac{\mathrm{d}}{\mathrm{d}x}q \equiv 0 \quad ; \; q\in\mathbb{R}$$

Die Ableitungsregel für Potenzen gilt sogar für negative und gebrochene Potenzen! Davon wird später noch zu reden sein.

Nehmen wir an, $u(x)$ und $v(x)$ seien Funktionen, deren Ableitungsfunktionen bekannt wären. Aus diesen beiden Funktionen basteln wir eine – fantasielos mit $f(x)$ bezeichnete – neue Funktion zusammen. Dazu werden die Funktionen $u(x)$ und $v(x)$ mit konstanten Faktoren ausgestattet und beide Produkte durch eine Addition verknüpft. Es stellt sich die Frage nach der Ableitungsfunktion dieser so kombinierten Funktion. Die Antwort finden Sie in der folgenden Rechnung:

(5.6.13)

$$\begin{aligned}
f(x) &:= a\cdot u(x)+b\cdot v(x) \quad ; \; a,b\in\mathbb{R};\; u'(x),\, v'(x) \text{ bekannt}\\
f'(x) &= \lim_{h\to 0}\frac{a\cdot u(x+h)+b\cdot v(x+h)-\left(a\cdot u(x)+b\cdot v(x)\right)}{h}\\
&= \lim_{h\to 0}\left(a\cdot\frac{u(x+h)-u(x)}{h}+b\cdot\frac{v(x+h)-v(x)}{h}\right)\\
&= a\cdot\lim_{h\to 0}\frac{u(x+h)-u(x)}{h}+b\cdot\lim_{h\to 0}\frac{v(x+h)-v(x)}{h}\\
&= \underline{\underline{a\cdot u'(x)+b\cdot v'(x)}}
\end{aligned}$$

Eine einfache Angelegenheit: Man darf Summand für Summand ableiten. Konstante Faktoren bleiben unverändert.

Hoffentlich überblicken Sie die Rechnungen in (*5.6.13*), denn einige (einfache) Umformungsschritte sind nicht mit aufgeführt. Zunächst wurde die Minusklammer im Zähler aufgelöst. Dann durfte man die Summanden $b{\cdot}v(x{+}h)$ und $a{\cdot}u(x)$ vertauschen. Schließlich wurden zwei Brüche daraus gemacht und die Faktoren a und b ausgeklammert und vor den Bruch gesetzt. Da u' und v' bekannt waren, konnten die Grenzwerte der Differenzenquotienten durch die Ableitungsfunktionen ersetzt werden. Lassen Sie uns das Ergebnis der Rechnung noch einmal unter Benutzung der Differenzialoperatoren hinschreiben:

(5.6.14)

$$\frac{\mathrm{d}}{\mathrm{d}x}\left(a\cdot u(x)+b\cdot v(x)\right)=a\cdot\frac{\mathrm{d}}{\mathrm{d}x}u(x)\;+\;b\cdot\frac{\mathrm{d}}{\mathrm{d}x}v(x)$$

Der Differenzialoperator ist ein „linearer“ Operator!

Die Gleichung sollte Sie an das Distributivgesetz erinnern. Der Operator verteilt sich auf die Summanden. Da konstante Faktoren unbehelligt bleiben, rücken die Operatoren bis an die Funktionen $u(x)$ und $v(x)$ heran. Da $u(x)$ wieder eine Summe sein könnte, gilt (5.6.14) auch für beliebig viele Summanden. Der Differenzialoperator d/dx stellt sich somit als ein überaus „freundlicher“ Operator dar.

Operatoren mit dieser netten Eigenschaft nennt man *lineare Operatoren*. Leider entsteht in diesem Zusammenhang ein Konflikt mit dem Begriff der „Linearen Funktion“.

Benennungskonflikt:
Eine lineare Funktion ist eine einstellige Verknüpfung und damit eine Operation. Ausgerechnet diese Funktion, die „linear“ heißt, besitzt nur für den Spezialfall der Proportionalität die Eigenschaft der Linearität.

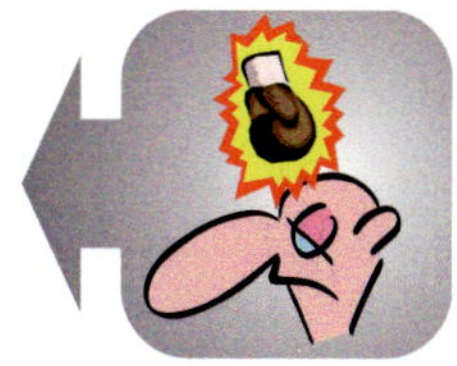

Merksatz 5.6.2

Lassen Sie uns zur Übung den Benennungskonflikt nachprüfen. In der ersten Zeile von (*5.6.15*) ist der Operator *f* definiert. Beachten Sie, Definitions- und Wertebereich von *f* sind reelle Zahlen! In der zweiten Zeile steht die Eigenschaft der Linearität. Dann wird links und rechts des Gleichheitszeichens eingesetzt und nachgerechnet. Es zeigt sich, dass die Gleichung mit $q \neq 0$ nicht erfüllbar ist.

$$\begin{aligned}
&\text{Sei } f:\mathbb{R}\to\mathbb{R},\ x\mapsto px+q\ ,\ q\neq 0;\ \ x:=a\cdot u+b\cdot v\\
&f \text{ ist linear } \Leftrightarrow\ f(a\cdot u+b\cdot v)=a\cdot f(u)+b\cdot f(v)\\
&\Leftrightarrow p\cdot(a\cdot u+b\cdot v)+q=p\cdot a\cdot u+q+p\cdot b\cdot v+q\\
&\Leftrightarrow p\cdot(a\cdot u+b\cdot v)+q=p\cdot(a\cdot u+b\cdot v)+2q \qquad \mathbf{F}
\end{aligned} \tag{5.6.15}$$

Zusammen mit der Ableitungsregel für Potenzen können wir mithilfe der Linearitätseigenschaft des Differenzialoperators endlich ohne Raterei zeigen, dass die Steigung unserer Traktorfunktion an der Stelle $x_0 = 0{,}4$ wirklich exakt 0,352 ist.

$$\begin{aligned}
&\tfrac{\mathrm{d}}{\mathrm{d}x}\left(x^3-\tfrac{1}{2}x^4+\tfrac{1}{10}\right)=\tfrac{\mathrm{d}}{\mathrm{d}x}\left(x^3\right)-\tfrac{1}{2}\cdot\tfrac{\mathrm{d}}{\mathrm{d}x}\left(x^4\right)+\tfrac{\mathrm{d}}{\mathrm{d}x}\left(\tfrac{1}{10}\right)=\underline{\underline{3\cdot x^2-2\cdot x^3}}\\
&f'(x)=3\cdot x^2-2\cdot x^3;\ \ f'(0{,}4)=\underline{\underline{0{,}352}}
\end{aligned} \tag{5.6.16}$$

Relativ „gutmütig“ verhält sich der Differenzialoperator bei Funktionen, die aus zwei einstelligen differenzierbaren, hintereinander geschalteten Verknüpfungen bestehen.

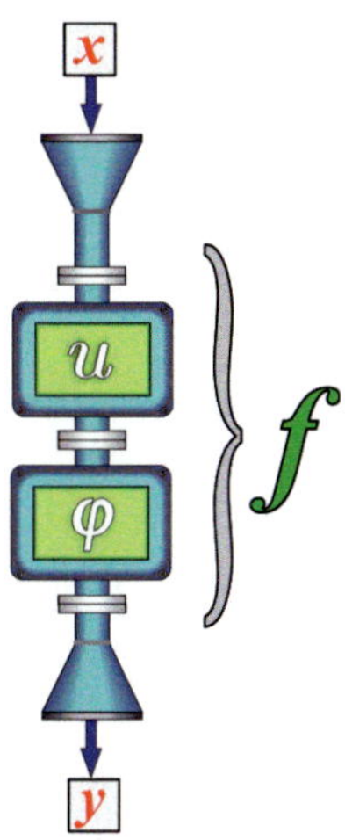

Bitte beachten:
Das Operatormodell ist blau! Hier wird gezeigt, wie sich die Funktion f zusammensetzt.

Bild 5.6.3
Verkettete Funktionen

Vorsicht, hier ist von einer Verknüpfung von Funktionen die Rede! Bitte immer auf die beteiligten Mengen achten!

Der Funktionswert der Funktion u wird zum Argument der Funktion. Man spricht auch von so genannten *verketteten Funktionen*. Die Hintereinanderschaltung (Verkettung) von Funktionen ist in der Menge der einstelligen reellen Funktionen eine zweistellige Verknüpfung, die mit einem „Kringel" als Infix geschrieben werden kann. So lassen sich verkettete Funktionen auch ohne ineinander geschachtelte Klammern darstellen.

(5.6.17)

$$y = f(x) = \varphi\big(u(x)\big) \quad \text{oder} \quad y = \varphi \circ u\ (x)$$

Links liest man „*von u* von *x*", rechts „*verknüpft* mit *u* von *x*". Entsprechend der Klammerschachtelung heißt $u(x)$ auch *innere Funktion* und φ dementsprechend *äußere Funktion*.

Mithilfe der Differenziale kann man für verkettete Funktionen eine handliche Ableitungsregel herleiten:

(5.6.18)

$$\begin{aligned}
&\mathrm{d}\,y = \tfrac{\mathrm{d}}{\mathrm{d}u}\varphi(u)\cdot \mathrm{d}\,u \ ; \ \mathrm{d}\,u = \tfrac{\mathrm{d}}{\mathrm{d}x}u(x)\cdot \mathrm{d}\,x \\
&\Rightarrow \mathrm{d}\,y = \tfrac{\mathrm{d}}{\mathrm{d}u}\varphi(u)\cdot \tfrac{\mathrm{d}}{\mathrm{d}x}u(x)\cdot \mathrm{d}\,x \quad \big|:\mathrm{d}\,x \\
&\Rightarrow \frac{\mathrm{d}\,y}{\mathrm{d}\,x} = \tfrac{\mathrm{d}}{\mathrm{d}u}\varphi(u)\cdot \tfrac{\mathrm{d}}{\mathrm{d}x}u(x) \\
&\Rightarrow \underline{\underline{\tfrac{\mathrm{d}}{\mathrm{d}x}\varphi\big(u(x)\big) = \tfrac{\mathrm{d}}{\mathrm{d}u}\varphi(u)\cdot \tfrac{\mathrm{d}}{\mathrm{d}x}u(x)}}
\end{aligned}$$

Das Ergebnis von (*5.6.18*) heißt *Kettenregel* und besagt, dass sich die Ableitungsfunktionen einfach multiplizieren – äußere Ableitung mal innere Ableitung. In der Praxis besteht das Anfängerproblem darin, überhaupt zu erkennen, ob es sich um eine verkettete Funktion handelt oder nicht. Die folgende Berechnung macht in dieser Hinsicht keine Schwierigkeiten.

(5.6.19)

$$\begin{aligned}
&f(x) = \left(3x^2+1\right)^{27} \ ; \ u(x) := 3x^2+1 \ ; \ \varphi(u) := u^{27} \\
&\tfrac{\mathrm{d}}{\mathrm{d}x}f(x) = \tfrac{\mathrm{d}}{\mathrm{d}u}\left(u^{27}\right)\cdot\tfrac{\mathrm{d}}{\mathrm{d}x}\left(3x^2+1\right) = 27\cdot u^{26}\cdot 6x^1 = \underline{\underline{162x\left(3x^2+1\right)^{26}}}
\end{aligned}$$

Ohne Kettenregel müssten Sie mühsam ausmultiplizieren.

Man kann sich in Beispiel (*5.6.19*) aufgrund der Kettenregel das Ausmultiplizieren mithilfe der binomischen Formel sparen. Man darf zum Schluss nicht vergessen, das u wieder durch den Funktionsterm, hier $3x^2+1$, zu ersetzen! In den Formelsammlungen finden Sie die Kettenregel zumeist in der Postfix-Schreibweise. Man muss sich dabei nur im Klaren sein, dass die äußere Funktion nach u und die innere nach x abgeleitet werden. Vorsicht, in jeder Formelsammlung werden die verketteten Funktionen anders genannt!

(5.6.20)

$$f'(x) = \varphi'(u)\cdot u'(x)$$

Im Gegensatz zu Summen aus Funktionen verhält sich der Differenzialoperator gegenüber Produkten und Quotienten „ungnädig". In *Bild 5.6.4* sehen Sie den zugehörigen Rechenbaum. Die Funktionswerte zweier Funktionen werden einer zweistelligen Verknüpfung zugeführt – sie sollen entweder multipliziert oder dividiert werden.

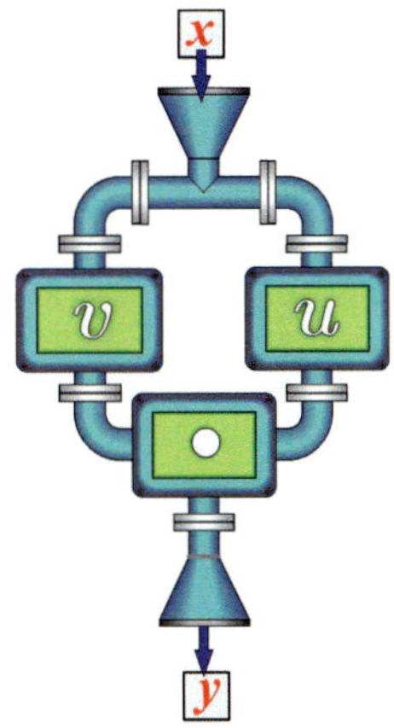

Keine Verkettung! Die Funktionswerte der beteiligten Funktionen werden multipliziert.

Bild 5.6.4
Produkt aus den Funktionen u und v

Die Produkt- bzw. die Quotientenregel, die hier ohne Beweis mitgeteilt werden, sehen bei Verwendung der Präfix-Schreibschweise schrecklich aus.

$$\frac{\mathrm{d}}{\mathrm{d}x}(u\cdot v)=\left(\tfrac{\mathrm{d}}{\mathrm{d}x}u\right)\cdot v-u\cdot\left(\tfrac{\mathrm{d}}{\mathrm{d}x}v\right)$$
$$\frac{\mathrm{d}}{\mathrm{d}x}\left(\frac{u}{v}\right)=\frac{\left(\tfrac{\mathrm{d}}{\mathrm{d}x}u\right)\cdot v-u\cdot\left(\tfrac{\mathrm{d}}{\mathrm{d}x}v\right)}{v^2}$$

(5.6.21)

Hier greift man gerne auf die bewährten Postfixe zurück (*s. 5.6.22*).

$$\frac{\mathrm{d}}{\mathrm{d}x}(u\cdot v)=u'\cdot v+u\cdot v'$$
$$\frac{\mathrm{d}}{\mathrm{d}x}\left(\frac{u}{v}\right)=\frac{u'\cdot v-u\cdot v'}{v^2}$$

(5.6.22)

Im Studium wird vom ersten Semester an erwartet, dass Sie Funktionen mit einer Variablen unter Benutzung einer Formelsammlung ableiten können. Insbesondere bei den wichtigen *ganzrationalen Funktionen* (*5.6.23*) gibt es **kein Pardon**! (Mehr über ganzrationale Funktionen inklusive Definitionskästchen finden Sie in Abschnitt 7.4!) Beachten Sie unbedingt im Zusammenhang mit den ganzrationalen Funktionen *Merksatz 5.6.3*!

$$\underline{n\in\mathbb{N};\; x,\, a_0, a_1,\ldots,a_n\in\mathbb{R}}$$
$$f(x)=a_n\cdot x^n+a_{n-1}\cdot x^{n-1}+\ldots+a_3\cdot x^3+a_2\cdot x^2+a_1\cdot x^1+a_0$$
$$\Rightarrow\quad f'(x)=n\cdot a_n\cdot x^{n-1}+(n-1)\cdot a_{n-1}\cdot x^{n-2}+\ldots+3\cdot a_3\cdot x^2+2\cdot a_2\cdot x^1+a_1$$

(5.6.23)

Warnung:
Denken Sie unbedingt daran, dass ein konstanter Summand keinen Beitrag zur Ableitungsfunktion (Steigung) liefert!
Der nicht mit einer Variablen behaftete Koeffizient a_0 in der ganzrationalen Funktion fällt bei der Ableitung heraus!

Merksatz 5.6.3

An dieser Stelle ist es für Sie noch nicht wichtig, kompliziertere Funktionen ableiten zu können. Aber Sie sollten sich bewusst sein, dass es im Prinzip kein Problem ist, sich die Ableitung einer (differenzierbaren) Funktion zu verschaffen.

Kann gar nicht oft genug betont werden!

Es ist dagegen überaus wichtig, dass Sie die Überlegungen, die zum Differenzialquotienten führten, verstanden haben! Es handelt sich um ein wesentliches Fundament für ein mathematisch-naturwissenschaftlich-technisches Grundverständnis!

5.7 Von Stammfunktionen und Integralen

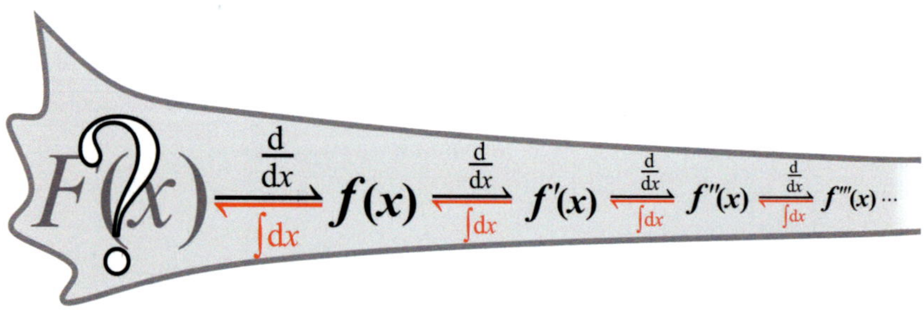

Bild 5.7.1
Kette aus Differenzial- und Integraloperatoren

Nichts Neues, nur eine andere Darstellung: Funktionen kann man mehrfach ableiten.

Differenzialoperatoren kann man auf verschiedene Arten darstellen bzw. illustrieren. In *Bild 5.7.1* wurde davon Gebrauch gemacht, dass man Operatoren auch auf einem Zuordnungspfeil platzieren darf. Betrachten wir zunächst nur die oberen Pfeile! Von links nach rechts entstehen aus einer bekannten Funktion $f(x)$ durch fortlaufende Differenziation ihre Ableitungsfunktionen. Die Kette könnte abbrechen, wenn eine Ableitungsfunktion nicht mehr differenzierbar ist.

Ein einleuchtender Name: Stammfunktion

Der Name „Integration" sowie das Operatorzeichen sind hier in keiner Weise begründet. Bitte nehmen Sie das erst einmal so hin!

Die Stammfunktion ist wichtig, aber (leider) wesentlich schwieriger zu finden als eine Ableitungsfunktion.

Denkbar wäre auch eine umgekehrte Operation – sozusagen eine „Rückwärtsableitung". Die roten Pfeile ordnen jeder Funktion die Funktion zu, von der sie abgeleitet worden ist (von der sie „stammt"). Vernünftige Namen für „Rückwärtsableitungen" wären demnach *Stammfunktionen* (*s. Merksatz 5.7.1*). Also ist $f(x)$ Stammfunktion von $f'(x)$, $f'(x)$ Stammfunktion von $f''(x)$ usw. Diese Umkehroperation braucht einen passenden Namen, vielleicht *Integration*, einen exotischen Operator, vielleicht ein stilisiertes S, gefolgt von einem Differenzial, und fertig ist die Integralrechnung? Kritisch wird es offensichtlich an der Stelle, wo sich in *Bild 5.7.1* das Fragezeichen aufbäumt. Für die gegebene Funktion $f(x)$ gibt es zunächst keine Vorgängerin – also keine Stammfunktion. Es ist nicht von vornherein selbstverständlich, dass eine solche Stammfunktion – im Bild ist sie mit $F(x)$ benannt – überhaupt existiert. Es kommt sogar noch schlimmer: Auch wenn für $f(x)$ eine Stammfunktion $F(x)$ im Prinzip existiert, heißt das noch lange nicht, dass man für diese Funktion auch einen konkreten Funktionsterm angeben kann!

Machen wir uns an dieser Stelle das Leben nicht schwer und gehen erst einmal davon aus, dass für jede relevante „Funktion der Praxis" eine Stammfunktion existiert! Wir greifen die Existenzfrage erst in den Abschnitten 6.3 und 6.4 auf.

Definition:

$f, F: \mathbb{R} \dashrightarrow \mathbb{R}$; f stetig

Eine Funktion $F(x)$ heißt *Stammfunktion* zu einer vorgegebenen Funktion $f(x)$, wenn folgende (Differenzial-) Gleichung erfüllt wird:

$$\frac{\mathrm{d}}{\mathrm{d}x} F(x) = f(x)$$

Merksatz 5.7.1

Nachprüfen ist einfach!

Das Aufsuchen von Stammfunktionen ist in der Praxis mindestens (!) genau so wichtig wie das Differenzieren, aber im Allgemeinen wesentlich schwieriger! Leicht ist es dagegen, mithilfe der im *Merksatz 5.7.1* erwähnten Differenzialgleichung zu prüfen, ob eine eventuell erratene Funktion – nennen wir sie $\Phi(x)$ – tatsächlich Stammfunktion ist: man leitet sie einmal ab und schaut, ob $f(x)$ herauskommt oder nicht:

$$f(x) = 4 \cdot x^3 - 9 \cdot x^2 \quad ; \quad \Phi(x) = x^4 - 3 \cdot x^3$$

$$\underline{\text{Probe}}: \quad \frac{\mathrm{d}}{\mathrm{d}x}\underbrace{\left(x^4 - 3 \cdot x^3\right)}_{\Phi(x)} = 4 \cdot x^3 - 9 \cdot x^2 = f(x) \quad \text{W} \qquad (5.7.1)$$

Eine bange Frage: Wie viele Stammfunktionen gibt es?

In (*5.7.1*) ergibt die Probe eine wahre Aussage. Also ist die erratene Funktion $\Phi(x)$ eine Stammfunktion von $f(x)$! Nun stellt sich die Frage, ob es genau eine, mehrere oder sogar unendlich viele Stammfunktionen zu einer gegebenen Funktion $f(x)$ gibt. Nehmen wir einfach an, wir hätten zwei Stammfunktionen – nennen wir sie $\Phi(x)$ und $F(x)$ – gefunden! Dann muss $f(x)$ Ableitungsfunktion beider Funktionen sein (*s. erste Zeile von (5.7.2), vgl. Merksatz 5.7.1*).

$$\begin{aligned}
&\frac{\mathrm{d}}{\mathrm{d}x}\Phi(x) = \frac{\mathrm{d}}{\mathrm{d}x}F(x) = f(x) \\
&\Rightarrow \frac{\mathrm{d}}{\mathrm{d}x}\Phi(x) - \frac{\mathrm{d}}{\mathrm{d}x}F(x) = 0 \Rightarrow \frac{\mathrm{d}}{\mathrm{d}x}\left(\Phi(x) - F(x)\right) = 0 \\
&\Rightarrow \Phi(x) - F(x) = C \quad ; \quad C \in \mathbb{R} \\
&\Rightarrow \underline{\underline{\Phi(x) = F(x) + C}}
\end{aligned} \qquad (5.7.2)$$

Die Antwort: Es gibt (leider) beliebig viele.

In der zweiten Zeile von (*5.7.2*) wurde die Linearität des Differenzialoperators ausgenutzt. Man darf den Differenzialoperator vor die Differenz schreiben. Dann steht dort, dass die Ableitung der Differenzfunktion $\Phi(x) - F(x)$ für alle x gleich null ist. Das ist aber nur bei einer konstanten Funktion der Fall (*vgl. Ableitungsregel f. Potenzen, Merksatz 5.6.1*). Die beiden Funktionen unterscheiden sich folglich (nur) um eine Konstante.

Der Integraloperator: ein Operator in Anführungszeichen?

Negativ interpretiert bedeutet das Ergebnis, dass die Zuordnung $f(x) \to F(x)$ im Gegensatz zur Differenziation mehrdeutig ist. Die Zuordnung einer Stammfunktion ist damit keine (echte) Verknüpfung, denn in diesem Fall dürfte es nur genau eine Stammfunktion geben! Die schönen roten Pfeile mit den exotischen Integraloperatoren in *Bild 5.7.1* wären sinnlos!

Stellt man das Auffinden der Stammfunktion in den Mittelpunkt, lässt sich – wie in *Merksatz 5.7.1* aufgeführt – das Ergebnis im milderen Licht betrachten.

Merksatz 5.7.2

> **Merke:**
> Wenn man zu einer gegebenen Funktion $f(x)$ **eine** Stammfunktion $F(x)$ gefunden hat, erhält man **jede** andere Stammfunktion $\Phi(x)$ durch Hinzufügen eines reellen Parameters:
>
> $\Phi(x) = F(x) + C \quad ; \quad C \in \mathbb{R}$
>
> **Hat man eine Stammfunktion, hat man alle!**

Der Rettungsanker für den Integraloperator!

Für die mehrdeutigen Stammfunktionen gibt es einen Rettungsanker! Die Funktionen unterscheiden sich **nur** in ihren konstanten Summanden, nicht aber in ihren von der Variablen abhängigen Teilen! Sie sind sozusagen **bis auf einen konstanten Summanden eindeutig**. Begnügt man sich – und so ist das auch üblich – mit dieser eingeschränkten Eindeutigkeit, kann die Zuordnung einer Stammfunktion doch als Verknüpfung/Operation angesehen werden.

Bild 5.7.2 veranschaulicht diese Operation wieder mithilfe unseres Rohrsystems. Die rote Farbe soll (wieder) signalisieren, dass Argumente und Werte dieser Operation nicht Zahlen, sondern Funktionen sind. Beachten Sie: Der Operand $f(x)$ heißt hier *Integrand* und die Operation selbst *Integration*.

Eindeutig bis auf einen konstanten Parameter

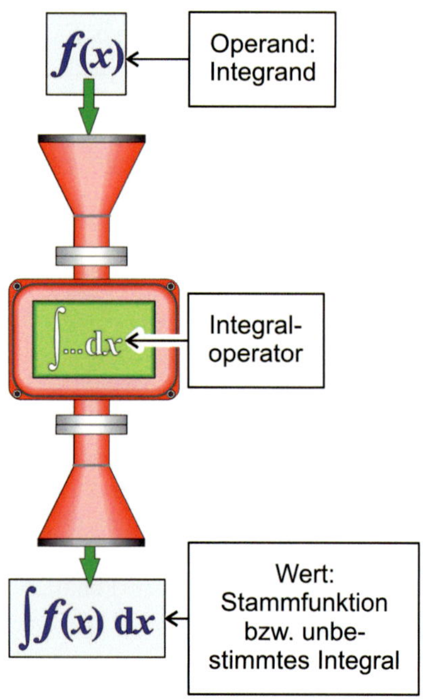

Bild 5.7.2
Modell eines Integraloperators

Wenn man die zugeordnete Funktion (Stammfunktion) mit $F(x)$ benennt, weist nichts darauf hin, durch welche Operation diese entstanden ist. Es wird, ähnlich wie bei der Ableitungsfunktion, eine Schreibweise benötigt, die aus einer Kombination aus Operator und Operanden besteht. In *Bild 5.7.2* wird die Stammfunktion bereits in diesem Format ausgegeben. In dieser Darstellung heißt die Stammfunktion *unbestimmtes Integral*. Mit dem Zusatz „unbestimmt" wird die Mehrdeutigkeit bezüglich eines konstanten Summanden ausgedrückt. In (*5.7.3*) wird die Operation alternativ mithilfe des Funktionsbildungsoperators dargestellt:

Stammfunktion in anderem Gewand: Das unbestimmte Integral

$$\int \mathrm{d}x:\ f(x) \mapsto \underbrace{\int f(x)\,\mathrm{d}x}_{F(x)+C} \quad \left(\text{oder } \int \mathrm{d}x\ f(x)\right) \tag{5.7.3}$$

Vergleicht man die Schreibweise mit anderen Schreibweisen für die zugeordneten Werte von Operationen, fällt auf, dass der Integral-Operator den Operanden mit einem Prä- **und** einem Postfix **einschließt**. Man darf aber auch das stilisierte S und das Differenzial zu einem Präfix zusammenfassen, was einige Vorteile bietet.

Bemerkenswerte Schreibweise: Der Operand wird von Prä- und Postfix eingeschlossen.

Wenn man nun eine Funktion durch den in *Bild 5.7.2* dargestellten Integrierer schickt und den Wert anschließend in den Differenzierer (*s. Bild 5.6.1*) einspeist, erhält man definitionsgemäß die unveränderte Funktion:

$$\frac{\mathrm{d}}{\mathrm{d}x}\underbrace{\int f(x)\,\mathrm{d}x}_{F(x)+C} = f(x) \tag{5.7.4}$$

Gleichung (*5.7.4*) ist ein guter Test, ob man die Integralschreibweise verinnerlicht hat. Das unbestimmte Integral ist nichts anderes als eine Stammfunktion plus Konstante. Leitet man das ab, kommt nach Definition der Stammfunktion (*s. Merksatz 5.7.1*) der Integrand wieder unverändert heraus. Bezüglich der Operatoren kann man sagen, dass die Verknüpfung eines Differenzialoperators mit dem Integraloperator eine Identität ergibt. Beide Operatoren neutralisieren sich sozusagen.

Nun stellt sich die Frage, was passieren würde, wenn die Funktion erst durch den Differenzierer und das Ergebnis – die Ableitungsfunktion – anschließend durch den Integrierer geschickt würde. Die Operatoren in (*5.7.4*) wären vertauscht. Wäre das Ergebnis immer noch $f(x)$?

Sind Differenzial- und Integraloperator vertauschbar?

$$\int \frac{\mathrm{d}}{\mathrm{d}x} f(x)\,\mathrm{d}x = f(x)\ ? \tag{5.7.5}$$

Auf den ersten Blick ist (*5.7.5*) wahr. Ein Blick auf die Funktionenkette in *Bild 5.7.1* erinnert daran, dass $f(x)$ Stammfunktion von $f'(x)$ ist – aber Achtung: Die Integration ist nur bis auf eine Konstante eindeutig! Man muss deshalb in (*5.7.5*) einen Parameter hinzufügen:

$$\int \frac{\mathrm{d}}{\mathrm{d}x} f(x)\,\mathrm{d}x = f(x) + C\ ; \quad C \in \mathbb{R} \tag{5.7.6}$$

Das Ergebnis ist zunächst enttäuschend. Die Konstante zerstört die Vertauschbarkeit des Differenzial- mit dem Integraloperator. Ganz so hart muss das nicht gesehen werden – es handelt sich ja lediglich um einen konstanten Parameter. Deshalb lassen sich die beiden Gleichungen (*5.7.4*) und (*5.7.6*) doch zu einem einprägsamen Merksatz zusammenführen:

Merksatz 5.7.3

> **Merke:**
> Sieht man von der Mehrdeutigkeit bezüglich konstanter Summanden ab, so sind Differenziation und Integration **umgekehrte** Operationen.

Wir erinnern uns, ein Differenzialoperator hat die freundliche Eigenschaft, linear zu sein (*vgl. 5.6.14*). Schauen wir nach, ob die Integration in dieser Beziehung genau so nett ist! Wenn das der Fall sein sollte, müsste die folgende Gleichung allgemeingültig sein. D. h., der Integraloperator müsste sich auf die Summanden verteilen und die konstanten Faktoren unbehelligt lassen:

(5.7.7)

$$\int \underbrace{\left(a\cdot u(x)+b\cdot v(x)\right)}_{f(x)} \mathrm{d}x = \underbrace{a\cdot\int u(x)\,\mathrm{d}x \;+\; b\cdot\int v(x)\,\mathrm{d}x}_{\Phi(x)} \quad ?$$

Um (*5.7.7*) zu überprüfen, nennen wir links in (*5.7.7*) den Integranden $f(x)$ und die gesamte rechte Seite $\Phi(x)$. Der Nachweis ist erbracht, wenn $\Phi(x)$ eine Stammfunktion von $f(x)$ ist. Dazu müssen wir lediglich prüfen, ob die Ableitung von $\Phi(x)$ tatsächlich $f(x)$ ist.

(5.7.8)

$$\begin{aligned} \underline{\underline{\tfrac{\mathrm{d}}{\mathrm{d}x}\Phi(x)}} &= \tfrac{\mathrm{d}}{\mathrm{d}x}\left(a\cdot\int u(x)\mathrm{d}x + b\cdot\int v(x)\mathrm{d}x\right) \\ &= a\cdot\tfrac{\mathrm{d}}{\mathrm{d}x}\int u(x)\mathrm{d}x + b\cdot\tfrac{\mathrm{d}}{\mathrm{d}x}\int v(x)\mathrm{d}x \\ &= a\cdot u(x) + b\cdot v(x) = \underline{\underline{f(x)}} \end{aligned}$$

Da der Differenzialoperator linear ist, dürfen wir dessen Linearität auch benutzen (*vgl. 5.6.14*). Der Operator d/dx darf auf beide Summanden verteilt und anschließend mit den konstanten Faktoren vertauscht werden. Da (*5.7.4*) auch für die Teilfunktionen $u(x)$ und $v(x)$ gelten muss, ergibt die Ableitung tatsächlich $f(x)$. Damit ist die oben definierte Funktion $\Phi(x)$ wirklich Stammfunktion von $f(x)$ und der Integraloperator wie der Differenzialoperator linear.

Auch der Integraloperator ist linear!

Es wurde bereits erwähnt, dass das Aufsuchen einer Stammfunktion (unbestimmt integrieren) in der Praxis eine häufige Aufgabe ist. Im Beispiel (*5.7.1*) wurde die Stammfunktion durch Raten (und anschließender Überprüfung) gefunden. Nehmen wir uns das Beispiel noch einmal vor und fordern, dass die erratene Stammfunktion an der Stelle $x = 2$ den Wert 3 haben soll!

(5.7.9)

$$\begin{aligned} & f(x) = 4\cdot x^3 - 9\cdot x^2;\; I(x) := \int f(x)\,\mathrm{d}x;\; I(2) := 3 \\ & I(x) = \int\left(4\cdot x^3 - 9\cdot x^2\right)\mathrm{d}x = x^4 - 3\cdot x^3 + C \\ & I(2) := 3:\;\; 2^4 - 3\cdot 2^3 + C = 3 \;\;\Rightarrow\; C = \underline{\underline{11}} \\ & I(x) = \underline{\underline{x^4 - 3\cdot x^3 + 11}} \end{aligned}$$

Aus dem Parameter wird eine eindeutig bestimmte Konstante.

Man erkennt, dass der Parameter C durch die *Anfangsbedingung* $I(2) = 3$ eindeutig bestimmt ist. Eine Anfangsbedingung macht aus dem freien Parameter C eine Konstante und aus dem unbestimmten Integral wird eine eindeutige Zuordnung – eine Funktion (hier speziell eine Operation). Natürlich kann man einer so definierten Funktion auch einen Namen zuweisen. In (*5.7.9*) wurde beispielsweise $I(x)$ gewählt; I steht für Integral.

Merke:
Zusammen mit einer Anfangsbedingung wird ein unbestimmtes Integral zu einer eindeutigen Zuordnung – einer Funktion!

$$I(x) = \int f(x)\,\mathrm{d}x \quad ; \ I(x_0) = I_0$$

Merksatz 5.7.4

Ähnlich wie vorher bei der Differenziation kann man jetzt Integrationsregeln bereitstellen. Beginnen wir mit der Integration von Potenzen:

$$\int x^n\,\mathrm{d}x = \tfrac{1}{n+1} x^{n+1} + C$$

$$\text{Probe: } \frac{\mathrm{d}}{\mathrm{d}x}\left(\tfrac{1}{n+1} x^{n+1} + C\right) = \frac{1}{\cancel{n+1}} \cdot \cancel{(n+1)} x^{(n+1)-1} = x^n \quad \text{W}$$

(5.7.10)

Die Integrationsregel für Potenzen lässt sich leicht zusammenbasteln: Da bei der Differenziation der Exponent um eins abgebaut wird, erhöht man den Exponenten für die Stammfunktion auf $n+1$. Da beim Ableiten der Stammfunktion der Exponent zum Faktor wird, der Integrand aber nur den Faktor eins besitzt, bekommt die Stammfunktion den Faktor $1/(n+1)$. Die Probe zeigt es: Leitet man die so konstruierte Stammfunktion ab, erhält man den Integranden x^n zurück. Beachten Sie bitte die komplette Integrationsregel für Potenzen:

Integrationsregel für Potenzen:

$$\int x^n\,\mathrm{d}x = \tfrac{1}{n+1} \cdot x^{n+1} + C \quad ; \ n \in \mathbb{Q} \setminus \{-1\}$$

Der neue Exponent ist gleich dem ursprünglichen, erhöht um eins. Der Kehrbruch des neuen Exponenten wird zum Faktor. Für $n = 0$ gilt speziell:

$$\int x^0\,\mathrm{d}x = \int 1\,\mathrm{d}x = \int \mathrm{d}x = x + C$$

Merksatz 5.7.5

Beachten Sie bitte, dass die Integrationsregel für Potenzen für alle rationalen Exponenten außer $n = -1$ gilt!

Wegen der Linearität des Integraloperators können wir so die Integrationsregel für ganzrationale Funktionen sofort hinschreiben, denn sowohl die Summenstruktur als auch die Koeffizienten bleiben wegen der Linearität erhalten. Nur die Potenzen müssen gemäß *Merksatz 5.7.5* geändert werden.

$$f(x) = a_0 + a_1 \cdot x^1 + a_2 \cdot x^2 + a_3 \cdot x^3 \ldots + a_n \cdot x^n \quad ; \ n \in \mathbb{N};\ a_i \in \mathbb{R}$$

$$\Rightarrow \int f(x)\,\mathrm{d}x = a_0 \cdot x + \tfrac{1}{2} a_1 \cdot x^2 + \tfrac{1}{3} a_2 \cdot x^3 + \tfrac{1}{4} a_3 \cdot x^4 \ldots + \tfrac{1}{n+1} a_n \cdot x^{n+1} + C$$

(5.7.11)

Beachten Sie:
Nichts fällt bei der Integration unter den Tisch! Im Gegenteil: Es kommt etwas hinzu (der Parameter C)! Die Reihenfolge der Summanden ist beliebig. Gerne wählt man auch die umgekehrte Reihenfolge wie in (*5.7.11*) und ordnet die Summanden nach absteigenden Exponenten!

Die Integrationsregel für Potenzen in *Merksatz 5.7.5* beseitigt teilweise das eingangs erwähnte Existenzproblem: Zumindest jeder ganzrationalen Funktion können wir ihre Stammfunktion zuordnen. Der „rote Integraloperator" in *Bild 5.7.2* schluckt also nicht irgendwelche exotischen Sonderfälle, sondern (zumindest) alle ganzrationalen Funktionen. Damit lässt sich schon sehr viel anfangen!

5.8 Bestimmte Integrale

Aus dem Integral wird eine Zahl.

Es ist zwar an dieser Stelle noch nicht einsehbar, weshalb man in der Praxis häufig nur die Differenz zweier Stammfunktionswerte benötigt. Aber bevor wir in Abschnitt 6.3 konkreter werden, sollen hier bereits einige Rechenregeln bereitgestellt werden. Die Berechnung einer derartigen Differenz ist so wichtig, dass es dafür eine praktische Schreibweise gibt (*s. (5.8.1)*). Einen Namen erhält das Gebilde auch – man nennt es *bestimmtes Integral*.

(5.8.1)

$$\int_a^b f(x)\,\mathrm{d}x := F(b) - F(a)$$

Bewährte Vorgehensweise

Das „Integral" in (*5.8.1*) steht jetzt nicht mehr für eine (Stamm-) Funktion, sondern für eine Zahl! Die Zahl oder die gebundene Variable, die unter dem Integralzeichen steht, heißt *untere Grenze*. Was auf dem Integralzeichen steht, heißt dementsprechend *obere Grenze*. Zeigen wir anhand des Beispiels (*5.7.9*) und mit $a = 2$ und $b = 5$, wie man bei der Berechnung eines bestimmten Integrals vorgeht:

(5.8.2)

$$\int_2^5 \left(4\cdot x^3 - 9\cdot x^2\right)\mathrm{d}x = x^4 - 3x^3 + C\Big|_2^5 =$$

$$5^4 - 3\cdot 5^3 + C - \left(2^4 - 3\cdot 2^3 + C\right) = \underline{\underline{258}}$$

Um das Auffinden der Stammfunktion kommt man nicht herum.

Immer und ewig „Fehlergeneratoren": vergessene Minusklammern

Den Parameter kann man fortlassen.

Zunächst muss man eine Stammfunktion finden, d. h. man „löst" das unbestimmte Integral. Diese Stammfunktion schreibt man hinter das bestimmte Integral. Ein senkrechter Strich dahinter deutet an, dass nicht die Funktion selbst, sondern die Differenz der Funktionswerte gemeint ist. Wegen dieser überaus praktischen Schreibweise hat man sowohl die Stammfunktion als auch die Grenzen auf einen Blick. Erst dann berechnet man die konkrete Differenz der Funktionswerte. Dabei ist der zu subtrahierende Funktionswert **unbedingt** in eine (Minus-) Klammer zu setzen! Man erkennt, dass die Konstante bei der Differenzbildung herausfällt. Man muss daher beim bestimmten Integral nicht die allgemeine Stammfunktion einsetzen – eine spezielle Stammfunktion reicht. In (*5.8.2*) hätte man den Parameter C getrost weglassen können.

Im folgenden Merksatz wird die Berechnung des bestimmten Integrals verallgemeinert.

Berechnung eines bestimmten Integrals:

$$\int_a^b f(x)\,\mathrm{d}x = F(x)\Big|_a^b = \underline{\underline{F(b)-F(a)}}$$

Stammfunktion an der oberen Grenze minus Stammfunktion an der unteren Grenze.

Merksatz 5.8.1

Erfahrungsgemäß sorgt ausgerechnet der simpelste Fall häufig für Verwirrung:

$$\int_a^b \mathrm{d}x = \int_a^b 1\cdot\mathrm{d}x = x + C\Big|_a^b = \underline{\underline{b-a}}$$

(5.8.3)

Beachten Sie: dx = 1 · dx. Der Integrand ist in diesem Fall konstant eins! Die Stammfunktion der konstanten Funktion eins ist $x + C$. Vergleichen Sie bitte dazu die Integrationsregel für Potenzen in *Merksatz 5.7.5*! Stammfunktion an der oberen Grenze minus der Stammfunktion an der unteren Grenze ist jetzt einfach nur noch „obere Grenze minus untere Grenze". Der Parameter C fällt heraus – man hätte ihn natürlich auch gleich fortlassen können.

Wichtiger Sonderfall des bestimmten Integrals:

$$\int_a^b \mathrm{d}x = b - a$$

Obere Grenze minus untere Grenze

Merksatz 5.8.2

Die Definition des bestimmten Integrals beinhaltet noch einige einfache Regeln. So ändert sich beispielsweise das Vorzeichen des bestimmten Integrals, wenn man die Integrationsgrenzen vertauscht.

$$\underline{\underline{\int_a^b f(x)\,\mathrm{d}x}} = F(b)-F(a) = -\big(F(a)-F(b)\big) = \underline{\underline{-\int_b^a f(x)\,\mathrm{d}x}}$$

(5.8.4)

Sind obere und untere Grenze gleich, ist das bestimmte Integral gleich null.

$$\underline{\underline{\int_a^a f(x)\,\mathrm{d}x}} = F(a)-F(a) = \underline{\underline{0}}$$

(5.8.5)

Ein bestimmtes Integral mit a als untere und c als obere Grenze lässt sich in zwei Summanden aufteilen (*s. (5.8.6)*). Mithilfe eines kleinen Tricks ist das leicht einsehbar. Man schiebt eine Null in die Differenz der Stammfunktionswerte. Die Null wird durch $-F(b) + F(b)$ ersetzt und das Assoziativgesetz angewendet. Durch das Umschreiben der Stammfunktionswerte mittels der Integralschreibweise erhält man schließlich die Aufteilung des bestimmten Integrals in zwei Summanden. Die Zahl b erscheint im ersten Summanden als obere, im zweiten als untere Grenze.

(Viel) mehr zur Integralrechnung in Kapitel 6!

(5.8.6)

$$\int_a^c f(x)\,\mathrm{d}x = F(c) - F(a) = F(c)\underbrace{-F(b) + F(b)}_{=0} - F(c) =$$

$$[F(c) - F(b)] + [F(b) - F(c)] = \underline{\underline{\int_a^b f(x)\,\mathrm{d}x + \int_b^c f(x)\,\mathrm{d}x}}$$

Differenzen lassen sich zusammenfassen, wenn die unteren Grenzen gleich sind (*s. 5.8.7*).

(5.8.7)

$$\underline{\underline{\int_a^c f(x)\,\mathrm{d}x - \int_a^b f(x)\,\mathrm{d}x}} = \underbrace{F(c) - F(a) - [F(b) - F(a)]}_{F(c)-F(b)} = \underline{\underline{\int_b^c f(x)\,\mathrm{d}x}}$$

In folgendem Merksatz sind die Rechenregeln noch einmal zusammengefasst. Bedenken Sie bitte, dass die Regeln ebenfalls von rechts nach links angewendet werden dürfen.

Merksatz 5.8.3

Rechenregeln für bestimmte Integrale:

I) $\int_a^b f(x)\,\mathrm{d}x = -\int_b^a f(x)\,\mathrm{d}x$ II) $\int_a^a f(x)\,\mathrm{d}x = 0$

III) $\int_a^c f(x)\,\mathrm{d}x = \int_a^b f(x)\,\mathrm{d}x + \int_b^c f(x)\,\mathrm{d}x$

IV) $\int_a^c f(x)\,\mathrm{d}x - \int_a^b f(x)\,\mathrm{d}x = \int_b^c f(x)\,\mathrm{d}x$

Maße für die Welt

6.

Die Überschrift signalisiert die weltumspannende Bedeutung dieses Kapitels. Fundierte Kenntnisse über unser Maßsystem werden im weiteren Verlauf Ihrer beruflichen Entwicklung als selbstverständlich vorausgesetzt und nicht mehr thematisiert. Das machen wir hier nicht; wir behandeln das Thema in einem eigenständigen Kapitel. Ausnahmsweise wird dabei ein wenig Historie einbezogen. Außer den *Basiseinheiten Meter*, *Kilogramm* und *Sekunde* erklären wir hier auch davon abgeleitete Einheiten. Die für das Verständnis erforderlichen physikalischen Grundlagen werden ebenfalls in diesem Kapitel geliefert. En passant wird die Integralrechnung weiter ausgebaut. Die im Rahmen dieses Kapitels bereitgestellten Beispiele machen es möglich.

Ausnahmsweise ein bisschen Historie!

6.1 Das Meter

Es waren unruhige Zeiten im Frankreich des ausgehenden 18. Jahrhunderts. Aber es war auch eine Zeit der Neuerungen und epochaler Ideen. Ausgerechnet in dieser Zeit wurde Ordnung in das europäische Wirrwarr von Maßen und Gewichten gebracht. Nicht alle der damaligen Ideen haben noch Bestand, aber viele sind doch zum Erbe der Menschheit geworden.

Eine der Ideen war eine kompromisslose Anwendung des Dezimalsystems. So sollte auch der Tag in zehn „Stunden" eingeteilt werden. Eine derartige Stunde wiederum in 100 „Minuten" und diese wieder in 100 „Sekunden". Hätte man machen können. Auch die Winkeleinheit Gon stammt aus dieser Zeit, hat aber die 360°-Teilung nur teilweise ersetzen können. Felsenfest steht aber das Meter mit sämtlichen davon abgeleiteten Flächen-, Hohl- und Gewichtsmaßen.

Kompromisslose Anwendung des Dezimalsystems

Das Meter sollte, der revolutionären Zeitstimmung Ende des 18. Jahrhunderts entsprechend, ein universelles Maß für alle sein. Dazu durfte es weder von den Abmaßen irgendwelcher Königs-Körperteile noch von ortsabhängigen Längen abgeleitet sein. Damit entfielen alle damals verwendeten Maßeinheiten (außer der Seemeile). Auch die Länge eines Pendels mit einer Halbschwingungsdauer von 1 Sekunde (ca. 0,99 m) fand keine Gnade, da sie von Ort zu Ort unterschiedlich ist, z. B. Singapur 0,991 m, Hamburg 0,994 m. Es verblieb letzten Endes nur, eine Maßeinheit von der ganzen Erde abzuleiten, und die sollte ja eigentlich allen gehören. Im Grunde lag in der Seefahrt eine solche von der Erde abgeleitete „Einheit" schon vor, nämlich der Abstand zweier Punkte gleicher geografischer Länge, deren geografische Breite sich um eine Winkelminute unterscheidet.

Keine Körperteile eines Königs

Kein Sekundenpendel

Unstrittig: die Seemeile (nautische Meile)

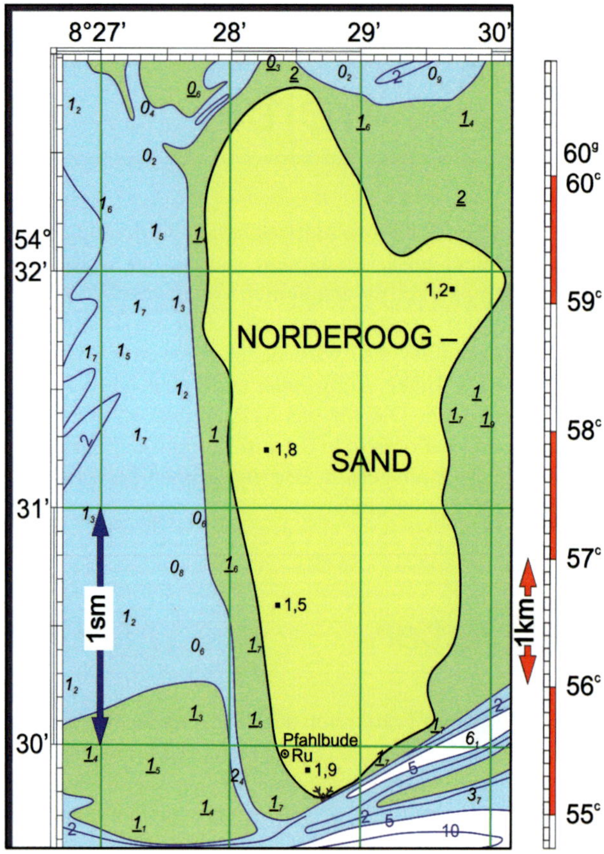

Geografische Breite der Doppelpricke (ca.): N 54° 29,8' oder unüblich in Gon: N 60^g $55{,}1^c$

Bild 6.1.1
Ausschnitt einer Seekarte

Bild 6.1.1 zeigt einen kleinen Ausschnitt aus einer Seekarte. Links ist eine Skala für die geografischen Breiten, rechts die Alternative in Gon (^{g}) bzw. Zentigon (^{c}) – oben eine Skala für die geografischen Längen. Breiten- und Längenkreise in Winkelminutenschritten bilden ein Gitternetz. In diesem Mini-Ausschnitt kann man die Längenkreise praktisch als parallel ansehen. Allerdings wird ihr Abstand in Seekarten weiter nördlich liegender Seegebiete immer geringer. Der Abstand der Winkelminuten-Breitenkreise bleibt (näherungsweise) überall konstant und eignet sich somit auch als Längenmaß. Das wurde und wird auch gemacht, man nennt diese Distanz *Seemeile* oder auch *nautische Meile*. Die geografische Breite des Nordpols beträgt 90°, das sind $90 \cdot 60 = 5\,400$ Winkelminuten. Demnach muss ein Meridian-Viertel 5 400 Seemeilen lang sein. Man könnte die Erde anstatt mit einem Gradnetz ebenso gut mit einem Netz in Gon überziehen. Das Pendant zur Winkelminute ist das Zentigon (Neuminute). In diesem Fall böten sich in einer Seekarte Breitenkreise mit einem Abstand von 1 Zentigon an. Auch diese Distanz eignet sich als erdgebundene Einheit und heißt „*Kilometer*". Im Falle des Gon-Netzes hätte der Nordpol die geografische Breite 100^g oder $100 \cdot 100^c = 10\,000^c$. Die Länge des Meridian-Viertels beträgt somit 10 000 km.

$\Delta\varphi = 1' \rightarrow \underline{1\ \text{sm}}$

$90° = 5\,400' \rightarrow \underline{5\,400\ \text{sm}}$

$\Delta\varphi = 1^c \rightarrow \underline{1\ \text{km}}$

$100^g = 10\,000^c \rightarrow \underline{10\,000\ \text{km}}$

Die Sache hat – und das wusste man damals auch schon längst – einen Haken. Die Erde ist keine Kugel, sondern eher ein Ellipsoid. Das hat zur Folge, dass die Länge einer Meridian-Winkelminute an den Polen ca. 1 % länger ist als in Äquatornähe. Zu einer vernünftigen Längendefinition käme man erst durch Mittelwertbildung aller Meridian-Winkelminuten über den kompletten Meridianquart. Dazu müsste man jedoch die komplette Länge des Meridianquarts kennen. Der 5 400te Teil davon müsste eine Seemeile, der 10 000te Teil ein Kilometer und der 10 000 000te Teil ein Meter sein.

Ellipsoid ist auch nur eine Näherung!

Länge des Meridianquarts durch 10000 : = 1 km

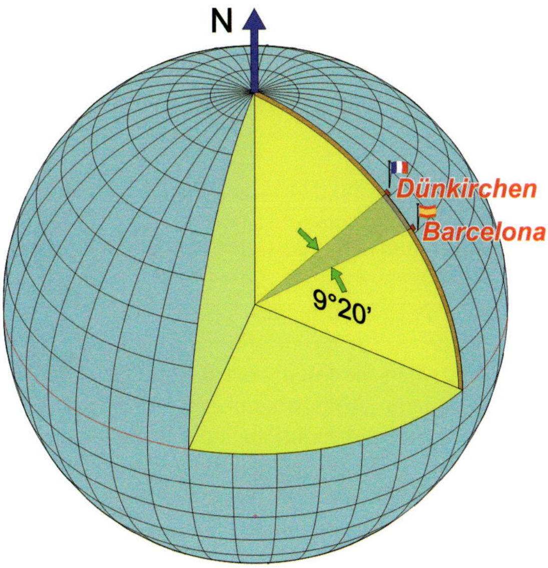

Von Spülsaum (engl. Kanal) zu Spülsaum (Mittelmeer)

$\Delta\varphi \approx 9°20' = 560' \approx 1037^c$

1037 beschwerliche Kilometer!

Bild 6.1.2
Der berühmte 2°-Meridian

Aber wie sollte man damals an die Länge des Meridianquarts herankommen? Alle Meridianviertel verliefen überwiegend durch Meere oder unzugängliche Gebiete. So verblieb die Vermessung eines möglichst langen, über Land verlaufenden Meridianteils. Hier bot sich den Franzosen ein sehr guter Kompromiss an: der 2°-Meridian. Er verläuft von Dünkirchen über Paris bis Barcelona (*s. Bild 6.1.2*). Die Strecke liegt etwa in der Mitte des Meridianquarts, also um den 45. Breitengrad herum, und beginnt und endet am Spülsaum eines Meeres. Die Differenz der geografischen Breiten beträgt ca. $9^2/_3°$, das sind ca. 10 % des gesamten Meridianviertels. Die Genauigkeit, mit der man damals geografische Breiten messen konnte, lag bereits im Winkelsekundenbereich (allerdings war die Messung der geografischen Breite von Barcelona ein Schwachpunkt). Man musste also „nur“ noch die Streckenlänge von Dünkirchen bis Barcelona – natürlich projiziert auf Meereshöhe – messen und unter Berücksichtigung der Abweichung von der Kugelgestalt auf den ganzen Meridianquart hochrechnen. Genauso wurde verfahren. Allerdings war die Messung ein Bücher füllendes Abenteuer, das sich über sieben Jahre erstreckte. Man hatte zusätzlich, um Aussagen über die Erdkrümmung zu erhalten, auch noch zwischen den Endpunkten Breitenmessungen durchgeführt. Das überraschende Ergebnis war, dass der Meridian auf keinen Fall ein schöner „glatter“ Ellipsenbogen ist, sondern trotz Projektion auf Meereshöhe die Unregelmäßigkeiten einer „Kartoffel“ aufwies. Damit wurde das Hochrechnen auf den gesamten Meridianquart zum Glücksspiel. Der Termindruck aufgrund der langen

Günstig: ca. 10 %, in der Mitte des Meridianquarts gelegen

Abenteuerliche Messung

Der Termindruck erzwang eine Festlegung!

Expeditionsjahre erzwang schließlich eine Festlegung auf der Basis vorhandener Daten und Auswertungsmöglichkeiten. Man hatte die Länge des Meridianquarts auf 5 130 740 Klafter hochgerechnet und das Meter somit auf den zehnmillionsten Teil davon festgelegt. Leider hat man die „Abplattung" der Erde zu gering angenommen, was zur Folge hatte, dass der hochgerechnete Meridianquart um 1 250 Klafter zu kurz war. Prozentual war das Meter ca. 0,024 % zu kurz geraten! Als man es besser wusste, waren die X-förmigen Platinschienen längst gegossen, bearbeitet und mit Metermarkierungen versehen (Urmeter) und lagerten in den Tresoren. Der „Fehler" war damals für die beteiligten Wissenschaftler ein Desaster. Aus heutiger Sicht ist er jedoch zu verschmerzen, weil es doch möglich war, genügend Länder dazu zu bringen, diesen Standard zu übernehmen. Das gelang damals teilweise durch die „Grande Armee", teilweise durch Einsicht – bei den Amerikanern bis heute nicht.

Bedeutungsloser „Fehler"

Gut 2 km auf 10 000 km – kann man verschmerzen.

Einen wirklichen Grund, auf den 0,024 %igen Fehler zu schimpfen, hätte nur ein einsamer Reisender, der vom Äquator 10 000 km einem Meridian entlang gen Süden fährt und verzweifelt den Südpol sucht. Er müsste sich noch gut 2 km weiterquälen! In der Seeschifffahrt und in der Luftfahrt navigiert man weiträumig ohnehin nur mithilfe der Polarkoordinaten.

Wichtig ist ein wohldefiniertes System, mit dem man Längenmessinstrumente eichen kann!

Es mag irritierend sein, wenn Sie lesen, dass das Meter heute „anders definiert" ist. Tatsächlich ist das nur eine „Vokabelklauberei". Man hat nur handlichere „Urmeter" gefunden. Es kommt eben darauf an, auf wie viel signifikante Stellen man ein Längenmessinstrument anhand so eines Urmeters eichen kann. Das erste „Urmeter" ist und bleibt der 10 000 000ste Teil eines Meridianquarts. Der ist aber wegen der „kartoffelartigen" Abweichungen der Erdoberfläche von einem Ellipsoid für die Praxis unbrauchbar. Da waren die Strichmarkierungen auf der X-förmigen Platinschiene von 1799 schon besser. Der vorerst letzte Schrei des „Urmeters" ist diejenige Strecke, die das Licht im Vakuum in 1/299 792 45$\underline{8}$ Sekunden zurücklegt. Alle „Urmeter" unterscheiden sich erst ab der fünften signifikanten Stelle! Sollten Sie tatsächlich einmal ein Längenmessgerät bauen müssen, das neun signifikante Stellen erfassen kann, müssen Sie mit der Physikalisch-Technischen-Bundesanstalt in Braunschweig zusammenarbeiten. Die PTB ist in Deutschland die Hüterin des Meters.

Letzter Schrei des „Urmeters"

www.PTB.de

Die Seemeile: aufgerundet und exakt auf 1,85$\underline{2}$ km festgelegt

Nach der Urdefinition von Seemeile und Meter (siehe oben) müsste die Seemeile (10 000/5 400) km lang sein. Das wäre ein periodischer Dezimalbruch, nämlich 1,851 851… km. In Anbetracht des etwas zu kurz geratenen Meters wurde die Seemeile etwas aufgerundet und durch internationale Vereinbarungen exakt auf 1,85$\underline{2}$ km festgelegt (*s. Bild 6.1.3*).

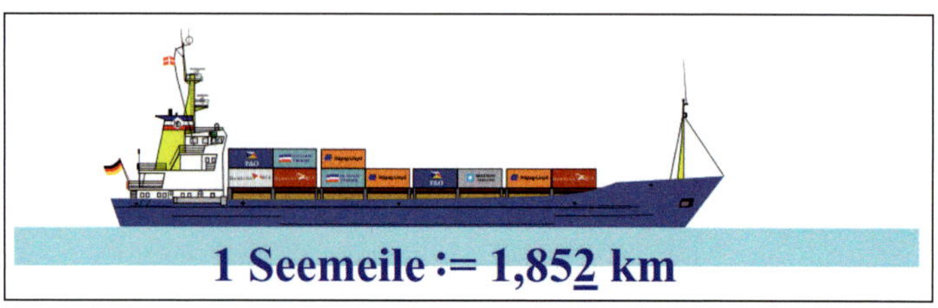

Bild 6.1.3
Die Bindung der Seemeile an das Meter

Auch die sturköpfigen Angelsachsen, die ihre entsetzlichen „Füße“ so gerne weltweit verbreiten, haben das Meter durch die Hintertür hereinlassen müssen. Ihre Wissenschaft rechnet ohnehin metrisch. Die anderen Einheiten wie Zoll, Fuß und Yard sind durch exakte Umrechnungsfaktoren an das metrische System gebunden.

Zoll (inch):	**1 in**	**=**	**25,$\underline{4}$ mm**
Fuß (foot):	**1 ft**	**=**	**304,$\underline{8}$ mm**
Yard:	**1 yd**	**=**	**914,$\underline{4}$ mm**

1 ft = 12 in ; 1 yd = 3 ft

Bild 6.1.4
Angelsächsische Längenmaße

Kein Scherz: Flughöhen in Fuß, Entfernungen in Seemeilen

Die Rache der Angelsachsen haben unsere Piloten auszubaden; sie müssen ihre Flughöhen dumm in Fuß angeben; vergleichbar damit, einen Förster mit einem in Millimeter geeichten Zollstock loszuschicken, um die Wipfelhöhen seiner Bäume zu messen.

Unproblematische Flächeninhaltsmaße

Die Vorteile bei den Flächen- und Hohlmaßen, die die Einführung des metrischen Systems mit sich brachte, wird heute – da selbstverständlich – gerne vergessen. Im Abschnitt 2.2 (Abzählprinzipien – Multiplikation) wurde die Containerzahl u durch das Produkt aus der Anzahl der Container in der ersten Reihe x und der Anzahl der Reihen hintereinander y ermittelt. Ersetzt man in *Bild 2.2.1* die Container durch quadratische Flächenstücke, ermittelt man mit der Formel $u = x \cdot y$ den Zahlenwert des Flächeninhalts einer rechteckigen Fläche mit der Fläche eines Quadrates als Einheit. Betrachtet man das Produkt als Formel zur Berechnung des Flächeninhalts, regelt sich die Einheit im metrischen System (fast) von selbst. Als Formel mit Größen nimmt man allerdings vorzugsweise die für die beteiligten Größen üblichen Formelzeichen. Das ist ein großes A für den Flächeninhalt (von lat. Area) sowie a und b für die Kantenlängen:

$$a = 16{,}2\,\mathrm{cm};\ b = 5{,}5\,\mathrm{cm}:$$
$$A = a \cdot b = 16{,}2\,\mathrm{cm} \cdot 5{,}5\,\mathrm{cm} = 16{,}2 \cdot 5{,}5 \cdot \mathrm{cm} \cdot \mathrm{cm} = \underline{\underline{89{,}10\,\mathrm{cm}^2}} \qquad (6.1.1)$$

Wie bereits erwähnt, betrachtet man eine Größe als Produkt aus Zahlenwert und Einheit. Die Einheit wiederum behandelt man wie eine Variable. Setzt man die Größen in die Formel ein, vertauscht man die Faktoren so, dass sämtliche Einheiten hinten stehen. Das Produkt aus den Einheiten schreibt man als Potenz. Damit es nicht zu einem entsetzlichen Präfixsalat kommt, ist noch folgende (selbstverständliche) Regel erwähnenswert:

> **Merke:**
> Steht hinter einer Einheit eine Potenz, so gilt diese Potenz für die Einheit **und** deren Präfix! Die Bindung des Präfixes an eine Einheit ist somit stärker als eine Potenz, d. h. $\mathrm{cm}^2 \equiv (\mathrm{cm})^2$!
> Beispiel: $7\,\mathrm{cm}^2 = 7 \cdot (10^{-2} \cdot \mathrm{m})^2 = 7 \cdot 10^{-4}\,\mathrm{m}^2$

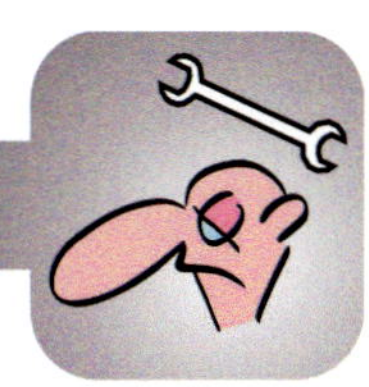

Merksatz 6.1.1

Tabelle 6.1.1 zeigt Ihnen die Flächeneinheiten mitsamt den zugehörigen Umrechnungsfaktoren. Die sehr übersichtliche Matrix weist nur zwei (rötliche gefärbte) Besonderheiten auf. Für die Einheit 100 m^2 gibt es einen eigenen potenzfreien

Namen – das **Ar**. Für das Ar ist als einzige Flächeneinheit ein Präfix erlaubt, nämlich hekto; d. h. 100 a = 1 ha (Hektar). Ansonsten gehören Präfixe im Zusammenhang mit Flächeneinheiten immer zu den Kantenlängen der Einheitsquadrate!

Tabelle 6.1.1
Flächeneinheiten und ihre Umrechnungsfaktoren

Flächeneinheit	Kantenlänge des Quadrats		Flächeninhalt	Umrechnungsfaktoren	
1 mm²	1 mm	$1 \cdot 10^{-3}$ m	$1 \cdot 10^{-6}$ m²	·100	:100
1 cm²	1 cm	$1 \cdot 10^{-2}$ m	$1 \cdot 10^{-4}$ m²	·100	:100
1 dm²	1 dm	$1 \cdot 10^{-1}$ m	$1 \cdot 10^{-2}$ m²	·100	:100
1 m²	1 m	$1 \cdot 10^{0}$ m	$1 \cdot 10^{0}$ m²	·100	:100
1 a	10 m	$1 \cdot 10^{+1}$ m	$1 \cdot 10^{+2}$ m²	·100	:100
1 ha	100 m	$1 \cdot 10^{+2}$ m	$1 \cdot 10^{+4}$ m²	·100	:100
1 km²	1 km	$1 \cdot 10^{+3}$ m	$1 \cdot 10^{+6}$ m²		

Ebenfalls unproblematisch: Volumenmaße

Ersetzen wir die Container in *Bild 2.2.1* durch Würfel! Das Produkt aus der Anzahl der Container in der ersten Reihe x, der Anzahl der Reihen hintereinander y und der Anzahl der Schichten übereinander z ist dann der Zahlenwert für ein Volumen (Rauminhalt) mit dem Volumen eines Würfels als Einheit. Genau wie beim Flächeninhalt wird aus dem Produkt eine Formel für den Rauminhalt eines Quaders mit Größen. Formelzeichen für Rauminhalte/Volumina ist das große V, die Kantenlängen heißen (wieder) a, b und c:

(6.1.2)

$$\underline{a = 16{,}2\,\text{cm};\ b = 5{,}5\,\text{cm};\ c = 3{,}2\,\text{cm}}$$
$$A = a \cdot b \cdot c = 16{,}2\,\text{cm} \cdot 5{,}5\,\text{cm} \cdot 3{,}2\,\text{cm}$$
$$= 16{,}2 \cdot 5{,}5 \cdot 3{,}2 \cdot \text{cm} \cdot \text{cm} \cdot \text{cm} = \underline{\underline{285{,}120\,\text{cm}^3}}$$

Bei den Rauminhalten bekommt das Kubikdezimeter einen potenzfreien Namen – das Liter. Für das **Liter** sind dann wieder Präfixe wie milli, centi, dezi und hekto erlaubt. *Tabelle 6.1.2* gibt Ihnen wieder eine Übersicht über die praktischen metrischen Volumeneinheiten. Wenn amerikanische Schüler über diese Einheiten informiert wären, würden sie die europäischen Schüler beneiden. In Wissenschaft und Technik sind in der Regel nur ml (= cm³), l (= dm³), aber vor allem m³ gebräuchlich. Die Volumeneinheit Liter wird mit einem kleinen „ℓ" abgekürzt und das ist das einzige Ärgernis. Es ist auf der Schreibmaschine bei vielen Schriftarten von einer Eins kaum unterscheidbar (z. B. 1 = eins, l = ℓ).

Benutzen Sie zur Not ein Schreibschrift-ℓ für die Einheit Liter!

Tabelle 6.1.2
Volumeneinheiten und ihre Umrechnungsfaktoren

Volumeneinheit	Alternativ in Litern	Kantenlänge des Würfels		Volumen	Umrechnungsfaktoren	
1 mm³	1 µl	1 mm	$1 \cdot 10^{-3}$ m	$1 \cdot 10^{-9}$ m³	·1000	:1000
1 cm³	1 ml	1 cm	$1 \cdot 10^{-2}$ m	$1 \cdot 10^{-6}$ m³	·1000	:1000
1 dm³	1 l	1 dm	$1 \cdot 10^{-1}$ m	$1 \cdot 10^{-3}$ m³	·1000	:1000
1 m³	–	1 m	$1 \cdot 10^{0}$ m	$1 \cdot 10^{0}$ m³		

6.2 Sekunde und Meter pro Sekunde

Im Gegensatz zur Längeneinheit Meter gibt es für Sie bei der Zeiteinheit nichts, was an dieser Stelle wiederholt werden müsste. Bei der Zeiteinheit *Sekunde* steht wie beim Meter die Erde Pate. Da sich die Dezimalzeit nicht durchsetzen konnte, müssen Sie die Zeit für eine Umdrehung der Erde (1 Tag) traditionell in $24 \cdot 60 \cdot 60$ Teile einteilen, um eine „Ursekunde" zu erhalten. Da die Erdrotation allerdings Schwankungen unterliegt, hat man längst bessere „Ursekunden" gefunden. Heute ist die Sekunde die Zeit für 9 192 631 77$\underline{0}$ Schwingungen der „Cäsiumuhr" an der PTB (oder z. B. NPL in Teddington/UK). Die Genauigkeit dieses Standards ist ungeheuerlich: Die „Atomuhren" der PTB und des NPL könnten erst in ca. 1 000 Jahren maximal um 1 Sekunde differieren. Die Genauigkeit des Zeitstandards und der Fortschritt der Lasertechnik waren auch der Grund, das heutige „Urmeter" über die Zeit zu definieren. Für Bruchteile einer Sekunde steht Ihnen (fast) der ganze Zoo der Präfixe zur Verfügung. Allerdings ist die Verwendung von Dezi und Zenti nicht üblich. Für größere Zeiten verwendet man keine Präfixe, sondern benutzt Minuten, Stunden und Jahre.

Kein Stoff für Diskussionen: Die „Ursekunde"

Wir wollen nun am Beispiel der Größen Weg und Zeit zeigen, wie durch Verknüpfung von Größen neue Größen mit den dazugehörigen Einheiten entstehen. Dazu sollten wir uns wieder nicht scheuen, ganz tief zu greifen, und zu den Dreisätzen zurückkehren. Die „Dreisatzaufgabe" aus Abschnitt 5.3 könnte man „geringfügig" umformulieren (*s. Dreisatzaufgabe bzw. Bild 6.2.1*).

1 Lichtjahr ist keine Zeit, sondern eine Länge!

Aufgabe:
Ein ferngesteuertes Modellflugzeug soll eine Teststrecke überfliegen. Sobald der Modellpilot überflogen wird, startet die Uhr. Das Flugzeug überfliegt seinen Assistenten, der 210 m von ihm entfernt steht, 15 s später. Leider gibt es nach 25 s eine Explosion.
Wie weit muss der unglückliche Modellpilot mindestens laufen, um die Trümmer einzusammeln?

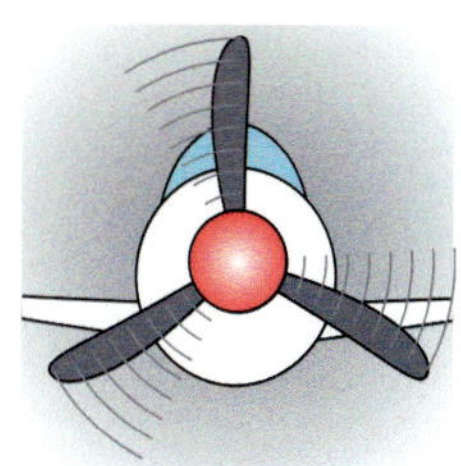

Dreisatzaufgabe

Schüler, die diese Aufgabe lösen müssen, ordnen sie automatisch den Proportionalitäten zu und gehen mehr oder weniger bewusst davon aus, dass die Flugparameter von $t = 0$ bis $t = 25$ s als konstant anzusehen sind.

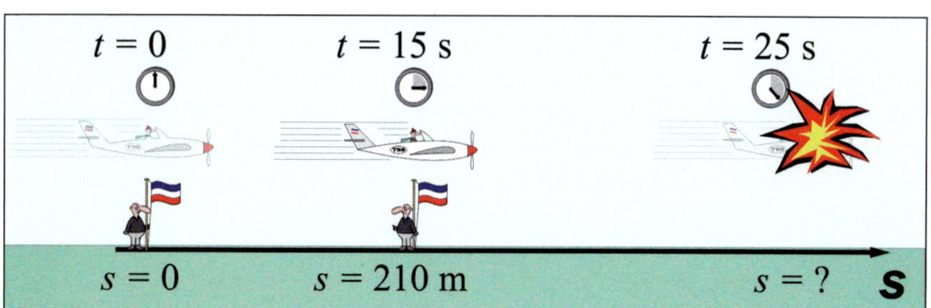

Bild 6.2.1
Dreisatzaufgabe mit Größen

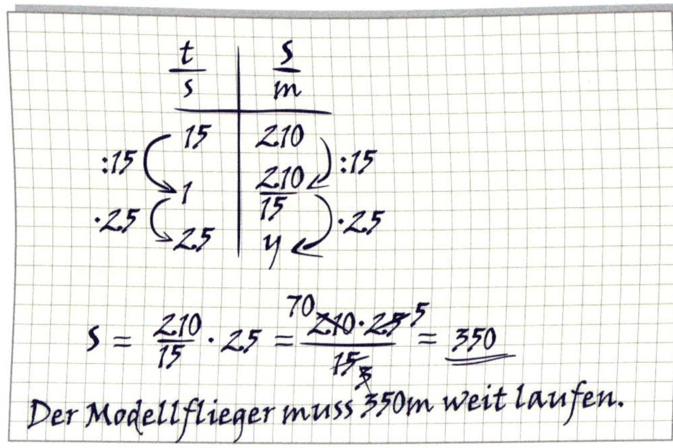

Bild 6.2.2
Der Dreisatz eines Schülers

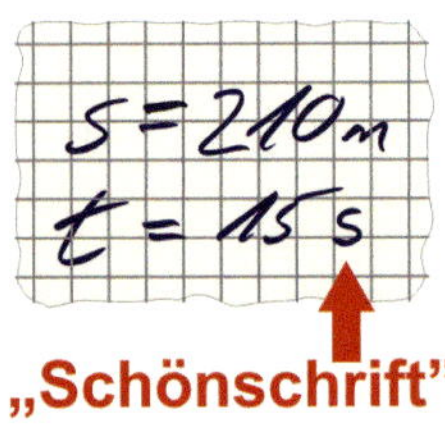

Die Schülerrechnung in *Bild 6.2.2* dazu sieht genau so aus wie die in *Bild 5.3.2*. Eine scheinbar unbedeutende Änderung gegenüber vorher wäre die Verwendung der korrekten Formelzeichen im Tabellenkopf. Sie weist auch auf ein Ärgernis hin, nämlich, dass das kleine „s" sowohl für die Einheit Sekunde (vorgeschrieben!) als auch Formelzeichen für den Weg (erlaubt!) benutzt wird. In gedruckter Form ist das wegen der Kursivregel kein Problem. Für Einheiten sind die Bezeichnungen streng einzuhalten; **Kursivschrift ist für sie verboten**. Variablennamen/Formelzeichen können zumindest in Grenzen frei gewählt werden: das wird mit der Kursivschrift verdeutlicht. In Schreibschrift sollte man sich für die Einheit Sekunde ein „Schönschrift-s" angewöhnen.

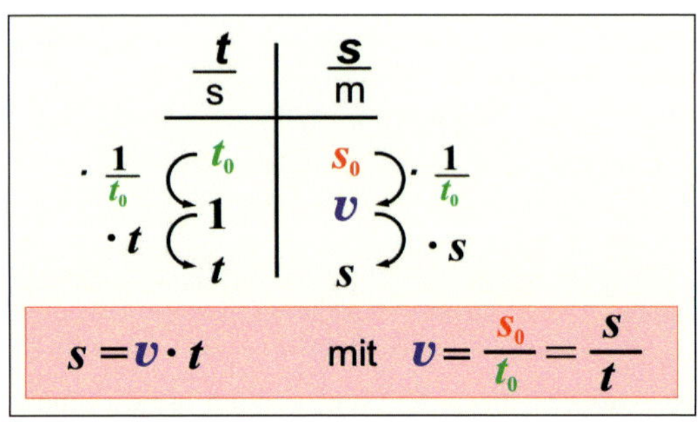

Bild 6.2.3
Dreisatz mit Variablen

Auch wenn es überflüssig erscheint, sollten wir den Dreisatz wie in *Bild 5.3.3* noch einmal notieren und dabei alle Zahlenwerte in Variable packen (*s. Bild 6.2.3*). Auf den ersten Blick scheint nichts Neues herauszukommen. Der Proportionalitätsfaktor ist nach wie vor das, was der Eins zugeordnet ist. Aber dieser Faktor ist nicht mehr als Steigung interpretierbar. Dafür ist aber eine andere Interpretation möglich: Es handelt sich nun um den Weg, der (hier vom Flugzeug) in einer Sekunde zurückgelegt wird – und so etwas nennt man bekanntlich *Geschwindigkeit*.

Vorher Steigung – jetzt Geschwindigkeit

Formeln nicht nur für Zahlenwerte, sondern für komplette Größen

Das Formelzeichen für diesen speziellen Proportionalitätsfaktor ist das kleine v – von *v*elocitas ⟨lat., „Geschwindigkeit⟩. In unserem Beispiel wäre der Zahlenwert gleich 14 – aber was ist mit der Einheit? Auskunft gibt das rote Kästchen in

Bild 6.2.3. Man würde gerne die dort stehenden Formeln nicht nur als Beziehungen zwischen Zahlenwerten, sondern auch zwischen den kompletten Größen verwenden:

$$v = \frac{210\,\text{m}}{15\,\text{s}} = \frac{210}{15} \cdot \frac{\text{m}}{\text{s}} := \underline{\underline{14\,\frac{\text{m}}{\text{s}}}} \qquad (6.2.1)$$

In (*6.2.1*) ist das versucht worden! Die übliche Separation der Zahlenwerte und Einheiten liefert eine als Bruch geschriebene Einheit: „Meter (dividiert) durch Sekunde". Im normalen Sprachgebrauch wird zumeist anstelle von „durch" „pro" gesagt! Gleichungskette (*6.2.2*) zeigt, dass man mit Größen, die mit gebrochenen Einheiten behaftet sind, problemlos rechnen kann. Damit ist die Einheit m/s sanktioniert.

Standardbeispiel für eine gebrochenen Einheit: Meter pro Sekunde

$$s = 14\,\frac{\text{m}}{\text{s}} \cdot 15\,\text{s} = 14 \cdot 15 \cdot \frac{\text{m}}{\text{s}} \cdot \text{s} = 210\,\frac{\text{m} \cdot \cancel{\text{s}}}{\cancel{\text{s}}} = \underline{\underline{210\,\text{m}}} \qquad (6.2.2)$$

Im folgenden Merksatz finden Sie erlaubte alternative Schreibweisen für „gebrochene" Einheiten anhand des Beispiels Meter pro Sekunde.

Schreibweisenkonventionen:

$$\frac{\text{m}}{\text{s}} \equiv {}^{\text{m}}\!/_{\text{s}} \equiv \text{m/s} \equiv \text{m}\,\text{s}^{-1}$$

Von den letzten beiden Schreibweisen wird Gebrauch gemacht, wenn der Quotient platzsparend in einer Zeile untergebracht werden muss. Gelesen wird „Meter **durch** Sekunde" oder „Meter **pro** Sekunde".

Merksatz 6.2.1

Da das Meter und die Sekunde Basiseinheiten sind, ist die Einheit „Meter pro Sekunde" heutzutage Geschwindigkeitseinheit Nr. 1 in Naturwissenschaft und Technik. Ein Verstoß gegen das Dezimalprinzip sind dagegen die Geschwindigkeitseinheiten Kilometer pro Stunde und Seemeilen pro Stunde. In (*6.2.3*) wird gezeigt, wie die Umrechnungsfaktoren zustande kommen.

Günstig: 1 m/s ≡ 2 sm/h

$$1\,\frac{\text{km}}{\text{h}} = \frac{1000\,\text{m}}{3600\,\text{s}} = \underline{\underline{\frac{1}{3{,}6}\,\frac{\text{m}}{\text{s}}}}\;;\; 1\,\frac{\text{sm}}{\text{h}} = \frac{1{,}852\,\text{km}}{\text{h}} = \frac{1852\,\text{m}}{3600\,\text{s}} \approx \underline{\underline{\frac{1}{2}\,\frac{\text{m}}{\text{s}}}} \qquad (6.2.3)$$

Ein Meter pro Sekunde ist etwa die Geschwindigkeit eines fetten Stadtdackels. *Bild 6.2.4* zeigt die Umrechnung von 1 m/s in km/h und sm/h. Für die Einheit „Seemeilen pro Stunde" sagt man traditionell „*Knoten*". Die Sprechweisen „Stundenkilometer" oder „Ka-Em-Ha" sollten Sie technischen Analphabeten überlassen.

$$v = 1\,\frac{\text{m}}{\text{s}} = 3{,}6\,\frac{\text{km}}{\text{h}} \approx 2\,\frac{\text{sm}}{\text{h}}$$

Bild 6.2.4
Umrechnung der gebräuchlichsten Geschwindigkeitseinheiten

Wenn in der Flugzeugaufgabe die Uhr nicht bei $s = 0$ gestartet wird, sondern bei $s = s_0$, dann wird wie in Abschnitt 5.3 aus der Proportionalität eine lineare Funktion (*vgl. Merksatz 5.3.6*).

(6.2.4)

$$s(t) = v \cdot t + s_0 \quad \text{mit} \quad v = \frac{\Delta s}{\Delta t}$$

Beachten Sie, dass man bei Funktionen mit Größen für den Funktionsnamen und die abhängige Variable in der Regel denselben Buchstaben verwendet (*vgl.* (*1.9.7*)). Sicherlich haben Sie die Gleichung (*6.2.4*) unter der hehren Bezeichnung *„Weg-Zeit-Gesetz der geradlinig-gleichförmigen Bewegung"* bereits in der Schule kennengelernt. Erstaunlich, der Funktionsterm einer ordinären linearen Funktion ist plötzlich ein „Gesetz"? Bekanntlich ist es in der Praxis nicht einfach, etwas auf die Reise zu schicken, was diesem „Gesetz" auch nur annähernd „gehorcht".

Ein „Gesetz", das niemand befolgen kann

Tatsächlich kann man (*6.2.4*) auf zwei verschiedene Arten betrachten:

- Wie bisher als Relation zwischen Zahlen bzw. Zahlenwerten von Größen.
- Als Relation zwischen kompletten Größen – dann mutiert (*6.2.4*) zu einer speziellen „physikalischen Formel" (Schuljargon) oder (traditionell) zu einem „Gesetz".

Wie in Abschnitt 5.3/5.4 verlassen wir die heile Welt der linearen Funktion und lassen einen nichtlinearen Weg-Zeit-Verlauf zu. Anstelle eines Traktors schicken wir nun in *Bild 6.2.5* einen dicken Karpfen auf die Reise.

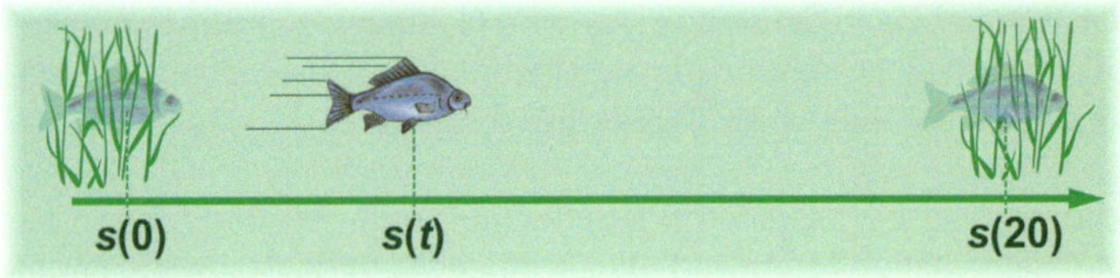

Bild 6.2.5
Weg eines Karpfens von Ufer zu Ufer

Nehmen wir an, der Karpfen wechselt rasch zum gegenüberliegenden Ufer seines Teiches, weil ihn auf seiner Uferseite das Getrampel einer durstigen Kuh beunruhigt. Für den 32 m langen Weg braucht er 20 s. Sein Weg s in Abhängigkeit von der Zeit t sieht näherungsweise wie folgt aus:

Beachten Sie (wieder) die Lupe!

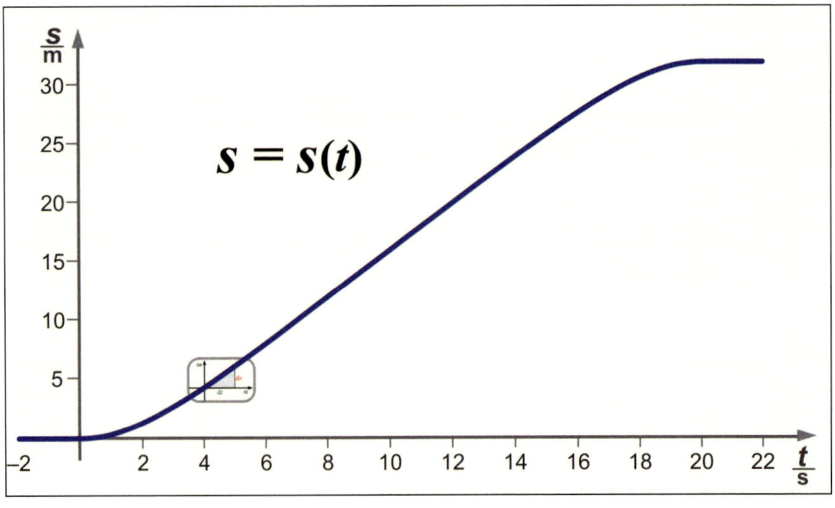

Bild 6.2.6
Weg-Zeit-Funktion des Karpfens

Eine Kurve, wie sie in *Bild 6.2.6* dargestellt ist, kann man in etwa mithilfe einer ganzrationalen Funktion und zwei angestückelten konstanten Funktionen beschreiben:

$$s(t)=\begin{cases}0 & \text{falls } t<0\\ 4\cdot\left(1-\frac{t}{10}\right)^5+2\cdot t-4 & \text{falls } t\in[0,20] \quad t \text{ in s; } s \text{ in m}\\ 32 & \text{falls } t>20\end{cases} \tag{6.2.5}$$

Die in *(6.2.5)* dargestellte Funktion ist natürlich speziell für dieses Beispiel zurechtgestrickt. Innerhalb solcher Näherungsfunktionen werden in der Regel nur die Zahlenwerte der Größen benutzt. Es darf aber nicht vergessen werden, die Einheiten der beteiligten Variablen (auch Parameter und Konstanten, wenn vorhanden) anzugeben!

Eine „exakte" Funktion gibt es nicht!

Fragten wir in Abschnitt 5.4 nach der Steigung an der Stelle $x = x_0$, fragen wir jetzt nach der (Momentan-)Geschwindigkeit des Tieres zur Zeit $t = t_0$! Wir können die Geschwindigkeit genau wie in *(5.5.1)* als Differenzialquotienten definieren. Einziger Unterschied: Die Differenziale ds und dt sind jetzt (unterschiedliche) Größen:

Wie bei der Steigung: Definition durch Differenzialquotienten

Definition:
Für die *Momentangeschwindigkeit* eines Körpers zur Zeit t gilt:

$$v(t)=\left.\frac{\mathrm{d}s}{\mathrm{d}t}\right|_t \quad \text{mit} \quad \left.\frac{\mathrm{d}s}{\mathrm{d}t}\right|_t=\dot{s}(t) \quad \text{Einheit: } \frac{\mathrm{m}}{\mathrm{s}}\left(\frac{\mathrm{km}}{\mathrm{h}},\frac{\mathrm{sm}}{\mathrm{h}}\right)$$

Beachten Sie den Punkt über dem „s"!
Bei Ableitungen nach der Zeit t setzt man anstelle des Postfixhochstriches einen (deutlichen) Punkt! Gelesen wird das so: „s punkt".

Merksatz 6.2.2

Zur Illustration der Definition in *Merksatz 6.2.2* vergrößern wir (wieder) den in *Bild 6.2.6* durch einen Rahmen markierten Bildausschnitt und legen dort ein Koordinatensystem mit dem Punkt (t_0, $s(t_0)$) als Ursprung hinein:

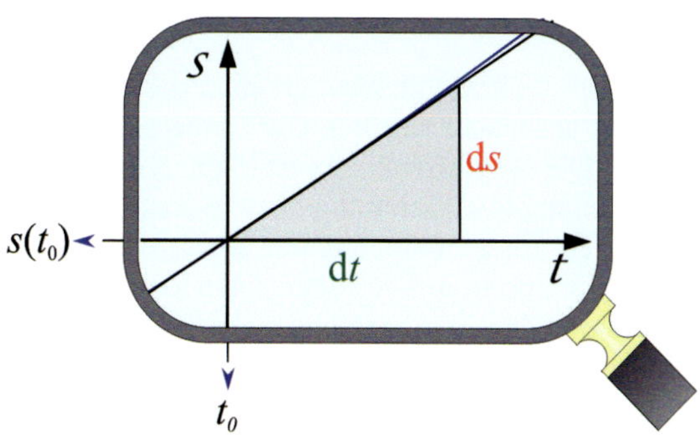

Bild 6.2.7
Ausschnitt der Weg-Zeit-Funktion mit Tangente

Das Differenzial ds wird wie in *(5.5.1)* ausgedrückt. Es handelt sich um eine Proportionalität zwischen ds und dt mit der Momentangeschwindigkeit $v(t_0)$ als Proportionalitätsfaktor. Die gebrochene Einheit für die Momentangeschwindigkeit sorgt nach wie vor dafür, dass nicht nur Zahlenwerte, sondern komplette Größen in die Proportionalität *(6.2.6)* eingesetzt werden dürfen.

(6.2.6)
$$\mathrm{d}s = \dot{s}(t_0)\cdot \mathrm{d}t \quad \text{bzw.} \quad \mathrm{d}s = v(t_0)\cdot \mathrm{d}t$$

Errechnet man mit dieser Proportionalität Wegänderungen ds, hat man folgende Annahme gemacht: Das System (hier der Karpfen) bewegt sich vor und nach dem Zeitpunkt t_0 unter den gleichen Bedingungen, wie sie zur Zeit t_0 vorherrschen. Deshalb können gebrochene Einheiten leicht falsch interpretiert werden: Eine Momentangeschwindigkeit von beispielsweise 1,7 m/s bedeutet lediglich, dass das System in einer Sekunde 1,7 m zurückgelegt **hätte**, wenn alle relevanten Parameter gleich bleiben **würden**.

Verschaffen wir uns für unser spezielles Beispiel die zeitliche Ableitung der Weg-Zeit-Funktion!

(6.2.7)
$$\dot{s}(t) = \frac{\mathrm{d}}{\mathrm{d}t}\Big[\overbrace{4\cdot\left(1-\tfrac{t}{10}\right)^5 + 2\cdot t - 4}^{s(t)}\Big] = 4\cdot 5\cdot\left(1-\tfrac{t}{10}\right)^4\cdot\left(-\tfrac{1}{10}\right)+2$$
$$= \underline{\underline{-2\cdot\left(1-\tfrac{t}{10}\right)^4 + 2}}$$

Immer daran denken: Summand für Summand vorgehen! Konstante Faktoren bleiben – konstante Summanden fallen unter den Tisch! Der Summand $(\ldots)^5$ wird nicht ausmultipliziert, sondern mithilfe der Kettenregel abgeleitet! Dabei wird die Zehn im Nenner zusammen mit dem Minuszeichen als Faktor –1/10 aufgefasst. Im Folgenden wird $t_0 = 4$ s eingesetzt und so der Wert der Ableitung ermittelt.

(6.2.8)
$$\dot{s}(t_0) = \dot{s}(4) = -2\cdot(1-0{,}4)^4 + 2 = \underline{\underline{1{,}7408}}$$

In (*6.2.9*) steht schließlich die Momentangeschwindigkeit zur Zeit $t_0 = 4$ s komplett mit Zahlenwert und Einheit. Die Ableitung ist mithilfe des Differenzialquotienten dargestellt worden.

(6.2.9)
$$v(t_0) = \left.\frac{\mathrm{d}s}{\mathrm{d}t}\right|_{t_0} \approx 1{,}7\ \frac{\mathrm{m}}{\mathrm{s}}$$

In *Bild 6.2.7* wurde dt = 1 s gewählt. Man erkennt, dass Tangente und Kurve in diesem Bereich bereits auseinanderdriften. Die Tangente ist noch keine gute Näherung für die Kurve. Die Wegdifferenz Δs ist (hier) etwas größer als das Differenzial ds. Die Abweichung lässt sich reduzieren, wenn man wie in *Bild 5.4.3* einen wesentlich kleineren Ausschnitt betrachten würde. Da wir für unser Beispiel über einen konkreten Funktionsterm verfügen, kann man die wahren Differenzen der Funktionswerte Δs mit dem Taschenrechner ausrechnen und mit den Differenzialen (*6.2.6*) vergleichen (*vgl. 5.5.5*)!

$$
\begin{aligned}
&\Delta t = \mathrm{d}t = 1{,}0: && \Delta s = s(5) - s(4) = \underline{\underline{1{,}81396}} && \mathrm{d}s = \dot{s}(4)\cdot \mathrm{d}t = \underline{\underline{1{,}7408}}\\
&\Delta t = \mathrm{d}t = 0{,}1: && \Delta s = s(4{,}1) - s(4) = \underline{\underline{0{,}17493}} && \mathrm{d}s = \dot{s}(4)\cdot \mathrm{d}t = \underline{\underline{0{,}17408}}\\
&\Delta t = \mathrm{d}t = 0{,}01: && \Delta s = s(4{,}01) - s(4) = \underline{\underline{0{,}017417}} && \mathrm{d}s = \dot{s}(4)\cdot \mathrm{d}t = \underline{\underline{0{,}017408}}
\end{aligned}
\tag{6.2.10}
$$

Im Falle dt = Δt = 1 s unterscheiden sich Δs und ds um 4 %, bei dt = Δt = 0,1 s sind es 0,5 % und bei dt = Δt = 0,01 s nur noch 0,05 %. Die Wegdifferenz Δs in einem Zeitintervall Δt lässt sich auch als Weg-Änderung interpretieren. Wählt man Δt bzw. dt klein genug, kann man diese Interpretation für die Differenziale ds übernehmen und sie als Weg-***Änderung*** ansehen. Bitte beachten Sie dazu:

Eine wichtige Vokabel: „Änderung“

Merke:
Wählt man (in Gedanken) die Breite des (Zeit-)Intervalls dt so klein, dass der Unterschied zwischen der Tangente und der Originalkurve von keinem Präzisionsmessgerät der Erde mehr erfasst werden kann, darf man das Differenzial ds in (*6.2.6*) als „**Weg-Änderung**“ im (Zeit-)Intervall der Breite dt interpretieren.
Da in der Praxis nur **messbare Differenzen** interessieren, lässt sich die anschauliche Interpretation als „…änderung pro …“ grundsätzlich für alle durch Differenzialquotienten definierten Größen verwenden!

Merksatz 6.2.3

Da wir wissen, dass dem Karpfen, sofern ihn keiner fängt und verspeist, zu jedem Zeitpunkt eine Geschwindigkeit zugeordnet ist, muss eine Geschwindigkeits-Zeit-Funktion $v(t)$ existieren. Man braucht dazu nur die Variable t_0 aus ihrer Bindung zu entlassen und freizugeben. Mit der ersten Ableitung von $s(t)$ steht uns bereits die Geschwindigkeits-Zeit-Funktion $v(t)$ zur Verfügung:

$$
v(t) = \frac{\mathrm{d}}{\mathrm{d}t} s(t) \quad \left(\equiv \dot{s}(t)\right) \tag{6.2.11}
$$

Die zeitliche Ableitung von $s(t)$ im Intervall [0, 20 s] ist bereits in (*6.2.7*) erfolgt. Davor und danach ruht der vergrämte Karpfen im Pflanzendickicht, also ist außerhalb dieses Zeitfensters seine Geschwindigkeit null. In (*6.2.12*) ist die komplette Funktion durch Fallunterscheidungen zusammengestückelt.

$$
v(t) = \begin{cases} 0 & \text{falls } t < 0 \\ -2\cdot\left(1 - \frac{t}{10}\right)^4 + 2 & \text{falls } t \in [0, 20] \quad t \text{ in s; } v \text{ in } \frac{\mathrm{m}}{\mathrm{s}} \\ 0 & \text{falls } t > 20 \end{cases} \tag{6.2.12}
$$

Der Graph der Geschwindigkeits-Zeit-Funktion $v(t)$ des Karpfens ist in *Bild 6.2.8* dargestellt. Zusammen mit *Bild 6.2.6* wird demonstriert, dass der nahezu lineare Teil im Weg-Zeit-Verlauf bedeutet, dass der Karpfen ca. 4 s lang mit einer nahezu konstanten Geschwindigkeit von 2 m/s schwimmt.

In Teichmitte nahezu konstante Geschwindigkeit

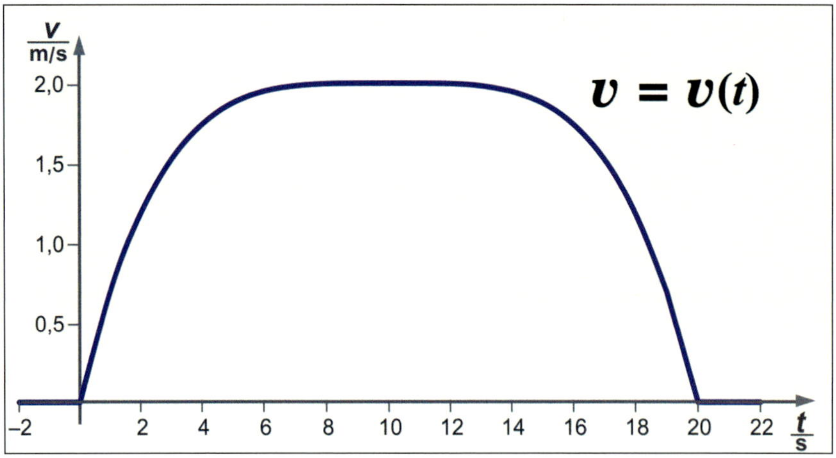

Bild 6.2.8
Geschwindigkeits-Zeit-Funktion des Karpfens

Hier ist die Vokabel wieder: „Änderung"

Formal kann man die Funktion $v(t)$ noch einmal differenzieren, zu einem bestimmten Zeitpunkt einen Differenzialquotienten definieren und sich nach dessen Bedeutung fragen. Einen Hinweis bekommt man, wenn man für das Differenzial dv gemäß *Merksatz 6.2.3* die Vokabel „**Änderung**" benutzt. Wenn Sie im Auto sitzen und „Gas geben", erhöht sich die Geschwindigkeit Ihres Autos mehr oder weniger stark. Man sagt: „Das Auto beschleunigt!" Entsprechend nennt man die Änderung der Geschwindigkeit bezogen auf die Zeit – definiert durch den Differenzialquotienten – *Beschleunigung*. Als Formelzeichen wird das kleine a verwendet – von acceleratio ⟨lat., „Beschleunigung"⟩.

Merksatz 6.2.4

Definition:
Für die Momentanbeschleunigung eines Körpers zur Zeit t gilt:

$$a(t) = \left.\frac{\mathrm{d}v}{\mathrm{d}t}\right|_t \quad \text{mit} \quad \left.\frac{\mathrm{d}v}{\mathrm{d}t}\right|_t = \dot{v}(t) = \ddot{s}(t) \qquad \text{Einheit: } \frac{\mathrm{m}}{\mathrm{s}^2}$$

Die merkwürdige Einheit m/s² kommt durch den Quotienten aus m/s für die Geschwindigkeitsänderung dv und s für die Zeit dt zustande. In (*6.2.13*) ist ausführlich vorgerechnet, wie sich mithilfe der Bruchrechnung aus „Meter pro Sekunde pro Sekunde" „Meter pro Sekundenquadrat" ergibt.

(6.2.13)

$$\frac{\frac{\mathrm{m}}{\mathrm{s}}}{\mathrm{s}} = \frac{\frac{\mathrm{m}}{\mathrm{s}}}{\frac{\mathrm{s}}{1}} = \frac{\mathrm{m}}{\mathrm{s}} \cdot \frac{1}{\mathrm{s}} = \underline{\underline{\frac{\mathrm{m}}{\mathrm{s}^2}}} \quad \text{oder} \quad \underline{\underline{\mathrm{m/s}^2}} \ \text{bzw.} \ \underline{\underline{\mathrm{ms}^{-2}}}$$

Natürlich gilt analog zu (*6.2.6*) auch für das Differenzial dv eine Proportionalität:

(6.2.14)

$$\mathrm{d}v = \dot{v}(t) \cdot \mathrm{d}t \quad \text{bzw.} \quad \mathrm{d}v = a(t) \cdot \mathrm{d}t$$

Anders als im normalen Sprachgebrauch nennt man nicht nur Geschwindigkeitserhöhungen, sondern **jede** Geschwindigkeitsänderung Beschleunigung! Im Falle einer Geschwindigkeitsverminderung (Bremsen) wird die Beschleunigung negativ.

Im Folgenden wird die Beschleunigung durch Ableitung von $v(t)$ ermittelt und für $t_0 = 4$ s konkret ausgerechnet.

Bremsverzögerung = negative Beschleunigung

$$\dot{v}(t) = \frac{d}{dt}\underbrace{\left[-2\cdot\left(1-\tfrac{t}{10}\right)^4+2\right]}_{v(t)} = -8\left(1-\tfrac{t}{10}\right)^3\cdot\left(-\tfrac{1}{10}\right) = \underline{\underline{0{,}8\cdot\left(1-\tfrac{t}{10}\right)^3}}$$

$$t_0 = 4\text{ s}: \qquad \dot{v}(t_0) = 0{,}8\cdot(1-0{,}4)^3 = 0{,}172\underline{8}$$

$$a(t_0) = \left.\frac{dv}{dt}\right|_{t_0} \approx \underline{\underline{0{,}17\ \frac{\text{m}}{\text{s}^2}}} \qquad (6.2.15)$$

Wie bei der Geschwindigkeit können wir die Variable Zeit aus ihrer Bindung entlassen und haben dann eine Beschleunigungs-Zeit-Funktion:

$$a(t) = \frac{d}{dt}v(t) \quad \left(\equiv \dot{v}(t) \equiv \ddot{s}(t)\right) \qquad (6.2.16)$$

Beachten Sie in (*6.2.16*), dass $v(t)$ bereits erste Ableitung der Weg-Zeit-Funktion $s(t)$ ist. Damit ist die Ableitung der Geschwindigkeits-Zeit-Funktion die zweite Ableitung von $s(t)$.

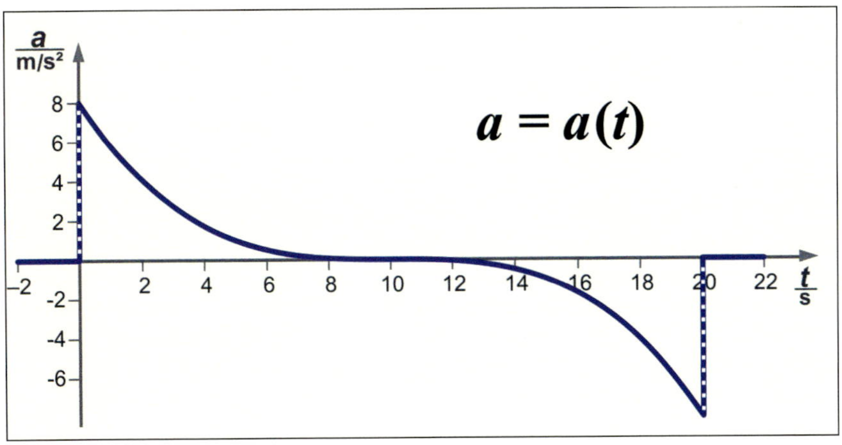

Bild 6.2.9
Beschleunigungs-Zeit-Funktion des Karpfens

Schließen wir unser Karpfenbeispiel, indem wir den konkreten Beschleunigungs-Zeit-Verlauf notieren. In (*6.2.15*) wurde bereits die zeitliche Ableitung der Geschwindigkeit für das Intervall (0, 20 s) ermittelt. Außerhalb dieses Zeitfensters ändert sich die Geschwindigkeit des Karpfens nicht – also ist die Beschleunigung dort null. An den Stellen $t = 0$ und $t = 20$ s hat die Geschwindigkeits-Zeit-Funktion $v(t)$ „Knickstellen" und ist deswegen dort nicht differenzierbar. Diesen Zeitpunkten können deshalb keine Beschleunigungwerte zugeordnet werden. Das hat nichts mit dem Karpfen zu tun, sondern ist eine Konsequenz aus der Zusammenstückelei der Weg-Zeit-Funktion $s(t)$. Die Verwendung einer durchweg differenzierbaren Funktion wäre für unser Beispiel viel zu aufwendig. „Unsere" Funktion $a(t)$ ist somit, völlig realitätsfern, an den Stellen $t = 0$ und $t = 20$ s nicht definiert – sowohl wir als auch der Karpfen können es verschmerzen:

Wenn man nicht stückelt, werden die Funktionen (unnötig) kompliziert!

(6.2.17)

$$a(t)=\begin{cases}0 & \text{falls } t<0\\ 0{,}8\cdot\left(1-\frac{t}{10}\right)^3 & \text{falls } t\in(0,\,20) \quad t \text{ in s};\ a \text{ in } \frac{\mathrm{m}}{\mathrm{s}^2}\\ 0 & \text{falls } t>20\end{cases}$$

„Keine Beschleunigung" heißt, die Geschwindigkeit bleibt konstant.

In *Bild 6.2.9* ist die Beschleunigung des Karpfens in Abhängigkeit von der Zeit grafisch dargestellt. Auch dieses Diagramm demonstriert, dass in dem Zeitintervall (8 s, 12 s) die Beschleunigung praktisch null ist. Das heißt, die Geschwindigkeitsänderung ist gleich null – was sich nicht ändert, das bleibt (konstant). Weiter erkennt man, dass die Beschleunigung für $t > 10$ negativ wird, da der Karpfen die Geschwindigkeit vermindert – er möchte ja nicht erst durch die Uferböschung gebremst werden.

6.3 Von numerischer Integration und bestimmten Integralen

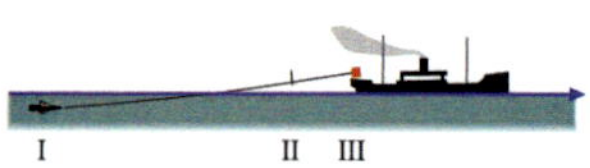

Geschwindigkeitsmessung mittels Patentlogge
Das Schiff schleppt an einem langen Seil einen Propeller (I) hinter sich her, der entsprechend der Geschwindigkeit rotiert. Die Rotation wird von einem Schwungrad (II) stabilisiert und auf ein Tachometer (Log-Uhr III) übertragen.

Im vorangegangenen Abschnitt wurde gezeigt, wie man mithilfe der Differenzialrechnung aus einer Weg-Zeit-Funktion $s(t)$ Momentangeschwindigkeiten bzw. komplette Geschwindigkeits-Zeit-Funktionen $v(t)$ ermitteln kann. Die Umkehrung, d. h. die Ermittlung der Weg-Zeit-Funktion $s(t)$ aus der Geschwindigkeits-Zeit-Funktion $v(t)$, ist allerdings genauso wichtig. Bei Flugzeugen und Schiffen ist es beispielsweise ohne GPS kaum möglich, einen Ort $s(t)$ direkt zu messen. Man müsste schon ein Maßband hinter sich herziehen. Dagegen sind die jeweiligen Momentangeschwindigkeiten $v(t)$ leicht durch mechanische Standardmessgeräte erfassbar. Ein alter Dampfer soll als Beispiel herhalten, um zu zeigen, wie man den jeweiligen Ort aus den Geschwindigkeiten ermitteln kann (s. *Bild 6.3.1*). Gleichzeitig soll er dazu dienen, die Integralrechnung weiter auszubauen.

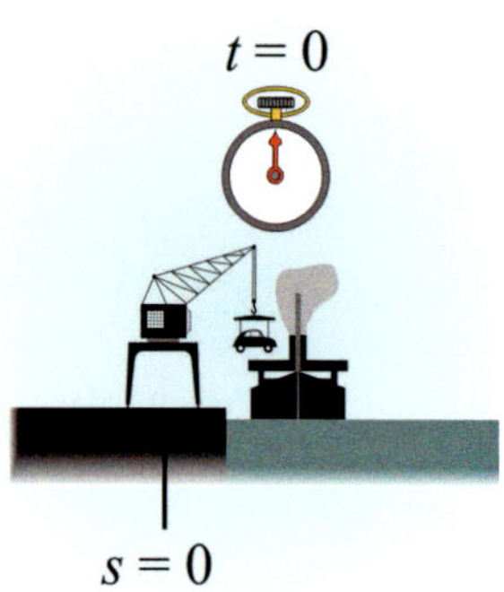

Der Dampfer beginnt zur Zeit $t = 0$ eine Reise. Der Hafenkran bilde den Nullpunkt eines eindimensionalen Koordinatensystems (s-Achse). Beachten Sie: Das Schiff befindet sich zur Zeit $t = 0$ nicht am Nullpunkt der s-Achse!

- Das Schiff passiere zum Zeitpunkt $t_a = 500\,\mathrm{s}$ eine auf der Seekarte eingezeichnete Fahrwassertonne. Deshalb ist der Ort des Schiffes ($s_a = 320\,\mathrm{m}$) zum Zeitpunkt t_a genau bekannt!
- Das Schiff erreiche zur Zeit $t_b = 1500\,\mathrm{s}$ seine Höchstgeschwindigkeit.

Von t_a bis t_b werde die Geschwindigkeit fortlaufend erhöht und mit einer so genannten **Patentlogge** gemessen. Gesucht ist die Strecke L, die das Schiff von t_a bis t_b zurücklegt.

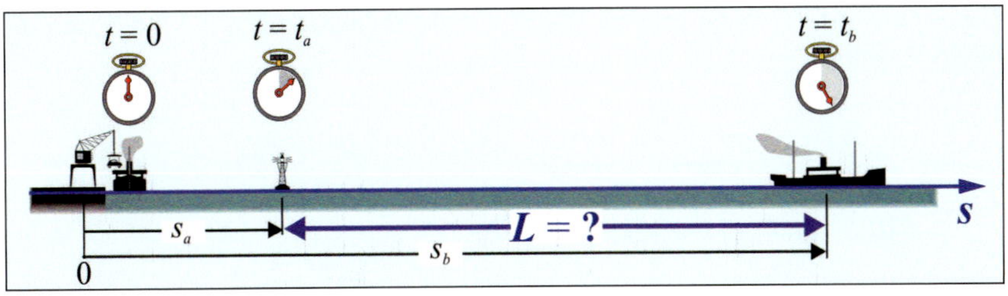

Bild 6.3.1
Ermittlung der Wegstrecke L

Wir verzichten hier auf „Messwerte" eines Originalschiffes, sondern denken uns eine Funktion $v(t)$ aus, die einen einigermaßen realistischen Geschwindigkeits-Zeit-Ablauf darstellt (*s. Bild 6.3.2*). (Um nicht auf transzendente Funktionen zurückgreifen zu müssen, wurde die Funktion $v(t)$ aus zwei ganzrationalen Teilen zusammengestückelt.) Der Vorteil einer erdachten Funktion besteht darin, dass sich „Messwerte" in beliebiger zeitlicher Dichte erzeugen lassen. In der grafischen Darstellung in *Bild 6.3.2* sind die „Messwerte" mit kleinen Kreisen markiert!

Zu Übungszwecken überaus praktisch: Erzeugung von „Messwerten" durch eine angenommene Funktion

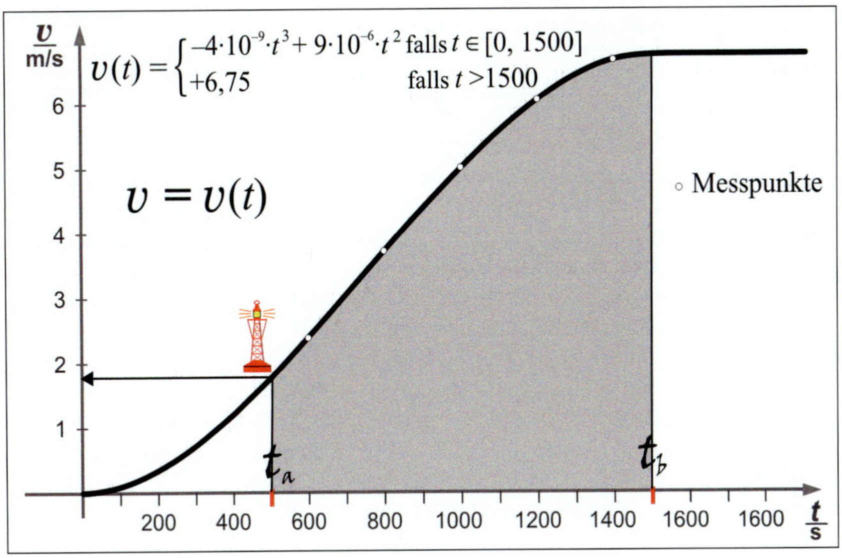

Anfangsbedingung: $s(t_a)$

Gesucht: $s(t_b)$ bzw. $L = s(t_b) - s(t_a)$

Bild 6.3.2
Geschwindigkeits-Zeit-Diagramm des Dampfers

Um von $v(t)$ auf den Ort $s(t)$ zurückrechnen zu können, benötigt man eine Relation, in der beide Größen vorkommen:

$$\frac{\mathrm{d}s}{\mathrm{d}t} = v(t) \quad \left(\text{oder} \quad \frac{\mathrm{d}}{\mathrm{d}s}s(t) = v(t) \quad \text{oder} \quad \dot{s}(t) = v(t)\right) \tag{6.3.1}$$

Aus der Anschauung wissen wir, dass man einem Fahrzeug, sofern es niemand zerlegt, zu jedem Zeitpunkt einen Ort zuordnen kann. Wir können daher davon ausgehen, dass eine Weg-Zeit-Funktion $s(t)$ existiert. Gemäß der Definition in *Merksatz 5.7.1* sowie (*6.3.2*) ist $s(t)$ eine Stammfunktion von $v(t)$ und die lässt sich für die gutmütigen ganzrationalen Funktionen gemäß (*5.7.11*) sofort hinschreiben. Die gesuchte Streckenlänge L ergibt sich dann einfach aus der Differenz der Funktionswerte $s(t_b) - s(t_a)$. Damit haben wir eine Rechtfertigung für den Hinweis aus Abschnitt 5.6, dass Differenzen von Stammfunktionswerten in der

Praktisches Beispiel für ein bestimmtes Integral

Praxis eine (große) Rolle spielen. Wir notieren gemäß *Merksatz 5.8.1* die Stammfunktionswertdifferenz als bestimmtes Integral:

(6.3.2)

$$L = \int_{500}^{1500} (\underbrace{-4\cdot 10^{-9}\cdot t^3 + 9\cdot 10^{-6}\cdot t^2}_{v(t)})\,\mathrm{d}t = -10^{-9}\cdot t^4 + 3\cdot 10^{-6}\cdot t^3 \Big|_{500}^{1500}$$

$$= 10^{-9}\cdot 1500^4 + 3\cdot 10^{-6}\cdot 1500^3 - \left(-10^{-9}\cdot 500^4 + 3\cdot 10^{-6}\cdot 500^3\right) = \underline{\underline{4750}}$$

Bei bestimmten Integralen kann auf den Parameter C verzichtet werden.

In (*6.3.2*) wurde davon Gebrauch gemacht, dass bei bestimmten Integralen eine spezielle Stammfunktion ausreicht. Ein Parameter C wurde deshalb fortgelassen.

Geht es auch ohne Stammfunktion?

Die einfache Rechnung (*6.3.2*) lässt sich nur durchführen, wenn man mithilfe der üblichen Integrationsregeln (und/oder einer Formelsammlung) eine Stammfunktion finden kann. Leider ist das nur in Sonderfällen so einfach. Im „Normalfall" ist entweder die Funktion so kompliziert, dass sich keine Stammfunktion ermitteln lässt, oder es stehen, wie eigentlich in unserer Aufgabe, nur diskrete Messwerte zur Verfügung. Es gibt aber eine Alternative! Statt Differenzialquotienten legt man jetzt Differenzenquotienten zugrunde (*vgl. 6.3.1*):

(6.3.3)

$$\bar{v} = \frac{\text{Weg}}{\text{Zeit}} = \frac{\Delta s}{\Delta t}$$

In *Bild 5.4.2* hatten wir gesehen, dass der Differenzenquotient die Bedeutung einer „mittleren Steigung" im Intervall Δx hat. Jetzt handelt es sich um eine **mittlere Geschwindigkeit** im Zeitintervall Δt. Die mittlere Geschwindigkeit wurde hier mit einem Querbalken gekennzeichnet (lies „vauquer"!). Die Relation bezieht sich auf Zeitintervalle der Breite Δt. Deswegen ist es sinnvoll, den Zeitablauf von t_a bis t_b in (gleiche) Zeitintervalle dieser Breite einzuteilen. Zusätzlich kann man die Zeitintervallgrenzen noch fortlaufend durchnummerieren. Der Index der oberen Grenze eines Zeitintervalls ist gleichzeitig die Nummer der zugehörigen Wegänderung. Wären die Durchschnittsgeschwindigkeiten innerhalb der Zeitintervalle exakt bekannt, könnte man (*6.3.3*) nach Δs auflösen und für jedes Zeitintervall die exakte Wegänderung Δs_i ausrechnen (*s. 6.3.4*). Die Summe aller Wegänderungen ergäbe dann die gesuchte Streckenlänge L.

Bei bekannten Durchschnittsgeschwindigkeiten exakt:

(6.3.4)

$$\Delta s_i = \bar{v}_i \cdot \Delta t: \qquad L = \sum_{i=1}^{n} \Delta s_i \quad \text{mit} \quad n = \frac{t_b - t_a}{\Delta t}$$

Der einfachen Berechnungsweise (*6.3.4*) steht ärgerlicherweise entgegen, dass lediglich Momentanwerte von $v(t)$ bekannt sind. Momentanwerte sind keine Mittel- bzw. Durchschnittswerte!

Näherung: Geschwindigkeiten in den Intervallmitten ≈ Durchschnittsgeschwindigkeiten in den Zeitintervallen

Bitte blättern Sie zurück und betrachten Sie *Bild 5.4.4*! Dort wurde die exakte Steigung in der Intervallmitte gesucht und der Differenzenquotient als (gute) Näherung dafür benutzt. Jetzt drehen wir den Spieß um! Wir benutzen die exakte Steigung (hier die Geschwindigkeit) in der Intervallmitte als Näherung für den Differenzenquotienten! Damit lässt sich, wie in (*6.3.5*) ersichtlich, für jedes Zeitintervall (t_{i-1}, t_i) die Ortsänderung näherungsweise berechnen.

$$\frac{\Delta s_i}{\Delta t} \approx v\left(t_{i-1}+\tfrac{\Delta t}{2}\right) \quad \Big|\cdot \Delta t$$

$$\Rightarrow \quad \underline{\underline{\Delta s_i \approx v\left(t_{i-1}+\tfrac{\Delta t}{2}\right)\cdot \Delta t}} \quad \text{mit } i = 1, 2, 3, \ldots, n \qquad (6.3.5)$$

Summiert man die Ortsänderungen Δs_i aus (*6.3.5*) auf, erhält man näherungsweise die Wegstrecke L:

$$L \approx \sum_{i=1}^{n} v(t_{i-1}+\tfrac{\Delta t}{2})\cdot \Delta t \quad \text{mit} \quad n := \frac{t_b - t_a}{\Delta t} \qquad (6.3.6)$$

In *Bild 6.3.3* finden Sie eine dem Windows-Laufbalken nachempfundene Illustration der Zeitintervalle mit den zugehörigen Wegänderungen Δs_i. Alle (grünen) Wegänderungen ergeben zusammen die gesuchte Streckenlänge L.

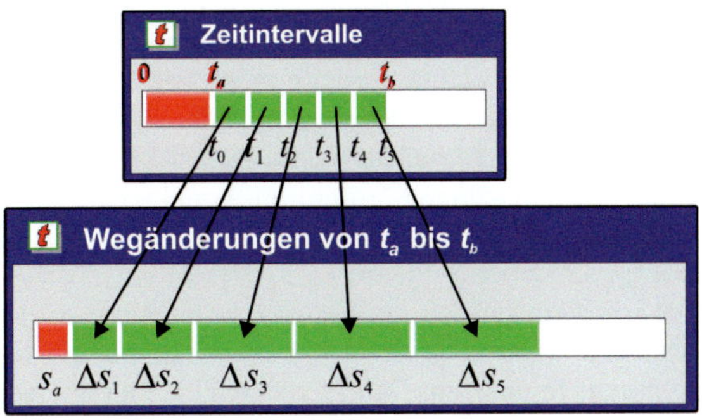

Zuordnungspfeile ausnahmsweise von oben nach unten!

Bild 6.3.3
Zeitintervalle mit den zugehörigen Wegänderungen

Der in (*6.3.6*) dargestellte Algorithmus ist eine so genannte *numerische Integration* (es gibt noch verfeinerte Varianten!). Diesen Algorithmus wollen wir auf unseren Dampfer anwenden und nehmen einmal an, dass die Geschwindigkeit alle 200 s abgelesen wurde, d. h. $\Delta t = 200$ s. Ein derartiger Algorithmus lässt sich leicht mit einem Taschenrechner oder EXCEL durchführen.

Bester Algorithmus für die numerische Integration: Simpsonsche Regel

Numerische Integration

	A	B	C	D
1	t /s	$v(t)$ /m/s	Δs /m	Δt /s
2	t_0 500			200
3	600	2,38	475	
4	t_1 700			
5	800	3,71	742	
6	t_2 900			
7	1000	5,00	1000	
8	t_3 1100			
9	1200	6,05	1210	
10	t_4 1300			
11	1400	6,66	1333	
12	t_5 1500			
13	Summe=		4760	

Tabelle 6.3.1
Numerische Integration mit EXCEL

Spalte C: Näherungswerte der Ortsänderungen

Zeile 13: Summe der Ortsänderungen

Mit lediglich fünf „Messwerten" eine ausreichende Genauigkeit

Die Summe in (*6.3.6*) hat mit Δt = 200 s nur fünf Summanden. Spalte A enthält sowohl die Intervallgrenzen als auch die Intervallmitten (grau). Spalte B enthält die den Intervallmitten zugeordneten Geschwindigkeiten $v(t_i + \Delta t/2)$. In unserem Fall sind das keine echten Messwerte! Wir berechnen hier stattdessen die Geschwindigkeiten mithilfe der Funktion $v(t)$ aus *Bild 6.3.2*. Multipliziert man die Geschwindigkeiten in Spalte B mit Δt, erhält man die jeweiligen Ortsänderungen Δs. Sie sind in den Zellen C3, C5, C7, C9 und C11 aufgeführt. Die Summe dieser Ortsänderungen ist schließlich die gesuchte Streckenlänge L. Trotz der geringen Anzahl der Messwerte ist das Ergebnis bereits für Navigationszwecke genau genug, es weicht gerade einmal 10 m vom „exakten" Wert ab.

Steigerung der Genauigkeit durch Verkleinerung der Intervallbreiten

Auch wenn es für unsere Dampferaufgabe irrelevant ist, stellt sich prinzipiell die Frage, ob bzw. wie man die Genauigkeit steigern könnte. Sie wissen aus Abschnitt 5.6 und *Tabelle 5.4.1*, dass sich die Steigung in der Intervallmitte und der Differenzenquotient mit kleiner werdender Intervallbreite (hier Δt) immer weniger unterscheiden. Damit kommen die Funktionswerte $v(t_i + \Delta t/2)$ den Mittelwerten beliebig nahe. Das ist sicher der Fall, wenn der Graph der Funktion $v(t)$ keine Sprungstellen und keine Knickstellen im Intervall $[t_a, t_b]$ hat – d. h. differenzierbar ist. Damit hat man bei der numerischen Integration bezüglich der Genauigkeit immer einen mächtigen Trumpf im Ärmel – man kann die Intervallbreite Δt verkleinern.

Intervallbreite durch Nullfolge:

Ärgerlicherweise erfordern verkleinerte Zeitintervalle, Werte von $v(t)$ in kürzeren Abständen zu erfassen. Messwerte kann man natürlich nicht in beliebig kleinen Zeitabständen ablesen! In unserem Dampferbeispiel steht ein Funktionsterm für $v(t)$ zur Verfügung, damit lassen sich „Messwerte" in beliebiger Dichte simulieren. Um eine Systematik einzubringen, wählen wir für Δt eine spezielle Nullfolge …:

(6.3.7)

$$\Delta t := \frac{200}{10^k} \qquad k \in \mathbb{N}$$

… und führen wie in *Tabelle 6.3.1* mit den ersten sechs Folgegliedern je eine numerische Integration durch. Ergebnisse: *Spalte C in Tabelle 6.3.2.*

Tabelle 6.3.2
Numerische Integration mit unterschiedlichen Intervallbreiten

Numerische Integration ($\Delta t \rightarrow 0$)

		A	B	C	D	
	1	Δt/ s	n	L/ m	$\Delta L/L$	
	2	200	5	4760,00000000	$2\cdot10^{-3}$	
:10	3	20	50	4750,10000000	$2\cdot10^{-5}$	:100
:10	4	2	500	4750,00100000	$2\cdot10^{-7}$	:100
:10	5	0,2	5 000	4750,00001000	$2\cdot10^{-9}$	:100
:10	6	0,02	50 000	4750,00000010	$2\cdot10^{-11}$	:100
:10	7	0,002	500 000	4750,00000000	$2\cdot10^{-13}$	:100
	8	Exakter Wert 4750 m				

Für $k = 0$ ($\Delta t = 200$; $n = 5$) liegt bereits ein Ergebnis vor (*Tab. 6.3.1*). Für $k = 1$ ($\Delta t = 20$; $n = 50$) sind die fünfzig Summanden rechentechnisch noch zu bewältigen. Ab $\Delta t = 2$; $n = 500$ wird es mühselig. Wer es kann, der schreibt ein VB-

Funktionsunterprogramm (Makro) dazu. Ein solches Unterprogramm berechnet im Hintergrund klaglos auch noch 500 000 Ortsänderungen und addiert sie (*Tabelle 6.3.2* wurde mithilfe eines derartigen VB-Makros errechnet).

In Spalte A stehen die die ersten sechs Glieder der in (*6.3.7*) definierten Nullfolge. In Spalte B steht die Anzahl der Summanden. In Spalte C stehen schließlich die mittels VB-Funktionsunterprogramm im Hintergrund ermittelten Näherungswerte für L. Auch wenn nur sechs Werte durchgerechnet sind, erkennt man, dass sie im Einklang mit (*6.3.2*) gegen 4750 m streben. In Spalte D sind die relativen Abweichungen des Näherungswertes vom „exakten" Wert aufgeführt. In der Tabelle spiegelt sich wieder, was oben bereits gesagt wurde. Die Genauigkeit erhöht sich drastisch bei Verkleinerung von Δt (zwei Zehnerpotenzen bei Verkleinerung von Δt um eine Zehnerpotenz). Allerdings stößt der Rechner mit $\Delta t = 0{,}002$ an seine Genauigkeitsgrenzen. Trotzdem dürften Sie auch ohne das Wissen um den exakten Wert keinen Zweifel daran haben, dass die Folge der Werte in Spalte C konvergiert – und das würde sie sicher nicht nur für die spezielle Nullfolge (*6.3.7*) tun, sondern auch für jede andere Nullfolge. Diese Konvergenz drückt man wie bei der Konvergenz der Differenzenquotienten in Abschnitt 5.4 durch den Limes aus:

Drastische Erhöhung der Genauigkeit

Konvergenz für jede Nullfolge

$$L = \lim_{\Delta t \to 0} \sum_{i=1}^{n} v(t_{i-1} + \tfrac{\Delta t}{2}) \cdot \Delta t \quad \text{mit} \quad n := \frac{t_b - t_a}{\Delta t} \qquad (6.3.8)$$

Eine vernünftige Schreibweise für diesen Grenzwert steht schon bereit. In (*6.3.2*) wurde die Wegstrecke L bereits mithilfe des bestimmten Integrals berechnet. Also bietet sich so ein bestimmtes Integral als Schreibweise für den Grenzwert an:

Schreibweise für den Grenzwert: das bestimmte Integral

$$\lim_{\Delta t \to 0} \sum_{i=1}^{n} v(t_{i-1} + \tfrac{\Delta t}{2}) \cdot \Delta t := \int_{t_a}^{t_b} v(t)\,\mathrm{d}t \quad \text{oder} \quad \int_{t_a}^{t_b} \mathrm{d}t\, v(t) \qquad (6.3.9)$$

Mit (*6.3.9*) wird endlich klar, was es mit dem exotische Integralsymbol auf sich hat. Es ist ein stilisiertes S und steht für Summe – genauer für den Grenzwert einer Summe. Weiterhin steht in (*6.3.9*), dass ein bestimmtes Integral auch ohne Kenntnis der Stammfunktion berechnet werden kann. Man muss „nur" den Grenzwert der Summe finden – i. Allg. sicherlich eine mühselige Angelegenheit.

Das Integralzeichen steht für den Grenzwert einer Summe!

Auch wenn sich Ihrem Matheprof das Fell sträubt, man kann auch formal von einem Differenzialquotienten zu einem Integral gelangen:

$$\begin{aligned} & v(t) = \frac{\mathrm{d}s}{\mathrm{d}t} && \big|\cdot \mathrm{d}t \\ \Rightarrow\ & \mathrm{d}s = v(t)\,\mathrm{d}t && \big|\mathrm{d}s \text{ aufsummieren!} \\ \Rightarrow\ & \int_{s_a}^{s_b} \mathrm{d}s = \int_{t_a}^{t_b} v(t)\,\mathrm{d}t && \end{aligned} \qquad (6.3.10)$$

Zunächst löst man den Differenzialquotienten nach ds auf. Das Differenzial dt muss dabei keine kleine Größe sein – aber es darf!! Wenn dt beliebig klein wäre, könnte man das Differenzial ds nicht mehr von der exakten Differenz der Funktionswerte Δs unterscheiden. Man könnte ds als „exakte" Ortsänderung im Zeitintervall dt ansehen (*vgl. Merksatz 6.2.3*). Summierte man diese exakten Ortsänderungen auf, erhielte man wie in (*6.3.9*) die Weglänge L. Um die Besonderheit dieser Summation herauszustellen, wird nicht das sonst übliche Σ-Zeichen, sondern ein stilisiertes lateinisches S verwendet. Anstelle der Laufindizes bei der Notation endlicher Summen nimmt man die Grenzen des gesamten Intervalls, in dem die Differenziale liegen dürfen, und schreibt diese als so genannte „Integrationsgrenzen" über und unter das Integralsymbol. Als „Algorithmus" ist die formale Rechnung (*6.3.10*) nicht zu gebrauchen, sie ist aber in sich stimmig. Für die Praxis ist besonders wichtig, dass Grenzen, Integrand und Differenziale Größen (Zahlenwert mit Einheit!) sein dürfen! Beachten Sie, die Größen der Grenzen und des Differenzials müssen gleichartig sein! Heißt das Differenzial dt, müssen auch die Grenzen Zeiten sein. Im Falle des Differenzials ds wären die Grenzen Orte bzw. Längen.

Hervorragend geeignet zum „Klarmachen" physikalischer Zusammenhänge

6.4 Der Fundamentalsatz der Differenzial- und Integralrechnung

Fortlaufende Ortsbestimmung

Wir ändern in diesem Abschnitt die Aufgabenstellung: Der Mann an der Patentlogge soll fortlaufend nach jeder Geschwindigkeitsmessung den aktuellen Ort des Schiffes $s(t)$ melden. Gesucht ist ein passender Algorithmus dafür. Die veränderte Aufgabenstellung ist in *Bild 6.4.1* illustriert!

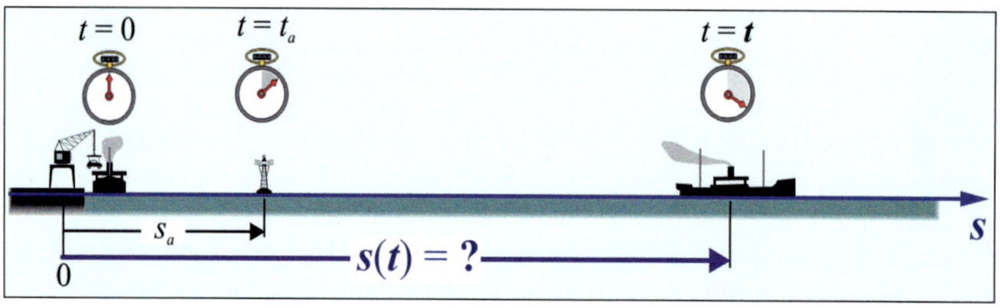

Bild 6.4.1
Fortlaufende Ermittlung des Ortes

Beachten Sie, der Nullpunkt liegt in der Mitte des Portalkranes!

Gegenüber dem vorherigen Abschnitt (*s. 6.3.4 / Bild 6.3.3*) ändern sich im Grunde nur zwei Dinge. Der Ort des Schiffes zur Zeit $t = t_a$ muss berücksichtigt werden – vorher interessierten nur Ortsänderungen. Die obere Grenze ist nicht mehr t_b, sondern t. Nach wie vor ist jedem Zeitintervall ein Ort bzw. eine Ortsänderung zugeordnet.

Um den aktuellen Schiffsort zu diesem Zeitpunkt zu ermitteln, müssen s_a sowie die Ortsänderungen Δs_1 bis Δs_n aufsummiert werden. In (*6.4.1*) sehen Sie, wie dies formelmäßig aussieht.

(6.4.1)

$$s(t) \approx s_a + \sum_{i=1}^{n} v(t_{i-1} + \tfrac{\Delta t}{2}) \cdot \Delta t, \qquad t = t_n$$

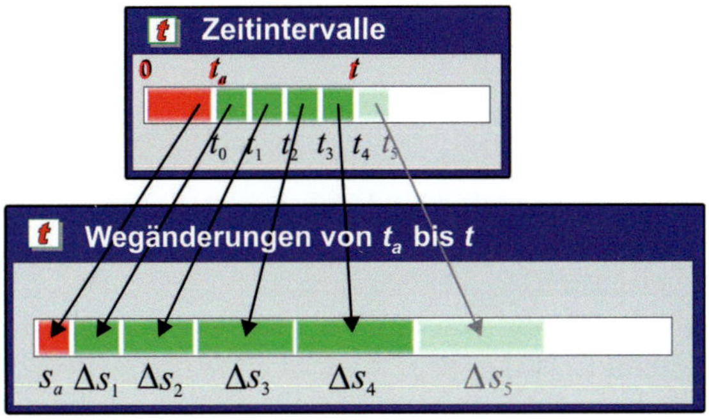

Bild 6.4.2
Zeitintervalle und die zugehörigen Wegänderungen

Bild 6.4.2 soll die Ermittlung des aktuellen Schiffsortes mithilfe von (*6.4.1*) anschaulicher machen. Dargestellt ist der Fall $t = t_4 = t_a + 4 \cdot \Delta t$. Um den aktuellen Schiffsort zu diesem Zeitpunkt zu ermitteln, müssen s_a (rot) sowie die Ortsänderungen Δs_1 bis Δs_4 (grün) aufsummiert werden.

Damit auf dem Schiff der Schiffsort in Echtzeit ermittelt werden kann, muss *Tabelle 6.3.1* etwas modifiziert werden (*s. Tab. 6.4.1*). Zeile 2 enthält jetzt die so genannte *Anfangsbedingung*. In unserem Fall ist das der Schiffsort zur Zeit t_a (= 500 s). Der entscheidende Unterschied liegt in Spalte C! Es wird darauf verzichtet, errechnete Ortsänderungen zu notieren. Sie werden statt dessen sofort zu dem vorherigen Ort addiert (vorheriger Ort plus Ortsänderung = neuer Ort!). In *Tabelle 6.4.1* wird das durch (gebogene) Operatorpfeile angedeutet. Auf diese Weise entsteht in Spalte C eine Wertetabelle der gesuchten Funktion $s(t)$ mit dem aktuellen Schiffsort in der jeweils letzten Zeile.

Beachten Sie die Modifikation der Tabelle für die numerische Integration!

Die erste Zeile unterhalb der Beschriftungszeile ist immer Anfangsbedingung.

Numerische Integration

	A	B	C	D
1	t/s	v/m/s	s/m	Δt/s
2	500		320,0	200
+Δt	600	2,38		+Δs
4	700		795,2	
+Δt	800	3,71		+Δs
6	900		1537,6	
+Δt	1000	5,00		+Δs
8	1100		2537,6	
+Δt	1200	6,05		+Δs
10	t = 1300		s(t) = 3747,2	

Tabelle 6.4.1
Fortlaufende Ermittlung des aktuellen Schiffsortes

Zur besseren Einsicht: Operatorpfeile mit den zugehörigen Operatoren

In Spalte C stehen die jeweils aktuellen Orte!

Zwar lassen sich nach wie vor Messwerte nicht in beliebig kurzen Zeitintervallen aufnehmen – aber zumindest im Prinzip kann man wie in (*6.3.8*) die Intervallbreiten gegen null gehen lassen. Die Summe in (*6.4.2*) wird für jede Zeit t genauso konvergieren wie vorher die für t_b (*vgl. 6.3.9*). Da jetzt der Weg vom Koordinatenursprung mitgezählt werden soll, ist der Summand s_a hinzugekommen. Die Anzahl der Summanden hängt von dem gewählten Zeitraster Δt und von dem Zeitpunkt selbst ab. Beachten Sie, dass t_n auch ohne Index geschrieben werden darf!

Beachten Sie: $t := t_n$!

(6.4.2)
$$s(t) = s_a + \lim_{\Delta t \to 0} \sum_{i=1}^{n} v(t_{i-1} + \tfrac{\Delta t}{2}) \cdot \Delta t \quad \text{mit} \quad n = \frac{t - t_a}{\Delta t}, \; t = t_n$$

Den Grenzwert der Summe in (*6.4.2*) können wir wie in (*6.3.9*) als bestimmtes Integral schreiben. Allerdings ergibt sich dabei ein Benennungskonflikt: Die obere Grenze heißt jetzt t! Dann darf man einen Zeitpunkt zwischen den Grenzen nicht ebenfalls mit t benennen! Beachten Sie dazu:

Merksatz 6.4.1

Benennungskonflikt:
Sobald eine der Integrationsgrenzen eine Variable ist, entsteht ein hässlicher Benennungskonflikt. Integrationsgrenze, Integrationsvariable und Differenzial müssen unterschiedlich benannt werden! Auf der anderen Seite handelt es sich um Größen desselben Typs mit vorgeschriebenen Formelzeichen.

Ausweg: Verwenden Sie für die Grenzen und die Integrationsvariable denselben Buchstaben, schreiben ihn aber in unterschiedlichen Schriftarten – beispielsweise Lateinisch-Griechisch!

Beispiel: Obere Grenze t, Integrationsvariable τ (lies „tau"!), Differenzial $d\tau$

In der Schreibweise als bestimmtes Integral bekommt die Summe (*6.4.2*) eine kompakte Darstellung:

(6.4.3)
$$s(t) = s_a + \int_{t_a}^{t} v(\tau)\, d\tau$$

Für s(t) steht jetzt eine „richtige" Funktion zur Verfügung!

Die Ermittlung der Funktionswerte ist denkbar mühsam!

Beim näheren Hinsehen ist zu erkennen, dass mit (*6.4.3*) etwas Neues entstanden ist! Es wird nicht nur wie vorher in (*6.3.9*) eine bestimmte Zahl berechnet! Die Zeit t lässt sich als (freie) Variable auffassen. Dann wird **jedem** reellen Argument t des Definitionsbereiches ein bestimmter Ort zugeordnet. Wegen des Grenzübergangs ist das Zeitraster verschwunden – hier wird eine Funktion mit einem lückenlosen Definitionsbereich definiert! Zugegeben, die Ermittlung von Funktionswerten ist denkbar mühsam; ergeben sich doch die Funktionswerte erst durch Grenzwerte von Summen – also durch unendliche Reihen. Da hier ein konkretes Beispiel vorliegt, brauchen wir nicht lange nach der Bedeutung der Funktion zu fahnden. Es handelt sich um die gesuchte Weg-Zeit-Funktion $s(t)$ des Dampfers.

Versuchen wir einmal, formal die Funktion (*6.4.3*) abzuleiten und gehen dazu wieder in die Summendarstellung (*6.4.2*) zurück! Wenn die Zeit um Δt fortschreitet, kommt ein einziger Summand hinzu. Dieser Summand ist die Ortsänderung Δs während des letzten Zeitintervalls:

(6.4.4)
$$\Delta s = v\left(t_n + \tfrac{\Delta t}{2}\right)\Delta t$$

Nach der Division durch Δt erhält man den Differenzenquotienten und nach dem Grenzübergang erhält man schließlich die Funktion $v(t)$:

(6.4.5)
$$\frac{ds}{dt} = \lim_{\Delta t \to 0} \frac{\Delta s}{\Delta t} = \frac{v\left(t_n + \frac{\Delta t}{2}\right) \cdot \cancel{\Delta t}}{\cancel{\Delta t}} = \lim_{\Delta t \to 0} v\left(t_n + \tfrac{\Delta t}{2}\right) = \underline{\underline{v(t)}}$$

Beachten Sie: Der Differenzenquotient lieferte zunächst die Geschwindigkeit zur Zeit $t + \Delta t/2$. Schnürt sich das Zeitintervall zusammen, kommt die Geschwindigkeit zur Zeit t heraus. Voraussetzung ist, dass die Funktion $v(t)$ in ihrem Definitionsbereich keine Sprünge macht, also stetig ist. Damit ist die in (*6.4.3*) dargestellte Funktion $s(t)$ auch formal Stammfunktion von $v(t)$.

$s(t)$: Stammfunktion von $v(t)$

Über unser Dampferbeispiel hinaus ordnet (*6.4.3*) irgendeiner gegebenen Funktion $v(t)$ ihre Stammfunktion $s(t)$ zu. Raterei und Probiererei sind nicht erforderlich. Die Variable könnte aber genauso gut x und die Funktion (wie in Abschnitt 5.7) f heißen. Beachten Sie den Unterschied zu Abschnitt 5.7! Dort konnte die Existenz einer Stammfunktion nur für ganzrationale Funktionen gezeigt werden. Hier steht jetzt, dass auch für „**beliebige**" Funktionen Stammfunktionen existieren! Beliebig nicht ganz: Die Funktionen müssen in ihrem (abgeschlossenen) Definitionsintervall stetig sein. Notwendig ist die Bedingung nicht, sie ist aber hinreichend. Die strengen Beweise dazu überlassen wir lieber Ihrer künftigen Analysisvorlesung.

Das spezielle Beispiel ist nicht mehr erforderlich!

In folgendem Merksatz sind die Gleichungen (*6.4.3*) und (*6.4.5*) in **einer** kompakten Gleichung, dem so genannten *Fundamentalsatz der Differenzial- und Integralrechnung*, zusammengefasst. Dabei wurden für Variablen und Funktionen die üblichen Standardbezeichnungen verwendet. Beachten Sie: ξ (sprich „ksieh") ist das griechische x!

Fundamentalsatz der Differenzial- und Integralrechnung:

$$f:[a,b]\to\mathbb{R},\ \ f \text{ stetig und } a,b,c\in\mathbb{R}:\ \ \frac{\mathrm{d}}{\mathrm{d}x}\Bigg(\underbrace{c+\int_a^x f(\xi)\,\mathrm{d}\xi}_{F(x)\text{ bzw. }\int f(x)\,\mathrm{d}x}\Bigg)=f(x)$$

Merksatz 6.4.2

Mit dem in *Merksatz 6.4.2* formulierten Fundamentalsatz ist eine Brücke zu den Ausführungen der Abschnitte 5.7 und 5.8 entstanden! Dort wurde eine Stammfunktion als Wert einer Operation – eine Art „Rückwärtsableitung" – betrachtet. Die Kombination Operator und Operand wurde unbestimmtes Integral genannt. Das, was in der großen Klammer der Gleichung in *Merksatz 6.4.2* steht, ist Stammfunktion und muss demnach ebenfalls ein unbestimmtes Integral sein. Damit stellt sich heraus, dass ein unbestimmtes Integral durch ein „bestimmtes" Integral mit einer Variablen in der oberen Grenze und zwei Paramentern darstellbar ist.

Zwei Darstellungsmöglichkeiten eines unbestimmten Integrals

Wenn man konkret zu einer gegebenen Funktion den Funktionsterm der Stammfunktion finden soll, ist der Fundamentalsatz **keine Hilfe**. Er sagt zwar aus, dass eine Stammfunktion existiert, aber eine Anleitung zum Finden des konkreten Funktionsterms liefert er nicht. Man gerät deshalb leicht in die folgende Situation: Die gesuchte Funktion lässt sich aber partout nicht finden, obwohl man genau weiß, dass sie existiert. Wir werden später in Abschnitt 7.24 noch zwei wichtige Integrationsregeln behandeln, mit denen man manchmal weiterkommen kann. Kein Problem ist es dagegen, wenn nur separate Funktionswerte der Stammfunktion benötigt werden. In diesem Falle kann man, wie z. B. in den Tabellen *6.3.1* und *6.4.1* gezeigt, numerisch integrieren.

Leider oft ein unüberwindliches Hindernis: die Ermittlung einer Stammfunktion

Kein Problem: Berechnung von Funktionswerten der Stammfunktion in beliebiger Genauigkeit durch numerische Integration

Integraloperator kontra Summeninterpretation

Das unbestimmte Integral wird gern missverstanden. Wir hatten in diesem Kapitel kennengelernt, dass ein (bestimmtes) Integral für eine Summe steht. Beim unbestimmten Integral wird das stilisierte S ebenfalls – aber ohne Grenzen – benutzt. Die dem Integralsymbol folgenden Variablen gleichen der (fortgelassenen) oberen Grenze (vgl. Benennungskonflikt *Merksatz 6.4.1*). Das widerspricht der Summeninterpretation des Integrals! Die Erklärung ist einfach: In der Operatorschreibweise des unbestimmten Integrals ist das Integralzeichen **kein** Summenzeichen, sondern zusammen mit dem Differenzial dx bzw. dt ein (Integral-)**Operator** und $f(x)$ ist der Operand (*vgl. Bild 5.7.2*) Deswegen **muss** das unbestimmte Integral eine Kombination aus Operator (Integralzeichen und Differenzial) und der Funktion $f(x)$ als Operand sein. Sie **müssen** diese Kröte schlucken!

Wenn man das Operatorkonzept verinnerlicht hat, kann man den Fundamentalsatz „superkurz" zusammenfassen. Zur Not müssen Sie noch einmal zurückblättern (*s. 5.7.3*).

Merksatz 6.4.3

Alternativer Fundamentalsatz:
Voraussetzungen wie in *Merksatz 6.4.2*:

$$\int f(x)\,\mathrm{d}x = c + \int_a^x f(\xi)\,\mathrm{d}\xi$$

Nur das stilisierte „s" als Differenzialoperator? Für die Praxis völlig ungeeignet.

Es stellt sich vielleicht die Frage, weshalb man für das unbestimmte Integral nicht einfach das stilisierte „S" allein als Operatorzeichen verwendet – also keine Kombination mit dem Differenzial! Dann wäre die Operatordarstellung des unbestimmten Integrals nicht mehr so missverständlich. Für die Praxis wäre das eine schlechte Idee. Wie bereits erwähnt, handelt es sich in der Praxis sowohl beim Integranden als auch beim Differenzial um Größen, für die genormte Formelzeichen verwendet werden. Man kann deshalb anhand des formalen Produktes aus Integrand und Differenzial bei unbestimmten Integralen deren Bedeutung einsehen. Formeln in Naturwissenschaft und Technik sind schon abstrakt genug, man sollte sie nicht künstlich unanschaulicher machen!

(6.4.6)

$$\underline{\text{Anfangsbedingung:}\quad t_a = 500\,,\quad s_a = 320}$$

$$\begin{aligned}
s(t) &= 320 + \int_{500}^{t} \left(-4\cdot 10^{-9}\cdot\tau^3 + 9\cdot 10^{-6}\cdot\tau^2\right)\mathrm{d}\tau \\
&= 320 + \left(-10^{-9}\cdot\tau^4 + 3\cdot 10^{-6}\cdot\tau^3 \,\Big|_{500}^{t}\right) \\
&= 320 + \left[-10^{-9}\cdot t^4 + 3\cdot 10^{-6}\cdot t^3 - \left(-10^{-9}\cdot 500^4 + 3\cdot 10^{-6}\cdot 500^3\right)\right] \\
&= \underline{\underline{-10^{-9}\cdot t^4 + 3\cdot 10^{-6}\cdot t^3 + 7{,}5}} \qquad t \in [0,\,1500]
\end{aligned}$$

In der Regel benutzt man für unbestimmte Integrale die Operatorfassung. Die Fassung als Summengrenzwert (*s. 6.4.3 bzw. Merksatz 6.4.3*) mit zwei Parametern hat auch Vorteile. Das Parameterpärchen bildet nämlich, wie wir aus unserem Beispiel wissen, die Anfangsbedingung. Man kommt so durch Einsetzen der speziellen Anfangsbedingung in einem Rutsch zu der gesuchten Funktion (*s. 6.4.6*).

6.5 Das Integral als Flächeninhalt

In der Praxis eher die Ausnahme: Flächeninhaltsberechnungen mithilfe der Integralrechnung

Sicherlich haben Sie sich gewundert, weshalb im Zusammenhang mit der Integration bisher nicht von Flächeninhalten die Rede war. Um Sie nicht in Verwirrung zu stürzen, soll das hier nachgeholt werden. Wir übernehmen dazu die umskalierte Funktion $v(t)$ des Dampferbeispiels und benennen sie in $f(x)$ um.

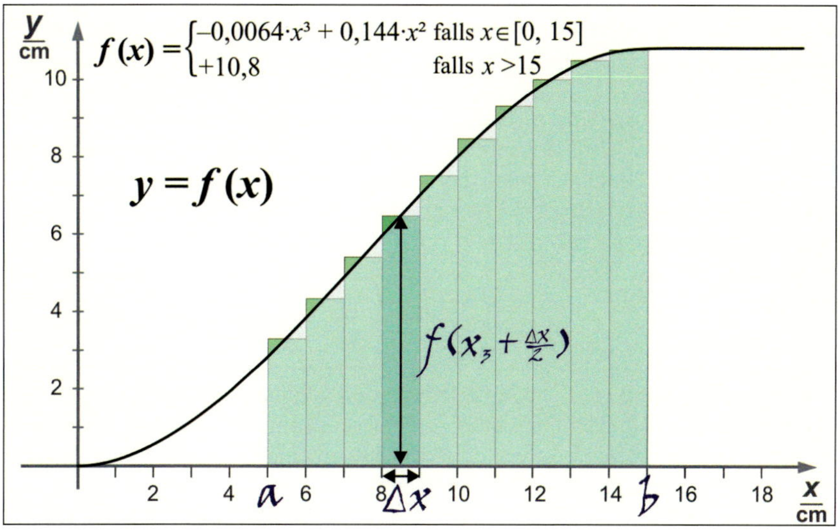

Bild 6.5.1
Ermittlung des Flächeninhaltes unter einer Kurve

Die Elemente des Definitions- und Wertebereichs sollen ebenfalls Größen sein, jetzt aber beides Längen in cm. Die Koeffizienten im Funktionsterm mussten der geänderten Skalierung angepasst werden (*s. Bild 6.5.1*).

Zunächst interessiert das bestimmte Integral:

$$\int_a^b f(x)\,\mathrm{d}\,x = \int_5^{15}\left(-0{,}0064\cdot x^3 + 0{,}144\cdot x^2\right)\mathrm{d}\,x$$

$$= -0{,}0016x^4 + 0{,}048x^3 \Big|_5^{15} = \underline{\underline{76}} \quad (\mathrm{cm}^2) \qquad (6.5.1)$$

Der Zahlenwert beträgt 76. Da sowohl die Einheit der Funktionswerte $f(x)$ als auch die der Differenziale dx Zentimeter sind, muss die Einheit des Produktes bzw. deren Summen Quadratzentimeter sein. Das bestimmte Integral wäre eine Fläche! Um welche Fläche es sich dabei handelt, wird schnell klar, wenn man die Summe vor dem Grenzübergang betrachtet (*vgl. 6.3.6*):

$$A \approx \sum_{i=1}^{10} f(x_{i-1} + \tfrac{\Delta x}{2})\cdot \Delta x \qquad (6.5.2)$$

Rechteckige Streifen: Breite dx, Höhe f(x)

In *Bild 6.5.1* sind die Summanden von (*6.5.2*) für $\Delta x = 1$ eingezeichnet (entsprechend $\Delta t = 100$ s vorher). Der vierte Summand ist exemplarisch herausgestellt und beschriftet. Man erkennt die „Bedeutung" der Summanden. Es handelt sich um rechteckige Streifen, deren Flächeninhalt gleich dem Produkt aus dem mittleren Funktionswert und dem Δx ist. Weiter ist offensichtlich, dass die Summe dieser Streifenflächeninhalte in guter Näherung gleich dem grün abschattierten Flächeninhalt zwischen der Kurve und der x-Achse ist. Das, was einerseits darüber hinausragt, fehlt andererseits auch wieder. Rechnet man die Summe (*6.5.2*) konkret aus, ergibt sich eine Fläche von 76,04 cm², bis zum Grenzwert fehlen gerade einmal 0,5 ‰!

Anhand von *Bild 6.5.1* wird niemand bezweifeln, dass der Grenzwert der Summe existiert und gleich dem Flächeninhalt unterhalb der Kurve ist. Aber was ist mit dem unbestimmten Integral? Auch das ist kein Problem, wir machen dazu wieder wie in (*6.4.3*) aus der oberen Grenze eine freie Variable, benennen sie mit x und beachten den Benennungskonflikt:

(6.5.3)

$$A(x) = \int_a^x f(\xi)\,\mathrm{d}\xi$$

Flächeninhalt unter der Kurve

Die durch Gleichung (*6.5.3*) definierte Funktion ist eine Art Flächeninhaltsfunktion. Sie gibt den Flächeninhalt unter der Kurve im Intervall $[a, x]$ an. Weiterhin ist $A(x)$ eine Stammfunktion von $f(x)$. Zur allgemeinen Stammfunktion kommt man durch Hinzufügen eines Parameters.

(6.5.4)

$$A(x) = A_0 + \int_a^x f(\xi)\,\mathrm{d}\xi$$

Der Parameter A_0 in (*6.5.4*) könnte beispielsweise der Flächeninhalt zwischen Kurve und x-Achse im Intervall $[0, a]$ sein. Dann wäre $A(x)$ der Flächeninhalt zwischen der Kurve und der x-Achse von 0 bis x.

Was passiert, wenn die Funktionswerte negativ werden?

Um ein Ärgernis diskutieren zu können, ändern wir den Funktionsterm. Der Term, der vorher nur für das Intervall [0, 15] galt, gilt jetzt uneingeschränkt weiter. Damit mündet der Graph nicht mehr in eine Horizontale ein, sondern fällt nach dem Maximalwert an der Stelle $x = 15$ ab. Jetzt können die Funktionswerte auch negativ werden (*s. Bild 6.5.2*).

Widerspricht der Interpretation als Flächeninhalt: Streifen mit negativem „Flächeninhalt"

Das Integral kann sogar null werden.

Im Falle eines negativen Funktionswertes des Integranden wird der Flächeninhalt eines Streifens negativ! Das bedeutet, dass in der Summe (*6.5.2*) nicht nur positive, sondern auch noch negative Streifen addiert werden. In *Bild 6.5.2* ist zu erkennen, dass die (rot gefärbten) negativen Summanden an dem Flächeninhalt der grünen Streifen knabbern! Das wird sich auch nicht ändern, wenn der Grenzübergang vollzogen worden ist. Das Integral ist sogar gleich null, wenn $x = 29{,}88289\ldots$ als obere Grenze gewählt wird – die positiven und die „negativen" Flächen haben sich gerade aufgehoben. Die Flächeninhaltsinterpretation des Integrals passt offensichtlich nicht, wenn der Integrand innerhalb der Integrationsgrenzen das Vorzeichen wechselt.

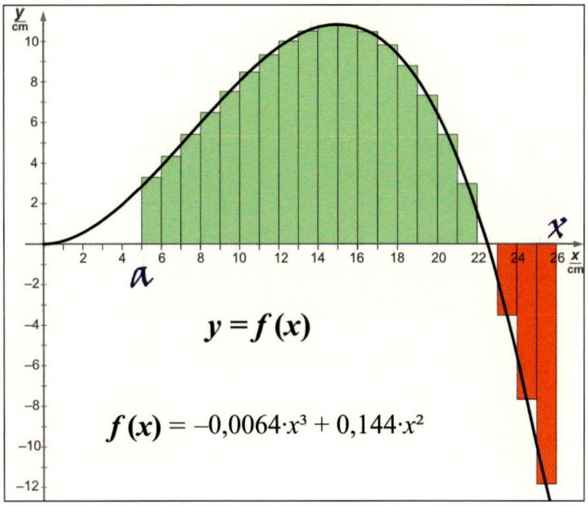

Grüne Streifen: positiver Flächeninhalt

Rote Streifen: negativer „Flächeninhalt“

Bild 6.5.2
Flächeninhalt im Falle negativer Funktionswerte

Sinnvoller Vorzeichenwechsel

Für unser Dampferbeispiel ist dagegen ein Vorzeichenwechsel des Integranden $v(t)$ überhaupt kein Problem. Eine negative Geschwindigkeit hieße: Das Schiff fährt zurück. Die Ortsänderungen sind dann negativ, d. h., $s(t)$ wird reduziert – und das muss auch so sein. Betrachten wir die Zeitpunkte, an denen $s(t)$ gleich s_a ist:

$$s(t) = s_a + \int_{t_a}^{t} v(\tau)\,\mathrm{d}\xi \overset{?}{=} s_a \qquad (6.5.5)$$

Rückwärtsfahrt: Negative Wegänderungen zehren die positiven auf.

In diesen Fällen müsste das Integral gleich null sein. Das wäre der Fall, wenn das Schiff gerade erst an der Tonne angekommen ($t = t_a$) ist. Es könnte aber auch sein, dass das Schiff hinausgefahren ist, gestoppt ($v = 0$) hätte und dann wieder zurückgefahren ($v < 0$) wäre. An dem Zeitpunkt, an dem die Tonne wieder querab liegt, ist das Integral gleich null. Die Summe der negativen Wegänderungen hätte die Summe der vorherigen positiven Wegänderungen aufgezehrt.

Kein exemplarisches Beispiel für die Integralrechnung: die Ermittlung von Flächeninhalten

Man sieht, weshalb hier das Dampferbeispiel vorgezogen wurde: Im Gegensatz zum Dampferbeispiel ist das Flächeninhaltsproblem kein exemplarisches Beispiel für die Integralrechnung! Zwar lassen sich selbstverständlich Flächeninhalte mithilfe der Integralrechnung ermitteln, aber die Reduktion eines so mächtigen mathematischen Werkzeugs der Naturwissenschaft und Technik auf Flächen verursacht Missverständnisse!

... aber nicht sinnlos!

Unerlässlich ist dagegen eine (vorübergehende) Interpretation des Integrals als Flächeninhalt beim Beweisen der mit der Integralrechnung verbundenen Lehrsätze (z. B. des Fundamentalsatzes)!

6.6 Masse, Gewicht und Stoffmenge

Unerlässliche physikalische Grundlagen

Anders als bei den Basiseinheiten Meter und Sekunde sind bei der dritten Basiseinheit, dem Kilogramm, physikalische Grundkenntnisse notwendig. Wir beginnen deshalb mit einer Messanordnung, die sich zwar nicht durch Präzision, dafür aber durch Plausibilität auszeichnet. Wir hängen Wurstringe an einen Ast und messen dessen Durchbiegung (*s. Bild 6.6.1*).

Ein Apfelbaum als Messsystem

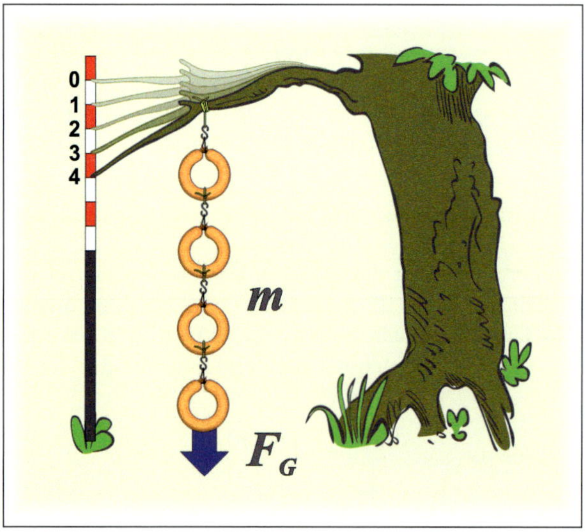

Bild 6.6.1
Ein Messsystem für Gravitationskräfte

Proportionalität: nur wenn man den Ast nicht überfordert

Dem Durchbiegen setzt der Ast in *Bild 6.6.1* – ähnlich wie der Wurfarm eines Flitzbogens – eine Kraft entgegen, die etwa proportional zur Auslenkung aus der Ruhelage ist. Bringt man am Ende des Astes eine Skala an, hat man ein „System", um Kräfte messtechnisch zu erfassen. Hängt man nacheinander Wurstringe an den Ast, stellt man fest, dass die Anziehungskraft von „Mutter Erde" ungefähr proportional zum Gewicht der Wurstringe ist. Natürlich wird sich niemand darüber wundern, dass vier Würste viermal so schwer sind wie einer.

Das Gewicht ist ortsabhängig!

Ortsunabhängige Eigenschaft eines Körpers: die Masse

Beispiele für „Körper" im physikalischen Sinne: ein Atom, ein Molekül, ein Himmelskörper, ein Wurstring

Wir wissen, dass ein Wurstring eine Person auf der Erde genauso sättigt wie einen Astronauten im Weltraumlabor „Spacelab", wo aber die Nahrungsmittel schwerelos sind. Es muss demnach eine dem Gewicht übergeordnete Größe geben, die unabhängig vom Ort ist, an dem man sich gerade befindet. Diese Größe gibt es natürlich längst: sie heißt *Masse*. In der Umgangssprache wird der Begriff „Masse" wenig benutzt und statt dessen ebenfalls „Gewicht" gesagt. Stellen Sie sich nur vor, was passiert, wenn Sie Ihre dicke Erbtante nach ihrer „Masse" fragen! Man erkennt aber leicht am Kontext, ob mit „Gewicht" die Schwerkraft oder die Masse (meistens!) gemeint ist. Statt Schwerkraft sagt man auch *Gewichtskraft* oder ganz vornehm: *Gravitationskraft*! In der Fachsprache haben Sie diese Freiheiten nicht! Dort ist „Masse" eine ortsunabhängige Eigenschaft eines „Körpers". Wobei ein „Körper" vom Teilchen des Mikrokosmos über einen Wurstring bis hin zu einem Himmelskörper alles sein kann. Ein Phänomen ist, dass ein Körper aufgrund seiner Masse auf andere (massebehaftete) Körper eine Anziehungskraft

(Gravitationskraft) entwickelt. Allerdings ist diese Kraft so gering, dass man sie in der Praxis nicht bemerkt. Wenn aber mindestens einer der Körper die Dimension eines Himmelskörpers hat, erreichen diese Kräfte beträchtliche Ausmaße.

Himmelskörper entwickeln gewaltige Gravitationskräfte.

In *Bild 6.6.1* ist nur die (Schwer-)Kraft der Erde auf die Wurstringe illustriert. Nicht eingezeichnet ist die gleich große Kraft der Wurstringe auf die Erde. Verfeinert man die Messapparatur, stellt man fest, dass Gewichtskraft und Masse **streng** proportional zueinander sind:

$$F_\mathrm{G} \sim m \quad \Rightarrow \exists\, g: \quad F_\mathrm{G} = m \cdot g \qquad (6.6.1)$$

Das Formelzeichen F steht für Kraft (von engl. force), der Index G für Gewicht bzw. Gravitation. Eigentlich ist der „g-Faktor" in (*6.6.1*) eine Funktion und wird *Gravitationsfeldstärke* genannt. Variablen dieser Funktion sind die Beträge der Schwerkraft erzeugenden Massen (es können viele sein!) und deren Abstände zu dem Körper der Masse m. Weil hier die Masse m eher als Parameter anzusehen ist, steht sie in (*6.6.1*) vorne. Sie bleiben bitte zunächst bodenbehaftet innerhalb Ihrer Landesgrenzen! Dafür dürfen Sie dann die Gravitationsfeldstärke in (*6.6.1*) als Konstante ansehen.

Der „g-Faktor" heißt auch: Erdbeschleunigung, Schwere, Fallbeschleunigung, …

Im Nahbereich ist g eine Konstante.

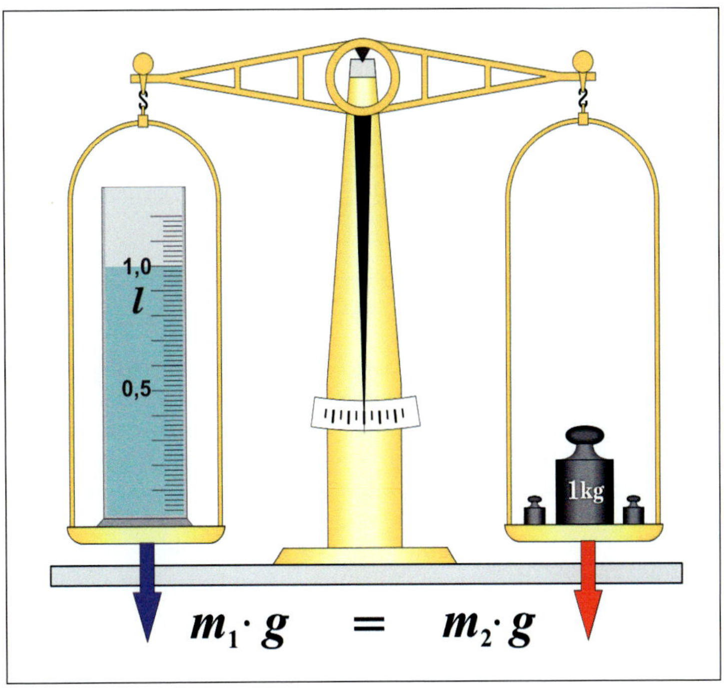

Balkenwaage (Gravitationsprinzip): die Gravitationsfeldstärke kürzt sich heraus – es verbleibt eine Relation (kleiner, größer, gleich) zwischen Massen.

Bild 6.6.2
Massenvergleich mittels Balkenwaage

In *Bild 6.6.2* sehen Sie eine klassische Balkenwaage. Gleichgewicht herrscht, wenn die Erdanziehungskräfte auf die Körper in den Waagschalen gleich sind. Die Gravitationsfeldstärke g ist zwar ortsabhängig, aber auf einer Distanz von nur 40 cm ist diese Ortsabhängigkeit unmessbar klein! Deswegen kürzt sich g heraus und ermöglicht auf einfachste Weise einen von der Gewichtskraft unabhängigen Massenvergleich. Die Balkenwaage würde (z.B.) auch auf dem Mond ihren

Die Waage funktioniert auch auf dem Mond.

Dienst tun. Die Gavitationsfeldstärke beträgt zwar nur ein Sechstel des Erdwertes, aber sie kürzt sich genauso heraus wie auf der Erde. Nur das Auspendeln dauert länger.

Urkilogramm: die Masse von einem Liter Wasser

Bei der Definition eines „Urkilogramms“ stand nicht ein bestimmter Bruchteil der Erdmasse Pate. Stattdessen hat man sich für die Masse eines Liter Wassers bei 4 °C entschieden (*s. Bild 6.6.2*). Ähnlich wie beim Urmeter wurde dazu ein massengleiches, wesentlich handlicheres Wägestück aus Platin-Iridium, dem eigentlichen Urkilogramm, gefertigt. Eine Kopie davon lagert bei der PTB in Braunschweig. Etwas befremdlich mag sein, dass die Basiseinheit Kilogramm von vornherein mit einem Präfix, hier kilo, definiert ist – man kann damit leben. Für kleinere Masseneinheiten als Gramm stehen alle üblichen Präfixe zur Verfügung – nach oben gibt es eine Besonderheit, für 1000 kg sagt man nicht Megagramm, sondern Tonne. Benötigt man noch größere Einheiten, bekommt die Tonne die entsprechenden Präfixe (Kilotonnen, Megatonnen, …). An den handlichen Umrechnungsfaktoren des Tausendersystems ändert das nichts. *Tabelle 6.6.1* zeigt die heile Welt der Masseneinheiten.

Basiseinheit mit Präfix

Tabelle 6.6.1
Masseneinheiten und ihre Umrechnungsfaktoren

Masseneinheit	Alternativ	Umrechnungsfaktoren
1 μg		·1000 :1000
1 mg		·1000 :1000
1 g		·1000 :1000
1 kg		·1000 :1000
1 t	1000 kg	·1000 :1000
1 kt		·1000 :1000
1 Mt		·1000 :1000
1 Gt		

Im Mikrokosmos spielen Gravitationskräfte keine Rolle!

Die „Schallgrenze“ für Wägungen, basierend auf dem Gravitationsprinzip, liegt im Mikrogrammbereich. Im Mikrokosmos liegen die Massen um zwanzig Zehnerpotenzen unterhalb des Mikrogramms. Ein Wassermolekül „wiegt“ ungefähr $3 \cdot 10^{-26}$ g! Damit sind die Gewichtskräfte so gering, dass alternative Messmethoden zur Massenbestimmung (z. B. Massenspektrometer) eingesetzt werden müssen. Obwohl die Methoden auf völlig anderen Prinzipien beruhen, bleibt eines gleich: Für eine Massenbestimmung benötigt man einen Vergleichskörper, dessen Masse in derselben Größenordnung liegt wie die zu bestimmende Masse. Kurz gesagt: Man benötigt eine Art „Mikro-Urkilogramm“!

Gesucht: ein „Urkilogramm“ für den Mikrokosmos

Mikrokosmos, das ist nicht mehr die Welt des Kontinuums, sondern die Welt der Teilchen. Diese Welt besteht, wenn man sie nicht mit energiereichen Geschossen traktiert, aus Atomen und vor allem aus Molekülen. Atome und Moleküle wiederum „bestehen“ ihrerseits aus Neutronen, Protonen und Elektronen. Nun schwirren Protonen, Neutronen und Elektronen normalerweise nicht frei im Mikrokosmos umher, sondern bilden (sehr) stabile Formationen: Protonen und Neutronen schließen sich zu Atomkernen zusammen – sie heißen deshalb *Kernbausteine* (*Nukleonen*). Ein oder mehrere Kerne komplettieren sich mit einer Elektronenhülle und bilden *Atome* (stabil sind nur Edelgase), aber vor allem *Moleküle*. Die Anzahl der an der Elektronenhülle beteiligten Elektronen ist, wenn niemand stört, gleich der Protonenzahl. Das einfachste System in diesem Teilchenzoo ist das Wasserstoffatom, das aus einem Proton-Elektron-Pärchen besteht.

Kandidat Nr. 1: das Wasserstoffatom

Ein Wasserstoffatom (Proton-Elektron) hat etwa die gleiche (knapp 1 ‰ weniger) Masse wie ein Neutron. Aus diesem Grund ist der Zahlenwert der Masse eines Atoms oder Moleküls (nahezu) proportional zur Masse eines Wasserstoffatoms. Somit müsste ein Wasserstoffatom ein guter Kandidat für das „Mikro-Urkilogramm" sein. Nun befindet sich ein kompletter Atomkern (Ausnahme Wasserstoff) in einem energetisch tieferen Zustand als seine Kernbausteine einzeln. Das heißt, man müsste eine beträchtliche Energie aufbringen, um einen Atomkern zu zertrümmern. So kann nicht einmal die Explosion von Dynamit (Dynamit: 75 % Nitroglyzerin, eingebettet in 24,5 % Kieselgur und 0,5 % Soda) den Kernen der Nitroglyzerinmoleküle etwas anhaben! Der veränderte Energiezustand der Kernbausteine innerhalb eines Atomkerns macht sich in einem merkwürdigen Phänomen bemerkbar – dem so genannten „Massendefekt". Seit Einsteins Zeiten weiß man, dass Energie und Masse zueinander proportional sind: $\Delta W = \Delta m \cdot c^2$ mit ΔW = Energieunterschied, Δm = Massendefekt, dabei ist c^2 (Lichtgeschwindigkeit zum Quadrat) der Proportionalitätsfaktor.

Die Energie chemischer Reaktionen reicht „nur" zum Umordnen der Elektronenhüllen der Reaktionspartner.

Kernreaktionen sind hochenergetische Prozesse.

Wegen des tieferen Energiezustandes ist somit die Masse eines im Kern eingebauten Kernbausteines geringer als die Masse eines freien Kernbausteins. Zudem ist dieser Massendefekt auch noch von Atom zu Atom verschieden. Es wäre deshalb besser, für das „Mikro-Urkilogramm" ein Atom zu nehmen, das ungefähr in der Mitte dieser „Massendefekte" liegt. Genauso hat man das gemacht und sich für das Kohlenstoffisotop ^{12}C (lies C12!) entschieden. Das ^{12}C-Atom besteht aus einem Zwölferpack aus 6 Protonen/Elektronen und 6 Neutronen. Damit ist der zwölfte Teil der Masse von ^{12}C ungefähr gleich der mittleren Masse eines Kernbausteins im gebundenen Zustand.

C12 – ein guter Kompromiss

Definition:
Das Pendant zum Urkilogramm ist im Mikrokosmos der zwölfte Teil der Masse des Kohlenstoffisotops ^{12}C. Die zugehörige Einheit heißt *atomare Masseneinheit* und wird mit einem kleinen **u** (von engl. **unit**) benannt.

$$1\ \mathrm{u} := \frac{1}{12} m_{\mathrm{C12}}$$

Eine atomare Masseneinheit ist ungefähr gleich der mittleren Masse eines Kernbausteins (Nukleons) im gebundenen Zustand.

Merksatz 6.6.1

Bekanntlich bestimmt die Anzahl der an einem Atomkern beteiligten Protonen die chemischen Eigenschaften (und den Namen des Atoms). Wenn ein Kern 17 Protonen enthält, ist völlig klar, dass es sich um den Kern eines Chloratoms handelt. Ob ein Atomkern stabil ist oder zerfällt, hängt von der Anzahl der Neutronen ab. Bei einigen Kernen, wie z. B. beim Natrium (11 Protonen), ist er nur dann stabil, wenn er genau 12 Neutronen enthält. Dagegen gibt es beim Chlor (17 Protonen) zwei stabile Modifikationen: mit 18 oder 20 Neutronen. Kerne gleicher Protonen-, aber unterschiedlicher Neutronenzahl heißen isotop. Da stabile *Isotope* eines Atoms in der Natur in konstantem Verhältnis vorkommen, mittelt man

Leider nur eine Illustration! Ein Atomkern ist kein Haufen bunter Kugeln!

die Masse des Atoms bzw. Moleküls entsprechend ihrem Anteil. So darf man sich nicht wundern, wenn Chlor eine Masse von etwa 35,5 u hat (*s. Merksatz 6.6.2*). Der Anteil des Isotops ^{35}Cl liegt etwa bei 75% und der des ^{37}Cl bei 25 % – also ist: $0{,}75 \cdot 35\ \text{u} + 0{,}25 \cdot 37\ \text{u} = \underline{35{,}5\ \text{u}}$.

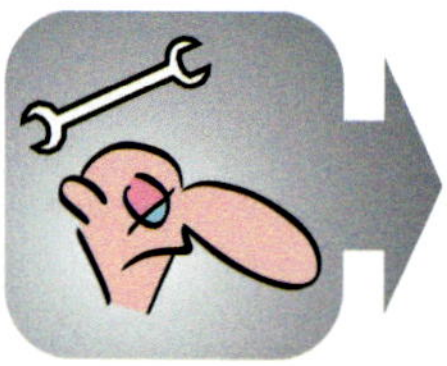

Merksatz 6.6.2

Beachte:
Die Wahl der Masse des zwölften Teils von ^{12}C als Referenzmasse des Mikrokosmos hat den (Riesen-)Vorteil, dass die Zahlenwerte der Massen, gemessen in atomaren Einheiten, von isotopenreinen Atomen bzw. Molekülen nur im Promillebereich von ganzen Zahlen abweichen. Starke Abweichungen von der „Ganzzahligkeit" sind auf (natürliche) Isotopengemische zurückzuführen.

Nun fehlt noch der Umrechnungsfaktor von der atomaren Masseneinheit zum Gramm bzw. Kilogramm! Das heißt, wir müssen wissen, wie viel atomare Einheiten ein Gramm hat. Dieser (wichtige!!) Umrechnungsfaktor bekommt ein extra Formelzeichen ($\rightarrow N_A$) und einen Namen, nämlich *Avogadrosche Konstante* (auch *Loschmidtzahl*). Der Zahlenwert beträgt ungefähr $6{,}02 \cdot 10^{23}$.

(6.6.2)

$$1\,\text{g} := N_A \cdot 1\,\text{u} = N_A \cdot \tfrac{1}{12}\,\text{m}_{C12} \Leftrightarrow \underline{\underline{12\,\text{g} = N_A \cdot \text{m}_{C12}}}$$

Die Avogadrosche Konstante ist in etwa gleich der Anzahl der Kernbausteine irgendeines Körpers der Masse 1 Gramm. Multipliziert man (*6.6.2*) mit dem Faktor 12, erhält man die Definition dieser Konstanten.

Merksatz 6.6.3

Definition:
Der Zahlenwert der Avogadroschen Konstanten N_A ist gleich der Anzahl der Atome in zwölf Gramm isotopenreinem Kohlenstoff (^{12}C).
CODATA-Empfehlung: $N_A = (6{,}02214179 \pm 0{,}00000030) \cdot 10^{23}\ \frac{1}{\text{mol}}$

Nur noch eine Frage der Zeit!

Man könnte nun auf die Idee kommen, das archaische Urkilogramm aus Platin-Iridium ins Museum zu verbannen. Genau wie beim Meter und der Sekunde könnte man eine Naturkonstante, in diesem Fall den zwölften Teil der Masse des ^{12}C, zur Definition eines Urkilogramms verwenden. Das würde funktionieren, wenn man in der Lage wäre, die Atome in 12 g isotopenreinem Kohlenstoff mindestens (!) auf acht signifikante Stellen abzuzählen. Tatsächlich wird an einer Abzählmethode gearbeitet! Neuester Stand siehe www.PTB.de! Bei den bisherigen Messmethoden liegt man noch (!) bei Genauigkeiten um 10^{-7} (*vgl. Merksatz 6.6.3*).

Grämen brauchen Sie sich deswegen aber nicht – für die Praxis reicht die Genauigkeit allemal. Mithilfe der Avogadroschen Konstante lässt sich dann auch eine atomare Masseneinheit in Gramm bzw. Kilogramm ausdrücken (die merkwürdige Einheit 1/mol aus *Merksatz 6.6.3* ignorieren wir vorläufig und betrachten nur den Zahlenwert von N_A). Aus (*6.6.2*) ergeben sich die Umrechnungsformeln für atomare Masseneinheit in Gramm und umgekehrt:

$$1\,\mathrm{g} = N_\mathrm{A} \cdot 1\,\mathrm{u} \quad \Big| : N_\mathrm{A}$$
$$\Leftrightarrow \underline{\underline{1\,\mathrm{u} = \frac{1}{N_\mathrm{A}}\,\mathrm{g}}} \quad (= 1{,}660\,539 \cdot 10^{-23}\,\mathrm{g}) \tag{6.6.3}$$

Zum Vergleich: Die atomare Masse eines ungebundenen Protons ist ca. 7 ‰ und die eines Neutrons ca. 9 ‰ höher als eine atomare Masseneinheit. Sie haben somit auch eine Vorstellung von der Größenordnung des Massendefektes.

Zum Leidwesen ganzer Schülergenerationen wird die Masse in atomaren Einheiten nicht einheitlich geschrieben und zu allem Überfluss auch noch mit unterschiedlichen Formelzeichen und Namen belegt. Nehmen wir als Beispiel die Masse eines Wassermoleküls:

$$H_2O: \; m_{H_2O} = 18\,\mathrm{u} \;\text{ oder }\; M_\mathrm{r}(H_2O) = 18 \;\text{ oder }\; M_{H_2O} = 18\,\frac{\mathrm{g}}{\mathrm{mol}} \tag{6.6.4}$$

Die erste Möglichkeit kennen Sie bereits. Beachten Sie: Manchmal wird anstelle der Einheit u aber auch AME (**a**tomare **M**assen**e**inheit) geschrieben. Im zweiten Fall fasst man die Masse als dimensionslose Größe auf, die angibt, wie groß die Masse des Teilchens relativ zur Masse des zwölften Teiles der Masse von ^{12}C ist. Sie heißt dann *relative Atom-* bzw. *Molekülmasse* oder einfach nur *Atom-* bzw. *Molekulargewicht*. Das Formelzeichen ist jetzt ein großes M mit einem Index r (für relativ). Für atomare Teilchen darf man auch ein großes A nehmen. Spezifikationen über Teilchen, um die es geht, hängt man entweder in Klammer hinten an oder benutzt einen (zusätzlichen) Index. Im dritten Fall spricht man von der *molaren Masse*. Hier dient auch das große M als Formelzeichen, es fehlt jedoch der Index r. Was „mol" bedeutet, behandeln wir gleich. **Die Zahlenwerte sind in allen Fällen gleich!**

Atom- bzw. Molekulargewichte sind relative Größen!

Komponenten für Kochrezepte basieren auf Erfahrungswerten. Eine Reaktionsgleichung der Chemie ist viel mehr als ein Rezept, sie sagt nicht nur aus, wie viel, sondern auch noch warum soundso viel für eine Reaktion zusammengemischt werden muss. Als Beispiel nehmen wir die Ammoniaksynthese. Auch wenn diese Reaktion großtechnisch durchgeführt wird und somit nicht einzelne Moleküle, sondern Tonnen zur Reaktion gebracht werden, bleibt doch die Reaktionsgleichung zwischen den einzelnen Molekülen relevant:

Haber-Bosch-Verfahren – noch im Gedächtnis?

$$N_2 + 3\,H_2 \rightarrow 2\,NH_3 \tag{6.6.5}$$

Unabhängig davon, unter welchen Bedingungen die Reaktion tatsächlich in Pfeilrichtung abläuft, sagt (*6.6.5*) aus, dass man zur Synthetisierung von zwei Ammoniakmolekülen genau ein Stickstoffmolekül und genau drei Wasserstoffmoleküle benötigt. Man muss also ein Gemisch zur Reaktion bringen, in dem sich die **Anzahl** der Stickstoffmoleküle und die **Anzahl** der Wasserstoffmoleküle wie 1 : 3 verhalten. Es handelt sich wohlgemerkt **nicht** um Massenverhältnisse! Um derartige anzahlmäßige Molekül- oder Atommischungen herstellen zu können, hilft eine supereinfache Größe, und das ist die so genannte *Stoffmenge* mit der Einheit „**Mol**".

Beachten Sie: N_2 ist ein Stickstoffmolekül, $3H_2$ sind drei Wasserstoffmoleküle!

Stoffmenge in mol

Stickstoff (N_2) hat ein Molekulargewicht von 28,014. Fragen wir uns, wie viel Moleküle 28,014 g Stickstoffgas enthält! Dazu brauchen wir lediglich diese 28,014 g durch die Masse eines Moleküls zu teilen (*vgl. 6.6.3*).

(6.6.6)

$$\frac{28{,}014\ \mathrm{g}}{m_{N_2}} = \frac{\cancel{28{,}014}\ \mathrm{g}}{\cancel{28{,}014}\ \mathrm{u}} = \frac{1\ \mathrm{g}}{1\ \mathrm{u}} = \underline{\underline{N_A}}$$

Beachten Sie: Man schreibt für die Avogadrosche Konstante meist nur $6{,}02 \cdot 10^{23}$ – rechnet aber wenn erforderlich mit mehr Stellen!

Das spezielle Molekulargewicht kürzt sich in (*6.6.6*) heraus und wegen (*6.6.2*) haben wir den Zahlenwert der Avogadroschen Konstante! Damit wird jede gewöhnliche Laborwaage automatisch zu einer **Zählwaage** für Moleküle! Wenn Sie an die relative Molekülmasse die Einheit Gramm anhängen und diese Masse auswiegen, haben Sie N_A Moleküle, also ca. $6{,}02 \cdot 10^{23}$ Stück, „abgezählt". Wie viele Stellen Sie von der Avogadroschen Konstante mitnehmen, hängt von der Genauigkeit Ihrer Waage ab. Das Molekulargewicht von Wasserstoff (H_2) beträgt 2,016. Hier müssen 2,016 g für $6{,}02 \cdot 10^{23}$ Moleküle abgewogen werden.

Nun benötigt man für die Reaktion (*6.6.5*) nicht die absoluten Molekülzahlen, sondern nur die Verhältnisse! Deswegen ist der unhandliche Zahlenwert der Avogadroschen Konstante im Labor gar nicht so wichtig. Wenn wir $1 \cdot 28{,}014$ g Stickstoff und $3 \cdot 2{,}016$ g Wasserstoff zusammenbringen, haben wir auch die gewünschten Verhältnisse. Vereinfacht wird das durch Definition der bereits angekündigten Größe:

Merksatz 6.6.4

Definition:
Man nennt eine Stoffmenge von **$6{,}022\,141\,79 \cdot 10^{23}$** (= Zahlenwert der Avogadroschen Konstante) gleichartiger Teilchen des Mikrokosmos **1 mol**.
Die betreffenden Teilchen müssen dabei genau spezifiziert sein!
($6{,}022\,141\,79 \cdot 10^{26}$ Teilchen = 1 kmol)

Mol: (zunächst) ein Zahlwort unter vielen

Das kleine „n" dient als Formelzeichen für die Stoffmenge.

Zunächst steht das so definierte „Mol" in einer Reihe mit irgendeinem Zahlwort, wie zum Beispiel „Mio" für die Zahl 10^6, und man kann – wie bei jedem Zahlwort auch – das „Mol" wieder herauswerfen und durch die konkrete Zahl, in diesem Fall $6{,}02 \cdot 10^{23}$, ersetzen. Trotzdem hat es sich als zweckmäßig erwiesen, das „Mol" wie die Einheit einer ganz normalen Größe zu behandeln – also mit einem Namen (→ *Stoffmenge*), einem Formelzeichen (→ n), einem Zahlenwert und einer Einheit (→ mol).

Einheiten darf man nicht herauswerfen – nur Herauskürzen ist erlaubt!

Die Erhebung eines „Zahlwortes" zu einer Einheit hat einige Konsequenzen. Ist eine Stoffmenge in mol angegeben, könnte man einfach anstelle von „mol" die Zahl $6{,}02 \cdot 10^{23}$ hinschreiben, wenn man die konkrete Teilchenzahl N haben möchte. Da aber die Stoffmenge als Größe behandelt werden soll, darf sich eine Einheit nur herauskürzen – Herauswerfen ist verboten (nur Präfixe dürfen durch die entsprechende Zehnerpotenz ersetzt werden)! Aus diesem Grund strickt man eine schöne Proportionalität mit der Avogadroschen Konstante als Proportionalitätsfaktor:

(6.6.7)

$$N = N_A \cdot n$$

Ob Sie N_A als ersten oder als zweiten Faktor nehmen, ist lediglich eine kosmetische Frage. Nun soll (*6.6.7*) keine reine Zahlenwertproportionalität sein, sondern wie z. B. (*6.2.2*) für die kompletten Größen gelten! Da die Stoffmenge die Einheit mol hat und der Funktionswert N (eine Anzahl!) dimensionslos ist, muss der Proportionalitätsfaktor, hier N_A, eine gebrochene Einheit bekommen, und die ist 1/mol (eins durch mol) (*s. Beispiel 6.6.8*).

Die Avogadrosche Konstante bekommt die Einheit 1/mol!

$$n = 3\text{ mol}:\ N = N_A \cdot n = 6{,}02 \cdot 10^{23}\ \frac{1}{\cancel{\text{mol}}} \cdot 3\ \cancel{\text{mol}} \approx \underline{\underline{18 \cdot 10^{23}}} \qquad (6.6.8)$$

Man erkennt in (*6.6.8*), dass sich die „Einheit" mol herauskürzt und etwas Dimensionsloses herauskommt. Sie werden deshalb in jedem Handbuch die Avogadrosche Konstante immer mit der Einheit 1/mol bzw. mol^{-1} finden.

mol kürzt sich heraus

Nun soll eine „ordentliche" Proportionalität zur Ermittlung der konkreten Masse m (in g) einer Stoffmenge n in mol gefunden werden. Der Index x steht für die spezielle Teilchensorte (z. B. H_2O).

$$m = N \cdot m_x = N_A \cdot n \cdot M_r \cdot 1\text{ u} = n \cdot M_r \cdot \underbrace{(N_A \cdot 1\text{ u})}_{1\text{g}} = n \cdot \underbrace{(M_r \cdot 1\text{ g})}_{M_x} \qquad (6.6.9)$$

$$\Rightarrow \quad \underline{\underline{m = M_x \cdot n}}$$

Das Ergebnis in (*6.6.9*) ist wunderbar einfach! Für die Gesamtmasse m gilt natürlich: Anzahl N mal Masse des einzelnen Teilchens m_x. Für die Anzahl N können wir wegen (*6.6.7*) auch ausführlich $N_A \cdot n$ schreiben. Für die Teilchenmasse m_x können wir wegen (*6.6.4*) die relative Teilchenmasse M_x als Zahlenwert und u als Einheit nehmen. Das Produkt Avogadrosche Konstante mit der atomaren Einheit u ergibt definitionsgemäß 1 g. Zahlenwertmäßig braucht man zur Ermittlung der Masse nur die Stoffmenge mit der relativen Teilchenmasse zu multiplizieren. Allerdings stimmen die Einheiten nicht. Links soll die Einheit Gramm stehen. Rechts steht aber das Produkt aus Mol und Gramm! Das ist die Konsequenz, dass die Stoffmenge nicht als dimensionslos betrachtet wird. Damit das einheitenmäßig in Ordnung geht, hat man sich die so genannte *molare Masse* ausgedacht (*vgl. 6.6.4*). Deren Zahlenwert ist zwar unverändert gleich der relativen Teilchenmasse, bekommt aber eine gebrochene Einheit g/mol angehängt. Damit funktioniert $m = n \cdot M_x$ in (*6.6.9*) auch einheitenmäßig. Das soll im folgenden Beispiel demonstriert werden!

Wenn Sie beispielsweise 3 mol Kochsalz (NaCl) abwiegen sollen, benötigen Sie zunächst das Molekulargewicht. Da Massendefekte bei Molekülbildungen unmessbar klein sind, werden nur Atomgewichte tabelliert. Sie müssen also die Atomgewichte nachschlagen und entsprechend der jeweiligen chemischen Summenformel addieren. Für Kochsalz beträgt das Molekulargewicht 23 + 35,5 = 58,5. Als „molare Masse" aufgefasst, mutiert das Molekulargewicht zur molaren Masse: $M_{NaCl} = 58{,}5$ g/mol.

Das Molekulargewicht mutiert zur molaren Masse in g/mol.

$$m = M_{NaCl} \cdot n = 58{,}5\ \frac{\text{g}}{\cancel{\text{mol}}} \cdot 3\ \cancel{\text{mol}} \approx \underline{\underline{175\text{ g}}} \qquad (6.6.10)$$

In (*6.6.10*) sehen Sie, wie sich die Einheit mol herauskürzt und die Einheit Gramm übrig bleibt. Sollten Sie diese Einheitengymnastik belächeln, beachten Sie bitte:

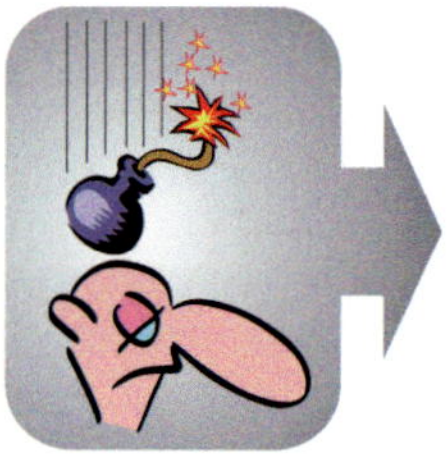

Merksatz 6.6.5

Warnung:
Bedenken Sie, dass sich durch Verwendung korrekter Einheiten bei der Berechnung von Größen mithilfe vorgegebener Formeln eine **Kontrolle** ergibt. Sollte sich beim Zusammenfassen der Einheiten **nicht** die Einheit der gesuchten Größe ergeben, liegt mit Sicherheit ein Fehler vor.
Ein Fehler bei den Einheiten signalisiert im Allgemeinen einen Fehler um **Zehnerpotenzen**!
Fehler in dieser Größenordnung haben meist katastrophale Folgen.

Einen weiteren Grund, eine Stoffmenge nicht durch die Masse, sondern durch die Stoffmenge in mol zu beschreiben, liefert Mutter Natur. Man hat festgestellt, dass gleiche Volumina aller Gase bei gleichen Temperatur- und Druckbedingungen die gleiche Anzahl Moleküle (bei Edelgasen Atome) enthalten. Die Masse der Moleküle spielt erstaunlicherweise keine Rolle! (Wie fast alle klassischen „Naturgesetze" ist dieses auf Avogadro zurückgehende „Gesetz" nur eine Näherung!) Wenn man, wie in *Bild 4.2.3* illustriert, 22,414 Liter eines Gases (101,3 kPa; 0°C) in einen Behälter blubbern lässt, hat man $6{,}02\cdot10^{23}$ Moleküle (bzw. Atome), das heißt 1 mol, abgezählt. Das bedeutet, dass man die Anzahl der Gasmoleküle sogar volumenmäßig erfassen kann.

Volumenmäßige Erfassung der Molekülanzahl

Natürlich stellt man den Laboranten auch für diesen Zweck eine schöne Proportionalität zur Verfügung. Sie können damit ausrechnen, wie viel Liter Gas abgefüllt werden muss, um eine bestimmte Stoffmenge zu erhalten. Der Proportio-,nalitätsfaktor heißt *Molvolumen* (auch molares Volumen) und bekommt das Formelzeichen V_m, den Zahlenwert 22,414 und die (gebrochene) Einheit ℓ/mol (Liter pro Mol).

Molvolumen in Liter pro mol

(6.6.11)
$$V = V_m \cdot n \quad \text{mit} \quad V_m = 22{,}414\,\frac{\ell}{\text{mol}}$$

Schauen wir uns als Beispiel an, wie viel H_2- und O_2-Gas Ihr Chemielehrer zur Demonstration der Knallgasreaktion gemischt haben könnte!

(6.6.12)
$$2\,H_2 + O_2 \rightarrow 2\,H_2O$$

Um den Kindern nicht die Trommelfelle wegzusprengen, nahm er natürlich nicht 2 mol H_2 und 1 mol O_2! Möglicherweise hatte er sich für 0,01 mol H_2 und 0,005 mol O_2 entschieden. Die zur Reaktion zu bringenden Volumina werden wie folgt ausgerechnet:

(6.6.13)
$$V_{H_2} = 22{,}414\,\frac{\ell}{\text{mol}}\cdot 0{,}01\,\text{mol} \approx 0{,}22\,\ell = \underline{\underline{220\,\text{m}\ell}}$$
$$V_{O_2} = 22{,}414\,\frac{\ell}{\text{mol}}\cdot 0{,}005\,\text{mol} \approx 0{,}11\,\ell = \underline{\underline{110\,\text{m}\ell}}$$

Schließen wir die (wichtige) Einheitengymnastik im Zusammenhang mit Massen und Stoffmenge mit zwei zusätzlichen Proportionalitäten ab. Wenn ein Körper – gleich ob fest, flüssig oder gasförmig – homogen ist, sind Masse und Volumen zueinander proportional:

$$m \sim V \quad \Rightarrow \quad \exists \rho: \ \underline{\underline{m = \rho \cdot V}} \quad \Leftrightarrow \quad \rho = \frac{m}{V} \qquad (6.6.14)$$

Der Proportionalitätsfaktor ρ gibt dabei an, wie viel Masse in 1 cm³ (oder dm³ oder m³) konzentriert ist. Dieser Faktor heißt *Dichte*, bekommt das Formelzeichen ρ (sprich „roh") und die gebrochene Einheit g/cm³ (oder kg/dm³, kg/ℓ, kg/m³). Wasser hat der Definition des „Urkilogramms" gemäß die Dichte 1 g/cm³. Die Luft, die Sie gerade schnuppern hat, ca. 0,0013 g/cm³ und Baustahl hat 7,85 g/cm³. Die Dichte kommt in vielen Formeln in Naturwissenschaft und Technik vor. Um dann die Einheiten bequem zusammenfassen zu können, ist es günstig, die Dichte in den Basiseinheiten m und kg auszudrücken.

$$\frac{\text{g}}{\text{cm}^3} = \frac{10^{-3}\,\text{kg}}{10^{-6}\,\text{m}^3} = \underline{\underline{1000\,\frac{\text{kg}}{\text{m}^3}}} \quad \text{bzw.} \quad \frac{\text{kg}}{\text{dm}^3} = \frac{1\,\text{kg}}{10^{-3}\,\text{m}^3} = \underline{\underline{1000\,\frac{\text{kg}}{\text{m}^3}}} \qquad (6.6.15)$$

Das Pendant zur Dichte ist bei den Stoffmengen die so genannte Stoffmengenkonzentration (früher Molarität). Die Größe wird (meistens) bei Lösungen angewendet. V ist dann das Volumen des Lösungsmittels (mitsamt dem darin gelösten Stoff!) in Litern und n die Stoffmenge des gelösten Stoffes:

$$n \sim V \quad \Rightarrow \quad \exists c_x: \ \underline{\underline{n = c_x \cdot V}} \quad \Leftrightarrow \quad c_x = \frac{n}{V} \qquad (6.6.16)$$

Die Einheit der Stoffmengenkonzentration ist dann mol/ℓ. Wenn man statt des Volumens in (*6.6.16*) die Masse des Lösungsmittels einsetzt, heißt der Proportionalitätsfaktor *Molalität*.

6.7 Die Krafteinheit Newton

Im vorangegangenen Kapitel wurde gesagt, dass Gravitationskräfte eine Folge der Masseneigenschaft von Körpern sind. Es gibt aber noch ein genauso wichtiges Phänomen, das aufgrund der Masseneigenschaft auftritt. Es wird mit dem volkstümlichen Wort Trägheit belegt. Ein Körper der Masse m widersetzt sich bekanntlich beharrlich jeder Geschwindigkeitsänderung. Wir erinnern uns: Geschwindigkeitsänderung (durch Zeit) erfasst man durch die Größe Beschleunigung. Unter Verwendung des Beschleunigungsbegriffes kann man das Trägheitsphänomen auch so formulieren: Man kann einem Körper der Masse m nur mithilfe einer mehr oder weniger großen Kraft eine Beschleunigung aufzwingen.

Sie kennen das Trägheitsphänomen nicht? Füllen Sie einen Fußball mit Sand und versuchen Sie dessen Geschwindigkeit mithilfe eines kräftigen Fußtritts zu ändern! Der Chefarzt freut sich bereits auf Sie.

Es sind scheinbar nur drei Größen, die dabei in Beziehung zu setzen sind: Kraft, Masse und Beschleunigung. Tatsächlich tut uns die Natur einen Gefallen und „gehorcht" einer verblüffend einfachen Relation:

(6.7.1)

$$F = m \cdot \frac{\mathrm{d}v}{\mathrm{d}t}$$

Nehmen Sie dankbar zur Kenntnis, dass Masse und Beschleunigung in (*6.7.1*) nur als „harmlose" Faktoren und nicht etwa als Argumente scheußlicher einstelliger Verknüpfungen (z. B. als Potenzen) auftreten. Die Relation heißt *Grundgesetz der Mechanik* oder *2tes Newtonsches Gesetz* (hier nur dargestellt für eindimensionale Bewegungen). Es macht eine Aussage darüber, welche Beschleunigung sich einstellt, wenn man einem Körper der Masse m eine Kraft F aufzwingt.

Versetzen Sie sich bitte in die Rolle des Radfahrers!

Bild 6.7.1
Grundgesetz der Mechanik

Machen wir uns das Grundgesetz der Mechanik an einem Beispiel klar! Versetzen Sie sich bitte in die Lage des Radfahrers in *Bild 6.7.1*, der mit seinem Fahrradgespann vor einer Ampel steht! Die Ampel springe auf Grün. Um sein Gespann wie gewohnt zu beschleunigen, muss er eine Vortriebskraft erzeugen. Gleichung (*6.7.1*) sagt dazu aus, dass bei konstanter Masse die Beschleunigung proportional zu dieser Kraft ist. Wenn allerdings in dem Anhänger unverhofft ein dickes Schwein Platz genommen hat, muss unser Radfahrer für die gleiche Beschleunigung – der erhöhten Masse entsprechend – seine Kraft erhöhen.

Lange Zeit konnte man sich nicht vorstellen, dass das Grundgesetz der Mechanik (*6.7.1*) richtig ist. Widerlegte doch jeder Esel diese Beziehung: Sobald ein Esel seinen Karren nicht mehr zieht, bleibt das Gespann stehen. Nach dem Grundgesetz der Mechanik müsste der Karren aber mit konstanter Geschwindigkeit weiterfahren.

(6.7.2)

$$\underline{\underline{F = 0}} \;\Rightarrow\; 0 = m\frac{\mathrm{d}v}{\mathrm{d}t} \;\Rightarrow\; \frac{\mathrm{d}v}{\mathrm{d}t} = 0 \;\Rightarrow\; \underline{\underline{v = \text{konstant}}}$$

Dem Trugschluss erliegt man, wenn man nicht bedenkt, dass die in Newton II stehende Kraft „F" Wert einer Funktion sein kann, die aus vielen Summanden besteht. Im Falle unseres Gespanns oder eines Eselskarrens sind der vorwärtstreibenden Kraft „Reibungskräfte" entgegengesetzt. Fällt die Antriebskraft aus, verursachen die verbleibenden (Reibungs-)Kräfte eine negative Beschleunigung – die Geschwindigkeit nimmt so lange ab, bis das Gespann steht. Das geht bei einem Eselskarren relativ schnell – nicht aber bei unserem Fahrradgespann, denn dort sind diese Reibungskräfte wesentlich geringer. Dem Phänomen (*6.7.2*) kommt man allerdings beim so genannten Aquaplaning gefährlich nahe. Wenn ein Auto in einer großen Pfütze Wasserski fährt, „verschwinden" urplötzlich sowohl antreibende als auch bremsende Kräfte ($F \approx 0$) und das Auto fährt auf der Pfütze mit (nahezu) konstanter Geschwindigkeit weiter. Da für Autos Bremsschirme nicht vorgesehen sind, verbleibt in so einem Fall nur die Hoffnung, dass sich kein Hindernis in den Weg stellt.

Wenn ein Auto Wasserski fährt.

Betrachtet man das Grundgesetz der Mechanik näher, sollte man verwundert feststellen, dass darin weder Ort, Geschwindigkeit noch Zeit als explizite Variable vorkommen. Tatsächlich kommen diese Größen doch vor: sie sind implizit in der Kraft enthalten. Die Summanden, aus denen sich die Kraft F in (*6.7.1*) zusammensetzt, können ihrerseits Funktionswerte vielstelliger Funktionen sein. Hier können Zeit, Ort und Geschwindigkeit durchaus Variable sein. Nur in dem schwer zu realisierenden Ausnahmefall einer konstanten Kraft handelt es sich bei (*6.7.1*) um eine einfache Relation zwischen lediglich drei Größen.

So einfach ist das Grundgesetz der Mechanik nun doch nicht!
Die Kraft ist Funktionswert einer zumeist komplizierten Funktion des Ortes und der Zeit.

Eine konstante Kraft liegt in unserem Fahrradbeispiel mit Sicherheit nicht vor. Schon die Kraft, die der Fahrer über Kettengetriebe und Hinterrad auf die Straße bringt, ist entsprechend der physiologischen Möglichkeiten der Beinmuskulatur zeitabhängig. Der nach vorne gerichteten Kraft stehen zudem geschwindigkeitsabhängige Reibungskräfte entgegen. Erst wenn man alle Kräfte auf das Gespann berücksichtigt und aufsummiert hat, erhält man die in *Bild 6.7.1* mit einem roten Pfeil illustrierte Kraft F.

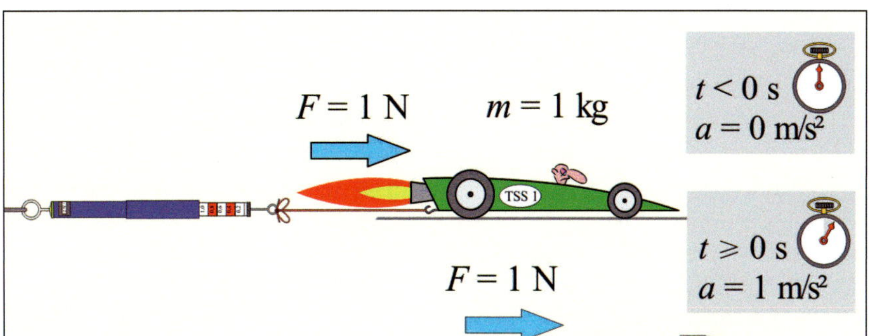

Bild 6.7.2
Die Krafteinheit Newton

Wenn man Newton II sogar Grundgesetz der Mechanik nennen kann, muss es sich bei dieser Relation um etwas Fundamentales handeln. Das rechtfertigt, die Krafteinheiten dieser Relation anzupassen und sie so zu wählen, dass kein hässlicher Umrechnungsfaktor die kompakte Relation verunziert. *Bild 6.7.2* soll Ihnen die Krafteinheit veranschaulichen. Stellen Sie sich vor, Sie hätten ein kleines Modellauto mit einer Masse von 1 kg. Das Fahrzeug würde durch einen kleinen regulierbaren Raketenmotor angetrieben, dessen Kraft zumindest einige Sekunden als konstant anzusehen ist. Weiterhin seien einige Sekunden sämtliche Reibungskräfte vernachlässigbar. Vor dem Start lassen wir zunächst den Raketenmotor

Gesucht ist eine Einheit für Kräfte!

gegen einen Federkraftmesser anarbeiten und notieren die Skalenteile. Dann schneiden wir das Band durch und messen, wie das Auto beschleunigt. Wenn der Raketenmotor so einreguliert ist, dass die Beschleunigung genau 1 m/s² beträgt, dann sagt das Grundgesetz der Mechanik / Newton II, welche (Schub-)Kraft diese Beschleunigung verursacht hat.

(6.7.3)

$$F = m \cdot \frac{\mathrm{d}v}{\mathrm{d}t} = 1\,\mathrm{kg} \cdot 1\,\frac{\mathrm{m}}{\mathrm{s}^2} = \underline{\underline{1\,\frac{\mathrm{kg \cdot m}}{\mathrm{s}^2}}}$$

Lästig: Die Krafteinheit erfordert drei Basiseinheiten!

Nach dem üblichen Zusammenfassen der Einheiten in (*6.7.3*) zeigt sich, dass für eine so wichtige Einheit wie die der Kraft gleich drei Basiseinheiten erforderlich sind. Um zu einer handlicheren Einheit zu kommen, wendet man einen Kunstgriff an. Das Dreierpack bekommt einen „*Aliasnamen*“ und das ist die Einheit *Newton* – abgekürzt N.

Merksatz 6.7.1

Aliasnamen für Einheiten:
Einheiten häufig gebrauchter Größen, die aus Kombinationen von zwei und mehr Basiseinheiten bestehen, bekommen zumeist einen „**Aliasnamen**“ zugeteilt. Das sind in der Regel Namen von berühmten Forschern.

Beispiel: $1\,\frac{\mathrm{kg \cdot m}}{\mathrm{s}^2} := 1$ Newton

Sie können bei Bedarf den „Aliasnamen“ jederzeit wieder durch die entsprechende Kombination der Basiseinheiten ersetzen.

Einen kleinen Prüfstein für das Verständnis der „Aliaseinheiten“ erhält man, wenn man (*6.7.3*) nach der Beschleunigung auflöst:

(6.7.4)

$$\frac{\mathrm{d}v}{\mathrm{d}t} = \frac{F}{m} = \frac{1\,\mathrm{N}}{1\,\mathrm{kg}} = 1\,\frac{\frac{\mathrm{kg \cdot m}}{\mathrm{s}^2}}{\mathrm{kg}} = 1\,\frac{\cancel{\mathrm{kg}} \cdot \mathrm{m}}{\mathrm{s}^2 \cdot \cancel{\mathrm{kg}}} = \underline{\underline{1\,\frac{\mathrm{m}}{\mathrm{s}^2}}}$$

In (*6.7.4*) wurde davon Gebrauch gemacht, dass man den Aliasnamen (hier Newton) wieder durch die Basiseinheiten ersetzen kann, um gegebenenfalls die Einheit durch Kürzen vereinfachen zu können. Dabei ist natürlich die Beherrschung der Bruchrechnung unerlässlich! Hier kürzte sich die Basiseinheit Kilogramm heraus. Die gebrochene Einheit Newton pro Kilogramm ist also gleich der Beschleunigungseinheit Meter pro Sekundequadrat.

(6.7.5)

Berechnung von a(t), v(t) und s(t) für den Sonderfall einer konstanten Kraft aus dem Grundgesetz der Mechanik

$$F = m\frac{\mathrm{d}v}{\mathrm{d}t} \quad |:m \quad \Rightarrow \frac{\mathrm{d}v}{\mathrm{d}t} = \frac{F}{m} := \boldsymbol{a} \quad | \cdot \mathrm{d}t$$

$$\Rightarrow \mathrm{d}v = \boldsymbol{a} \cdot \mathrm{d}t \quad | \,\mathrm{d}v \text{ aufsummieren!}$$

$$\Rightarrow v(t) = \int_0^t \boldsymbol{a} \cdot \mathrm{d}\tau = \boldsymbol{a}\int_0^t \mathrm{d}\tau = \underline{\underline{\boldsymbol{a} \cdot t}}$$

$$v(t) = \frac{\mathrm{d}s}{\mathrm{d}t} \Rightarrow \mathrm{d}s = v(t) \cdot \mathrm{d}t \quad | \,\mathrm{d}s \text{ aufsummieren!}$$

$$\Rightarrow s(t) = \int_0^t \underbrace{\boldsymbol{a}\,\tau}_{v(\tau)} \,\mathrm{d}\tau = \boldsymbol{a}\int_0^t \tau\,\mathrm{d}\tau = \underline{\underline{\tfrac{1}{2}\boldsymbol{a} \cdot t^2}}$$

Um eine Vorstellung über die Auswirkung der Kraft 1 N auf Geschwindigkeit und Weg des 1-kg-Raketenautos zu erhalten, leiten wir mithilfe der Integralrechnung aus dem Grundgesetz der Mechanik Formeln für $v(t)$ und $s(t)$ her (*s. 6.7.5*). Beachten Sie, gemäß (*6.7.1*) ist der Quotient aus Kraft und Masse gleich der Beschleunigung. Sie ist in diesem Sonderfall konstant und wird in der Rechnung (*6.7.5*) mit $\boldsymbol{a}$ bezeichnet. Da das Auto aus dem Stand beschleunigt, sind die Anfangsbedingungen einfach: $v(0) = 0$ und $s(0) = 0$! Man erkennt, die Geschwindigkeit ist in dem vorliegenden Sonderfall (F = konst.) proportional zur Zeit. Der Weg nimmt quadratisch mit der Zeit zu. Da $a = 1\ \text{m/s}^2$ betragen soll, muss die Geschwindigkeit des Autos eine Sekunde nach dem Start 1 m/s betragen. Es hätte dann eine Strecke von 0,5 m zurückgelegt. Somit lässt sich mit Stoppuhr und Zentimetermaß leicht feststellen, ob das Auto mit $1\ \text{m/s}^2$ beschleunigt. Sie werden allerdings in der PTB vergebens nach dem Raketenauto fragen, denn – wie so oft – die plausibelsten Methoden zur Definition einer Einheit sind nicht die genauesten.

<u>$F = 1$ N (konst.), $m = 1$ kg:</u>
$a(t) = 1\ \text{m/s}^2$
$v(t) = 1\ \text{m/s}^2 \cdot t$
$s(t) = 0{,}5\ \text{m/s}^2 \cdot t^2$

Bei der PTB gibt es kein Raketenauto!

Ein Laie würde grundsätzlich über die Definition der Krafteinheit Newton den Kopf schütteln, da für ihn die „natürliche" Krafteinheit diejenige Kraft ist, die man benötigt, um einen Körper der Masse 1 kg anzuheben. Tatsächlich hat man das früher auch so gehalten und nannte diese Krafteinheit Kilopond – abgekürzt kp. Im Abschnitt 6.6 /(*6.6.1*) wurde mithilfe von Wurstringen an einem Ast plausibel gemacht, wie Masse und Gravitationskraft miteinander zusammenhängen. Hier sei die Relation ausnahmsweise noch einmal aufgeführt:

Kilopond hat es einmal gegeben.

$$F_G = m \cdot g \qquad (6.7.6)$$

Die Gravitationsfeldstärke g gibt an, mit welcher Kraft (in N) ein Körper mit $m = 1$ kg von einem Himmelskörper angezogen wird. Hängt man nun einen Körper der Masse 1 kg an einen in Newton geeichten Federkraftmesser, so wird das Ärgernis offenbar: Die Erde zieht das 1-kg-Objekt mit einer Kraft von „krummen" 9,81 N an. Dementsprechend beträgt (in unseren Breiten) die Gravitationsfeldstärke 9,81 N/kg! Damit wäre 1 kp gleich 9,81 N. Zu allem Überfluss ist die Gravitationsfeldstärke keine universelle Konstante, sondern hängt davon ab, wo man sich im Weltraum befindet. Nicht einmal auf der Erdoberfläche ist die Gravitationsfeldstärke konstant – sie reicht von 9,78 N/kg (Äquator) bis 9,83 N/kg (Nordpol). Das hieße umgerechnet, dass die Gewichtskraft von 1 kg zwischen 0,997 kp (Äquator) und 1,002 kp (Nordpol) schwankt. Das Grundgesetz der Mechanik gilt universell und rechtfertigt somit die darauf angepasste Krafteinheit Newton.

Die Anziehungskraft ist nicht konstant – damit entfällt der Grund für kp als Krafteinheit.

Das für Sie an dieser Stelle noch nicht einsehbare Hauptargument für die Einheit Newton ist, dass damit in (sehr!!) vielen Formeln von Naturwissenschaft und Technik entsetzliche Umrechnungsfaktoren vermieden werden. Die Einheit Newton ordnet sich in ein ganzes System von Einheiten ein, den so genannten *SI-Einheiten* (Système international d'unités). Die *Basiseinheiten* dieses Systems sind: Kilogramm, Meter, Sekunde, Ampere (elektrischer Strom), Kelvin (absolute Temperatur), Mol und Candela (Lichtstärke). Alle anderen Einheiten, wie z. B. die eben beschriebene Krafteinheit Newton, leiten sich aus diesen Basiseinheiten her.

Hauptargument: Viele lästige Umrechnungsfaktoren entfallen.

Benutzen Sie SI-Einheiten!

Ausgedient: daN, cN

Als Ersatz für die Kiloponds mussten zeitweilig die Präfixe zenti und deka herhalten. Zumindest auf der Erde kann man den Betrag der Gravitationsfeldstärke auf 10 N/kg aufrunden. Mit dieser Rundung gilt: 10 N/kg = 1 daN/kg = 1 cN/g. Damit sind (auf der Erde) im Rahmen einer 2-prozentigen Genauigkeit die Zahlenwerte von Masse (in g bzw. kg) und Gewichtskraft (in cN bzw. daN) gleich.

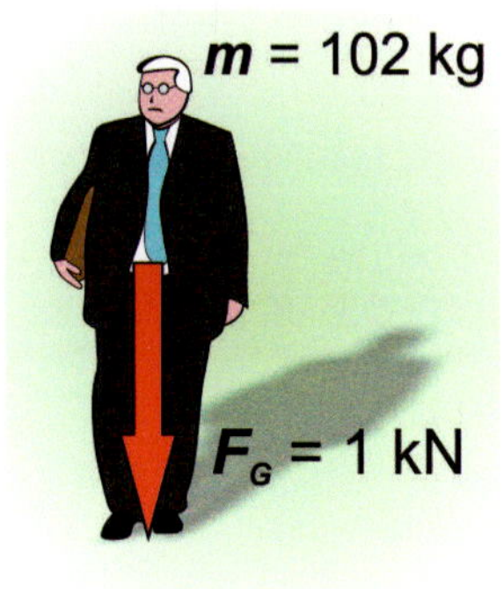

Es ist schon eine Kröte zu schlucken, wenn man seinen „inneren" Kraftmesser konsequent auf die SI-Einheit Newton umstellen soll. Ein Newton ist die Gewichtskraft einer Tafel Schokolade. Da wegen dieser relativ geringen Kraft die Einheit Newton oft das Präfix „kilo" bekommen muss, ist es hilfreich, sich für das kN eine anschauliche Referenz zu verschaffen. Hier bieten sich Männer aus Berufsgruppen an, deren überwiegend sitzende Tätigkeit sie zwangsläufig in die *Doppelzentner*-Gewichtsklasse (= 100 kg) bringt. Die Gewichtskraft einer solchen Persönlichkeit beträgt dann inklusive Anzug, Schlips und Aktentasche 1 kN.

6.8 Watt und Joule

Im Gegensatz zu den Größen Länge, Zeit, Geschwindigkeit und Kraft, die fast Bestandteil unseres inneren Betriebssystems zu sein scheinen, werden Sie sich in Zukunft mit mehr oder weniger abstrakten Größen und ihren Einheiten auseinandersetzen müssen. Die Definition einer (abstrakten) Größe und ihrer Einheit erfolgt in der Regel über ein mathematisch formuliertes Naturgesetz. So ist das auch bei der wichtigsten dieser Größen, der „physikalischen Arbeit". Das definierende Naturgesetz ist das Grundgesetz der Mechanik.

Abstrakte Größe Nr. 1: Physikalische Arbeit

Wir erleichtern uns den Zugang zu der physikalischen Arbeit, indem wir in *Bild 6.8.1* die Bewegung eines ganz gewöhnlichen Traktors betrachten. Anders als vorher in *Bild 6.7.2* wird hier kein idealisiertes Fahrzeug betrachtet. Die Konsequenz: Die Kraft ist nicht einmal näherungsweise als konstant anzusehen. Hinter dem Formelzeichen F verbirgt sich hier eine Summe aus komplizierten geschwindigkeits-, orts- und zeitabhängigen Teilfunktionen. Damit ist eine einfache Ermittlung von $v(t)$ und $s(t)$ wie in *(6.7.5)* nicht möglich.

Keine konstante Kraft!

Bild 6.8.1
Bewegung eines Traktors im Zeitintervall [t, t + dt]

Da bei unserem Traktor die Kraft nicht konstant ist, betrachten wir dessen Bewegung zunächst nur einem Zeitintervall der Breite dt. Die Intervallbreite wird so klein gewählt, dass die Kraft dort als konstant anzusehen ist. Das Fahrzeug wird in dem Zeitintervall der Breite dt aufgrund der jeweils aktuellen Kraft F ein Wegstückchen ds vorangetrieben (oder zurück).

Ihnen ist nun sicher bekannt, dass man Kräfte „einsparen" kann. Sie haben sicher in irgendeiner Form von der „Goldenen Regel der Mechanik", in der von Produkten aus Kraft und Kraftweg die Rede ist, gehört. Möglicherweise hat das Produkt aus Kraft und der von dieser Kraft verursachten Wegänderung ds eine besondere Bedeutung. Um das herauszufinden, gehen wir vom Grundgesetz der Mechanik (2. Newtonsches Gesetz) aus und machen probeweise eine kleine „Rechengymnastik" (*s. 6.8.1*). Aufgrund der Vermutung, dass das Produkt $F \cdot \mathrm{d}s$ eine Bedeutung hat, wird die Relation Newton II mit der Wegänderung ds multipliziert. Das liefert auf alle Fälle eine wahre Aussage – es stellt sich nur die Frage: „Sinnvoll oder nicht?"

$$F = m \cdot \frac{\mathrm{d}v}{\mathrm{d}t} \quad \Big| \cdot \mathrm{d}s$$

$$\Rightarrow F \cdot \mathrm{d}s = m \cdot \frac{\mathrm{d}v}{\mathrm{d}t} \cdot \mathrm{d}s = m \cdot \frac{\mathrm{d}s}{\mathrm{d}t} \cdot \mathrm{d}v = m \cdot v \cdot \mathrm{d}v$$

$$\Rightarrow F \cdot \mathrm{d}s = m \cdot v \cdot \mathrm{d}v \quad | \text{aufsummieren!}$$

$$\Rightarrow \int_0^s F \cdot \mathrm{d}s = \int_0^v m \cdot v \cdot \mathrm{d}v = m \int_0^v v \,\mathrm{d}v$$

$$\Rightarrow \int_0^s F \cdot \mathrm{d}s = \tfrac{1}{2} m v^2$$

Goldene Regel der Mechanik:

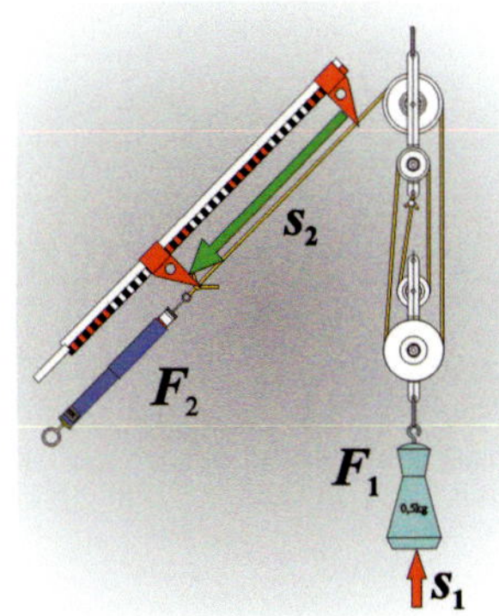

$F_1 \cdot s_1 = F_2 \cdot s_2$

Die Kraft kann mithilfe des Flaschenzuges verringert werden – dafür muss ein entsprechend längerer Weg in Kauf genommen werden.

(6.8.1)

Ein weiteres klassisches Beispiel: die „Schiefe Ebene".

In der zweiten Zeile von (*6.8.1*) wurde davon Gebrauch gemacht, dass man mit Differenzialen ganz normal rechnen kann. Deswegen konnte die Intervallbreite dt auch dem Differenzial ds zugeschlagen werden. Der Quotient aus ds und dt ergibt aber die Momentangeschwindigkeit v. Der Rest der „Rechengymnastik" ist Aufsummieren bzw. Integration. Um möglichst einfache Integrationsgrenzen zu haben, nehmen wir (ohne Beschränkung der Allgemeinheit) an, dass $v(0) = 0$ und $s(0) = 0$!

Auch wenn Ihr Matheprof grollt: Rechnen Sie ruhig mit Differenzialen!

Das Ergebnis ist (leider) erst auf den zweiten Blick eine Überraschung. Das linke Integral hat in der Regel eine scheußlich komplizierte Funktion als Integranden. Aber egal, ob wir das Integral lösen können oder nicht – es ist gleich einem supereinfachen Term, der nur von der Momentangeschwindigkeit $v = v(t)$ und der Masse m abhängt! Man kann es so interpretieren: Das, was die Kraft F längs des Weges s be**wirkt** hat, ist gleich ½ mv^2. Man nennt deshalb das Wegintegral *physikalische Arbeit* und das, was diese Arbeit bewirkt hat, Bewegungsenergie oder auch *kinetische Energie*. Formelzeichen für die Arbeit ist das große W und für die kinetische Energie W_k (manchmal auch T).

Beachten Sie: F ist die Summe aller Kräfte auf den Traktor!

to work <engl., „arbeiten (werken)">

Es entsteht kinetische Energie!

Durch die (physikalische) Arbeit W ist demnach dem Traktor die kinetische Energie W_k zugeführt worden. Was die Kraft längs des Weges sonst noch alles „angerichtet" hat, steht nicht in dem Ergebnis von (*6.8.1*)! Das komplette Energiekalkül müssen wir den Physikbüchern überlassen und uns an dieser Stelle um die Einheiten kümmern! Da es sich bei der Arbeit um die Summe von Produkten aus Kraft und Weg handelt, muss die Einheit das Produkt aus Newton und Meter sein. Ersetzt man den Aliasnamen Newton durch kg · m/s², so erhält man die Einheit kg · m²/s².

(6.8.2)

$$[W]=\left[\int F\cdot \mathrm{d}s\right]=\mathrm{N}\cdot\mathrm{m}=\frac{\mathrm{kg}\cdot\mathrm{m}}{\mathrm{s}^2}\cdot\mathrm{m}=\frac{\mathrm{kg}\cdot\mathrm{m}^2}{\mathrm{s}^2}:=\underline{\underline{\mathrm{J}\ (\mathrm{Joule})}}$$

Für die kinetische Energie muss sich dieselbe Einheit ergeben:

(6.8.3)

$$\tfrac{1}{2}[m]\cdot\left[v^2\right]=\mathrm{kg}\cdot\frac{\mathrm{m}^2}{\mathrm{s}^2}=\frac{\mathrm{kg}\cdot\mathrm{m}^2}{\mathrm{s}^2}=\underline{\underline{\mathrm{J}}}$$

Joule: sprich „Dschuhl"!

Ärgerlich, aber nichts zu machen: Drehmoment und Arbeit haben dieselbe Einheit.

In (*6.8.2*) und (*6.8.3*) wurde mithilfe der eckigen Klammern angedeutet, dass nur Einheiten betrachtet werden (*vgl. Abschnitt 4.1*). Dass man ein Konglomerat aus Basiseinheiten mit einem Aliasnamen belegt, wird Sie nicht mehr überraschen. Hier musste der Name Joule herhalten. Verwundern kann allerdings, dass man für die Einheit von Arbeit und Energie nicht einfach das Produkt „Newton mal Meter" verwendet. Der Grund: Das Produkt N · m ist zufällig Einheit einer weiteren wichtigen physikalischen Größe – des Drehmoments. Hier hat man sich so entschieden: Drehmomente bekommen die Einheit N · m – Arbeit und Energie werden in Joule angegeben.

Wie bereits erwähnt, besteht die Kraft F in *Bild 6.8.1* im Allgemeinen aus vielen Summanden, von denen die meisten der Antriebskraft entgegen wirken. Entsprechend zerfällt die Arbeit dW längs des Wegstückchens ds in Summanden:

(6.8.4)

$$\mathrm{d}W=F\cdot\mathrm{d}s=\left(F_\mathrm{A}+F_\mathrm{B}+\ldots\right)\cdot\mathrm{d}s=\underbrace{F_\mathrm{A}\cdot\mathrm{d}s}_{\mathrm{d}W_\mathrm{A}}+\underbrace{F_\mathrm{B}\cdot\mathrm{d}s}_{\mathrm{d}W_\mathrm{B}}+\ldots$$

Bemerkenswert: Eine Rechengröße verhält sich wie eine Flüssigkeit – sie kann strömen.

Einer der Summanden von dW ist die vom System Motor-Getriebe-Antriebsräder aufgebrachte Arbeit, z. B. $\mathrm{d}W_\mathrm{A}=F_\mathrm{A}\cdot\mathrm{d}s$. Eine wichtige Kenngröße des Antriebssystems ist diejenige Arbeit (Energie), die es pro Sekunde mobilisieren kann. Diese Größe heißt *Leistung* oder auch *Energiestrom* und bekommt das Formelzeichen P (von engl. power). Beziehen wir daher den Summanden $\mathrm{d}W_\mathrm{A}$ auf das Zeitintervall dt :

(6.8.5)

$$P_\mathrm{A}:=\frac{\mathrm{d}W_\mathrm{A}}{\mathrm{d}t}$$

Vorsicht, Unterschiede zum normalen Sprachgebrauch!! power <engl., „Kraft, Macht"> performance < „Leistung">

Wenn in F_A alle Antriebskräfte zusammengefasst sind, definieren die andern Summanden in (*6.8.4*) ebenfalls Energieströme aber mit umgekehrten Vorzeichen. Das sind die Energieströme, die das System z. B. durch Luft- und Reifenwiderstände in Form von Wärme unwiederbringlich an die Umwelt abgibt. Überaus wichtig ist die Einheit der Größe Energiestrom (Leistung)!

(6.8.6)

$$[P]=\frac{\left[\mathrm{d}W_\mathrm{A}\right]}{[\mathrm{d}t]}=\frac{\mathrm{J}}{\mathrm{s}}:=\mathrm{W}\ (\mathrm{Watt})$$

Wie in (*6.8.6*) ersichtlich, wäre Joule pro Sekunde durchaus eine vernünftige Einheit für Leistungen/Energieströme. Da diese Größen sehr häufig benutzt werden, hat man sich entschieden, ihnen lieber einen eignen Aliasnamen zu geben: diesmal musste der Erfinder der Dampfmaschine (James Watt) seinen Namen zur Verfügung stellen. Allerdings hatte J. Watt als Einheit für die Leistung seiner Maschinen die Dauerleistung von Mühlenpferden zugrunde gelegt:

Beachten Sie: „Leistung" und „Energiestrom" sind synonyme Begriffe!

Dauerleistung, keine Spitzenleistung!

$$1\,\mathrm{PS} := 75\,\frac{\mathrm{kp}\cdot\mathrm{m}}{\mathrm{s}} = 75\cdot 9{,}81\,\mathrm{J/s} \approx 750\,\mathrm{W} = 0{,}75\,\mathrm{kW} \tag{6.8.7}$$

Sollten Sie nicht gerade ein Autoverkäufer sein, vermeiden Sie die Nicht-SI-Einheit Pferdestärken! Drückt man die Einheit Watt in Basiseinheiten aus, erscheint im Nenner sogar die dritte Potenz der Zeit:

Meiden Sie Nicht-SI-Einheiten!

$$\mathrm{W} = \frac{\mathrm{J}}{\mathrm{s}} = \frac{\frac{\mathrm{kg}\cdot\mathrm{m}^2}{\mathrm{s}^2}}{\mathrm{s}} = \underline{\underline{\frac{\mathrm{kg}\cdot\mathrm{m}^2}{\mathrm{s}^3}}} \tag{6.8.8}$$

Wie oben bereits erwähnt, meidet man die Einheit J/s – dagegen dürfen Sie die Einheit Joule durch „W · s" (Wattsekunde) ersetzen (*s. 6.8.9*). Für große Energiemengen nimmt man gern die Kilowattstunde als Einheit.

$$1\,\mathrm{W} = 1\,\frac{\mathrm{J}}{\mathrm{s}}\;\Big|\cdot\mathrm{s} \quad\Rightarrow\quad 1\,\mathrm{J} = \underline{\underline{1\,\mathrm{W}\cdot\mathrm{s}}} \qquad 3600000\,\mathrm{W}\cdot\mathrm{s} = \underline{\underline{1\,\mathrm{kWh}}} \tag{6.8.9}$$

Nach dem Durcharbeiten dieses Kapitels müssten Sie eigentlich für den Tanz mit den (vielen) Einheiten in Naturwissenschaft und Technik gerüstet sein. Versäumen Sie nicht, bei Verwendung irgendwelcher Formeln – gleich ob selbst hergeleitet oder übernommen – sie einer „Dimensionsanalyse" zu unterziehen. Stellen Sie sich den Schaden vor, den eine fehlerhafte Formel anrichten kann, die leichtsinnig in ein Computerprogramm implementiert wird. Ein berühmtes Beispiel ist der 125-Millionen-Dollar-Verlust des Mars Climate Orbiter im Jahr 1999. Die Ursache war, man kann es kaum glauben, ein Rechenfehler aufgrund falscher Einheiten! Eine Dimensionsanalyse kann man machen, indem man exemplarisch einen Wert von Hand berechnet und die kompletten Werte der Größen (Zahlenwert mit Einheit) in die Formel einsetzt:

Bedenken Sie: Jede Dummheit ist auch möglich begangen zu werden – und zwar von jedem!

$$\begin{aligned}
&\rho_L = 1{,}3\,\tfrac{\mathrm{kg}}{\mathrm{m}^3};\quad A = 3{,}5\,\mathrm{m}^2;\quad v = 10\,\tfrac{\mathrm{m}}{\mathrm{s}};\quad c_W = 0{,}8\\
&F_L = c_W\cdot\frac{\rho_L\cdot A}{2}\cdot v^2\\
&F_L = 0{,}8\cdot 0{,}5\cdot 1{,}3\,\tfrac{\mathrm{kg}}{\mathrm{m}^3}\cdot 3{,}5\,\mathrm{m}^2\cdot\left(10\,\tfrac{\mathrm{m}}{\mathrm{s}}\right)^2\\
&= 18{,}2\cdot\tfrac{\mathrm{kg}}{\mathrm{m}^3}\cdot\mathrm{m}^2\cdot\tfrac{\mathrm{m}^2}{\mathrm{s}^2} = 18{,}2\,\tfrac{\mathrm{kg}\cdot\mathrm{m}}{\mathrm{s}^2} = \underline{\underline{18\,\mathrm{N}}}
\end{aligned} \tag{6.8.10}$$

In (*6.8.10*) wird beispielsweise der Luftwiderstand unseres Traktors bei einer Geschwindigkeit von 36 km/h (10 m/s) ermittelt. Der Index „L" steht in den folgenden Formelzeichen für Luft. Das Ergebnis kommt in der korrekten Einheit N heraus. Der geringe Zahlenwert signalisiert, dass eine Stromlinienverkleidung unseres Traktors ziemlich sinnlos wäre.

An und für sich ist eine Zahlenwertberechnung bei der Dimensionsanalyse nicht erforderlich. Man kann die Einheiten unter Benutzung der Schreibweise mit den eckigen Klammern getrennt überprüfen.

(6.8.11)

$$[F_L] = [c_W] \cdot \frac{[\rho_L] \cdot [A]}{2} \cdot [v^2]$$

$$N = 1 \cdot \frac{kg}{m^2} \cdot m^2 \cdot \frac{m^2}{s^2} = \frac{kg \cdot \cancel{m^4}^{\,m}}{\cancel{m^3} \cdot s^2} = \frac{kg \cdot m}{s^2} \quad \text{WAHR}$$

Zahlenfaktoren spielen bei der Überprüfung keine Rolle!

Logische Fehler sind die fiesesten! Dazu gehören auch fehlerhafte Formeln.

Man kann natürlich einwenden, dass sich bei Verwendung der Basiseinheiten des SI die richtige Einheit automatisch ergibt – das ist wohl richtig, aber die Formel könnte ja fehlerhaft sein. In unserem Beispiel zeigen die Überprüfungen, dass bei Verwendung der oben in (*6.8.10*) aufgeführten Parameter tatsächlich die korrekte Einheit N herauskommt. Das ist zwar noch keine hinreichende Bedingung für die Richtigkeit einer Berechnung, aber immerhin: man hat sich vor groben Schnitzern abgesichert!

6.9 Antiproportional versus proportional

Erinnern Sie sich noch an „umgekehrte" Dreisätze? Darum geht es in diesem Kapitel.

Kümmern wir uns noch einmal um die Größe Leistung/Energiestrom und betrachten exemplarisch den Energietransfer von einer Autobatterie zu einem Elektromotor (*s. Bild 6.9.1*)!

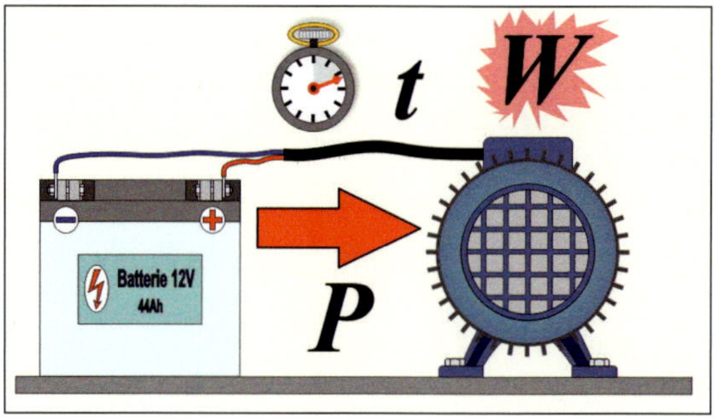

Bild 6.9.1
Energietransfer von einer Autobatterie zu einem E-Motor

Wir nehmen an, der Energiestrom P von der Batterie zum Motor wäre nach dem Einschalten des Motors ($t = 0$) zeitlich konstant. Für diesen (Sonder-)Fall wird aus dem Differenzialquotienten in (*6.8.5*) ein Differenzenquotient (*siehe links in 6.9.1*). Wenn das Einschalten des Motors zur Zeit $t = 0$ erfolgt und W die Energie ist, die der Motor im Zeitintervall $[0, t]$ erhalten hat, sind nicht einmal Differenzen erforderlich – aus dem Differenzenquotienten wird ein Quotient (*s. rechts in*

6.9.1). Durch Multiplikation mit der Zeit t erhält man eine (einfache) dreistellige Relation ohne Bruchstrich zwischen den Größen Energie, Leistung (Energiestrom) und Zeit.

$$P=\frac{\Delta W}{\Delta t}=\frac{W-W_0}{t-t_0}\bigg|_{W_0=0;\,t_0=0}=\frac{W}{t}\Rightarrow \boldsymbol{W=P\cdot t} \tag{6.9.1}$$

Die Relation $W=P\cdot t$ ist leicht zu verstehen: P ist diejenige Energie, die in jeder Sekunde von der Batterie zum Motor „strömt". Dann muss das Produkt aus P und der Zeit t (in Sekunden) gleich derjenigen Energie sein, die der Motor in der Zeit von null bis t erhalten hat. In diesem Fall ist die Größe P ein Parameter und die Relation ist eine Funktion – speziell eine Proportionalität. Dabei ist t die unabhängige und W die abhängige Variable.

Lassen Sie in Ihrer Vorstellung ruhig die Energie strömen!

Es könnte auch sein, dass man wissen möchte, in welcher Zeit der Motor eine bestimmte Energie erhalten hat. Dann vertauschen die Variablen t und W ihre Rollen. Die Relation bleibt eine Proportionalität, allerdings würde man die Relation (6.9.1) nach t auflösen.

$$W=P\cdot t\;|:P\quad\Rightarrow\;\boldsymbol{t=\frac{1}{P}\cdot W} \tag{6.9.2}$$

Die Schreibweise des Proportionalitätsfaktors in (*6.9.2*) mag befremdlich sein – aber ein Proportionalitätsfaktor muss nicht unbedingt eine sinnvolle Größe darstellen. Es kann aber sein, dass wie in (*6.9.2*) dessen reziproker Wert eine Bedeutung hat. In diesem Fall ist es üblich, den Proportionalitätsfaktor als Bruch mit einer Eins im Zähler darzustellen.

Der in *Bild 6.9.1* illustrierte Energietransfer ist auch anders auffassbar. W könnte die Energie sein, die in der Batterie zur Zeit $t=0$ gespeichert ist. Die Frage könnte lauten: Wie lange kann die Batterie einen Motor mit der Leistungsaufnahme P mit Energie versorgen? Unter dieser Fragestellung wird die in der Batterie gespeicherte Energie W zum Parameter. Aus der Relation (*6.9.1*) wird wieder eine Funktion. Jetzt ist P die unabhängige und t die abhängige Variable. Allerdings ist diese Funktion nicht in expliziter, sondern „nur" in impliziter Darstellung gegeben. Das lässt sich, wenn man es denn möchte, durch Division der Relation durch die unabhängige Variable P leicht ändern:

W wird zum Parameter, P wird (unabhängige) Variable.

$$\boldsymbol{W=P\cdot t}\;|:P\quad\Leftrightarrow\;\boldsymbol{t=\frac{W}{P}} \tag{6.9.3}$$

Wenn man anstelle eines bestimmten Motors einen anderen anschließt, der dreimal so viel „schluckt", reicht die Batterie nur für ein Drittel der Zeit. Umgekehrt würde ein sparsamer Motor, der sich mit einem Drittel des Energiestromes begnügt, dreimal so lange mit der Batteriefüllung auskommen. Das lässt sich auch mit jedem anderen Faktor bzw. Bruchteil durchspielen. Dieses „Antiverhalten" der Variablen P und t lässt sich **beiden** Funktionsdarstellungen in (*6.9.3*) leicht entnehmen. Die implizite Darstellung zeigt, dass das Produkt der beiden Funktionsvariablen konstant bleiben muss. Das heißt, wenn man eine der Variablen mit einem Faktor vergrößert (verkleinert), muss die andere Variable mit dem Reziproken dieses Faktors vermindert (vergrößert) werden.

Typisches „Verteilungsproblem": Hoher Verbrauch: Vorrat reicht nur für eine kurze Zeit. Geringer Verbrauch: Vorrat reicht für eine längere Zeit.

(6.9.4)
$$n \in \mathbb{R}: \quad W = (nP) \cdot \underline{\underline{(n^{-1}t)}} = P \cdot t \cdot \underbrace{n \cdot n^{-1}}_{=1}$$

In der expliziten Form erscheint ein Faktor, der die Variable P modifiziert im Nenner des Bruches. Der Faktor lässt sich abspalten und macht offensichtlich, dass der Funktionswert t mit dem reziproken Faktor verändert wird.

(6.9.5)
$$n \in \mathbb{R}: \quad \frac{W}{n \cdot P} = \frac{1}{n} \cdot \frac{W}{P} = \frac{1}{n} \cdot t = \underline{\underline{n^{-1} \cdot t}}$$

Eine derartige Funktion, unabhängig davon, welche Darstellung gewählt wird, heißt *Antiproportionalität.* Man sagt, die Variablen t und P sind zueinander *antiproportional* (auch *umgekehrt proportional*). Analog zur Definition der Proportionalität (*vgl. Merksatz 5.3.1*) lässt sich auch die Antiproportionalität definieren:

Merksatz 6.9.1

Definition:

Sei $f: \mathbb{R} \dashrightarrow \mathbb{R}; \; n \in \mathbb{R}$

Eine Funktion f heißt ***Antiproportionalität***, wenn dem n-fachen Argument immer auch der $1/n$-fache Wert zugeordnet ist:

$$n \cdot x \mapsto \frac{f(x)}{n} \quad \left[\text{bzw.} \quad f(n \cdot x) = \frac{f(x)}{n}\right]$$

Alternativ definiert man die Antiproportionalität gern mithilfe der Produktgleichheit:

$$x \cdot \underbrace{f(x)}_{y} = C \quad \text{bzw.} \quad x \cdot y = C$$

Analog zu den Proportionalitäten lassen sich Funktionswerte von Antiproportionalitäten mithilfe von Dreisätzen berechnen. Einziger Unterschied: die Operatoren der rechten Tabellenseite müssen die **reziproken** der linken sein. Machen wir aus dem Batterie-Beispiel eine „Schulaufgabe“:

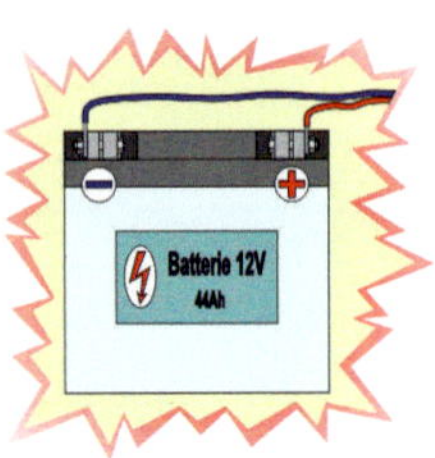

Dreisatzaufgabe:

Ein Elektromotor mit einer Leistungsaufnahme von 0,6 kW wird an eine voll aufgeladene Autobatterie angeschlossen. Die in der Batterie gespeicherte Energie reicht für einen Betrieb von 0,88 h.

- Wie lange könnte man einen Elektromotor mit 2,2 kW betreiben? Gib die Zeit auch in Minuten an!

Schüler müssen zunächst erkennen, dass die in der Aufgabe vorkommenden Größen zueinander antiproportional sind. Welche Größe die abhängige Variable ist, können sie der Fragestellung entnehmen – der Rest ist ein routinemäßiger (umgekehrter) Dreisatz (*s. Bild 6.9.2*).

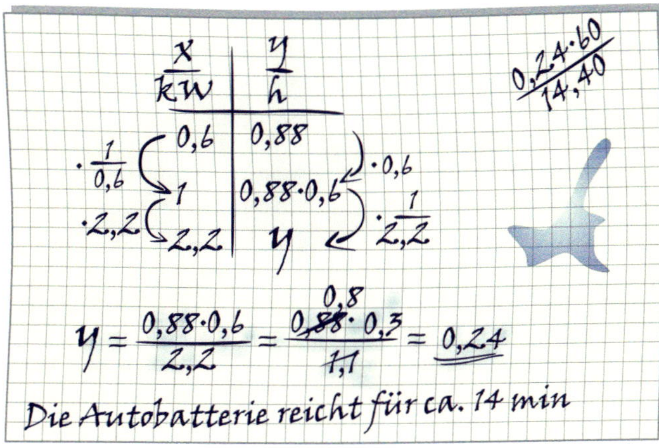

Beachten Sie die reziproken Operatoren auf der rechten Seite!

Bild 6.9.2
„Umgekehrter" Dreisatz

Lassen Sie uns den Dreisatz noch einmal notieren und setzen statt konkreter Zahlenwerte Variable ein!

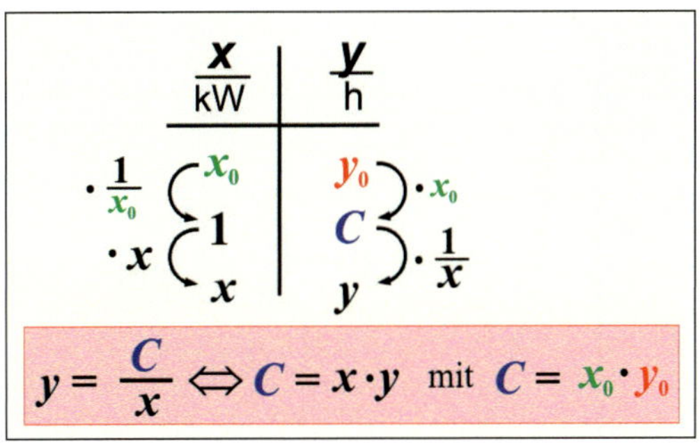

Bild 6.9.3
Dreisatz für antiproportionale Zuordnungen mit Variablen

Anhand des in *Bild 6.9.3* dargestellten Dreisatzes ist leicht ersichtlich, wie Antiproportionalitäten formelmäßig darzustellen sind (*s. unten im Bild*). Die Variablen dürfen – wie bei den Proportionalitäten auch – komplette Größen sein. Der der Eins zugeordnete Wert hat keinen besonderen Namen – er heißt schlicht „Konstante". Allerdings ist diese „Konstante" in Physik und Technik meist eine konkrete Größe. Ihre Einheit ist gleich dem Produkt aus den Einheiten der beiden Variablen. Im vorliegenden Fall ist $C = 0{,}6\ \text{kW} \cdot 0{,}88\ \text{h} = 0{,}528\ \text{kWh}$. Das ist die Kapazität der Batterie in kWh (bei einer Spannung von 12 V sind das umgerechnet 44 Ah).

Definition:
Seien f, g Funktionen (ein- oder mehrstellig) mit gleichem Definitionsbereich. Sie heißen zueinander antiproportional, wenn eine Konstante C existiert, sodass gilt:
$f(x) \cdot g(x) = C$
Es handelt sich um eine Relation zwischen den Funktionen f und g – ist sie erfüllt, schreibt man das so:
$f \sim \frac{1}{g}$ bzw. $g \sim \frac{1}{f}$

Merksatz 6.9.2

„Ist antiproportional zu" wird auch als Relation zwischen Funktionen verwendet. Allerdings wird i. Allg. auf ein eigenes Relationszeichen verzichtet. Die Antiproportionalitäts-Relation lässt sich auch mithilfe der „Proportionalitäts-Schlange" formulieren (*s. Merksatz 6.9.2*). Beachten Sie: Die Antiproportionalitäts-Relation ist wie die Proportionalitäts-Relation reflexiv! Anstelle „… ist antiproportional zu …" kann man alternativ sagen: „… ist proportional zum Reziproken von …". Natürlich darf die Funktion g eine Identität sein, das heißt $g(x) = x$. Dann ist $f(x) \sim 1/x$.

Graph einer Antiprop.: Hyperbel, keineswegs eine Gerade mit negativer Steigung!

Man könnte auf die Idee kommen, beim Graphen einer Antiproportionalität handle es sich um eine Gerade mit negativer Steigung. Die negative Steigung stimmt, aber es handelt sich nicht um eine Gerade. In Bild *6.9.4* sehen Sie, wie der Graph unserer Batterie-Motor-Antiproportionalität tatsächlich aussieht. Bemerkenswert sind die gegen unendlich strebenden Funktionswerte für (betragsmäßig) gegen null gehende Argumente. Lässt man umgekehrt die Argumente gegen unendlich gehen, werden die Funktionswerte beliebig klein, aber nie null. Wir werden in den Abschnitten 7.3 und 7.4 darauf noch genauer eingehen.

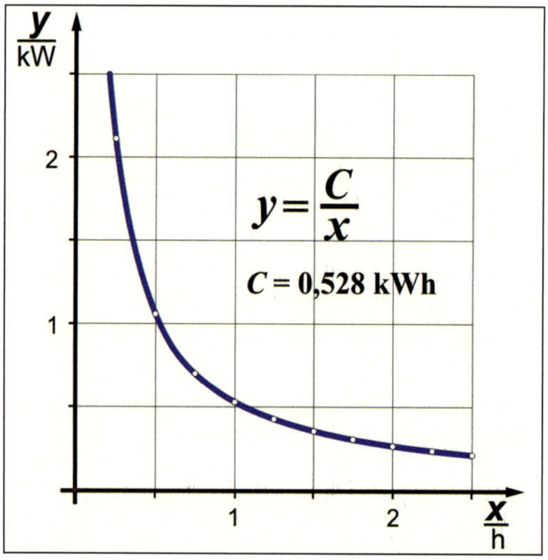

Bild 6.9.4
Grafische Darstellung einer Antiproportionalität

(sehr) viele Darstellungsmöglichkeiten

So einfach, wie Antiproportionalitäten auch scheinen – es gibt Fallstricke! Das liegt daran, dass es sehr viele Möglichkeiten gibt, derartige Funktionen darzustellen. Am einfachsten scheint die implizite Darstellung (*s. 6.9.6*). Zu beachten ist, dass der Parameter eindeutig als solcher kenntlich zu machen ist!

(6.9.6)

$$C = x \cdot y \quad \text{oder} \quad x \cdot y = x_0 \cdot y_0 \quad \text{oder} \quad x \cdot y = \text{const}.$$

Die explizite Darstellung hat den Vorteil, dass sie sich wegen der Variablen im Nenner sofort als Antiproportionalität zu erkennen gibt. Allerdings gibt es zum Leidwesen der Einsteiger viele andere Darstellungsmöglichkeiten. Sehen wir uns drei davon an:

(6.9.7)

$$y = \frac{C}{x} \quad \text{oder} \quad y = C \cdot \frac{1}{x} \quad \text{oder} \quad y = C \cdot x^{-1}$$

Die linke Darstellung in (*6.9.7*) kann wohl als Standarddarstellung bezeichnet werden. Der Parameter darf aber, wie wir aus der Bruchrechnung kennen (*vgl. Merksatz 2.9.5*), vom Bruchstrich „hüpfen". In einer solchen Fassung kann man sagen: Die Variable y ist proportional zum Reziproken der Variablen x (*s. 6.9.7 Mitte*). Natürlich darf das Reziproke auch mit der negativen Eins im Exponenten dargestellt werden (*s. rechts in 6.9.7*). Wenn das Produkt der Koordinaten eines Wertepaares keine konkrete Größe darstellt, fasst man sie meist nicht zu einem einzelnen Parameter zusammen. In diesem Fall darf auch nur einer der Faktoren vom Bruchstrich hüpfen:

Immer wieder gefordert: die Bruchrechnung

$$y = \frac{x_0 y_0}{x} \quad \text{oder} \quad y = y_0 \cdot \frac{x_0}{x} \tag{6.9.8}$$

7. Reelle Funktionen

Achtung Großkapitel!

Hinter der knappen Kapitelüberschrift verbirgt sich ein Großkapitel. Hier werden die wichtigsten einstelligen reellen Funktionen zusammenhängend erklärt. Dazu gehören zunächst die Potenzfunktionen, aus denen sich wiederum ganzrationale bzw. gebrochen rationale Funktionen konstruieren lassen. Ein rotierender Zeiger und eine zu Tal donnernde Lawine führen Sie schließlich zu den transzendenten Funktionen und deren Anwendungen. Die wichtigsten dieser Funktionen sind die Winkelfunktionen und die Exponentialfunktionen. Durch Umkehrung gelangt man von den grundlegenden reellen Funktionen zu deren nicht minder bedeutenden „Umkehrfunktionen". Dazu gehören Wurzelfunktionen, Arkussinus, -kosinus, -tangens und Logarithmusfunktionen.

Rotierende Zeiger und Lawinen (fast) alle wichtigen Funktionen

Ableitungs- und Integrationsregeln

Für alle in diesem Kapitel besprochenen Funktionen werden auch die jeweiligen Ableitungs- bzw. Integrationsregeln bereitgestellt. An der Integralrechnung wird auch weiter gebaut. Es stehen noch zwei grundlegende Integrationsregeln aus: die Substitutionsregel und die partielle Integration. Mit den hier besprochenen reellen Funktionen stehen schließlich passende Beispielfunktionen zur Verfügung.

7.1 Umkehrfunktionen einstelliger reeller Funktionen

Handelte es sich im Abschnitt 1.8 um (umkehrbare) Funktionen mit endlichen Definitions- und Wertemengen, dürfen diese Mengen jetzt auch unendlich sein. Speziell geht es um einstellige reelle Funktionen. Betrachten wir als Beispiel dazu die in *Bild 7.1.1* dargestellte (surjektive) Funktion:

(7.1.1)

$$f = \{(x,y) \in \mathbb{R}\times\mathbb{R} \mid y = x^2 \cdot (2-x)\}$$

Scheuen wir uns nicht, den Graphen von f vorübergehend als Höhenprofil eines Bergwanderwegs zu betrachten! Die Funktion (*7.1.1*) ist offensichtlich nicht umkehrbar, denn beispielsweise führen die Argumente x_0, x_1 oder x_2 zu ein und demselben Wert, nämlich $y = 0{,}6$; x_0 liegt außerhalb des Bildausschnittes. Deshalb können die Wanderer nicht eindeutig auf ihren Standort schließen, wenn ihr (barometrischer) Höhenmesser eine Höhe von 0,6 km anzeigt. Es ist das Bergauf–Bergab, was die Umkehrbarkeit der Funktion verhindert. Die Umkehrbarkeit wäre gegeben, wenn es stattdessen **ständig** mehr oder weniger bergauf (oder ständig bergab) ginge.

Standortbestimmung mittels Höhenmesser ist nicht möglich.

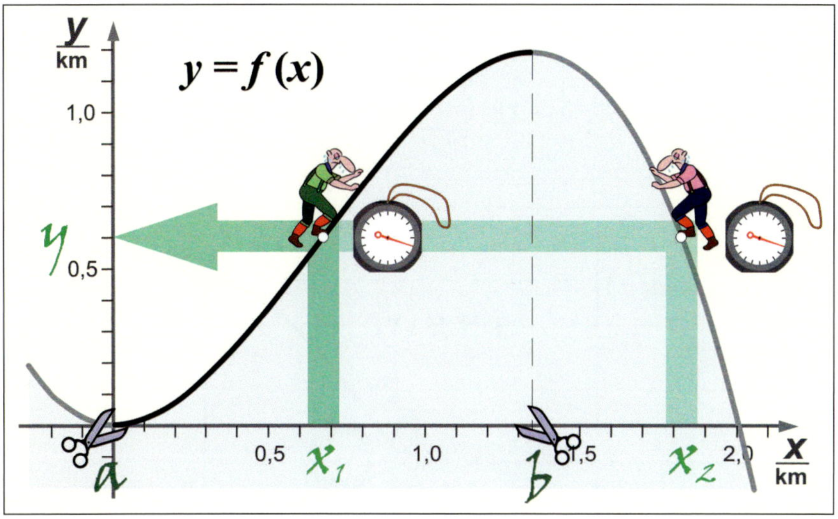

Kein eindeutiger Rückschluss auf das Argument möglich.

Bild 7.1.1
Graph als Höhenprofil eines Bergwanderwegs

Bei reellen Funktionen sagt man für „ständig mehr oder weniger bergauf" streng monoton steigend und für das Pendant „bergab" streng monoton fallend.

Definition:
Eine Funktion f heißt *streng monoton steigend*, wenn gilt :
$\forall x_1, x_2 \in D: \; x_1 < x_2 \Rightarrow f(x_1) < f(x_2)$
Umgekehrt heißt eine Funktion *streng monoton fallend*, wenn gilt:
$\forall x_1, x_2 \in D: \; x_1 < x_2 \Rightarrow f(x_1) > f(x_2)$

Merksatz 7.1.1

Bei nicht umkehrbaren Funktionen kann man die Umkehrbarkeit erzwingen. Dazu engt man den Definitionsbereich der Funktion auf ein Intervall ein, in dem die Funktion streng monoton ist. In dem Funktionsbeispiel dieses Abschnitts wäre das beispielsweise im Intervall $[a, b]$ der Fall (*s. Bild 7.1.1*). Die Funktion ist dort streng monoton steigend.

Umkehrbarkeit lässt sich durch Zusammenstutzen des Definitionsbereichs erzwingen.

Stutzen wir also den Definitionsbereich der Beispielfunktion (*7.1.1*) auf das Intervall $[a, b]$ zusammen – in *Bild 7.1.1* wurde das bereits durch zwei „Scheren" angedeutet. Beachten Sie bitte hierzu den Hinweis in *Merksatz 7.1.2*! Mit der Beschränkung der Originalfunktion auf das Intervall $[a, b]$ ist auch der Wertebereich zu einem abgeschlossenen Intervall geworden.

Hinweis:
Wenn Sie den Definitionsbereich einer Funktion einschränken, muss die Funktion auch dann umbenannt werden, wenn die Funktionsgleichung ungeändert bleibt. Die Umbenennung lässt sich vermeiden, wenn man den eingeschränkten Definitionsbereich hinter einem senkrechten Strich vermerkt.
Sei $A \subseteq D(f)$ dann kann man schreiben: $f \mid A$

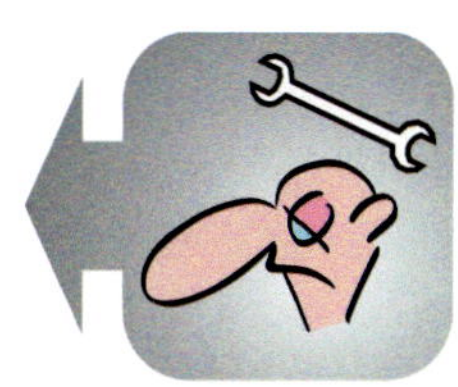

Merksatz 7.1.2

Da die geänderte Funktion später noch einen Postfix erhalten soll, können wir hier von der Schreibweise in *Merksatz 7.1.2* keinen Gebrauch machen. Nennen wir die in ihrem Definitionsbereich zusammengestutzte Funktion $f\,|[a,b]$ beispielsweise „g".

(7.1.2)

$$f\,|\,[a,b] := g = \{(x,y) \in \underbrace{[a,b]}_{D(g)} \times \underbrace{[g(a),g(b)]}_{W(g)} \mid \underbrace{y = x^2(2-x)}_{y=g(x)}\}$$

Ein eindeutiger Rückschluss auf das Argument ist möglich.

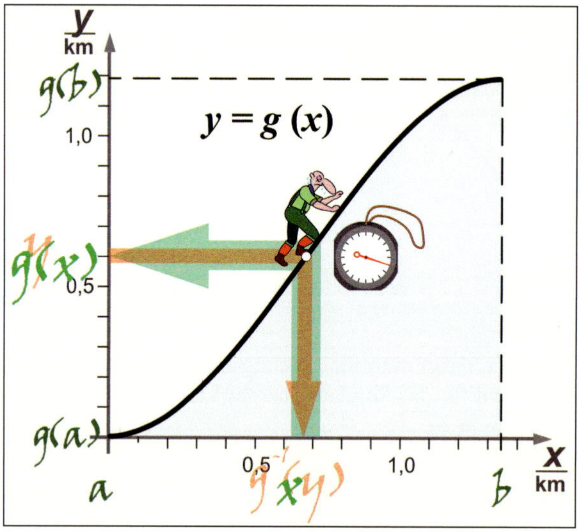

Bild 7.1.2
Graph einer streng monotonen Funktion

Bild 7.1.2 zeigt, dass der Wanderer, solange er sich im Definitionsbereich der Funktion g befindet, eindeutig von der Höhe y auf seinen Standort x zurückschließen kann. Diese umgekehrte Zuordnung, in *Bild 7.1.2* mit einem orangefarbenen Pfeil gekennzeichnet, ist wegen ihrer Eindeutigkeit ebenfalls eine Funktion – es ist die Umkehrfunktion von g. Sie wird standardmäßig mit g^{-1} benannt. Für die Darstellung der Funktionswerte werden wie üblich die Funktionsnamen als Präfix vor das Argument (im Klammerpaket) gesetzt:

(7.1.3)

$$\text{Grüner Pfeil: } x \mapsto g(x) \quad \text{orangefarbener Pfeil: } y \mapsto g^{-1}(y)$$

Untragbare Schönheitsfehler

Im Grunde ist der Graph der Umkehrfunktion bereits in *Bild 7.1.2* enthalten – aber mit untragbaren Schönheitsfehlern! Man benennt üblicherweise Argumente einstelliger Funktionen (sofern es sich nicht um Größen mit genormten Formelzeichen handelt) mit „x" – hier hieße die Variable „y"! Weiterhin sollte in einer grafischen Darstellung die horizontale Achse für die Argumente verwendet werden – hier wäre es die Vertikale.

Problembeseitigung durch Umbenennung

Die Schönheitsfehler lassen sich leicht beseitigen. Wie schon in Abschnitt 1.8 gezeigt, wird das „Problem" durch Umbenennung gelöst: In der Formel werden einfach die Variablen umbenannt. Aus y wird x und was vorher x hieß, heißt dann y. *Bild 7.1.2* entnimmt man, dass Definitions- und Wertebereich der Originalfunktion in der Umkehrfunktion ihre Rollen vertauschen. Der vorherige Wertebereich wird zum Definitionsbereich und der Definitionsbereich der Originalfunktion wird Wertebereich.

> **Merke:**
> Die Funktionsgleichung (Formel) von Funktion und Umkehrfunktion unterscheiden sich nicht! Lediglich die Namen der Variablen sind vertauscht:
>
> Funktion : $y = g(x)$ Umkehrfkt.: $x = g(y)$
>
> Für die Umkehrfunktion vertauschen Definitions- und Wertebereich der Originalfunktion ihre Rollen:
>
> $D(g^{-1}) = W(g)$ und $W(g^{-1}) = D(g)$

Merksatz 7.1.3

Leider sieht unsere Umkehrfunktion in Mengenschreibweise unübersichtlich aus:

$$g^{-1} = \{(x,y) \in \underbrace{[g(a), g(b)]}_{D(g^{-1})} \times \underbrace{[a,b]}_{W(g^{-1})} \mid \underbrace{x = y^2(y-2)}_{\boldsymbol{x = g(y)}}\} \tag{7.1.4}$$

Wenn die grafische Darstellung einer Funktion keine Probleme bereitet, dann gilt das auch für deren Umkehrfunktion. Man nimmt die Wertetabelle für die Originalfunktion, vertauscht deren Spalten unter Beibehaltung der Kopfzeile und benutzt wie üblich die Wertepaare zum Zeichnen der Kurve. Geometrisch entspricht das Verfahren einer Spiegelung des Graphen der Originalfunktion an der Geraden $y = x$.

Herrlich einfache Erstellung einer Wertetabelle: Es sind nur Spalten zu vertauschen.

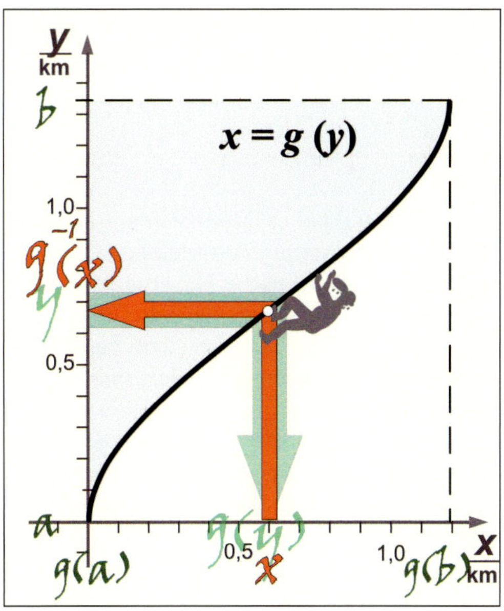

Kein Kletterer auf gefährlichen Pfaden! Es geht um die Zuordnung Höhe → Position und nicht um die Darstellung eines Berghangs!

Bild 7.1.3
Graph der Umkehrfunktion

In *Bild 7.1.3* ist die Umkehrfunktion von g grafisch dargestellt. Vergleichen Sie bitte diese grafische Darstellung mit der in Bild *7.1.2*! Die frühere y-Achse heißt jetzt x-Achse und liegt horizontal. Bei der vertikalen Achse handelt es sich um die frühere x-Achse. Der orangefarbene Zuordnungspfeil weist damit – wie es sein soll – von einer Stelle auf der horizontalen x-Achse zu einem Funktionswert auf der vertikalen Achse. Der Wanderer wird nicht etwa zum Hängekletterer – für ihn weist der orangefarbene Pfeil (nach dem Knick) nach wie vor nach unten! Das Argument x entspricht der Höhenanzeige seines Höhenmessers und der zugeordnete Funktionswert markiert seine Position im Intervall $[a, b]$. Mithilfe der Umkehrfunktion kann der Wanderer, solange er sich im Intervall $[a, b]$ befindet, seinen Höhenmesser zur Positionsbestimmung benutzen.

Die Grenzen müssen ermittelt werden! Eine explizite Darstellung ist nicht immer möglich.

Die Intervallgrenzen a bzw. b der Originalfunktion müssen in der Regel mithilfe einer so genannten *Kurvendiskussion* ermittelt werden. Mit den konkreten Intervallgrenzen und deren Funktionswerten wird aus (*7.1.4*) eine ganz „normale" Funktion (*s. 7.1.5*). Einziges Ärgernis: Die Funktionsgleichung ist nicht nach y auflösbar, d. h., sie ist nicht explizit darstellbar.

(7.1.5)

$$\underline{a = 0\ ;\ b = \tfrac{4}{3}\ ;\ g(a) = 0\ ;\ g(b) = \tfrac{32}{27}}$$
$$g^{-1} = \left\{(x, y) \in \left[0, \tfrac{32}{27}\right] \times \left[0, \tfrac{4}{3}\right] \,\middle|\, x = y^2(y-2)\right\}$$

Es ist zwar in der Regel kein Problem, sich irgendwelche Wertepaare einer Umkehrfunktion zu verschaffen. Lästig kann es werden, wenn man konkret zu einem bestimmten Argument den Funktionswert ermitteln soll. Nehmen wir dazu exemplarisch unser Beispiel! Die Originalfunktion liegt in expliziter Darstellung vor, was bedeutet, dass Funktionswerte einfach mithilfe eines Terms berechnet werden können (*vgl. Merksatz 1.9.6*)! Die Umkehrfunktion liegt dagegen nur noch in der impliziten Form vor und lässt sich auch nicht in eine explizite Form überführen, d. h. nach y auflösen. In *Bild 7.1.3* ist angedeutet, dass der Funktionswert der Umkehrfunktion für $x = 0{,}6$ ermittelt werden soll. Das führt, wie im Folgenden gezeigt, auf eine unangenehme Gleichung dritten Grades:

Berechnung konkreter Funktionswerte nicht immer einfach

(7.1.6)

$$0{,}6 = y^2(y-2) \;\Leftrightarrow\; y^3 - 2y^2 - 0{,}6 = 0$$

Lösungen von Gleichungen dritten Grades (und höher) lassen sich numerisch nahezu „beliebig" genau ermitteln.

Gleichungen dritten Grades und höher lassen sich nur in Sonderfällen geschlossen lösen. In der Regel müssen sie mit den Methoden der *numerischen Mathematik* (Intervallschachtelung, Newtonsche Näherung, Regula Falsi usw.) bearbeitet werden. Entwarnung gibt es insofern, als diese Verfahren längst nicht nur in Computeranwendungen (z. B. Mathcad), sondern bereits auch auf Taschenrechnern entsprechender Preisklasse implementiert sind.

„Rauf-und-Runter":

Steigt man in *Bild 7.1.2* mit dem grünen Zuordnungspfeil von einer Stelle x zum Funktionswert $g(x)$ auf und begibt sich per Umkehrfunktion wieder zurück, ist man wieder an der Stelle x angelangt. Dieses „Rauf-und-Runter" lässt sich auch ohne grafische Darstellung formulieren:

(7.1.7)

$$x \mapsto \underbrace{g(x)}_{y} \;\wedge\; y \mapsto \underbrace{g^{-1}(y)}_{x} \;\Rightarrow\; g^{-1}(g(x)) = x$$

Da die Umkehrfunktion durch paarweise Vertauschungen – siehe *Merksatz 7.1.3* – entsteht, ist die Umkehrfunktion der Umkehrfunktion wieder die Originalfunktion. Das „Rauf-und-Runter" kann man ebenso bei der Umkehrfunktion in *Bild 7.1.3* machen und wie folgt darstellen.

(7.1.8)

$$x \mapsto \underbrace{g^{-1}(x)}_{y} \;\wedge\; y \mapsto \underbrace{g(y)}_{x} \;\Rightarrow\; g\left(g^{-1}(x)\right) = x$$

Das heißt, die Hintereinanderausführung (Verkettung) von Funktion und Umkehrfunktion, egal in welcher Reihenfolge, ist eine Identität. In (*7.1.9*) ist dieser Sachverhalt mit der in Abschnitt 5.6 erklärten Schreibweise dargestellt (*vgl. Bild 5.6.3 bzw.* (*5.6.17*)).

$$g \circ g^{-1}(x) = g^{-1} \circ g\ (x) = x \tag{7.1.9}$$

Randbemerkung: Die Aussage in (*7.1.9*) scheint eine Art inverses Element zu definieren (*vgl. 2.8.2*). Tatsächlich bildet die Menge aller einstelligen bijektiven Abbildungen/Funktionen einer Menge *M* auf sich selbst eine kommutative Gruppe. Die Verkettung der Funktionen ist dabei die Verknüpfung, die Identität das Einselement und die Umkehrfunktionen sind inverse Elemente.

Funktionen bilden bezüglich der Verkettung eine kommutative Gruppe!

Man kann (*7.1.8*) benutzen, um eine Aussage über die Ableitung der Umkehrfunktion zu machen. Für verkettete Funktionen ist die Kettenregel (*5.6.18*) zuständig. Das gilt auch für den Sonderfall, dass eine Umkehrfunktion mit ihrer Originalfunktion verkettet wird. Die innere Funktion ist hier die Umkehrfunktion $g^{-1}(x)$, die äußere Funktion ist die Originalfunktion. Anders als in (*5.6.18*) nennen wir die Funktionswerte der inneren Funktion hier nicht *u*, sondern *y*. Probieren wir also, ob sich mithilfe der Kettenregel etwas Sinnvolles für die Ableitung der Umkehrfunktion ergibt:

Gibt es eine allgemeine Ableitungsregel für Umkehrfunktionen?

$$y := g^{-1}(x):\quad g\big(\underbrace{g^{-1}(x)}_{y}\big) = x \quad \Big|\, \frac{\mathrm{d}}{\mathrm{d}x}$$

$$\Rightarrow \quad \frac{\mathrm{d}g(y)}{\mathrm{d}y}\cdot\frac{\mathrm{d}g^{-1}(x)}{\mathrm{d}x} = 1 \quad \Rightarrow \quad \underline{\underline{\frac{\mathrm{d}g^{-1}(x)}{\mathrm{d}x} = \frac{1}{\frac{\mathrm{d}g(y)}{\mathrm{d}y}}}} \tag{7.1.10}$$

Das Ergebnis in (*7.1.10*) wirkt auf den ersten Blick verblüffend einfach: Die Ableitung der Umkehrfunktion ist gleich dem Reziproken der Ableitung der Originalfunktion („reziprok": *s. Merksätze 7.1.4 und 2.7.1*). Den Pferdefuß erkennt man erst auf den zweiten Blick. Rechts steht die bezüglich der Umkehrfunktion abhängige Variable *y*! Die Regel lässt sich nur dann problemlos anwenden, wenn sich die Umkehrfunktion in die explizite Darstellung überführen lässt. Erst dann kann man die (abhängige) Variable *y* durch den Funktionsterm der Umkehrfunktion ersetzen. In unserem Beispiel funktioniert das nicht:

Auf den ersten Blick einfach!

Auf den zweiten Blick: Eine Ableitungsregel mit Tücken!

$$\begin{aligned} &\underline{x = g(y) = y^2\cdot(2-y)} \\ &\frac{\mathrm{d}g(y)}{\mathrm{d}y} = \frac{\mathrm{d}}{\mathrm{d}y}\left[y^2\cdot(2-y)\right] = 2y\cdot(2-y) - 1\cdot y^2 = \underline{4y - 3y^3} \\ &\frac{\mathrm{d}g^{-1}(x)}{\mathrm{d}x} = \frac{1}{\frac{\mathrm{d}g(y)}{\mathrm{d}y}} = \underline{\underline{\frac{1}{4y-3y^3}}} \end{aligned} \tag{7.1.11}$$

Die Ableitung von *g*(*y*) ist nicht das Problem. Sie lässt sich leicht mithilfe der Produktregel ermitteln. Die Schwierigkeit wird in der letzten Zeile von (*7.1.11*) deutlich. In der gesuchten Ableitung von $g^{-1}(x)$ steht die Variable *x*! Rechts muss ebenfalls die Variable *x* stehen. Um die abhängige Variable *y* herauswerfen zu können, müsste man die Gleichung $x = y^2(2 - y)$ nach y auflösen – und das geht in unserem Beispiel nicht!

Merksatz 7.1.4

Merke:
Der Begriff „reziprok“ wird auch bei Funktionswerten verwendet!

Beispiel: $\frac{1}{f(x)}$ ist das **Reziproke** von $f(x)$

Beachten Sie, dass die Verwendung des Exponenten „–1“ zu Missverständnissen führen kann:

$$\left.\begin{array}{l} f^{-1}(x) \text{ ist die Umkehrfunktion} \\ (f(x))^{-1} \text{ ist das Reziproke} \end{array}\right\} \text{von } f(x).$$

7.2 Quadratische Funktionen und Wurzeln

Die *quadratische Funktion* $y = x^2$, deren Graph auch *(Normal-)Parabel* genannt wird, erzeugt die wohl bekannteste Umkehrfunktion, die *(Quadrat-)Wurzelfunktion*.

Der negative Ast wird abgeschnitten.

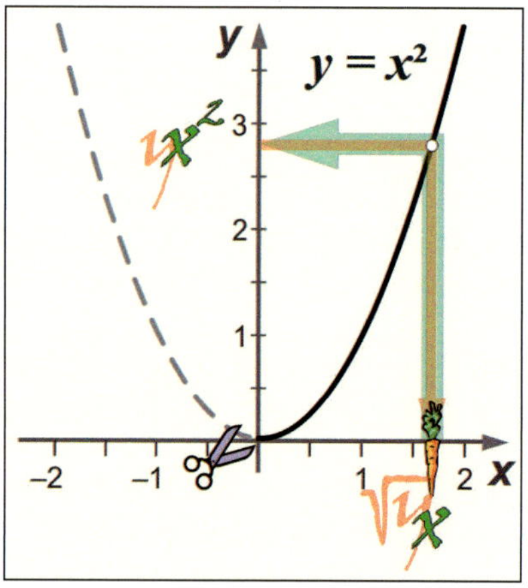

Bild 7.2.1
Graph zur Definition der Wurzelfunktion

Die Vorgehensweise ist genauso wie in den Abschnitten 1.8 und 7.1 beschrieben. Zunächst stellt man fest, dass die quadratische Funktion mit der Menge der reellen Zahlen als Definitionsbereich nicht umkehrbar ist, denn außer der Null wird jeder Funktionswert von zwei betragsmäßig gleichen, aber vorzeichenmäßig verschiedenen Argumenten erzeugt. Um zu einer umkehrbaren Funktion zu kommen, muss der Definitionsbereich auf einen streng monotonen Teil zusammengestutzt werden. Üblicherweise schneidet man den negativen Teil ab! Da die quadratische Funktion durchweg von 0 bis $+\infty$ streng monoton wächst, braucht oben nichts gekappt zu werden. Ein vernünftiger Name für die quadratische Funktion wäre ein p (von Potenzfunktion). Geben wir dem positiven Ast dieser

Monotonie bis $+\infty$

Funktion zum Zeichen des geänderten Definitionsbereichs ein q (von Quadrat) als Funktionsnamen und stellen diese Funktion vorläufig als Menge dar:

$$q = \{(x, y) \in \mathbb{R}_{\geq 0} \times \mathbb{R}_{\geq 0} \mid y = x^2\} \qquad (7.2.1)$$

Die jetzt umkehrbar gewordene Zuordnung q wird in *Bild 7.2.1* durch einen geknickten (grünen) Zuordnungspfeil illustriert. Geht man umgekehrt von irgendeiner Zahl auf der y-Achse aus, kann man sich fragen, was wohl unten (an der „Wurzel") für eine (positive) Zahl quadriert worden ist, um hierher zu gelangen. Mit dieser umgekehrten Zuordnung, hier wieder durch einen orangefarbenen Pfeil angedeutet, ist die Umkehrfunktion der quadratischen Funktion definiert:

Welche Zahl ist quadriert worden?

$$q^{-1} = \{(x, y) \in \mathbb{R}_{\geq 0} \times \mathbb{R}_{\geq 0} \mid x = y^2\} \qquad (7.2.2)$$

Bekanntlich nennt man diese Umkehrfunktion (Quadrat-) „Wurzel". Wie im vorangegangenen Abschnitt beschrieben, ist die grafische Darstellung der Wurzelfunktion problemlos.

Die Rübe ist nur ein Scherz! Das Wurzelzeichen ist wohl ein stilisiertes „r".

radix <lat., „Wurzel">

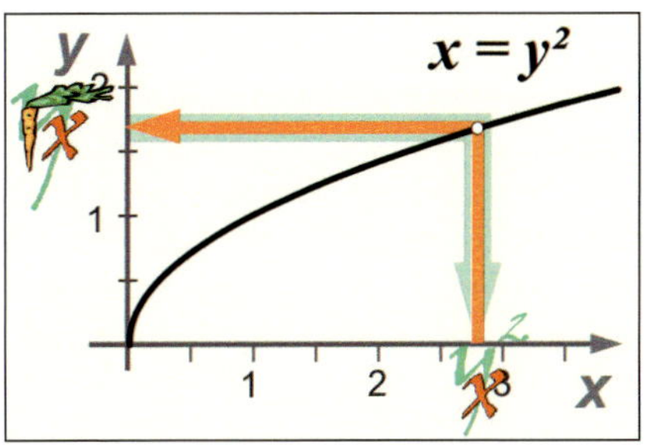

Bild 7.2.2
Graph der Wurzelfunktion

Gemäß der im Abschnitt 1.9 erklärten Präfix-Schreibweise für Funktionswerte verwendet man für Funktionswerte der Wurzelfunktion eine stilisierte Mohrrübe (norddeutsch: Wurzel). Auch das Grünzeug wird verwendet und über das Argument gelegt (*s. Bild 7.2.2*). Dadurch braucht das Argument der Wurzelfunktion nicht in ein Klammerpaket gepackt zu werden.

Nützliches „Grünzeug": es erspart Klammern.

> **Merke:**
> **Wurzel ersetzt Klammer!**
> Die Regel kommt vor allem dann ins Spiel, wenn das Argument ein Term ist.
>
> Beispiele: ~~$\sqrt{(x)}$~~ $\sqrt{x}$; ~~$\sqrt{(x^2+5)}$~~ $\sqrt{x^2+5}$; ~~$\sqrt{(x^5 \cdot y^3)}$~~ $\sqrt{x^5 \cdot y^3}$

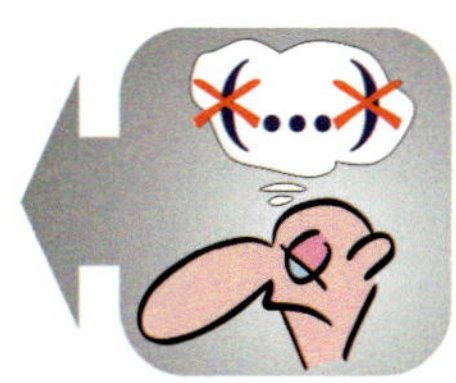

Merksatz 7.2.1

Die Formel für die Wurzelfunktion $x = y^2$ ist zwar simpel, lässt sich aber trotzdem nicht in eine explizite Darstellung mit einem aus den Grundrechenarten bestehenden Funktionsterm überführen. Deshalb sind für die Berechnung von Funktionswerten der Wurzelfunktion – man sagt auch *Wurzelziehen* oder *Radizieren* – numerische Näherungsverfahren erforderlich. Eines davon ist das auf der binomischen Formel basierende „schriftliche Wurzelziehen". Das Verfahren sieht zwar einfach aus, wird aber zu einer mühsamen Prozedur, wenn man über Promillegenauigkeiten hinaus will. In der Praxis hat das Wurzelziehen längst seinen Schrecken ver-

Keine explizite Darstellung!

Beliebig genaue Werte der Wurzelfunktion.

loren, da sämtliche Rechenhilfsmittel – vom Taschenrechner bis hin zu Computeranwendungen– eine problemlose Ermittlung von Näherungswerten in hervorragender Genauigkeit bieten.

Das Wurzelziehen rangiert in seiner Bedeutung gleich hinter den Grundrechenarten (allesamt zweistellige innere Verknüpfungen). Die Wurzelfunktion ist wie die quadratische Funktion eine einstellige innere Verknüpfung (*vgl.* (*1.11.2*)). Für den Operator sagt man schlicht *Wurzel* und der Operand heißt *Radikand*. Sie können also ohne Weiteres die Wurzelfunktion in Rechenbäume (Terme) einbauen (*vgl. Bild 1.11.1*).

Vorsicht: Der Definitionsbereich wird oft nicht mitgeschrieben.

Dass Definitions- und Wertebereich der Wurzelfunktion nur aus positiven reellen Zahlen (inklusive Null) bestehen, wird als bekannt vorausgesetzt und deswegen in der Regel nicht gesondert notiert. Natürlich verwendet man für die Wurzelfunktion nicht die umständliche Mengendarstellung, sondern benutzt eine der folgenden Schreibweisen:

(7.2.3)

$$y = \sqrt{x} \quad \text{oder (z.B.)} \quad f(x) = \sqrt{x} \quad \text{oder} \quad x \mapsto \sqrt{x}$$

Werte der Wurzelfunktion können irrational sein!

Wie wir in Abschnitt 3.4 am Beispiel „Wurzelzwei" gesehen haben, können die Funktionswerte der Wurzelfunktion irrational sein. Irrationalzahlen, die von der Wurzelfunktion generiert worden sind, werden nur in Endergebnissen gerundet dargestellt, wenn man sich über die erforderlichen Genauigkeiten im Klaren ist. Ansonsten, insbesondere in Formeln, überlässt man dem Anwender dieser Formel das Runden und notiert die Irrationalzahl – wie in Abschnitt 3.5 beschrieben – als Kombination aus dem Funktionsnamen (Operator) als Präfix (hier die Wurzel) und dem konkreten Argument (Operand hier der Radikand) dahinter. In Zeile (*7.2.4*) wurde als Beispiel Wurzel aus 17 gewählt.

Irrationale Werte nur runden, wenn die erforderliche Genauigkeit feststeht!

(7.2.4)

$$\sqrt{17} \quad \text{anstelle von} \quad 4{,}123105... \quad \text{bzw.} \quad \approx 4{,}123106\,!$$

Wenn eine Funktion und ihre Umkehrfunktion hintereinander geschaltet werden, kommt die Identität heraus (*s.* (*7.1.7*), (*7.1.8*), (*7.1.9*)). Nicht anders ist es bei der quadratischen Funktion/Wurzelfunktion:

Merksatz 7.2.2

> **Merke:**
> Die Verkettung einer Funktion q mit ihrer Umkehrfunktion q^{-1} ergibt stets die Identität:
> $q \circ q^{-1}(x) = q^{-1} \circ q\ (x) = x$
> Überaus wichtig ist es, diese allgemeingültige Gleichungskette in die Postfix-/Präfix-Schreibweise für die quadratische Funktion und ihrer Umkehrfunktion der Quadratwurzel in Präfix-/Postfix-Schreibweise zu übersetzen und in dieser Darstellung zu verstehen!
> $x \in \mathbb{R}_{\geq 0} : \left(\sqrt{x}\right)^2 = \sqrt{x^2} = x$

Immer wieder wichtig: Machen Sie sich mit den Schreibweisen vertraut!

Sollten noch Unklarheiten bestehen, können Sie noch einmal *Bild 7.2.2* bemühen! Wenn man erst die Wurzel zieht (orangefarbener Pfeil) und anschließend quadriert (grüner Pfeil), ist man wieder bei x angelangt. Oder, wie in *Bild 7.2.1* illustriert:

Quadriert man zuerst (grüner Pfeil) und zieht dann die Wurzel (orangefarbener Pfeil), ist man ebenfalls wieder bei x.

Bekanntlich lässt sich die Wurzelfunktion geometrisch interpretieren (*s. Bild 7.2.3*). Wenn x (ausnahmsweise) für den Flächeninhalt eines Quadrats steht, ist die Wurzel aus x die zugeordnete Kantenlänge. Dass die Kantenlänge nicht rational sein muss, wie die Illustration eventuell fälschlicherweise suggeriert, wurde bereits in Abschnitt 3.5 anhand des „Wurzel2"-Beispiels gezeigt.

x ein Flächeninhalt – ist das in Ordnung? Ja und nein – bei der Wurzelfunktion sind die Argumente (Standardvariable x) als Flächeninhalte interpretierbar.

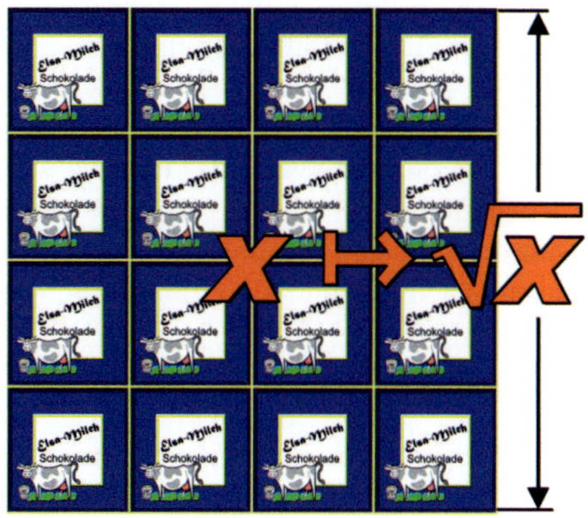

Bild 7.2.3
Geometrische Interpretation der Wurzelfunktion

Mit der geometrischen Interpretation ist die allgemeingültige Gleichungskette unten in *Merksatz 7.2.2* für jedermann verständlich. Hat man die Kantenlänge mittels Wurzelfunktion aus dem Flächeninhalt x ermittelt, muss das Quadrat der Kantenlänge wieder gleich x sein. Nennt man dagegen die Kantenlänge „x", ist x^2 der Flächeninhalt. Die Wurzel daraus muss dann wieder die Kantenlänge x ergeben.

Zugegeben, naheliegend ist es nicht, die Wurzelfunktion als Potenz darzustellen. In (*7.2.5*) wird dies einfach einmal so angesetzt. Anschließend wird ermittelt, welcher Exponent h für die Darstellung der Wurzelfunktion sinnvoll ist.

Hilfreich aber nicht naheliegend: Die Wurzelfunktion in Potenzdarstellung

$$\left.\begin{array}{l} \underline{\sqrt{x} := x^h} \\ \left(\sqrt{x}\right)^2 = \left(x^h\right)^2 = \left(x^2\right)^h = x^{2\cdot h} = x^1 = x \\ \Rightarrow\ 2\cdot h = 1 \ \Leftrightarrow\ \underline{\underline{h = \tfrac{1}{2}}} \end{array}\right\} \Rightarrow \boldsymbol{\sqrt{x} \equiv x^{\frac{1}{2}}} \qquad (7.2.5)$$

Wenn man die Wurzel quadriert, muss der Radikand herauskommen. Das muss auch für die als Potenz geschriebene Wurzel gelten! Dann verwendet man die Rechenregel zum Potenzieren von Potenzen: Potenzen werden potenziert, indem man ihre Exponenten multipliziert. Die Gleichungskette in der zweiten Zeile von (*7.2.5*) ist nur erfüllbar, wenn der Exponent gleich ½ ist. Eine Potenz mit einem *gebrochenen Exponenten* ist sicherlich eine Kröte, die wieder im Zusammenhang mit den Potenzen geschluckt werden muss. Andererseits eröffnet die Potenzdarstellung der Wurzelfunktion einen nicht zu unterschätzenden Vorteil: Es müssen für die Wurzelfunktion keine „neuen" Regeln gelernt werden – **alle** Rechenregeln für Potenzen gelten auch für Wurzeln!

Dafür nimmt man viel in Kauf: Es müssen keine neuen Rechenregeln gelernt werden!

Prüfen wir einmal die Rechenregel für das Potenzieren eines Produktes (*vgl. Merksatz 2.10.7*)! Sie sagt aus, dass man jeden Faktor einzeln potenzieren kann. Es stellt sich die Frage, ob Entsprechendes ebenso für die Wurzelfunktion gilt:

(7.2.6)

$$(x \cdot y)^{\frac{1}{2}} = x^{\frac{1}{2}} \cdot y^{\frac{1}{2}} \quad \overset{?}{=} \quad \sqrt{x \cdot y} = \sqrt{x} \cdot \sqrt{y}$$

Dass dies tatsächlich gilt, wird in (*7.2.7*) gezeigt. Die Wurzel aus dem Produkt $x \cdot y$ wird dort zunächst als Argument einer quadratischen Funktion aufgefasst (*s. 7.2.7 erste Zeile*). Der Funktionswert dieser Wurzel ist wegen Merksatz 7.2.2 gleich dem Radikanden $x \cdot y$. Nun ist die quadratische Funktion, beschränkt auf positive Argumente, umkehrbar. Das bedeutet: Wenn man einen Term findet, der quadriert **ebenfalls** $x \cdot y$ liefert, muss dieser Term gleichwertig mit der Wurzel sein. In der zweiten Zeile von (*7.2.7*) wurde probeweise das Produkt zweier Wurzeln eingesetzt. Aufgrund der Rechenregel für Potenzen dürfen wir die beiden Faktoren einzeln quadrieren. Damit ergibt sich ebenfalls $x \cdot y$. Also müssen die Argumente der quadratischen Funktionen links in (*7.2.7*) gleich sein – das Fragezeichen in (*7.2.6*) ist überflüssig.

(7.2.7)

$$\left.\begin{aligned} \left(\sqrt{x \cdot y}\right)^2 &= x \cdot y \\ \left(\sqrt{x} \cdot \sqrt{y}\right)^2 = \underbrace{\left(\sqrt{x}\right)^2}_{x} \cdot \underbrace{\left(\sqrt{y}\right)^2}_{y} &= x \cdot y \end{aligned}\right\} \Rightarrow \boldsymbol{\sqrt{x \cdot y} = \sqrt{x} \cdot \sqrt{y}}$$

Heikle Benennung mit y!

Hoffentlich hat Sie in (*7.2.7*) nicht die Benennung des zweiten Faktors mit y verwirrt. Die Variable y steht hier für beliebige positive reelle Zahlen und muss nicht abhängige Variable einer Funktion sein! Diese heikle Benennung wurde notwendig, um die Rechenregel so darzustellen, wie es in den meisten Formelsammlungen üblich ist!

Genauso wie in (*7.2.7*) zeigt man, dass die Wurzel aus dem Quotienten zweier (pos.) reeller Zahlen sich so verhält wie Potenzen mit dem Exponenten ½.

(7.2.8)

$$y \neq 0: \left(\frac{x}{y}\right)^{\frac{1}{2}} = \frac{x^{\frac{1}{2}}}{y^{\frac{1}{2}}} \quad \overset{?}{=} \quad \sqrt{\frac{x}{y}} = \frac{\sqrt{x}}{\sqrt{y}}$$

Verkettet man eine Wurzel mit einer Potenz und wendet dann (*7.2.7*) von rechts nach links an, ergibt sich, dass Potenzieren und Wurzelziehen (Radizieren) vertauschbar sind.

(7.2.9)

$$\left(\sqrt{x}\right)^m = \sqrt{x} \cdot \sqrt{x} \cdot \ldots \sqrt{x} = \sqrt{x \cdot x \cdot \ldots \cdot x} = \sqrt{x^m} \Rightarrow \boldsymbol{\left(\sqrt{x}\right)^m = \sqrt{x^m}}$$

Um Klammern zu sparen, verwendet man in der Regel die Verkettung Wurzel-Potenz in der rechten Fassung von (*7.2.9*). Schreibt man die Wurzel in (*7.2.9*) als Potenz, ergibt sich aufgrund der Potenzgesetze noch eine dritte Darstellung dieser Verkettung:

(7.2.10)

$$\left(x^{\frac{1}{2}}\right)^m = \left(x^m\right)^{\frac{1}{2}} = x^{\frac{m}{2}}$$

Testen wir, ob man die Ableitungsregel für Potenzen auf die Wurzelfunktion anwenden kann!

$$q^{-1}(x)=\sqrt{x}\ ,\ q(y)=y^2\ ,\ \frac{\mathrm{d}}{\mathrm{d}y}q(y)=2y$$

$$\frac{\mathrm{d}}{\mathrm{d}x}q^{-1}(x)=\frac{1}{2y}=\frac{1}{2\cdot\sqrt{x}}\quad\left[\frac{\mathrm{d}}{\mathrm{d}x}x^{\frac{1}{2}}=\frac{1}{2}\cdot x^{-\frac{1}{2}}\right]$$

(7.2.11)

In diesem Falle ist die Ableitungsregel für Umkehrfunktionen (*7.1.10*) problemlos anwendbar, da die abhängige Variable *y* durch die Wurzel ersetzt werden konnte. Überführt man den Term in die Potenzschreibweise, ist erkennbar, dass die Ableitungsregel für Potenzen (*s. Merksatz 5.6.1*) erfüllt wird: Der alte Exponent – hier ½ – wird zum Faktor. Der neue Exponent ist gleich dem alten vermindert um eins – und das ist eben minus ½!

Eine weitere freundliche Eigenschaft: Auch die Ableitungsregel für Potenzen ist gültig.

Das bisher Gesagte könnte nahelegen, dass die schöne stilisierte Wurzel als Operator ausgedient hat und durch die Potenzschreibweise ersetzt werden sollte. Das ist keineswegs der Fall, denn die Potenzschreibweise hat auch Nachteile: Da in der Potenzschreibweise die Exponenten kleiner als in normaler Schriftgröße geschrieben werden müssen, können sich hässliche Fehler beim Ablesen einschleichen.

Teuflische Ablesefehler sind möglich – nicht nur bei Alterssichtigen!

Tipp:
Benutzen Sie, um die Rechen- und Ableitungsregeln für Potenzen anwenden zu können, bei Termumformungen oder Ableitungen für Wurzelfunktionen die Potenzschreibweise!
Benutzen Sie dagegen zur **Präsentation von Endergebnissen** möglichst den Wurzeloperator! Schreiben Sie in Funktionstermen, die die Wurzelfunktion enthalten, wenn möglich Faktoren vor die Wurzel! Sie sparen Klammern – der Term wird übersichtlicher!

Beispiel: $\frac{\mathrm{d}}{\mathrm{d}x}\sqrt{(1+x^2)^3}=\ ?$

$$u(x):=1+x^2\ ,\ F(u):=u^{\frac{3}{2}}$$

$$\frac{\mathrm{d}}{\mathrm{d}x}(1+x^2)^{\frac{3}{2}}=\frac{3}{\not{2}}u^{\frac{1}{2}}\cdot\not{2}x=3x(1+x^2)^{\frac{1}{2}}=\underline{\underline{3x\sqrt{1+x^2}}}$$

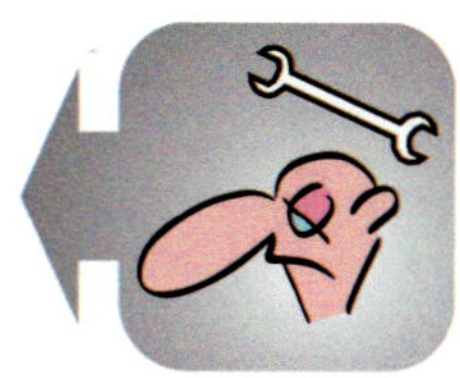

Merksatz 7.2.3

Eine Fehlerquelle beim Umgang mit der quadratischen Funktion und der Wurzelfunktion sind die als selbstverständlich angenommenen Definitionsbereiche. Bedenken Sie: Die Wurzelfunktion ist lediglich Umkehrfunktion der gestutzten quadratischen Funktion! Der Definitionsbereich der allgemeinen quadratischen Funktion besteht aus **allen** reellen Zahlen! Betrachten Sie bitte die folgende „Äquivalenz“:

„Äquivalenz“: WAHR oder FALSCH

$$x^2=16\quad|\sqrt{\ldots}$$

$$\Leftrightarrow\qquad x=4$$

(7.2.12)

$\mathbb{D} = \mathbb{R}$: keine Äquivalenz!

Betragsfunktion rettet Äquivalenz.

Würden Sie sagen, in (*7.2.12*) wäre alles korrekt? Nein, auf keinen Fall! In der Gleichung fehlt die Angabe des Definitionsbereichs! Nimmt man an, es handele sich um die positiven reellen Zahlen inklusive Null, dann ist alles in Ordnung. Wenn man dagegen alle reellen Zahlen zulässt, also auch die negativen, sieht man: $x = -4$ erfüllt die erste Gleichung, aber die zweite ($x = 4$) nicht! Es handelt sich folglich um **keine Äquivalenz**! Nun möchte man aber zur Ermittlung der Lösungsmenge quadratischer Gleichungen gern Äquivalenzumformungen einsetzen. (Dabei ist es ratsam, wenn man die durchzuführenden Operationen hinter einem senkrechten Strich vermerkt.) Tatsächlich kann man die Äquivalenz, wie in (*7.2.13*) gezeigt, mit einem einfachen Trick retten!

(7.2.13)

$$\begin{aligned} x \in \mathbb{R}: \quad & x^2 = 16 \quad |\sqrt{\ldots} \\ \Leftrightarrow \quad & |x| = 4 \\ \Leftrightarrow \quad & x = 4 \vee x = -4 \quad [x = \pm 4] \end{aligned}$$

„$x = \pm a$" ist eine Kurzschreibweise für $x = +a \vee x = -a$!

Durch die Betragsstriche wird in der zweiten Zeile Rechnung getragen, dass eine (Quadrat-) Wurzel immer nur eine positive Zahl liefern kann. Wenn etwas nur betragsmäßig festgelegt ist, dann verbleiben für das Vorzeichen zwei Möglichkeiten (hier +4 und –4)! (Bekanntlich darf man die Disjunktion verkürzt in der Form $\pm$ … darstellen.) Selbstverständlich funktioniert das genauso, wenn die quadratische Funktion noch mit anderen Funktionen verkettet ist – wie beispielsweise in (*7.2.14*) mit einer Summe (p, q sind hier keine Funktionen, sondern stehen für reelle Zahlen!).

Definitionsbereich beachten!!

(7.2.14)

Betragsstriche nicht vergessen!

Das ist die Lösungsformel für quadratische Gleichungen!

$$\begin{aligned} x, p, q \in \mathbb{R}\ ,\ p^2 \geq 4q: & \\ & \left(x + \tfrac{p}{2}\right)^2 = \left(\tfrac{p}{2}\right)^2 - q \quad |\sqrt{\ldots} \\ \Leftrightarrow \quad & \left|x + \tfrac{p}{2}\right| = \sqrt{\left(\tfrac{p}{2}\right)^2 - q} \\ \Leftrightarrow \quad & x + \tfrac{p}{2} = +\sqrt{\left(\tfrac{p}{2}\right)^2 - q} \vee x + \tfrac{p}{2} = -\sqrt{\left(\tfrac{p}{2}\right)^2 - q} \ \Big| -\tfrac{p}{2} \\ \Leftrightarrow \quad & \underline{\underline{x = -\tfrac{p}{2} \pm \sqrt{\left(\tfrac{p}{2}\right)^2 - q}}} \end{aligned}$$

Sie werden sicher erkannt haben, dass (*7.2.14*) etwas mit der Herleitung der Lösungsformel *quadratischer Gleichungen* zu tun hat. Geben wir auch noch die vorangehenden Zeilen (quadratische Ergänzung) an!

Quadratische Gleichung – Lösungsmethode: quadratische Ergänzung

(7.2.15)

$$\begin{aligned} & x^2 + px + q = 0 && | -q \\ \Leftrightarrow \quad & x^2 + px = -q && | + \left(\tfrac{p}{2}\right)^2 \quad |\text{quadrat. Ergänzung} \\ \Leftrightarrow \quad & x^2 + px + \left(\tfrac{p}{2}\right)^2 = \left(\tfrac{p}{2}\right)^2 - q && |\text{ bin. Formel!} \\ \Leftrightarrow \quad & \left(x + \tfrac{p}{2}\right)^2 = \left(\tfrac{p}{2}\right)^2 - q && |\sqrt{\ldots} \quad |\text{weiter siehe oben!} \end{aligned}$$

Lesen Sie unbedingt den folgenden Merksatz!

Warnung:
Beachten Sie, dass die Gleichung …

$\sqrt{x^2} = x,\ \ x \in \mathbb{R}_{\geq 0}$

… nur dann allgemeingültig ist, wenn der Definitionsbereich auf positive reelle Zahlen inklusive Null beschränkt ist! Sind zusätzlich auch negative reelle Zahlen zugelassen, erzwingt man die Allgemeingültigkeit der Gleichung mithilfe der **Betragsfunktion**:

$\sqrt{x^2} = |x|,\ \ x \in \mathbb{R}$

(Bemerkung: x darf selbstverständlich Zwischenwert eines Terms sein!)

Merksatz 7.2.4

7.3 Potenzfunktionen

Die quadratische Funktion ist ein (überaus wichtiger) Spezialfall der so genannten Potenzfunktionen – lesen Sie zunächst die folgenden Definitionen:

Definition:
Eine Funktion der Form

$y = a \cdot x^n\ ,\ \ a \in \mathbb{R}, n \in \mathbb{Q}$

heißt *Potenzfunktion*. Die Potenzfunktion heißt *normiert*, wenn der so genannte *Koeffizient a* gleich 1 ist.

$$\text{Spezialfälle:} \begin{cases} p(x) = a & \text{konstante Funktion (horizontale Gerade)} \\ p(x) = a \cdot x^1 & \text{Proportionalität (Gerade durch (0, 0))} \\ p(x) = a \cdot x^2 & \text{quadratische Funktion (Parabel)} \\ p(x) = a \cdot x^{-1} & \text{Antiproportionalität (Hyperbel)} \end{cases}$$

Merksatz 7.3.1

Rationale Exponenten

Beachten Sie, dass für die Exponenten der Potenzfunktionen alle rationalen Zahlen zugelassen sind! Das heißt, die Exponenten müssen nicht ganzzahlig sein – auch Bruchzahlen (positiv und negativ) sind mögliche Exponenten (vgl. vorherigen Abschnitt). Beachten Sie ferner, dass *Proportionalität* und *Antiproportionalität* wichtige Spezialfälle der Potenzfunktionen sind. Für die explizite Darstellung der Antiproportionalität benutzt man in der Regel die alternative Bruchdarstellung (*s. (7.3.1)*). Zur Erinnerung: Antiproportionalitäten werden gerne in impliziter Darstellung angegeben (*vgl. Abschn. 6.9*).

Proportionalitäten und Antiproportionalitäten sind Spezialfälle.

$$\text{Antiproportionalität: } p(x) = \frac{a}{x} \qquad (7.3.1)$$

Zunächst interessieren normierte Potenzfunktionen mit positiv ganzzahligen Exponenten. Die Graphen derartiger Potenzfunktionen heißen Parabeln n-ter Ordnung. In *Bild 7.3.1* sind exemplarisch die (normierten) Parabeln der Ordnungen 2 bis 5 dargestellt.

Beachten Sie die Symmetrieverhältnisse der Funktionen!

Beachten Sie die Eigenschaften der Funktionen am Nullpunkt!

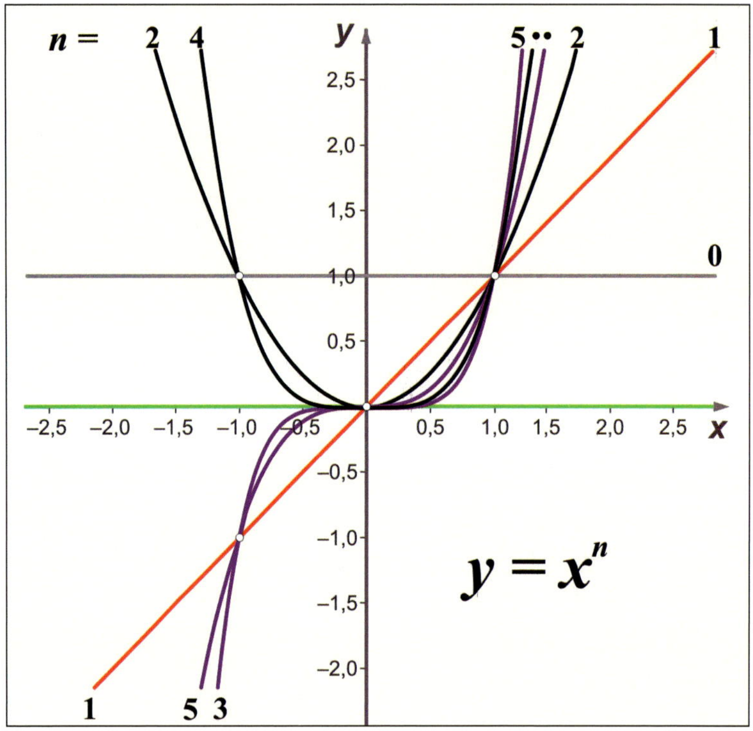

Bild 7.3.1
Graphen normierter Potenzfunktionen

Gerader Exponent – gerade Funktion – Achsensymmetrie

Ungerader Exponent – ungerade Funktion – Punktsymmetrie

Allen Potenzfunktionen ist gemeinsam, dass die Beträge der Funktionswerte nur vom Betrag der Argumente abhängen. Entweder beeinflusst das Vorzeichen der Argumente die Werte überhaupt nicht oder es dreht sie um. Ein Produkt aus einer geraden Anzahl Faktoren bleibt auch mit negativen Faktoren stets positiv. Deshalb sind die Funktionswerte normierter Potenzfunktionen mit geradem Exponenten stets positiv oder gleich null. Der Graph einer solchen Funktion ist symmetrisch zur y-Achse. Ein Produkt aus einer ungeraden Anzahl wird negativ, wenn die Faktoren negativ sind. Damit übernehmen die Funktionswerte von normierten Potenzfunktionen mit ungeraden Exponenten das Vorzeichen des Arguments. In diesem Fall erhält man den negativen Ast des Graphen durch eine 180°-Drehung oder eine Punktspiegelung des positiven Astes um bzw. durch den Punkt (0, 0) in den 3. Quadranten des Koordinatensystems. Nicht nur Potenzfunktionen, sondern auch beliebige Funktionen werden ihrem Symmetrieverhalten entsprechend klassifiziert.

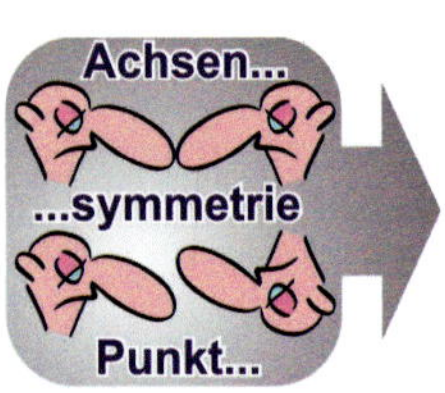

Merksatz 7.3.2

Definition:
Eine Funktion heißt *gerade* und ihr Graph *achsensymmetrisch*, wenn gilt:
$f(-x) = f(x)$
Eine Funktion heißt *ungerade* und ihr Graph *punktsymmetrisch*, wenn gilt:
$f(-x) = -f(x)$

Sieht man von dem unterschiedlichen Symmetrieverhalten ab, sind die Graphen der Parabelfunktionen untereinander qualitativ ähnlich. Wir können deshalb zunächst die weiteren Betrachtungen exemplarisch an der im folgenden Bild dargestellten Funktion $y = x^4$ anstellen.

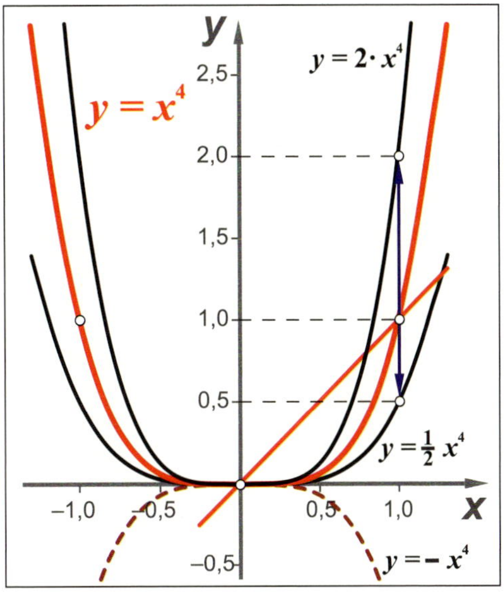

Roter Graph: *normierte Parabel 4ten Grades*

Schwarze Graphen: *Modifikation der normierten Parabel mithilfe der Koeffizienten 2 und ½.*

Gestrichelter Graph: *negativer Koeffizient*

Bild 7.3.2
Graph der Parabel 4ten Grades

Der Vergleich mit der quadratischen Funktion (*vgl. Bild 7.2.1*) zeigt, dass der Graph der Parabel 4. Grades in der Umgebung der Stelle Null flacher geworden ist, während er an den Flanken steiler ansteigt (*s. Bild 7.3.2 rote Kurve*). Hier kommt die Multiplikationsungleichung (*s. Merksatz 2.9.2*) zum Tragen. Innerhalb des Intervalls (–1, +1) sind die Argumente (betragsmäßig) echte Brüche (oder sind im Falle irrationaler Zahlen durch echte Brüche beliebig eng einschachtelbar) – und hier sind es vier Brüche – vier „verkleinernde" Faktoren. Je näher das Argument an die Stelle null heranrückt, um so drastischer verkleinert sich der Funktionswert. Die grafische Darstellung täuscht: Die Funktionswerte werden zwar in der Nähe der Stelle null beliebig klein, aber nie gleich null. Nur die Stelle null selbst ist Nullstelle der Funktion! Außerhalb des Einser-Intervalls sind die Argumente unechte Brüche. Hier vergrößert jeder Faktor und jetzt sind im Vergleich zur quadratischen Funktion noch zwei vergrößernde Faktoren hinzugekommen. Die Werte der Parabelfunktion 4ten Grades steigen mit (betragsmäßig) größer werdenden Argumenten noch drastischer an als die einfache quadratische Funktion und streben schließlich gegen unendlich.

Beachten Sie den Verlauf des Graphen innerhalb des Intervalls (–1, +1)!

Drastischer Anstieg außerhalb des Intervalls [–1, +1]!

Wenn man eine Potenzfunktion der Form $y = x^n$ mit einem reellen Faktor verknüpft, heißt die Funktion immer noch Potenzfunktion (*s. Merksatz 7.3.1*). In *Bild 7.3.2* sind neben der normierten Parabelfunktion 4ten Grades zusätzlich die Graphen der Funktionen $y = 2 \cdot x^4$ und $y = \frac{1}{2} \cdot x^4$ eingetragen. Man erkennt, dass die „Normal-Parabel 4ten Grades" lediglich um das 2-Fache gestreckt bzw. auf die Hälfte gestaucht wurde. Verzichtet man darauf, die *x*-Achse und *y*-Achse in gleicher Teilung zu skalieren, kann man den Graphen einer normierten Potenzfunktion auch für beliebige Potenzfunktionen verwenden. Man muss nur die *y*-Achse umskalieren. Im Falle $y = 2 \cdot x^4$ staucht man die Skala auf die Hälfte – im Falle $y = \frac{1}{2} \cdot x^4$ streckt man sie auf das Doppelte. Negative Faktoren sind ebenfalls zuläs-

Koeffizienten strecken oder stauchen den Graphen!

Die Plattbodenschlucht sowie der Tafelberg spielen bei der „Kurvendiskussion“ eine große Rolle!

sig. In diesem Fall ist der Graph an der x-Achse gespiegelt – in *Bild 7.3.2* ist der Graph von $y = -x^4$ durch eine gestrichelte Kurve angedeutet! Aus der „Schlucht mit abgeplattetem Boden“ wird ein „Unterwasser-Tafelberg“ – alle Funktionswerte mit Ausnahme von $f(0)$ sind negativ. Das Symmetrieverhalten wird durch den Koeffizienten nicht geändert!

Als Repräsentant für ungerade Potenzfunktionen betrachten wir jetzt $y = x^5$ und schauen nach, ob sich im Vergleich zu $y = x^4$ (außer der Symmetrie) etwas Wesentliches geändert hat (*s. Bild 7.3.3 rote Kurve*).

Roter Graph: normierte Parabel 5ten Grades

Schwarze Graphen: Modifikation der normierten Parabel mithilfe von Koeffizienten

Gestrichelter Graph: negativer Koeffizient

Die Graphen formen in der Umgebung des Nullpunktes einen Sattel!

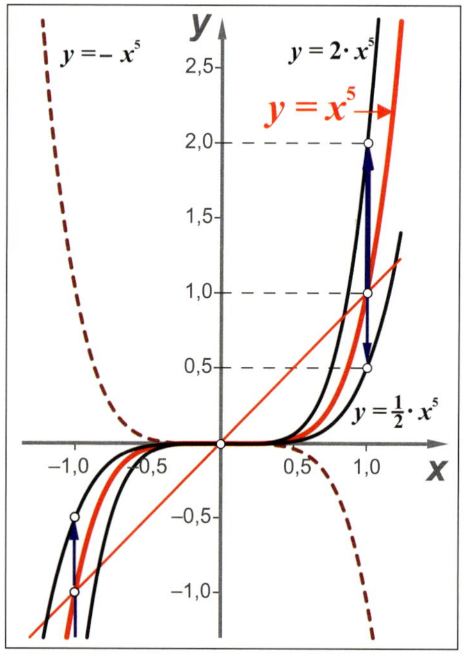

Bild 7.3.3
Graph der Parabel 5ten Grades

Man erkennt, dass sich der Graph von $y = x^5$ für positive Argumente qualitativ nicht von dem Graphen $y = x^4$ unterscheidet. Da jetzt noch ein weiterer echter Bruch als Faktor hinzugekommen ist, ist der „flache“ Bereich zwischen den Stellen –1 und +1 noch flacher geworden. Außerhalb des Einser-Intervalls sorgt der zusätzliche Faktor für noch steilere Flanken. Bezüglich des Einflusses eventueller Koeffizienten gilt das Gleiche. Zwar wird das Symmetrieverhalten der Potenzfunktionen durch die Koeffizienten nicht geändert – aber am Punkt (0, 0) ändert sich doch eine wichtige Eigenschaft. Wie man in *Bild 7.3.3* erkennt, formt sich im Falle $y = a{\cdot}x^5$ der Graph zu einer Art Sattel. Das Vorzeichen des Koeffizienten hat darauf keinen Einfluss. Ist a positiv, hat der Reiter seinen Po rechts (rote Kurve), im anderen Fall links (gestrichelte Kurve).

Die Koeffizienten ändern das Symmetrieverhalten nicht.

Maximum, Minimum, Sattel: Wir sind schon fast bei der Kurvendiskussion!

Im Falle eines geraden Exponenten formt sich der Graph bei positivem Koeffizienten zu einer tiefen Schlucht, deren Grund je nach Exponent mehr oder weniger abgeflacht ist (*s. Bild 7.3.2*). Dabei ist der Punkt (0, 0) der tiefste – ein (absolutes) *Minimum*. Ein negativer Koeffizient macht alle Funktionswerte negativ – mit Ausnahme der Null. Aus der tiefen Schlucht wird ein Berg, dessen Kuppe im Falle einer umgeklappten Parabel noch schön rund ist, mit höheren geraden Exponenten aber immer mehr zu einem Tafelberg mutiert. Trotz allem ist (0, 0) der höchste Punkt – ein (absolutes) *Maximum*.

Der Term „2m" erzeugt ausschließlich gerade, der Term „2m+1" ausschließlich ungerade Exponenten!

Kehren wir zurück zu den normierten Potenzfunktionen ($n > 1$)! Die geraden Potenzfunktionen sind, wie in *Bild 7.3.3* ersichtlich, nur umkehrbar, wenn man ihren Definitionsbereich auf die positiven reellen Zahlen beschränkt. Der Wertebereich besteht sowieso aus den positiven reellen Zahlen.

$$p_g = \{(x, y) \in \mathbb{R}_{\geq 0} \times \mathbb{R}_{\geq 0} \mid y = x^{2m}, \ m \in \mathbb{N}^*\} \qquad (7.3.2)$$

Im Falle ungerader Potenzfunktionen ändern sich die Verhältnisse! Da sich bei der Ableitung einer Potenz der Exponent um eins vermindert, wird die Ableitungsfunktion einer ungeraden Potenzfunktion gerade.

$$n := 2m+1, \ m \in \mathbb{N}: \ \frac{\mathrm{d}}{\mathrm{d}x} x^{2m+1} = (2m+1) \cdot x^{2m} \qquad (7.3.3)$$

Steigung stets positiv: Streng monoton steigend

Aus (*7.3.3*) geht somit hervor, dass die Steigung einer ungeraden Potenzfunktion mit Ausnahme der Stelle Null stets positiv ist. Damit ist diese Funktion überall streng monoton steigend. Die einzige Nullstelle der Ableitungsfunktion ändert daran nichts. In der unmittelbaren Umgebung der Stelle Null ist die Steigung zwar beliebig klein, aber die winzigste Steigung ist auch eine Steigung. Ungerade (normierte) Potenzfunktionen sind deshalb ohne Einschränkung des Definitionsbereichs umkehrbar.

$$p_u = \{(x, y) \in \mathbb{R} \times \mathbb{R} \mid y = x^{2m+1}, \ m \in \mathbb{N}^*\} \qquad (7.3.4)$$

Da in beiden Fällen die Grundmenge eine Potenzmenge ist, müssen für die Umkehrfunktionen lediglich die Variablen in der Formel vertauscht werden.

$$p_g^{-1} = \{(x, y) \in \mathbb{R}_{\geq 0} \times \mathbb{R}_{\geq 0} \mid x = y^{2m}\}$$

$$\text{bzw.} \quad p_u^{-1} = \{(x, y) \in \mathbb{R} \times \mathbb{R} \mid x = y^{2m+1}\} \qquad (7.3.5)$$

Die Umkehrfunktionen in (*7.3.5*) werden (ebenfalls) Wurzelfunktionen genannt. Wie bei der Quadratwurzelfunktion werden für die Operatoren Wurzeln als Präfix verwendet. Dabei wird der Exponent der Potenzfunktion über der Wurzel vermerkt. Für die Operatoren sagt man dann „dritte Wurzel", „vierte Wurzel" usw. Beachten Sie, dass bei dem Quadratwurzeloperator die Zwei zwar nicht mitgeschrieben, aber doch virtuell vorhanden ist!

3., 4., 5., 6., 7., … Wurzel

Die unterschiedlichen Grundmengen gerader und ungerader Potenzfunktionen sind das Einzige, was bei den höhergradigen Potenz- und ihren Umkehrfunktionen beachtet werden muss – wir kommen am Schluss dieses Abschnitts darauf zurück! Ansonsten kann man den kompletten vorherigen Abschnitt übernehmen – man muss nur die Zwei in den Exponenten und die virtuelle Zwei in den Wurzeln durch die entsprechende höhere ganze Zahl ersetzen.

Überlegungen zur Quadratwurzel gelten auch für höhere Wurzeln!

Aus der allgemeingültigen Gleichungskette in *Merksatz 7.2.2* wird die allgemeinere Kette (*7.3.6*). Diese ist wie in (*7.2.5*) Grundlage für die Darstellung der n-ten Wurzel als (gebrochene) Potenz (*s. Merksatz 7.3.3*).

(7.3.6)

$$\left(\sqrt[n]{x}\right)^n = \sqrt[n]{x^n} = x$$

Wegen der enormen Bedeutung der Darstellung der n-ten Wurzel als Potenz stellen wir dieses im folgenden Merksatz heraus.

Merksatz 7.3.3

Merke:
Für die Umkehrfunktionen der Potenzfunktionen ($n > 2$) schreibt man:

$p^{-1}(x) := \sqrt[n]{x}$ (lies n-te Wurzel aus x)

n-te Wurzeln lassen sich wie Quadratwurzeln als Potenz schreiben. Exponent ist der reziproke Exponent der Potenzfunktion. Es gilt:

$\sqrt[n]{x} = x^{\frac{1}{n}}$

Die aus dem letzten Abschnitt übernommenen Rechenregeln finden Sie im nächsten Merksatz. In den eckigen Klammern sind die Pendants dieser Regeln in der Potenzdarstellung aufgeführt.

Merksatz 7.3.4

Rechenregeln für die n-te Wurzel:

$\sqrt[n]{x \cdot y} = \sqrt[n]{x} \cdot \sqrt[n]{y}$ $\left[(x \cdot y)^{\frac{1}{n}} = x^{\frac{1}{n}} \cdot y^{\frac{1}{n}}\right]$

$\sqrt[n]{\frac{x}{y}} = \frac{\sqrt[n]{x}}{\sqrt[n]{y}}$ $\left[\left(\frac{x}{y}\right)^{\frac{1}{n}} = \frac{x^{\frac{1}{n}}}{y^{\frac{1}{n}}}\right]$

$\left(\sqrt[n]{x}\right)^m = \sqrt[n]{x^m}$ $\left[\left(x^{\frac{1}{n}}\right)^m = x^{\frac{m}{n}} = \left(x^m\right)^{\frac{1}{n}}\right]$

Obwohl die dritte Zeile in *Merksatz 7.3.4* in (*7.2.9*) bereits für die Quadratwurzel hergeleitet wurde, sehen wir uns die Verkettung einer jetzt n-ten Wurzel mit einer Potenzfunktion m-ten Grades noch einmal an. Analog zu (*7.2.9*) wird daraus:

(7.3.7)

$$\left(\sqrt[n]{x}\right)^m = \sqrt[n]{x} \cdot \sqrt[n]{x} \cdot \ldots \cdot \sqrt[n]{x} = \sqrt[n]{x \cdot x \cdot \ldots \cdot x} = \underline{\underline{\sqrt[n]{x^m}}}$$

Verwenden Sie möglichst die klammersparende Version!

In der Regel verwendet man die klammersparende rechte Version der Verkettung. Da sich die Verkettungen in (*7.3.7*) wie eine Potenz mit einer Bruchzahl im Exponenten verhalten, haben Potenzfunktionen mit einer beliebigen Bruchzahl im Exponenten einen Sinn. Wenn man eine solche Potenzfunktion noch mit einer Antiproportionalität verkettet, lässt sich der so entstandene Funktionsterm – den Rechenregeln für Potenzen entsprechend – als Potenz mit *negativem* Exponenten schreiben.

(7.3.8)

$$\sqrt[n]{x^m} = x^{\frac{m}{n}} \quad \text{bzw.} \quad \frac{1}{\sqrt[n]{x^m}} = x^{-\frac{m}{n}}$$

Sie müssen in der Lage sein, sicher zwischen den verschiedenen Darstellungsmöglichkeiten hin und her zu jonglieren! Wenn man die ursprüngliche Definition einer Potenz als Kurzschreibweise eines Produktes aus gleichen Faktoren betrachtet, ist ein rationaler Exponent mehr als befremdlich (*vgl. 2.10.3*). In *Bild 7.3.4* ist noch einmal deutlich gemacht, welche Bedeutung Zähler, Nenner und Vorzeichen des Exponenten haben. Beachten Sie dazu auch die alternative Darstellungsmöglichkeit (*s. (7.3.7) links*).

Die Bedeutung der Brüche und Vorzeichen in Exponenten ist nicht einsichtig, sondern durch Definitionen festgelegt!

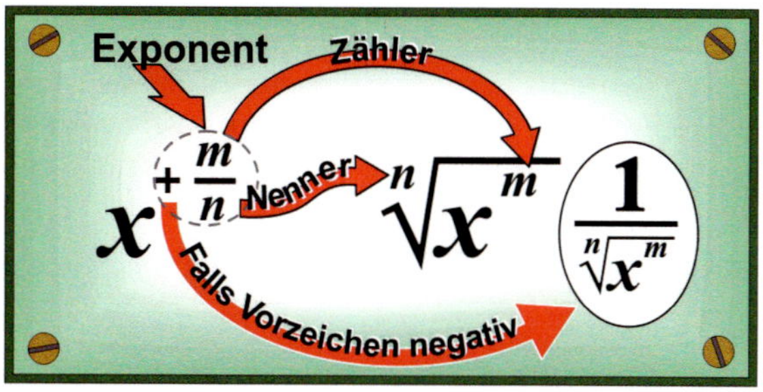

Bild 7.3.4
„Anatomie" einer Potenz mit rationalem Exponenten

Sie dürfen ein negatives Vorzeichen im Exponenten als Faktor (–1) betrachten und Sie dürfen auch – wie in *Bild 7.3.4* dargestellt – eine Potenz aufgrund des negativen Exponenten in den Nenner schicken. Die vielen Darstellungsmöglichkeiten, die sich durch Kombination sämtlicher Rechenregeln ergeben, können Anfänger zur Verzweiflung bringen. In (*7.3.9*) ist die verwirrende Fülle von Darstellungsmöglichkeiten zusammengestellt. Die Parameter m und n sind darin natürliche Zahlen (ohne die Null). Die zu bevorzugenden Darstellungsweisen sind doppelt unterstrichen.

Für Anfänger ein Graus: die vielen Darstellungsmöglichkeiten der Potenzfunktionen.

$$\underline{\underline{\frac{1}{\sqrt[n]{x^m}}}} = \frac{1}{\left(\sqrt[n]{x}\right)^m} = \left(\sqrt[n]{x}\right)^{-m} = \sqrt[n]{x^{-m}} = \sqrt[n]{\frac{1}{x^m}} = \underline{\underline{x^{-\frac{m}{n}}}} = \underline{\underline{\frac{1}{x^{\frac{m}{n}}}}} \qquad (7.3.9)$$

Anfängerfreundlich ist dagegen die Ableitungsregel für n-te Wurzeln bzw. Potenzen mit rationalen Exponenten. Auch wenn ein Bruch oder sogar ein negativer Bruch im Exponenten steht, gilt die Ableitungsregel: „Alter Exponent wird zum Faktor – der neue Exponent ist gleich dem alten vermindert um eins" (*vgl. Merksatz 5.6.1*). Im Folgenden sind drei Ableitungsbeispiele vorgerechnet.

Zum Ausgleich: unproblematische Ableitungen und Stammfunktionen.

$$\begin{aligned}
\frac{d}{dx}\frac{1}{\sqrt[3]{x^5}} &= \frac{d}{dx}x^{-\frac{5}{3}} = -\tfrac{5}{3}\cdot x^{\left(-\frac{5}{3}-1\right)} = -\tfrac{5}{3}\cdot x^{-\frac{8}{3}} = \underline{\underline{-\frac{5}{3}\cdot\frac{1}{\sqrt[3]{x^8}}}}\\
\frac{d}{dx}\sqrt[3]{x^5} &= \frac{d}{dx}x^{\frac{5}{3}} = \tfrac{5}{3}\cdot x^{\left(\frac{5}{3}-1\right)} = \tfrac{5}{3}\cdot x^{\frac{2}{3}} = \underline{\underline{\frac{5}{3}\cdot\sqrt[3]{x^2}}}\\
\frac{d}{dx}\sqrt[3]{x^2} &= \frac{d}{dx}x^{\frac{2}{3}} = \tfrac{2}{3}\cdot x^{\left(\frac{2}{3}-1\right)} = \tfrac{2}{3}\cdot x^{-\frac{1}{3}} = \underline{\underline{\frac{2}{3}\cdot\frac{1}{\sqrt[3]{x}}}}
\end{aligned} \qquad (7.3.10)$$

Erster Schritt ist immer die Umwandlung in die Potenzdarstellung (wenn nicht schon geschehen). Ob man, wie in den Beispielen (*7.3.10*), die Ableitungsfunktion wieder in die Wurzeldarstellung überführt, hängt davon ab, was mit dieser Ableitung bezweckt wird – beachten Sie bitte dazu *Merksatz 7.2.3*!

Erster Schritt: Überführung in die Potenzdarstellung

Stammfunktion von x^{-1}: die spannende Ausnahme

Genauso einfach findet man die Stammfunktion einer Potenzfunktion (*s.* (*5.7.10*) *bzw. Beispiel 7.3.11*). Über die einzige Ausnahme $n = -1$ wird noch zu reden sein.

(7.3.11)

$$\int \sqrt[3]{x^2}\,\mathrm{d}x = \int x^{\frac{2}{3}}\,\mathrm{d}x = \frac{1}{\frac{2}{3}+1}\cdot x^{\left(\frac{2}{3}+1\right)} + C = \tfrac{3}{5}\cdot x^{\frac{5}{3}} + C = \underline{\underline{\tfrac{3}{5}\cdot\sqrt[3]{x^5} + C}}$$

Eine geometrische Deutung der Umkehrfunktionen von Potenzfunktionen ist außer beim Exponent zwei nur noch beim Exponent drei möglich. Die Potenzfunktion $y = x^3$ ordnet Würfeln der Kantenlänge x das Volumen zu (*vgl. Bild 2.10.2*). Die Umkehrfunktion ordnet umgekehrt einem Volumen die Würfelkantenlänge zu (*s. Bild 7.3.5*). Beachten Sie: Die Variablen werden vertauscht – das Volumen heißt jetzt x und die Kantenlänge ist die dritte Wurzel daraus!

Die Variable x steht hier ausnahmsweise für ein Volumen!

Bild 7.3.5
Geometrische Interpretation der dritten Wurzel

Die Graphen der Potenzfunktionen für Exponenten größer als eins mit positiven rationalen Exponenten ähneln qualitativ den Parabeln. Für Exponenten zwischen null und eins ähnelt der Graph der Quadratwurzelfunktion. Im Falle eines negativen Exponenten ändert sich das Verhalten der Potenzfunktionen und ihrer Graphen gewaltig. Wir beschäftigen uns deshalb zunächst mit den (normierten) Potenzfunktionen ganzzahliger negativer Exponenten. In *Bild 7.3.6* sind exemplarisch die Graphen der Potenzfunktionen mit den Exponenten von –5 bis –1 im gleichen Maßstab wie die Parabeln in *Bild 7.3.1* zusammengestellt.

Drastische Änderung der Eigenschaften der Potenzfunktionen im Falle negativer Exponenten

Den Graphen von $y = x^{-1}$ nennt man *Hyperbel* – alle übrigen, den Exponenten entsprechend, Hyperbeln n-ter Ordnung. Auffällig ist, dass die Hyperbeln, anders als die Parabeln, aus zwei getrennten Ästen bestehen. Die Symmetrieverhältnisse sind nicht abhängig vom Vorzeichen des Exponenten. Entscheidend ist, ob er gerade oder ungerade ist. Gerader Exponent bedeutet Achsensymmetrie (gerade Funktion) und ungerader Exponent Punktsymmetrie (ungerade Funktion).

Die Symmetrie ist unabhängig vom Exponentenvorzeichen.

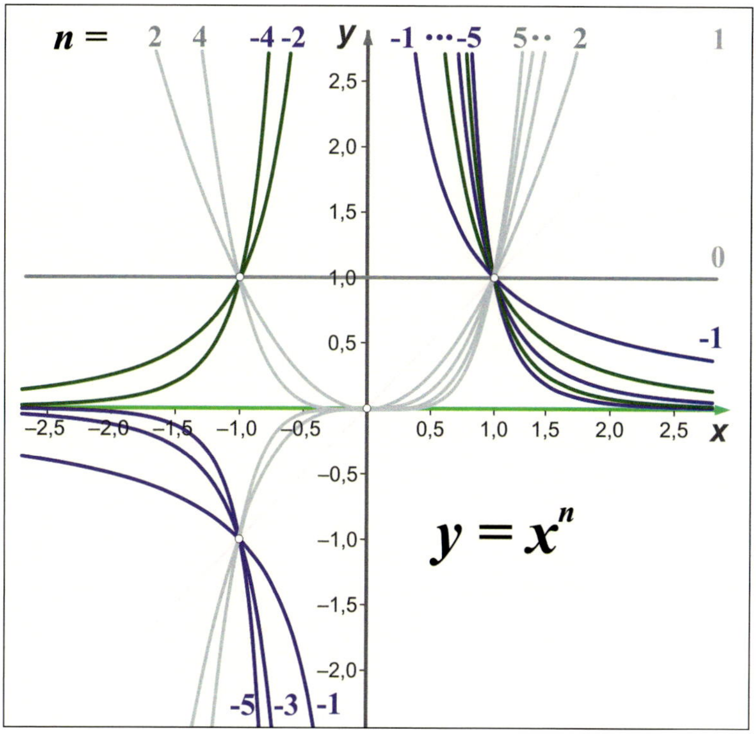

Graue Graphen (zum Vergleich): normierte Parabeln mit positiven Exponenten

Grüne Graphen: normierte Parabeln mit geraden negativen Exponenten

Die Null gehört nicht zum Definitionsbereich der Potenzfunktionen mit negativen Exponenten!

Blaue Graphen: normierte Parabeln mit ungeraden negativen Exponenten

Bild 7.3.6
Graphen normierter Potenzfunktionen mit negativen Exponenten

Das (scheinbar) so unterschiedliche Verhalten der Potenzfunktionen, wenn man deren Vorzeichen im Exponenten umkehrt, ist natürlich kein Geheimnis. Das Minuszeichen im Exponenten schickt den Funktionsterm einer Potenzfunktion mit positiven Exponenten in den Nenner (*s. (7.3.12)*). Die Funktionswerte der Potenzfunktionen mit negativen Exponenten $p^{(-)}(x)$ sind die *reziproken* Werte der entsprechenden Potenzfunktion mit positivem Exponenten $p^{(+)}(x)$.

$$p^{(+)}(x) = x^n \quad , \quad p^{(-)}(x) = x^{-n} = \frac{1}{x^n} \Rightarrow \underline{\underline{p^{(-)}(x) = \frac{1}{p^{(+)}(x)}}} \qquad \textbf{(7.3.12)}$$

Gehen wir einmal von rationalen Argumenten und Funktionswerten in Bruchdarstellung aus! Das ist keine Einschränkung! Jede rationale Zahl lässt sich als Bruch darstellen; und irrationale Zahlen lassen sich beliebig genau durch rationale Zahlen einschachteln. Dann sind die Werte der Hyperbelfunktionen Kehrbrüche der Parabelfunktionswerte $p^{(+)}(x)$!

In *Bild 7.3.7* sind exemplarisch eine Hyperbel 4ten Grades und die zugehörige Parabel gleichen Grades eingetragen. Sind die Argumente betragsmäßig größer als eins, also unechte Brüche, werden Parabelwerte wegen der 4ten Potenz mit größer werdenden Argumenten immer größer und die reziproken Werte zwangsläufig immer kleiner. So nähern sich die rechten und linken Flanken der Hyperbel immer mehr der x-Achse. In der Skalierung von *Bild 7.3.7* könnte man den Funktionsgraphen der Hyperbel außerhalb $|x| > 10$ nicht mehr von der x-Achse unterscheiden. Die Hyperbelwerte werden zwar beliebig klein, aber exakt wird die x-Achse nie erreicht. Die Null fehlt im Wertebereich der Hyperbeln aller Ordnungen.

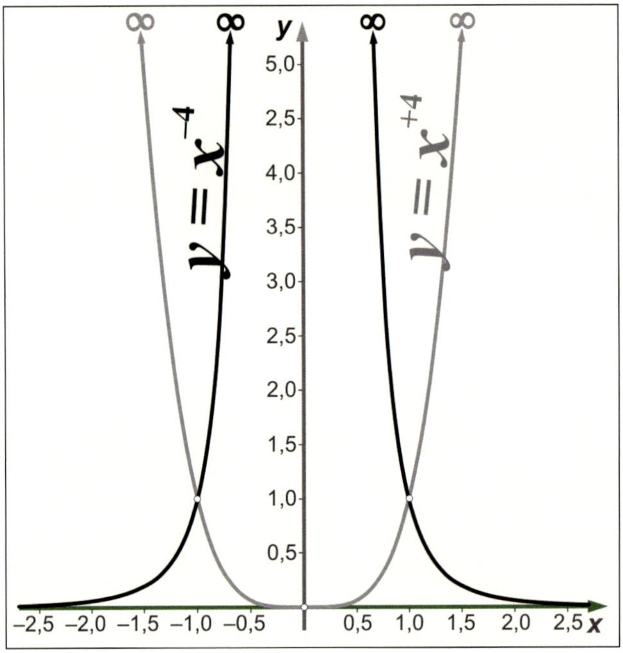

Bild 7.3.7
Graph der Hyperbel 4ten Grades

Das Verhalten einer Funktion, deren Graph im Unendlichen in eine Gerade (hier beispielsweise $y = 0$) einmündet, nennt man *asymptotisch.*

(7.3.13)

$$n > 0: \underbrace{\lim_{x\to+\infty} x^{-n} = 0 \text{ bzw. } \lim_{x\to-\infty} x^{-n} = 0}_{\lim\limits_{x\to\pm\infty} x^{-n} = 0}$$

Alle Hyperbelfunktionen haben…
… eine Asymptote (x-Achse)

In (*7.3.13*) wird das asymptotische Verhalten der Hyperbelfunktionen durch den Limes ausgedrückt. Beide Hyperbeläste verhalten sich asymptotisch: Ein Ast geht gegen null für x gegen plus unendlich, der andere für x gegen minus unendlich. Das wird unten verkürzt durch das „Plus-Oder-Minus-Zeichen" ausgedrückt.

… keine Null im Definitionsbereich

… eine Polstelle (x = 0)

Tritt man in das Intervall $(-1, +1)$ ein, werden die Argumente zu echten Brüchen. Aufgrund der 4ten Potenzen werden die Parabelfunktionswerte hier noch einmal drastisch verkleinert. Die reziproken Minibrüche werden zu Riesen. Die Funktionswerte der Hyperbel wachsen über alle Grenzen, je näher man mit dem Argument an die Stelle null heranrückt. Der Stelle null selbst kann man keinen reellen Funktionswert zuordnen – bestenfalls plus (oder minus) unendlich. Aus diesem Grund muss die Stelle null aus dem Definitionsbereich **aller** Hyperbelfunktionen herausgenommen werden. Eine Stelle, die aus dem Definitionsbereich einer Funktion herausgenommen werden muss, weil dort der Funktionswert unendlich ist, heißt *Polstelle.*

Macht man mit den Argumenten eine „Reise“ vom Negativen über null ins Positive und betrachtet die Entwicklung der zugeordneten Funktionswerte, steigen die Werte bei Annäherung der Stelle null ins Unendliche, um dann auf der positiven Seite aus dem Unendlichen wieder herabzusteigen. Beide Äste der Hyperbel steigen um die Stelle null in dieselbe Richtung auf – es handelt sich um eine Polstelle ohne Vorzeichenwechsel. Wie Sie in *Bild 7.3.6* sehen können, haben alle geraden Potenzfunktionen mit negativen Exponenten an der Stelle null eine *Polstelle ohne Vorzeichenwechsel.*

Abenteuerliche Reise auf den Funktionsgraphen im Falle einer Polstelle (ohne V.z.w.): Aufstieg ins Unendliche und anschließend wieder der Absturz aus dem Unendlichen

Noch „abenteuerlicher“ ist die oben beschriebene „Reise“ bei den ungeraden Hyperbelfunktionen. Hier stürzen die Werte ins negative Unendlich ab, gefolgt von einem weiteren Absturz aus plus unendlich. Die Stelle null ist bei ungeraden Potenzfunktionen mit negativen Exponenten eine *Polstelle mit Vorzeichenwechsel.* Mehr über Polstellen finden Sie in Abschnitt 7.19!

Noch abenteuerlicher im Falle einer Polstelle (mit V.z.w.): Absturz ins negative Unendliche – erneuter Absturz aus dem positiven Unendlichen

Stattet man die normierten Hyperbelfunktionen mit einem reellen Faktor aus, werden – wie bei den Parabeln besprochen – die Graphen gestreckt oder gestaucht. Auch hier ist es möglich, den Graphen der normierten Funktion durch Umskalierung der y-Achse zu verwenden. Ein negativer Faktor spiegelt den Graphen an der x-Achse. Im Falle einer geraden Funktion würden dann beide Hyperbeläste an Polstelle gen minus unendlich stürzen. Im anderen Fall würde der Ast auf der negativen Seite gegen plus unendlich und der rechte Ast ins negative Unendlich fallen.

Spiegelung der Graphen an der x-Achse im Falle negativer Koeffizienten

Um die Formeln nicht durch zu viele Fallunterscheidungen aufzublähen, wurde in diesem Abschnitt weitgehend auf Definitions- und Wertebereichsangaben verzichtet. Das soll mit *Tabelle 7.3.1* nachgeholt werden.

normierte Potenzfunktionen $p(x) = x^n$					
g/u	Exponent n	$\mathbb{D}$	$\mathbb{W}$	Bemerkungen zum Exponent	
g	0	$\mathbb{R}$	$\{1\}$	positiv ganzzahlig	$\in \mathbb{N}$
g	$2, 4, 6, \ldots$	$\mathbb{R}$	$\mathbb{R}_{\geq 0}$		
u	$1, 3, 5, \ldots$	$\mathbb{R}$	$\mathbb{R}$		
g	$-2, -4, -6, \ldots$	$\mathbb{R}^*$	$\mathbb{R}_{>0}$	negativ ganzz.	$\in \mathbb{Q}_{<0}$
u	$-1, -3, -5, \ldots$	$\mathbb{R}^*$	$\mathbb{R}^*$		
–	$\frac{1}{2}, \frac{3}{2}, \ldots, \frac{1}{4}, \frac{3}{4},$	$\mathbb{R}_{\geq 0}$	$\mathbb{R}_{\geq 0}$	teilerfremde Brüche pos./neg.	gerade Nenner
u	$\frac{1}{3}, \frac{2}{3}, \ldots, \frac{1}{5}, \frac{2}{5}, \ldots$	$\mathbb{R}$	$\mathbb{R}$		ungerade Nenner
–	$-\frac{1}{2}, -\frac{3}{2}, \ldots, -\frac{1}{4}, -\frac{3}{4}, \ldots$	$\mathbb{R}_{>0}$	$\mathbb{R}_{>0}$		gerade Nenner
u	$-\frac{1}{3}, -\frac{2}{3}, \ldots, -\frac{1}{5}, -\frac{2}{5}, \ldots$	$\mathbb{R}^*$	$\mathbb{R}^*$		ungerade Nenner

Tabelle 7.3.1
Definitions- und Wertebereiche der Potenzfunktionen

7.4 Ganzrationale Funktionen

„Mutter" aller reellen Funktionen

Wenn man Potenzfunktionen mit natürlichen Exponenten aufsummiert, entsteht der wichtigste Funktionstyp: die *ganzrationale Funktion*. Sie ist sozusagen die „Mutter aller reellen Funktionen". Was es mit dieser scherzhaften Bezeichnung auf sich hat, wird Ihnen in Abschnitt 7.14 (Taylorreihen) gezeigt. Die wichtigsten Begriffe rund um ganzrationale Funktionen sind im folgenden Merksatz zusammengefasst.

Merksatz 7.4.1

Definition:
Eine reelle Funktion vom Typ

$$p(x) = a_n \cdot x^n + a_{n-1} \cdot x^{n-1} + \ldots + a_3 \cdot x^3 + a_2 \cdot x^2 + a_1 \cdot x^1 + a_0$$

heißt *ganzrationale Funktion* oder auch *Polynomfunktion* vom Grade n. Der Funktionsterm selbst heißt *Polynom* (vom Grade n).
Wenn $a_n = 1$ ist, nennt man das Polynom *normiert*. Sind alle Koeffizienten gleich null, spricht man von einem *Nullpolynom* (grad $n = 0$).

Reihenfolge je nach Verwendungszweck

Beachten Sie, die Summe in *Merksatz 7.4.1* ist kommutativ! Man könnte in der Summe genauso gut mit $a_0 + a_1 \cdot x + a_2 \cdot x^2 + \ldots$ beginnen! Bitte machen Sie sich auch mit der Σ-Schreibweise einer Polynomfunktion vertraut (*s.* (*7.4.1*)). Auch hier ist es gleich, ob Sie von null bis n herauf oder von n herunter auf null zählen.

(7.4.1)

$$p(x) = \sum_{i=n}^{0} a_i \cdot x^i \quad \text{bzw.} \quad \sum_{i=0}^{n} a_i \cdot x^i$$

Ein Parabelgemisch mit vielen „Regelknöpfen"

Kein Problem: Näherungsweise Darstellung empirischer Werte durch ganzrationale Funktionen

Es mag auf den ersten Blick merkwürdig erscheinen, dass aus dem „Gemisch" von Parabeln aller möglichen Ordnungen etwas Brauchbares herauskommt. Man vergisst dabei leicht, dass man mit den $n + 1$ Koeffizienten über $n + 1$ „Knöpfe" verfügt, an denen man „drehen" kann. So ist es z. B. möglich, fast jeden empirisch ermittelten funktionellen Zusammenhang mithilfe einer ganzrationalen Funktion näherungsweise darzustellen. Man braucht nur die Wertetabelle in einen Rechner einzugeben, der über ein geeignetes Programm verfügt (z. B. Gaußsche Methode der kleinsten Quadrate (engl.: Least Square Fit) oder Newtonsche Interpolation), und schon werden die Koeffizienten errechnet. Man muss vorher noch entscheiden, welchen Grad das Näherungspolynom haben soll. Allerdings ist der Definitionsbereich eines Näherungspolynoms auf das Intervall beschränkt, in dem die Messwerte liegen.

Der Unterschied zur Potenzfunktion verschwindet bei (betragsmäßig) großen Argumenten.

Während der Einfluss des Summanden mit dem höchsten Exponenten bei kleinen Argumenten noch gering ist – insbesondere, wenn ihn noch zusätzlich ein kleiner Koeffizient niederhält – wird er bei betragsmäßig sehr großen Argumenten irgendwann alle übrigen Summanden dominieren. Die Polynomfunktion „benimmt" sich dann wie eine Potenzfunktion.

(7.4.2)

$$\lim_{|x| \to \infty} \frac{a_n \cdot x^n}{a_n \cdot x^n + \ldots + a_2 \cdot x^2 + a_1 \cdot x^1 + a_0} = 1$$

Wenn man sich das Polynom in *Merksatz 7.4.1* noch einmal betrachtet, könnte man sich daran erinnern, dass die Darstellung einer ganzen Zahl in einem Stellenwertsystem genauso aussieht – blättern Sie bitte unbedingt zur Formel (*3.1.2*) zurück! Der Basis b entspricht das Argument x, und die Ziffern z_n bis z_0 entsprechen den Koeffizienten des Polynoms. Einziger Unterschied: Die Ziffern beschränken sich (im Zehnersystem) auf die natürlichen Zahlen von 0 bis 9; für die Koeffizienten sind alle, auch negative reelle Zahlen zulässig. Es ist naheliegend anzunehmen, dass mit Polynomen genauso gerechnet werden kann wie mit ganzen Zahlen. Man könnte sogar (wie bei der Zifferndarstellung einer Zahl) auf das Mitschreiben der Basispotenz verzichten, da die Basispotenz eindeutig durch die Stelle des Koeffizienten festgelegt ist. Allerdings wird man das tunlichst sein lassen. Da die Koeffizienten mehrstellige Zahlen mit Vorzeichen sind bzw. sein können, benötigt man – anders als bei den Zahlen – Trennzeichen. Dann kann man aber auch die Basispotenzen als Trennzeichen belassen.

Ähnlichkeit mit dem Stellenwertsystem

Gleiche Rechengesetze wie bei den ganzen Zahlen

Beginnen wir mit der Addition von Polynomen. Da sich durch Addition zweier gleichgradiger Potenzfunktionen nie der Grad erhöhen kann, **entfällt beim Addieren der Übertrag**.

$$a_m \cdot x^m \pm b_m \cdot x^m = \underline{\underline{(a_m \pm b_m) \cdot x^m}} \qquad (7.4.3)$$

Sie haben bereits in der Schule komplette Polynome addiert/subtrahiert und sind dann folgendermaßen vorgegangen:

$$\begin{aligned}
&(12x^3 + 5x^2 + 2x - 1) + (5x^3 - 9x^2 + 15) && |\text{Klammern auflösen}\\
&= 12x^3 + 5x^2 + 2x - 1 + 5x^3 - 9x^2 + 15 && |\text{Summanden ordnen}\\
&= 12x^3 + 5x^3 + 5x^2 - 9x^2 + 2x - 1 + 15 && |\text{Potenzen ausklammern}\\
&= (12+5)x^3 + (5-9)x^2 + (2+0)x + (-1+15) && |\text{Koeffizienten zusammenfassen}\\
&= \underline{\underline{7x^3 - 4x^2 + 2x + 14}}
\end{aligned} \qquad (7.4.4)$$

Durch die Anweisungen rechts in (*7.4.4*) ist eine Vorschrift definiert, wie Polynome zu addieren sind. In *Bild 7.4.1* wird anhand eines weiteren Beispiels gezeigt, dass man aufgrund der Additionsvorschrift Polynome wie Zahlen „schriftlich" addieren kann.

... addieren kann, aber nicht muss!

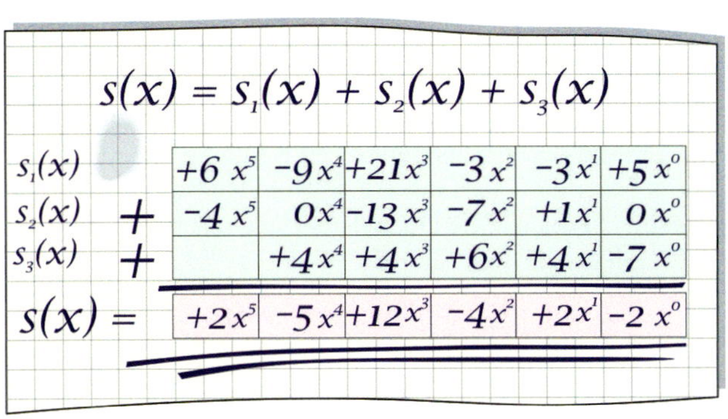

Bild 7.4.1
„Schriftliche" Polynomaddition

Sie haben in der Schule auch Polynome multipliziert, das wurde dort „Ausmultiplizieren“ (mithilfe des Distributivgesetzes) genannt (*s. beispielsweise 7.4.5*).

(7.4.5)

$$\begin{aligned}
&(2x^2-7x+1)\cdot(3x-2)= && |\text{1.Ausmultiplizieren!}\\
&(2x^2-7x+1)\cdot 3x-(2x^2-7x+1)\cdot 2= && |\text{2.Ausmultiplizieren!}\\
&6x^3-21x^2+3x-(4x^2-14x+2)= && |\text{Klammern auflösen!}\\
&6x^3-21x^2+3x-4x^2+14x-2= && |\text{Zusammenfassen!}\\
&\underline{\underline{6x^3-25x^2+17x-2}}
\end{aligned}$$

Ausmultiplizieren ist mühsam. Fehlerquelle: „Minusklammern“

Kein Computer zur Hand? Multiplizieren Sie mit System!

Auch hier definieren die rechts in (*7.4.5*) aufgeführten Anweisungen eine Vorschrift, wie Polynome zu multiplizieren sind. Auch bei der *Polynommultiplikation* ist es möglich, die „schriftliche Multiplikation“ der Zahlen zu übertragen (*s. Bild 7.4.2*). Die Pfeile über den Faktoren sollen das Ausmultiplizieren andeuten.

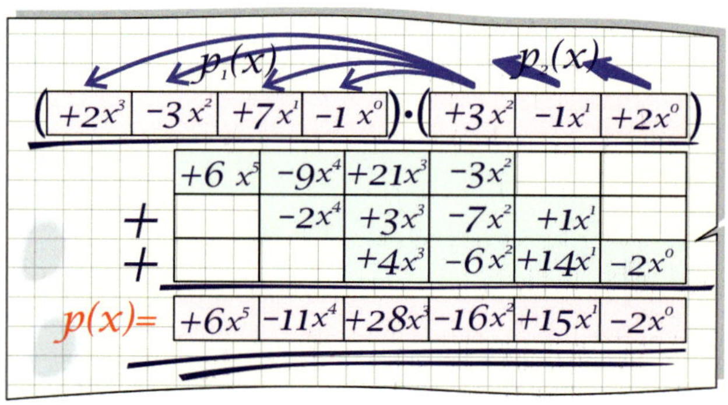

Bild 7.4.2
„Schriftliche“ Polynommultiplikation

Eine Doppelsumme versteht man nicht auf Anhieb!

Wir wollen an dieser Stelle die Gelegenheit benutzen und zeigen, wie sich das Produkt zweier Polynomfunktionen mit einer *Doppelsumme* darstellen lässt.

(7.4.6)

$$p_1=\sum_{i=0}^{n}a_ix^i \qquad p_2=\sum_{j=0}^{m}b_jx^j$$

$$p_1\cdot p_2=\sum_{i=0}^{n}\left(a_ix^i\sum_{j=0}^{m}b_jx^j\right)=\sum_{i=0}^{n}\left(\sum_{j=0}^{m}a_ib_jx^ix^j\right):=\underline{\underline{\sum_{i=0}^{n}\sum_{j=0}^{m}a_ib_jx^{i+j}}}$$

Nehmen Sie sich (viel) Zeit, um die Doppelsumme nachvollziehen zu können.

Eine gute Übung: das Aufbröseln der Doppelsumme

In der Definitionszeile von (*7.4.6*) durfte der Name des Laufindexes von p_2 ebenfalls i sein. Da aber in der Produktzeile zwei Summen unabhängig voneinander im Spiel sind, müssen dort die Laufindizes unterschiedlich benannt werden. In (*7.4.7*) wird gezeigt, wie man die Doppelsumme wieder aufbröselt. Standardmäßig beginnt man mit der inneren Summe.

(7.4.7)

$$\sum_{i=0}^{n}\sum_{j=0}^{m}a_ib_jx^{i+j}=\sum_{j=0}^{m}a_0b_jx^{0+j}+\sum_{j=0}^{m}a_1b_jx^{1+j}+\ldots+\sum_{j=0}^{m}a_nb_jx^{n+j}$$
$$=\left(a_0b_0x^0+a_0b_1x^{0+1}+\ldots+a_0b_mx^{0+m}\right)+\left(a_1b_0x^1+a_1b_1x^{1+1}+\ldots+a_1b_mx^{1+m}\right)+\ \ldots$$

Für den konkreten Fall ist das in *Bild 7.4.2* dargestellte Verfahren rationeller, denn in (*7.4.7*) müssen die Summanden anschließend nach gleichen Potenzen („gleichartige Summanden") geordnet und zusammengefasst werden.

Auch für Anwender wichtig: algebraische Strukturen

Wenn man alle möglichen Polynome zu einer Menge $\boldsymbol{P}$ zusammenfasst, kann man sagen, dass die oben definierte Addition und Multiplikation nicht aus dieser Menge herausführt, denn das Ergebnis einer Polynomaddition oder -multiplikation ist stets wieder ein Polynom. Der nächste Schritt wäre, die in Abschnitt 2.8 aufgeführten Axiome zu überprüfen. Tatsächlich erfüllen diese Polynomverknüpfungen sämtliche Axiome (*2.8.1*), (*2.8.2*) und (*2.8.3*). Es gibt allerdings – wie wir gleich sehen werden – eine Ausnahme!

Kein inverses Element bezüglich der (Polynom-) Multiplikation

Ein inverses Element für die Addition existiert – es wird gebildet, indem man die Vorzeichen sämtlicher Koeffizienten umdreht. Addiert man das so behandelte Polynom mit seinem Original, kommt das neutrale Element – das Nullpolynom – heraus. Bei der Polynommultiplikation klappt dies nicht – es gibt dort kein inverses Element! Das ist kein Drama, denn bezüglich der Multiplikation gibt es innerhalb der Menge der ganzen Zahlen ebenfalls kein inverses Element.

Wie die ganzen Zahlen: ein kommutativer Ring mit Einselement (Polynomring)

Die Menge der Polynome ist bezüglich der oben beschriebenen Verknüpfungen zwar kein Körper, aber ein kommutativer Ring – der so genannte *Polynomring*. Das ist dieselbe algebraische Struktur wie die der ganzen Zahlen! Ein Einselement ist zwar für Ringe nicht notwendig, aber der Polynomring besitzt – wie der Ring der ganzen Zahlen auch – eines: $p(x) \equiv 1$. Dass sowohl die Polynome als auch die ganzen Zahlen einen kommutativen Ring mit Einselement bilden, beinhaltet eine enorme Erleichterung: Alle Regeln, Begriffe und Algorithmen, die von den ganzen Zahlen her bekannt sind, können auf die Polynome übertragen werden.

Eigentlich einfacher als das „schriftliche" Dividieren: die Polynomdivision im Falle ganzzahliger Koeffizienten

Wie bei den ganzen Zahlen können die beiden Polynom-Faktoren $p_1(x)$ und $p_2(x)$ in *Bild 7.4.2* Teiler des Produkt-Polynoms $p(x)$ genannt werden. Wenn man das Produkt-Polynom $p(x)$ wiederum durch einen seiner Teiler, z. B. $p_2(x)$, dividiert, muss der andere Teiler herauskommen – hier $p_1(x)$. Das ist der Prüfstein für einen Algorithmus, der *Polynomdivision* genannt wird – *Bild 7.4.3* zeigt ein Beispiel.

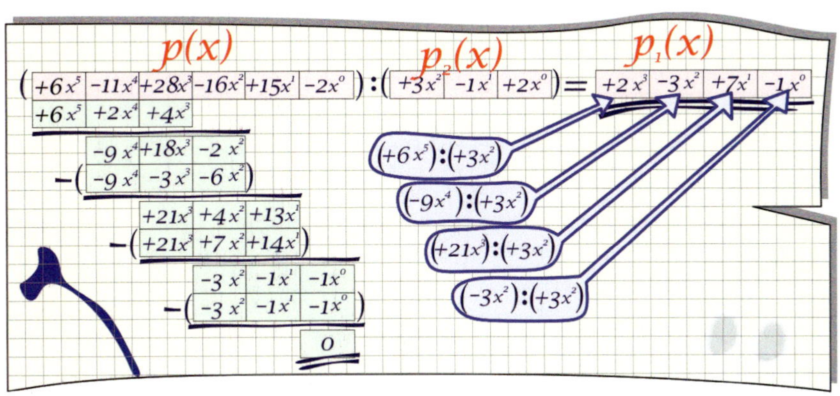

Bild 7.4.3
Eine Polynomdivision aus der Schule

Sie sehen, die Ähnlichkeit der Polynomdivision in *Bild 7.4.3* mit der Division ganzer Zahlen ist sehr groß. Es gibt sogar noch eine Erleichterung! Wegen der fehlenden Überträge braucht man zur Ermittlung einer Stelle zunächst nur den Quotienten aus dem ersten Summanden des aktuellen Dividenden und dem ersten Summanden des Divisors zu bilden. Das ist in *Bild 7.4.3* durch die blau umrandeten Wölkchen angedeutet. Wie beim schriftlichen Zahlenrechnen müssen fehlende Stellen durch Nullen ausgefüllt werden.

Fehlende Stellen mit Nullen ausfüllen!

Fahren wir fort, Bekanntes aus der Welt der ganzen Zahlen auf die Polynome zu übertragen. Wir dürfen wohl annehmen, dass zwei verschiedene Polynome gemeinsame Teiler haben können. Der „**g**rößte **g**emeinsame **T**eiler ggT" wäre der mit dem höchsten Grad. Genauso gut könnte es wohl zu zwei Polynomen gemeinsame Vielfache geben und dasjenige mit dem niedrigsten Grad wäre dann das „**k**leinste **g**emeinsame **V**ielfache kgV". Wie bei den Zahlen müssen wir aber auch mit Polynomen rechnen, die außer dem Einserpolynom und sich selbst keine weiteren Teiler haben. Diese heißen dann *irreduzibel* und wären die Pendants zu den Primzahlen.

ggT und kgV gibt es bei den Polynomen auch.

Pendants zu den Primzahlen: irreduzible Polynome

Die Teilbarkeitsregeln der Zahlen lassen sich nicht übertragen – aber bei den Polynomen gibt es ebenfalls Regeln! Die wichtigste soll an einem neuen Beispiel demonstriert werden. Wir nehmen dieses Mal ein normiertes Polynom, das an der Stelle $x = 1$ eine Nullstelle hat! Die Normierung ist im Grunde keine Einschränkung, denn man kann immer den Faktor vor der größten Potenz ausklammern, zunächst beiseitelassen und später wieder hinzufügen.

Was ist mit Teilbarkeitsregeln?

(7.4.8)

$$p(x) = x^5 - 4x^4 + 4x^3 + 2x^2 - 5x + 2$$
$$p(1) = 1 - 4 + 4 + 2 - 5 + 2 = \underline{\underline{0}}$$

Zugegeben, es wäre schon ein Glücksfall, wenn man selbst auf die Idee käme, das Beispielpolynom probeweise durch den Faktor $(x - 1)$ zu dividieren. Da dieser so genannte *Linearfaktor – ein* normiertes Polynom ersten Grades – ebenfalls an der Stelle $x = 1$ eine Nullstelle hat, könnte er möglicherweise Teiler des Polynoms sein. Die Polynomdivision dazu ist ausführlich in *Bild 7.4.4* illustriert.

Immer wieder: Probieren ist eine Arbeitsmethode!

Ist „x minus Nullstelle" Teiler des Polynoms p(x)?

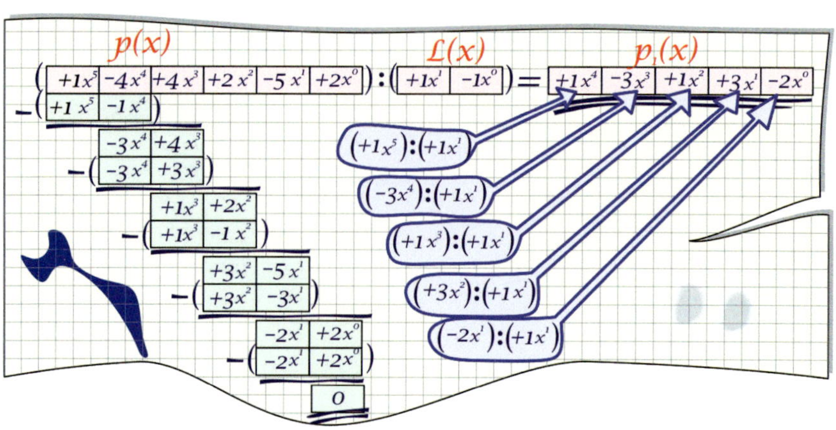

Bild 7.4.4
Polynomdivision durch einen Linearfaktor

In der Tat, die in *Bild 7.4.4* gezeigte Polynomdivision geht ohne Rest auf. Der Linearfaktor „x minus Nullstelle" ist wirklich Teiler des Polynoms. Mit dem Ergebnis der Polynomdivision lässt sich das Polynom $p(x)$ faktorisieren.

$$\underbrace{x^5-4x^4+4x^3+2x^2-5x+2}_{p(x)}=\underbrace{(x-1)}_{l(x)}\cdot\underbrace{(x^4-3x^3+x^2+3x-2)}_{r(x)} \qquad (7.4.9)$$

Betrachtet man den abgespaltenen Faktor $r(x)$ in (*7.4.9*), stellt man fest, dass er an der Stelle $x = 1$ ebenfalls eine Nullstelle hat. Dann müsste – wenn das vorher kein Zufall war – der Linearfaktor $(x - 1)$ ebenfalls Teiler von $r(x)$ sein. Wenn man die Polynomdivisionsprozedur wiederholt, bestätigt sich das tatsächlich und man kann ein weiteres Mal faktorisieren:

Das Beispielpolynom lässt sich faktorisieren.

$$\underbrace{x^5-4x^4+4x^3+2x^2-5x+2}_{p(x)}=\underbrace{(x-1)}_{l(x)}\cdot\underbrace{(x-1)}_{l(x)}\underbrace{(x^3+x^2-x-1)}_{r^*(x)} \qquad (7.4.10)$$

Das in (*7.4.10*) erneut abgespaltene Polynom $r^*(x)$ hat wieder an der Stelle $x = 1$ eine Nullstelle. Wenn man die Divisionsprozedur erneut anwendet, beträgt der Grad des Restes zwei. Das ist eine quadratische Funktion und die kann man mithilfe der quadratischen Gleichung untersuchen (*s. 7.4.11*).

$$\underbrace{x^5-4x^4+4x^3+2x^2-5x+2}_{p(x)}=\underbrace{(x-1)}_{l(x)}\cdot\underbrace{(x-1)}_{l(x)}\underbrace{(x-1)}_{l(x)}\underbrace{(x^2-x-2)}_{r^{**}(x)} \qquad (7.4.11)$$

$$\text{N.R.:}\quad x^2-x-2=0 \Leftrightarrow x=\tfrac{1}{2}\pm\sqrt{\tfrac{1}{4}+\tfrac{8}{4}}=\tfrac{1}{2}\pm\tfrac{3}{2}\Leftrightarrow x=2\vee x=-1$$

$$x^5-4x^4+4x^3+2x^2-5x+2=(x-1)^3\cdot(x-2)\cdot(x+1)$$

N.R.: Kennzeichnen Sie Ihre Nebenrechnungen!

Unser Polynom ist vollständig durch Linearfaktoren der Art „x – Nullstelle" faktorisiert. Beachten Sie, dass im Falle einer negativen Nullstelle zwei negative Vorzeichen aufeinanderfolgen und sich deshalb ein positiver Summand ergibt. In unserem Fall beträgt wegen der negativen Nullstelle $x = -1$ der Linearfaktor $(x - (-1)) = (x + 1)$.

Vollständige Faktorisierung durch Linearfaktoren

Bekanntlich kann man in der Praxis die Nullstellen eines Polynoms nicht erraten, denn sie sind nur in Ausnahmefällen ganzzahlig und handlich klein. Allerdings ist es eine Tatsache, dass im Falle der Existenz einer Nullstelle der entsprechende Linearfaktor Teiler des Polynoms ist. Wenn – wie in unserem obigen Beispiel $x = 1$ – eine Stelle „dreimal hintereinander" als Nullstelle auftaucht, spricht man von einer *dreifachen Nullstelle*. Gleiche Linearfaktoren fasst man natürlich zu einer Potenz zusammen. Unser Beispielpolynom hat insgesamt fünf Nullstellen – eine dreifache und zwei einfache. Zählt man nur **unterschiedliche** Nullstellen, sind es in diesem Fall nur drei.

Drei gleiche Linearfaktoren = eine dreifache Nullstelle.

Man könnte aufgrund des Beispiels versucht sein zu vermuten, dass ein Polynom n-ten Grades immer n Nullstellen hat und sich deshalb immer in n Linearfaktoren zerlegen lässt. Das stimmt auch, aber nur wenn man für den Definitionsbereich der Polynome die komplexen Zahlen zulässt. Das heißt dann *Fundamentalsatz der Algebra*.

Ein reelles Polynom n-ten Grades hat nur ausnahmsweise n Nullstellen.

Wir müssen hier (noch) im Reellen bleiben! Im Reellen kann es ohne Weiteres vorkommen, dass die Anzahl der Nullstellen kleiner als der Grad des Polynoms ist. In so einem Fall hat das Polynom, welches nach der Polynomdivision übrig bleibt, keine (reellen) Nullstellen mehr; eine weitere Faktorisierung ist nicht mehr möglich. Das Originalpolynom könnte sogar keine reellen Nullstellen haben. Dann lässt sich überhaupt kein Linearfaktor abspalten. Sagt man aber, ein (reelles) Polynom n-ten Grades kann **höchstens** n Nullstellen haben und es können somit **maximal** n Linearfaktoren abgespalten werden, dann ist das in Ordnung:

Auch eine Aussage: Mehr als n Nullstellen kann es nicht geben.

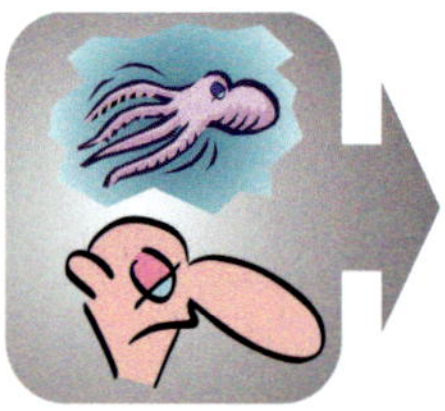

Merksatz 7.4.2

Merke:
Sei $p(x)$ ein Polynom mit grad$(p) = n$ und insgesamt m verschiedenen Nullstellen an den Stellen x_1 bis x_m. Die Vielfachheit der jeweiligen Nullstelle ist mit k_j benannt. Dann lässt sich das Polynom wie folgt als Produkt darstellen:

$$p(x) = (x-x_1)^{k_1} \cdot (x-x_2)^{k_2} \cdot \ldots \cdot (x-x_m)^{k_m} \cdot r(x)$$

Das Restpolynom $r(x)$ ist nullstellenfrei! Weiterhin gilt:

$$k_1 + k_2 + \ldots + k_m \le n\,, \quad \text{grad}\big(r(x)\big) = n - (k_1 + k_2 + \ldots + k_m)$$

Es sind die möglichen Mehrfachnullstellen in *Merksatz 7.4.2*, die die Produktdarstellung unhandlich erscheinen lassen! Es ist in der Praxis sinnvoller, die unterschiedlichen Nullstellen durchzunummerieren. Um auf die Gesamtzahl aller Nullstellen zu kommen, muss man die Vielfachheiten addieren. Wenn die Summe der Vielfachheiten gleich dem Grad des Polynoms ist, mutiert die Restfunktion zum konstanten Faktor a_n :

Beachten Sie die Vielfachheiten der Nullstellen!

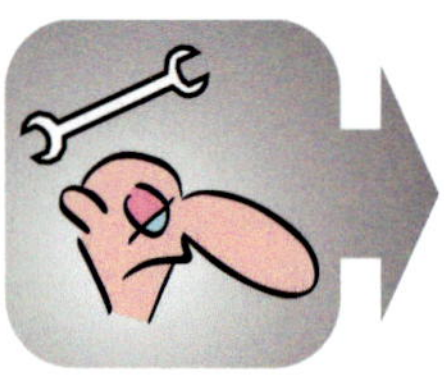

Merksatz 7.4.3

Spezialfall :
Sei $p(x)$ ein Polynom mit grad(p) = n und mit insgesamt m **verschiedenen** Nullstellen an den Stellen x_1 bis x_m. Die Anzahl **aller** Nullstellen sei **gleich** n. Dann lässt sich das Polynom wie folgt als Produkt darstellen:

$$p(x) = a_n \cdot (x-x_1)^{k_1} \cdot (x-x_2)^{k_2} \cdot \ldots \cdot (x-x_m)^{k_m}$$

Im allgemeinen Fall hat das nullstellenfreie Restpolynom zwar keine Polynome ersten Grades mehr als Teiler, kann aber durchaus irreduzible Teiler höheren Grades haben. Wenn man die findet, kann das Polynom vollständig in irreduzible Faktoren zerlegt werden. Im Falle einer vollständigen Zerlegung verbleibt als Rest(-Funktion) nur noch der Faktor a_n. Diese Zerlegung entspricht der Primfaktorzerlegung bei den Zahlen.

Meist nicht einfach: Zerlegung des Restpolynoms in irreduzible Faktoren

Oft benötigt man von einer Polynomfunktion die Ableitungsfunktionen mitsamt deren Nullstellen. Es ist gemäß der Ableitungsregel (*5.6.23*) so leicht, eine Polynomfunktion in Summendarstellung abzuleiten, dass man versucht ist, faktorisierte Polynomfunktionen vor dem Ableiten auszumultiplizieren. Da Mehrfachnullstellen aber auch Nullstellen der Ableitungsfunktion bleiben, sollte man *Merksatz 7.4.4* berücksichtigen.

Sie haben ein bereits faktorisiertes Polynom vorliegen? Multiplizieren Sie es nur unter Zwang aus!

Mehr über die Eigenschaften ganzrationaler Funktionen/Polynomfunktionen finden Sie im Abschnitt 7.18 „Berg und Tal".

Tipp:
Versuchen Sie eine faktorisierte Polynomfunktion mit Mehrfachnullstellen lieber mithilfe der Produkt- und Kettenregel abzuleiten.
Der Aufwand ist zwar zunächst höher, aber die Ableitungsfunktion lässt sich leicht faktorisieren und Sie bekommen deren Nullstellen (fast) gratis.

Beispiel: $\frac{\mathrm{d}}{\mathrm{d}x}\left[(x-1)^3\cdot(x-2)\right]=3(x-1)^2(x-2)+1\cdot(x-1)^3$
$=(x-1)^2\left(3(x-2)+(x-1)\right)=\underline{\underline{(x-1)^2(4x-7)}}$

Merksatz 7.4.4

7.5 Rationale Funktionen

In Abschnitt 2.7 wurde aus dem Ring „ganze Zahlen" über die Bruchrechnung der Körper der rationalen Zahlen gebastelt. Das geht bei den Polynomen ebenfalls. Man definiert die so genannten *rationalen Funktionen* aus dem Quotienten zweier Polynome und es entsteht der „Körper der rationalen Funktionen".

Definition:
Seien $p(x)$ und $q(x)$ Polynomfunktionen. Dann heißt die reelle Funktion

$f(x)=\frac{p(x)}{q(x)};\quad \mathbb{D}=\mathbb{R}\setminus\{x\mid q(x)=0\}$ ***rationale Funktion.***

Das Nennerpolynom darf nicht das Nullpolynom sein! Aus dem Definitionsbereich müssen die Nennernullstellen ausgeschlossen werden!

$q(x)\equiv c\quad (c\neq 0)\quad f(x)$ ist ***ganz*** rational
$\operatorname{grad}(p)<\operatorname{grad}(q)\quad f(x)$ ist ***echt gebrochen*** rational
$\operatorname{grad}(p)\geq\operatorname{grad}(q)\quad f(x)$ ist ***unecht gebrochen*** rational

Merksatz 7.5.1

Die einfachste gebrochen rationale Funktion ist die bereits in Abschnitt 6.9 besprochene Antiproportionalität. Ist das Nennerpolynom $q(x)$ lediglich eine Konstante, bleibt $f(x)$ ganzrational. Deshalb bekommt eine Konstante im Nenner bestenfalls vorübergehend (!) die Ehre eines eigenen Bruchstrichs! Damit eine ganzrationale Funktion nicht mit einer gebrochen rationalen verwechselt werden kann, wird die Konstante entweder als Faktor $1/c$ vor das Polynom gesetzt oder auf die Koeffizienten verteilt (Distributivgesetz!).

Die Antiproportionalität ist die einfachste gebrochen rationale Funktion.

Die Bezeichnungen echt und unecht gebrochen gleichen denen der Bruchzahlen. Es fehlt noch das Pendant zu den gemischten Zahlen. Einen unechten Bruch wandelt man in eine gemischte Zahl um, indem man den Zähler durch den Nenner teilt. Man erhält so den ganzzahligen Anteil und einen Rest. Der echt gebrochene Anteil ist dann ein Bruch aus dem Rest als Zähler und dem Nenner. Mithilfe der Polynomdivision lässt sich die gleiche Prozedur auch bei den rationalen Funktionen machen. Wir studieren das an dem in folgendem Bild dargestellten Beispiel.

Pendant zur gemischten Zahl: Ganzrationale Funktion plus echt gebrochen rationale Funktion.

Gleiche Prozedur wie bei den Bruchzahlen

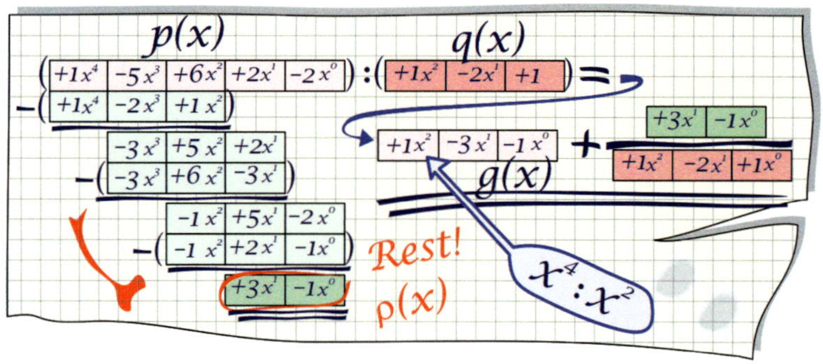

Bild 7.5.1
Ermittlung des ganzrationalen Summanden mittels Polynomdivision

Um übersichtlichere Koeffizienten zu haben, wurden im Beispiel wieder (ohne Beschränkung der Allgemeinheit) normierte Polynome verwendet. Der Rest $\rho(x)$ ist nicht zu verwechseln mit der Restfunktion bei der Faktorisierung (*vgl. Bild 7.4.4*)! Der Rest $\rho(x)$ ist der Zähler des separierten echt gebrochen rationalen Summanden. Mit den Bezeichnungen von *Bild 7.5.1* ergibt sich:

(7.5.1)

$$\frac{p(x)}{q(x)} = g(x) + \frac{\rho(x)}{q(x)}, \quad \operatorname{grad}(g) = \operatorname{grad}(p) - \operatorname{grad}(q)$$

Im blauen Wölkchen ist noch einmal vermerkt, dass sich der erste Summand des ganzrationalen Anteils $g(x)$ aus dem Quotienten der ersten Summanden von $p(x)$ und $q(x)$ ergibt. Damit ist die in (*7.5.1*) angegebene Formel für den Grad des ganzrationalen Anteils offensichtlich. Wir werden in einem späteren Abschnitt zeigen, wann die „gemischte“ Darstellung einer rationalen Funktion vorteilhaft ist.

Multiplikation und Division wie in der Bruchrechnung

Gebrochen rationale Funktionen werden wie Brüche multipliziert, Zählerpolynom mal Zählerpolynom durch Nennerpolynom mal Nennerpolynom. Dividiert werden sie durch Multiplikation mit dem Kehrbruch. Mühselig ist das Kürzen. Dazu zerlegt man, wie unten gezeigt, Zähler- und Nennerpolynom in irreduzible Faktoren und streicht gleiche Faktoren in Zähler und Nenner. (Das Produkt der in Zähler und Nenner gestrichenen Faktoren ist der größte gemeinsame Teiler, der im Allgemeinen nicht explizit interessiert!)

(7.5.2)

$$\frac{9x^5 - 27x^3 + 6x^2 - 27x + 18}{3x^5 + 6x^4 - 3x - 6} = \frac{\overset{3}{\cancel{9}}\,\cancel{(x^2+1)}\,(x-1)^{\cancel{2}}\,\cancel{(x+2)}}{\cancel{3}\,\cancel{(x^2+1)}\,(x+1)\,\cancel{(x-1)}\,\cancel{(x+2)}} = 3 \cdot \frac{x-1}{x+1}$$

Mühselige Addition

Noch mühseliger kann sich die Addition gestalten. Das Verfahren hört sich vertraut an: Hauptnenner suchen (sollte möglichst das kleinste gemeinsame Vielfache der Nenner sein), Summanden durch Erweitern auf den Hauptnenner bringen, die Zählersumme auf einen gemeinsamen Bruchstrich schreiben und addieren. Hat man statt des kgV nur ein gemeinsames Vielfaches verwendet, z. B. das Produkt der Nenner, muss zum Schluss noch gekürzt werden. Wo ist das Problem? Nun, es wäre keines, wenn die Zähler und Nenner der Summanden bereits als Produkte irreduzibler Polynome dargestellt wären – aber das sind sie in der Regel nicht! Eine solche Addition kann z. B. erforderlich werden, wenn man die Nullstellen einer in Summenform dargestellten rationalen Funktion ermitteln muss.

$$f(x)=\frac{2x+1}{x-1}+\frac{3x^2}{(x-1)^2\cdot(x+3)}-\frac{5}{x+3}$$
$$=\frac{(2x+1)(x-1)(x+3)}{(x-1)^2(x+3)}+\frac{3x^2}{(x-1)^2\cdot(x+3)}-\frac{5(x-1)^2}{(x+3)(x-1)^2}$$
$$=\frac{(2x+1)(x-1)(x+3)+3x^2-5(x-1)^2}{(x-1)^2(x+3)}=\underline{\underline{\frac{2x^3+3x^2+6x-8}{(x-1)^2(x+3)}}}$$

(7.5.3)

Besteht das Nennerpolynom einer echt gebrochen rationalen Funktion nur aus Linearfaktoren oder Potenzen davon (*s. Spezialfall/Merksatz 7.4.3*), lässt sich die Funktion mithilfe der so genannten *Partialbruchzerlegung* in die elegante Summendarstellung der Form bringen. Man beachte: in den Zählern stehen „nur“ noch reelle Zahlen – in den Nennern „nur“ noch Potenzen einzelner Linearfaktoren. In dieser Form lässt sich, wie in Abschnitt 7.24 gezeigt, die Stammfunktion einer gebrochen rationalen Funktion problemlos ermitteln.

Überaus nützlich: Eine gebrochen rationale Funktion in Partialbruch-Darstellung

$$f(x)=\sum_{i=1}^{m}\sum_{j=k_i}^{1}\frac{A_{ij}}{(x-x_i)^j}$$

(7.5.4)

In (*7.5.4*) nummeriert der Index i die **verschiedenen** Nennernullstellen und mit k_i ist deren (eventuelle) Vielfachheit gemeint. Wenn lediglich einfache Nullstellen vorhanden wären, bestünden die Nenner nur aus den Linearfaktoren des Nenners – in (*7.5.4*) würde aus der Doppelsumme eine Einfachsumme. Für Nennernullstellen der Vielfachheit k_i müssen jeweils k_i Summanden angesetzt werden. Im Nenner stehen Potenzen des Linearfaktors mit Exponenten von k_i herunter bis 1. Da eine Doppelsumme nicht für jeden leicht lesbar ist, geben wir ein weiteres Beispiel mit $m = 3$, $k_1 = 1$, $k_2 = 1$, $k_3 = 3$ an. Die beiden einfachen Nennernullstellen liegen bei $x = 1$ und $x = 2$, die dreifache bei $x = 3$.

Ärgern Sie nicht über die Doppelsumme! Sie wird notwendig, wenn man die zerlegte Form allgemein darstellen möchte.

$$\frac{x^4-11x^3+48x^2-89x+59}{(x-1)(x-2)(x-3)^3}=\frac{A_{11}}{x-1}+\frac{A_{21}}{x-2}+\frac{A_{33}}{(x-3)^3}+\frac{A_{32}}{(x-3)^2}+\frac{A_{31}}{x-3}$$
$$=\underline{\underline{\frac{2}{x-1}-\frac{1}{x-2}+\frac{4}{(x-3)^3}-\frac{1}{(x-3)^2}+\frac{1}{x-3}}}$$

(7.5.5)

Rechnen Sie nach, die doppelt unterstrichene Form ist tatsächlich gleichwertig mit dem Original!

Unecht gebrochene rationale Funktionen sind ebenfalls kein Problem. Man kann sie, wie in *Bild 7.5.1* gezeigt, zunächst in einen ganzrationalen und einen echt gebrochenen Summanden zerlegen und sich dann dem echt gebrochenen Teil zuwenden.

Leider ist der Aufwand, die Zähler für die Partialbrüche zu ermitteln, nicht unerheblich. Deshalb verwenden wir zum Vorrechnen lieber ein einfacheres Beispiel mit nur einer einfachen und einer doppelten Nullstelle. Zunächst macht man den Ansatz gemäß (*7.5.4*). Da nur drei Summanden im Spiel sind, verzichtet man auf indizierte Variable A_{ij} und benennt die Zähler schlicht mit *A, B, C*. Die einfache

Ermittlung der Zähler erfordert Aufwand!

Ansatz mit Zähler-Parametern A, B, C

Nullstelle bekommt einen Summanden und die Mehrfachnullstelle ihrer Vielfachheit entsprechend zwei Summanden mit den Exponenten zwei und eins im Nenner:

(7.5.6)

$$\frac{x^2-6x+17}{(x-1)\cdot(x-3)^2}=\frac{A}{x-1}+\frac{B}{(x-3)^2}+\frac{C}{(x-3)^1}$$

Der nächste Schritt ist die oben beschriebene Addition der rechten rationalen Summanden. Links, nur mit Auslassungspunkten gekennzeichnet, steht die zu zerlegende rationale Funktion.

(7.5.7)

$$\frac{\cdots}{\cdots}=\frac{A(x-3)^2}{(x-1)(x-3)^2}+\frac{B(x-1)}{(x-1)(x-3)^2}+\frac{C(x-1)(x-3)}{(x-1)(x-3)^2}$$

$$\Leftrightarrow\quad\frac{\cdots}{\cdots}=\frac{A(x-3)^2+B(x-1)+C(x-1)(x-3)}{(x-1)(x-3)^2}$$

Der zu zerlegende Bruch und die auf einen Bruchstrich gebrachte Zerlegung sind nur gleich, wenn deren Zähler gleich sind (*s. zweite Zeile von 7.5.7*). Es muss daher folgende Gleichung gelten!

(7.5.8)

$$x^2-6x+17=A(x-3)^2+B(x-1)+C(x-1)(x-3)\quad,\ x\in\mathbb{R}\setminus\{1,3\}$$

Eigentlich unendlich viele Gleichungen: für jedes „x" eine

Mit einer Gleichung drei Variable bestimmen? Doch, manchmal geht das – Gleichung (*7.5.8*) muss nämlich für alle reelle x gelten. Wenn man jetzt speziell drei verschiedene Zahlen für x einsetzt, bekommt man drei Gleichungen mit den drei Variablen A, B und C. Eigentlich sind die Nennernullstellen der Originalfunktion ausgeschlossen, aber nicht 1,0000000…01 und 3,0000000…01 auch nicht! Es liegt daher nahe, trotzdem für x auch eins und drei einzusetzen – und das macht man auch:

(7.5.9)

$$\underline{x=1}:\ 1-6+17=A(1-3)^2\quad\Leftrightarrow\quad 12=4A\quad\Leftrightarrow\underline{\underline{A=3}}$$

$$\underline{x=3}:\ 9-18+17=B(3-1)\quad\Leftrightarrow\quad 8=2B\quad\Leftrightarrow\underline{\underline{B=4}}$$

$$\underline{x=2}:\ 4-12+17=A+B+C(2-1)(2-3)\ \left|A=3,\ B=4\text{ einsetzen!}\right.$$

$$\Leftrightarrow 9=3+4-C\qquad\Leftrightarrow\underline{\underline{C=-2}}$$

Zwei Zähler gratis!

Durch den Trick, die Nullstellen eins und drei einzusetzen, erhält man zwei der gesuchten Zähler gratis. (Wären nur Einfachnullstellen vorhanden, bekäme man alle Zähler auf diese Weise!) Für den dritten Zähler muss man irgendetwas für x einsetzen – z. B. 2. Mit den bereits ermittelten Zählern bekommt man dann auch noch den letzten Zähler. In (*7.5.10*) sehen Sie das vollständige Ergebnis dieser Prozedur. Dass man dabei auf überflüssige Klammern verzichtet und das „Minus" vor den Bruchstrich schreibt, ist selbstverständlich:

$$\frac{x^2-6x+17}{(x-1)\cdot(x-3)^2}=\frac{3}{x-1}+\frac{4}{(x-3)^2}-\frac{2}{x-3} \qquad (7.5.10)$$

Es wird sich herausstellen, dass eine Partialbruchzerlegung (PBZ) meist durchgeführt wird, wenn es darum geht, von einer rationalen Funktion eine Stammfunktion zu finden. An dieser Stelle kann man der Option PBZ noch etwas anderes entnehmen. Wenn man sich in die Eigenschaften echt gebrochen rationaler Funktionen einarbeiten will, reicht es aus, sich zunächst mit einzelnen Summanden der Form $1/(x\text{-}x_i)^i$ zu beschäftigen. Und wenn man für die Nennernullstelle exemplarisch die Stelle null nimmt (oder das Koordinatensystem verschiebt), mutiert der echt gebrochen rationale Term zu einer (normierten) Potenzfunktion mit negativem ganzzahligen Exponenten (*s. 7.5.11*).

$$f(x)=\frac{1}{(x-x_0)^n}\xrightarrow[\text{mit } x_0=0]{\text{exemplarisch}} f(x)=\frac{1}{x^n}=x^{-n} \qquad (7.5.11)$$

Sie können deshalb bei den gebrochen rationalen Funktionen weitgehend auf Abschnitt 7.3 zurückgreifen. Noch mehr über rationale Funktionen finden Sie in Abschnitt 7.19 – Singularitäten.

7.6 Winkelfunktionen

Mit den Winkelfunktionen verlassen wir die Welt der so genannten *algebraischen Funktionen*. Das sind Funktionen, die sich aus Verknüpfungen der Grundrechenarten inklusive der Wurzelfunktionen zusammensetzen lassen. *Winkelfunktionen* lassen sich so nicht zusammenbasteln – sie gehören daher zu den so genannten *transzendenten Funktionen*. Der einfachste Zugang zu den Winkelfunktionen geschieht über die Geometrie, was **keineswegs** bedeutet, dass sich ihre Anwendbarkeit auf die Geometrie beschränkt!

Haupteinsatzgebiet ist nicht die Geometrie!

In *Bild 7.6.1* ist nicht wie in Abschnitt 5.1 ein Messgerät dargestellt, sondern lediglich ein simpler Zeiger, den man verdrehen darf. Alle relevanten Längen dieses Zeigergerätes werden auf die Zeigerlänge bezogen und sind somit dimensionslos! Der Kreis, den der Zeiger bei einer Umdrehung beschreibt, hat somit den Radius 1 und heißt deshalb *Einheitskreis*. Bitte erinnern Sie sich: Bei Verwendung des Radius als relative Längeneinheit sind der Weg der Zeigerspitze (Bogenlänge) und der Winkel im Bogenmaß gleich (*vgl. Bild 5.1.3*). Wenn der Zeiger wie in *Bild 7.6.1* um 0,6 (rad) verdreht worden ist, hat die Zeigerspitze ebenfalls einen Weg von 0,6 gemacht. Der Drehwinkel (im Gegenuhrzeigersinn, bezogen auf die Horizontale) kann an einem Skalenring abgelesen werden. Zusätzlich enthält das „Einheitskreisgerät" eine vertikale und eine horizontale Achse, die ebenfalls – und das ist wichtig – mit dem Radius als Einheit skaliert sind. Wenn man den Zeiger um mehr als eine Umdrehung verdreht, muss ärgerlicherweise der Skalenring gewechselt werden. Der neue Ring führt dann die Skala über 6,28 rad (exakt 2π) hinaus. Nach jeder weiteren vollen Umdrehung muss ein entsprechender

Das Zeigergerät: ein reines Lehrgerät

Aufgrund des Einheitskreises ist der Weg der Zeigerspitze gleich dem Winkel im Bogenmaß.

Die Winkel sind unbeschränkt.

Skalenring aufgelegt werden. Drehungen im Uhrzeigersinn sind auch erlaubt. Es müssen dann nur umgekehrt skalierte Ringe aufgelegt werden. Die Winkel werden in diesem Fall gemäß der in *Bild 5.1.5* illustrierten Konvention negativ gezählt. Mit diesem aufwendigen Skalenwechselsystem ist sichergestellt, dass trotz der runden Skala jeder Zahlenwert eingestellt bzw. abgelesen werden kann.

Versetzen Sie sich in die beiden Beobachter hinein! Wie sehen diese Beobachter den Zeiger?

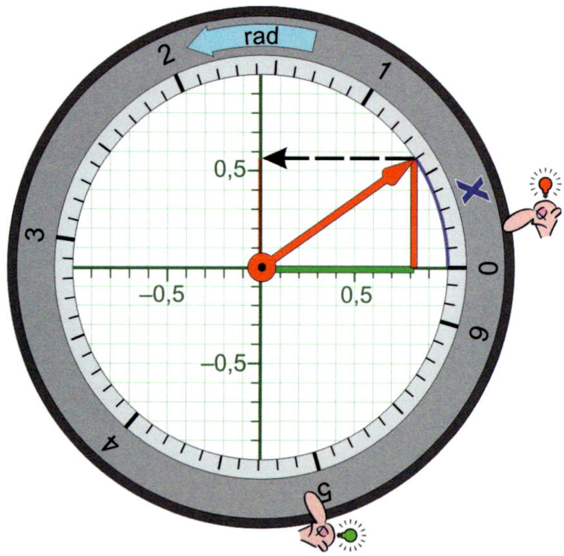

Bild 7.6.1
Einheitskreis mit Zeiger zur Definition der Winkelfunktionen

Bevor wir zum eigentlichen Thema kommen, wollen wir die Bereitstellung des Einheitskreises in *Bild 7.6.1* dazu nutzen, auf drei nützliche Hilfsfunktionen hinzuweisen. Die Erste ordnet einfach jeder reellen Zahl die **nächstkleinere** ganze Zahl (Integer) zu. Die Funktion heißt zumeist „**int**“. In konsequent ins Deutsche übertragenen Anwendungen heißt sie auch „**Ganzzahl**“. Beachten Sie bitte, dass int(–8,7) = –9 ist und nicht etwa –8 ist! Es heißt „… nächstkleinere …“ in der Definition! Mithilfe dieser Integerfunktion lassen sich wiederum zwei zweistellige Funktionen definieren.

int(8,7) = 8; int(-8,7) = -9

(7.6.1)

$$\text{div} \;: \mathbb{R}\times\mathbb{R}\setminus\{0\} \to \mathbb{Z},\ (x,c) \mapsto \text{int}\left(\frac{x}{c}\right)$$

$$\text{mod} \;: \mathbb{R}\times\mathbb{R}\setminus\{0\} \to \mathbb{R}_0^+,\ (x,c) \mapsto x - c\cdot\text{int}\left(\frac{x}{c}\right)$$

Die Funktionen div und mod kennen Sie eigentlich aus Ihrer Grundschulzeit. Es handelt sich um das „Teilen mit Rest“. Die div-Funktion liefert den ganzzahligen Anteil des Quotienten und die mod-Funktion den „Rest“ (*s. Marginalbild*). Für die Funktionswerte der mod- und div-Funktion wird gerne die Infix-Schreibweise verwendet.

$$(x,c) \mapsto x \operatorname{div} c \quad \text{bzw.} \quad (x,c) \mapsto x \bmod c \qquad (7.6.2)$$

Standardbeispiel für div und mod ist ein rotierender Zeiger, wie z. B. der aus *Bild 7.6.1*. Je nach Winkelmaß gibt x div 2π oder x div 360 die Zahl der vollen Umdrehungen des Zeigers an. Der Winkel des Zeigers über die letzte volle Umdrehung hinaus ist dann x mod 2π bzw. x mod 360.

div gibt die Anzahl der Vollwinkel an – mod gibt den über die Vollwinkel hinausgehenden Winkel an.

Wir wollen nun einem vorgegebenen (Zeiger-) Winkel eindeutig eine Zahl zuordnen, und zwar nach der folgenden Vorschrift (der Winkel bekommt den Variablennamen x):

Fälle das Lot von der Zeigerspitze auf die horizontale Achse, übertrage dieses Lot auf die vertikale Achse und lies dort die Länge des Lotes und das Vorzeichen ab! Die vorzeichenbehaftete Lotlänge ist der zugeordnete Wert.

Sinus: Länge des Lotes mit Vorzeichen.

Die mit dieser Zuordnungsvorschrift definierte (Winkel-)Funktion heißt (ausführlich) *Sinusfunktion* bzw. (kurz) Sinus. Der vorgeschriebene Funktionsname verwendet nur die ersten drei Buchstaben – nämlich **sin**. Wie üblich wird dieser Name zur Darstellung von Funktionswerten als Präfix verwendet. Wenn das Argument nur aus einer Zahl oder einer Variablen besteht, darf man das Klammerpaket fortlassen – muss es aber nicht. In *Bild 7.6.1* ist $x = +0,6$, die Lotlänge muss auf dem positiven Achsenteil abgelesen werden und beträgt 0,56, also ist $\sin(0,6) \approx +0,56$. Beachten Sie: Aufgrund der Verwendung relativer Einheiten ist diese geometrische Zuordnungsvorschrift frei von irgendwelchen Einheiten!

Ein Klammerpaket ist nicht immer erforderlich.

Lot-Info:
Ein Lot von einem Punkt P auf eine Gerade g (oder Strecke) zu fällen, bedeutet in der Geometrie: Man konstruiert – ausgehend vom Punkt P – eine Strecke, die senkrecht auf dieser Geraden (Strecke) steht. Der Punkt Q heißt Lotfußpunkt.

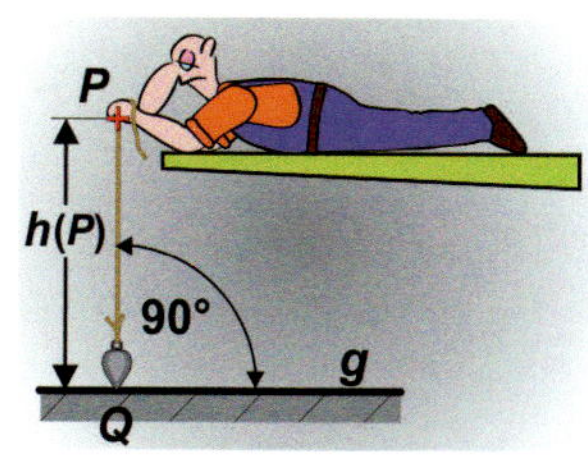

Merksatz 7.6.1

Man sieht leicht ein, dass die Lote von der Zeigerspitze nicht länger als der Zeiger selbst werden können und deshalb zwischen -1 und $+1$ pendeln. Die Sinusfunktion ist somit eine Abbildung der reellen Zahlen **auf** das Intervall $[-1, +1]$:

$$\sin : \mathbb{R} \twoheadrightarrow [1,-1],\ x \mapsto \sin(x) \qquad (7.6.3)$$

Indem man das Lot von der Zeigerspitze auf die horizontale Achse fällt, erhält man automatisch einen weiteren Wert mitgeliefert: den Abstand des Lotfußpunktes vom Koordinatenursprung – in *Bild 7.6.1* grün gekennzeichnet. Die dann auf der horizontalen Achse abgelesene Zahl (inklusive Vorzeichen) lässt sich als Funktionswert einer zweiten Winkelfunktion auffassen, der *Kosinusfunktion*.

Cos: Abstand des Lotfußpunktes vom Nullpunkt mit Vorzeichen

$$\cos : \mathbb{R} \twoheadrightarrow [1,-1],\ x \mapsto \cos(x) \qquad (7.6.4)$$

In *Bild 7.6.1* liegt der Lotfußpunkt im Positiven und der Abstand beträgt 0,83; also ist $\cos(0,6) \approx +0,83$. Die außerordentliche Bedeutung der Sinus- und Kosinusfunktion rechtfertigt, diese Funktionen – wie die Wurzelfunktionen auch – in die Liste äußerst wichtiger einstelliger (innerer) Verknüpfungen einzureihen.

Äußerst wichtige einstellige Verknüpfung

Senkrechte Projektionen des Zeigers auf die Achsen

Wenn Sie sich fragen, wie man ausgerechnet auf die Lote bzw. Abstände der Lotfußpunkte kommt, müssen Sie sich in *Bild 7.6.1* in die beiden Männchen hineinversetzen. Diese Männchen betrachten den Zeiger nicht von vorn, sondern von der Seite bzw. von unten und sehen ihn somit mehr oder weniger verkürzt. Mithilfe der Lotkonstruktion wird geometrisch ermittelt, was die Männchen vom Zeiger sehen – die Projektionen des Zeigers auf die beiden Achsen.

Die überaus wichtigen Definitionen der Sinus- und Kosinusfunktion am Einheitskreis sind im Folgendem zusammengestellt.

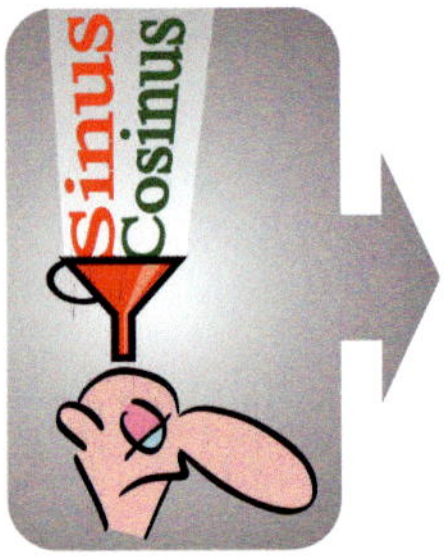

Merksatz 7.6.2

Definition:

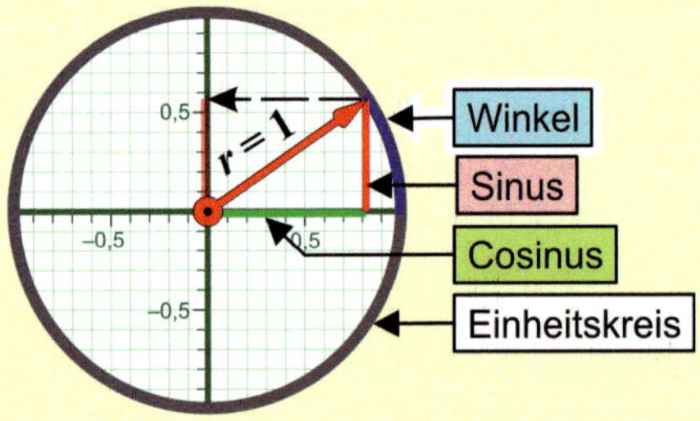

Funktionen mit Schönheitsfehlern – Funktionswerte nur geometrisch ermittelbar?

Nein, aus der geometrischen Zuordnungsvorschrift lassen sich Algorithmen konstruieren.

Man könnte nun meinen, dass die Sinus- und Kosinusfunktion keine „makellosen" Funktionen sind, da die Zuordnungsvorschriften „nur" durch eine geometrische Konstruktion definiert sind. Früher musste ein sehr guter technischer Zeichner im äußersten Fall auf 0,1 mm genau zeichnen können. Mit der Hilfe eines derartigen Spezialisten sind bei einer Zeigerlänge von beispielsweise 100 mm bestenfalls Werte in Promillegenauigkeit ermittelbar. Eine „richtige" Funktion erfordert aber exakte Werte! Tatsächlich kann man auf der Basis der obigen geometrischen Zuordnungsvorschriften Algorithmen finden, mit deren Hilfe Sinus- und Kosinuswerte in nahezu beliebiger Genauigkeit errechenbar sind. Auf sämtlichen modernen Rechenhilfsmitteln sind passende Algorithmen für die Sinus- und Kosinusfunktion implementiert, sodass Sie sich, wie bei den Wurzeln auch, um die Beschaffung von Funktionswerten keine Sorgen zu machen brauchen.

Vollwinkel spielen für die Funktionswerte keine Rolle!

Kommen wir nun zu den Besonderheiten der beiden Funktionen. Wenn man den Zeiger auf einen beliebigen Winkel stellt, die Funktionswerte von Sinus und Kosinus abliest und den Zeiger anschließend um einen oder mehrere Vollwinkel in beliebiger Richtung verdreht, steht der Zeiger zwangsläufig wieder an derselben Stelle und die Funktionswerte sind die gleichen. Formelmäßig sieht das folgendermaßen aus:

(7.6.5)

$$\sin(x+2n\pi)=\sin(x) \quad \text{bzw.} \quad \cos(x+2n\pi)=\cos(x)\,,\ n\in\mathbb{Z}_0$$

Sie erinnern sich: Der Vollwinkel beträgt im Bogenmaß 2π – dann sind mehrere Vollwinkel eben $2n\pi$! Ein negativer Faktor n entspricht einer Drehung des Zeigers **im** Uhrzeigersinn. Die Gleichungen in *(7.6.5)* sagen aus, dass es Funktionen gibt, denen besondere Zahlen zugeordnet sind. Erhöht oder vermindert man das Argument um ein ganzzahliges Vielfaches einer solchen Zahl, ändert sich der Funktionswert nicht. Funktionen mit dieser Eigenschaft heißen *periodisch* und diese besonderen Zahlen *Perioden*. Sinus und Kosinus sind Beispiele für diese so genannten *periodischen Funktionen*. Die kleinste positive Periode der Sinus- und Kosinusfunktion ist gleich 2π, und alle anderen Perioden sind ganzzahlige Vielfache davon.

Eine hoffentlich periodische Funktion: Ihr EKG

Definition:
Eine Funktion f heißt periodisch mit der Periode p, wenn für alle Argumente aus dem Definitionsbereich gilt:

$\underline{f:\mathbb{R} \dashrightarrow \mathbb{R}:}$

I) $x + p \in D(f)$

II) $f(x \pm p) = f(x)$

Wenn λ die kleinste positive Periode der Funktion f ist, dann sind alle anderen Perioden ganzzahlige Vielfache davon: $p = n \cdot \lambda$

Merksatz 7.6.3

Die Definitionsbereiche periodischer Funktionen der Praxis bestehen in der Regel aus allen reellen Zahlen, womit (I) in *Merksatz 7.6.3* automatisch erfüllt ist. Sinus und Kosinus sind Spezialfälle periodischer Funktionen. Alle Perioden sind lediglich ganzzahlige Vielfache einer Zahl. In diesem Sonderfall versteht man unter „Periode" in der Regel nur die kleinstmögliche positive Periode. Dabei wird als bekannt vorausgesetzt, dass alle anderen Perioden ganzzahlige Vielfache davon sind. Typische Variablennamen/Formelzeichen für kleinstmögliche Perioden sind T und λ.

Physik und Technik: Perioden sind meistens Größen. Z. B.:
T = Periodendauer in Sekunden
λ = Wellenlänge in Meter

Die Definition der Sinus- und Kosinusfunktion ermöglicht es, geometrisch noch weitere Eigenschaften zu ermitteln. In *Bild 7.6.2a* wird dazu der Zeiger an der horizontalen Achse gespiegelt.

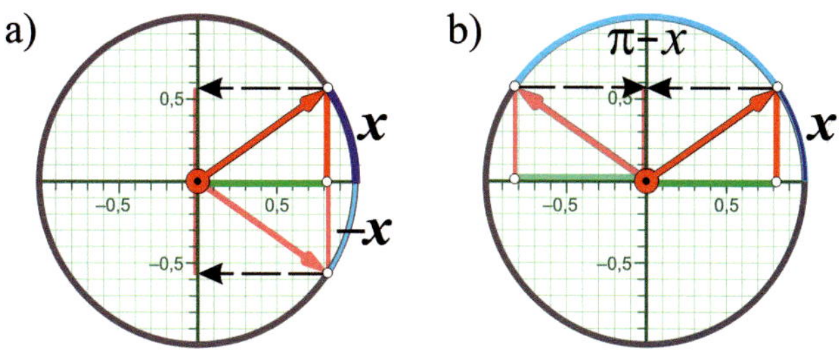

Bild 7.6.2
Spiegelung des Zeigers an
a) der horizontalen Achse
b) der vertikalen Achse

Die Spiegelung (an der horizontalen Achse) entspricht einer Zeigerdrehung aus der Horizontalen im Uhrzeigersinn, also um $-x$. Der Kosinus liegt auf der Spiegelachse und ist deshalb vom Vorzeichenwechsel des Arguments nicht berührt. Der Sinuswert wechselt dagegen mit dem Argument das Vorzeichen. Der Betrag ändert sich nicht.

$$\text{g)}\quad \cos(-x) = \cos(x) \qquad \text{u)}\quad \sin(-x) = -\sin(x) \qquad (7.6.6)$$

Mit den Eigenschaften (*7.6.6*) stellt sich der Kosinus als *gerade* und der Sinus als ungerade Funktion heraus. Entsprechend ist der Graph des Kosinus bezüglich der y-Achse *achsensymmetrisch* und der Graph des Sinus bezüglich des Koordinatenursprungs *punktsymmetrisch* (*vgl. Merksatz 7.3.2*).

Gerade und ungerade Funktion

Man kann den Zeiger auch an der vertikalen Achse spiegeln (*s. Bild 7.6.2b*). Die Position, die der Zeiger nach dieser Spiegelung einnimmt, entspricht einer Drehung um π aus der Horizontalen abzüglich des Winkels x. In diesem Fall liegt der Sinus auf der Spiegelachse und bleibt unverändert. Der Kosinus ändert im Vergleich zum vorherigen Wert sein Vorzeichen:

(7.7.7)

$$\sin(\pi - x) = \sin(x), \quad \cos(\pi - x) = -\cos(x)$$

Aufgrund von (*7.6.7*) muss der Graph von der Sinusfunktion achsensymmetrisch zu der (senkrechten) Geraden $x = \pi/2$ sein. Der Kosinus ist dagegen zu dieser Geraden punktsymmetrisch. Eigentlich können die Sinus- und die Kosinusfunktion keine grundverschiedenen Funktionen sein, denn verwechselt man die horizontale mit der vertikalen Achse, wird aus dem Kosinus ein Sinus.

Symmetrien gibt es auch bezüglich anderer Geraden.

Wir untersuchen, wie sich der Sinus und der Kosinus ändern, wenn wir den Zeiger mit dem Winkel x um den rechten Winkel $\pi/2$ verdrehen.

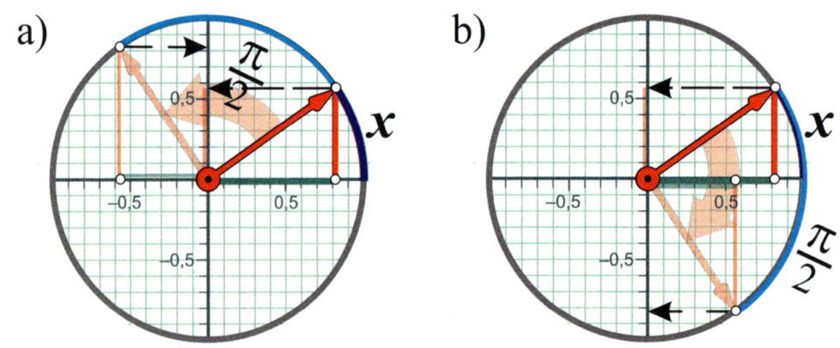

Bild 7.6.3
Drehung des Zeigers
a) um + π/2
b) um – π/2

Das Ergebnis sehen Sie in *Bild 7.6.3*. Dreht man den Zeiger um $\pi/2$ im Gegenuhrzeigersinn (mathematisch positiv), erkennt man sofort an der Kongruenz der Dreiecke, dass der neue Sinus gleich dem Kosinus des Originalwinkels ist. Dreht man dagegen den Zeiger um $\pi/2$ im Uhrzeigersinn (math. negativ), ist der Kosinus des veränderten Winkels gleich dem „alten Sinuswert".

Aus Sinus wird Kosinus – aus Kosinus wird Sinus.

(7.6.8)

$$\sin\left(x + \tfrac{\pi}{2}\right) = \cos(x), \quad \cos\left(x - \tfrac{\pi}{2}\right) = \sin(x)$$

Aufgrund von (*7.6.8*) könnte man auf die Idee kommen, dass eine der beiden Funktionen überflüssig ist, denn der Kosinus ist „nur" ein verschobener Sinus bzw. der Sinus ein verschobener Kosinus. Der Einwand wäre richtig, muss aber verworfen werden, da man dann – wie in (*7.6.8*) ersichtlich – im Argument der Sinusfunktion (oder der Kosinusfunktion) Summen in Kauf nehmen muss. Die Verwendung beider Funktionen ist i. Allg. praktischer.

Ein bemerkenswerter Sachverhalt: Der Kosinus ist nur ein „verschobener" Sinus.

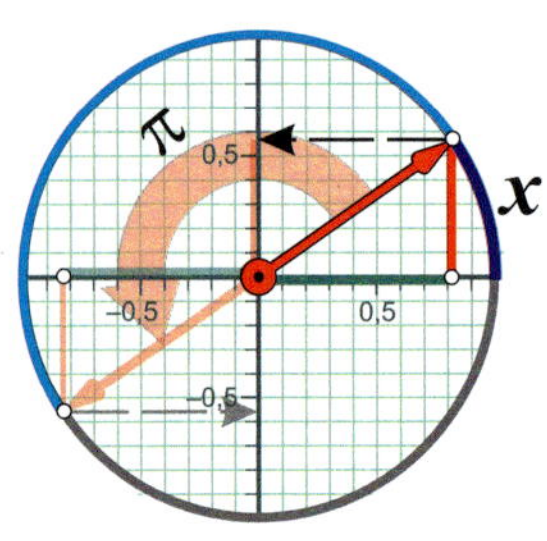

Bild 7.6.4
Drehung des Zeigers um π

Als Letztes untersuchen wir, was passiert, wenn der Zeiger um π oder um –π verdreht wird (s. *Bild 7.6.4*).

Punktspiegelung: Sinus und Kosinus wechseln das Vorzeichen.

Die Zeigerdrehung um ± π entspricht einer Punktspiegelung am Achsenschnittpunkt – der Sinus- und der Kosinuswert wechseln das Vorzeichen, bleiben aber betragsmäßig erhalten.

$$\sin(x \pm \pi) = -\sin(x), \quad \cos(x \pm \pi) = -\cos(x) \tag{7.6.9}$$

Alle Funktionseigenschaften werden anschaulicher, wenn man die Sinus- und Kosinusfunktion in einem Diagramm grafisch darstellt (*s. Bild 7.6.5*). Zwar umfasst der dargestellte Bereich von –2 bis +8 nur knapp zwei Perioden, aber es ist unverkennbar, wie sich der Graph in positiver und negativer x-Richtung fortsetzt.

Fehlen in keinem Lehrbuch: die beiden verschobenen Schlangen des Sinus und des Kosinus.

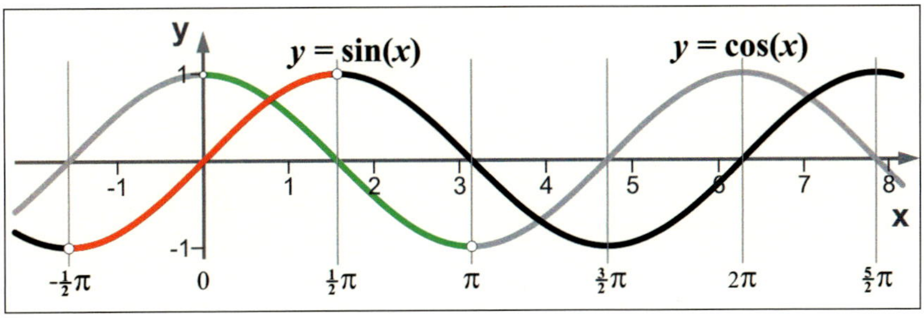

Bild 7.6.5
Graph der Sinus- und Kosinusfunktion

Nur Werte von 0 bis π/2 erforderlich

Aufgrund der oben gezeigten Eigenschaften benötigt man eigentlich nur die Funktionswerte der Sinusfunktion von 0 bis π/2. Alle übrigen Werte liefern die in diesem Abschnitt genannten Beziehungen. So waren früher, als man die Funktionswerte noch aus Tabellen entnehmen musste, nur Werte der Sinusfunktion in diesem Bereich tabelliert.

Periodische Funktionen sind nie komplett umkehrbar!

In *Bild 7.6.5* erkennt man, wie die Definitionsbereiche eingeschränkt werden müssen, um die Funktionen umkehrbar zu machen. Mithilfe der Umkehrfunktionen kann man aus einem bestimmten Sinus- oder Kosinuswert den zugehörigen (Winkel-) Bogen (lat. Arcus) ermitteln. Damit erklärt sich auch die Namensgebung der Umkehrfunktionen.

$$\begin{aligned} \arcsin: [-1,+1] &\rightarrowtail\!\!\!\!\twoheadrightarrow \left[-\tfrac{\pi}{2},+\tfrac{\pi}{2}\right], \; x \mapsto \arcsin(x) \\ \arccos: [-1,+1] &\rightarrowtail\!\!\!\!\twoheadrightarrow [0,+\pi], \qquad x \mapsto \arccos(x) \end{aligned} \tag{7.6.10}$$

Die Beschaffung von Funktionswerten der Umkehrfunktionen ist genauso unkompliziert wie beim Sinus und Kosinus selbst. Auf allen zeitgemäßen Rechenhilfsmitteln sind entsprechende Algorithmen implementiert. Auf Taschenrechnern sind die Umkehrfunktionen von Sinus und Kosinus gewöhnlich als Zweitbelegung der entsprechenden Funktionstaste eingerichtet. Man erreicht den Funktionswert der Umkehrfunktion, indem man die entsprechende Funktionstaste zusammen mit der Shift-Taste drückt. Um ein Sechs-Buchstaben-Präfix zu vermeiden, wird insbesondere bei Tastenbeschriftungen die Schreibweise mit dem Exponenten

Beachten Sie die Schreibweisenproblematik bei den Umkehrfunktionen!

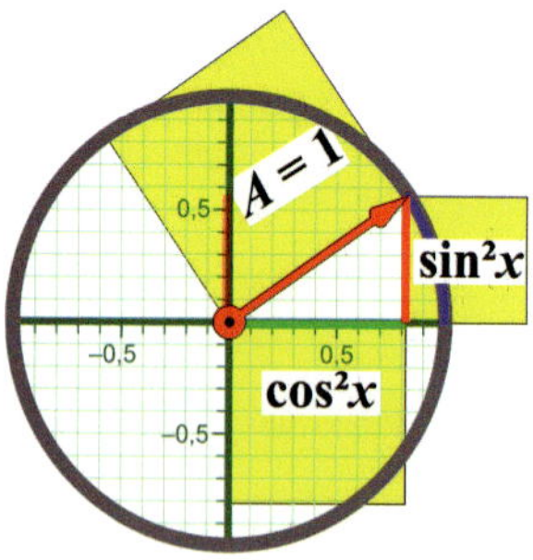

„–1“ verwendet (*vgl. Abschn. 7.1 „Umkehrfunktionen“*). Beachten Sie unbedingt die Warnung in *Merksatz 7.6.5* am Schluss dieses Unterkapitels!

Es ist unübersehbar, dass die Zeigerprojektionen zusammen mit dem Zeiger selbst immer ein rechtwinkliges Dreieck bilden, dessen Katheten aus den Sinus- und Kosinuswerten bestehen (*s. Merksatz 7.6.2*). Die Hypotenuse wird durch den Zeiger gebildet. Sie ist, wenn es sich um einen Einheitskreis handelt, gleich eins. Mithilfe des *Satzes von Pythagoras* erhält man deshalb ein überaus wichtiges Theorem:

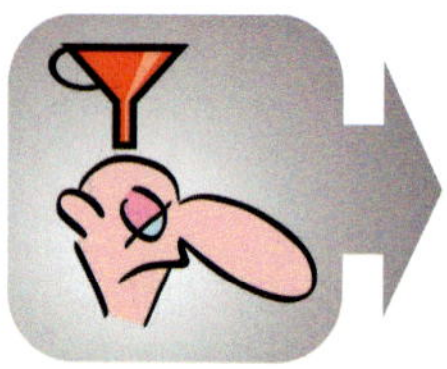

Merksatz 7.6.4

Merke:
Für alle reellen Argumente gilt:

$$\sin^2(x)+\cos^2(x)=1 \quad \forall x \in \mathbb{R}$$

Beachten Sie die Kurzschreibweise für quadrierte Sinus- und Kosinuswerte:

$$\sin^2(x)\equiv(\sin(x))^2, \quad \cos^2(x)\equiv(\cos(x))^2$$

Es sei noch einmal betont, dass das Theorem in *Merksatz 7.6.4* für **alle** reellen Argumente gilt! Will man sie jedoch nach dem Sinus oder Kosinus auflösen, kommt die nicht umkehrbare quadratische Funktion zum Tragen (*s. (7.6.11) sowie die Warnung in Merksatz 7.2.4*).

(7.6.11)

$$\begin{aligned}\text{Beispiel:}\quad & \sin^2(x)+\cos^2(x)=1 \quad |-\cos^2(x)\\ \Leftrightarrow\quad & \sin^2(x)=1-\cos^2(x) \quad |\sqrt{\ldots}\\ \Leftrightarrow\quad & |\sin(x)|=\sqrt{1-\cos^2(x)}\end{aligned}$$

Natürlich kann man das Vorzeichen des Sinus- bzw. Kosinuswertes bei bekanntem Argument separat anhand des Einheitskreises (*Bild 7.6.1*) ermitteln. Wenn gewährleistet ist, dass sich die Argumente auf Werte zwischen 0 und $\pi/2$ beschränken, kann man die Betragsstriche fortlassen:

(7.6.12)

$$x\in\left[0,\tfrac{\pi}{2}\right]:\ \sin(x)=\sqrt{1-\cos^2(x)}, \quad \cos(x)=\sqrt{1-\sin^2(x)}$$

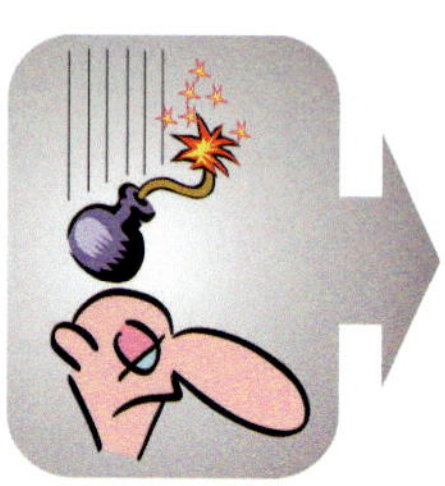

Merksatz 7.6.5

Warnung:
Stellen Sie Funktionswerte der Umkehrfunktionen von Sinus, Kosinus und Tangens möglichst mithilfe des Präfixes **arc** dar ....

Beispiel: $\arcsin(x)$ ~~$\sin^{-1}(x)$~~

... denn, um Klammern zu sparen, ist es üblich und erlaubt, den Funktionsnamen der Winkelfunktionen **echte** Exponenten anzuhängen:

Beispiel: $(\sin(x))^2 \equiv \sin^2(x)$

(Lies „Sinusquadrat x“!). Beim „Sinus-hoch-minus-eins“ könnte es Missverständnisse geben: Ist der reziproke Sinus oder die Umkehrfunktion gemeint?

7.7 Tangens gibt es auch noch

Die Farbgebung des Dreiecks aus den Zeigerprojektionen und dem Zeiger in *Merksatz 7.6.2* sollte Sie an Steigungsdreiecke (*s. Abschn. 5.3*) erinnern. Allerdings begrenzt hier der Einheitskreis die Größe des Dreiecks und es könnte verwirren, dass der Winkelbogen über die „Gegenkathete“ hinaus geht (*vgl. Bild 5.3.4 und Merksatz 7.6.2*). Da im vorliegenden Fall die Katheten Funktionswerte der Sinus- bzw. Kosinusfunktion sind, ergibt sich die Möglichkeit, zu einem vorgegebenen Steigungswinkel die Steigung des Zeigers nicht nur zeichnerisch, sondern mithilfe von Winkelfunktionen zu ermitteln.

Nachtrag zu Abschnitt 5.3: Steigungswinkel und Steigung

$$\text{Steigung (des Zeigers)} = \frac{\text{Gegenkathete}}{\text{Ankathete}} = \frac{\sin(x)}{\cos(x)} \quad \text{mit } x \in \left(-\tfrac{\pi}{2}, +\tfrac{\pi}{2}\right) \tag{7.7.1}$$

Für Steigungswinkel kommen nur Werte zwischen –90° und +90°, entsprechend –π/2 bis + π/2 im Bogenmaß, infrage. Erweitert man den Definitionsbereich auf alle reellen Zahlen unter Aussparung der Nullstellen der Kosinusfunktion, heißt diese Funktion *Tangensfunktion*. Wieder dienen die ersten drei Buchstaben als Funktionsname.

Steigung: Funktionswert der Tangensfunktion

$$\tan : \mathbb{R} \setminus \left\{\ldots, -\tfrac{3}{2}\pi, -\tfrac{1}{2}\pi, +\tfrac{1}{2}\pi, +\tfrac{3}{2}\pi, +\tfrac{5}{2}\pi, \ldots\right\} \twoheadrightarrow \mathbb{R}, \quad x \mapsto \frac{\sin(x)}{\cos(x)} \tag{7.7.2}$$

Obwohl die Definition der Tangensfunktion in (*7.7.2*) eine geometrische Interpretation erübrigt, ist sie doch für einige Betrachtungen hilfreich. Es reicht allerdings, dass wir uns dabei wie in (7.7.1) auf Winkel zwischen –π/2 bis + π/2 beschränken. Zunächst versieht man den Einheitskreis, wie in *Bild 7.7.1* gezeigt, mit einer senkrechten Tangente und verlängert den Zeiger bis zu dieser Tangente. So entsteht ein rechtwinkliges Dreieck mit dem verlängerten Zeiger als Hypotenuse, einer (horizontalen) Kathete der (Zeiger-)Länge 1 und einer, in *Bild 7.7.1* lila gezeichneten, vertikalen Kathete.

Geometrische Interpretation unnötig, aber bisweilen hilfreich

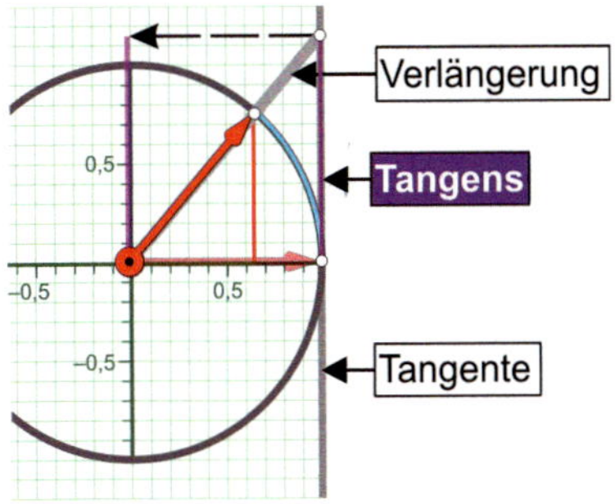

Bild 7.7.1
Geometrische Interpretation der Tangensfunktion

Selbstverständlich hat der verlängerte Zeiger dieselbe Steigung wie der Zeiger selbst. Für beide Dreiecke gilt jeweils „Steigung ist gleich Gegenkathete durch Ankathete“. Deshalb ergibt sich geometrisch, dass der Tangentenabschnitt gleich dem Tangenswert des Winkels x ist.

(7.7.3)

$$\text{Steigung} = \frac{\sin(x)}{\cos(x)} = \frac{\text{Tangentenabschnitt}}{1}$$
$$\Rightarrow \underline{\underline{\text{Tangentenabschnitt} = \tan(x)}}$$

Der Tangens ist eine ungerade Funktion.

Natürlich muss der Tangentenabschnitt zum Ablesen des Wertes auf die vertikale Achse projiziert werden. Geht man wie in *Bild 7.6.2a* zu negativen Winkeln über, wird der Tangentenabschnitt auf den negativen Teil der vertikalen Achse projiziert. Die Tangenswerte sind negativ. Das lässt sich selbstverständlich auch mithilfe der Tangensdefinition (*7.7.1*) bzw. (*7.7.2*) zeigen.

(7.7.4)

$$\underline{\underline{\tan(-x)}} = \frac{\sin(-x)}{\cos(-x)} = \frac{-\sin(x)}{\cos(x)} = -\frac{\sin(x)}{\cos(x)} = \underline{\underline{-\tan(x)}}$$

Die geometrische Konstruktion der Tangenswerte gilt zunächst nur für Winkel zwischen $-\pi/2$ und $+\pi/2$. Soll sie für alle Winkel gelten, muss der Zeiger „rückwärts" verlängert werden, sobald er sich im 2. oder 3. Quadranten befindet.

Nur für Winkel im Bogenmaß:

Für Argumente zwischen $-\pi/2$ und $+\pi/2$ können wir in *Bild 7.7.1* noch eine Ungleichungskette ablesen.

(7.7.5)

$$x \in \left(-\tfrac{\pi}{2}, +\tfrac{\pi}{2}\right): \quad |\sin(x)| \le |x| \le |\tan(x)|$$

tan(π/4) = 1 exakt!

Das Gleichheitszeichen in (*7.7.5*) gilt ausschließlich für $x = 0$. Ist der Winkel gleich $\pi/4$ (45°), sind in *Bild 7.7.1* beide Dreiecke gleichschenklig. Damit ist der Sinus- gleich dem Kosinuswert und der als Quotient definierte Tangens exakt eins. Vergrößert man den Winkel, übersteigt der Sinus- den Kosinuswert und der Tangens wird größer als eins. Deshalb musste in *Bild 7.7.1* die vertikale Achse verlängert werden. Wenn x in die Nähe von $\pi/2$ kommt, sind Zeiger und Tangente fast parallel. Der Schnittpunkt der Zeigerverlängerung mit der Tangente wandert weit nach oben – die Werte der Tangensfunktion streben gegen unendlich. Für $x = \pi/2$ sind schließlich Zeiger und Tangente parallel, Schnittpunkt und Tangenswert existieren nicht mehr. Man sagt auch manchmal: „Der Schnittpunkt liegt im Unendlichen". Dementsprechend kann man sagen: „Der Tangens von $\pi/2$ ist unendlich."

Der Tangens ist periodisch – kleinste Periode: π

Da sowohl die Sinus- als auch die Kosinusfunktion die Periode 2π haben, muss dies auch für die aus diesen Funktionen verknüpfte Tangensfunktion gelten. Es ist allerdings nicht deren kleinste Periode! Bei einer Erhöhung des Arguments um π dreht sich gemäß (*7.6.8*) das Vorzeichen beider Funktionswerte sowohl des Sinus als auch des Kosinus um! Damit bleibt der Quotient – und damit der Wert der Tangensfunktion – bei einem Argumentschritt von π gleich. Das einfache π ist bereits die Periode der Tangensfunktion.

(7.7.6)

$$\underline{\underline{\tan(x+\pi)}} = \frac{\sin(x+\pi)}{\cos(x+\pi)} = \frac{-\sin(x)}{-\cos(x)} = \frac{\sin(x)}{\cos(x)} = \underline{\underline{\tan(x)}}$$

Probieren wir ebenso mithilfe von (*7.6.7*) aus, was der Tangens bei einer Argumenterhöhung um $\pi/2$ macht.

$$\underline{\underline{\tan\left(x+\tfrac{\pi}{2}\right)}}=\frac{\sin\left(x+\frac{\pi}{2}\right)}{\cos\left(x+\frac{\pi}{2}\right)}=\frac{\cos(x)}{-\sin(x)}=-\frac{\cos(x)}{\sin(x)}=-\frac{1}{\tan(x)}\underline{\underline{\neq\tan(x)}} \quad (7.7.7)$$

Bild 7.7.2 zeigt eine grafische Darstellung der Tangensfunktion.

Polstellen mit Vorzeichenwechsel

Die Steigung an der Stelle x = 0 ist exakt eins!

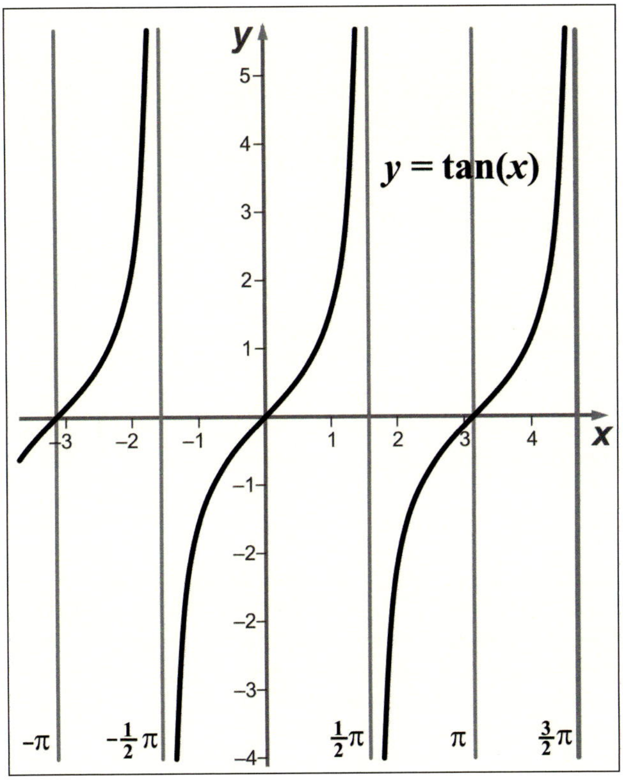

Bild 7.7.2
Graph der Tangensfunktion

Auffällig sind die so genannten *Polstellen* des Graphen der Tangensfunktion. Das sind Stellen, in deren Umgebung die Funktionswerte über alle Grenzen wachsen. Im vorliegenden Fall handelt es sich um Polstellen mit Vorzeichenwechsel, weil die Werte im Unendlichen verschwinden und bei minus unendlich wieder auftauchen. Obwohl Polstellen nicht zum Definitionsbereich einer Funktion gehören, kennzeichnet man sie gerne, wie auch in *Bild 7.7.2* geschehen, durch senkrechte Geraden.

Offensichtlich ist die Tangensfunktion im offenen Intervall zwischen $-\pi/2$ und $+\pi/2$ streng monoton steigend und dort umkehrbar. Die Umkehrfunktion erhält wie bei Sinus und Kosinus auch das Präfix „arc".

$$\arctan:\mathbb{R}\twoheadrightarrow\left(-\tfrac{\pi}{2},+\tfrac{\pi}{2}\right),\quad x\mapsto\arctan(x) \quad (7.7.8)$$

Im Gegensatz zu den Umkehrfunktionen des Sinus und Kosinus ist der Arkustangens für alle reellen Zahlen definiert. Sehen wir uns der Vollständigkeit halber den Graphen des Arkustangens an: (s. *Bild 7.7.3*).

Zwei horizontale Asymptoten

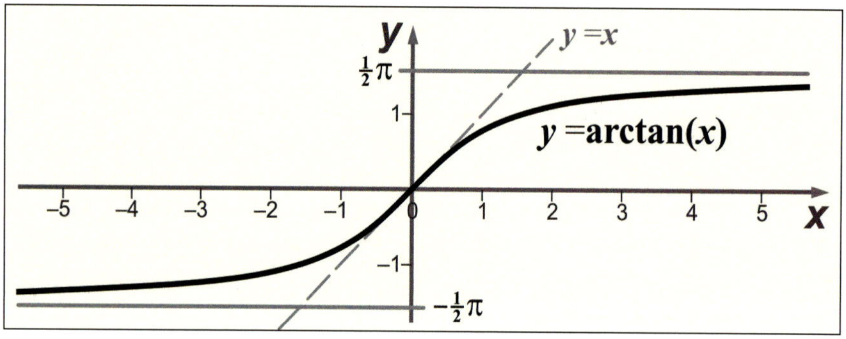

Bild 7.7.3
Graph des Arkustangens

Aus zwei der vertikalen Geraden, die in *Bild 7.7.2* die Polstellen markieren, sind jetzt horizontale Geraden geworden, an die sich der Graph mehr und mehr anschmiegt. Derartige Geraden, die nicht notwendig horizontal sein müssen, heißen *Asymptoten*. Von der Geraden $y = x$, die zusätzlich noch in *Bild 7.7.3* eingetragen ist, wird später noch die Rede sein.

Ähnlich wie beim Sinus kann man auch der Tangensfunktion eine „Co-Funktion" beiseitestellen. In diesem Fall werden die reziproken Werte der Tangensfunktion zu Funktionswerten der so genannten *Kotangensfunktion* (*s. 7.7.9*).

(7.7.9)

$$\cot : \mathbb{R} \setminus \{n\pi \mid n \in \mathbb{Z}\} \twoheadrightarrow \mathbb{R}\,, \quad x \mapsto \frac{\cos(x)}{\sin(x)}$$

untergeordnete Bedeutung

Da es sich beim Kotangens nur um den *reziproken* Tangens handelt, hat diese Funktion keine allzu große Bedeutung mehr. Der Grund: Für Computeranwendungen oder Taschenrechner ist es kein Problem (mehr), wenn eine Funktion, die irrationale Werte produziert, im Nenner steht.

(7.7.10)

$$\cot(x) = \frac{1}{\tan(x)}$$

Zu beachten ist lediglich, dass beim Kotangens die Nullstellen der Kosinusfunktion nicht ausgeschlossen sind. Der Kotangens ist an ungeradzahligen Vielfachen von π definiert und dort gleich null. Dafür müssen die Nullstellen der Sinusfunktion – es sind die ganzzahligen Vielfachen von π – ausgeschlossen werden. Bitte geben Sie acht, und verwechseln nicht den *reziproken* Tangens $(\tan x)^{-1}$ mit der Umkehrfunktion des Tangens $\tan^{-1} x$! Benutzen Sie das Präfix arc für die Umkehrfunktion (*s. 7.7.8*)!

7.8 Anwendung der Winkelfunktionen auf Dreiecke

Sie werden wahrscheinlich die Winkelfunktionen hauptsächlich im Zusammenhang mit Dreiecksberechnungen in Erinnerung haben. Es sei aber noch einmal betont, dass die Winkelfunktionen ganz normale einstellige reelle Funktionen sind. Daran ändert sich auch nichts, wenn man aufgrund der geometrischen Definition das Argument „Winkel“ nennt.

Winkelfunktionen zur Dreiecksberechnung: Nur eine Anwendung unter vielen anderen!

Konventionen für Argumente von Winkelfunktionen:
Wenn Winkelfunktionen zu reinen geometrischen Berechnungen eingesetzt werden, verwendet man für deren Argumente gern die ersten (kleinen) Buchstaben des griechischen Alphabets: $\alpha, \beta, \gamma, \delta, \varepsilon, \ldots$
Andernfalls nimmt man besser (kleine) lateinische (oder griechische) Buchstaben vom Ende des Alphabets: x, y, z, bzw. $\varphi, \vartheta, \ldots$

Merksatz 7.8.1

In diesem Abschnitt soll gezeigt werden, warum und wie Winkelfunktionen zur Berechnung von Dreiecken verwendet werden. Betrachten Sie dazu *Bild 7.8.1*!

Strahlensatzfigur: Zwei von einem (Scheitel-) Punkt ausgehende Strahlen werden von zwei Parallelen geschnitten.

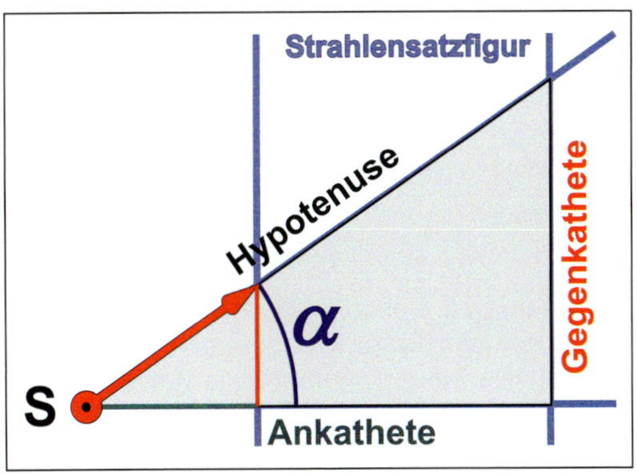

Bild 7.8.1
Anwendung der Winkelfunktionen auf rechtwinklige Dreiecke

Wie *Bild 7.6.1* enthält *Bild 7.8.1* den Zeiger der Länge 1, den Winkelbogen sowie den zugeordneten Sinus (rot) bzw. Kosinus (grün) dieses Winkels (blauer Bogen). Zusätzlich wurde der Zeiger verlängert und vom Endpunkt der so entstandenen Strecke das Lot auf die Horizontale gefällt. Auf diese Weise ist ein rechtwinkliges Dreieck entstanden. Die längste Seite heißt bekanntlich Hypotenuse, die beiden kürzeren Seiten sind die Katheten. Die dem Winkel gegenüberliegende Kathete heißt Gegenkathete, die „anliegende“ Kathete dementsprechend Ankathete. Verlängert man die Gegenkathete und den Sinus zu Geraden, Ankathete und Gegenkathete zu Strahlen – in *Bild 7.8.1* hellblau eingezeichnet – entsteht eine so genannte Strahlensatzfigur. Zwei von einem – dann Scheitelpunkt genannten – Punkt S ausgehende Strahlen werden von zwei parallelen Geraden geschnitten. Für die durch eine derartige einfache geometrische Figur definierten Strecken gelten die so genannten *Strahlensätze*. Diese Sätze sagen aus, dass sich die Streckenverhältnisse auf den Strahlen und Parallelen gleichen. Allerdings müssen die Strecken auf den Strahlen vom Scheitelpunkt aus gezählt werden. Mit den speziellen Be-

Ein rechtwinkliges Dreieck wird mit einer Strahlensatzfigur unterlegt.

zeichnungen von *Bild 7.8.1* ergibt sich (*7.8.1*). Beachten Sie, dass die „1“ im Zähler auf den (roten) Zeiger der Länge eins zurückgeht!

(7.8.1)

$$\text{1. Strahlensatz:}\quad \frac{\cos(\alpha)}{\text{Ankathete}} = \frac{1}{\text{Hypotenuse}}$$

$$\text{2. Strahlensatz:}\quad \frac{\sin(\alpha)}{\text{Gegenkathete}} = \frac{1}{\text{Hypotenuse}}$$

Wenn Sie die durch die Strahlensätze entstandenen Relationen mit der Ankathete bzw. Gegenkathete durchmultiplizieren, erhalten Sie Ihre aus der Schule altbekannten Relationen für rechtwinklige Dreiecke.

(7.8.2)

$$\sin(\alpha) = \frac{\text{Gegenkathete}}{\text{Hypotenuse}} \quad ; \quad \cos(\alpha) = \frac{\text{Ankathete}}{\text{Hypotenuse}}$$

Hier sanktioniert: Steigung ist gleich dem Tangens des Steigungswinkels.

Der Quotient aus Sinus und Kosinus ist per Definition gleich dem Tangens. Bei Division der beiden Relationen von (*7.8.2*) fällt die Hypotenuse heraus und man erhält noch eine weitere Relation: Bei rechtwinkligen Dreiecken ist der Tangens gleich dem Verhältnis aus Gegen- und Ankathete. Damit ist sanktioniert, dass der Tangens eines Steigungswinkels gleich der Steigung ist (*vgl. Merksatz 5.3.4*).

(7.8.3)

$$\frac{\sin(\alpha)}{\cos(\alpha)} = \frac{\dfrac{\text{Gegenkathete}}{\text{Hypotenuse}}}{\dfrac{\text{Ankathete}}{\text{Hypotenuse}}} = \frac{\text{Gegenkathete}}{\text{Ankathete}} \Rightarrow \underline{\underline{\tan(\alpha) = \frac{\text{Gegenkathete}}{\text{Ankathete}}}}$$

Die Relationen (*7.8.2*) und (*7.8.3*) werden ergänzt durch den Satz von Pythagoras. Sind von einem rechtwinkligen Dreieck zwei Seiten oder eine Seite und ein Winkel bekannt, so ermöglichen diese Relationen die Berechnung aller übrigen Größen des Dreiecks. In *Merksatz 7.8.3* sind diese Relationen mithilfe der üblichen Bezeichnungen zusammengestellt. Beachten Sie bitte hierzu die Schreibkonventionen für Strecken in *Merksatz 7.8.2*!

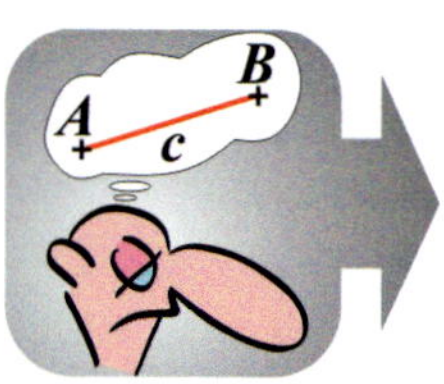

Merksatz 7.8.2

Schreibkonventionen für Strecken:
Fasst man eine Strecke als Punktmenge auf, schreibt man über die Endpunkte einen Balken (wird oft fortgelassen!). Schließt man das Gebilde in Betragsstriche ein, ist die Streckenlänge gemeint.

Beispiel: $\overline{AB}$ für die Punktmenge – $\left|\overline{AB}\right|$ für die Streckenlänge

Alternativ werden Streckenlängen auch durch kleine Buchstaben gekennzeichnet. Besteht keine Verwechslungsgefahr, benutzt man den kleinen Buchstaben auch zur Kennzeichnung der Strecke selbst. Man sagt anstelle „diejenige Strecke mit der Länge c“ bisweilen einfach nur „die Strecke c“.

Beispiel: $c := \left|\overline{AB}\right|$

Merke:
Am rechtwinkligen Dreieck ABC ($\gamma = 90°$) gilt:

$$\sin(\alpha) = \frac{a}{c}; \quad \cos(\alpha) = \frac{b}{c}; \quad \tan(\alpha) = \frac{a}{b}; \quad a^2 + b^2 = c^2$$

dabei ist: $|\overline{BC}| := a$; $|\overline{AC}| := b$; $|\overline{AB}| := c$

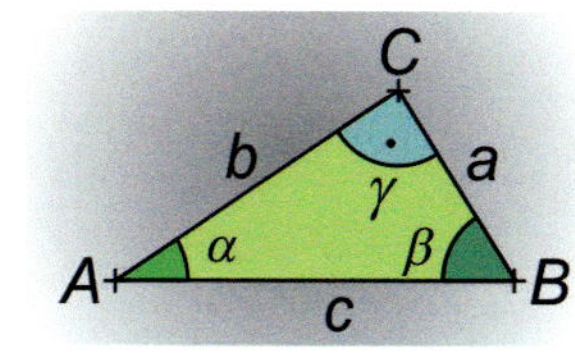

Merksatz 7.8.3

Die Verwendung der Standardbenennungen ($A, B, C, a, b, c, \alpha, \beta, \gamma$) führt leicht zu Irritationen, wenn man Dreiecke mit anderen Bezeichnungen zu behandeln hat. Dagegen haben die Bezeichnungen „Gegenkathete, Ankathete und Hypotenuse" den Vorteil, unabhängig von speziellen Benennungen zu sein. Da man jedes Dreieck durch Fällen des Lotes von einer Ecke auf die gegenüberliegende Seite (oder deren Verlängerung bei stumpfwinkligen Dreiecken) in zwei rechtwinklige Dreiecke zerlegen kann, sind die Relationen in *Merksatz 7.8.3* auch bei beliebigen Dreiecken einsetzbar (*vgl. Bild 7.8.2*).

Vorsicht bei Verwendung der Standardbezeichnungen!

Anwendung auch auf beliebige Dreiecke möglich

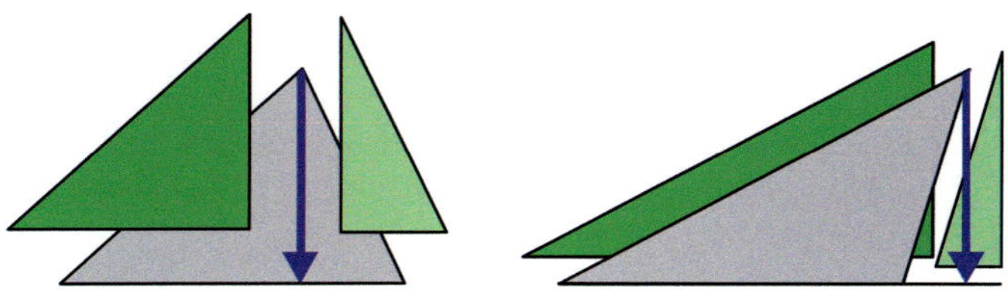

Bild 7.8.2
Zerlegung eines beliebigen Dreiecks in zwei rechtwinklige Dreiecke

Mithilfe der in *Bild 7.8.2* illustrierten Zerlegung ist es möglich, zwei Relationen herzuleiten, die bei der Berechnung beliebiger Dreiecke die Arbeit etwas verkürzen (*s. Planfigur zum Sinussatz in Bild 7.8.3*).

Die Seiten a und b mutieren zu Hypotenusen.

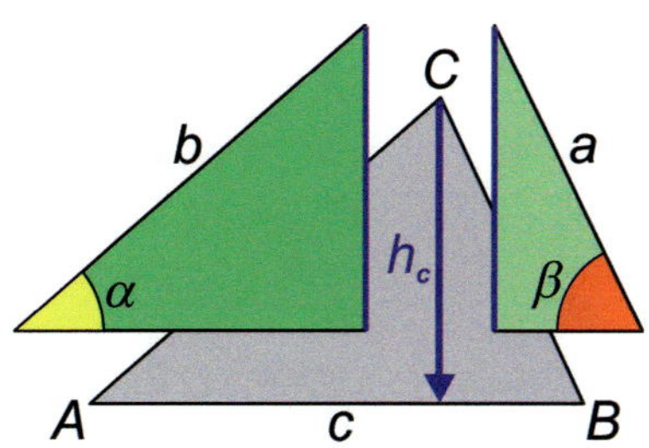

Bild 7.8.3
Planfigur zum Sinussatz

Das Fällen des Lotes vom Punkt C auf die gegenüberliegende Seite erzeugt eine (von drei) Höhe der Länge h_c. Die Zerlegung produziert somit zwei rechtwinklige Dreiecke mit je einer Kathete genau dieser Länge. Die Seiten der Längen a bzw. b sind zu Hypotenusen dieser Dreiecke geworden. Damit können wir die erste der Relationen aus (*7.8.2*) auf beide Teildreiecke anwenden:

$$\sin(\alpha) = \frac{h_c}{b}; \quad \sin(\beta) = \frac{h_c}{a} \quad \left| \cdot b \right| \cdot a \qquad \textbf{(7.8.4)}$$

Löst man die Relationen (*7.8.4*) nach h_c auf, müssen die rechten Terme gleich sein:

$$h_c = b \cdot \sin(\alpha) \text{ bzw. } h_c = a \cdot \sin(\beta) \Rightarrow b \cdot \sin(\alpha) = a \cdot \sin(\beta) \qquad \textbf{(7.8.5)}$$

Dividiert man schließlich die Relation (*7.8.5*) durch das Produkt aus sin(α) und sin(β), erhält man die Relation in der folgenden Darstellung:

(7.8.6)

$$\frac{a}{\sin(\alpha)} = \frac{b}{\sin(\beta)}$$

Wenn man statt des Lotes vom Punkt C das Lot wie in *Bild 7.8.3* vom Punkt A auf die gegenüberliegende Seite fällt, aber ansonsten dieselbe Prozedur von (*7.8.4*) bis (*7.8.6*) wiederholt, erhält man:

(7.8.7)

$$\frac{b}{\sin(\beta)} = \frac{c}{\sin(\gamma)}$$

Schreibt man die Relationen (*7.8.6*) und (*7.8.7*) als Gleichungskette, ergibt sich schließlich der so genannte *Sinussatz*:

(7.8.8)

$$\frac{a}{\sin(\alpha)} = \frac{b}{\sin(\beta)} = \frac{c}{\sin(\gamma)}$$

Der Sinussatz gilt für alle Dreiecke.

Um zu erkennen, dass der Sinussatz für alle Dreiecke gültig ist, muss man sich die Mühe machen, die komplette Prozedur noch einmal für ein stumpfwinkliges Dreieck durchzuführen.

Kosinussatz: Erweiterung des Satzes von Pythagoras auf beliebige Dreiecke

Der Satz von Pythagoras gilt ausschließlich für rechtwinklige Dreiecke. Man könnte auf die Idee kommen, einen Korrektursummanden zu suchen, um für beliebige Dreiecke eine dem Satz von Pythagoras ähnliche Relation zu erhalten. Das führt dann zu dem so genannten Kosinussatz (*Planfigur s. Bild 7.8.4*).

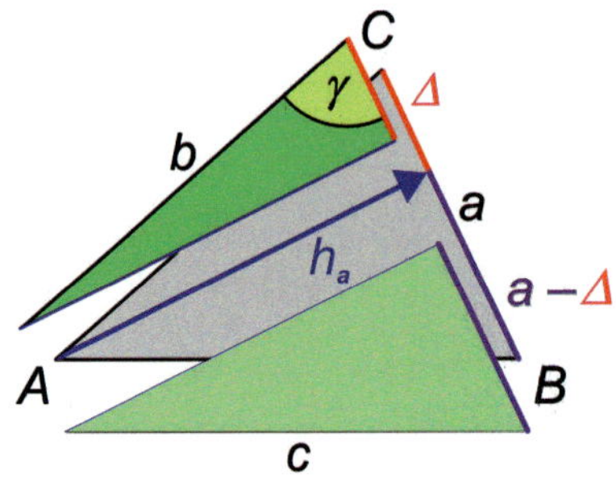

Bild 7.8.4
Planfigur zum Kosinussatz

Der Schlüssel für die Herleitung ist die Benennung des Höhenabschnitts mit „Δ“. Das Dreieck ABC weicht aufgrund dieses Abschnitts von einem rechtwinkligen Dreieck ab.

In Bild *7.8.4* wurde durch Fällen des Lotes vom Punkt A auf die gegenüberliegende Seite die Höhe h_a erzeugt. Wie vorher entstehen damit zwei rechtwinklige Dreiecke, die beide eine Kathete der Länge h_a besitzen. Die Länge der zweiten Kathete im oberen Dreieck ist hier mit Δ bezeichnet worden. Da die Länge der Seite des Originaldreiecks a beträgt, hat die zweite Kathete des unteren Dreiecks die Länge $a - \Delta$. Gemäß (*7.8.2*) notieren wir für das „obere“ Dreieck die Relationen (*7.8.9*)! Beachten Sie, b ist hier Hypotenuse, Δ die Ankathete und h_a Gegenkathete relativ zum Winkel γ!

(7.8.9)

$$\sin(\gamma) = \frac{h_a}{b}\ ;\ \cos(\gamma) = \frac{\Delta}{b} \quad \Rightarrow \quad h_a = b \cdot \sin(\gamma)\ ;\ \Delta = b \cdot \cos(\gamma)$$

Für das „untere" Dreieck benutzen wir den Satz von Pythagoras, um zu einer weiteren Relation zu kommen:

$$h_a^{\,2} + (a - \Delta)^2 = c^2 \qquad (7.8.10)$$

Wenn man die Terme für h_a und Δ aus den Relationen (*7.8.9*) in (*7.8.10*) einsetzt, gibt es Rechnerei (Ausmultiplizieren mithilfe der binomischen Formel, Zusammenfassen, Summanden a^2 und b^2 vertauschen).

$$\begin{aligned} & b^2 \cdot \sin^2(\gamma) + (a - b \cdot \cos(\gamma))^2 = c^2 \\ \Rightarrow\ & b^2 \cdot \sin^2(\gamma) + a^2 - 2ab\cos(\gamma) + b^2 \cdot \cos^2(\gamma) = c^2 \\ \Rightarrow\ & b^2 \cdot \underbrace{(\sin^2(\gamma) + \cos^2(\gamma))}_{\equiv 1} + a^2 - 2ab\cos(\gamma) = c^2 \end{aligned} \qquad (7.8.11)$$

Da gemäß *Merksatz 7.6.4* die Summe aus dem quadrierten Sinus- und Kosinuswert desselben Winkels identisch eins ist, erhält man schließlich eine kompakte übersichtliche Relation – den *Kosinussatz*:

$$a^2 + b^2 - 2ab\cos(\gamma) = c^2 \qquad (7.8.12)$$

Ein Dreieck: drei Kosinussätze?

Beim Kosinussatz ist es besonders hinderlich, wenn man sich an die Standardbezeichnungen klammert! Im Fall des Kosinussatzes produzieren die anderen beiden Lotmöglichkeiten zwei weitere Relationen. Wenn Sie aber a und b als Längen zweier (beliebiger) Dreiecksseiten, γ als den von diesen Seiten **eingeschlossenen** Winkel und c als die Länge der dem Winkel gegenüberliegenden Seite auffassen, kommen Sie mit der Relation (*7.8.12*) aus. Sie brauchen nur die Benennung der Seiten und des Winkels dem Spezialfall anzupassen. Auf diese Weise lassen sich auch beim Standarddreieck die anderen beiden Relationen ohne Rechnung notieren:

Lösen Sie sich von den Standardbenennungen!

$$\begin{aligned} a^2 + c^2 - 2ac\cos(\beta) &= b^2 \\ b^2 + c^2 - 2bc\cos(\alpha) &= a^2 \end{aligned} \qquad (7.8.13)$$

Der Kosinussatz gilt ausnahmslos für alle Dreiecke!

Es stellt sich noch die Frage, ob der Kosinussatz ebenso für stumpfwinklige Dreiecke, d. h. $\gamma > 90°$, gilt. Beim spitzwinkligen Dreieck würde die Summe $a^2 + b^2$ ohne den Korrektursummanden größer sein als c^2. Somit ist klar, dass die Korrektur ein negativer Summand sein muss. Beim stumpfwinkligen Dreieck ist dagegen die Summe $a^2 + b^2$ kleiner als c^2. Da aber der Kosinus für Winkel über $\pi/2$ (90°) negativ wird, ergibt sich somit automatisch ein positiver Korrektursummand. Wir sparen uns die Mühe, die Herleitungsprozedur noch einmal an einem stumpfwinkligen Dreieck durchzuführen – der Kosinussatz gilt tatsächlich ausnahmslos für **alle** Dreiecke.

7.9 Additionstheoreme

Zur Erinnerung: Allgemeingültige Relationen können unter der Bezeichnung „...theorem" auftreten.

In einer guten Formelsammlung sollten mindestens 30 Additionstheoreme aufgeführt sein.

Additionstheoreme sind äußerst wichtige „Werkzeuge" in Naturwissenschaft und Technik. Es wird von Ihnen zwar nicht erwartet, die Additionstheoreme (und ihre Herleitung) auswendig zu wissen. Man geht aber davon aus, dass Sie erkennen, wann ein Additionstheorem zur Lösung eines Problems erforderlich ist, es dann in einer Formelsammlung finden und schließlich zur Anwendung bringen können. Die in diesem Abschnitt vorgestellten Herleitungen und Überlegungen dienen der Verankerung des Wissens.

Spezialfälle der Additionstheoreme wurden bereits in Abschnitt 7.4 behandelt – aber noch nicht so genannt. Sie sind im folgenden Merksatz noch einmal kompakt zusammengefasst.

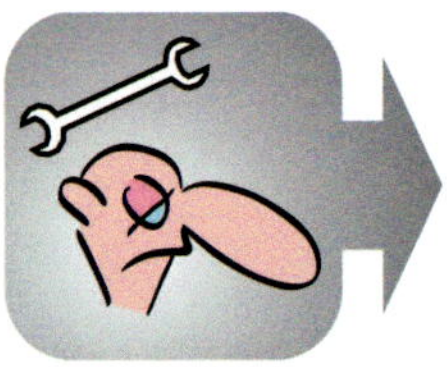

Merksatz 7.9.1

Spezialfälle der Additionstheoreme:

$$\sin^2(x)+\cos^2(x)=1$$

$\sin(-x)$	$=-\sin(x)$	$\cos(-x)$	$=\cos(x)$
$\sin(\pi-x)$	$=\sin(x)$	$\cos(\pi-x)$	$=-\cos(x)$
$\sin(x\pm\frac{\pi}{2})$	$=\pm\cos(x)$	$\cos(x\pm\frac{\pi}{2})$	$=\mp\sin(x)$
$\sin(x\pm\pi)$	$=-\sin(x)$	$\cos(x\pm\pi)$	$=-\cos(x)$
$\sin(x\pm 2n\pi)=$	$\sin(x)$	$\cos(x\pm 2n\pi)=$	$\cos(x)$ $\quad n\in\mathbb{N};\ x\in\mathbb{R}$

Da es in diesem Abschnitt nicht um geometrische Berechnungen geht, wurden die Argumente der Winkelfunktionen wieder mit x bezeichnet!

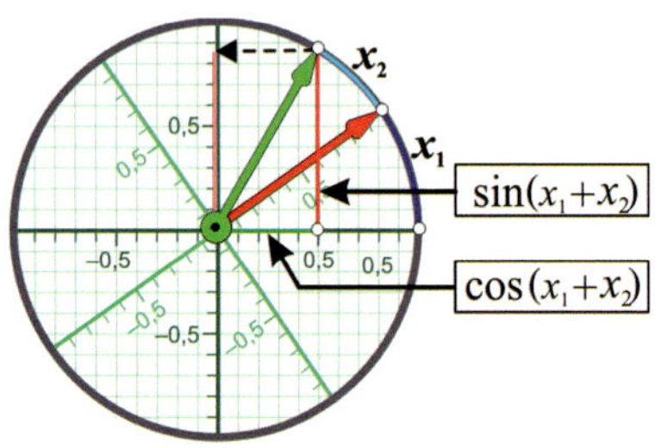

Bild 7.9.1
Additionstheoreme und der Einheitskreis

An dieser Stelle ist nicht einsichtig, wozu der Kosinus einer Winkelsumme aufgebröselt werden soll!

Folgen Sie trotzdem den weiteren Überlegungen!

Bild 7.9.1 enthält wie *Bild 7.6.1* ein Einheitskreissystem mit einem Zeiger, der um einen Winkel x_1 aus der Nulllage verdreht wurde. Zusätzlich ist noch ein zweites Einheitskreissystem eingetragen, das gegenüber dem ersten System um den Winkel x_1 verdreht ist. In dieses verdrehte System ist ebenfalls ein Zeiger eingetragen, der bezüglich dieses Systems um den Winkel x_2 verdreht ist. Damit ist dieser – *in Bild 7.9.1* hellgrün gezeichnete – Zeiger bezüglich des ersten Systems um den Winkel $x_1 + x_2$ verdreht. Wir gehen davon aus, dass die Werte der Sinus- und Kosinusfunktionen – also $\sin(x_1)$, $\cos(x_1)$, $\sin(x_2)$ und $\cos(x_2)$ – bekannt sind. Die Winkel seien dagegen unbekannt! Gesucht ist ein Verfahren, (zunächst) den Kosinus der Winkelsumme $x_1 + x_2$ aus diesen Werten zu ermitteln. Sie werden denken: „Nichts leichter als das – man ermittelt mittels der Umkehrfunktionen die

Winkel, addiert sie und kann dann den Funktionswert von $\cos(x_1 + x_2)$ bestimmen." Das ist wohl richtig, aber hier sei der Umweg über die Umkehrfunktionen verboten!

Das Verbot gilt natürlich nur für diese Herleitung!

Der Funktionswert $\cos(x_1 + x_2)$ muss irgendwie aus den Funktionswerten der Einzelwinkel zusammengebastelt werden. Dazu wird mit *Bild 7.9.2* eine etwas modifizierte Planfigur bereitgestellt. Sie stellt vergrößert das gleiche wie *Bild 7.9.1* dar, beschränkt sich jedoch nur noch auf den ersten Quadranten und benutzt für Geraden, Strecken und Kreise nur noch Haarlinien. Punkte, die bei den folgendenden Überlegungen eine Rolle spielen, sind mit Buchstaben gekennzeichnet, und die Winkel wurden durch verkleinerte Kreissegmente angedeutet.

Bei einer Herleitung sind eine gute Planfigur mit problemangepassten Benennungen bereits mehr als die „halbe Miete"!

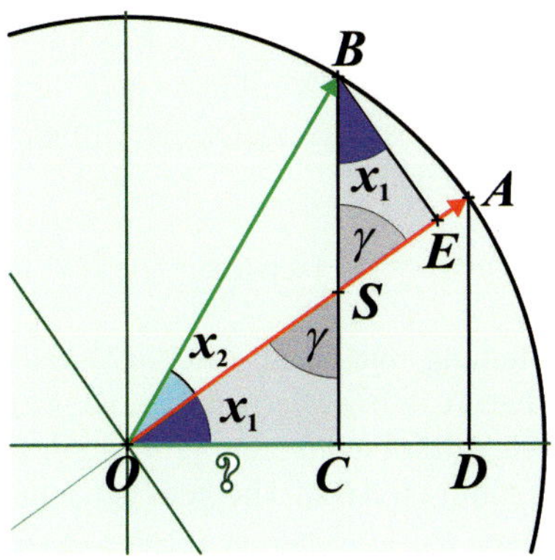

Bild 7.9.2
Planfigur zur Herleitung des Additionstheorems für $\cos(x_1+x_2)$

Zu einer Planfigur gehört noch eine Liste mit den Größen, welche als gegeben und welche als gesucht angesehen werden. In *Bild 7.9.2* handelt es sich bei diesen Größen ausschließlich um Streckenlängen.

$$\underline{\text{Gegeben:}}\quad \left|\overline{OA}\right| = \left|\overline{OB}\right| = 1 \quad (\text{Zeiger})$$
$$\left|\overline{AD}\right| = \sin(x_1)\,; \quad \left|\overline{OD}\right| = \cos(x_1)$$
$$\left|\overline{BE}\right| = \sin(x_2)\,; \quad \left|\overline{OE}\right| = \cos(x_2)$$
$$\underline{\text{Gesucht:}}\quad \left|OC\right| = \cos(x_1 + x_2) \tag{7.9.1}$$

Darüber sollte man sich immer im Klaren sein: Was ist gegeben und was ist gesucht?

Richten wir zunächst unser Augenmerk auf die grau unterlegten Dreiecke *SEB* und *OCS*! Da sie beide einen rechten Winkel haben und weiterhin die mit γ bezeichneten Winkel gleich groß sind (es sind so genannte Scheitelwinkel), müssen sie auch in dem dritten Innenwinkel – im Bild mit x_1 bezeichnet – übereinstimmen (Summe der Innenwinkel im Dreieck ist gleich π). Somit wird das Dreieck *SEB* berechenbar, denn mit $\sin(x_2)$ ist auch noch die Streckenlänge $|BE|$ bekannt. Mithilfe der Relationen *(7.8.2)* lassen sich die zweite Kathete und die Hypotenuse berechnen:

Die Werte der Sinus- und Kosinusfunktion sind hier Streckenlängen!

$$\left|\overline{BS}\right| = \frac{\left|\overline{BE}\right|}{\cos(x_1)} = \frac{\sin(x_2)}{\cos(x_1)}\,; \quad \left|\overline{ES}\right| = \left|\overline{BS}\right| \cdot \sin(x_1) = \frac{\sin(x_2)}{\cos(x_1)} \cdot \sin(x_1) \tag{7.9.2}$$

Lassen Sie sich durch den Sinus- und Kosinus-Salat nicht irritieren, es handelt sich hier (zunächst) „nur“ um Streckenlängen! Da $|OE|$ und jetzt auch $|ES|$ bekannt sind, können wir die Hypotenuse des zweiten grau gefärbten Dreiecks OCS durch die gegebenen Größen ausdrücken.

(7.9.3)

$$\left|\overline{OS}\right| = \left|\overline{OE}\right| - \left|\overline{SE}\right| = \cos(x_2) - \frac{\sin(x_2)}{\cos(x_1)} \cdot \sin(x_1)$$

Für die gesuchte Strecke $|OC|$ gilt dann:

(7.9.4)

$$\left|\overline{OC}\right| = \left|\overline{OS}\right| \cdot \cos(x_1) = \left[\cos(x_2) - \frac{\sin(x_2)}{\cos(x_1)} \cdot \sin(x_1)\right] \cdot \cos(x_1)$$

Multipliziert man (*7.9.4*) aus, kürzt sich im zweiten Summanden $\cos(x_1)$ heraus. Ersetzen wir schließlich auch noch $|OC|$ durch $\cos(x_1 + x_2)$ und vertauschen die Faktoren in beiden Summanden (aus kosmetischen Gründen), erhalten wir schließlich das gesuchte Additionstheorem:

(7.9.5)

$$\cos(x_1+x_2) = \cos(x_1) \cdot \cos(x_2) - \sin(x_1) \cdot \sin(x_2)$$

D. h., der Kosinus lässt sich ohne Umweg über die Umkehrfunktionen aus den Funktionswerten der Einzelwinkel ermitteln.

Zunächst gilt diese Herleitung nur für $x_1 + x_2 \leq \pi/2$, da wir uns auf den ersten Quadranten beschränkt haben. Wir wollen uns hier die Mühe sparen, auch andere Fälle durchzuspielen. Das Additionstheorem (*7.9.5*) gilt tatsächlich für alle reellen Argumente und darf somit zu Recht Theorem genannt werden.

Für den Sinus einer Winkelsumme gibt es ebenfalls ein Theorem.

Aus (*7.9.5*) lassen sich mit Unterstützung der Relationen (*7.9.1*) weitere Additionstheoreme herleiten. Klammern Sie sich nicht an die Variablennamen x_1, x_2 – nennen Sie diese lieber erster und zweiter Summand! Beide Summanden dürfen auch Terme sein! Für die Variablennamen innerhalb dieser Terme können die Variablen x_1, x_2 wieder zum Einsatz kommen. Prüfen Sie Ihr Verständnis exemplarisch an der Herleitung des Additionstheorems für den Sinus einer Winkelsumme:

(7.9.6)

$$\begin{aligned}
&\underline{\sin(x_1 + x_2) = \cos\left((x_1 + x_2) - \tfrac{\pi}{2}\right)} \\
&= \cos\left((x_1 + x_2) - \tfrac{\pi}{2}\right) = \cos\left(x_1 + \left(x_2 - \tfrac{\pi}{2}\right)\right) \\
&= \cos(x_1) \cdot \cos\left(x_2 - \tfrac{\pi}{2}\right) - \sin(x_1) \cdot \sin\left(x_2 - \tfrac{\pi}{2}\right) \\
&= \cos(x_1)\sin(x_2) - \sin(x_1) \cdot \left[-\cos(x_2)\right] \\
&\qquad \underline{\underline{\sin(x_1) \cdot \cos(x_2) + \cos(x_1)\sin(x_2)}}
\end{aligned}$$

Nehmen Sie Ihre Formelsammlung zur Hand und machen sich mit dem Abschnitt „Additionstheoreme“ vertraut!

Der Trick besteht darin, den Term (x_1+x_2) als ersten Summanden und $-\pi/2$ als zweiten Summanden für den Kosinus einer Winkelsumme zu verwenden. Weil der Kosinus ein um $-\pi/2$ verschobener Sinus ist, hat man durch diesen Trick den Sinus einer Winkelsumme durch den Kosinus dargestellt. Anschließend benutzt man das Assoziativgesetz und fasst x_1 als ersten und den Term $(x_2 - \pi/2)$ als zweiten Summanden auf. Auf den Kosinus dieser umgeordneten Winkelsumme wird dann das Additionstheorem (*7.9.5*) angewendet. Mithilfe der Relationen (*7.9.1*) kommt man schließlich zum Additionstheorem für den Sinus einer Winkelsumme.

$$\sin(x_1+x_2)=\sin(x_1)\cdot\cos(x_2)+\cos(x_1)\cdot\sin(x_2) \tag{7.9.7}$$

Das Additionstheorem (*7.9.7*) hätte man natürlich auch mithilfe der Planfigur in *Bild 7.9.2* ermitteln können. Wenn man Additionstheoreme für Winkeldifferenzen herleiten will, ist der zweite Summand eben negativ.

$$\begin{aligned}\underline{\underline{\cos(x_1-x_2)}}&=\cos(x_1+(-x_2))=\cos(x_1)\cos(-x_2)-\sin(x_1)\sin(-x_2)\\&=\cos(x_1)\cdot\cos(x_2)-\sin(x_1)\cdot[-\sin(x_2)]\\&=\underline{\underline{\cos(x_1)\cos(x_2)+\sin(x_1)\sin(x_2)}}\end{aligned} \tag{7.9.8}$$

Genauso wird beim Sinus verfahren (*s. 7.9.9*).

$$\begin{aligned}\underline{\underline{\sin(x_1-x_2)}}&=\sin(x_1+(-x_2))=\sin(x_1)\cos(-x_2)+\cos(x_1)\sin(-x_2)\\&=\cos(x_1)\cdot\cos(x_2)+\sin(x_1)\cdot[-\sin(x_2)]\\&=\underline{\underline{\sin(x_1)\cos(x_2)-\cos(x_1)\sin(x_2)}}\end{aligned} \tag{7.9.9}$$

Damit können wir die Additionstheoreme für den Sinus und den Kosinus so notieren, wie man sie in Formelsammlungen bzw. Handbüchern findet:

$$\begin{aligned}\sin(x_1\pm x_2)&=\sin(x_1)\cdot\cos(x_2)\pm\cos(x_1)\cdot\sin(x_2)\\\cos(x_1\pm x_2)&=\cos(x_1)\cdot\cos(x_2)\mp\sin(x_1)\cdot\sin(x_2)\end{aligned} \tag{7.9.10}$$

Zeigen wir noch als Letztes, wie das Additionstheorem für den Tangens zustande kommt. Dabei berücksichtigen wir von vornherein die beiden Möglichkeiten „±".

$$\begin{aligned}\underline{\underline{\tan(x_1\pm x_2)}}&=\frac{\sin(x_1\pm x_2)}{\cos(x_1\pm x_2)}=\frac{\sin(x_1)\cdot\cos(x_2)\pm\cos(x_1)\cdot\sin(x_2)}{\cos(x_1)\cdot\cos(x_2)\mp\sin(x_1)\cdot\sin(x_2)}\\&=\frac{\dfrac{\sin(x_1)\cdot\cos(x_2)\pm\cos(x_1)\cdot\sin(x_2)}{\cos(x_1)\cdot\cos(x_2)}}{\dfrac{\cos(x_1)\cdot\cos(x_2)\mp\sin(x_1)\cdot\sin(x_2)}{\cos(x_1)\cdot\cos(x_2)}}=\underline{\underline{\frac{\tan(x_1)\pm\tan(x_2)}{1\mp\tan(x_1)\cdot\tan(x_2)}}}\end{aligned} \tag{7.9.11}$$

Der Trick in (*7.9.11*) besteht darin, den Bruchterm mit $(\cos(x_1)\cdot\cos(x_2))^{-1}$ zu erweitern. Durch Einsetzen mehr oder weniger trickreicher Terme in die bisher behandelten Additionstheoreme lassen immer weitere produzieren.

Sollten Sie an der Bedeutung der Additionstheoreme zweifeln, schauen Sie sich die Formelsammlung eines Physikers oder Ingenieurs an! Die Seiten mit den Additionstheoremen sind am meisten abgegriffen, haben Eselsohren und Fettflecke.

Eselsohren und Fettflecke!

7.10 Miniwinkel

Lassen Sie uns noch einmal zur (geometrischen) Definition der Sinusfunktion zurückkehren und den Zeiger in *Bild 7.6.1* von 0,6 rad auf 0,1 rad (ca. 6°) zurückstellen (*s. Bild 7.10.1*). Für die Bestimmung des Sinus und Kosinus wird wieder das Lot von der Zeigerspitze auf die Horizontale gefällt. Zur (geometrischen) Bestimmung des Tangens wird die Zeigerverlängerung mit der senkrechten Tangente an den Einheitskreis wie in *Bild 7.7.1* zum Schnitt gebracht.

Schauen Sie genau hin! Sinus, Tangens und der Winkelbogen sind tatsächlich eingezeichnet.

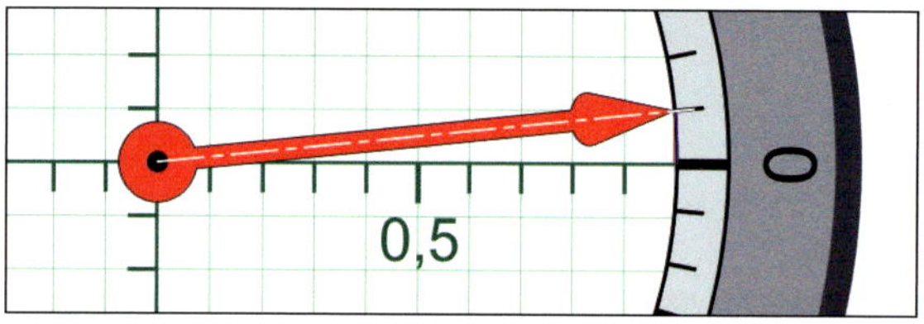

Bild 7.10.1
Zeigerstellung bei 0,1 rad

Im Rahmen der Zeichengenauigkeit ist der Kosinus gleich eins. Sinus und Tangens sind vom Winkelbogen (= Winkel im Bogenmaß) nicht zu unterscheiden – wir können daher notieren:

(7.10.1)

$$\sin(0{,}1) \approx 0{,}1; \quad \cos(0{,}1) \approx 1; \quad \tan(0{,}1) \approx 0{,}1$$

100 mrad (ca.5°44')

Unter der Lupe mit 5-facher Vergrößerung sind der Sinus, der Winkelbogen und der Tangens zwar noch unterscheidbar; es ist aber erkennbar, dass sie wirklich dicht beieinander liegen.

Hier wurde nicht nachgebessert! Es handelt sich um die echte 5-fache Vergrößerung.

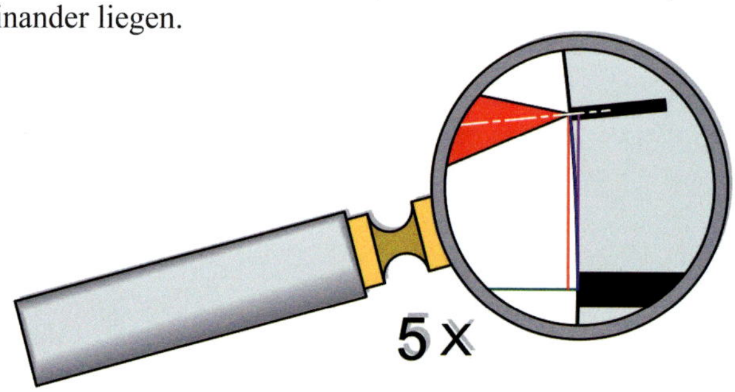

Bild 7.10.2
5-fache Vergrößerung der Zeigerspitze bei 0,1 rad

Konkret liegt im Falle eines Winkels von 0,1 rad der Sinus knapp 2 ‰ unter und der Tangens 3 ‰ über dem Bogenmaß. Der Kosinus liegt um 5 ‰ unter der Zeigerlänge. Um die Aussage (*7.10.1*) zu verallgemeinern, verkleinern wir den Winkel auf 0,01 rad (ca. 0,6°).

10 mrad (ca. 34')

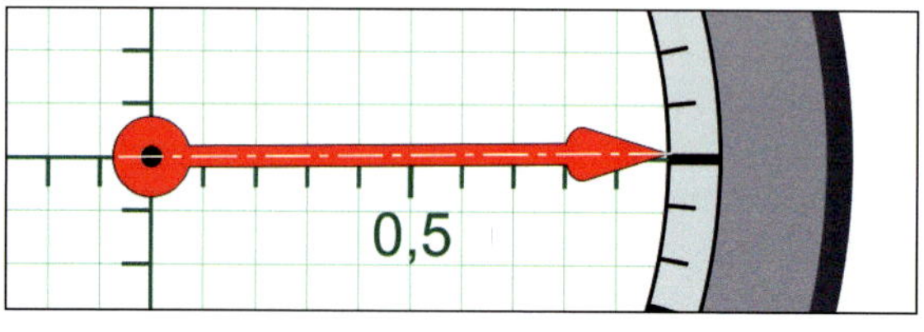

Bild 7.10.3
Zeigerstellung bei 0,01 rad

Offensichtlich besteht bei einem derartigen Winkel ohne Vergrößerung keine Chance mehr, etwas zu erkennen. Sehen wir uns deshalb wieder die 5-fache Vergrößerung an!

Trotz hoher Präzision der Vektorgrafik sind Sinus, Tangens und Winkelbogen nicht mehr unterscheidbar!

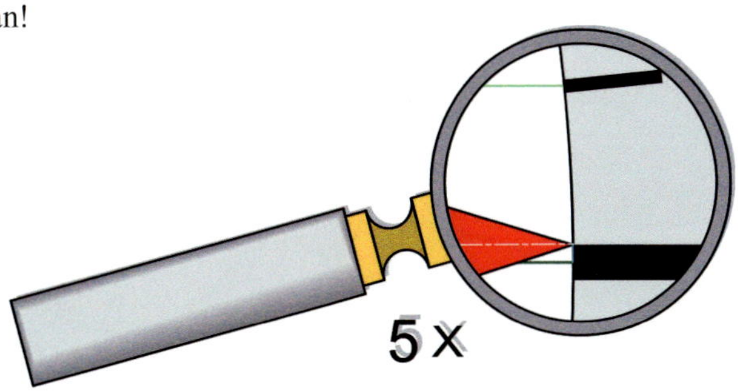

Bild 7.10.4
5-fache Vergrößerung der Zeigerspitze bei 0,01 rad

Bild 7.10.4 zeigt, dass offensichtlich der Sinus, der Winkelbogen und der Tangens ununterscheidbar übereinander liegen. Wir können daher die spezielle Aussage in (*7.10.1*) verallgemeinern:

$$|x| \ll 1: \quad \sin(x) \approx \tan(x) \approx x\,; \quad \cos(x) \approx 1 \qquad (7.10.2)$$

Das verdoppelte „kleiner-als-Zeichen“ in (*7.10.2*) bedeutet: „… ist klein im Vergleich zu …“. Man liest aber nur: „… ist klein gegen …“. Konkret liegt im Falle $x = 0{,}01$ rad der Sinus nur noch knapp 0,02 ‰ unter, der Tangens 0,03 ‰ über dem Winkel im Bogenmaß. Der Kosinus liegt nur noch 0,05 ‰ unter eins. Die relative Genauigkeit der Näherung (*7.10.2*) hat sich bei einer Verkleinerung um eine Zehnerpotenz um zwei Zehnerpotenzen verbessert. Um auszudrücken, dass die Näherung mit kleiner werdenden Winkeln genauer wird, verwendet man die bewährte Limes-Schreibweise.

Verbesserung der Näherung um zwei Zehnerpotenzen!

$$\lim_{x\to 0} \frac{\sin(x)}{x} = \lim_{x\to 0} \frac{\tan(x)}{x} = 1\,; \quad \lim_{x\to 0} \cos(x) = 1 \qquad (7.10.3)$$

Lesen Sie bitte im Zusammenhang mit den Relationen (*7.10.2*) bzw. (*7.10.3*) unbedingt folgende Warnung:

Warnung:
Wenn es sich bei dem Argument x um einen Winkel handelt, der in Grad oder Gon gegeben ist, dürfen Sie die Näherung

$|x| \ll 1: \quad \sin(x) \approx \tan(x) \approx x$

nicht für konkrete Berechnungen verwenden! Der Winkel muss ins **Bogenmaß** umgerechnet werden!

Beispiel für α in °: $|\alpha| \ll 1: \quad \sin(\alpha) \approx \tan(\alpha) \approx \frac{2\pi}{360} \cdot \alpha$

Merksatz 7.10.1

Bild 7.10.5 zeigt anstelle eines Zeigers ein Kreissegment mit einem Winkel von $d\varphi = 0{,}01$ rad und einem Radius von $r = 100$ mm. Es ist offensichtlich, dass man durch Augenschein nicht sicher sein kann, ob es sich bei dem Gebilde um ein Kreissegment, ein gleichschenkliges Dreieck oder ein rechtwinkliges Dreieck handelt. Auch die 20-fache Vergrößerung des Bogens gibt keinen Aufschluss darüber, ob es sich nicht doch um eine (gerade) Strecke handelt.

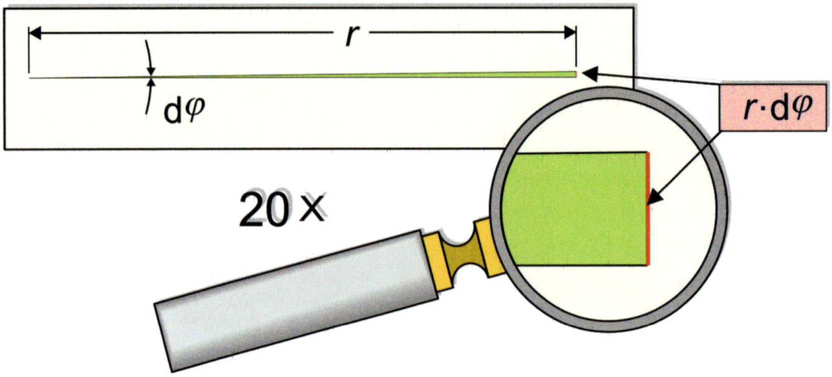

Bild 7.10.5
Kreissegment oder Dreieck?

Für die konkrete Berechnung der Länge des in *Bild 7.10.5* rot gezeichneten Bogens gibt es je nach Auffassung vier weitere Möglichkeiten. Wenn zur Berechnung des konkreten Wertes fünf signifikanten Stellen reichen, führen alle Näherungsrechnungen – wie im Folgenden vorgerechnet – zum gleichen Ergebnis.

(7.10.4)

Bei (sehr) kleinen Winkeln sind Winkelfunktionen überflüssig!

$$\left.\begin{array}{ll}\text{Kreissegment:} & \mid = 100\,\text{mm}\cdot 0{,}01 \\ \text{Gleichseit. Dreieck:} & \mid = 2\cdot 100\,\text{mm}\cdot\sin(0{,}005)\approx 2\cdot 100\,\text{mm}\cdot 0{,}005 \\ \text{bzw.:} & \mid = 2\cdot 100\,\text{mm}\cdot\tan(0{,}005)\approx 2\cdot 100\,\text{mm}\cdot 0{,}005 \\ \text{Rechtw. Dreieck:} & \mid = 100\,\text{mm}\cdot\sin(0{,}01)\approx 100\,\text{mm}\cdot 0{,}01 \\ \text{bzw.:} & \mid = 100\,\text{mm}\cdot\tan(0{,}01)\approx 100\,\text{mm}\cdot 0{,}01\end{array}\right\} = \underline{\underline{1{,}0000\,\text{mm}}}$$

Die beiden Möglichkeiten beim gleichseitigen Dreieck rühren daher, dass sich die gegebene Größe entweder als Schenkellänge oder als Höhe auffassen lässt. Beim rechtwinkligen Dreieck könnte es sich um die Hypotenuse oder eine Kathete handeln.

Unentbehrlich bei der Herleitung physikalisch-technischer Formeln

Bei konkreten Rechnungen spielen die Näherungen keine große Rolle, da durch den Einsatz von Taschenrechnern und Computern Winkelfunktionen unproblematisch geworden sind. Ganz anders verhält es sich dagegen bei Herleitungen in Physik und Technik. Sie werden häufig an der Tafel im Hörsaal Planfiguren finden, in denen kleine Winkel mit einem Differenzial benannt sind. Für die Länge des Bogens oder im Falle eines gleichseitigen oder rechtwinkligen Dreiecks für die Länge der Seite schreibt man dann sofort $r\cdot d\varphi$. Lassen Sie sich nicht irritieren, wenn in irgendwelchen Planfiguren die „kleinen Winkel" gar nicht klein gezeichnet sind! An einer Wandtafel kann man eben schlecht mit Haarlinien arbeiten. Sie erkennen aber an der Verwendung der Differenzialschreibweise, dass ein beliebig kleiner Winkel gemeint ist. Wegen (*7.10.3*) ist dann „$r\cdot d\varphi$" ebenfalls beliebig genau und somit mehr als nur eine Näherung.

7.11 Ableitungen der Winkelfunktionen

Auch wenn Sie Ableitungsregeln und Stammfunktionen der Winkelfunktionen problemlos jeder Formelsammlung entnehmen können, ist es doch sinnvoll, sich einmal anzusehen, wie diese Regeln zustande kommen. Beginnen wir mit der Ableitung des Sinus.

$$
\begin{aligned}
&\frac{\mathrm{d}}{\mathrm{d}x}\sin(x) = \\
&= \lim_{h\to 0}\frac{\sin(x+h)+\sin(x-h)}{2h} \\
&= \lim_{h\to 0}\frac{\sin(x)\cos(h)+\cos(x)\sin(h)-\left[\sin(x)\cos(h)-\cos(x)\sin(h)\right]}{2h} \\
&= \lim_{h\to 0}\frac{\cancel{\sin(x)\cos(h)}+\cos(x)\sin(h)\cancel{-\sin(x)\cos(h)}+\cos(x)\sin(h)}{2h} \\
&= \lim_{h\to 0}\frac{\cancel{2}\cos(x)\sin(h)}{\cancel{2}h} = \lim_{h\to 0}\cos(x)\cdot\frac{\sin(h)}{h} = \underline{\underline{\cos(x)}}
\end{aligned}
\tag{7.11.1}
$$

Symmetrischer Differenzenquotient mit $\Delta x := 2h$

nützliche Additionstheoreme

Zwei Summanden heben sich weg und cos(x) wird zum Faktor.

Ihnen wird sicher nicht entgangen sein, dass in (*7.11.1*) gleich zwei Tricks zum Einsatz kamen: Zum einen ist es die Verwendung des symmetrischen Differenzenquotienten (*vgl. 5.4.2*) und der Additionstheoreme für den Sinus. Dass der Quotient $\sin(h)/h$ gegen eins strebt, hatten wir bereits im letzten Abschnitt ausführlich besprochen (*vgl. 7.10.3*). Die Kosinusfunktion ist also die Ableitungsfunktion des Sinus – umgekehrt ist dann die Sinusfunktion Stammfunktion des Kosinus.

Abfallprodukt: die Stammfunktion des Kosinus

$$
\int\cos(x)\,\mathrm{d}x = \underline{\underline{\sin(x)+C}}
\tag{7.11.2}
$$

Zur Ableitung des Kosinus könnte man die Prozedur von (*7.11.1*) wiederholen. Wir gehen hier einen andern Weg und benutzen neben Additionstheoremen die in Abschnitt 5.6 behandelten Ableitungsregeln.

$$
\begin{aligned}
\frac{\mathrm{d}}{\mathrm{d}x}\cos(x) &= \frac{\mathrm{d}}{\mathrm{d}x}\sin\underbrace{\left(x+\tfrac{\pi}{2}\right)}_{:=u(x)} = \frac{\mathrm{d}}{\mathrm{d}u}\sin(u)\cdot\frac{\mathrm{d}}{\mathrm{d}x}u \\
&= \cos(u)\cdot 1 = \cos\left(x+\tfrac{\pi}{2}\right) = \underline{\underline{-\sin(x)}}
\end{aligned}
\tag{7.11.3}
$$

In (*7.11.3*) wurde zunächst der Kosinus gemäß (*7.6.8*) in einen „verschobenen" Sinus umgewandelt, der anschließend mittels *Kettenregel* abgeleitet werden kann. Der um $+\pi/2$ verschobene Kosinus ist, wie in *Bild 7.6.3* ersichtlich, gleich dem negativen Sinus. Wegen des negativen Vorzeichens in (*7.11.3*) ist die Stammfunktion von $\sin(x)$ gleich dem negativen Kosinus.

Bitte beachten: das negative Vorzeichen vor dem Kosinus!

$$
\int\sin(x)\,\mathrm{d}x = \underline{\underline{-\cos(x)+C}}
\tag{7.11.4}
$$

Auch höhere Ableitungen sind unproblematisch.

Höhere Ableitungen sind beim Sinus und beim Kosinus kein Problem, da sie sich immer nur abwechseln. Es ist lediglich auf die Vorzeichen zu achten. Die Ableitung der Tangensfunktion ermittelt man mithilfe der Quotientenregel.

(7.11.5)

$$\frac{\mathrm{d}}{\mathrm{d}x}\tan(x)=\frac{\mathrm{d}}{\mathrm{d}x}\frac{\overbrace{\sin(x)}^{:=u(x)}}{\underbrace{\cos(x)}_{:=v(x)}}=\frac{u'v-v'u}{v^2}=\frac{\cos^2(x)+\sin^2(x)}{\cos^2(x)}=\underline{\underline{\frac{1}{\cos^2(x)}}}$$

$$\text{oder}\qquad =\frac{\cancel{\cos^2(x)}}{\cancel{\cos^2(x)}}+\frac{\sin^2(x)}{\cos^2(x)}=\underline{\underline{1+\tan^2(x)}}$$

Exemplarisch: Ableitungsfunktionen des Arkustangens.

Die Stammfunktion der Tangensfunktion ergibt sich leider nicht als einfaches Abfallprodukt und ist an dieser Stelle (noch) nicht wichtig. Wir kümmern uns hier lieber um die Umkehrfunktionen und zeigen exemplarisch am Arkustangens, wie deren Ableitungsfunktion zustande kommt. Unter Umständen müssen Sie zum Abschnitt 7.1 zurückblättern. Wir setzen hier die speziellen Funktionen in die allgemeine Ableitungsregel für Umkehrfunktionen (*7.1.10*) ein. Beachten Sie auch unbedingt den Warnhinweis in *Merksatz 7.6.5* – wir benutzen das Präfix arc für die Umkehrfunktionen von Sinus, Kosinus und Tangens!

(7.11.6)

$$y:=\arctan(x);\quad x=\tan(y)$$

$$\frac{\mathrm{d}}{\mathrm{d}x}\arctan(x)=\frac{1}{\frac{\mathrm{d}}{\mathrm{d}y}\tan(y)}=\frac{1}{1+\tan^2 y}=\underline{\underline{\frac{1}{1+x^2}}}$$

Kaum zu glauben: Die Ableitungsfunktion ist rational!

Wenn Sie sich wundern, dass aus $\tan^2(y)$ einfach x^2 wird, ist das keine Schande. Schauen Sie in die erste Zeile von (*7.11.6*)! Dort steht $x=\tan(y)$! Erstaunlich ist, dass die Ableitungsfunktion und auch alle höheren Ableitungen nicht mehr transzendent, sondern rational geworden sind. In folgendem *Merksatz* sind die in diesem Abschnitt behandelten Ableitungs- und Integrationsregeln noch einmal zusammengestellt.

Merksatz 7.11.1

Ableitungs- und Integrationsregeln der Winkelfunktionen:

$$\frac{\mathrm{d}}{\mathrm{d}x}\sin(x)=\cos(x);\qquad \int\sin(x)\,\mathrm{d}x=-\cos(x)+C$$

$$\frac{\mathrm{d}}{\mathrm{d}x}\cos(x)=-\sin(x);\qquad \int\cos(x)\,\mathrm{d}x=\sin(x)+C$$

$$\frac{\mathrm{d}}{\mathrm{d}x}\tan(x)=\frac{1}{\cos^2(x)}\quad\left(\text{oder }=1+\tan^2(x)\right)$$

$$\frac{\mathrm{d}}{\mathrm{d}x}\arctan(x)=\frac{1}{1+x^2}$$

7.12 Koordinatentransformationen

Im Abschnitt 5.2 wurde offensichtlich, dass Objekte in der Umgebung einer Radarantenne am besten in einem Polarkoordinatensystem beschrieben werden. Eine Selbstverständlichkeit ist es ebenfalls, die Position auf der Erdoberfläche befindlicher Objekte nicht in kartesischen, sondern in Kugelkoordinaten anzugeben. Tatsächlich ist es in der Praxis sehr häufig erforderlich, zwischen Koordinatensystemen zu wechseln. Einen Wechsel des Koordinatensystems nennt man *Koordinatentransformation*. Wir besprechen hier die Transformationen zwischen den drei wichtigsten Koordinatensystemen (Kartesisches-, Zylinder- und Kugelkoordinatensystem).

Durch Verwendung systemangepasster Koordinatensysteme lassen sich beträchtliche Vereinfachungen erzielen.

Eine solche Koordinatentransformation ist verbunden mit der Umrechnung der Koordinaten des ursprünglichen Systems in das alternative System. Zeigen wir zunächst, wie die Zylinderkoordinaten (ρ, φ, z) eines Punktes P mit den kartesischen Koordinaten (x, y, z) zusammenhängen. Dazu gehen wir wieder auf das Hubschrauberbeispiel von *Bild 5.2.3* zurück! Die z-Koordinate im Zylinderkoordinatensystem ist unverändert gleich der z-Koordinate im kartesischen System. Deshalb brauchen wir uns nur noch um den Radiusvektor zum Punkt S und um den Winkel φ zu kümmern. Hier ist die Draufsicht des Geschehens am besten geeignet (*s. Bild 7.12.1*). Beachten Sie bitte, dass die x-Achse im Gegensatz zur perspektivischen Ansicht in *Bild 5.2.3* nicht nach vorn, sondern nach rechts gelegt wurde!

Gesucht: Umrechnungsformel für die Koordinaten

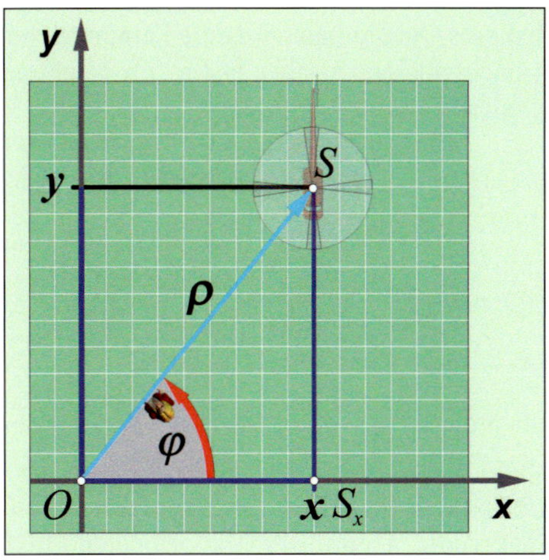

xy-Ebene aus der Möwenperspektive (Draufsicht). Achten Sie auf die Dame!

Bild 7.12.1
Transformation von Zylinderkoordinaten in kartesische Koordinaten

Sobald man es mit Winkeln bzw. Winkelfunktionen zu tun hat, „fahndet“ man sofort nach rechtwinkligen Dreiecken, in denen relevante Größen vorkommen. Hier springt sofort das rechtwinklige Dreieck $O(0, 0, 0)$, $S_x(x, 0, 0)$, $S(x, y, 0)$ ins Auge. Die Länge des Radiusvektors ist die Hypotenuse ρ. An- und Gegenkathete zum Winkel φ sind die x- bzw. die y-Koordinaten. Mithilfe der Relationen (*7.8.2*) können wir den Zusammenhang zwischen Zylinderkoordinaten und kartesischen Koordinaten sofort notieren.

Es wird kein Pardon gewährt: Die Relationen (7.8.2) müssen Sie mitsamt deren Umformungen im Kopf können!

(7.12.1)

$$x = \rho \cdot \cos(\varphi)$$
$$y = \rho \cdot \sin(\varphi)$$
$$z \quad \text{unverändert!}$$

Mithilfe von *(7.12.1)* kann man also leicht von Zylinderkoordinaten auf kartesische Koordinaten umrechnen. Umgekehrt liefert der Satz von Pythagoras den Radiusvektor zu den kartesischen Koordinaten *x*, *y*.

(7.12.2)

$$x^2 + y^2 = \rho^2 \quad \Rightarrow \quad \underline{\underline{\rho = \sqrt{x^2 + y^2}}}$$

Nicht ganz so freundlich geht es zu, wenn man den Winkel φ aus den kartesischen Koordinaten ermitteln will! Dividiert man die ersten beiden Gleichungen in *(7.12.1)* durcheinander, erhält man zunächst den Tangens dieses Winkels. Der Winkel selber wird über die Umkehrfunktion des Tangens ermittelt.

(7.12.3)

$$\frac{y}{x} = \frac{\not{\rho} \cdot \sin(\varphi)}{\not{\rho} \cdot \cos(\varphi)} = \tan(\varphi) \quad \Rightarrow \quad \underline{\underline{\varphi = \arctan\left(\frac{y}{x}\right)}}$$

Lästige Fallunterscheidung: Spielen Sie trotzdem zur Übung die einzelnen Fälle durch!

Das Problem: Die Tangensfunktion ist nur im offenen Intervall $(-\pi/2, +\pi/2)$ umkehrbar. Für den Winkel φ ist jedoch das Intervall $[0, 2\pi)$ vorgesehen. Deshalb reicht *(7.12.3)* nur für $x > 0 \wedge y \geq 0$; das ist lediglich der erste Quadrant ohne die *y*-Achse. Außerhalb dieses Quadranten wird eine Fallunterscheidung erforderlich. Die ist zwar leicht nachvollziehbar, aber lästig (im Nachtrag zu Abschnitt 9.3 finden Sie eine elegantere Fallunterscheidung).

(7.12.4)

$$\varphi = \begin{cases} \arctan\left(\frac{y}{x}\right) & \text{falls } x > 0 \wedge y \geq 0 \quad \text{1. Quadrant} \\ \frac{\pi}{2} & \text{falls } x = 0 \wedge y > 0 \quad \text{Pos. } y\text{-Achse} \\ \pi + \arctan\left(\frac{y}{x}\right) & \text{falls } x < 0 \quad \text{2. u. 3. Quadrant} \\ \frac{3}{2}\pi & \text{falls } x = 0 \wedge y < 0 \quad \text{Neg. } y\text{-Achse} \\ 2\pi + \arctan\left(\frac{y}{x}\right) & \text{falls } x > 0 \wedge y < 0 \quad \text{4. Quadrant} \end{cases}$$

Sobald man in *(7.12.1)* die dritte Zeile außer acht lässt, gilt alles, was für Zylinderkoordinaten gesagt wurde, auch für Polarkoordinaten . In diesem Fall können Sie für den Radiusvektor statt des griechischen „ρ" das lateinische „r" verwenden (*s. (7.12.1) bis (7.12.4)*).

Wenn Sie von Kugelkoordinaten zu kartesischen Koordinaten übergehen sollen, müssen Sie zur perspektivischen Darstellung des Hubschrauberstarts zurückblättern (*s. Bild 5.2.3*). Man kann aber auch die von den beiden Radiusvektoren ρ und *r* aufgespannte „Hochkantebene" in *Bild 7.12.2* betrachten. In dieser Ansicht sind der Winkel ϑ und beide Radiusvektoren nicht aufgrund perspektivischer Darstellung verzerrt. Die in beiden Darstellungen eingezeichnete Dame soll Ihnen bei der Erfassung der räumlichen Verhältnisse helfen!

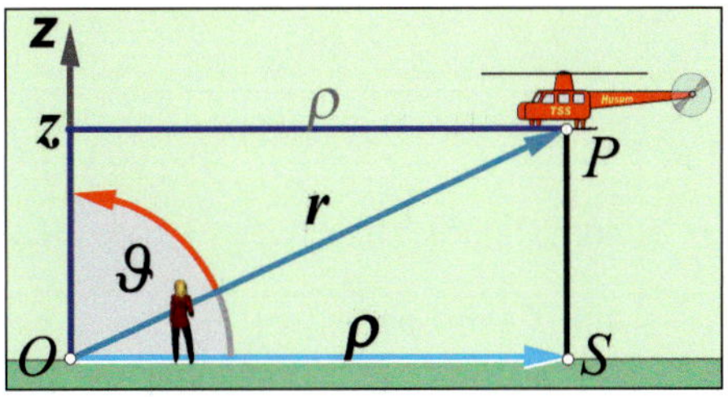

Beachten Sie den Unterschied zwischen r und ρ!

Bild 7.12.2
Transformation von Kugelkoordinaten in kartesische Koordinaten

Dem (rechtwinkligen) Dreieck $O(0, 0, 0)$, $S(x ,y , z)$, $P(x, y, z)$ in *Bild 7.12.2* entnehmen wir die folgenden Relationen:

$$z = r \cdot \cos(\vartheta)\,; \quad \rho = r \cdot \sin(\vartheta) \tag{7.12.5}$$

Es fehlen noch die Transformationsgleichungen für die x- und die y-Koordinate. Diese erhalten wir, wenn wir in (*7.12.1*) den Radiusvektor ρ durch $r \cdot\sin(\vartheta)$ ersetzen. Die vollständigen Gleichungen zur Transformation von Kugel- in kartesische Koordinaten sind in (*7.12.6*) zusammengestellt.

$$\begin{aligned} x &= r \cdot \sin(\vartheta) \cdot \cos(\varphi) \\ y &= r \cdot \sin(\vartheta) \cdot \sin(\varphi) \\ z &= r \cdot \cos(\vartheta) \end{aligned} \tag{7.12.6}$$

Der Satz von Pythagoras lässt sich ins Räumliche erweitern: „Räumlicher Pythagoras"

Für die Umkehrung von (*7.12.6*) betrachten wir das (rechtwinklige) Dreieck (0, 0, 0), S, P und wenden sowohl den Satz von Pythagoras als auch (*7.12.2*) an. Damit ergibt sich im Folgenden die doppelt unterstrichene Relation. Man nennt diese (allgemeingültige) Relation gern den *„räumlichen Pythagoras"*.

$$\rho^2 + z^2 = r^2 \quad \Rightarrow \quad \underline{\underline{x^2 + y^2 + z^2 = r^2}} \tag{7.12.7}$$

Für den Winkel ϑ ist gottlob keine Fallunterscheidung erforderlich. Der Winkel reicht von 0 bis π, und genau dort ist der Kosinus umkehrbar. Also gilt:

$$\vartheta = \arccos\left(\frac{z}{\sqrt{x^2 + y^2 + z^2}}\right) \tag{7.12.8}$$

Für den Winkel φ müssen Sie dagegen auf die bei den Zylinderkoordinaten besprochene lästige Fallunterscheidung (*7.12.4*) zurückgreifen!

Zum Beispiel: die Lösung partieller Differenzialgleichungen

In der Praxis werden viele Probleme erst nach einer Koordinatentransformation beherrschbar. Das geht allerdings über den Stoff für Anfangssemester hinaus! Um zumindest an dieser Stelle eine Vorstellung von den Vorteilen einer Koordinatentransformation zu bekommen, gehen wir zur Kleeblattrelation zurück (*s.* (*1.6.5*) *bzw. Bild 1.6.4*). Dort bestand die Schwierigkeit, konkrete Elemente der Kurvenpunkte nicht zu erraten, sondern zu ermitteln. Wir transformieren dazu mithilfe der Transformationsgleichungen (*7.12.1*) die kartesischen Koordinaten in Polarkoordinaten. Beachten Sie dabei unbedingt die Rechenregel für Potenzen (*s. Merksatz 2.10.7*)!

$$R_{\text{KB}}: \quad \left(x^2+y^2\right)^3 \le 400 \cdot x^2 y^2$$

(7.12.9)

$$\begin{aligned}
&\left(\rho^2\right)^3 \le 400\cdot\rho^2\cos^2(\varphi)\cdot\rho^2\cos^2(\varphi) && \Leftrightarrow\\
&\rho^6 \le 400\rho^4\sin^2(\varphi)\cos^2(\varphi) && \Leftrightarrow\\
&\rho^6 \le 400\rho^4\underbrace{\left(\sin(\varphi)\cos(\varphi)\right)}_{=\frac{1}{2}\sin(2\varphi)}{}^2 && \Leftrightarrow\\
&\rho^6 \le 100\rho^4\sin^2(2\varphi) && \Leftrightarrow\\
&\rho=0 \;\vee\; \rho^2 \le 100\cdot\sin^2(2\varphi) \;\Big|\sqrt{\ldots} && \Rightarrow\\
&\underline{\underline{\rho \le 10\cdot\left|\sin(2\varphi)\right|}}
\end{aligned}$$

Gegenstand vieler „Tricks": die Additionstheoreme

Aufgrund der Koordinatentransformation wird hier aus der Relation eine Funktion.

Ein entscheidender Trick steht in der vierten Zeile. Dort wurde das Produkt aus Sinus und Kosinus mithilfe eines Additionstheorems aus der Formelsammlung durch $\sin(2\varphi)$ ersetzt. Beachten Sie, dass die gesamte Relation nicht einfach durch ρ^4 dividiert werden darf! Das Dividieren durch einen Term, der null werden kann, ist keine Äquivalenzumformung! Erst nach einer Fallunterscheidung kann man sich des Faktors ρ^4 entledigen. Beachten Sie, dass nach dem Wurzelziehen der Betrag des Sinus genommen werden muss. Da $\rho = 0$ auch in der zweiten Gleichung enthalten ist, kann man den ersten Teil der Disjunktion fortlassen. Der Kleeblattrand ist nun durch eine Funktion beschreibbar – siehe letzte Zeile in *(7.12.9)*! Mithilfe dieser Funktion lässt sich problemlos zu jedem vorgegebenen Winkel φ die Länge des Radiusvektors ρ berechnen. Ein Winkel mitsamt dem zugeordneten Radiusvektor ist in *Bild 1.6.4* eingetragen!

Im Falle der Ellipse (*s. (1.6.4) bzw. Bild 1.6.3*) ist eine Transformation in Polarkoordinaten zur Ermittlung von Funktionswerten nicht unbedingt erforderlich. In diesem Fall ist es noch möglich, die Formel nach einer Variablen aufzulösen.

(7.12.10)

$$\begin{aligned}
&x^2+4y^2=100 \quad \left|-x^2\right|:4 && \Leftrightarrow\\
&y^2=\tfrac{1}{4}\left(100-x^2\right) \;\Big|\sqrt{\ldots} && \Leftrightarrow\\
&|y|=\tfrac{1}{2}\sqrt{100-x^2} && \Leftrightarrow\\
&\underline{\underline{y=\tfrac{1}{2}\sqrt{100-x^2}}} \;\vee\; \underline{\underline{y=-\tfrac{1}{2}\sqrt{100-x^2}}}
\end{aligned}$$

Die Rechnung *(7.12.10)* liefert zwei Teilfunktionen, eine für den oberen Teil, die andere für den unteren Teil der Ellipse. Mithilfe dieser Funktionen lässt sich leicht eine Wertetabelle für die Ellipse berechnen.

7.13 Noch mehr Koordinatentransformationen

Polar-, Zylinder- und Kugelkoordinaten orientieren sich, wie im Hubschrauberbeispiel illustriert, immer an den Achsen eines bestimmten kartesischen Koordinatensystems. Wenn man von kartesischen Koordinaten zu Zylinderkoordinaten oder Kugelkoordinaten wechselt, hat man seinen Betrachtungsstandpunkt nicht geändert – geändert hat sich nur die Betrachtungsweise.

Der Standpunkt bleibt – die Betrachtungsweise wird geändert...

... aber einen Standpunkt kann man ändern!

Bild 7.13.1
Betrachtung aus verschiedenen Koordinatensystemen

Bild 7.13.1 zeigt eine Selbstverständlichkeit. Man kann ein Objekt – hier den bewährten Hubschrauber – von zwei verschiedenen Standpunkten aus betrachten und beschreiben. Jeder Beobachter hat sein eigenes Koordinatensystem; relativ zu seinem Koordinatensystem ordnet er beispielsweise dem Punkt P Koordinaten zu. Man könnte sich vorstellen, dass das rechte Koordinatensystem ursprünglich am gleichen Platz wie das linke war, dann aber mehr oder weniger verschoben, verdreht, gespiegelt oder sonstwie verändert worden ist. Auch hier spricht man von einer *Koordinatentransformation*! Beachten Sie, dass die Achsen der Koordinatensysteme – auch wenn in *Bild 7.13.1* anders gezeichnet – immer von minus unendlich bis plus unendlich reichen! Wir wollen uns hier wieder um die Umrechnung der Koordinaten vom ursprünglichen ins transformierte System kümmern und beschränken uns dabei auf die für Sie zunächst wichtigsten Transformationsarten.

Umrechnung der Koordinaten ins transformierte System

In Abschnitt 5.3 hatten wir es bereits mit einem verschobenen (aber nicht verdrehten) Koordinatensystem zu tun. Dort wurden für die Benennung der Koordinaten des verschobenen Systems die gleichen Buchstaben verwendet – aber in einer anderen Schriftart. Von dieser Schreibweise wird nicht immer Gebrauch gemacht! Sie müssen in Zukunft damit rechnen, alle möglichen und unmöglichen Schreibweisen für die Koordinaten transformierter Systeme präsentiert zu bekommen – die wichtigsten Schreibweisen sind in folgendem Merksatz zusammengestellt.

Machen Sie sich mit den unterschiedlichen Schreibweisen vertraut!

Merksatz 7.13.1

Schreibweisen für transformierte Koordinatensysteme:

I)	$x, y, z \to \mathscr{x}, \mathscr{y}, \mathscr{z}$	gleiche Buchstaben, aber in anderer Schriftart
II)	$x, y, z \to u, v, w$	andere Buchstaben, aber gleiche Schriftart
III)	$x, y, z \to \xi, \eta, \zeta$	griechische Buchstaben
IV)	$x, y, z \to x', y', z'$	gleiche Buchstaben, aber mit Postfix-Strichen

Die Verwendung anderer oder griechischer Buchstaben hat den Nachteil, dass die transformierten Formeln ein unnötig exotisches Aussehen bekommen. Die Verwendung von Postfix-Strichen kann wiederum zu Verwechslungen mit Ableitungen führen, hat aber den großen Vorteil, dass man Mehrfachtransformationen (wie bei den höheren Ableitungen auch) durch Mehrfachstriche andeuten kann. Man muss von Fall zu Fall entscheiden, welche Schreibweise am besten passt.

Beachten Sie zunächst noch nicht die Kurven, sondern nur die Koordinatensysteme!

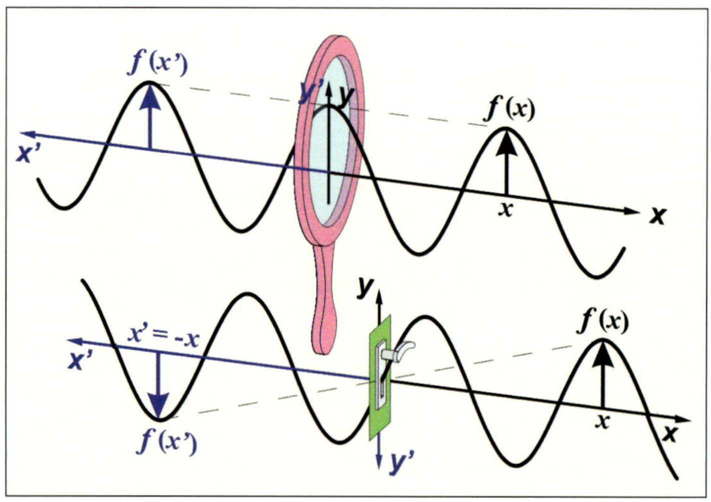

Bild 7.13.2
Achsen- bzw. Punktspiegelung eines Koordinatensystems

Die einfachste Transformation ist die in ein gespiegeltes System. Dabei wird eine der Achsen an der zweiten Achse gespiegelt – man spricht von einer *Achsenspiegelung*. Im Falle dreidimensionaler Koordinatensysteme wird eine der Achsen an der durch die übrigen Achsen aufgespannten Ebene gespiegelt. In Bild *7.13.1* geht beispielsweise die x'-Achse durch Spiegelung der x-Achse an der y-Achse hervor. Im dreidimensionalen Fall erfolgte die Spiegelung an der yz-Ebene. Natürlich bleiben dabei die y- und die z-Achse unverändert. Die Koordinaten der x- bzw. x'-Achse unterscheiden sich lediglich durch das Vorzeichen. Entsprechend einfach gestalten sich die Transformationsgleichungen:

Man kann die Koordinatensysteme in Bild 7.13.2 durch z-Achsen ergänzen.

(7.13.1)

$$\begin{aligned} x' &= -x & \qquad x &= -x' \\ y' &= y \quad \text{bzw.} & y &= y' \\ (z' &= z) & (z &= z') \end{aligned}$$

Wenn man statt an einer Ebene durch den Koordinatenursprung spiegelt, drehen sich die Vorzeichen sämtlicher Koordinaten um. Man spricht jetzt von einer *Punktspiegelung*.

$$\begin{array}{lcl} x' = -x & & x = -x' \\ y' = -y & \text{bzw.} & y = -y' \\ (z' = -z) & & (z = -z') \end{array} \qquad (7.13.2)$$

In *Bild 7.13.2* sind zusätzlich die Graphen der Kosinusfunktion (oben) und der Sinusfunktion (unten) eingetragen. Diese Graphen können im *xy*-System oder alternativ im transformierten System beschrieben werden. In (*7.13.3*) wird formal für den Kosinus durchgerechnet, wie sich die Funktionsgleichung bei der Transformation des Koordinatensystems verhält.

Wie verhält sich die Kosinusfunktion nach der Transformation?

$$\underline{y = \cos(x)} \xrightarrow[y=y']{x=-x'} y' = \underbrace{\cos(-x')}_{=\cos(x')} \Leftrightarrow \underline{y' = \cos(x')} \qquad (7.13.3)$$

Die Koordinaten der Kosinusfunktion werden mittels der Transformationsgleichungen (*7.13.1*) in die des gespiegelten Systems überführt. Da cos(–*x*') gleich cos(*x*'), hat sich die Funktionsgleichung trotz der Transformation des Koordinatensystems nicht geändert. Man sagt: Der Graph der Kosinusfunktion ist *invariant* gegen Achsenspiegelung – der Graph ist *achsensymmetrisch*. Man kann bereits in *Bild 7.13.2* erkennen, dass die Sinusfunktion bezüglich einer Punktspiegelung der Koordinatenachsen invariant bleibt. Auch das sei hier vorgerechnet:

Keine Änderung im transformierten System: Die Kosinusfunktion ist invariant gegenüber Achsenspiegelung.

$$\underline{y = \sin(x)} \xrightarrow[y=-y']{x=-x'} -y' = \underbrace{\sin(-x')}_{=-\sin(x')} \Leftrightarrow \underline{y' = \sin(x')} \qquad (7.13.4)$$

Der Sinus eines negativen Arguments ändert sein Vorzeichen, d. h. sin(–*x*') = –sin(–*x*'). Da auch die *y*-Koordinate umklappt, hebt sich der Vorzeichenwechsel heraus. Der Sinus ist invariant bezüglich einer Punktspiegelung des Koordinatensystems – er ist *punktsymmetrisch*. Da im Fall einer Funktion jedem Argument nur ein Wert zugeordnet ist, schließen sich Achsen- und Punktsymmetrie gegenseitig aus.

Der Sinus ist invariant gegenüber Punktspiegelung des Koordinatensystems.

Untersuchen wir als weiteres Beispiel die Kleeblattrelation (*s.* (*1.6.5*) *bzw. Bild 1.6.4*) und schauen nach, wie sich dort die Gleichung verhält, wenn man das Koordinatensystem mittels einer Achsenspiegelung transformiert.

$$\begin{gathered} \left(x^2+y^2\right)^3 = 400\cdot x^2 y^2 \xrightarrow[y=y']{x=-x'} \left((-x')^2+y'^2\right)^3 = 400\cdot(-x')^2\,y'^2 \\ \left((-x')^2+y'^2\right)^3 = 400\cdot(-x')^2\,y'^2 \Leftrightarrow \underline{\underline{\left(x'^2+y'^2\right)^3 = 400\cdot x'^2 y'^2}} \end{gathered} \qquad (7.13.5)$$

Zunächst ersetzt man in der Originalrelation R_K gemäß den Transformationsgleichungen (*7.13.1*) die Variablen *x*, *y* und erhält so die transformierte Relation. Wegen $(-x')^2 = x'^2$ unterscheidet sich die transformierte Relation nicht von der Originalrelation: Sie ist gegenüber dieser Transformation invariant. In diesem Fall gilt also $R_K = R'_K$! Man erkennt leicht, dass unsere Kleeblattrelation auch eine

Natürlich kein Geheimnis: Die Kleeblattrelation ist sowohl achsen- als auch punktsymmetrisch.

Punktspiegelung der Achsen unbeschadet übersteht – die Relation ist auch noch punktsymmetrisch. Anders als bei den Funktionen können Relationen gleichzeitig punkt- und achsensymmetrisch sein. Bei der Funktion $y = \sin(x)/x$ könnte man auf die Idee kommen, dass der punktsymmetrische Sinus eine Punktsymmetrie erzwingt. Wie im Folgenden gezeigt, ist die Annahme falsch.

(7.13.6)

$$y = \frac{\sin(x)}{x} \xrightarrow[y=-y']{x=-x'} -y' = \frac{\sin(-x')}{-x'}$$

$$-y' = \frac{\sin(-x')}{-x'} \Leftrightarrow -y' = \frac{-\sin(x')}{-x'} \Leftrightarrow \underline{\underline{y' = -\frac{\sin(x')}{x'}}}$$

Nun prüfen wir, was aus der Funktionsgleichung wird, wenn man die Achsen punktspiegelt.

(7.13.7)

$$y = \frac{\sin(x)}{x} \xrightarrow[y=y']{x=-x'} y' = \frac{\sin(-x')}{-x'}$$

$$y' = \frac{\sin(-x')}{-x'} \Leftrightarrow y' = \frac{-\sin(x')}{-x'} \Leftrightarrow \underline{\underline{y' = \frac{\sin(x')}{x'}}}$$

Zur Erinnerung (7.10.3):

$$\lim_{x \to 0} \frac{\sin(x)}{x} = 1$$

Zwar dreht sich das Vorzeichen im Zähler wegen $\sin(-x') = -\sin(x')$ um. Da aber der Nenner ebenfalls das Vorzeichen wechselt, kürzt sich der „Faktor" (–1) heraus und man sieht, dass die Funktion unverändert bleibt – sie ist achsensymmetrisch. Leider demonstrieren die Beispiele (*7.13.5*), (*7.13.6*) und (*7.13.7*) auch den hässlichen Benennungskonflikt der Postfix-Schreibweisen mit den Ableitungen.

Der Übergang zu einem verschobenen Koordinatensystem wurde bereits in Abschnitt 5.3 besprochen. Trotzdem notieren wir noch einmal die Transformationsgleichungen – jetzt aber mit den Postfix-Strichen:

(7.13.8)

$$\begin{aligned} x' &= x - x_0 & & x = x' + x_0 \\ y' &= y - y_0 & \text{bzw.} \quad & y = y' + y_0 \\ (z' &= z - z_0) & & (z = z' + z_0) \end{aligned}$$

Das Tripel aus (x_0, y_0, z_0) kann man Verschiebungs- oder Translationsvektor nennen. Im zweidimensionalen Fall entfällt die z-Komponente. Es gibt ähnlich wie bei den Spiegelungen auch Relationen und Funktionen, die invariant gegen eine bestimmte Verschiebung des Koordinatensystems sind. Das einfachste Beispiel ist die Sinusfunktion. Wir wählen $x_0 = 2\pi$ und $y_0 = 0$.

(7.13.9)

$$y = \sin(x) \xrightarrow[y=y']{x=x'+2} y' = \sin(x'+2\ ) \Leftrightarrow \underline{\underline{y' = \sin(x')}}$$

Periodizität: Invarianz gegenüber Verschiebung

Beispiel (*7.13.9*) zeigt: Die Sinusfunktion ist invariant gegen eine Translation in x-Richtung um 2π. Die Invarianz einer Relation oder Funktion gegenüber einer Translation des Koordinatensystems ist gleichbedeutend mit einer Periodizität (*vgl. Merksatz 7.6.3*). Betrachten wir als nächstes Beispiel eine scheußliche, gebrochen rationale Funktion:

$$y=\frac{1}{2}\cdot\frac{(2x-3)^2}{8x^3-40x^2+66x-36} \qquad x\in\mathbb{R}\setminus\{?,?,?\}$$ (7.13.10)

Da der Nenner möglicherweise drei Nullstellen hat, müssten diese aus dem Definitionsbereich herausgenommen werden. Die Nullstelle des Zählers liegt bei $x_0 = 1{,}5$. Sollte man nun die Eingebung haben, die Funktion in ein um $x_0 = 1{,}5$ verschobenes Koordinatensystem zu transformieren, muss Rechnerei in Kauf genommen werden:

Verschiebung des Koordinatensystems in die Nullstelle

$$\ldots \xrightarrow[y=y']{x=x'+1{,}5} y'=\frac{1}{2}\cdot\frac{(2(x'+1{,}5)-3)^2}{8(x'+1{,}5)^3-40(x'+1{,}5)^2+66(x'+1{,}5)-36}$$ (7.13.11)

Macht man sich wirklich die Mühe, Zähler und Nenner auszumultiplizieren und alles zusammenzufassen, würde man sich wundern, wie einfach der transformierte Funktionsterm ist geworden ist.

Zwar keine Invarianz, aber eine beträchtliche Vereinfachung des Funktionsterms.

$$y'=\frac{x'^2}{x'^3-x'^2}=\frac{\cancel{x'^2}}{\cancel{x'^2}(x'-1)}=\underline{\underline{\frac{1}{x'-1}}} \qquad x'\in\mathbb{R}\setminus\{0,1\}$$ (7.13.12)

Auch die Bestimmung der Lücken im Definitionsbereich ist einfach geworden. Natürlich ist das Beispiel arg hergeholt und ansonsten ohne große Relevanz. Es macht aber deutlich, dass sich transformierte Funktionen oder Relationen beträchtlich **vereinfachen** können (aber nicht müssen!).

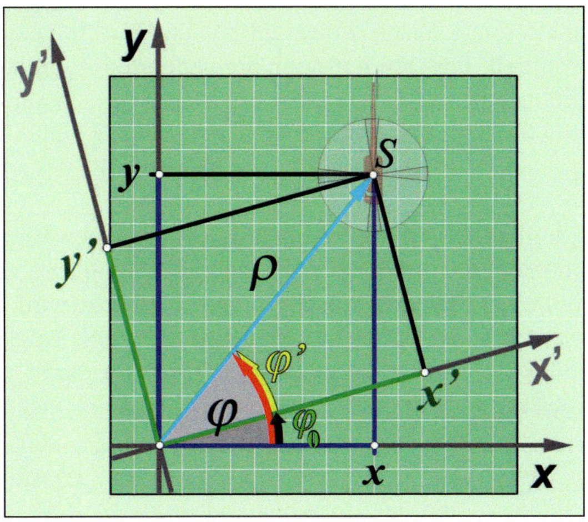

Noch einmal die xy-Ebene aus der Möwenperspektive

Bild 7.13.3
Drehung eines Koordinatensystems um die z-Achse

Eine überaus wichtige Transformation eines Koordinatensystems ist die Drehung (Rotation). Wir besprechen hier exemplarisch die Transformation in ein um die z-Achse gedrehtes Koordinatensystem. Sollte wirklich die Drehung um eine andere Achse notwendig werden, wird diese durch Umbenennung in eine z-Achse verwandelt. Bei der Benennung der übrigen Achsen ist nur darauf zu achten, dass aus dem Rechtssystem nicht ein Linkssystem wird (*vgl. Bild 5.1.5*). Zur Illustration einer solchen Drehung greifen wir wieder auf die Draufsicht unseres Hubschrauberbeispiels zurück (*s. Bild 7.13.3*). Die z-Achse ragt aus der Zeichenebene

Exemplarische Drehung um die z-Achse

Simple Transformationsgleichungen im Falle von Zylinder-, Polar- oder Kugelkoordinaten.

heraus – sie weist direkt auf Ihre Nasenspitze. Zusätzlich ist ein zweites $x'y'$-Koordinatensystem eingezeichnet, dass durch eine Drehung um den Winkel φ_0 aus dem ursprünglichen System hervorgegangen ist. Drehachse ist die z-Achse. Sollte zur Beschreibung der Hubschrauberposition ein Zylinderkoordinatensystem verwendet worden sein, könnten wir *Bild 7.13.3* sehr leicht die Transformationsgleichungen entnehmen – sie sind das Pendant zu den Transformationsgleichungen der Verschiebung (*vgl.* (*7.13.8*)).

(7.13.13)

$$\begin{aligned} &\varphi' = \varphi - \varphi_0 & & \varphi = \varphi' + \varphi_0 \\ &\rho' = \rho & \text{bzw.}\quad & \rho = \rho' \\ &(z' = z) & & (z = z') \end{aligned}$$

Werden nur Polarkoordinaten gedreht, entfällt die z-Koordinate. Auch im Falle von Kugelkoordinaten ist nur der Winkel φ betroffen:

(7.13.14)

$$\begin{aligned} &\varphi' = \varphi - \varphi_0 & & \varphi = \varphi' + \varphi_0 \\ &r' = r & \text{bzw.}\quad & r = r' \\ &\vartheta' = \vartheta & & \vartheta = \vartheta' \end{aligned}$$

Drei Schritte vom kartesischen ins gedrehte kartesische Koordinatensystem

Wenn man ein kartesisches Koordinatensystem in ein um die z-Achse gedrehtes System transformieren muss, kann man das in drei Schritten machen: Im ersten Schritt wird gemäß (*7.12.2*) und (*7.12.4*) die Transformation in Zylinderkoordinaten ausgeführt. Im zweiten Schritt dreht man das Koordinatensystem gemäß (*7.13.13*). Im dritten Schritt wird das gedrehte System zurück in kartesische Koordinaten transformiert. Wenn die ersten beiden Schritte getan sind, d. h. ρ' *und* φ' wären ermittelt, müssten nur noch die gedrehten Zylinderkoordinaten in kartesische umrechnet werden.

(7.13.15)

$$x' = \rho \cdot \cos(\varphi'), \quad y' = \rho \cdot \sin(\varphi')$$

Direkte Umrechnung mithilfe von „Transformationsgleichungen“

Es besteht die Möglichkeit, die Koordinaten des gedrehten kartesischen Koordinatensystems ohne den Umweg über Zylinderkoordinaten zu ermitteln. Sehen wir uns an, wie dieses Verfahren zustande kommt! Dazu wird in (*7.13.15*) φ' durch $\varphi - \varphi_0$ ersetzt und der Sinus und der Kosinus mittels Additionstheoremen auseinandergepflückt. Ersetzt man schließlich $\rho \cdot \sin(\varphi)$ durch y und $\rho \cdot \cos(\varphi)$ durch x, erhält man die so genannten Transformationsgleichungen:

(7.13.16)

Haben Sie es verinnerlicht? Additionstheoreme sind unentbehrlich (hier zur Herleitung der Transformationsgleichungen).

$$\begin{aligned} x' &= \rho \cdot \cos(\varphi - \varphi_0) = \rho \cdot (\cos(\varphi) \cdot \cos(\varphi_0) + \sin(\varphi) \cdot \sin(\varphi_0)) \\ &= \underbrace{\rho \cdot \cos(\varphi)}_{x} \cdot \cos(\varphi_0) + \underbrace{\rho \cdot \sin(\varphi)}_{y} \cdot \sin(\varphi_0) \\ y' &= \rho \cdot \sin(\varphi - \varphi_0) = \rho \cdot (\sin(\varphi) \cdot \cos(\varphi_0) - \cos(\varphi) \cdot \sin(\varphi_0)) \\ &= \underbrace{\rho \cdot \sin(\varphi)}_{y} \cdot \cos(\varphi_0) - \underbrace{\rho \cdot \cos(\varphi)}_{x} \cdot \sin(\varphi_0) \end{aligned}$$

Für die Umkehrung können ebenfalls Transformationsgleichungen gefunden werden. Kehren wir also das Verfahren (*7.13.16*) um!

$$\begin{aligned} x &= \rho\cdot\cos(\varphi'+\varphi_0) = \rho\cdot(\cos(\varphi')\cdot\cos(\varphi_0) - \sin(\varphi')\cdot\sin(\varphi_0)) \\ &= \underbrace{\rho\cdot\cos(\varphi')}_{x'}\cdot\cos(\varphi_0) - \underbrace{\rho\cdot\sin(\varphi')}_{y'}\cdot\sin(\varphi_0) \\ y &= \rho\cdot\sin(\varphi'+\varphi_0) = \rho\cdot(\sin(\varphi')\cdot\cos(\varphi_0) + \cos(\varphi')\cdot\sin(\varphi_0)) \\ &= \underbrace{\rho\cdot\sin(\varphi')}_{y'}\cdot\cos(\varphi_0) + \underbrace{\rho\cdot\cos(\varphi')}_{x'}\cdot\sin(\varphi_0) \end{aligned} \qquad (7.13.17)$$

Im Folgenden sind die Transformationsgleichungen „hin und zurück“ noch einmal kompakt zusammengestellt.

Steht in jeder Formelsammlung!

$$\begin{aligned} x' &= x\cdot\cos(\varphi_0) + y\cdot\sin(\varphi_0) & x &= x'\cdot\cos(\varphi_0) - y'\cdot\sin(\varphi_0) \\ y' &= -x\cdot\sin(\varphi_0) + y\cdot\cos(\varphi_0) \quad \text{bzw.} & y &= x'\cdot\sin(\varphi_0) + y'\cdot\cos(\varphi_0) \\ z' &= z & z &= z' \end{aligned} \qquad (7.13.18)$$

Die Transformationsgleichungen von einem kartesischen Koordinatensystem zu einem um die z-Achse gedrehten kartesischen System finden Sie in jeder Formelsammlung. Ohne die z-Komponenten gelten sie selbstverständlich auch für die Drehung von zweidimensionalen Systemen um den Koordinatenursprung. Man kann die Transformationsgleichungen (*7.13.18*) benutzen, um Invarianzen von Relationen gegenüber Drehungen aufzuspüren. Nehmen wir als Beispiel unser Kleeblatt und drehen das Koordinatensystem um $\varphi_0 = \pi/2$.

$$\begin{aligned} &(x^2+y^2)^3 = 400\cdot x^2y^2 \xrightarrow[y=x']{x=-y'} ((-y')^2+(x')^2)^3 = 400\cdot(-y')^2(x')^2 \\ &((-y')^2+(x')^2)^3 = 400\cdot(-y')^2(x')^2 \Leftrightarrow \underline{\underline{(x'^2+y'^2)^3 = 400\cdot x'^2y'^2}} \end{aligned} \qquad (7.13.19)$$

Die Kleeblattrelation hat sich auch nach der Drehung nicht geändert – sie ist invariant gegen eine 90°-Drehung – die Relation ist 90°-rotationssymmetrisch. Zeigen wir dagegen, was aus der Relation wird, wenn $\varphi_0 = \pi/4$. Beachten Sie dabei: $\sin(\pi/4) = \cos(\pi/4) = 1/\sqrt{2}$!

Für die Invarianzuntersuchung ist keine grafische Darstellung erforderlich!

$$\begin{aligned} &(x^2+y^2)^3 = 400\cdot x^2y^2 \xrightarrow[y=\frac{1}{\sqrt{2}}\cdot(x'+y')]{x=\frac{1}{\sqrt{2}}\cdot(x'-y')} \ldots \\ &\ldots\left(\tfrac{1}{2}(x'-y')^2+\tfrac{1}{2}(x'+y')^2\right)^3 = 400\cdot\tfrac{1}{2}(x'-y')^2\,\tfrac{1}{2}(x'+y')^2 \\ &\Leftrightarrow \underline{\underline{(x'^2+y'^2)^3 = 100\cdot(x'^2-y'^2)^2}} \end{aligned} \qquad (7.13.20)$$

Zwar ändert sich die linke Relationsseite nach der Drehung nicht, doch die rechte Seite lässt sich durch keine Umformungsschritte auf $400x'^2y'^2$ bringen. Die Relation ist demnach nicht invariant gegenüber einer 45°-Drehung. Da sich die transformierte Relation nicht einmal vereinfacht hat, war die Transformation ein **Fehlschlag**. Prädestiniert für die Kleeblattrelation sind, wie in (*7.12.9*) gezeigt, Polarkoordinaten. In dieser Darstellung sind Transformationen durch Drehung besonders einfach.

Darüber dürfen Sie sich in der Praxis nicht ärgern: Idee – Probieren – Fehlschlag!

(7.13.21)

$$\rho = 10 \cdot \left|\sin(2\cdot\varphi)\right| \xrightarrow[\rho=\rho']{\varphi=\varphi'+\pi/2} \rho' = 10 \cdot \left|\sin\left(2\cdot(\varphi'+\pi/2)\right)\right| \ldots$$

$$\Leftrightarrow \quad \rho' = 10 \cdot \left|\sin(2\varphi'+\pi)\right| \Leftrightarrow \rho' = 10 \cdot \left|-\sin(2\varphi')\right|$$

$$\Leftrightarrow \quad \underline{\underline{\rho' = 10 \cdot \left|\sin(2\varphi')\right|}}$$

In diesem Fall hätte man 90° Rotationssymmetrie auch ohne Rechnung erkennen können. Zeigen wir der Vollständigkeit halber formal, wie sich die Funktion bei einer Drehung um $\varphi_0 = \pi/4$ ändert:

(7.13.22)

$$\rho = 10 \cdot \left|\sin(2\cdot\varphi)\right| \xrightarrow[\rho=\rho']{\varphi=\varphi'+\pi/4} \rho' = 10 \cdot \left|\sin\left(2\cdot(\varphi'+\pi/4)\right)\right| \ldots$$

$$\Leftrightarrow \quad \rho' = 10 \cdot \left|\sin(2\varphi'+\pi/2)\right| \Leftrightarrow \underline{\underline{\rho' = 10 \cdot \left|\cos(2\varphi')\right|}}$$

Aus dem Sinus ist ein Kosinus geworden – die Funktion hat sich verändert. Beachten Sie bitte die folgende Warnung!

Merksatz 7.13.2

Warnung:
In den vorangegangenen Beispielen wurde der hässliche Benennungskonflikt mit den Ableitungspostfixen mehr als deutlich. Sind gleichzeitig Ableitungen mit im Spiel, **müssen** Sie die transformierten Systeme anders benennen (andere Buchstaben oder andere Schriftart) oder für die Ableitungen ausschließlich Differenzialoperatoren verwenden – *vgl. Merksatz 7.13.1* bzw. (*5.6.2*)!

Es gibt im Zusammenhang mit den Transformationen leider noch mehr Fallstricke. Beachten Sie deshalb auch die folgenden Merksätze!

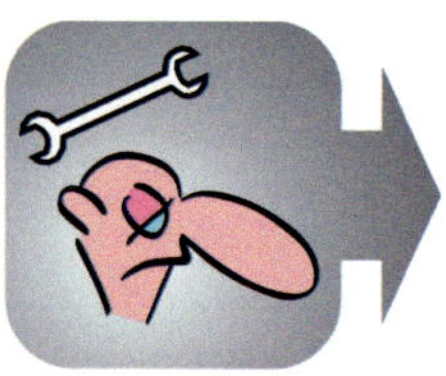

Merksatz 7.13.3

Merke:
Wenn einer Relation/Funktion ein Name zugewiesen worden ist, dann muss die transformierte Relation bzw. Funktion wegen der Veränderung des Funktionsterms einen davon verschiedenen Namen erhalten!

Beispiel: $R \xrightarrow[\text{formieren}]{\text{trans-}} R_T$

Im Fall einer Invarianz erübrigt sich das, denn es gilt $R = R_T$.

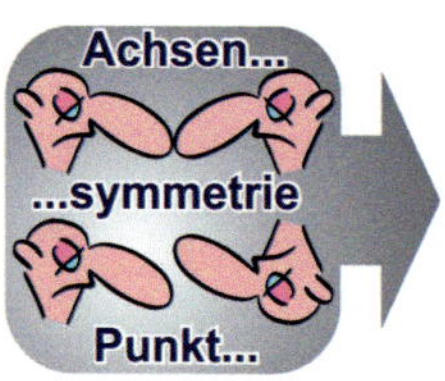

Merksatz 7.13.4

Hinweis:
Wird eine Koordinatentransformation – wie z. B. in (*7.13.19*) – nur zum Zweck einer Symmetrieuntersuchung gemacht, können die Präfix-Striche optional fortgelassen werden. Das lässt sich dann so interpretieren: Das Koordinatensystem bleibt unverändert – dagegen wird der Graph der Relation gespiegelt, verschoben oder gedreht.

Abschließend zu den Koordinatentransformationsabschnitten soll darauf hingewiesen werden, dass es an dieser Stelle noch nicht möglich war, (verständliche) Beispiele durchzusprechen, die **zwingend** die Bedeutung dieses Themas herausstellen. Wir müssen deshalb die Koordinatentransformationen im Rahmen der Vektorrechnung (Kapitel 8) wieder aufgreifen und weiterführen.

7.14 Schwingungen

Die Winkelfunktionen sind als einstellige Verknüpfung in vielen Funktionstermen „eingebaut". In diesem Abschnitt sollen die am häufigsten verwendeten Funktionsterme, die Winkelfunktionen enthalten, plausibel gemacht werden. Dazu kehren wir noch einmal zu der geometrischen Definition der Winkelfunktionen zurück. Jetzt wird allerdings das Zeigergerät von *Bild 7.6.1* modifiziert, denn anders als vorher soll der Zeiger jetzt rotieren.

Die Winkelfunktionen ermöglichen die Beschreibung von Schwingungen.

Hier steht der Zeiger nicht mehr still – er rotiert!

Die beiden Beobachter sind auch wieder da!

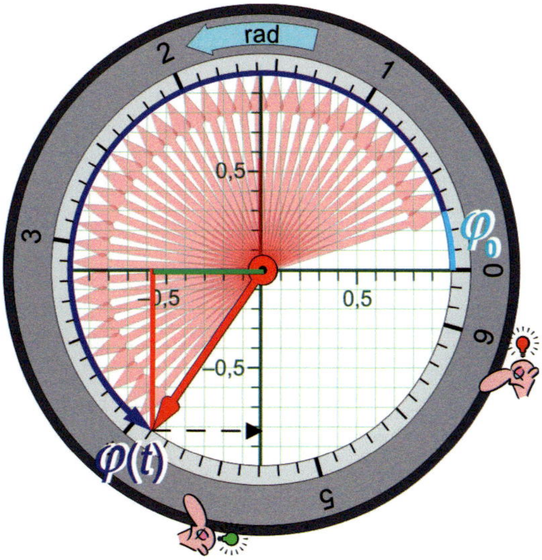

Bild 7.14.1
Einheitskreis mit rotierendem Zeiger

Der Winkel, der die Position des Zeigers beschreibt, ist damit selbst zu einer zeitabhängigen Größe geworden – zu einem Funktionswert einer Funktion. Da eine geradlinige Bewegung oft mit $x(t)$ beschrieben wird, wählen wir jetzt lieber griechische Buchstaben für die Winkel! Im Bild wurde deshalb der Zeigerwinkel mit $\varphi(t)$ benannt. Damit ist nicht zwingend gesagt, dass $\varphi(t)$ ein geometrischer Winkel sein muss! Mit derartigen Bezeichnungsänderungen müssen Sie leider leben! Fragen wir uns zunächst, ob man der zeitlichen Ableitung von $\varphi(t)$ eine anschauliche Bedeutung zuordnen kann. Um *Bild 7.14.1* nicht zu überfrachten, wählen wir ein anderes Beispiel, indem etwas „rotiert", d. h., bei dem ein Drehwinkel eine zeitabhängige Größe ist.

Der Zeigerwinkel wird zumeist Phasenwinkel bzw. kurz Phase genannt.

Reihenfolge eines Dramas: Wut, Fliegenklatsche, Tod auf dem Honigbrot

Bild 7.14.2
Definition der Winkelgeschwindigkeit

Unser Nasenmann erschlägt in *Bild 7.14.2* wütend eine Fliege, die sich auf seinem Honigbrot niedergelassen hat. Illustriert ist die Endphase des Schlages, in der der Schlag mehr oder weniger aus dem Handgelenk heraus erfolgt. Deshalb stellt sich die Bewegung der Fliegenklatsche in dieser Phase näherungsweise als Rotation mit dem Handgelenk als „Drehpunkt" dar. Fokussieren Sie Ihr Augenmerk auf das Kreissegment mit dem Winkel $\mathrm{d}\varphi$. Der Radius ist gleich dem Abstand des Drehpunktes D zum (späteren) Treffpunkt T. Der Winkel $\mathrm{d}\varphi$ ist derjenige Winkel, den die Fliegenklatsche in der Zeit $\mathrm{d}t$ überstreicht. Folgen wir den Überlegungen von Abschnitt 6.2, handelt es sich bei diesem (Differenzial-) Quotienten ebenfalls um eine Art „Geschwindigkeit" – man nennt sie *Winkelgeschwindigkeit* – s. folgenden Merksatz. Das Formelzeichen für Winkelgeschwindigkeiten ist das kleine griechische „ω" (sprich: omega). Die Einheit ist grundsätzlich in rad/s zu wählen. Statt rad/s darf man auch 1/s (eins pro Sekunde) schreiben. Andere Winkeleinheiten werden nur in Ausnahmefällen benutzt. Konstante Winkelgeschwindigkeiten sind wie konstante Geschwindigkeiten als Sonderfälle anzusehen.

Näherungsweise eine Rotation

Die Winkelgeschwindigkeit ist das Pendant zur Translationsgeschwindigkeit.

Merksatz 7.14.1

Definition:
Für die momentane Winkelgeschwindigkeit eines Körpers zur Zeit t gilt:

$$\omega(t) = \left.\frac{\mathrm{d}\varphi}{\mathrm{d}t}\right|_t \quad \text{mit} \quad \left.\frac{\mathrm{d}\varphi}{\mathrm{d}t}\right|_t = \dot{\varphi}(t) \qquad \text{Einheit: } \frac{\mathbf{rad}}{\mathbf{s}} \left(\text{bzw. } \frac{1}{\mathrm{s}}\right)$$

Wir können das Fliegenklatschenbeispiel noch „en passant" dazu benutzen, um die wichtige Beziehung zwischen der so genannten Umfangsgeschwindigkeit, dem Radius und der Winkelgeschwindigkeit herzuleiten:

(7.14.1)

$$\mathrm{d}u = r \cdot \mathrm{d}\varphi \quad |: \mathrm{d}t$$

$$\Rightarrow \quad \frac{\mathrm{d}u}{\mathrm{d}t} = r \cdot \frac{\mathrm{d}\varphi}{\mathrm{d}t} \quad \Rightarrow \quad \underline{\underline{v_{\mathrm{U}} = r \cdot \omega}}$$

Eselsbrücke aus der Schule: „Fliegenklatschenrelation"

In (*7.14.1*) wurde zunächst die ganz gewöhnliche Relation eines Kreissegments durch $\mathrm{d}t$ dividiert (*vgl. Bild 7.8.5*). Die Bogenlänge des Kreissegments in *Bild 7.14.2* wurde $\mathrm{d}u$ genannt. Damit ist $\mathrm{d}u$ die Länge, die der (spätere) Treffpunkt T hier in der Zeit $\mathrm{d}t$ zurücklegt. Der Quotient $\mathrm{d}u/\mathrm{d}t$ ist damit eine Geschwindigkeit, die man als Umfangsgeschwindigkeit interpretieren kann. Die Geschwindigkeit, mit der die Fliege den todbringenden Lappen auf sich zukommen sieht, ist also eine „Umfangsgeschwindigkeit". Da man mit einer Fliegenklatsche eine höhere Winkelgeschwindigkeit erzielen kann als mit dem unbewehrten Unterarm und dann auch noch einen größeren Radius zur Verfügung hat, erreicht die Umfangsgeschwindigkeit einen respektablen Betrag. Die Reaktionszeit der Fliege reicht nicht mehr aus, um dem tödlichen Lappen zu entkommen.

Auf einer rotierenden Scheibe: Alle Punkte bewegen sich mit gleicher Winkelgeschwindigkeit – die Umfangsgeschwindigkeit ist dagegen proportional zum jeweiligen Radius.

Zurück zum rotierenden Zeiger! Der Zeiger muss nicht unbedingt zur Zeit $t = 0$ in der Horizontalen stehen, d. h. $\varphi(0) = 0$, sondern könnte auch bei irgendeinem Winkel starten. Im Bild ist dieser Startwinkel mit φ_0 benannt, das heißt, $\varphi(0)$ ist gleich φ_0. Die einfachste nichtkonstante Funktion für den zeitabhängigen Winkel $\varphi(t)$ wäre eine lineare Funktion. (Hinweis: Es ist immer eine gute Idee, zunächst die einfachste Möglichkeit in Betracht zu ziehen.)

Einfachster Fall: Der Zeiger rotiert mit konstanter Winkelgeschwindigkeit.

$$\varphi(t) = \omega \cdot t + \varphi_0 \qquad (7.14.2)$$

In diesem Fall ist die Winkelgeschwindigkeit konstant. In Bild *7.14.3* wird eine erneute Modifikation unseres Zeigergeräts vorgestellt.

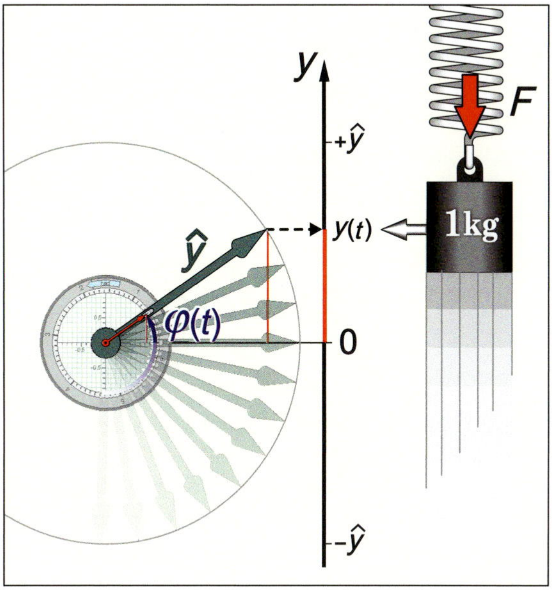

Das Gewicht schwingt und befindet sich in der Aufwärtsbewegung.

Links im Bild: der Einheitskreis mit rotierendem Zeiger. Der Zeiger wurde verlängert und auf die y-Achse projiziert.

Bild 7.14.3
Eine Schwingung – synchron dazu ein rotierender Zeiger

Dem jetzt mit konstanter Winkelgeschwindigkeit (im Gegenuhrzeigersinn) rotierenden Einheitszeiger wurde ein größerer Zeiger mit der Länge $\hat{y}$ (lies „y-Dach") unterlegt. Die Länge des Lotes von der Spitze des Einheitszeigers ist gleich $\sin(\varphi(t))$. Nach dem Strahlensatz verlängert sich die Länge des Lotes von der Zeigerspitze des auf das $\hat{y}$ –verlängerten Zeigers auf die Horizontale ebenfalls um das $\hat{y}$-Fache. Projizieren wir dieses Lot auf eine mit „y" bezeichnete Achse eines eindimensionalen Koordinatensystems, so gilt unter Verwendung von (*7.14.2*) für diese Projektion die Funktion:

$$y(t) = \hat{y} \cdot \sin(\omega \cdot t + \varphi_0) \qquad (7.14.3)$$

Die Projektion des Einheitszeigers pendelt zwischen –1 und +1; folglich pendelt die des großen Zeigers zwischen $-\hat{y}$ und $+\hat{y}$.

In *Bild 7.14.3* ist zusätzlich eine Schraubenfeder, die mit einem Gewicht belastet ist, eingezeichnet. In Ruhelage wird die Gewichtskraft des Gewichtes von der Spiralfeder egalisiert. In dieser Ruhelage befindet sich auch der Nullpunkt des eindimensionalen Koordinatensystems (y-Achse). Wenn das Gewicht gezwungen wird, diese Ruhelage zu verlassen – man spricht von einer *Auslenkung* (Elongation) des Systems – hält die Feder mit einer (zusätzlichen) Kraft dagegen. Hebt man nun das Gewicht um $\hat{y}$ an, um es dann sich selbst zu überlassen, wird es zwischen $+\hat{y}$ und $-\hat{y}$ auf und ab schwingen. In *Bild 7.14.3* ist das Gewicht gerade in seiner Aufwärtsbewegung. Dabei wird die Feder zusammengedrückt und wirkt

Eine Feder widersetzt sich einer Auslenkung mit einer (Gegen-) Kraft.

Es muss sich schon um eine sehr gute Regelung handeln!

mit der Kraft F der Aufwärtsbewegung entgegen. Die Auslenkung ist positiv und hat den Momentanwert $y(t)$. Wenn man für die Drehung der Zeiger einen elektronisch regelbaren Motor zur Verfügung hat, ist es möglich, die Zeigerprojektion mit der Schwingung zu synchronisieren. Das wiederum bedeutet, dass die Auslenkung des schwingenden Gewichtes durch **dieselbe** Funktion wie die Zeigerprojektion beschrieben wird. Durch die Funktion (*7.14.3*) wird also eine *Schwingung* beschrieben! Aus der Zeigerlänge wird die (betragsmäßig) größte Auslenkung des schwingenden Systems und heißt dann *Amplitude*. Die Namen aller Parameter und Variablen des Funktionsterms, der eine Schwingung beschreibt, sind in *Bild 7.14.4* zusammengefasst.

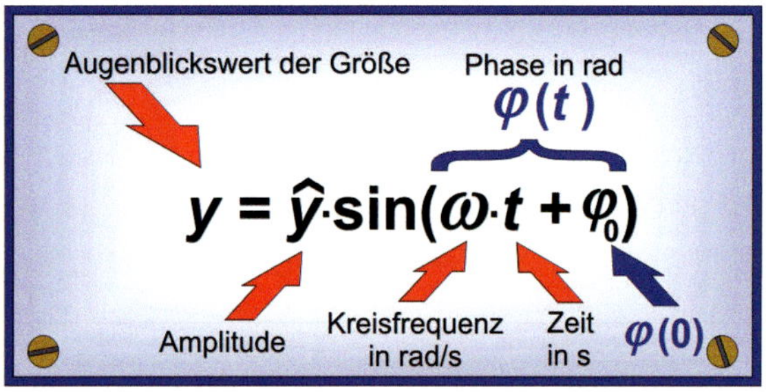

Bild 7.14.4
„Anatomie" einer Schwingungsfunktion

Da im Falle einer Schwingung nichts Konkretes rotiert, sagt man für ω nicht mehr so gern Winkelgeschwindigkeit, sondern lieber *Kreisfrequenz*. Natürlich muss es sich bei der Größe, deren zeitliches (oder räumliches) Verhalten durch eine Sinusfunktion beschrieben wird, keineswegs um die Koordinate/Auslenkung eines mechanischen Systems handeln. Es kann auch irgendeine andere Größe sein – z. B. Schweinepreis, Geschwindigkeit, Luftdruck, elektrische Spannung, elektrischer Strom, Feldstärke, … Für den Variablennamen einer solchen Größe wird in der Regel das genormte Formelzeichen verwendet. Für eindimensionale mechanische Schwingungen wird für den Momentanwertwert – anders als in *Bild 7.14.4* – sehr oft der Buchstabe x verwendet. Leider ist dies für den Anfänger irritierend, da er es gewohnt ist, ein x als Argument und nicht als Funktionswert zu betrachten – hier ist die Zeit t das Argument.

Auch andere Größen können schwingen!

Gewöhnungsbedürftig aber in der Physik durchaus üblich: x als Funktionswert

Die rot dargestellte Schwingung eilt der „gestrichelten" um 0,6 rad voraus.

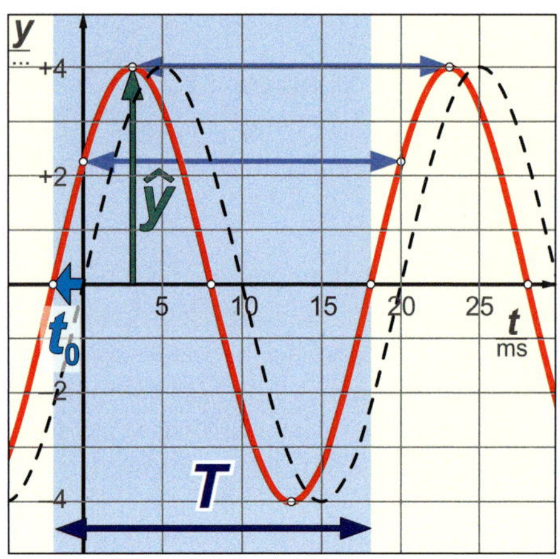

Bild 7.14.5
Graph einer Schwingungsfunktion

In *Bild 7.14.5* ist die Schwingungsfunktion (*7.14.3*) bzw. *Bild 7.14.4* grafisch für $\hat{y} = 4$, $\omega = 314$ rad/s und $\varphi_0 = 0{,}6$ rad als rote Kurve dargestellt. Die gestrichelte Kurve ist eine Schwingung, für die $\varphi_0 = 0$ wäre.

Sollen Kreisfrequenzen und Winkelgeschwindigkeiten in **Endergebnissen** oder **Messwerten** mitgeteilt werden, rechnet man die Winkel durch Division mit 2π besser in die anschaulicheren **Vollwinkel** um (*s.* (*7.14.4*), *vgl. Abschn. 5.1*), denn ein Vollwinkel entspricht entweder einer Periode (Zyklus) oder einer Umdrehung. Aus Radiant pro Sekunde wird somit nach der Umrechnung in Vollwinkel die Anzahl der Perioden pro Sekunde (US/UK: cycles per second). Im Fall einer Rotation werden daraus Umdrehungen pro Sekunde. In der Technik gibt man Drehzahlen gern in Umdrehungen pro Minute an.

1 Vollwinkel (1 pla) des Zeigers entspricht einer Schwingungsperiode.

Auch wenn nur die Einheit(en) gewechselt wurde(n), spricht man doch von neuen Größen! Aus Kreisfrequenz wird *Frequenz* mit dem Formelzeichen ν (alternativ f) – aus Winkelgeschwindigkeit wird *Drehzahl* mit dem Formelzeichen n.

Vollwinkel pro Sekunde – entweder Frequenz oder Drehzahl

$$\left.\begin{matrix} \nu \\ n \end{matrix}\right\} = \frac{\omega}{2\pi} \quad \Leftrightarrow \quad \omega = \begin{cases} 2\pi \cdot \nu \\ 2\pi \cdot n \end{cases} \qquad (7.14.4)$$

Würde man in den Formeln die Winkelgeschwindigkeiten bzw. Kreisfrequenzen durch Drehzahlen bzw. Frequenzen ersetzen, müsste man in Kauf nehmen, dass die Formeln durch hässliche 2π-Umrechnungsfaktoren verunziert werden.

Da es sich bei der Einheit Radiant nicht um eine echte Einheit handelt und man deshalb anstelle von rad/s auch 1/s schreiben kann, können Kreisfrequenz und Frequenz anhand der Einheit nicht unbedingt unterschieden werden. Deswegen bekommt im Fall einer Frequenz die Einheit 1/s einen „Aliasnamen“, nämlich *Hertz*. Beachten Sie bitte dazu folgenden Merksatz!

Ausnahmeeinheit Hertz: Sie besteht aus zwei Buchstaben. Vorsicht die Einheit H gibt es (in der E-Technik) auch noch.

Merke:
Einheiten für Kreisfrequenzen und Frequenzen:

$$[\omega] = \frac{1}{\mathrm{s}} \;\text{ bzw. }\; \frac{\mathrm{rad}}{\mathrm{s}} \qquad [\nu] = \frac{1}{\mathrm{s}} \;\text{ bzw. Hz (Hertz)}$$

In Kombination mit der Einheit Hertz sind alle Präfixe des Tausendersystems gebräuchlich (hauptsächlich kHz, MHz, GHz).

Merksatz 7.14.2

Bei Schwingungen ist häufig die Winkelgeschwindigkeit/Kreisfrequenz als konstant anzusehen. In dem Fall kann der Differenzialquotient durch einen Differenzenquotienten ersetzt werden (*s.* (*7.14.5*) *links*). Die Zeit Δt, die für einen Winkel von $\Delta\varphi = 2\pi$ benötigt wird, heißt Periodendauer oder kurz *Periode* und bekommt in der Regel das Formelzeichen T.

Alternativparameter für Schwingungen: die Periode T

$$\omega = \left.\frac{\mathrm{d}\varphi}{\mathrm{d}t}\right|_{\omega=\mathrm{const}} = \frac{\Delta\varphi}{\Delta t} = \frac{2\pi}{T} \quad \Rightarrow \quad \underline{\underline{T = \frac{2\pi}{\omega}}} \qquad (7.14.5)$$

Wird (*7.14.4*) in (*7.14.5*) eingesetzt, erkennt man, dass die Periodendauer gleich der reziproken Frequenz (und umgekehrt) ist:

(7.14.6)

$$T = \frac{1}{\nu} \quad \Leftrightarrow \quad \nu = \frac{1}{T}$$

In der Regel genauer messbar: Nulldurchgänge

Gemäß (*7.14.4*) entspricht die in *Bild 7.14.5* gewählte Kreisfrequenz von 314 rad/s einer Frequenz von 50 Hz. Mit (*7.14.6*) ergibt sich daraus die Periodenlänge 20 ms. Die Periodendauer T ist gleich dem (kleinsten) zeitlichen Abstand zweier gleichsinnig durchlaufener Funktionswerte. Gewöhnlich nimmt man zwei gleichsinnig durchlaufene Nulldurchgänge oder den Abstand zweier Maxima (oder Minima). In *Bild 7.14.5* wurde die Periodendauer durch einen hellblau unterlegten Streifen bzw. durch blaue Pfeile angedeutet.

$\varphi_0 > 0$: die Schwingungskurve wird in negative Richtung verschoben!

Wie in *Bild 7.14.5* ersichtlich, bewirkt die Anfangsphase eine Verschiebung der Sinuskurve (gestrichelt) in **negative** Richtung. Dass die Richtung negativ ist, mag auf den ersten Blick irritierend sein, aber ein Blick auf den rotierenden Zeiger in *Bild 7.14.2* verschafft Klarheit. Der Zeiger rotiert im Gegenuhrzeigersinn und passiert zur Zeit $t = 0$ den Phasenwinkel $\varphi = 0{,}6$ rad. Alles, was der Zeiger **vorher** macht, insbesondere auch der Durchgang durch $\varphi = 0$ rad, geschieht folglich zu negativen Zeiten. Berechnen wir die zeitliche Verschiebung des Nulldurchganges!

(7.14.7)

$$\varphi(t_0) = \omega \cdot t_0 + \varphi_0 = 0 \,\big|\, -\varphi_0 \,\big|\, : \omega \quad \Rightarrow \quad \underline{\underline{t_0 = -\frac{\varphi_0}{\omega}}}$$

Umgekehrt verschiebt sich die Sinuskurve für den Fall einer negativen Anfangsphase zu positiven Zeiten. Der Parameter φ_0 lässt sich dem Graphen in *Bild 7.14.5* also nur indirekt entnehmen.

Unproblematische Amplitude

Einfacher ist es dagegen mit der Amplitude: Sie lässt sich direkt an den Maximal- bzw. Minimalwerten ablesen. *Bild 7.14.6* zeigt, wie sich der Graph ändert, wenn man die Amplitude um 25 % erhöht bzw. vermindert. Beachten Sie: Die Null- und Extremstellen sind von den Amplitudenvariationen nicht betroffen!

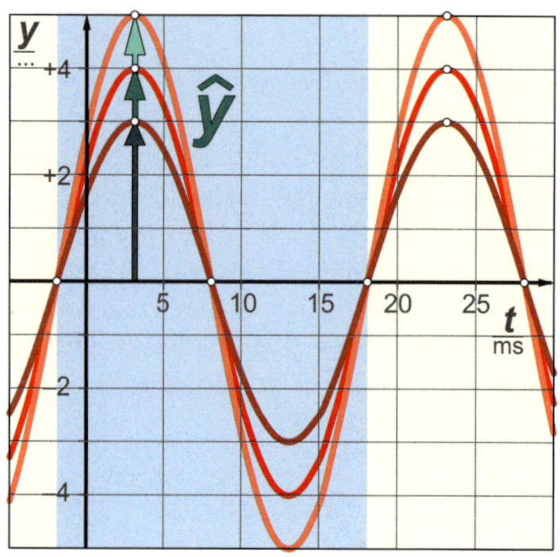

Bild 7.14.6
Schwingungsfunktionen mit unterschiedlichen Amplituden

Auch die Kreisfrequenz kann man der grafischen Darstellung nur indirekt über die Periodenlänge entnehmen. In *Bild 7.14.7* wird gezeigt, wie sich der Graph ändert, wenn man die Kreisfrequenz auf 125 % erhöht bzw. auf 75 % erniedrigt. Gemäß (*7.14.5*) sind Kreisfrequenz und Periodenlänge zueinander umgekehrt proportional. Deshalb bedeutet eine Erhöhung der Kreisfrequenz auf 125 % eine Verminderung der Periodenlänge auf 80 %. Im Falle der verminderten Kreisfrequenz verlängert sich die Periodenlänge dagegen auf 133 %. Die Periodenlängen sind in *Bild 7.14.7* durch blau unterlegte Streifen verschiedener Tönung angedeutet.

Beachten Sie die Antiproportionalität zwischen Frequenz und Periode!

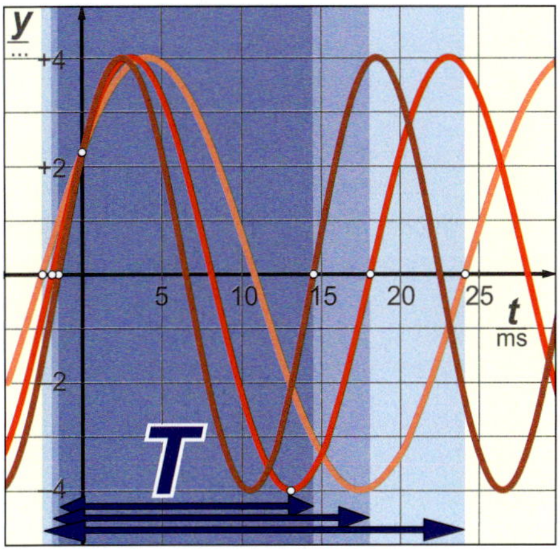

Die „dunkelrote“ Schwingung hat die höchste Frequenz!

Bild 7.14.7
Schwingungsfunktionen mit unterschiedlichen Frequenzen

Der einzige Wert, der bei einer Frequenzänderung erhalten bleibt, ist der Wert an der Stelle $t = 0$. Beachten Sie: Je höher die Frequenz, desto mehr drängen sich die Extremwerte der Sinuskurve zusammen.

Schauen wir uns noch einmal den Funktionsterm (*7.14.3*) an. Im Argument des Sinus steht eine Summe. Man könnte versuchen, mithilfe von Additionstheoremen zu einer alternativen Darstellung zu kommen. Hierzu zerlegen wir den Sinus mithilfe des Additionstheorems (*7.9.7*) in eine Summe.

Immer wieder hilfreich: ein Additionstheorem

$$\sin(\omega \cdot t + \varphi_0) = \sin(\omega \cdot t) \cdot \cos(\varphi_0) + \cos(\omega \cdot t) \cdot \sin(\varphi_0) \qquad (7.14.8)$$

Fügen wir noch die Amplitude hinzu, lassen in den Summanden die zeitabhängigen Faktoren nach hinten rücken und vertauschen schließlich noch die Summanden! Wie im Folgenden ersichtlich, ergibt sich eine alternative Darstellung der Schwingungsformel.

$$\underline{\underline{\hat{y} \cdot \sin(\omega \cdot t + \varphi_0)}} = \underbrace{\hat{y} \cdot \sin(\varphi_0)}_{:=A} \cdot \cos(\omega \cdot t) + \underbrace{\hat{y} \cdot \cos(\varphi_0)}_{:=B} \cdot \sin(\omega \cdot t)$$
$$= \underline{\underline{A \cdot \cos(\omega \cdot t) + B \cdot \sin(\omega \cdot t)}} \qquad (7.14.9)$$

Aus den Parametern $\hat{y}$ und φ_0 sind in (*7.14.9*) die Koeffizienten A und B geworden. Die Darstellung der Schwingungsformel als so genannte Linearkombination aus $\cos(\omega t)$ und $\sin(\omega t)$ ist der vorherigen Darstellung gleichwertig und wird mindestens so häufig eingesetzt wie die Darstellung als „verschobener“ Sinus. Die

Abstrakt aber praktisch: Schwingungsfunktion als Linearkombination aus Sinus- und Kosinusschwingung

Koeffizienten A und B sind zwar schlecht zu veranschaulichen, aber Amplitude und Anfangsphase lassen sich daraus problemlos ermitteln (wenn man sie überhaupt benötigt) (*s. Merksatz 7.14.3*).

(7.14.10)

$$A^2 + B^2 = \hat{y}^2 \sin^2(\varphi_0) + \hat{y}^2 \cos^2(\varphi_0) = \hat{y}^2 \cdot \overbrace{\left(\sin^2(\varphi_0) + \cos^2(\varphi_0)\right)}^{\equiv 1} = \hat{y}^2$$

$$\frac{A}{B} = \frac{\hat{y} \cdot \sin(\varphi_0)}{\hat{y} \cdot \cos(\varphi_0)} = \tan(\varphi_0)$$

Unproblematische Umrechnung

$$\Rightarrow \underline{\underline{\hat{y} = \sqrt{A^2 + B^2} \; ; \quad \varphi_0 = \arctan\left(\frac{A}{B}\right)}}$$

Merksatz 7.14.3

Merke:
Für die Darstellung der Projektion eines rotierenden Zeigers bzw. einer Schwingung stehen zwei gleichwertige Funktionsterme zu Verfügung:

$y(t) = \hat{y} \cdot \sin(\omega \cdot t + \varphi_0)$ oder $y(t) = A \cdot \cos(\omega \cdot t) + B \cdot \sin(\omega \cdot t)$

7.15 Die Schwingungsdifferenzialgleichung

In der Mathematik unzulässig: experimentelle „Beweise“

Dass sich eine Schwingung mithilfe der Sinusfunktion beschreiben lässt, wurde im Abschnitt 7.14 damit begründet, dass sich experimentell eine Zeigerrotation mit einer Schwingung synchronisieren lässt. Wer dies einmal mit einem gewöhnlichen Elektromotor vor kritischem Publikum probiert, wird eine Nervenprobe erleben. Man kommt in diesem Fall weiter, wenn man mit der vorgeblichen Schwingungsformel ein wenig herumspielt!

Keine unzulässige Arbeitsmethode: Spielerisches Probieren

Wie oben erklärt, soll $y(t)$ die eindimensionale Bewegung des an der Feder hängenden Gewichtes beschreiben. Wenn wir davon die erste Ableitung bilden, haben wir die Geschwindigkeit des Gewichtes als Funktion der Zeit.

(7.15.1)

$$v = \frac{\mathrm{d}}{\mathrm{d}t} y(t) = \frac{\mathrm{d}}{\mathrm{d}t}\left(\hat{y} \cdot \sin(\omega \cdot t + \varphi_0)\right)$$

Da die Sinusfunktion mit einer linearen Funktion verkettet ist, kommt hier die Kettenregel (*5.6.18*) zum Einsatz.

$$y(t) = f(\varphi(t)) \quad \text{mit} \quad f(\varphi) := \hat{y} \cdot \sin(\varphi) \quad \text{und} \quad \varphi(t) := \omega \cdot t + \varphi_0$$

(7.15.2)

$$\begin{aligned} v(t) &= \frac{\mathrm{d}}{\mathrm{d}t} y(t) = \frac{\mathrm{d}}{\mathrm{d}\varphi}\left(f(\varphi)\right) \cdot \frac{\mathrm{d}}{\mathrm{d}t}\varphi(t) \\ &= \hat{y} \cdot \cos(\varphi) \cdot \omega = \underline{\underline{\omega \cdot \hat{y} \cdot \cos(\omega \cdot t + \varphi_0)}} \end{aligned}$$

Beachten Sie, dass in (*7.15.2*) die Funktions- und Variablennamen gegenüber der in (*5.6.18*) dargestellten Kettenregel geändert werden mussten! Die innere Funktion heißt hier φ und die äußere Funktion f! Der konstante Faktor $\hat{y}$ bleibt bei der Ableitung unangetastet.

In der Praxis sind die Variablen fast immer anders als in der Formelsammlung bezeichnet!

Aus (*7.15.2*) bilden wir nach dem gleichen Muster die zweite Ableitung und erhalten damit die Beschleunigung des Gewichtes.

$$\dot{y}(t) = f(\varphi(t)) \quad \text{mit} \quad f(\varphi) := \omega \cdot \hat{y} \cdot \cos(\varphi) \quad \text{und} \quad \varphi(t) := \omega \cdot t + \varphi_0$$

$$\underline{\underline{\frac{\mathrm{d}v}{\mathrm{d}t}}} = \frac{\mathrm{d}}{\mathrm{d}t}\dot{y}(t) = \ddot{y} = \frac{\mathrm{d}}{\mathrm{d}\varphi}(f(\varphi)) \cdot \frac{\mathrm{d}}{\mathrm{d}t}\varphi(t)$$

$$= -\omega \cdot \hat{y} \cdot \sin(\varphi) \cdot \omega = -\omega^2 \cdot \underbrace{\hat{y} \cdot \sin(\omega \cdot t + \varphi_0)}_{y(t)} = \underline{\underline{-\omega^2 \cdot y}}$$

(7.15.3)

Die Spielerei hat etwas Bemerkenswertes erbracht!

Das Ergebnis von (*7.15.3*) ist bemerkenswert. In der zweiten Ableitung bzw. in der Beschleunigung erscheint plötzlich wieder die ursprüngliche Funktion $y(t)$. Das heißt, die Beschleunigung ist der Auslenkung proportional. Der Proportionalitätsfaktor ist aufgrund des Quadrates von ω erzwungenermaßen immer negativ. Unter Benutzung der Punktschreibweise für Ableitungen nach „t" lässt sich (*7.15.3*) zu einer Differenzialgleichung zusammenfassen. In (*7.15.4*) finden Sie drei gleichwertige Darstellungen dieser Differenzialgleichung.

Hier wird eine Differenzialgleichung gestrickt.

$$\frac{\mathrm{d}v}{\mathrm{d}t} = -\omega^2 y \quad \text{bzw.} \quad \ddot{y} = -\omega^2 y \quad \text{oder} \quad \ddot{y} + \omega^2 y = 0$$

(7.15.4)

Unsere vorgebliche Schwingungsfunktion ist folglich Lösung dieser Differenzialgleichungen! Wenn wir die linke Form der Differenzialgleichung in (*7.15.4*) mit der Masse des Gewichtes multiplizieren und die Seiten vertauschen, erhalten wir auf der rechten Gleichungsseite ein Produkt aus Masse und Beschleunigung.

... sie ist sogar allgemeine Lösung der Differenzialgleichung!

$$\frac{\mathrm{d}v}{\mathrm{d}t} = -\omega^2 y \;|\cdot m \quad \Rightarrow \quad -\underbrace{m\omega^2}_{:=D} \cdot y = m\frac{\mathrm{d}v}{\mathrm{d}t}$$

(7.15.5)

Nach dem Grundgesetz der Mechanik muss dann auf der linken Gleichungsseite diejenige Kraft stehen, die diese Geschwindigkeitsänderung/Beschleunigung verursacht, und das ist gemäß (*7.15.5*) eine Kraft, die proportional zur momentanen Auslenkung ist. Das wiederum klingt vernünftig. Jeder weiß, mit welcher Kraft sich eine Feder wehrt, wenn man sie auseinanderzieht oder zusammendrückt. Je mehr man die Feder aus ihrer Ruhelage auslenkt, um so größer ist diese Kraft, mit der die Feder dagegen hält. Auch das negative Vorzeichen geht in Ordnung, denn die Kraft ist stets der jeweiligen Auslenkung entgegengesetzt. Üblicherweise fasst man den Betrag des Proportionalitätsfaktors in einem Parameter zusammen (Federkonstante D). Wenn nun eine Feder so gefertigt wäre, dass Kraft und Auslenkung exakt zueinander proportional wären, dann würde sich das Gewicht tatsächlich wie die Projektion eines rotierenden Zeigers bewegen. Man nennt diese Bewegungsart *harmonische Schwingung*:

Das Grundgesetz der Mechanik (Newton II) wird nicht angefochten!

Streng sinusförmige Schwingung: Nur wenn Kraft und Auslenkung zueinander streng proportional sind.

$$F = -D \cdot y$$

(7.15.6)

In der Praxis ist (*7.15.6*) nur für sehr kleine Auslenkungen mit hinreichender Genauigkeit erfüllbar.

„Normale" Reihenfolge:
1. Aufstellen der Differenzialgleichung auf der Basis physikalischer Gesetze
2. Suchen der allgemeinen Lösung der Differenzialgleichung
3. Ermittlung der speziellen Lösung

Bei den vorherigen Überlegungen wurde im Grunde das Pferd vom Schwanz her aufgezäumt. Tatsächlich kennt man im Allgemeinen die Kraft bzw. die Kräfte auf einen Körper – hier (*7.15.6*) – und soll ermitteln, wie sich dieser aufgrund der Kräfte bewegen wird. Dann stellt man für das spezielle System nach dem Grundgesetz der Mechanik die Gleichung (*7.15.5*) auf und formt daraus die Differenzialgleichung – hier (*7.15.4*). Aus der Differenzialgleichung wird nach den Regeln der Differenzialgleichungslehre die allgemeine Lösung ermittelt (*s.* (*7.14.3*)*, Bild 7.14.4, Merksatz 7.14.3*).

Um aus der allgemeinen Lösung der Schwingungsdifferenzialgleichung eine spezielle Lösung zu erhalten, muss man den Zustand des Systems, in diesem Fall Auslenkung und Geschwindigkeit, zu einem bestimmten Zeitpunkt – in der Regel $t = 0$ – kennen (Anfangsbedingung). Im Folgenden wird gezeigt, wie man daraus die speziellen Koeffizienten A bzw. B ermittelt und so die spezielle Lösung erhält.

(7.15.7)

$$\underline{y(0) = y_0\ ;\quad \dot{y}(0) = v_0}$$

$$\left.\begin{aligned} y(0) &= A\underbrace{\cos(0)}_{=1} + B\underbrace{\sin(0)}_{=0} = y_0 && \Rightarrow A = y_0 \\ \dot{y}(0) &= -\omega A\underbrace{\sin(0)}_{=0} + \omega B\underbrace{\cos(0)}_{=1} = v_0 && \Rightarrow B = \frac{v_0}{\omega} \end{aligned}\right\} \rightarrow$$

$$\underline{\underline{y(t) = \hat{y}\cdot\cos(\omega\cdot t) + \frac{v_0}{\omega}\cdot\sin(\omega\cdot t)}}$$

Unterschied zwischen Sinus- und Kosinusschwingung: Es besteht kein Unterschied in der Kurvenform (s. (7.6.8)). Die Schwingungen sind lediglich zeitlich um eine viertel Periode verschoben.

Sie werden sicher bemerkt haben, dass es bei der Ermittlung der speziellen Lösung günstiger ist, mit der Linearkombination (*7.14.9*) zu arbeiten. Wenn gewünscht, kann man die Linearkombination mithilfe von (*7.14.10*) als verschobenen Sinus darstellen.

Bei den Anfangsbedingungen sind zwei Spezialfälle von besonderer Bedeutung:

(7.15.8)

$$\text{I)}\quad y(0) = y_0\ ;\quad \dot{y}(0) = 0 \quad\Rightarrow\quad y(t) = y_0\cdot\cos(\omega\cdot t)$$

$$\text{II)}\quad y(0) = 0\ ;\quad \dot{y}(0) = v_0 \quad\Rightarrow\quad y(t) = \frac{v_0}{\omega}\cdot\sin(\omega\cdot t)$$

Im ersten Fall ergibt sich ein reiner Kosinus, im zweiten ein unverschobener Sinus. Der Faktor vor den Winkelfunktionen stellt in beiden Fällen die Amplitude dar.

7.16 Die Taylorreihe

Robinson Crusoe hätte auf seiner einsamen Insel nur dann mit Winkelfunktionen arbeiten können, wenn er über Algorithmen verfügte, mit denen er schriftlich Funktionswerte vom Sinus, Kosinus und Tangens ausrechnen kann. Zwar werden Sie wohl nie in eine derartige Situation kommen, es ist aber für die persönliche Wissensbasis gut zu wissen, dass derartige Funktionswerte nicht vom Himmel fallen.

Sinus und Kosinus ohne Tabellen oder Taschenrechner?

Werte von Funktionen, die durch eine Differenzialgleichung definiert sind, könnte man mithilfe einer modifizierten numerischen Integration, wie sie in *Tabelle 6.4.1* gezeigt wurde, ermitteln. Leider liefert diese Methode nur diskrete Funktionswerte, aber keinen Funktionsterm. Es gibt jedoch einen verblüffend einfachen Ansatz, mit dem man an unbekannte Funktionsterme herankommen kann: Man greift auf die „Mütter aller Funktionen" zurück – die ganzrationalen Funktionen. Der Ansatz besteht darin, die unbekannte Funktion durch eine derartige Funktion darzustellen.

Verblüffend einfacher Ansatz

$$f(x) = a_0 + a_1 x + a_2 x^2 + a_3 x^3 + a_4 x^4 + a_5 x^5 + a_6 x^6 \ldots \qquad (7.16.1)$$

Der Grad des Polynoms in *(7.16.1)* bleibt zunächst unbestimmt. Deshalb ordnen wir das Polynom, anders als früher, nach aufsteigenden Exponenten. Nun müssen die Koeffizienten a_n des Polynoms so „hingetrimmt" werden, dass die Polynomfunktion/ganzrationale Funktion möglichst viele Eigenschaften mit der Originalfunktion gemeinsam hat – am besten natürlich alle. Die Gleichheit in *(7.16.1)* muss auch noch Bestand haben, wenn man beide Seiten einmal bzw. beliebig oft ableitet.

$$\begin{aligned}
f(x) &= \boldsymbol{a_0} + a_1 x + a_2 x^2 + a_3 x^3 + a_4 x^4 + a_5 x^5 + a_6 x^6 \ldots \\
f'(x) &= \boldsymbol{a_1} + 2\cdot a_2 x^1 + 3\cdot a_3 x^2 + 4\cdot a_4 x^3 + 5\cdot a_5 x^4 + 6\cdot a_6 x^5 \ldots \\
f''(x) &= \mathbf{2}\cdot \boldsymbol{a_2} + 2\cdot 3\cdot a_3 x^1 + 3\cdot 4\cdot a_4 x^2 + 4\cdot 5\cdot a_5 x^3 + 5\cdot 6\cdot a_6 x^4 \ldots \\
f'''(x) &= \mathbf{2}\cdot\mathbf{3}\cdot \boldsymbol{a_3} + 2\cdot 3\cdot 4\cdot a_4 x^1 + 3\cdot 4\cdot 5\cdot a_5 x^2 + 4\cdot 5\cdot 6\cdot a_6 x^3 \ldots \\
f^{(4)}(x) &= \mathbf{2}\cdot\mathbf{3}\cdot\mathbf{4}\cdot \boldsymbol{a_4} + 2\cdot 3\cdot 4\cdot 5\cdot a_5 x^1 + 3\cdot 4\cdot 5\cdot 6\cdot a_6 x^2 \ldots \\
\ldots &= \ldots \\
f^{(n)}(x) &= \mathbf{2}\cdot\mathbf{3}\cdot\mathbf{4}\cdot\mathbf{5}\cdot\mathbf{6}\cdot\mathbf{7}\cdot\ldots\cdot \boldsymbol{n}\cdot \boldsymbol{a_n} + \ldots \\
\ldots &= \ldots
\end{aligned} \qquad (7.16.2)$$

Die jeweils ersten Summanden sind nicht mit einem Faktor „x" behaftet!

Die Ableitungen ganzrationaler Funktionen wurden bereits im Abschnitt 5.6 besprochen. Schaut man sich die rechten Summen in *(7.16.2)* genauer an, könnte etwas auffallen: Würde man x gleich null setzen, fielen rechts in *(7.16.2)* alle Summanden bis auf den jeweils ersten fort! Links stünden die Werte sämtlicher Ableitungen der gesuchten Funktion an der Stelle $x = 0$. Wären diese Werte bekannt, ergäbe sich – wie in *(7.16.3)* gezeigt – eine fantastische Möglichkeit, die unbekannten Koeffizienten zu ermitteln.

Eine fantastisch einfache Möglichkeit eröffnet sich.

(7.16.3)

Eine einfache Formel zur Bestimmung der Koeffizienten

$$\left.\begin{aligned} f(0) &= 1\cdot a_0 \\ f'(0) &= 1\cdot a_1 \\ f''(0) &= 1\cdot 2\cdot a_2 \\ f'''(0) &= 1\cdot 2\cdot 3\cdot a_3 \\ &\ldots\ldots \\ f^{(n)}(0) &= 1\cdot 2\cdot 3\cdot \;\ldots\ldots\; \cdot n\cdot a_n \\ &\ldots\ldots \end{aligned}\right\} \Rightarrow \underline{\underline{a_n = \frac{1}{n!}\cdot f^{(n)}(0)}}$$

Manchmal sind Einserfaktoren durchaus sinnvoll.

In (*7.16.3*) wurden die Produkte aus den natürlichen Zahlen vor den Koeffizienten durch (unnötige) Einserfaktoren ausgeschmückt, damit deren Bildungsgesetz sofort ins Auge sticht. Die Produkte sind Funktionswerte der in (*3.5.2*) erklärten Fakultätsfunktion. Nun brauchen wir die Ableitungen nur durch die entsprechenden Fakultäten zu dividieren und erhalten so – fast gratis – die gesuchten Koeffizienten; allerdings mit einem dicken Pferdefuß! Das Verfahren (*7.16.3*) produziert **unendlich** viele Koeffizienten! Der schöne Ansatz (*7.16.1*) scheint nur dann erfolgreich zu sein, wenn die Funktion durch eine unendliche Reihe dargestellt wird, in deren Gliedern, im Gegensatz zu den vorher besprochenen Reihen, Potenzen der Variablen stehen.

Der schöne Ansatz hat einen Pferdefuß: Es entsteht eine unendliche Reihe.

(7.16.4)

$$f(x) = f(0) + \frac{f'(0)}{1!}x^1 + \frac{f''(0)}{2!}x^2 + \frac{f'''(0)}{3!}x^3 + \frac{f^{(4)}(0)}{4!}x^4 + \ldots$$

Durch die Festlegungen $f^{(0)}(x) := f(x)$ und $0! := 1$, lässt sich die Reihe (*7.16.4*) auch mittels der kompakten Summenschreibweise darstellen:

(7.16.5)

$$f(x) = \sum_{i=0}^{\infty} \frac{f^{(i)}(0)}{i!}\cdot x^i$$

Nur die Stelle null? Hier gibt es einen Ausweg!

Ärgerlich ist dabei, dass der raffinierte Ansatz nur funktioniert, wenn man die Werte sämtlicher Ableitungen an der speziellen Stelle null kennt. Sie werden gleich sehen, dass man ebenfalls eine Reihe ermitteln kann, wenn man sämtliche Werte an irgendeiner anderen Stelle – sagen wir an der Stelle x_0 – kennt.

Selbstverständlich muss (*7.16.4*) auch für andere Funktionen gelten, also z. B. für $y = \varphi(\chi)$. Das sähe dann wie folgt aus.

(7.16.6)

$$\varphi(\chi) = \varphi(0) + \frac{\varphi'(0)}{1!}\chi^1 + \frac{\varphi''(0)}{2!}\chi^2 + \frac{\varphi'''(0)}{3!}\chi^3 + \ldots$$

Ausweg: Verschiebung des Koordinatensystems

Der Ansatz wäre auch zulässig, wenn die Funktion φ keine eigenständige Funktion wäre, sondern nur deswegen nicht mehr f heißt, weil das Koordinatensystem transformiert wurde. Diese Koordinatentransformation könnte speziell eine Verschiebung in x-Richtung sein und zwar so, dass der Nullpunkt des transformierten Systems gerade an der Stelle x_0 des ursprünglichen Koordinatensystems läge. *Bild 7.16.1* zeigt, wie die Verhältnisse sein könnten und auch dürften.

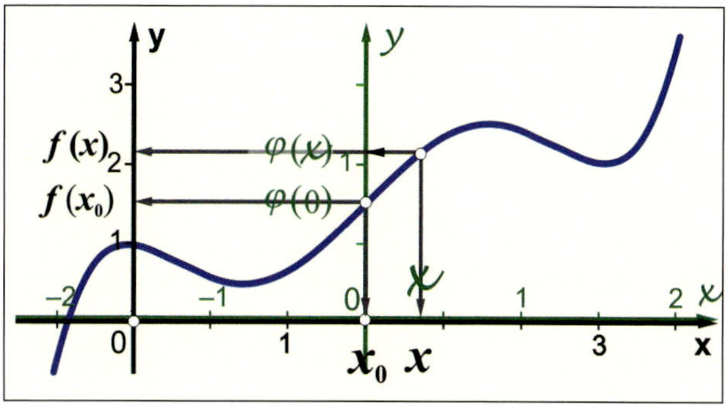

Die Stelle $x = x_0$ wird zur Stelle $\varkappa = 0$!

Bild 7.16.1
Verschiebung des Koordinatensystems um $+x_0$

Beachten Sie: Das (grüne) Koordinatensystem ist verschoben worden, nicht aber der Graph! Der Graph bleibt mit all seinen Eigenschaften unverändert! Die Stelle null im verschobenen System entspricht der Stelle x_0 im ursprünglichen System. Das bedeutet: Der Funktionswert und die Werte sämtlicher Ableitungen von $\varphi(\varkappa)$ an der Stelle $\varkappa = 0$ sind gleich dem Funktionswert und den Werten sämtlicher Ableitungen der Funktion $f(x)$ an der Stelle $x = x_0$ des ursprünglichen Systems.

$$\underline{f(x) := \varphi(x - x_0) = \varphi(\varkappa)}$$
$$\varphi(0) = f(x_0),\ \varphi'(0) = f'(x_0),\quad \varphi''(0) = f''(x_0),\quad \varphi'''(0) = f'''(x_0),\ \ldots \qquad (7.16.7)$$

Ersetzen wir $\varkappa$ durch $x - x_0$, sind wir wieder im ursprünglichen Koordinatensystem. Benutzen wir auch noch den Funktionsnamen der ursprünglichen Funktion für alle Werte gemäß (*7.16.7*), kommen wir endlich zu der berühmten *Taylorschen Reihe* (kurz: Taylorreihe):

Gilt für alle x_0: die legendäre Taylorreihe

$$f(x) = f(x_0) + \frac{f'(x_0)}{1!}(x - x_0)^1 + \frac{f''(x_0)}{2!}(x - x_0)^2 + \frac{f'''(x_0)}{3!}(x - x_0)^3 + \ldots \qquad (7.16.8)$$

Kennt man also Funktionswert und Ableitungen einer Funktion an einer **beliebigen** Stelle x_0, kann man sie in Form einer solchen Taylorreihe darstellen. Nennt man $x - x_0$, wie oben $\varkappa$ (**oder Δx oder h !**), vermeidet man die vielen Klammerpakete und kommt zu einer alternativen Fassung.

Auch andere Darstellungen können sinnvoll sein!

$$f(x_0 + \varkappa) = f(x_0) + \frac{f'(x_0)}{1!}\varkappa^1 + \frac{f''(x_0)}{2!}\varkappa^2 + \frac{f'''(x_0)}{3!}\varkappa^3 + \ldots \qquad (7.16.9)$$

Allerdings ist der Schriftartwechsel gar nicht erforderlich! Die Fassung (*7.16.9*) ist für sich alleine auch mit einem normal geschriebenen x sinnvoll! Gern wird auch Δx oder h verwendet. Bitte gewöhnen Sie sich ebenso an die kompakten Summenschreibweisen für Taylorreihen.

Erspart lästige Schreiberei: Σ-Schreibweise für Summen

$$f(x_0 + \varkappa) = \sum_{i=1}^{\infty} \frac{f^{(i)}(x_0)}{i!}\varkappa^i \quad \text{bzw.} \quad f(x) = \sum_{i=1}^{\infty} \frac{f^{(i)}(x_0)}{i!}(x - x_0)^i \qquad (7.16.10)$$

Unsere ursprüngliche Reihe (*7.16.4*) kann man als Spezialfall der Taylorreihe mit $x_0 = 0$ ansehen; sie wird traditionell auch *MacLaurinsche Reihe* genannt.

Die Konvergenz einer Taylorreihe ist nicht selbstverständlich!

Eine Taylor-/McLaurinreihe hat nur einen Sinn, wenn sie konvergiert, und zwar möglichst für alle x des Definitionsbereichs der Originalfunktion. Man nennt die Menge aller x, in der die Taylorreihe konvergiert, Konvergenzbereich. Er ist (leider) nicht zwangsläufig gleich dem Definitionsbereich der Originalfunktion!

Potenzen im Wettstreit mit Fakultäten

Um ein Gefühl dafür zu bekommen, wie kritisch das Konvergenzverhalten einer Taylorreihe ist, werfen wir einen Blick auf die Glieder dieser Reihe. In den Nennern stehen die rasant ansteigenden Fakultäten, aber im Zähler halten, sofern $x > 1$, die ebenfalls stark ansteigenden Potenzen dagegen und werden zudem noch von den Ableitungen unterstützt. Die Quotienten aus den Potenzen und den Fakultäten stehen einer Konvergenz nicht im Wege, wie das Balkendiagramm in *Bild 7.16.2* zeigt. Die Höhen der hellgrünen Balken entsprechen den Werten der Fakultäten – die der dunkelgrünen der Potenzfunktion – hier exemplarisch für $(x - x_0) = 10$. Zu beachten ist die Skala auf der vertikalen Achse! Es handelt sich um eine so genannte logarithmische Skala. Aufgetragen sind **Zehnerpotenzen**!

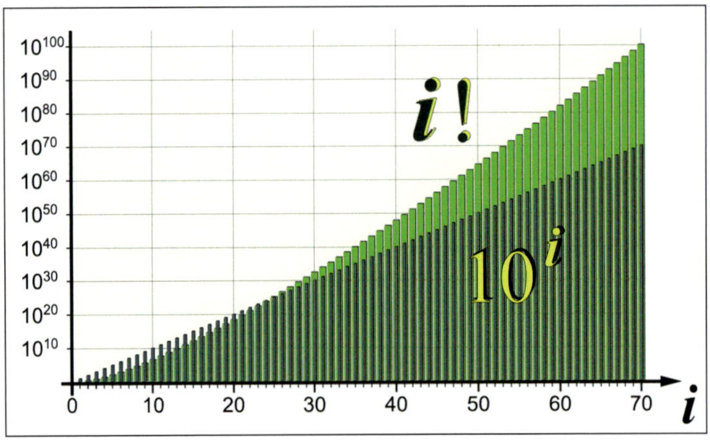

Bild 7.16.2
Fakultäten und Potenzen im Balkendiagramm

Die Fakultäten bleiben zu guter Letzt immer Sieger!

Das Säulendiagramm in *Bild 7.16.2* zeigt, dass die Fakultäten zunächst hinter den Potenzen zurückbleiben, aber den Wettlauf später spielend gewinnen. Bei $i = 70$ übertrifft der Wert der Fakultätsfunktion den der entsprechenden Potenz bereits um sagenhafte 30 Zehnerpotenzen – der Quotient aus Potenz und Fakultät liegt also bei ca. 10^{-30}! Schauen wir uns einmal die folgende Reihe an:

(7.16.11)

$$\varphi(x) := \sum_{i=0}^{\infty} \frac{c \cdot |x|^i}{i!}$$

Die Reihe (*7.16.11*) entspräche einer Taylorreihe, bei der alle Ableitungen betragsmäßig gleich c wären. Benutzen wir das bewährte Quotientenkriterium (*vgl. (3.4.3)*)!

(7.16.12)

$$\left|\frac{b_{n+1}}{b_n}\right| = \frac{\frac{c \cdot |x|^{n+1}}{(n+1)!}}{\frac{c \cdot |x|^n}{n!}} = \frac{\not{c} \cdot |x|^{n+1} \cdot n!}{\not{c} \cdot |x|^n \cdot (n+1)!} = \frac{|x|}{n+1} \leq \frac{1}{2} \quad \forall \; n \geq 2|x| - 1$$

Die Rechnung in (*7.16.12*) zeigt, dass eine Taylorreihe vom Typ (*7.16.11*) das Quotientenkriterium für jedes endliche x erfüllt. Der Konvergenzbereich einer derartigen Reihe besteht sogar aus allen reellen Zahlen! Sollten sich die Ableitungen nicht so gnädig verhalten, muss bei der Taylorreihe die Konvergenz bzw. der Konvergenzbereich von Fall zu Fall untersucht werden, und das ist nicht immer ganz einfach. Entwarnung gibt es für die Praxis insofern, als dass in jeder besseren Formelsammlung für viele Funktionen Taylorreihen mitsamt deren Konvergenzbereichen tabelliert sind.

Der Idealfall ist zumindest möglich: ein unbeschränkter Konvergenzbereich.

Formelsammlungen enthalten Taylorreihen spezieller Funktionen (inkl. Konvergenzbereich).

Für praktische Zwecke ist eine unendliche Summe nicht zu gebrauchen. Man muss sich näherungsweise mit einer Teilsumme begnügen.

$$f(x) = \underbrace{\sum_{\nu=1}^{n} \frac{f^{(i)}(x_0)}{i!}(x - x_0)^i}_{f_n(x)} + R_n(x) \qquad \textbf{(7.16.13)}$$

Die so „abgebrochene" Taylorreihe nennt man *Taylorpolynom* n-ten Grades; der verschmähte Rest der Taylorreihe heißt *Restglied* $R_n(x)$. An welcher Stelle man eine Taylorreihe sinnvoll abbricht, hängt natürlich davon ab, welche (maximale) Größe des Restgliedes toleriert wird (Formeln für derartige Restglieder finden Sie ebenfalls in jeder Formelsammlung).

Taylorpolynom mit Restglied

Kommen wir auf unseren eingangs erwähnten Robinson Crusoe zurück: Die Voraussetzungen, die Sinusfunktion als Taylor-/McLaurinreihe darzustellen, sind supergünstig. Die Ableitungen des Sinus sind mit wechselnden Vorzeichen gleich dem Sinus oder dem Kosinus. Die Werte der Ableitungen an der Stelle $x = 0$ sind entweder gleich null, plus eins oder minus eins.

Günstige Verhältnisse beim Sinus: die Ableitungen sind beschränkt $\{-1, 0, +1\}$

$$\begin{aligned}
f(x) &= +\sin(x) &&\Rightarrow f(0) = 0\\
f'(x) &= +\cos(x) &&\Rightarrow f'(0) = +1\\
f''(x) &= -\sin(x) &&\Rightarrow f''(0) = 0\\
f'''(x) &= -\cos(x) &&\Rightarrow f'''(0) = -1\\
f^{(4)}(x) &= +\sin(x) &&\Rightarrow f^{(4)}(0) = 0\\
f^{(5)}(x) &= +\cos(x) &&\Rightarrow f^{(5)}(0) = +1\\
\ldots &= \ldots
\end{aligned} \qquad \textbf{(7.16.14)}$$

Mit den Ergebnissen von (*7.16.14*) erhält man dann speziell für die Sinusfunktion die Taylorreihe für die Sinusfunktion.

$$\sin(x) = x - \frac{1}{3!}x^3 + \frac{1}{5!}x^5 - \frac{1}{7!}x^7 + \frac{1}{9!}x^9 - \ldots + \ldots \qquad \textbf{(7.16.15)}$$

Die Reihe für den Sinus wird von der Vergleichsreihe (*7.16.11*) mit $c = 1$ majorisiert – somit besteht der Konvergenzbereich aus allen reellen Zahlen. Bemerkenswert ist das abwechselnd positive und negative Vorzeichen der Summanden – eine derartige Reihe heißt *alternierende Reihe*. Weiterhin enthält die Reihe nur

Konvergent für alle reellen Zahlen!

Nur ungerade Potenzen

Summanden mit ungeraden Potenzen. Dies muss natürlich auch so sein, denn der Sinus ist eine ungerade Funktion – der Graph ist punktsymmetrisch (*vgl.(7.6.6) und Bild 7.3.1*).

Sehr instruktiv ist es, wenn man sich die Graphen der ersten neun Taylorpolynome und der Originalfunktion in einem Diagramm ansieht.

Beachten Sie auch das erste Taylorpolynom f_1! Für $|x| \ll 1$ gilt: $\sin(x) \approx x$

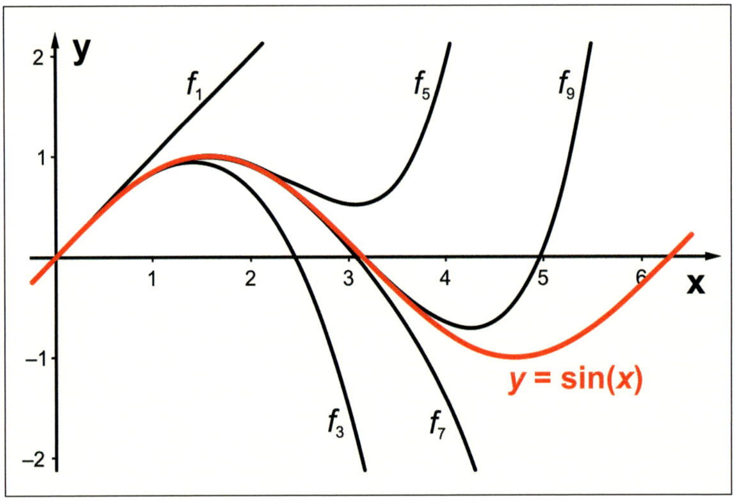

Bild 7.16.3
Der Sinus und seine ersten 9 Taylorpolynome

Man erkennt unschwer: Je höher der Grad des Taylorpolynoms, um so größer der Bereich, in dem die Polynomfunktion und die Originalfunktion – im Rahmen der Zeichengenauigkeit – nicht zu unterscheiden sind.

Es sind lediglich Werte von 0 bis $\pi/2$ erforderlich.

Computergenauigkeit: f_{15}

Der anfangs erwähnte Robinson Crusoe benötigt nur Sinuswerte für den Bereich $[0,\ \pi/2]$. Die übrigen Werte kann er sich mithilfe der in Kapitel 7.6 aufgeführten speziellen Additionstheoremen problemlos verschaffen. Anhand von *Bild 7.16.3* könnte man sagen, dass f_5 die Werte der Sinusfunktion im Intervall $[0,\ \pi/2]$ wiedergibt. Will Robinson allerdings Sinuswerte in Computergenauigkeit haben, müsste er das Taylorpolynom f_{15} verwenden. Das oben erwähnte Restglied ist dann kleiner als $6 \cdot 10^{-12}$.

Beliebte Sprechweise: „n-te Näherung"

Was bereits im Abschnitt 7.10 („Miniwinkel") besprochen wurde, kommt hier natürlich wieder zum Vorschein (mit anderem Vokabular): Das Taylorpolynom ersten Grades ist eine gute Näherung für die Sinusfunktion im Falle (betragsmäßig) kleiner Argumente (*vgl. 7.10.2*). Gern nennt man Taylorpolynome vom Grad n in der Praxis „n-te Näherung". In dieser Sprechweise sagt man dann beispielsweise: „sin(x) ist in erster Näherung gleich x". Sehen wir uns zum Vergleich an, wie die Taylorreihe für die Kosinusfunktion aussieht:

(7.16.16)

$$\cos(x) = 1 - \frac{1}{2!}x^2 + \frac{1}{4!}x^4 - \frac{1}{6}x^6 + \frac{1}{8!}x^8 - \ldots + \ldots$$

Nur gerade Potenzen

Wieder handelt es sich um eine alternierende Reihe, diesmal sind nur Glieder mit geradem Laufindex von null verschieden. Da ein linearer Summand fehlt bzw. gleich null ist, kann man sagen, dass der Kosinus für kleine Winkel in erster Näherung gleich eins ist. Das ist natürlich nichts Überraschendes (*vgl. Abschnitt 7.8 „Miniwinkel“*).

Für $|x| \ll 1$ gilt: $\cos(x) \approx 1$

Ein Beispiel für eine Funktion, deren Ableitungen an der Stelle $x = 0$ nicht zur Verfügung stehen bzw. gar nicht existieren, ist die Wurzelfunktion (*vgl. Bild 7.2.2*). Man muss auf die Stelle $x = 1$ ausweichen, d. h., das „x_0“ in der Taylorformel ist gleich 1. Für die Ableitungen gilt:

Meistens reicht die McLaurin-Reihe!

$$\underline{f(x) := \sqrt{x} = x^{\frac{1}{2}}}$$

$$\left.\begin{array}{ll} & f(1) = 1 \\ \frac{d}{dx}x^{\frac{1}{2}} = +\frac{1}{2}x^{-\frac{1}{2}} & f'(1) = \frac{1}{2} \\ \frac{d^2}{dx^2}x^{\frac{1}{2}} = -\frac{1}{2}\cdot\frac{3}{2}x^{-\frac{5}{2}} & f''(1) = -\frac{1}{2}\cdot\frac{3}{2} \\ \frac{d^3}{dx^3}x^{\frac{1}{2}} = +\frac{1}{2}\cdot\frac{3}{2}\cdot\frac{5}{2}x^{-\frac{7}{2}} & f'''(1) = +\frac{1}{2}\cdot\frac{3}{2}\cdot\frac{5}{2} \\ \ldots & \end{array}\right\} f^{(n)}(1) = (-1)^{n+1}\,\frac{1}{2}\cdot\frac{3}{2}\cdot\ldots\cdot\frac{n+2}{2} \qquad (7.16.17)$$

Für die Taylorreihe ergibt sich schließlich die folgende Reihe:

$$\sqrt{x} = 1 + \tfrac{1}{2}(x-1) - \tfrac{1}{8}(x-1)^2 + \tfrac{1}{16}(x-1)^3 + \ldots - \ldots \qquad (7.16.18)$$

In den Formelsammlungen finden Sie die Taylorreihe für die Quadratwurzelfunktion zumeist in der (*7.16.17*) entsprechenden Fassung. Da das x dann eine ganz normale freie Variable ist, benötigt man keine eine exotische Schriftart. Beachten Sie den (geringen) Konvergenzbereich!

$$\sqrt{1+x} = 1 + \tfrac{1}{2}x - \tfrac{1}{8}x^2 + \tfrac{1}{16}x^3 - \tfrac{5}{128}x^4 + \ldots - \ldots \quad \text{konv. für } |x| \le 1 \qquad (7.16.19)$$

7.17 Zweite Ableitung und Krümmung

Der Wert einer ersten Ableitung hat eine anschauliche geometrische Bedeutung – es ist die Steigung. Lassen sich auch die Werte der zweiten Ableitung geometrisch interpretieren? Gehen wir, um die Frage zu klären, noch einmal auf die Definition der zweiten Ableitung (*s. (5.6.4)*) zurück und schreiben sie als Limes eines Differenzenquotienten aus.

Hat die zweite Ableitung eine anschauliche Bedeutung?

Im Zweifelsfalle zurück zum Differenzenquotienten!

$$f''(x) = \frac{d}{dx}\left(\frac{d}{dx}f(x)\right) = \frac{d\,f'(x)}{dx} = \underline{\underline{\lim_{h\to 0}\overbrace{\frac{f'(x+h)-f'(x)}{h}}^{\text{Steigungsänderung}}}} \qquad (7.17.1)$$

Man erkennt: Die zweite Ableitung ist geometrisch gleich der Änderung der Steigung pro dx-Schritt. Betrachten wir den Graphen vorübergehend als Höhenprofil! In einem Bereich, in dem sich die Steigung stark ändert, würde man den Graphen als stark gekrümmt bezeichnen. Die zweite Ableitung ist also eine

Immer wieder eine gute Fachvokabel: „Änderung“

Art *Krümmung*! Leider passt das nur bedingt! Sehen wir uns dazu eine quadratische Funktion an, deren Graph bekanntlich eine Parabel ist (*Bild 5.6.2 oder Bild 7.2.1*)!

(7.17.2)
$$f(x) = x^2 \Rightarrow f'(x) = 2x \Rightarrow \underline{\underline{f''(x) = 2}}$$

Krümmung passt (noch) nicht!

Da die zweite Ableitung konstant ist, müsste die Kurve überall gleich „gekrümmt" sein. Ist sie aber nicht! Betrachtet man den Graphen als Kurve, würde man sagen, dass die Krümmung in den Bereichen großer Steigung immer kleiner wird. Nur bei einem Kreisbogen würde man von einer „konstanten" Krümmung reden. Trotzdem: Der Krümmungsbegriff ist so bestechend anschaulich, dass es sich lohnen könnte, etwas darauf aufzubauen.

Bestechend anschaulich

Sie hatten bereits in Abschnitt 5.5 gesehen, dass eine (differenzierbare) Funktion in einer ε-Umgebung der Stelle x_0 durch eine lineare Funktion approximiert werden kann. Das ε muss dabei nur klein genug gewählt werden. Wenn Sie die Tangentengleichung (*5.5.4*) mit der Taylorreihe vergleichen, werden Sie feststellen, dass die Tangentengleichung gleich dem Taylorpolynom vom Grade eins ist. Wenn man die Funktion in einer etwas größeren Umgebung vernünftig approximieren will, muss man das Taylorpolynom 2ten Grades verwenden. Der komplette Graph eines Taylorpolynoms 2ten Grades ist nichts anderes als eine Parabel. Man kann eine gekrümmte Kurve in gewissen Grenzen durch einen Parabelbogen annähern.

Das Taylorpolynom 2ten Grades ist ein Parabelbogen.

Es geht aber auch anders! Ein kleines Stückchen eines Kurvenbogens könnte man nämlich genau so gut für einen Kreisbogen halten. Es müsste möglich sein, mit Kreisradius und Mittelpunkt so lange herumzuprobieren, bis man einen Kreis gefunden hat, der sich an den Kurvenbogen anschmiegt. In folgendem Bild ist ein derartiger Kreis bereits gefunden worden.

Kurvenbögen lassen sich ebenfalls durch Kreisbögen approximieren.

Mit einer Radienschablone gar kein Problem: das Finden eines Schmiegekreises

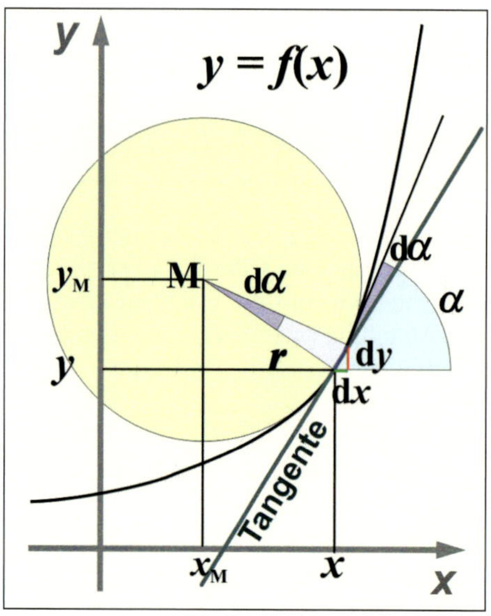

Bild 7.17.1
Schmiegekreis an einen Kurvenbogen

Anstelle einer Probiererei kann man *Bild 7.17.1* als Planfigur verwenden, um für den Radius und den Mittelpunkt des „Schmiegekreises" eine Formel zu „stricken". Wenn man den Radius um den differenziellen Winkel $d\alpha$ dreht, erhält man ein Kreissegment (*vgl. Bild 7.10.5*). Die Bogenlänge des Segments ist dann $r \cdot d\alpha$. Wenn wir – wie in *Bild 7.17.1* – an die Tangente ein Ministeigungsdreieck einzeichnen, ist die Hypotenuse dieses kleinen Dreiecks gleich der Bogenlänge. Nun benötigen wir nur noch den Satz von Pythagoras, um zu einer verwertbaren Aussage zu gelangen.

Zunächst gesucht: eine Relation, die den Radius enthält.

$$r \cdot d\alpha = \sqrt{dx^2 + dy^2} \qquad \Big| dx^2 \text{ ausklammern!}$$

$$r \cdot d\alpha = \sqrt{\left(1+\frac{dy^2}{dx^2}\right)dx^2} = \sqrt{1+f'(x_0)^2} \cdot dx \quad \Big|:\sqrt{\ldots}\Big|:dx\Big|:r$$

$$\Rightarrow \quad \frac{1}{r} = \frac{1}{\sqrt{1+f'(x_0)^2}} \cdot \frac{d\alpha}{dx} \tag{7.17.3}$$

Sie werden sich fragen, weshalb in (*7.17.3*) nicht nach r, sondern nach $1/r$ aufgelöst wird. Der Grund, „$1/r$" hat ebenfalls eine Bedeutung! Wir hatten bereits gesehen, dass man den Graphen einer einstelligen Funktion nicht nur als Höhenprofil, sondern auch als Kurve in der xy-Ebene ansehen kann (*vgl. Bild 5.2.1*). Im Falle einer „scharfen" Kurve spricht man von einer „stark gekrümmten" Kurve. Diese Krümmung wird um so stärker, je kleiner der Radius des „Schmiegekreises" ist. Genauso verhält sich auch der reziproke Radius! Was liegt also näher, als den Radius selbst *Krümmungsradius* und den reziproken Radius *Krümmung* zu nennen.

„1/r" passt besser!

Krümmung := 1/r

In (*7.17.3*) steht aber noch ein unbekannter Differenzialquotient! Der Planfigur entnehmen wir, dass es sich dabei um die Änderung des Steigungswinkels pro dx-Schritt handelt. Dieser Quotient lässt sich ermitteln.

$$\tan(\alpha) = f'(x) \Rightarrow \alpha = \arctan(f'(x)) \quad ; \; u := f'(x)$$

$$\frac{d\alpha}{dx} = \frac{d}{du}\arctan(u) \cdot \frac{d}{dx}f'(x) = \frac{1}{1+u^2} \cdot f''(x)$$

$$\Rightarrow \quad \frac{d\alpha}{dx} = \frac{f''(x)}{1+f'(x)^2} \tag{7.17.4}$$

Dass der Tangens des Steigungswinkels gleich der Steigung ist, hatten wir bereits in Abschnitt 5.3 angesprochen. Aus der mithilfe der ersten Ableitung leicht zugänglichen Steigung erhält man über die Arkustangens-Funktion den Steigungswinkel. Der Definitionsbereich des Arkustangens ist gleich $(-\pi/2, +\pi/2)$; in dem Bereich liegen auch die Steigungswinkel. Das passt zusammen! Für die Ableitung müssen wir nur noch die Kettenregel und die Ableitung des Arkustangens anwenden (*vgl.* (*7.11.5*)). Das Ergebnis setzen wir speziell für die Stelle x_0 in (*7.17.3*) ein und wir bekommen die folgende – leider recht exotisch aussehende – Formel für die Berechnung der Krümmung $1/r$. In der Regel erhält die Krümmung auch ein eigenes Formelzeichen – z. B. k. Beachten Sie das Zustandekommen des Exponenten $^3/_2$ im Nenner! Er entsteht durch das Produkt aus $(\ldots)^1$ mit $(\ldots)^{1/2}$.

„Exotische" Formel für die Krümmung

(7.17.5)

$$k = \frac{f''(x_0)}{\left(1+f'(x_0)^2\right)^{\frac{3}{2}}} \quad \text{bzw.} \quad r = \frac{\left(1+f'(x_0)^2\right)^{\frac{3}{2}}}{\left|f''(x_0)\right|}$$

Für kleine Steigungen wird es (wesentlich) einfacher.

Man erkennt, dass der Nenner die Krümmung in Bereichen großer Steigungen herabsetzt. Befindet man sich dagegen im Bereich kleiner Steigungen, ist das Quadrat der Steigung im Nenner klein gegen 1 und kann vernachlässigt werden. Damit sind wir wieder zum Anfang des Abschnitts zurückgekehrt: Die Krümmung ist unter dieser Voraussetzung näherungsweise gleich der zweiten Ableitung.

(7.17.6)

$$\left|f'(x_0)\right| \ll 1: \quad k \approx f''(x_0) \quad \text{bzw.} \quad r \approx \frac{1}{\left|f''(x_0)\right|}$$

Noch eine freundliche Eigenschaft: Krümmung und 2te Ableitung sind vorzeichengleich!

In der Planfigur (*Bild 7.17.1*) wurde eine Funktion als Beispiel verwendet, deren Steigung in dem dargestellten Bereich zunimmt. Das beinhaltet nach (*7.17.1*) eine positive zweite Ableitung. Betrachtet man den Funktionsgraphen als Kurve in einer xy-Ebene, handelt es sich (Blickrichtung positive x-Richtung) um eine *Linkskurve*. Man hätte genau so gut einen Funktionsgraphen nehmen können, dessen Steigung abnimmt. In diesem Fall wäre die zweite Ableitung negativ; es handelte sich um eine *Rechtskurve* und der Krümmungskreis läge unterhalb der Kurve. Da der Nenner in (7.17.6) wegen des Quadrats stets positiv ist, übernimmt die Krümmung das Vorzeichen der zweiten Ableitung.

(7.17.7)

$$\operatorname{sgn}\left(k\left(x_0\right)\right) = \operatorname{sgn}\left(f''\left(x_0\right)\right)$$

Da der Nenner in (7.17.6) größer oder gleich eins ist, ist die Krümmung an einer Stelle genau dann gleich null, wenn die zweite Ableitung dort gleich null ist. Trotz der Nennerkorrektur durch die Steigung in der Krümmungsformel (*7.17.5*) ist – wegen der engen Beziehung (*7.17.7*) zwischen zweiter Ableitung und Krümmung – die Aussage in *Merksatz 7.17.1* vertretbar.

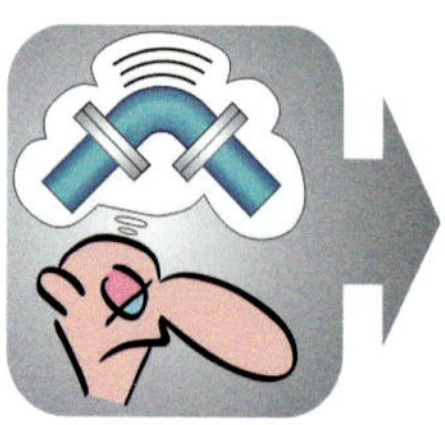

Merksatz 7.17.1

Krümmung/zweite Ableitung:
Die zweite Ableitung ist **ein Maß** für die **Krümmung** des Funktionsgraphen.

Kann durchaus sinnvoll sein – vorübergehende Betrachtung als geometrische Kurve.

Da die meisten Funktionen, mit denen Sie zu tun haben werden, keine geometrischen Kurven sind, sondern den Zusammenhang zwischen unterschiedlichen Größen beschreiben, könnte man den Krümmungsbegriff für sinnlos halten. Zudem hätte ein Krümmungskreis auch nur dann einen Sinn, wenn die Achsen gleich skaliert sind. Wie bereits in Abschnitt 5.2 *Bild 5.2.1/5.2.2* erwähnt, bekommt man jedoch eine bessere Vorstellung von den Eigenheiten einer Funktion, wenn man sie vorübergehend als geometrische Kurve ansieht.

Sphärische Spiegel und Linsen ersetzen in gewissen Grenzen die teureren parabolischen optischen Bauelemente.

Kehren wir noch einmal zu dem Parabolspiegel in *Bild 5.6.2* zurück! Die Krümmung der Parabel an der Stelle $x = 0$ ist gleich zwei – entsprechend ist der Radius des Krümmungskreises 0,5. Bekanntlich kann man einen schwer zu fertigenden Parabolspiegel durch einen sphärischen (Kugeloberfläche) Spiegel ersetzen, wenn nicht allzu große Durchmesser benötigt werden. Im vorliegenden Fall müsste der Radius der Kugelfläche gleich 0,5 Einheiten sein. Gleiches gilt für optische Linsen.

Mithilfe der Planfigur in Bild *7.17.1* kann man auch die Formeln für die Berechnung der Koordinaten des Krümmungskreismittelpunktes herleiten. Wir teilen diese Formeln hier ohne Herleitung mit.

$$x_M = x_0 - f'(x_0)\cdot\frac{1+f'(x_0)^2}{f''(x_0)} \quad ; \quad y_M = y_0 + \frac{1+f'(x_0)^2}{f''(x_0)} \qquad (7.17.8)$$

7.18 Berg und Tal

Die einfachste Methode, sich einen Überblick über die Eigenschaften einer einstelligen Funktion in einem bestimmten Intervall zu verschaffen, ist die Berechnung einer Wertetabelle mit anschließender grafischer Darstellung. Dazu sehen Sie in *Bild 7.18.1* links ein Beispiel. Es wurden für Argumente von –9 bis +9 in Zweierschritten Werte berechnet und damit eine grafische Darstellung angefertigt. Aufgrund der im Vergleich zu den Argumenten großen Funktionswerte mussten die Achsen unterschiedlich skaliert werden. Die Ganzzahligkeit der Werte in der Tabelle signalisiert, dass sie wohl exakt sind. Der Graph der Funktion gleicht einer Schlucht mit einem ebenen Boden. Wir machen in diesem Abschnitt wieder davon Gebrauch, dass man Graphen einstelliger Funktionen zumindest vorübergehend als Berg- und Talprofil ansehen darf (*vgl. Bild 5.2.2*).

Schneller Überblick:
1. Wertetabelle
2. Grafische Darstellung

Ist der Boden der Schlucht wirklich platt?

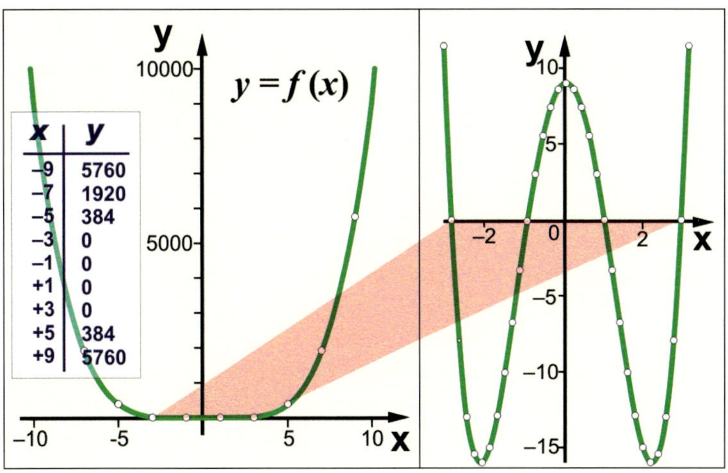

x	y
–9	5760
–7	1920
–5	384
–3	0
–1	0
+1	0
+3	0
+5	384
+9	5760

Bild 7.18.1
„Berg und Tal" innerhalb eines Funktionsgraphen

Wenn man nicht auf die Idee käme, den Bereich zwischen –3 und +3 genauer unter die Lupe zu nehmen, könnte man meinen, dass die Funktion in diesem Intervall identisch null wäre. Rechts im Bild wurde sicherheitshalber das fragliche Intervall genauer untersucht und zwar auf der Basis einer Wertetabelle von –3,2 bis +3,2 in Schritten von 0,2. Man erkennt, dass der Boden der „Schlucht" nicht eben, sondern aus Berg und Tal besteht.

Auch in der Schlucht: Berg und Tal

Standardstoff von Klasse 11: Kurvendiskussion einstelliger Funktionen

Zwar ist heutzutage die Erstellung einer Wertetabelle mit anschließender grafischer Darstellung mithilfe einer Tabellenkalkulation (beispielsweise EXCEL) nur eine Sache von Minuten, aber bei exotischen Funktionstermen kann man nie sicher sein, ob sich innerhalb des gewählten Rasters noch etwas Besonderes verbirgt. Eine Versicherung gegen solche Überraschungen ist die so genannte *Kurvendiskussion* und man erwartet von Ihnen, dass Sie diese zumindest für einstellige Funktionen nicht nur rezeptmäßig beherrschen, sondern auch verstehen. Kurvendiskussionen zweistelliger Funktionen und Relationen gibt es auch – sie werden Ihnen im Studium vermittelt.

Extremwert: eine lokale Eigenschaft

Wir wollen uns an dieser Stelle darum kümmern, wie man auch ohne Wertetabelle Miniberge und Talmulden aufspüren kann – betrachten Sie dazu die beiden „Fotos" in *Bild 7.18.2*! Man nennt einen lokalen Berggipfel ein relatives *Maximum*, eine lokale Talmulde entsprechend relatives *Minimum*. „Relativ" deswegen, weil sich diese Eigenschaft nur auf eine ε-Umgebung einer Stelle – im Bild x_0 genannt – bezieht. Es dürfen in der Nachbarschaft durchaus höhere Berge bzw. tiefere Talmulden liegen. Der Sammelbegriff für derartige relative Maxima und Minima ist „*Extremwerte*".

Bild 7.18.2
Suchen der Extremstelle mit verbundenen Augen

Das Suchverfahren lässt sich einfach „mathematisieren": Man suche die Nullstellen der (ersten) Ableitungsfunktion.

Die „Fotos" zeigen unseren Wanderer, der mühevoll mit verbundenen Augen nach einem lokalen Berggipfel bzw. einer Talmulde suchen soll. Es ist offensichtlich: Sobald der Wanderer eine Stelle gefunden hat, an der die Steigung gleich null ist, könnte dort ein Extremwert vorliegen. Dieses Suchverfahren lässt sich leicht „mathematisieren"! Man braucht „bloß" die erste Ableitung der zu untersuchenden Funktion zu bilden und deren Nullstellen zu finden. Die in (*7.18.1*) definierte Menge S_0 („Steigung null") fasst diejenigen Stellen, an denen die Steigung der Funktion gleich null ist, zusammen. Da diese Menge alle potenziellen Extremstellen beinhaltet, also eine **Obermenge** der Extremstellen ist, kann auch die kleinste Erhebung bzw. Delle nicht mehr übersehen werden.

(7.18.1)

$$S_0 = \{x \in D(f) \mid f'(x) = 0\}$$

Wie aus den *Bildern 7.18.2* ersichtlich, ist die Forderung „erste Ableitung gleich null“ nur eine *notwendige Bedingung*. Daher müssen noch aus der Menge S_0 die relativen Maxima und Minima herausgefischt werden. Das ist denkbar einfach. Jetzt kommt das Krümmungsverhalten der Funktion an den fraglichen Stellen ins Spiel (*vgl. Abschn. 7.17*). In der Umgebung eines Maximums (linkes „Foto“) handelt es sich um eine Rechtskurve – die Krümmung ist negativ. In der Umgebung eines Minimums handelt es sich um eine Linkskurve – die Krümmung ist positiv. Ob nun an der fraglichen Stelle ein Maximum oder ein Minimum vorliegt, ist leicht am Vorzeichen der zweiten Ableitung zu erkennen (*s. (7.17.6)*). Keine Aussage kann man zunächst machen, wenn die zweite Ableitung gleich null ist. In einem derartigen Fall könnte es sich um einen so genannten Sattelpunkt handeln. In den beiden „Fotos“ (*Bild 7.18.2*) lägen Sattelpunkte vor, wenn der Graph rechts der Stelle x_0 der gestrichelten Kurve folgen würde. In folgendem Merksatz ist die Ihnen sicher noch aus der Schule geläufige „hinreichende Bedingung“ für die Existenz eines relativen Maximums oder Minimums aufgeführt.

Notwendig: Wenn die Steigung nicht null ist, dann liegt auch keine Extremstelle vor.

Hinreichend: Die Bedingung erfasst nicht alle Extremstellen!

Merke:
Eine Funktion hat an der Stelle x_0 ein *relatives Minimum*, wenn gilt:

$$f'(x_0) = 0 \quad \wedge \quad f''(x_0) > 0$$

Dagegen liegt ein *relatives Maximum* an dieser Stelle vor, wenn gilt:

$$f'(x_0) = 0 \quad \wedge \quad f''(x_0) < 0$$

Merksatz 7.18.1

Neben den Extremwerten gibt es weitere markante Punkte in dem Graphen einer zweistelligen Funktion, das sind die so genannten *Wendepunkte*. Die erste Koordinate eines solchen Wendepunktes nennt man *Wendestelle*.

Bild 7.18.3
Suchen der Wendestelle mit verbundenen Augen

In den beiden „Fotos“ von *Bild 7.18.3* sind Wendepunkte illustriert. Merkmal einer „Wende“ ist der Umschlag des Vorzeichens der Krümmung an der Wendestelle. Das wiederum heißt, dass die Krümmung an der Stelle x_0 selbst gleich null sein muss. Wenn man also Wendepunkte aufspüren will, sucht man zunächst diejenigen Stellen, an denen die zweite Ableitung gleich null ist – d. h., wir suchen die Elemente der Menge K_0 (Krümmung-null).

Hier sehr gut zu gebrauchen: der Krümmungsbegriff

$$K_0 = \{x \mid f''(x) = 0\} \tag{7.18.2}$$

Notwendig: Wenn die Krümmung nicht null ist, dann liegt auch keine Wendestelle vor.

Da die Krümmung einer Funktion auch gleich null sein kann, ohne dass das Vorzeichen der Krümmung umschlägt (gestrichelte Linie), handelt es sich bei der Menge K_0 nur um eine Obermenge der Wendestellen – die Gleichung $f''(x) = 0$ ist nur eine notwendige Bedingung. Es muss daher noch ein einfaches Kriterium gefunden werden, um die Wendestellen aus K_0 auszusortieren, und das hat man mit der dritten Ableitung. Da die zweite Ableitung ein Maß für die Krümmung ist, muss die dritte Ableitung ein Maß für die Krümmungsänderung sein. Wenn die dritte Ableitung ungleich null ist, gilt das auch für die Krümmungsänderung. An der Stelle x_0 ist die Krümmung null. Da dort die Krümmungsänderung ungleich null ist, muss die Krümmung selbst vor und nach dieser Stelle ein unterschiedliches Vorzeichen haben – das sichere Merkmal einer Wendestelle.

Wieder nur eine hinreichende Bedingung!

Folgender Merksatz erweitert die „hinreichende Bedingung“ für Extremwerte um eine für Wendestellen.

Merksatz 7.18.2

> Merke:
> Die Stelle x_0 einer Funktion ist eine Wendestelle, wenn gilt:
>
> $f''(x_0) = 0 \quad \wedge \quad f'''(x_0) \neq 0$

In der in *Merksatz 7.18.2* aufgeführten Bedingung für eine Wendestelle x_0 steht keine Aussage über die erste Ableitung; sie darf also auch gleich null sein. In diesem Fall handelt es sich um eine Wendestelle mit horizontaler „Wendetangente“. Der spezielle Wendepunkt heißt in diesem Sonderfall *Sattelpunkt*.

Leider sind die in den *Merksätzen 7.18.1* und *7.18.2* aufgeführten Bedingungen nur hinreichend. Man hat zwar mit den Elementen der Mengen S_0 und K_0 sämtliche Kandidaten für Extrem- und Wendestellen zur Verfügung. Es gibt aber unter diesen Kandidaten Stellen, an denen mithilfe der hinreichenden Bedingungen eine Entscheidung, ob eine Extremstelle oder ein Wendepunkt vorliegt, nicht möglich sind. Das sind Extremstellen, an denen die zweite Ableitung gleich null bzw. Wendestellen, an denen die dritte Ableitung gleich null ist.

Taylorreihen sind universelle „Werkzeuge“!

Ein universelles Selektierwerkzeug liefert die McLaurin-/Taylorreihe. Nehmen wir an, wir sollten prüfen, ob die Stelle $x_0 \in S_0$ eine Extremstelle ist. Wir machen dazu wieder von der Möglichkeit Gebrauch, die Verhältnisse von einem verschobenen Koordinatensystem zu betrachten und übernehmen dazu alle in *Bild 7.16.1* verwendeten Bezeichnungen. Entwickeln wir die Funktion f an der fraglichen Stelle x_0 in eine Taylorreihe. Beachten Sie das Fehlen der linearen Summanden – die erste Ableitung ist bei $x = x_0$ an dieser Stelle null! Wir wollen jetzt den Fall mit berücksichtigen, dass auch die folgenden Ableitungen gleich null sein können und erst die n-te Ableitung von null verschieden ist.

(7.18.3)

$$\underline{n \geq 2:\ f'(x_0) = \ldots = f^{(n-1)}(x_0) = 0\ ;\ f^{(n)}(x_0) \neq 0}$$

$$f(x) = f(x_0) + \frac{f^{(n)}(x_0)}{n!}(x - x_0)^n + \ldots$$

$$\xrightarrow[\text{formiert}]{\text{trans-}} \varphi(\varkappa) = a_0 + a_n \varkappa^n + \ldots$$

Um dem hässlichen Parameter- und Klammerwirrwar der Taylorreihe zu entkommen, ist in (*7.18.3*) die Taylorreihe in das im vorletzten Abschnitt besprochene verschobene χy-Koordinatensystem transformiert worden. Der Einfachheit halber wurde bei den Koeffizienten auf die Benennungen einer ganz normalen Polynomfunktion (ganzrationale Funktion) zurückgegriffen (*vgl.* (*7.16.2*)). Mehr Summanden als die angegebenen Summanden sind in (*7.18.3*) nicht erforderlich! Wir fahnden nach einer lokalen Eigenschaft! Der Definitionsbereich der Reihen ist nur eine ε-Umgebung der Stelle x_0. Diese Umgebung kann man so zusammenziehen, dass höhere Summanden keine Rolle spielen. Jetzt kommt die transformierte Fassung in (*7.18.3*) ins Spiel! Man erkennt, dass es sich bis auf den konstanten Summanden a_0 um eine simple Potenzfunktion handelt. Wie die Graphen einfacher Potenzfunktionen aussehen können, wurde in Abschnitt 7.3 besprochen und illustriert. Der konstante Summand a_0 stört nicht, er verschiebt nur den Graphen je nach Vorzeichen in positive oder negative y-Richtung, deformiert ihn aber nicht. Gerade Potenzfunktionen sind achsensymmetrisch und haben je nach Vorzeichen des Faktors an der Stelle $\chi = 0$ ein Minimum oder ein Maximum. Kümmern wir uns um die Herkunft des a_n-Koeffizienten! Aus (*7.18.3*) entnimmt man, dass a_n gleich der *n*ten Ableitung der Funktion *f* an der Stelle x_0 (dividiert durch $n!$) ist. Zur Entscheidung, ob an der Stelle x_0 ein Maximum oder ein Minimum vorliegt, braucht man nur das Vorzeichen der *n*-ten Ableitung der Originalfunktion an der Stelle x_0 zu untersuchen.

Wir sind in einer ε-Umgebung der Stelle x_0! Höhere Summanden sind nicht erforderlich!

Wie simpel: das Vorzeichen entscheidet.

$$a_n = \frac{\varphi^{(n)}(0)}{n!} = \frac{f^{(n)}(x_0)}{n!} \Rightarrow \underline{\underline{\operatorname{sgn}(a_n) = \operatorname{sgn}\left(f^{(n)}(x_0)\right)}} \qquad (7.18.4)$$

Im positiven Fall handelt es sich dort um ein Minimum – im negativen Fall um ein Maximum. Die Fälle $n = 2$ bzw. $n = 3$ sind bereits durch die hinreichenden Bedingungen in den *Merksätzen 7.18.1* und *7.18.2* abgedeckt. Im ersten Fall ist der Graph in der Umgebung der Extremstelle eine nach oben oder nach unten geöffnete Parabel. Im zweiten Fall handelt es sich um eine Parabel dritter Ordnung (kubische Parabel). Ist *n* größer als drei, flacht der Graph in der Umgebung der Extrem- bzw. Wendestelle immer weiter ab, um dann in größerem Abstand um so gewaltiger abzufallen oder anzusteigen.

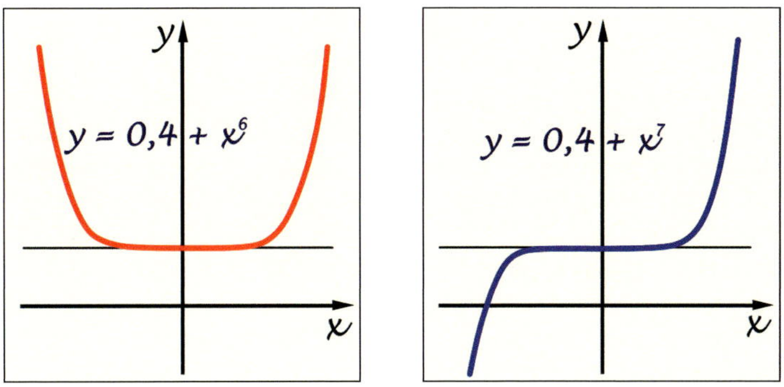

Bild 7.18.4
Sonderfälle bei der Extremwertsuche

In *Bild 7.18.4* sind die Verhältnisse noch einmal illustriert – diesmal im transformierten System. Links ist eine Funktion, bei der erst die sechste Ableitung an der Stelle $\chi = 0$ von null verschieden und positiv ist. Es handelt sich um ein relatives

Schlucht mit plattem Boden oder Tafelberg – andernfalls ein flacher Sattel

Minimum mit einem sehr flachen Boden. Wäre die sechste Ableitung negativ, würde der Graph an der Geraden $y = 0{,}4$ gespiegelt und es läge ein tafelbergförmiges Maximum vor. Im rechten Bild ist erst die siebte Ableitung von null verschieden – es liegt ein Sattelpunkt vor.

Im Fall einer potenziellen Wendestelle muss die zweite Ableitung gleich null sein – die erste aber nicht! Die Taylorentwicklung (*7.18.3*) muss daher modifiziert werden:

(7.18.5)

$$\underline{n \geq 3:\ f'(x_0) = \ldots = f^{(n-1)}(x_0) = 0\ ;\ f^{(n)}(x_0) \neq 0}$$

$$f(x) = f(x_0) + f'(x_0) + \frac{f^{(n)}(x_0)}{n!}(x-x_0)^n + \ldots$$

$$\xrightarrow[\text{formiert}]{\text{trans-}} \varphi(x) = a_0 + a_1 x + a_n x^n + \ldots$$

Auch hier studiert man die Verhältnisse lieber erst in der transformierten Fassung. Die ersten beiden Summanden bilden eine lineare Funktion, auf die eine Potenzfunktion addiert wird. Ist n gerade, wird eine gerade Potenzfunktion addiert. Das heißt, es wird links und rechts vorzeichengleich etwas addiert. Der Fall ist exemplarisch in *Bild 7.18.5* links dargestellt. An der betreffenden Stelle liegt weder ein Extremwert noch ein Wendepunkt vor. Ist dagegen n ungerade, würde zu dem linearen Teil eine ungerade Potenzfunktion kommen. Das heißt, auf der einen Seite wird etwas addiert, auf der anderen etwas subtrahiert – die Stelle selbst ist Wendestelle (*s. Bild 7.18.5 rechts*).

Beide Funktionen sind in der Umgebung von x = 0 „beinahe" linear!

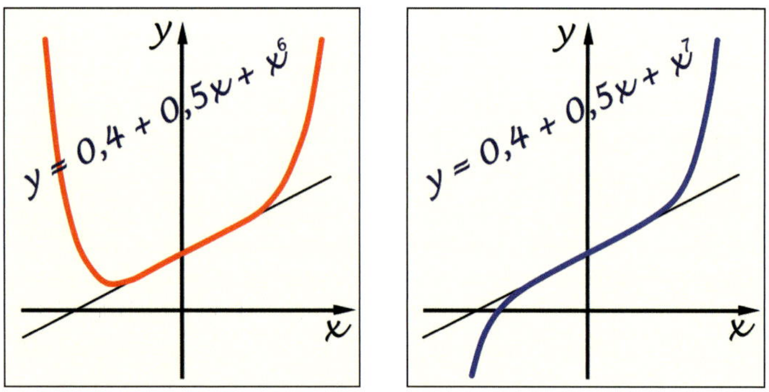

Bild 7.18.5
Sonderfälle bei der Wendestellensuche

Kann problematisch werden: die Ermittlung der Nullstellen der ersten und zweiten Ableitungsfunktionen

Man könnte sich fragen, wo bei der Untersuchung auf Extrem- und Wendestellen überhaupt das Problem liegt. Eine Funktion zweimal, dreimal oder mehrmals abzuleiten, ist wohl kaum eine Schwierigkeit – insbesondere nicht bei einer ganzrationalen Funktion. Auch das Vorzeichen des Wertes einer Ableitung herauszufinden, dürfte keine Schwierigkeiten bereiten. Das Problem liegt darin, die Kandidaten für die Extrem- und Wendestellen – das sind die Elemente der Mengen S_0 und K_0 – erst einmal zu finden. Und hiefür müssen **alle** Lösungen der beiden Gleichungen $f'(x) = 0$ und $f''(x) = 0$ ermittelt werden. Hinter diesen Gleichungen können sich alle Schrecken der Gleichungslehre verbergen!

Fassen wir die erweiterten hinreichenden Bedingungen in einem Merksatz zusammen! Leider ist diese Erweiterung der in den *Merksätzen 7.18.1* und *7.18.2* aufgeführten „hinreichenden Bedingungen" nicht besonders „handlich".

Hinreichende Bedingungen für $n > 3$:

$$f'(x_0) = \ldots = f^{(n-1)}(x_0) = 0 \wedge f^{(n)}(x_0) \neq 0 \Rightarrow \begin{cases} n \text{ gerade} \begin{cases} f^{(n)}(x_0) > 0 \Rightarrow \text{Min.} \\ f^{(n)}(x_0) < 0 \Rightarrow \text{Max.} \end{cases} \\ n \text{ unger.} \ \{\text{Sattelpunkt} \end{cases}$$

$$f'(x_0) \neq 0 \wedge f''(x_0) = \ldots = f^{(n-1)}(x_0) = 0 \ \wedge \ f^{(n)}(x_0) \neq 0 \wedge n \text{ ungerade}$$
$$\Rightarrow \text{Wendepunkt}$$

Merksatz 7.18.3

Kehren wir zu der in *Bild 7.18.1* dargestellten Funktion zurück und zeigen, wie man sich einen Überblick über die Extrem- und Wendestellen der Funktion verschaffen kann. Die Beispielfunktion ist ganzrational und dürfte kaum Probleme bereiten:

$$\begin{aligned} f(x) &= (x-3)\cdot(x+3)\cdot(x-1)\cdot(x+1) \\ &= x^4 - 10x^2 + 9 = (x^2-9)\cdot(x^2-1) \end{aligned}$$

(7.18.6)

Um die Ableitung leichter bilden zu können, wurden die Produkte paarweise mithilfe der 3. binomischen Formel zusammengefasst. Mithilfe der Produktregel ergibt sich dann:

$$f'(x) = 2x(x^2-1) + 2x(x^2-9) = 2x(2x^2-10) = \underline{\underline{4x(x^2-5)}}$$
$$f''(x) = 4\left[1(x^2-5) + 2x\cdot x\right] = \underline{\underline{4(3x^2-5)}}$$
$$f'''(x) = \underline{\underline{24x}}$$

(7.18.7)

Anschließend ermittelt man die Stellen, an denen die Steigung gleich null ist. Hierbei erkennt man, wie vorteilhaft es ist, wenn die Ableitungen weitgehend faktorisiert sind.

$$f'(x) = 0$$
$$\Leftrightarrow 4x(x^2-5) = 0 \ \Leftrightarrow \ x = 0 \vee x^2 - 5 = 0 \ \Leftrightarrow \ x = 0 \ \vee \ |x| = \sqrt{5}$$
$$\Leftrightarrow x = 0 \vee x = \sqrt{5} \vee x = -\sqrt{5}$$
$$S_0 = \{0, \sqrt{5}, -\sqrt{5}\}$$

(7.18.8)

Schließlich prüft man die Elemente mithilfe der „hinreichenden" Bedingung (s. *Merksatz 7.18.1*) durch. Der erste Teil der Bedingung ($f'(x_0) = 0$) ist durch die Zugehörigkeit zu S_0 bereits erfüllt.

$$f''(0) = 4(0-5) = -20 < 0 \qquad \Rightarrow \text{Max. an der Stelle } x = 0$$
$$f''(\pm\sqrt{5}) = 4(3\cdot 5 - 5) = 40 > 0 \ \Rightarrow \text{Min. an den Stellen } \sqrt{5}, -\sqrt{5}$$

(7.18.9)

Damit sind alle Elemente von S_0 Extremwerte. Kümmern wir uns noch um die potenziellen Wendestellen und suchen die Stellen, an denen die Krümmung gleich null ist.

(7.18.10)

$$f''(x) = 0$$
$$\Leftrightarrow 4\left(3x^2 - 5\right) = 0 \Leftrightarrow 3x^2 - 5 = 0 \Leftrightarrow |x| = \sqrt{\tfrac{5}{3}}$$
$$\Leftrightarrow x = \sqrt{\tfrac{5}{3}} \vee x = -\sqrt{\tfrac{5}{3}}$$
$$K_0 = \left\{\sqrt{\tfrac{5}{3}},\, -\sqrt{\tfrac{5}{3}}\right\}$$

Ob die Elemente von K_0 tatsächlich Wendestellen sind, liefert schließlich die hinreichende Bedingung in *Merksatz 7.18.2*.

(7.18.11)

$$f'''\left(\pm\sqrt{\tfrac{5}{3}}\right) = \pm 24 \cdot \sqrt{\tfrac{5}{3}} \neq 0 \Rightarrow \text{W.st. an den Stellen } x = \pm\sqrt{\tfrac{5}{3}}$$

Eine gute Ergänzung der Informationen ist die zusätzliche Ermittlung der *Nullstellen* (der Funktion), was hier ohne Aufwand möglich ist, da die ganzrationale Funktion in *(7.18.6)* bereits als Produkt irreduzibler Faktoren vorlag.

(7.18.12)

$$f(x) = 0 \Leftrightarrow (x-3)\cdot(x+3)\cdot(x-1)\cdot(x+1) = 0$$
$$\Leftrightarrow x = 3 \vee x = -3 \vee x = 1 \vee x = -1$$
$$\underline{\underline{N = \{-3, -1, +1, +3\}}}$$

Die Kurvendiskussion liefert alle notwendigen Informationen zum Erstellen einer grafischen Darstellung mittels EXCEL.

Mit den so gewonnenen Informationen kann man eine Tabellenkalkulation (EXCEL) füttern: Alle wichtigen Stellen liegen zwischen –3 und +3! Gibt man ein wenig dazu, kann man es mit einer Wertetabelle von $x = -3{,}2$ bis $+3{,}2$ in Nullkommazwei-Schritten versuchen. Genau das wurde in der rechten grafischen Darstellung von *Bild 7.18.1* gemacht. Das Funktionsbeispiel eignet sich hervorragend, um eine weitere grundsätzliche Eigenschaft ganzrationaler Funktionen zu klären. Wir beziehen uns jetzt auf die Summendarstellung der ganzrationalen Funktion! Wenn man den Bereich der Extremwerte und Nullstellen weit hinter sich lässt und zu (betragsmäßig) großen Argumenten übergeht, wird der Beitrag des Summanden mit der höchsten Potenz (in unserem Beispiel x^4) relativ zu den übrigen Summanden immer höher. Bei $x = 10$ liegt der Beitrag der „niederen" Summanden noch bei ca. 10 % bei $x = 100$ sind es nur noch 0,1 % und bei $x = 1.000$ steuern sie nur noch 0,001 % zum Funktionswert bei. Wie *Bild 7.18.1* demonstriert, liegen die Null- und Extremstellen in einer tiefen „x^4-Schlucht". Im Fall eines ungeraden Exponenten würde sich der linke Teil des Graphen zu einem Abgrund gegen minus unendlich formen. Die Flanken des Graphen einer ganzrationalen Funktion verhalten sich immer wie die einer gewöhnliche Potenzfunktion mit ganzzahligem Exponenten (*s. Abschn. 7.3*). Die Werte streben letzten Endes immer gegen $+\infty$ oder $-\infty$. Der Vorfaktor bewirkt lediglich eine Stauchung, Streckung oder auch eine Spiegelung der Werte (an der x-Achse im Fall eines negativen Faktors). In folgendem Merksatz wurde dieser Sachverhalt etwas unkonventionell zusammengefasst.

Die Flanken des Graphen einer ganzrationalen Funktion steilen sich entweder gegen $+\infty$ auf oder stürzen nach $-\infty$ ab!

Merksatz 7.18.4

Merke:

$$f(x) = a_0 + a_1x + a_2x^2 + \ldots + a_nx^n$$

$$\text{Für } |x| \gg \text{ Null-, Extrem- und Wendestellen gilt: } f(x) \approx a_nx^n$$

7.19 Singularitäten

Eigentlich sind die so genannten *Singularitäten*, das sind irgendwelche „Besonderheiten“ der Funktionen, erst Thema der Funktionentheorie/Analysis III. Wir wollen uns hier deshalb nur um das kümmern, was Sie für Ihre naturwissenschaftlich-technischen Fächer sofort parat haben sollten.

singularis <lat., „einzeln“> Singularität = Besonderheit

Stellen Sie sich vor, Sie würden – so wie unser Nasenmann in *Bild 7.19.1* – bei einem wichtigen Kontrollinstrument zu Ihrem Entsetzen beobachten, wie der Zeiger plötzlich verrückt spielt. Der Zeiger knallt plötzlich an den rechten Anschlag, sodass befürchtet werden muss, er wickele sich um die Achse, um dann anschließend zurückzuspringen und wieder friedlich das anzuzeigen, was er soll.

Bild 7.19.1
Ein Messgerät „spielt verrückt“

Wir wollen an dieser Stelle nicht diskutieren, wie dieses Ereignis physikalisch zustande kommen kann, sondern zeigen, dass etwas Vergleichbares durchaus mit unseren bisherigen „Bordmitteln“ beschrieben werden kann.

Mit unseren Mitteln erfassbar

Betrachten Sie bitte die in *Bild 7.19.2* dargestellte Funktion. Die Werte dieser Funktion verhalten sich in etwa so wie das oben beschriebene Ereignis – die Argumente müssten Zeiten sein. In der Umgebung der Stelle $x = 3$ spielt eine ansonsten harmlose Sinusschwingung verrückt. Die Werte verschwinden im Unendlichen, um dann zurückzukehren und wieder zur „Normalität“ überzugehen. Offensichtlich wird das Verhalten der Funktion durch den gebrochen rationalen Summanden verursacht. Sie werden mittlerweile unschwer erkennen, dass der Summand in einem verschobenen Koordinatensystem nichts weiter ist als eine der in Abschnitt 7.3 beschriebenen Potenzfunktionen mit negativem Exponenten. Der zehnfachen Nennernullstelle entsprechend nennt man die *Polstelle* des gebrochen rationalen Summanden eine Polstelle 10. Grades. Dieser hohe Grad bewirkt einen besonders drastischen Anstieg, sobald man sich der Nullstelle des Nenners nähert. Da in diesem Beispiel die Werte auf beiden Seiten der Polstelle mit gleichem Vorzeichen im Unendlichen verschwinden, handelt es sich um eine Polstelle ohne Vorzeichenwechsel oder um eine *gerade Polstelle*. In Polstellennähe spielen die Werte der übrigen Summanden keine wesentliche Rolle mehr.

Die Polstelle ist ein Beispiel für eine Singularität.

Gerade Polstelle: kein Vorzeichenwechsel

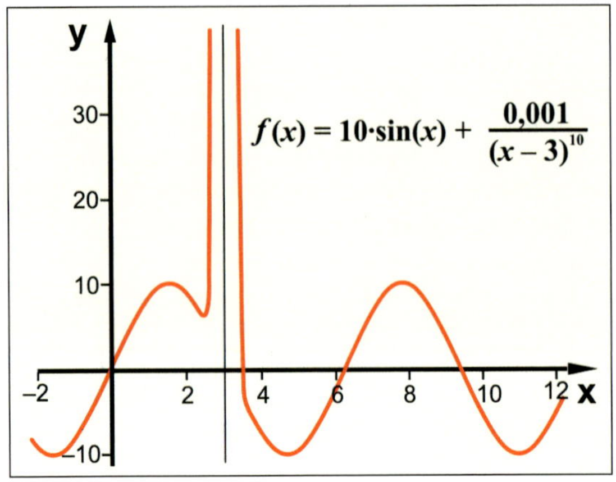

Bild 7.19.2
Sinus mit Polstelle 10ter Ordnung

Ungerade Polstelle: mit Vorzeichenwechsel

Kehren wir noch einmal zu unserem Nasenmann in *Bild 7.19.1* zurück. Es könnte auch sein, dass der Zeiger an den rechten Anschlag knallt, danach zum gegenüberliegenden Anschlag schnellt, um schließlich – falls das Messinstrument die Tortur überstanden hat – zur Normalität zurückzukehren. Das wäre der Fall, wenn der Exponent im Nenner des gebrochen rationalen Summanden ungerade wäre. In diesem Fall wird das unterschiedliche Vorzeichen von $(x-3)$ rechts und links der Polstelle nicht durch einen geraden Exponenten beseitigt. In *Bild 7.19.3* ist beispielsweise dem Sinus ein Summand mit einer (ungeraden) Polstelle 11. Grades zugefügt worden.

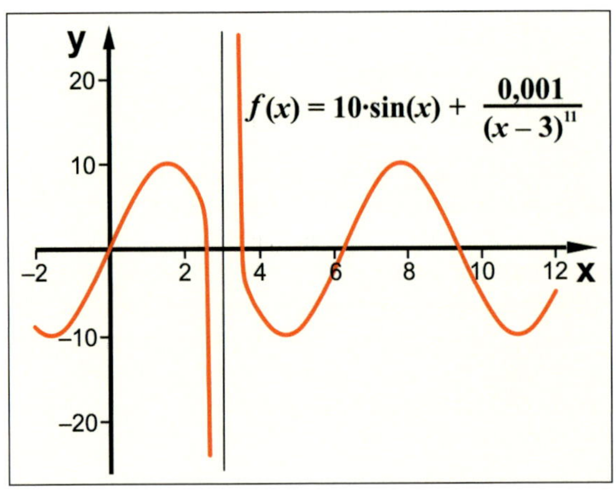

Bild 7.19.3
Sinus mit Polstelle 11ter Ordnung

Eine Polstelle kann auch entstehen, wenn statt der ganz rationalen eine transzendente Funktion im Nenner steht. Nehmen wir als Beispiel einen „Sinusquadrat" als Nennerfunktion.

(7.19.1)

$$f(x) = \frac{1}{\sin^2(x)} \quad , \; x \in R \setminus \{0, \pm\pi, \pm 2\pi, \pm 3\pi, \ldots\}$$

In diesem Fall ist die Art der Polstelle nicht offensichtlich. Benutzen wir wieder das Universalwerkzeug Taylorreihe und approximieren die Nennerfunktion in der Umgebung einer der Nullstellen durch ein Taylorpolynom. Wir nehmen als Beispiel die Stelle $x_0 = 2\pi$!

$$\begin{aligned}
&v(x) = \sin^2(x) && v(2\pi) = 0 \\
&v'(x) = 2\sin(x)\cdot\cos(x) && v'(2\pi) = 0 \\
&v''(x) = 2\cdot\left[\cos(x)\cdot\cos(x) + (-1)\cdot\sin(x)\cdot\sin(x)\right] && v''(2\pi) = 2 \\
&v(x) = \frac{2}{2!}\cdot(x-2\pi)^2 + \ldots = \underline{\underline{(x-2\pi)^2}} + \ldots
\end{aligned}$$

(7.19.2)

Der Rest spielt keine Rolle!

Wieder kann man das Intervall um die Nullstelle so zusammenschnüren, dass der Rest keine Rolle spielt. Die Nennerfunktion geht in einen quadrierten Linearfaktor über. Damit zeigt sich, dass es sich bei der Stelle $x = 2\pi$ um eine (gerade) Polstelle zweiter Ordnung handelt.

$$\lim_{x\to 2\pi} \frac{1}{\sin^2(x)} = \lim_{x\to 2\pi} \frac{1}{(x-2\pi)^2}$$

(7.19.3)

An und für sich ist die Limesschreibweise in (*7.19.3*) inkorrekt, da ein „Grenzwert ∞" Divergenz bedeutet und insofern kein Grenzwert ist. In (*7.19.3*) soll damit das oben erwähnte „Zusammenschnüren" des Intervalls um die Nullstelle angedeutet werden.

Es könnte aber sein, dass die Zählerfunktion ausgerechnet an derselben Stelle wie die Nennerfunktion eine Nullstelle hat:

$$F(x) = \frac{(x-2\pi)^2}{\sin^2(x)} \quad , \ x \in \mathbb{R}\setminus\{0, \pm\pi, -2\pi, \pm 3\pi, \ldots\}$$

(7.19.4)

Kommt man jetzt in die Nähe der Stelle $x_0 = 2\pi$, streben sowohl die Werte der Nennerfunktion als auch die der Zählerfunktion gegen null. Es entsteht etwas wie **„null durch null"** – ein so genannter *unbestimmter Ausdruck*. Wie wir gleich sehen werden, ist er doch nicht so unbestimmt. In einer beliebig kleinen Umgebung der Stelle $x_0 = 2\pi$ dürfen wir sicher im Nenner die Originalfunktion durch das entsprechende Taylorpolynom 2ten Grades ersetzen.

Ein andere Art von Singularität an der Stelle x_0: „Null durch null"– ein unbestimmter Ausdruck.

$$\lim_{x\to 2\pi} F(x) = \frac{(x-2\pi)^2}{(x-2\pi)^2} = 1$$

(7.19.5)

Es gibt eine Überraschung: Die Funktionswerte streben friedlich gegen eins – die Unbestimmtheit an der Stelle $x_0 = 2\pi$ ist fort, s. (*7.19.5*). Damit lässt sich eine Funktion definieren, in der zumindest eine der Lücken im Definitionsbereich ausgefüllt ist – alle anderen Lücken sind natürlich noch vorhanden.

Manche unbestimmten Ausdrücke sind gar nicht so unbestimmt.

(7.19.6)

$$\tilde{F}(x)=\begin{cases}\dfrac{(x-2\pi)^2}{\sin^2(x)} & \text{falls } x\neq 2\pi\\ 1 & \text{falls } x=2\pi\end{cases}\quad,\ x\in\mathbb{R}\setminus\{0,\pm\pi,-2\pi,\pm 3\pi,\ldots\}$$

Prüfen Sie mit dem TR nach: Die umgestaltete Funktion (*7.19.6*) ist jetzt in der Umgebung von 2π völlig glatt, oder fachlicher ausgedrückt: Sie ist an der Stelle 2π differenzierbar und die Ableitungsfunktion ist dort stetig.

Hebbare Singularität

Das Funktionsbeispiel (*7.19.4*) zeigt: Eine Nennernullstelle führt zwar zunächst zu einer Lücke im Definitionsbereich, nicht aber zwangläufig zu einer Polstelle. In diesem Fall kann man wie in Beispiel (*7.19.6*) die Lücke durch eine Fallunterscheidung auffüllen. Man spricht von einer *hebbaren Singularität*. Wenn nicht wie in (*7.19.6*) eine simple Funktion, sondern eine kompliziertere Funktion mit der Nullstelle x_0 im Zähler stünde, würde man nicht nur die Nenner-, sondern auch die Zählerfunktion durch ein Taylorpolynom ersetzen. In (*7.19.7*) sehen Sie, was sich dann ergibt.

(7.19.7)

$$\lim_{x\to x_0}\frac{u(x)}{v(x)}=\frac{\overbrace{u(x_0)}^{=0}+u'(x_0)\cdot\cancel{(x-x_0)}}{\underbrace{v(x_0)}_{=0}+v'(x_0)\cdot\cancel{(x-x_0)}}=\begin{cases}\dfrac{u'(x_0)}{v'(x_0)} & \text{falls } v'(x_0)\neq 0\\ \text{Polstelle falls } u'(x_0)\neq 0\end{cases}$$

Die lästige Fallunterscheidung lässt sich umgehen, wenn man (*7.19.7*) zur so genannten Regel von l'Hospital umschreibt:

(7.19.8)

$$\lim_{x\to x_0}\frac{u(x)}{v(x)}=\lim_{x\to x_0}\frac{u'(x)}{v'(x)}$$

Ein sehr praktisches „Werkzeug": die Regel von l'Hospital

Auch bei der Formulierung der Regel von l'Hospital wurde die Limesschreibweise missbraucht und wie oben in Kauf genommen, dass ein Grenzwert unendlich sein kann. Irritierend ist noch, dass der Quotient der Ableitungen rechts in (*7.19.8*) durch einen scheinbar überflüssigen Grenzprozess ersetzt worden ist. Der Vorteil: Die so formulierte Regel erfordert keine hässlichen Fallunterscheidungen für Mehrfachnullstellen! Wenn nämlich der Quotient aus den Ableitungen wieder zum unbestimmten Ausdruck wird, wendet man einfach die Regel noch einmal an – man betrachtet den Quotienten der zweiten Ableitungen. Ist es immer noch ein unbestimmter Ausdruck, betrachtet man die dritten Ableitungen usw. Das setzt man so lange fort, bis sich ein endlicher Grenzwert oder eine Polstelle ergibt („Grenzwert ∞"). Der Grenzwert in unserem Beispiel (*7.19.4*) ergibt sich mithilfe dieser Regel „wie von selbst":

(7.19.9)

$$\underbrace{\lim_{x\to 2\pi}\frac{(x-2\pi)^2}{\sin^2(x)}}_{\text{0 durch 0}}=\underbrace{\lim_{x\to 2\pi}\frac{\cancel{2}\cdot(x-2\pi)\cdot 1}{\cancel{2}\sin(x)\cos(x)}}_{\text{Immer noch 0 durch 0}}=\underbrace{\lim_{x\to 2\pi}\frac{1}{\cos^2(x)-\sin^2(x)}}_{\cos(2\pi)=1;\ \sin(2\pi)=0}=1$$

Betrachten wir ein einfacheres Beispiel, bei dem sich der Grenzwert in einem Schritt ermitteln lässt! Beachten Sie dabei die Kettenregel beim Ableiten von $\sin(2x)$:

$$\lim_{x\to 0}\frac{\sin(2x)}{x}=\lim_{x\to 0}\frac{2\cos(2x)}{1}=\underline{\underline{2}} \qquad (7.19.10)$$

Null durch null ist nicht die einzige Form eines unbestimmten Ausdrucks. „Unendlich durch unendlich" ist beispielsweise ebenfalls unbestimmt. Man kann zeigen, dass die Regel von l'Hospital auch dann anwendbar ist. Ja, sie gilt sogar noch, wenn das Argument gegen plus oder minus unendlich strebt (*s. Merksatz 7.19.1*). Der Pferdefuß: Es gibt Funktionen, bei denen man mit dieser handlichen Regel nicht weiter kommt – die Regel ist nur hinreichend.

Regel von l'Hospital:

Sei $\lim\limits_{x\to x_0} u(x)=\lim\limits_{x\to x_0} v(x)=0$ (oder $\pm\infty$), $x_0\in\mathbb{R}\cup\{-\infty,+\infty\}$!

Dann gilt, sofern die Ableitungsfunktionen existieren und stetig sind:

$$\lim_{x\to x_0}\frac{u(x)}{v(x)}=\lim_{x\to x_0}\frac{u'(x)}{v'(x)}$$

Merksatz 7.19.1

Während die Beispielfunktionen in den *Bildern 7.19.2* und *7.19.3* neben hochgradigen Polstellen auch noch einen transzendente Summanden enthalten, handelt es sich bei der folgenden Beispielfunktion in *Bild 7.19.4* um eine „reine" (unecht) gebrochen rationale Funktion mit einer (ungeraden) Polstelle erster Ordnung. Hier ist der Abstieg der Funktionswerte nach minus unendlich bzw. (von rechts kommend) der Aufstieg nach plus unendlich nicht so abrupt wie bei den vorherigen Beispielen.

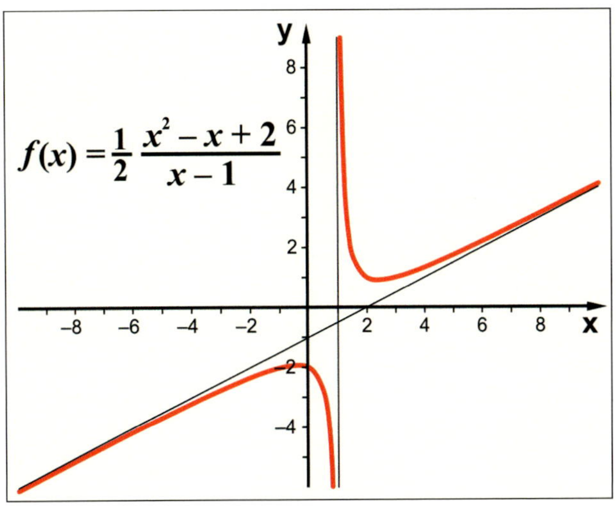

Richten Sie Ihr Augenmerk nicht nur auf die Polstelle, sondern beachten Sie auch das Verhalten der Funktion im „Unendlichen"!

Bild 7.19.4
Funktionsgraph mit Polstelle erster Ordnung

Um die zweite bemerkenswerte Eigenschaft der Beispielfunktion besser zu verstehen, spalten wir zunächst den Funktionsterm mittels Polynomdivision in einen ganz rationalen und einen gebrochen rationalen Summanden auf. (Es wurde dieses

„Enttarnt" durch Polynomdivision: ein ganzrationaler Anteil

Mal davon Gebrauch gemacht, den konstanten Faktor – hier ½ – bei der Polynomdivision zunächst herauszuhalten und erst danach in den Funktionsterm wieder hineinzumultiplizieren.) Der abgespaltene ganzrationale Summand ist in unserem Beispiel eine Polynomfunktion ersten Grades – eine lineare Funktion.

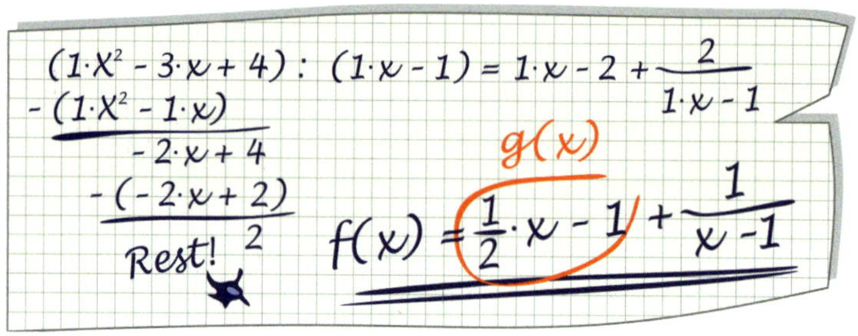

Bild 7.19.5
Abspaltung eines ganzrationalen Summanden

Bild 7.19.4 zeigt neben der Polstelle noch eine weitere bemerkenswerte Eigenschaft der Funktion. Der Graph der Funktion nähert sich mit (betragsmäßig) größer werdenden Argumenten dem Graphen des abgespaltenen ganzrationalen Summanden $g(x)$ an, und das ist in diesem Fall eine Gerade. Das Verhalten einer Funktion, im Unendlichen in eine (lineare) Näherungsfunktion überzugehen, nennt man *asymptotisch* und der Graph der linearen Näherungsfunktion heißt *Asymptote*. Der Beispielgraph zeigt auch, dass man die senkrechte Gerade durch eine Polstelle (hier $x = 1$) als *„senkrechte Asymptote"* ansehen kann. Sollte der Graph im Unendlichen nicht in eine lineare, sondern in eine ganzrationale Funktion höheren Grades einmünden, spricht man im Allgemeinen nur von einer *Näherungsfunktion*.

Asymptote bzw. Näherungsfunktion könnten an ein Taylorpolynom erinnern ($x_0 = \infty$).

Bei einer unecht gebrochen rationalen Funktion hat der mittels Polynomdivision ermittelte ganzrationale Summand die Bedeutung einer Asymptotenfunktion bzw. Näherungsfunktion. Im Falle einer gebrochen rationalen Funktion, bei der der Grad des Zählerpolynoms kleiner oder gleich dem des Nennerpolynoms ist, braucht überhaupt nichts gerechnet zu werden. In diesen Fällen können wir verwenden, dass bei betragsmäßig großen Argumenten der jeweils erste Summand des Zähler- und des Nennerpolynoms alle weiteren dominiert. Mit (*7.4.2*) gilt:

Auch konstante Funktionen können Aysmptoten sein!

(7.19.11)

$$\lim_{|x|\to\infty} \frac{a_n \cdot x^n + \ldots + a_2 \cdot x^2 + a_1 \cdot x^1 + a_0}{b_m \cdot x^m + \ldots + b_2 \cdot x^2 + b_1 \cdot x^1 + b_0}$$
$$= \lim_{|x|\to\infty} \frac{a_n \cdot x^n}{b_m \cdot x^m} = \frac{a_n}{b_m} \lim_{|x|\to\infty} x^{n-m} = \begin{cases} 0 & \text{falls} \quad n < m \\ \dfrac{a_n}{b_n} & \text{falls} \quad n = m \end{cases}$$

Die x-Achse ist immer Asymptote echt gebrochen rationaler Funktionen!

Eine echt gebrochen rationale Funktion verhält sich bei betragsmäßig großen Argumenten wie die äußeren Flanken der in *Bild 7.3.6* dargestellten Potenzfunktionen mit negativem Exponenten. Diese Funktionen streben gegen null, d. h. die x-Achse selbst ist Asymptote $g(x) \equiv 0$. Bei gleichgradigen Zähler- und Nennerpolynomen konvergieren die Funktionswerte ebenfalls – sie nähern sich einer Parallelen zur x-Achse an. Die Asymptote ist eine konstante Funktion mit $g(x) \equiv a_n/b_n$.

Nicht nur gebrochen rationale Funktionen haben Asymptoten! Nur ist es bei anderen Funktionen im Allgemeinen nicht so einfach, diese zu bestimmen. Oft hilft nur ein Raten. Im Gegensatz zu den gebrochen rationalen Funktionen gibt es auch Funktionen, die sich nur im Positiven oder nur im Negativen der Asymptote annähern!

7.20 Lawinenartiges Wachstum oder die Exponentialfunktion

Betrachten Sie bitte die in *Bild 7.20.1* illustrierte – gottseidank nur hypothetische – Entwicklung einer Lawine. Dazu wollen wir eine Funktion suchen, mit der man zu jedem Zeitpunkt x die momentane Lawinenmasse y berechnen kann.

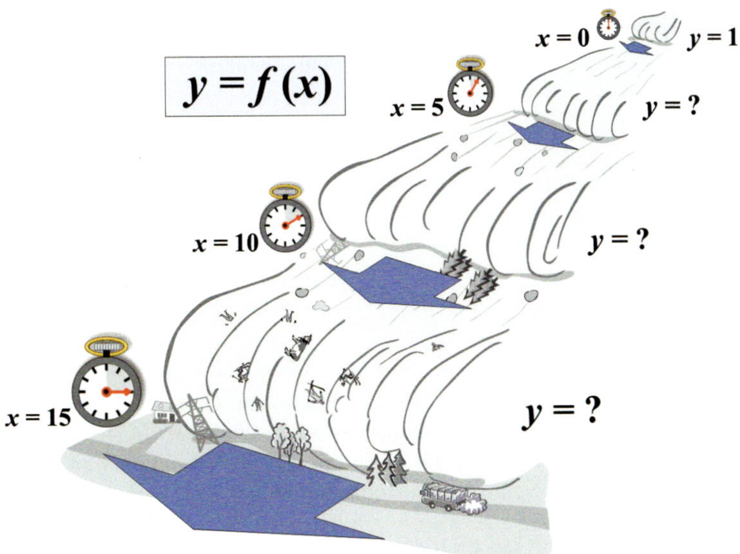

1 t Schnee kommt ins Rutschen ...

... und reißt mit, was ihr in die Quere kommt.

Je größer die Lawine, um so mehr reißt sie mit.

Lehnen Sie sich zurück, es ist nur ein Modell!

Bild 7.20.1
Exponentielles Wachstum einer Modelllawine

Da wir eine grundlegende Funktion suchen, benutzen wir Standardbenennungen für Argument ($\rightarrow x$), Funktionsnamen ($\rightarrow f$) und abhängige Variablen ($\rightarrow y$). Dabei steht x (ausnahmsweise) für die Zeit (in Minuten) und y für die momentane Lawinenmasse (in Tonnen). Sobald es um konkrete Anwendungen in Naturwissenschaft und Technik geht, müssen die Standardvariablen wieder durch genormte Formelzeichen ersetzt werden! In diesem Fall verwendet man gleiche Bezeichnungen für den Funktionsnamen und die abhängige Variable – z. B. $m = m(t)$ (*vgl.* (*1.9.7*)). Das Szenario in *Bild 7.20.1* beginnt zur Zeit $x = 0$, wo sich eine Schneemasse von $y = 1$ Richtung Tal in Bewegung setzt. Um das Wachstum der Lawinenmasse quantitativ erfassen zu können, muss man sich fragen, was das Besondere beim Lawinenwachstum ist – es gibt schließlich auch noch andere Wachstumsprozesse.

Ausnahmsweise: x für die Zeit

Ziel: Quantitative Erfassung des Lawinenwachstums

dy Änderung der Lawinenmasse (= Zuwachs) in dem Zeitintervall dx.

Offensichtlich wächst die Lawine, weil sie den Schnee bzw. was ihr sonst noch in die Quere kommt, mitreißt und sich einverleibt. Das bedeutet: **Je größer die Lawine ist, um so mehr reißt sie mit, d. h., um so höher ist ihr Zuwachs.** Diese Aussage lässt sich als Formel darstellen. Dazu müssen wir die Größen, die bei dem Vorgang eine Rolle spielen, sorgfältig festlegen! Das, was die Lawine im Zeitintervall dx mitreißt, ist der Zuwachs der Lawinenmasse. Den Zuwachs nennen wir dy. Die momentane Lawinenmasse in Tonnen heißt, wie bereits festgelegt, y. Die nach dem Ablösen der Schneemasse verstrichene Zeit in Minuten ist die Variable x.

Beachten Sie, es gibt viele Möglichkeiten! Man sollte das Einfachste immer zuerst prüfen!

Die einfachste Umsetzung der obigen Wachstumsaussage ist, dass der Zuwachs proportional zur momentanen Masse y sowie der Länge des Zeitintervalls dx sein müsste (*s. Merksätze 5.3.2, 5.3.3*).

(7.20.1)

$$\mathrm{d}y \sim y \cdot \mathrm{d}t$$

Aus der (Proportionalitäts-) Relation (*7.20.1*) wird eine „anständige" Gleichung, wenn sie mit einem „ordentlichen" Proportionalitätsfaktor – hier mit α bezeichnet – ausgestattet wird:

(7.20.2)

$$\mathrm{d}y = \alpha \cdot y \cdot \mathrm{d}x \qquad \text{mit} \qquad \alpha > 0$$

Um einen Differenzialquotienten zu erhalten, dividiert man (*7.20.2*) durch dx und erhält die Differenzialgleichung:

(7.20.3)

$$\frac{\mathrm{d}y}{\mathrm{d}x} = \alpha \cdot y$$

Beachten Sie, die Wachstumsrate steigt mit der momentanen Lawinenmasse!

Der Differenzialquotient dy/dx hat in unserem Beispiel die Bedeutung einer „Momentanen Wachstumsrate" (in Tonnen pro Minute) und die ist gleich $\alpha \cdot y$. Den Faktor α für sich alleine könnte man „*Relative Wachstumsrate*" nennen. In diesem Faktor verstecken sich alle Besonderheiten der jeweiligen Lawinenregion (Steigung, Hindernisse, Schnee- und Bodenbeschaffenheit, …).

„Apokalypse now": $\alpha = 1$

Von allen möglichen und unmöglichen Lawinen wählen wir zunächst eine ganz spezielle aus – nämlich eine Lawine mit $\alpha = 1$, das wäre eine (viel zu große) Zuwachsrate von 100 % der momentanen Masse pro Minute. Damit wird die Differenzialgleichung in (*7.20.3*) noch einfacher. Die gesuchte Wachstumsfunktion dieser Modelllawine ist eine Funktion, deren Ableitungsfunktion gleich der Originalfunktion ist. In der Postfix-Schreibweise für Ableitungen sieht das verblüffend einfach aus:

(7.20.4)

$$y' = y \qquad \text{bzw.} \qquad f'(x) = f(x)$$

Die Differenzialgleichung in (*7.20.4*) ist gleichzeitig Ableitungsregel unserer gesuchten Lawinenfunktion – und die ist unglaublich simpel. Die Ableitungs- und die Originalfunktion sind gleich. Beide Seiten von (*7.20.4*) kann man natürlich mehrfach ableiten und es ergeben sich auch für höhere Ableitungen „supereinfache" Regeln.

$$\left.\begin{aligned} & f'(x) = f(x) && \Big| \tfrac{\mathrm{d}}{\mathrm{d}x} \\ \Rightarrow\ & f''(x) = f'(x) && \Big| \tfrac{\mathrm{d}}{\mathrm{d}x} \\ \Rightarrow\ & f'''(x) = f''(x) && \Big| \tfrac{\mathrm{d}}{\mathrm{d}x} \\ \Rightarrow\ & \ldots && \Big| \tfrac{\mathrm{d}}{\mathrm{d}x} \\ \Rightarrow\ & f^{(i+1)}(x) = f^{(i)}(x) && \end{aligned}\right\} \Rightarrow \underline{\underline{f(x)^{(i)} = f(x) \quad \forall i \in \mathbb{N}}} \tag{7.20.5}$$

Unglaublich einfach!

Die n-te Ableitungsfunktion ist immer noch gleich der Originalfunktion. Zumindest einen Funktionswert der ansonsten unbekannten Lawinenfunktion kennen wir. Zum Zeitpunkt $x = 0$ ist $y = 1$. Das heißt $f(0) = 1$. Wegen der supereinfachen Ableitungsregel kennen wir somit die Werte sämtlicher Ableitungen der Lawinenfunktion zur Zeit $x = 0$:

An der Stelle null sind die Werte aller Ableitungen gleich eins.

$$f(0)=1;\ f'(0)=1;\ f''(0)=1;\ f'''(0)=1;\ldots;\ f^{(i)}(0)=1;\ldots \tag{7.20.6}$$

Damit haben wir genau die Informationen, die benötigt werden, um die gesuchte Funktion mithilfe einer Taylor-/McLaurinreihe (*7.16.4*) darzustellen.

$$f(x)=\sum_{i=0}^{\infty}\frac{f^{(i)}(0)}{i!}x^i = \underline{\underline{\sum_{i=0}^{\infty}\frac{1}{i!}x^i}} \tag{7.20.7}$$

Über die Konvergenz der Reihe (*7.20.7*) brauchen wir uns keine Gedanken mehr zu machen – sie wurde bereits in (*7.16.11*) und (*7.16.12*) diskutiert. Die Reihe konvergiert für alle reellen Argumente. Eine Überraschung gibt es, wenn man den Funktionswert $f(1)$ betrachtet. Der Vergleich mit der Reihe (*3.5.1*) zeigt: Es handelt sich um die berühmte (irrationale) Eulersche Zahl **e**:

Kaum zu glauben: Eine Taylorreihe beschreibt das Lawinenwachstum.

$$f(1)=1+\frac{1}{1!}+\frac{1}{2!}+\frac{1}{3!}+\frac{1}{4!}+\ldots=\mathbf{e} \tag{7.20.8}$$

Es mag erstaunen, dass $f(1)$ gleich 2,71828… und nicht gleich 2 ist. Bei unserer Modelllawine beträgt die Wachstumsrate $\mathrm{d}y/\mathrm{d}x$ anfangs 1 Tonne/Min. Müsste sich die Lawinenmasse dann nicht nach einer Minute verdoppelt haben? Die Antwort ist nein, die Lawinenmasse y wächst nicht im Minuten- oder irgendeinem anderen Takt, sondern **kontinuierlich**! Die Wachstumsrate wächst – der Differenzialgleichung (*7.20.3*) entsprechend – mit. Die Lawinenmasse muss also nach einer Minute größer als zwei Tonnen sein.

Prüfen Sie Ihr Verständnis! Eine (momentane) Wachstumsrate von 1 Tonne pro Minute beinhaltet keinen Minutenzeittakt! Es handelt sich wie z. B. bei der Momentangeschwindigkeit um einen Differenzialquotienten.

Versuchen wir, uns mithilfe eines Taylorpolynoms näherungsweise Werte der Taylorreihe (*7.20.7*) zu verschaffen! In Abschnitt 3.5 (*Tab. 3.5.1*) wurde gezeigt, dass sich mit der Teilsumme S_{15} die Zahl **e** in Computergenauigkeit errechnen lässt. Das Taylorpolynom 15ten Grades (errechnet mit EXCEL) müsste demnach vernünftige Werte für unsere Lawinenfunktion liefern (*s. Tabelle 7.20.1, Spalte 1 und Spalte 2*).

Tabelle 7.20.1
Werte von f_{15} und probeweise von $(f_{15}(1))^x$

x	$f_{15}(x)$	$(f_{15}(1))^x$
0	1,0000000000	1,0000000000
0,5	1,6487212707	1,6487212707
1,0	2,7182818285	2,7182818285
1,5	4,4816890703	4,4816890703
2,0	7,3890560954	7,3890560989
2,5	12,1824938304	12,1824939607
3,0	20,0855344310	20,0855369232

Noch eine Überraschung: Eine unendliche Reihe verhält sich wie eine Potenz mit einer Variablen im Exponenten.

Das Ergebnis ist nicht mehr beeindruckend. Dass unsere hypothetische Lawine innerhalb von drei Minuten von einer Tonne auf zwanzig Tonnen anwächst, verwundert kaum noch. Wenn man allerdings ein wenig mit den entsetzlich krummen Zahlen herumspielt, könnte man merken, dass $f_{15}(2)$ in etwa das Quadrat von $f_{15}(1)$ ist ($2{,}7^2 \approx 7{,}3$). Rechnet man das mit dem Taschenrechner nach, trifft das sogar für neun signifikante Stellen zu. Es liegt nahe, $f_{15}(1)$ probeweise hoch drei zu nehmen – und tatsächlich, das Ergebnis stimmt mit $f_{15}(3)$ auf immerhin sieben signifikante Stellen überein. Und was ist mit den Zwischenwerten? Wir erinnern uns: Hoch 0,5 wäre nichts anderes als hoch einhalb, und das ist die Quadratwurzel. Hoch 1,5 wäre hoch drei Halbe, also hoch drei und dann die Wurzel. Entsprechendes gilt für 2,5. *Tabelle 7.20.1* zeigt weitestgehende Übereinstimmung und gibt Anlass zu einer Vermutung:

Die gesuchte Lawinenfunktion ist eine Potenz!

Irrationale Basis!

Eine Potenzfunktion ist sie aber nicht, denn hier steht die Variable im Exponenten und die Basis ist die irrationale Eulersche Zahl **e**.

Gehen wir zunächst davon aus, dass sich die Funktionswerte der gesuchten Lawinenfunktion wie folgt darstellen lassen!

(7.20.9)

$$f(x) = \mathrm{e}^x$$

Anscheinend hoffnungslos: Kann sich eine Summe wie eine Potenz verhalten?

Eine derartige Darstellung kann nur einen Sinn haben, wenn die Lawinenfunktion ausnahmslos den Rechengesetzen für Potenzen folgt (*s. Abschn. 2.10*). Um das zu überprüfen, stehen nur Darstellungen durch Taylorreihen zur Verfügung – die sind jedoch unendliche Summen und keine Potenzen. Die Sache erscheint (zunächst) hoffnungslos. Es müsste wie bei den Potenzen gelten: „Zwei Lawinenfunktionen werden multipliziert, indem man ihre Argumente (Exponenten) addiert":

(7.20.10)

$$f(x_0)\cdot f(x_1) = f(x_0 + x_1) \quad \text{bzw.} \quad \underline{\underline{\mathrm{e}^{x_0}\cdot \mathrm{e}^{x_1} = \mathrm{e}^{x_0+x_1}}} \quad ?$$

Ein Umbenennungstrick hilft.

Der Nachweis für (*7.20.10*) gelingt mit einem Umbenennungstrick in der Taylorreihe (*7.16.8*). Man benennt die Differenz $x - x_0$ mit x_1:

(7.20.11)

$$x_1 = x - x_0 \Leftrightarrow x := x_0 + x_1 : \quad f(x_0 + x_1) = \sum_{i=0}^{\infty} \frac{f^{(i)}(x_0)}{i!}\cdot x_1^{\,i}$$

Nun sind wegen (*7.20.5*) auch die Werte aller Ableitungsfunktionen an der Stelle x_o gleich dem Wert der Originalfunktion an dieser Stelle. Also gilt:

$$\underline{f^{(i)}(x_0) = f(x_0):}$$

$$\underline{\underline{f(x_0+x_1)}} = \underbrace{\sum_{i=0}^{\infty} \frac{f(x_0)}{i!}\cdot x_1^i}_{f(x_0)\text{ ausklammern!}} = f(x_0)\cdot \underbrace{\sum_{i=0}^{\infty}\frac{1}{i!}\cdot x_1^i}_{f(x_1)} = \underline{\underline{f(x_0)\cdot f(x_1)}} \qquad (7.20.12)$$

$$\Rightarrow \underline{\underline{f(x_0)\cdot f(x_1) = f(x_0+x_1)}}$$

Kaum zu glauben aber wahr! Prüfen wir weiter!

Damit bestätigt sich (*7.20.10*) tatsächlich! Es fragt sich, wie sich Lawinenfunktionen bei der Division verhalten. Prüfen wir zunächst, ob Folgendes gilt:

$$\frac{1}{f(x)} = f(-x) \quad \text{bzw.} \quad \underline{\underline{\frac{1}{\mathrm{e}^x} = \mathrm{e}^{-x}}} \quad ? \qquad (7.20.13)$$

Um (*7.20.13*) zu überprüfen, entwickeln wir $1/f(x)$ in eine McLaurinreihe. Für die Ableitungen von $1/f(x)$ brauchen wir die Kettenregel (*5.6.18*).

$$u(x) := f(x); \quad \varphi(u) = u^{-1}$$

$$\frac{\mathrm{d}}{\mathrm{d}x}\frac{1}{f(x)} = \frac{\mathrm{d}\varphi(u)}{\mathrm{d}u}\cdot\frac{\mathrm{d}u(x)}{\mathrm{d}x} = -u^{-2}\cdot f'(x) = -\frac{f(x)}{\left(f(x)\right)^2} = -\frac{1}{f(x)} \qquad (7.20.14)$$

$$\Rightarrow \frac{\mathrm{d}^i}{\mathrm{d}x^i}\frac{1}{f(x)} = \underline{\underline{(-1)^i\cdot\frac{1}{f(x)}}}$$

Die Ableitung der reziproken Lawinenfunktion kehrt das Vorzeichen um, reproduziert sich aber ansonsten. Leitet man die reziproke Funktion mehrmals ab, wird das Vorzeichen alternieren. An der Stelle $x = 0$ gilt dann:

$$\left.\frac{\mathrm{d}^i}{\mathrm{d}x^i}\frac{1}{f(x)}\right|_{x=0} = (-1)^i\cdot\frac{1}{f(0)} = \underline{\underline{(-1)^i}} \qquad (7.20.15)$$

Die McLaurinreihe zeigt, dass sich die Lawinenfunktion auch hier exakt wie eine Potenz verhält.

$$\underline{\underline{\frac{1}{f(x)}}} = \underbrace{\sum_{i=1}^{\infty}\frac{(-1)^i}{i!}\cdot x^i}_{(-1)^i\cdot x^i = (-x)^i\,!} = \sum_{i=1}^{\infty}\frac{1}{i!}\cdot(-x)^i = \underline{\underline{f(-x)}} \qquad (7.20.16)$$

Ersetzt man in (*7.20.12*) x_1 durch $(-x_1)$ und wendet (*7.20.16*) von rechts nach links an, sieht man, dass sich die Lawinenfunktion auch bei der Division wie Potenzen verhält:

$$\frac{f(x_0)}{f(x_1)} = f(x_0 - x_1) \quad \text{bzw.} \quad \underline{\underline{\frac{\mathrm{e}^{x_0}}{\mathrm{e}^{x_1}} = \mathrm{e}^{x_0-x_1}}} \qquad (7.20.17)$$

Schließlich fehlt noch die Bestätigung der Rechenregel für Potenzen. Dazu ermitteln wir zunächst eine Ableitungsregel für $(f(x))^{\lambda}$:

(7.20.18)

$$u(x) := f(x) \quad ; \quad \varphi(u) = u^{\lambda}$$

$$\frac{\mathrm{d}}{\mathrm{d}x}\left(f(x)\right)^{\lambda} = \frac{\mathrm{d}}{\mathrm{d}u}u^{\lambda} \cdot \frac{\mathrm{d}}{\mathrm{d}x}u(x) = n \cdot u^{\lambda-1} \cdot f(x) = \lambda \cdot \left(f(x)\right)^{\lambda}$$

$$\Rightarrow \frac{\mathrm{d}^{i}}{\mathrm{d}x^{i}}\left(f(x)\right)^{\lambda} = \underline{\underline{\lambda^{i} \cdot \left(f(x)\right)^{\lambda}}}$$

Nach jeder Ableitung spaltet sich ein Faktor λ ab – der Rest bleibt unverändert. An der Stelle $x = 0$ ergibt sich dann wieder etwas Einfaches:

(7.20.19)

$$\Rightarrow \left.\frac{\mathrm{d}^{i}}{\mathrm{d}x^{i}}\left(f(x)\right)^{\lambda}\right|_{x=0} = \lambda^{i} \cdot \left(f(0)\right)^{\lambda} = \underline{\underline{\lambda^{i}}}$$

Analog zu *(7.20.16)* erhalten wir die fehlende Bestätigung der Rechenregel für das Potenzieren. Beachten Sie: *(7.20.20)* gilt ebenfalls, wenn man λ und x vertauscht!

(7.20.20)

$$\underline{\underline{\left(f(x)\right)^{\lambda}}} = \underbrace{\sum_{i=1}^{\infty} \frac{\lambda^{i}}{i!} \cdot x^{i}}_{\lambda^{i} \cdot x^{i} = (\lambda \cdot x)^{i}\,!} = \sum_{i=1}^{\infty} \frac{1^{i}}{i!} \cdot (\lambda \cdot x)^{i} = \underline{\underline{f(\lambda \cdot x)}}$$

Notieren wir noch die komplette Rechenregel:

(7.20.21)

$$\left(f(x)\right)^{\lambda} = \left(f(\lambda)\right)^{x} = f(\lambda \cdot x) \quad \text{bzw.} \quad \underline{\underline{\left(\mathrm{e}^{x}\right)^{\lambda} = \left(\mathrm{e}^{\lambda}\right)^{x} = \mathrm{e}^{\lambda \cdot x}}}$$

Der Schleier um die Lawinenfunktion ist damit gelüftet. Sie gehorcht sämtlichen Gesetzen für Potenzen – und das bei einer irrationalen Basis! Da die Taylorreihe für alle reellen Argumente konvergiert, darf auch das Argument irrational sein. Wir können somit die (unübliche) Bezeichnung „Lawinenfunktion" beiseitelassen, die Funktionswerte als Potenzen schreiben und sie wie üblich *Exponentialfunktion* bzw. kurz **e**-*Funktion* nennen. In folgendem Merksatz finden Sie eine Zusammenfassung der Regeln für diese Funktion.

Überschaubare Regeln!

Merksatz 7.20.1

Merke:

Für die e-Funktion gelten die Rechenregeln für Potenzen:

I) $\mathrm{e}^{x_0} \cdot \mathrm{e}^{x_1} = \mathrm{e}^{x_0 + x_1}$ II) $\dfrac{\mathrm{e}^{x_0}}{\mathrm{e}^{x_1}} = \mathrm{e}^{x_0 - x_1}$ III) $\left(\mathrm{e}^{x}\right)^{\lambda} = \left(\mathrm{e}^{\lambda}\right)^{x} = \mathrm{e}^{\lambda \cdot x}$

Für die Ableitungen und Stammfunktion der e-Funktion gilt:

$\dfrac{\mathrm{d}}{\mathrm{d}x}\mathrm{e}^{x} = \mathrm{e}^{x}$ bzw. $\int \mathrm{e}^{x}\mathrm{d}x = \mathrm{e}^{x} + C$

Vergleichen Sie!

$y = \mathrm{e}^{\sin(x^2+1)}$

$y = \exp\left[\sin(x^2+1)\right]$

Dass das Argument im Exponenten steht, ist manchmal schreibtechnisch lästig. Wenn nämlich die e-Funktion mit anderen Funktionen verknüpft wird, kann es sein, dass ein umfangreicher Funktionsterm verkleinert in den Exponenten gequetscht werden muss. Diesem Fall begegnet man mit einer Schreibweise analog zu den Winkelfunktionen. Die e-Funktion bekommt einen Namen aus drei Buchstaben (exp) und dieser wird als Präfix vor das Klammerpaket mit dem Argument gesetzt:

Gewöhnen Sie sich unbedingt an beide Schreibweisen!

$$y = \mathrm{e}^x \quad \text{alternativ} \quad y = \exp(x) \tag{7.20.22}$$

Bild 7.20.2 zeigt den Graphen der e-Funktion von $x = -4$ bis $x = 2$. Wenn der Graph die Entwicklung unserer Modelllawine zeigen soll, muss das Beispiel etwas modifiziert werden, damit auch negative Zeiten einen Sinn haben. Nehmen wir einfach an, dass sich eine geringe Schneemenge schon vor $x = 0$ in Bewegung gesetzt hat und bis zur Zeit $x = 0$ auf eine Masse von einer Tonne angewachsen ist.

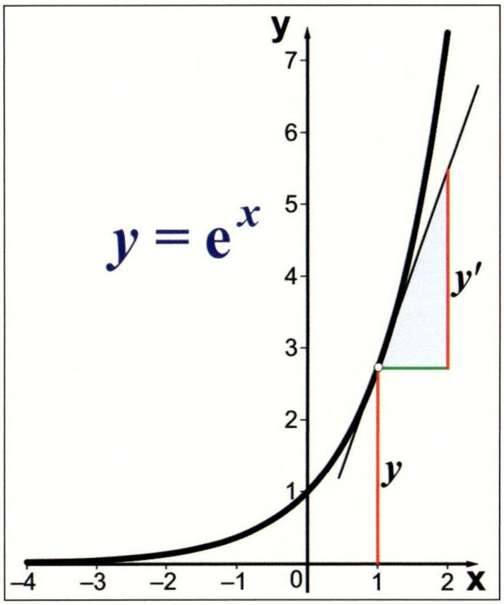

Beachten Sie: Durch Wahl der speziellen Ankathete gleich eins, ist die Länge der Gegenkathete gleich der Steigung!

$y' = y$

Bild 7.20.2
Graph der e-Funktion mit dem Punkt (1, e)

In *Bild 7.20.2* ist zu erkennen, dass der Graph der e-Funktion auf der negativen Seite asymptotisch gegen null strebt (*vgl. Bild 7.7.3, 7.19.4*). Um die Gleichung $y' = y$ zu demonstrieren, wurde im Bild exemplarisch die Stelle $x = 1$ ausgewählt und dort eine Tangente an den Graphen eingezeichnet. Die Länge der Ankathete des zugehörigen Steigungsdreiecks wurde eins gewählt. Auf diese Weise wird die Gleichheit von Steigung und Funktionswert illustriert.

Eine Potenz – aber keine Potenzfunktion!

Anfänger kommen leicht auf die Idee, die e-Funktion für eine Potenzfunktion zu halten. Das ist definitiv falsch. Bei der e-Funktion handelt es sich genau wie bei den Winkelfunktionen um eine transzendente Funktion, deren Funktionswerte nicht (exakt) mit Papier und Bleistift berechenbar sind. Entwarnung gibt es natürlich auch hier! Auf allen (elektronischen) Rechnern sind Funktionsunterprogramme für die e-Funktion implementiert, die Werte in hervorragender Genauigkeit liefern – wir kommen noch darauf zurück.

Für Rechner aller Art kein Problem!

Wer gewinnt, die Potenzfunktion oder die e-Funktion?

Man könnte sich fragen, ob es eine Potenzfunktion gibt, die stärker ansteigt als die e-Funktion. Lassen wir also einmal eine Potenzfunktion gegen eine e-Funktion antreten und schauen mittels der bewährten Regel von l'Hospital nach, wer „gewinnt".

(7.20.23)

$$\lim_{x\to\infty}\frac{x^n}{e^x}=\lim_{x\to\infty}\frac{n\cdot x^{n-1}}{e^x}=\lim_{x\to\infty}\frac{n\cdot(n-1)\,x^{n-2}}{e^x}=\ldots=\lim_{x\to\infty}\frac{n!}{e^x}=0$$

Das hintere Ende der mittels l'Hospital ermittelten Kette bringt es an den Tag: Im Zähler steht nur noch eine feste Zahl und im Nenner eine streng monoton steigende Funktion. Der Bruchterm strebt gegen null.

Merksatz 7.20.2

Merke:
Die e-Funktion wächst stärker als jede Potenz von x.

$$\lim_{x\to\infty}\frac{x^n}{e^x}=0$$

Kehren wir noch einmal zu unserer ursprünglichen Lawine zurück! Wir müssen den Spezialfall $\alpha = 1$ verlassen! Auch muss die Masse zur Zeit $x = 0$ nicht unbedingt eine Tonne betragen. Nennen wir die verallgemeinerte Lawinenfunktion vorläufig F! Um deren Werte zu finden, braucht man nur die Schritte (*7.20.4*) bis (*7.20.7*) zu wiederholen (*s. 7.20.24 bis 7.20.26*).

(7.20.24)

$$F'(x)=\alpha\cdot F(x)\Rightarrow F''(x)=\alpha\cdot F'(x)\Rightarrow\ldots\Rightarrow F^{(i)}(x)=\alpha\cdot F^{(i-1)}(x)$$
$$\Rightarrow \underline{\underline{F^{(i)}(x)=\alpha^i\cdot F(x)}}$$

Wenn wir jetzt $F(0) = C$ setzen, ergibt sich für die Ableitungen zur Zeit $x = 0$:

(7.20.25)

$$F(0)=C;\ F'(0)=C\cdot\alpha^1;\ F''=C\cdot\alpha^2;\ \ldots;\ F^{(i)}(0)=C\cdot\alpha^i$$

Mithilfe von (*7.20.25*) können wir die McLaurinreihe „hinschreiben“ und erhalten schließlich Folgendes:

(7.20.26)

$$\underline{\underline{F(x)}}=\underbrace{\sum_{i=1}^{\infty}\frac{C\cdot\alpha^i}{i!}\cdot x^i}_{C\text{ ausklammern!}}=C\cdot\underbrace{\sum_{i=1}^{\infty}\frac{\alpha^i}{i!}\cdot x^i}_{\alpha^i\cdot x^i=(\alpha\cdot x)^i\,!}$$
$$=C\cdot\underbrace{\sum_{i=1}^{\infty}\frac{1}{i!}\cdot(\alpha\cdot x)^i}_{=e^{\alpha\cdot x}}=\underline{\underline{C\cdot e^{\alpha\cdot x}}}$$

Mit den Parametern α und C wird die e-Funktion auf realistische Wachstumsprozesse anwendbar.

Die relative Wachstumsrate erscheint als Faktor im Exponenten der e-Funktion. Der Anfangswert wird schlicht zum Faktor vor der e-Funktion. Die so mit den Parametern α und C ausgestattete e-Funktion wird Ihnen bei der Beschreibung exponentieller Wachstumsprozesse – dann aber zumeist mit der Variablen t – noch sehr häufig begegnen.

Merksatz 7.20.3

Merke:
Die Funktion
$y=C\cdot e^{\alpha\cdot x}$ bzw. $y=C\cdot\exp(\alpha\cdot x)$
ist allgemeine Lösung der Differenzialgleichung
$y'=\alpha\cdot y$.

7.21 Exponentielle Zerfalls- und Abklingprozesse

Im vorangegangenen Abschnitt hatten wir die Differenzialgleichung (*7.20.3*) an eine hypothetische Lawine angepasst. Deshalb musste der Parameter α, der damit die Bedeutung einer relativen Zuwachsrate bekam, positiv sein. In der Praxis spielen jedoch nicht nur exponentielle Wachstumsprozesse, sondern auch exponentielle Zerfalls- und Abklingprozesse eine große Rolle. Mit denen wollen wir uns in diesem Abschnitt beschäftigen. Standardbeispiel ist der radioaktive Zerfall.

Diesmal ist das Beispiel realistisch!

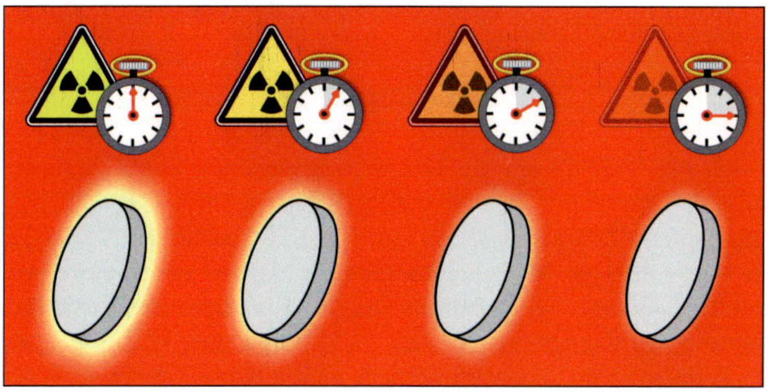

Bild 7.21.1
Strahlung einer aktivierten Silberscheibe

Wenn man eine Silberscheibe einer Bestrahlung mit (thermischen) Neutronen aussetzt, passiert etwas Merkwürdiges. Einige der sonst ganz harmlosen Silberatome der Scheibe reagieren mit den Neutronen und werden in Silberisotope (Ag108 und Ag110) umgewandelt. Diese veränderten Silberatome sind instabil, zerfallen nach und nach unter Aussendung radioaktiver Strahlung. Die messbare, aber nicht sichtbare Strahlung ist in *Bild 7.21.1* durch einen gelben Schein illustriert. Nach dem Zerfall sind aus den Silberatomen stabile Cadmiumatome geworden. Wir beziehen uns in unserem Beispiel auf das Schicksal der nach der Neutronenbestrahlung entstandenen instabilen Ag108-Atome. Dabei nehmen wir an, dass zum Zeitpunkt $t = 0$ N_0 Ag108-Atome vorhanden sind. Nun zerfällt ein einzelnes Atom „spontan" – d. h. so, als würde der liebe Gott den Zerfallszeitpunkt auswürfeln. Damit ist die Anzahl der Zerfälle dN proportional zu der momentanen Anzahl $N = N(t)$ und natürlich der Größe des Zeitintervalls dt. $N(t)$ sind die noch unzerfallenen Ag108-Atome. Es lässt sich analog zu den Überlegungen im letzten Kapitel eine Differenzialgleichung entwickeln:

Es gibt auch eine „Kernchemie".

Die Strahlung ist nicht sichtbar!

Überinterpretieren Sie nicht die Vokabel „Zerfall"! Aus dem Silberkern wird ein Cadmiumkern!

$$\mathrm{d}N \sim -N \cdot \mathrm{d}t \qquad (7.21.1)$$

Wir erinnern uns, ein Differenzial lässt sich als Änderung interpretieren. Da es sich bei dN nicht um einen Zuwachs, sondern um eine Abnahme handelt, muss diese Änderung negativ sein – deshalb das Minuszeichen. Nach Einführung eines Proportionalitätsfaktors und der Division der Gleichung durch dt, erhalten wir die „Differenzialgleichung":

Unentbehrliche Vokabel: „Änderung"

(7.21.2)

$$\frac{dN}{dt} = -\lambda \cdot N \quad \text{mit} \quad \lambda > 0$$

Beschreibt realistische Zerfallsprozesse: Die e-Funktion mit negativem Exponenten und zwei Parametern.

Eigentlich ist eine Differenzialgleichung nur mit reellen Zahlenwerten sinnvoll – hier ist aber von natürlichen Zahlen die Rede! In Fällen, wo ein einzelnes Teilchen im Verhältnis zu der Gesamtzahl verschwindend gering ist, kann man bedenkenlos so tun, als ob es sich um kontinuierliche Größen handelt. Trotz der geänderten Variablen- und Parameternamen sollten Sie (unbedingt!) erkennen, dass es sich bei Gleichung (*7.21.2*) lediglich um einen Sonderfall der Differenzialgleichung (*7.20.3*) handelt. Die gesuchte Funktion heißt jetzt lediglich N anstatt f und aus dem Parameter α ist jetzt $(-\lambda)$ geworden. Deshalb können wir die Lösung *Merksatz 7.20.3* entnehmen und brauchen nur noch die entsprechenden Umbenennungen auszuführen.

(7.21.3)

$$N(t) = N_0 \cdot e^{-\lambda \cdot t}$$

Die Zerfallsrate sinkt!

Falls es sich bei (*7.21.2*) um die Differenzialgleichung eines Zerfalls handelt, könnte man den Parameter λ relative Zerfallsrate nennen – tatsächlich sagt man in der Praxis meist *Zerfallskonstante*. Im Falle des instabilen Ag108 beträgt sie 0,3 1/min – also 30 % pro Minute. Beachten Sie, dass es sich um eine momentane Rate handelt! Nach einer Minute sind nicht – wie ein Laie erwarten würde – 70 % der Silberatome vorhanden, sondern ca. 74 %. Gleichung (*7.21.2*) entsprechend, sinkt die *Zerfallsrate* dN/dt kontinuierlich, da die Anzahl der Ag108-Atome, die noch zerfallen könnten, ständig abnimmt.

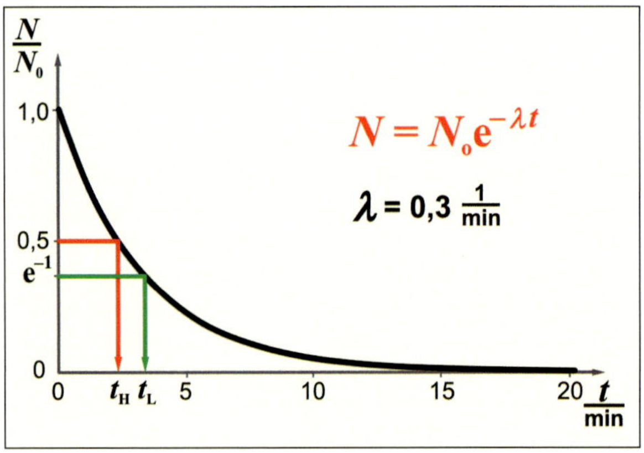

Bild 7.21.2
Graph einer e-Funktion mit negativem Exponenten

Durch diesen Trick werden Zerfallsprozesse mit unterschiedlichen Anfangswerten vergleichbar.

Bild 7.21.2 stellt den Zerfall von Ag108 grafisch dar. Beachten Sie bitte die Einheit auf der vertikalen Achse! Der Anfangswert N_0 wurde als Einheit verwendet. Man sieht sehr gut den asymptotischen Verlauf von $N(t)$. Nach 20 Minuten beträgt N/N_0 gerade noch $2{,}5 \cdot 10^{-3}$, das sind 2,5 ‰. Entsprechend gering sind die Zerfallsrate und die damit verbundene Strahlung.

Eine gute Kenngröße für einen (exponentiellen) Zerfallsprozess ist diejenige Zeit, nach der nur noch die Hälfte der ursprünglichen Objekte vorhanden sind. Diese Zeit nennt man *Halbwertszeit* – sie beträgt im vorliegenden Beispiel 2,3 min. Die Zeit, nach der die Anzahl der noch „überlebenden" Objekte auf den „**e**-ten Teil" (ca. 36,8 %) der ursprünglichen Anzahl abgesunken ist, wäre ebenfalls eine brauchbare Kenngröße – man nennt sie *Lebensdauer*:

Halbwertszeit und Lebensdauer

$$e^{-1} = \frac{N}{N_0} = e^{-\lambda \cdot t_L} \quad \Rightarrow \quad \lambda \cdot t_L = 1 \quad \Rightarrow \quad \underline{\underline{t_L = \frac{1}{\lambda}}} \tag{7.21.4}$$

Man sieht anhand von (*7.21.4*) leicht ein, dass der Betrag des Exponenten eins sein muss, wenn 1/e (= e^{-1}) der ursprünglichen Atome überlebt haben. Die Lebensdauer stellt sich somit als reziproke Zerfallskonstante heraus. (Da zur Herleitung der Halbwertszeit der Logarithmus benötigt wird, finden Sie die Formel dazu erst im nächsten Abschnitt.) Wenn gewünscht, kann man die Zerfallskonstante in (*7.21.4*) durch die reziproke Lebensdauer ersetzen:

Für Laien etwas verständlicher.

$$\lambda = \frac{1}{t_L}: \quad N = N_0 \cdot e^{-\frac{t}{t_L}} \tag{7.21.5}$$

Im Folgenden wird gezeigt, dass die grafische Darstellung der Zerfallsfunktion in *Bild 7.21.2* gar nicht speziell ist und ohne Weiteres als Graph der „e-hoch-minus-x-Funktion" angesehen werden kann. Man muss neben dem Anfangswert N_0 auch die Lebensdauer t_L als Einheit verwenden und die Quotienten in y bzw. x umbenennen.

$$N = N_0 e^{-\frac{t}{t_L}} \;\Big|\, : N_0; \quad \frac{N}{N_0} := y; \quad \frac{t}{t_L} := x \quad \Rightarrow \quad \underline{\underline{y = e^{-x}}} \tag{7.21.6}$$

Rein geometrisch gesehen ist der Graph der e^{-x}-Funktion nicht aufregend, denn er geht durch eine Spiegelung an der vertikalen Achse aus dem e^x-Graphen hervor:

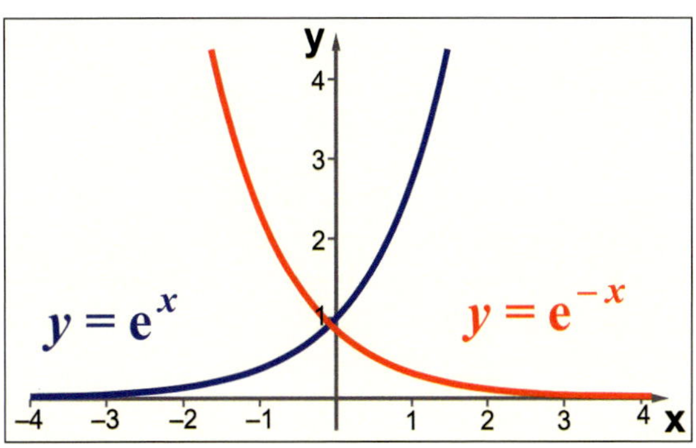

Bild 7.21.3
Gegenüberstellung der Graphen von e^x und e^{-x}

Lassen Sie sich nicht zu der Annahme verleiten, dass die Exponentialfunktion einzig zur Beschreibung von Wachstums- oder Zerfallsprozessen benutzt wird. Exponentialfunktionen tauchen in vielen wichtigen Formeln in Naturwissenschaft und Technik auf – zumeist in Kombination mit anderen Verknüpfungen und gespickt mit vielen Parametern.

Beispiel: die Gaußsche Funktion

7.22 Der Logarithmus

Kommen wir auf unsere Modelllawine aus Abschnitt 7.20 zurück! Dort konnten wir zeigen, dass die zeitliche Entwicklung der Masse einer idealisierten Lawine durch die e-Funktion beschrieben werden kann. Es könnte umgekehrt auch von Interesse sein, die Zeit zu berechnen, die die Lawine benötigt, um eine vorgegebene Masse zu erreichen. Dazu benötigt man die Umkehrfunktion der e-Funktion. Der ausführliche Name dieser Funktion ist *natürlicher Logarithmus* (**l**ogarithmus **n**aturalis). Funktionswerte des natürlichen Logarithmus werden mit dem Präfix ln, gefolgt von dem Klammerpaket mit der Variablen, dargestellt.

Umkehrfunktion der e-Funktion

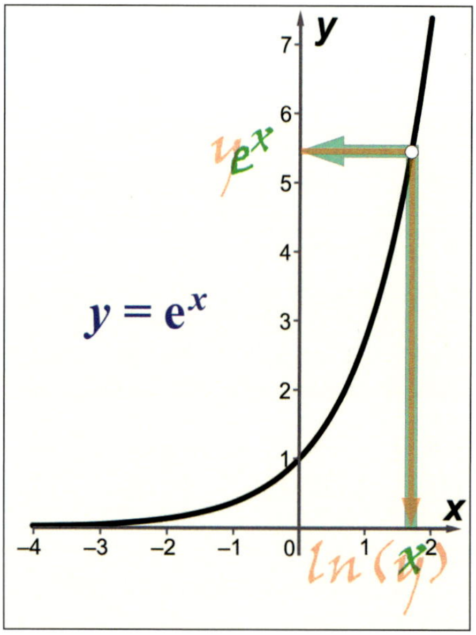

Bild 7.22.1
Umkehrung der e-Funktion

In *Bild 7.22.1* sind – ähnlich wie in den Abschnitten 7.1/7.2 – die Zuordnungen der Exponentialfunktion und des natürlichen Logarithmus illustriert. Die Variable x hat die Bedeutung des Exponenten zur Basis **e**. Kehrt man den Zuordnungspfeil um, sucht man zu einer bestimmten Zahl y eine Zahl x, sodass $y = \mathbf{e}^x$. Der Logarithmus ist sozusagen eine Suchform für einen Exponenten (zur Basis **e**). Damit sind die beiden wichtigsten Werte des natürlichen Logarithmus sofort klar: Da $\mathbf{e}^0$ gleich eins ist, muss ln(1) null sein. Und da $\mathbf{e}^1 = \mathbf{e}$ ist, muss der natürliche Logarithmus der Eulerschen Zahl **e** exakt eins ergeben.

Logarithmus: „Suchform" für Exponenten

Keine Einschränkung des Definitionsbereichs erforderlich!

Der Definitionsbereich der e-Funktion umfasst alle reellen Zahlen und ist dort überall streng monoton steigend. Der Wertebereich besteht aus den positiven reellen Zahlen. Die Werte der e-Funktion werden zwar für betragsmäßig große negative Argumente beliebig klein, aber nie null. Notieren wir die e-Funktion, um die Verhältnisse in einem Blick zu haben, in Mengendarstellung!

(7.22.1)
$$\exp = \left\{ (x, y) \in \mathbb{R} \times \mathbb{R}_{>0} \mid y = \mathrm{e}^x \right\}$$

Für die Umkehrfunktion, den natürlichen Logarithmus, kehren sich Definitionsbereich und Wertebereich um.

$$\ln = \left\{ (x,y) \in \mathbb{R}_{>0} \times \mathbb{R} \mid x = \mathrm{e}^{y} \right\} \tag{7.22.2}$$

In *Bild 7.22.2* ist der Graph des natürlichen Logarithmus mit den nun umbenannten Variablen dargestellt. Beachten Sie: Der Definitionsbereich der Logarithmusfunktion besteht (nur) aus den positiven reellen Zahlen!

Eselsbrücke: „e-hoch-wie viel-ist-gleich-x“

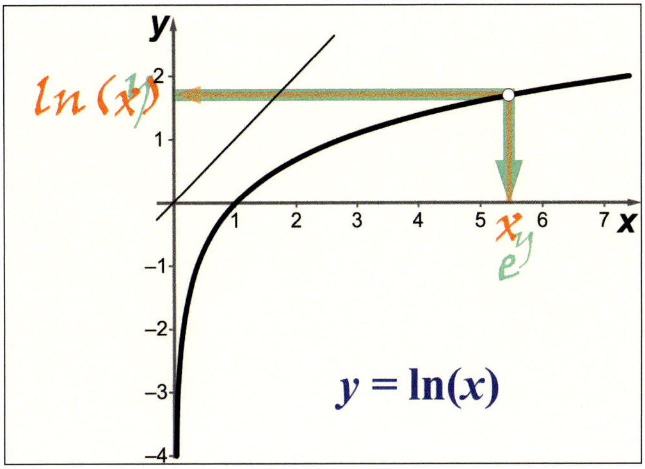

Die Steigung an der Stelle null ist gleich eins.

Bild 7.22.2
Graph des natürlichen Logarithmus

Die Verkettung einer Funktion mit ihrer Umkehrfunktion ergibt stets die Identität (*vgl.* (*7.1.7*), (*7.1.8*), (*7.1.9*)). Machen Sie sich unbedingt mit den Verkettungen in **beiden** Schreibweisen vertraut:

$$\begin{aligned} \ln\left(\mathrm{e}^{x}\right) &= x \quad \text{bzw.} \quad \ln\left(\exp(x)\right) = x \\ \mathrm{e}^{\ln(x)} &= x \quad \text{bzw.} \quad \exp\left(\ln(x)\right) = x \end{aligned} \tag{7.22.3}$$

Schauen wir zunächst mithilfe von (*7.22.3*) nach, wie sich die Rechenregeln in *Merksatz 7.20.1* für die e-Funktion auf deren Umkehrfunktion auswirken! Bilden wir dazu den Logarithmus aus einem Produkt und verwenden das Ergebnis als Argument für die e-Funktion! Mithilfe von (*7.22.3*) und den Rechenregeln für Potenzen ergibt sich die Gleichungskette:

Rechenregeln für den Logarithmus

$$\mathrm{e}^{\ln(x_0 \cdot x_1)} = x_0 \cdot x_1 = \mathrm{e}^{\ln(x_0)} \cdot \mathrm{e}^{\ln(x_1)} = \mathrm{e}^{\ln(x_0)+\ln(x_1)} \tag{7.22.4}$$

Ebenso verfährt man mit dem Logarithmus aus einem Quotienten.

$$\mathrm{e}^{\ln\left(\frac{x_0}{x_1}\right)} = \frac{x_0}{x_1} = \frac{\mathrm{e}^{\ln(x_0)}}{\mathrm{e}^{\ln(x_1)}} \cdot = \mathrm{e}^{\ln(x_0)-\ln(x_1)} \tag{7.22.5}$$

Es fehlt noch der Logarithmus aus einer Potenz! Der Parameter λ steht für irgendeine reelle Zahl!

(7.22.6)

$$e^{\ln(x^\lambda)} = x^\lambda = \left(e^{\ln(x)}\right)^\lambda = e^{\lambda \cdot \ln(x)}$$

Gleichheit nur, wenn auch die Exponenten gleich sind.

Da die e-Funktion ohne Einschränkung umkehrbar ist, sind Anfang und Ende der Gleichungsketten (*7.22.4*), (*7.22.5*) und (*7.22.6*) genau dann gleich, wenn die Exponenten gleich sind. Diese Exponentengleichungen stellen die wichtigen Rechenregeln für Logarithmen dar und sind in folgendem Merksatz zusammengefasst.

Merksatz 7.22.1

Rechenregeln für den natürlichen Logarithmus:

I) $\ln(x_0 \cdot x_1) = \ln(x_0) + \ln(x_1)$

II) $\ln\left(\frac{x_0}{x_1}\right) = \ln(x_0) - \ln(x_1)$

III) $\ln(x^\lambda) = \lambda \cdot \ln(x)$

Spezielle Werte: $\ln(1) = 0$, $\ln(e) = 1$, $\ln(x) < 0$ für $x \in (0, 1)$

Zur Herleitung der Ableitungsregel benutzen wir wieder die allgemeine Formel für Umkehrfunktionen (*7.1.10*).

(7.22.7)

$$y := \ln(x); \quad x = e^y$$

$$\frac{d}{dx}\ln(x) = \frac{1}{\frac{d}{dy}e^y} = \frac{1}{e^y} = \underline{\underline{\frac{1}{x}}}$$

Die Hyperbelfunktion ist Ableitungsfunktion der Logarithmusfunktion!

Das Ergebnis von (*7.22.7*) ist erstaunlich! Die Ableitungsfunktion ist eine gebrochen rationale Funktion – eine simple Hyperbelfunktion! Da die Steigung mit größer werdendem Argument gegen null geht, könnte man versucht sein anzunehmen, der Graph des Logarithmus hätte eine horizontale Asymptote. Hat er aber nicht – der Wertebereich der Logarithmusfunktion ist nicht beschränkt (*vgl. 7.22.2*).

Beachten Sie, n muss nicht ganzzahlig sein!

Übertrifft die e-Funktion letzten Endes alle Potenzfunktionen, so gilt für die Logarithmusfunktion das Umgekehrte. Sie wird zu guter Letzt von jeder Potenzfunktion mit positivem Exponenten übertroffen. Um das zu zeigen, benutzen wir wieder l'Hospital:

(7.22.8)

$$\lim_{x\to\infty} \frac{\ln(x)}{x^n} = \lim_{x\to\infty} \frac{\frac{1}{x}}{nx^{n-1}} = \lim_{x\to\infty} \frac{1}{nx^n} = 0 \qquad n > 0$$

Der Graph des Logarithmus stürzt für x gegen null in den Abgrund – gegen minus unendlich. Man könnte die Logarithmusfunktion versuchsweise in der Umgebung der Stelle null mit einer negativen Hyperbelfunktion konkurrieren lassen. Die Werte der Hyperbelfunktion streben für x gegen null ebenfalls gegen minus unendlich.

$$\lim_{x\to 0}\frac{\ln(x)}{-x^{-n}}=\lim_{x\to 0}\frac{\frac{1}{x}}{nx^{-n-1}}=\lim_{x\to 0}\frac{x^{n+1}}{nx}=\lim_{x\to 0}\frac{x^n}{n}=0 \qquad (7.22.9)$$

Unglaubliche Eigenschaft!

Das Ergebnis ist kaum fassbar. Jede Potenzfunktion mit negativem Exponenten stürzt für x gegen null stärker ins negative Unendlich als die Logarithmusfunktion. Die Stelle null ist offenbar keine (normale) Polstelle. Sie werden später in Ihrem Studium in der Funktionentheorie Genaueres darüber erfahren. (Das Minuszeichen am Anfang der Gleichungskette (*7.22.9*) hat nur kosmetische Gründe – es vermeidet ein negatives Vorzeichen für die restlichen Glieder der Kette.)

Darstellung des Logarithmus durch eine Taylorreihe

Wie bei den anderen transzendenten Funktionen auch, braucht man sich über die Funktionswerte des natürlichen Logarithmus kaum noch Gedanken zu machen. Entsprechende Funktionsunterprogramme sind in jedem Rechner implementiert. Auch wenn Sie nie auf einer einsamen Insel händeringend nach einer Möglichkeit suchen müssen, Logarithmuswerte zu berechnen, steht im Notfall – da die Ableitung der Logarithmusfunktion bekannt ist – immer das „Universalwerkzeug“ Taylorreihe im Hintergrund. Weil im Falle des Logarithmus die Stelle null nicht zur Verfügung steht, muss auf die Stelle eins ausgewichen werden.

$$\begin{array}{ll}
f(x)=\ln x & \Rightarrow f(1)=0 \\
f'(x)=+x^{-1} & \Rightarrow f'(1)=+1 \\
f''(x)=-1\cdot x^{-2} & \Rightarrow f''(1)=-1 \\
f'''(x)=+1\cdot 2\cdot x^{-3} & \Rightarrow f'''(1)=+1\cdot 2 \\
f^{(4)}(x)=-1\cdot 2\cdot 3\cdot x^{-4} & \Rightarrow f^{(4)}(1)=-1\cdot 2\cdot 3 \\
\ldots &
\end{array}
\left.\vphantom{\begin{array}{l}a\\a\\a\\a\\a\end{array}}\right\} f^{(n)}(1)=(-1)^{n-1}\cdot(n-1)! \qquad (7.22.10)$$

Damit ergibt sich die im Folgenden dargestellte Reihe.

$$\ln x=\sum_{i=1}^{\infty}(-1)^{i-1}\frac{(i-1)!}{i!}(x-1)^i=\sum_{i=1}^{\infty}(-1)^{i-1}\frac{(x-1)^i}{i} \qquad (7.22.11)$$

Üblicherweise stellt man die Reihe lieber in der kompakteren alternativen Fassung dar:

$$\ln(x+1)=\frac{x}{1}-\frac{x^2}{2}+\frac{x^3}{3}-\frac{x^4}{4}+\ldots-\ldots \quad \text{konv. für } 0<x\leq 1 \qquad (7.22.12)$$

Kleiner Konvergenzbereich!

Anders als bei der e-Funktion und beim Sinus steigen beim Logarithmus die Werte höherer Ableitungen betragsmäßig rasant an. Sorgte sonst die Fakultät im Nenner für rasche Konvergenz, kürzen sich hier fast die kompletten Fakultäten heraus und es verbleibt gerade einmal der Laufindex selbst im Nenner. Die Reihe erfüllt das Quotientenkriterium nur für $|x-1|<1$! Tatsächlich konvergiert die Reihe auch noch für $x=1$, denn es handelt sich um eine alternierende Reihe. Damit vermindern sich benachbarte Summanden paarweise. Man kann zeigen, dass alternierende Reihen konvergieren, wenn die Summanden eine Nullfolge bilden. Somit wäre im Prinzip mit (*7.22.12*) ln2 noch berechenbar. Freude wird man daran aber nicht

Äußerst schwache Konvergenz

haben, denn die Reihe konvergiert so schwach, dass mehr als 10.000 Summanden addiert werden müssen, um eine vernünftige Genauigkeit zu erzielen. Verkettet man die Logarithmusfunktion mit einer geeigneten gebrochen rationalen Funktion und entwickelt diese in eine Taylorreihe, kommt man zu einer Reihe, die wesentlich schneller konvergiert und auch praktische Berechnung von Logarithmuswerten ermöglicht:

(7.22.13)

$$\ln\left(\frac{1+x}{1-x}\right) = 2\left[\frac{x}{1}+\frac{x^3}{3}+\frac{x^5}{5}+\frac{x^7}{7}+\ \dots\right] \quad \text{konv. für } |x|<1$$

Um ln10 auszurechnen ($x = 9/11$), benötigt man für neun signifikante Stellen 40 Summanden. Benutzen wir die Rechenregeln für den Logarithmus aus *Merksatz 7.22.1*, um den Logarithmus einer Zahl in Gleitkommadarstellung zu ermitteln:

(7.22.14)

$$\ln\left(6{,}01\cdot 10^{23}\right) = \ln(6{,}01)+\ln\left(10^{23}\right) = \underline{\underline{\ln(6{,}01)+23\cdot\ln(10)}}$$

Logarithmen größerer Zahlen als 10 sind nicht erforderlich.

Der Logarithmus zerfällt in zwei Summanden. Der erste ist der Logarithmus aus der Mantisse und der zweite besteht aus dem Produkt aus Exponent und ln(10). Da die Mantisse 10 nicht überschreitet, sind Logarithmen über 10 nicht erforderlich. Natürlich sind in allen elektronischen Rechnern geeignete Funktionsunterprogramme implementiert, sodass bereits relativ einfache Taschenrechner genaue Funktionswerte des natürlichen Logarithmus liefern.

Mithilfe der Logarithmusfunktion ist es möglich Gleichungen zu lösen, bei denen die Variable im Exponenten steht. Schauen wir uns dazu zwei typische „Textaufgaben“ aus der Schule an, die zu derartigen Gleichungen führen!

Schulaufgabe I

Schulaufgabe I:

Eine Gruppe von 20 Steinläusen (Petrophaga Lorioti) findet in Amerika ein neues Revier. Dank des reichhaltigen Nahrungsangebots ist die Gruppe bereits nach 30 Tagen auf eine Population von 148 Tieren angewachsen.

a) Ermitteln Sie – exp. Wachstum vorausgesetzt – eine Funktion, die die Populationsentwicklung beschreibt.
b) In welcher Zeit hat sich die Population verdoppelt?
c) In welcher Zeit hat die Population die Millionengrenze erreicht?

Auch wenn ein Wachstumsprozess nicht exponentiell verläuft, ist exp. Wachstum immer noch als Näherung oder Abschätzung verwendbar!

In der ersten Teilaufgabe ist eine Funktion gefordert. Da exponentielles Wachstum vorausgesetzt ist, steht als Funktionsterm eine e-Funktion bereits fest (*s. Merksatz 7.20.3*). Es müssen nur noch die speziellen Parameter α und C an die Aufgabendaten angepasst werden. Der Parameter C ist gleich dem Anfangswert und bereits gegeben. Es verbleibt eine Gleichung vom oben genannten Typ. Zu ermitteln ist der Parameter α. Die weitere Vorgehensweise besteht darin, dass man so eine Gleichung logarithmiert, d. h., man geht in die Exponentenebene. Es entstehen dadurch zumeist lineare Gleichungen, die leicht nach der gesuchten Größe aufgelöst werden können.

In den Teilaufgaben b und c werden zu vorgegebenen Funktionswerten die Argumente (Zeiten) gesucht. Auch dabei entstehen Gleichungen mit den gesuchten Größen im Exponenten, aus denen nach dem Logarithmieren leicht lösbare Gleichungen werden. Beachten Sie: Die e-Funktion ist uneingeschränkt umkehrbar – folglich ist das Logarithmieren eine Äquivalenzumformung. Sehen wir uns im Folgenden eine konkrete Schülerrechnung an.

Beachten Sie: Das Logarithmieren einer Relation ist eine Äquivalenzumformung!

Zu a) $y = Ce^{\alpha \cdot t}$

$\frac{t}{d}$	$\frac{y}{\text{Tiere}}$
0	20
30	148

$$y(0)=C=20$$
$$148=20e^{\alpha\cdot 30d} \quad |:20$$
$$\Leftrightarrow 74=e^{\alpha\cdot 30d} \quad |\ln\ldots$$
$$\Leftrightarrow \ln(7,4)=\alpha\cdot 30d \quad |:30d$$
$$\alpha = \frac{\ln(7,4)}{30d} = 0,067\tfrac{1}{d}$$
$$y = 20e^{0,067\frac{1}{d}\cdot t}$$

Zu b)
$$40=20e^{0,067\frac{1}{d}\cdot t_2} \quad |:20$$
$$\Leftrightarrow 2=e^{0,067\frac{1}{d}\cdot t_2} \quad |\ln\ldots$$
$$\Leftrightarrow \ln(2)=0,067\tfrac{1}{d}\cdot t_2 \quad |:0,067\tfrac{1}{d}$$
$$\Leftrightarrow t_2=\frac{\ln(2)}{0,067\frac{1}{d}} = 10\,d$$

Zu c)
$$1000000=20e^{0,067\frac{1}{d}\cdot t_{Mio}} \quad |:20$$
$$\Leftrightarrow 50000=e^{0,067\frac{1}{d}\cdot t_{Mio}} \quad |\ln\ldots$$
$$\Leftrightarrow \ln(5000)=0,067\tfrac{1}{d}\cdot t_{Mio} \quad |:0,067\tfrac{1}{d}$$
$$\Leftrightarrow t_{Mio}=\frac{\ln(50000)}{0,067} = 160\,d$$

Bild 7.22.3
Schülerrechnung zur Populationsentwicklung der Steinläuse

Man mag sich darüber wundern, dass in der Rechnung zur „*Schulaufgabe I*" nur zwei signifikante Stellen berechnet wurden. Bei Wachstumsprozessen realer Systeme ist zu bedenken, dass die Voraussetzung für exponentielles Wachstum in der Regel nur näherungsweise erfüllt ist. Mehr Stellen würden nur eine Genauigkeit vortäuschen! Man kann bereits zufrieden sein, wenn die Zehnerpotenz stimmt. Würde man fälschlicherweise einen linearen Wachstumsprozess annehmen, würde die Population erst nach gut 200.000 Tagen auf eine Million angewachsen sein! Man hätte sich um drei Zehnerpotenzen vertan!

Täuschen Sie keine Genauigkeit vor!

Ein schwerer Fehler: Annahme eines falschen Wachstumsmechanismus!

Das Gegenstück zu Schulaufgabe I wäre ein Zerfallsprozess. Lassen wir also eine Steinlauspopulation zerfallen. Das könnte durch eine hochansteckende Krankheit oder durch Zusammenbruch der Nahrungsressourcen geschehen. In beiden Fällen könnte die Annahme gerechtfertigt sein, dass die Anzahl der pro Zeiteinheit zugrunde gehenden Individuen proportional zur (noch) vorhandenen Anzahl ist. Dann wäre die Voraussetzung für einen exponentiellen Zerfall erfüllt. Ob man im Falle eines offensichtlichen Zerfallsprozesses den Exponenten der e-Funktion negativ ansetzt oder nicht, bleibt sich gleich. Lebensdauer und Halbwertszeit siehe Abschnitt 7.21!

Exponentieller Zerfall – rechentechnisch kein großer Unterschied

Schulaufgabe II:

Die Nahrungsressourcen einer Steinlauspopulation von 10 Millionen Exemplaren gehen zur Neige. 230 Tage später ist die Population auf 1 Million geschrumpft.

a) Ermitteln Sie – exp. Zerfall vorausgesetzt – eine Funktion, die die Populationsentwicklung beschreibt.
b) Ermitteln Sie die Lebensdauer und die Halbwertszeit der Population!
c) Nach welcher Zeit sind nur noch 20 Tiere vorhanden?

Schulaufgabe II

Zu beachten: das Minus im Exponenten

Die Aufgabe unterscheidet sich von der vorherigen nur durch das Minus im Exponenten. Würde man den gleichen Funktionsansatz wie in der ersten Aufgabe nehmen, käme, wenn man die Rechenregeln richtig anwendet, ein negativer Parameter heraus. In der hier vorgestellten Schülerrechnung wurde das Minus im Exponenten in den Ansatz einbezogen. Die Berechnung der Lebensdauer und der Halbwertszeit wurde etwas abgekürzt und gleich e^{-1} bzw. 2^{-1} angesetzt.

Lebensdauer und Halbwertszeit sind proportional!

Halbwertszeit: Kernphysik
Lebensdauer: Molekülphysik

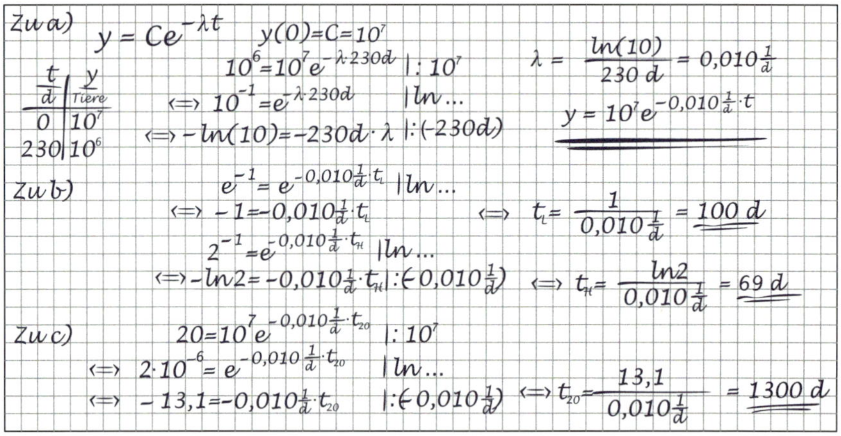

Bild 7.22.4
Schülerrechnung zum Niedergang einer Population

Für die Berechnung der Lebensdauer in *Bild 7.22.4* hätte man selbstverständlich auch die fertige Formel (*7.21.4*) verwenden können. Leiten wir analog dazu eine Formel für die Halbwertszeit her:

(7.22.15)

$$\frac{1}{2}=\frac{N}{N_0}=\mathrm{e}^{-\lambda\cdot t_L}\ \Big|\ln\ldots\quad\Rightarrow -\ln 2=-\lambda\cdot t_{\mathrm{H}}\ \Big|:(-\lambda)\quad\Rightarrow\quad \underline{\underline{t_{\mathrm{H}}=\frac{\ln 2}{\lambda}}}$$

In den Lösungen der „Schulaufgaben“ wurde die Einheit „Tage“ durch die Rechnungen mitgeschleift. Man kann das auch unterlassen und die passenden Einheiten am Schluss hinzufügen. Haben Sie bemerkt, dass in (*7.22.15*) „ln 2“ ohne Klammerpaket geschrieben wurde? Beachten Sie bitte dazu die in folgendem Merksatz aufgeführte Klammersparmöglichkeit!

Merksatz 7.22.2

Klammersparregel für spezielle Funktionen:
Funktionen mit **genormten Funktionsnamen** dürfen optional ohne Klammerpaket geschrieben werden, wenn dem Funktionsnamen nur **ein** Argument folgt! Zusätzliche Faktoren sollten (möglichst) **vor** den Funktionsnamen geschrieben werden! Malpunkte sind ebenfalls optional!

Beispiele: $\sin x$, $\arctan x$, $\ln x$, $7\sin(5x+1)$, Ce^{ax}, $C\ln(ax)$, $C\exp(\omega t)$

~~$\sin 5x+1$~~, ~~$e^{ax}C$~~, ~~$(\sin(5x+1))7$~~, ~~$\ln(ax)C$~~, ~~$\exp(\omega t)\cdot C$~~

7.23 Andere Basen gibt es auch

Bei ganzzahligen Argumenten günstig: Exponentialfunktionen mit ganzzahligen Basen.

Für die Berechnung von Funktionswerten „krummer“ Argumente ist die e-Funktion erforderlich.

Manchmal erscheint die irrationale Basis der e-Funktion lästig, und man könnte versucht sein, mit einer positiven ganzzahligen Basis zu arbeiten. Wenn Sie an die Stellenwertsysteme denken, könnten insbesondere die Basen 2 und 10 interessant sein. Tatsächlich lässt sich eine Exponentialfunktion zu einer beliebigen Basis mithilfe der e-Funktion leicht definieren. Man braucht lediglich die Basis b als Wert der e-Funktion auffassen (*s. (7.22.3) zweite Zeile*) und dann die Potenzrechenregeln anwenden. Durch einen simplen Faktor $\ln(b)$ im Exponenten lässt sich dann die „allgemeine“ Exponentialfunktion durch eine e-Funktion darstellen. Natürlich sind als Basis nur positive reelle Zahlen ohne die Eins sinnvoll.

$$b^x := \left(e^{\ln(b)}\right)^x = e^{x\cdot\ln(b)}, \quad b \in \mathbb{R}_{>0} \setminus \{1\} \tag{7.23.1}$$

Wenn man die „allgemeine“ Exponentialfunktion umkehrt, kommt man (unter Anwendung von Regel III in *Merksatz 7.22.1*) zum Logarithmus mit einer beliebigen Basis.

$$\underline{x = b^y} \;\Big|\, \ln\ldots$$

$$\Leftrightarrow \ln(x) = \ln\left(b^y\right) = y\cdot\ln(b) \Leftrightarrow \underline{\underline{y = \frac{\ln(x)}{\ln(b)} := \log_b(x)}} \tag{7.23.2}$$

Proportionale Logarithmen!

Das erstaunliche Ergebnis von (*7.23.2*): Der Logarithmus zu einer alternativen Basis und der natürliche Logarithmus sind zueinander proportional (Proportionalitätsfaktor: $1/\ln(b)$)!

Definition:
Für eine Exponentialfunktion zur Basis b und deren Umkehrfunktion gelten:

$$b^x := e^{x\cdot\ln(b)}, \quad \log_b(x) := \frac{\ln(x)}{\ln(b)}, \quad b \in \mathbb{R}_{>0} \setminus \{1\}$$

Für b^x gelten die Rechenregeln für Potenzen. Für den **dekadischen** Logarithmus ($b = 10$) und den **binären** Logarithmus ($b = 2$) schreibt man speziell:

$$\log_{10}(x) := \lg(x), \quad \log_2(x) := \mathrm{lb}(x)$$

Vorsicht: Der dekadische Logarithmus wird in Programmiersprachen, Anwendungen und auf Taschenrechnern zumeist gemäß der Dreibuchstabenkonvention mit LOG (oder log) bezeichnet!

Merksatz 7.23.1

Keine neuen Rechenregeln für alternative Logarithmen!

Wenn man die Rechenregeln für natürliche Logarithmen in *Merksatz 7.22.1* durch $\ln(b)$ dividiert, kann man gemäß (*7.23.2*) die Quotienten durch Logarithmen zur Basis b ersetzen. Man erhält auf diese Weise analoge Rechenregeln für beliebige Logarithmen. Die Ergebnisse sind in folgendem Merksatz zusammengestellt.

Merksatz 7.23.2

Rechenregeln für den allgemeinen Logarithmus:

I) $\log_b(x_0 \cdot x_1) = \log_b(x_0) + \log_b(x_1)$

II) $\log_b\left(\frac{x_0}{x_1}\right) = \log_b(x_0) - \log_b(x_1)$

III) $\log_b(x^\lambda) = \lambda \cdot \log_b(x)$

Spezielle Werte: $\log_b(1) = 0,\ \log_b(b) = 1,\ \log_b(\mathrm{e}) = 1/\ln(b)$

Oberflächlich betrachtet könnte man versucht sein, eine Exponentialfunktion mit einer „handlicheren" Basis – z. B. zehn – vorzuziehen. Der Pferdefuß liegt in der Ableitung bzw. in der Stammfunktion der alternativen Exponentialfunktion. Beachten Sie bitte die Nebenrechnung NR in der zweiten Zeile!

(7.23.3)

Es geht nicht ohne e-Funktion!

$$\frac{\mathrm{d}}{\mathrm{d}x}(b^x) = \frac{\mathrm{d}}{\mathrm{d}x}\left(\mathrm{e}^{x\ln(b)}\right) = \ln(b)\cdot \mathrm{e}^{x\ln(b)} = \underline{\underline{\frac{1}{\log_b(\mathrm{e})}\cdot b^x}}$$

$$\underline{\text{N.R}}: \log_b(\mathrm{e}) = \frac{\ln(\mathrm{e})}{\ln(b)} = \frac{1}{\ln(b)} \Rightarrow \underline{\ln(b) = \frac{1}{\log_b(\mathrm{e})}}$$

Sobald Ableitungs- oder Stammfunktionen alternativer Exponentialfunktionen benötigt werden – das ist in Wissenschaft und Technik eher die Regel als die Ausnahme – kommen anders als bei der e-Funktion hässliche irrationale Faktoren zum Vorschein und verkomplizieren Formeln unnütz.

Auch andere Basen können sinnvoll sein!

So ganz unnütz sind Exponential- und Logarithmusfunktionen zu anderen Basen doch nicht. So eignet sich die Exponentialfunktion zur Basis 2 zur Beseitigung eines Ärgernisses: Die Werte der e-Funktion lassen sich schlecht im Kopf abschätzen – nicht einmal für ganzzahlige Argumente. Bei populärwissenschaftlichen Darstellungen exponentieller Wachstums- und Zerfallsprozesse weicht man deshalb gerne auf die Basis 2 aus. Drücken wir zunächst die Zahl **e** mithilfe der Basis 2 aus (*vgl. Merksatz 7.23.2 „Spezielle Werte"*):

(7.23.4)

$$\mathrm{e} = \mathrm{e}^{\frac{\ln 2}{\ln 2}} = \left(\mathrm{e}^{\ln 2}\right)^{\frac{1}{\ln 2}} = \underline{\underline{2^{\frac{1}{\ln 2}}}} \quad \text{oder} \quad \mathrm{e} = 2^{\mathrm{lb}(\mathrm{e})} = \underline{\underline{2^{\frac{1}{\ln 2}}}}$$

Ersetzt man mithilfe von (*7.23.4*) die Basis **e** der zweiparametrigen Wachstumsfunktion (*s. Merksatz 7.20.3*) so ergibt sich:

(7.23.5)

$$y = C\cdot \mathrm{e}^{\alpha\cdot t} = C\cdot\left(2^{\frac{1}{\ln 2}}\right)^{\alpha\cdot t} = C\cdot 2^{\frac{\alpha\cdot t}{\ln 2}} = C\cdot 2^{\frac{\alpha}{\ln 2}\cdot t} = \underline{\underline{C\cdot 2^{\frac{t}{t_2}}}} \quad \text{mit} \quad t_2 := \frac{\ln 2}{\alpha}$$

Im vorherigen Abschnitt wurde in *Schulaufgabe I* die Populationsentwicklung der Steinläuse berechnet. Für die Verdopplungszeit t_2 ergab sich: $t_2 = \ln 2/\alpha$. Damit kann in (*7.23.5*) der Term $\alpha/\ln 2$ durch $1/t_2$ ersetzt werden. Speziell für unser Beispiel ergibt sich:

(7.23.6)

$$C = 20,\ t_2 = 10\ \mathrm{d}: \quad y = 20\cdot 2^{\frac{t}{10\ \mathrm{d}}}$$

Verwenden wir wie in (*7.21.6*) t_2 als Einheit für die Zeit t und zeigen, was sich im Falle unserer Steinlauspopulation für t = 100 d ergibt: 100 Tage – das wären 10 Verdopplungszeiten; der Exponent in (*7.23.6*) ist gleich 10. Dann wäre die Population auf ca. $20 \cdot 2^{10} = 20 \cdot 1\,024 \approx 20\,000$ Exemplare angewachsen.

Die Abschätzung der Populationsentwicklung ist ohne Hilfsmittel möglich!

Im Falle von Zerfallsprozessen muss die Rechnung (*7.23.5*) nicht wiederholt werden. Die Wachstumsrate α kann einfach durch die Zerfallskonstante λ mit negativem Vorzeichen ersetzt werden. Das Pendant zur Verdopplungszeit ist bei Zerfallsprozessen die Halbwertszeit t_{H} (*vgl.* (*7.22.15*)). Für den Zerfall der Steinlauspopulation aus *Schulaufgabe II* gilt dann:

$$C = 10\,000\,000,\ t_{\text{H}} = 69\text{ d}: \quad y = 10\,000\,000 \cdot 2^{-\frac{t}{69\text{ d}}} \tag{7.23.7}$$

Nach 10 Halbwertszeiten, das wären 690 Tage, wäre demnach die Population auf $1\,0000\,000 \cdot 2^{-10} = 1\,000\,000/1\,024 \approx 1000$ Exemplare geschrumpft.

Mithilfe der Exponentialfunktion zur Basis 2 sind somit exponentielle Wachstums- oder Zerfallsprozesse für jedermann verständlich: Nach jedem Ablauf einer Verdopplungszeit verdoppelt sich die jeweilige Größe. Entsprechend beim Zerfall: Nach jeder Halbwertszeit halbiert sich die momentane Größe.

Supereinfach: Vordopplung bzw. Halbierung!

Auch der gute alte Zehnerlogarithmus kommt noch zu seinem Recht! In Abschnitt 4.2 wurde gezeigt, wie man mithilfe von Gleitkommazahlen sehr große und sehr kleine Zahlen leichter beherrschen kann. Man kann noch einen Schritt weiter gehen. Da die Logarithmusfunktion umkehrbar ist, kann anstelle der Originalzahl der Wert des Logarithmus als Stellvertreter benutzt werden. Hinzu kommt, dass sich der *dekadische Logarithmus einer Gleitkommazahl* besonders einfach darstellt (s. Rechenregeln I/III in *Merksatz 7.23.2*):

Der „Schrecken" früherer Generationen bleibt Ihnen erspart: das mühselige „Rechnen" mit Logarithmentafeln

$$\lg\left(m \cdot 10^{z}\right) = \lg(m) + z = \underline{\underline{z + \lg(m)}} \quad \text{mit} \quad m \in [1,10),\ z \in \mathbb{Z} \tag{7.23.8}$$

Dabei steht in (*7.23.8*) m für Mantisse und z für den ganzzahligen Exponenten der Zehnerpotenz (*vgl. Kap. 4.2 – insbesondere Bild 4.2.4*). Der Mantissen-Logarithmus liegt zwischen null und eins und für den ganzzahligen Anteil z ist nicht einmal ein Hilfsmittel erforderlich. In Abschnitt 4.3 hatten wir behandelt, wie sich Zahlenwerte von Größen durch die Kombination aus Präfix und Einheit zwischen eins und tausend beschränken lassen. Erstreckt sich die Größe über viele Zehnerpotenzen (mehr als drei) – und solche Größen gibt es – müssten verschiedene Präfixe verwendet werden. Das wiederum würde die Lesbarkeit stark beeinträchtigen (*vgl. 4.3.1*). In diesen Fällen bietet die Verwendung logarithmierter Zahlenwerte eine Alternative.

Beispiel: $\lg(6{,}02 \cdot 10^{23}) \approx 23 + 0{,}78$

Beispiel Schallintensitäten: Rascheln einer Maus: 1 pW/m^2 Presslufthammer: 10^{11} pW/m^2

Nehmen wir exemplarisch den in *Bild 7.23.1* dargestellten Antennenverstärker! Ein solches Gerät wird immer dann notwendig, wenn die von einer Antenne empfangenen Signale über lange Leitungen auf die Endverbraucher (Fernseher, Radios) zu verteilen sind. Dann reicht im Allgemeinen der von der Antenne kommenden Energiestrom P_{E} nicht aus und muss (möglichst verzerrungsfrei) auf den Wert P_{A} vervielfacht werden (Energiestrom/Leistung siehe Definitionsgleichung

Wissen Sie, was „Dezibel" bedeutet? Auf dem Antennenverstärker könnte beispielsweise stehen: max. 60 dB

(*6.8.5*), E/A stehen für Eingang/Ausgang). Der *Verstärker* selbst holt sich die für die Verstärkung erforderliche Zusatzenergie aus dem Netz.

So etwas haben Sie möglicherweise im Keller oder auf dem Dachboden.

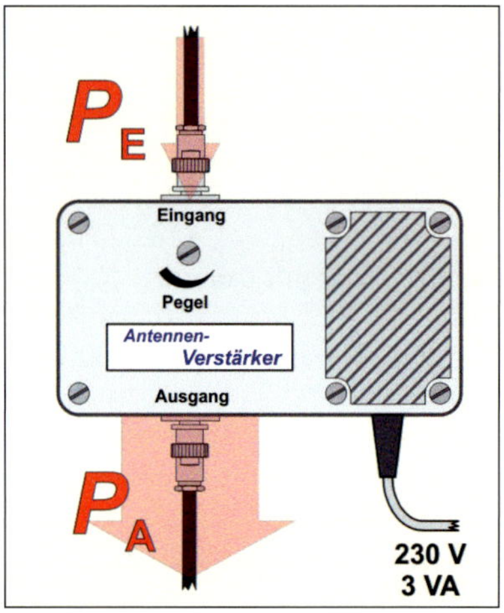

Bild 7.23.1
Ein Antennenverstärker

Unser Beispiel: $0 < v < 1\,000\,000$

Den Quotienten aus P_A und P_E nennt man „Verstärkung" bzw. Verstärkungsfaktor. Der Verstärkungsfaktor sollte über mehrere Zehnerpotenzen regelbar sein. Nun kommt der dekadische Logarithmus ins Spiel. Man könnte anstelle des Verstärkungsfaktors dessen dekadischen Logarithmus angeben.

(7.23.9)

$$\text{Verstärkung: } v = \frac{P_A}{P_E} \qquad \text{Pegel: } p = \lg\left(\frac{P_A}{P_E}\right)\text{B} = \underline{\underline{10 \cdot \lg\left(\frac{P_A}{P_E}\right)\text{dB}}}$$

Nach A.G. Bell (am. Physiker)

Unser Beispiel: max. 60 dB

Handliche Werte mithilfe des Präfix dezi: Dezibel – dB

Logarithmierte Verhältnisse energiebasierter Größen nennt man *Pegel* und behandelt sie, obwohl es sich nur um Zahlen handelt, wie Größen und hängt eine Pseudoeinheit an. Die „Einheit" heißt Bel, abgekürzt B. „Hängt" also hinter einem Zahlenwert als Einheit ein großes B, handelt es sich um den dekadischen Logarithmus aus einem energiebasierten Größenverhältnis. Sie werden allerdings die Einheit Bel selten ohne Präfix finden. Bei den üblichen Verstärkern würde nämlich der Pegel zwischen 0 B und 10 B liegen. Da man aber Kommastellen liebend gern meidet, teilt man 1 Bel in zehn Teile; das heißt dann Dezibel – dB. Das kleine d ist dabei das ganz normale Präfix für dezi. Pegel aller Art werden in der Regel – wie in (*7.23.7*) definiert – in Dezibel angegeben und liegen dann zwischen 1 und 100.

Bleiben wir bei dem exemplarischen Verstärker. An und für sich lassen sich elektrische Spannungen leichter erfassen als Energieströme. Deswegen würde man den Pegel lieber mit dem Verhältnis Ausgangsspannung zur Eingangsspannung ausdrücken. Da aber die Energieströme proportional zum Quadrat der Spannungen sind, kommt ein Faktor zwei hinzu.

Vorsicht bei Feldgrößen!

Wir können an dieser Stelle nicht auf die Physik der jeweiligen Größen eingehen. Man kann zumindest sagen: Sobald Feldgrößenverhältnisse in Dezibel ausgedrückt werden sollen, beträgt der Faktor 20 und nicht 10 wie bei energiebasierten Größen.

$$P = (\text{irgend ein Faktor}) \cdot U^2 \Rightarrow v = \frac{P_A}{P_E} = \frac{(\not{\ldots}) \cdot U_A^2}{(\not{\ldots}) \cdot U_E^2} = \frac{U_A^2}{U_E^2}$$

$$p = 10 \cdot \lg\left(\frac{P_A}{P_E}\right) \text{dB} = 10 \cdot \lg\left(\frac{U_A^2}{U_E^2}\right) \text{dB} = 10 \cdot \lg\left(\frac{U_A}{U_E}\right)^2 \text{dB} = \underline{\underline{20 \cdot \lg\left(\frac{U_A}{U_E}\right) \text{dB}}}$$

(7.23.10)

Im Prinzip können auf der Laufstrecke des Signals mehrere verstärkende Bauelemente, aber auch schwächende bzw. dämpfende vorhanden sein. Schwächend wären bei unserem Beispiel eine lange Leitung, Stecker, Verzweigungen und Antennensteckdosen. Derartige Bauelemente lassen sich als „Verstärker" mit einem Verstärkungsfaktor zwischen null und eins auffassen. Auch dort macht man vom Logarithmus Gebrauch – er wird dann negativ. Ein negativer Pegel weist eine Abschwächung bzw. eine Dämpfung aus. Das Vorzeichen wird fortgelassen, wenn im Begleittext auf Abschwächung bzw. Dämpfung hingewiesen wird. *Bild 7.23.4* zeigt eine Hintereinanderschaltung von vier verstärkenden oder abschwächenden Bauelementen.

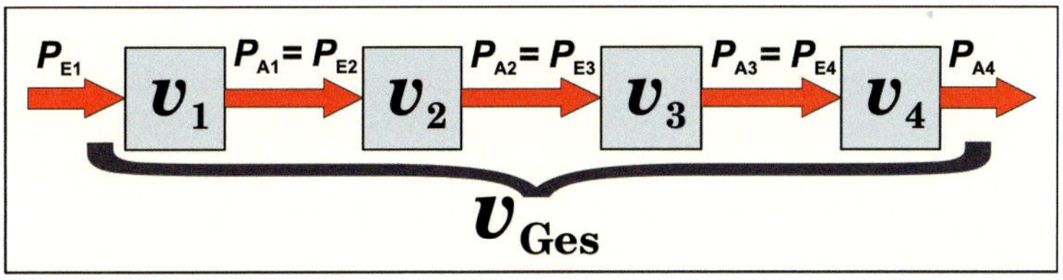

Bild 7.23.2
Hintereinanderschaltung verstärkender bzw. abschwächender Bauelemente

Aufgrund der Hintereinanderschaltung ist der ausgehende Energiestrom immer gleich dem Eingangsenergiestrom des folgenden Elements. Das hat zur Folge, dass sich der Verstärkungsfaktor der kompletten Kette aus dem Produkt der Faktoren der einzelnen Komponenten errechnet. Beachten Sie die ärgerliche Benennungskollision mit den kleinen p's für die Pegel!

$$v_1 \cdot v_2 \cdot v_3 \cdot v_4 = \frac{P_{A1}}{P_{E1}} \cdot \frac{P_{A2}}{P_{E2}} \cdot \frac{P_{A3}}{P_{E3}} \cdot \frac{P_{A4}}{P_{E4}} = \frac{\not{P_{A1}} \cdot \not{P_{A2}} \cdot \not{P_{A3}} \cdot P_{A4}}{P_{E1} \cdot \not{P_{A1}} \cdot \not{P_{A2}} \cdot \not{P_{A3}}} = \frac{P_{A4}}{P_{E1}} = \underline{\underline{v_{Ges}}}$$

(7.23.11)

Aufgrund des Logarithmus reduziert sich bei der Berechnung des Pegels der kompletten Kette die Rechenstufe. Im Folgenden sehen Sie, dass sich die Pegel addieren. In diesem Falle ist unbedingt das Vorzeichen der Pegel zu beachten!

Praktisch: Die Einzelpegel addieren sich zum Gesamtpegel.

$$\lg v_{Ges} = \lg(v_1 \cdot v_2 \cdot v_3 \cdot v_4) = \lg(v_1) + \lg(v_2) + \lg(v_3) + \lg(v_4)$$
$$\Rightarrow \underline{\underline{p_{Ges} = p_1 + p_2 + p_3 + p_4}}$$

(7.23.12)

Im Fall unseres Beispiels müsste der Pegelsteller des Verstärkers so einreguliert werden, dass die Summe der Pegel der kompletten Kette gleich 0 ist. Der Gesamtverstärkungsfaktor ist dann gleich eins – der Verstärker hat alle Verluste kompensiert.

Gesamtpegel null: Alle Verluste sind kompensiert.

In der Akustik kommt niemand um den Gebrauch von logarithmischen Größenverhältnissen herum, weil sich die Schallintensität, die das menschliche Ohr wahrnehmen kann, über mindestens 12 Zehnerpotenzen erstreckt. Die Schallintensität (Energiestrom pro m²), die man gerade eben noch wahrnehmen kann, liegt bei 1 pW/m². Zwar ist diese untere Hörschwelle individuell (sehr) verschieden, man hat diese Intensität jedoch als Bezugsgröße für den Schallintensitätspegel festgelegt.

(7.23.13)

$$p = 10 \cdot \lg\left(\frac{I}{I_0}\right) \mathrm{dB} \quad \text{mit} \quad I_0 := 1 \frac{\mathrm{pW}}{\mathrm{m}^2}$$

Phon statt dB? Im Grunde das Gleiche – der Schallpegel in Phon wird nach einem genormten Messverfahren bestimmt.

Beachten Sie: Wird in (*7.23.11*) anstelle der Schallintensität der Schalldruck eingesetzt, kommt der oben beschriebene Faktor 2 hinzu und aus der Zehn wird eine Zwanzig! Die Beschreibung der Schallintensitäten durch den Schallpegel bewirkt, dass sich der menschliche Hörbereich auf überschaubare 0 dB bis 130 dB erstreckt. 50 dB gelten als Zimmerlautstärke. Dauerbelastungen über 100 dB schädigen das Ohr, Belastungen über 130 dB schädigen auch bei kurzer Einwirkungszeit.

Nach John Napier (lat. Neper)

Keine Dezineper!

Neben dem dekadischen Logarithmus darf man für logarithmierte Größenverhältnisse auch den natürlichen Logarithmus verwenden. Die Pseudoeinheit heißt dann nicht mehr Bel oder Dezibel, sondern Neper, abgekürzt Np. Die Verwendung von Präfixen ist bei Neper nicht üblich! Noch etwas ist unbedingt zu beachten: Neper bezieht sich auf Feldgrößen! Sobald energiebasierte Größen eingesetzt werden, kommt der reziproke Faktor 2 ins Spiel. Mit den Bezeichnungen des Antennenverstärkerbeispiels ergibt sich:

(7.23.14)

$$p = \ln\left(\frac{U_\mathrm{A}}{U_\mathrm{E}}\right) \mathrm{Np} \quad \text{bzw.} \quad p = \frac{1}{2} \cdot \ln\left(\frac{P_\mathrm{A}}{P_\mathrm{E}}\right) \mathrm{Np}$$

Ein Feldgrößenverhältnis von **e** ergibt gerade 1 Neper. Schauen wir nach, wie viel dB sich bei einem derart krummen Feldgrößenverhältnis ergeben. Beachten Sie den Faktor 2, der bei den Dezibel hinzukommt, weil es sich um Feldgrößen handelt!

(7.23.15)

$$1\,\mathrm{Np} = \ln(\mathrm{e})\ \mathrm{Np} = 20 \cdot \lg(\mathrm{e})\ \mathrm{dB} = 20 \cdot \frac{\ln(\mathrm{e})}{\ln(10)}\ \mathrm{dB} = \underline{\frac{20}{\ln(10)}\ \mathrm{dB}}$$

$$\underline{\underline{1\,\mathrm{Np} \approx 8{,}686\ \mathrm{dB} \quad \text{bzw.} \quad 1\ \mathrm{dB} \approx 0{,}1151\ \mathrm{Np}}}$$

Der Umrechnungsfaktor von Np nach dB beträgt 20/ln10 bzw. ln10/20 in umgekehrter Richtung.

7.24 Produktintegration und Substitutionsregel

Die vorangegangenen Abschnitte ermöglichen es erst jetzt, die Produktintegration und Substitutionsregel anhand relevanter Beispiele zu erklären. Das Differenzieren einer Funktion ist mithilfe der in Abschnitt 5.6 vorgestellten Ableitungsregeln meist problemlos möglich. Das Suchen einer Stammfunktion (unbestimmtes Integral!) gestaltet sich dagegen wesentlich schwieriger und hat oft mit Probiererei, Raterei, Hoffnung sowie Glück oder Wutanfall zu tun. Es ist nicht selten unmöglich, einen geschlossenen Funktionsterm für eine Stammfunktion anzugeben. Zwar wird das Aufsuchen einer Stammfunktion durch professionelle Formelsammlungen etwas entschärft, aber auch die umfangreichste Sammlung kann sich nur auf bekannte Funktionstypen beschränken.

Stammfunktion gesucht? Immer erst in einer professionellen Formelsammlung nachsehen!

Reelle Funktionen der Praxis bestehen nur selten ausschließlich aus den in Kapitel 7 beschriebenen Funktionen (Ausnahme: ganzrationale Funktionen). In der Regel bestehen Funktionen aus einem System ein- und zweistelliger Verknüpfungen und sind zusätzlich gespickt mit Parametern. Beachten Sie: Einstellige reelle Funktionen, also auch die in diesem Abschnitt besprochenen, sind einstellige innere Verknüpfungen! Einen Eindruck, wie Funktionen der Praxis aussehen können, vermitteln die beiden folgenden aufgeführten Beispiele.

$$\text{a)}\ \varphi_{\mu\sigma}(x)=\frac{1}{\sigma\sqrt{2\pi}}\cdot \mathrm{e}^{-\frac{1}{2}\cdot\left(\frac{x-\mu}{\sigma}\right)^2} \qquad \text{b)}\ y(t)=\hat{y}\cdot \mathrm{e}^{-\frac{k}{2m}\cdot t}\cdot\sin(\omega\cdot t+\delta) \qquad (7.24.1)$$

In *Bild 7.24.1* sehen Sie hierzu die aus unserem „Rohrleitungssystem" zusammengeschraubten Rechenbäume.

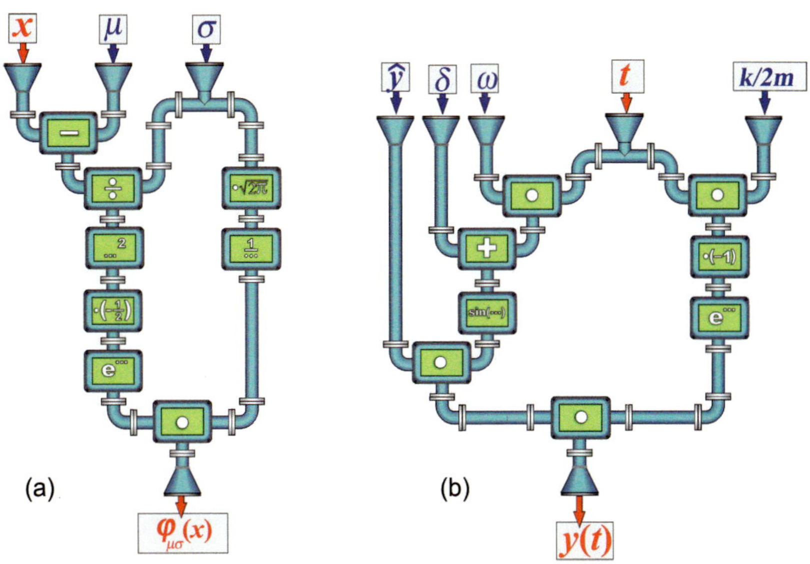

Bild 7.24.1
Darstellung zweier Funktionen durch Rechenbäume

Beim Beispiel (*7.24.1a*) handelt es sich um die berühmte Gaußsche Funktion. Beispiel (*7.24.1b*) beschreibt eine gedämpfte Schwingung. Um derartige Funktionen zu integrieren, muss man zunächst die wesentliche Struktur des Funktionsterms herausfinden und sich dabei nicht durch Parameter und Konstanten irritieren zu lassen. Parameter und natürlich Konstante kann man als konstante Faktoren betrachten. Diese dürfen wegen der Linearität des Differenzial- und Integraloperators „draußen vor" bleiben. Die erste Sichtung eines Funktionsterms gilt immer der letzten Rechenoperation in dem Rechenbaum. Erinnern Sie sich bitte: Die letzte Rechenoperation in einem Rechenbaum bestimmt den Namen des Terms. Handelt es sich bei der Funktion um eine Summe, ist die Sache einfach. Wegen der Linearität des Differenzial- und Integraloperators kann man jeden Summanden einzeln behandeln. Bei unseren beiden Beispielen scheint es sich um Produkte zu handeln. Sieht man aber genauer hin, ist zu erkennen, dass im Beispiel (*a*) zum Schluss nur mit einem konstanten Faktor multipliziert wird, der keine Variable enthält. Relevant für die Differenziation und Integration ist daher nur der linke Zweig! Verfolgt man den Rechenbaum nach oben, erkennt man eine Verkettung von vier Funktionen. Die oberste ist eine lineare Funktion, die nächste quadriert. Dann kommt ein Faktor ½ mit Vorzeichenumkehr, gefolgt schließlich von der e-Funktion. Für verkettete Funktionen ist beim Differenzieren die Kettenregel erforderlich. Für das Integrieren muss ein Pendant für diese Regel her!

Parameter sind bezüglich der Differenzial- und Integraloperatoren als Konstante anzusehen!

Summanden können wegen der Linearität der Differenzial- und Integraloperatoren einzeln abgearbeitet werden.

Beim Beispiel (*b*) liegen die Verhältnisse anders. Hier steht in beiden Zweigen eine Variable. Der Term ist somit ein echter Produktterm. Unabhängig davon, wie die Faktoren aufgebaut sind, muss ein Produktterm mit der Produktregel abgeleitet werden. Die Integration erfordert ein Pendant für diese Produktregel. Das gibt es und wird *Produktintegration* oder auch *partielle Integration* genannt.

Beginnen wir zunächst mit dieser so genannten Produktintegration und prüfen nach, ob man die Produktregel (*5.6.21*) der Differenziation irgendwie „umdrehen" kann. Die beiden Funktionen, die durch Multiplikation verknüpft werden, heißen wieder u und v.

(7.24.2)

$$\frac{\mathrm{d}}{\mathrm{d}x}(u\cdot v)=u'\cdot v+v'\cdot u \qquad |-u'\cdot v\,|\text{ Seiten vertauschen!}$$

$$\Leftrightarrow v'\cdot u=\frac{\mathrm{d}}{\mathrm{d}x}(u\cdot v)-u'\cdot v \qquad \left|\int\ldots\mathrm{d}x\right.$$

$$\Leftrightarrow \int v'\cdot u\;\mathrm{d}x=\int\frac{\mathrm{d}}{\mathrm{d}x}(u\cdot v)\,\mathrm{d}x-\int u'\cdot v\;\mathrm{d}x \qquad |\text{ Fundamentalsatz!}$$

$$\Leftrightarrow \underline{\underline{\int v'\cdot u\;\mathrm{d}x=u\cdot v-\int u'\cdot v\;\mathrm{d}x+C}}$$

$$\left(\text{Best. Integral: } \int_a^b v'\cdot u\;\mathrm{d}x=u\cdot v\Big|_a^b-\int_a^b u'\cdot v\;\mathrm{d}x\right)$$

Keine universelle Integrationsregel für Produkte, sondern nur für Spezialfälle!

Bereits die erste Zeile von (*7.24.2*) ist ernüchternd. Das Produkt aus $u(x)\cdot v(x)$ ist lediglich Stammfunktion eines Konstruktes aus zwei Funktionen und deren Ableitungen. Es ist unwahrscheinlich, ausgerechnet für einen derartigen Sonderfall eine Stammfunktion finden zu müssen. Wenn man, wie in der zweiten Zeile von (*7.24.2*), einen der beiden Summanden auf eine Seite schafft und dann integriert, lässt sich mithilfe des Fundamentalsatzes zumindest eines der beiden unbestimmten Integrale ausführen. Daher der Name „partielle Integration"! Ein Integral bleibt aber bestehen – um eine universell anwendbare Regel kann es sich bei der unterstrichenen Formel nicht handeln. Sie ist offensichtlich nur auf ein spezielles Produkt anwendbar, bei dem zumindest die Stammfunktion eines Faktors bekannt ist. Beachten Sie: $v'\cdot u$ ist das gegebene Funktionenprodukt, zu dem die Stammfunktion gesucht wird!

Ein Integral bleibt bestehen!

Es besteht immerhin die Möglichkeit, dass das verbliebene Integral rechts in (*7.24.2*) lösbar oder in der Formelsammlung nachschlagbar ist! Die „Produktintegration" wird erst verständlich, wenn man sich typische Beispiele angesehen hat.

$$\begin{aligned}
&\int x\cdot\sin(x)\,\mathrm{d}x = ?\\
&v' := \sin(x),\quad u := x \quad \Rightarrow v = -\cos(x),\quad u' = 1\\
&\int x\cdot\sin(x)\,\mathrm{d}x = -x\cdot\cos(x) - \int 1\cdot(-\cos(x))\,\mathrm{d}x + C\\
&\qquad = -x\cdot\cos(x) + \int\cos(x)\,\mathrm{d}x = \underline{\underline{\sin(x) - x\cdot\cos(x) + C}}
\end{aligned} \tag{7.24.3}$$

Beachten Sie unbedingt das „: =" in der zweiten Zeile von (*7.24.3*)! Zunächst ist man frei, welcher der beiden Faktoren des Integranden mit u und welcher mit v' identifiziert wird. Es bietet sich an, die Sinusfunktion mit v' zu identifizieren, denn deren Stammfunktion ist bekannt (*s. Merksatz 7.11.1*). Weiterhin wird aus der Funktion $u(x)$ nach der Ableitung eine Konstante. In diesem speziellen Fall ist das verbliebene Integral leicht lösbar. Dass zum Schluss der positive Summand an die erste Stelle rückt, ist eine rein kosmetische Angelegenheit. Meistens schleppt man die Konstante nicht wie in (*7.24.3*) durch die Rechnung mit, sondern fügt sie erst zum Schluss hinzu.

*Die Identifizierung des Produktes mit **u** und **v'** liegt in Ihrem Ermessen!*

Nicht selten ein Geheimtipp: das Einfügen der Null als Summand oder der Eins als Faktor

Ein lustiges Beispiel ist der natürliche Logarithmus als Integrand. Wir haben im Abschnitt 7.22 die Ableitungsregel hergeleitet – die Stammfunktion steht noch aus. Hier leistet ein scheinbar sinnlos eingefügter Faktor eins und die Identifizierung dieses Faktors mit v' ein kleines Wunder:

$$\begin{aligned}
&\int\ln(x)\,\mathrm{d}x = \int 1\cdot\ln(x)\,\mathrm{d}x = \cdots\\
&v' := 1,\quad u := \ln(x) \;\Rightarrow\; v = x,\quad u' = \tfrac{1}{x}\\
&\cdots = x\cdot\ln(x) - \int\tfrac{1}{\not x}\cdot\not x\;\mathrm{d}x + C =\\
&x\cdot\ln(x) - x + C = \underline{\underline{x\cdot(\ln(x)-1) + C}}
\end{aligned} \tag{7.24.4}$$

Im verbliebenen Integral kürzt sich die Variable heraus, der Integrand ist gleich eins. Die Stammfunktion von 1 ist natürlich x (+ C).

Wenn das verbliebene Integral nach einer partiellen Integration (noch) nicht lösbar ist, kann man selbstverständlich versuchen, noch einmal partiell zu integrieren.

$$\int \sin(x)\cdot e^x \, dx = \cdots$$

$$1)\ v' := e^x \ ,\ u := \sin(x) \Rightarrow v = e^x \ ,\ u' = \cos(x)$$

$$\cdots = \sin(x)\cdot e^x - \int \cos(x)\cdot e^x \, dx$$

(7.24.5)

$$2)\ v' := e^x \ ,\ u := \cos(x) \Rightarrow v = e^x \ ,\ u' = -\sin(x)$$

$$\cdots = \sin(x)\cdot e^x - \left[\cos(x)\cdot e^x + \int \sin(x)\cdot e^x \, dx\right]$$

$$\int \sin(x)\cdot e^x \, dx = \sin(x)\cdot e^x - \cos(x)\cdot e^x - \int \sin(x)\cdot e^x \, dx \quad \Big| +\int \ldots$$

Erkennen Sie den Glücksfall?

$$2\cdot \int \sin(x)\cdot e^x \, dx = \sin(x)\cdot e^x - \cos(x)\cdot e^x \quad \Big| : 2$$

$$\int \sin(x)\cdot e^x \, dx = \underline{\underline{\tfrac{1}{2}\left(\sin(x) - \cos(x)\right)\cdot e^x + C}}$$

Wieder eine Überraschung! Nach der zweiten partiellen Integration tauchte plötzlich das gesuchte Integral auf der rechten Seite auf. Ein „Glücksfall", denn nun kann man es auf die linke Seite bringen. Dort steht dann das Zweifache des gesuchten Integrals.

0 = 0? Ein kleiner Trost: Sie haben zumindest keinen Rechenfehler gemacht.

Leider kommt es bei mehrfacher partieller Integration auch vor, dass sich rechts und links alles weghebt und „0 = 0" übrig bleibt. Zwar ist man in diesem Fall sicher, richtig gerechnet zu haben – erreicht hat man leider nichts! Kleine Hilfen für die Produktintegration sind im folgenden Merksatz zusammengestellt.

Merksatz 7.24.1

Hilfen bei der Produktintegration (partielle Integration):
Bei der partiellen Integration lassen sich vier Fälle herausstellen.

Typ 1: „Abbauen"
Der Exponent in einem Faktor wird durch Differenzieren abgebaut

$$\int \underbrace{x^n}_{u} \cdot v' \, dx = u\cdot v - \int \underbrace{x^{n-1}}_{u'} \cdot v \, dx$$

Typ 2: „Der Trick mit der Eins"
Im verbliebenen Integral kürzt sich ein „x" heraus.

$$\int \underbrace{1}_{v'} \cdot u \, dx = x\cdot v - \int \underbrace{x}_{v} \cdot u' \, dx$$

Typ 3: „Phoenix aus der Asche"
Das gesuchte Integral taucht mit umgekehrten Vorzeichen rechts auf.

$$\int v'\cdot u \, dx = (\ldots\ldots) - \int v'\cdot u \, dx \quad \Big| + \int v'\cdot u \, dx$$

Leider nur Sonderfälle: Typ 1 bis Typ 4

Typ 4: „Phoenix verbrennt"
Alles hebt sich weg und 0 = 0 verbleibt. Noch einmal beginnen und die Faktoren andersherum identifizieren!

Ebenfalls kein Allheilmittel: Integration durch Substitution

Das Pendant zur Kettenregel heißt *Integration durch Substitution*. Es wird sich herausstellen, dass sie (leider) kein Allheilmittel für die Integration verketteter Funktionen ist. Die Grundidee dabei ist, dass man den Integranden durch eine

Koordinatentransformation – wozu man auch Umskalierungen zählen kann – in eine Form überführt, die man in der Formelsammlung findet oder selbst lösen kann.

Ist eine lineare Funktion mit einer Funktion verkettet, deren Stammfunktion bekannt ist, kann man aufatmen. In diesen Fällen „funktioniert" die Integration durch Substitution immer.

$$\text{Sei } \int f(x)\,\mathrm{d}x = F(x)+C \quad \text{und} \quad \int f(p\cdot x+q)\,dx = \ldots$$

$$\text{Substitution: } \underline{u := p\cdot x+n} \;\Rightarrow\; \frac{\mathrm{d}u}{\mathrm{d}x} = p \;\Leftrightarrow\; \mathrm{d}x = \frac{1}{p}\cdot \mathrm{d}u$$

$$\ldots = \int f(u)\frac{1}{p}\cdot \mathrm{d}u = \frac{1}{p}\cdot \int f(u)\,\mathrm{d}u = \frac{1}{p}\cdot F(u)+C$$

$$\ldots = \underline{\underline{\frac{1}{p}\cdot F(p\cdot x+q)+C}}$$

(7.24.6)

Bei der einmal unterstrichenen zweiten Zeile von (*7.24.6*) handelt es sich zunächst um eine gewöhnliche Wertzuweisung. Im Rahmen einer Integration sagt man dazu *Substitution*. Die Substitutionsgleichung lässt sich als Transformationsgleichung interpretieren. Im Falle $p = 1$ handelte es sich um eine Verschiebung des Systems in x-Richtung um ($-n$) (*vgl. Merksatz 5.3.5 bzw.* (*7.13.8*)). Beachten Sie, dass hier die neue horizontale Achse u und nicht wie früher x', $\varkappa$ oder Δx heißt! Ansonsten wird die Achse gemäß dem Proportionalitätsfaktor p zusätzlich umskaliert (gestaucht oder gestreckt und bei negativem Faktor p auch noch gespiegelt). Man darf nicht vergessen, auch das Differenzial dx mitzutransformieren. In der letzten Zeile muss das u wieder herausgeworfen werden, d. h., es wird wieder durch den linearen Term ersetzt. Lassen Sie sich nicht verwirren, wenn die Parameter oder Variablen anders heißen als in (*7.24.6*)!

Unproblematisch: die Verkettung mit linearen Funktionen

Im Falle eines bestimmten Integrals transformiert man die Grenzen gleich mit, sodass die Rücktransformation am Schluss entfällt. Im Folgenden ist dazu ein einfaches bestimmtes Integral vorgerechnet.

Grenzen mittransformieren!

$$\int_{0,5}^{1} \sin(\pi t)\,\mathrm{d}t = \ldots$$

$$\text{Substitution: } \underline{u = \pi t} \;\Rightarrow \frac{\mathrm{d}u}{\mathrm{d}t} = \pi \Leftrightarrow \mathrm{d}t = \frac{1}{\pi}\mathrm{d}u \;,\; u(0,5) = \pi/2, \;\; u(1) = \pi$$

$$\int_{\pi/2}^{\pi} \sin(u)\frac{1}{\pi}\,\mathrm{d}u = \frac{1}{\pi}\left(-\cos(u)\right)\Big|_{\pi/2}^{\pi} = \frac{1}{\pi}\Bigg(-\underbrace{\cos(\pi)}_{-1}+\underbrace{\cos(\pi/2)}_{0}\Bigg) = \underline{\underline{\frac{1}{\pi}}}$$

(7.24.7)

In Abschnitt 7.5 (Rationale Funktionen) wurde bereits hingewiesen, dass es nach einer Partialbruchzerlegung leicht ist, die Stammfunktion einer gebrochen rationalen Funktion zu finden. Jetzt können wir endlich darauf zurückkommen – Integration durch Substitution macht es möglich. Nach der PBZ zerfällt eine rationale Funktion in einzelne ganzrationale und echt gebrochen rationale Summanden. Die Integration der ganzrationalen Summanden ist klar: Wir brauchen uns hier nur noch um die restlichen Summanden zu kümmern. Die gebrochen rationalen Summanden haben die Form $A/(x-x_i)^j$ (*vgl. 7.5.4*). Rechnen wir zunächst einen Summanden mit $j > 1$ vor (*Integrationsregel*: *Merksatz 5.7.5*)!

War die PBZ erfolgreich? Dann ist die Integration kein Problem mehr.

$$j>1: \int \frac{A}{(x-x_i)^j}\,\mathrm{d}x = \ldots$$

(7.24.8)

Sonderfall j=1 siehe unten!

$$\text{Substitution: } \underline{u := x - x_i} \Rightarrow \frac{\mathrm{d}u}{\mathrm{d}x} = 1 \Leftrightarrow \mathrm{d}x = \mathrm{d}u$$

$$\ldots = A\cdot\int u^{-j}\mathrm{d}u = A\cdot\frac{u^{-j+1}}{-j+1} + C = \underline{\underline{-\frac{A}{(j-1)(x-x_i)^{j-1}} + C}}$$

Der natürliche Logarithmus ist Stammfunktion von 1/x – aber auch von −1/x!

Wenn der Exponent im Nenner gleich eins ist, sind noch einige Überlegungen vorauszuschicken! Wir wissen, dass die Ableitung des natürlichen Logarithmus gleich $1/x$ ist, also müsste eigentlich der natürliche Logarithmus Stammfunktion von $1/x$ sein. In *(7.24.9)* ist die Logarithmusfunktion mit dem Faktor (–1) verkettet und mithilfe der Kettenregel abgeleitet worden. Das erstaunliche Ergebnis: Es kommt ebenfalls $1/x$ heraus. Wir müssen daher konstatieren: nicht nur $\ln(x)$, sondern auch $\ln(-x)$ ist Stammfunktion von $1/x$.

(7.24.9)

$$\frac{\mathrm{d}}{\mathrm{d}x}\ln\underbrace{(-x)}_{u(x)} = \frac{\mathrm{d}}{\mathrm{d}u}\ln(u)\cdot\frac{\mathrm{d}}{\mathrm{d}x}u(x) = \frac{1}{u}\cdot(-1) = \frac{1}{-x}\cdot(-1) = \underline{\underline{\frac{1}{x}}}$$

Elegante Verkettung mit der Betragsfunktion

Mit dem Ergebnis von *(7.24.9)* ist sichergestellt, dass für die Hyperbelfunktion $1/x$ sowohl für positive als auch für negative Argumente eine Stammfunktion zur Verfügung steht: Für positive x ist es $\ln(x)$, für negative x ist es $\ln(-x)$. Im zweiten Fall dreht das Minuszeichen das Vorzeichen des (negativen) Arguments um, sodass ein positives Argument im Logarithmus steht. Die Fallunterscheidung lässt sich elegant durch Verkettung der Logarithmusfunktion mit der Betragsfunktion umgehen. Im negativen Fall sorgt dann die Betragsfunktion für ein positives Argument im Logarithmus. $\ln|x|$ ist damit Stammfunktion von $1/x$ für alle reellen Argumente – natürlich ohne die Null (*Betragsfunktion: vgl. 2.6.8*). In folgendem Merksatz sind die Ableitungs- und Integrationsregeln rund um den natürlichen Logarithmus zusammengestellt.

Merksatz 7.24.2

Differenziations- und Integrationsregeln für ln(x) bzw. 1/x:

$$\frac{\mathrm{d}}{\mathrm{d}x}\ln(x) = \frac{1}{x} \qquad \int\ln(x)\mathrm{d}x = x\cdot(\ln(x)-1)+C$$

$$\frac{\mathrm{d}}{\mathrm{d}x}\frac{1}{x} = -\frac{1}{x^2} \qquad \int\frac{1}{x}\,\mathrm{d}x = \ln|x| + C$$

Zu Irritationen kann es bei der Integration der Potenzfunktion $1/x$ kommen, wenn man zum bestimmten Integral übergeht oder – was häufig der Fall ist – eine Anfangsbedingung in die untere Grenze gepackt wird (*vgl. (6.4.3) sowie die Merksätze 6.4.1 und 7.22.1 II*).

(7.24.10)

$$\int_{x_0}^{x}\frac{1}{\varkappa}\,\mathrm{d}\varkappa = \ln|x| - \ln|x_0| = \ln\left|\frac{x}{x_0}\right| \quad \text{falls } x, x_0 > 0: \ \ldots = \ln\left(\frac{x}{x_0}\right)$$

Aus der Differenz wird ein Quotient.

Der merkwürdige Quotient in *(7.24.10)* entsteht, wenn die Differenz der Logarithmen gemäß den Rechenregeln in einen Quotienten umgeschrieben wird.

Erst jetzt können wir die Integrationsregel (*7.24.8*) durch den Fall $j = 1$ ergänzen. Derartige Terme entstehen bei der Partialbruchzerlegung aufgrund einfacher Nullstellen.

$$\int \frac{A}{x - x_i} \mathrm{d}x = \ldots$$

$$\text{Substitution: } \underline{u := x - x_i} \Rightarrow \tfrac{\mathrm{d}u}{\mathrm{d}x} = 1 \Leftrightarrow \mathrm{d}x = \mathrm{d}u$$

$$\ldots = A \cdot \int \frac{1}{u} \mathrm{d}u = A \cdot \ln|u| + C$$

$$\ldots = \underline{\underline{A \cdot \ln|x - x_i| + C}} \qquad \left(= \ln|x - x_i|^A + C \right)$$

(7.24.11)

Optional kann man den Faktor A in (*7.24.11*) gemäß den Rechenregeln für die Logarithmusfunktion zum Exponenten machen. Im Falle eines bestimmten Integrals entsteht als Argument des Logarithmus – wie in (*7.24.10*) – der Quotient aus oberer und unterer Grenze.

Gewöhnungsbedürftig: Ein konstanter Faktor wird zum Exponenten.

Auch wenn eine Funktion $f(x)$ wie Beispiel (a) in *Bild 7.24.1* in irgendeinem Zweig des Verknüpfungssystems eine Verkettung mit einer nichtlinearen Funktion enthält, besteht ebenfalls eine Chance, mithilfe der Substitution weiter zu kommen. Die zu substituierende Funktion – in (*7.24.12*) mit $g(x)$ bezeichnet – muss zwar nicht notwendig linear, aber in dem Definitionsbereich der Funktion umkehrbar sein.

$$\int f(x) \mathrm{d}x = \ldots$$

$$\text{Substitution: } \underline{u := g(x)}, \; x = g^{-1}(u) \Rightarrow \tfrac{\mathrm{d}u}{\mathrm{d}x} = g'(x)$$

$$\Leftrightarrow \mathrm{d}x = \frac{1}{g'(x)} \mathrm{d}u \quad \text{oder} \quad \mathrm{d}x = g^{-1\prime}(u) \mathrm{d}u$$

$$\ldots = \underline{\underline{\int f\left(g^{-1}(u)\right) \cdot g^{-1\prime}(u) \, \mathrm{d}u}}$$

(7.24.12)

Die allgemeine Substitutionsformel ist unhandlich! Orientieren Sie sich an Beispielen!

Man könnte (*7.24.12*) zu Recht für einen Scherz halten – aus etwas Einfachem wird etwas Kompliziertes! Da immer auch das Differenzial mittransformiert werden muss, erscheint im Integranden ein zusätzlicher Faktor! Dieser Faktor ist entweder die reziproke Ableitung von $g(x)$ (nach x) oder die Ableitung der Umkehrfunktion, dann aber nach u. In der Regel wird sich das Integral tatsächlich verkomplizieren – aber nicht immer, wie das folgende Beispiel zeigt.

$$\int x \cdot \sin\left(x^2\right) \mathrm{d}x = \ldots$$

$$\underline{u := x^2}, \left(x = \sqrt{u}\right)^* \Rightarrow \tfrac{\mathrm{d}u}{\mathrm{d}x} = 2x \Leftrightarrow \mathrm{d}x = \frac{1}{2x} \mathrm{d}u \quad |^* \text{ hier nicht erforderlich}$$

$$\ldots = \int x \cdot \sin(u) \frac{1}{2x} \mathrm{d}u = \frac{1}{2} \cdot \int \cancel{x} \cdot \sin(u) \frac{1}{\cancel{x}} \mathrm{d}u = \frac{1}{2} \cdot \int \sin(u) \mathrm{d}u$$

$$\ldots = -\frac{1}{2} \cdot \cos(u) + C = \underline{\underline{-\frac{1}{2} \cdot \cos\left(x^2\right) + C}}$$

(7.24.13)

Offensichtlich gibt es Fälle, wie z. B. (*7.24.13*), bei denen sich aufgrund des zusätzlichen Faktors etwas Ekliges aus dem Integranden herauskürzt, sodass sich tatsächlich eine Vereinfachung ergibt. Es könnte auch sein, dass nach der Substitution ein Integrand entsteht, der mithilfe der Produktintegration bearbeitet werden kann oder in einer Formelsammlung zu finden ist. Einen Sonderfall, bei dem man die Stammfunktion sofort hinschreiben kann, zeigt folgendes Beispiel:

(7.24.14)

$$\int \frac{f'(x)}{f(x)}\,\mathrm{d}x = \ldots$$

Substitution: $\underline{u := f(x)} \Rightarrow \frac{\mathrm{d}u}{\mathrm{d}x} = f'(x) \Leftrightarrow \mathrm{d}x = \frac{1}{f'(x)}\,\mathrm{d}u$

Ein freundlicher Sonderfall!

$$\ldots = \int \frac{\cancel{f'(x)}}{u} \cdot \frac{1}{\cancel{f'(x)}}\,\mathrm{d}u = \int \frac{1}{u}\,\mathrm{d}u = \ln|u| + C = \underline{\underline{\ln|f(x)| + C}}$$

Steht im Zähler eines Integranden die Ableitung des Nenners, ist die Stammfunktion gleich dem natürlichen Logarithmus aus dem Betrag des Integranden (*s. 7.24.14*). Beachten Sie, dass im Fall einer festen unteren Grenze, das Argument des Logarithmus zum Quotienten wird.

(7.24.15)

$$\int_{x_0}^{x} \frac{f'(\varkappa)}{f(\varkappa)}\,\mathrm{d}\varkappa = \ln|f(x)| - \ln|f(x_0)| = \underline{\underline{\ln\left|\frac{f(x)}{f(x_0)}\right|}}$$

Eine von den vorherigen Beispielen völlig verschiedene Substitution entsteht, wenn man von einem kartesischen in ein Polarkoordinatensystem wechselt. Ein klassisches Beispiel dazu ist die Flächenberechnung eines (Halb-)Kreises mithilfe eines Integrals (*s. Bild 7.24.2*).

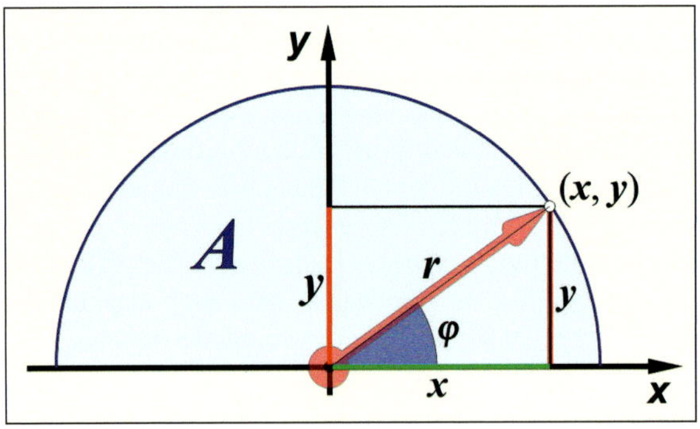

Bild 7.24.2
Flächeninhaltsbestimmung eines (Halb-) Kreises

Da wir für die Integration eine Funktion benötigen, kümmern wir uns nur um die obere Hälfte des Kreises und ermitteln mithilfe des Satzes von Pythagoras zunächst einen Funktionsterm für den oberen Halbkreisbogen:

(7.24.16)

$$r^2 = x^2 + y^2 \;\; |-x^2 \; |\sqrt{\ldots} \;\; \Rightarrow \underline{\underline{y = \sqrt{r^2 - x^2}}}$$

Wegen der Achsensymmetrie des Halbkreisbogens braucht nur der Flächeninhalt des Viertelkreises ermittelt zu werden. Die Halbierung wird mit einem Faktor 2 wieder ausgeglichen .

$$A = 2 \cdot \int_0^r \sqrt{r^2 - x^2}\, \mathrm{d}x = \ldots$$

Substitution: $\underline{x := r\cos(\varphi)} \Rightarrow \frac{\mathrm{d}x}{\mathrm{d}\varphi} = -r\sin(\varphi) \Leftrightarrow \mathrm{d}x = -r\sin(\varphi)\,\mathrm{d}\varphi$

$$\ldots = 2 \cdot \int_{\pi/2}^{0} \sqrt{r^2 - r^2\cos^2(\varphi)} \cdot (-r\sin(\varphi))\,\mathrm{d}\varphi \quad | \, r^2 \text{ ausklammern!}$$

$$\ldots = -2 \cdot r \int_{\pi/2}^{0} \sqrt{r^2\left(1-\cos^2(\varphi)\right)} \cdot \sin(\varphi)\,\mathrm{d}\varphi \qquad | \left(1-\cos^2(\varphi)\right) = \sin^2(\varphi)$$

$$\ldots = 2 \cdot r^2 \int_0^{\pi/2} \sin^2(\varphi)\,\mathrm{d}\varphi = 2 \cdot r^2 \cdot \left(\frac{\varphi}{2} - \frac{1}{4}\sin(2\varphi)\right)\Bigg|_0^{\pi/2} = 2 \cdot r^2 \cdot \frac{\pi}{4} = \underline{\underline{\tfrac{1}{2} r^2 \pi}}$$

(7.24.17)

Die Substitution in der zweiten Zeile von *(7.24.17)* ist nichts anderes als eine Transformation in Polarkoordinaten. Die Transformation der Grenzen mag irritieren. Wenn $x = 0$ ist, muss $\varphi = \pi/2$ sein! An der oberen Grenze kann $x = r$ nur mit dem Winkel $\varphi = 0$ erreicht werden. Es mag verwundern, dass dann die untere Grenze größer als die obere ist. Die Grenzen darf man aber wegen Rechenregel I in *Merksatz 5.8.3* vertauschen; dazu muss das Vorzeichen umgedreht werden. In der vierten Zeile wurde in der Wurzel die Klammer durch das Sinusquadrat ersetzt. Danach kann die Wurzel aus den beiden quadratischen Faktoren gezogen werden. Der konstante Radius wandert vor das Integral; zurückbleibt das bestimmte Integral aus dem quadrierten Sinus. Die Stammfunktion daraus lässt sich durch Produktintegration finden. Hier wurde sie in der Formelsammlung nachgeschlagen. Schließlich ergibt die Differenz der Stammfunktionen an den Grenzen die Formel für den Flächeninhalt des Halbkreises. Das Beispiel zeigt, wie man durch Übergang zu Polarkoordinaten zu einem leicht lösbaren Integral gelangen kann. Ansonsten fällt das Beispiel unter die Rubrik „unnötige Rechengymnastik". Die Kreisformel lässt sich einfacher beweisen. Außerdem stützt sich die ganze Rechnerei auf die Winkelfunktionen. Im Grunde wird indirekt vorausgesetzt, was gezeigt wird.

Hier nur Rechengymnastik – ansonsten eine gute Methode!

In der Praxis wird man bestimmte Integrale, bei denen die Grenzen konkrete Zahlen sind, in der Regel numerisch lösen (*vgl. (6.3.6) bzw. Tab. 6.3.1*). Das können mittlerweile Taschenrechner übernehmen. Man braucht nur Funktionsterm, Grenzen und Anzahl der Intervalle (Streifen) einzugeben und ein wenig warten. EXCEL müssen Sie die numerische Integration (noch) selbst beibringen, ansonsten kann jedes „Mathematikprogramm" wie Mathcad in hervorragender Genauigkeit numerisch integrieren.

Unproblematisch: numerische Integration in hoher Genauigkeit

Noch eine Schlussbemerkung: Die Lösungsverfahren von Differenzialgleichungen sind eng verknüpft mit der Integration. Auch wenn Sie nur die Lösung einer solchen Gleichung nachempfinden wollen, kommen Sie um die in diesem Abschnitt vorgestellten Integrationsregeln nicht herum.

7.25 Logarithmische Skalierungen

Aus der Sicht des rechten Systems bewegt sich die komplette Landzunge nach links!

Auch wenn Bild *7.25.1* jeglicher Realität entbehrt: Es soll an die in den Abschnitten 7.12 und 7.13 behandelten „Koordinatentransformationen" anknüpfen. Anders als in Bild 7.13.1 ist das System (x',y',z') nicht verdreht, sondern bewegt sich mit der konstanten Geschwindigkeit v in y-Richtung.

Bild 7.25.1
Koordinatensystem mit konstanter Geschwindigkeit

Kaum zu glauben: Der „bewegte Mann" hat zugenommen.

Die Transformationsgleichungen sind denkbar simpel. Zwei Koordinaten bleiben unverändert: $x' = x$, $z' = z$. Für die dritte Koordinate gilt $y' = y - v \cdot t$. Beide Männchen sind aufgrund einer Wägung in ihrem jeweiligen System sicher, eine Masse von $m_0 = 80$ kg zu haben. Kaum zu fassen ist dagegen, dass die Masse des „bewegten Mannes" aus der Sicht des ruhenden Beobachters mehr als 80 kg beträgt. Es gibt sogar einen funktionellen Zusammenhang zwischen der Geschwindigkeit v und dieser Masse (s. *7.25.1*).

(7.25.1)

$$m(v) = \frac{m_0}{\sqrt{1 - \frac{v^2}{c^2}}} \quad \left| \begin{array}{ll} c = 3 \cdot 10^8 \, \frac{m}{s} & \text{Lichtgeschwindigkeit} \\ m_0 = 80\text{kg} & \text{Ruhemasse} \end{array} \right.$$

Widerspricht der eignen Anschauung!

Dieses Phänomen ist längst experimentell bestätigt; es baut sich eine ganze Theorie darauf auf (die *spezielle Relativitätstheorie*). Wie aber soll man einem zweifelnden Laien so etwas vermitteln? Eine alberne Zeichnung oder eine Formel wird niemanden von einem Sachverhalt überzeugen, der seiner eigenen Anschauung widerspricht.

Überlichtgeschwindigkeit materieller Teilchen ist nicht möglich.

Nehmen wir trotzdem die Formel (*7.25.1*) unter die Lupe! Da die Geschwindigkeit quadratisch vorkommt, ist die Masse nur vom Betrag der Geschwindigkeit abhängig – nicht aber von deren Richtung. Die Differenz unter der Wurzel darf nicht negativ werden. Die Lichtgeschwindigkeit selbst ist ebenfalls ausgeschlossen, denn hier hat $m(v)$ Polstellen. Der Definitionsbereich der Funktion $m(v)$ ist damit $0 \leq |v| < c$!

Überzeugen Sie sich selbst! Rechnen Sie auf Ihrem TR ein paar Werte aus!

Wenn einem sonst nichts Besseres einfällt, zeichnet man eine grafische Darstellung der Funktion. Dazu muss man – z. B. auf dem Taschenrechner – Werte für eine Wertetabelle errechnen. Man könnte als erstes Argument mit einer Schildkrötengeschwindigkeit $v = 1 \cdot 10^{-1}$ m/s beginnen und wird feststellen, dass der Taschenrechner „exakt" 80 kg anzeigt. Die Geschwindigkeit muss offensichtlich drastisch vergrößert werden, um einen Effekt zu bemerken. Also verzehnfacht man die Geschwindigkeit so lange, bis sich die Masse merklich von 80 kg unterscheidet! In *Bild 7.25.2* ist links eine mögliche Wertetabelle dargestellt. Selbst bei einer so unvorstellbar hohen Geschwindigkeit von 10 Millionen m/s hat sich die Masse im Kilogrammbereich noch nicht geändert. Dann aber geht es richtig los. Bei 50 Millionen m/s kommt 1 kg hinzu. Ab dann steigt die Masse rasant und man muss die Geschwindigkeit in kleineren Schritten erhöhen. Die Polstelle bei $v = c$ bedeutet, dass die Masse bei Annäherung an Lichtgeschwindigkeit gegen unendlich strebt. Nach dem Grundgesetz der Mechanik kann man eine beliebig große Masse nicht mehr beschleunigen (treten Sie mal gegen einen Panzer!). Ein materieller Körper ($m_0 \neq 0$) kann demnach nie auf Lichtgeschwindigkeit gebracht werden!

Kein Effekt in Geschwindigkeitsbereichen, die unserer Anschauung zugänglich sind!

Relativistischer Bereich: ab 1/10 Lichtgeschwindigkeit

Rasante Massenzunahme im relativistischen Bereich

v / m/s	m / kg
$1{,}0 \cdot 10^{-1}$	80
$1{,}0 \cdot 10^{0}$	80
$1{,}0 \cdot 10^{1}$	80
$1{,}0 \cdot 10^{2}$	80
...	...
$1{,}0 \cdot 10^{7}$	80
$5{,}0 \cdot 10^{7}$	81
$1{,}0 \cdot 10^{8}$	85
$1{,}5 \cdot 10^{8}$	92
$2{,}0 \cdot 10^{8}$	107
$2{,}5 \cdot 10^{8}$	145
$2{,}8 \cdot 10^{8}$	223
$3{,}0 \cdot 10^{8}$	∞

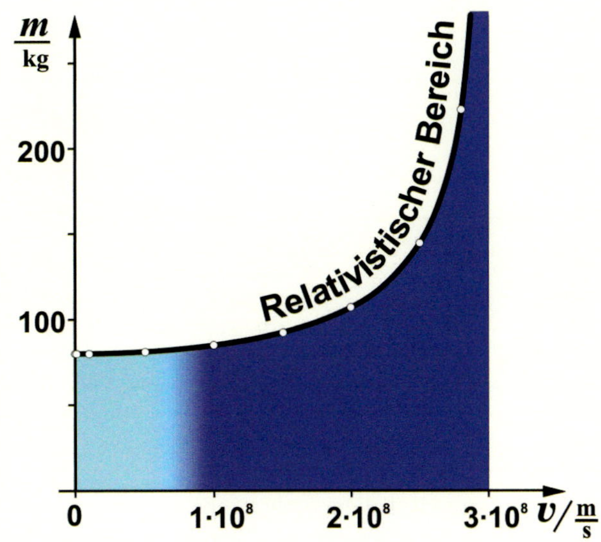

Bild 7.25.2
Geschwindigkeitsabhängigkeit der Masse

Rechts in *Bild 7.25.2* finden Sie schließlich die grafische Darstellung! Der Geschwindigkeitsbereich, bei der eine merkliche Massenzunahme herrscht, heißt relativistischer Bereich. Allerdings wird man mit dieser Darstellung keinen Zweifler von dem oben erzählten Sachverhalt überzeugen können. Das unvorstellbare Phänomen erstreckt sich über 2/3 aller möglichen Geschwindigkeiten!

Alternative: Umskalierung der horizontalen Achse

Die Wertetabelle mit den immer um eine Zehnerpotenz steigenden Argumenten könnte eine alternative Darstellung suggerieren, wie sie in *Bild 7.25.3* gezeigt wird. Die Markierungen auf der horizontalen Achse entsprechen nicht mehr der jeweiligen Geschwindigkeit, sondern dem Exponenten der Zehnerpotenz. Diese Exponenten sind nichts weiter als die dekadischen Logarithmen der Geschwindigkeiten. Damit ist die Achse – wie man sagt – *logarithmisch skaliert* worden. Über diesen Markierungen wurden die Wertepaare durch kleine Kreise markiert

Probleme beim Eintragen von Zwischenwerten

und durch deren Mittelpunkte eine Kurve gezeichnet. Außer dem Wertepaar ($1 \cdot 10^8$ m/s, 85 kg) lässt sich zunächst kein Wertepaar des relativistischen Bereichs eintragen, da bei dieser Methode nur glatte Zehnerpotenzen einsetzbar sind. Der rasante Anstieg in *Bild 7.25.3* müsste freihändig zugefügt werden. Immerhin: Versieht man die v-Achse noch mit Symbolen, die den jeweiligen Geschwindigkeitsbereich charakterisieren, erkennt der Zweifler doch, dass das Phänomen sein Weltbild nicht durcheinanderbringt. In den Geschwindigkeitsbereichen, die der Anschauung noch einigermaßen zugänglich sind, spielt die Geschwindigkeitsabhängigkeit der Masse überhaupt keine Rolle.

„Gestauchter" relativistischer Bereich

„Gestreckter" nichtrelativistischer Bereich

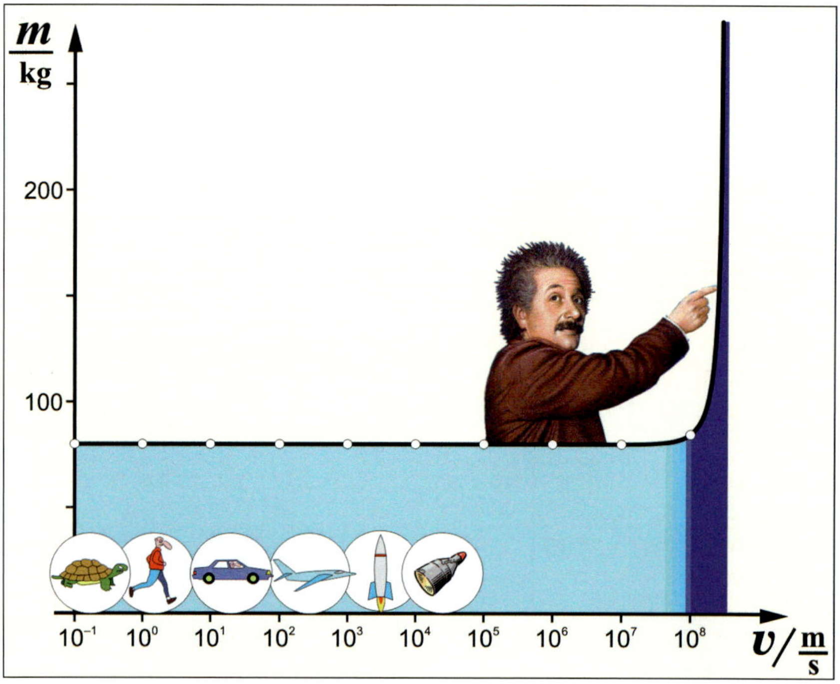

Bild 7.25.3
Halblogarithmische Darstellung von m(v)

Eine logarithmisch skalierte Achse kann nur sinnvoll sein, wenn Zwischenwerte eingetragen werden können. Wo befindet sich beispielsweise auf der v-Achse $5 \cdot 10^7$? Vielleicht in der Mitte zwischen den Markierungen 10^7 und 10^8? Jetzt muss unbedingt bedacht werden, dass eine Stelle auf der Achse nicht von dem Zahlenwert der Geschwindigkeit, sondern von dessen dekadischem Logarithmus bestimmt ist. An und für sich ist die Beschriftung der Geschwindigkeitsachse in *Bild 7.25.3* **falsch**! Es dürften dort eigentlich nicht die Zehnerpotenzen, sondern nur die Exponenten stehen, also –1, 0, 1, …7, 8. Die Mitte zwischen Achsmarkierungen bei 10^7 und 10^8 entspricht in Wirklichkeit 7,5! Um den Zahlenwert der Geschwindigkeit an dieser Stelle zu ermitteln, muss 7,5 delogarithmiert werden.

Nicht der Zahlenwert sondern der Wert des Logarithmus ist entscheidend!

(7.25.2)

$$\lg(v) = 7{,}5 \,\big|\, 10^{\cdots} \Leftrightarrow v = 10^{7,5} \Leftrightarrow v = 10^{0,5} \cdot 10^7 = \sqrt{10} \cdot 10^7 \approx \underline{\underline{3{,}2 \cdot 10^7}}$$

Die Stelle $5 \cdot 10^7$ muss also weiter rechts außerhalb der Mitte liegen! Wo die Zwischenstellen mit ganzzahliger Mantisse, also $2 \cdot 10^7$, $3 \cdot 10^7$, … $9 \cdot 10^7$, liegen, ist in folgendem Bild illustriert.

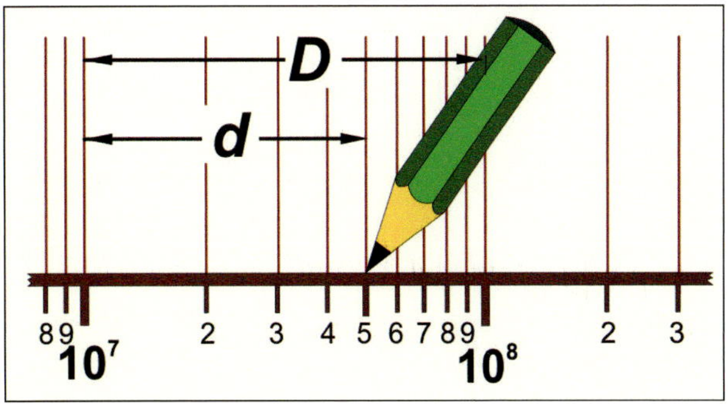

Bild 7.25.4
Zwischenstellen einer logarithmischen Skala

Das Intervall zwischen zwei benachbarten ganzzahligen Exponenten heißt Dekade. Das große „*D*" in *Bild 7.25.4* ist die Länge in mm, die in der grafischen Darstellung für eine Dekade gewählt wurde. „Klein *d*" in mm ist der Abstand der Stelle vom Dekadenanfang. Sie müssen unbedingt im Kopf haben, wie sich der Logarithmus einer Gleitkommazahl darstellt – andernfalls noch einmal (*7.23.4*) anschauen! Der Abstand einer Stelle vom Dekadenanfang entspricht dem Logarithmus aus der Mantisse der entsprechenden Zahl! Er wäre sogar gleich $\lg(m)$, wenn $D = 1$ wäre. Das passt selten, also gilt Folgendes:

$$\lg m = \frac{d}{D} \Leftrightarrow \begin{cases} \text{Ablesen der Mantisse bei } d\text{:} \; m = 10^{\frac{d}{D}} \\ \text{Eintragen der Mantisse } m\text{:} \quad d = D \cdot \lg m \end{cases} \qquad (7.25.3)$$

Mithilfe von (*7.25.3*) ist es endlich möglich, alle Wertepaare der Wertetabelle in *Bild 7.25.2* für das Diagramm zu nutzen und den relativistischen Kurvenast, auf den Albert Einstein zeigt, zu zeichnen.

Inkorrekte Beschriftung als Konzession an den Betrachter

Die Verwirrung im Zusammenhang mit logarithmisch skalierten Achsen entsteht aufgrund einer Konzession an den Betrachter. Man mutet ihm, wenn möglich, keine mit logarithmierten Zahlenwerten beschriftete Achse zu. Man beschriftet die Achse (inkorrekt) mit delogarithmierten Zahlenwerten. Aus Platzgründen darf man – wie in *Bild 7.25.4* – bei den Markierungen innerhalb der Dekaden die Zehnerpotenzen fortlassen. Dafür wird dem Betrachter einiges zugemutet! Jede Dekade ist gleich lang! Im Diagramm von *Bild 7.25.3* ist damit beispielsweise die Dekade von 10^0 bis 10^1 gegenüber der Dekade von 10^7 bis 10^8 zehnmillionenfach gedehnt. An und für sich ist der in die Länge gezogene konstante Bereich in *Bild 7.25.3* eine Eigenschaft der logarithmischen Skala und überhaupt kein Phänomen. Aber wenn jemand das begreift, ist er kein Laie mehr und versteht die spezielle Relativität auch so.

Ist nur eine Achse logarithmisch skaliert, spricht man von einer *halblogarithmischen* Darstellung. Auch die vertikale Achse darf logarithmisch skaliert werden. Nehmen wir als Beispiel eine Glaskanne mit heißem Ostfriesentee und messen in einem bestimmten Zeitraster die Temperatur des sich abkühlenden Getränks (*s. Marginalbild*). Dabei ist dafür zu sorgen, dass immer schön umgerührt wird, um Temperaturzonen innerhalb des Tees zu vermeiden. Es ist vorauszusehen, dass für die Abkühlung nicht die Temperatur selbst, sondern der Temperaturunterschied zur Umgebung entscheidend ist. Deshalb ist es vernünftig, anstelle der gemessenen Zeit-Temperatur-Wertepaare die Zeit-Temperaturdifferenz-Wertepaare grafisch darzustellen. In diesem Fall wird die Temperaturachse probeweise logarithmisch skaliert. *Bild 7.25.5* zeigt, was dabei herauskommt.

Keine Mogelei! Die Abkühlungskurve ist wirklich realistisch!

K (Kelvin) ist die SI-Einheit für die Temperatur.

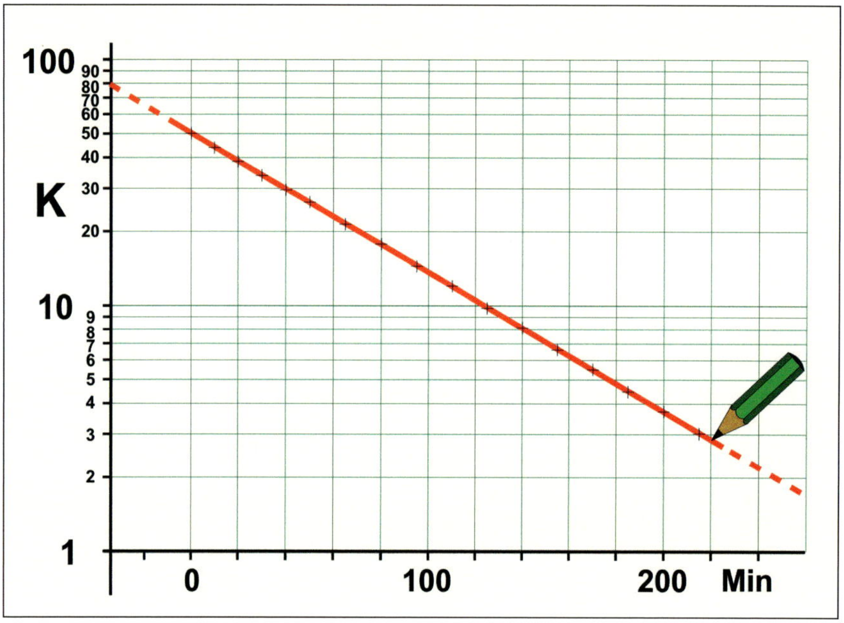

Bild 7.25.5
Temperaturverlauf einer Teekanne in halblogarithmischer Darstellung

Die Messpunkte liegen im Rahmen der Messgenauigkeit auf einer Geraden. Der Nullpunkt der Zeitachse ist der Beginn der Messung. Außerhalb des durch Messung erfassten Bereichs wurde die Gerade (üblicherweise) gestrichelt. Da es der Platz erlaubte, konnte die Temperaturachse mit den vollständigen Zahlenwerten beschriftet werden, was das Diagramm für Laien leichter (?) lesbar macht. Weiterhin wird die Lesbarkeit durch ein Gitternetz unterstützt. Beachten Sie, die logarithmisch skalierte Achse – hier die Temperaturachse – hat keinen Nullpunkt! Dass in *Bild 7.25.5* die Achsen weder mit Pfeilen noch mit Variablennamen versehen wurden, ist eine Option. Man kann diese Beschriftungsart wählen, wenn ein Begleittext das Diagramm erläutert.

Logarithmisch skalierte Achsen haben keinen Nullpunkt!

Erstaunlicherweise liegen die Messpunkte der Teeabkühlungskurve ziemlich genau auf einer Geraden mit negativer Steigung! Das kann eigentlich kein Zufall sein. Möglicherweise verlaufen Abkühlungkurven prinzipiell so – und wenn nicht sind irgendwelche „Dreckeffekte" im Spiel. Offenbar lassen sich logarithmisch skalierte Koordinatensysteme nicht nur zur Illustration von Sachverhalten, sondern auch für die Auswertung von Messungen verwenden. Dazu muss man wissen, welche Funktionen in logarithmisch skalierten Koordinatensystemen Geraden liefern. Das soll im Folgenden zunächst für den Fall einer umskalierten y-Achse geklärt werden. Die Originalwerte der Funktion sind mit y und die logarithmierten Werte mit y' benannt. Die Parameter p und C' sind Steigung und konstanter Summand der Geraden in der halblogarithmischen Darstellung.

Beispiele: Zugluft, ungenügendes Umrühren

$$\underline{x' = x, \quad y' := \lg(y), \quad C' := \lg(C)}$$

$$y' = p \cdot x' + C' \qquad |10^{\cdots}$$

$$\Leftrightarrow \underbrace{10^{y'}}_{y} = 10^{p \cdot x + C} = 10^{C'} \cdot 10^{p \cdot x} = C \cdot 10^{p \cdot x}$$

$$\Leftrightarrow \underline{\underline{y = C \cdot 10^{p \cdot x}}}$$

(7.25.4)

Aus (*7.25.4*) ergibt sich, dass die Originalfunktion eine Exponentialfunktion zur Basis 10 ist. Die Basis 10 ist ein Schönheitsfehler, der schnell „aus der Welt" geschafft ist. Normalerweise verwendet man in Funktionstermen die Basis **e**. Kein Problem! Ersetzen Sie die 10 durch $e^{\ln(10)}$ und Sie haben die e-Funktion! Von dem Faktor p kommen Sie auf die Zuwachs- bzw. Zerfallsrate α durch Multiplikation mit ln(10).

Beseitigung eines Schönheitsfehlers mithilfe von exp(ln(10))

$$y = C \cdot 10^{px} = C \cdot \left(e^{\ln(10)}\right)^{p \cdot x} = C \cdot e^{p \cdot \ln(10) \cdot x}$$

$$y = C \cdot e^{\alpha \cdot x} \quad \text{mit} \quad \alpha = p \cdot \ln(10), \ C = 10^{C'}$$

(7.25.5)

Ermitteln wir für unsere Teekanne die spezielle e-Funktion! Dazu bestimmen wir hier zunächst die Gleichung der Geraden. Dabei ist eine Falle zu umgehen: Für die Gerade sind die logarithmierten Werte relevant und nicht etwa die delogarithmierten Werte der Beschriftung!! Falsch wäre im vorliegenden Beispiel das Wertepaar (0 min; 50 K)! Da $\lg(50) \approx 1{,}70$, ist (0; 1,70) ein korrektes Wertepaar der Geraden. Nehmen wir den von der Bleistiftspitze markierten Punkt als zweites Wertepaar. Die erste Koordinate liegt glatt bei 220 min, die zweite muss gemäß (*7.25.3*) ermittelt werden. Hier ist $D = 40$ mm und $d \approx 18$ mm. Damit ist $\lg m = d/D \approx 0{,}45$. Da die untere Dekadengrenze 10^0 ist, kommt keine ganzzahlige Zehnerpotenz hinzu. Ein zweites Wertepaar wäre dann (220; 0,45). Mit den beiden Wertepaaren lässt sich mithilfe der Zweipunkteform der Geraden die Geradengleichung erstellen:

Unbedingt für die Geradenauswertung die logarithmierten Werte verwenden!

$$\frac{1{,}70 - 0{,}45}{0 - 220} = \frac{y' - 0{,}45}{x' - 220} \Leftrightarrow -0{,}00568 = \frac{y' - 0{,}45}{x' - 220}$$

$$\Leftrightarrow \underline{\underline{y' = 0{,}00568 \cdot x' + 1{,}70}}$$

(7.25.6)

Es ist zu beachten, welche Bedeutung die Variablen in diesem speziellen Fall haben! Das x' wäre die Zeit in Minuten und y' der dekadische Logarithmus aus der Temperaturdifferenz. Unter Verwendung von (*7.25.4*) bzw. (*7.25.5*) erhält man schließlich die konkrete Abkühlungsfunktion. Dabei ändert man tunlichst die Variablen und verwendet das kleine t für die Zeit und T_D für die Temperaturdifferenz.

$$p = -0{,}00568, \ \lambda = 0{,}00568 \cdot \ln(10) = \underline{\underline{0{,}0131}}$$

$$\lg(C) = 1{,}70, \ C = 10^{1{,}70} \approx \underline{\underline{50{,}1}}$$

$$\underline{\underline{T_D = 50{,}1 \cdot e^{-0{,}0131 \cdot t}}}$$

(7.25.7)

Die Abkühlung verhält sich wie ein Zerfall!

Beispiel: x' = 1/x, y' = y.

Doppelt logarithmische Skalierung für Potenzfunktionen

Im Prinzip kann man auch andere umkehrbare Funktionen durch Umskalieren zu linearen Funktionen verbiegen. In der Praxis kommt man in der Regel mit logarithmischen Skalierungen aus. Der Grund: Die Graphen der wichtigen Potenzfunktionen verziehen sich zu Geraden, wenn man **beide** Achsen logarithmisch skaliert (*s. 7.25.8*). Das Tabellenkalkulationsprogramm EXCEL bietet deshalb nur logarithmische Skalierungen als Option an. Auch logarithmisch geteilte Gitternetze wie beispielsweise in den *Bildern 7.25.5* und *7.25.7* werden, wenn man es denn will, von EXCEL gezeichnet.

(7.25.8)

$$x' = \lg(x),\ y' = \lg(y) \Leftrightarrow x = 10^{x'},\ y = 10^{y'}$$

$$y := C \cdot x^p = C \cdot \left(10^{x'}\right)^p = C \cdot 10^{p \cdot x'} \qquad |\lg\ldots$$

$$\underbrace{\lg(y)}_{y'} = \lg(C) + p \cdot x' \Leftrightarrow \underline{\underline{y' = p \cdot x' + C'}}$$

Keine Einschränkung des Exponenten – jede von null verschiedene Zahl ist erlaubt.

Beachten Sie, dass in (*7.25.9*) keinerlei Einschränkungen des Exponenten p erforderlich sind! Das bedeutet, alle Potenzfunktionen – auch solche mit negativen Exponenten – werden zu linearen Funktionen, wenn man beide Achsen logarithmisch skaliert. *Bild 7.25.6* illustriert dazu ein Beispiel.

Bild 7.25.6

Luftdruck innerhalb einer verschlossenen Fahrradpumpe

Zum Glück nur Gedankenexperimente! Die Loriotsche Steinlaus nimmt keinen Schaden!

Positioniert man den Kolben einer simplen Fahrradluftpumpe auf ca. 1/3 der Rohrlänge und verschließt die Ventilöffnung mit einem Manometer, hat man ca. 30 ml Luft mit einem Druck von 1 bar eingeschlossen. Zieht man nun den Kolben heraus, vergrößert sich das Volumen und der Luftdruck sinkt. Eine zufällig im Rohr befindliche Steinlaus würde mit dem Mt.-Everest-Luftdruck Bekanntschaft machen. Drückt man umgekehrt den Kolben hinein, verringert sich das Volumen und der Druck der eingeschlossenen Luft steigt. Die Steinlaus säße in einer Druckkammer. Da sich die Position des Kolbens und damit auch das eingeschlossene Luftvolumen leicht anhand geeigneter Markierungen ablesen lässt, kann man so den funktionellen Zusammenhang zwischen Volumen und Druck messtechnisch überprüfen.

Das ist wohl (auch) kein Zufall!

Bild 7.25.7 zeigt, was bei einer solchen Messung herauskommen könnte. Bei linearer Skalierung der Achsen könnte man lediglich vermuten, dass es sich um eine Potenzfunktion mit negativem Exponenten handelte. Die logarithmische Darstellung liefert eine schöne Gerade mit negativer Steigung!

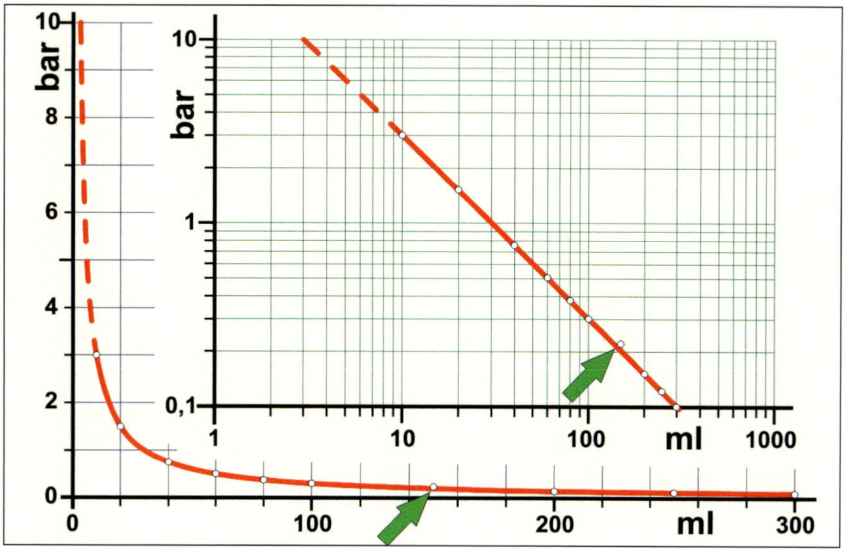

Außen: normale Skalierung
Innen: doppelt logarithmisch

Bild 7.25.7
Druck im Inneren der Fahrradpumpe in Abhängigkeit vom Volumen

Zunächst müssen die Parameter der linearen Funktion ermittelt werden! Dazu nimmt man wieder – wie in (*7.25.6*) – die Zweipunkteform der Geraden und sucht zwei Wertepaare, die auf der Geraden liegen. Nicht vergessen, Sie befinden sich dann im logarithmisch skalierten System! Sie dürfen keinesfalls die Zahlenwerte der (falschen) Beschriftung verwenden. Statt (30 ml; 1 bar) müssen Sie (1,48; 0) nehmen und aus (100 ml; 0,3 bar) werden (2,0; 0,48 – 1) bzw. (2,8; –0,52)! Die Zweipunkteform liefert dann den gesuchten Term.

$$\frac{(-0{,}52)-0}{2{,}00-1{,}48}=\frac{y'-0}{x'-1{,}48} \Leftrightarrow -1=\frac{y'-0}{x'-1{,}48}$$
$$\Leftrightarrow \underline{\underline{y'=-1\cdot x'+1{,}48}} \qquad (7.25.9)$$

Für den funktionellen Zusammenhang zwischen dem Druck in bar und dem Volumen in ml ergibt sich schließlich:

$$\lg(C)=1{,}48,\ C\approx 30:\ \ y=30\cdot x^{-1}\ \text{bzw.}\ \underline{\underline{y=\frac{30}{x}}} \qquad (7.25.10)$$

Im Rahmen der Messgenauigkeit ist der Exponent –1. Druck und Volumen sind demnach antiproportional zueinander. Verwendet man anstelle von x, y die korrekten Formelzeichen und berücksichtigt, dass die Konstante 30 gleich dem Produkt aus Anfangsvolumen (V_0 =30 ml) und Anfangsdruck (p_0 =1 bar) ist, erhält man aus (*7.25.10*) das so genannte Boyle-Mariottesche Gesetz:

$$p=\frac{p_0\cdot V_0}{V}\ \Big|\cdot V \ \Leftrightarrow\ \underline{\underline{p\cdot V=p_0\cdot V}} \qquad (7.25.11)$$

Zu klären ist noch die Frage, welche Funktion zu einer Geraden wird, wenn man – wie bei der relativistischen Masse – die x-Achse logarithmisch skaliert!

Es dürfte Sie kaum in Erstaunen versetzen: Eine logarithmisch skalierte y-Achse verbiegt den Graphen einer Exponentialfunktion zu einer Geraden. Dann wird wohl im Falle einer logarithmischen Skalierung der x-Achse aus dem Graphen der Umkehrfunktion – dem Logarithmus – eine Gerade. Rechnen wir nach:

(7.25.12)

$$x' = \lg(x),\; y' = y \;\Leftrightarrow x = 10^{x'},\; y = y'$$
$$y := p \cdot \lg(x) + C = p \cdot \lg\left(10^{x'}\right) + C$$
$$y = p \cdot x' + C \;\Leftrightarrow\; \underline{\underline{y' = p \cdot x' + C}}$$

Aus der linearen Funktion wird tatsächlich eine Logarithmusfunktion mit zwei Parametern. Sie ärgern sich über den Trick, den Parameter C' mit $p \cdot \lg(C)$ gleichzusetzen? Zu Recht, aber wegen der Umkehrbarkeit der Logarithmusfunktion ist der Parameter C eindeutig bestimmt:

(7.25.13)

$$C > 0,\; p \neq 0:\; C' = p \cdot \lg(C) \;\;|:p$$
$$\Leftrightarrow\; \frac{C'}{p} = \lg(C) \,|\, 10^{\cdots} \;\Leftrightarrow\; \underline{\underline{C = 10^{\frac{C'}{p}}}}$$

Im Falle $p = 1$ und $C = 1$ ergibt sich $y = \lg(x)$. Im umskalierten System wird daraus die Identität $y' = x'$.

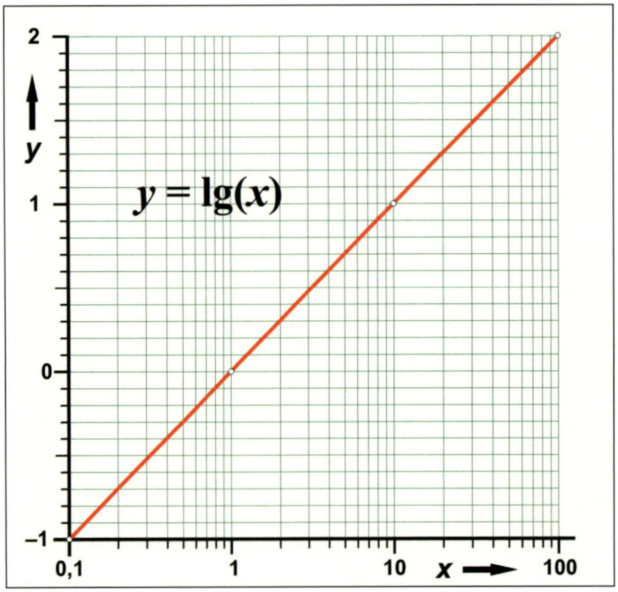

Bild 7.25.8
Graph des dekadischen Logarithmus im Falle einer logarithmisch skalierten x-Achse (3 Dekaden)

Anzumerken ist noch, dass mit der Logarithmusfunktion durchaus eigenständige funktionelle Zusammenhänge beschrieben werden können. Ein Beispiel ist das Hören. Die empfundene Lautstärke wird näherungsweise durch den Logarithmus aus der Schallintensität erfasst.

Vektoren und Vektorräume

8.

Möglicherweise verbinden Sie mit dem Begriffen Vektoren bzw. „Vektorräume" geometrische Berechnungen im Anschauungsraum (Analytische Geometrie). Ein Vektorraum ist weit mehr als das. Tatsächlich handelt es sich um eine – in Naturwissenschaft und Technik unentbehrliche – algebraische Struktur, deren Anwendungen weit über die Geometrie hinausreichen. So beginnt Ihre Reise in diesem Kapitel im zweidimensionalen Raum geometrischer Translationen und endet in abstrakten unendlichdimensionalen Räumen. Hier ist Abstraktionsvermögen gefordert, aber anhand geeigneter Beispiele aus Physik und Technik werden Sie einen Eindruck bekommen, was für ein mächtiges Werkzeug Ihnen mit den „Vektorräumen" zur Verfügung steht.

Unentbehrliche algebraische Struktur

Die zugehörige Hochschulvorlesung heißt „Lineare Algebra".

Für Sie: ein mächtiges Werkzeug

8.1 Translationen

Im Abschnitt 2.8 wurden algebraische Strukturen wie Gruppe, Ring und Körper vorgestellt. Es gibt eine weitere algebraische Struktur, auf die man als Anwender der Mathematik angewiesen ist, und das ist der so genannte *Vektorraum*, auch *linearer Raum* genannt. Vektorräume können, auch in der Praxis, sehr abstrakte Mengen sein. Für den Einsteiger gibt es zum Glück eine sehr anschauliche Menge – sozusagen „die Mutter aller Vektorräume". Es handelt sich um die Menge der *Translationen*.

Translationsvektoren stehen exemplarisch für Vektoren.

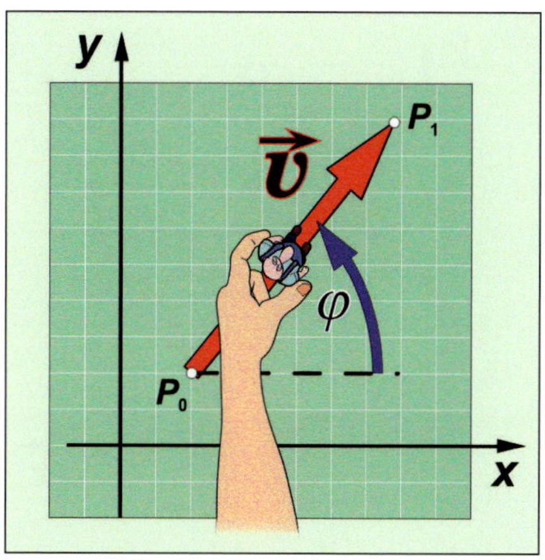

Bild 8.1.1
Eine Translation als Vektorgröße

Bild 8.1.1 zeigt, was mit „Translation" gemeint ist. Es handelt sich um die *Verschiebung* eines Objektes von einem Anfangspunkt P_0 zu einem Endpunkt P_1. Für die Koordinaten der Punkte P_0, P_1 sind alle reellen Koordinaten zugelassen, auch

Größe aus Betrag und Richtung

negative! Auf keinen Fall müssen die Koordinaten der beteiligten Punkte ganzzahlig sein! Diese Translation – im Bild unser Männchen – stellt man durch einen Pfeil dar (Verschiebungspfeil, Translationsvektor). Damit ist offensichtlich, dass die Translation eine Größe ist, die nicht nur durch den Betrag, sondern auch durch die Richtung gekennzeichnet ist. Man nennt alle geometrischen oder physikalischen Größen, für die das ebenfalls gilt, *vektorielle Größen* oder auch (nicht ganz korrekt) einfach nur *Vektoren*. Im Gegensatz dazu nennt man Größen, deren Zahlenwerte sich auf einen Zahlenstrahl (= Skala) abbilden lassen, *Skalare*.

Skalar kommt von Skala!

Tabelle 8.1.1
Schreibweisen von Vektoren und ihren Beträgen

Vektor			Betrag	
$\vec{a}, \vec{b}, \vec{c}, \ldots, \vec{u}, \vec{v}, \vec{w}$	mit Pfeil	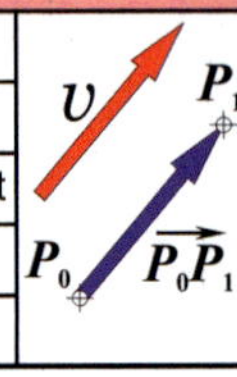	$\lvert\vec{v}\rvert$	v
$\mathbf{a}, \mathbf{b}, \mathbf{c}, \ldots, \mathbf{u}, \mathbf{v}, \mathbf{w}$	Fettdruck		$\lvert\mathbf{v}\rvert$	v
$\mathscr{a}, \mathscr{b}, \mathscr{c}, \ldots, \mathscr{u}, \mathscr{v}, \mathscr{w}$	andere Schriftart		$\lvert\mathscr{v}\rvert$	v
$\overrightarrow{AB}, \overrightarrow{BC}, \ldots, \overrightarrow{P_0P_1}, \overrightarrow{Q_0Q_1}$	Punkte		$\lvert\overrightarrow{P_0P_1}\rvert$	$\lvert P_0P_1\rvert$
$\langle a\rvert, \langle b\rvert, \langle c\rvert, \ldots, \lvert a\rangle, \lvert b\rangle, \lvert c\rangle$	Bra / Ket		$\lvert\langle a \vert a\rangle\rvert$	

Halten Sie die Schreibkonventionen ein!

Für handschriftliche Aufzeichnungen ist die Pfeilschreibweise am besten.

Damit sich eine Vektorgröße von den Elementen anderer Mengen abhebt, sind bei deren Benennung Schreibkonventionen einzuhalten. In der Regel wird das Formelzeichen oder der Variablenname einer Vektorgröße mit einem nach rechts weisenden Pfeil abgedeckt. Alternativ sind auch Fettdruck oder außergewöhnliche Schriftarten (Fraktur- oder Sütterlinschrift) im Gebrauch (*s. Tab. 8.1.1*). Wenn eine Vektorgröße in einer Zeichnung durch einen Pfeil illustriert worden ist, geht dadurch eindeutig hervor, dass eine Vektorgröße gemeint ist. In diesem Fall darf man in der Zeichnung den Pfeil über dem Variablennamen optional fortlassen – in *Bild 8.1.1* wurde davon kein Gebrauch gemacht! In der Geometrie kann man auch den Namen des Anfangs- und Endpunktes nebeneinander schreiben, das Pärchen mit einem Pfeil abdecken und so einen Translationsvektor definieren. Ist nur der Betrag (Länge) der Vektorgröße gemeint, schreibt man sie in Betragsstriche oder schreibt den Variablennamen / Formelzeichen ohne Pfeil in Normalschrift.

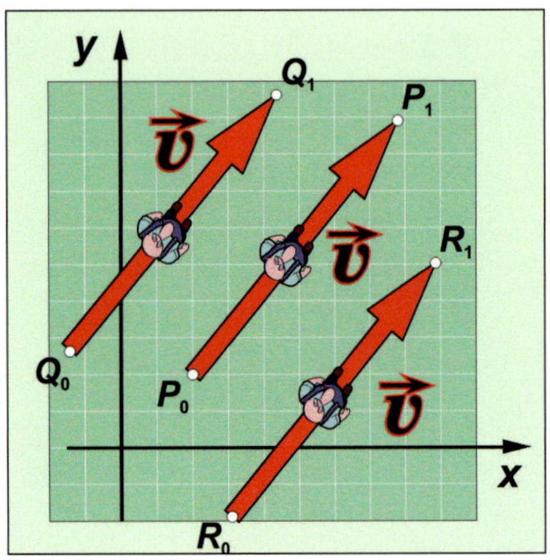

Bild 8.1.2
Als gleich anzusehende Translationsvektoren

Wenn Sie einen bestimmten Translationsvektor in ein Koordinatensystem einzeichnen sollten, würden Sie bemerken, dass irgendetwas nicht stimmen kann. Ein Translationsvektor ist festgelegt durch seinen Betrag und seine Richtung – aber zum Eintragen braucht man zusätzlich die Angabe eines Anfangspunktes. Betrachten Sie bitte dazu *Bild 8.1.2*! Alle drei dort illustrierten Translationsvektoren sind gleich lang (9 Einheiten) und verschieben in dieselbe Richtung ($\varphi = 50°$). Obwohl es sich offensichtlich um unterscheidbare Objekte handelt, müssen die Pfeile in ihrer Eigenschaft als Translationsvektor gleich angesehen werden! Für die Vektoreigenschaft – und das ist eine Kröte, die Sie schlucken müssen – spielen die Koordinaten des Anfangspunktes keine Rolle. Um einen bestimmten Translationsvektor einzuzeichnen, dürfen Sie sich irritierenderweise den Anfangspunkt selbst aussuchen!

Eine Kröte, die Sie schlucken müssen: unterscheidbar und doch gleich!

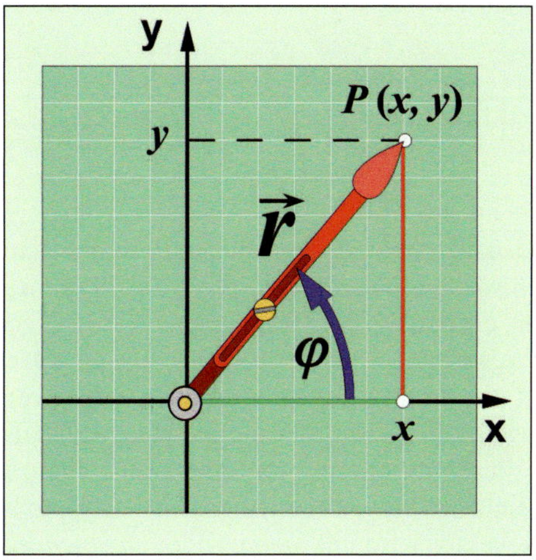

Bild 8.1.3
Ein Ortsvektor der Ebene

Sollen (Translations-)Vektoren als „Zeigestock“ benutzt werden, um damit auf Punkte der Ebene oder des Anschauungsraumes zu zeigen, muss der Pfeil (drehbar) am Koordinatenursprung fixiert sein. Ist auch noch dafür gesorgt, dass die Pfeillänge teleskopartig verlängert oder verkürzt werden kann, ist der Translationsvektor zu einem *Orts-* bzw. *Radiusvektor* umfunktioniert (*s. Bild 8.1.3*). Wir hatten bei der Illustration von Koordinatensystemen in Abschnitt 5.2 bereits von den Ortsvektoren Gebrauch gemacht (*vgl. Bild 5.2.3, 5.2.4 und 5.2.6*).

Das Teleskop reicht von null bis unendlich!

8.2 Verknüpfung Nr. 1

Die erste Verknüpfung von Translationsvektoren ist so lächerlich einfach, dass sie zur Überheblichkeit verführen kann. *Bild 8.2.1* zeigt die Zuordnungsvorschrift.

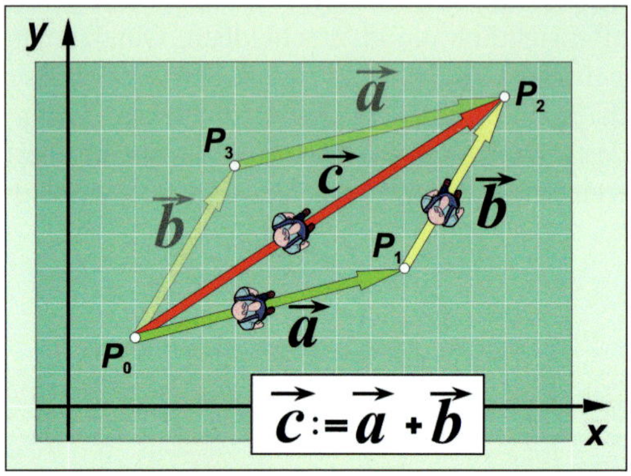

Bild 8.2.1
Verknüpfung von Translationsvektoren

Unser Männlein soll vom Punkt P_0 zum Punkt P_1 und anschließend weiter zum Punkt P_2 verschoben werden. Damit wird den im Bild mit ***a*** und ***b*** bezeichneten Translationsvektoren **eindeutig** der Translationsvektor ***c*** zugeordnet, mit dem man auf direktem Wege zum Punkt P_2 gelangen kann. Der Definitionsbereich dieser Zuordnung ist die „Menge der Translationen hoch zwei", also eine Potenzmenge. Die Zielmenge besteht ebenfalls aus der Menge aller Translationen. Damit handelt es sich bei dieser Zuordnung um eine *zweistellige innere Verknüpfung*. Auch wenn es fantasielos zu sein scheint, diese Verknüpfung heißt *Vektoraddition* und der zugeordnete Vektor wird mit *Summe* oder *Summenvektor* bezeichnet. Die Verknüpfung erhält nicht einmal ein eigenes Verknüpfungszeichen. Da Vektoren wegen des Pfeils, des Fettdrucks oder der exotischen Schriftart leicht von Elementen anderer Mengen unterscheidbar sind, kann das normale Pluszeichen verwendet werden.

Beachten Sie, die Zuordnung ist eindeutig!

$\mathbb{V} \times \mathbb{V} \rightarrow \mathbb{V}$

Kein eigenes Zeichen!

Merksatz 8.2.1

Additionsvorschrift (+) für Translationsvektoren:
Zwei Translationsvektoren werden „addiert", in dem man sie durch Parallelverschiebung – Richtung und Länge bleiben unverändert – aneinanderreiht. Die Verbindung des Pfeilanfangs des ersten Summanden mit der Pfeilspitze des zweiten Summanden ergibt dann den Summenpfeil.

Alternativ zur Vorschrift in *Merksatz 8.2.1* kann man die beiden Summanden an einem gemeinsamen Punkt – in *Bild 8.2.1* ist es P_0 – angreifen lassen. Den so gebildeten Winkel (P_1, P_0, P_3) ergänzt man durch Parallelverschiebung zu einem Parallelogramm (P_0, P_1, P_2, P_3), dessen Diagonale P_0P_2 zum Summenvektor wird. In dem Parallelogramm kommen die beiden Vektoren ***a*** und ***b*** noch einmal vor; sie sind transparent eingezeichnet. Jetzt ist umgekehrt der Vektor ***a*** an den Vektor ***b*** gereiht, was nach Additionsvorschrift ***b*** + ***a*** bedeutet. Der Summenvektor ist nach wie vor gleich ***c***. Das bedeutet, die Vektorsumme gemäß der Vorschrift in *Merksatz 8.2.1* ist **kommutativ**.

Grundlage des „Kräfteparallelogramms"

Die Verknüpfung ist kommutativ!

Die Verknüpfungsvorschrift in *Merksatz 8.2.1* „Addition" zu nennen ist nur vernünftig, wenn Vektoren und Zahlen denselben Gesetzen gehorchen. Die Gesetze heißen Gruppenaxiome und eine Menge, die diese erfüllt, heißt (kommutative) Gruppe (*vgl. (2.8.1)*). Nennen wir nun die Menge aller Translationen der Ebene ***V*** (von **V**erschiebungspfeil) und prüfen, ob diese Menge die Guppenaxiome erfüllt. Die Kommutativität ist schon einmal gesichert. Da die *xy*-Ebene als unendlich ausgedehnt betrachtet wird, führt die Verknüpfung zweier Translationen immer wieder zu einer Translation. Damit ist die neben der Eindeutigkeit der Zuordnung wichtigste Bedingung überhaupt erfüllt: die Verknüpfung führt nicht aus der Menge heraus:

Gruppenaxiome erfüllt?

$$+ : \mathbb{V} \times \mathbb{V} \to \mathbb{V}\,,\ \vec{a},\vec{b} \mapsto \vec{a}+\vec{b} \qquad (8.2.1)$$

Das nächste Axiom in *(2.8.1)* ist das Assoziativgesetz. Um es für Translationsvektoren zu überprüfen, müssen drei Translationsvektoren ***a***, ***b***, ***c*** gemäß der Additionsvorschrift in *Merksatz 8.2.1* verknüpft werden (*s. Bild 8.2.2*).

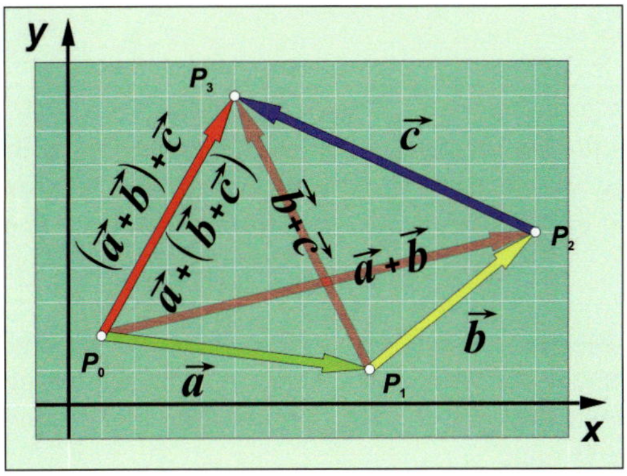

Bild 8.2.2
Assoziativgesetz für Translationsvektoren

Wo immer diese Pfeile vorher gewesen sein mögen, in *Bild 8.2.2* sind sie bereits brav nach Additionsvorschrift aneinandergereiht. Der Anfang des ersten Summanden verbunden mit der Spitze des dritten Summanden ergibt den roten Summenvektor. Man kann aber auch auf andere Weise zu diesem Summenvektor kommen! Entweder addiert man den Pfeil ***c*** auf die Summe (***a*** + ***b***) oder addiert auf den Pfeil ***a*** die Summe (***b*** + ***c***). Genau sagt das *Assoziativgesetz* aus:

$$\forall \vec{a},\vec{b},\vec{c} \in \mathbb{V} : \left(\vec{a}+\vec{b}\right)+\vec{c} = \vec{a}+\left(\vec{b}+\vec{c}\right) \quad \left(=\vec{a}+\vec{b}+\vec{c}\right) \qquad (8.2.2)$$

Da die Klammern keinen Einfluss auf die Summe haben, kann man sie optional fortlassen. Zur Gruppeneigenschaft einer Menge gehört ein neutrales Element. Da braucht man nicht lange zu suchen: eine „Nichtverschiebung", d. h., alles wird so belassen, wie es ist, wäre ein geeignetes neutrales Element. Völlig klar: ob man einem Translationsvektor eine „Nichtverschiebung" folgen lässt oder nicht, ist gleich. Also gilt:

Klammern können fortgelassen werden.

$$\exists \mathbb{O} \in \mathbb{V} : \ \vec{a}+\mathbb{O} = \vec{a} \qquad (8.2.3)$$

Das neutrale Element nennt man Nullvektor. Man kann ihn als normale Null mit Pfeil schreiben oder – wie hier – in einer exotischen Schriftart.

Nun wird zu jedem Translationsvektor noch ein inverses Element benötigt. Versuchen wir es mit einem Translationsvektor gleicher Länge, gleicher Richtung, aber entgegengesetztem Richtungssinn! In *Bild 8.2.3* sieht man, dass ein so definierter Vektor ***a**** tatsächlich das gesuchte inverse Element zum Vektor ***a*** ist.

Hin und wieder auf demselben Weg zurück!

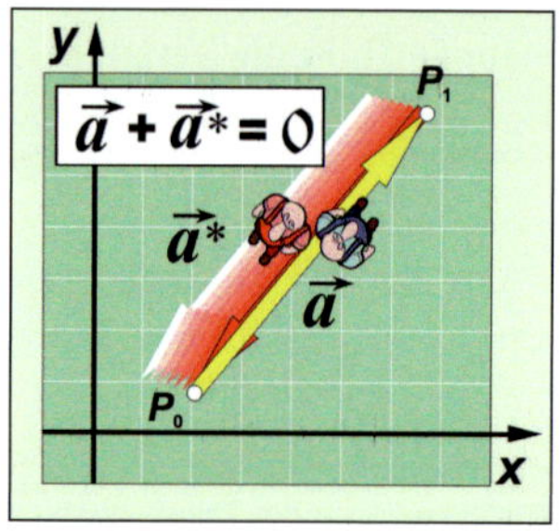

Bild 8.2.3
Existenz inverser Elemente (Addition)

Zunächst wird, wie in *Bild 8.2.3* illustriert, der Pfeil $\boldsymbol{a}^*$ durch Parallelverschiebung mit dem Pfeil ***a*** zur Deckung gebracht. Dann ergibt die Summe der beiden eine Verschiebung von P_0 nach P_1 und wieder zurück. Die Summe ist also der Nullvektor. Damit erfüllen Translationsvektoren das Axiom von der Existenz inverser Elemente.

(8.2.4)

$$\forall \vec{a} \in \mathbb{V} \ \exists \vec{a}^* \in \mathbb{V} : \ \vec{a} + \vec{a}^* = 0$$

Somit ist die Menge der Translationsvektoren mit der Verknüpfungsvorschrift in *Merksatz 8.2.1* sowie der Definition des Nullvektors und des Inversen tatsächlich eine kommutative Gruppe.

Wie bei den (ganzen) Zahlen in *Merksatz 2.6.1* definiert man die *Subtraktion* als Addition mit dem Inversen.

(8.2.5)

$$\vec{a} + \vec{b}^* := \vec{a} - \vec{b}$$

Da die Summe links in (*8.2.5*) kommutativ ist, kann man natürlich auch $\boldsymbol{b}^* + \boldsymbol{a}$ addieren. Aufgrund dieser Möglichkeit ergibt sich, wie in *Bild 8.2.4* ersichtlich, eine einfache grafische Subtraktionsmethode. Man verschiebt Minuend und Subtrahend auf einen gemeinsamen Anfangspunkt (im Bild P_1). Um den inversen Translationsvektor des Subtrahenden zu erhalten, wird dessen Richtungssinn umgeklappt (bzw. 180°-Drehung). Damit wird die Spitze des Subtrahenden zum Anfang des inversen Translationsvektors (P_0). Dessen Verbindung mit der Spitze des Minuenden (P_2) ergibt den Differenzvektor (im Bild ***c*** genannt). Der Differenzvektor verbindet also die Pfeilspitzen und weist auf die Spitze des Minuenden.

Der Differenzvektor weist zum Minuenden!

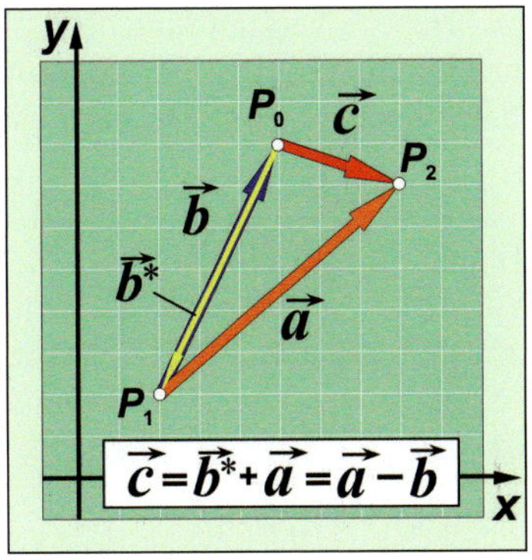

Bild 8.2.4
Subtraktion von Translationsvektoren

8.3 Noch eine Verknüpfung

Gegeben sei mit $\boldsymbol{a}$ ein beliebiger Translationsvektor. Was würde man tun, wenn man die folgende Anweisung ausführen sollte? Verschiebe den Punkt P_0 um das 2,5-Fache dieses Vektors! Man würde wohl instinktiv den Betrag des Translationsvektors $\boldsymbol{a}$ um den (reellen) Faktor 2,5 verlängern, die Translationsrichtung aber beibehalten. Genau das ist in *Bild 8.3.1* dargestellt.

Wieder eine selbstverständlich anmutende Zuordnungsvorschrift!

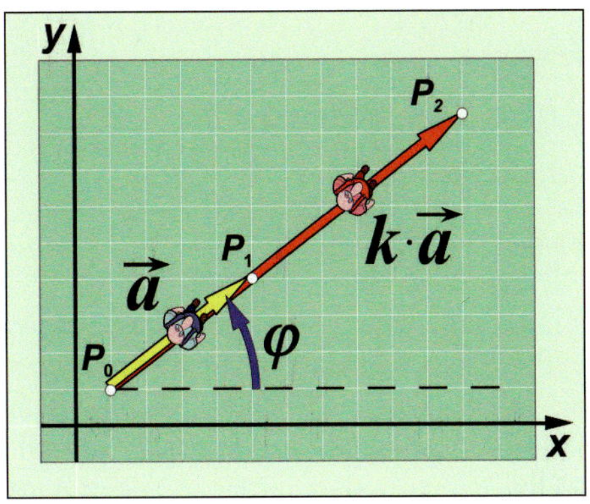

Bild 8.3.1
Multiplikation eines Translationsvektors mit einem Skalar

Hier wird dem Verlängerungsfaktor k und dem Translationsvektor $\boldsymbol{a}$ eindeutig der mit $k \cdot \boldsymbol{a}$ bezeichnete Translationsvektor zugeordnet. Liegt der Faktor zwischen 0 und 1, wird der Betrag des Translationsvektors verkürzt. Negative Verlängerungsfaktoren sind auch zugelassen. Ein negativer Faktor lässt sich immer in ein Produkt aus (–1) und dem Betrag des Faktors zerlegen. Der Faktor (–1) soll den Richtungssinn umklappen (180°-Drehung), der Betrag des negativen Faktors verkürzt oder verlängert den umgedrehten Translationsvektor, wie oben beschrieben. Der Definitionsbereich dieser Zuordnung ist die Produktmenge aus den reellen Zahlen und der Menge der Translationen. Die Zielmenge besteht ebenfalls aus der Menge aller Translationen. Da eine Fremdmenge im Spiel ist, handelt es sich bei dieser Zuordnung um eine *zweistellige äußere Verknüpfung*. (Zur Erinnerung: Die in Abschnitt 2.8 beschriebenen Strukturen bestanden durchweg aus inneren Ver-

Faktor (–1) = 180°-Drehung

$\mathbb{R} \times \mathbb{V} \rightarrow \mathbb{V}$

Achtung, hier handelt es sich um eine äußere Verknüpfung!

knüpfungen!) Die hier beschriebene Verknüpfung heißt *S-Multiplikation* („S" wegen der Multiplikation mit einem Skalar). Die Verknüpfungsvorschrift für die S-Multiplikation von Translationsvektoren sind in *Merksatz 8.3.1* zusammengefasst.

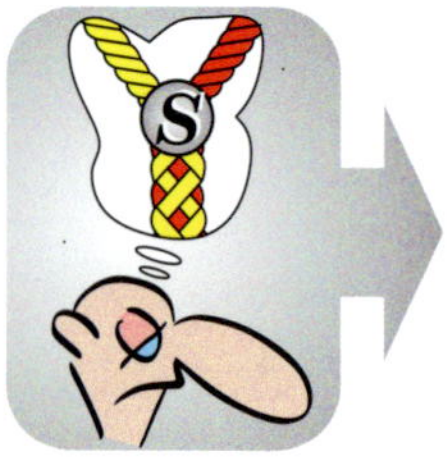

Merksatz 8.3.1

> **S-Multiplikation für Translationsvektoren:**
> Eine reelle Zahl und ein Translationsvektor werden „multipliziert", indem man den Betrag des Vektors mit der reellen Zahl vervielfacht, aber die Richtung beibehält. Ein negatives Vorzeichen dreht den Translationsvektor um 180° (= Änderung des Richtungssinns).

Schon ein Grund, um verwundert aufzublicken: Hier werden Elemente zweier verschiedener Mengen „multipliziert"!

In *Merksatz 8.3.2* sind die Schreibweisen bzw. -konventionen aufgeführt. Wie bei der Vektoraddition ist auch für die S-Multiplikation kein besonderes Zeichen vorgesehen, man nimmt einen dünnen Punkt. Da ein dicker Punkt für eine andere wichtige Verknüpfung verbraucht ist, müssen Sie darauf achten, dass Ihr Malpunkt nicht zu dick gerät. Da man aber standardmäßig davon ausgeht, dass ein Pärchen aus Skalar und Vektor automatisch durch eine S-Multiplikation verknüpft werden soll, können Sie den Malpunkt optional fortlassen. Dabei sollte kein Zwischenraum (Leertaste) zwischen Skalar und Vektor sein. Obwohl die Reihenfolge keine Rolle spielt, schreibt man aus kosmetischen Gründen den Skalar gern voran. Vertauschen Sie die Faktoren, wenn aufgrund irgendwelcher Zwischenrechnungen der Skalar hinten steht!

Merksatz 8.3.2

> **Schreibweisen für S-Multiplikation:**
> Richtige Schreibweisen: $k \cdot \vec{a},\ k\vec{a}$
> Besser vertauschen (!) : ~~$\vec{a}k$~~ $\rightarrow k\vec{a},\ k \cdot \vec{a}$
> Zwischenraum zu groß : ~~$k\ \ \vec{a}$~~ $\rightarrow k\vec{a},\ k \cdot \vec{a}$
> Dicker Punkt verboten : ~~$k \bullet \vec{a}, \vec{a} \bullet k$~~

Die Richtung bleibt erhalten!

Da die S-Multiplikation die Richtung nicht verändert, verbleibt bei den Translationsvektoren nur ein Produkt des Skalars mit dessen Betrag. Somit verhalten sich Translationsvektoren gleicher Richtung bei der S-Multiplikation wie reelle Faktoren. Wir können damit einige Rechengesetze der Multiplikation (*2.8.2*) übernehmen – aber nicht alle!

(8.3.1)

$$\begin{aligned}
&\forall k,l \in \mathbb{R}, \forall \vec{a} \in \mathbb{V} : && (k \cdot l) \cdot \vec{a} = k \cdot (l \cdot \vec{a}) \\
&\exists 1 \in \mathbb{R}, \forall \vec{a} \in \mathbb{V} : && 1 \cdot \vec{a} = \vec{a} \\
&\forall k,l \in \mathbb{R}, \forall \vec{a} \in \mathbb{V} : && (k + l) \cdot \vec{a} = k \cdot \vec{a} + l \cdot \vec{a}
\end{aligned}$$

Die reellen Faktoren können als Verlängerungsfaktoren interpretiert werden.

Mit der Interpretation der Faktoren k und l als Verlängerungsfaktoren ist das Assoziativgesetz eine Selbstverständlichkeit. Dass die normale reelle Eins einen Translationsvektor nicht verändert, ist ebenfalls klar. Auch das Distributivgesetz geht in Ordnung. Wenn man zwei Vektoren, die in dieselbe Richtung weisen, zusammenstückelt, lässt sich dies auch durch einen Faktor bewerkstelligen. Man kann also bei einer Summe von S-Produkten den gemeinsamen Vektor ausklammern oder – umgekehrt – den Vektor in eine reelle Summe hineinmultiplizieren.

Es gibt aber bezüglich der S-Multiplikation kein neutrales Vektorelement! Weiterhin fehlt in (*8.3.1*) ein Gesetz, wie man einen reellen Faktor mit einer Vektorsumme multiplizieren soll. Wenn eine Addition von Vektoren vorkommt, werden Richtungen geändert. In diesem Fall verhalten sich Translationsvektoren nicht wie reelle Faktoren – es muss eine gesonderte Betrachtung gemacht werden (*s. Bild 8.3.2*)!

Zur Erinnerung: Hier liegt eine äußere Verknüpfung vor!

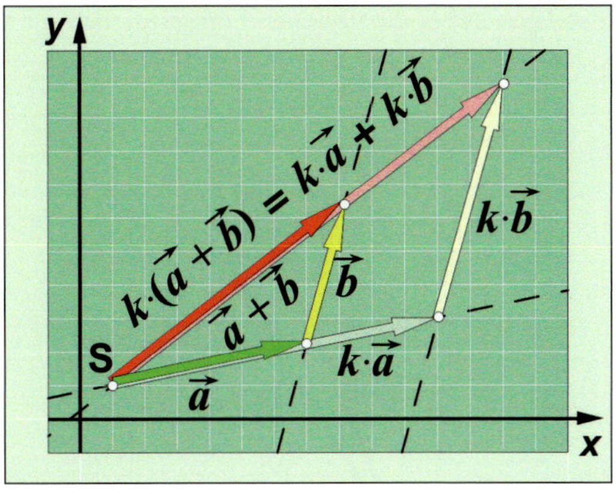

Bild 8.3.2
S-Multiplikation einer Vektorsumme

Es soll gezeigt werden, dass man einen reellen Faktor k in eine Vektorsumme $(\boldsymbol{a} + \boldsymbol{b})$ hineinmultiplizieren kann. Dazu wurden die Vektoren $\boldsymbol{a}$, $k \cdot \boldsymbol{a}$, $\boldsymbol{b}$, $k \cdot \boldsymbol{b}$, $\boldsymbol{a} + \boldsymbol{b}$, $k \cdot (\boldsymbol{a} + \boldsymbol{b})$ in *Bild 8.3.2* zu einer so genannten *Strahlensatzfigur* zurechtgeschoben. Die beiden *Strahlensätze* sagen aus, dass sich die Streckenverhältnisse von einem Strahl auf den anderen sowie auf die Parallelen übertragen. Es gilt aber auch die Umkehrung! Sind derartige Streckenverhältnisse wie hier erfüllt, müssen diese Strecken zwangsläufig auf zwei sich im Scheitelpunkt S schneidenden Geraden liegen, die wiederum von zwei Parallelen geschnitten werden (im Bild durch gestrichelte schwarze Haarlinien gekennzeichnet). Damit bleibt der Summe von $k \cdot \boldsymbol{a}$ und $k \cdot \boldsymbol{b}$ nichts anderes übrig, als in Betrag und Richtung gleich $k \cdot (\boldsymbol{a} + \boldsymbol{b})$ zu sein. Damit gilt noch ein zweites Distributivgesetz:

2. Distributivgesetz aufgrund der Strahlensätze

$$\forall \vec{a}, \vec{b} \in \mathbb{V}, \forall k \in \mathbb{R}: \; k \cdot \left(\vec{a} + \vec{b}\right) = k \cdot \vec{a} + k \cdot \vec{b} \qquad (8.3.2)$$

Nun mag man sich fragen, wieso man so viel Aufheben um derart triviale Allerweltstranslationen macht. Eine vorläufige Antwort erhält man bereits durch einen Blick in die klassische Physik. Schauen Sie sich das Szenario in *Bild 8.3.3* an! Unser früherer Hubschrauber sei hoch aufgestiegen und setze seine Fahrt fort. Der Ort des Hubschraubers wird durch den Ortsvektor $\boldsymbol{r}(t)$ beschrieben. Da er in Bewegung ist, muss der Ortsvektor zeitabhängig sein – deswegen das Klammerpaket mit der Zeit t. Einen differenziell kleinen Zeitpunkt später ist das Fluggerät am Ort $\boldsymbol{r}(t + \mathrm{d}t)$. Für die Ortsänderung gilt dann:

Geringschätzen Sie keinesfalls die Translationen!

$$\mathrm{d}\vec{r} = \vec{r}\left(t + \mathrm{d}t\right) - \vec{r}\left(t\right) \qquad (8.3.3)$$

In *Bild 8.3.3* lässt sich der Differenzvektor mithilfe der in *Bild 8.2.4* gezeigten Methode einzeichnen. Der Differenzvektor verbindet die Spitze des Subtrahenden, hier $\boldsymbol{r}(t)$, mit der Spitze des Minuenden $\boldsymbol{r}(t + \mathrm{d}t)$. (Bitte beachten Sie die Hinweise in folgendem Merksatz!)

Merksatz 8.3.3

Formelzeichen für (vektorielle) Wegstrecken:
Nur wenn extra darauf hingewiesen werden soll, dass sich ein Weg aus der Differenz zweier Ortsvektoren ergeben hat, wählt man die Formelzeichen:

$\Delta\vec{r}$ bzw. $\mathrm{d}\vec{r}$!

Benutzen Sie ansonsten lieber die üblichen Formelzeichen für Wegstrecken:

$\vec{s}$, $\Delta\vec{s}$ bzw. $\mathrm{d}\vec{s}$!

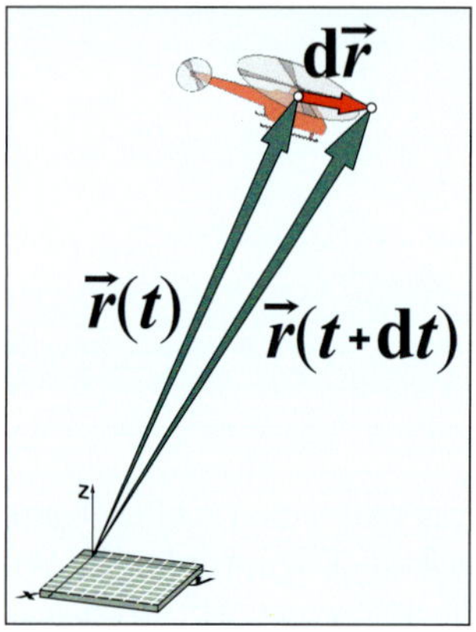

Bild 8.3.3
Translation des Hubschraubers in der Zeit dt

Weg, Geschwindigkeit, Beschleunigung und Kraft sind allesamt vektorielle Größen!

Die Bedeutung des Differenzvektors ist die Translation des Hubschraubers in der Zeit $\mathrm{d}t$. Damit ist $\mathrm{d}\boldsymbol{r}$ kein Ortsvektor mehr, sondern ein Translationsvektor! Eine Division durch den Skalar $\mathrm{d}t$ ist natürlich gleich einer Multiplikation mit dem Skalar $1/\mathrm{d}t$. So ist zu erkennen, dass auch die Geschwindigkeit eine Vektorgröße ist. Es geht noch weiter! Eine Geschwindigkeit kann sich nach Betrag und Richtung ändern. Die Änderung ist selbstverständlich auch wieder vektoriell. Dividiert man die Geschwindigkeitsänderung durch das zugehörige Zeitintervall, erhält man die Beschleunigung, die somit auch eine Vektorgröße sein muss. Zu guter Letzt wird eine solche zeitliche Geschwindigkeitsänderung nach dem Grundgesetz der Mechanik von einer Kraft verursacht. Da der Faktor Masse ein Skalar ist, stellt sich auch die Kraft als vektorielle Größe heraus. In (*8.3.4*) ist das Grundgesetz der Mechanik für den nichtrelativistischen Fall vektoriell dargestellt.

(8.3.4)

$$\vec{F} = m \cdot \frac{\mathrm{d}\vec{v}}{\mathrm{d}t}$$

E-Feldstärke und B-Feldstärke sind vektoriell.

Kaum zu glauben, Winkel und Winkelgeschwindigkeit sind vektoriell.

Es geht sogar noch weiter! Die Kraft in (*8.3.4*) kann ihrerseits wieder aus einer Vektorsumme verschiedener Kräfte bestehen. Diese Kräfte müssen auch ihre Ursachen haben, und die lassen sich – auch wenn dass hier nicht einsichtig ist – auf elektrische, magnetische und/oder Gravitationsfelder zurückführen. Die elektrische Feldstärke $\boldsymbol{E}$, die magnetische Feldstärke $\boldsymbol{B}$ und die Gravitationsfeldstärke $\boldsymbol{g}$ sind allesamt vektoriell. Darüber hinaus – man sollte es nicht glauben – stellen sich auch Winkeländerungen $\mathrm{d}\varphi$ und Winkelgeschwindigkeiten ω als Vektorgrößen heraus. Für alle diese Größen gelten die vorher besprochenen Rechengesetze der Translationsvektoren.

Die Vektoreigenschaft der gerade besprochenen grundlegenden physikalischen Größen rechtfertigt bereits, die behandelten Rechenregeln für Translationsvektoren zu Axiomen zu erheben. Das bedeutet: Hat sich jemand für eine beliebige Menge zwei Verknüpfungen ausgedacht, die diesen Axiomen gehorchen, heißt diese Menge *Vektorraum*. Mit den dazu notwendigen Skalaren ist man dabei großzügig – es sind nicht nur die reellen Zahlen zugelassen, sondern **alle** Mengen mit Körperstruktur. Man spricht von einem *Vektorraum über dem Körper K*. In der Praxis hat man es in der Regel mit den reellen oder den komplexen Zahlen als Skalarenkörper zu tun (reeller Vektorraum/komplexer Vektorraum). In (*8.3.5*) sind die Axiome, welche eine Menge zusammen mit einem Körper und den zwei Verknüpfungen zu einem Vektorraum „adeln", zusammengefasst. Da so eine Menge völlig abstrakt sein kann, sind statt ***a***, ***b***, ***c*** die vertrauten Variablennamen von Abschnitt 2.8 verwendet worden. Die Pfeile auf den Variablen sind reine Kosmetik!

Darf eine völlig abstrakte Menge sein!

1.Verknüpfung "+": $\mathbb{V}^2 \to \mathbb{V};\quad \vec{x},\vec{y} \mapsto \vec{x}+\vec{y}$

1)	$(\vec{x}+\vec{y})+\vec{z} = \vec{x}+(\vec{y}+\vec{z})$	Assoziativgesetz
2)	$\exists \mathbf{0} \in \mathbb{V}:\quad \vec{x}+\mathbf{0} = x$	Existenz eines neutralen Elements
3)	$\exists \vec{x}^* \in \mathbb{V}:\quad \vec{x}+\vec{x}^* = \mathbf{0}$	Existenz eines inversen Elements
4)	$\vec{x}+\vec{y} = \vec{y}+\vec{x}$	Kommutativgesetz

2.Verknüpfung (S-Multipl.) "·": $\mathbb{K} \times \mathbb{V} \to \mathbb{V};\quad k,\vec{x} \mapsto k\cdot\vec{x}$

1)	$(k\cdot l)\cdot\vec{x} = k\cdot(l\cdot\vec{x})$	Assoziativgesetz
2)	$\exists\, \mathbf{1} \in \mathbb{K}:\quad \mathbf{1}\cdot\vec{x} = \vec{x}$	Existenz eines neutralen Elements
3)	$\left.\begin{array}{l}(k+l)\cdot\vec{x} = k\cdot\vec{x}+l\cdot\vec{x}\\ k\cdot(\vec{x}+\vec{y}) = k\cdot\vec{x}+k\cdot\vec{y}\end{array}\right\}$	distributive Gesetze

(8.3.5)

8.4 Linearkombination, Basis und Dimension

Bild 8.4.1 zeigt die Draufsicht einer Fantasiemaschine, die einer Universalfräsmaschine nachempfunden worden ist. Der Tisch, auf dem unser Männchen fest aufgespannt wurde, ist eine Art Schlitten, der in einer Führung gleitet. Damit kann der Schlitten nur Translationen in positive oder negative x-Richtung machen. Die Translationen sind durch ein Handrad einstellbar und lassen sich betragsmäßig auf einer Trommelskala kontrollieren (1 Teilstrich = $^1/_{10}$ mm).

Die z-Verstellung wird normalerweise nicht nach oben, sondern nach vorn herausgeführt!

Beachten Sie bitte, die Fliege sitzt nicht ohne Grund auf dem Aufspanntisch!

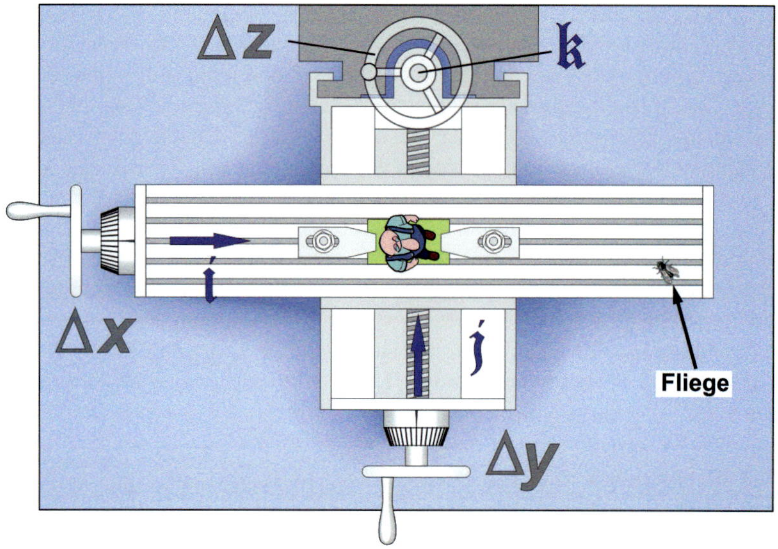

Bild 8.4.1
Mechanische Realisierung einer Translation

Der komplette obere Schlitten mitsamt seiner Führung gleitet selbst auch auf einer Führung, und zwar senkrecht dazu in y-Richtung. Auch diese Translation ist durch ein Handrad mit Skala kontrollierbar. Zu guter Letzt kann man das System auch noch heben oder senken, denn es gleitet, wie in *Bild 8.4.1* ersichtlich, in einer vertikalen Führung. Damit sind dann kontrollierte Translationen in z-Richtung möglich.

„Jeder" Translationsvektor ist realisierbar!

Alle Punkte des Obertisches! Die Fliege auch!

Nun ist es an Ihnen, sich zu veranschaulichen, dass man mithilfe der drei Handräder das auf dem Aufspanntisch fixierte Männchen in jede Richtung verschieben kann. Auch der Betrag der Verschiebung ist beliebig – selbstverständlich im Rahmen der Führungsschienenbegrenzungen. Anders ausgedrückt: es ist mit dem in *Bild 8.4.1* dargestellten mechanischen System möglich, „jeden" Translationsvektor zu realisieren. Beachten Sie, dass mit dem System exakt das, was in *Bild 8.1.2* illustriert wurde, realisiert ist. Alles, was sich auf dem Aufspanntisch befindet – auch beispielsweise eine Fliege, die sich zufällig dort niedergelassen hat – wird derselben Translation unterzogen.

In guter Gesellschaft: Richard Feynman benutzte ebenfalls ($\mathfrak{i}$, $\mathfrak{j}$, $\mathfrak{k}$), heute üblich ($\vec{e}_x$, $\vec{e}_y$, $\vec{e}_z$)

Es ist in einer mechanischen Werkstatt nicht üblich und auch nicht notwendig, das System vektormäßig zu betrachten. Hier aber bietet es eine gute Möglichkeit, Grundbegriffe der Vektorrechnung zu lernen. Dazu sind im Bild jeweils in Richtung der Führungsschienen die Vektoren $\mathfrak{i}$, $\mathfrak{j}$ und $\mathfrak{k}$ eingezeichnet. Durch unser System sind auf mechanische Weise drei S-Multiplikationen realisiert. Die Translation in $\mathfrak{i}$-Richtung wird durch die S-Multiplikation dieses Vektors mit dem Skalar Δx beschrieben – desgleichen in Richtung des Vektors $\mathfrak{j}$ und des Vektors $\mathfrak{k}$. Die skalaren Faktoren können auch negativ sein! Dreht man im Gegenuhrzeigersinn, ist der skalare Faktor positiv – anders herum ist der Skalar negativ.

Die Translation unseres Männchens $\Delta\mathfrak{s}$, einreguliert durch die drei Handräder, lässt sich vektoriell darstellen:

$$\Delta\vec{s} = \Delta x\cdot\mathfrak{i} + \Delta y\cdot\mathfrak{j} + \Delta z\cdot\mathfrak{k} \qquad (8.4.1)$$

Es ist zwar nicht notwendig, dient aber der Anschaulichkeit, wenn man annimmt, dass die drei Vektoren den Betrag 1 haben. Dann stimmen die skalaren Faktoren in *(8.4.1)* direkt mit den an den Handrädern eingestellten Verschiebungen in mm überein. Eine Summe aus S-Multiplikationen wie jene auf der rechten Seite von *(8.4.1)* heißt *Linearkombination*. Man sagt, der Translationsvektor $\Delta\mathfrak{s}$ ist als Linearkombination der Vektoren $\mathfrak{i}$, $\mathfrak{j}$ und $\mathfrak{k}$ dargestellt. Beachten Sie bitte *Merksatz 8.4.1 und 8.4.2*!

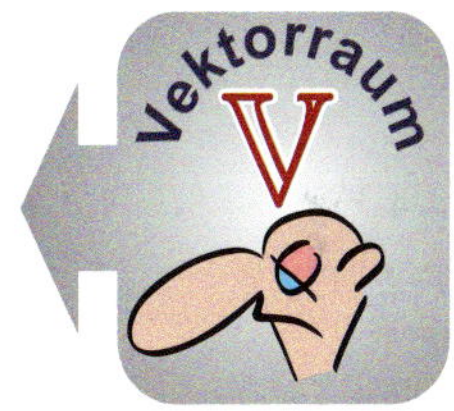

Merksatz 8.4.1

Hinweis:
Beachten Sie, dass die Menge der Translationsvektoren nur exemplarisch für einen Vektorraum steht. Wenn nicht anders spezifiziert, steht ein stilisiertes „V" für irgendeine beliebige Menge mit zwei Verknüpfungen, die die Vektorraumaxiome *(8.3.5)* erfüllen.
$\mathbb{V}$ steht für einen beliebigen Vektorraum über dem Körper $\mathbb{K}$!

Wegen *Merksatz 8.4.1* ist die Anzahl der Summanden in *Merksatz 8.4.2* offengehalten. Das kleine „*n*" steht für eine von null verschiedene natürliche Zahl.

Merksatz 8.4.2

Definition:
Sei $\vec{a}_1, \vec{a}_2, \ldots, \vec{a}_n \in \mathbb{V}$ und $x_1, x_2, \ldots, x_n \in \mathbb{R}$ (oder $\mathbb{K}$), dann wird der Summenvektor $x_1\vec{a}_1 + x_2\vec{a}_2 + \ldots + x_n\vec{a}_n$ **Linearkombination** der Vektoren $\vec{a}_1, \ldots, \vec{a}_n$ genannt!

Sei $\vec{v} := x_1\vec{a}_1 + x_2\vec{a}_2 + \ldots + x_n\vec{a}_n$, dann sagt man, der Vektor ist **als Linearkombination** der Vektoren $\vec{a}_1, \vec{a}_2, \ldots, \vec{a}_n$ **dargestellt** worden.

Die drei Vektoren $\mathfrak{i}$, $\mathfrak{j}$ und $\mathfrak{k}$ in *(8.4.1)* sind im Grunde Spezialfälle. Sie weisen in die Richtungen der Achsen eines kartesischen Koordinatensystems und haben zusätzlich noch den Betrag eins. Deshalb ist das Folgende leicht zu klären. Stellen Sie sich vor, Sie hätten an einem der Handräder irrtümlich eine Translation vorgenommen! Kann man nun mithilfe der anderen beiden Handräder diesen Irrtum kompensieren, sodass unser Männchen wieder dahin zurückkommt, wo es sich ursprünglich befand? Wenn man z. B. am Handrad $\Delta z = 0{,}7$ mm eingestellt hat, hebt sich der Tisch mit dem aufgespannten Männchen in Richtung des Vektors $\mathfrak{k}$. Die anderen beiden Handrädern bewirken nur Verschiebungen senkrecht dazu und lassen deshalb keine Höhenänderung zu. Genauso ist es mit den anderen Handrädern: Hat man an irgendeinem Rad etwas verstellt, kann es nicht mit den anderen rückgängig gemacht werden. Wenn das Männchen keine Translation machen soll, dann heißt das: „**Finger weg von den Handrädern!**" Im Folgenden wird dieser Sachverhalt formelmäßig ausgedrückt.

Keine Translation? Finger weg von den Handrädern!

(„Das Männchen macht keine Translation" $\Rightarrow$ „Kein Handrad wurde verstellt!"

$$\Leftrightarrow \left(\Delta x\cdot\mathfrak{i} + \Delta y\cdot\mathfrak{j} + \Delta x\cdot\mathfrak{k} = \vec{0} \;\Rightarrow\; \Delta x = \Delta y = \Delta z = 0\right) \qquad (8.4.2)$$

Grundlegender Begriff

Ist der in (*8.4.2*) formulierte Sachverhalt erfüllt, sind „unsere“ Vektoren $\mathfrak{i}$, $\mathfrak{j}$ und $\mathfrak{k}$, wie man sagt, *linear unabhängig*. Diese zumindest in unserem Beispiel sehr anschauliche Eigenschaft übernimmt man für beliebige Mengen mit Vektorraumstruktur, also für beliebige Vektorräume.

Im folgenden Merksatz ist diese „*lineare Unabhängigkeit*“ definiert. Dabei werden der Begriff des Nullvektors sowie Begriffe und Sprechweisen der Definitionen aus *Merksatz 8.4.2* verwendet.

Merksatz 8.4.3

Definition:
Sei $\vec{a}_1, \vec{a}_2, \ldots, \vec{a}_n \in \mathbb{V}$ und $x_1, x_2, \ldots, x_n \in \mathbb{R}$ $\left(\text{oder } \mathbb{K}\right)$, dann heißen die Vektoren $\vec{a}_1, \ldots, \vec{a}_n$ **linear unabhängig**, wenn die Linearkombination des Nullvektors nur möglich ist, wenn alle Koeffizienten gleich null sind.

$$x_1\vec{a}_1 + x_2\vec{a}_2 + \ldots + x_n\vec{a}_n = \mathfrak{o} \Rightarrow x_1 = x_2 = \ldots = x_n = 0$$

Damit Sie nicht auf die Idee kommen, dass die lineare Unabhängigkeit nur mit rechtwinkligen Tischführungen möglich ist, schwenken wir den oberen Tisch um 14°. Anschließend schauen wir nach, ob die durch die Richtung der Schlittenführungen definierten Vektoren immer noch linear unabhängig sind (*s. Bild 8.4.2*). Wir verlassen jetzt die Benennungen aus (*8.4.1*) und wählen stattdessen die in *Merksatz 8.4.3* verwendeten allgemeineren Benennungen!

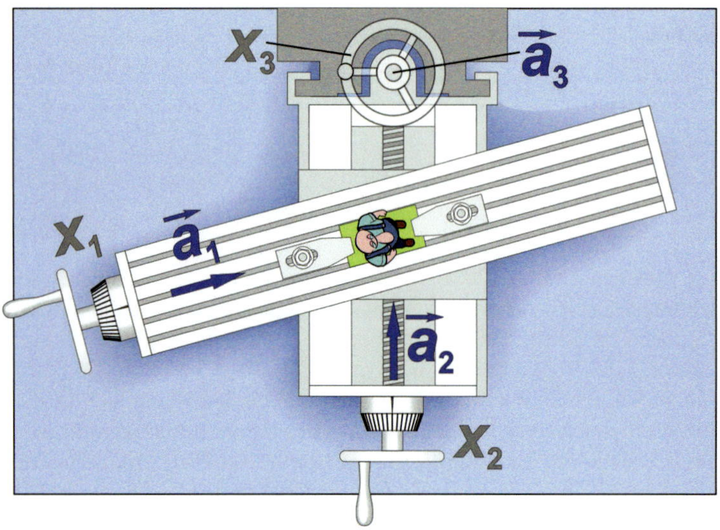

Bild 8.4.2
Translation mit schräg gestelltem Schlitten

Nach wie vor lässt sich eine Höhenverstellung – jetzt x_3 – durch Verstellung der beiden oberen Schlitten nicht ausgleichen. Deren Verschiebungen sind nur senkrecht dazu und können deshalb keine Änderung der Höhe bewirken. Eine Chance könnte sich durch den schräg gestellten Obertisch ergeben. Wenn man diesen Tisch in Richtung $\boldsymbol{a}_1$ verschiebt, lässt sich diese Verschiebung in eine Komponente in $\boldsymbol{a}_2$-Richtung und eine senkrecht dazu aufteilen. Die Komponente in $\boldsymbol{a}_2$-Richtung lässt sich in der Tat am Handrad x_2 rückgängig machen – aber nur diese Komponente. Die Komponente senkrecht dazu ist nicht ausgleichbar. Nach

Immer noch: lineare Unabhängigkeit der drei Vektoren

wie vor gilt „Hände weg von den Handrädern!“, wenn keine Translation erfolgen soll. Die drei Vektoren sind ebenfalls linear unabhängig. Selbst wenn man eine verrückte Fantasiemaschine bauen würde, bei der die Schlittenführungen sonst wie schief zueinanderstehen, bleibt die lineare Unabhängigkeit bestehen.

Auch weniger als drei Vektoren können linear unabhängig sein.

Wenn man bei unserem Maschinchen die Höhenverstellung festsetzen würde, blieben nur noch zwei Verschiebungsrichtungen übrig. Nach den gleichen Überlegungen wie vorher gilt, dass „keine Translation“ nur möglich ist, wenn an den Handrädern nichts verstellt worden ist. Das heißt, auch zwei der Vektoren sind noch linear unabhängig. Trivialerweise gilt das auch noch für einen Vektor: Lässt man nur noch die Translation des Obertisches zu, darf man nicht an dem Handrad drehen, wenn das Männchen in Ruhe bleiben soll.

Ein nützlicher Begriff?

Es stellt sich die Frage, wozu der Begriff „lineare Unabhängigkeit“ nützen soll, wenn die Eigenschaft scheinbar immer erfüllt ist. Ein kleiner Umbau klärt das schnell. Wir setzen die Höhenverstellung fest und schrauben auf den Obertisch einen weiteren verstellbaren Tisch. Auf diesen Tisch wird nun das Männchen gespannt (*s. Bild 8.4.3*).

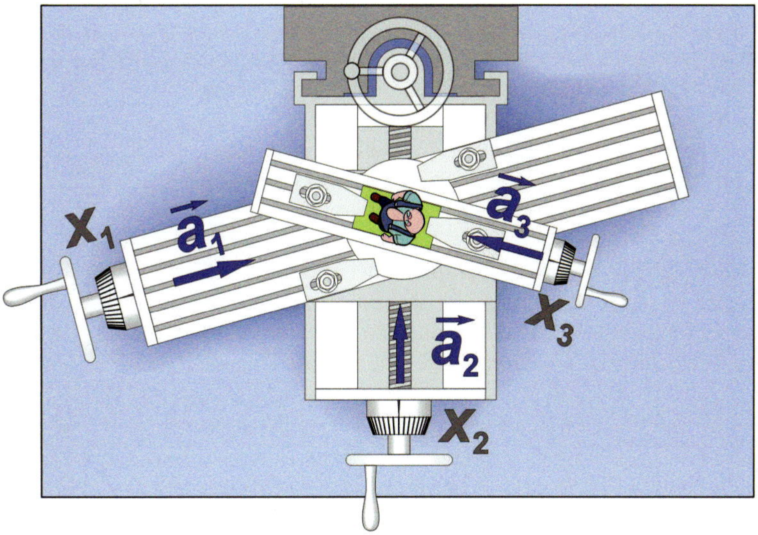

Bild 8.4.3
Lineare Abhängigkeit bei gekreuzten Schlitten

Bei diesem System möglich: Trotz der Manipulation an den Handrädern keine Translation.

Wenn Sie jetzt das Männchen mithilfe des linken Handrades in Richtung des Vektors $\boldsymbol{a}_1$ und gleichzeitig mithilfe des obersten Schlittens in Richtung des Vektors $\boldsymbol{a}_3$ verschieben, macht das Männchen eine Translation in Richtung des Vektors $\boldsymbol{a}_2$. Diese Translation kann jedoch am Handrad x_2 ausgeglichen werden! Man braucht nur ein negatives x_2 einzustellen, d. h., den Schlitten in die Gegenrichtung des Vektors $\boldsymbol{a}_2$ zu verschieben, und alles ist ausgeglichen. Das Männchen bleibt, obwohl an den Handrädern manipuliert worden ist, dort, wo es vorher war. Das tut es zwar auch, wenn man an den Handrädern nichts verstellt – jetzt ist das aber nicht mehr die **einzige** Möglichkeit. Die drei Vektoren in *Bild 8.4.3* sind, wie man sagt, *linear abhängig*. Beachten Sie bitte die in *Merksatz 8.4.4* formulierte allgemeine Definition der linearen Abhängigkeit!

Merksatz 8.4.4

Definition:
Sei $\vec{a}_1, \vec{a}_2, \ldots, \vec{a}_n \in \mathbb{V}$ und $x_1, x_2, \ldots, x_n \in \mathbb{R}$ (oder $\mathbb{K}$), dann heißen die Vektoren $\vec{a}_1, \ldots, \vec{a}_n$ **linear abhängig**, wenn es eine Linearkombination des Nullvektors mit mindestens einem von null verschiedenen Koeffizienten gibt.

$$\exists x_i \neq 0: \; x_1\vec{a}_1 + x_2\vec{a}_2 + \ldots + x_n\vec{a}_n = \mathbf{0}$$

Ein Gegenbeispiel reicht!

Das „∃" in *Merksatz 8.4.4* signalisiert, dass man zum Beweis der linearen Abhängigkeit keinesfalls alle Möglichkeiten aufzählen muss – ein einziges Gegenbeispiel reicht! Hierfür nimmt man natürlich das einfachste. Erwähnenswert sind zwei Spezialfälle, die möglicherweise kurios erscheinen. Wenn unter n Vektoren ein Nullvektor eingeschmuggelt wurde, sind diese Vektoren linear abhängig! Es spielt keine Rolle, ob die Vektoren ohne den Nullvektor linear unabhängig sind oder nicht:

(8.4.3)

$$x_1\vec{a}_1 + x_2\vec{a}_2 + \ldots + x_{n-1}\vec{a}_{n-1} + x_n \cdot \mathbf{0} = \mathbf{0} \quad \text{Wähle } x_1 = x_1 = \ldots = x_{n-1} = 0,\; x_n = 1\,!$$
$$\underline{\underline{0 \cdot \vec{a}_1 + 0 \cdot \vec{a}_2 + \ldots + 0 \cdot \vec{a}_{n-1} + 1 \cdot \mathbf{0} = \mathbf{0}}}$$

Noch ein Kuriosum entsteht, wenn ein Vektor doppelt vorkommt. Auch dann sind die Vektoren linear abhängig.

(8.4.4)

$$x_1\vec{a}_1 + x_2\vec{a}_2 + \ldots + x_n\vec{a}_n + x_{n+1}\vec{a}_n = \mathbf{0} \quad \text{Wähle } x_1 = \ldots = x_{n-1} = 0,\; x_n = 1,\; x_{n+1} = -1$$
$$\underline{\underline{0 \cdot \vec{a}_1 + 0 \cdot \vec{a}_2 + \ldots + 1 \cdot \vec{a}_n - 1 \cdot \vec{a}_n = \mathbf{0}}}$$

Beachten Sie: Die Vektorraumaxiome bewirken, dass Vektor-Termumformungen unkritisch sind – und das, obwohl die benutzten Zeichen „+, –, · " oft mehrfach mutieren. Sie sind sowohl Verknüpfungszeichen für Vektoren als auch für Skalare und werden zudem als Vorzeichen für die Skalare eingesetzt.

(8.4.5)

$$\ldots + (-1)\,\vec{a}_n = \ldots + \vec{a}_n^{\,*} = \ldots - \vec{a}_n$$

In (*8.4.4*) und in (*8.4.5*) mutiert beispielsweise das Minuszeichen. Zunächst ist es Vorzeichen für den reellen Faktor und wird schließlich zum Subtraktionsoperator für Vektoren.

Einleuchtende Begriffe: Basis und Dimension

Kehren wir zu den Fantasiemaschinen in *Bild 8.4.1 und 8.4.2* zurück! Wir hatten gesehen, dass damit auf mechanischem Wege „alle" möglichen Translationsvektoren im Anschauungsraum linear kombiniert werden können. Die drei Vektoren, die in Richtung der Führungsschienen weisen, sind sozusagen die *Basis* des Vektorraums aller Translationen. Die Anzahl der Basisvektoren könnte man *Dimension* des Vektorraumes nennen. Dass die Dimension dieses Vektorraumes drei ist, verwundert natürlich nicht. Wenn man die Höhenverstellung blockiert, verbleiben noch zwei linear unabhängige Vektoren. Mit deren Linearkombinationen lassen sich zumindest noch alle horizontalen Translationen einstellen. Diese Teilmenge ist für sich genommen selbst ein Vektorraum mit zwei Basisvektoren und somit der Dimension zwei. Da diese Teilmenge selbst ein Vektorraum ist, nennt man sie einen *Unterraum*. Alle Elemente dieses Unterraums sind, wie man sagt, zueinander *komplanar*. Blockiert man noch eine weitere Verstellung, verbleibt nur noch ein eindimensionaler Vektorraum, der seinerseits Unterraum der vorher genannten Räume ist. Elemente dieses eindimensionalen Unterraumes sind zueinander *kollinear*.

planus <lat., „eben, flach“>

linea <lat., „Linie“>

Vom zweidimensionalen Vektorraum leitet sich eine wichtige Sprechweise her, die hier anhand eines Dreieck-Segels veranschaulicht werden soll (*s. Bild 8.4.4*).

Bild 8.4.4
Ein Großsegel ist „aufgespannt“

Auch ein eingefleischter Segler würde wohl nicht allzu sehr protestieren, wenn man sagt, das Großsegel sei zwischen dem Großbaum und dem Großmast **aufgespannt**. Wenn man zwei Vektoren in Richtung Großbaum und Mast einzeichnet, kann man wohl davon ausgehen, dass beide linear unabhängig sind. Andernfalls wären sie, wie im Folgenden gezeigt, kollinear (parallel oder antiparallel).

$$x_1, x_2 \neq 0,\ \vec{a}_1, \vec{a}_2 \neq \mathbf{0}:\ x_1\vec{a}_1 + x_2\vec{a}_2 = \mathbf{0}\ \left|-x_2\vec{a}_2\right|:x_1$$
$$\Leftrightarrow \vec{a}_1 = \left(-\tfrac{x_2}{x_1}\right)\vec{a}_2 \Rightarrow \vec{a}_1 \parallel \vec{a}_2 \qquad (8.4.6)$$

Jedes Punktepaar dieses Segels definiert einen Translationsvektor, der sich als Linearkombination der beiden Vektoren $\boldsymbol{a}_1$, $\boldsymbol{a}_2$ darstellen lässt. Die Menge dieser Linearkombinationen ist Teilmenge eines zweidimensionalen Vektorraumes, der aus **allen** Linearkombinationen der beiden Vektoren besteht. Nun sagt man, die beiden Vektoren **spannen** diesen Vektorraum auf. Die Sprechweise wird auch für ein- bzw. höherdimensionale Räume übernommen. Für die Menge aller Linearkombinationen müssen Sie noch die Kurzschreibweise schlucken, die in folgendem Merksatz aufgeführt ist.

Vektoren spannen einen Vektorraum auf.

Kurzschreibweise der Menge aller Linearkombinationen:

$$\left\{\vec{v} \in \mathbb{V} \mid \vec{v} = x_1\vec{a}_1 + x_2\vec{a}_2 + \ldots + x_n\vec{a}_n \text{ mit } \vec{a}_1, \ldots, \vec{a}_n \in \mathbb{V};\, x_1, x_2, \ldots, x_n \in \mathbb{R}\right\}$$
$$:= \left[\vec{a}_1, \vec{a}_2, \ldots, \vec{a}_n\right]$$

Beachten Sie, [...] kann nie aus dem Vektorraum herausführen!

Merksatz 8.4.5

Dass die Menge aller Linearkombinationen von Vektoren nie Obermenge des Vektorraumes sein kann, dessen Elemente sie sind, liegt natürlich an der Vektorraumstruktur selbst. Eine Menge kann nur dann Vektorraum sein, wenn die dort erklärten Verknüpfungen (Addition und S-Multiplikation) nie zu Elementen anderer Mengen führen. Mithilfe des Begriffes „aufspannen" sowie der Kurzschreibweise in *Merksatz 8.4.5* lassen sich die (super-) wichtigen Begriffe „Basis" und „Dimension" eines Vektorraumes definieren.

Merksatz 8.4.6

Definition:
Die Teilmenge $\{\vec{a}_1, \vec{a}_2, \ldots, \vec{a}_n\} \subseteq \mathbb{V}$ heißt Basis von $\mathbb{V}$, wenn deren Elemente **linear unabhängig** sind und den gesamten Vektorraum $\mathbb{V}$ **aufspannen.** Die Anzahl der Basisvektoren nennt man die **Dimension** des Vektorraumes $\mathbb{V}$.

$$[\vec{a}_1, \vec{a}_2, \ldots, \vec{a}_n] = \mathbb{V}, \quad \mathrm{Dim}(\mathbb{V}) = n$$

Um den Konflikt mit dem Dimensionsbegriff bei den Größen zu meiden, sagt man gern Dimensionszahl.

Auch wenn man es mit einem abstrakten Vektorraum mit höheren Dimensionszahlen zu tun hat, ist es meist nicht schwer, linear unabhängige Vektoren zu finden. Das Problem besteht darin, zu zeigen, dass diese dann auch wirklich den kompletten Raum aufspannen. Ist die Basis unvollständig, hat man damit nur einen Unterraum aufgespannt und die „höheren Sphären" bleiben versperrt. Sollte die Dimensionszahl eines Vektorraumes bekannt sein, vermindert sich das Problem. Man sammelt „einfach" entsprechend viele linear unabhängige Vektoren ein.

Nicht immer einfach nachzuweisen: die Vollständigkeit

Damit sind die allerwichtigsten Begriffe der Vektorrechnung (hoffentlich) geklärt und wir können mit deren Hilfe etwas Ordnung in die Begriffe „Koordinaten, Koordinatensystem und Komponenten" bringen. Dazu betrachten Sie bitte zunächst das Anatomieschildchen zur Darstellung eines Vektors als Linearkombination einer Basis!

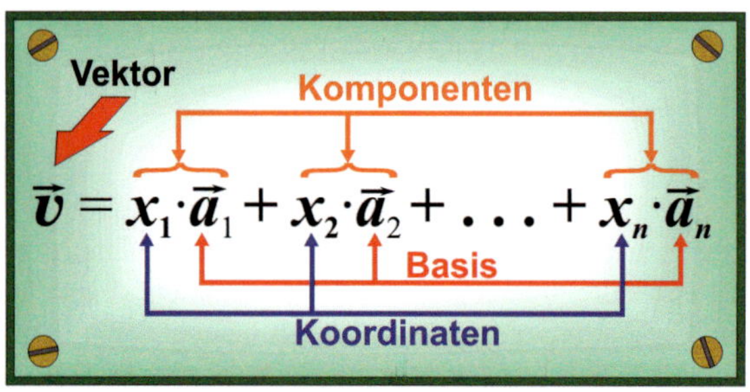

Bild 8.4.5
„Anatomie" einer Linearkombination aus Basisvektoren

Beachten Sie: An die Basis werden keine besonderen Anforderungen gestellt (außer dass es sich wirklich um eine Basis des betreffenden Vektorraumes handelt). Für die Summanden einer Linearkombination sagt man auch gern *Komponenten*. Es mag aber irritieren, dass die Koeffizienten vor den Basisvektoren ausgerechnet Koordinaten heißen. Die Frage drängt sich auf, was die Koordinaten in der Vektorrechnung mit dem früher benutzten Koordinatenbegriff zu tun haben.

Keine Angst, Sie müssen den Koordinatenbegriff nicht neu lernen!

Um das zu klären, begeben wir uns wieder in einen zweidimensionalen Vektorraum und versuchen einen Translationsvektor $\boldsymbol{v}$ grafisch als Linearkombination aus den beiden Basisvektoren ($\boldsymbol{a}_1$, $\boldsymbol{a}_2$) darzustellen. Dazu wurden die beiden

Basisvektoren so verschoben, dass sie einen gemeinsamen Angriffspunkt haben. Diesen Punkt nennt man *Koordinatenursprung*. Weiterhin wurden durch den gemeinsamen Angriffspunkt zwei Geraden in Richtung der Basisvektoren gezeichnet und entsprechend der Längen der Basisvektoren skaliert. Um den irgendwo liegenden Vektor $\boldsymbol{v}$ in der Basis ($\boldsymbol{a}_1$, $\boldsymbol{a}_2$) darzustellen, wird er so lange parallel verschoben, bis er am Koordinatenursprung angreift (sollte es sich um einen Ortsvektor handeln., liegt er sowieso schon dort). Schließlich werden die beiden Geraden parallel durch die Spitze des darzustellenden Vektors verschoben und die Koordinaten abgelesen (*s. Bild 8.4.6*).

Parallelverschiebung in den Koordinatenursprung

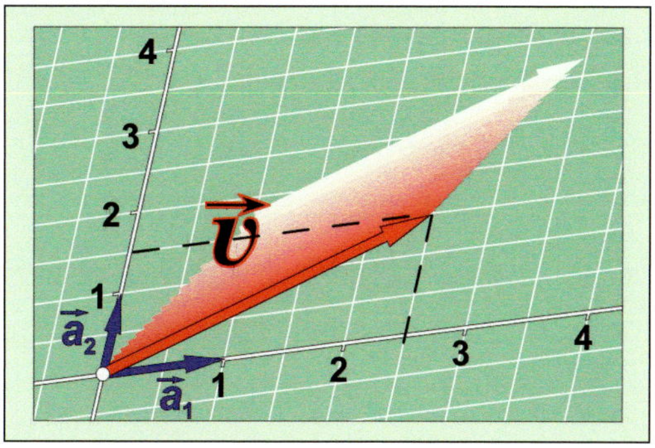

Bild 8.4.6
Vektor im schiefwinkligen Koordinatensystem

Das vorliegende Beispiel liefert für den Vektor $\boldsymbol{v}$ die Linearkombination:

$$\vec{v} = 2{,}5 \cdot \vec{a}_1 + 1{,}5 \cdot \vec{a}_2 \qquad (8.4.7)$$

Vergleicht man die Parallelogrammkonstruktion in *Bild 8.4.6* mit der in *Bild 8.2.1* dargestellten Addition von Translationsvektoren, erkennt man, dass die Summe der beiden Komponenten tatsächlich den Vektor $\boldsymbol{v}$ ergeben. Die beiden skalierten Geraden erkennt man unschwer als Achsen eines (hier) schiefwinkligen Koordinatensystems. Dass die Koordinatenachsen unterschiedlich skaliert sein können, wissen Sie bereits. Das Einzeichnen der Basisvektoren bringt, wenn man es genau betrachtet, keine neue Information, denn Länge und Richtungssinn der Basisvektoren sind aus den Skalierungen eindeutig erkennbar. Die Pfeilspitze am Ende der Achse ist lediglich eine zusätzliche Markierung und – wie wir wissen – nicht unbedingt erforderlich. Wenn man Ortsvektoren oder Vektoren im Dreidimensionalen erfassen will, muss man einen Basisvektor hinzufügen – entsprechend bekommt das Koordinatensystem eine zusätzliche Achse.

Länge und Richtung der Basisvektoren sind eindeutig.

Dass sich der hier vorgestellte Koordinatenbegriff nicht von dem früher benutzten unterscheidet, erkennen Sie, wenn Sie sich den Ortsvektor in *Bild 8.1.3* noch einmal anschauen. Die nicht eingezeichneten Basisvektoren weisen in x- und in y-Richtung. Der Skalierung ist zu entnehmen, dass die Basisvektoren die Länge eins haben. Die Koordinaten des Ortsvektors sind $x = 6$ und $y = 7$ – genau das sind auch die „Koordinaten" des Punktes P. Wenn es nur darum geht, Punkte in der Ebene oder im Raume festzulegen, ist das Vektorkalkül nicht unbedingt notwendig – es steht aber immer abrufbereit im Hintergrund.

Abrufbereit: die Vektoren

8.5 Koordinatenvektoren

Eindeutiges Merkmal eines Vektors: seine Koordinaten bezüglich einer bestimmten Basis

Ein Vektor aus einem mehr als dreidimensionalen Vektorraum lässt sich zwar nicht mehr in einem Koordinatensystem darstellen, er hat aber trotzdem bezüglich einer Basis Koordinaten. Diese Koordinaten sind eindeutig. Nimmt man wie in (*8.5.1*) an, es gäbe zwei verschiedene Linearkombinationen, dann folgt daraus die lineare Abhängigkeit der Basisvektoren. Da dies aber falsch ist, muss auch die Annahme falsch sein (indirekter Beweis).

(8.5.1)

$$\left.\begin{aligned} &\vec{x} = x_1\vec{a}_1 + x_2\vec{a}_2 + \ldots + x_n\vec{a}_n \\ \wedge\ &\vec{x} = y_1\vec{a}_1 + y_2\vec{a}_2 + \ldots + y_n\vec{a}_n \end{aligned}\right\} \quad \text{subtrahieren!}$$

$$\Rightarrow \mathbf{0} = (x_1 - y_1)\vec{a}_1 + (x_2 - y_2)\vec{a}_2 + \ldots + (x_n - y_n)\vec{a}_n$$

$$\Rightarrow (\vec{a}_1, \vec{a}_2, \ldots, \vec{a}_n) \text{ sind lin. abhängig } \mathbf{F}$$

Schauen wir uns an, was aus den Koordinaten wird, wenn man zwei verschiedene Vektoren addiert:

(8.5.2)

$$\begin{aligned} \vec{x} + \vec{y} &= (x_1\vec{a}_1 + x_2\vec{a}_2 + \ldots + x_n\vec{a}_n) + (y_1\vec{a}_1 + y_2\vec{a}_2 + \ldots + y_n\vec{a}_n) \\ &= (x_1 + y_1)\vec{a}_1 + (x_2 + y_2)\vec{a}_2 + \ldots + (x_n + y_n)\vec{a}_n \end{aligned}$$

Die Rechnungen sind simpel, aber bemerkenswert. Zunächst wendet man das Assoziativgesetz und das Kommutativgesetz an. Anschließend kann man paarweise die Basisvektoren ausklammern und erhält so die zweite Zeile von (*8.5.2*). Es sind in der Zeile zwei unterschiedliche Additionen im Spiel! In der ersten Zeile von (*8.5.2*) handelt es sich um die Vektoradditionen der Komponenten. In der zweiten Zeile kommt die Addition der Skalare hinzu. Das Ergebnis: Die Koordinaten des Summenvektors bestehen einfach nur aus der Summe der Koordinaten der Vektorsummanden. Voraussehbarer ist, wie die Koordinaten bei einer S-Multiplikation verändert werden.

(8.5.3)

$$k \cdot \vec{x} = k \cdot (x_1\vec{a}_1 + x_2\vec{a}_2 + \ldots + x_n\vec{a}_n) = (kx_1)\vec{a}_1 + (kx_2)\vec{a}_2 + \ldots + (kx_n)\vec{a}_n$$

Wegen des Distributivgesetzes der S-Multiplikation kann man den skalaren Faktor auf die Summanden verteilen. Die Klammern um die veränderten Koordinaten rechts in (*8.5.3*) sind nicht notwendig. Man erkennt aber besser, dass jede Koordinate mit dem Skalar multipliziert wird.

Eine alternative Darstellung: ein Koordinatenvektor

Zeilen- oder Spaltenvektor

Die Eindeutigkeit der Koordinaten eines Vektors ermöglicht eine alternative Darstellung eines Vektors. Da die verwendete Basis zumeist ohnehin feststeht, kann man sie in der Linearkombination fortlassen und den Vektor als so genannten *Koordinatenvektor* schreiben. Die Koordinaten werden dann – wie in *Bild 8.5.1* gezeigt – entweder als Zeilen- oder als Spaltenvektor geschrieben.

Die Zeilenschreibweise wurde Ihnen bereits in Abschnitt 1.5 vorgestellt. Dort wurde sie zur Darstellung der Elemente von Produktmengen verwendet. Da hier sämtliche Koordinaten aus der Menge der reellen Zahlen (oder einem anderen

Körper) stammen, ist ein Zeilenvektor Element der Potenzmenge **R**^{n} (oder **K**^{n}). Da eine Menge nicht davon abhängen kann, ob ihre Elemente waagerecht oder hochkant geschrieben werden, sind auch Spaltenvektoren Elemente der Potenzmenge **R**^{n}.

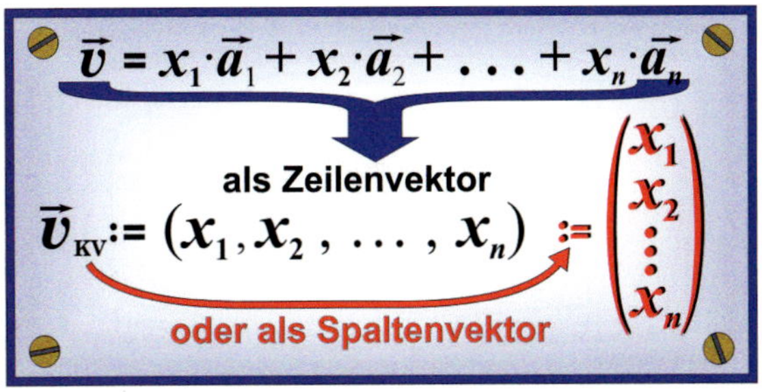

Bild 8.5.1
Darstellung eines Vektors als Koordinatenvektor

Hinweis:
Da man in der Praxis meist mit Vektorräumen über dem Körper der reellen Zahlen arbeitet, wird im Folgenden nicht ständig darauf hingewiesen, dass auch andere Körper zulässig sind. Sie brauchen gegebenenfalls nur „**R**" gegen „**K**" auszutauschen!

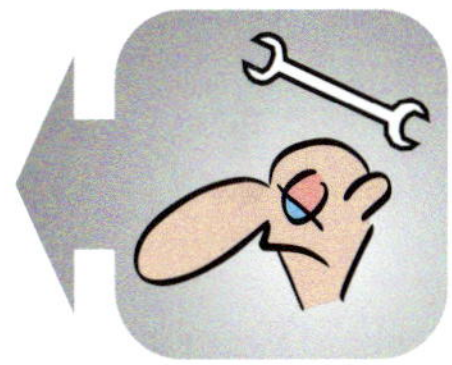

Merksatz 8.5.1

Der Name „Koordinatenvektor" signalisiert, dass diese Vektor-Abkömmlinge genau wie ihre Originale die Vektorraumaxiome erfüllen. Die erforderliche „+"-Verknüpfung lässt sich in (*8.5.2*) ablesen. Folgender Merksatz zeigt die Additionsvorschrift für Koordinatenvektoren.

Additionsvorschrift (+) für Elemente des R^n:

$$\text{"+"}: \mathbb{R}^n \times \mathbb{R}^n \to \mathbb{R}^n, \quad \begin{pmatrix} x_1 \\ x_2 \\ \ldots \\ x_n \end{pmatrix}, \begin{pmatrix} y_1 \\ y_2 \\ \ldots \\ y_n \end{pmatrix} \mapsto \begin{pmatrix} x_1 \\ x_2 \\ \ldots \\ x_n \end{pmatrix} + \begin{pmatrix} y_1 \\ y_2 \\ \ldots \\ y_n \end{pmatrix} := \underline{\underline{\begin{pmatrix} x_1 + y_1 \\ x_2 + y_2 \\ \ldots \\ x_n + x_n \end{pmatrix}}}$$

Merksatz 8.5.2

Da die Koordinaten des Summenvektors nur aus Summen reeller Zahlen bestehen, überträgt sich die Gruppeneigenschaft der reellen Addition auf den **R**^{n}. Mithilfe von (*8.5.3*) erhält man die Verknüpfungsvorschrift für die S-Multiplikation im **R**^{n}.

<u>S-Multiplikationsvorschrift für Elemente des **R**^{n}:</u>

$$\text{"}\cdot\text{"}: \mathbb{R} \times \mathbb{R}^n \to \mathbb{R}^n, \; k, \begin{pmatrix} x_1 \\ x_2 \\ \ldots \\ x_n \end{pmatrix} \mapsto k \cdot \begin{pmatrix} x_1 \\ x_2 \\ \ldots \\ x_n \end{pmatrix} := \underline{\underline{\begin{pmatrix} k \cdot x_1 \\ k \cdot x_2 \\ \ldots \\ k \cdot x_n \end{pmatrix}}}$$

Merksatz 8.5.3

Aufgrund der Vorschrift in *Merksatz 8.5.3* enthalten die Koordinaten der S-Multiplikation nur normale Produkte reeller Zahlen. Damit übertragen sich auch wieder die entsprechenden Rechenregeln auf die S-Multiplikation im **R**^{n}.

(8.5.4)

Beachten Sie die Fragezeichen: Hier soll nachgewiesen werden, dass die Vektorraum-Axiome erfüllt werden!

Vektoraddition im $\mathbb{R}^2$

Asssoziativ? $\left(\begin{pmatrix} x_1 \\ x_2 \end{pmatrix}+\begin{pmatrix} y_1 \\ y_2 \end{pmatrix}\right)+\begin{pmatrix} z_1 \\ z_2 \end{pmatrix}=\begin{pmatrix} x_1+y_1 \\ x_2+y_2 \end{pmatrix}+\begin{pmatrix} z_1 \\ z_2 \end{pmatrix}=\begin{pmatrix} x_1+y_1+z_1 \\ x_2+y_2+z_2 \end{pmatrix}$

$=\begin{pmatrix} x_1+(y_1+z_1) \\ x_2+(y_2+z_2) \end{pmatrix}=\begin{pmatrix} x_1 \\ x_2 \end{pmatrix}+\begin{pmatrix} y_1+z_1 \\ y_2+z_2 \end{pmatrix}=\underline{\underline{\begin{pmatrix} x_1 \\ x_2 \end{pmatrix}+\left(\begin{pmatrix} y_1 \\ y_2 \end{pmatrix}+\begin{pmatrix} z_1 \\ z_2 \end{pmatrix}\right)}}$

N. El.$=\begin{pmatrix} 0 \\ 0 \end{pmatrix}$? $\begin{pmatrix} x_1 \\ x_2 \end{pmatrix}+\begin{pmatrix} 0 \\ 0 \end{pmatrix}=\begin{pmatrix} x_1+0 \\ x_2+0 \end{pmatrix}=\underline{\underline{\begin{pmatrix} x_1 \\ x_2 \end{pmatrix}}}$

I. El. $=\begin{pmatrix} -x_1 \\ -x_2 \end{pmatrix}$? $\begin{pmatrix} x_1 \\ x_2 \end{pmatrix}+\begin{pmatrix} -x_1 \\ -x_2 \end{pmatrix}=\begin{pmatrix} x_1-x_1 \\ x_2-x_2 \end{pmatrix}=\underline{\underline{\begin{pmatrix} 0 \\ 0 \end{pmatrix}}}$

Kommutativ? $\begin{pmatrix} x_1 \\ x_2 \end{pmatrix}+\begin{pmatrix} y_1 \\ y_2 \end{pmatrix}=\begin{pmatrix} x_1+y_1 \\ x_2+y_2 \end{pmatrix}=\begin{pmatrix} y_1+x_1 \\ y_2+x_2 \end{pmatrix}=\underline{\underline{\begin{pmatrix} y_1 \\ y_2 \end{pmatrix}+\begin{pmatrix} x_1 \\ x_2 \end{pmatrix}}}$

(8.5.5)

Die Koordinatenvektoren erfüllen alle Vektorraumaxiome!

S-Multiplikation im $\mathbb{R}^2$

Assoziativ? $(k\cdot l)\begin{pmatrix} x_1 \\ x_2 \end{pmatrix}=\begin{pmatrix} (k\cdot l)\cdot x_1 \\ (k\cdot l)\cdot x_2 \end{pmatrix}=\begin{pmatrix} k\cdot l\cdot x_1 \\ k\cdot l\cdot x_2 \end{pmatrix}=\begin{pmatrix} k\cdot(l\cdot x_1) \\ k\cdot(l\cdot x_2) \end{pmatrix}$

$=k\cdot\begin{pmatrix} l\cdot x_1 \\ l\cdot x_2 \end{pmatrix}=\underline{\underline{k\cdot\left(l\cdot\begin{pmatrix} x_1 \\ x_2 \end{pmatrix}\right)}}$

N. El. = 1? $1\cdot\begin{pmatrix} x_1 \\ x_2 \end{pmatrix}=\begin{pmatrix} 1\cdot x_1 \\ 1\cdot x_2 \end{pmatrix}=\underline{\underline{\begin{pmatrix} x_1 \\ x_2 \end{pmatrix}}}$

Distributiv I? $(k+l)\cdot\begin{pmatrix} x_1 \\ x_2 \end{pmatrix}=\begin{pmatrix} (k+l)\cdot x_1 \\ (k+l)\cdot x_2 \end{pmatrix}=\begin{pmatrix} k\cdot x_1+l\cdot x_1 \\ k\cdot x_2+l\cdot x_2 \end{pmatrix}$

$=\begin{pmatrix} k\cdot x_1 \\ k\cdot x_2 \end{pmatrix}+\begin{pmatrix} l\cdot x_1 \\ l\cdot x_2 \end{pmatrix}=\underline{\underline{k\cdot\begin{pmatrix} x_1 \\ x_2 \end{pmatrix}+l\cdot\begin{pmatrix} x_1 \\ x_2 \end{pmatrix}}}$

Distributiv II? $k\cdot\left(\begin{pmatrix} x_1 \\ x_2 \end{pmatrix}+\begin{pmatrix} y_1 \\ y_2 \end{pmatrix}\right)=k\cdot\begin{pmatrix} x_1+y_1 \\ x_2+y_2 \end{pmatrix}=\begin{pmatrix} k\cdot(x_1+y_1) \\ k\cdot(x_2+y_2) \end{pmatrix}$

$=\begin{pmatrix} k\cdot x_1+k\cdot y_1 \\ k\cdot x_2+k\cdot y_2 \end{pmatrix}=\begin{pmatrix} k\cdot x_1 \\ k\cdot x_2 \end{pmatrix}+\begin{pmatrix} k\cdot y_1 \\ k\cdot y_2 \end{pmatrix}=\underline{\underline{k\cdot\begin{pmatrix} x_1 \\ x_2 \end{pmatrix}+k\cdot\begin{pmatrix} y_1 \\ y_2 \end{pmatrix}}}$

Dass der $\mathbf{R}^n$ mit den beiden Verknüpfungen tatsächlich ein Vektorraum über $\mathbf{R}$ ist, wird in (*8.5.4*) und (*8.5.5*) exemplarisch für den $\mathbf{R}^2$ „nachgerechnet". Leider ist dieses Nachrechen mit lästiger Schreiberei verbunden, wenn kein Schritt ausgelassen werden soll. Beachten Sie: Hinter den „Rechnungen" steckt ein einfaches Strickmuster! Die Rechenoperationen werden gemäß den Vorschriften auf die Koordinaten verteilt. Dort werden die Rechengesetze für reelle Zahlen angewendet und schließlich werden die Rechenregeln für Koordinatenvektoren wieder „rückwärts" angewendet.

Spaltenvektoren haben einen Riesenvorteil. Wie abstrakt ein Vektorraum auch sein mag, wie abenteuerlich die Verknüpfungen auch aufgebaut sind – für die zugeordneten Koordinatenvektoren gelten immer dieselben Verknüpfungsvorschriften. Auch das Rechnen mit Koordinatenvektoren ist unabhängig vom ursprünglichen Vektorraum. Es gelten immer die in (*8.5.4*)/(*8.5.5*) aufgeführten Regeln. Hinzu kommt noch eine äußerst wichtige Eigenschaft der Koordinatenvektoren: **Sind die Originale linear unabhängig, sind es auch die zugeordneten Koordinatenvektoren und umgekehrt!**

Unschlagbar praktisch: die Koordinatenvektoren!

Kehren wir zurück zu den Translationsvektoren, jetzt aber im Dreidimensionalen (*s. Bild 8.4.1*). Die Standardbasis besteht aus drei senkrecht zueinanderstehenden Einheitsvektoren (Einheitsvektoren sind Vektoren der Länge eins, Schreibweisen: *s. folgenden Merksatz*). Das sich darauf gründende Koordinatensystem ist deshalb nicht schiefwinklig wie das in *Bild 8.4.6*, sondern es handelt sich um das übliche kartesische Koordinatensystem.
Die Basisvektoren $\mathfrak{i}$, $\mathfrak{j}$, $\mathfrak{k}$ werden üblicherweise nicht mit eingezeichnet, sind aber virtuell immer dabei!

Einheitsvektoren habe die Länge 1.

Schreibweisen für die Standardbasis des Anschauungsraumes

Mit den Indizes x, y, z und Pfeilen: $(\vec{e}_x, \vec{e}_y, \vec{e}_z)$
Mit den Indizes 1, 2, 3 und Pfeilen: $(\vec{e}_1, \vec{e}_2, \vec{e}_3)$
Ohne Indizes und Pfeile (Physik): $(\mathfrak{i}, \mathfrak{j}, \mathfrak{k})$
$|\vec{e}_{x,y,z}| = |\vec{e}_{1,2,3}| = |\mathfrak{i}| = |\mathfrak{j}| = |\mathfrak{k}| = 1$

Merksatz 8.5.4

Im Folgenden wollen wir auf die bereits erwähnten Größenvektoren zurückkommen.

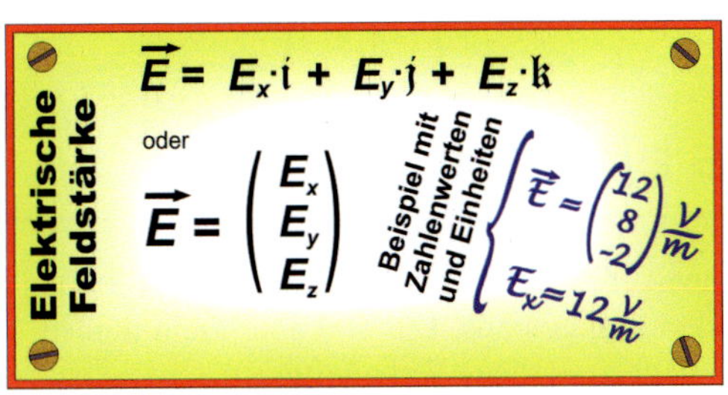

Bild 8.5.2
„Anatomie" eines Größenvektors

Die Größenvektoren der Physik unterscheiden sich von den Translationsvektoren lediglich durch das Hinzukommen einer Einheit. Träger der Einheit sind die Koordinaten der Vektorgröße – die Basisvektoren sind dimensionslos. Für die Koor-

Beachten Sie den unterschiedlichen Gebrauch des Dimensionsbegriffs!

dinaten einer Vektorgröße gilt alles, was bereits in Abschnitt 4.1 *Bild 4.1.1* gesagt wurde. Soll eine Linearkombination oder ein Spaltenvektor mit konkreten Zahlenwerten eine Einheit bekommen, betrachtet man sie wie einen skalaren Faktor – allerdings hängt man, wie bei den normalen Größen auch, die Einheit hinten an. Damit ein solcher Faktor auf jeden Summanden einer Linearkombination verteilt wird, muss diese in Klammern gesetzt werden. Im Falle eines Koordinatenvektors sind Klammern ohnehin schon vorhanden.

Sonderstatus: Ortsvektoren

Obwohl ein Koordinatenvektor aus einer anderen Menge als das zugehörige Original stammt, ist es bei Größenvektoren nicht notwendig, ihnen verschiedene Namen zu geben. Es entstehen keine Verwechslungskonflikte. Man nimmt in beiden Darstellungen die üblichen Formelzeichen und stattet sie durch einen Pfeil bzw. mit den Indizes x, y, z aus. Einen Sonderstatus nehmen Ortsvektoren ein. Der Vektor bekommt das Formelzeichen „r" (von Radiusvektor) und die Koordinaten werden mit x, y und z benannt. Puristen sind die in Physik und Technik gern verwendeten Schreibweisen ein Graus. Sie verwenden (auch wenn sie nie über das Dreidimensionale hinauskommen) konsequent das Formelzeichen x und nummerieren sowohl die Koordinaten als auch die Basisvektoren mit 1, 2, 3 durch:

(8.5.6)

„Puristische" Schreibweise für einen Ortsvektor

$$\underline{\text{Radiusvektor}}: \vec{r} = x \cdot \mathfrak{i} + y \cdot \mathfrak{j} + z \cdot \mathfrak{k} \quad \text{bzw.} \quad \vec{r} = \begin{pmatrix} x \\ y \\ z \end{pmatrix}$$

$$\vec{x} = x_1\vec{e}_1 + x_2\vec{e}_2 + x_3\vec{e}_3 \quad \text{bzw.} \quad \vec{x} = \begin{pmatrix} x_1 \\ x_2 \\ x_3 \end{pmatrix}$$

Ein Koordinatenvektor ist, wenn erforderlich, leicht mithilfe der Basisvektoren in die Linearkombination zurück verwandelbar (*s. Bild 8.5.2*). Beachten Sie bitte auch den folgenden Tipp!

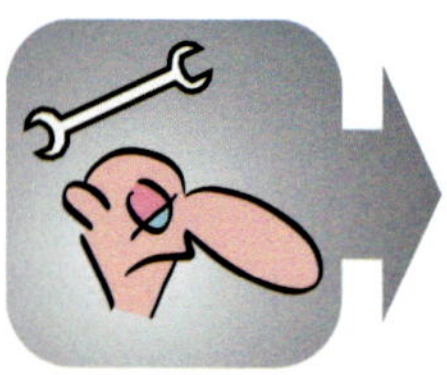

Merksatz 8.5.5

> **Tipp:**
> Kennzeichnen Sie, wenn möglich, die Koordinaten von **Größenvektoren** mit den Indizes x, y, z und nicht mit 1, 2, 3! Sie vermeiden damit einen unübersichtlichen Indexsalat. Die Verwendung der indexfreien Basisvektoren ($\mathfrak{i}$, $\mathfrak{j}$, $\mathfrak{k}$) erspart Ihnen zusätzlich mühselige Index- und Pfeilbeschriftungen. Für handschriftliche Aufzeichnungen schreiben Sie ($\mathfrak{i}$, $\mathfrak{j}$, $\mathfrak{k}$) in einer von Ihrer Normalschrift **deutlich** verschiedenen Schnörkelschrift (US: funny letters)!

8.6 Das skalare Produkt

Zusätzliche Verknüpfungen sind möglich!

Für die Vektorraumeigenschaft einer beliebigen Menge reichen die beiden vorher besprochenen Verknüpfungen aus. Das soll aber nicht heißen, dass man sich für einen Vektorraum nicht zusätzliche Verknüpfungen ausdenken kann. Ob diese dann nützlich sind oder nicht, ist eine andere Sache. In der Menge der Translationsvektoren ist bereits durch die (euklidische) Geometrie eine zusätzliche Verknüpfung vorhanden und die soll anhand eines Beispiels herausgearbeitet werden.

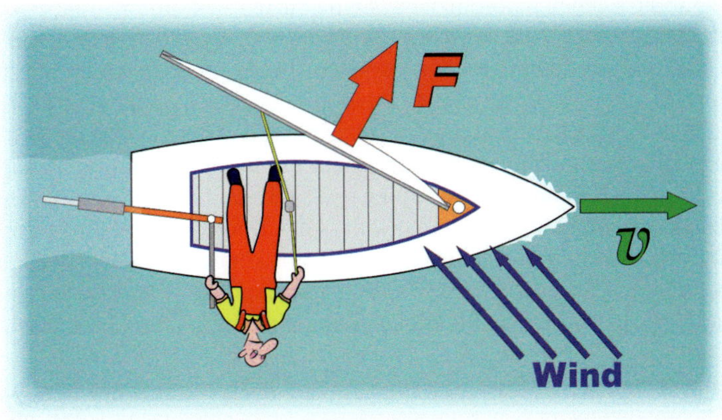

Gegen den Wind segeln geht nicht – aber schräg von vorn liefert der Wind Vortrieb.

Bild 8.6.1
Tragflügelprinzip beim Segel

In *Bild 8.6.1* sehen Sie einen Jollensegler aus der Perspektive einer über ihm fliegenden Möwe. Die blauen Pfeile geben die Richtung des scheinbaren Windes an. Das Segel wirkt wie ein hochkant gestellter Tragflügel und wird von diesem Wind umströmt. Aufgrund des Tragflügelprinzips entstehen dynamische Kräfte, die im Bild durch einen dicken roten Pfeil zusammengefasst sind. Diese Kraft, bzw. ein Teil davon, treibt das Boot an. Die Geschwindigkeit, die sich aufgrund dieses Phänomens aufbaut, ist durch einen grünen Pfeil angedeutet. Verlegen wir das Szenario in das gewohnte kartesische Koordinatensystem und tragen dort die beiden Vektorgrößen Kraft und Geschwindigkeit mit vernünftigen schlanken Pfeilen ein (*s. Bild 8.6.2*)!

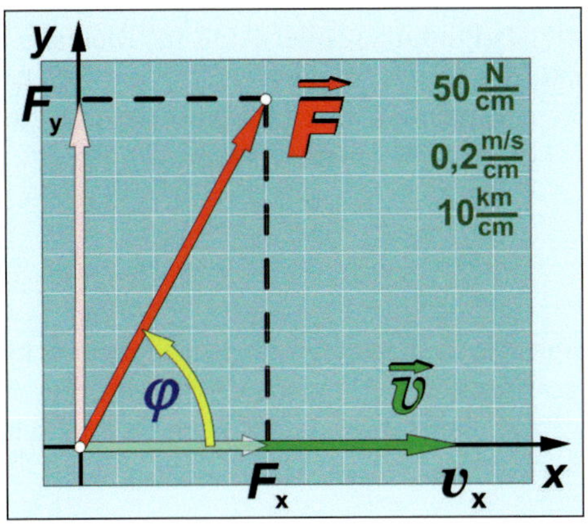

Nur die x-Komponente der Kraft liefert Vortrieb.

Bild 8.6.2
Zerlegung der Kraft in Komponenten

Leider gibt es beim Einzeichnen verschiedener Vektorgrößen in ein einziges Koordinatensystem Irritationen. Der Grund liegt darin, dass für jede Vektorgröße ein eigenes Koordinatensystem erforderlich ist. In *Bild 8.6.2* handelt es sich im Grunde um **drei** Koordinatensysteme übereinander: eines für Kräfte, eines für Geschwindigkeiten und eines für den Ort. Der Ausweg: Die Achsen erhalten keine Skalierungsmarken. Die unterschiedlichen Skalierungen der Achsen werden in Form von Maßstabsfaktoren angegeben (*s. oben rechts in Bild 8.6.2*). Kein Problem sind die üblicherweise nicht mit eingezeichneten Basisvektoren $\vec{\imath}$, $\vec{\jmath}$. Sie gelten für alle Vektorgrößen.

Beachten Sie die Maßstabsfaktoren!

Innerhalb ihrer eigenen Koordinatensysteme dürfen Vektorpfeile (außer Ortsvektoren) beliebig verschoben werden (*vgl. Bild 8.1.2*). Zeichnet man – wie in *Bild 8.6.2* – alle Vektorgrößen in ein Koordinatensystem ein, sähe es fürchterlich aus, wenn der Kraftpfeil, weil frei verschiebbar, in „seinem" Koordinatenursprung beginnt, aber der Ort des Angriffspunktes dieser Kraft „woanders" liegt. Wir umgehen dieses Dilemma mit einem lausigen Trick: Wir legen den Koordinatenursprung für den Ort in die Bootsmitte und wählen den Maßstab für das Koordinatensystem der Ortsvektoren so riesig (10 km/cm), dass das Boot darin auf einen Punkt von 5 µm Durchmesser zusammenschrumpft. Damit können wir den Kraft- und den Geschwindigkeitspfeil getrost im Koordinatenursprung angreifen lassen – wir kommen später bei der Besprechung von Vektorfeldern auf das „Problem" zurück.

Ein Problem, das eigentlich keines ist!

„Angriffspunkt": Koordinatenursprung

Das gemeinsame Koordinatensystem ist (optional) so gerichtet, dass der Geschwindigkeitsvektor in Richtung des Basisvektors $\vec{\imath}$ zeigt. Die Kraft wurde als Linearkombination der beiden Basisvektoren dargestellt und deren Komponenten als Pfeile eingetragen. Beachten Sie: Die Vektorsumme der Komponenten ist gleich der Kraft! Das Boot würde sich genauso verhalten, wenn die Komponenten eigenständige Kräfte wären – also z. B. ein Außenborder für die x-Richtung und starker Seitenwind (ohne Segel) für die y-Richtung. Die Kraftkomponente in x-Richtung bewirkt den Vortrieb – die Kraftkomponente in y-Richtung (fast) nichts, denn ein Schwert (oder ein Kiel) hält mit der Widerstandskraft seiner Breitseite dagegen. Das Boot bewegt sich in erster Näherung wie auf einer Schiene in x-Richtung.

Jolle: Schwert/Jacht: Kiel

Wir sollen jetzt erfassen, wie viel Joule pro Sekunde Petrus dem Jollensegler gratis liefert. Gemäß (*6.8.5*) gilt für den Energiestrom (Leistung) die Gleichungskette (*8.6.1*). Dabei ist dW das Produkt aus der Kraft (in Richtung des Weges dx) und dem Weg (in der Zeit dt) dx. Da man mit Differenzialen ganz normal rechnen kann, ergibt sich für den momentanen Energiestrom das Produkt aus Kraft (in Richtung des Weges) und der (Momentan-)Geschwindigkeit.

Gratisenergie von Petrus

(8.6.1)

$$P = \frac{\mathrm{d}W}{\mathrm{d}t} = \frac{F_x \cdot \mathrm{d}x}{\mathrm{d}t} = F_x \cdot \frac{\mathrm{d}x}{\mathrm{d}t} = \underline{\underline{F_x \cdot v_x}}$$

Da sich Kraftvektoren wie Translationsvektoren verhalten, können wir die ganz gewöhnliche Trigonometrie einsetzen. Betrachten wir das rechtwinklige Dreieck mit dem Betrag der Kraft als Hypotenuse und der x-Koordinate der Kraft als Ankathete zum Winkel φ.

Dreieck aus Größenvektoren

(8.6.2)

$$\cos(\varphi) = \frac{F_x}{|\vec{F}|} \Rightarrow F_x = |\vec{F}| \cdot \cos(\varphi), \quad v_x = |\vec{v}|$$

Die x-Koordinate der Kraft ergibt sich aus dem Kosinus des Winkels und dem Betrag des Kraftvektors. Da die x-Koordinate der Geschwindigkeit gleich deren Betrag ist, lässt sich (*8.6.2*) umschreiben:

(8.6.3)

$$P = |\vec{F}| \cdot |\vec{v}| \cdot \cos(\varphi)$$

Der Vorteil von Formel (*8.6.3*) gegenüber ihrer Vorgängerin (*8.6.2*) ist, dass nicht mehr Gebrauch von dem speziellen Koordinatensystem gemacht wird. Die beiden Vektoren müssen auch nicht in der *xy*-Ebene liegen. Sie dürfen durchaus dem dreidimensionalen Anschauungsraum angehören. Mit (*8.6.3*) ist eine zweistellige Verknüpfung definiert, die je zwei Translationsvektoren des Anschauungsraumes eindeutig einen Skalar zuordnet. Die Verknüpfung heißt *skalares Produkt* und bekommt einen **dicken** Punkt als Operatorzeichen.

Eine äußere Verknüpfung! Das Produkt ist aus einer anderen Menge als die Faktoren.

$$\text{"}\bullet\text{"}: \mathbb{V} \times \mathbb{V} \to \mathbb{R},\ \vec{a}, \vec{b} \mapsto \vec{a} \bullet \vec{b} := |\vec{a}| \cdot |\vec{b}| \cdot \cos\left(\sphericalangle\left(\vec{a}, \vec{b}\right)\right) \quad (8.6.4)$$

Das Symbol im Argument des Kosinus kennzeichnet den eingeschlossenen Winkel zwischen den vektoriellen Faktoren. Mithilfe des so definierten Operators erhält unsere Formel (*8.6.3*) die endgültige Fassung:

Hier ist jetzt der bereits angekündigte „dicke Punkt"!

$$P = \vec{F} \bullet \vec{v} \quad (8.6.5)$$

Jetzt dürfte auch klar sein, weshalb die beiden „Faktoren" gern in ihrem Koordinatenursprung angetragen werden: Der eingeschlossene Winkel ist so ohne Hilfslinien erkennbar.

Lies „F punkt ***v***"!

Da wir ein konkretes Beispiel vorliegen haben, besteht die Möglichkeit zu prüfen, ob das oben erklärte skalare Produkt (*8.6.3*)/(*8.6.5*) alle Sonderfälle korrekt erfasst.

φ	P	$\vec{F}$? $\vec{v}$		Bemerkungen
0	$\lvert\vec{F}\rvert \cdot \lvert\vec{v}\rvert$	$\vec{F} \parallel \vec{v}$	parallel	Optimaler Vorwindkurs
90°	0	$\vec{F} \perp \vec{v}$	senkrecht	Kraft bewirkt keinen Vortrieb, $P = 0$
180°	$-\lvert\vec{F}\rvert \cdot \lvert\vec{v}\rvert$	$\vec{F} \upharpoonleft\!\downharpoonright \vec{v}$	antiparallel	Kraft bremst, Umkehr des Energiestromes

Tabelle 8.6.1
Sonderfälle des skalaren Produktes F • ***v***

Tabelle 8.6.1 zeigt, dass das skalare Produkt alle Sonderfälle korrekt einschließt. Auch das negative Vorzeichen im antiparallelen Fall macht Sinn. In diesem Fall wird aufgrund der Kraft nicht Energie zugeführt, sondern entzogen. Die Bezeichnung „eingeschlossener Winkel" schließt an und für sich die Verwendung überstumpfer Winkel aus. Wegen $\cos(2\pi - \alpha) = \cos(\alpha)$ bleibt eine irrtümliche Verwendung überstumpfer Winkel ohne Bedeutung.

Überstumpfer Winkel ohne Bedeutung

Wir verlassen jetzt den Jollensegler und kümmern uns um Rechenregeln für das in (*8.6.5*) definierte skalare Produkt. Dabei verwenden wir die in Formelsammlungen üblichen Benennungen. Da Beträge und eingeschlossene Winkel nicht von der Reihenfolge der Vektoren abhängen, ist das skalare Produkt kommutativ.

$$\vec{a} \bullet \vec{b} = \vec{b} \bullet \vec{a} \quad (8.6.6)$$

Um zu zeigen, wie sich eine Vektorsumme bei einer skalaren Multiplikation mit einem Vektor verhält, müssen wir die beteiligten Vektoren in ein Koordinatensystem eintragen (s. *Bild 8.6.3*). Es wird dabei leider etwas unübersichtlich.

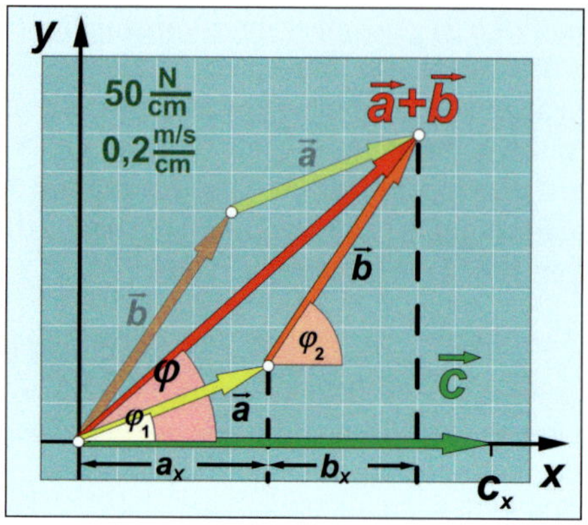

Bild 8.6.3
Skalares Produkt aus Vektorsumme und Vektor

Das Koordinatensystem wurde so gelegt, dass der Vektor ***c*** in x-Richtung weist. Beachten Sie, dass der Vektor ***b*** wegen der Addition an den Vektor ***a*** angereiht wurde. Damit verschiebt sich die x-Koordinate b_x vom Koordinatenursprung fort. Zunächst wird in (*8.6.7*) der Summenvektor skalar multipliziert. Nach dem reellen Ausmultiplizieren erhält man die Summanden $a_x c_x$ und $b_x c_x$. Diese Summanden wiederum ergeben sich ebenfalls aus den skalaren Produkten der Einzelvektoren. Anfang und Ende von (*8.6.7*) ergeben ein Distributivgesetz.

(8.6.7)

$$\underline{\underline{(\vec{a}+\vec{b})\bullet\vec{c}}} = (a_x + b_x)\cdot c_x = a_x c_x + b_x c_x$$

$$= |\vec{a}|\cdot|\vec{c}|\cdot\cos(\varphi_1) + |\vec{b}|\cdot|\vec{c}|\cdot\cos(\varphi_2) = \underline{\underline{\vec{a}\bullet\vec{c} + \vec{b}\bullet\vec{c}}}$$

Kein Problem mit skalaren Faktoren!

Da das skalare Produkt kommutativ ist, kann die Vektorsumme oben in (*8.6.7*) genauso gut rechts stehen. Es fragt sich, wie man mit der Kombination S-Multiplikation – skalares Produkt umzugehen hat. Der Fall eines positiven skalaren Faktors ist, wie man in der ersten Zeile von (*8.6.8*) sieht, einfach. Im negativen Falle klappt der Vektor in die Gegenrichtung und der eingeschlossene Winkel beträgt jetzt $\pi - \varphi$. $\cos(\pi - \varphi)$ wird mithilfe eines Additionstheorems umgeformt und ergibt $-\cos(\varphi)$. Fügt man das negative Vorzeichen und den Betrag zusammen, erhält man wieder den Originalfaktor s.

(8.6.8)

$$s\in\mathbb{R}^+ :\ \underline{\underline{(s\vec{a})\bullet\vec{b}}} = |s\cdot\vec{a}|\cdot|\vec{b}|\cdot\cos(\varphi) = |s|\cdot|\vec{a}|\cdot|\vec{b}|\cdot\cos(\varphi) = \underline{\underline{s\cdot(\vec{a}\bullet\vec{b})}}$$

$$s\in\mathbb{R}^- :\ \underline{\underline{(s\vec{a})\bullet\vec{b}}} = |s\cdot\vec{a}|\cdot|\vec{b}|\cdot\cos(\varphi) = |s|\cdot|\vec{a}|\cdot|\vec{b}|\cdot\cos(\pi-\varphi)$$

$$= -|s|\cdot|\vec{a}|\cdot|\vec{b}|\cdot\cos(\varphi) = \underline{\underline{s\cdot(\vec{a}\bullet\vec{b})}}$$

Überflüssige Klammern!

Aufgrund von (*8.6.8*) sind die Klammern überflüssig. Beachten Sie: Auf den kleinen Malpunkt der S-Multiplikation kann man verzichten – nicht aber auf den dicken Punkt des Skalarproduktes!

Betrachten wir statt einer Vektorsumme eine einfache Linearkombination! Unter Benutzung der Regeln (*8.6.7*)/(*8.6.8*) rücken die beiden Skalare einfach vor die skalaren Produkte der Summanden mit dem Vektor ***c*** (*s. oberste Zeile von 8.6.9*).

Kommen Sie nicht auf die Idee, den dicken Punkt einzusparen!

Infix-Schreibweise: $\left(s\cdot\vec{a}+t\cdot\vec{b}\right)\bullet\vec{c}=s\cdot\left(\vec{a}\bullet\vec{c}\right)+t\cdot\left(\vec{b}\bullet\vec{c}\right)$

Präfix-Schreibweise: $\beta\left(s\cdot\vec{a}+t\cdot\vec{b},\vec{c}\right)=s\cdot\beta\left(\vec{a},\vec{c}\right)+t\cdot\beta\left(\vec{b},\vec{c}\right)$ **(8.6.9)**

Die Infixschreibweise mit dem dicken Punkt ist nicht die einzige Schreibweise für ein skalares Produkt. Man könnte auch eine Präfix-Schreibweise mit dem Buchstaben β (z. B.!) als Operator verwenden (*s. untere Zeile von 8.6.9*). Damit ist nichts Neues herausgekommen! Es ist aber offensichtlicher, dass es sich beim skalaren Produkt um eine lineare Operation handelt – vergleiche Linearität des Differenzialoperators (*5.6.14*) und des Integraloperators (*5.7.7*)! Ein skalares Produkt ist eine zweistellige (äußere) Verknüpfung. Wegen der Kommutativität ist es auch bezüglich der zweiten Variable linear. Man spricht von einer *symmetrischen Bilinearform.*

Es gibt auch andere Schreibweisen für skalare Produkte!

Symmetrische Bilinearform

Eine Selbstverständlichkeit ist das skalare Produkt eines Vektors mit sich selbst. Der eingeschlossene Winkel ist gleich null und der Kosinus ist eins – also verbleibt wegen (*8.6.4*) der quadrierte *Betrag des Vektors.*

$$\vec{a}\bullet\vec{a}=|\vec{a}|^2 \quad \text{bzw.} \quad \sqrt{\vec{a}\bullet\vec{a}}=|\vec{a}| \qquad \textbf{(8.6.10)}$$

Für das skalare Produkt eines Vektors mit sich selbst gibt es noch eine Sparschreibweise: man benutzt den Exponenten zwei:

Nur der Exponent 2 ist erlaubt!

$$\vec{a}\bullet\vec{a}:=\vec{a}^2=a^2 \qquad \textbf{(8.6.11)}$$

Da das skalare Produkt eines Vektors mit sich selbst immer größer oder gleich null ist, ist die vollständige Bezeichnung dieses Produktes *positiv definite symmetrische Bilinearform.*

Im Folgenden sind die Rechenregeln des skalaren Produktes kompakt zusammengestellt.

Zusatzverknüpfung "•": $\mathbb{V}\times\mathbb{V}\to\mathbb{R},\ \vec{x},\vec{y}\mapsto\vec{x}\bullet\vec{y}$		
1)	$\left(\vec{x}+\vec{y}\right)\bullet\vec{z}=\vec{x}\bullet\vec{z}+\vec{y}\bullet\vec{z}$	Distributivgesetz
2)	$s\cdot\left(\vec{x}\bullet\vec{y}\right)=\left(s\cdot\vec{x}\right)\bullet\vec{y}$	Assoziativgesetz
3)	$\vec{x}\bullet\vec{y}=\vec{y}\bullet\vec{x}$	Kommutativgesetz
4)	$\vec{x}\bullet\vec{x}\geq 0$	Positiv definit

(8.6.12)

Genau wie die Rechenregeln der Addition und S-Multiplikation von Translationen werden auch diese Regeln zu Axiomen erhoben. Wenn Sie sich für eine Menge zwei Verknüpfungen ausgedacht haben, die die Vektorraumaxiome erfüllen, liegt schon einmal ein Vektorraum vor. Nehmen wir an, bei dem Skalarenkörper handelt es sich um die reellen Zahlen! Wenn Sie auch noch eine Zusatzverknüpfung

Geometrische Rechenregeln werden zu Axiomen.

gebastelt haben, die die Axiome (*8.6.12*) erfüllt, handelt es sich bei Ihrer Menge um einen so genannten *euklidischen Vektorraum*. Als Lieferantin der Axiome (*8.6.12*) ist die Menge aller Translationsvektoren sozusagen „euklidischer Vektorraum Nr. 1". Auch die mit den Translationsvektoren „verwandten" Größenvektoren sind selbstverständlich Elemente euklidischer Vektorräume. Die Dimensionszahl dieser Räume ist drei!

Auch in höherdimensionalen Räumen verwendbar: „Länge" und „Winkel"

Beim skalaren Produkt eines Translationsvektors mit sich selbst ist zwangsläufig der eingeschlossene Winkel gleich null und damit der Kosinus eins. Gemäß (*8.6.10*) ist das Ergebnis gleich dem Betrag des Vektors hoch zwei. Die „Länge" eines Vektors ist dann die Wurzel aus dem skalaren Produkt des Vektors mit sich selbst. Es mag erstaunen, die so erklärte „Länge" wird genauso in euklidischen Vektorräumen mit höheren Dimensionszahlen als drei verwendet:

Merksatz 8.6.1

Länge eines Vektors:
Die ***Länge*** eines Vektors aus einem euklidischen Vektorraum ist gleich der Wurzel aus dem Skalarprodukt des Vektors mit sich selbst.

$$\vec{x} \in \mathbb{V}\ (\text{euklidisch}):\quad \text{Länge von } \vec{x} = |\vec{x}| := \sqrt{\vec{x} \bullet \vec{x}}$$

Schauen wir uns in (*8.6.13*) ein sehr spezielles skalares Produkt eines Vektors mit sich selbst an! Der Vektor seinerseits ist mit seiner reziproken Länge als skalarem Faktor behaftet. Natürlich darf es sich dabei nicht um den Nullvektor handeln!

(8.6.13)

$$\frac{1}{|\vec{x}|}\vec{x} \bullet \frac{1}{|\vec{x}|}\vec{x} = \frac{1}{|\vec{x}|^2}\cdot(\vec{x} \bullet \vec{x}) = \frac{|\vec{x}|^2}{|\vec{x}|^2} = 1 \;\Rightarrow\; \sqrt{\frac{1}{|\vec{x}|}\vec{x} \bullet \frac{1}{|\vec{x}|}\vec{x}} = 1$$

Alternative Bezeichnung für Einheitsvektoren: Richtungsvektoren

Offensichtlich hat die S-Multiplikation mit der reziproken Länge den Vektor $\boldsymbol{x}$ zu einem *Einheitsvektor* gestaucht oder gestreckt. Da sich der Vektor $\boldsymbol{x}$ von seinem Einheitsvektor nur um einen positiven skalaren Faktor unterscheidet, stimmen beide in Richtung und Richtungssinn überein. Einen Einheitsvektor kann man deshalb auch mit *Richtungsvektor* benennen. Beachten Sie dazu bitte folgenden Merksatz!

Merksatz 8.6.2

Merksatz über Einheitsvektoren:
Ein Vektor aus einem euklidischen Vektorraum wird durch S-Multiplikation mit seiner reziproken Länge zu einem Vektor der Länge eins. Er heißt dann *Einheitsvektor* oder *normiert*. Beachten Sie: Für Einheitsvektoren sind sehr unterschiedliche Schreibweisen im Gebrauch!

$$\vec{x} \neq \mathbf{0}:\quad \vec{x}_0 := \frac{1}{|\vec{x}|}\cdot\vec{x} \text{ ist Einheitsvektor}$$

Unentbehrliche Faktorisierung: Betrag mal Richtungsvektor

Umgekehrt folgt aus der unteren Zeile in *Merksatz 8.6.2*, dass sich alle Vektoren (außer dem Nullvektor) eindeutig als Produkt aus Betrag und Einheitsvektor darstellen lassen. Die Richtung „steckt" im Einheitsvektor und der Betrag im reellen Faktor:

(8.6.14)

$$\vec{x} = |\vec{x}|\cdot\vec{x}_0 \quad \text{oder kürzer} \quad \vec{x} = x\cdot\vec{x}_0$$

Haben Sie sich damit abgefunden, dass Vektoren in höherdimensionalen euklidischen Vektorräumen eine Länge haben? Über das Skalarprodukt lassen sich in derartigen Räumen sogar Winkel erklären – man löst dazu (*8.6.4*) einfach nach dem Kosinus auf:

Winkel im euklidischen Vektorraum:
Für den Kosinus des eingeschlossenen Winkels zwischen zwei beliebigen Vektoren eines euklidischen Vektorraums gilt:

$$\vec{x},\vec{y} \in \mathbb{V}\setminus\{\vec{0}\}: \ \cos\left(\sphericalangle(\vec{x},\vec{y})\right) := \frac{\vec{x} \bullet \vec{y}}{|\vec{x}| \cdot |\vec{y}|}$$

Merksatz 8.6.3

Ein überaus wichtiger Sonderfall liegt vor, wenn der eingeschlossene Winkel 90° beträgt. In diesem Fall ist der Kosinus und damit das Skalarprodukt gleich null. Man würde sagen, die Vektoren stehen senkrecht aufeinander. Um dabei nicht wie im *Merksatz 8.6.3* die Nullvektoren ausschließen zu müssen, verwendet man eine erweiterte Definition und benutzt das – aus dem Griechischen stammende – Fremdwort *orthogonal* anstelle von „senkrecht" (*s. Merksatz 8.6.4*). Gemäß der Definition der Orthogonalität ist ein Nullvektor orthogonal zu allen Vektoren – das muss man so hinnehmen.

ortho... <gr., „recht...">
gonia <gr., „Winkel">

Definition der Orthogonalität:
Zwei Vektoren eines euklidischen Vektorraums sind genau dann zueinander *orthogonal*, wenn ihr Skalarprodukt gleich null ist.

$$\vec{x},\vec{y} \in \mathbb{V} \text{ (euklidisch)}: \ \vec{x} \perp \vec{y} \ \Leftrightarrow \ \vec{x} \bullet \vec{y} = 0$$

Merksatz 8.6.4

Vektoren eines euklidischen Vektorraums verhalten sich bei Termumformungen gutmütig. Das ist wegen des Wirrwarrs an Operationen (Vektoraddition, S-Multiplikation, skalares Produkt, Addition und Multiplikation reeller Zahlen) erstaunlich. Etwas riskant kann es sein, wenn man – anstelle des Skalarproduktes eines Vektors mit sich selbst – die Kurzschreibweise „hoch 2" verwendet.

Vorsicht: Vektor hoch zwei steht für ein Skalarprodukt!

Sehen wir uns zwei Beispiele aus der (euklidischen) Geometrie an! Wir haben bereits davon Gebrauch gemacht: Translationsvektoren kann man so verschieben, dass daraus eine geometrische Figur entsteht. Dadurch werden, wie wir gleich sehen werden, aus mehr oder weniger trickreichen Beweisen geometrischer Sätze relativ einfache „Rechnungen".

In *Bild 8.6.4* formen die Translationsvektoren ***a***, ***b*** und ***a*** – ***b*** die uralte Planfigur für den Satz von Pythagoras. Das Dreieck wird durch die Vektoren ***a***, ***b*** und den Differenzvektor ***a*** – ***b*** gebildet. Flächeninhalte der Quadrate sind jetzt Skalarprodukte der Vektoren mit sich selbst.

$$|\vec{c}|^2 = \left(\vec{a}-\vec{b}\right)\bullet\left(\vec{a}-\vec{b}\right) = \vec{a}\bullet\vec{a} - \vec{a}\bullet\vec{b} - \vec{b}\bullet\vec{a} + \vec{b}\bullet\vec{b} = |\vec{a}|^2 - 2\cdot\vec{a}\bullet\vec{b} + \left|\vec{b}\right|^2$$

$$\underline{\underline{c^2 = a^2 + b^2 - 2ab\cos(\gamma)}} \quad \text{bzw.} \quad \underline{\underline{c^2 = a^2 + b^2}} \ \text{für } \gamma = 90°$$

(8.6.15)

Die in der Planfigur definierten Flächeninhalte gelten auch für ein beliebiges Dreieck!

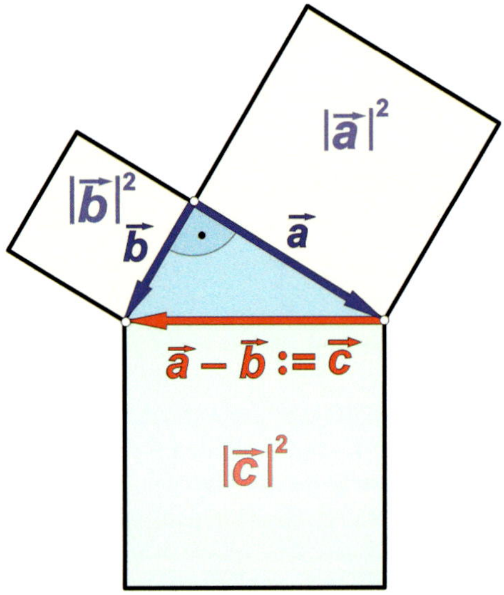

Bild 8.6.4
Planfigur für den Satz von Pythagoras

Der Satz von Pythagoras ist eine Äquivalenz!

Die Rechnung in (*8.6.15*) ist ein „Beweis" des Kosinussatzes (*vgl. 7.8.12*). Handelt es sich wie in *Bild 8.6.4* um ein rechtwinkliges Dreieck, sind die Vektoren ***a*** und ***b*** zueinander orthogonal. Das skalare Produkt ist dann gleich null und man erhält den Satz von Pythagoras. In (*8.6.15*) ist auch die Umkehrung des Satzes von Pythagoras enthalten. Wenn $a^2 + b^2 = c^2$, ist zwangsläufig $\cos(\gamma) = 0$ und das Dreieck somit rechtwinklig.

Ein anderes Beispiel ist der *Satz von Thales*. Er sagt aus, dass ein Dreieck genau dann rechtwinklig ist, wenn die lange Seite auf dem Durchmesser und der dritte Punkt auf dem Umfang eines Kreises liegen. Auch hier puzzeln wir geeignete Vektoren zu einer Planfigur zusammen (*s. Bild 8.6.5*).

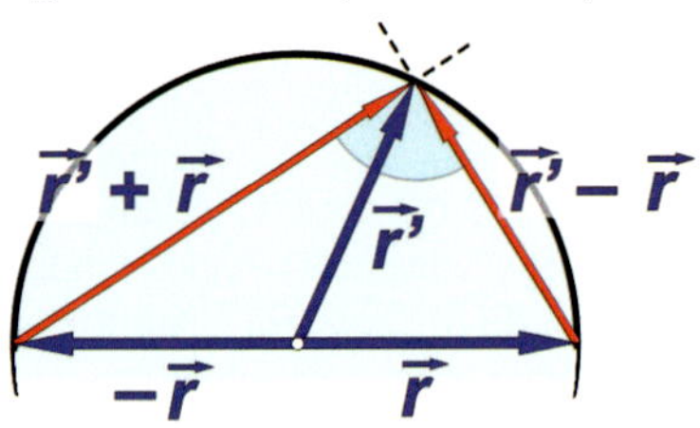

Bild 8.6.5
Planfigur für den Satz von Thales

Die Beträge der Vektoren ***r*** und ***r'*** sind gleich dem Radius. Berechnen wir das Skalarprodukt aus dem Summen- und dem Differenzvektor!

(8.6.16)

$$(\vec{r}' + \vec{r}) \bullet (\vec{r}' - \vec{r}) = \vec{r}' \bullet \vec{r}' \underbrace{- \vec{r}' \bullet \vec{r} + \vec{r} \bullet \vec{r}'}_{=0} - \vec{r} \bullet \vec{r} = |\vec{r}'|^2 - |\vec{r}|^2 = \underline{\underline{0}}$$

Auch der Thalessatz ist eine Äquivalenz.

Da $|\boldsymbol{r}'| = |\boldsymbol{r}| = r$, ist das skalare Produkt der roten Vektoren in *Bild 8.6.5* gleich null. Sie sind zueinander orthogonal, das Dreieck ist rechtwinklig. Auch die Umkehrung gilt. Ist das Dreieck rechtwinklig, so ist das Skalarprodukt der roten Vektoren gleich null. Daraus folgt, dass die Beträge von ***r*** und ***r'*** gleich sein müssen. Dann ist jedoch der Kreis mit dem Radius r Umkreis dieses Dreiecks.

Die Rechnungen sind natürlich nur dann echte Beweise, wenn die Axiome, die ihnen zugrunde liegen, akzeptiert werden. Da die Geometrie sozusagen Mutter der Axiome ist, kann es nicht verwundern, wenn geometrische Sachverhalte wieder zum Vorschein kommen. Alles, was man im Prinzip zeichnerisch „konstruieren" kann, wird mithilfe der Axiome des euklidischen Vektorraums berechen- bzw. beweisbar.

Leider gibt es im Zusammenhang mit euklidischen Vektorräumen für den noch nicht abgebrühten Einsteiger (wieder) Ärger mit den Schreibweisen. Der mehr oder weniger dicke Punkt als Operator ist Standardschreib- und Sprechweise in Naturwissenschaft und Technik – nicht aber in der reinen Mathematik! Dort ist ein euklidischer Vektorraum ein längst ausgereizter Trivialfall. Für zweckfreie Verallgemeinerungen sind (tatsächlich) andere bzw. zusätzliche Begriffe und Schreibweisen erforderlich.

Benutzen Sie möglichst die bewährte Infixschreibweise mit dem (dicken) Punkt!

Bei einem euklidischen Vektorraum bietet sich an, eine so genannte *Orthonormalbasis* zu verwenden. „Normiert" bedeutet, dass es sich um Einheitsvektoren handelt. „Ortho…" heißt, dass die Basisvektoren paarweise orthogonal zueinander sind. Wir haben mit der Standardbasis $(\mathfrak{i}, \mathfrak{j}, \mathfrak{k})$ längst eine Orthonormalbasis verwendet. Für diese Vektoren gilt (*8.6.17*). Beachten Sie, dass die Kommutativität des Skalarproduktes die Angabe weiterer Orthogonalitäten erspart!

Die Standardbasis $(\mathfrak{i}, \mathfrak{j}, \mathfrak{k})$ ist eine Orthonormalbasis!

$$\mathfrak{i} \bullet \mathfrak{i} = \mathfrak{j} \bullet \mathfrak{j} = \mathfrak{k} \bullet \mathfrak{k} = 1 \quad , \quad \mathfrak{i} \bullet \mathfrak{j} = \mathfrak{i} \bullet \mathfrak{k} = \mathfrak{j} \bullet \mathfrak{k} = 0 \qquad (8.6.17)$$

Um Orthonormalität in Vektorräumen höherer Dimensionszahl platzsparend formulieren zu können, wird in der Regel von dem „*Kronecker-Delta*" Gebrauch gemacht. Es handelt sich dabei um die in (*8.6.18*) definierte Funktion. Beachten Sie, dass natürliche Argumente nicht in ein Klammerpaket geschrieben werden, sondern die Indexschreibweise verwendet wird!

$$\delta\colon \mathbb{N}\times\mathbb{N} \twoheadrightarrow \{0,1\},\ i,j \mapsto \delta_{i,j} := \begin{cases} 0 & \text{falls } i \neq j \\ 1 & \text{falls } i = j \end{cases} \qquad (8.6.18)$$

In folgendem Merksatz wird die Orthonormalität einer Basis mithilfe des Kronecker-Deltas formuliert.

Orthonormalbasis:
$(\vec{e}_1, \vec{e}_2, \ldots, \vec{e}_i, \ldots, \vec{e}_j, \ldots, \vec{e}_n)$ ist **Orthonormalbasis** von $\mathbb{V}$ (eukl., $\mathrm{Dim}\,\mathbb{V} = n$)
$\Leftrightarrow \vec{e}_i \bullet \vec{e}_j = \delta_{i,j} \quad i,j \in \{1,2,\ldots,n\}$

Merksatz 8.6.5

Es ist zwar relativ leicht, gegebene Vektoren auf Orthonormalität zu prüfen – es kann aber sehr mühselig werden, eine derartige Basis zu ermitteln. Wir nehmen an, wir hätten einen beliebigen euklidischen Vektorraum vorliegen und jemand hätte sich die Mühe gemacht, mithilfe der speziellen Zuordnungsvorschriften dieses Vektorraums und des skalaren Produkts eine Orthonormalbasis zu ermitteln. Jetzt stellt sich die Frage: Wie kompliziert ist das skalare Produkt zwischen den zugehörigen Koordinatenvektoren? Bleiben wir – um nicht allzu viel schreiben zu müssen – zunächst im Dreidimensionalen:

Die Ermittlungsmethode heißt: Schmidtsches Orthonormalisierungsverfahren

(8.6.19)

$$
\begin{aligned}
\vec{a} \bullet \vec{b} &= \left(a_x\mathfrak{i} + a_y\mathfrak{j} + a_z\mathfrak{k}\right) \bullet \left(b_x\mathfrak{i} + b_y\mathfrak{j} + b_z\mathfrak{k}\right) \\
&= a_x b_x \mathfrak{i} \bullet \mathfrak{i} + a_y b_y \mathfrak{j} \bullet \mathfrak{j} + a_z b_z \mathfrak{k} \bullet \mathfrak{k} + a_x b_y \mathfrak{i} \bullet \mathfrak{j} + a_x b_z \mathfrak{i} \bullet \mathfrak{k} \\
&\qquad + a_y b_x \mathfrak{j} \bullet \mathfrak{i} + a_y b_z \mathfrak{j} \bullet \mathfrak{k} + a_z b_x \mathfrak{k} \bullet \mathfrak{i} + a_z b_y \mathfrak{k} \bullet \mathfrak{j} \\
&= \underline{\underline{a_x b_x + a_y b_y + a_z b_z}}
\end{aligned}
$$

Damit ergibt sich für das Skalarprodukt aus Koordinatenvektoren des $\mathbf{R}^3$ die Ihnen wahrscheinlich noch aus der Schule bekannte handliche Verknüpfungsvorschrift: die entsprechenden Koordinaten sind miteinander zu multiplizieren und (die Produkte) anschließend aufzusummieren:

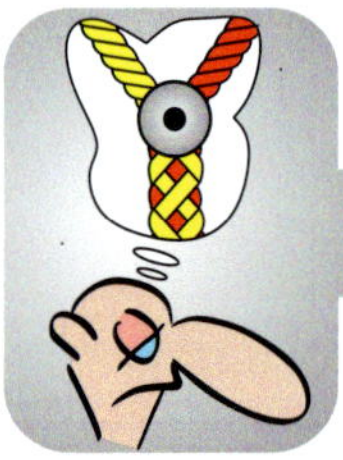

Skalarprodukt im $\mathbf{R}^3$:
Für Koordinatenvektoren bezüglich der Standardbasis $(\mathfrak{i}, \mathfrak{j}, \mathfrak{k})$ gilt:

$$
\begin{pmatrix} a_x \\ a_y \\ a_z \end{pmatrix} \bullet \begin{pmatrix} b_x \\ b_y \\ b_z \end{pmatrix} = a_x \cdot b_x + a_y \cdot b_y + a_z \cdot b_z
$$

Merksatz 8.6.6

Für den Betrag bzw. für die Länge eines solchen Vektors kommt dann der bereits in *(7.12.7)* beschriebene „räumliche Pythagoras" heraus:

(8.6.20)

$$
a = |\vec{a}| = \sqrt{\vec{a} \bullet \vec{a}} = \sqrt{a_x^2 + a_y^2 + a_z^2}
$$

$$
\text{als Ortsvektor } r = |\vec{r}| = \sqrt{\vec{r} \bullet \vec{r}} = \sqrt{x^2 + y^2 + z^2}
$$

Bei euklidischen Vektorräumen höherer Dimension kommen Sie kaum um die abstrakte Σ-Schreibweise für Summen herum. Die Orthonormalbasis heißt jetzt $(\boldsymbol{e}_1, \ldots, \boldsymbol{e}_n)$!

(8.6.21)

$$
\left(\sum_{i=1}^{n} a_i \vec{e}_i\right) \bullet \left(\sum_{j=1}^{n} b_j \vec{e}_j\right) = \sum_{i=1}^{n}\sum_{j=1}^{n} a_i b_j \left(\vec{e}_i \bullet \vec{e}_j\right) = \sum_{i=1}^{n}\sum_{j=1}^{n} a_i b_j\, \delta_{i,j} = \underline{\underline{\sum_{i=1}^{n} a_i b_i}}
$$

Ordnung durch Kronecker-δ

Zunächst ist das skalare Produkt zweier Linearkombinationen mithilfe des Distributivgesetzes auszumultiplizieren. Dabei wird jeder Summand des ersten Faktors mit jedem Summanden des zweiten multipliziert. Das lässt sich mit der in *(7.4.6)* und *(7.4.7)* erläuterten Doppelsumme ausdrücken. Allerdings schafft die Kroneckerfunktion rasch Ordnung: Alle Summanden mit unterschiedlichen Indizes fallen heraus, und es verbleibt eine einfache Verknüpfungsvorschrift für das skalare Produkt aus Vektoren des $\mathbf{R}^n$.

Skalarprodukt und Länge im $\mathbf{R}^n$:
Für Koordinatenvektoren zur Orthonormalbasis $(\boldsymbol{e}_1, \boldsymbol{e}_2, \ldots, \boldsymbol{e}_n)$ gilt:

$$
\begin{pmatrix} a_1 \\ .. \\ .. \\ a_n \end{pmatrix} \bullet \begin{pmatrix} b_1 \\ .. \\ .. \\ b_n \end{pmatrix} = \sum_{i=1}^{n} a_i \cdot b_i, \qquad \left|\begin{pmatrix} a_1 \\ .. \\ .. \\ a_n \end{pmatrix}\right| = \sqrt{\sum_{i=1}^{n} a_i^2}
$$

Merksatz 8.6.7

Streng genommen dürften die Verknüpfungsvorschriften in den *Merksätzen 8.6.6, 8.6.7* erst dann Skalarprodukt genannt werden, wenn nachgerechnet worden ist, dass die Axiome (*8.6.12*) erfüllt sind. Die Kommutativität ist wieder offensichtlich, da man die Faktoren in den reellen Summanden vertauschen darf. Da beim skalaren Produkt eines Vektors mit sich selbst nur Quadrate summiert werden, ist es auch positiv definit. Schreiberei gibt es lediglich bei den Axiomen 1 und 2 (*s. 8.6.22/8.6.23*). Wir rechnen deshalb platzsparend im $\mathbf{R}^2$!

$$\begin{pmatrix} a_x + b_x \\ a_y + b_y \end{pmatrix} \bullet \begin{pmatrix} c_x \\ c_y \end{pmatrix} = (a_x + b_x)c_x + (a_y + b_y)c_y = a_x c_x + b_x c_x + a_y c_y + b_y c_y$$
$$= (a_x c_x + a_y c_y) + (b_x c_x + b_y c_y) = \underline{\underline{\begin{pmatrix} a_x \\ a_y \end{pmatrix} \bullet \begin{pmatrix} c_x \\ c_y \end{pmatrix} + \begin{pmatrix} b_x \\ b_y \end{pmatrix} \bullet \begin{pmatrix} c_x \\ c_y \end{pmatrix}}} \qquad (8.6.22)$$

Prüfen wir auch das zweite Axiom!

$$s \cdot \left(\begin{pmatrix} a_x \\ a_y \end{pmatrix} \bullet \begin{pmatrix} b_x \\ b_y \end{pmatrix} \right) = s \cdot (a_x b_x + a_y b_y) = s \cdot a_x b_x + s \cdot a_y b_y$$
$$= (s a_x) \cdot b_x + (s a_y) \cdot b_y = \underline{\underline{\begin{pmatrix} s \cdot a_x \\ s \cdot a_y \end{pmatrix} \bullet \begin{pmatrix} b_x \\ b_y \end{pmatrix}}} \qquad (8.6.23)$$

Alle Axiome sind erfüllt. Das bleibt auch der Fall, wenn man höherdimensionale Spaltenvektoren notieren würde. Der Vektorraum $\mathbf{R}^n$ ist zusammen mit dem in *Merksatz 8.6.7* definierten Skalarprodukt für alle $n \geq 1$ euklidisch.

Erst mithilfe des skalaren Produktes werden viele wichtige Formeln in Naturwissenschaft und Technik kompakt formulierbar. Wir zeigen das hier am Beispiel der *physikalischen Arbeit* (*vgl. 6.8.2*). Im Abschnitt 6.8 wurde dazu ein Traktor betrachtet. Wegelement und Kraft wiesen in dieselbe Richtung. In *Bild 8.6.6* wird am Beispiel unseres Jollenseglers gezeigt, dass das Traktorbeispiel aus Abschnitt 6.8 nur ein eindimensionaler Spezialfall ist! Beim Segeln weisen die Kräfte nur im Ausnahmefall (Vorwindkurs) in Richtung der Wegelemente!

Das skalare Produkt ermöglicht kompakte Formulierungen.

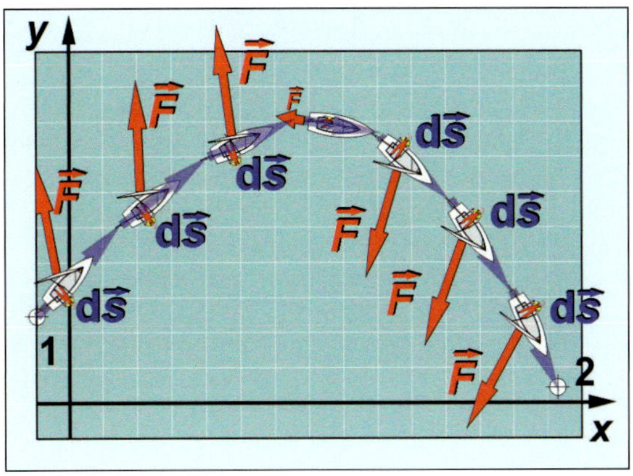

Windrichtung im Bild: ungefähr die negative x-Richtung

Bild 8.6.6
Die Jolle durchfährt eine Ortskurve

Die Kurve, die das Boot in *Bild 8.6.6* durchlaufen hat, nennt man eine *Ortskurve*. Ortsvektoren sind nicht eingetragen, dafür aber die Wegstückchen, die das Boot im Zeitraster dt durchlaufen hat (transparent blaue Pfeile). Diese Wegstückchen sind, wie in *Bild 8.3.3* gezeigt, Differenzen benachbarter Ortsvektoren. Sie wurden aber nicht mit d$\boldsymbol{r}$, sondern im Einklang mit dem früheren Traktorbeispiel mit d$\boldsymbol{s}$ bezeichnet. Richtung und Betrag der Kraft sind in diesem Beispiel von Ort zu Ort verschieden. Sie sind abhängig vom Kurs, der Segelstellung, der Eigengeschwindigkeit des Bootes sowie der Richtung und Stärke des Windes. Relevant für den jeweiligen Beitrag zur Gesamtarbeit ist das Produkt aus der Projektion der Kraft auf die jeweilige Fahrtrichtung und dem Betrag des Wegstückchens. Genau das liefert, wie wir gesehen haben, das skalare Produkt (*s. 8.6.24*). Summiert man die einzelnen skalaren Produkte auf, erhält man die physikalische Arbeit. In unserem Beispiel ist das die Gratisenergie, die Petrus zwischen den Punkten (1) und (2) geliefert hat. Das entsprechende Integral heißt *Linien-* oder *Kurvenintegral*. Das Linienintegral in (*8.6.24*) ist die allgemeine Definition der physikalischen Arbeit.

Allgemeine Definition der physikalischen Arbeit mithilfe des Linienintegrals

(8.6.24)

$$\mathrm{d}W = \vec{F} \bullet \mathrm{d}\vec{s} \;\mid\; \text{aufsummieren!} \quad \Rightarrow W_{1,2} = \int_1^2 \vec{F} \bullet \mathrm{d}\vec{s}$$

Nun wird niemand annehmen, dass Kraft und Weg im Falle einer kippligen Jolle mit einfachen Funktionen beschreibbar sind. Auch wenn es sich um einfachere Systeme handeln würde, kann die praktische Integration von (*8.6.24*) alles andere als ein Vergnügen sein. Nehmen wir an, wir kennen sowohl die Ortskurve als auch die Kraft in Abhängigkeit von Ort und Zeit. Dann ist jede Komponente des Ortsvektors eine Funktion der Zeit. Die Komponenten der Kraft sind Funktionen des Ortes und damit implizit auch von der Zeit abhängig. Es könnte sogar zu allem Überfluss eine explizite Zeitabhängigkeit hinzukommen (*s. 8.6.25*). Selbstverständlich darf – anders als hier – die Ortskurve auch dreidimensional sein.

(8.6.25)

$$\vec{r}(t) = \begin{pmatrix} x(t) \\ y(t) \end{pmatrix},\; (\mathrm{d}\vec{r} =)\; \mathrm{d}\vec{s} = \begin{pmatrix} \mathrm{d}x \\ \mathrm{d}y \end{pmatrix} = \begin{pmatrix} v_x(t) \\ v_y(t) \end{pmatrix} \mathrm{d}t\,,\quad \vec{F} = \begin{pmatrix} F_x(x,y,t) \\ F_y(x,y,t) \end{pmatrix}$$

$$\Rightarrow W_{1,2} = \int_1^2 F_x \mathrm{d}x + F_y \mathrm{d}y = \int_{t_1}^{t_2} F_x \tfrac{\mathrm{d}x}{\mathrm{d}t} \mathrm{d}t + F_y \tfrac{\mathrm{d}y}{\mathrm{d}t} \mathrm{d}t = \int_{t_1}^{t_2} \left(F_x v_x + F_y v_y \right) \mathrm{d}t$$

Sie werden im ersten Semester derartige Integrale nicht berechnen müssen. Auf der anderen Seite gibt es kein Pardon! So ein Linienintegral ist wichtig für das Verständnis grundlegender Theorien. Sie müssen ein derartiges „Integral mit Skalarprodukt“ – wie z. B. das in (*8.6.24*) – interpretieren können!

8.7 Vektorfelder

Bereits beim Durchblättern einschlägiger Fachliteratur erkennt man, dass der Feldbegriff in Naturwissenschaft und Technik unentbehrlich sein muss. Um zu lernen, worum es dabei geht, steigen wir vorübergehend in das Reich dreier in einem Fließgewässer beheimateter Spezialisten ein, die sich mit Feldern besonders gut auskennen (müssen) (*s. Bild 8.7.1*).

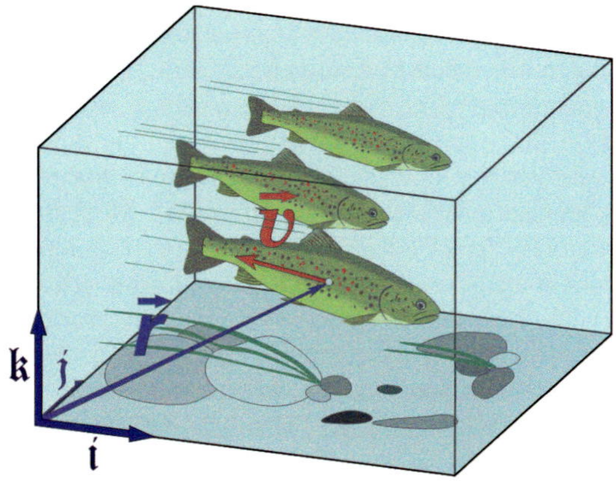

Bild 8.7.1
Forellen in ihrem Vektorfeld

Bei der für die Forellen hauptsächlich relevanten Vektorgröße $\boldsymbol{v}$ handelt es sich um die Strömungsgeschwindigkeit des Gewässers an ihrem jeweiligen Aufenthaltsort. Um an dem durch den Ortsvektor $\boldsymbol{r}$ markierten Punkt (x, y, z) auf vorbeitreibendes Futter zu warten, muss sich die Forelle exakt auf Betrag und Richtung dieser Geschwindigkeit einstellen. Andernfalls würde sie forttreiben oder über den Platz hinausschießen. Sobald sie den Ort wechselt, wird sich der Geschwindigkeitsvektor mehr oder weniger ändern, denn jedem Punkt im Fließgewässer ist eindeutig ein bestimmter Geschwindigkeitsvektor $\boldsymbol{v}$ zugeordnet. Das wiederum bedeutet, dass die Geschwindigkeit $\boldsymbol{v}$ bzw. deren drei Koordinaten dreistellige Funktionen des Ortes sein müssen. Ein solches Dreierpack von Funktionen ist ein Beispiel für ein so genanntes *Vektorfeld.* Das Strömungsfeld der Forellen, das ausschnittsweise in *Bild 8.7.1* dargestellt ist, soll im Folgenden als exemplarisch für ein Vektorfeld stehen. Wenn sich die Strömungsverhältnisse eines Gewässers wetter-, jahreszeitbedingt oder aufgrund anderer zeitlicher Ereignisse ändern, könnte auch die Zeit als Variable hinzukommen. Ist das Feld zeitunabhängig, spricht man von einem *stationären Feld.* Selbstverständlich ist auch die Temperatur des Gewässers nicht konstant. Auch diese Größe hängt vom Ort und von der Zeit ab. Im Gegensatz zum Strömungsfeld handelt es sich bei der Temperatur um eine skalare Größe und das Feld ist ein so genanntes *skalares Feld.*

***Vektorfeld:* Die Komponenten sind dreistellige Funktionen des Ortes.**

***Stationäres Feld:* keine Zeitabhängigkeit**

$$\text{Vektorfeld: } \vec{v} = \begin{pmatrix} v_x(x,y,z,t) \\ v_y(x,y,z,t) \\ v_z(x,y,z,t) \end{pmatrix} \quad \text{Skalares Feld: } T = T(x,y,z,t) \qquad (8.7.1)$$

Funktionswert des Vektorfeldes an einem bestimmten Ort: Feldstärke

Feldstärke: Darstellung mit einem Vektorpfeil.

Kehren wir zurück zu den Vektorfeldern! In (*8.7.1*) wurden die Variablen x, y, z, t als ungebunden betrachtet. Sieht man die Variablen als gebunden an, entsteht aus den Funktionswerten der drei Funktionen v_x, v_y, v_z ein Größenvektor. Diesen Vektor nennt man *Feldstärke*. In unserem Forellenbeispiel ist die oben beschriebene Strömungsgeschwindigkeit $\boldsymbol{v}$ Feldstärke des Strömungsfeldes am Ort x, y, z und zum Zeitpunkt t. Die Feldstärke/Strömungsgeschwindigkeit am Ort x, y, z und zur Zeit t ist in *Bild 8.7.1* mit einem Vektorpfeil eingezeichnet.

Hier dürfte der Feldstärkevektor verschoben werden:

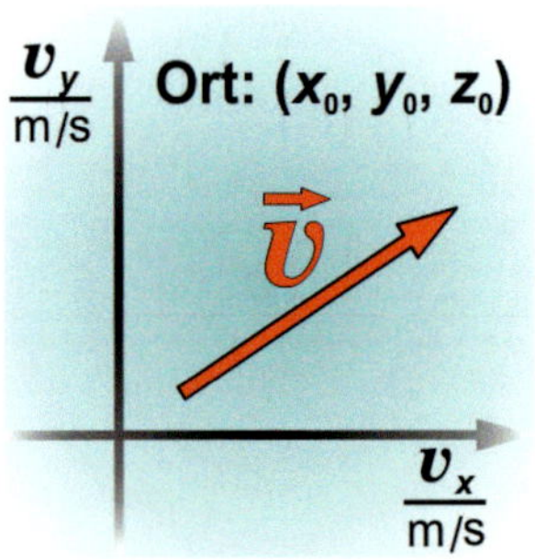

Nun hatten wir bereits gesehen, dass sich ein Geschwindigkeitsvektor wie ein Translationsvektor verhält, und den darf man verschieben! Der Feldstärkevektor bezieht sich dagegen auf einen bestimmten Ort und Zeitpunkt. Ein Vektor, den man nicht verschieben darf? Der (scheinbare) Widerspruch wurde bereits in dem Jollenseglerbeispiel diskutiert. Jede Vektorgröße müsste eigentlich ein eigenes Koordinatensystem erhalten und dürfte nur in diesem eigenen System wie ein (verschiebbarer) Translationsvektor behandelt werden. Noch drastischer ist es bei den Feldstärkevektoren. Jede Feldstärke an einem bestimmten Ort und zu einem bestimmten Zeitpunkt erfordert ein jeweils eigenes Koordinatensystem – es wären daher unendlich viele Koordinatensysteme erforderlich. Nur in diesen Systemen dürfte man Feldstärkevektoren verschieben. Sobald aber Feldstärken und Orte in einem Gesamtsystem betrachtet werden, kommt man oft nicht darum herum, Feldstärkevektoren – wie die Kräfte im Jollenbeispiel – an den relevanten Orten anzutragen. In der Praxis macht man allerdings wenig Aufhebens davon und lässt einen Einsteiger gerne auf seinen „dummen Fragen" sitzen.

Schwierige grafische Darstellung!

Feldstärkevektoren in einem Ortsraster

Das nächste Problem besteht darin, ein Vektorfeld grafisch darzustellen. Bekanntlich gibt es bereits bei zweistelligen Funktionen Probleme mit der grafischen Darstellung. Vektorfelder haben aber im Allgemeinen vier Variablen und nicht nur einen Funktionswert, sondern drei! Eine Möglichkeit besteht darin, die Zeit und die z-Koordinate als Parameter zu betrachten, und in einem bestimmten Ortsraster an jedem Rasterpunkt den jeweiligen Feldstärkevektorpfeil einzuzeichnen. Von dieser Möglichkeit wurde in *Bild 8.7.2* Gebrauch gemacht.

Prallhang (hohe Strömungsgeschwindigkeit)

Gleithang (niedrige Strömungsgeschwindigkeit)

Bild 8.7.2
Zweidimensionale Darstellung eines Vektorfeldes

In *Bild 8.7.2* sehen Sie die drei Forellen von oben, jetzt aber in ihrem erweiterten Umfeld, nämlich einer Flussbiegung mit Prall- und Gleithang. Die Vektorpfeile beziehen sich auf eine mittlere Wassertiefe. Die Darstellung verschafft nur einen groben Überblick über das Vektorfeld. Man erkennt zumindest die erhöhte Fließgeschwindigkeit am Prallhang und die verminderte am Gleithang. Eine alternative Darstellung des Feldes erhält man mithilfe eines *Feldlinienbildes*:

Bild 8.7.3
Darstellung eines Vektorfeldes mithilfe von Feldlinien

Trotz einiger Probleme: Feldlinienbilder sind instruktiv.

Keine „Feldlücken" zwischen den Linien!

Die Feldliniendichte ist ein Maß für den Betrag der Feldstärke.

Sie brauchen noch nicht zu wissen, wie man ein Feldlinienbild rechnerisch ermittelt, sondern „nur", wie es zu lesen ist. Die *Feldlinie* eines Strömungsfeldes heißt Stromlinie und damit ist deren Bedeutung schon im Namen enthalten: Die Feldlinie folgt der Strömungsrichtung. Wenn man die Richtung der Feldstärke an einem Punkt der Feldlinie haben möchte, muss man dort eine Tangente einzeichnen. Die Richtung der Tangente ist dann die Strömungsrichtung an dem Linienpunkt (*s. Bild 8.7.3, 2te Feldlinie von oben*). Den Richtungssinn entnimmt man den Pfeilspitzen an den Feldlinien. Und was ist mit der Richtung der Feldstärke zwischen den Feldlinien? Dort wird die Richtungsermittlung ungenauer. Man nimmt eine Art gewichtetes Mittel zwischen den (Tangenten-)Richtungen der beiden benachbarten Feldlinien. Um Aussagen über die Beträge machen zu können, müssen ebenfalls benachbarte Feldlinien herangezogen werden. Eine hohe Feldliniendichte markiert eine hohe Feldstärke. Umgekehrt ist die Feldstärke dort niedrig, wo die Linien weit auseinanderliegen.

Obwohl ein Feldlinienbild nur ungenaue Informationen über quantitative Werte enthält, ist es doch sehr instruktiv. Immerhin kann man auf einen Blick wesentliche Eigenheiten des Vektorfeldes erkennen. In *Bild 8.7.4* sind die drei wichtigsten Spezialfälle eines Vektorfeldes dargestellt.

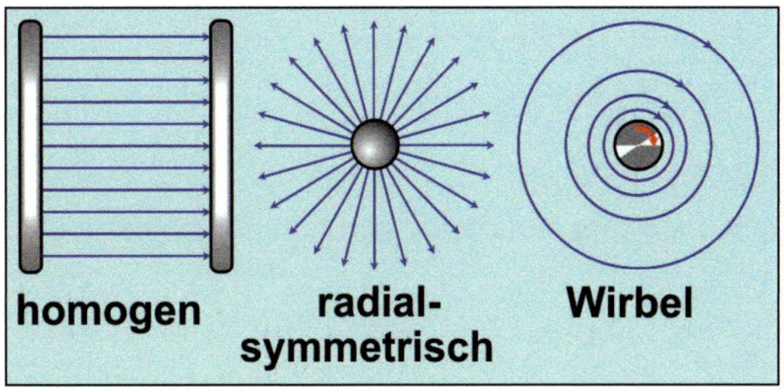

Bild 8.7.4
Drei wichtige Spezialfälle von Vektorfeldern

In einem homogenen Feld ist die Feldstärke in Betrag und Richtung überall gleich. Folglich besteht das Feldlinienbild aus parallelen äquidistanten Linien. Von den beiden anderen Sonderfällen wird noch zu reden sein.

Bei einem Großgewässer wie z. B. der Elbe gibt man gern die *Durchflussmenge* an. Das ist diejenige Wassermenge in Kubikmeter pro Sekunde, die an einer bestimmten Stelle das Flussbett durchfließt. Um eine vergleichbare Feldgröße zu studieren, verlassen wir das Forellengewässer und nehmen stattdessen eine hässliche Wasserrinne (*s. Bild 8.7.5*). Das Strömungsfeld in der Rinne nehmen wir als homogen an.

Zur Zeit t + dt stürzt die Flasche über die Kante!

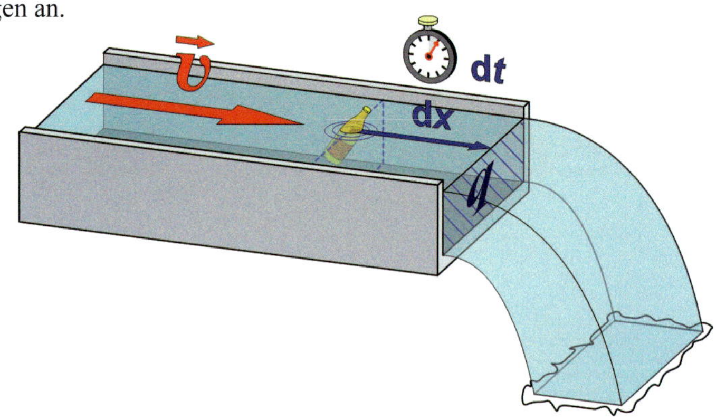

Bild 8.7.5
Ermittlung der Durchflussmenge

Wir wollen anhand des in *Bild 8.7.5* dargestellten Systems den Zusammenhang zwischen der Feldstärke (hier der Strömungsgeschwindigkeit) und der Durchflussmenge ermitteln. Die im Wasser treibende Flasche bewegt sich mit der gleichen Geschwindigkeit wie das Wasser. Sie wird in der Zeit dt den Weg dx zurücklegen und dann über die Kante stürzen. Zuvor stürzt zwangsläufig der gesamte vor ihr liegende Wasserquader mit dem Volumen $\mathrm{d}V = q \cdot \mathrm{d}x$ „über die Kante". „q" ist dabei die Querschnittsfläche. Was pro Sekunde über die Kante stürzt, ist die gesuchte Durchflussmenge durch die Querschnittsfläche q.

Der gesamte Wasserquader stürzt mit über die Kante.

(8.7.2)

$$\frac{\mathrm{d}V}{\mathrm{d}t} = \frac{q \cdot \mathrm{d}x}{\mathrm{d}t} = v \cdot q \; ; \quad \underline{\underline{\text{Fluss} := v \cdot q}}$$

Die Größe „Feldstärke mal Querschnittsfläche" wird auch bei anderen Vektorfeldern benutzt und heißt dann einfach nur noch *Fluss* des entsprechenden Vektorfeldes. Dabei ist es **völlig unerheblich**, ob in dem Feld Materie transportiert wird oder nicht.

Formelzeichen
Φ, Ψ
für Flüsse

Dividiert man in (*8.7.2*) den Fluss durch die Querschnittsfläche, sieht man, dass der Betrag der Feldstärke gleich dem Fluss bezogen auf die Querschnittsfläche ist. Beachten Sie dazu *Merksatz 8.7.1*!

Merksatz 8.7.1

Feldstärke versus Flussdichte:
Alternativ wird bei einigen Feldern anstelle „**Feldstärke**" die Bezeichnung „**Flussdichte**" verwendet.
Bekanntestes Beispiel sind Magnetfelder (B-Felder). In der modernen Lehrbuchliteratur wird $\boldsymbol{B}$ (und nicht $\boldsymbol{H}$) als magnetische Feldstärke bezeichnet. Wer sich dem nicht anschließen mag, darf anstelle von „**magnetische Feldstärke B**" wie bisher „**magnetische Flussdichte**" sagen.

Es stellt sich die Frage, wie sich der Fluss ändert, wenn die durchströmte Fläche schräg gestellt wäre (*s. Bild 8.7.6*).

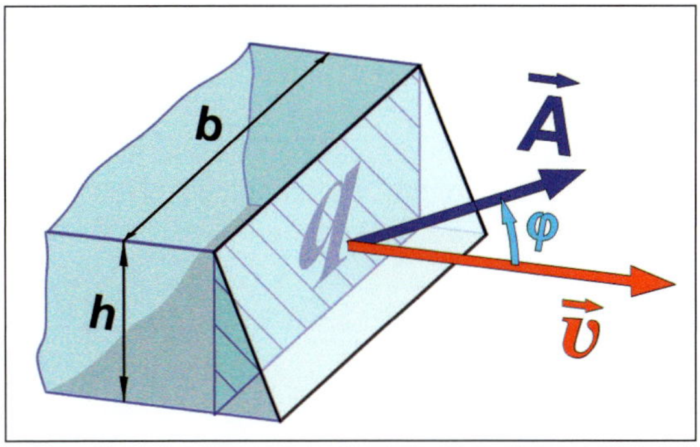

Bild 8.7.6
Fluss durch eine schräge Fläche

Zwar hat sich dann die durchströmte Fläche vergrößert: klar ist aber, dass man auf diese Weise nicht den Fluss vergrößern kann. Das „Problem" wird durch einen einfachen Trick gelöst. Man fasst die Fläche als Vektorgröße auf! Der Betrag eines derartigen *Flächenvektors* ist gleich dem Flächeninhalt selbst und seine Richtung wird durch die so genannte *Flächennormale* bestimmt. Eine Flächennormale ist ein Vektor, der wie ein Mast senkrecht auf dieser Fläche aufgepflanzt ist. Jetzt lässt sich der *Fluss* als Skalarprodukt des Geschwindigkeitsvektors mit dem Flächenvektor definieren. Weist der Flächenvektor in Richtung der Geschwindigkeit, haben wir die gleichen Verhältnisse wie in *Bild 8.7.5*. Andernfalls sorgt der Kosinus des zwischen Feldvektor und Flächenvektor eingeschlossen Winkels dafür, dass die vergrößerte Fläche auf die Querschnittsfläche reduziert wird.

Eine Fläche wird zum Vektor.

$$\text{Fluss} = v \cdot q = v \cdot A \cdot \cos(\varphi) \;\Rightarrow\; \underline{\underline{\text{Fluss} = \vec{v} \bullet \vec{A}}} \qquad (8.7.3)$$

Eine gewisse Willkür besteht in der Wahl des Richtungssinns des Flächenvektors. Man orientiert sich dabei an der Hauptströmungsrichtung des Feldes und sagt: Die Strömung fließt von innen nach außen. Der Flächenvektor wird dann auf die Außenfläche gepflanzt.

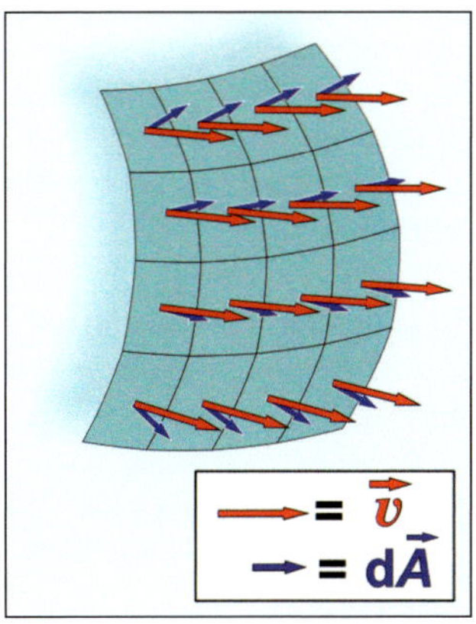

Bild 8.7.7
Fluss eines inhomogenen Vektorfeldes

Flüsse inhomogener Felder lassen sich durch Integrale erfassen.

Die Formel (*8.7.3*) für die Ermittlung des Flusses ist immer noch ein Spezialfall. Ein homogenes Strömungsfeld ist nur schwer zu realisieren und die Fläche muss weder rechteckig noch eben sein. *Bild 8.7.7* zeigt, wie man den Fluss eines inhomogenen Feldes durch eine gewölbte Fläche ermittelt. Die Gesamtfläche wird in Rechtecke, Quadrate und eventuell in Dreiecke zerlegt. Dabei müssen die Teilflächen so klein sein, dass man in ihrem Bereich das Feld als homogen ansehen kann. Dann lässt sich der Fluss durch eine solche Minifläche gemäß (*8.7.3*) errechnen. Für den Gesamtfluss durch die komplette Fläche müssen die Flüsse durch die Miniflächen nur noch aufsummiert werden.

(8.7.4)

$$\vec{v} \bullet \mathrm{d}\vec{A} \text{ aufsummieren!} \Rightarrow \text{Fluss durch } A = \iint_A \vec{v} \bullet \mathrm{d}\vec{A}$$

Rand: Pendant zu den Integrationsgrenzen

Die Summe der Differenziale ist natürlich ein Integral. Anders als beim Linienintegral (*8.6.24*) wird hier über eine (Ober-)Fläche integriert. Dieses Integral heißt *Oberflächenintegral*. Um das Oberflächenintegral von einem Kurvenintegral zu unterscheiden, kann man es wie in (*8.7.4*) optional als *Doppelintegral* schreiben. Der Rand der durchströmten Fläche darf durchaus rund sein. In einer Illustration würde man in dem Fall die Gesamtfläche aus rechteckigen und dreieckigen Teilflächen zusammensetzen. Beachten Sie: Auch bei einer gewölbten Fläche wird – wie oben – innen und außen nach der Hauptströmungsrichtung festgelegt. Alle Flächenvektoren stehen senkrecht auf den so definierten Außenflächen.

Die Fläche darf eine geschlossene Hülle sein!

Hüllenintegrale spüren Quellen und Senken auf.

Ein Spezialfall entsteht, wenn die Fläche eine in sich geschlossene Hülle ist. In diesem Fall ist eindeutig, was Außenfläche ist. Man sollte meinen, dass der Fluss durch eine geschlossene Oberfläche gleich null ist, denn es sollte genauso viel hinein- wie hinausfließen. Wenn der Fluss aber doch nicht null ist, dann muss sich je nach Vorzeichen des Gesamtflusses innerhalb der Hülle eine Quelle oder eine Senke befinden. Um anzudeuten, dass sich das Flussintegral über eine geschlossene Hülle erstreckt, wird das Doppelintegral mit einem „Kringel" verziert. Es heißt dann auch *Hüllenintegral* und lässt sich als (Quell-)*Ergiebigkeit* interpretieren (*s. 8.7.5*). Die „umgedrehte Sechs" unter dem *Doppelintegral* bedeutet: Rand bzw. Hülle des eingeschlossenen Volumens.

(8.7.5)

$$\text{Fluss durch Hülle } \partial V = \oiint_{\partial V} \vec{v} \bullet \mathrm{d}\vec{A}$$

Integrale sind nicht allein Rechenwerkzeuge, sondern auch Ausdrucksmittel!

Selbstverständlich wird von Ihnen nicht erwartet, dass Sie als Einsteiger Doppelintegrale berechnen können. Es ist allerdings sehr hilfreich, wenn Sie von Anfang an wissen, was damit ausgedrückt wird.

Wenn Sie den Flussbegriff verstanden haben, können Sie bereits die *erste Maxwellsche Gleichung* verstehen. Die Gleichung sagt aus, wie ein stationäres elektrisches Feld zustande kommt:

(8.7.6)

$$\text{Maxwell I: } \oiint_{\partial V} \vec{E} \bullet \mathrm{d}\vec{A} = \frac{1}{\varepsilon_0} \cdot Q_V$$

Links in (*8.7.6*) steht der Fluss des E-Feldes durch eine Hülle mit dem Volumen V. Rechts steht im Wesentlichen die Summe der (felderzeugenden) elektrischen Ladungen, die sich im Innern der Hülle befinden. Der Faktor $1/\varepsilon_0$ regelt lediglich die Umrechnung der Einheiten und muss erst beachtet werden, wenn konkret etwas zu berechnen ist. Die erste Maxwellsche Gleichung liest sich so: „Der Fluss des elektrischen Feldes durch eine geschlossene Oberfläche ist gleich der Summe der elektrischen Ladungen innerhalb der Hülle.“ Das lässt sich noch kürzer sagen: „Die Quellen des elektrischen Feldes sind die Ladungen.“

Maxwell I bis IV: Das sind vier der sieben Gleichungen der klassischen Physik.

Der einfachste Fall liegt vor, wenn das elektrische Feld (kurz E-Feld) von einer kugelsymmetrischen Ladung verursacht wird:

Dieses spezielle Feld heißt auch Coulomb-Feld.

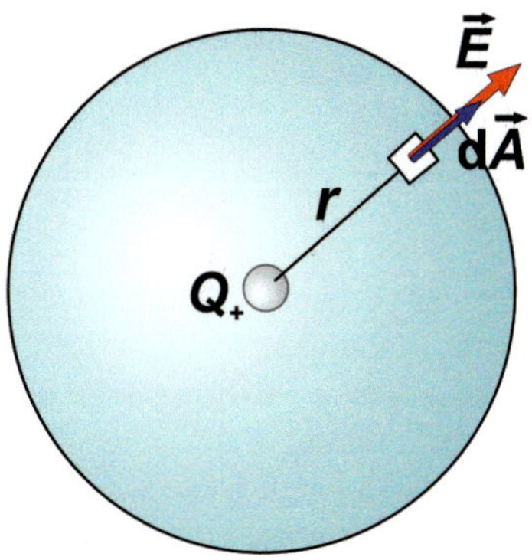

Bild 8.7.8
Berechnung des E-Feldes einer kugelsymmetrischen Ladung

Wählen wir als Hülle die Oberfläche einer Kugel, deren Mittelpunkt mit dem der kugelsymmetrischen Ladung Q_+ zusammenfällt. Der Radius der Hülle sei r. Wie aus *Bild 8.7.8* ersichtlich, vereinfacht sich aufgrund der Kugelsymmetrie des Gesamtsystems einiges. Die Feldstärkevektoren sind alle parallel zu den Flächenvektoren der Flächenstückchen. Weiterhin ist kein Grund einzusehen, weshalb die Beträge der Feldstärke auf der Kugeloberfläche nicht konstant sein sollen. Damit wird das Skalarprodukt zu einem Produkt der Beträge und die auf der Kugeloberfläche konstante Feldstärke kann vor das Integral geschrieben werden.

$$\vec{E} \parallel \mathrm{d}\vec{A} \Rightarrow \vec{E} \bullet \mathrm{d}\vec{A} = E \cdot \mathrm{d}A \cdot \cos(0) = E \cdot \mathrm{d}A$$

$$\Rightarrow \oiint_{\partial V} \vec{E} \bullet \mathrm{d}\vec{A} = E \cdot \oiint_{\partial V} \mathrm{d}A = E \cdot 4\pi \cdot r^2 = \frac{1}{\varepsilon_0} Q_+ \qquad (8.7.7)$$

$$\Rightarrow \underline{\underline{E = \frac{1}{4\pi\varepsilon_0} \cdot \frac{Q_+}{r^2}}} \quad \text{bzw.} \quad \underline{\underline{\vec{E} = \frac{1}{4\pi\varepsilon_0} \cdot \frac{Q_+}{r^2} \cdot \frac{\vec{r}}{r}}}$$

Im Falle einer negativen Ladung dreht das Feld sein Vorzeichen um.

Das Hüllenintegral liefert in diesem Fall die Oberfläche der Kugel, und die ist $4\pi r^2$. Nach E aufgelöst, erhält man eine Formel zur quantitativen Berechnung der elektrischen Feldstärke. Fügt man noch einen Einheitsvektor in Richtung des Ortsvektors hinzu, wird aus der Betragsformel eine Vektorformel. Das zugehörige Feldlinienbild finden Sie als „radialsymmetrischen“ Sonderfall in *Bild 8.7.4*. Beachten Sie, dass durch den Einheitsvektor nicht etwa eine $1/r^3$-Abhängigkeit zustande gekommen ist! Der zusätzliche $1/r$-Faktor macht aus dem vektoriellen

So einfach geht es nur wegen des Sonderfalls!

Faktor ***r*** einen Einheits- bzw. Richtungsvektor (*vgl. Merksatz 8.6.2*). Wenn man die Formel in Kugelkoordinaten angibt, entfällt dieses „Ausgleichs-*r*" (*s. 8.7.8*). Vergleichen Sie unbedingt noch einmal (*8.7.8*) mit den Transformationsgleichungen in (*7.12.6*)!

(8.7.8)

$$\vec{E} = \frac{1}{4\pi\varepsilon_0} \cdot \frac{Q_+}{r^2} \cdot \frac{1}{r} \cdot \begin{pmatrix} x \\ y \\ z \end{pmatrix} = \underline{\underline{\frac{1}{4\pi\varepsilon_0} \cdot \frac{Q_+}{r^2} \cdot \begin{pmatrix} \cos(\varphi)\sin(\vartheta) \\ \cos(\varphi)\sin(\vartheta) \\ \sin(\vartheta) \end{pmatrix}}}$$

Auch die *dritte Maxwellsche Gleichung* können Sie bereits mit unseren „Bordmitteln" verstehen. Es geht dabei um *Magnetfelder*. Magnetfelder sind ebenfalls Vektorfelder. Anders als beim elektrischen Feld ist jedoch das Flussintegral über **jede** geschlossene Oberfläche gleich null.

(8.7.9)

$$\text{Maxwell III:} \quad \oint\!\!\oint_{\partial V} \vec{B} \bullet \mathrm{d}\vec{A} = 0$$

Magnetfelder sind immer Wirbelfelder!

Die Bedeutung ist klar: Ein magnetisches Feld hat weder Quellen noch Senken. Es gibt keine „magnetischen Ladungen". Magnetische Felder müssen folglich reine Wirbelfelder sein. Sie müssten im Prinzip Feldlinien immer geschlossen zeichnen. Wenn Sie trotzdem Feldlinienbilder sehen, die in einem „Nordpol" entspringen und in einem „Südpol" enden, ist das kein Widerspruch: Die inneren zurücklaufenden Feldlinien sind nicht mit eingezeichnet.

Dreht man im flachen Land bei stürmischem Wind mit dem Fahrrad eine große Runde, hat man den Wind (= Luftströmungsfeld) einmal von vorn, aber auch einmal wieder von hinten. Normalerweise nimmt man an, dass das Anarbeiten gegen den Wind wieder ausgeglichen wird, wenn man den Wind im Rücken hat. Es kann aber auch sein, dass der erhoffte Rückenwind schwächer ausfällt als erwartet. In diesem ärgerlichen Fall wäre es günstiger gewesen, die Runde im entgegengesetzten Umlaufsinn zu durchfahren. Unsere Vektorfeldspezialisten in ihrem Fließgewässer werden wohl eine geschlossene Kurve kaum falsch herum durchschwimmen. Unnütze Energieverschwendung schätzen die Forellen gar nicht (*s. Bild 8.7.9*).

Unsere Forelle dreht in ihrem Strömungsfeld eine Runde.

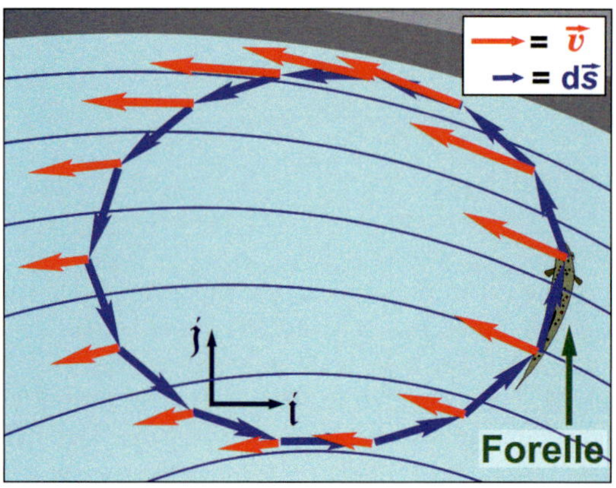

Bild 8.7.9
Zirkulation eines Vektorfeldes

Nehmen wir an, eine Forelle durchschwimmt das Strömungsfeld in einer elliptischen Kurve im Gegenuhrzeigersinn. In Bild *8.7.9* ist die geschlossene Kurve in Wegstückchen zerlegt. Relevant für die Bilanz „einmal rundherum" sind jeweils die Skalarprodukte aus Feldstärke und Wegstückchen. Man erkennt hier, dass die Forelle den Umlaufsinn richtig gewählt hat. Im oberen Teil hat der Fisch die kräftige Prallhangströmung im „Rücken" – die Skalarprodukte sind positiv. Im unteren Teil muss nur die relativ schwache Gleithangströmung überwunden werden. Die Produkte sind zwar negativ, können aber die positiven nicht aufzehren. Eine derartige Bilanz kann man mit einem Linienintegral über eine geschlossene Kurve quantifizieren. Der Wert dieses Integrals lässt sich als *Wirbelstärke* oder *Zirkulation* des Feldes interpretieren.

Zum Vergleich: „Physikalische Arbeit" Abschnitt 6.8!

$$\vec{v} \bullet d\vec{s} \ \text{ aufsummieren!} \Rightarrow \text{Zirkulation um } \partial A := \oint_{\partial A} \vec{v} \bullet d\vec{s} \qquad (8.7.10)$$

Die geschlossene Kurve ist der Rand einer Fläche und aus dem Linienintegral ist ein so genanntes *Randintegral* geworden. Für die Benennung des Randes steht wieder die merkwürdige gespiegelte Sechs zur Verfügung. Man benötigt für den in *Bild 8.7.9* dargestellten Fall keine Rechnung, um festzustellen, dass das Linienintegral über die geschlossene Kurve – die Zirkulation – positiv ist. Das Strömungsfeld enthält daher einen Wirbel in Richtung des Umlaufsinnes dieser Kurve. Wären die Skalarprodukte durchweg positiv oder durchweg negativ, läge eine reine Wirbelströmung vor.

„Integral-ringsherum"

Auch der Begriff der Zirkulation wird auf andere Vektorfelder übertragen. Ein Beispiel wäre die auf den stationären Fall zusammengestutze *vierte Maxwellsche Gleichung*, in der beschrieben ist, wie stationäre Magnetfelder zustande kommen; für den allgemeinen Fall käme auf der rechten Seite von (*8.7.11*) der durchgestrichene Summand hinzu.

$$\text{Maxwell IV:} \quad \oint_{\partial A} \vec{B} \bullet d\vec{s} = \frac{1}{\varepsilon_0 c^2} \cdot I_A + \cancel{\frac{1}{c^2} \iint_A \dot{\vec{E}} \bullet d\vec{A}} \qquad (8.7.11)$$

Links in (*8.7.11*) steht die Zirkulation des magnetischen Feldes. Rechts steht, dass der elektrische Strom, der durch die Fläche A fließt, Ursache dieser Zirkulation ist. Fließt kein Strom durch die von der geschlossenen Kurve berandeten Fläche, so ist die Zirkulation gleich null. Beachten Sie: Der Faktor vor dem Strom I_A auf der rechten Seite hat keine physikalische Bedeutung. Er ist nur ein Umrechnungsfaktor für die Einheiten.

Ähnlich wie beim elektrischen Feld kann man Gleichung (*8.7.11*) dazu benutzen, eine Formel zur Berechnung eines B-Feldes für einen Sonderfall zu ermitteln. Die Planfigur hierzu finden Sie in *Bild 8.7.10*. Das „Wirbelzentrum" besteht aus einem sehr langen stromdurchflossenen geraden Draht senkrecht zur Zeichenebene, der im Bild nur als Querschnitt zu sehen ist. Die Stromrichtung wird durch das in der Zeichenebene verschwindende Gefieder eines Richtungspfeiles angedeutet. (Die umgekehrte Richtung – aus der Zeichenebene heraus – wäre mit einem dicken Punkt markiert worden; die Spitze eines Pfeiles durchbricht von hinten kommend die Zeichenebene.) Als Koordinatenursprung wird die Drahtmitte gewählt.

Sonderfall: ein radialsymmetrischer Wirbel

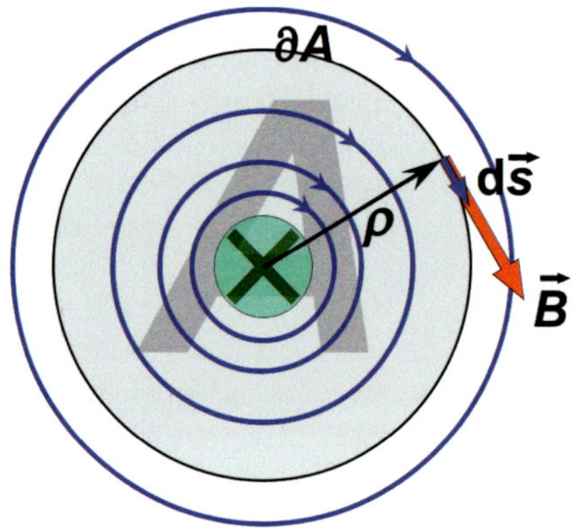

Bild 8.7.10
B-Feld eines stromdurchflossenen Drahtes

Der Integrationsweg ist der Umfang eines Kreises mit dem Koordinatenursprung als Mittelpunkt. Für das von dem Strom verursachte B-Feld kommt aus Symmetriegründen nur ein zylindersymmetrisches reines Wirbelfeld infrage (ein B-Feld hat keine Quellen oder Senken!). Deswegen kann, ähnlich wie in (*8.7.7*), die Feldstärke berechnet werden:

Ohne Symmetrie würde es sehr schwierig werden!

(8.7.12)

$$\vec{B} \,||\, \mathrm{d}\vec{s} \Rightarrow \vec{B} \bullet \mathrm{d}\vec{s} = B \cdot \mathrm{d}s \cdot \cos(0) = B \cdot \mathrm{d}s$$

$$\Rightarrow \oint_{\partial A} \vec{B} \bullet \mathrm{d}\vec{s} = B \cdot \oint_{\partial A} \mathrm{d}s = E \cdot 2\pi \cdot \rho = \frac{1}{\varepsilon_0 c^2} I$$

B ist proportional 1/ρ!

$$\Rightarrow B = \frac{1}{2\pi\varepsilon_0 c^2} \cdot \frac{I}{\rho} \quad \text{bzw.} \quad \vec{B} = \frac{1}{2\pi\varepsilon_0 c^2} \cdot \frac{I}{\rho} \cdot \frac{1}{\sqrt{x^2 + y^2}} \begin{pmatrix} +y \\ -x \\ 0 \end{pmatrix}$$

Bei der vektoriellen Darstellung des B-Feldes in (*8.7.12*) scheint ein Vektor vom Himmel gefallen zu sein. Tatsächlich entnimmt man der Planfigur, dass der Feldstärkenvektor keine z-Komponente haben kann und senkrecht auf dem Radiusvektor der Ebene stehen muss. Wenn man die x- und y-Koordinate vertauscht und eines der Vorzeichen umdreht, erhält man den gesuchten Vektor. Das Skalarprodukt liefert die Probe.

(8.7.13)

$$\begin{pmatrix} x \\ y \\ z \end{pmatrix} \bullet \begin{pmatrix} +y \\ -x \\ 0 \end{pmatrix} = x \cdot y - y \cdot x + z \cdot 0 = 0$$

Welches der Vorzeichen umgedreht wird, spielt für die Orthogonalität keine Rolle. Hier wählt man das der y-Koordinate, um den Wirbel im Uhrzeigersinn „rotieren“ zu lassen. Sollte der Strom entgegengesetzt fließen, wählt man das der x-Koordinate. Um den Betrag des Feldstärkevektors zu erhalten, musste durch den Betrag des Radiusvektors ρ (ohne die z-Koordinate!) dividiert werden. Mithilfe von Zylinderkoordinaten sieht die vektorielle Darstellung des B-Feldes eines stromdurchflossenen Drahtes etwas freundlicher aus.

$$\vec{B} = \frac{1}{2\pi\varepsilon_0 c^2} \cdot \frac{I}{\rho} \cdot \begin{pmatrix} +\sin(\varphi) \\ -\cos(\varphi) \\ 0 \end{pmatrix} \tag{8.7.14}$$

Wenn Ihnen klar ist, dass es sich bei dem Betrag des Radius in den Formeln (*8.7.12*), (*8.7.14*) um die Länge des Radiusvektors in der *xy*-Ebene handelt, dürfen Sie ihn, wie es in der Physik üblich ist, mit einem lateinischen „*r*" benennen.

Eine Besonderheit unter den Vektorfeldern stellen solche dar, die wirbelfrei sind bzw. sein können. Dazu gehören Gravitationsfelder und elektrostatische Felder. (Elektrostatische Felder sind wirbelfrei – nichtstationäre *E*-Felder dagegen nicht!) Die beiden Felder haben eine weitere Besonderheit. Sobald sich ein Körper mit der Masse *m* in einem Gravitationsfeld befindet, wirkt auf ihn eine Kraft – die Gewichtskraft. Ein elektrisches Feld spricht nicht auf Massen an, aber auf elektrische Ladungen. Auf Körper mit der Ladung *q* wirkt im *E*-Feld eine Kraft. Die Existenz der Kräfte ist nicht die Besonderheit, denn auch auf Körper in Strömungsfeldern wirken aufgrund dieses Feldes ebenfalls Kräfte. Die Besonderheit besteht in der fantastischen Einfachheit der Formeln. Während man im Fall eines Strömungsfeldes die Kraft auf einen Körper, der sich in dem Strömungsfeld befindet, nur mit mehr oder weniger komplizierten Näherungsformeln beschreiben kann, handelt es sich beim Gravitationsfeld und beim elektrischen Feld um exakte (vektorielle) Proportionalitäten.

Für Forellen grauenhaft: ein wirbelfreies Strömungsfeld

Sie vermissen Maxwell II und Maxwell IV (komplett)? Beide Gleichungen erwarten Sie in der Physik oder Elektrotechnik.

$$\text{Gravitationsfeld } \vec{g}(x,y,z):\ \vec{\boldsymbol{F}} = \boldsymbol{m} \cdot \vec{\boldsymbol{g}}$$
$$\text{Elektrisches Feld } \vec{E}(x,y,z):\ \vec{\boldsymbol{F}} = \boldsymbol{q} \cdot \vec{\boldsymbol{E}} \tag{8.7.15}$$

Interessieren wir uns für die *physikalische Arbeit*, die umgesetzt wird, wenn sich ein Körper auf irgendeinem Weg durch eines dieser Felder bewegt! Dazu werden die speziellen Kräfte (*8.7.15*) in das Linienintegral zur Ermittlung der physikalischen Arbeit eingesetzt (*s. 8.7.16*)! Die konstanten Faktoren – hier *m* bzw. *q* – dürfen vor das Integral geschrieben werden. Damit wird eine weitere Besonderheit ersichtlich: Die abgespaltenen Linienintegrale sind als physikalische Arbeit eines Körpers der Masse $m = 1$ kg bzw. einer Ladung von $q = 1$ Coulomb interpretierbar (*s. 8.7.16*). Ist diese Arbeit positiv, wird Energie frei, andernfalls muss Energie aufgebracht werden. Die (vereinfachten) Integrationsgrenzen stehen für die Punkte (x_1, y_1, z_1) bzw. (x_2, y_2, z_2).

Coulomb, abgekürzt C, ist die Einheit für elektrische Ladungen.
Dabei ist +1 C die Ladung von 6,24…·10^18 Protonen.

Vorsicht: das „Integral von 1 bis 2" ist eine vereinfachte Schreibweise!

$$W_{1,2} = \int_1^2 \vec{F} \bullet \mathrm{d}\vec{s} = \begin{cases} \displaystyle\int_1^2 m\vec{g} \bullet \mathrm{d}\vec{s} = m \cdot \int_1^2 \vec{g} \bullet \mathrm{d}\vec{s} \rightarrow \underbrace{\int_1^2 \vec{g} \bullet \mathrm{d}\vec{s}}_{\text{bezogen auf 1kg}} \\ \displaystyle\int_1^2 q\vec{E} \bullet \mathrm{d}\vec{s} = q \cdot \int_1^2 \vec{E} \bullet \mathrm{d}\vec{s} \rightarrow \underbrace{\int_1^2 \vec{E} \bullet \mathrm{d}\vec{s}}_{\text{bezogen auf 1C}} \end{cases} \tag{8.7.16}$$

„Überall keine Wirbel" bedeutet, dass ein Linienintegral über **jede** geschlossene Kurve gleich null ist (*vgl. 8.7.10*). Die gewichtigen Konsequenzen der Wirbelfreiheit sehen wir uns anhand des in *Bild 8.7.11* dargestellten E-Feldes an! Beachten Sie: Das E-Feld ist im Bild durch von „oben" nach „unten" verlaufende (rote) Feldlinien angedeutet.

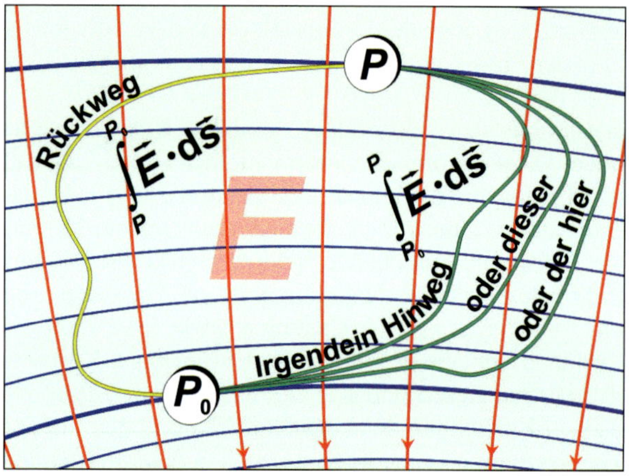

Bild 8.7.11
Linienintegrale über beliebige geschlossene Kurven

Betrachten wir ein Linienintegral über eine beliebige geschlossene Kurve. Die Kurve soll lediglich die Punkte P_0 und P enthalten! Beachten Sie: P_0 steht für (x_0, y_0, z_0) und P für (x, y, z)! Da Integrale (Grenzwert von …) Summen sind, kann man das Assoziativgesetz benutzen und sie in zwei Summanden aufteilen (*vgl. Rechenregeln für bestimmte Integrale, Merksatz 5.8.3*).

(8.7.17)

$$P, P_0 \in K: \quad \oint_K \vec{E} \bullet \mathrm{d}\vec{s} = \int_{P_0}^{P} \vec{E} \bullet \mathrm{d}\vec{s} + \int_{P}^{P_0} \vec{E} \bullet \mathrm{d}\vec{s} \quad (= 0 \text{ falls } E\text{-Feld wirbelfrei!})$$

Für das Rückwegintegral gilt das Gleiche!

Durch die Teilung des geschlossenen Integrationsweges entstehen ein „Hinweg" und ein „Rückweg". Da die Summe beider Teilintegrale gleich null ist, unterscheiden sich Hin- und Rückwegintegral nur durch das Vorzeichen. Das muss auch so bleiben, wenn – wie in *Bild 8.7.11* angedeutet – ein alternativer Weg von P_0 nach P gewählt wird. Das heißt: Der Wert dieses Linienintegrals ist unabhängig vom Verlauf dieses Weges. Er ist lediglich vom Anfangs- bzw. Endpunkt abhängig.

Gegenfeldrichtung: Energie muss aufgebracht werden.

Orthogonal zum Feld: kein Energieumsatz

Im vorliegenden Beispiel verläuft der Generalkurs von P_0 nach P in Gegenfeldrichtung. Das bedeutet, dass Energie aufgebracht werden muss, um vom Punkt P_0 zum Punkt P zu gelangen. In *Bild 8.7.11* sind neben den Feldlinien (rot) zusätzlich noch so genannte *Orthogonaltrajektorien* (blau) eingezeichnet. Das sind Ortskurven, die eine Kurvenschar – hier unsere Feldlinien – ausschließlich orthogonal kreuzen. Auf einer solchen Ortskurve kann man einen Körper ohne Energieumsatz zu einem Nachbarpunkt bringen, denn der Feldstärkenvektor ist dort ständig orthogonal zum Wegelement. Das Skalarprodukt – und damit die Arbeit – ist null. Ergänzt man die zweidimensionale Betrachtung zu einer räumlichen, ergibt sich eine Niveaufläche im Raum, auf der man den Körper ohne Energieumsatz bewegen kann. Alle Punkte dieser Niveaufläche sind somit energetisch gleichwertig!

Der Anfangspunkt P_0 ist ebenfalls Element einer derartigen Niveaufläche. Damit ergibt sich eine fantastisch einfache Aussage: Die Energie, die benötigt wird, um einen Körper von irgendeinem Punkt der „unteren" zu irgendeinem Punkt der „oberen" Niveaufläche zu „heben", hängt nur von den beteiligten Niveaus ab. Für den Rückweg gilt das Gleiche mit umgekehrten Vorzeichen. Wenn der Körper von irgendeinem Punkt der „oberen" Niveaus auf irgendeines der „unteren" Niveaus „fällt", wird die vorher aufgewendete Energie komplett wieder freigesetzt. Ein Köper auf einer oberen Niveaufläche ist somit **potenziell** in der Lage, Energie beim „Herunterfallen" auf eine „untere" Niveaufläche abzugeben.

Alle Punkte einer Niveaufläche sind energetisch gleichwertig.

Man sagt, der Körper habe eine potenzielle Energie.

Entscheidet man sich für irgendein Niveau als Standardbezugsfläche, kann man jedem Punkt des Raumes bezüglich dieser Fläche eine bestimmte *potenzielle Energie* zuordnen. Die Werte, bezogen auf 1 C (oder 1 kg), heißen *Potenziale* und die dem Vektorfeld zugeordnete (skalare) Funktion *Potenzialfunktion*. Die Niveauflächen, also die Flächen gleichen Potenzials, heißen vornehm *Äquipotenzialflächen*. Nehmen wir an, der Punkt P_0 sei ein Element einer Bezugsäquipotenzialfläche (Nullpotenzial), dann ermittelt sich die Potenzialfunktion des E-Feldes mit dem in (*8.7.18*) definierten Linienintegral (für ein Gravitationsfeld brauchen Sie nur „$\boldsymbol{E}$" gegen „$\boldsymbol{g}$" zu tauschen).
Beachten Sie unbedingt: Zur Berechnung des Potenzials aller Punkte einer Äquipotenzialfläche ist nur das Linienintegral zu einem speziellen Punkt dieser Fläche erforderlich.

Referenzpotenzial ist i. Allg. die Erdoberfläche („Erde").

$$P_0 \in \text{Bezugsäquipotenzialfläche;}\ P = (x, y, z)$$
$$\phi(x, y, z) := -\int_{P_0}^{P} \vec{E} \bullet d\vec{s} \quad \text{Weg von } P_0 \text{ nach } P \text{ beliebig!} \qquad (8.7.18)$$

Befremdlich in (*8.7.18*) ist das negative Vorzeichen. Der Sinn dieses Vorzeichens: Man hätte gern, dass das Potenzial eines Punktes positiv ist, wenn Energie aufgewendet werden muss, um diesen Punkt von einem Punkt der Bezugsäquipotenzialfläche aus zu erreichen. Nun sind Feldrichtungen vernünftigerweise so definiert, dass Energie aufgewendet werden muss, um gegen das Feld „anzukämpfen". Die Konsequenz: In Gegenfeldrichtung sind Feldstärken und Wegelemente antiparallel. Die skalaren Produkte sind deshalb in Gegenfeldrichtung negativ. Das gewünschte positive Vorzeichen der Potenzialfunktion muss deshalb durch das Vorsetzen eines negativen Vorzeichens vor das Linienintegral erreicht werden. Leider lassen sich mithilfe der Integralgleichung (*8.7.18*) nur Potenzialfunktionen einfacher Systeme ermitteln.

Beachten Sie das „:=" bei der Definition des Potenzials!
Das negative Vorzeichen beinhaltet kein physikalisches Phänomen, sondern regelt die Vorzeichen der Potenziale.

Sehen wir uns das Gravitationsfeld der Erde an, das in dem in *Bild 8.7.12* dargestellten Bereich als homogen anzusehen ist. Angesichts der riesigen felderzeugenden Masse der Erde können Bauwerke wie Häuser das homogene Feld nicht nennenswert stören. Die Äquipotenziallinien (bzw. -flächen) sind demnach horizontale Geraden (Flächen). Somit haben alle Punkte auf einer Horizontalen das gleiche Potenzial.

Der Blumentopf fällt von einem höheren auf ein tieferes Energieniveau.

Es hätte auch die Kanalratte treffen können.

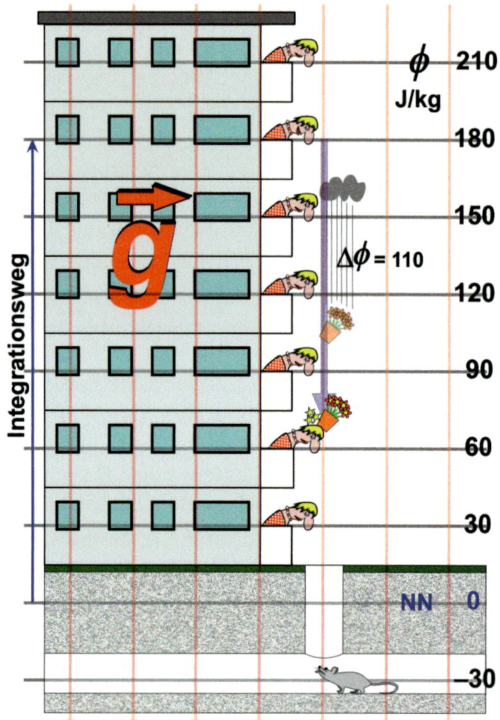

Bild 8.7.12
Gravitationsfeld mit Äquipotenzialflächen

Referenzpotenzial: NN („Normalnull")

Als Nullpotenzial nehmen wir NN (Normalnull). Betrachtet wird die potenzielle Energie eines Blumentopfes mit $m = 1\,\text{kg}$, der auf irgendwelchen Wegen auf die Höhe $h = z$ geschleppt wurde. Als Integrationsweg wählen wir nicht einen Zickzack-Kurs durchs Treppenhaus, sondern den direkten Weg in z-Richtung nach oben.

(8.7.19)

$$\vec{g} = \begin{pmatrix} 0 \\ 0 \\ -g \end{pmatrix},\ \mathrm{d}\vec{s} = \begin{pmatrix} 0 \\ 0 \\ \mathrm{d}z \end{pmatrix},\ g = 9{,}81\,\frac{\mathrm{N}}{\mathrm{kg}}:$$

$$\phi(P) := -\int_{P_0}^{P} \vec{g} \bullet \mathrm{d}\vec{s} = \int_0^z g \cdot \mathrm{d}z = \underline{\underline{g \cdot z}}$$

Entscheidend sind die Potenzialdifferenzen!

Das Ergebnis in (*8.7.19*) überrascht nicht, das Potenzial des Punktes P – und damit auch aller anderen Punkte der Horizontalen – ist (nur) proportional zur Höhe über NN. Die Einheit des Potenzials ist Joule pro Kilogramm. Wegen der simplen Proportionalität kann man das Potenzial im Gravitationsfeld auch in Meter angeben und dem Anwender die Umrechnung mithilfe der Gravitationsfeldstärke g in Joule überlassen. Für den Energieumsatz sind die Potenzialdifferenzen relevant. Wäre der Blumentopf in *Bild 8.7.12* in den Schacht gefallen, hätte die Kanalratte 180 J – (–30 J) = 210 J schlucken müssen. Tatsächlich muss die Frau im ersten Stockwerk mit 180 J – 70 J = 110 J fertig werden. Beachten Sie: Das negative Vorzeichen im Potenzial ist nur eine Frage des Referenzpotenzials!

Wegen der außerordentlichen Anschaulichkeit des Gravitationsfeldes übernimmt man gern deren volkstümliche Begriffe ebenfalls für die Elektrizitätslehre. Obwohl es beim E-Feld kein „Oben“ und „Unten“ gibt, sagt man, dass ein Körper der Ladung q „hoch liegt“, wenn er ein mehr oder weniger hohes elektrisches Potenzial hat. Genauso ist es in der E-Lehre zulässig, zu sagen, dass ein geladener Körper das E-Feld „durchfällt“. Angesichts der komplizierten E-Felder kann ein solcher „Fall“ auf sehr abenteuerlichen Bahnen geschehen.

Im elektrischen Fall meistens nur gemeint: „... liegt betragsmäßig hoch“.

Sehen wir uns noch den zweiten Sonderfall an, bei dem auch ein Einsteiger die Ermittlung der Potenzialfunktion mittels der Integralgleichung (*8.7.18*) verstehen kann!

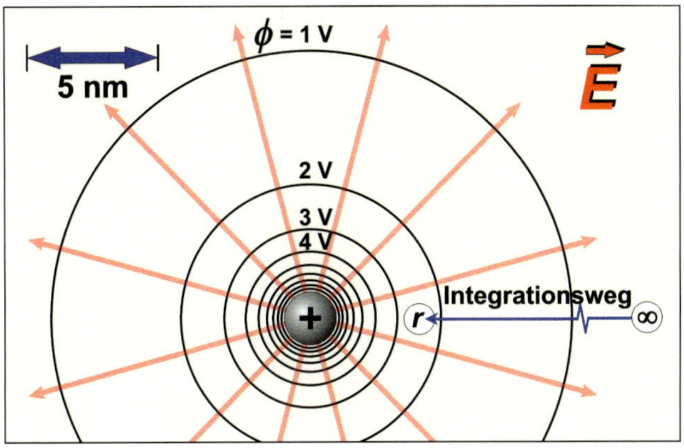

Könnte der Kern eines Stickstoffatoms sein.

Bild 8.7.13
E-Feld mit Äquipotenziallinien

In *Bild 8.7.13* ist das radialsymmetrische E-Feld einer kugelsymmetrischen positiven Ladung dargestellt. Es könnte sich um den Kern eines Stickstoffatoms handeln. Die Feldstärke im Unendlichen ist gleich null. Wir wählen einen Integrationsweg von $x = +\infty$ bis $x = r$. Damit wurde hier „Unendlich“ als Referenzpotenzial verwendet – das ist befremdlich, aber durchaus zulässig.

$$\vec{E}(x,0,0) = \frac{Q_+}{4\pi\varepsilon_0 x^3} \cdot \begin{pmatrix} x \\ 0 \\ 0 \end{pmatrix}, \quad \mathrm{d}\vec{s} = \begin{pmatrix} \mathrm{d}x \\ 0 \\ 0 \end{pmatrix}, \quad \phi(P) = -\int_{P_0}^{P} \vec{E} \bullet \mathrm{d}\vec{s}$$

$$\phi(P) = -\int_{\infty}^{r} \frac{Q_+}{4\pi\varepsilon_0} \cdot \frac{1}{x^2} \cdot \mathrm{d}x = -\frac{Q_+}{4\pi\varepsilon_0} \cdot \int_{\infty}^{r} \frac{1}{x^2} \mathrm{d}x = -\frac{Q_+}{4\ \varepsilon_0} \cdot \left(-\frac{1}{x} \right) \Bigg|_{\infty}^{r} \qquad (8.7.20)$$

$$= -\frac{Q_+}{4\pi\varepsilon_0} \cdot \left(-\frac{1}{r} - \left(-\frac{1}{\infty} \right) \right) = \underline{\underline{\frac{Q_+}{4\pi\varepsilon_0} \cdot \frac{1}{r}}} \ , \quad r = \sqrt{x^2 + y^2 + z^2}$$

Man sollte meinen, in (*8.7.20*) lediglich das Potenzial des Punktes (r, 0, 0) errechnet zu haben. Das stimmt auch! Da in diesem (wichtigen) Sonderfall aus Symmetriegründen die Äquipotenzialflächen Kreise bzw. Kugeloberflächen sind, muss das vorher ermittelte Potenzial für alle Punkte einer Kugeloberfläche mit dem Radius r gelten. Der Radius r ergibt sich dann aus dem räumlichen Pythagoras (*vgl. 7.12.7*).

Volt als Aliasname für Joule pro Coulomb

Die Einheit des Potenzials wäre Joule pro Coulomb. Anders als beim Gravitationsfeld bekommt diese Einheit einen Aliasnamen, und zwar *Volt*. Wenn eine Ladung von 1 Coulomb von einem Potenzialniveau auf ein anderes „fällt", ist die dabei umgesetzte Energie gleich der Potenzialdifferenz. Derartige Differenzen bekommen im E-Feld auch als Größe einen eigenen Namen: Es ist die (elektrische) *Spannung* mit dem Formelzeichen U. Um auszurechnen, welche Energie freigesetzt wird, wenn nicht 1 C, sondern eine beliebige Ladung q das Feld durchfällt, muss die Spannung nur noch mit dieser Ladung multipliziert werden:

(8.7.21)

$$U := \phi(P) - \phi(P_0) \quad \text{falls} \quad q \neq 1\,\text{C}: \boldsymbol{W} = \boldsymbol{q} \cdot \boldsymbol{U}$$

Wenn nicht nur eine Ladungsportion eine solche Potenzialdifferenz durchfällt, sondern dafür gesorgt wird, dass kontinuierlich pro Zeitintervall $\mathrm{d}t$ eine Ladung $\mathrm{d}q$ das Feld durchfällt, ergibt sich eine (hoffentlich) altbekannte Formel.

(8.7.22)

$$\mathrm{d}W = \mathrm{d}q \cdot U \;|: \mathrm{d}t \;\Rightarrow \underbrace{\frac{\mathrm{d}W}{\mathrm{d}t}}_{\boldsymbol{P}} = \underbrace{\frac{\mathrm{d}q}{\mathrm{d}t}}_{:=\boldsymbol{I}} \cdot U \Rightarrow \boldsymbol{P} = \boldsymbol{U} \cdot \boldsymbol{I}$$

Dieser kontinuierliche Ladungstransport heißt bekanntlich *„elektrischer Strom"*. Er bekommt das Formelzeichen I und hat zunächst die Einheit C/s (Coulomb pro Sekunde). Natürlich muss eine derartig wichtige Größe einen eigenen Aliasnamen haben, und das ist bekanntlich *Ampere*, abgekürzt **A**.

Ampere ist Aliasname für Coulomb pro Sekunde.

Kehren wir noch einmal, gewappnet mit den elektrischen SI-Einheiten Volt und Ampere, zu unserem Potenzialbeispiel zurück und rechnen konkret das Potenzial eines Stickstoffkerns aus. Damit kommt der vorher geschmähte Umrechnungsfaktor ε_0 zu seinem Recht. Wert und Einheit entnimmt man der Formelsammlung.

(8.7.23)

$$\varepsilon_0 = 8{,}85 \cdot 10^{-12} \frac{\mathrm{C}}{\mathrm{V} \cdot \mathrm{m}}, \quad Q_+ = 1{,}12 \cdot 10^{-18}\,\mathrm{C}$$

$$\phi = \frac{1{,}12 \cdot 10^{-18}}{4\pi \cdot 8{,}85 \cdot 10^{-12}} \frac{\not{\mathrm{C}} \cdot \mathrm{V} \cdot \mathrm{m}}{\not{\mathrm{C}}} \cdot \frac{1}{r} \approx 10^{-8} \cdot \frac{1}{r} \mathrm{V} \cdot \mathrm{m} = \underline{\underline{\frac{10}{r[\text{in nm}]} \mathrm{Volt}}}$$

In (*8.7.23*) wurde die Formel für das Potenzial eines Stickstoffkernes zu einer Faustformel umgestellt. Man erkennt, dass eine Kugelhülle mit dem Radius 1 nm bereits ein Potenzial von 10 V aufweist. Dies signalisiert, dass im Mikrokosmos gewaltige elektrische Feldstärken herrschen.

Enorme elektrische Feldstärken im Mikrokosmos

Man kann mithilfe der Vektorrechnung fast nebenbei die Grundlagen der technisch-physikalischen Welt erlernen. Im Hochschulbereich wird Ihnen dieses Kapitel unter dem Namen *Vektoranalysis* (Physik: z. B. *Elektrodynamik*) ausführlich wieder begegnen.

8.8 Das Kreuzprodukt

Man mag sich fragen, ob man sich für einen Vektorraum neben der Addition noch eine zweite innere Verknüpfung ausdenken könnte. Es ist wieder die Physik, die eine zusätzliche Verknüpfung zumindest für den dreidimensionalen Raum notwendig macht. Das soll an einem einfachen Alltagsbeispiel gezeigt werden (*s. Bild 8.8.1*).

Noch eine Verknüpfung!

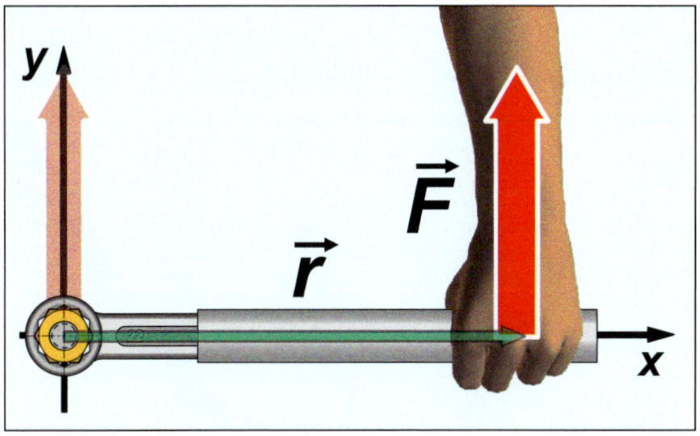

Bild 8.8.1
Ringschlüssel mit Sechskantmutter

In *Bild 8.8.1* soll eine festgefressene Mutter mit einem Ringschlüssel losgedreht werden. Es dürfte bekannt sein, dass es dabei nicht nur auf die Kraft allein, sondern auch auf deren Angriffspunkt ankommt. Der Angriffspunkt ist im Bild durch den Radiusvektor ***r*** gekennzeichnet. Den Betrag nennen wir volkstümlich *Hebelarm*. Verlängert man den Hebelarm zusätzlich mit einem „zölligen" Gasrohr, lässt sich die „Drehkraft" noch steigern. Übertreibt man dies, kommt eine zerstörerische Brachialgewalt zustande. Entscheidend ist das Produkt aus Hebelarm und Kraft (Schule: „Kraft mal Kraftarm"). Dieses Produkt, mit der „Drehwirkungen" beschrieben werden, heißt *Drehmoment* (*s. 8.8.1*). Es ist damit eine Relation aus drei Variablen entstanden (*vgl. Kap. 6.9*). Für sicherheitsrelevante Bauteile im Maschinenbau schreibt der Hersteller das jeweilige Drehmoment vor, mit dem eine Schraube oder Mutter festgezogen werden soll. In diesem Fall ist das Drehmoment der Parameter – Kraft und Hebelarm sind die Variablen.

Hebelgesetz: „Kraft mal Kraftarm = Last mal Lastarm"

$$M = r \cdot F \quad \Leftrightarrow \quad F = \frac{M}{r} \quad , \quad [M] = \mathrm{N} \cdot \mathrm{m} \tag{8.8.1}$$

Man erkennt in (*8.8.1*): Wenn das Drehmoment Parameter ist, sind Hebelarm und Kraft zueinander antiproportional. Ein bestimmtes Drehmoment lässt sich durch eine große Kraft und einen kleinen Hebelarm erzeugen. Das gleiche Drehmoment lässt sich auch mit einer geringen Kraft aufbringen, wenn man den Hebelarm entsprechend verlängert. Der Zahlenwert des Drehmoments sagt aus, mit welcher Kraft in N an einem 1 m langen Hebel zu ziehen ist – für andere Hebelarme muss die erforderliche Kraft mithilfe von (*8.8.1*) umgerechnet werden.

Optimales Drehmoment im Falle der Orthogonalität von Kraft und Hebelarm

Auch ein „Antischrauber" wird schnell merken, dass man am besten schraubt, wenn Hebelarm und Kraft zueinander orthogonal sind. An schlecht zugänglichen Stellen kann es schon einmal vorkommen, dass man vorübergehend davon abgehen muss (*s. Bild 8.8.2*). Nun kommt ins Spiel, dass Hebelarm und Kraft vektorielle Größen sind. Die Kraft lässt sich in eine x- und in eine y-Komponente zerlegen. Nur die y-Komponente liefert einen Beitrag zum Drehmoment. Die x-Komponente könnte bestenfalls das aufgesteckte Rohr lockern. Bei der Ermittlung des von beiden Vektoren eingeschlossenen Winkels kommt wieder das Problem der Verschiebbarkeit der Vektorgrößen ins Spiel. Wie in Abschnitt 8.6 bei dem Jollenseglerbeispiel kann man die Kraft nur in ihrem eigenen Koordinatensystem in den Koordinatenursprung (parallel) verschieben. In *Bild 8.8.2* ist zwar das Koordinatensystem nicht eingezeichnet, aber trotzdem vorhanden! Sobald beide Pfeile an ihren Koordinatenursprüngen angetragen sind, ist der eingeschlossene Winkel, im Bild mit φ bezeichnet, eindeutig.

Im seinem eigenen System darf der Kraftvektor verschoben werden.

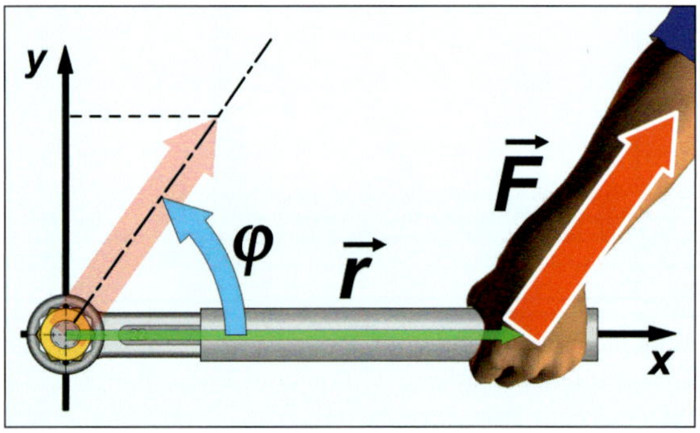

Bild 8.8.2
Festziehen der Mutter unter ungünstigen Bedingungen

Wie man im Bild erkennt, ist für die y-Komponente nicht der Kosinus, sondern der Sinus des eingeschlossenen Winkels relevant, und es gilt:

(8.8.2)
$$M = r \cdot F \cdot \sin(\varphi)$$

Das Drehmoment bekommt eine Richtung!

Zugegeben, das vorliegende Beispiel lässt nicht erkennen, welchen Nutzen es haben könnte, einem Drehmoment nicht nur einen Betrag, sondern auch eine Richtung zu geben. Tatsächlich ist die Verwendung eines vektoriellen Drehmoments bei dreidimensionalen Problemen unerlässlich. Mit der Formel (*8.8.2*) haben wir schon einmal den Betrag des „Drehmomentvektors". Kümmern wir uns also um die Richtung dieser Vektorgröße!

Die Schraubenregel ist universell. Die „Dreifingerregel" aus der Schule dürfen Sie getrost vergessen.

Weil eine Mutter oder Schraube in jedem Koordinatensystem fest- oder losgedreht werden kann, muss die Festlegung der Richtung des Drehmomentvektors unabhängig vom Koordinatensystem sein. *Bild 8.8.3* illustriert eine derartige koordinatenunabhängige Richtungsfestlegung – vergleiche auch Abschnitt 5.1! Man dreht den Vektor $\boldsymbol{r}$ (in Gedanken!) auf dem kürzesten Weg in Richtung des Kraftvektors. Die Richtung des Daumens ist dann gleich der Richtung des Drehmoments. Das ist die gleiche Richtung, in der sich eine Schraube oder Mutter – Rechtsgewinde vorausgesetzt – bewegen würde, wenn man sie auf diese Weise drehte. In *Bild 8.8.1/8.8.2* würde die Mutter, sofern sie sich lösen ließe, in positive z-Richtung aufsteigen. Gemäß dieser Regel weist in diesem Fall das Drehmoment in positive z-Richtung.

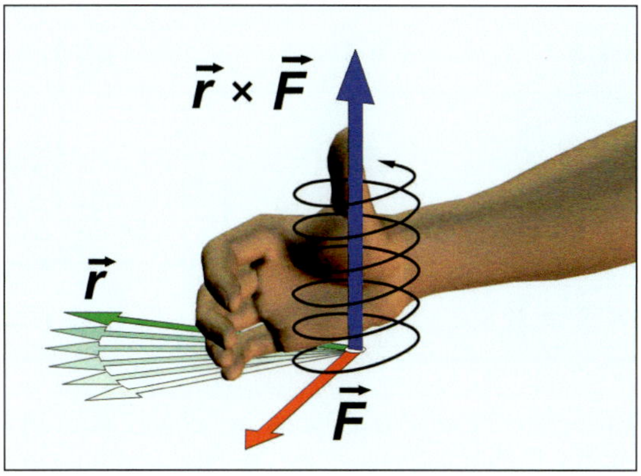

Die Schraubenregel gilt für alle Kreuzprodukte! Beginnen Sie mit dem ersten Faktor!

Bild 8.8.3
Das Drehmoment erhält eine Richtung

Mit der Formel (*8.8.2*) und der „Schrauben-Regel" ist eine Verknüpfungsvorschrift entstanden, die zwei Vektoren – hier ***r*** und ***F*** – eindeutig einen dritten Vektor ***M*** zuordnet. Mit der ist zwar kein Schönheitspreis erzielbar, den Namen können wir schon einmal festhalten: Man sagt dazu *Vektorprodukt* oder *Kreuzprodukt* (*s. 8.8.3*). Anders als das Skalarprodukt lässt es sich nicht auf Vektorräume höherer oder niederer Dimension übertragen! „Reine Mathematiker" strafen deshalb das in der Praxis so nützliche Kreuzprodukt mit Verachtung.

Kein Schönheitspreis – aber trotzdem eine richtige Verknüpfungsvorschrift

$$"\times": \mathbb{R}^3 \times \mathbb{R}^3 \to \mathbb{R}^3,\ \vec{r}, \vec{F} \mapsto \vec{r} \times \vec{F} \quad (8.8.3)$$

Wie in (*8.8.3*) ersichtlich, kollidiert der Operator „Kreuz" mit dem Kreuz beim kartesischen Produkt zweier Mengen (*s. (1.5.6)*). Damit lässt sich leben, wenn Vektoren durch Pfeile oder Schriftart eindeutig gekennzeichnet sind – beachten Sie folgenden Merksatz!

Das Kreuz mit dem Kreuz:
Verwenden Sie beim Vektorprodukt ausschließlich das „×" als Operator und lesen es auch als „kreuz"! Lassen Sie sich nicht auf andere Schreib- bzw. Sprechweisen ein! Das Kreuz wird ebenfalls für kartesische Produkte von Mengen verwendet. Achten Sie darauf, dass die beteiligten Mengen auch als Mengen erkenntlich sind!
Ansonsten darf das „×" bestenfalls auf einem Merkzettel für den Baumarkt vorkommen!

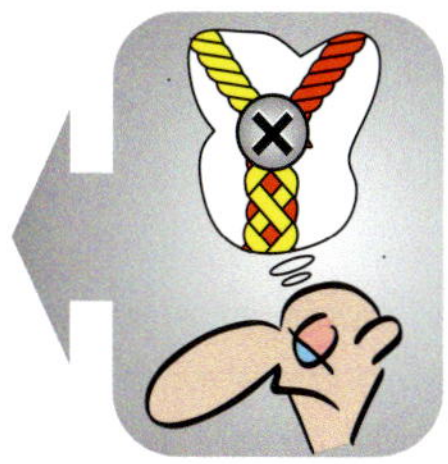

Merksatz 8.8.1

Beachten Sie: Bei einem Winkel von $\varphi = 0°$ oder $\varphi = 180°$ ist das Kreuzprodukt gleich null. In diesem Fall sind die beiden Faktoren des Vektorproduktes zueinander kollinear. Mit der Eigenschaft des Drehmoments bzw. des Kreuzprodukts werden Kinder beim Fahrradlernen konfrontiert. Bei einem Winkel von $\varphi = 0°$ oder $\varphi = 180°$ zwischen Pedalkurbel und Kraft ist kein Drehmoment erzielbar.

Optimales Drehmoment bei horizontalen Pedalkurbeln

Selbstverständlich beschränkt sich das Kreuzprodukt/Vektorprodukt nicht allein auf Drehmomente. Die Verknüpfungsvorschrift lässt sich auf alle Vektoren des $\mathbf{R}^3$ übertragen. Schauen wir uns zunächst in *Bild 8.8.4* an, wie die Kreuzprodukte aus den Einheitsvektoren $\mathfrak{i}$, $\mathfrak{j}$, $\mathfrak{k}$ aussehen! Sie können hier auch gleichzeitig testen, ob Sie die Schraubenregel verinnerlicht haben.

Benutzen Sie die Schraubenregel!

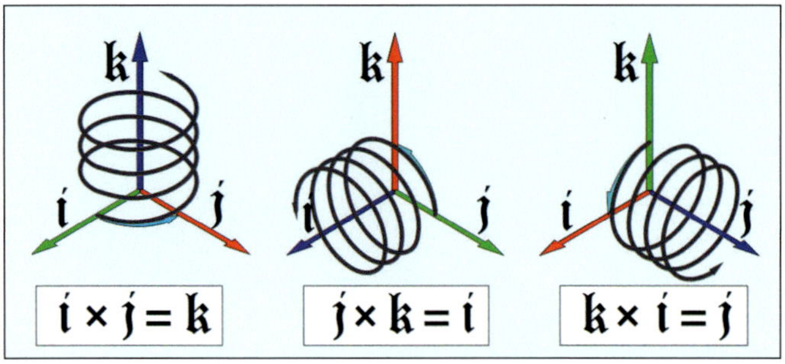

Bild 8.8.4
Kreuzprodukte aus den Einheitsvektoren $\mathfrak{i}$, $\mathfrak{j}$, $\mathfrak{k}$

Der erste Fall war bereits besprochen: Wenn der erste Faktor in x-Richtung und der zweite Faktor in y-Richtung weist, zeigt das Kreuzprodukt in z-Richtung. Die anderen beiden Fälle sind entsprechend. Das Kreuzprodukt liefert immer den nicht als Faktor auftretenden Einheitsvektor. Aber was ist, wenn man die Faktoren vertauscht? In diesen Fällen wird (in Gedanken) der rote Pfeil in Richtung des grünen gedreht. Dann schraubt sich in allen drei Fällen die Spirale in die entgegengesetzte Richtung. Entgegengesetzte Richtung bei Vektoren regelt man mit einem negativen Vorzeichen, also gelten die folgenden Formeln.

Bei Vertauschung Gegenrichtung

(8.8.4)

$$\mathfrak{i}\times\mathfrak{j}=\mathfrak{k},\quad \underline{\mathfrak{j}\times\mathfrak{i}=-\mathfrak{k}},\quad \mathfrak{j}\times\mathfrak{k}=\mathfrak{i},\quad \underline{\mathfrak{k}\times\mathfrak{j}=-\mathfrak{i}},\quad \mathfrak{k}\times\mathfrak{i}=\mathfrak{j},\quad \underline{\mathfrak{i}\times\mathfrak{k}=-\mathfrak{j}}$$

Das Kreuzprodukt ist demnach nicht kommutativ – es ist **antikommutativ**! Wenn man weiß, wie die Basisvektoren multipliziert werden, kann man versuchen, das Vektorprodukt zweier Linearkombinationen zu bilden und daraus eine handlichere Verknüpfungsvorschrift zu ermitteln.

(8.8.5)

$$\begin{aligned}
&\underline{\vec{r}\times\vec{F}=\left(r_x\mathfrak{i}+r_y\mathfrak{j}+r_z\mathfrak{k}\right)\times\left(F_x\mathfrak{i}+F_y\mathfrak{j}+F_z\mathfrak{k}\right)}\\
&=r_x\mathfrak{i}\times F_x\mathfrak{i}+r_x\mathfrak{i}\times F_y\mathfrak{j}+r_x\mathfrak{i}\times F_z\mathfrak{k}+r_y\mathfrak{j}\times F_x\mathfrak{i}+r_y\mathfrak{j}\times F_y\mathfrak{j}\\
&\qquad+r_y\mathfrak{j}\times F_z\mathfrak{k}+r_z\mathfrak{k}\times F_x\mathfrak{i}+r_z\mathfrak{k}\times F_y\mathfrak{j}+r_z\mathfrak{k}\times F_z\mathfrak{k}\\
&=r_xF_x\cancel{(\mathfrak{i}\times\mathfrak{i})}+r_xF_y\underbrace{(\mathfrak{i}\times\mathfrak{j})}_{\mathfrak{k}}+r_xF_z\underbrace{(\mathfrak{i}\times\mathfrak{k})}_{-\mathfrak{j}}+r_yF_x\underbrace{(\mathfrak{j}\times\mathfrak{i})}_{-\mathfrak{k}}+r_yF_y\cancel{(\mathfrak{j}\times\mathfrak{j})}\\
&\qquad+r_yF_z\underbrace{(\mathfrak{j}\times\mathfrak{k})}_{\mathfrak{i}}+r_zF_x\underbrace{(\mathfrak{k}\times\mathfrak{i})}_{\mathfrak{j}}+r_zF_y\underbrace{(\mathfrak{k}\times\mathfrak{j})}_{-\mathfrak{i}}+r_zF_z\cancel{(\mathfrak{k}\times\mathfrak{k})}\\
&\underline{\underline{\vec{r}\times\vec{F}=\left(r_yF_z-r_zF_y\right)\mathfrak{i}+\left(r_zF_x-r_xF_z\right)\mathfrak{j}+\left(r_xF_y-r_yF_x\right)\mathfrak{k}}}
\end{aligned}$$

Übersicht schaffen: Skalare Faktoren nach vorn! Die Klammern sind nur optional.

Das Ergebnis der entsetzlichen Schreiberei lädt nicht zum Auswendiglernen ein. Es wird auch nicht (viel) einfacher, wenn man die Vektoren als Koordinatenvektoren schreibt.

(8.8.6)

$$\begin{pmatrix}r_x\\r_y\\r_z\end{pmatrix}\times\begin{pmatrix}F_x\\F_y\\F_z\end{pmatrix}=\begin{pmatrix}r_yF_z-r_zF_y\\r_zF_x-r_xF_z\\r_xF_y-r_yF_x\end{pmatrix}$$

Bei der Rechnung in (*8.8.5*) wurde ungeprüft vorausgesetzt, dass das Kreuzprodukt distributiv ist und die Linearkombinationen somit „ganz normal" ausmultipliziert werden können. Von den neun Summanden fallen sofort drei heraus, da sie Kreuzprodukte der Einheitsvektoren mit sich selbst enthalten. Die übrigen Summanden werden mithilfe von (*8.8.4*) zusammengefasst. Probieren wir aus, was sich mithilfe des in (*8.8.6*) ermittelten Kreuzproduktes ergibt, wenn wir die speziellen Vektoren aus dem Beispiel in *Bild 8.8.2* einsetzen!

Das Kreuzprodukt soll distributiv sein!

$$\underline{r_x = r,\ F_x = F\cos(\varphi),\ F_y = F\sin(\varphi):}$$
$$\begin{pmatrix} r \\ 0 \\ 0 \end{pmatrix} \times \begin{pmatrix} F\cdot\cos(\varphi) \\ F\cdot\sin(\varphi) \\ 0 \end{pmatrix} = \begin{pmatrix} 0 \\ 0 \\ r\cdot F\cdot\sin(\varphi) \end{pmatrix} \tag{8.8.7}$$

Da der Produktvektor in (*8.8.7*) nur eine z-Koordinate hat, ist sie auch gleichzeitig Betrag. Man erkennt, dass die Drehmomente für $\varphi = 0$ und $0 < \varphi \leq 90°$ in Betrag und Richtung korrekt wiedergegeben werden. Die positive z-Richtung ist im Einklang mit der Schraubenregel und der Betrag stimmt mit (*8.8.2*) überein.

Entwarnung gibt es bezüglich der Verknüpfungsvorschrift (*8.8.6*). Hierfür gibt es ein sehr freundliches Schema, das in *Bild 8.8.5* vorgestellt wird. Dazu verlassen wir das Drehmomentbeispiel und nehmen allgemeine Bezeichnungen.

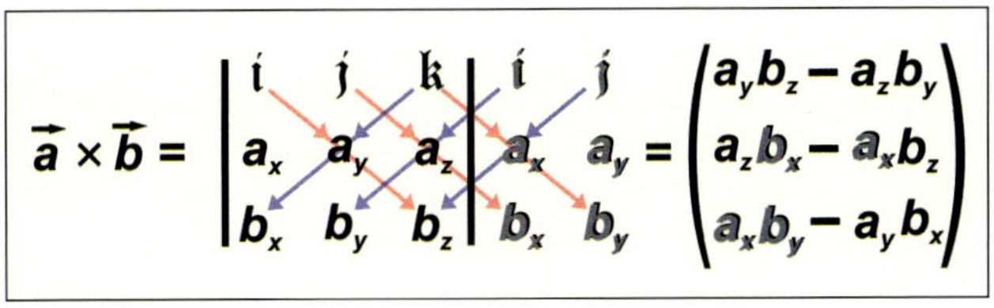

Bild 8.8.5
Kreuzprodukt mithilfe der Sarrusschen Regel

Eine in Betragsstriche geschriebene quadratische Matrix (Zeilenzahl = Spaltenzahl) heißt Determinante und ist eine Abbildung von Koordinatenvektoren in die reellen Zahlen. Hier wurde die Determinante entfremdet und in die erste Zeile statt Zahlen die drei orthogonalen Einheitsvektoren geschrieben. Die zweite Zeile enthält die Koordinaten des ersten Faktors und die dritte Zeile nimmt die des zweiten Faktors auf. Zur Fehlervermeidung werden die ersten beiden Spalten noch einmal rechts an die „Determinante" angefügt. Nun können Sie nach dem System „…kreuzweise!" ausmultiplizieren und die Produkte sofort in eine Spalte schreiben. Produkte von links oben nach rechts unten (im Bild transparent rot) zählen positiv, von rechts oben nach links unten negativ. Man kann die ausmultiplizierte „Determinante" wie in (*8.8.5*) als Linearkombination der Basisvektoren ($\mathfrak{i}$, $\mathfrak{j}$, $\mathfrak{k}$) oder – wie in *Bild 8.8.5* – als Spaltenvektor notieren.

Unproblematisches Kreuzprodukt bei Verwendung der Sarrusschen Regel

Für das Umstellen von Formeln, in denen das Kreuzprodukt vorkommt, benötigen Sie die Rechenregeln dieser (inneren) Verknüpfung. Die bisherigen Rechnungen könnten zu der Annahme verleiten, dass sich das Vektorprodukt wie ein „normales" Produkt verhält. Das ist aber nicht der Fall. Der $\mathbf{R}^3$ ist bezüglich des Kreuzproduktes **keine Gruppe**! Die bereits erwähnte Antikommutativität wäre für die Gruppeneigenschaft kein Hindernis – es gibt auch nichtkommutative

Antikommutativ, keine Gruppe, aber eine innere Verknüpfung

Gruppen. Sie ist aber eine Fehlerquelle: Es muss unbedingt auf die Reihenfolge der Faktoren geachtet werden, denn das Kreuzprodukt wechselt bei Vertauschung der Faktoren das Vorzeichen.

(8.8.8)

$$\vec{a},\vec{b} \neq 0: \quad \vec{a}\times\vec{b} = -\vec{b}\times\vec{a}$$

Nicht assoziativ!

Unabdingbar für die Gruppeneigenschaft ist ein Assoziativgesetz. In (*8.8.9*) sehen Sie anhand eines Gegenbeispiels, dass kein Assoziativgesetz gilt. Sie müssen also unbedingt darauf achten, was die Klammern Ihnen vorschreiben!

(8.8.9)

$$\underline{\underline{\left(\vec{a}\times\vec{b}\right)\times\vec{c} \neq \vec{a}\times\left(\vec{b}\times\vec{c}\right)}}$$

$$\text{Gegenbeispiel: } \vec{a} = \vec{b} \neq \vec{c}: \ \underbrace{(\vec{a}\times\vec{a})}_{0}\times\vec{c} \neq \underbrace{\vec{a}\times(\vec{a}\times\vec{c})}_{\neq 0}$$

Prüfen wir, ob ein neutrales Element existiert! Dazu müsste für alle Elemente des **R**³ gelten:

(8.8.10)

$$\forall \vec{a} \in \mathbb{R}^3: \ \vec{a}\times\vec{n} = \vec{a}$$

Kein neutrales Element!

Dass so ein „Neutralvektor" nicht existieren kann, ist bereits in der Richtungsfestlegung enthalten (*s. Bild 8.8.3*). Faktor und Produktvektor können nicht in dieselbe Richtung weisen. Einzige Ausnahme wäre der Nullvektor. Wegen der Nichtexistenz eines neutralen Elements erübrigen sich inverse Elemente.

Kreuz-vor-Strich

Damit ist die Liste der Hässlichkeiten vorbei! Sehr freundlich verhält sich das Vektorprodukt gegenüber Vektorsummen. Hier gelten zwei Distributivgesetze und analog zu „Punkt-vor-Strich" kann man eine „Kreuz-vor-Strich"-Regel benutzen.

(8.8.11)

$$\vec{a}\times\left(\vec{b}+\vec{c}\right) = \vec{a}\times\vec{b}+\vec{a}\times\vec{c} \quad \text{bzw.} \quad \left(\vec{a}+\vec{b}\right)\times\vec{c} = \vec{a}\times\vec{c}+\vec{b}\times\vec{c}$$

Harmlose Skalare

Harmlos sind auch skalaren Faktoren. Das Kreuzprodukt ist bezüglich skalarer Faktoren assoziativ und macht Klammern entbehrlich. Lässt man die Klammern fort (empfohlen), sollte man den Malpunkt der S-Multiplikation durch einen superengen Zwischenraum ersetzen:

(8.8.12)

$$s \in \mathbb{R}: \ s\cdot\left(\vec{a}\times\vec{b}\right) = (s\cdot\vec{a})\times\vec{b} = \vec{a}\times\left(s\cdot\vec{b}\right) = \underbrace{s\vec{a}\times\vec{b} = \vec{a}\times s\vec{b}}_{\text{Ohne Klammern und Malpunkt}}$$

Obwohl die Richtungskonvention (*8.8.3*) bereits beinhaltet, dass der Produktvektor senkrecht auf der von den beiden Faktoren aufgespannten Ebene steht, sollte man dies übungsweise nachrechnen.

(8.8.13)

$$\underline{\vec{a} \perp \vec{a}\times\vec{b}\ ?} \quad \text{Überprüfung mittels Skalarprodukt!} \quad \vec{a}\bullet\left(\vec{a}\times\vec{b}\right) = \ldots$$

$$= \begin{pmatrix} a_x \\ a_y \\ a_z \end{pmatrix} \bullet \begin{pmatrix} a_y b_z - a_z b_y \\ a_z b_x - a_x b_z \\ a_x b_y - a_y b_x \end{pmatrix} = a_x\left(a_y b_z - a_z b_y\right) + a_y\left(a_z b_x - a_x b_z\right) + a_z\left(a_x b_y - a_y b_x\right)$$

$$= a_x a_y b_z - a_x a_z b_y + a_y a_z b_x - a_y a_x b_z + a_z a_x b_y - a_z a_y b_x = \underline{\underline{\mathbf{0}}}$$

Bei einer skalaren Multiplikation mit dem Vektor ***b*** verläuft die Rechnung analog. Die Summanden heben sich paarweise weg und das Skalarprodukt des Kreuzproduktes mit den Faktoren ist gleich null. Damit ist der Produktvektor nicht nur zu den einzelnen Vektoren, sondern zu jeder Linearkombination von ***a*** und ***b*** gleich null.

$$\left(x\vec{a}+y\vec{b}\right)\bullet\left(\vec{a}\times\vec{b}\right)=x\vec{a}\bullet\left(\vec{a}\times\vec{b}\right)+y\vec{b}\bullet\left(\vec{a}\times\vec{b}\right)=\underline{\underline{0}}\quad\Rightarrow\vec{a}\times\vec{b}\perp x\vec{a}+y\vec{b}\qquad(8.8.14)$$

Die Orthogonalität (*8.8.14*) sagt nichts über den Richtungssinn aus. Wenn es nur um die Richtung geht (sehr häufig!), kann man die Schraubenregel durch die in folgendem Merksatz aufgeführte handlichere Regel ersetzen.

Merke:
Der durch ein Kreuzprodukt (Vektorprodukt) gebildete Produktvektor steht senkrecht auf der von den beiden Faktoren aufgespannten Ebene.

$x, y \in \mathbb{R}:\ \vec{a}\times\vec{b}\perp x\vec{a}+y\vec{b}$

Merksatz 8.8.2

Kein Umdenken erforderlich: Kreuz vor (dickem) Punkt

Die Klammern um die Kreuzprodukte in (*8.8.14*) sind überflüssig, denn das Skalarprodukt mit einem der Faktoren des Vektorproduktes würde einen Skalar liefern, mit dem dann ein Vektorprodukt unsinnig wäre. Es gilt „Kreuz-vor-dickem-Punkt"!

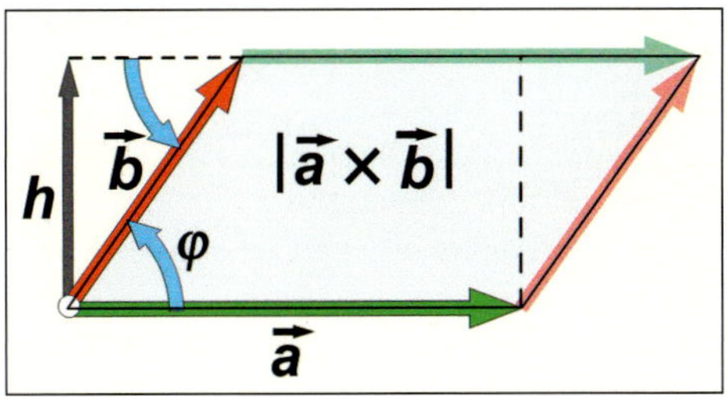

Bild 8.8.6
Betrag des Kreuzproduktes als Flächeninhalt

Wenn es sich bei den Faktoren eines Kreuzproduktes um Translationsvektoren handelt, hat der Betrag des Produktvektors eine anschauliche geometrische Bedeutung: Unabhängig von der Wahl des Koordinatensystems lassen sich zwei Translationsvektoren, die jeweils durch Parallelverschiebung gedoppelt sind, zu einem Parallelogramm anordnen (*s. Bild 8.8.6*). Der Flächeninhalt eines Parallelogramms ist gleich „Grundlinie mal Höhe". Als Grundlinie kann der Betrag des ersten Faktors dienen. Die Höhe ist gleich der Gegenkathete des linken rechtwinkligen Dreiecks und die ist gleich dem Betrag des zweiten Faktors multipliziert mit dem Sinus des eingeschlossenen Winkels. Damit ist der Flächeninhalt gleich dem Betrag des (Kreuz-)Produktvektors (*vgl. 8.8.2*).

$h = b \cdot \sin(\varphi)$

Es geht aber noch weiter. Wir hatten bei den Vektorfeldern gesehen, dass man Flächen als vektorielle Größen behandeln kann. Der Flächenvektor hat als Betrag den Flächeninhalt und steht senkrecht auf der Fläche. Genau das sind die Eigenschaften des Produktvektors. Um den Flächenvektor eines Quadrats, Rechtecks oder Parallelogramms zu ermitteln, braucht man nur das Kreuzprodukt der Kantenvektoren zu bilden. Im Falle eines Dreiecks muss der Faktor ½ hinzugefügt werden.

Bequeme Ermittlung von Flächenvektoren mithilfe des Kreuzproduktes

(8.8.15)

$$\vec{A}_{\square} = \vec{a} \times \vec{b} \quad \text{bzw.} \quad \vec{A}_{\triangle} = \tfrac{1}{2}\vec{a} \times \vec{b}$$

Auf die Reihenfolge achten!

Wegen der Antikommutativität des Kreuzproduktes muss bei der Berechnung auf die Reihenfolge der Faktoren geachtet werden, damit die gewünschte Orientierung des Flächenvektors herauskommt.

Prismatischer oder zylindrischer Körper: Das Volumen ist immer gleich „Grundfläche mal Höhe".

Würde man das Parallelogramm aus *Bild 8.8.6* aus dünnem Blech fertigen – und das auch noch in hoher Stückzahl –, könnte man daraus ein so genanntes Prisma aufschichten. Für das Volumen eines prismatischen Körpers gilt einfach die Formel „Grundfläche mal Höhe". Wenn man die Bleche seitlich – wie in *Bild 8.8.7* gezeichnet – verschiebt, entsteht ein so genanntes schiefes Prisma. Da sich das schiefe Prisma aus denselben Blechen zusammensetzt, kann sich das Volumen durch das Verschieben nicht ändern. Für das Volumen prismatischer Körper – egal ob gerade oder schief – gilt daher generell „Grundfläche mal Höhe".

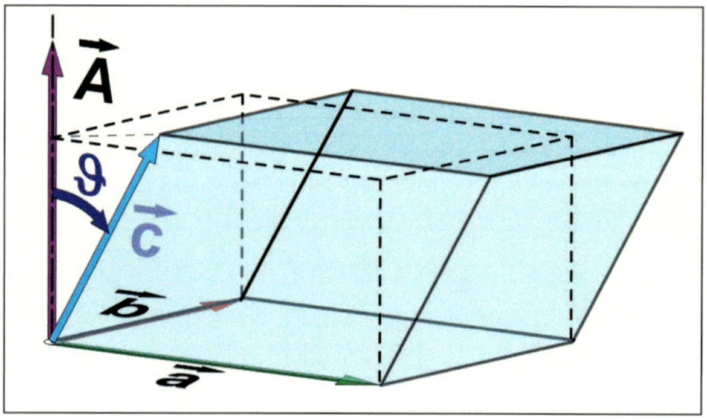

Bild 8.8.7
Schiefer prismatischer Körper mit Parallelogramm als Grundfläche

Der unverschobene Blechstapel ist im Bild durch gestrichelte Linien angedeutet. Um das Volumen des prismatischen Körpers, sowie er in *Bild 8.8.7* dargestellt ist, zu erfassen, benötigt man nur noch den Betrag der Höhe – die Grundfläche ist bereits durch das Kreuzprodukt gegeben. Zur Höhenermittlung ist der nach oben weisende Kantenvektor auf den Flächenvektor zu projizieren.

(8.8.16)

$$V = A \cdot c \cdot \cos(\vartheta) = \vec{A} \bullet \vec{c} = \vec{a} \times \vec{b} \bullet \vec{c}$$

Gemischtes Produkt (auch Spatprodukt)

Das Produkt aus Grundfläche A, dem Betrag des dritten Kantenvektors c und dem Kosinus des eingeschlossenen Winkels ist gleich dem Skalarprodukt aus dem Flächenvektor und dem Kantenvektor. Ersetzt man schließlich den Flächenvektor durch das Kreuzprodukt, erhält man ein „gemischtes" Produkt, das im allgemeinen *Spatprodukt* genannt wird. Der merkwürdige Name hat etwas mit Kristallen zu tun. Klopft man beispielsweise mit einem Hammer auf einen $CaCO_3$-Kristall (Kalkspat), zerfällt er größtenteils in Spaltprodukte, die die in *Bild 8.8.7* gezeichnete Form haben. Deshalb heißt der Körper *Spat*. Die drei zueinander geneigten Richtungen sind typisch für den speziellen Kristall. Ein spezielles Spatprodukt haben wir bereits in (*8.8.13*) ausgeführt. Wenn der dritte Kantenvektor einer der beiden Faktoren des Kreuzproduktes ist, kann natürlich kein Volumen zustande kommen.

Da beim Spat gegenüberliegende Flächen parallel sind, ändert sich an dem Verfahren zur Volumenberechnung nichts, wenn man eine andere Fläche als Grundfläche ansieht. Da das Volumen gleich bleibt, dürfen die drei Vektoren, die am Spatprodukt beteiligt sind, sogar vertauscht werden. Einzige Bedingung: Das aus den Vektoren gebildete Dreibein muss ein Rechtssystem bleiben, andernfalls kommt ein „negatives Volumen" heraus.

$$\vec{a}\times\vec{b}\bullet\vec{c}=\vec{b}\times\vec{c}\bullet\vec{a}=\vec{c}\times\vec{a}\bullet\vec{b}\quad\left(=\vec{c}\bullet\vec{a}\times\vec{b}=\vec{a}\bullet\vec{b}\times\vec{c}=\vec{b}\bullet\vec{c}\times\vec{a}\right)\qquad(8.8.17)$$

In (*8.8.17*) wurde in Klammern hinzugefügt, dass man die am Skalarprodukt beteiligten Vektoren (ohne Vorzeichenumkehr) vertauschen darf. Für Spatprodukte gibt es eine Kurzschreibweise. Man schreibt die drei Vektoren **ohne Trennzeichen** in eckige Klammern, also in unserem Fall [***a b c***]. Es gibt viele Gründe, diese Kurzschreibweise zu meiden!

Damit Ihr Weltbild nicht durcheinanderkommt, müssen wir das Eingangsbeispiel mit der Mutter und dem Schraubenschlüssel noch einmal in einem gedrehten und verschobenen Koordinatensystem betrachten (*s. Bild 8.8.8*).

Das Drehmoment ist ein Kräftepaar!

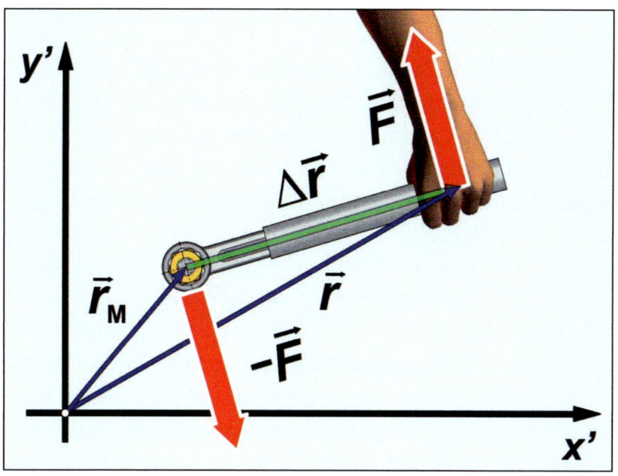

Bild 8.8.8
Ringschlüssel mit Kräftepaar

Jeder weiß, wenn eine Mutter oder Schraube lose auf einem glatten Tisch liegt, lässt sie sich mitsamt dem Schlüssel nur verschieben, aber nicht drehen. Um eine Verschiebung zu verhindern, ist eine **zweite** Gegenkraft erforderlich. Diese „vergessene" Kraft entsteht im Allgemeinen „automatisch", wenn das System – wie vorher in *Bild 5.1.5* dargestellt – in einem Schraubstock eingespannt ist. Sollte mit Brachialgewalt geschraubt werden, die Gegenkraft aber nicht ausreichen, wird entweder die Schraube herausgerissen oder der Schraubstock löst sich aus der Verankerung. Das signalisiert, dass Drehmomente nicht durch Einzelkräfte entstehen, sondern, wie in *Bild 8.8.8* dargestellt, durch *Kräftepaare*. Die im Bild mit „***F***" bezeichnete Kraft muss durch eine Gegenkraft „–***F***" egalisiert werden, damit die Sechskantmutter sich so dreht, wie sie soll.

Wenn die „vergessene Kraft" nicht ausreichend ist, gibt es zumeist Ärger!

In (*8.8.18*) wird nachgerechnet, dass ein Kräftepaar tatsächlich gleichbedeutend mit einem Drehmoment ist. Dazu berechnen wir die Drehmomente des Kräftepaares bezüglich eines beliebigen Koordinatensystems. Die „Hebelarme" sind die

Ortsvektoren zu den Angriffspunkten der Kräfte. Um das Gesamtdrehmoment zu ermitteln, müssen vektorüblich die Komponenten addiert werden.

(8.8.18)

$$\vec{M} = \vec{r} \times \vec{F} + \vec{r}_{\mathrm{M}} \times \left(-\vec{F}\right) = \left(\vec{r} - \vec{r}_{\mathrm{M}}\right) \times \vec{F} = \underline{\underline{\Delta\vec{r} \times \vec{F}}}$$

Kein Umdenken erforderlich!

Mit dem Distributivgesetz lässt sich in *(8.8.18)* – unter Beibehaltung der Reihenfolge – der Kraftvektor ausklammern. Damit verbleibt als „Hebelarm" die Differenz der Ortsvektoren und die ist unabhängig vom Koordinatensystem! Wenn man das Koordinatensystem in den Mittelpunkt der Mutter verlegt, ist $\boldsymbol{r}_{\mathrm{M}}$ gleich dem Nullvektor und der Differenzvektor $\Delta\boldsymbol{r}$ ist gleich dem Ortsvektor $\boldsymbol{r}$. In diesem Fall kann die zweite Kraft für die Drehmomentsermittlung „vergessen" werden. Das Gesamtdrehmoment ist, wie eingangs erklärt, $\boldsymbol{r} \times \boldsymbol{F}$.

8.9 Vektorgleichungen und lineare Gleichungssysteme

Hier ist $m \neq n$ (noch) zugelassen!

Die Lösung (sehr) vieler Probleme in Naturwissenschaft und Technik laufen letzten Endes auf eine oder mehrere *Vektorgleichungen* hinaus. Wenn das nicht der Fall ist, versucht man doch zumindest näherungsweise, das Problem mit einer Vektorgleichung zu erfassen. Formal kann eine Vektorgleichung entstehen, wenn ein Vektor aus dem $\mathbf{R}^n$ als Linearkombination aus m anderen Vektoren dargestellt werden soll.

(8.9.1)

$$\vec{a}_1, \vec{a}_2, \ldots \vec{a}_m, \vec{b} \in \mathbb{R}^n: \quad x_1\vec{a}_1 + x_2\vec{a}_2 + \ldots + x_m\vec{a}_m = \vec{b}$$

Die Koeffizienten sind die „Unbekannten".

Es besteht die Aufgabe, die Koeffizienten $x_1, x_2, \ldots, x_m$ in der Vektorgleichung zu ermitteln. In *(8.9.2)* sind die an der Gleichung *(8.9.1)* beteiligten Vektoren als Koordinatenvektoren dargestellt. Um für die Koordinaten der beteiligten Vektoren mit einem Variablennamen auszukommen, nummeriert man mit einem Doppelindex. Wir nehmen hier **ausnahmsweise** und unkonventionell den ersten Index zum Nummerieren der Koordinaten und den zweiten Index zur Nummerierung der an der Linearkombination beteiligten Vektoren!

(8.9.2)

$$x_1 \begin{pmatrix} a_{11} \\ a_{21} \\ \vdots \\ a_{n1} \end{pmatrix} + x_2 \begin{pmatrix} a_{12} \\ a_{22} \\ \vdots \\ a_{n2} \end{pmatrix} + \ldots + x_m \begin{pmatrix} a_{1m} \\ a_{2m} \\ \vdots \\ a_{nm} \end{pmatrix} = \begin{pmatrix} b_1 \\ b_2 \\ \vdots \\ b_n \end{pmatrix}$$

Die Linearkombination auf der linken Seite von *(8.9.2)* lässt sich mithilfe der Rechenregeln für Vektoren des $\mathbf{R}^n$ in zwei Schritten zu einem Vektor zusammenziehen (*Rechenregeln s. Merksatz 8.5.2 und 8.5.3*).

Zunächst werden die S-Multiplikationen ausgeführt und damit die Koeffizienten in die Spaltenvektoren einbezogen.

$$\begin{pmatrix} x_1a_{11} \\ x_1a_{21} \\ \vdots \\ x_1a_{n1} \end{pmatrix} + \begin{pmatrix} x_2a_{12} \\ x_2a_{22} \\ \vdots \\ x_2a_{n2} \end{pmatrix} + \ldots + \begin{pmatrix} x_ma_{1m} \\ x_ma_{2m} \\ \vdots \\ x_ma_{nm} \end{pmatrix} = \begin{pmatrix} b_1 \\ b_2 \\ \vdots \\ b_n \end{pmatrix} \qquad (8.9.3)$$

Die anschließende Addition liefert auf der linken Seite der Gleichung einen einzelnen Spaltenvektor.

$$\begin{pmatrix} x_1a_{11} + x_2a_{12} + \ldots + x_ma_{1m} \\ x_1a_{21} + x_2a_{22} + \ldots + x_ma_{2m} \\ \vdots \\ x_1a_{n1} + x_2a_{n2} + \ldots + x_ma_{nm} \end{pmatrix} = \begin{pmatrix} b_1 \\ b_2 \\ \vdots \\ b_n \end{pmatrix} \qquad (8.9.4)$$

Die Vektorgleichung ist gleichwertig mit einem linearen Gleichungssystem!

Dieser Spaltenvektor soll gleich dem Spaltenvektor auf der rechten Seite sein. Das ist nur möglich, wenn die beiden Vektoren in **allen** n Koordinaten übereinstimmen. Somit entstehen n Gleichungen, ein so genanntes (lineares) *Gleichungssystem* (n Gleichungen mit m Unbekannten).

$$\begin{array}{rl} & a_{11}\cdot x_1 + a_{12}\cdot x_2 + \ldots + a_{1m}\cdot x_m = b_1 \\ \wedge & a_{21}\cdot x_1 + a_{22}\cdot x_2 + \ldots + a_{2m}\cdot x_m = b_2 \\ \vdots & \quad \vdots \qquad\quad \vdots \qquad\qquad\qquad \vdots \quad\;\; \vdots \\ \wedge & a_{n1}\cdot x_1 + a_{n2}\cdot x_2 + \ldots + a_{nm}\cdot x_m = b_n \end{array} \qquad (8.9.5)$$

Beachten Sie das „UND“ vor den Gleichungen! Das Gleichungssystem wird nur dann von einem Koordinatentupel x_1 bis x_m erfüllt, wenn **alle** Gleichungen erfüllt sind. Wie üblich wurden die Koeffizienten („Unbekannten“) hinter die Koordinaten der Basisvektoren geschrieben.

Untereinandergeschriebene Skalarprodukte?

Alternativschreibweise für ein Skalarprodukt

Die linke Seite einer der Gleichungen des Gleichungssystems erinnert an das Skalarprodukt zweier Vektoren des $\mathbf{R}^n$ (*vgl. Merksatz 8.6.7*). Nun sind die Koeffizienten einer Gleichung schön horizontal angeordnet. Damit das auch so bleibt, macht man lieber einen Zeilenvektor daraus. Die unbekannten Linearfaktoren x_1 bis x_m schreibt man dagegen wie gewohnt als Spaltenvektor – man kann ihn *Lösungsvektor* nennen. Ein „Produkt“ aus Zeilenvektor und Spaltenvektor interpretiert man als alternativ geschriebenes Skalarprodukt.

$$i\text{-te Gleichung: } a_{i1}x_1 + a_{i2}x_2 + \ldots + a_{im}x_m := \left(a_{i1}, a_{i2}, \ldots a_{im}\right)\begin{pmatrix} x_1 \\ x_2 \\ \vdots \\ x_m \end{pmatrix} = b_i \qquad (8.9.6)$$

Aus dem Gleichungssystem wird eine Matrizengleichung gestrickt.

Schreibt man alle Zeilenvektoren untereinander, daneben den Lösungsvektor und rechts vom Gleichheitszeichen den darzustellenden Vektor $\boldsymbol{b}$, entsteht eine alternative Schreibweise eines linearen Gleichungssystems, eine so genannte *Matrizengleichung* (*s. 8.9.7*). Das System untereinandergeschriebener Zeilenvektoren heißt (Koeffizienten-)Matrix. Ein einzelner Koeffizient wird auch gern Matrixelement genannt. Der aus den Spalten der Matrix gebildete Koordinatenvektor heißt natürlich Spaltenvektor. Die Spaltenvektoren der Matrix sind in unserem Fall die Vektoren $\boldsymbol{a}_1$ bis $\boldsymbol{a}_n$ der Vektorgleichung. Ein Spezialfall entsteht, wenn $n = m$

(Anzahl der Gleichungen ist gleich der Anzahl der unbekannten Koeffizienten). In diesem Fall ist die Matrix, wie man sagt, quadratisch.

(8.9.7)

So sollte eine Matrix indiziert sein: Erster Index Zeile, zweiter Index Spalte!

$$\begin{pmatrix} a_{11} & a_{12} & \dots & a_{1m} \\ a_{21} & a_{22} & \dots & a_{2m} \\ \vdots & \vdots & \vdots & \vdots \\ a_{n1} & a_{n2} & \dots & a_{nm} \end{pmatrix} \begin{pmatrix} x_1 \\ x_2 \\ \vdots \\ x_m \end{pmatrix} = \begin{pmatrix} b_1 \\ b_2 \\ \vdots \\ b_n \end{pmatrix}$$

Alternativ lässt sich das Gleichungssystem (*8.9.7*) als so genannte *erweiterte Koeffizientenmatrix* darstellen. Der Lösungsvektor mitsamt dem Gleichheitszeichen wird fortgelassen und durch eine senkrechte – meist gestrichelte – Linie ersetzt.

Noch kompakter geht nicht!

(8.9.8)

$$\left(\begin{array}{cccc:c} a_{11} & a_{12} & \dots & a_{1m} & b_1 \\ a_{21} & a_{22} & \dots & a_{2m} & b_2 \\ \vdots & \vdots & \vdots & \vdots & \vdots \\ a_{n1} & a_{n2} & \dots & a_{nm} & b_n \end{array}\right)$$

Ab hier n = m

Verlassen wir den allgemeinen Fall und betrachten ein Gleichungssystem im freundlichen $\mathbf{R}^2$ und suchen möglichst einfach zu merkende Lösungsformeln für x_1 und x_2. Ab hier beschränken wir uns auf die wichtigen Fälle mit $n = m$.

(8.9.9)

$$\begin{aligned} &\text{I)}\ a_{11} \cdot x_1 + a_{12} \cdot x_2 = b_1 \\ &\text{II)}\ a_{21} \cdot x_1 + a_{22} \cdot x_2 = b_2 \end{aligned}$$

Genau das ist das Additionsverfahren.

Das zusammengestutzte Gleichungssystem wurde in (*8.9.9*) – so wie es in der Schule üblich ist – mit römischen Zahlen durchnummeriert. Das „UND" wird als selbstverständlich betrachtet und fortgelassen. Bekanntlich ändert sich die Lösungsmenge einer Gleichung nicht, wenn man sie mit einer von null verschiedenen Zahl multipliziert. Die Lösungsmenge eines Gleichungssystem ändert sich auch nicht, wenn zu einer Gleichung des Systems eine andere – im Originalzustand oder mit einem Faktor durchmultipliziert – addiert oder subtrahiert wird. Wenn man von der zweiten Gleichung die mit a_{21}/a_{11} durchmultiplizierte erste Gleichung subtrahiert, hebt sich der erste Summand heraus und man kann die Gleichung nach x_2 auflösen.

(8.9.10)

Ergebnis: eine Lösungsformel für x_1

$$\underline{(\text{II}) - \frac{a_{21}}{a_{11}} \cdot (\text{I}):}$$

$$\begin{aligned} & a_{21} \cdot x_1 + a_{22} \cdot x_2 - \frac{a_{21}}{a_{11}} \cdot (a_{11} \cdot x_1 + a_{12} \cdot x_2) = b_2 - \frac{a_{21}}{a_{11}} \cdot b_1 \\ \Leftrightarrow\quad & a_{22} \cdot x_2 - \frac{a_{21}}{a_{11}} a_{12} \cdot x_2 = b_2 - \frac{a_{21}}{a_{11}} \cdot b_1 && | \cdot a_{11} \\ \Leftrightarrow\quad & a_{11}a_{22} \cdot x_2 - a_{12}a_{21} \cdot x_2 = a_{11}b_2 - a_{21}b_1 && | \ x_2 \text{ ausklammern!} \\ \Leftrightarrow\quad & x_2 \cdot (a_{11}a_{22} - a_{12}a_{21}) = a_{11}b_2 - a_{21}b_1 && |:(a_{11}a_{22} - a_{12}a_{21}) \\ \Leftrightarrow\quad & \underline{\underline{x_2 = \frac{a_{11}b_2 - a_{21}b_1}{a_{11}a_{22} - a_{12}a_{21}}}} \end{aligned}$$

Mit der in (*8.9.10*) ermittelten Lösungsformel für x_2 kann man in die erste Gleichung einsteigen und diese nach x_1 auflösen.

$$\frac{a_{11}b_2 - a_{21}b_1}{a_{11}a_{22} - a_{12}a_{21}} \text{ in (I) einsetzen!}$$

$$\begin{aligned}
& a_{11}\cdot x_1 + a_{12}\cdot\frac{a_{11}b_2 - a_{21}b_1}{a_{11}a_{22} - a_{12}a_{21}} = b_1 && \left| -a_{12}\cdot\frac{a_{11}b_2 - a_{21}b_1}{a_{11}a_{22} - a_{12}a_{21}}\right. \\
\Leftrightarrow\ & a_{11}\cdot x_1 = b_1 - a_{12}\cdot\frac{a_{11}b_2 - a_{21}b_1}{a_{11}a_{22} - a_{12}a_{21}} && \text{| auf Hauptnenner bringen!} \\
\Leftrightarrow\ & a_{11}\cdot x_1 = \frac{b_1\cdot(a_{11}a_{22} - a_{12}a_{21}) - a_{12}\cdot(a_{11}b_2 - a_{21}b_1)}{a_{11}a_{22} - a_{12}a_{21}} && \text{| Zähler ausmultipl.} \\
\Leftrightarrow\ & a_{11}\cdot x_1 = \frac{b_1a_{11}a_{22} - \cancel{b_1a_{12}a_{21}} - a_{12}a_{11}b_2 + \cancel{a_{12}a_{21}b_1}}{a_{11}a_{22} - a_{12}a_{21}} && |: a_{11} \\
\Leftrightarrow\ & x_1 = \frac{b_1a_{22} - a_{12}b_2}{a_{11}a_{22} - a_{12}a_{21}}
\end{aligned}$$

(8.9.11)

Ergebnis: eine Lösungsformel für x_2

Es muss bedacht werden, dass die Rechnerei von (*8.9.10*)/(*8.9.11*) nur deshalb so umfangreich erscheint, weil 6 Parameter mitgeschleppt werden mussten. War das Ziel dieser Rechnerei die Herleitung handlicher Lösungsformeln, so ist das Ergebnis eine Enttäuschung. Die Lösungsformeln laden nicht gerade zum Auswendiglernen ein! Auf dem zweiten Blick erkennt man jedoch, dass die Nenner in den Bruchtermen gleich sind. Diese Nenner haben eine gewisse Symmetrie. Was es mit dieser „Symmetrie" auf sich hat, wird deutlich, wenn man sich die Matrizendarstellung des Gleichungssystems ansieht.

Enttäuschende Ergebnisse: Unhandliche Lösungsformeln!

$$\begin{pmatrix} a_{11} & a_{12} \\ a_{21} & a_{22} \end{pmatrix}\begin{pmatrix} x_1 \\ x_2 \end{pmatrix} = \begin{pmatrix} b_1 \\ b_2 \end{pmatrix}: \quad D_N := \begin{vmatrix} a_{11} & a_{12} \\ a_{21} & a_{22} \end{vmatrix} := a_{11}a_{22} - a_{12}a_{21}$$

(8.9.12)

Offensichtlich stehen in den Nennern der Lösungsformeln die Produkte der Matrixelemente beider Diagonalen. Die Hauptdiagonale zählt positiv, die **Ne**bendiagonale **ne**gativ. Rechts in (*8.9.12*) ist eine vierstellige Funktion definiert, die den vier Matrixelementen eindeutig eine reelle Zahl zuordnet. Diese Funktion heißt *Determinante* (der Matrix). Die Schreibweise mit den senkrechten Strichen erinnert an die Betragsstriche. Allerdings können die Werte einer Determinante auch negativ sein! „D_N" steht für *Nennerdeterminante*. Das signalisiert, dass man die beiden Zähler ebenfalls als Determinante schreiben kann und dann *Zählerdeterminanten* nennt. Wie das zu machen ist, lässt sich durch Probieren herausfinden. Wenn man nämlich in der Nennerdeterminante die erste Spalte streicht und durch den Spaltenvektor ***b*** ersetzt, erhält man eine Determinante, deren Wert gleich dem Zähler in der Lösungsformel für x_1 ist. Probieren Sie es aus! Ersetzt man die zweite Spalte durch den Spaltenvektor ***b***, erhält man den anderen Zähler.

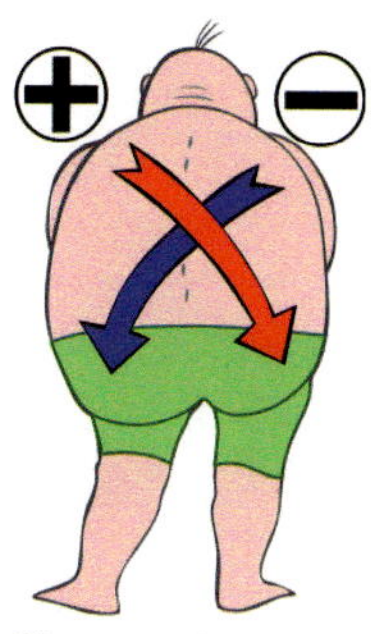

Kreuzweise ausmultiplizieren!

$$D_{x_1} := \begin{vmatrix} b_1 & a_{12} \\ b_2 & a_{22} \end{vmatrix} := b_1a_{22} - a_{12}b_2 \ , \quad D_{x_2} := \begin{vmatrix} a_{11} & b_1 \\ a_{21} & b_2 \end{vmatrix} := a_{11}b_2 - b_1a_{21}$$

(8.9.13)

Wenn man noch einmal die Vektorgleichung (*8.9.2*) mit der der erweiterten Koeffizientenmatrix (*8.9.8*) vergleicht, versteht man auch die folgenden Schreibweisen.

(8.9.14)

$$\det(\vec{a}_1,\vec{a}_2)=\begin{vmatrix} a_{11} & a_{12} \\ a_{21} & a_{22} \end{vmatrix}, \quad \det(\vec{b},\vec{a}_2)=\begin{vmatrix} b_1 & a_{12} \\ b_2 & a_{22} \end{vmatrix}, \quad \det(\vec{a}_1,\vec{b})=\begin{vmatrix} a_{11} & b_1 \\ a_{21} & b_2 \end{vmatrix}$$

Das gerade beschriebene Lösungsverfahren kennen Sie möglicherweise aus der Schule und heißt *Cramersche Regel* (auch Determinantenverfahren).

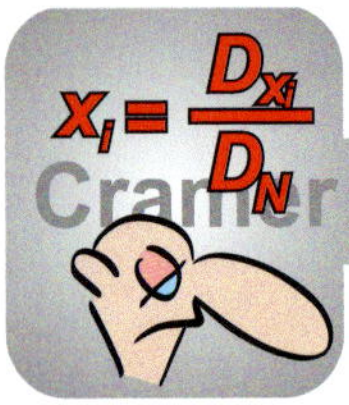

Merksatz 8.9.1

Cramersche Regel:
Für die Lösungen x_1, x_2 eines linearen Gleichungssystems gilt:
Zählerdeterminante durch Nennerdeterminante

$$\left.\begin{aligned} a_{11}\cdot x_1 + a_{12}\cdot x_2 &= b_1 \\ a_{21}\cdot x_1 + a_{22}\cdot x_2 &= b_2 \end{aligned}\right\} \Rightarrow x_1 = \frac{\begin{vmatrix} b_1 & a_{12} \\ b_2 & a_{22} \end{vmatrix}}{\begin{vmatrix} a_{11} & a_{12} \\ a_{21} & a_{22} \end{vmatrix}}, \quad x_2 = \frac{\begin{vmatrix} a_{11} & b_1 \\ a_{21} & b_2 \end{vmatrix}}{\begin{vmatrix} a_{11} & a_{12} \\ a_{21} & a_{22} \end{vmatrix}}$$

Für die Praxis entbehrlich – nicht aber für die Theorie!

Wenn man den praktischen Nutzen des Determinantenverfahrens prüft, schneidet es schlecht ab. Der Grund: Bereits gewöhnliche Schultaschenrechner können Gleichungssysteme mit zwei und drei (je nach Preisklasse auch mehr) Variablen lösen. Man muss im Equation-Modus die erweiterte Koeffizientenmatrix zeilenweise eingeben und erhält danach die Lösungen.

Es hilft nichts, Sie müssen trotzdem weitermachen!

Das größere Manko des Determinantenverfahrens ist die Erweiterung auf höhere Dimensionen! Zwar gilt auch bei Gleichungen mit mehr als zwei Variablen: „Zählerdeterminante durch Nennerdeterminante!" Auch die Regeln für das Aufstellen der Determinanten bleiben unverändert. So bestehen die Spalten der Nennerdeterminante weiterhin aus den Koordinatenvektoren $\boldsymbol{a}_1$ bis $\boldsymbol{a}_n$.

(8.9.15)

$$D_{\mathrm{N}} = \det(\vec{a}_1,\vec{a}_2,\ldots,\vec{a}_n) = \begin{vmatrix} a_{11} & a_{12} & \cdots & a_{1,n} \\ a_{21} & a_{22} & \cdots & a_{2,n} \\ \vdots & \vdots & \vdots & \vdots \\ a_{n,1} & a_{n,2} & \cdots & a_{n,n} \end{vmatrix}$$

Die Aufstellungsregeln für Zähler- und Nennerdeterminanten bleiben erhalten!

Die Zählerdeterminante zur Ermittlung von x_i ergibt sich aus der Nennerdeterminante durch Ersetzen der i-ten Spalte durch die Koeffizienten der rechten Gleichungsseite (*s. 8.9.16*).

(8.9.16)

$$D_{x_i} = \det(\vec{a}_1,\ldots,\vec{a}_{i-1},\vec{b}_i,\vec{a}_{i+1},\ldots,\vec{a}_n) = \begin{vmatrix} a_{11} & \cdots & a_{1,i-1} & b_1 & a_{1,i+1} & \cdots & a_{1,n} \\ a_{21} & \cdots & a_{2,i-1} & b_1 & a_{2,i+1} & \cdots & a_{2,n} \\ \vdots & \vdots & & \vdots & & \vdots & \vdots \\ a_{n,1} & \cdots & a_{n,i-1} & b_1 & a_{n,i+1} & \cdots & a_{n,n} \end{vmatrix}$$

Welch ein Jammer: Das kreuzweise Ausmultiplizieren funktioniert nicht mehr.

Der Pferdefuß des Determinantenverfahrens: Das leicht zu merkende „kreuzweise" Ausmultiplizieren funktioniert bei mehr als zweireihigen Determinanten nicht mehr! Zumindest bei den dreireihigen Determinanten kann man sich mit der *Sarrusschen Regel* ganz gut behelfen. Die Sarrussche Regel wurde bereits beim Kreuzprodukt (verfälscht) vorgestellt. Jetzt handelt es sich um eine echte Determinante – sie enthält nur reelle Zahlen und keine Vektoren. In *Bild 8.9.1* wird vorgeführt, wie eine dreireihige Determinante mithilfe der Sarrusschen Regel „kreuzweise" ausmultipliziert wird.

Ein Lichtblick für n = 3: die Sarrussche Regel

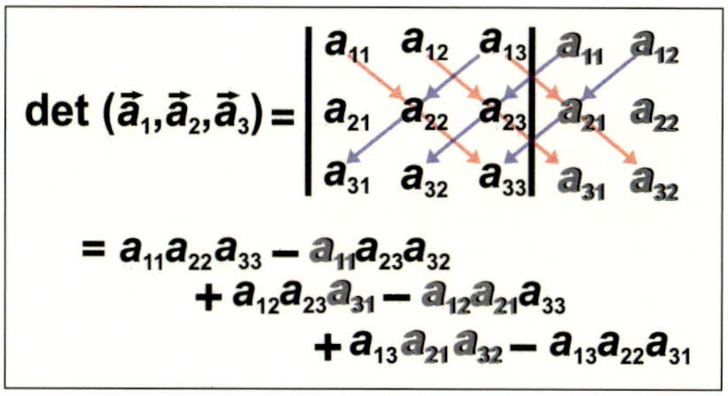

Bild 8.9.1
Ausmultiplizieren einer dreireihigen Determinante nach Sarrus

Machen wir es uns einfach und entnehmen dem nicht mehr ganz so einfachen Spezialfall der dreireihigen Determinante einige wichtige Eigenschaften, die wir dann (ohne Beweis) für höhere Determinanten übernehmen. Wenn man die Matrixelemente an der Hauptdiagonale spiegelt, ändert sich der Wert der Determinante nicht (*s. 8.9.17*). Die Spiegelung entspräche einer Vertauschung folgender Paare $(a_{12}\leftrightarrow a_{21})$, $(a_{13}\leftrightarrow a_{31})$, $(a_{23}\leftrightarrow a_{32})$. Da die vertauschten Matrixelemente in den Produkten der ausmultiplizierten Matrix vorkommen, hat deren Vertauschung keinen Einfluss auf den Wert der Determinante (*s. unten in Bild 8.9.1*).

In der „reinen Mathematik" würden wir wegen dieser Methode bestraft!

$$\begin{vmatrix} a_{11} & a_{12} & a_{13} \\ a_{21} & a_{22} & a_{23} \\ a_{31} & a_{32} & a_{33} \end{vmatrix} = \begin{vmatrix} a_{11} & a_{21} & a_{31} \\ a_{12} & a_{22} & a_{32} \\ a_{13} & a_{23} & a_{33} \end{vmatrix} \qquad (8.9.17)$$

Wenn in *Bild 8.9.1* die Koeffizienten a_{21}, a_{31} und a_{32} gleich null wären, hätte die Determinante eine Dreiecksstruktur. In diesem Fall wäre der Wert der Determinante gleich dem Produkt der Matrixelemente der Hauptdiagonale – alle anderen Matrixelemente spielen dann keine Rolle mehr, sie könnten z. B. auch null sein.

Ideale Dreiecksstruktur!

$$\begin{vmatrix} a_{11} & a_{12} & a_{13} \\ 0 & a_{22} & a_{23} \\ 0 & 0 & a_{33} \end{vmatrix} = \begin{vmatrix} a_{11} & 0 & 0 \\ a_{12} & a_{22} & 0 \\ a_{13} & a_{23} & a_{33} \end{vmatrix} = \underbrace{a_{11} \cdot a_{22} \cdot a_{33}}_{\text{Produkt der Diagonalelemente}} \qquad (8.9.18)$$

Rechnen Sie mithilfe von Sarrus nach, was passiert, wenn man nicht – wie oben – an der Hauptdiagonale spiegelt, sondern zwei Spalten vertauscht! Egal, welche Spalten Sie vertauschen, nach jeder Vertauschung wechselt die Determinante ihr Vorzeichen. Wegen (*8.9.17*) gilt das auch für die Vertauschung von Zeilen. Im Folgenden wurden beispielsweise die ersten beiden Spalten vertauscht.

Vorzeichenwechsel bei Vertauschung zweier Zeilen/Spalten

$$\begin{vmatrix} a_{11} & a_{12} & a_{13} \\ a_{21} & a_{22} & a_{23} \\ a_{31} & a_{32} & a_{33} \end{vmatrix} = -\begin{vmatrix} a_{12} & a_{11} & a_{13} \\ a_{22} & a_{21} & a_{23} \\ a_{32} & a_{31} & a_{33} \end{vmatrix} \qquad (8.9.19)$$

$D = 0$ im Falle zwei gleicher Spalten oder Zeilen

Wenn zwei Spalten (oder Zeilen) gleich sind, dürfte sich der Wert bei Vertauschung nicht ändern. Andererseits wechselt die Determinante bei einer Vertauschung das Vorzeichen. Das ist nur in Einklang zu bringen, wenn eine Determinante mit zwei gleichen Spalten (oder Zeilen) null ist.

$D = 0$, falls eine Spalte oder eine Zeile aus lauter Nullen besteht.

In der ausmultiplizierten Form erkennt man, dass die Matrixelemente einer Spalte oder Zeile in jedem Summanden der ausmultiplizierten Form als Faktor vorkommen. Dann muss die Determinante gleich null sein, wenn eine Spalte oder Zeile aus lauter Nullen besteht. In der linken Determinante von (*8.9.20*) besteht beispielsweise die erste Spalte aus Nullen.

(8.9.20)

$$\begin{vmatrix} 0 & a_{12} & a_{13} \\ 0 & a_{22} & a_{23} \\ 0 & a_{32} & a_{33} \end{vmatrix} = 0 \quad \text{oder} \quad \begin{vmatrix} 0 & 0 & 0 \\ a_{21} & a_{22} & a_{23} \\ a_{31} & a_{32} & a_{33} \end{vmatrix} = 0$$

Es wird mühsam!

Wenn man in dem Term der ausmultiplizierten Determinante (*s. unten im Bild 8.9.1*) die Faktoren, die in der ersten Zeile stehen, ausklammert, erkennt man drei ausmultiplizierte zweireihige Determinanten.

(8.9.21)

$$\begin{aligned} \det(A) &= a_{11} \cdot (a_{22}a_{33} - a_{23}a_{32}) - a_{12} \cdot (a_{21}a_{33} - a_{23}a_{31}) + a_{13} \cdot (a_{21}a_{32} - a_{21}a_{31}) \\ &= a_{11} \cdot \begin{vmatrix} a_{22} & a_{23} \\ a_{32} & a_{33} \end{vmatrix} - a_{12} \cdot \begin{vmatrix} a_{21} & a_{23} \\ a_{31} & a_{33} \end{vmatrix} + a_{13} \cdot \begin{vmatrix} a_{21} & a_{22} \\ a_{31} & a_{32} \end{vmatrix} \end{aligned}$$

Auch wenn man die Faktoren der zweiten oder dritten Zeile ausklammert, entstehen drei ausmultiplizierte zweireihige Determinanten. Nehmen wir die zweite Zeile!

(8.9.22)

$$\begin{aligned} \det(A) &= -a_{21} \cdot (a_{12}a_{33} - a_{13}a_{32}) + a_{22} \cdot (a_{11}a_{33} - a_{13}a_{31}) - a_{23} \cdot (a_{11}a_{32} - a_{12}a_{31}) \\ &= -a_{21} \cdot \begin{vmatrix} a_{12} & a_{13} \\ a_{32} & a_{33} \end{vmatrix} + a_{22} \cdot \begin{vmatrix} a_{11} & a_{13} \\ a_{31} & a_{33} \end{vmatrix} - a_{23} \cdot \begin{vmatrix} a_{11} & a_{12} \\ a_{31} & a_{32} \end{vmatrix} \end{aligned}$$

Der Faktor $(-1)^{i+k}$ bestimmt das Vorzeichen!

Die Vorzeichenfolge ist jetzt „ – + –“. Macht man das Gleiche mit der dritten Zeile, ergibt sich für die Vorzeichen wieder die Folge „+ – +“. Um ein erweiterungsfähiges Strickmuster zu erhalten, muss man auf die Idee kommen, die Vorzeichen durch Potenzen von (–1) mit der Indexsumme des Matrixelements als Exponent auszudrücken. In *Bild 8.9.2* wird illustriert, wie man allgemein die Summanden für die Aufspaltung der Determinante einer beliebigen (quadratischen) Matrix findet.

Unterdeterminante: Herausschnippeln eines Kreuzes und den Rest wieder zusammensetzen.

„Adjunkt“ hört man auch.

Zunächst bildet man die verkleinerte Determinante. Dazu schnippelt man die Zeile und Spalte, in der das Matrixelement a_{ik} steht, heraus und setzt den Rest zu einer verkleinerten Determinante zusammen. Die so gestutzte Determinante heißt *Unterdeterminante.* Zusammen mit dem Vorzeichen $(-1)^{i+k}$ bekommt das Gebilde den schrecklichen Namen *„algebraisches Komplement“* oder kürzer *Kofaktor* – abgekürzt cof. Das Matrixelement a_{ik} komplettiert schließlich den Summanden.

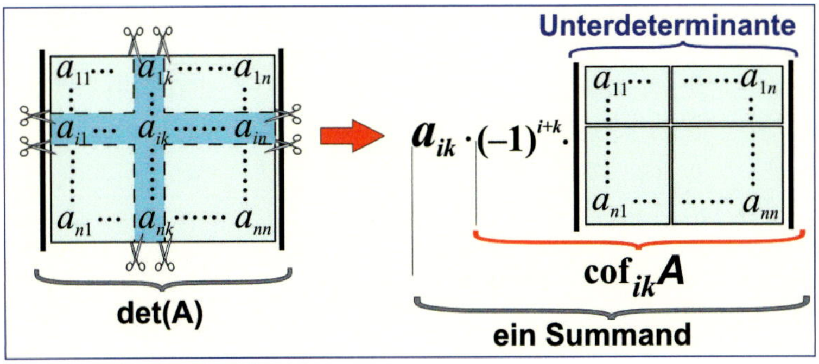

Bild 8.9.2
Ein Summand für Entwicklung einer Determinante

Wenn nach der i-ten Zeile entwickelt werden soll, summiert man die Produkte aus den Matrixelementen einer Zeile und den zugehörigen Kofaktoren auf. Genauso kann man nach den Matrixelementen einer Spalte entwickeln. Das Ganze heißt dann *Laplacescher Entwicklungssatz.*

Laplacescher Entwicklungssatz:
Die Determinante einer (n,n)-Matrix lässt sich nach den Elementen einer beliebigen Zeile oder Spalte entwickeln. Es gilt:

i-te Zeile: $\det(A) = a_{i1}\mathrm{cof}_{i1}A + a_{i2}\mathrm{cof}_{i2}A + \ldots + a_{in}\mathrm{cof}_{in}A$

k-te Spalte: $\det(A) = a_{1k}\mathrm{cof}_{1k}A + a_{2k}\mathrm{cof}_{2k}A + \ldots + a_{nk}\mathrm{cof}_{nk}A$

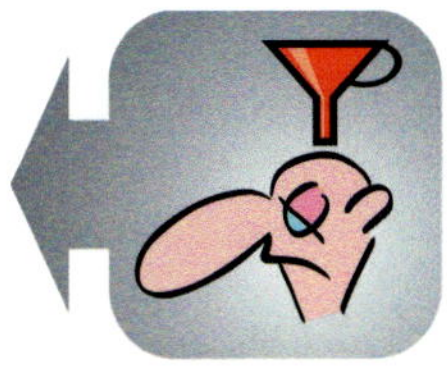

Merksatz 8.9.2

Mithilfe der Entwicklung nach Unterdeterminanten lässt sich eine höhere Determinante Schritt für Schritt auf berechenbare drei- oder zweireihige Determinanten reduzieren. Leider ist das mit einer enormen Schreiberei verbunden. Eine n-reihige Determinante zerfällt letzten Endes in $n!/2$ zweireihige Determinanten! Das wären bei einer zehnreihigen Determinante bereits 1 814 400 zweireihige Unterdeterminanten! Erträgliche Sonderfälle ergeben sich, wenn viele Elemente der Determinante gleich null sind. In diesen Fällen entwickelt man jeweils nach der Zeile oder Spalte mit den meisten Nullen.

Zehnreihig: Fast zwei Millionen zweireihige Unterdeterminanten!

Wenn Sie wirklich genötigt werden, den Wert einer höheren Determinante ohne Computerunterstützung zu berechnen, machen Sie das am besten mit dem Gaußschen Algorithmus (siehe nächstes Kapitel!), der ist zur Not auch von Hand durchführbar. Schauen Sie jetzt nicht verächtlich auf Determinanten herab, sie sind trotzdem – wie wir gleich sehen werden – **unentbehrlich**.

Wozu sind diese unhandlichen Determinanten bloß nützlich?

Kehren wir noch einmal zur ursprünglichen Vektorgleichung zurück und betrachten den Spezialfall $\boldsymbol{b} = \mathbf{0}$! Dann wird aus dem (vorher *inhomogenen*) Gleichungssystem ein so genanntes *homogenes Gleichungssystem*, denn auf der rechten Seite stehen nur Nullen. Um nicht so viel schreiben zu müssen, bleiben wir exemplarisch im $\mathbf{R}^3$.

$$\begin{aligned}
&\text{I)} \quad a_{11}\cdot x_1 + a_{12}\cdot x_2 + a_{13}\cdot x_3 = 0\\
&\text{II)} \quad a_{21}\cdot x_1 + a_{22}\cdot x_2 + a_{23}\cdot x_3 = 0\\
&\text{II)} \quad a_{31}\cdot x_1 + a_{32}\cdot x_2 + a_{33}\cdot x_3 = 0
\end{aligned} \qquad (8.9.23)$$

Mithilfe der Cramerschen Regel kann die Lösung von (*8.9.23*) sofort hingeschrieben werden:

(8.9.24)

$$x_1 = \frac{\begin{vmatrix} 0 & a_{12} & a_{13} \\ 0 & a_{22} & a_{23} \\ 0 & a_{32} & a_{33} \end{vmatrix}}{\begin{vmatrix} a_{11} & a_{12} & a_{13} \\ a_{21} & a_{22} & a_{23} \\ a_{31} & a_{32} & a_{33} \end{vmatrix}},\ x_2 = \frac{\begin{vmatrix} a_{11} & 0 & a_{13} \\ a_{21} & 0 & a_{23} \\ a_{31} & 0 & a_{33} \end{vmatrix}}{\begin{vmatrix} a_{11} & a_{12} & a_{13} \\ a_{21} & a_{22} & a_{23} \\ a_{31} & a_{32} & a_{33} \end{vmatrix}},\ x_2 = \frac{\begin{vmatrix} a_{11} & a_{12} & 0 \\ a_{21} & a_{22} & 0 \\ a_{31} & a_{32} & 0 \end{vmatrix}}{\begin{vmatrix} a_{11} & a_{12} & a_{13} \\ a_{21} & a_{22} & a_{23} \\ a_{31} & a_{32} & a_{33} \end{vmatrix}}$$

Wegen (*8.9.20*) sind die Zähler in (*8.9.24*) alle gleich null! In den drei Nennern steht die Nennerdeterminante. Nehmen wir an, die Nennerdeterminante sei **ungleich null**! Dann steht in (*8.9.24*) jeweils dreimal null durch eine von null verschiedene Zahl und das ergibt stets null! Die eindeutige Lösung des homogenen Gleichungssystems ist also in diesem Fall $x_1 = x_2 = x_3 = 0$. Gehen wir zurück zu der ursprünglichen Vektorgleichung, dann gilt:

(8.9.25)

$$x_1\vec{a}_1 + x_2\vec{a}_2 + x_3\vec{a}_3 = \mathbf{0} \quad \Rightarrow \quad \underline{\underline{x_1 = x_2 = x_3 = 0}}$$

Beachten Sie: Bei einem homogenen Gleichungssystem ist $x_1 = x_2 = x_3 = 0$ **immer** eine Lösung! Deswegen nennt man sie gerne *triviale Lösung*! Eine triviale Lösung muss aber nicht die einzige Lösung sein! Hier ist die triviale Lösung **einzige** Lösung! Nun sollten Sie sich an die Definition der linearen Unabhängigkeit in Kapitel 8.4 erinnern (*vgl. Merksatz 8.4.3*)! Die Aussage in (*8.9.25*) bedeutet, dass man mit den Vektoren $\boldsymbol{a}_1$, $\boldsymbol{a}_2$ und $\boldsymbol{a}_3$ nur dann den Nullvektor linear kombinieren kann, wenn alle Linearfaktoren gleich null sind! Das heißt, die Vektoren sind *linear unabhängig*. Die Nennerdeterminante liefert ein einfaches Kriterium für lineare Unabhängigkeit (*s. folgenden Merksatz*). Das gilt für eine beliebige Anzahl von Vektoren und ist sogar eine Äquivalenz!

Schützt die Determinanten vor der Verbannung: das handliche Determinantenkriterium für Koordinatenvektoren.

Merksatz 8.9.3

Determinantenkriterium für lineare Unabhängigkeit:
n Vektoren des $\mathbf{R}^n$ sind genau dann linear unabhängig, wenn ihre Determinante ungleich null ist.

$$\vec{a}_1, \vec{a}_2, \ldots, \vec{a}_n \text{ sind linear unabhängig} \Leftrightarrow \det\left(\vec{a}_1, \vec{a}_2, \ldots, \vec{a}_n\right) \neq 0$$

Eindeutige Linearkombination

Gehen wir zu der Original-Vektorgleichung (*8.9.1*) mit $\boldsymbol{b} \neq \mathbf{0}$ zurück! Das zugehörige Gleichungssystem heißt dann inhomogen. Wenn jetzt die Nennerdeterminante ungleich null ist, liefert die Cramersche Regel genau eine Lösung. Hier schließt sich der Kreis: Nennerdeterminante ungleich null heißt lineare Unabhängigkeit, das wiederum bedeutet, dass Linearkombinationen eindeutig sind.

Die Determinanten liefern Lösungskriterien für Gleichungssysteme.

Wenn die Nennerdeterminante gleich null ist, sind die Vektoren linear abhängig und spannen nicht mehr den kompletten Vektorraum auf – ihre Linearkombinationen spannen nur noch einen Unterraum auf. Mit diesen Vektoren lassen sich nur noch Vektoren dieses Unterraumes kombinieren. Liegt ein Vektor $\boldsymbol{b}$ außerhalb dieses Unterraumes, lässt er sich nicht kombinieren. Die Vektorgleichung hat keine Lösung. Erkennbar ist dies an den Zählerdeterminanten, sie sind ungleich null.

Sind dagegen die Zählerdeterminanten ebenfalls null, liefert die Cramersche Regel mit „null durch null“ unbestimmte Ausdrücke. In diesem Fall kann es keine, aber auch beliebig viele Lösungen geben.

Damit Sie sehen, dass man mit Vektorgleichungen durchaus etwas Vernünftiges berechnen kann, gehen wir in die Anfangsgründe der Statik. Die Frage ist dort, wie die äußeren Kräfte auf ein System beschaffen sein müssen, damit es sich nicht in irgendeiner Form in Bewegung setzt. Das System darf also nicht zusammenkrachen, einsacken, wegrutschen, kippen usw. Dazu betrachten wir in *Bild 8.9.4* einen Traktor an einem Berghang und fragen, welche Kräfte der Untergrund konkret aufbringen muss, damit er auch so stehen bleibt. Die Kräfte nennt man auch *Auflagerkräfte*.

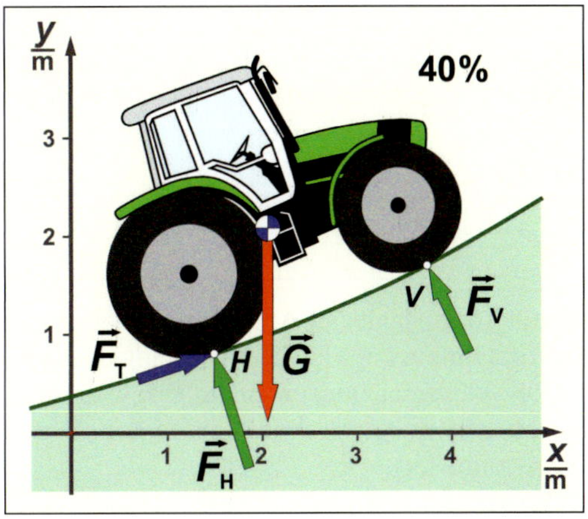

Der Traktor könnte einsacken, zurückrutschen oder nach hinten kippen.

Bild 8.9.3
Auflagekräfte eines Traktors

Der Traktor wird sich sicher nicht vom Fleck rühren, wenn die vektorielle Summe sämtlicher auf ihn einwirkenden Kräfte gleich null ist. Wie bereits am Schluss des vorigen Kapitels besprochen, reicht das noch nicht. Eventuell vorhandene Kräftepaare könnten das Fahrzeug drehen bzw. kippen. Um einem System auch Drehbewegungen sämtlicher Art zu verwehren, muss zusätzlich die vektorielle Summe sämtlicher einwirkenden Drehmomente gleich null sein.

Auch die Summe der Drehmomente muss gleich null sein!

Die Basisvektoren $\mathfrak{i}$, $\mathfrak{j}$, $\mathfrak{k}$ sind, wie üblich, in *Bild 8.9.4* nicht eingezeichnet, nichtsdestoweniger vorhanden. Auf das Einzeichnen der Ortsvektoren zu den Punkten H (= Hinterrad) und V (= Vorderrad) wurde ebenfalls verzichtet. Die Auflagerkräfte $\boldsymbol{F}_T$, $\boldsymbol{F}_H$ und $\boldsymbol{F}_V$ müssen von dem Untergrund aufgebracht werden, damit der Traktor aufgrund seiner Gewichtskraft $\boldsymbol{G}$ nicht einsackt, kippt oder den Berg zurückrutscht. Was man noch aus der Physik wissen muss, ist, dass man hier den Traktor so betrachten kann, als ob seine Masse in einem Punkt – dem so genannten *Schwerpunkt* – konzentriert ist (trotzdem kann man darin sitzen oder sich daran die Nase stoßen!). In (*8.9.26*) finden Sie die beiden Vektorgleichungen, die erfüllt sein müssen, damit der statische Fall eintritt. In unserem Fall müssen vier Kräfte und vier Drehmomente berücksichtigt werden.

Virtuelle Basisvektoren

Voraussetzung: „starrer Körper“ ohne Rotation. Eine Qualle kann man so nicht behandeln!

$$\sum_{i=1}^{n} \vec{F}_i = 0 \quad \wedge \quad \sum_{i=1}^{n} \vec{M}_i = 0 \qquad (8.9.26)$$

Die Richtungen der Kräfte $\boldsymbol{F}_T$, $\boldsymbol{F}_H$ und $\boldsymbol{F}_V$ ergeben sich aus der Geometrie des Untergrundes. Der Traktor hat eine Steigung von 40 %, entsprechend einem Steigungswinkel von 21,8°. Aufgrund der Straßenwölbung ist der Steigungswinkel am Vorderrad 4° höher – also 25,8°. Entsprechend fällt der Winkel am Hinterrad mit 17,8° um 4° geringer aus. Die Gewichtskraft $\boldsymbol{G}$ ist komplett nach Betrag und Richtung bekannt, die Beträge der $\boldsymbol{F}_T$, $\boldsymbol{F}_H$ und $\boldsymbol{F}_V$ müssen ermittelt werden. In (*8.9.27*) sind die Daten des oben genannten statischen Problems zusammengefasst. Für die Richtungen der Auflagerkräfte wurden Einheitsvektoren gewählt (zur Erinnerung: $\sin^2(\varphi) + \cos^2(\varphi) = 1$). Damit sind die skalaren Faktoren x, y, z die gesuchten Beträge in kN!

(8.9.27)

Schräglage des Treckers 40 % (21,8° ± 4° Vorderrad/Hinterrad)

$$\vec{G} = \begin{pmatrix} 0 \\ -34 \\ 0 \end{pmatrix} \text{kN}, \quad \vec{r}_S = \begin{pmatrix} 2{,}06 \\ 2{,}08 \\ 0 \end{pmatrix} \text{m}, \quad \vec{r}_H = \begin{pmatrix} 1{,}50 \\ 0{,}80 \\ 0 \end{pmatrix} \text{m}, \quad \vec{r}_V = \begin{pmatrix} 3{,}74 \\ 1{,}70 \\ 0 \end{pmatrix} \text{m}$$

$$\vec{F}_T = x \cdot \begin{pmatrix} \cos(17{,}8°) \\ \sin(17{,}8°) \\ 0 \end{pmatrix}, \quad \vec{F}_H = y \cdot \begin{pmatrix} -\sin(17{,}8°) \\ \cos(17{,}8°) \\ 0 \end{pmatrix}, \quad \vec{F}_V = z \cdot \begin{pmatrix} -\sin(25{,}8°) \\ \cos(25{,}8°) \\ 0 \end{pmatrix}$$

Bei einem ebenen Problem weisen die Drehmomente immer in z-Richtung!

Für das Kräftegleichgewicht spielt der Angriffspunkt einer Kraft keine Rolle – der Einfluss der Angriffspunkte kommt bei den Drehmomenten zum Tragen. Bevor wir die konkreten Vektorgleichungen aufstellen, müssen noch die Drehmomente mithilfe der Kreuzprodukte bereitgestellt werden. Die Einheit ist in allen Fällen kN·m (Kilonewtonmeter).

(8.9.28)

$$\vec{M}_T = \vec{r}_H \times \vec{F}_T = \begin{vmatrix} \mathfrak{i} & \mathfrak{j} & \mathfrak{k} \\ x \cdot 1{,}50 & x \cdot 0{,}80 & 0 \\ \cos(17{,}8°) & \sin(17{,}8°) & 0 \end{vmatrix} = x \cdot \begin{pmatrix} 0 \\ 0 \\ -0{,}303 \end{pmatrix}$$

Die übrigen Drehmomente ergeben sich analog:

(8.9.29)

$$\vec{M}_H = \vec{r}_H \times \vec{F}_H = y \cdot \begin{pmatrix} 0 \\ 0 \\ 1{,}67 \end{pmatrix}, \quad \vec{M}_V = \vec{r}_V \times \vec{F}_V = z \cdot \begin{pmatrix} 0 \\ 0 \\ 1{,}67 \end{pmatrix}, \quad \vec{M}_G = \vec{r}_S \times \vec{F}_G = \begin{pmatrix} 0 \\ 0 \\ -70{,}0 \end{pmatrix}$$

Setzt man die Kräfte aus (*8.9.27*) und die Drehmomente aus (*8.9.28*) in die Gleichungen der Statik (*8.9.26*) ein, erhält man schließlich die speziellen Vektorgleichungen für unser Beispiel. Für die Werte der Winkelfunktionen wurden gerundete Zahlen eingesetzt.

(8.9.30)

$$x \cdot \begin{pmatrix} 0{,}952 \\ 0{,}306 \\ 0 \end{pmatrix} + y \cdot \begin{pmatrix} -0{,}306 \\ 0{,}952 \\ 0 \end{pmatrix} + z \cdot \begin{pmatrix} -0{,}435 \\ 0{,}900 \\ 0 \end{pmatrix} + \begin{pmatrix} 0 \\ -34 \\ 0 \end{pmatrix} = \begin{pmatrix} 0 \\ 0 \\ 0 \end{pmatrix}$$

Für die Drehmomente ergibt sich die Vektorgleichung:

$$x \cdot \begin{pmatrix} 0 \\ 0 \\ -0,303 \end{pmatrix} + y \cdot \begin{pmatrix} 0 \\ 0 \\ 1,67 \end{pmatrix} + z \cdot \begin{pmatrix} 0 \\ 0 \\ 4,11 \end{pmatrix} + \begin{pmatrix} 0 \\ 0 \\ -70,0 \end{pmatrix} = \begin{pmatrix} 0 \\ 0 \\ 0 \end{pmatrix} \qquad (8.9.31)$$

Benutzen wir die Multiplikations- und Additionsregeln für Spaltenvektoren (*s. Merksatz 8.5.2 und 8.5.3*)! Dann ergibt sich aus den beiden Vektorgleichungen (*8.9.30*)/(*8.9.31*) das Gleichungssystem (*8.9.32*). Üblicherweise wurde der Vektor, der keine Variable enthält, auf die rechte Seite „geschaufelt“ und die Variablen hinter die Zahlenfaktoren gesetzt. Die immer wahren „0 = 0“-Aussagen sind natürlich fortgelassen worden. Die Lösung des Gleichungssystems kann mithilfe der Cramerschen Regel oder dem Equation-Modus eines Taschenrechners ermittelt werden.

$$\begin{aligned} &(+0,952)\cdot x + (-0,306)\cdot y + (-0,435)\cdot z = 0 \\ \wedge\ &(+0,306)\cdot x + (+0,952)\cdot y + (+0,900)\cdot z = 34 \\ \wedge\ &(-0,303)\cdot x + (+1,67)\cdot y + (+4,11)\cdot z = 70 \\ &\text{Ergebnis: } \underline{\underline{x = 11,5\,\text{kN}}},\quad \underline{\underline{y = 24,5\,\text{kN}}},\quad \underline{\underline{z = 7,90\,\text{kN}}} \end{aligned} \qquad (8.9.32)$$

Vektorgleichungen vergleichbarer ebener Statikprobleme führen immer auf ein System aus drei Gleichungen mit drei Variablen. Anhand des einfachen Traktorbeispiels lässt sich noch mehr zeigen. Es ist völlig klar, dass man für Illustrationszwecke das Koordinatensystem so wählt, dass die Gewichtskraft entweder in negative z-Richtung oder – wie hier – in negative y-Richtung weist. Es sähe auch hässlich aus, wenn der Koordinatenursprung irgendwo im Traktor liegen würde. Sobald es aber darum geht, die Berechnung zu vereinfachen, wäre es einen Versuch wert, eine andere Basis zu benutzen. Wählen wir Basisvektoren, die kollinear zu den Auflagerkräften $\boldsymbol{F}_\text{H}$ und $\boldsymbol{F}_\text{T}$ sind! Damit dreht sich das zugehörige Koordinatensystem um 17,8° im Gegenuhrzeigersinn. Den Koordinatenursprung verlegen wir versuchsweise in den Punkt H (*s. Bild 8.9.4*).

Lässt sich eine Statikaufgabe durch Wahl eines anderen Koordinatensystems vereinfachen?

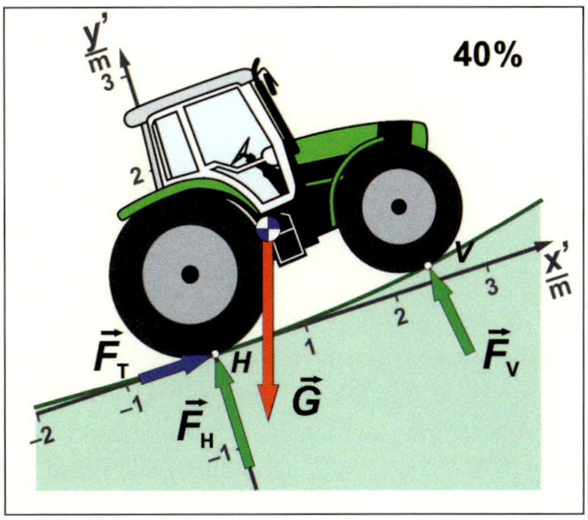

Bild 8.9.4
Traktor im systemangepassten Koordinatensystem

Für die veränderten Koordinaten der Kräfte $\boldsymbol{G}$ und $\boldsymbol{F}_\text{V}$ brauchen nur die Winkel ausgetauscht zu werden. Die Koordinaten des Vorderradpunktes V und des Schwerpunktes müssen mithilfe der Transformationsgleichungen (*7.13.8*) und (*7.13.18*) umgerechnet werden. In (*8.9.33*) ist aufgeführt, was sich für die Kräfte und Ortsvektoren im transformierten System ergibt.

(8.9.33)

$$\vec{G}=34\begin{pmatrix}-\sin(17{,}8°)\\-\cos(17{,}8°)\\0\end{pmatrix},\ \vec{r}_S=\begin{pmatrix}0{,}925\\1{,}05\\0\end{pmatrix}\text{m},\ \vec{r}_H=\begin{pmatrix}0\\0\\0\end{pmatrix}\text{m},\ \vec{r}_V=\begin{pmatrix}2{,}41\\0{,}172\\0\end{pmatrix}\text{m}$$

$$F_T=x\cdot\begin{pmatrix}1\\0\\0\end{pmatrix},\ \vec{F}_H=y\cdot\begin{pmatrix}0\\1\\0\end{pmatrix},\ \vec{F}_V=z\cdot\begin{pmatrix}-\sin(8°)\\\cos(8°)\\0\end{pmatrix}$$

Kein Drehmoment von F_H und F_T!

Da die Auflagerkräfte $\boldsymbol{F}_H$ und $\boldsymbol{F}_T$ im Koordinatenursprung angreifen, liefern sie bezüglich dieses Punktes keinen Beitrag zum Drehmoment. Lediglich für die Kräfte $\boldsymbol{G}$ und $\boldsymbol{F}_V$ muss das Kreuzprodukt berechnet werden (*vgl. 8.9.28*).

(8.9.34)

$$\vec{M}_V=\vec{r}_V\times\vec{F}_V=z\cdot\begin{pmatrix}0\\0\\2{,}41\end{pmatrix},\ \vec{M}_G=\vec{r}_S\times\vec{F}_G=\begin{pmatrix}0\\0\\-19{,}0\end{pmatrix}$$

Jetzt können wir das veränderte Gleichungssystem notieren:

(8.9.35)

$$\begin{aligned}&1\cdot x+0\cdot y+(-0{,}139)\cdot z=10{,}4\\ \wedge\ &\qquad\quad 1\cdot y+(+0{,}990)\cdot z=32{,}4\\ \wedge\ &\qquad\qquad\qquad (+2{,}41)\cdot z=19{,}0\end{aligned}$$

Erfolgreiche Koordinatentransformation: Das Gleichungssystem hat Dreiecksstruktur.

Man erkennt, dass sich mit der systemangepassten neuen Basis ein Gleichungssystem in „Dreiecksstruktur" ergeben hat. Die Lösung ist zwar die gleiche wie die des vorherigen Gleichungssystems, aber jetzt ist kein besonderer Lösungsalgorithmus erforderlich. Die Lösung für z ergibt sich aus der dritten Gleichung und lässt sich dann in der zweiten Gleichung verwenden, um y zu errechnen. Mit den nun bekannten Lösungen y und z liefert die erste Gleichung die fehlende Lösung für x.

In unserem Fall ist der Vorteil natürlich lächerlich, da es sich nur um ein Gleichungssystem mit drei Variablen handelt. Allerdings können Vektorgleichungen der Praxis zu viel mehr Gleichungen und Variablen führen, sodass auch Computer Probleme mit der Rechengenauigkeit und/oder der Rechenzeit bekommen. Dann könnte ein Gleichungssystem erst durch die Verwendung systemangepasster Basen lösbar werden.

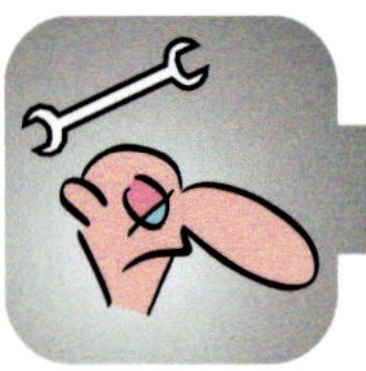

Merksatz 8.9.4

Zusammenfassung Vektorgleichungen:
Bezüglich einer bestimmten Basis lassen sich (lineare) Vektorgleichungen in ein gleichwertiges (lineares) Gleichungssystem umwandeln. Aus den Koordinaten der beteiligten Vektoren werden Koeffizienten und Variablen des Gleichungssystems. Durch Wahl systemangepasster Basen sind beträchtliche Vereinfachungen des Gleichungssystems möglich.

8.10 Der Gaußsche Algorithmus

Kein Mathematikbuch ohne Gauß! Wie wir bereits gesehen haben, löst man Gleichungssysteme mit zwei oder drei Variablen mithilfe der Cramerschen Regel oder/und dem Taschenrechner. Wenn die Lösung höherer Gleichungssysteme erforderlich ist, versucht man, durch eine geeignete Basistransformation das Gleichungssystem in eine leichter lösbare Form zu bringen. Ideal wäre – wie wir beim Traktorbeispiel in (*8.9.35*) gesehen hatten – die Dreiecksform. Ein solches Idealgleichungssystem wird in *Bild 8.10.1* als erweiterte Koeffizientenmatrix dargestellt. Dabei wurde von der Möglichkeit Gebrauch gemacht, den Koordinaten des Lösungsvektors die gleichen Namen wie den übrigen Matrixelementen zu geben. Da der Lösungsvektor die $(n+1)$te Spalte der erweiterten Matrix bildet, bekommen die entsprechenden Matrixelemente als zweiten Index $n+1$. Sie sind damit eindeutig gekennzeichnet.

Ideal: Dreiecksform (noch idealer: die Diagonalform)

$$\left(\begin{array}{cccccccc|c} a_{11} & a_{12} & a_{13} & a_{14} & a_{15} & \cdots & a_{1n} & & a_{1\,n+1} \\ 0 & a_{22} & a_{23} & a_{24} & a_{25} & \cdots & a_{2n} & & a_{2\,n+1} \\ 0 & 0 & a_{33} & a_{34} & a_{35} & \cdots & a_{3n} & & a_{3\,n+1} \\ 0 & 0 & 0 & a_{44} & a_{45} & \cdots & a_{4n} & & a_{4\,n+1} \\ 0 & 0 & 0 & 0 & a_{55} & \cdots & a_{5n} & & a_{5\,n+1} \\ \vdots & \vdots & \vdots & \vdots & \vdots & \ddots & \vdots & & \vdots \\ 0 & 0 & 0 & 0 & 0 & \cdots & a_{nn} & & a_{n\,n+1} \end{array}\right)$$

Bild 8.10.1
Erweiterte Koeffizientenmatrix in Dreiecksform

Lässt sich keine raffinierte Basistransformation finden, verbleibt nur noch der Gaußsche Algorithmus! Das wird man i. Allg. einer Computeranwendung überlassen, man sollte aber in etwa wissen, was dabei im Hintergrund läuft! Hinter dem Gaußschen Algorithmus steht nichts anderes als das Ihnen aus der Schule bekannte „*Additionsverfahren*". Die Grundlage des Additionsverfahrens ist in folgendem Bild dargestellt.

$$\begin{array}{ll} \text{(I)} & a_{11}x_1 + a_{12}x_2 + a_{13}x_3 + a_{14}x_4 = a_{15} \mid \cdot c \\ \text{(II)} & a_{21}x_1 + a_{22}x_2 + a_{23}x_3 + a_{24}x_4 = a_{25} \\ & (a_{31}+ca_{11})x_1 + (a_{32}+ca_{12})x_2 + (a_{33}+ca_{13})x_3 + (a_{34}+ca_{14})x_4 = a_{35}+ca_{15} \\ \text{(IV)} & a_{41}x_1 + a_{42}x_2 + a_{43}x_3 + a_{44}x_4 = a_{45} \end{array}$$

Bild 8.10.2
Grundlage des Additionsverfahrens

Man darf eine beliebige Gleichung des Systems durch die Summe (oder Differenz) dieser Gleichung mit dem beliebigen Vielfachen einer anderen **ersetzen** – die Lösungsmenge wird davon nicht beeinflusst! In *Bild 8.10.2* wurde beispielsweise die dritte Gleichung durch die Summe der dritten Gleichung mit dem c-fachen der ersten Gleichung ersetzt. Dadurch ist zwar im Allgemeinen nichts gewonnen, aber wenn man den Faktor c geschickt wählt, wird ein Koeffizient

Das Gleichungssystem lässt sich durch geschickte Wahl des Faktors vereinfachen.

null, und der Summand spielt für die Gleichung keine Rolle mehr. Genau das wird in (*8.10.1*) vorgeführt. In der dritten Gleichung wird der (neue) Koeffizient vor der Variablen x_1 gleich null.

(8.10.1)

$$\text{Wähle } c := -\frac{a_{31}}{a_{11}}! \quad \underbrace{\left(a_{31} - \frac{a_{31}}{\not{a}_{11}} \cdot \not{a}_{11}\right)}_{=0} x_1 + \underbrace{\left(a_{32} - \frac{a_{31}}{a_{11}} \cdot a_{11}\right)}_{\text{i.Allg.} \neq 0} x_2 + \ldots$$

Systematisiertes Additionsverfahren

Zum Abschuss freigegebene Summanden!

Die Strategie beim Gaußschen Algorithmus besteht darin, das Gleichungssystem systematisch durch derartige Additionen in die Dreiecksform zu bringen. (Wir wählen jetzt für das Gleichungssystem wieder die konventionelle Darstellung, benutzen den Matrixbegriff aber weiter.) Die sozusagen zum Abschuss freigegebenen Summanden des Gleichungssystems sind in *Bild 8.10.3* durch bunte Felder markiert.

$$\begin{array}{lcccccccccc}
\text{(I)} & a_{11}x_1 & + & a_{12}x_2 & + & a_{13}x_3 & + & a_{14}x_4 & = & a_{15} \\
\text{(II)} & \boxed{a_{21}x_1} & + & a_{22}x_2 & + & a_{23}x_3 & + & a_{24}x_4 & = & a_{25} \\
\text{(III)} & \boxed{a_{31}x_1} & + & \boxed{a_{32}x_2} & + & a_{33}x_3 & + & a_{34}x_4 & = & a_{35} \\
\text{(IV)} & \boxed{a_{41}x_1} & + & \boxed{a_{42}x_2} & + & \boxed{a_{43}x_3} & + & a_{44}x_4 & = & a_{45} \\
 & m=1 & & m=2 & & m=3 & & & &
\end{array}$$

Bild 8.10.3
Grundstrategie des Gaußschen Algorithmus

Zunächst legen wir in (*8.10.2*) die Bedeutung der verwendeten Indizes fest – das ist für das Verständnis des Gaußschen Algorithmus überaus wichtig.

(8.10.2)

Anzahl der Gleichungen	: ***n***
Zeilenindex (Gleichungsnummer)	: ***i***
Spaltenindex (Variablennummer)	: ***k***
Nummer der Werkzeuggleichung	: ***m***

Beginnen wir mit den Summanden im roten Feld von *Bild 8.10.3* und benutzen die erste Gleichung als „Werkzeug", um zunächst die zweite Gleichung zu „dezimieren"! Wie das funktioniert, sehen Sie im Folgenden:

(8.10.3)

$$m = 1: \quad a_{11}x_1 + a_{12}x_2 + a_{13}x_3 + a_{14}x_4 = a_{15} \;\Big|\cdot\left(-\frac{a_{21}}{a_{11}}\right)$$

$$\text{Gl.II}^{\text{neu}}: \underbrace{\left(a_{21} - \frac{a_{21}}{a_{11}} \cdot a_{11}\right)}_{:=a_{21}=0} x_1 + \underbrace{\left(a_{22} - \frac{a_{21}}{a_{11}} \cdot a_{12}\right)}_{:=a_{22}} x_2 + \ldots = \underbrace{a_{15} - \frac{a_{21}}{a_{11}} \cdot a_{12}}_{:=a_{15}}$$

... andernfalls entsteht ein fürchterlicher Parametersalat!

Durch Wahl des Faktors $c = -a_{21}/a_{11}$ wurde der Faktor vor dem x_1 gleich null. Lassen Sie uns im Folgenden die Koeffizienten wie Computervariable betrachten! Das heißt: Die Namen der Koeffizienten bleiben wie sie sind, ihnen werden lediglich nach den Umformungen andere Werte zugewiesen! Nach der in (*8.10.3*) gezeigten Addition haben sich die Werte der Koeffizienten von Gleichung II geändert. Speziell der Koeffizient a_{21} hat danach den Wert null.

Für den nächsten Schritt geht man wieder von der ursprünglichen Gleichung I aus. Multipliziert mit $-a_{31}/a_{11}$, wird sie dann zum Werkzeug, um auch bei der dritten Gleichung den ersten Koeffizienten auf null zu bringen. Um auch die letzte Gleichung so vereinfachen zu können, multipliziert man die Originalgleichung I mit $-a_{41}/a_{11}$. Notieren wir die kompletten Prozedurschritte in einer Kurzschreibweise:

Machen Sie sich unbedingt mit der unkonventionellen Kurzschreibweise vertraut!

$$m=1\begin{cases} c:=\frac{a_{21}}{a_{11}}: & \text{Gl.II}^{\text{Neu}} = \text{Gl.II} - \text{Gl.I}\cdot c \\ c:=\frac{a_{31}}{a_{11}}: & \text{Gl.III}^{\text{Neu}} = \text{Gl.III} - \text{Gl.I}\cdot c \\ c:=\frac{a_{41}}{a_{11}}: & \text{Gl.IV}^{\text{Neu}} = \text{Gl.IV} - \text{Gl.I}\cdot c \end{cases} \tag{8.10.4}$$

Wenn (*8.10.4*) abgearbeitet ist, hängen die Gleichungen II bis IV nicht mehr von der ersten Variablen ab und können separat als Gleichungssystem mit nur noch drei Variablen behandelt werden. Für dieses Restsystem übernimmt jetzt Gleichung II die Rolle der „Werkzeuggleichung“. Man wiederholt nun die Prozedur (*8.10.4*) für $m = 2$.

$$m=2\begin{cases} c:=\frac{a_{32}}{a_{22}}: & \text{Gl.III}^{\text{Neu}} = \text{Gl.III} - \text{Gl.II}\cdot c \\ c:=\frac{a_{42}}{a_{22}}: & \text{Gl.IV}^{\text{Neu}} = \text{Gl.IV} - \text{Gl.II}\cdot c \end{cases} \tag{8.10.5}$$

Nach Vollendung der Prozedur in (*8.10.5*) bilden die letzten beiden Gleichungen ein Gleichungssystem mit nur noch zwei Variablen. Auch wenn man das leicht lösen könnte, geht man noch einen Prozedurschritt weiter.

$$m=3\begin{cases} c=\frac{a_{43}}{a_{33}}: & \text{Gl.IV}^{\text{Neu}} = \text{Gl.IV} - \text{Gl.II}\cdot c \end{cases} \tag{8.10.6}$$

Beachten Sie unbedingt, dass den Koeffizienten nach jedem Prozedurschritt neue Werte zugewiesen werden! Die Koeffizienten haben jetzt andere Werte als zu Beginn der Prozeduren. Trotzdem ist das neue Gleichungssystem im folgenden Bild dem ursprünglichen gleichwertig, das heißt, die Lösungsmenge hat sich nicht geändert.

$$\begin{array}{llllll} \text{I} & a_{11}x_1 + & a_{12}x_2 + & a_{13}x_3 + & a_{14}x_4 & = a_{15} \\ \text{II} & a_{21}x_1 + & a_{22}x_2 + & a_{23}x_3 + & a_{24}x_4 & = a_{25} \\ \text{III} & a_{31}x_1 + & a_{32}x_2 + & a_{33}x_3 + & a_{34}x_4 & = a_{35} \\ \text{IV} & a_{41}x_1 + & a_{42}x_2 + & a_{43}x_3 + & a_{44}x_4 & = a_{45} \end{array}$$

Bild 8.10.4
Gleichungssystem nach der Gaußprozedur

Da die Koeffizienten unterhalb der Hauptdiagonale mit dem Wert null belegt sind, spielen die zugehörigen Summanden in den Gleichungen keine Rolle mehr. Das Gleichungssystem bzw. die Koeffizientenmatrix hat die ideale Dreiecksform (*s. Bild 8.10.4*).

Die eigentliche Prozedur, sie heißt nun „Gaußscher Algorithmus“, ist damit beendet! Ausgehend von der letzten Gleichung ermöglicht die Dreiecksform die gesuchten Variablen sukzessive zu berechnen.

(8.10.7)

$$x_i = \left(a_{i,n+1} - \sum_{k=i+1}^{n} a_{ik} x_k \right) \cdot \frac{1}{a_{ii}} \quad \begin{cases} x_4 = a_{45} / a_{44} \\ x_3 = (a_{35} - a_{34} x_4) / a_{33} \\ x_2 = (a_{25} - a_{23} x_3 - a_{24} x_4) / a_{22} \\ x_2 = (a_{15} - a_{12} x_2 - a_{13} x_3 - a_{14} x_4) / a_{11} \end{cases}$$

Leichte Fehlerbehebung durch Zeilentausch

Die Gaußprozedur, so wie sie oben beschrieben wurde, enthält noch einen „Fehler“. Die jeweilig m-te Gleichung wird durch Division mit a_{mm} zur „Werkzeuggleichung“. Nun könnte a_{mm} zufällig null sein. In einem derartigen Fall vertauscht man diese Gleichung (Zeilentausch) mit einer anderen, die dieses Manko nicht hat. Dabei werden wieder nur die den Variablen zugewiesenen Werte vertauscht – nicht aber die Variablen selbst!

Hier ein Abfallprodukt: die Determinante

Wegen (*8.9.18*) erhält man als Abfallprodukt der Gaußprozedur die (Nenner-) Determinante als Produkt der Diagonalelemente (*s. 8.10.8*). Beachten Sie, alle Umformungen der Gaußprozedur (ohne Zeilentausch) ändern den Wert der Determinante nicht. Links in (*8.10.8*) kann deshalb die Originalmatrix stehen – rechts stehen die Diagonalelemente **nach** Abschluss der Gaußprozedur.

(8.10.8)

$$\det \boldsymbol{A} = a_{11} \cdot a_{22} \cdot a_{33} \cdot a_{44}$$

Zeilentausch erfordert Vorzeichenkorrektur.

Da aber im Allgemeinen auch ein- oder mehrmals die Zeilentauschprozedur eingesetzt wurde, ist in die Gaußprozedur eine Merkervariable einzubauen. In diese Variable (Anfangswert null) – nennen wir sie z (von Zeilentausch) – wird nach jedem Zeilentausch eine Eins hineinaddiert. Da jede Vertauschung das Vorzeichen der Determinante ändert, kann man zum Schluss mithilfe der Merkervariable das Vorzeichen der Determinante in Ordnung bringen.

(8.10.9)

$$\det \boldsymbol{A} = (-1)^z \cdot a_{11} \cdot a_{22} \cdot a_{33} \cdot a_{44}$$

Unproblematisches Implementieren in Programmiersprachen

Die gerade beschriebene Prozedur des Gaußschen Algorithmus lässt sich in Form eines Struktogramms kompakt darstellen (*s. Bild 8.10.5*). Mit diesem Struktogramm ist es leicht, die Prozedur in eine Programmiersprache zu implementieren. Soll die Prozedur nur zur Berechnung der Determinante benutzt werden, lässt man die Summation in der innersten Schleife nur bis n laufen.

Völlig unrealistisch: Gleichungssysteme mit ganzzahligen Koeffizienten.

Sie könnten angesichts des überschaubaren Struktogramms auf die Idee kommen, dass Gleichungssysteme eine Trivialangelegenheit sind. Ihre Meinung könnte sich noch verstärken, wenn Sie sich an Beispiele aus der Schule erinnern. Dort werden den Schülern gerne Quälereien erspart, ganzzahlige Koeffizienten gewählt und dann auch noch so lange herumgetüftelt, bis auch die Lösung ganzzahlig wird. Ein Gleichungssystem der Praxis enthält zumeist entsetzlich „krumme Zahlen“ und beschränkt sich auch nicht auf eine knappe Handvoll Gleichungen! Realistische Probleme, etwa die Berechnung von Molekülzuständen, produzieren Gleichungssysteme, die Rechner an ihre Leistungsgrenze treiben. Bei der Lösung derartiger Gleichungssysteme mit dem Gaußschen Algorithmus muss der Rechner sehr viele Rechenoperationen durchführen und bei jeder Operation kommen Rundungsfehler hinzu! Die aufsummierten Rundungsfehler können dazu führen, dass eine völlig unsinnige Lösung herauskommt. Um die Rundungsfehler klein halten zu können, lässt man den Rechner mit möglichst vielen Stellen rechnen. Dafür rächt er sich durch Verlängerung der Rechenzeit. Aber auch wenn man für ein Supergleichungssystem Rechenzeit auf einem Superrechner bekommen hat, muss man sich etwas einfallen lassen, um herauszufinden, ob das Ergebnis brauchbar ist. Auf die gleiche Weise nachzurechnen bringt nichts!

Rundungsfehler sind unvermeidlich!

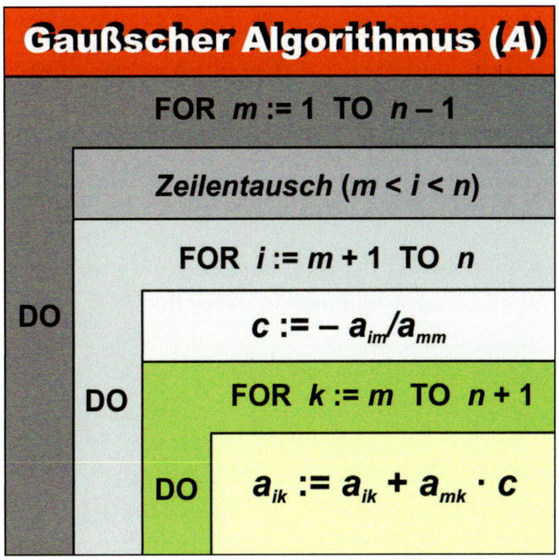

Bild 8.10.5
Struktogramm des Gaußschen Algorithmus

8.11 Matrizengymnastik

Sie werden sicher bemerkt haben, dass man bei linearen Gleichungssystemen auf Matrizendarstellungen durchaus verzichten kann. Gleichungen in Matrizenform sind zwar hübsch anzusehen, erhöhen aber den Abstraktionsgrad. Tatsächlich sind Matrizen ein unverzichtbares Darstellungsmittel, auf das in Naturwissenschaft und Technik in keiner Weise verzichtet werden kann. Es kommt noch schlimmer, alles was mehr oder weniger mit diesen Matrizen zusammenhängt, bildet einen sehr großen, leider nicht leicht verständlichen Teil der linearen Algebra mit sehr vielen (fiesen) neuen Begriffen. Mit der etwas abfälligen Kapitelüberschrift soll angedeutet werden, dass im Rahmen dieses Buches nur gymnastische Vorübungen zu diesem Thema möglich sind, die Ihnen den Einstieg in dieses Thema erleichtern sollen. Bitte unterdrücken Sie den Drang, das Buch fluchend gegen die Wand zu werfen! Matrizengymnastik ist in jedem Stadium ein mühsames Geschäft. Lesen Sie zur Not diagonal und registrieren nur die Endergebnisse (oder brechen ab und beginnen mit Abschnitt 8.12)!

Unverzichtbares Darstellungsmittel

Leider hoher Abstraktionsgrad

Überaus wichtig: Nicht die (gute) Laune verlieren – zur Not diagonal weiterlesen!

Die linearen Abbildungen sind die (aller)wichtigsten!

Starten wir die Reise ins Ungewisse aus vertrauten Gestaden und betrachten wieder Funktionen! Anders als vorher sollen jetzt Definitions- und Wertemengen Vektorräume sein. Dabei beschränken wir uns auf Funktionen mit der freundlichen Eigenschaft der Linearität.

(8.11.1)

$$\frac{f : \mathbb{X} \to \mathbb{Y},\ \vec{x} \mapsto f(\vec{x})}{\text{mit } f(\vec{x}_1 + \vec{x}_2) = f(\vec{x}_1) + f(\vec{x}_2),\quad f(c\vec{x}) = c \cdot f(\vec{x}),\ c \in \mathbb{R}}$$

Man kann sich darüber streiten, ob man, wenn es um Vektoren geht, statt Funktion lieber Abbildung sagt. Wir benutzen beide Sprechweisen! Weiterhin ist die in (*8.11.1*) definierte Funktion eine Verknüpfung. Deshalb darf man das Verknüpfungszeichen f auch Operator nennen. Machen wir das ruhig! Wir nehmen an, uns stünden für die beteiligten Vektorräume Basen zur Verfügung.

(8.11.2)

$$\text{Basis von } \mathbb{X} : (\vec{e}_1, \vec{e}_2, \ldots, \vec{e}_n),\quad \text{Basis von } \mathbb{Y} : (\vec{u}_1, \vec{u}_2, \ldots, \vec{u}_m)$$

Mit den Basen lässt sich sowohl der *Argumentvektor* als auch der (**gesuchte**) *Bildvektor* als (eindeutige) *Linearkombination* darstellen.

(8.11.3)

$$\begin{aligned} \vec{x} &= x_1\vec{e}_1 + x_2\vec{e}_2 + \ldots + x_n\vec{e}_n \\ \vec{y} &= f(\vec{x}) = y_1\vec{u}_1 + y_2\vec{u}_2 + \ldots + y_m\vec{u}_m \end{aligned}$$

Dim($\mathbb{X}$) = n, Dim($\mathbb{Y}$) = m

Wegen der Linearität der Funktion lässt sich der Bildvektor als Linearkombination aus den Bildern der Basisvektoren darstellen. Die wiederum lassen sich aus den Basisvektoren ($\boldsymbol{u}_1, \boldsymbol{u}_2, \ldots, \boldsymbol{u}_m$) der Zielmenge linear kombinieren.

(8.11.4)

Hier kommt die Linearität ins Spiel!

$$f(x) = f(x_1\vec{e}_1 + x_2\vec{e}_2 + \ldots + x_n\vec{e}_n) = x_1 f(\vec{e}_1) + x_2 f(\vec{e}_2) + \ldots + x_n f(\vec{e}_n)$$
$$\text{mit } \begin{cases} f(\vec{e}_1) = \alpha_{11}\vec{u}_1 + \alpha_{12}\vec{u}_2 + \ldots + \alpha_{1m}\vec{u}_m \\ f(\vec{e}_2) = \alpha_{21}\vec{u}_1 + \alpha_{22}\vec{u}_2 + \ldots + \alpha_{2m}\vec{u}_m \\ \cdots\cdots\cdots\cdots\cdots\cdots\cdots\cdots \\ f(\vec{e}_n) = \alpha_{n1}\vec{u}_1 + \alpha_{n2}\vec{u}_2 + \ldots + \alpha_{nm}\vec{u}_m \end{cases}$$

Achten Sie auf die Bedeutung der Indizes!

Für die Koordinaten dieser Bildvektoren $f(\boldsymbol{e}_i)$ nimmt man gerne Variablen mit zwei Indizes. Der erste Index ist die Nummer des Basisvektors, der abgebildet wurde, der zweite Index ist die Nummer des Basisvektors der Zielmenge. Aus den Koordinaten der Linearkombinationen (*8.11.4*) lässt sich eine (*Abbildungs-*) *Matrix* formen (*s. 8.11.5*). Die Matrix ist nicht unbedingt quadratisch, sondern besteht aus n Zeilen und m Spalten. Man spricht von einer (n,m)-Matrix (**Z**eile immer **zu**erst!).

(8.11.5)

$$A = \begin{pmatrix} \alpha_{11} & \alpha_{12} & \cdots & \alpha_{1m} \\ \alpha_{21} & \alpha_{22} & \cdots & \alpha_{2m} \\ \vdots & \vdots & \cdots & \vdots \\ \vdots & \vdots & \cdots & \vdots \\ \alpha_{n1} & \alpha_{n2} & \cdots & \alpha_{nm} \end{pmatrix}$$

Setzt man oben in (*8.11.4*) die darunterstehenden Bilder der Basisvektoren ein, wird es länglich und unübersichtlich.

$$\begin{aligned} f(\vec{x}) &= x_1(\alpha_{11}\vec{u}_1 + \ldots + \alpha_{1m}\vec{u}_m) + x_2(\alpha_{21}\vec{u}_1 + \ldots + \alpha_{2m}\vec{u}_m) + \ldots \\ &\qquad + x_n(\alpha_{n1}\vec{u}_1 + \ldots + \alpha_{nm}\vec{u}_m) \\ &= \underbrace{(x_1\alpha_{11} + x_2\alpha_{21} + \ldots + x_n\alpha_{n1})}_{:=y_1}\vec{u}_1 + \underbrace{(x_1\alpha_{12} + x_2\alpha_{22} + \ldots + x_n\alpha_{n2})}_{:=y_2}\vec{u}_2 + \ldots \\ &\qquad + \underbrace{(x_1\alpha_{1m} + x_2\alpha_{2m} + \ldots + x_n\alpha_{nm})}_{:=y_m}\vec{u}_m \end{aligned} \quad (8.11.6)$$

Sieht leider komplizierter aus, als es ist!

Zunächst wurden in der ersten Zeile von (*8.11.6*) die Produkte ausmultipliziert. Anschließend wurden die Summanden so vertauscht, dass die Summanden, die den gleichen Vektor enthalten, zusammengefasst sind. Zum Schluss entsteht durch Ausklammern der Vektoren eine Linearkombination des Bildvektors in der Basis der Zielmenge. Schließlich erhält man die Koordinaten des Bildvektors bezüglich der Basis der Zielmenge (*s. horizontale geschweifte Klammern in 8.11.6*).

Die Mühe, derart lange Summen auszuschreiben, macht man sich selten und benutzt für die Summen lieber die Σ-Schreibweise. Sie müssen sich leider daran ge -wöhnen! Sollte der schreckliche Fall eintreten, dass Sie vor lauter Summensymbolen und Laufindizes überhaupt nichts mehr kapieren, bleibt Ihnen nichts anderes übrig, als die Summen auf einem großen Papier (in Querformat) auszuschreiben! Notieren wir also (*8.11.6*) noch einmal unter Verwendung der Σ-Schreibweise! Jetzt schreiben wir aber alle Zwischenschritte mit.

Machen Sie sich mit der Σ-Schreibweise vertraut! Sie erspart viel Schreiberei!

$$\begin{aligned} f(\vec{x}) &= \sum_{i=1}^{n} x_i f(\vec{e}_i) = \sum_{i=1}^{n} x_i \left(\sum_{k=1}^{m} \alpha_{ik}\vec{u}_k \right) = \sum_{i=1}^{n}\sum_{k=1}^{m} x_i\alpha_{ik}\vec{u}_k = \\ &= \sum_{k=1}^{m}\left(\sum_{i=1}^{n} x_i\alpha_{ik}\vec{u}_k \right) = \sum_{k=1}^{m}\underbrace{\left(\sum_{i=1}^{n} \alpha_{ik}x_i \right)}_{\boldsymbol{y_k}}\vec{u}_k = \sum_{k=1}^{m} y_k\vec{u}_k \end{aligned} \quad (8.11.7)$$

Zunächst muss daran erinnert werden, dass ein Summenzeichen Klammern ersetzt. Da zusätzlich eine Summe assoziativ ist, sind eigentlich alle Klammern in (*8.11.7*) überflüssig. Dagegen strukturieren die Klammern die Summenterme und mindern so den Abstraktionsgrad. Das „Ausmultiplizieren" drückt sich in (*8.11.7*) so aus, dass x_i mit dem inneren Summenzeichen (über *k*) vertauscht wird. Es entsteht eine Doppelsumme. Ob man bei einer Doppelsumme zuerst über *i* und dann über *k* summiert oder umgekehrt, ist wegen des Kommutativgesetzes egal. Durch Vertauschen der Summenzeichen und Setzen der (überflüssigen) Klammer wurden das Kommutativ- und das Assoziativgesetz ausgenutzt. Da in der nun inneren Summe nicht über *k* summiert wird, darf man die Vektoren herausziehen. Das Ergebnis ist die Linearkombination des Bildvektors in Σ-Schreibweise.

Manchmal sind überflüssige Klammern doch zu etwas nutze. Tipp: Vermerken Sie in einer Randnotiz den Zweck derartiger Klammern! Sie umgehen damit Missverständnisse.

Aus (*8.11.6*), (*8.11.7*) entnehmen wir die Koordinaten des Bildvektors $\boldsymbol{y}$.

(8.11.8)

$$\underbrace{y_k = \sum_{i=1}^{n} \alpha_{ik} x_i}_{1 \le k \le m} \quad \text{bzw.} \quad \begin{cases} y_1 = \alpha_{11}x_1 + \alpha_{21}x_2 + \alpha_{31}x_3 + \ldots + \alpha_{n1}x_n \\ y_2 = \alpha_{12}x_1 + \alpha_{22}x_2 + \alpha_{32}x_3 + \ldots + \alpha_{n2}x_n \\ \ldots\ldots\ldots\ldots\ldots\ldots\ldots\ldots\ldots\ldots \\ y_m = \alpha_{1m}x_1 + \alpha_{2m}x_2 + \alpha_{3m}x_3 + \ldots + \alpha_{nm}x_n \end{cases}$$

Das Ziel ist erreicht: die Koordinaten des Bildvektors (Funktionswert) bzgl. der Basis der Zielmenge

Wir sind am Ziel! Die lineare Abbildung ist in (*8.11.8*) als Funktion zwischen den Koordinaten der beteiligten Vektoren dargestellt worden. Die Koordinaten x_1, x_2, …, x_n sind die Argumente und die Koordinaten $y_1, y_2, \ldots, y_m$ sind die abhängigen Variablen der Funktion.

Wie in (*8.9.5*) erinnern die Summen rechts in (*8.11.8*) an Skalarprodukte zwischen Koordinatenvektoren. Deshalb würde man gerne die Funktionsgleichung in Matrizenform darstellen. Das ist jetzt kein Problem mehr. Wir verfahren genauso wie in (*8.9.5*). Da der Koordinatenvektor $\boldsymbol{y}$ hier abhängige Variable ist, schreiben wir sie üblicherweise auf die linke Seite.

(8.11.9)

$$\left.\begin{aligned} \vec{x} \in \mathbb{R}^n : \ \vec{x} = \sum_{i=1}^{n} x_i \vec{e}_i \\ \vec{y} \in \mathbb{R}^m : \ \vec{y} = \sum_{i=1}^{m} y_i \vec{u}_i \end{aligned}\right\} \begin{pmatrix} y_1 \\ y_2 \\ \vdots \\ y_m \end{pmatrix} = \underbrace{\begin{pmatrix} \alpha_{11} & \alpha_{21} & \cdots & \alpha_{n1} \\ \alpha_{12} & \alpha_{22} & \cdots & \alpha_{n2} \\ \vdots & \vdots & \cdots & \vdots \\ \alpha_{1m} & \alpha_{2m} & \cdots & \alpha_{nm} \end{pmatrix}}_{A^{\mathrm{T}}} \begin{pmatrix} x_1 \\ x_2 \\ \vdots \\ \vdots \\ x_n \end{pmatrix}$$

Beachten Sie: Die (vermeintlich) simple lineare Abbildung hat n·m Parameter!

Immer wieder Stolpersteine!

Die schöne kompakte Matrizendarstellung der linearen Funktion f birgt leider Ärgernisse! Vergleicht man die Abbildungsmatrix in (*8.11.9*) mit der ursprünglichen Matrix A in (*8.11.5*), stellt man entsetzt fest, dass Zeilen und Spalten **vertauscht** sind. Aus der vorherigen (n,m)-Matrix ist jetzt eine (m,n)-Matrix geworden.

Transponierte statt Originalmatrix

Das Vertauschen von Zeilen und Spalten einer Matrix ist eine ganz legale Umformung und wird *transponieren* genannt. Behält man den Namen des Originals bei, deutet man mit einem hochgestellten T die Transposition an (*s. 8.11.10*). In der Abbildungsgleichung (*8.11.9*) steht also nicht die Originalmatrix, sondern deren Transponierte A^{T}.

(8.11.10)

$$A = \begin{pmatrix} \alpha_{11} & \alpha_{12} & \cdots & \alpha_{1m} \\ \alpha_{21} & \alpha_{22} & \cdots & \alpha_{2m} \\ \vdots & \vdots & \cdots & \vdots \\ \vdots & \vdots & \cdots & \vdots \\ \alpha_{n1} & \alpha_{n2} & \cdots & \alpha_{nm} \end{pmatrix} \rightarrow A^{\mathrm{T}} = \begin{pmatrix} \alpha_{11} & \alpha_{21} & \cdots\cdots & \alpha_{n1} \\ \alpha_{12} & \alpha_{22} & \cdots\cdots & \alpha_{n2} \\ \vdots & \vdots & \cdots\cdots & \vdots \\ \alpha_{1m} & \alpha_{2m} & \cdots\cdots & \alpha_{nm} \end{pmatrix}$$

Indizes stehen verkehrt herum!

Es ist noch ein Schönheitsfehler zu beklagen! Nach dem Transponieren der Abbildungsmatrix ist diese zwar zu einer Abbildungsmatrix für die Koordinaten geworden, jedoch stehen die Indizes verkehrt herum. Der erste Index sollte gerne Zeilenindex sein und nicht der zweite. Tatsächlich kommt man mit diesem Ärgernis kaum in Berührung. Meistens stehen die Basen der beteiligten Vektorräume fest und man arbeitet ausschließlich mit Koordinatenvektoren. Die lineare Abbildung wird dann durch Vorgabe einer beliebigen (m,n)-Matrix definiert. Wie man eine solche Abbildungsmatrix und deren Matrixelemente benennt, ist völlig gleich. Deswegen wird man die Matrixelemente auch richtig herum indizieren.

Der Name einer vorgegebenen Matrix könnte z. B. $\boldsymbol{A}$ sein – beachten Sie die geänderte Schriftart! Die Matrixelemente könnten in diesem Fall mit a_{ik} benannt werden. Der erste Index ist Zeilenindex und der zweite Spaltenindex.

Kein Problem mit der Benennung, denn die Matrixelemente stehen an der richtigen Stelle!

$$\begin{pmatrix} y_1 \\ y_2 \\ \vdots \\ y_m \end{pmatrix} = \underbrace{\begin{pmatrix} a_{11} & a_{12} & \cdots\cdots & a_{1n} \\ a_{21} & a_{22} & \cdots\cdots & a_{2n} \\ \vdots & \vdots & \cdots\cdots & \vdots \\ a_{m1} & a_{m2} & \cdots\cdots & a_{mn} \end{pmatrix}}_{\boldsymbol{A}} \begin{pmatrix} x_1 \\ x_2 \\ \vdots \\ \vdots \\ x_n \end{pmatrix} \tag{8.11.11}$$

Nur wenn man – ausgehend von der Matrizendarstellung (*8.11.11*) – auf die Linearkombinationen aus den beteiligten Basisvektoren zurückgehen will, muss man wissen, wie die Matrixelemente der vorgegebenen Matrix $\boldsymbol{A}$ mit den Matrixelementen aus $\mathcal{A}^{\mathrm{T}}$ bzw. $\mathcal{A}$ zusammenhängen. Durch Vergleich von (*8.11.11*) mit (*8.11.9*) ergibt sich:

Beachten Sie unbedingt den Wechsel der Bezeichnungen!

$$\boldsymbol{A} := \begin{pmatrix} a_{11} & a_{12} & \cdots\cdots & a_{1n} \\ a_{21} & a_{22} & \cdots\cdots & a_{2n} \\ \vdots & \vdots & \cdots\cdots & \vdots \\ a_{m1} & a_{m2} & \cdots\cdots & a_{mn} \end{pmatrix} = \mathcal{A}^{\mathrm{T}} = \begin{pmatrix} \alpha_{11} & \alpha_{21} & \cdots\cdots & \alpha_{n1} \\ \alpha_{12} & \alpha_{22} & \cdots\cdots & \alpha_{n2} \\ \vdots & \vdots & \cdots\cdots & \vdots \\ \alpha_{1m} & \alpha_{2m} & \cdots\cdots & \alpha_{nm} \end{pmatrix}, \quad \underline{\underline{a_{ki} := \alpha_{ik}}} \tag{8.11.12}$$

Das Zurückverfolgen ermöglicht auch, die Bedeutung der Spaltenvektoren der Abbildungsmatrix herauszufinden.

Spaltenvektoren der Abbildungsmatrix $\boldsymbol{A}$:
Die Spaltenvektoren sind Koordinatenvektoren. Es sind die Bilder der Basisvektoren des Definitionsbereichs bezüglich der Basis der Zielmenge.

$$\vec{a}_k := \begin{pmatrix} a_{1k} \\ a_{2k} \\ \vdots \\ a_{mk} \end{pmatrix} \text{ ist Koordinatenvektor von } f(\vec{e}_k) = \underbrace{\alpha_{k1}\vec{u}_1 + \alpha_{k2}\vec{u}_2 + \ldots + \alpha_{km}\vec{u}_m}_{\text{Beachte: } \alpha_{ki} := a_{ik}}$$

Merksatz 8.11.1

Man könnte an dieser Stelle leicht aus dem Auge verloren haben, was bisher in diesem Kapitel gezeigt werden sollte. Deshalb ist im folgenden Merksatz das Wichtigste noch einmal zusammengefasst. Beachten Sie: Im Merkfeld sind die Vektoren $\boldsymbol{x}$ und $\boldsymbol{y}$ Koordinatenvektoren!

Lineare Abbildungen mit Matrizen:
$\mathbb{X}, \mathbb{Y}$ seien Vektorräume: $\text{Basis}(\mathbb{X}) = (\vec{e}_1, \vec{e}_2, \cdots, \vec{e}_n)$, $\text{Basis}(\mathbb{Y}) = (\vec{u}_1, \vec{u}_2, \cdots, \vec{u}_m)$
Dann lassen sich für die Koordinatenvektoren bezüglich dieser Basen lineare Abbildungen mithilfe von (m,n)-Matrizen definieren:
$\boldsymbol{A}: \mathbb{R}^n \to \mathbb{R}^m, \ \vec{x} \mapsto \vec{y} \quad \text{mit } \vec{y} = \boldsymbol{A}\vec{x}$

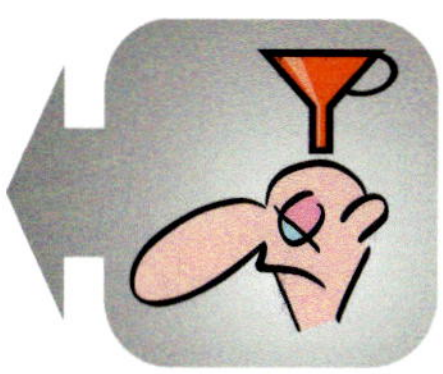

Merksatz 8.11.2

Aus einer Wertzuweisung kann eine Gleichung werden.

Wenn zu einem gegebenen Bildvektor das Argument gesucht ist, wird aus der Funktionsgleichung ein Gleichungssystem. Da $\boldsymbol{y} = \boldsymbol{A}\,\boldsymbol{x}$ keine Wertzuweisung mehr ist, schreibt man – der Konvention entsprechend – den gegebenen Bildvektor auf die rechte Seite: $\boldsymbol{A}\,\boldsymbol{x} = \boldsymbol{y}$.

n·m Parameter!

Hier kommen wieder die (unverzichtbaren) Determinanten ins Spiel.

Da sich die Eigenschaften der ursprünglichen Vektoren eins zu eins auf die Koordinatenvektoren übertragen, trägt die Abbildungsmatrix alle Eigenschaften der Funktion. Überschaubar sind die Verhältnisse, wenn Definitionsbereich und Zielmenge dieselbe Dimension haben. In dem Fall sind Zeilen- und Spaltenzahl gleich – die Abbildungsmatrix ist quadratisch. Wenn die Spaltenvektoren der Abbildungsmatrix linear unabhängig sind, kann man mit ihnen jeden Vektor der Zielmenge erreichen. Die Abbildung ist surjektiv. Die lineare Unabhängigkeit der Spaltenvektoren lässt sich mithilfe der Determinante der Matrix prüfen. Ist die Determinante ungleich null, ist lineare Unabhängigkeit gesichert. Eine derartige Matrix heißt *regulär*. Mit der nicht verschwindenden Determinante kann man mithilfe eines Gleichungssystems umgekehrt zu jedem Bildvektor dessen Urbild berechnen. Die Abbildung ist zusätzlich noch injektiv – also insgesamt eine Bijektivität. Ist die Matrix irregulär oder aber die Dimension von Definitionsbereich und Zielmenge voneinander verschieden, muss man herausfinden, wie viel linear unabhängige Vektoren sich aus den Spaltenvektoren herausfischen lassen. Wir wollen hier darauf verzichten. Bezüglich der Abbildungsmatrix heißt diese Zahl *Rang* der Matrix.

Hier uninteressant: $Dim(\mathbb{X}) = Dim(\mathbb{Y}) = 1$

Keine grafische Darstellung!

Keine Spielerei?

Es stellt sich nun die Frage, was man mit den in *Merksatz 8.11.2* definierten Funktionen anfangen kann. Nimmt man für Definitions- und Wertebereich eindimensionale Vektorräume, bestehen Argument und Bild nur aus einer Koordinate und die Matrix ist lediglich eine reelle Zahl. Die Funktion magert zu einer ganz gewöhnlichen Proportionalität ab! Wenn man zweidimensionale Räume zulässt, steht $\boldsymbol{A}$ bereits für eine (2,2)-Matrix. Da sowohl Argument als auch Bild zweistellig sind, ist bereits eine grafische Darstellung der Funktion nicht mehr möglich. Um doch einen gewissen Eindruck zu bekommen, dass es sich bei den linearen Funktionen in *Merksatz 8.11.1* um keine Spielerei handelt, nehmen wir testweise als Urbild die Ortsvektoren einer geometrischen Figur. In *Bild 8.11.1* muss unser Nasenmann herhalten. Für diesen Nasenmann ist eine (2,2)-Abbildungsmatrix vorgegeben. Im Bild sehen Sie, was die Abbildung aus der Figur gemacht hat. Das Urbild wurde gespiegelt, gedreht, vergrößert und gestreckt.

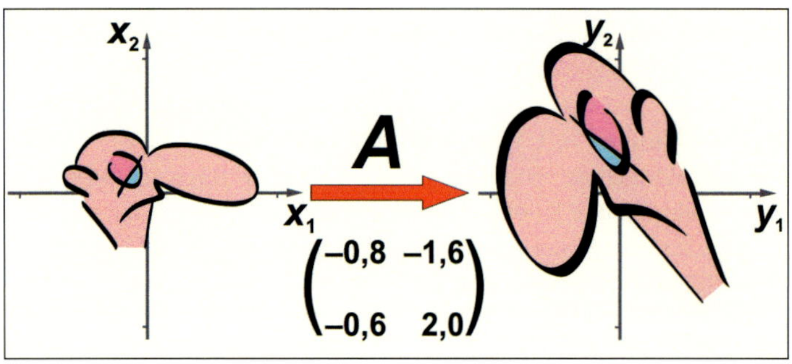

Bild 8.11.1
*Geometrische Abbildung mittels der Matrix **A***

Probiert man das systematisch mit anderen Matrixelementen durch, stellt man fest, dass damit alle möglichen Drehungen, Spiegelungen, Streckungen oder Stauchungen erreicht werden können. Auch eine so genannte Scherung ist möglich. Sieht man einmal von der Spiegelung ab, kann man mit so einer Abbildung Deformationen eines Körpers aufgrund mechanischer Spannungen darstellen. Deswegen hat sich wohl für Abbildungsmatrizen, die dann allerdings Größenvektoren abbilden, der Name *Tensor* eingebürgert.

Doch keine Spielerei!

tensio <lat., „Spannung“>

Lässt man einen „Tensor“ auf eine geometrische Figur los, ist das eigentlich ein irreführendes Beispiel. Ein Tensor bildet Vektoren ab, und bei denen kommt es „nur“ auf Betrag und Richtung an! In *Bild 8.11.1* werden aber an den Koordinatenursprung gebundene Vektoren (Ortsvektoren) abgebildet. Interessant ist, wie sich die Linearität bei derartigen geometrischen Abbildungen auswirkt: Parallele Strecken gehen immer in parallele Stecken über und Teilverhältnisse auf den Strecken werden durch die Abbildung nicht verändert. Im eindimensionalen Fall wird aus einer Proportionalität durch einen konstanten Summanden eine lineare Funktion. Fügt man zu der Vektorgleichung in *Merksatz 8.11.1* noch einen konstanten Ortsvektor hinzu, nennt man das Gebilde *affine Abbildung*.

Pendant zur linearen Funktion: die affine Abbildung

Mit dem ersten Tensor bekommt man es normalerweise in der Mechanik zu tun – und das ausgerechnet bei einem sehr anspruchsvollen Thema (Drehbewegungen eines Körpers im Raum). Wir wollen hier nichts vorwegnehmen – nur ein wenig auf der Basis des Vorangegangenen diskutieren, was sich in der Mechanik mit dem Tensor machen lässt. Beim Grundgesetz der Mechanik lässt man gern den Differenzialoperator vor die (konstante) Masse rücken und nennt das Produkt aus Masse und Geschwindigkeit *Impuls* – Formelzeichen *p*. Das ist zwar zunächst abstrakter, hat aber viele Vorteile. Eine Kraft ist demnach die Ursache für eine Impulsänderung.

Impuls: eine Rechengröße mit Vorteilen

$$\vec{F} = m\frac{\mathrm{d}}{\mathrm{d}t}\vec{v} \;\rightarrow\; \vec{F} = \frac{\mathrm{d}}{\mathrm{d}t}\left(m\cdot\vec{v}\right) \;\rightarrow\; \boldsymbol{\vec{F}} = \frac{\mathbf{d}}{\mathbf{d}\boldsymbol{t}}\boldsymbol{\vec{p}} \quad \text{mit } \boldsymbol{\vec{p}} := \boldsymbol{m}\cdot\boldsymbol{\vec{v}} \tag{8.11.13}$$

Ursache für Änderung der Winkelgeschwindigkeit eines (starren) Körpers ist ein Drehmoment. Für solche Drehungen kann man (*8.11.13*) formal übertragen.

$$\vec{M} = J\frac{\mathrm{d}}{\mathrm{d}t}\vec{\omega} \;\rightarrow\; \vec{M} = \frac{\mathrm{d}}{\mathrm{d}t}\left(J\cdot\vec{\omega}\right) \;\rightarrow\; \boldsymbol{\vec{M}} = \frac{\mathbf{d}}{\mathbf{d}\boldsymbol{t}}\boldsymbol{\vec{L}} \quad \text{mit } \boldsymbol{\vec{L}} = \boldsymbol{J}\cdot\boldsymbol{\vec{\omega}}\ ? \tag{8.11.14}$$

Die Änderung einer Winkelgeschwindigkeit heißt *Winkelbeschleunigung*. Der Faktor, der die Rolle der Masse bei der Drehbewegung übernimmt, heißt *Trägheitsmoment* (auch *Massenmoment 2ten Grades* oder *Massenträgheitsmoment*). Mit dem Trägheitsmoment wird die Verteilung der Masse rund um die Drehachse berücksichtigt. Das Trägheitsmoment ist gering, wenn die Masse in der Nähe der Achse konzentriert ist. Es ist umgekehrt (sehr) hoch, wenn die Masse größtenteils weit von der Achse entfernt ist.

Bei Drehungen muss die Verteilung der Masse berücksichtigt werden!

Sehen wir uns ein kleines Gedankenexperiment an (*s. Bild 8.11.2*). Denken wir uns eine große Kartoffel, deren Schwerpunkt im Ursprung des Koordinatensystems liegt. Sie sei mithilfe einer stabilen Stricknadel um die *z*-Achse drehbar gelagert. Wenn man diese Kartoffel – so wie im Bild gezeichnet – mit Silvesterraketen bestückt, entstehen nach dem Zünden zwei Kräftepaare. Kräfte und Hebelarme

Das Drehmoment verursacht eine Änderung der Winkelgeschwindigkeit.

liegen in der xy-Ebene, also weist das daraus entstehende Drehmoment in die (hier positive) z-Richtung. Dieses Drehmoment wird die Kartoffel je nach Größe des Trägheitsmoments mehr oder weniger rasch in Drehung versetzten. Die sich aufbauende Winkelgeschwindigkeit weist (zwangsläufig) in z-Richtung, das ist genau die Richtung des Drehmoments. Ohne den Einfluss der Schwerkraft – also im Weltraum – ist keine Stricknadel erforderlich. Die Kartoffel setzt sich aufgrund der Drehmomente auch ohne Sricknadellagerung in Bewegung. Allerdings ergibt sich etwas Merkwürdiges: Drehachse und Drehmoment weisen nicht mehr exakt in dieselbe Richtung, und die Drehachse scheint sogar ein „Eigenleben" zu entwickeln. Ersetzt man die Kartoffel durch einen rotationssymmetrischen Körper, ist alles in Ordnung. Die Drehachse und damit die Winkelgeschwindigkeit weisen auch ohne Führung durch eine Stricknadel in die Richtung des verursachenden Drehmoments.

Komplizierte Drehbewegung

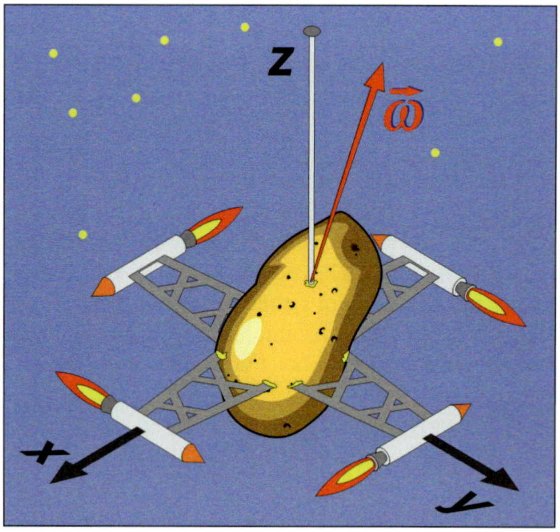

Bild 8.11.2
Kartoffel unter dem Einfluss eines Drehmoments

Drehimpuls und Winkelgeschwindigkeit sind nicht unbedingt proportional.

Nun stellt sich die Frage, wie man das Phänomen mathematisch in den Griff bekommt. Offensichtlich ist die Proportionalität zwischen Drehimpuls und Winkelgeschwindigkeit im Allgemeinen falsch. Hier bietet sich an, das Trägheitsmoment nicht als skalaren Faktor, sondern als Tensor anzusetzen, der den Winkelgeschwindigkeitsvektor in den Drehimpulsvektor überführen kann. Anstelle der Indizes 1, 2, 3 nimmt man in der Mechanik gerne x, y, z!

Ein Tensor als Ausweg:

(8.11.15)

$$\vec{L} := \boldsymbol{J}\,\vec{\omega} = \begin{pmatrix} J_{xx} & J_{xy} & J_{xz} \\ J_{yx} & J_{yy} & J_{yz} \\ J_{zx} & J_{zy} & J_{zz} \end{pmatrix} \begin{pmatrix} \omega_x \\ \omega_y \\ \omega_z \end{pmatrix} = \begin{pmatrix} J_{xx}\omega_x + J_{xy}\omega_y + J_{xz}\omega_z \\ J_{yx}\omega_x + J_{yy}\omega_y + J_{yz}\omega_z \\ J_{zx}\omega_x + J_{zy}\omega_y + J_{zz}\omega_z \end{pmatrix}$$

Unterbrechung! Wir müssen uns erst um Matrizenoperationen kümmern!

Wir verlassen zunächst das Beispiel und bauen erst einmal die Matrizengymnastik weiter aus. Zunächst soll die *Verkettung* zweier Funktionen auf die linearen Vektorfunktionen in Matrizenform übertragen werden. Selbstverständlich hat das nur Sinn, wenn der Bildbereich der ersten Funktion Teilmenge (oder gleich) des Definitionsbereichs der zweiten Funktion ist. Entsprechend müssen die Dimensionen der beteiligten Vektorräume zueinander passen. Wir betrachten jetzt Koordinatenvektoren bezüglich fester Basen.

$$\frac{\operatorname{Dim}(\mathbb{X}) = n,\ \operatorname{Dim}(\mathbb{Y}) = m,\ \operatorname{Dim}(\mathbb{Z}) = k}{f: \mathbb{X} \to \mathbb{Y},\ \vec{x} \mapsto \boldsymbol{A}\vec{x} \qquad g: \mathbb{Y} \to \mathbb{Z},\ \vec{y} \mapsto \boldsymbol{B}\vec{y}} \tag{8.11.16}$$

Für die Verkettung zweier Funktionen kennen Sie bereits zwei Schreibweisen (*vgl. (5.6.17)*).

$$\vec{z} = g\big(f(\vec{x})\big) \quad \text{oder} \quad \vec{z} = g \circ f(\vec{x}) \tag{8.11.17}$$

In (*8.11.18*) werden die Funktionsgleichungen (*8.11.17*) mithilfe der Matrizen und dem Spaltenvektor als Argument dargestellt. Die rote Klammer soll etwas Ordnung schaffen.

$$\begin{pmatrix} z_1 \\ z_2 \\ \vdots \\ z_l \end{pmatrix} = \begin{pmatrix} b_{11} & b_{12} & \cdots\cdots & b_{1m} \\ b_{21} & b_{22} & \cdots\cdots & b_{2m} \\ \vdots & \vdots & \cdots\cdots & \vdots \\ b_{l1} & b_{l2} & \cdots\cdots & b_{lm} \end{pmatrix} \left(\begin{pmatrix} a_{11} & a_{12} & \cdots\cdots & a_{1n} \\ a_{21} & a_{22} & \cdots\cdots & a_{2n} \\ \vdots & \vdots & \cdots\cdots & \vdots \\ a_{m1} & a_{m2} & \cdots\cdots & a_{mn} \end{pmatrix} \begin{pmatrix} x_1 \\ x_2 \\ \vdots \\ \vdots \\ x_n \end{pmatrix} \right) \tag{8.11.18}$$

Um aus der rechten Seite der Matrizengleichung einen Spaltenvektor zu machen, ist die Matrix $\boldsymbol{A}$ mit dem Spaltenvektor x wie in (*8.9.6*) zu multiplizieren. Anschließend multipliziert man nach der gleichen Methode die Matrix $\boldsymbol{B}$ mit dem vorher ermittelten Spaltenvektor und erhält die Koordinaten des Bildvektors z. Es fragt sich, ob man nicht zuerst die beiden Abbildungsmatrizen multiplizieren könnte. Der Vorteil wäre: Man erhielte eine Matrix für die Gesamtabbildung. Die Antwort lautet ja, es ist möglich! Es gibt eine „*Matrizenmultiplikation*" genannte Verknüpfung zwischen zwei Matrizen. *Bild 8.11.3* zeigt, wie diese (leider trickreiche) „Matrizenmultiplikation" funktioniert.

$$\begin{matrix} \vec{b}_1 \\ \vec{b}_2 \\ \vdots \\ \vec{b}_k \end{matrix} \begin{pmatrix} b_{11} & b_{12} \cdots & b_{1m} \\ b_{21} & b_{22} \cdots & b_{2m} \\ \vdots & \vdots & \vdots \\ b_{k1} & b_{k2} \cdots & b_{km} \end{pmatrix} \overset{\vec{a}_1 \quad \vec{a}_2 \quad \cdots \quad \vec{a}_n}{\begin{pmatrix} a_{11} & a_{12} & \cdots & a_{1n} \\ a_{21} & a_{22} & \cdots & a_{2n} \\ \vdots & \vdots & & \vdots \\ a_{m1} & a_{m2} & \cdots & a_{mn} \end{pmatrix}} := \begin{pmatrix} \vec{b}_1 \bullet \vec{a}_1 & \vec{b}_1 \bullet \vec{a}_2 & \cdots & \vec{b}_1 \bullet \vec{a}_n \\ \vec{b}_2 \bullet \vec{a}_1 & \vec{b}_2 \bullet \vec{a}_2 & \cdots & \vec{b}_2 \bullet \vec{a}_n \\ \vdots & \vdots & & \vdots \\ \vec{b}_k \bullet \vec{a}_1 & \vec{b}_k \bullet \vec{a}_2 & \cdots & \vec{b}_k \bullet \vec{a}_n \end{pmatrix}$$

(*k*,*m*)-Matrix **(*m*,*n*)-Matrix** **(*k*,*n*)-Matrix**

Bild 8.11.3
Matrizenmultiplikation

Bei dieser Matrizenmultiplikation werden grundsätzlich Zeilenvektoren des ersten Faktors mit Spaltenvektoren des zweiten Faktors skalar multipliziert. (*Skalares Produkt von Koordinatenvektoren s. Merksatz 8.6.6/8.6.7*). Damit das passt, muss die Anzahl der Matrixelemente der Zeilenvektoren gleich der Anzahl der Matrixelemente der Spaltenvektoren sein. Das ist automatisch erfüllt, wenn die Anzahl der Spalten der ersten Matrix gleich der Zeilenzahl der zweiten ist. Versuchen wir diesen Sachverhalt in einem handlichen Merkfeld zu darzustellen:

Eselsbrücke:
„Zeilenvektor • Spaltenvektor"

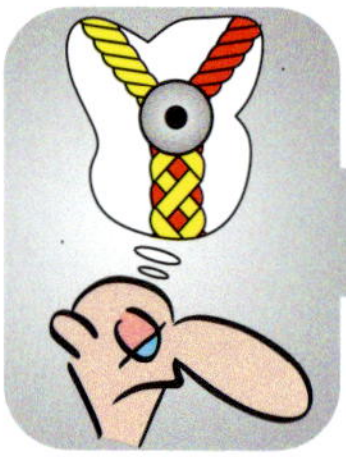

Merksatz 8.11.3

Matrizenmultiplikation:
Zwei Matrizen können nur miteinander multipliziert werden, wenn die erste Matrix genauso „breit“ wie die zweite „hoch“ ist!
Ermitteln Sie die Matrixelemente der Produktmatrix spaltenweise!
Die Matrixelemente in der *i*-te Spalte der Produktmatrix bestehen aus den skalaren Produkten der Zeilenvektoren der ersten Matrix mit dem *i*-ten Spaltenvektor der zweiten Matrix.
Die Matrizenmultiplikation ist assoziativ, aber nicht kommutativ!

Assoziativ, aber nicht kommutativ und auch nicht antikommutativ!

Achten Sie auf die Reihenfolgen!

Ob man in (*8.11.18*) tatsächlich die beiden Abbildungsmatrizen mithilfe der Multiplikationsregel in *Merksatz 8.11.3* **vor** der Multiplikation mit dem Spaltenvektor x zusammenfassen kann, müsste man nachrechnen. Sie werden gerne dankend verzichten. Die Multiplikation ist tatsächlich assoziativ und die rote Klammer oben in (*8.11.18*) überflüssig. Es könnte irritieren, dass oben die Matrix $\boldsymbol{B}$ erster Faktor genannt wurde. Die Reihenfolge der Matrizenmultiplikation geht wie bei jeder Multiplikation von links nach rechts. Bezüglich der Abbildung ist dagegen die Reihenfolge anders herum! Erst wirkt $\boldsymbol{A}$ als Operator auf den Spaltenvektor und dann kommt $\boldsymbol{B}$ an die Reihe (*vgl. 8.11.17*).

Unproblematische Sonderfälle!

Zwei Sonderfälle werden von der Multiplikationsregel problemlos mit eingeschlossen. Der erste Faktor darf ein einzelner Zeilenvektor sein. Man betrachtet ihn einfach als Matrix mit einer Zeile. Genauso darf – wie bereits besprochen – der zweite Faktor ein Spaltenvektor sein. Er wird dann als Matrix mit nur einer Spalte angesehen.

(8.11.19)

$$(x_1, x_2)\begin{pmatrix} a_{11} & a_{12} \\ a_{21} & a_{22} \end{pmatrix} = (a_{11}x_1 + a_{21}x_2,\ a_{12}x_1 + a_{22}x_2)$$
$$\begin{pmatrix} a_{11} & a_{12} \\ a_{21} & a_{22} \end{pmatrix}\begin{pmatrix} x_1 \\ x_2 \end{pmatrix} = \begin{pmatrix} a_{11}x_1 + a_{12}x_2 \\ a_{21}x_1 + a_{22}x_2 \end{pmatrix}$$

In (*8.11.19*) wurden die Sonderfälle anhand von (2,2)-Matrizen demonstriert. Wenn der erste Faktor nur aus einer einzigen Zeile besteht, kann die Spalte der Produktmatrix nur aus einem Matrixelement bestehen. Es ergibt sich wieder ein einzelner Zeilenvektor. Im zweiten Fall besteht die zweite Matrix nur aus einer Spalte. Dann kann die Produktmatrix auch nur aus einer Spalte bestehen, die jedoch – entsprechend der Zeilenzahl der ersten Matrix – aus zwei Elementen besteht.

Wie gewohnt: Konstante Faktoren sind freundlich.

Wir müssen noch wissen, wie sich eine Abbildungsmatrix verhält, wenn ein reeller Faktor die Funktionswerte streckt oder staucht. Da die Spaltenvektoren Koordinatenvektoren sind, verteilt sich der Faktor auf alle Koordinaten. Für die Matrix heißt dies: Der Faktor verteilt sich auf **alle** Matrixelemente.

(8.11.20)

$$c \in \mathbb{R}:\ c \cdot \begin{pmatrix} a_{11} & a_{12} & \cdots \\ a_{21} & a_{22} & \cdots \\ \vdots & \vdots & \ddots \end{pmatrix} = \begin{pmatrix} ca_{11} & ca_{12} & \cdots \\ ca_{21} & ca_{22} & \cdots \\ \vdots & \vdots & \ddots \end{pmatrix}$$

Auch das Addieren/Subtrahieren von gleichartigen Matrizen ist eine sinnvolle Verknüpfung. Hier sorgt wieder die „Herkunft" der Spaltenvektoren dafür, dass die Matrixelemente der Summenmatrix gleich der Summe/Differenz der Matrixelemente der „Summanden" sind.

Ebenfalls unproblematisch: Addieren und Subtrahieren

$$\boldsymbol{A}: \mathbb{R}^n \to \mathbb{R}^m,\ \vec{x} \mapsto \boldsymbol{A}\vec{x} \quad \text{und} \quad \boldsymbol{B}: \mathbb{R}^n \to \mathbb{R}^m,\ \vec{x} \mapsto \boldsymbol{B}\vec{x}$$

$$\boldsymbol{A} \pm B: \mathbb{R}^n \to \mathbb{R}^m,\ \vec{x} \mapsto \boldsymbol{A}\vec{x} \pm \boldsymbol{B}\vec{x} := (\boldsymbol{A} \pm \boldsymbol{B})\vec{x}$$

$$\boldsymbol{A} \pm \boldsymbol{B} = \begin{pmatrix} a_{11} & a_{12} & \cdots \\ a_{21} & a_{22} & \cdots \\ \vdots & \vdots & \ddots \end{pmatrix} \pm \begin{pmatrix} b_{11} & b_{12} & \cdots \\ b_{21} & b_{22} & \cdots \\ \vdots & \vdots & \ddots \end{pmatrix} = \begin{pmatrix} a_{11} \pm b_{11} & a_{12} \pm b_{12} & \cdots \\ a_{21} \pm b_{21} & a_{22} \pm b_{22} & \cdots \\ \vdots & \vdots & \ddots \end{pmatrix} \tag{8.11.21}$$

Eine Besonderheit ist die so genannte *Einheitsmatrix*. Das ist eine quadratische Matrix, bei der die Diagonalelemente aus Einsen bestehen. Außerhalb der Diagonalen sind alle Matrixelemente gleich null. Eine Einheitsmatrix ist sozusagen neutrales Element der Matrizenmultiplikation. Prüfen Sie es nach!

Neutrales Element bzgl. der Multiplikation

$$\begin{pmatrix} a_{11} & a_{12} & \cdots \\ a_{21} & a_{22} & \cdots \\ \vdots & \vdots & \ddots \end{pmatrix} \begin{pmatrix} 1 & 0 & \cdots \\ 0 & 1 & \cdots \\ \vdots & \vdots & \ddots \end{pmatrix} = \begin{pmatrix} 1 & 0 & \cdots \\ 0 & 1 & \cdots \\ \vdots & \vdots & \ddots \end{pmatrix} \begin{pmatrix} a_{11} & a_{12} & \cdots \\ a_{21} & a_{22} & \cdots \\ \vdots & \vdots & \ddots \end{pmatrix} = \begin{pmatrix} a_{11} & a_{12} & \cdots \\ a_{21} & a_{22} & \cdots \\ \vdots & \vdots & \ddots \end{pmatrix} \tag{8.11.22}$$

Mit den bisher gezeigten Regeln können Sie bereits die ersten Hürden der Physik bzw. der technischen Mechanik meistern.

Kehren wir zurück zu unserem Trägheitstensor und fragen, ob es spezielle Vektoren gibt, für die das Produkt aus Abbildungsmatrix und Argument durch eine S-Multiplikation ersetzt werden kann. Wenn so ein Vektor existiert, nennt man ihn *Eigenvektor* und der skalare Faktor heißt der *Eigenwert*.

Ist eine Proportionalität zwischen Winkelgeschwindigkeit und Drehimpuls zu retten?

$$\text{Ansatz:} \begin{pmatrix} J_{xx} & J_{xy} & J_{xz} \\ J_{yx} & J_{yy} & J_{yz} \\ J_{zx} & J_{zy} & J_{zz} \end{pmatrix} \begin{pmatrix} \omega_x \\ \omega_y \\ \omega_z \end{pmatrix} = J_{\mathrm{E}} \cdot \begin{pmatrix} \omega_x \\ \omega_y \\ \omega_z \end{pmatrix} \ ? \tag{8.11.23}$$

Das Ganze lässt sich mit einem Trick lösen: Wir schieben eine Einheitsmatrix zwischen den potenziellen Eigenwert und Eigenvektor und multiplizieren den Skalar mit der Einheitsmatrix (*s. 8.11.24*).

$$\begin{pmatrix} J_{xx} & J_{xy} & J_{xz} \\ J_{yx} & J_{yy} & J_{yz} \\ J_{zx} & J_{zy} & J_{zz} \end{pmatrix} \begin{pmatrix} \omega_x \\ \omega_y \\ \omega_z \end{pmatrix} = J_{\mathrm{E}} \begin{pmatrix} 1 & 0 & 0 \\ 0 & 1 & 0 \\ 0 & 0 & 1 \end{pmatrix} \begin{pmatrix} \omega_x \\ \omega_y \\ \omega_z \end{pmatrix} = \begin{pmatrix} J_{\mathrm{E}} & 0 & 0 \\ 0 & J_{\mathrm{E}} & 0 \\ 0 & 0 & J_{\mathrm{E}} \end{pmatrix} \begin{pmatrix} \omega_x \\ \omega_y \\ \omega_z \end{pmatrix} \tag{8.11.24}$$

Man erkennt in (*8.11.24*), dass ein skalarer Faktor durch eine Diagonalmatrix mit gleichen Matrixelementen ersetzt werden kann. Wenn man nun in Gleichung (*8.11.24*) die rechte Seite subtrahiert, kann man die beiden Matrizen gemäß (*8.11.21*) zusammenfassen.

(8.11.25)

$$\begin{pmatrix} J_{xx}-J_E & J_{xy} & J_{xz} \\ J_{yx} & J_{yy}-J_E & J_{yz} \\ J_{zx} & J_{zy} & J_{zz}-J_E \end{pmatrix}\begin{pmatrix}\omega_x\\ \omega_y\\ \omega_z\end{pmatrix}=\begin{pmatrix}0\\0\\0\end{pmatrix}$$

Immer wieder Determinanten! Hier wird eine Gleichung zur Bestimmung des Eigenwerts produziert.

Überführt man die Matrizengleichung in ein Gleichungssystem, entsteht ein homogenes System, das allerdings eine Besonderheit aufweist. Neben den normalen drei Unbekannten ist noch eine zusätzliche Variable da – nämlich der fragliche Eigenwert. Die triviale Lösung ist in diesem Fall sinnlos. Wenn nichts rotiert, gibt es keinen Drehimpuls. Das weiß man auch so. Eine nichttriviale Lösung ist nur möglich, wenn die Determinante der Matrix in (*8.11.25*) gleich null ist. Damit erhält man eine separate Gleichung für den Eigenwert. Mithilfe der Sarrusschen Regel ergibt sich:

(8.11.26)

$$\begin{aligned}|(\cdot\cdot)| = {} & (J_{xx}-J_\mathrm{E})(J_{yy}-J_\mathrm{E})(J_{zz}-J_\mathrm{E}) \\ & -(J_{xx}-J_\mathrm{E})J_{yz}J_{zy}+J_{xy}J_{yz}J_{zx} \\ & -J_{xy}J_{yx}(J_{zz}-J_\mathrm{E})+J_{xz}J_{yx}J_{zy}-J_{xz}(J_{yy}-J_\mathrm{E})J_{zx}=0\end{aligned}$$

Eine im Prinzip lösbare Gleichung dritten Grades

Lassen Sie sich durch den entsetzlichen Parametersalat nicht irritieren. Wichtig ist nur, dass hier eine im Prinzip lösbare Gleichung dritten Grades entstanden ist. Der Trägheitstensor tut uns sogar den Gefallen, symmetrisch zu sein, d. h., die Matrixelemente der Zeilen sind gleich denen der Spalten. Dadurch reduziert sich die Anzahl der Parameter von neun auf sechs. Man kann weiterhin zeigen, dass diese Gleichungen immer drei Lösungen haben. Nennen wir sie J_1, J_2, J_3! Zu jedem der drei Eigenwerte lässt sich mit mithilfe des homogenen Gleichungssystems der zugehörige Eigenvektor finden. Mit diesen Eigenvektoren ergibt sich schließlich:

(8.11.27)

$$\vec{L}=J_1\cdot\vec{\omega}_1 \text{ oder } \vec{L}=J_2\cdot\vec{\omega}_2 \text{ oder } \vec{L}=J_3\cdot\vec{\omega}_3$$

Hier sind Drehimpuls und Winkelgeschwindigkeit tatsächlich proportional.

Die drei Trägheitsmomente heißen *Hauptträgheitsmomente*. Versetzt man unseren Kartoffelsatelliten mit einem Drehmoment in Richtung eines der drei Eigenvektoren in Rotation, sind Drehmoment, Drehimpuls und Winkelgeschwindigkeit parallel.

Das Problem würde sich viel einfacher gestalten, wenn man gleich eine Basis erwischt hätte, in der der Trägheitstensor nur aus Diagonalelementen besteht. In dem Fall würde aus Gleichung (*8.11.26*) das freundliche Produkt:

(8.11.28)

$$|(\cdot\cdot)|=(J_{xx}-J_\mathrm{E})(J_{yy}-J_\mathrm{E})(J_{zz}-J_\mathrm{E})=0$$

Jetzt sind die drei Diagonalelemente des Trägheitstensors Lösungen und damit Eigenwerte. Rechnen wir exemplarisch den Eigenvektor zu dem Eigenwert J_{xx} aus:

(8.11.29)

$$\begin{pmatrix}0&0&0\\0&J_{yy}-J_{xx}&J_{yz}\\0&0&J_{zz}-J_{xx}\end{pmatrix}\begin{pmatrix}\omega_x\\ \omega_y\\ \omega_z\end{pmatrix}=\begin{pmatrix}0\\0\\0\end{pmatrix}\Leftrightarrow\begin{pmatrix}0\cdot\omega_x\\ (J_{yy}-J_{xx})\omega_y\\ (J_{zz}-J_{xx})\omega_z\end{pmatrix}=\begin{pmatrix}0\\0\\0\end{pmatrix}$$

Es wurde in (*8.11.29*) darauf verzichtet, die Vektorgleichung in ein Gleichungssystem umzuwandeln, denn die Lösung ist auch so ersichtlich. Die Gleichung kann nur erfüllt werden, wenn ω_y und (zugleich) ω_z gleich null sind. Die Winkelgeschwindigkeit in x-Richtung darf dagegen beliebig sein, denn in dieser Koordinate sorgt der Faktor null für Gleichheit. Wenn man im Anfängerunterricht die Tensorproblematik unter den Tisch fallen lassen will, wählt man gleich das Koordinatensystem in Richtung der Hauptträgheitsachsen und versieht die Trägheitsmomente nur mit einem Index.

Hauptträgheitsmomente kommen mit einem Index aus!

$$\text{Hauptträgheitsachse } a: \ \vec{M} = \frac{\mathrm{d}}{\mathrm{d}t}\vec{L} \quad \text{mit} \quad \vec{L} = J_a\vec{\omega} \qquad (8.11.30)$$

Wie auch das Traktorbeispiel unterstreicht das Kartoffelbeispiel die Bedeutung einer *systemangepassten Basis*. Ein Wechsel der Basis bzw. der Basen zieht Koordinatentransformationen nach sich. Koordinatentransformationen lassen sich wie lineare Abbildungen matrizenmäßig behandeln. Es ist günstig, auch hier Vorkenntnisse zu haben. Zunächst müssen für den Basiswechsel die alten Basisvektoren in der neuen Basis ausgedrückt werden (*s. 8.11.31*).

Mühselig, aber unverzichtbar: Koordinatentransformationen in höherdimensionalen Räumen

$$\text{Alte Basis von } \mathbb{X}: (\vec{e}_1, \vec{e}_2, \cdots, \vec{e}_n) \qquad \text{Neue Basis von } \mathbb{X}: (\vec{e}_1', \vec{e}_2', \cdots, \vec{e}_n')$$

$$\vec{e}_i' \text{ als Linearkombin. aus } (\vec{e}_1, \vec{e}_2, \cdots, \vec{e}_n): \begin{cases} \vec{e}_1' = \tau_{11}\vec{e}_1 + \tau_{12}\vec{e}_2 + \cdots \tau_{1n}\vec{e}_n \\ \vec{e}_2' = \tau_{21}\vec{e}_1 + \tau_{22}\vec{e}_2 + \cdots \tau_{2n}\vec{e}_n \\ \cdots\cdots\cdots\cdots\cdots\cdots\cdots\cdots \\ \vec{e}_n' = \tau_{n1}\vec{e}_1 + \tau_{n2}\vec{u}_2 + \cdots \tau_{nn}\vec{e}_n \end{cases} \qquad (8.11.31)$$

Machen Sie sich unbedingt klar, dass hier ein Umrechnungsverfahren gesucht ist: die alten in die neuen Koordinaten eines Vektors!

Die Koordinaten der alten Basisvektoren bezüglich der neuen Basis benennen wir mit doppelt indizierten Variablen. Das griechische „τ" steht für „Transformation". Für die neue Basis wurden hochgestellte Postfix-Striche verwendet (*vgl. Bild 7.13.1*). Mit (*8.11.31*) ist analog zu (*8.11.4*) eine – hier quadratische – Matrix zur Basistransformation definiert:

$$\boldsymbol{\tau} = \begin{pmatrix} \tau_{11} & \tau_{12} & \cdots & \tau_{1n} \\ \tau_{21} & \tau_{22} & \cdots & \tau_{2n} \\ \vdots & \vdots & \cdots & \vdots \\ \vdots & \vdots & \cdots & \vdots \\ \tau_{n1} & \tau_{n2} & \cdots & \tau_{nn} \end{pmatrix} \qquad (8.11.32)$$

Stellen wir einen beliebigen Vektor erst in der neuen und dann in der alten Basis dar!

$$\vec{x} = \sum_{i=1}^{n} x_i'\vec{e}_i' = \sum_{i=1}^{n} x_i'\left(\sum_{k=1}^{n}\tau_{ik}\vec{e}_k\right) = \sum_{i=1}^{n}\sum_{k=1}^{n} x_i'\tau_{ik}\vec{e}_k = \ldots$$

$$\ldots = \sum_{k=1}^{n}\left(\sum_{i=1}^{n} x_i'\tau_{ik}\vec{e}_k\right) = \sum_{k=1}^{m}\underbrace{\left(\sum_{i=1}^{n}\tau_{ik}x_i'\right)}_{x_k}\vec{e}_k = \sum_{k=1}^{m} x_k\vec{e}_k \qquad (8.11.33)$$

Aus (*8.11.33*) ergeben sich Transformationsgleichungen für die Koordinaten:

(8.11.34)

$$\underbrace{x_k = \sum_{i=1}^{n} \tau_{ik} x_i'}_{1 \le k \le m} \quad \text{bzw.} \quad \begin{cases} x_1 = \tau_{11}x_1' + \tau_{21}x_2' + \tau_{31}x_3' + \ldots + \tau_{n1}x_n' \\ x_2 = \tau_{12}x_1' + \tau_{22}x_2' + \tau_{32}x_3' + \ldots + \tau_{n2}x_n' \\ \ldots\ldots\ldots\ldots\ldots\ldots\ldots\ldots\ldots\ldots \\ x_n = \tau_{1n}x_1' + \tau_{2n}x_2' + \tau_{3n}x_3' + \ldots + \tau_{nn}x_n' \end{cases}$$

Die gesuchten neuen Koordinaten erfordern die Lösung eines Gleichungssystems.

Die Transformationsgleichungen (*8.11.34*) sind ein Ärgernis, denn die gesuchten neuen Koordinaten x_i' stehen auf der verkehrten Seite. Es handelt sich daher um ein Gleichungssystem. Man kommt an die gesuchten transformierten Koordinaten erst durch Lösung des Gleichungssystems heran. Hinzu kommt der Schönheitsfehler, der uns bereits bei den Abbildungen begegnete: Wird das Gleichungssystem in eine Matrizengleichung überführt, muss die Transponierte der Matrix τ verwendet werden.

Es gibt einen Ausweg!

Raffinierte Multiplikation mit einer Matrix von links! Deren merkwürdige Schreibweise klärt sich unten auf!

Die „Matrizengymnastik“ bietet eine Beseitigung des oben genannten Ärgernisses an! Schreiben wir das Gleichungssystem rechts in (*8.11.34*) zunächst als Matrizengleichung (*s. 8.11.35*). Die Vektoren sind dort Koordinatenvektoren! Man könnte beide Seiten von links mit irgendeiner Matrix multiplizieren. Die Matrix, mit der in (*8.11.35*) multipliziert wird, soll eine spezielle Eigenschaft haben! Sie soll, multipliziert mit der (transponierten) Originalmatrix, eine Einheitsmatrix ergeben. Wenn sich eine solche Matrix bequem finden ließe, hätte man damit eine Matrix, die die alten direkt in die neuen Koordinaten transformiert – eine *Transformationsmatrix* für die Koordinaten (*s. rechts in* (*8.11.35*)).

(8.11.35)

$$\vec{x} = \boldsymbol{\tau}^{\mathrm{T}}\vec{x}' \,\Big|\, \left(\boldsymbol{\tau}'\right)^{-1} \Rightarrow \left(\boldsymbol{\tau}'\right)^{-1}\vec{x} = \Bigg(\underbrace{\left(\boldsymbol{\tau}'\right)^{-1}\boldsymbol{\tau}^{\mathrm{T}}}_{\boldsymbol{E}}\Bigg)\vec{x}' \Rightarrow \underline{\underline{\vec{x}' = \left(\boldsymbol{\tau}'\right)^{-1}\vec{x}}}$$

Quadratische Matrizen bilden bezüglich der Matrizenmultiplikation sogar eine (nichtkommutative) Gruppe!

Es verbleibt „nur“ die Frage, ob so eine „inverse“ Matrix existiert und wie man deren Matrixelemente errechnet. Die Antwort lautet: So etwas gibt es, und die Matrixelemente sind berechenbar. Die Matrix heißt (tatsächlich) *inverse Matrix*. Die einer Matrix zugeordnete Inverse kennzeichnet man mit dem hochgestellten Postfix „–1“. Um nicht, wie in (*8.11.35*), das hochgestellte „T“ mitschleppen zu müssen, werden die Matrizen bei den folgenden Überlegungen mit $\boldsymbol{A}$, die Inversen mit $\boldsymbol{A}^{-1}$ und die Matrixelemente mit $a_{\ldots}$ benannt. Die Matrixelemente der Inversen werden durch einen Querstrich kenntlich gemacht (lies „a-quer“!). Man sieht anhand von (*8.11.36*) leicht ein, dass aufgrund der Assoziativität des Matrizenproduktes das Produkt einer Matrix mit ihrer Inversen vertauschbar ist.

(8.11.36)

$$\boldsymbol{A}\underbrace{\left(\boldsymbol{A}^{-1}\boldsymbol{A}\right)}_{\boldsymbol{E}} = \left(\boldsymbol{A}\boldsymbol{A}^{-1}\right)\boldsymbol{A} = \boldsymbol{A} \;\Rightarrow\; \underline{\underline{\boldsymbol{A}^{-1}\boldsymbol{A} = \boldsymbol{A}\boldsymbol{A}^{-1} = \boldsymbol{E}}}$$

Um die Matrixelemente der inversen Matrix eventuell mit einem Gleichungssystem ermitteln zu können, notieren wir zunächst die Gleichung $\boldsymbol{A}\boldsymbol{A}^{-1} = \boldsymbol{E}$ in Matrixform (*s. 8.11.37*). Wir wählen dabei die Inverse als zweiten Faktor, damit die unbekannten Matrixelemente hinten stehen.

$$AA^{-1}=\boldsymbol{E} \Leftrightarrow \begin{pmatrix} a_{11} & a_{12} & \cdots & a_{1n} \\ a_{21} & a_{22} & \cdots & a_{2n} \\ \vdots & \vdots & \ddots & \vdots \\ a_{n1} & a_{n2} & \cdots & a_{nn} \end{pmatrix} \begin{pmatrix} \overline{a}_{11} & \overline{a}_{12} & \cdots & \overline{a}_{1n} \\ \overline{a}_{21} & \overline{a}_{22} & \cdots & \overline{a}_{2n} \\ \vdots & \vdots & \ddots & \vdots \\ \overline{a}_{n1} & \overline{a}_{n2} & \cdots & \overline{a}_{nn} \end{pmatrix} = \begin{pmatrix} 1 & 0 & \cdots & 0 \\ 0 & 1 & \cdots & 0 \\ \vdots & \vdots & \ddots & \vdots \\ 0 & 0 & \cdots & 1 \end{pmatrix} \qquad (8.11.37)$$

Führt man die Matrizenmultiplikation links aus, müssen die Matrixelemente der Produktmatrix gleich denen der Einheitsmatrix auf der rechten Seite sein. Genau das führt zu folgendem Gleichungssystem. Bedenken Sie: Die Matrixelemente mit dem Querstrich sind die „Unbekannten"!

$$\begin{array}{|l|}\hline a_{11}\overline{a}_{11}+a_{12}\overline{a}_{21}+\ldots+a_{1n}\overline{a}_{n1}=1 \\ a_{21}\overline{a}_{11}+a_{22}\overline{a}_{21}+\ldots+a_{2n}\overline{a}_{n1}=0 \\ \ldots\ldots\ldots\ldots\ldots\ldots \\ a_{n1}\overline{a}_{11}+a_{n2}\overline{a}_{21}+\ldots+a_{nn}\overline{a}_{n1}=0 \\ \hline \end{array} \quad \begin{array}{|l|}\hline a_{11}\overline{a}_{12}+a_{12}\overline{a}_{22}+\ldots+a_{1n}\overline{a}_{n2}=0 \\ a_{21}\overline{a}_{12}+a_{22}\overline{a}_{22}+\ldots+a_{2n}\overline{a}_{n2}=1 \\ \ldots\ldots\ldots\ldots\ldots\ldots \\ a_{n1}\overline{a}_{12}+a_{n2}\overline{a}_{22}+\ldots+a_{nn}\overline{a}_{n2}=0 \\ \hline \end{array} \qquad (8.11.38)$$

n^2 Gleichungen mit n^2 Unbekannten!

Das Gleichungssystem, das aus (*8.11.37*) entsteht, scheint entsetzlich zu sein! Handelte es sich oben in (*8.11.34*) um ein System mit n Gleichungen und n Unbekannten, sind hier n^2 Gleichungen mit n^2 Unbekannten zu bewältigen. Erst auf den zweiten Blick ist zu erkennen, dass das System in n unabhängige Gleichungssysteme aus jeweils n Gleichungen mit n Variablen zerfällt. In (*8.11.38*) sind nur die beiden ersten Systeme aufgeführt. Sie ergeben sich aus der Multiplikation der ersten Zeile von Matrix $\boldsymbol{A}$ mit den ersten beiden Spalten von Matrix $\boldsymbol{A}^{-1}$. Die Gleichungssysteme sollen mithilfe der *Cramerschen Regel* bearbeitet werden. Beachten Sie: Die Nennerdeterminanten sind alle gleich, nämlich $|\boldsymbol{A}|$. Für die Zählerdeterminanten kommt günstig ins Spiel, dass rechts bis auf eine Eins nur Nullen stehen. Damit besteht jeweils eine Spalte der Zählerdeterminanten aus einer Eins und sonst aus lauter Nullen. Nun kommt der Laplacesche Entwicklungssatz (*Merksatz 8.9.2*) ins Spiel. Beachten Sie bitte dazu auch *Bild 8.9.2*! Im Folgenden wurde exemplarisch das Matrixelement „a_{23}quer" mithilfe der Cramerschen Regel dargestellt.

Hier ist die Cramersche Regel unverzichtbar!

$$\overline{a}_{23}=\frac{1}{\det(\boldsymbol{A})}\cdot\begin{vmatrix} a_{11} & a_{12} & 0 & a_{14} & \cdots \\ a_{21} & a_{22} & 1 & a_{24} & \cdots \\ a_{31} & a_{32} & 0 & a_{34} & \cdots \\ \vdots & \vdots & \vdots & \vdots & \vdots \\ a_{n1} & a_{n2} & 0 & a_{n4} & a_{nn} \end{vmatrix} = \frac{1\cdot \mathrm{cof}_{23}A}{\det(\boldsymbol{A})} = \underline{\underline{\frac{\mathrm{cof}_{23}A}{\det(\boldsymbol{A})}}} \qquad (8.11.39)$$

Für die komplette inverse Matrix ergibt sich dann (*8.11.40*). Die reziproke Nennerdeterminante setzt man gerne vor die Matrix.

$$A^{-1}=\frac{1}{\det(A)}\begin{pmatrix} \mathrm{cof}_{11}A & \mathrm{cof}_{12}A & \cdots & \mathrm{cof}_{1n}A \\ \mathrm{cof}_{21}A & \mathrm{cof}_{22}A & \cdots & \mathrm{cof}_{2n}A \\ \vdots & \vdots & \ddots & \vdots \\ \mathrm{cof}_{n1}A & \mathrm{cof}_{n2}A & \cdots & \mathrm{cof}_{nn}A \end{pmatrix} \qquad (8.11.40)$$

Die inverse Matrix sieht in der Form (*8.11.40*) kompakt aus. Sie ist aber rechentechnisch für $n > 3$ ein Gräuel. Es verbleibt aber immer der Notanker „Gaußscher Algorithmus". Einfach sind natürlich zweireihige Matrizen zu invertieren, denn

Notanker Gauß!

die Kofaktoren sind zu Zahlen zusammengeschrumpft. Zu beachten ist, dass die Kofaktoren Vorzeichenfaktoren enthalten!

(8.11.41)

$$\boldsymbol{A}=\begin{pmatrix} a_{11} & a_{12} \\ a_{21} & a_{22} \end{pmatrix}, \quad \boldsymbol{A}^{-1}=\frac{1}{a_{11}a_{22}-a_{12}a_{21}}\cdot\begin{pmatrix} a_{22} & -a_{12} \\ -a_{21} & a_{11} \end{pmatrix}$$

Kehren wir mit dem Wissen um die inversen Matrizen zu unserer Koordinatentransformation zurück. Um aus der Matrix für die Basisvektoren die Transformationsmatrix für die Koordinaten zu erhalten, muss sie gemäß (*8.11.35*) transponiert und anschließend noch invertiert werden (*s. 8.11.42*).

(8.11.42)

$$\text{Transformationsmatrix f. Koordinaten: } \boldsymbol{T}=\left(\boldsymbol{\tau}^{\mathrm{T}}\right)^{-1}$$

Sehen wir uns dazu ein Beispiel an, das wir bereits in Abschnitt 7.13 behandelt hatten – die Drehung eines Koordinatensystems. Wir wählen diesmal die in diesem Kapitel verwendeten Bezeichnungen.

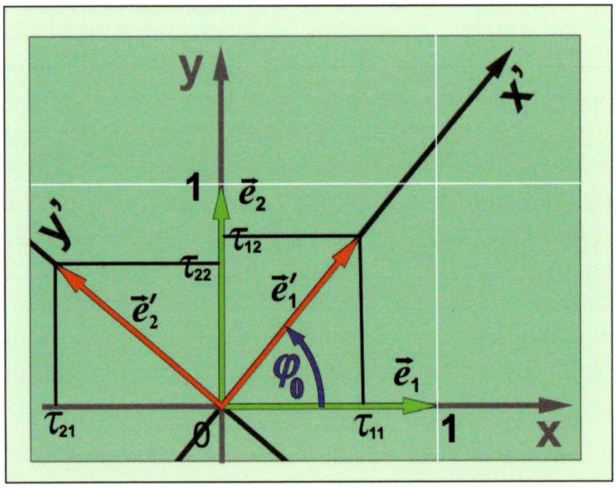

Bild 8.11.4
Planfigur zur Drehung eines Koordinatensystems

Da wir von einer Basistransformation ausgehen, sind in *Bild 8.11.4* die sonst unterdrückten Basisvektoren mit eingetragen. Wir stellen zunächst die Matrix der Basistransformation auf. Weil es sich hier um Einheitsvektoren handelt, sind die Koordinaten der neuen Basis bezüglich der alten mittels Trigonometrie schnell hingeschrieben.

(8.11.43)

$$\left.\begin{array}{l} \vec{e}_1' = \overbrace{\cos(\varphi_0)}^{\tau_{11}}\vec{e}_1+\overbrace{\sin(\varphi_0)}^{\tau_{12}}\vec{e}_2 \\ \vec{e}_1' = \underbrace{-\sin(\varphi_0)}_{\tau_{21}}\vec{e}_1+\underbrace{\cos(\varphi_0)}_{\tau_{22}}\vec{e}_2 \end{array}\right\} \quad \boldsymbol{\tau}=\begin{pmatrix} \cos(\varphi_0) & \sin(\varphi_0) \\ -\sin(\varphi_0) & \cos(\varphi_0) \end{pmatrix}$$

Anschließend muss transponiert, dann invertiert werden. Das Ergebnis ist eine Transformationsmatrix für die Koordinaten im gedrehten System.

$$\boldsymbol{\tau}' = \begin{pmatrix} \cos(\varphi_0) & -\sin(\varphi_0) \\ \sin(\varphi_0) & \cos(\varphi_0) \end{pmatrix}$$

$$\boldsymbol{T} = \left(\boldsymbol{\tau}'\right)^{-1} = \underbrace{\frac{1}{\cos^2(\varphi_0)+\sin^2(\varphi_0)}}_{=1} \begin{pmatrix} \cos(\varphi_0) & \sin(\varphi_0) \\ -\sin(\varphi_0) & \cos(\varphi_0) \end{pmatrix} \qquad (8.11.44)$$

$$\underline{\underline{\boldsymbol{T} = \begin{pmatrix} \cos(\varphi_0) & \sin(\varphi_0) \\ -\sin(\varphi_0) & \cos(\varphi_0) \end{pmatrix}}}$$

In (*8.11.45*) ist diese Koordinatentransformation als Matrizengleichung dargestellt. Das Ergebnis ist natürlich gleich dem aus Abschnitt 7.13 (*s. links in* (*7.13.18*)).

$$\begin{pmatrix} x' \\ y' \end{pmatrix} = \underbrace{\begin{pmatrix} \cos(\varphi_0) & \sin(\varphi_0) \\ -\sin(\varphi_0) & \cos(\varphi_0) \end{pmatrix}}_{\boldsymbol{T}} \begin{pmatrix} x \\ y \end{pmatrix} \qquad (8.11.45)$$

Ihnen ist vielleicht aufgefallen, dass in unserem Beispiel das Transponieren und Invertieren wieder zur Ursprungsmatrix zurückführte. Zugleich ist die Determinante aller Matrizen gleich eins. In (*8.11.46*) werden die Konsequenzen aus dieser Eigenschaft gezeigt. Multipliziert man die Gleichung links oben in (*8.11.46*) von rechts mit $\boldsymbol{\tau}^{\mathrm{T}}$, ergibt sich auf der rechten Gleichungsseite die Einheitsmatrix. Dann ergibt das Matrizenprodukt der Matrix mit ihrer Transponierten die Einheitsmatrix! In diesem Fall entfällt ein mühseliges Invertieren, denn inverse und transponierte Matrix sind gleich. Diese Vereinfachung tritt ein, wenn man eine orthonormale Basis in eine andere mit der gleichen Eigenschaft überführt. Matrizen mit dieser freundlichen Eigenschaft heißen orthogonale Matrizen (*s. unten in 8.11.46*).

Im Falle orthogonaler Matrizen entfällt das mühselige Invertieren der Matrix.

$$\begin{aligned} \tau &= \left(\tau^{\mathrm{T}}\right)^{-1} \,|\, \tau^{\mathrm{T}} \Rightarrow \tau\tau^{\mathrm{T}} = \left(\tau^{\mathrm{T}}\right)^{-1}\tau^{\mathrm{T}} = \boldsymbol{E} \\ &\Rightarrow \underline{\underline{\tau\tau^{\mathrm{T}} = \boldsymbol{E} \Leftrightarrow \tau^{-1} = \tau^{\mathrm{T}}}} \end{aligned} \qquad (8.11.46)$$

Die Nützlichkeit des Matrizenkonzepts kommt zum Tragen, wenn ein räumliches Koordinatensystem nach der Drehung um die z-Achse (Winkel α) anschließend um die x'-Achse um den Winkel β gedreht werden soll. Man multipliziert dann einfach die beiden Transformationsmatrizen (Reihenfolge beachten).

$$\boldsymbol{T}_{\mathrm{Ges}} = \boldsymbol{T}_\beta \boldsymbol{T}_\alpha = \begin{pmatrix} 1 & 0 & 0 \\ 0 & \cos(\beta) & \sin(\beta) \\ 0 & -\sin(\beta) & \cos(\beta) \end{pmatrix} \begin{pmatrix} \cos(\alpha) & \sin(\alpha) & 0 \\ -\sin(\alpha) & \cos(\alpha) & 0 \\ 0 & 0 & 1 \end{pmatrix} \qquad (8.11.47)$$

Die Transformationsmatrizen kommen ebenfalls erfolgreich ins Spiel, wenn es darum geht, eine lineare Vektorgleichung auf andere Basen zu beziehen. Es könnte nämlich sein, dass sich eine Abbildungsmatrix dadurch wesentlich vereinfacht. *Bild 8.11.5* zeigt ein Beispiel, wie eine Vektorfunktion nach einer Vereinfachung aussehen könnte (die Idealform wäre natürlich eine reine Diagonalmatrix!).

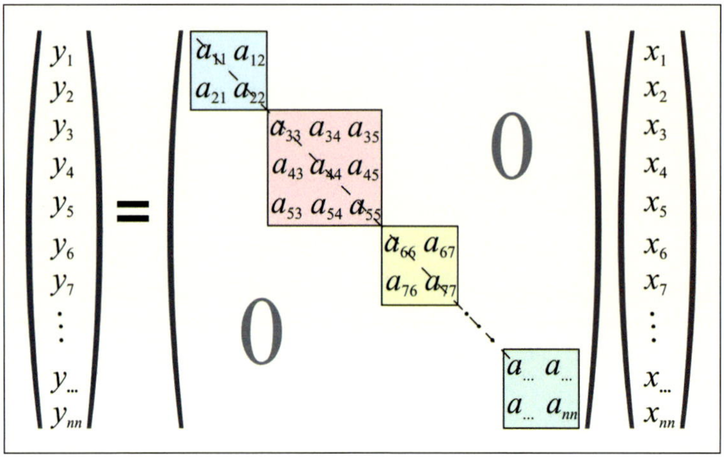

Bild 8.11.5
Vereinfachte Abbildungsmatrix nach einer Koordinatentransformation

Die von null verschiedenen Matrixelemente der Abbildungsmatrix gruppieren sich entlang der Hauptdiagonalen. Multipliziert man die Matrizengleichung aus, stellt man fest, dass sie in unabhängige Matrizengleichungen mit erträglichen Variablenzahlen zerfällt (*s. Bild 8.11.6*).

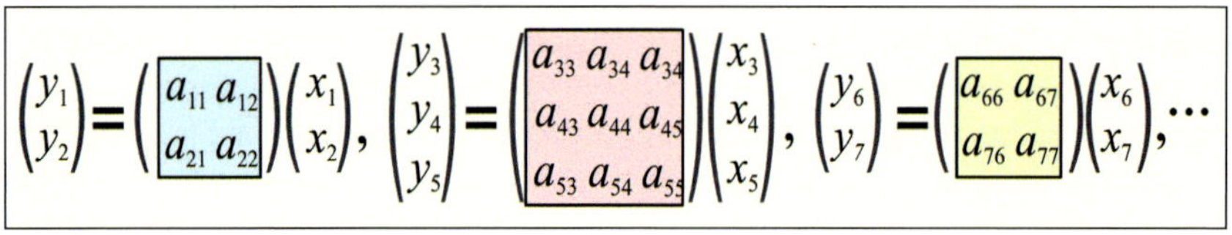

Bild 8.11.6
Unabhängige Matrizengleichungen

Nehmen wir an, eine lineare Abbildung bilde einen Vektorraum auf sich selbst ab. Bezüglich einer Basis ergäbe sich die Abbildungsmatrix $\boldsymbol{A}$ für die Koordinatenvektoren. Wenn man Grund zu der Annahme hat, dass die Abbildungsmatrix bezüglich einer anderen Basis einfacher wird, wandelt man die Matrizengleichung – so wie in folgender Gleichung gezeigt – durch Multiplikation mit Transformationsmatrizen um.

(8.11.48)

$$\vec{y} = \boldsymbol{A}\vec{x} \rightarrow \boldsymbol{T}\,\vec{y} = \boldsymbol{TAT}^{-1}\boldsymbol{T}\,\vec{x}, \text{ Neue Abbildungsmatrix} = \boldsymbol{TAT}^{-1}$$

Alle Koordinatenvektoren müssen wegen des Basiswechsels transformiert werden und bekommen die Transformationsmatrix $\boldsymbol{T}$ als Faktor vorangestellt. Zwischen $\boldsymbol{A}$ und $\boldsymbol{x}$ klemmt man einfach eine Einheitsmatrix und ersetzt diese durch das Matrizenprodukt $\boldsymbol{T}^{-1}\boldsymbol{T}$. Da das Matrizenprodukt assoziativ ist, kann man die Matrizen auseinanderziehen und erhält so die neue Abbildungsmatrix als Produkt aus den drei Matrizen $\boldsymbol{T}$, $\boldsymbol{A}$ und $\boldsymbol{T}^{-1}$. Natürlich ist das alles in der Praxis eine mühsame Angelegenheit. Aber mit Matrizenprodukten wird ein Computer spielend fertig, sofern die passenden Programme installiert sind.

8.12 Höherdimensionale Vektorräume

Möglicherweise haben Sie sich bereits gefragt, warum wir uns in den vorherigen Kapiteln nicht auf dreidimensionale Vektorräume beschränkt haben – in Naturwissenschaft und Technik spielt sich ja doch alles im Dreidimensionalen ab! Man könnte noch die Zeit als vierte Dimension hinzunehmen (Vierervektoren) – dann müsste aber wirklich Schluss sein. Tatsächlich ist für den Mathematikanwender bei der vierten Dimension keineswegs Schluss! Der Grund besteht darin, dass Funktionen das A und O von Naturwissenschaft und Technik sind. Funktionsmengen lassen sich als Vektorräume behandeln und es wird sich zeigen, dass diese dann durchaus höhere Dimensionszahlen als vier haben können.

Dimensionszahlen sind unbegrenzt.

$$\mathbb{F} = \{f \mid f : [a,b] \to \mathbb{R}\} \quad (8.12.1)$$

Die in (*8.12.1*) erklärte Menge besteht aus allen auf einem reellen Intervall $[a,b]$ definierten reellwertigen Funktionen. Notwendig für die Vektorraumstruktur sind zwei Verknüpfungen, und die ergeben sich aus der Reellwertigkeit der Funktionen von selbst.

$$f,g \in \mathbb{F}: \quad (f+g)(x) := f(x) + g(x) \quad (8.12.2)$$

Summiert man, wie in (*8.12.2*), die Funktionsterme zweier Elemente der Funktionenmenge ***F***, so ergibt sich wieder eine Funktion aus ***F***. Diese Funktion ist dann das Ergebnis der „Addition" genannten Verknüpfung der Elemente f und g aus ***F***.

$$c \in \mathbb{R}, f \in \mathbb{F}: \quad (cf)(x) := c \cdot f(x) \quad (8.12.3)$$

Man kann die Funktionswerte mit einem reellen „Maßstabsfaktor" strecken oder stauchen (*s. 8.12.3*). Danach handelt es sich immer noch um eine Funktion aus ***F***. Diese Selbstverständlichkeit eignet sich als S-Multiplikation. Eine Funktion, die **jedem** Element des Intervalls $[a,b]$ die Zahl null zuordnet, übernimmt die Rolle des Nullvektors.

$$\mathbb{O} \in \mathbb{F}: \quad \mathbb{O}(x) \equiv 0 \quad (8.12.4)$$

Man schreibt die Nullvektorfunktion gerne mit dem „≡"-Zeichen, um anzudeuten, dass nicht etwa Nullstellen einer Funktion gemeint sind. Eine Funktion mit einer oder mehreren Nullstellen ist kein Nullvektor!! Da die Funktionswerte reelle Zahlen sind und somit die Körperaxiome erfüllen, erfüllen die Verknüpfungen (*8.12.2*) und (*8.12.3*) die Vektorraumaxiome sozusagen automatisch. Ähnliche Funktionsräume definiert man für mehrstellige reellwertige Funktionen.

Man könnte auch die Bedingungen verschärfen und beispielsweise nur beliebig oft differenzierbare Funktionen zulassen:

$$\mathbb{F}_{\mathrm{D}} = \left\{ f \in \mathbb{F} \mid f^{(n)}(x) \text{ existiert } \forall n \in \mathbb{N} \right\} \quad (8.12.5)$$

Die in (*8.12.5*) erklärte Menge ist eine Teilmenge von $\boldsymbol{F}$, aber für sich genommen ein selbständiger Vektorraum. Eine derartige Teilmenge heißt dann Untervektorraum bzw. einfach nur Unterraum (hier von $\boldsymbol{F}$). Nun stellt sich die Frage nach der Dimension bzw. nach einer Basis und eventuell auch noch nach einem skalaren Produkt für den Vektorraum (*8.12.5*). Erinnern Sie sich bitte an die McLaurin-Taylorreihe!

(8.12.6)

$$f(x)=\frac{f(0)}{0!}x^0+\frac{f'(0)}{1!}x^1+\frac{f''(0)}{2!}x^2+\frac{f'''(0)}{3!}x^3+\frac{f^{(\mathrm{IV})}(0)}{4!}x^4+\ldots$$

Taylorreihe als Linearkombination aus Potenzfunktionen

Die Faktoren vor den Potenzfaktoren in (*8.12.6*) sind reine Zahlenfaktoren. Um das herauszustellen, wurden sie rot gefärbt dargestellt. Die Reihe könnte man als Linearkombination aus Potenzfunktionen auffassen. Alle Potenzfunktionen gehören dem Vektorraum $\boldsymbol{F}_\mathrm{D}$ an und könnten sogar die Rolle einer Basis spielen. Dazu wäre die lineare Unabhängigkeit Voraussetzung. Im Folgenden ist die Bedingung für endlich viele Potenzfunktionen ausgeschrieben.

(8.12.7)

$$\forall x\in\mathbb{R}:\ a_0x^0+a_1x^1+a_2x^2+a_3x^3+\ldots+a_nx^n=0\ ?$$

Lineare Unabhängigkeit gewährleistet

Die Linearkombination aus endlich vielen Potenzfunktionen ist ein Polynom. Nach dem Fundamentalsatz der Algebra hat ein Polynom n-ten Grades höchstens n Nullstellen (*vgl. Merksatz 7.4.2*). Ein Polynom kann deshalb nicht für alle x gleich null sein – es sei denn, alle Koeffizienten verschwinden. Das ändert sich auch nicht, wenn n gegen unendlich strebt. Die Potenzfunktionen (oder Monome) könnten demnach eine Basis von $\boldsymbol{F}_\mathrm{D}$ sein – die Frage ist nur, ob sie auch vollständig ist. Aber auch wenn sie nicht vollständig ist, sehen wir, dass die Dimension des Funktionenraumes unendlich sein muss:

Merksatz 8.12.1

Merke:
Die Dimensionszahl von Funktionsräumen kann (aber muss nicht) unendlich sein.

Für den Einsteiger ist immer wieder verblüffend, dass ein Funktionenraum ohne Weiteres euklidisch sein kann. Man muss sich nur ein brauchbares Skalarprodukt einfallen lassen. Das ist natürlich längst geschehen. In (*8.12.8*) wird ein mögliches Skalarprodukt in $\boldsymbol{F}_\mathrm{D}$ vorgestellt.

(8.12.8)

$$f\bullet g:=k\cdot\int_a^b f(x)\cdot g(x)\,\mathrm{d}x,\qquad k,a,b\in\mathbb{R}$$

Ein Integral als Skalarprodukt

Das komplette Rüstzeug der Vektorrechnung steht bereit!

Den Normierungsfaktor k und die Grenzen passt man an die spezielle Menge an. Für die Erfüllung der Rechenregeln (*8.6.12*) für skalare Produkte sorgen die Eigenschaften des Integrals. Mit der Definition eines Skalarprodukts wird ein Funktionsvektorraum zu einem euklidischen Vektorraum. Das komplette Rüstzeug der linearen Algebra/Vektorrechnung steht damit zu Verfügung. Auch die Begriffe „Länge“ und „Winkel“ sind in einem höherdimensionalen Funktionenraum sinnvoll. Man muss aber unbedingt angeben, auf welches Skalarprodukt sich die Größen beziehen.

Und wann muss man nun in höhere Sphären aufsteigen? Nun, Sie waren im Abschnitt 7.16 „Taylorreihen" bereits – ohne es zu wissen – oben. Wann immer eine Funktion in eine Reihe entwickelt wird, kann dies als Darstellung der Funktion bezüglich einer Basis ansehen werden. So schön einfach, wie eine Basis aus Potenzfunktionen aussieht, sie hat einen gewichtigen Nachteil – Potenzfunktionen sind nicht orthogonal. Sie erinnern sich: Idealbasen sind orthonormiert (*s. Merksatz 8.6.5*). Rechnen wir exemplarisch nach, was das skalare Produkt in der Form (*8.12.8*) aus den Potenzfunktionen x^1 und x^3 ergibt. Als Skalierungsfaktor verwenden wir +1 und wählen die Integrationsgrenzen von −1 bis +1.

Ein Jammer: Die Potenzfunktionen sind nicht orthogonal.

$$\int_{-1}^{+1} x^1 \cdot x^3 \,\mathrm{d}x = \int_{-1}^{+1} x^4 \,\mathrm{d}x = \tfrac{1}{5} x^5 \Big|_{-1}^{+1} = \tfrac{1}{5}\big(1-(-1)\big) = \underline{\underline{0{,}4 \neq 0}}$$

(8.12.9)

Das skalare Produkt ist somit nicht null. Für eine Orthogonalbasis wäre „ …= 0 für **alle** $n \neq m$" erforderlich. Die Bedingung wäre auch nicht mithilfe anderer Integrationsgrenzen und schon gar nicht mit einem anderen Skalierungsfaktor zu erreichen gewesen.

Im Funktionenraum braucht man trotzdem nicht auf eine Orthonormalbasis zu verzichten. Mithilfe des so genannten *Schmidtschen Orthonormierungsverfahrens* lässt sich in einem euklidischen Vektorraum aus einer Basis eine Orthonormalbasis zusammenbasteln. Wenn man so etwas selbst machen muss, ist das eine mühselige Angelegenheit. Aber meistens haben andere das längst für Sie erledigt. Eine orthogonale Basis des Funktionenraumes bilden die Legendreschen Polynome, auch Kugelfunktionen (erster Ordnung) genannt. Werfen Sie einen **kurzen** Blick drauf (*s. 8.12.10*)! Die Polynome sind so normiert, dass $p_i(1) = 1$ ist. Die Punkte am Schluss sollen hier **nicht** andeuten, dass man ab dort den Algorithmus für die Fortsetzung erkennen kann! Die konkreten Basisvektoren muss man sich (mühsam) mithilfe von Rekursionsformeln verschaffen.

Legendresche Polynome bilden eine orthogonale Basis.

$$p_0 = 1,\ p_1 = x,\ p_2 = \tfrac{1}{2}\left(3x^2 - 1\right),\ p_3 = \tfrac{1}{2}\left(5x^3 - 3x\right),\ p_4 = \tfrac{1}{8}\left(35x^4 - 30x^2 + 3\right), \ldots$$

(8.12.10)

Die andere Schiene, auf der Sie zwangsläufig in höhere Sphären aufsteigen müssen, sind die theoretischen Grundlagen Ihres Studienfaches – beachten Sie bitte die Konvention über die Vokabel „*Theorie*" in folgendem Merksatz!

Was ist eine Theorie?
Eine *Theorie* ist in der Naturwissenschaft das „Allerhöchste" – darüber kommt nur noch der „liebe Gott"!
Ein Denkgebäude darf nur dann mit der Vokabel *Theorie* geadelt werden, wenn damit ein **sehr** großer Bereich erklärt werden kann.
Umfangreiche experimentelle Bestätigungen sind Bedingung!
Berühmte Beispiele: Maxwellsche Gleichungen, Quantenmechanik, allgemeine Relativitätstheorie.
Wird lediglich ein begrenzter Phänomenbereich erklärt, spricht man nur von *Modellen.*

Merksatz 8.12.2

Beachten Sie, in der Umgangssprache werden die Vokabeln „theoretisch" bzw. „Theorie" sehr locker gehandhabt.

Theorien der Naturwissenschaft werden mithilfe komplizierter *partieller Differenzialgleichungen* (meist 4 Variable!) formuliert. Die Lösungen dieser oder davon abgeleiteter Gleichungen sind dann Beschreibung und Erklärung eines Phänomens. Es geht also (wieder) um Gleichungen und deren Lösungsmengen. Für Naturwissenschaft und Technik relevante Gleichungen lassen sich zumeist als einstellige Verknüpfung (Operation) auffassen. Im Folgenden ist die Lösungsmenge so einer Gleichung dargestellt. Der Operator wurde mit einem verschnörkelten $\mathcal{L}$ benannt.

(8.12.11)

$$\mathbb{L} = \left\{ \psi \in \mathbb{F}_{\mathrm{D}} \mid \mathcal{L}(\psi) = 0 \right\}$$

Nun ist die Natur erstaunlicherweise so freundlich und lässt viele relevante Operatoren linear sein. Dann aber ist die Lösungsmenge (*8.12.11*) – unabhängig davon, welche Grausamkeiten in dem Operator $\mathcal{L}$ verborgen sind – ein Vektorraum.

(8.12.12)

$$\underline{\psi, \phi \in \mathbb{L} \;\Leftrightarrow\; \mathcal{L}(\psi) = 0,\; \mathcal{L}(\phi) = 0:}$$

$$\mathcal{L}(\psi + \phi) = \underbrace{\mathcal{L}(\psi) + \mathcal{L}(\phi)}_{\text{wegen Linearität}} = 0 + 0 = 0 \;\Rightarrow \underline{\underline{\psi + \phi \in \mathbb{L}}}$$

$$\mathcal{L}(c \cdot \psi) = \underbrace{c \cdot \mathcal{L}(\psi)}_{\text{wegen Linearität}} = c \cdot 0 = 0 \;\Rightarrow \underline{\underline{c \cdot \psi \in \mathbb{L}}}$$

Das komplette Repertoire der Vektorrechnung steht zur Verfügung.

Wenn Sie also Theorien oder davon abgeleitete Gleichungen studieren, sind Sie zwangsläufig in höherdimensionalen Räumen. Dafür steht Ihnen das komplette Repertoire der Vektorrechnung/Linearen Algebra helfend und ordnend zur Verfügung. Nehmen wir ein Beispiel (für $\mathcal{L}(\psi) = 0$) in Augenschein, das zeigt, wie so etwas konkret aussehen kann! Aus den Maxwellschen Gleichungen ergibt sich im materiefreien Raum für das elektrische Feld $\boldsymbol{E} = \boldsymbol{E}(x, y, z, t)$ die folgende partielle Differenzialgleichung:

(8.12.13)

$$\frac{\partial^2}{\partial x^2}\vec{E} + \frac{\partial^2}{\partial y^2}\vec{E} + \frac{\partial^2}{\partial z^2}\vec{E} - \frac{1}{c^2}\frac{\partial^2}{\partial t^2}\vec{E} = \mathbf{0} \quad \text{mit Quabla:} \quad \boxed{\Box \vec{E} = \mathbf{0}}$$

Der Operator heißt wirklich „Quabla", aber das „nur" ist ein übler Scherz!

Der zusammengefasste Operator heißt *d'Alembertoperator* oder *Quabla* und er ist **linear**! Damit ist die Lösungsmannigfaltigkeit dieser Gleichung ein Vektorraum und umfasst alle elektrischen Schwingungen und Wellen im materiefreien Raum. Sie brauchen sich „nur" noch die passenden „Vektoren" herauszusuchen und an ihre speziellen Rand- und Anfangsbedingungen anzupassen (nicht vergessen: die Vektoren sind hier Funktionen!).

Gesucht ist ein nachvollziehbares Beispiel für den Nutzen höherdimensionaler Räume!

An die Lösung einer partiellen Differenzialgleichung wie in (*8.12.13*) wollen wir uns hier lieber nicht heranwagen. Trotzdem sollte ein Beispiel nicht fehlen, das Ihnen zumindest die Berechtigung höherdimensionaler Räume nahebringt. Ein für Einsteiger nachvollziehbares Beispiel ist die Darstellung einer periodischen Funktion mithilfe einer so genannte Fourierreihe. Nehmen wir an, ein so genannter Frequenzgenerator erzeugt eine sägezahnförmige Spannung. Der zeitliche Verlauf dieses „Sägezahns" ist in *Bild 8.12.1* mit eingezeichnet. Streng genommen müsste der Graph unterbrochen gezeichnet werden, da die Abbrüche so schnell sein sollen, dass kein Oszilloskop sie sichtbar machen kann. Diese Sägezahnspannung wird optional durch einen Filter geschickt und versetzt den Membrantrichter eines Lautsprechers in Schwingungen. Der so bewegte Membrantrichter erzeugt Luftverdichtungen und -verdünnungen, die unser Männchen schließlich wahrnimmt. Auch ohne Spezialkenntnis weiß man, dass das Sägezahnsignal nicht unverändert dort ankommt, wo es hin soll (Gehirn). Gesucht ist ein Verfahren, derartige Veränderungen quantitativ beschreiben zu können!

Wie hört sich ein Sägezahnsignal an: Nicht unangenehm, sozusagen ein „voller Klang".

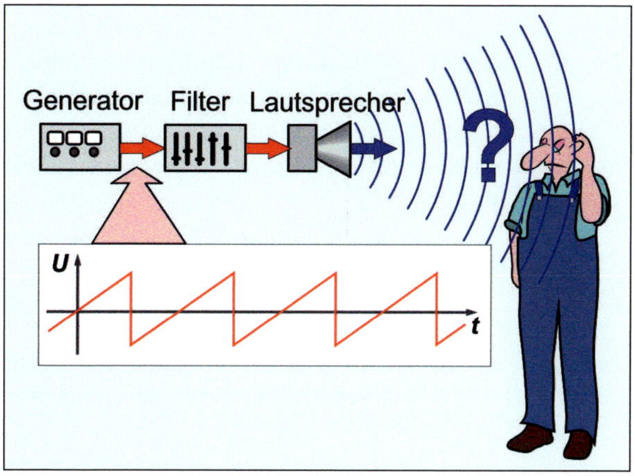

Bild 8.12.1
Frequenzgenerator mit Filter und Lautsprecher

Zunächst kümmern wir uns um den Sägezahn. Um Sie nicht mit einem Parametersalat zu verschrecken, stellen wir unsere Überlegungen an der in *Bild 8.12.2* dargestellten „entkernten" *Sägezahnfunktion* an.

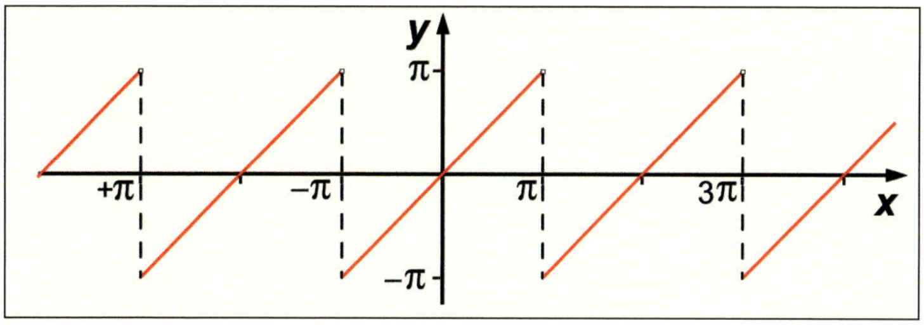

Bild 8.12.2
Eine Sägezahnfunktion

Im Folgenden wird die Sägezahnfunktion aus linearen Funktionen mittels Fallunterscheidung zusammengestückelt. Es ginge übrigens auch ohne Fallunterscheidung: $S(x) = [(x + \pi) \bmod 2\pi] - \pi$. Die Funktion ist punktsymmetrisch und hat die Periodenlänge 2π.

$$S(x) = \begin{cases} \dots & \text{falls } \dots \\ x+4\pi & \text{falls } x \in (-5\pi, -3\pi] \\ x+2\pi & \text{falls } x \in (-3\pi, -\pi] \\ \boldsymbol{x} & \text{falls } \boldsymbol{x \in (-\pi, +\pi]} \\ x-2\pi & \text{falls } x \in (+\pi, +3\pi] \\ x-4\pi & \text{falls } x \in (+3\pi, +5\pi] \\ \dots & \text{falls } \dots \end{cases} \qquad (8.12.14)$$

Man sieht leicht ein, dass **alle** punktsymmetrischen periodischen Funktionen gleicher Periodenlänge – z. B. 2π – einen Vektorraum bilden (*s. 8.12.2/8.12.3*). Mit dem im Folgenden definierten skalaren Produkt ist dieser Vektorraum sogar euklidisch.

(8.12.15)

$$f, g \in \mathbb{F}_{(2\pi)}: \quad f \bullet g := \tfrac{1}{\pi}\int_{-\pi}^{\pi} f(x)\cdot g(x)\,\mathrm{d}x$$

Im nächsten Schritt muss man eine Basis des Vektorraumes finden. Die Kosinusfunktion hat zwar die Periodenlänge 2π, ist jedoch nicht punktsymmetrisch; die Sinusfunktion dagegen passt. Durch Verkettung des Argumentes der Sinusfunktion mit einem ganzzahligen Faktor (> 0) verkleinert sich – wie im Folgenden gezeigt die – Periodenlänge.

(8.12.16)

$$f_n(x) = \sin(n\cdot x), \quad \text{Periodenlänge: } n\cdot x_{\mathrm{L}} = 2\pi \Leftrightarrow x_{\mathrm{L}} = \frac{2\pi}{n}$$

Trotzdem reproduzieren sich diese Sinusfunktionen auch nach 2π. Das heißt, 2π bleibt Periodenlänge – ist nur nicht die kürzestmögliche. Die Menge der Sinusfunktionen vom Typ (*8.12.16*) könnte sogar eine Basis unseres (speziellen) Funktionenraumes sein:

(8.12.17)

$$\text{Basis}\left(\mathbb{F}^{1}_{(2\pi)}\right) = (f_1, f_2, f_3, \ldots)\,? \quad \text{mit } f_n = \sin(nx)$$

Notwendig für eine Basis ist zunächst die lineare Unabhängigkeit der fraglichen Vektoren! Bevor wir das prüfen, sehen wir uns die Skalarprodukte zwischen Elementen von (*8.12.17*) an (*s. 8.12.18*).

(8.12.18)

$$f_n \bullet f_m = \tfrac{1}{\pi}\int_{-\pi}^{\pi} \sin(nx)\cdot\sin(mx)\,\mathrm{d}x \quad \text{Additionstheorem!!}$$

$$= \frac{1}{\pi}\cdot\begin{cases} \int_{-\pi}^{\pi}\left[\cos((n-m)x) - \cos((n+m)x)\right]\mathrm{d}x & \text{für } n \neq m \\ \int_{-\pi}^{\pi}\left[1-\cos(2nx)\right]\mathrm{d}x & \text{für } n = m \end{cases}$$

$$= \frac{1}{2\pi}\cdot\begin{cases} \left[\tfrac{1}{n-m}\sin((n-m)x) - \tfrac{1}{n+m}\sin((n+m)x)\right]\Big|_{-\pi}^{+\pi} = 0 & \text{für } n \neq m \\ \left[1-\tfrac{1}{2n}\sin(2nx)\right]\Big|_{-\pi}^{+\pi} = 1 & \text{für } n = m \end{cases}$$

$$\Rightarrow \underline{\underline{f_n \bullet f_m = \delta_{nm}}}$$

Günstig: Die Funktionen sind von Haus aus orthonormiert!

Das Integral für das Skalarprodukt wird einfacher, wenn man den Integranden mithilfe eines Additionstheorems in eine Summe umwandelt. Die Fallunterscheidung macht man vor der Integration! Wer die Stammfunktionen nicht sofort erkennt, wendet die Substitutionsregel an. Das Ergebnis ist denkbar einfach: Die Funktionen sind zueinander orthogonal und sogar noch normiert. Damit klärt sich auch die Wahl des Faktors $1/\pi$ im Skalarprodukt (*8.12.15*). Die Frage nach der *linearen Unabhängigkeit* ist im Falle orthogonaler Vektoren besonders einfach zu klären (*s. 8.12.19*). (Da die Variable x für die Funktionsargumente verbraucht ist, mussten die Koeffizienten in „$c_{\ldots}$“ umbenannt werden.)

$$c_1 f_1 + c_2 f_2 + c_3 f_3 + \ldots + c_n f_n + \ldots = 0 \quad |\bullet f_n$$
$$\Rightarrow \; c_1 \underbrace{f_1 \bullet f}_{=0} + c_2 \underbrace{f_2 \bullet f_n}_{=0} + c_3 \underbrace{f_3 \bullet f_n}_{=0} + \ldots + c_n \underbrace{f_n \bullet f_n}_{=1} + \ldots = \underbrace{0 \bullet f_n}_{=0}$$
$$\Rightarrow \; \underline{\underline{c_n = 0}} \quad (n = 1, 2, 3, \ldots)$$

Umformen mittels Additionstheorem

(8.12.19)

Man kommt um ein (homogenes) Gleichungssystem bzw. die Determinante herum. Die Gleichung wird einfach skalar mit einem Basisvektor durchmultipliziert. Da das skalare Produkt distributiv ist, verteilt sich der Faktor auf alle Summanden (*s. Distributivgesetz in 8.6.12*). Wegen der Orthogonalität werden links alle Summanden bis auf den n-ten gleich null. Die Gleichung ist nur dann erfüllt, wenn c_n verschwindet. Da das für alle n gilt, ist $c_1 = c_2 = c_3 = \ldots = 0$ die einzige Lösung, und die Vektoren sind linear unabhängig. Um die Frage zu klären, ob die als linear unabhängig erkannten Vektoren tatsächlich eine Basis sind, müsste noch die Vollständigkeit bewiesen werden. Wir ersetzen dies hier durch das Prinzip „Hoffnung“ und versuchen, unsere Sägezahnfunktion als Linearkombination aus den „Basisvektoren“ darzustellen.

Orthogonale Vektoren sind ebenfalls linear unabhängig.

Schwieriger Vollständigkeitsbeweis

$$S = c_1 f_1 + c_2 f_2 + c_3 f_3 + \ldots + c_n f_n + \ldots \quad |\bullet f_n$$
$$\Rightarrow S \bullet f_n = c_1 \underbrace{f_1 \bullet f}_{=0} + c_2 \underbrace{f_2 \bullet f_n}_{=0} + c_3 \underbrace{f_3 \bullet f_n}_{=0} + \ldots + c_n \underbrace{f_n \bullet f_n}_{=1} + \ldots$$
$$\Rightarrow \; \underline{\underline{c_n = f \bullet f_n}}$$

(8.12.20)

Das Ergebnis von (*8.12.20*) ist wegen der Orthogonalität verblüffend einfach. Die Koeffizienten sind **einzeln** mithilfe des Skalarproduktes ermittelbar. Es ist kein Gleichungssystem erforderlich! (Dieser Komfort, den eine orthonormale Basis bietet, erklärt, weshalb man sich der Mühe mit dem Schmidtschen Orthogonalisierungsverfahren unterzieht.) Für das Skalarprodukt ist nur das Intervall zwischen –1 und +1 relevant und dort handelt es sich im Falle unseres Sägezahns um eine simple Proportionalität.

Koeffizienten sind einzeln ermittelbar! Ein Gleichungssystem ist nicht erforderlich!

$$c_n = S \bullet f_n \; = \; \frac{1}{\pi} \int_{-\pi}^{+\pi} \underbrace{x}_{S} \cdot \underbrace{\sin(nx)}_{f_n} \, \mathrm{d}x$$

(8.12.21)

Für das Integral rechts in (*8.12.21*) sind zwei Nebenrechnungen erforderlich. Die erste besteht aus einer partiellen Integration (*vgl.* (*7.24.2*)).

$$\int_{-\pi}^{+\pi} x \cdot \sin(nx) \, \mathrm{d}x = -\tfrac{x}{n} \cdot \cos(nx) \Big|_{-\pi}^{+\pi} + \tfrac{1}{n} \int_{-\pi}^{+\pi} \cos(nx) \, \mathrm{d}x$$

P. Integration: $v' := \sin(nx), \quad u := x \quad \Rightarrow v = -\tfrac{1}{n}\cos(nx), \quad u' = 1$

(8.12.22)

Die zweite Nebenrechnung gilt dem nach der partiellen Integration (*8.12.22*) verbliebenen Integral! Nach Anwendung der Substitutionsregel zeigt sich, dass das Integral über den Kosinus für alle $n > 0$ verschwindet.

(8.12.23)

$$\int_{-\pi}^{+\pi} \cos(nx)\,\mathrm{d}x = \tfrac{1}{n}\int_{-n\pi}^{+n\pi} \cos(u)\,\mathrm{d}u = \tfrac{1}{n}\big[\sin(u)\big]\Big|_{-n\pi}^{+n\pi} = \tfrac{1}{n}\big[\sin(+n\pi) - \sin(-n\pi)\big] = \mathbf{0}$$

$$\text{Subst.:}\ u := nx,\ \mathrm{d}x = \tfrac{1}{n}\mathrm{d}u,\ \text{Neue Grenzen}: -n\pi \text{ bis } +n\pi$$

Für die Koeffizienten ist damit nur der erste Summand der partiellen Integration maßgeblich (s. *8.12.24*)

(8.12.24)

$$c_n = S \bullet f_n \ = \ \tfrac{1}{\pi}\int_{-\pi}^{+\pi} x\cdot\sin(nx)\,\mathrm{d}x = \tfrac{1}{\pi}\left(-\tfrac{2\pi}{n}\cdot(-1)^n\right) = -\tfrac{2}{n}\cdot(-1)^n = \underline{\underline{\tfrac{2}{n}\cdot(-1)^{n+1}}}$$

$$c_1 = +2,\quad c_2 = -1,\quad c_3 = +\tfrac{2}{3},\quad c_4 = -\tfrac{2}{4},\quad c_5 = +\tfrac{2}{5},\quad \ldots$$

Schließlich können wir mit den in (*8.12.24*) gewonnenen Koeffizienten die gesuchte Linearkombination für die Sägezahnfunktion $S(x)$ notieren:

(8.12.25)

$$S(x) = 2\left[\sin(x) - \tfrac{1}{2}\sin(2x) + \tfrac{1}{3}\sin(3x) - \tfrac{1}{5}\sin(5x) - \ldots\right]$$

Die Darstellung heißt *Fourierreihe*. Mit der aus den ungeraden Sinusfunktionen bestehenden Basis lassen sich nur punktsymmetrische Funktionen darstellen. Um **alle** periodischen Funktionen in eine Fourierreihe entwickeln zu können, lässt sich die Basis mit Kosinusfunktionen und einer konstanten Funktion ausweiten (*s. 8.12.26*). Günstigerweise bleibt die Orthonormalität bestehen – wir verzichten hier auf das Nachrechnen.

(8.12.26)

$$\text{Basis}\left(\mathbb{F}_{(2\pi)}\right) = \left(f_0, f_1^{\mathrm{u}}, f_1^{\mathrm{g}}, f_2^{\mathrm{u}}, f_2^{\mathrm{g}}, f_3^{\mathrm{u}}, f_3^{\mathrm{g}}, \ldots\right)$$

$$\text{mit } f_0 = \tfrac{1}{\sqrt{2}},\ f_n^{\mathrm{u}} = \sin(nx),\ f_n^{\mathrm{g}} = \cos(nx)$$

In (*8.12.26*) steht das hochgestellte „u“ für ungerade Funktion (Punktsymmetrie), entsprechend das „g“ für gerade Funktion (Achsensymmetrie). Die konstante Funktion ist erforderlich, weil eine periodische Funktion nicht notwendig um die Nulllinie pendeln muss – sie darf auch einen konstanten Anteil haben. Die konstante Funktion musste aus Normierungsgründen mit einem irrationalen Nenner ausstaffiert werden:

(8.12.27)

$$f_0(x) \equiv \tfrac{1}{\sqrt{2}}:\quad f_0 \bullet f_0 = \tfrac{1}{\pi}\int_{-}^{\pi} \tfrac{1}{\sqrt{2}}\cdot\tfrac{1}{\sqrt{2}}\,\mathrm{d}x = \frac{1}{2\pi}\int_{-\pi}^{\pi}\mathrm{d}x = \frac{1}{2\pi}\big(\pi - (-\pi)\big) = \underline{\underline{\mathbf{1}}}$$

Möglicherweise kommt Ihnen das Verfahren, eine Fourierreihe zu finden, umständlich vor. Das liegt hier nur daran, dass das Verfahren noch erklärt werden musste. Normalerweise weiß man, dass Sinusfunktionen und Kosinusfunktionen linear unabhängig und bzgl. des Skalarproduktes (*8.12.15*) orthonormiert sind.

Fourierreihen sind Teil jeder (besseren) Formelsammlung.

Die einzigen wirklichen Rechnungen, um eine Funktion $F(x)$ mit der Periodenlänge 2π in eine Fourierreihe zu entwickeln, bestehen „nur“ aus drei skalaren Produkten (bzw. Integralen).

$$F_{(2\pi)} = c_0 f_0 + \sum_{i=1}^{\infty}\left(c_i^{\mathrm{g}} f_i^{\mathrm{g}} + c_i^{\mathrm{u}} f_i^{\mathrm{u}}\right)$$
$$\text{mit } c_0 = F \bullet f_0,\ c_n^{\mathrm{g}} = F \bullet f_n^{\mathrm{g}},\ c_n^{\mathrm{u}} = F \bullet f_n^{\mathrm{u}} \quad (8.12.28)$$

Wenn man statt der exemplarischen Periode 2π eine realistische Periode T benötigt, ersetzt man einfach x durch $\omega \cdot t$ (*vgl.* (*7.14.2*)). Für die Formulierung einer Fourierreihe schreibt man gerne die Winkelfunktionen aus.

$$F(x) = c_0 + \sum_{n=1}^{\infty}\left(c_n^{\mathrm{g}} \cdot \cos(n\omega t) + c_n^{\mathrm{u}} \cdot \sin(n\omega t)\right) \quad (8.12.29)$$

Handelt es sich bei der darzustellenden Funktion um eine akustische Schwingung, wählt man lieber die alternative Darstellung (*8.12.30*). Die geraden und ungeraden Summanden aus (*8.12.29*) werden – wie in *Merksatz 7.14.3* beschrieben – zusammengefasst! Der Grund ist, dass für den Höreindruck nur Amplituden, nicht aber Phasen von Bedeutung sind.

Phasen kann man nicht hören!

$$c_i := \sqrt{\left(c_i^{\mathrm{g}}\right)^2 + \left(c_i^{\mathrm{u}}\right)^2},\ \varphi_i = \arctan\left(\frac{c_i^{\mathrm{u}}}{c_i^{\mathrm{g}}}\right):\ F(x) = c_0 + \sum_{n=1}^{\infty} c_n \sin(\omega t + \varphi_n) \quad (8.12.30)$$

Im Falle der Taylorreihe hatten wir uns mithilfe der in *Bild 7.16.3* dargestellten Näherungspolynome klargemacht, wie so eine Reihe zu bewerten ist. Die Bezeichnung „Näherungspolynome" passt hier natürlich nicht – aber „soundsovielte Näherung" können wir hier sagen. In erster Näherung ist unser Sägezahn demnach ein Sinus. *Bild 8.12.3* zeigt, wie sich die ersten fünf Näherungen an die darzustellende Originalfunktion annähern.

Auch ohne Vollständigkeitsnachweis: Der Erfolg heiligt die Mittel!

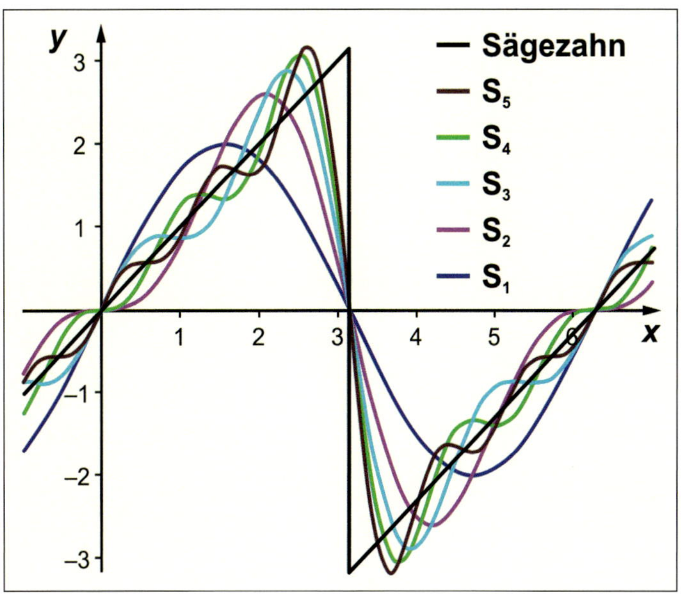

Bild 8.12.3
Sägezahn mit Näherungsfunktion

Kehren wir nun zu unserem in *Bild 8.12.1* dargestellten Beispiel zurück! Eine sinusförmige Luftdruckschwankung heißt ein *Ton* (da Phasendifferenzen nicht wahrgenommen werden können, muss in der Musik nicht zwischen Sinus und Kosinus unterschieden werden!). Ist diese Schwankung zwar periodisch, aber nicht (rein) sinusförmig, spricht man von einem *Klang*. Weiter sagt man: Ein Klang besteht aus einer Überlagerung von Tönen, deren Frequenzen ein ganzzahliges Vielfaches eines so genannten Grundtons sind. Alle anderen Komponenten heißen Obertöne. Vom Standpunkt der Mathematik aus ist das nicht richtig formuliert. Die Sägezahnschwingung besteht nicht aus Sinus- bzw. Kosinusschwingungen, sondern sie lässt sich nur damit **darstellen** oder durch diese Funktionen **approximieren**.

Ein Frequenzgenerator mischt keinen Sinuscocktail! Der Sägezahn wird durch eine elektronische Schaltung geformt.

Keine Sorge – für die Praxis macht das keinen Unterschied! Man kann ruhig so „tun als ob" und hat in der Fourierreihe das gesuchte Werkzeug, um Klänge bzw. Klangveränderungen zu beschreiben. Da das menschliche Ohr (je nach Alter) allerhöchstens Frequenzen bis zu 20 kHz wahrnehmen kann, brauchen Obertöne mit höheren Frequenzen nicht berücksichtigt zu werden. Damit wird aus der Fourierreihe in der Akustik eine endliche Reihe. Wenn es sich beim Grundton um Kammerton a′ (440 Hz) handelt, muss man ca. 45 Obertöne mitnehmen. Kein menschliches Ohr kann bemerken, ob ein Sägezahn mit 440 Hz in Wirklichkeit durch Überlagerung von 45 Sinusgeneratoren erzeugt wurde oder ob es sich um einen **richtigen** Sägezahn handelt. Eine begriffliche Unterscheidung ist deshalb unnötig. Wenn man den Klang, der von einem Sägezahngenerator erzeugt wurde, verändern möchte, braucht man nur mithilfe eines Filters die Amplituden der Obertöne mehr oder weniger zu schwächen oder zu verstärken.

Musiker dürfen Klänge als „Sinussalat" betrachten.

Leider muss zum Abschluss dieses Kapitels wieder auf ein Schreibweisenproblem hingewiesen werden:

Merksatz 8.12.3

> **Schreibweisen für Elemente eines Funktionsraumes:**
> Ein Vektorfeld (z. B. das *E*-Feld) ist eine Funktion und kann Element eines Funktionsraumes sein. Der Funktionswert eines Vektorfeldes an einem bestimmten Ort zu einer bestimmten Zeit heißt Feldstärke und ist als Größenvektor Element des $\mathbf{R}^3$. Für klassische Größenvektoren im $\mathbf{R}^3$ ist die Pfeilschreibweise reserviert und steht dann für Elemente von Funktionsräumen **nicht** zur Verfügung!
> **Elemente von Funktionsräumen erhalten meistens keine besondere Kennzeichnung (durch Pfeile, Schriftart, Fettdruck usw.)!**

9. Komplexe Zahlen

Man soll es nicht glauben! Die reellen Zahlen reichen für Naturwissenschaft und Technik nicht aus! Für viele Anwendungen muss der Körper der reellen Zahlen erweitert werden. Diese erweiterte Menge sind die so genannten komplexen Zahlen. Da es sich „nur“ um eine Erweiterung handelt, gelten die Ihnen vertrauten Körperaxiome auch für komplexe Zahlen weiter. Trotzdem gibt es Komplikationen – sowohl beim Rechnen als bei den komplexen Funktionen. In diesem Kapitel lernen Sie, mit einigen dieser Komplikationen umzugehen. Damit Sie die komplexen Zahlen nicht einfach als Denkspielerei abtun, werden zum Schluss zwei wichtige instruktive Anwendungen vorgestellt.

Reelle Zahlen reichen nicht!

Schon lange keine Denkspielerei mehr!

9.1 Zahlen mit zwei Komponenten?

Erinnern Sie sich bitte an Ihre Schulzeit und vollziehen das Leiden eines hypothetischen Schülers während einer Klassenarbeit nach! Er soll eine Gleichung lösen, die auf eine quadratische Gleichung hinausläuft (*s. Bild 9.1.1*).

Quadratische Gleichung: normalerweise Routine – es gibt aber auch Fallstricke.

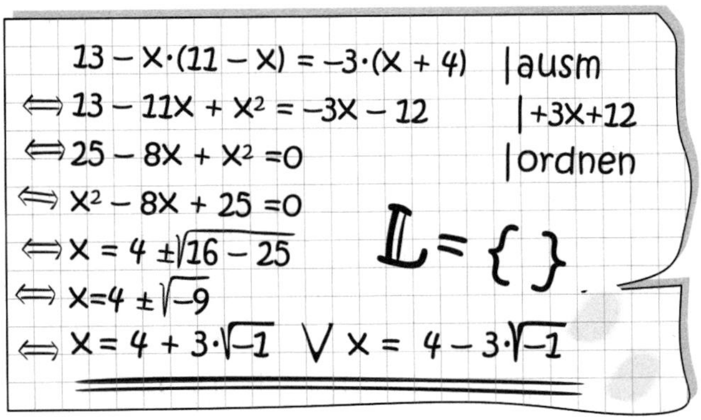

Bild 9.1.1
Lösung einer quadratischen Gleichung

In seiner vorletzten Zeile der Rechnung in *Bild 9.1.1* steht unter der Wurzel eine Quadratzahl, die ihm signalisiert, dass der Lehrer wahrscheinlich freundlicherweise eine Aufgabe mit ganzzahliger Lösung gestrickt hat. Aber was ist mit dem entsetzlichen Minuszeichen unter der Wurzel? Das dürfte dort nicht sein! Vorher verrechnet, Lösungsformel verkehrt angewendet oder ein Tippfehler des Lehrers? Wie Sie unschwer sehen, ist die komplette Rechnung in *Bild 9.1.1* in Ordnung. Die letzte Zeile, wohl aus Unsicherheit hingeschrieben, ist unnötig. Es existiert weder die (reelle) Wurzel aus –9 noch aus –1.

Blankes Entsetzen: Der Radikand ist negativ!

imaginari <lat., „nur in der Vorstellung bestehend>

Zugegeben, naheliegend ist das nicht, aber man könnte auf die Idee kommen, die Wurzelfunktion so „umzudefinieren", dass sie zumindest der Zahl –1 etwas zuordnen kann. Das darf natürlich keine reelle Zahl sein, aber vielleicht eine Art „imaginäre Eins".

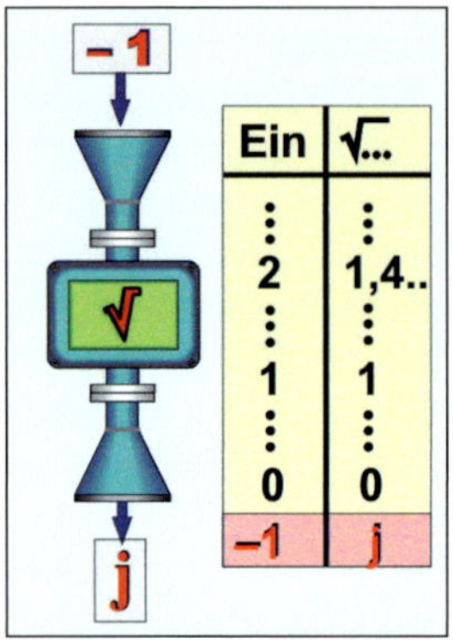

Bild 9.1.2
Ein zusätzliches Wertepaar für den Wurzeloperator

In *Bild 9.1.2* ist ein umdefinierter Wurzeloperator mitsamt der Wertetabelle, die er erfüllen soll, dargestellt. Im Falle positiver reeller Zahlen operiert er als normale (reelle) Quadratwurzel. Füttert man ihn aber mit –1, gibt er eine „imaginäre Eins" heraus, die mit j (oder i) gekennzeichnet ist. Im Grunde hilft dieses eine isolierte zusätzliche Wertepaar bereits weiter, denn jede negative Zahl kann man als Produkt aus –1 und dem Betrag auffassen. Nun ist die Wurzel aus einem Produkt gleich dem Produkt der Wurzeln aus den Faktoren (*s. 7.2.6/7.2.7*). Somit kann man – wie in (*9.1.1*) gezeigt – der Wurzel aus beliebigen negativen Zahlen ein Produkt aus der imaginären Eins und der Wurzel aus dem Betrag zuordnen – und das macht man auch!

Der Wurzeloperator schluckt nun alle negativen reellen Zahlen.

(9.1.1)

$$\text{Sei } a>0: \quad \sqrt{-a}=\sqrt{(-1)\cdot a}=\sqrt{-1}\cdot\sqrt{a}=\mathrm{j}\sqrt{a} \quad \text{oder} \quad \sqrt{a}\,\mathrm{j}$$

Das ist natürlich nur eine Spielerei, die, wie wir wissen, tatsächlich zum Erfolg führt. Das merkwürdige Produkt aus imaginärer Eins und reeller Zahl nennt man *imaginäre Zahl*. Da die imaginäre Eins wie die Einheit einer Größe fungiert, nennt man sie *imaginäre Einheit*. Anders als bei einer Größe wird die imaginäre Einheit gerne vorangestellt (muss aber nicht).

Spielerei ist nichts Verwerfliches!

Mithilfe „imaginärer Zahlen" kann man die beiden „Lösungen" der obigen quadratischen Gleichung gewissermaßen als Zahlen mit zwei Komponenten ansehen. Die erste Komponente, die Vier, ist eine ganz normale reelle Zahl – sozusagen der *Realteil*. Die zweite Komponente ist die imaginäre Zahl +j3 oder –j3. Den Zahlenwert der imaginären Komponente (hier +3 bzw. –3) nennt man *Imaginärteil*. Ein derartiger Komplex aus reeller und imaginärer Zahl heißt *komplexe Zahl*. Geht man davon aus, dass die Menge der komplexen Zahlen Grundmenge der oben aufgeführten quadratischen Gleichung ist, hat die obige Gleichung tatsächlich zwei „vernünftige" Lösungen:

komplex <lat., „zusammengefasst, umfassend, vielfältig verflochten">

(9.1.2)

$$z\in\mathbb{C}: \quad z^2-8z+25=0 \quad \Leftrightarrow \quad z=4+\mathrm{j}\cdot 3 \vee z=4-\mathrm{j}\cdot 3$$

Die wichtigsten Begriffe zu den komplexen Zahlen sind in *Bild 9.1.3* zusammengefasst.

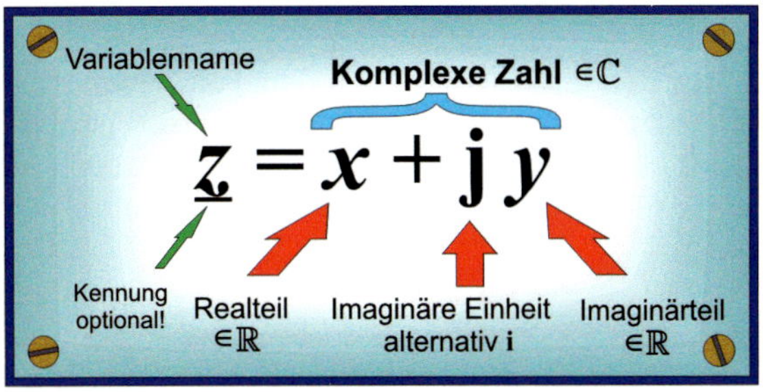

Bild 9.1.3
„Anatomie" einer komplexen Zahl

Standardvariable für komplexe Zahlen ist das *z*. Natürlich kommt man damit nicht aus! Eine gute Option, um eine Variable als komplex zu kennzeichnen, ist ein Unterstrich. Für Real- und Imaginärteil gibt es bezüglich der Variablennamen keine Vorschriften. Ein Imaginärteil ist eindeutig an der imaginären Einheit zu erkennen. Fehlt sie, ist es ein Realteil. Normalerweise schreibt man für die imaginäre Einheit ein kleines „i". Da aber das kleine „i" in Physik, Elektrotechnik und Elektronik ein sehr häufig gebrauchtes Formelzeichen für zeitabhängige Ströme ist, macht man gerne von der anderen Option Gebrauch und verwendet das kleine „j". Lassen Sie sich nicht durch das Plus vor der imaginären Komponente irritieren! Ein Minus ist dort auch erlaubt – das Vorzeichen des Imaginärteils darf vor die imaginäre Einheit geschrieben werden.

Eine gute Idee: der Unterstrich

In Naturwissenschaft und Technik schreibt man die imaginäre Einheit lieber mit „j"!

$\underline{z} = x + j(-y) := x - jy$

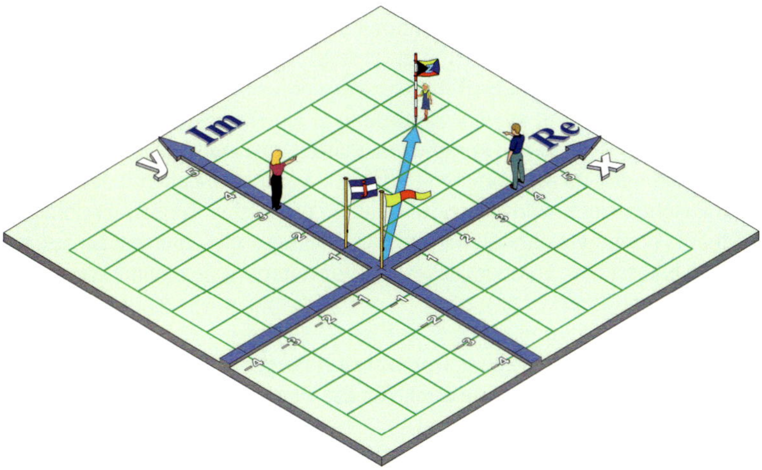

Gekreuzte Zahlenstrahlen

Bild 9.1.4
Darstellung einer komplexen Zahl in der Gaußschen Zahlenebene

In *Bild 9.1.4* dient ein kartesisches Koordinatensystem dazu, um reelle, imaginäre und komplexe Zahlen zu illustrieren. Die reellen und die imaginären Zahlen bekommen je eine Achse, die mit „Im" bzw. mit „Re" gekennzeichnet wird. Die imaginäre Eins ist durch die Signalflagge „j" gekennzeichnet. Die Frau steht auf der Imaginärzahl j3. Der Mann markiert auf dem reellen Zahlenstrahl die Vier. Um die komplexe Zahl $z = 4 + j3$ darzustellen, muss man von den Zahlenstrahlen herunter und in die *xy*-Ebene (Gaußsche Zahlenebene) gehen. Im Bild markiert das Mädchen mit der Signalflagge „*z*" die Kombination aus der reellen und der imaginären Komponente.

Zur Darstellung komplexer Zahlen muss man in die Ebene.

Komplexe Zahlen: ein „umvokabelter" $\mathbb{R}^2$?

Sieht man von der manipulierten Wurzelfunktion ab, scheinen die komplexen Zahlen lediglich eine Variante eines zweidimensionalen Vektorraums zu sein, bei dem man nur die Begriffe „umvokabelt" hat. Die (orthonormierten) Basisvektoren heißen nicht mehr $(\mathfrak{i}, \mathfrak{j})$, sondern jetzt $(1, \mathrm{j})$ und die komplexe Zahl ist einfach eine Linearkombination daraus. Die Koeffizienten werden jetzt Real- und Imaginärteil genannt. Es stimmt tatsächlich, die Menge der komplexen Zahlen lässt sich 1:1 auf den (Vektorraum) $\mathbf{R}^2$ abbilden. Weiterhin gleichen sich die Vorschriften für die Addition.

(9.1.3)

$$\begin{aligned} &+:\mathbb{R}^2 \to \mathbb{R}^2, \vec{z}_1, \vec{z}_2 \mapsto \vec{z}_1 + \vec{z}_2 \text{ mit } (\mathfrak{i}x_1 + \mathfrak{j}y_1) + (\mathfrak{i}x_2 + \mathfrak{j}y_2) = \mathfrak{i}(x_1 + x_2) + \mathfrak{j}(y_1 + y_2) \\ &+:\mathbb{C} \to \mathbb{C}, \quad z_1, z_2 \mapsto z_1 + z_2 \text{ mit } \underbrace{(x_1 + \mathrm{j}y_1)}_{z_1} + \underbrace{(x_2 + \mathrm{j}y_2)}_{z_2} = \underbrace{(x_1 + x_2) + \mathrm{j}(y_1 + y_2)}_{z_1 + z_2} \end{aligned}$$

Die Vektoren in (*9.1.3*) hätte man selbstverständlich auch ohne Basisvektoren als Kordinatenvektoren (Zeile oder Spalte) darstellen können – nicht aber die komplexen Zahlen! Auch eine S-Multiplikation macht im Komplexen Sinn. Ein reeller Faktor wird wie bei den Vektoren auf die Komponenten verteilt.

(9.1.4)

$$\begin{aligned} &\cdot:\mathbb{R}\times\mathbb{R}^2 \to \mathbb{R}^2, c, \vec{z} \mapsto c\cdot\vec{z} \text{ mit } c\cdot(\mathfrak{i}x + \mathfrak{j}y) = \mathfrak{i}cx + \mathfrak{j}cy \\ &\cdot:\mathbb{R}\times\mathbb{C} \to \mathbb{C}, \quad c, z \mapsto c\cdot z \text{ mit } c\cdot\underbrace{(x + \mathrm{j}y)}_{z} = \underbrace{cx + \mathrm{j}cy}_{cz} \end{aligned}$$

Nun hängt der Gebrauchswert einer Menge davon ab, welche (sinnvollen) Verknüpfungen man sich dafür ausgedacht hat. Bei den komplexen Zahlen ist man darauf gekommen, die „S-Multiplikation" zu einer inneren Verknüpfung auszubauen. Eine komplexe Zahl darf mit einer komplexen Zahl multipliziert werden. Noch mehr: Dieses Produkt erfüllt – wie wir noch sehen werden – die Gruppenaxiome. Ausgestattet mit zwei Verknüpfungen (+, ·) und distributiven Gesetzen mutiert dann die Menge der komplexen Zahlen zu einem Körper – und das ist wirklich allerhand! Da man eine reelle Zahl als komplexe Zahl mit dem Imaginärteil null ansehen kann, sind die reellen Zahlen eine echte Teilmenge der komplexen Zahlen. Da umgekehrt die komplexen Zahlen eine Obermenge der reellen Zahlen sind, kann man erahnen, dass diese Erweiterung ungeahnte Anwendungsmöglichkeiten eröffnet.

Durch Ausbau der S-Multiplikation zu einer „richtigen" Multiplikation entsteht ein Körper!

Die komplexen Zahlen sind eine Obermenge der reellen Zahlen.

Was historisch als Spielerei begann, hat sich längst als mächtiges unverzichtbares Rechenwerkzeug gerade auch für die Praxis etabliert.

Das benötigen Sie: Rechenregeln und komplexe Funktionen.

Zum Erlernen des Umgangs mit diesem Werkzeug müssen wir auf zwei Schienen fahren. Zunächst müssen wir uns um die Rechenregeln kümmern und dann um die Ausweitung der wichtigsten reellen Funktionen auf die komplexen Zahlen.

9.2 Mit komplexen Zahlen rechnen

Bei der Besprechung der Rechenregeln brauchen wir nicht so zu tun, als müsste alles noch einmal erfunden werden. Wir wissen, dass die Menge der komplexen Zahlen einen Körper bilden (soll) und eine Obermenge der reellen Zahlen ist. Also benutzen wir von vornherein alle Rechenregeln, die wir von den reellen Zahlen her kennen, und sanktionieren diese – wenn überhaupt – nachträglich! Zunächst müssen drei nützliche Funktionen bereitgestellt werden:

Die Rechenregeln für die reellen Zahlen gelten auch für die komplexen!

„Re", „Im" und „Konjugiert Komplex":

$$\underbrace{x + \mathrm{j}\,y}_{z} \in \mathbb{C} \begin{cases} \text{Realteil} & : \operatorname{Re}(z) = x \\ \text{Imaginärteil} & : \operatorname{Im}(z) = y \\ \text{Konjugiert komplexe Zahl:} & z^* \quad = x - \mathrm{j}\,y \end{cases}$$

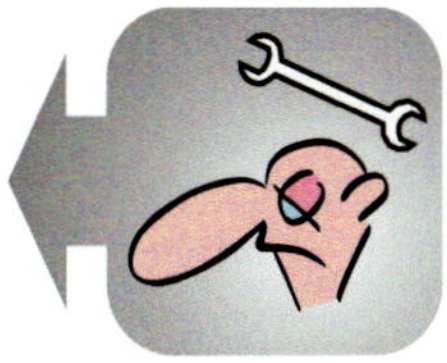

Merksatz 9.2.1

Die Funktionen „Re" und „Im" projizieren den Realteil bzw. den Imaginärteil einer komplexen Zahl auf die reelle bzw. auf die imaginäre Achse. Bedenken Sie, dass beide Funktionen – Re und Im – Abbildungen der komplexen in die reellen Zahlen sind! Die dritte Funktion bildet die komplexen Zahlen auf sich selbst ab. Es wird „nur" das Vorzeichen des Imaginärteiles umgedreht. Man könnte auch sagen: Die komplexe Zahl wird an der reellen Achse gespiegelt. Die Werte dieser Funktion heißen *konjugiert komplexe* Zahlen. Man schreibt sie entweder mit einem Querbalken darüber oder wie hier mit einem hochgestellten Stern als Postfix. Der Querbalken wird in der Praxis wegen einiger Kollisionen (z. B. Mittelwert) nicht so gerne verwendet. Es ist aber günstig, wenn Sie **beide** Schreibweisen verinnerlichen!

Zwei wichtige grundlegende reellwertige Funktionen: Re(z) und Im(z)

Konjugiert komplex ist eine komplexwertige Funktion!

Quer oder Stern!

Dass komplexe Zahlen wie Vektoren addiert werden, wurde bereits in (*9.1.3*) besprochen. Sollten Sie umfangreiche (komplexe) Summenterme vereinfachen müssen (Klammern auflösen und gleichartige Terme zusammenfassen), wenden Sie die ganz normalen Gruppenaxiome an. Haben Sie es mit konkreten Zahlenwerten zu tun, müssen Sie unbedingt sicherstellen, dass die (reellen) Imaginärteile unlösbar mit der imaginären Einheit verbunden bleiben! Ausnahme: Summanden j0 oder 0j werden fortgelassen. Keiner der in (*9.2.1*) vorhandenen reellen Summanden darf in Kontakt mit der imaginären Einheit kommen! Reelle und imaginäre Summanden werden nach dem Auflösen der Klammern getrennt zusammengefasst, s. Beispiel:

Benutzen Sie die „ganz normalen" Gruppenaxiome!

Eine unlösbare Verbindung: Imaginäre Einheiten mit ihren Imaginärteilen!

$$(25 - \mathrm{j}\,8) - [-6 + (7 - \mathrm{j}21)] = 25 - \mathrm{j}\,8 + 6 - 7 + \mathrm{j}\,21 = \underline{\underline{24 + \mathrm{j}13}} \qquad \textbf{(9.2.1)}$$

Das Multiplizieren und Dividieren komplexer Zahlen ist ebenfalls unproblematisch. Sie brauchen nicht einmal besondere Regeln zu lernen. Das neutrale Element der Multiplikation ist die reelle Eins. Das Einzige, was man auswendig wissen muss, sind die Potenzen der imaginären Eins – und darum kümmern wir uns zunächst.

Wichtig für die Multiplikation: Potenzen der imaginären Einheit

Wenn man eine Wurzel quadriert, kommt der Radikand heraus. Dann ist es vernünftig, wenn man das Quadrat der imaginären Einheit gleich –1 setzt.

(9.2.2)

$$j = \sqrt{-1} \quad |\text{hoch } 2: \quad \mathbf{j^2 := -1}$$

Rekursive Ermittlung der übrigen Potenzen

Die übrigen positiv ganzzahligen Exponenten können mithilfe von (*9.2.2*) rekursiv ermittelt werden (*s. 9.2.3*). Der Vollständigkeit halber sind auch noch j^0 und j^1 zugefügt worden.

(9.2.3)

$$\underline{j^{n+1} = j \cdot j^n}: \quad j^0 = +1, \quad j^1 = +j, \quad j^2 = -1, \quad j^3 = -j, \quad j^4 = +1, \quad j^5 = +j, \cdots$$

Sehen wir nach, ob etwas Schreckliches passiert, wenn eine imaginäre Eins im Nenner steht! Bedenken Sie wieder: Wir übernehmen alles, was wir von den reellen Zahlen her kennen.

(9.2.4)

$$\frac{1}{j} = \frac{1 \cdot j}{j \cdot j} = \frac{j}{-1} = -j \Rightarrow \mathbf{j^{-1} = -j}$$

Erweitern: ohne Einschränkung erlaubt!

Wenn man mit der imaginären Einheit erweitert, wird der Nenner reell! „Einmal j“ ist natürlich gleich „j“. Durch nochmaliges Erweitern – jetzt mit –1 – kann bekanntlich das Minuszeichen vor den Bruch geschrieben werden. Heraus kommt die imaginäre Einheit mit einem negativen Vorzeichen – also kein Schrecken! Die bisherigen Ergebnisse benutzt man, um die übrigen Potenzen mit negativ ganzzahligen Exponenten zu ermitteln.

(9.2.5)

$$\underline{j^{-(n+1)} = j^{-1} \cdot j^{-n} = -j \cdot j^{-n}}: j^{-1} = -j, \quad j^{-2} = -1, \quad j^{-3} = +j, \quad j^{-4} = +1, \cdots$$

Möglicherweise ist Ihnen bei den Potenzen aufgefallen, dass diese sich in Viererschritten reproduzieren. Das sollten wir uns in der Gaußschen Zahlenebene ansehen (*s. Bild 9.2.1*)! Wie früher benutzen wir einen rotierenden Zeiger zur Markierung der Punkte bzw. komplexen Zahlen.

Reproduktion in Viererschritten!

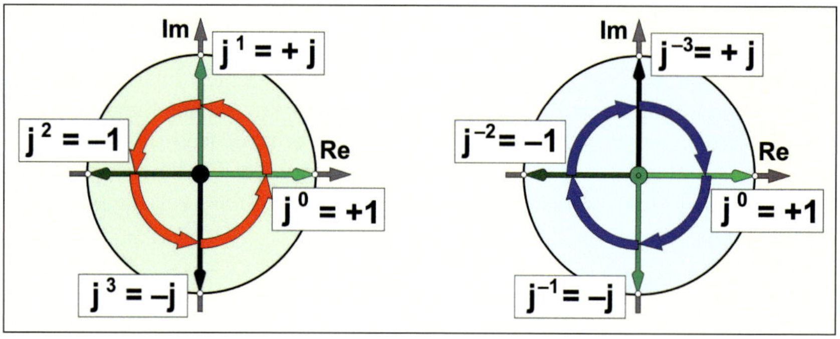

Bild 9.2.1
Potenzen der imaginären Einheit

Erhöht man den Exponenten der imaginären Einheit um eins, rotiert der Zeiger in der Gaußschen Ebene in Gegenuhrzeigersinn (math. positiv) um π/2 (90°)! Bei Verminderung um eins geht es in die umgekehrte Richtung!

Jetzt ist alles bereitgestellt, was für die Multiplikation komplexer Zahlen erforderlich ist.

$$\begin{aligned} z_1 \cdot z_2 &= (x_1 + \mathrm{j}\,y_1)\cdot(x_2 + \mathrm{j}\,y_2) && |\text{ Ausmultiplizieren!} \\ &= x_1x_2 + x_1\mathrm{j}\,y_2 + \mathrm{j}\,y_1x_2 + \mathrm{j}\,y_1\mathrm{j}\,y_2 && |\text{ Faktoren vertauschen} \\ &= x_1x_2 + \mathrm{j}^2\,y_1y_2 + \mathrm{j}x_1\,y_2 + \mathrm{j}\,y_1x_2 && |\text{ Summanden vertauschen, } \mathrm{j}^2 = -1 \\ &= \underline{\underline{(x_1x_2 - y_1y_2) + \mathrm{j}\,(x_1\,y_2 + y_1x_2)}} && |\text{ Ergebnis ist aus } \mathbb{C} \end{aligned} \tag{9.2.6}$$

Ein „fast" normales Ausmultiplizieren mit anschließendem Zusammenfassen

Wäre die imaginäre Einheit j irgendeine reelle Variable, würde das Produkt mithilfe der Körperaxiome genauso ermittelt werden wie oben in (*9.2.6*). Der Unterschied ist lediglich, dass $\mathrm{j}^2 = -1$ gesetzt wurde. Man sieht, das Produkt ist weiterhin eine komplexe Zahl. Die Produktbildung führt nicht aus der Menge heraus!

Keine Probleme: Benutzen Sie die Axiome einer kommutativen Gruppe!

In dem fertigen Produkt treten die (reellen) Real- und Imaginärteile der komplexen Faktoren paarweise auf (*s. unten in 9.2.6*) – man darf sie auch vertauschen. Das Ergebnis so einer Vertauschungsaktion wäre das gleiche, wenn man die komplexen Faktoren vertauscht hätte. Das Produkt ist daher kommutativ. Assoziativ ist es auch – die Schreiberei wollen wir uns ersparen. Das Produkt schließt die in (*9.1.4*) erklärte „S-Multiplikation" mit ein. Setzen Sie $x_1 = c$ und $y_1 = 0$! Sie können bei den komplexen Zahlen die „S-Multiplikation" getrost vergessen.

Anhand von (*9.2.6*) kann man eine Rechenregel für das Produkt von konjugiert komplexen Faktoren ermitteln. Man dreht dazu einfach die Vorzeichen sowohl von y_1 als auch von y_2 um.

$$\begin{aligned} \underline{\underline{z_1^* \cdot z_2^*}} &= (x_1x_2 - (-y_1)\cdot(-y_2)) + \mathrm{j}\,(x_1\cdot(-y_2) + (-y_1)x_2) \\ &= (x_1x_2 - y_1y_2) - \mathrm{j}\,(x_1\,y_2 + y_1x_2) = \underline{\underline{(z_1\cdot z_2)^*}} \end{aligned} \tag{9.2.7}$$

Im Realteil bewirkt der Vorzeichenwechsel von y_1 und y_2 wegen des Produktes $y_1 \cdot y_2$ nichts. Im Imaginärteil dreht sich das Vorzeichen in beiden Summanden um und kann als Faktor (–1) ausgeklammert werden. Heraus kommt schließlich, dass das konjugiert Komplexe eines Produktes gleich dem Produkt der konjugiert komplexen Faktoren ist. Da die komplexen Zahlen bezüglich der Multiplikation (*9.2.6*) ebenfalls eine Gruppe sein sollen, muss zu jedem Element auch ein inverses existieren:

$$\begin{aligned} \frac{1}{z} &:= \frac{1}{x + \mathrm{j}\,y} && |\text{ Erweitern mit } z^*! \\ &= \frac{(x - \mathrm{j}\,y)}{(x + \mathrm{j}\,y)\cdot(x - \mathrm{j}\,y)} && |\text{ Nenner mit 3. bin. Formel ausmult.} \\ &= \frac{x - \mathrm{j}\,y}{x^2 - (\mathrm{j}\,y)^2} = \frac{x - \mathrm{j}\,y}{x^2 + y^2} && |-(\mathrm{j}\,y)^2 = -\mathrm{j}^2y^2 = +y^2 \;|\text{ Re, Im trennen!} \\ &= \underline{\underline{\frac{x}{x^2 + y^2} - \mathrm{j}\frac{y}{x^2 + y^2}}} && |\text{ Ergebnis ist aus } \mathbb{C} \end{aligned} \tag{9.2.8}$$

Das Reziproknehmen führt auf eine normale komplexe Zahl!

Wie beim Produkt enthält (*9.2.8*) ganz normale Termumformungen. Das Erweitern mit dem konjugiert komplexen Nenner ist erforderlich, um die imaginäre Einheit aus dem Nenner herauszubekommen. Nun muss überprüft werden, ob das nicht gerade handliche Ergebnis von (*9.2.8*) tatsächlich *inverses Element* der komplexen Zahl $z = x + jy$ ist. Dazu multiplizieren wir $(x + jy)$ mit dem Ergebnis von (*9.2.8*) und prüfen, ob wirklich das neutrale Element 1 herauskommt:

Ein wenig Misstrauen kann nicht schaden!

(9.2.9)

$$(x+\mathrm{j}y)\cdot\left(\frac{x}{x^2+y^2}-\mathrm{j}\frac{y}{x^2+y^2}\right) \quad |\, 1/\left(x^2+y^2\right) \text{ ausklammern}$$

$$=\frac{1}{x^2+y^2}(x+\mathrm{j}y)\cdot(x-\mathrm{j}y) \quad |\text{ Mit 3. bin. Formel ausmult.}$$

$$=\frac{1}{\cancel{x^2+y^2}}\cancel{\left(x^2+y^2\right)}=\underline{\underline{1}} \quad |\text{ Ergebnis ist das neutrale Element}$$

Mehr Rechnerei als im Reellen – aber kein Umdenken!

Wie Sie sehen, ist das Reziproke einer komplexen Zahl – wie bei den reellen Zahlen auch – das jeweils zugeordnete inverse Element.

In beiden Rechnungen kam aufgrund der Erweiterung das Produkt der komplexen Zahl mit ihrem konjugiert Komplexen vor.

(9.2.10)

$$z\cdot z^* = (x+\mathrm{j}y)\cdot(x-\mathrm{j}y) = x^2-(\mathrm{j}y)^2 = \underline{\underline{x^2+y^2}}$$

Aufgrund der dritten binomischen Formel wird aus dem Produkt zunächst eine Differenz. Das Quadrat der imaginären Einheit liefert schließlich eine an den Satz von Pythagoras erinnernde Summe der Quadrate aus Real- und Imaginärteil. Dieser Sachverhalt ist so wichtig, dass wir uns die Verhältnisse auf einem Bildausschnitt der Gaußschen Ebene ansehen müssen (*s. Bild 9.2.2, vgl.Bild 9.1.4*).

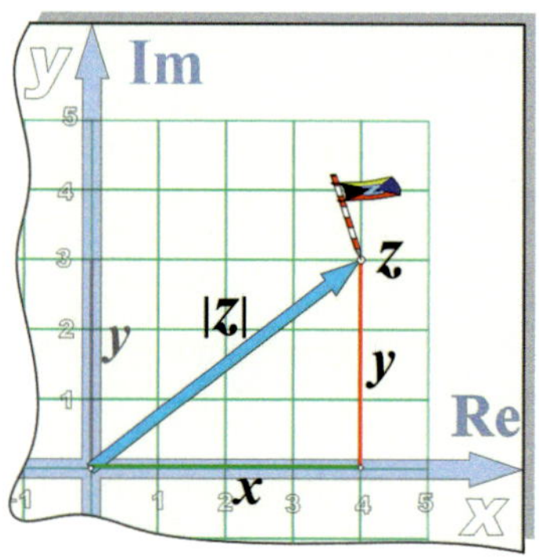

Bild 9.2.2
Betrag einer komplexen Zahl

Niemand kann uns hindern, eine komplexe Zahl vorübergehend als (Orts-) Vektor zu betrachten. In diesem Fall ist die Summe der beiden quadrierten Koordinaten x^2 und y^2 nach Pythagoras gleich der quadrierten Länge des Vektorpfeiles. Da Real- und Imaginärteil einer komplexen Zahl immer gleich den Koordinaten des entsprechenden Vektors sind (gilt auch, wenn z in einem anderen Quadranten liegt), übernimmt man auch für die komplexen Zahlen gern die Bezeichnung „*Betrag*“ (*s. Merksatz 9.2.2*). Wenn Sie die Benennung des Betrages mit einem kleinen „r" (ohne Pfeil!) übernehmen, dürfen Sie keine komplexe Variable mit r benennen (lässt sich allerdings nicht immer vermeiden!).

Definition:
Sei z eine beliebige komplexe Zahl. Dann definiert man für deren Betrag:

$$|z| := \sqrt{z \cdot z^*}$$

Beachten Sie, der Betrag ist eine reelle Zahl! Für deren Quadrat gilt:

$$|z|^2 = (\mathrm{Re}(z))^2 + (\mathrm{Im}(z))^2 \quad \left(= x^2 + y^2 \ \text{mit} \ \mathrm{Re}(z) = x,\ \mathrm{Im}(z) = y\right)$$

Merksatz 9.2.2

Sehen wir uns an, wie man Quotienten im Komplexen berechnet!

$$\frac{z_1}{z_2} := \frac{x_1 + \mathrm{j}\,y_1}{x_2 + \mathrm{j}\,y_2} \quad |\ \text{Erweitern mit } z_2^*!$$

$$= \frac{(x_1 + \mathrm{j}\,y_1)\cdot(x_2 - \mathrm{j}\,y_2)}{(x_2 + \mathrm{j}\,y_2)\cdot(x_2 - \mathrm{j}\,y_2)} \quad |\ \text{Z.u.N. ausmultipl.}$$

$$= \frac{(x_1x_2 + y_1y_2) + \mathrm{j}(y_1x_2 - x_1y_2)}{x_2^2 + y_2^2} \quad |\ \text{Re, Im trennen!}$$

$$= \underline{\underline{\frac{x_1x_2 + y_1y_2}{x_2^2 + y_2^2} + \mathrm{j}\,\frac{y_1x_2 - x_1y_2}{x_2^2 + y_2^2}}}$$

(9.2.11)

Lassen Sie sich nicht beeindrucken! Es sieht schlimmer aus, als es ist!

Ermitteln wir auch für den Quotienten die Rechenregel für konjugiert komplexe Zähler und Nenner. Hierzu drehen wir im Ergebnis von (*9.2.11*) die Vorzeichen sowohl von y_1 als auch von y_2 um.

$$\underline{\underline{\frac{z_1^*}{z_2^*}}} = \frac{x_1x_2 + y_1y_2}{x_2^2 + y_2^2} + \mathrm{j}\,\frac{(-y_1)x_2 - x_1(-y_2)}{x_2^2 + y_2^2} =$$

$$= \frac{x_1x_2 + y_1y_2}{x_2^2 + y_2^2} - \mathrm{j}\,\frac{y_1x_2 - x_1y_2}{x_2^2 + y_2^2} = \underline{\underline{\left(\frac{z_1}{z_2}\right)^*}}$$

(9.2.12)

Wie erwartet, ist das konjugiert Komplexe eines Quotienten gleich dem Quotienten aus dem konjugiert komplexen Zähler und Nenner.

Da wir zum Ermitteln der Rechenregeln alle Parameter mitschleppen mussten, sieht die Rechnerei mit komplexen Zahlen nach Mühsal aus. Das ist sie auch, wenn es um die Herleitung langer Formeln geht. Entwarnung gibt es jedoch, wenn die Realteile und Imaginärteile konkrete Zahlen sind. In diesem Fall kann jeder Taschenrechner mittlerer Preisklasse so etwas rechnen. Er verfügt über einen COMPLEX-Modus. Da es keine Taschenrechner-DIN gibt, müssen Sie unbedingt in die Gebrauchsanweisung schauen! Zum Testen, ob Sie die „Grundrechnungsarten" im Komplexen verstanden haben, sollten Sie ohne TR die folgenden drei gymnastischen Rechenübungen nachvollziehen!

Rechnen mit parameterfreien komplexen Zahlen? Völlig unproblematisch, Ihr TR hat einen COMPLEX-Modus.

Berechnen Sie (ohne TR) folgende Terme!

Machen Sie sich die Mühe! Rechnen Sie die Aufgaben nach!

Testen Sie anschließend den COMPLEX-Modus Ihres TRs! Benutzen Sie für die Klammern die üblichen Klammertasten!

$$\frac{(25+j13)+(50-j38)}{3-j4}=\frac{75-j25}{3-j4}=\frac{(75-j25)(3+j4)}{(3-j4)(3+j4)}=\frac{325+j225}{25}=\underline{\underline{13+j9}}$$

$$(3-j5)^2=9-2\cdot 3\cdot j5+(j5)^2=9-25-j30=\underline{\underline{-(16+j30)}}$$

$$7+j9-(2-j3)^3=7+j9-\left(2^3-3\cdot 2^2\cdot j3+3\cdot 2\cdot (j3)^2-(j3)^3\right)=$$

$$7+j9-(8-j36-54+j27)=7+j9-(-46-j9)=7+j9+46+j9=\underline{\underline{53+j18}}$$

9.3 Polarkoordinaten

Wieder Polarkoordinaten?

Polarkoordinaten haben hatten wir bereits in den Abschnitten 5.2 und 7.12 besprochen – trotzdem ist die Überschrift kein Druckfehler. Sie werden aber rasch bemerken, dass im Rahmen der komplexen Zahlen wirklich ein zusätzlicher eigenständiger Abschnitt erforderlich ist. Nicht erforderlich wäre dagegen ein neues Bild. In *Bild 9.3.1* ist derselbe Ausschnitt der Gaußschen Ebene wie in *Bild 9.2.2* dargestellt – es sind lediglich einige Bezeichnungen geändert worden.

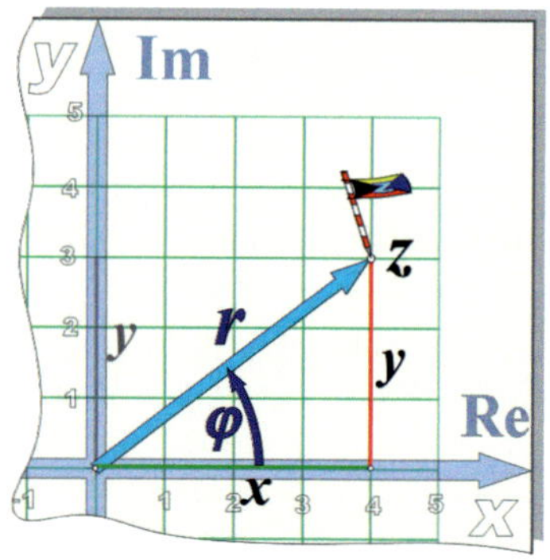

Bild 9.3.1
Polarkoordinaten einer komplexen Zahl

Der bewährte Zeiger kommt wieder zum Einsatz.

Eine gute Alternative: „Phase“ bzw. „Phasenwinkel“

Der Ortsvektor, der in der Gaußschen Ebene zu der komplexen Zahl führt, kann auch hier als Zeiger mit variabler Länge betrachten werden (*s. Bild 9.3.1, vgl. Bild 8.1.3*). Ähnlich wie früher wurde die Länge des Ortsvektors/Radiusvektors mit einem kleinen „r“ benannt („ρ“ ist im Komplexen nicht üblich). Beachten Sie: r steht hier für eine beliebige positive reelle Zahl! Der Winkel φ ist definiert als Winkel zwischen dem Zeiger/Ortsvektor und der reellen Achse und wird *Argument der komplexen Zahl* genannt; alternativ sagt man *Phase* oder *Phasenwinkel*. Bei der Darstellung komplexer Zahlen sind Winkel größer als $+2\pi$ oder kleiner als -2π zugelassen. Das bedeutet, dass der Zeiger, bevor er irgendwo stehen blieb, beliebig viele Umdrehungen hinter sich haben kann. Für den Winkel φ (im Bogenmaß) sind somit alle reellen Zahlen zugelassen!

Wenn man eine komplexe Zahl mit den Polarkoordinaten (r, φ) beschreibt, spricht man von einer *Polarform*. Um eine komplexe Zahl zu präsentieren, darf der Winkel alternativ in Grad ausgedrückt werden! Den Zusammenhang zwischen kartesischen Koordinaten und Polarkoordinaten finden Sie in Abschnitt 7.12 (Koordinatentransformationen). Wir notieren die Beziehungen hier noch einmal, um Real- und Imaginärteil mithilfe der Polarkoordinaten (r, φ) auszudrücken. Diese alternative Darstellung der komplexen Zahl heißt *trigonometrische Form*.

Winkel in Grad oder in Radiant

$$x = r\cos(\varphi), \quad y = r\sin(\varphi), \quad r = \sqrt{x^2+y^2}, \quad \tan(\varphi) = \frac{y}{x}$$
$$z = x + \mathrm{j}\,y = r\cdot\cos(\varphi) + \mathrm{j}\,r\cdot\sin(\varphi) = \underline{\underline{r\cdot(\cos(\varphi)+\mathrm{j}\,\sin(\varphi))}} \tag{9.3.1}$$

Für die in *(9.3.1)* unterstrichene trigonometrische Form sind Kurzschreibweisen üblich:

$$z = x + \mathrm{j}\,y = r\cdot(\cos(\varphi)+\mathrm{j}\,\sin(\varphi)) := \underline{\underline{r\,\mathrm{cis}\,\varphi \text{ oder } r\angle\varphi}} \tag{9.3.2}$$

Der Vorteil der trigonometrischen Form besteht zunächst darin, dass der reelle Betrag der komplexen Zahl als Faktor abgespalten ist. Der aus dem Kosinus und dem Sinus gebildete komplexe „Rest-Faktor“ trägt zum Betrag nichts mehr bei – er hat den Betrag 1. Auch wenn das aus *(9.3.1)* bereits hervorgeht, sei dieser Sachverhalt hier noch einmal herausgestellt!

$$|z| = \sqrt{zz^*} = \sqrt{r^2\cos^2(\varphi) + r^2\sin^2(\varphi)} = r\cdot\underbrace{\sqrt{\cos^2(\varphi)+\sin^2(\varphi)}}_{=1} = \underline{\underline{r}} \tag{9.3.3}$$

Für nachhaltigen Ärger sorgt der Winkel φ. Da man dem Real- und Imaginärteil nicht ansieht, wie viel volle Umdrehungen der Zeiger/Ortsvektor hinter sich hat, kann man nur den Winkel berechnen, der über die vollen Umdrehungen hinausgeht – also $\varphi \bmod 2\pi$. Dieser Winkel liegt im Intervall $[0, 2\pi)$ und wird *Hauptwert des Winkels* genannt. Alle anderen Winkel, die sich nur um volle Umdrehungen vom Hauptwinkel unterscheiden, heißen Nebenwinkel. Die Funktion, mit deren Hilfe ein solcher Winkelhauptwert berechnet wird, heißt (ärgerlicherweise) *Argument von z* oder *Arcus* (*s. 9.3.4*). Nebenwinkel können mit $\arg_k(z)$ benannt werden. Dabei ist k die Anzahl der vollen Umdrehungen.

Lesen Sie das Manual Ihres TRs! Im COMPLEX-Modus sind Konvertierungen von der kartesischen in die trigonometrische Form (und zurück) Standard.

$$\underline{\arg : \mathbb{C}\setminus\{0\} \to [0,+2\pi),\ z \mapsto \arg(z)}$$
$$\arg(z) = \begin{cases} \arctan\left(\frac{y}{x}\right) & \text{falls } x>0 \wedge y\geq 0 \text{ 1. Quadrant} \\ \frac{\pi}{2} & \text{falls } x=0 \wedge y>0 \text{ Pos. } y\text{-Achse} \\ \pi+\arctan\left(\frac{y}{x}\right) & \text{falls } x<0 \qquad\quad \text{ 2. und 3. Q.} \\ \frac{3}{2}\pi & \text{falls } x=0 \wedge y<0 \text{ Neg. } y\text{-Achse} \\ 2\pi+\arctan\left(\frac{y}{x}\right) & \text{falls } x>0 \wedge y<0 \text{ 4. Quadrant} \end{cases} \tag{9.3.4}$$

Die Funktion arg/Arc hatten wir bereits im Abschnitt 7.12 „Koordinatentransformationen“ formuliert, nur (noch) nicht so genannt. Leider enthält arg/Arc entsetzlich viele Fallunterscheidungen (*s. (7.12.4) bzw. (9.3.4)*). Beachten Sie bitte den Anhang dieses Kapitels! Dort werden die Probleme mit dem Argument von z noch einmal aufgegriffen und diskutiert.

Ableiten und schauen, ob etwas Interessantes herauskommt:

Ein schier unglaublicher Sachverhalt eröffnet sich, wenn man spaßeshalber die erste Ableitung der trigonometrischen Form (*9.3.1*) bildet! Zwar ist einer komplexen Zahl nicht eindeutig ein Winkel zuzuordnen, aber umgekehrt ist den Polarkoordinaten aus Winkel und Betrag eindeutig eine komplexe Zahl zugeordnet. Damit ist (*9.3.1*) eine Funktion des Winkels φ. Wir können also die Ableitung bilden:

(9.3.5)

$$\frac{\mathrm{d}}{\mathrm{d}\varphi}z=\frac{\mathrm{d}}{\mathrm{d}\varphi}r\left(\cos(\varphi)+\mathrm{j}\sin(\varphi)\right)=r\left(-\sin(\varphi)+\mathrm{j}\cos(\varphi)\right)$$

Ärgern kann produktiv sein!

Es zeigt sich in (*9.3.5*) (noch) nichts Bemerkenswertes! Der Faktor r wird als konstant angesehen und die beiden Winkelfunktionen den Regeln entsprechend abgeleitet. Man könnte sich darüber ärgern, dass nach der Ableitung der Kosinus mit der imaginären Einheit behaftet ist und nicht – wie vorher – der Sinus. Das lässt sich ändern, wenn man die imaginäre Einheit ausklammert.

(9.3.6)

$$\underline{\underline{\frac{\mathrm{d}}{\mathrm{d}\varphi}z}}=r\left(-\sin(\varphi)+\mathrm{j}\cos(\varphi)\right)=\mathrm{j}r\left(-\frac{1}{\mathrm{j}}\sin(\varphi)+\cos(\varphi)\right)$$
$$=\mathrm{j}\underbrace{r\left(\cos(\varphi)+\mathrm{j}\sin(\varphi)\right)}_{z}=\underline{\underline{\mathrm{j}z}}$$

Bemerkenswert: Die Ableitung ist proportional zur Originalfunktion!

Unglaublich: eine Differenzialgleichung wie beim lawinenartigen Wachstum

Zunächst wurde in (*9.3.6*) 1/j durch –j ersetzt. Damit verschwindet das negative Vorzeichen vor dem Sinus. Setzt man den Kosinus wieder an die erste Stelle, steht in der Klammer der ursprüngliche Term. Zusammen mit dem Betrag r ist das die komplexe Zahl z! Die Ableitung ist proportional zu der ursprünglichen komplexen Zahl mit der komplexen Einheit als Faktor. Etwas Vergleichbares haben wir bereits im Zusammenhang mit der e-Funktion gehört! Anfang und Ende der Gleichungskette (*9.3.6*) bilden eine Differenzialgleichung! Bei der Betrachtung einer Lawine ergab sich eine ähnliche Gleichung (*s. 7.20.3*). Die allgemeine Lösung einer derartigen Gleichung kennen wir bereits und können darauf zurückgreifen.

(9.3.7)

$$\text{Lawine}:\quad \frac{\mathrm{d}}{\mathrm{d}t}y=\alpha y\iff y=C\,\mathrm{e}^{\alpha t}$$
$$\text{Jetzt}\quad:\quad \frac{\mathrm{d}}{\mathrm{d}\varphi}z=\mathrm{j}z\iff z=C\,\mathrm{e}^{\mathrm{j}\varphi}$$

Anfangsbedingung: z(0) = r

Durch Vorgabe einer Anfangsbedingung gelangt man zu einer speziellen Lösung. *Bild 9.3.1* können wir entnehmen, dass nur eine Anfangsbedingung sinnvoll ist. Wenn φ *gleich* null ist, liegt der Zeiger auf der reellen Achse. Die komplexe Zahl, die dann dargestellt wird, ist reell und gleich der Zeigerlänge r. Also gilt: Wenn $\varphi=0$, muss $z=r$ sein. In (*9.3.8*) wird diese Bedingung in die allgemeine Lösung eingesetzt.

(9.3.8)

$$z\,|_{\varphi=0}=r\Rightarrow r=C\,\mathrm{e}^{\mathrm{j}0}\Rightarrow C=r\qquad \underline{\underline{z=r\mathrm{e}^{\mathrm{j}\varphi}}}$$

Das Ergebnis ist verblüffend: Die trigonometrische Form einer komplexen Zahl lässt sich mithilfe der e-Funktion darstellen – und das mit der imaginären Einheit im Exponenten! Schauen wir auch gleich nach, wie sich die konjugiert komplexe Zahl als e-Funktion schreiben lässt. Dazu brauchen wir in den Formeln von (*9.3.5*) bis (*9.3.8*) lediglich die komplexe Einheit j durch –j zu ersetzen! Fassen wir die unglaublichen Ergebnisse in einem Merksatz zusammen!

Verblüffend: Eine komplexe Zahl lässt sich mithilfe der e-Funktion darstellen.

Exponentialform einer komplexen Zahl (Eulersche Formeln):

$$z = r\left(\cos(\varphi)+\mathrm{j}\sin(\varphi)\right) = r\,\mathrm{e}^{+\mathrm{j}\varphi}$$
$$z^* = r\left(\cos(\varphi)-\mathrm{j}\sin(\varphi)\right) = r\,\mathrm{e}^{-\mathrm{j}\varphi}$$

Merksatz 9.3.1

Es muss unbedingt angemerkt werden, dass es sich in den *Eulerschen Formeln* nicht um Funktionen handelt – es sind alternative **Darstellungen** einer komplexen Zahl in Polarform! Sofern Ihr Taschenrechner über einen COMPLEX-Modus verfügt (wahrscheinlich!), ist für Sie die Umrechnung der kartesischen Form in die Polarform und zurück für konkrete Zahlenwerte kein Problem. So praktisch wie die Exponentialform auch ist, sie birgt eine ärgerliche Fehlerquelle. Die rührt daher, dass Exponenten kleiner als normal geschrieben werden müssen. So sind Ablesefehler leider vorprogrammiert. Bitte beachten Sie dazu (*7.20.22*) bzw. folgendem *Merksatz 9.3.2*!

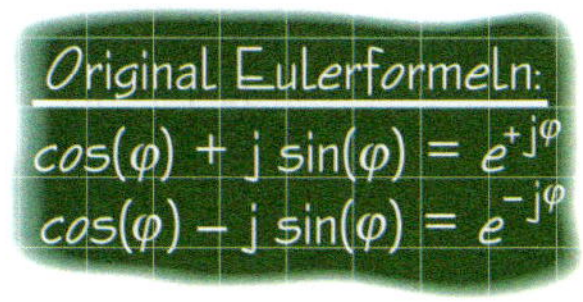

Alternative Schreibweise für die Exponentialform:
Vorsicht vor Miniatur-Exponenten!
Benutzen Sie für e-Funktionsterme auch die Präfix-Schreibweise!
Vorteil: Exponent ist in Normalschrift! Ablesefehler unwahrscheinlich!
Nachteil: Anwendbarkeit der Potenzgesetze ist nicht offensichtlich!

$$r\,\mathrm{e}^{\mathrm{j}\varphi} \equiv r\exp(\mathrm{j}\varphi)$$

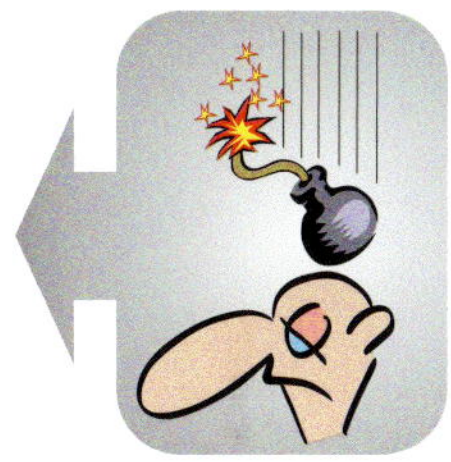

Merksatz 9.3.2

Die Exponentialdarstellung einer komplexen Zahl reizt zu einem Vergleich mit der Darstellung einer reellen Zahl. Auch eine reelle Zahl lässt sich als Produkt aus Betrag und einem „Phasenfaktor" auffassen. Dieser „Phasenfaktor" ist nichts anderes als das Vorzeichen, vornehm ausdrückbar durch die Signum-Funktion mit den Werten $\{-1, 0, +1\}$. Das Pendant $\exp(\mathrm{j}\varphi)$ bei der komplexen Zahl hat dagegen unendlich viele Werte (*s. folgenden Merksatz*). Im Kästchen wurde bei der Darstellung der reellen Zahl der Betrag – unüblicherweise – wie bei der komplexen Zahl als erster Faktor verwendet.

Noch ein „Wunder": Das Vorzeichen mutiert bei den komplexen Zahlen zum Phasenfaktor.

Vergleich Vorzeichen/Phasenfaktor:

Vorzeichen: $x \in \mathbb{R}: \; x = |x| \cdot \operatorname{sgn}(x) \quad (\text{bzw.} \; x = \operatorname{sgn}(x)\cdot|x|)$

Phasenfaktor: $z \in \mathbb{C}: \; z = |z| \cdot \exp(\mathrm{j}\varphi)$

Merksatz 9.3.3

Mit der Exponentialform stehen für Multiplikation, Division und Potenzieren die einfachen Potenzrechenregeln zur Verfügung – siehe Abschnitt 2.10! Trotz alledem ist die Existenz eines imaginären Exponenten kaum fassbar. Machen wir uns deshalb die Mühe und rechnen nach, ob man wirklich mithilfe der Exponentialform gemäß den Potenzrechenregeln multiplizieren und dividieren kann.

Kaum fassbar: der imaginäre Exponent

(9.3.9)

$$z_1 z_2 = r_1\,e^{j\varphi_1}\cdot r_2\,e^{j\varphi_2} = r_1 r_2\,e^{j(\varphi_1+\varphi_2)} = r_1 r_2\left(\cos(\varphi_1+\varphi_2)+j\sin(\varphi_1+\varphi_2)\right)\ ?$$

Wenn sich die trigonometrische Form tatsächlich als e-Funktion schreiben lässt, muss das Argument (Winkel!) des Produktes in (*9.3.9*) gleich der Summe der Argumente (Winkel!) der Faktoren sein! Das lässt sich auf anderem Wege überprüfen! Wir multiplizieren die trigonometrischen Darstellungen der komplexen Zahlen gemäß (*9.2.6*).

(9.3.10)

$$\begin{aligned}
&= r_1\left(\cos(\varphi_1)+j\sin(\varphi_1)\right)\cdot r_2\left(\cos(\varphi_2)+j\sin(\varphi_2)\right)\\
&= r_1 r_2\left[\left(\cos(\varphi_1)\cos(\varphi_2)-\sin(\varphi_1)\sin(\varphi_2)\right)+\ldots\right.\\
&\qquad\qquad \left. j\left(\cos(\varphi_1)\sin(\varphi_2)+\sin(\varphi_1)\cos(\varphi_2)\right)\right]\\
&= r_1 r_2\left(\cos(\varphi_1+\varphi_2)+j\sin(\varphi_1+\varphi_2)\right) = r_1 r_2\,e^{j(\varphi_1+\varphi_2)} \quad \mid \text{wg. Additionsth.}
\end{aligned}$$

Die Rechenregel für das Multiplizieren von Potenzen ist anwendbar!

Zunächst liefert das Ausmultiplizieren in (*9.3.10*) einen Wust von Winkelfunktionen. Nach dem Ordnen in Real- und Imaginärteil könnte Ihnen etwas bekannt vorkommen. Real- und Imaginärteil lassen sich aufgrund der Additionstheoreme zu $\cos(\varphi_1 + \varphi_2)$ und $\sin(\varphi_1 + \varphi_2)$ zusammenfassen (*vgl. 7.9.10*). Damit führt die Multiplikation der e-Funktionen tatsächlich zum richtigen Ergebnis! Machen Sie zur Übung das Gleiche auch für den Quotienten!

(9.3.11)

$$\frac{z_1}{z_2} = \frac{r_1\,e^{j\varphi_1}}{r_2\,e^{j\varphi_2}} = \frac{r_1}{r_2}\,e^{j(\varphi_1-\varphi_2)} = \frac{r_1}{r_2}\left(\cos(\varphi_1-\varphi_2)+j\sin(\varphi_1-\varphi_2)\right)\ ?$$

Das Nachrechnen von (*9.3.11*) gestaltet sich etwas mühsamer, da mit dem konjugiert Komplexen erweitert werden muss!

(9.3.12)

$$\begin{aligned}
&= \frac{r_1\left(\cos(\varphi_1)+j\sin(\varphi_1)\right)}{r_2\left(\cos(\varphi_2)+j\sin(\varphi_2)\right)} = \frac{r_1}{r_2}\cdot\frac{\left(\cos(\varphi_1)+j\sin(\varphi_1)\right)\left(\cos(\varphi_2)-j\sin(\varphi_2)\right)}{\left(\cos(\varphi_2)+j\sin(\varphi_2)\right)\left(\cos(\varphi_2)-j\sin(\varphi_2)\right)}\\
&= \frac{r_1}{r_2}\cdot\frac{\left(\cos(\varphi_1)+j\sin(\varphi_1)\right)\left(\cos(\varphi_2)-j\sin(\varphi_2)\right)}{\cos^2(\varphi_2)+\sin^2(\varphi_2)}\\
&= \frac{r_1}{r_2}\left[\left(\cos(\varphi_1)\cos(\varphi_2)+\sin(\varphi_1)\sin(\varphi_2)\right)+\ldots\right.\\
&\qquad\qquad \left. j\left(\sin(\varphi_1)\cos(\varphi_2)-\cos(\varphi_1)\sin(\varphi_2)\right)\right]\\
&= \frac{r_1}{r_2}\left(\cos(\varphi_1-\varphi_2)+j\sin(\varphi_1-\varphi_2)\right) = \frac{r_1}{r_2}\,e^{j(\varphi_1-\varphi_2)} \quad \mid \text{wg. Additionsth.}
\end{aligned}$$

Die Divisionsregel steht ebenfalls zur Verfügung.

Monsieur Moivre glauben wir!

Dass man auch beim Potenzieren einer komplexen Zahl auf die Exponentialform zurückgreifen kann, firmiert unter „*Satz von Moivre*“.

$$n \in \mathbb{N}: \; z^n = \left(r \cdot e^{j\varphi}\right)^n = r^n \cdot e^{jn \cdot \varphi} = r^n \left(\cos(n\varphi) + j\sin(n\varphi)\right) \qquad (9.3.13)$$

Man könnte fast meinen, die trigonometrische Darstellung vergessen zu können. Das ist unbedingt falsch: Die trigonometrische Form ist der Schlüssel für die Rückführung in die für Addition und Subtraktion unverzichtbare kartesische Form!

Alle drei Darstellungsformen haben ihre Berechtigung!

Die drei Darstellungsmöglichkeiten einer komplexen Zahl mitsamt den zugehörigen Umrechnungsformeln sind wegen ihrer Wichtigkeit in einem „Anatomieschild“ herausgestellt (*s. Bild 9.3.3*). Der Winkel φ ist in die Summanden Hauptwert arg(φ) und $2k\pi$ aufgeteilt. Die ganze Zahl k gibt die Anzahl der vollen Zeigerumdrehungen an, also φ div 2π. Wenn Sie sich an dieser Stelle darüber wundern, weshalb man die scheinbar sinnlosen vollen Umdrehungen mitschleppt, haben Sie recht. Meistens kommt man wirklich mit dem Hauptwert aus – dann ist $k = 0$! Da später in der Funktionentheorie der Winkelsummand $2k\pi$ doch eine Bedeutung erhält, wird er bereits hier mit einbezogen.

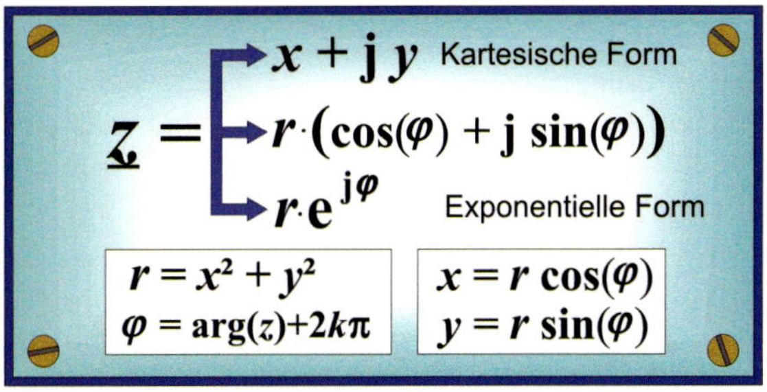

Bild 9.3.2 *Darstellungsmöglichkeiten einer komplexen Zahl*

Nachtrag:

Ärgerlich für Einsteiger sind, wie so oft in der Mathematik, die uneinheitlichen Begriffe und Definitionen. Hier bei den komplexen Zahlen ist das nicht anders. Da ist zunächst der Begriff „Argument von z“ für den Winkel zwischen dem Zeiger und der reellen Achse. Wenn man nur Argument sagt, beißt sich dies mit den Funktionen – dort nennt man bekanntlich die unabhängigen Variablen Argumente. Im Falle einer komplexen Zahl ist eigentlich auch der Betrag r ein „Argument“. Weiterhin ist mit „Argument von z“ nicht klar, ob irgendein Winkel oder die Funktion arg(z) gemeint ist. Wer viel mit Physik, Elektrotechnik oder Elektronik zu tun hat, verwendet gerne den Begriff *Phase* oder *Phasenwinkel* anstelle „Argument von z“. Leider kommt man um den Begriff „Argument von z“ nicht immer herum – es ist eine sehr gute Idee, dahinter in Klammern oder mit Schrägstrich „Winkel“ zu vermerken.

Eine gute Idee: „Argument (Winkel)“

Bei komplexen Zahlen müssen Sie damit leben, dass nicht – wie in DIN 1302 – das Hauptwinkelintervall $[0, 2\pi)$, sondern auch alternativ $[-\pi, +\pi)$ verwendet wird. Ein Vorteil des alternativen Intervalls besteht darin, dass sich arg(z) „fast“ ohne Fallunterscheidungen berechnen lässt. Dafür ist man besonders dankbar, wenn man die Ableitung der Funktion arg(z) benötigt. Die Fallunterscheidungen werden durch einen Trick umgangen, der auf dem so genannten „*Umfangswinkelsatz*“, einer Verallgemeinerung des Satzes von Thales, basiert.

Alternatives Hauptwinkelintervall: $[-\pi, +\pi)$

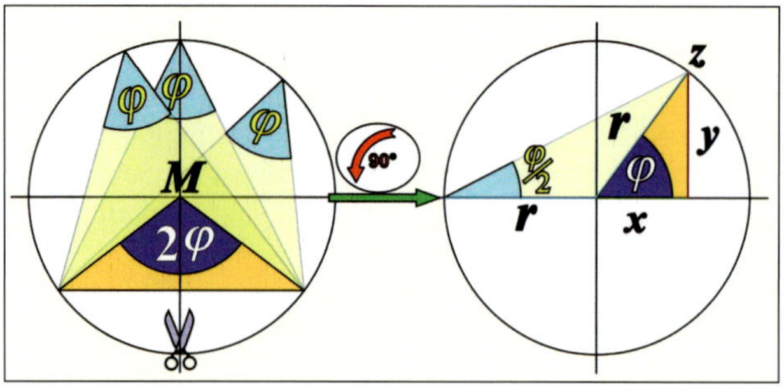

Bild 9.3.3
Reduzierung der Fallunterscheidungen für arg(z)

Links in *Bild 9.3.3* ist der *Umfangswinkelsatz* illustriert. Eine Kreissehne und ein Punkt auf dem Kreisumfang definieren ein Dreieck. Alle auf der gleichen Sehnenseite liegenden Dreiecke haben den gleichen Umfangswinkel φ. Diese Umfangswinkel sind genau halb so groß wie der Mittelpunktswinkel – im Bild mit 2φ benannt – des aus zwei Radien und der Sehne gebildeten (gleichschenkligen) Dreiecks. Wenn man nur das mittlere Dreieck betrachtet, die linke Hälfte abschneidet und den verbleibenden Rest um 90° im Gegenuhrzeigersinn dreht, hat man die Planfigur für die fallunterscheidungsfreie Berechnung von $\varphi/2$ bzw. φ. Dem großen Dreieck mit der Gegenkathete y und der Ankathete $(x + r)$ kann man die Formel zur fallunterscheidungsfreien Berechnung von $\varphi/2$ entnehmen.

(9.3.14)

$$\frac{\varphi}{2} = \arctan\left(\frac{y}{x+r}\right) = \arctan\left(\frac{y}{x+\sqrt{x^2+y^2}}\right)$$

Der Definitionsbereich von arg(z) ist ohnehin $\mathbb{C}\backslash\{0\}$!

Der Wertebereich des Arkustangens reicht von $-\pi/2$ bis $+\pi/2$. Das ist jetzt der Bereich für den halben Winkel. Für den ganzen Winkel reicht der Wertebereich somit von $-\pi$ bis $+\pi$. Zwei Ausnahmen sind doch zu beklagen. Für $x = y = 0$ entsteht ein unbestimmter Ausdruck, und für $y = 0$ und negatives x ist der Ausdruck unendlich. Für diesen Fall setzt man $\varphi := -\pi$. Die Formel (*9.3.14*) muss also nur noch durch einen Fall vervollständigt werden (*s. 9.3.15*). Der Definitionsbereich ist $\mathbf{C}\backslash\{0\}$.

(9.3.15)

$$\arg(z) = \begin{cases} -\pi & \text{falls } x < 0 \wedge y = 0 \\ 2\cdot\arctan\left(\dfrac{y}{x+\sqrt{x^2+y^2}}\right) & \text{sonst} \end{cases}$$

Sollte man die schöne Formel (*9.3.15*) verwenden wollen, sich aber für einen Hauptwert zwischen 0 und 2π entscheiden, muss man auf die negativen Winkel 2π draufaddieren. In der Praxis machen die unterschiedlichen Intervalle keine Probleme. Es ist nur anzugeben, auf welches Intervall sich arg/Arc jeweils bezieht.

9.4 Funktionen im Komplexen

Mit der so genannten Funktionentheorie (Analysis III) werden Sie, wenn überhaupt, frühstens im 3. Semester konfrontiert. Wir brauchen uns deshalb hier nur um einen Einstieg zu kümmern. Um nicht übermäßig viele Parameter- und Variablennamen hin und her schaufeln zu müssen, halten wir uns stur an die Bezeichnungen auf dem „Anatomieschild" *Bild 9.3.2*. Da wir im Fall der Funktionen auf den Begriff des Funktionsarguments nicht verzichten können, meiden wir den Begriff „Argument von z"! Nennen wir den Winkel ruhig Phase bzw. Phasenwinkel! Beachten Sie: Der Phasenwinkel φ ist nicht notwendigerweise ein Hauptwinkel. Wenn ein Hauptwinkel gemeint ist, schreiben wir entweder $\arg(z)$, $\varphi \bmod 2\pi$ oder geben $\boldsymbol{\varphi}$ in Fettdruck an!

Kein Vorgriff auf die Funktionentheorie!

Um auf die allerwichtigsten komplexen Funktionen zu kommen, braucht man sich im Grunde „nur" eine reelle Funktion vorzunehmen und die reelle Variable (z. B. x) durch eine komplexe Variable zu ersetzen. Der „Rest" ergibt sich dann mit Unterstützung der *Eulerschen Formeln*. Probieren wir das Verfahren bei den *Potenzfunktionen*!

Reelle Argumente werden durch komplexe ersetzt.

$$w = z^n = \left(r\,\mathrm{e}^{\mathrm{j}\varphi}\right)^n = r^n\,\mathrm{e}^{\mathrm{j}n\varphi} \tag{9.4.1}$$

Bitte gewöhnen Sie sich auch an die unentbehrliche Präfix-Schreibweise!

$$w = r^n \cdot \exp(\mathrm{j}n\varphi) \tag{9.4.2}$$

Wie Sie sehen, muss bezüglich der Beträge nicht umgedacht werden. Es ergibt sich genau das, was sich auch im Reellen ergeben würde. Was im Komplexen anders ist, spielt sich bezüglich des Phasenwinkels ab. Er wird bei positivem Exponenten im Gegenuhrzeigersinn gedreht. Dabei kann der Winkel durchaus $+2\pi$ übersteigen. Man muss zwar nicht, aber man kann den Winkel dann modulo 2π nehmen und den Hauptwinkel für den Funktionswert angeben. Die Potenzfunktion (*9.4.1*) gilt ebenso für negative Exponenten. Auch dann verhält sich der Betrag der Funktionswerte wie im Reellen. Die Phase wird dagegen andersherum, also im Uhrzeigersinn gedreht. Im Folgenden wird für $n = 2$ und $n = -2$ je ein Zahlenbeispiel gezeigt. Dabei wurde von der Option Gebrauch gemacht, die Winkel in Grad anzugeben.

Potenzfunktionen: kein Umdenken bez. der Beträge

Potenzen drehen die Phase.

$$z = 1{,}2\,\mathrm{e}^{\mathrm{j}55^\circ}: \quad z^2 = \underline{\underline{1{,}44\,\mathrm{e}^{\mathrm{j}110^\circ}}}, \quad z^{-2} = 0{,}8\bar{3}\,\mathrm{e}^{-\mathrm{j}110^\circ} = \underline{\underline{0{,}8\bar{3}\,\mathrm{e}^{\mathrm{j}250^\circ}}} \tag{9.4.3}$$

Im Falle z^{-2} kommt durch das Zurückdrehen zunächst ein negativer Winkel zustande – bezüglich des Intervalls $[0, 2\pi)$ bzw. $[0, 360^\circ)$ ist das ein Nebenwinkel. Man kann das so stehen lassen oder mittels der Modulo-Funktion den Hauptwert ermitteln: $-110 \bmod 360 = 250$.

In *Bild 9.4.1* sind die entsprechenden Ortsvektoren/Zeiger der beiden Beispiele in (*9.4.3*) in der Gaußschen Ebene dargestellt. Der die komplexe Zahl z repräsentierende Zeiger wird durch das Quadrieren gestreckt und gleichzeitig auf den doppelten Winkel gedreht. Im Fall des negativen Exponenten wird der Zeiger zusammengestaucht und der Winkel auf den negativen doppelten Winkel zurückgedreht.

Je nach Exponent: Streckung oder Stauchung des Zeigers

Stauchen und Strecken des Betrages würden natürlich wie im Reellen auch ihre Rollen vertauschen, wenn der Betrag von z kleiner als eins ist. Für die Phasendrehung spielt der Betrag keine Rolle.

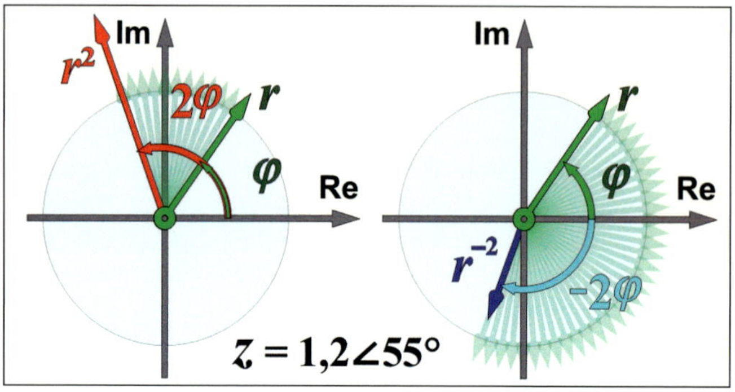

Bild 9.4.1
Phasendrehungen beim Potenzieren

Änderungen bzgl. Injektivität und Surjektivität!

Die Phasenwinkel der Funktionswerte sind proportional zu den Winkeln von z und überstreichen somit alle reellen Zahlen. Da auch die Beträge die Werte aller positiven Zahlen annehmen können, sind die Potenzfunktionen surjektiv. Sie erinnern sich: reelle Potenzfunktionen mit geradem Exponenten sind das nicht! Bei den reellen Potenzfunktionen sind zumindest diejenigen mit ungeradem Exponenten injektiv. Die komplexen Potenzfunktionen sind alle nicht injektiv. Man weiß nie, wie viele volle Umdrehungen der Zeiger gemacht hat!

Auch für die komplexe e-Funktion (nicht mit der Exponentialform verwechseln!) ist keine Neudefinition erforderlich! Die Eigenschaften der erweiterten Funktion lassen sich mithilfe der Potenzrechenregeln und der Eulersche Formeln ermitteln.

(9.4.4)

$$\mathrm{e}^z = \mathrm{e}^{x+\mathrm{j}y} = \mathrm{e}^x\,\mathrm{e}^{\mathrm{j}y} = \mathrm{e}^x\left(\cos(y) + \mathrm{j}\sin(y)\right)$$

e-Funktion: kein Beitrag des Imaginärteils zum Betrag

Die komplexe e-Funktion ist surjektiv.

Das Erstaunliche bei der komplexen e-Funktion ist, dass der Imaginärteil des Funktionsarguments keinen Beitrag zum Betrag des Funktionswertes liefert. Der Betrag ist gleich dem Wert der reellen e-Funktion mit dem Realteil als Exponenten. Der Imaginärteil bildet den Phasenwinkel (im Bogenmaß). Weil alle reellen Zahlen zulässig sind, überstreicht der Phasenwinkel den Vollwinkel. Da der den Funktionswert repräsentierende Zeiger jede Länge annehmen kann, erreicht die komplexe e-Funktion jede komplexe Zahl. Die komplexe e-Funktion ist surjektiv. Da für die komplexen Funktionswerte nur der Imaginärteil mod 2π eine Rolle spielt, ist die Funktion nicht injektiv. Versuchen wir uns trotzdem an einer Umkehrung!

(9.4.5)

$$z = r\,\mathrm{e}^{\mathrm{j}\varphi} = \mathrm{e}^{\ln(r)} \cdot \mathrm{e}^{\mathrm{j}\varphi} = \mathrm{e}^{\ln(r)+\mathrm{j}\varphi} \mid \ln\ldots \quad \Rightarrow \ln(z) = \ln(r) + \mathrm{j}\varphi$$

In (*9.4.5*) wurde zunächst die Exponentialform so umgeformt, dass der Betrag in den Exponenten kommt. Dann lässt sich die Gleichung formal umdrehen und heraus kommt der „*komplexe natürliche Logarithmus*". Die beiden wichtigen Funktionen sind in folgendem Merksatz zusammengestellt. Damit deutlich wird, dass in dem Phasenwinkel φ ein unbestimmter Summand enthalten ist, wurde für den Phasenwinkel ausführlich $\arg(z) + 2k\pi$ geschrieben.

Definition der komplexen e-Funktion und des Logarithmus:

$$\mathrm{e}^z = \mathrm{e}^x \cdot (\cos(y) + \mathrm{j}\sin(y)), \quad |\mathrm{e}^z| = \mathrm{e}^x, \quad \arg(\mathrm{e}^z) = y$$

Nat. Logarithmus: $\ln(z) = \ln|z| + \mathrm{j}(\arg(z) + 2k\pi), k \in \mathbb{Z}$

Hauptwert des ...: $\mathrm{Ln}(z) = \ln|z| + \mathrm{j}(\arg(z)), \qquad (k = 0)$

Merksatz 9.4.1

Limitierung des Definitionsbereichs ermöglicht Umkehr.

Wenn man den Definitionsbereich der komplexen e-Funktion bezüglich des Imaginärteils auf das Hauptwinkelintervall $[0, 2\pi)$ limitiert, wird die e-Funktion umkehrbar. Der so genannte *Hauptwert des Logarithmus* ist dann eine echte Umkehrfunktion.

Reelle Winkelfunktionen in Exponentialdarstellung? Ein Trick macht es möglich.

An die *komplexen* Winkelfunktionen kommt man nicht heran, indem man einfach ein komplexes Argument hineinschreibt – es bedarf schon eines Tricks. Dazu benutzen wir die Eulerschen Formeln und addieren probeweise zu einer komplexen Zahl mit dem Betrag 1 ihr konjugiert Komplexes.

$$\begin{aligned} z_e + z_e^* &= \mathrm{e}^{\mathrm{j}\varphi} + \mathrm{e}^{-\mathrm{j}\varphi} \\ &= \cos(\varphi) + \cancel{\mathrm{j}\sin(\varphi)} + \cos(\varphi) - \cancel{\mathrm{j}\sin(\varphi)} = \underline{\underline{2\cos(\varphi)}} \end{aligned} \tag{9.4.6}$$

Der Sinus hebt sich dabei heraus und es verbleibt der reelle Kosinus – behaftet mit dem Faktor zwei. Statt zu summieren, kann man auch die Differenz versuchen und ansonsten so wie in (*9.4.6*) rechnen.

$$\begin{aligned} z_e - z_e^* &= \mathrm{e}^{\mathrm{j}\varphi} - \mathrm{e}^{-\mathrm{j}\varphi} \\ &= \cos(\varphi) + \mathrm{j}\sin(\varphi) - (\cos(\varphi) - \mathrm{j}\sin(\varphi)) = \underline{\underline{2\,\mathrm{j}\,\sin(\varphi)}} \end{aligned} \tag{9.4.7}$$

Alternative Darstellung des Sinus, Kosinus und Tangens

Dividiert man (*9.4.6*) durch 2 bzw. (*9.4.7*) durch 2j, erhält man alternative Darstellungen der (reellen) Winkelfunktionen mithilfe der Exponentialform (*s. Merksatz 9.4.2*). Als Einsteiger wird man nicht sagen können, was diese Umformungsgymnastik bringen soll. Es sei hier vermerkt, dass diese Darstellungen der Winkelfunktionen bei der Lösung von Differenzialgleichungen überaus hilfreich sind. Sie müssen deshalb in einem Merkfeld herausgestellt werden (*s. Merksatz 9.4.3*). In der Praxis bekommt die „2" oder das „2j" nicht die Ehre eines langen Bruchstrichs! Sie werden als Faktoren $^1/_2$ bzw. $^1/_{2\mathrm{j}}$ vor die Summe bzw. Differenz (in Klammern!) gesetzt.

Reelle Winkelfunktionen in Exponentialform:

$$\cos(\varphi) = \frac{\mathrm{e}^{\mathrm{j}\varphi} + \mathrm{e}^{-\mathrm{j}\varphi}}{2}, \quad \sin(\varphi) = \frac{\mathrm{e}^{\mathrm{j}\varphi} - \mathrm{e}^{-\mathrm{j}\varphi}}{2\mathrm{j}}, \quad \tan(\varphi) = \frac{1}{\mathrm{j}} \cdot \frac{\mathrm{e}^{\mathrm{j}\varphi} - \mathrm{e}^{-\mathrm{j}\varphi}}{\mathrm{e}^{\mathrm{j}\varphi} + \mathrm{e}^{-\mathrm{j}\varphi}}$$

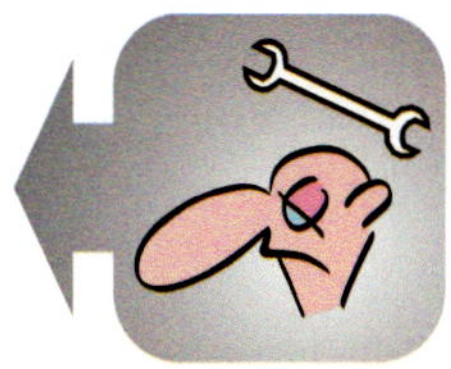

Merksatz 9.4.2

Möglicherweise haben Sie auf Ihrem Taschenrechner drei Funktionen mit dem merkwürdigen Namen *hyperbolischer Sinus*, *Kosinus* und *Tangens* (sinh, cosh und tanh) entdeckt. Die können wir hier en passant gleich mit erklären. Formal entstehen diese Funktionen, wenn man in den Darstellungen der reellen Winkel-

Definition der Hyperbelfunktionen mithilfe reeller e-Funktionen

funktionen die imaginäre Einheit herauswirft und durch harmlose reelle Einsen ersetzt. Die geometrische Definition der *Hyperbelfunktionen* (an einer Einheitshyperbel) können wir beiseitelassen und die in *Merksatz 9.4.3* aufgeführten Funktionsterme als Definition betrachten. Die Argumente haben geometrisch die Bedeutung eines Flächeninhalts. Deshalb beginnen die Namen der Umkehrfunktionen mit „ar" (von Area/Fläche).

Merksatz 9.4.3

Definition des hyperbolischen Sinus, Kosinus und Tangens:

$$\cosh(\varphi) := \frac{e^{\varphi} + e^{-\varphi}}{2}, \quad \sinh(\varphi) := \frac{e^{\varphi} - e^{-\varphi}}{2}, \quad \tanh(\varphi) := \frac{e^{\varphi} - e^{-\varphi}}{e^{\varphi} + e^{-\varphi}}$$

Sagt sich besser: „Hyperbelsinus", „Hyperbelkosinus", „Hyperbeltangens"

Für den langen Bruchstrich mit der Zwei im Nenner gilt das Gleiche wie oben! Der Variablenname φ, der normalerweise auf einen Winkel hinweist, ist hier eigentlich fehl am Platz; „x" wäre besser. Einen Eindruck von den Eigenschaften des hyperbolischen Kosinus, Sinus und Tangens geben die grafischen Darstellungen in *Bild 9.4.2*. Beachten Sie: Die abhängige Variable ist dort, wie bei reellen Funktionen üblich, mit x benannt worden. Die gestrichelten Linien sind Graphen der Näherungsfunktionen.

Beachten Sie, die reellen Hyperbelfunktionen sind nicht periodisch!

Gleiche Symmetrieeigenschaften wie die Winkelfunktionen

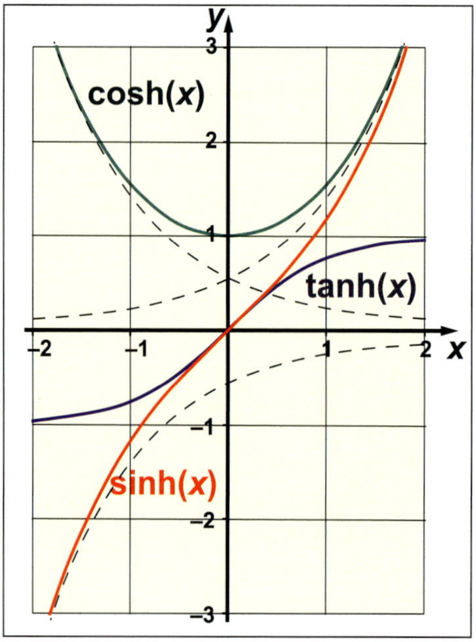

Bild 9.4.2
Grafische Darstellung der Hyperbelfunktionen

Wählt man betragsmäßig große Argumente, kann man in den Funktionstermen den/die Summanden mit negativen Exponenten vernachlässigen. Dann wird für große Argumente der positive Ast des Sinushyperbolicus durch $\frac{1}{2}\, e^{x}$, der negative durch $-\frac{1}{2}\, e^{-x}$ approximiert. Der rechte Ast des Cosinushyperbolicus wird ebenfalls durch $\frac{1}{2}\, e^{x}$ angenähert. Für den linken Ast ist $\frac{1}{2}\, e^{-x}$ Näherungsfunktion. Die Approximation ist bereits für Argumente größer als zwei gut erkennbar. Im Gegensatz zu Asymptoten/Näherungsfunktionen gebrochen rationaler Funktionen erreichen die Hyperbelfunktionen ihre Näherungsfunktionen sehr rasch! Der hyperbolische Tangens ist durch den Quotienten aus sinh und cosh definiert. Hier sind die konstanten Funktionen $f(x) \equiv 1$ bzw. $f(x) \equiv -1$ Näherungsfunktionen (Asymptoten).

Die Hyperbelfunktionen haben dasselbe Symmetrieverhalten wie die Winkelfunktionen gleichen Namens. Auch Funktionswerte und Steigungen an der Stelle null sind gleich. Wahrscheinlich werden Ihnen die Hyperbelfunktionen im Zusammenhang mit Differenzialgleichungen (gedämpfte Schwingung – aperiodischer Grenzfall) begegnen. Mithilfe der Exponentialdarstellung lassen sich die Winkel- und Hyperbelfunktionen problemlos ins Komplexe fortsetzen. Man ersetzt die reelle Variable φ im Exponenten der e-Funktionen durch die komplexe Variable z.

Problemlose Fortsetzung ins Komplexe

$$\begin{aligned}\cosh(z) &= \tfrac{1}{2}\left(\mathrm{e}^{z}+\mathrm{e}^{-z}\right)=\tfrac{1}{2}\left(\mathrm{e}^{x+\mathrm{j}y}+\mathrm{e}^{-(x+\mathrm{j}y)}\right)=\tfrac{1}{2}\left(\mathrm{e}^{x+\mathrm{j}y}+\mathrm{e}^{-x-\mathrm{j}y}\right)\\ &=\tfrac{1}{2}\left[\mathrm{e}^{x}\left(\cos(y)+\mathrm{j}\sin(y)\right)+\mathrm{e}^{-x}\left(\cos(y)-\mathrm{j}\sin(y)\right)\right]\\ &=\tfrac{1}{2}\left[\mathrm{e}^{x}\cos(y)+\mathrm{e}^{-x}\cos(y)+\mathrm{j}\left(\mathrm{e}^{x}\sin(y)-\mathrm{e}^{-x}\sin(y)\right)\right]\\ &=\tfrac{1}{2}\cos(y)\left(\mathrm{e}^{x}+\mathrm{e}^{-x}\right)+\mathrm{j}\tfrac{1}{2}\sin(y)\left(\mathrm{e}^{x}-\mathrm{e}^{-x}\right)\\ &=\underline{\underline{\cosh(x)\cos(y)+\mathrm{j}\sinh(x)\sin(y)}}\end{aligned} \qquad (9.4.8)$$

Der Imaginärteil y ist Argument der reellen Winkelfunktionen Sinus und Kosinus!

Die Hyperbelfunktionen sind deshalb periodisch bezüglich des Imaginärteils.

Die Rechnerei in (*9.4.8*) liefert ein überraschendes Ergebnis: Der hyperbolische Kosinus ist periodisch bezüglich des Imaginärteils von z. Machen wir das Gleiche mit dem Winkelfunktions-Kosinus.

$$\begin{aligned}\cos(z) &= \tfrac{1}{2}\left(\mathrm{e}^{\mathrm{j}z}+\mathrm{e}^{-\mathrm{j}z}\right)=\tfrac{1}{2}\left(\mathrm{e}^{\mathrm{j}(x+\mathrm{j}y)}+\mathrm{e}^{-\mathrm{j}(x+\mathrm{j}y)}\right)=\tfrac{1}{2}\left(\mathrm{e}^{-y+\mathrm{j}x}+\mathrm{e}^{y-\mathrm{j}x}\right)\\ &=\tfrac{1}{2}\left[\mathrm{e}^{-y}\left(\cos(x)+\mathrm{j}\sin(x)\right)+\mathrm{e}^{y}\left(\cos(x)-\mathrm{j}\sin(x)\right)\right]\\ &=\tfrac{1}{2}\left[\mathrm{e}^{-y}\cos(x)+\mathrm{e}^{y}\cos(x)+\mathrm{j}\left(\mathrm{e}^{-y}\sin(y)-\mathrm{e}^{y}\sin(y)\right)\right]\\ &=\tfrac{1}{2}\cos(x)\left(\mathrm{e}^{-y}+\mathrm{e}^{y}\right)-\mathrm{j}\tfrac{1}{2}\sin(x)\left(\mathrm{e}^{y}-\mathrm{e}^{-y}\right)\\ &=\underline{\underline{\cosh(y)\cos(x)-\mathrm{j}\sinh(y)\sin(x)}}\end{aligned} \qquad (9.4.9)$$

Keine Überraschung mehr: Der Kosinus ist periodisch bez. des Realteils, aber nicht bez. des Imaginärteils.

Nicht mehr ganz so überraschend ist, dass beim Kosinus die Rollen von Real- und Imaginärteil vertauscht sind. Der Kosinus ist periodisch bezüglich des Realteils, aber nicht bezüglich des Imaginärteils. Entsprechende Formeln erhält man analog für den hyperbolischen Sinus und den Sinus:

$$\begin{aligned}\sinh(z) &= \sinh(x)\cos(y)+\mathrm{j}\cosh(x)\sin(y)\\ \sin(z) &= \cosh(y)\sin(x)+\mathrm{j}\sinh(y)\cos(x)\end{aligned} \qquad (9.4.10)$$

Die komplexen Winkelfunktionen und ihre hyperbolischen Verwandten sind für den Einsteiger noch nicht so von Bedeutung und erfordern deshalb auch keinen Merksatz. Wichtig (für das Grundverständnis) sind dagegen die komplexen Wurzeln – die bekommen sogar einen eigenen Abschnitt.

9.5 Komplexe Wurzeln

Kein unbekümmertes Austauschen der Variablen

Um der n-ten komplexen Wurzel auf die Spur zu kommen, kann man – wie wir noch sehen werden – nicht unbekümmert die reelle Variable durch eine komplexe ersetzen. Machen wir uns die Mühe und gehen wir zurück zu den Abschnitten 7.2/7.3 – Quadratische Funktionen/Potenzfunktionen! Wir sind dort vorübergehend zu den Mengenschreibweisen von Relationen und Funktionen zurückgekehrt. Hier machen wir das ebenfalls mit einer Potenzfunktion:

(9.5.1)

$$p=\{(z,w)\in\mathbb{C}\times\mathbb{C}\mid w=z^n,\ n\in\mathbb{N}\setminus\{0,1\}\}$$

Die Variable y ist für Imaginärteile verbraucht – deshalb benennen wir die Variable mit w!

Die Umkehrrelation entsteht, wenn man umgekehrt wissen will, welche Zahl potenziert werden muss, um eine vorgegebene (komplexe) Zahl zu erhalten. In der Formel in (*9.5.1*) müssen dazu die Variablen w und z vertauscht werden.

(9.5.2)

$$p^{-1}=\{(z,w)\in\mathbb{C}\times\mathbb{C}\mid z=w^n, n\in\mathbb{N}\setminus\{0,1\}\}$$

Eine Funktion ist nicht zu erwarten.

Anders als in Abschnitt 7.3 werden hier in (*9.5.2*) keine Einschränkungen der Grundmenge **C**×**C** vorgenommen. Deswegen kann man auch nicht erwarten, dass die Umkehrrelation eine Funktion wird. Versuchen wir die zweiten Koordinaten der Umkehrrelation zu ermitteln, indem wir die komplexe Zahl z in Exponentialform in die Formel von $z = w^n$ einsetzen! Es bietet sich an, anschließend beide Seiten der Gleichung mit dem reziproken Exponenten zu potenzieren.

(9.5.3)

$$r\,\mathrm{e}^{\mathrm{j}\varphi}=w^n \mid \text{hoch}\ \tfrac{1}{n}$$
$$\Rightarrow\ w=\left(r\,\mathrm{e}^{\mathrm{j}\varphi}\right)^{\frac{1}{n}}=r^{\frac{1}{n}}\cdot\mathrm{e}^{\mathrm{j}\frac{\varphi}{n}}=\underline{\underline{\sqrt[n]{r}\cdot\mathrm{e}^{\mathrm{j}\frac{\varphi}{n}}}}$$

Es scheint, als hätte man sich die umständlichen Mengen ersparen können, denn der in (*9.5.3*) doppelt unterstrichene Term erfüllt die Formel $z = w^n$.

(9.5.4)

$$\left(\sqrt[n]{r}\cdot\mathrm{e}^{\mathrm{j}\frac{\varphi}{n}}\right)^n=\left(\sqrt[n]{r}\right)^n\cdot\left(\mathrm{e}^{\mathrm{j}\frac{\varphi}{n}}\right)^n=r\cdot\mathrm{e}^{\mathrm{j}\frac{\varphi}{n}\cdot n}=r\cdot\mathrm{e}^{\mathrm{j}\varphi}=\underline{\underline{z}}$$

Der Phasenwinkel muss nicht Hauptwinkel sein!

Man könnte die so gefundenen zweiten Koordinaten vernünftigerweise „n-te komplexe Wurzel“ aus der komplexen Zahl z nennen. Tatsächlich hat die Sache einen Haken, denn der Phasenwinkel in (*9.5.3*) kann, aber muss nicht der Hauptwinkel sein! Wir müssen prüfen, was beim Potenzieren mit $1/n$ passiert, wenn der Phasenwinkel etliche Vollwinkel enthält! Also teilen wir den Phasenwinkel φ in Hauptwinkel und Vollwinkel auf. Das Ergebnis sehen Sie in (*9.5.5*). Um die entscheidenden Verhältnisse im Exponenten in Normalschrift schreiben zu können, wurde von der Präfix-Schreibweise Gebrauch gemacht.

(9.5.5)

$$w=\sqrt[n]{r}\exp\left[\mathrm{j}\,\frac{\arg(z)+2k\pi}{n}\right]=\sqrt[n]{r}\exp\left[\mathrm{j}\left(\frac{\arg(z)}{n}+\frac{2k\pi}{n}\right)\right]$$

Vielleicht bemerken Sie schon, was in (*9.5.5*) passiert ist. Beim Potenzieren mit ganzen Zahlen werden Vollwinkel nur mit ganzen Zahlen multipliziert. Dadurch werden keine neuen Funktionswerte produziert. Hier aber werden Vollwinkel „angebrochen" und müssen berücksichtigt werden!

Vollwinkel werden angebrochen!

Machen wir uns das Leben leicht und betrachten den konkreten Fall $n = 3$, d. h., wir fahnden nach der komplexen dritten Wurzel (*s.* (*9.5.6*)). Um nicht mit irrationalen Zahlen hantieren zu müssen, rechnen wir in Grad – dann entsprechen dem 2π-Vollwinkel „teilerfreundliche" 360°. Den Hauptwinkel schreiben wir mit einem fett gedruckten $\boldsymbol{\varphi}$. Aus (*9.5.5*) wird dann:

$$w = \sqrt[3]{r} \cdot \exp\left[\mathrm{j} \left(\frac{\boldsymbol{\varphi}}{3} + k \cdot 120° \right) \right] \,, \quad k \in \mathbb{Z} \tag{9.5.6}$$

In das Hauptintervall [0, 360°) fallen Phasenwinkel mit $k = 0$, 1 oder 2. Alle anderen Winkel unterscheiden sich von diesen nur durch Vollwinkel und produzieren deshalb keine anderen Werte! Es gibt also zu jeder ersten Koordinate z drei verschiedene gleichwertige Zweitkoordinaten w.

Drei gleichwertige „Wurzeln"!

$$w = \sqrt[3]{z} = \begin{cases} \sqrt[3]{r} \exp\left[\mathrm{j} \frac{\boldsymbol{\varphi}}{3} \right] \\ \sqrt[3]{r} \exp\left[\mathrm{j} \left(\frac{\boldsymbol{\varphi}}{3} + 120° \right) \right] \\ \sqrt[3]{r} \exp\left[\mathrm{j} \left(\frac{\boldsymbol{\varphi}}{3} + 240° \right) \right] \end{cases} \tag{9.5.7}$$

In (*9.5.7*) brauchten außer den Summanden für $k = 0$, $k = 1$ und $k = 2$ keine weiteren berücksichtigt zu werden, da sich alle anderen nur durch Vollwinkel von diesen unterscheiden. Notieren wir der Vollständigkeit halber die oben definierte Relation p^{-1} für $n = 3$ in Mengenschreibweise!

$$p^{-1} = \left\{ (z, w_k) \in \mathbb{C} \times \mathbb{C} \mid w_k = \sqrt[3]{r} \cdot \exp\left[\mathrm{j} \frac{\boldsymbol{\varphi}}{3} + k \cdot 120° \right], k \in \{0, 1, 2\} \right\} \tag{9.5.8}$$

Die Mengenschreibweise hat keine praktische Bedeutung. Man gibt die Elemente der Relation (*9.5.8*) nicht in Form von Zweiertupeln (z, w_k) an. Statt dessen beschränkt man sich auf die Zweitkoordinaten w_k, und die heißen dann schlicht und schnörkellos dritte Wurzeln. In *Bild 9.5.1* sind diese drei Wurzeln in der Gaußschen Ebene zusammen mit der komplexen Zahl z dargestellt.

Schlicht und schnörkellos: drei 3. komplexe Wurzeln.

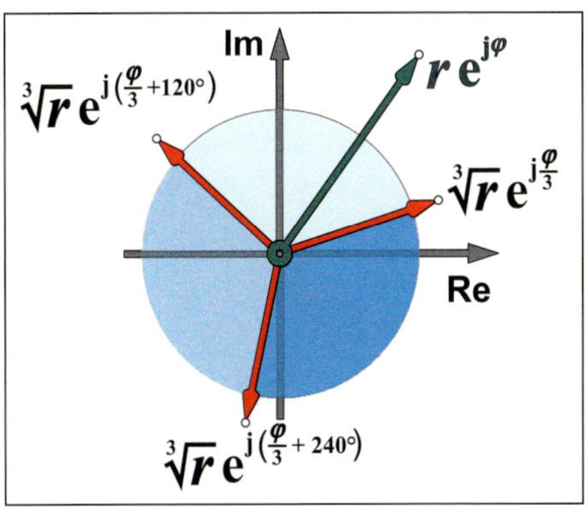

Bild 9.5.1
Die drei komplexen Wurzeln von $z = r \cdot \exp(\mathrm{j}\varphi)$

Für den Betrag der in *Bild 9.5.1* dargestellten komplexen Zahl z wurde $r = 1{,}728$ und für den Hauptwert des Phasenwinkels 54° gewählt. Dann ist der Betrag der dritten Wurzeln 1,2 und der Phasenwinkel der ersten Wurzel 54°/3 = 18°. Die anderen beiden Wurzeln sind jeweils um 120° im Gegenuhrzeigersinn weitergedreht. Man kann das konkrete Beispiel ohne Weiteres verallgemeinern.

Merksatz 9.5.1

n-te Wurzel aus z:
Eine Relation $z = w^n$ hat zu jedem von null verschiedenen z genau n komplexe Lösungen. Diese Lösungen nennt man n-te Wurzeln aus z und es gilt:

$$w_k = \sqrt[n]{|z|}\exp\left[\mathrm{j}\left(\frac{\operatorname{Arg}(z)}{n}+\frac{2k\pi}{n}\right)\right],\quad k \in \{0, 1, \ldots, n-1\}$$

Sie bevorzugen eine Nummerierung der Wurzeln von 1 bis n? Kein Problem – machen Sie das getrost. Beachten Sie, für $z = 0$ ist $w = 0$ einzige Lösung.

Sonderrolle: Quadratwurzel

Wie im Reellen spielt auch im Komplexen die *Quadratwurzel* eine Sonderrolle. In dem Fall beträgt der Winkel zwischen den beiden Lösungen π (180°). Das heißt, der Zeiger liegt genau gegenüber. In (*9.5.9*) wird bei der zweiten Lösung der Faktor $\exp(\mathrm{j}\pi)$ abgespalten.

(9.5.9)

$$w = \sqrt{r}\cdot \mathrm{e}^{\mathrm{j}\frac{\varphi}{2}} \quad \vee \quad w = \sqrt{r}\cdot \mathrm{e}^{\mathrm{j}\left(\frac{\varphi}{2}+\pi\right)} = \sqrt{r}\,\mathrm{e}^{\mathrm{j}\frac{\varphi}{2}}\cdot \mathrm{e}^{\mathrm{j}\pi} = -\sqrt{r}\,\mathrm{e}^{\mathrm{j}\frac{\varphi}{2}}$$

Da $\exp(\mathrm{j}\pi) = -1$, kommt man auf diese Weise zu der vertrauten „Plus-Minus-Form“ der Quadratwurzel:

Merksatz 9.5.2

Quadratwurzel aus z:
Eine Relation $z = w^2$ hat zu jedem von null verschiedenen z genau 2 komplexe Wurzeln. Diese Wurzeln lassen sich wie folgt darstellen:

$$w_{1,2} = \pm\sqrt{|z|}\exp\left[\mathrm{j}\left(\frac{\arg(z)}{2}\right)\right]$$

(Mithilfe von Additionstheoremen lassen sich daraus winkelfunktionsfreie kartesische Darstellungen herleiten. Benutzen Sie bei Bedarf eine geeignete Formelsammlung!)

Die beiden Plus/Minus-Wurzeln sollte man sich wie oben in der Gaußschen Ebene ansehen (*s. Bild 9.5.2*)!

Die beiden Wurzeln liegen sich gegenüber.

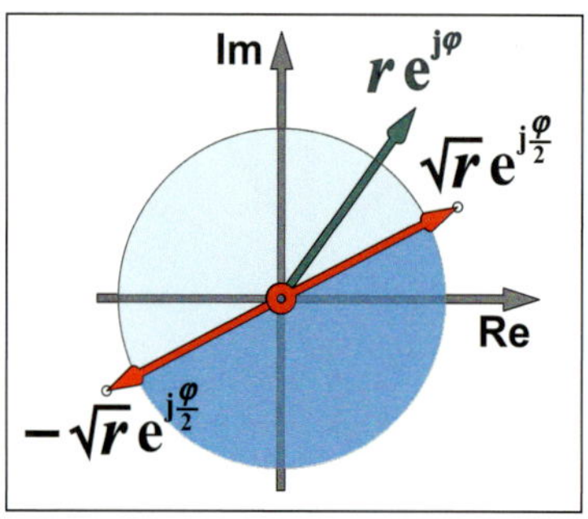

Bild 9.5.2
Die beiden komplexen Quadratwurzeln

Es fragt sich zum Schluss, ob es sich bei dem „erweiterten“ Wurzeloperator am Anfang von Kapitel 9 um Unsinn handelt. Die Antwort ist Nein. Man könnte tatsächlich den Definitionsbereich der Gleichung $z = w^2$ einschränken und für den Phasenwinkel φ nur den Hauptwert zulassen. Dann wäre kein Summand $2k\pi$ vorhanden, der „angebrochen“ werden muss. In diesem Fall gäbe es tatsächlich nur eine Wurzel und die hätte den Phasenwinkel $\arg(z)/2$.

$$w := \sqrt{|z|} \cdot \exp\left(\mathrm{j}\frac{\arg(z)}{2}\right) \tag{9.5.10}$$

Die in (*9.5.10*) definierte Wurzelfunktion würde tatsächlich einer negativen reellen Zahl eindeutig das Produkt aus imaginärer Einheit und der reellen Wurzel aus dem Betrag zuordnen.

$$r > 0: z = -r + \mathrm{j}0 = r\exp(\mathrm{j}\pi),\ \sqrt{z} = \sqrt{r}\exp\left(\mathrm{j}\tfrac{\pi}{2}\right) = \underline{\underline{\mathrm{j}\cdot\sqrt{r}}} \tag{9.5.11}$$

Ohne die Einschränkung auf den Hauptwert gäbe es noch eine zweite Wurzel. Machen Sie sich das anhand der Zeiger in *Bild 9.5.2* klar! Dem Zeiger mit der Phase $\pi/2$ läge dann ein weiterer bei $3\pi/2$ gegenüber.

$$\begin{aligned} &r > 0: \quad z = -r + \mathrm{j}0 = r\exp\left[\mathrm{j}(\pi + 2k\pi)\right] \\ &w_{1,2} = \sqrt{r}\exp\left[\mathrm{j}\left(\tfrac{\pi}{2} + k\pi\right)\right] \\ &w_1 \ = \sqrt{r}\exp\left[\mathrm{j}\tfrac{\pi}{2}\right] = \underline{\underline{+\mathrm{j}\cdot\sqrt{r}}}\,, \quad w_2 = \sqrt{r}\exp\left[\mathrm{j}\left(\tfrac{\pi}{2} + \pi\right)\right] = \underline{\underline{-\mathrm{j}\cdot\sqrt{r}}} \end{aligned} \tag{9.5.12}$$

Alternative Formulierung als Nullstellenproblem

Wir haben in diesem Kapitel an einer Wurzelfunktion/-relation gebastelt. Deswegen wurden in (*9.5.2*) die Variablen vertauscht, denn z sollte eine unabhängige Variable werden. Das Problem ist auch als Nullstellenproblem einer Funktion formulierbar:

$$w = z^n + a_0\,, \quad z^n + a_0 = 0 \quad \Leftrightarrow \quad z^n = -a_0 \tag{9.5.13}$$

Überaus wichtig: der Fundamentalsatz der Algebra

Offensichtlich handelt es sich bei der Funktion links in (*9.5.13*) um ein simples komplexes Polynom n-ten Grades. Umgeformt ergibt sich, dass die n komplexen Wurzeln aus $(-a_0)$ die Nullstellen des Polynoms sind. Lediglich im Falle $a_0 = 0$ hat das Polynom trivialerweise nur eine Nullstelle. Von diesem Standpunkt aus ist der *Fundamentalsatz der Algebra* plausibel. Nicht nur wenn ein (komplexes) Polynom n-ten Grades die simple Form (*9.5.13*) besitzt, sondern komplett mit allen Summanden ausgestattet ist, hat es **genau** n Nullstellen, die man ebenfalls Wurzeln nennt. Das bedeutet, dass sich im Komplexen ein Polynom n-ten Grades als Produkt aus **genau** n Linearfaktoren darstellen lässt. Wenn der Definitionsbereich des Polynoms auf die reellen Zahlen beschränkt wird, muss man das „**genau**“ durch „**höchstens**“ ersetzen.

Dem überaus wichtigen Fundamentalsatz – jetzt nicht nur auf reelle Zahlen beschränkt – wollen wir einen zweiten Merksatz widmen (*s. Merksatz 9.5.3, vgl. Merksatz 7.4.2*). Da auch im Komplexen Mehrfachnullstellen möglich sind, kommt man (wieder) um einen Parametersalat nicht herum. Beachten Sie: Die Summe der Vielfachheiten ist gleich n! Damit lässt sich das Polynom als Produkt aus n – nicht notwendig verschiedenen – Linearfaktoren darstellen.

Merksatz 9.5.3

Fundamentalsatz der Algebra:
Sei $p(z)$ ein komplexes Polynom mit grad$(p) = n$.

$$p(z) = a_n z^n + a_{n-1} z^{n-1} + \ldots + a_2 z^2 + a_1 z^1 + a_0 \quad , \quad z \in \mathbb{C}$$

Dann hat dieses Polynom genau n Nullstellen (Wurzeln). Dabei können die Nullstellen auch Mehrfachnullstellen sein. Sei m die Anzahl der **verschiedenen** Nullstellen. Die verschiedenen Nullstellen selbst seien mit z_1 bis z_m und die jeweiligen Vielfachheiten mit k_j benannt. Dann lässt sich das Polynom wie folgt als Produkt darstellen:

$$\underline{\underline{p(z) = a_n (z - z_1)^{k_1} \cdot (z - z_2)^{k_2} \cdot \ldots \cdot (z - z_m)^{k_m}}} \quad \text{mit} \quad k_1 + k_2 + \ldots + k_m = n$$

Die Ermittlung der Nullstellen kann sich nach wie vor schwierig gestalten.

Der Fundamentalsatz garantiert die Existenz der Nullstellen eines Polynoms, sagt aber nicht aus, wie man die Wurzeln finden kann. Das ist leider wie im Reellen nicht einfach. Zumindest macht die *quadratische Gleichung* im Komplexen keine Probleme. Die übliche Lösungsformel gilt auch im Komplexen. Sie sieht nur etwas unhandlich aus.

(9.5.14)

Leider unhandlich: die p-q-Formel im Komplexen

$$z, p, q \in \mathbb{C}: \; z^2 + pz + q = 0 \qquad \left| + \tfrac{p^2}{4} - q \right.$$

$$\Leftrightarrow \; z^2 + pz + \tfrac{p^2}{4} = \tfrac{p^2}{4} - q$$

$$\Leftrightarrow \; \left(z + \tfrac{p}{2}\right)^2 = \tfrac{p^2}{4} - q \qquad | \sqrt{\ldots}$$

$$\Leftrightarrow \; z + \tfrac{p}{2} = \pm \sqrt{\left|\tfrac{p^2}{4} - q\right|} \cdot \exp\left[j \cdot \tfrac{1}{2} \arg\left(\tfrac{p^2}{4} - q\right)\right] \left| - \tfrac{p}{2} \right.$$

$$\Leftrightarrow \; \underline{\underline{z = -\tfrac{p}{2} \pm \sqrt{\left|\tfrac{p^2}{4} - q\right|} \cdot \exp\left[j \cdot \tfrac{1}{2} \arg\left(\tfrac{p^2}{4} - q\right)\right]}}$$

In (*9.5.14 erste Zeile*) wurde die so genannte quadratische Ergänzung und dann *Merksatz 9.5.2* angewendet. Sehen wir uns an einem konkreten Zahlenbeispiel an, wie mithilfe der Lösungsformel eine quadratische Gleichung mit konkreten Zahlen bearbeitet werden kann!

(9.5.15)

Erste Nebenrechnung: Ermittlung von $p^2/4 - q$ und Überführen in die Polarform

$$z^2 - (5 + j) z + (8 + j) = 0$$

$$\left[\begin{array}{l} \text{1. Nebenrechnung:} \\ p^2 = (5 + j)^2 = 25 + 10\,j - 1 = 24 + j10 \\ \dfrac{p^2}{4} - q = \dfrac{p^2 - 4q}{4} = \dfrac{24 + j10 - 32 - j4}{4} \\ = -2 + j1{,}5 = \underline{2{,}5 \exp(j143{,}13\ldots°)} \end{array}\right.$$

$$\Leftrightarrow \quad z = \frac{5 + j}{2} \pm \sqrt{2{,}5} \cdot \exp\left(j \frac{143{,}13\ldots°}{2} \right)$$

In der ersten Nebenrechnung wurde $(p^2/4 - q)$ in kartesischer Form berechnet und dann mittels Taschenrechner in die Polarform überführt. Den Winkel sollte man „ungerundet" auf einem Speicherplatz ablegen. Damit steht alles zum Einsetzen in die Lösungsformel (*9.5.14*) bereit. In der zweiten Nebenrechnung muss der Exponentialterm der Wurzel in die trigonometrische Form und dann in die kartesische Form gebracht werden (*s.* (*9.5.16*)). In der letzten Zeile sind nur noch die Summanden zusammenzufassen. Die beiden Wurzeln genannten Lösungen dürfen Sie traditionell auch mit z_1 und z_2 benennen.

Zweite Nebenrechnung: Überführung in die kartesische Form

$$\left[\begin{array}{l}\text{2. Nebenrechnung:}\\ \sqrt{2,5}\cdot\exp\left(\mathrm{j}\dfrac{143,13\ldots^\circ}{2}\right)\\ =\sqrt{2,5}\cos(71,56\ldots^\circ)+\mathrm{j}\sqrt{2,5}\sin(71,56\ldots^\circ)=\underline{0,5+\mathrm{j}1,5}\end{array}\right.$$

(9.5.16)

$$\Leftrightarrow \quad z=2,5+\mathrm{j}0,5\pm(0,5+\mathrm{j}1,5) \quad \Leftrightarrow \quad \underline{\underline{z=3+\mathrm{j}2 \vee z=2-\mathrm{j}}}$$

9.6 Berechnung von Stromkreisen mithilfe der komplexen Zahlen

Die wohl „populärste" Anwendung der komplexen Zahlen ist die Berechnung von (Wechsel-)Stromkreisen. Deshalb wollen wir hier diese Rechenweise in einer Kurzfassung beschreiben. Dazu müssen Sie sich mit der im *Bild 9.6.1* vorgestellten ungewöhnlichen Methode zum Würstchenbraten befassen.

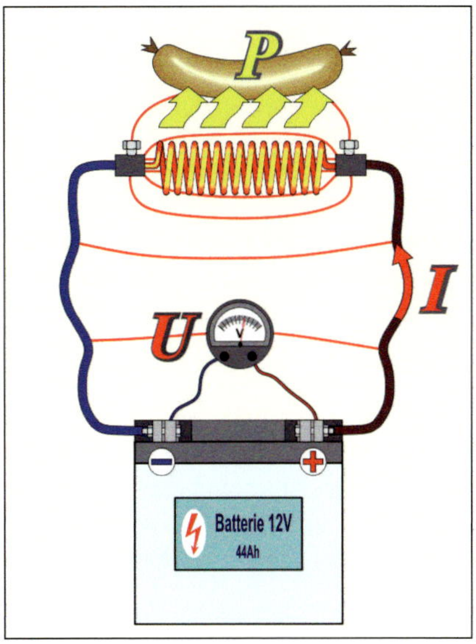

Würstchen

Heizwendel

Voltmeter

Autobatterie (Akku)

Bild 9.6.1
Stromkreis zum Würstchen braten

Irreversibler Energieumsatz: Elektrische Energie in Wärmeenergie

Kompliziertes E-Feld

Stromkreise: Die Kenntnis des E-Feldes ist nicht erforderlich.

Die Pole einer Autobatterie (12 V/44 Ah) werden mit (sehr) dicken Kupferdrähten mit einer Heizwicklung verbunden. Aufgrund eines chemischen Vorgangs im Inneren der Batterie werden Ladungen getrennt, sodass sich an ihren Polen positive und negative Ladungsansammlungen befinden. Diese Ladungen erzeugen ein elektrisches Feld, das wiederum dafür sorgt, dass Ladungen durch die Leitungen und die Heizwicklung getrieben werden. Dabei wird aufgrund des Stroms an der Heizwicklung elektrische Energie in Wärmeenergie umgesetzt. Die chemischen Prozesse sorgen weitgehend dafür, dass die Ladungsansammlungen an den Polen – damit das E-Feld – aufrechterhalten werden. Es entsteht ein so genannter Stromkreis. Die „Spinnweben“ in *Bild 9.6.1* sollen das elektrische Feld andeuten. Ganz ernst darf man das Feldlinienbild nicht nehmen, denn die Ladungen verteilen sich auf unregelmäßig krumme Drähte, kantige Schrauben, und was im Inneren der Batterie passiert, ist gar nicht eingezeichnet. Die Berechnung dieses E-Feldes wäre eine Horroraufgabe. Wenn man aber das den Strom treibende Feld nicht kennt – wie soll man dann den Strom ermitteln? Bekanntlich tut uns die Maxwellsche Theorie einen Gefallen. Man braucht das komplizierte elektrische Feld gar nicht zu kennen – die Kenntnis der leicht messbaren elektrischen Spannung zwischen den Polen der Batterie reicht aus! Der Grund: Spannung und Strom sind zueinander proportional und der Proportionalitätsfaktor heißt *ohmscher Widerstand.*

(9.6.1)

$$U \sim I \Rightarrow U = R \cdot I \quad \text{mit} \quad R := \frac{U}{I}$$

Der in *(9.6.1)* mit R bezeichnete so genannte ohmsche Widerstand hat die Einheit V/A. Die sehr häufig vorkommende Einheit V/A wird standardmäßig durch den Aliasnamen „Ω“ (lies Ohm!) ersetzt. Aus der Proportionalität in *(9.6.1)* wird das so genannte *Ohmsche Gesetz.*

(9.6.2)

$$\boldsymbol{U = R \cdot I}$$

Traditionseselsbrücke aus der Schweiz: der Kanton Uri

Leider hat „$U = R \cdot I$“ einen Schönheitsfehler. Eigentlich sollte die abhängige Variable (hier der Strom) links und die unabhängige Variable (hier die Spannung) rechts stehen. Trotzdem bleibt man gerne bei der Fassung *(9.6.2)*. Man kann sie ja bei Bedarf nach I auflösen. Der Grund liegt in der Anschaulichkeit des Proportionalitätsfaktors. Er gibt an, wie hoch die Spannung sein muss, um einen Strom von einem Ampere durch den Stromkreis zu treiben. Ist dafür eine hohe Spannung erforderlich, muss der „Widerstand“ des Stromkreises hoch sein. Reicht dagegen schon eine geringe Spannung aus, kann der Stromkreis kein großes „Hindernis“ sein.

Da die Widerstände der Zuleitungen und der Leitungen im Inneren der Batterie vernachlässigbar klein sind, wird der Widerstand des Stromkreises durch den der Heizwicklung bestimmt. Zu dem supereinfachen Ohmschen Gesetz gesellt sich noch eine fantastisch einfache Formel, mit deren Hilfe der Energiestrom P (*vgl. 6.8.5*) ausgerechnet werden kann, den die Heizwicklung abstrahlt.

(9.6.3)

$$\boldsymbol{P = U \cdot I}$$

Man kann in (*9.6.3*) mithilfe des Ohmschen Gesetzes wahlweise den Strom oder die Spannung „herauswerfen“ und erhält dann den Energiestrom in Abhängigkeit von der treibenden Spannung oder dem Strom, der durch die Heizwicklung fließt.

$$I=\frac{U}{R}\ \text{bzw.}\ U=R\cdot I\ \Rightarrow\ P=\tfrac{1}{R}\cdot U^2\ \text{bzw.}\ P=R\cdot I^2 \qquad (9.6.4)$$

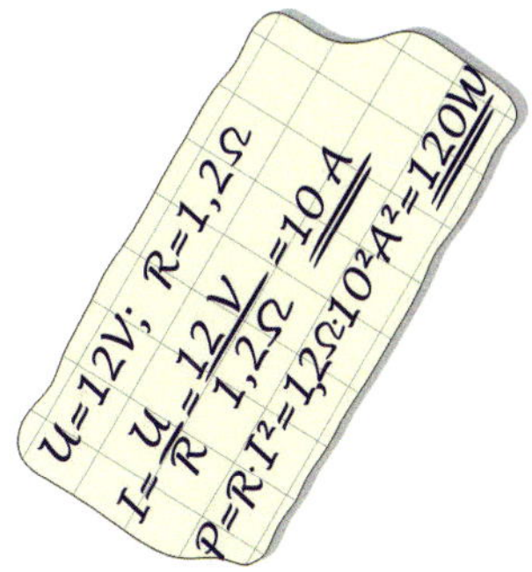

Da auch Kombinationen verschiedener Widerstände durch Parallel- oder Hintereinanderschaltung einfachen Formeln genügen, ist die Berechnung einfacher Stromkreis (fast) eine Jedermannsangelegenheit. Hier haben komplexe Zahlen (noch) nichts verloren.

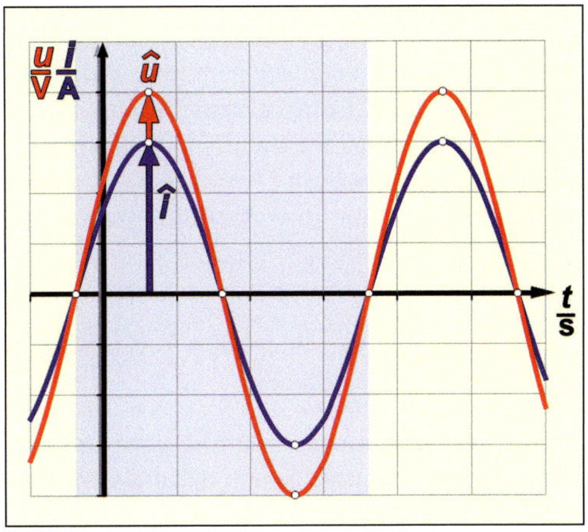

Bild 9.6.2
Phasengleicher Verlauf von Strom und Spannung

Die Proportionalität zwischen Strom und Spannung mit dem Proportionalitätsfaktor R gilt für unseren Stromkreis aus *Bild 9.6.1* auch dann noch, wenn sich die Spannung „im Schildkrötentempo“ ändern würde. Nehmen wir anstelle der Batterie einen Frequenzgenerator, der eine sinusförmige *Wechselspannung* variabler Amplitude und Frequenz erzeugen kann. Die Spannung können wir als eine Schwingung auffassen und somit auf das Kapitel 7.14 (Schwingungen) zurückgreifen. Dort erhielt man den Momentanwert der Schwingung durch Projektion eines rotierenden Zeigers auf eine der Achsen. Das wird in (*9.6.5*) übernommen. Dabei ist ω die Winkelgeschwindigkeit des rotierenden Zeigers, und mit dem zeitunabhängigen Summanden φ_0 passt man den Winkel an die Anfangsbedingung an. (Für die Formelzeichen zeitabhängiger Ströme und Spannungen verwendet man gern kleine Buchstaben!).

Die Netzfrequenz 50 Hz gilt noch als „Schildkrötentempo“.

Immer wieder unverzichtbar: der „rotierende Zeiger“

$$u(t)=\hat{u}\cdot\sin(\omega t+\varphi_0) \qquad (9.6.5)$$

Die Wechselspannung treibt einen Wechselstrom. Die Proportionalität zwischen Strom und Spannung erzwingt einen phasengleichen sinusförmigen Strom:

$$i(t)=\hat{i}\cdot\sin(\omega t+\varphi_0) \qquad (9.6.6)$$

Anstelle von Phasengleichheit sagt man auch „*Strom und Spannung sind in Phase*“. In *Bild 9.6.2* ist der phasengleiche Verlauf von Strom und Spannung grafisch

Phasengleichheit: „in Phase“

dargestellt (Zeiteinheit: ca. 5 ms). Bei bekanntem Widerstand R kann mithilfe des Ohmschen Gesetzes (für sehr kleine Frequenzen) die Stromamplitude berechnet werden.

(9.6.7)

$$i(t) = \hat{i} \cdot \sin(\omega t + \varphi_0) = \frac{u(t)}{R} = \frac{\hat{u} \cdot \sin(\omega t + \varphi_0)}{R} \Rightarrow \underline{\underline{\hat{i} = \frac{\hat{u}}{R} \quad \text{bzw.} \quad \hat{u} = R \cdot \hat{i}}}$$

Amplitudenbetrachtung reicht.

Wie in (*9.6.7*) ersichtlich, braucht man sich im Wechselspannungsfall nur um die Amplituden zu kümmern – die Sinusfunktion bleibt unverändert. Sehen wir uns an, wie sich der Energiestrom im Falle einer Wechselspannung verhält.

(9.6.8)

$$P(t) = u(t) \cdot i(t) = \hat{u} \cdot \hat{i} \cdot \sin^2(\omega t + \varphi_0) = P_{\text{max}} \cdot \sin^2(\omega t + \varphi_0)$$

Pulsierender Energiestrom

Aus (*9.6.8*) geht hervor, dass die Wechselspannung und der damit erzwungene Strom einen periodischen Energiestrom verursacht. Da aber der Sinus quadriert ist, ändert der Energiestrom sein Vorzeichen nicht – man spricht von einem pulsierenden Energiestrom. Man kann, wie in (*9.6.4*) gezeigt, wahlweise Strom oder Spannung herauswerfen und erkennt, dass der Maximalwert des Energiestromes proportional zum Quadrat der Spannung bzw. des Stromes ist.

(9.6.9)

$$P_{\text{max}} = \hat{u} \cdot \hat{i} = \underline{\underline{\frac{1}{R} \cdot \hat{u}^2}} \quad \text{bzw.} \quad = \underline{\underline{R \cdot \hat{i}^2}}$$

Für das Würstchenbraten hat der pulsierende Energiestrom keine negativen Auswirkungen – für das Verständnis schon. Sehen wir uns zunächst diesen pulsierenden Energiestrom in *Bild 9.6.3* an!

Maximaler Energiestrom P_{max}

Mittlerer Energiestrom

Kurzfristig kein Energiestrom

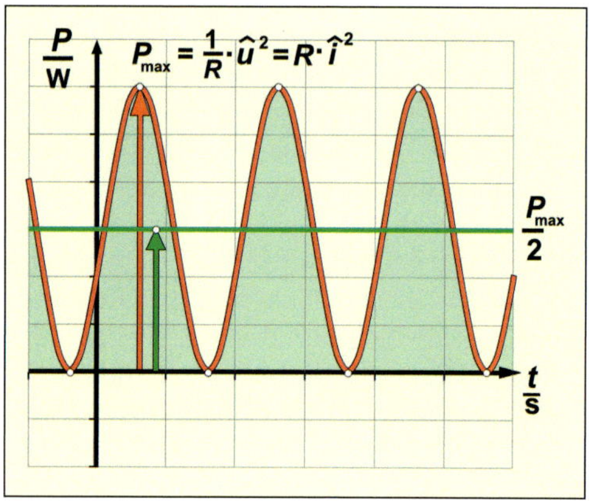

Bild 9.6.3
Pulsierender Energiestrom

Der Energiestrom „pulsiert“ mit doppelter Frequenz.

Wegen des Sinusquadrats sind die negativen Kurventeile ins Positive hochgeklappt. Der Energiestrom pulsiert folglich mit der doppelten Frequenz, wechselt aber nicht das Vorzeichen! Sucht man sich aus der Formelsammlung ein Additionstheorem für das Sinusquadrat heraus, erkennt man, dass eine Sinuskurve durch das Quadrieren sinusförmig bleibt (*s. 9.6.10*). Allerdings ist die Frequenz doppelt so groß und das Sinusquadrat pendelt nicht um die Null, sondern um den Wert ½.

$$\sin^2(\varphi) = \tfrac{1}{2}\left(1 - \cos(2\varphi)\right) \tag{9.6.10}$$

Mit dem Additionstheorem gerüstet, kann man den pulsierenden Energiestrom in *Bild 9.6.3* noch einmal betrachten. Die Kurve pendelt symmetrisch um die im Bild grün gezeichnete Horizontale – das ist der halbe Maximalwert des Energiestromes. Der halbe Maximalwert ist gleichzeitig zeitliches Mittel des Energiestromes.

$$P = P_{\text{max}} \cdot \sin^2(\omega t + \varphi_0) = \frac{P_{\text{max}}}{2}\left[1 - \cos\left(2(\omega t + \varphi_0)\right)\right] \quad \underbrace{= \frac{P_{\text{max}}}{2}}_{\text{im zeitlichen Mittel}} \tag{9.6.11}$$

Mithilfe (*9.6.11*) kann man einen pulsierenden Energiestrom mit einem gleichspannungsbetriebenen Stromkreis vergleichen:

$$\bar{P} = \frac{P_{\text{max}}}{2} = \frac{1}{R}\frac{\hat{u}^2}{2} \stackrel{?}{=} \frac{1}{R}U^2 \Rightarrow \underline{\underline{U = \frac{\hat{u}}{\sqrt{2}}}} \tag{9.6.12}$$

Wie man sieht, würde eine in (*9.6.12*) mit groß *U* bezeichnete Gleichspannung denselben Energiestrom erzeugen. Den Wert dieser „Ersatzgleichspannung" nennt man den *Effektivwert* der Spannung. Wegen (*9.6.9*) ergibt sich der Effektivwert des Stromes ebenfalls durch Division mit „Wurzelzwei".

$$\bar{P} = \frac{P_{\text{max}}}{2} = R \cdot \frac{\hat{i}^2}{2} \stackrel{?}{=} R \cdot I^2 \Rightarrow \underline{\underline{I = \frac{\hat{i}}{\sqrt{2}}}} \tag{9.6.13}$$

Das Effektivwertkonzept ermöglicht eine beträchtliche Vereinfachung. Man muss sich nicht um Amplituden, Frequenzen oder gar Sinusfunktionen kümmern. $U = R \cdot I$ und $P = U \cdot I$ gelten mit Effektivwerten auch im Falle von Wechselstromkreisen (Voraussetzung: sehr geringe Frequenz). Anfängern braucht man den Begriff „Effektivwert" nicht einmal zu erklären, denn die üblichen Messgeräte sind ohnehin auf Effektivwerte geeicht. Auch auf Datenblättern werden in der Regel Effektivwerte angegeben. Für Effektivwerte verwendet man in der Regel die gleichen Formelzeichen wie für Gleichspannung und -strom. Nur wenn man unbedingt darauf hinweisen will, dass Effektivwerte gemeint sind, hängt man ein tief gestelltes „q" oder „eff" als Postfix an das Formelzeichen (*s. folgenden Merksatz*). Das „q" steht für „quadratischer Mittelwert".

Überaus „effektiv": das Effektivwertkonzept!

Effektivwerte:
Wundern Sie sich nicht, wenn Sie die 230 V/50 Hz Netzspannung auf einem Oszilloskopen betrachten! Die Spannung 230 V ist der **Effektivwert**! Die Amplitude beträgt deshalb nicht 230 V, sondern (rund) das 1,4-Fache davon (325 V), und von Minimum zu Maximum („Spitze Spitze") sind es 650 V!

$\boldsymbol{\hat{u} = \sqrt{2} \cdot U_{\text{eff}}}$, $\boldsymbol{\hat{i} = \sqrt{2} \cdot I_{\text{eff}}}$

Merksatz 9.6.1

Die Formeln für Stromkreise, die mit Gleich- oder niedrigfrequenter Wechselspannung betrieben werden, sind so einfach, dass sie auch noch auf dem kleinsten Mogelzettel Platz finden würden (*s. Bild 9.6.4*).

Alternative Bezeichnungen für hintereinandergeschaltete Widerstände: „in Reihe" (Reihenschaltung), „in Serie" (Serienschaltung).

series <lat., „die Reihe">

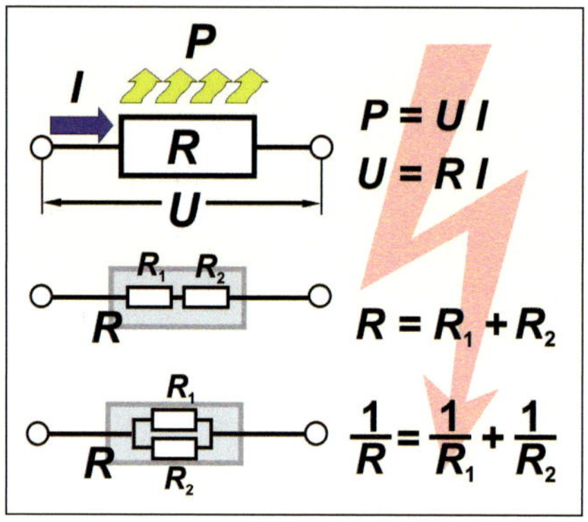

Bild 9.6.4
Formeln für einfache Stromkreise

Im Fall eines Stromkreises nennt man Potenzialdifferenzen Spannungsabfälle!

Im Wechselspannungsfall sind U und I Effektivwerte. U steht dabei für die Potenzialdifferenz über einem der Widerstände eines Stromkreises. I ist der Strom, der durch diesen Widerstand fließt. Der Widerstand R darf auch eine *Blackbox* sein, in der sich hintereinander- oder parallelgeschaltete Widerstände befinden. Die entsprechenden Formeln rechts daneben geben an, wie sich der Blackboxwiderstand (Ersatzwiderstand) R aus den Einzelwiderständen R_1 und R_2 ergibt. Da jeder Teilwiderstand selbst eine Blackbox sein darf, sind die Formeln nicht etwa auf zwei Widerstände beschränkt.

Bei höheren Frequenzen gibt es drastische Veränderungen im Verhalten des Stromkreises!

Angenommen, es steht für den Würstchenbrat-Stromkreis ein leistungsstarker Frequenzgenerator zur Verfügung. Dreht man dessen Frequenz hoch, geschehen merkwürdige Dinge. Obwohl der Widerstand R gleich geblieben ist, sinkt der Strom. Scheinbar ist der Widerstand gestiegen, und wenn man sich den zeitlichen Verlauf von Strom und Spannung auf einem Oszilloskop ansieht, wird es noch erstaunlicher: Strom und Spannung sind zeitlich verschoben. Sie sind – wie man sagt – nicht mehr in Phase. Wenn die Spannung maximal ist, dauert es eine Weile, bis auch der Strom seinen Maximalwert erreicht hat (*s. Bild 9.6.5*).

Der Strom hinkt der treibenden Spannung hinterher.

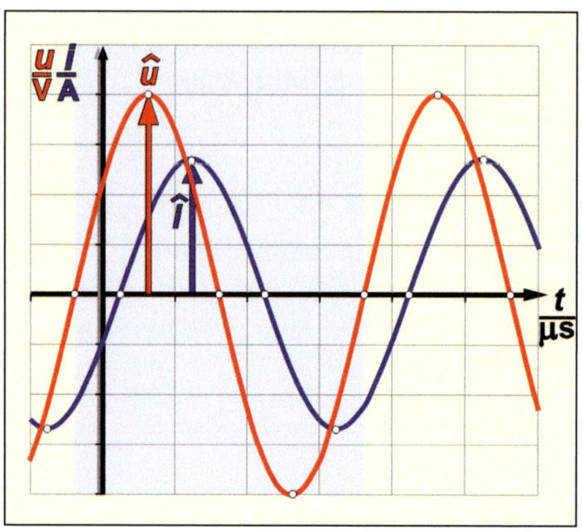

Bild 9.6.5
Ungleichphasiger Verlauf von Strom und Spannung

Die veränderten Verhältnisse sind in *Bild 9.6.5* dargestellt. Der Maßstab für Strom und Spannung wurde beibehalten. Die Zeitachse musste wegen der viel höheren Frequenzen gestreckt werden (Zeiteinheit: ca. 1 µs). Formelmäßig sehen Spannung und Strom dann wie folgt aus:

$$u(t) = \hat{u} \cdot \sin(\omega t + \varphi_U), \quad i(t) = \hat{i} \cdot \sin(\omega t + \varphi_I), \quad \underbrace{\Delta\varphi := \varphi_U - \varphi_I}_{\text{Phasenverschiebung}} \qquad (9.6.14)$$

Die Anfangsphasen φ_U und φ_I in (9.6.20) sind unterschiedlich. Wichtig ist deren Differenz $\Delta\varphi$, denn darin drückt sich die Phasenverschiebung zwischen Spannung und Strom aus. Hinkt der Strom der Spannung hinterher, ist $\Delta\varphi$ positiv – eilt er voraus, ist $\Delta\varphi$ negativ. Im vorliegenden Beispiel ist $\Delta\varphi$ positiv. Das Produkt aus den nicht mehr gleichphasigen Faktoren Spannung und Strom ist nach wie vor der momentane Energiestrom. Der hat sich aber gegenüber dem in *Bild 9.6.3* dargestellten Energiestrom dramatisch geändert (*s. Bild 9.6.6*).

Dramatische Änderungen des Energiestromes

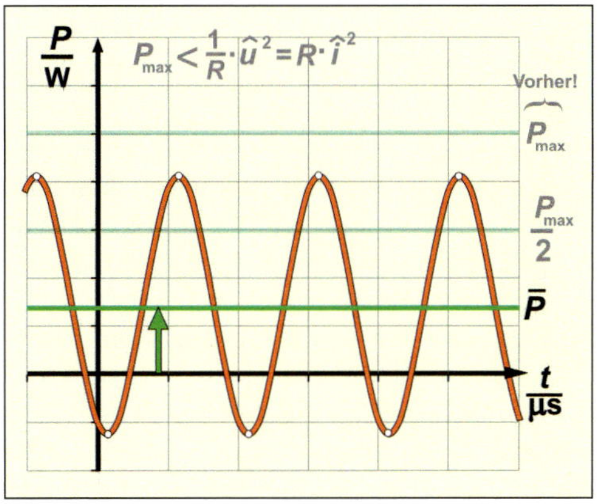

Der Mittelwert ist gesunken!

Bild 9.6.6
Energiestrom mit Vorzeichenwechsel

Der Energiestrom wechselt das Vorzeichen! Das bedeutet, dass der Heizdraht nicht nur Energie abstrahlt, sondern sich der Stromkreis auch Energie zurückholt. Damit hat sich der mittlere Energiestrom in unserem Beispiel gegenüber vorher mehr als halbiert. Die einfache Berechnung von Wechselstromkreisen mithilfe der im *Bild 9.6.4* zusammengestellten Formeln ist nicht mehr möglich. Wie wir gleich sehen werden, gibt es einen Weg, diese einfachen Formeln zu retten!

Ein alternatives Rechenkonzept für die Elektrotechnik: ein rotierender Zeiger in der Gaußschen Ebene

In Abschnitt 7.14 wurde bei der Beschreibung des zeitlichen Ablaufes eines Schwingungsvorgangs auf einen rotierenden Zeiger zurückgegriffen. Dabei entsprach der Zeigerlänge die Schwingungsamplitude. Der zeitabhängige Winkel zwischen x-Achse und dem Zeiger hieß (wie bei den komplexen Zahlen auch) Phase bzw. Phasenwinkel. Die Auslenkungsfunktion ergab sich durch Projektion des Zeigers auf die y-Achse. Rotierende Zeiger kann man mithilfe der Polarform komplexer Zahlen genauso gut in der Gaußschen Zahlenebene darstellen.

$$\underline{u}(t) = \hat{u} \cdot e^{j(\omega t + \varphi_U)}, \quad \underline{i}(t) = \hat{i} \cdot e^{j(\omega t + \varphi_I)} \qquad (9.6.15)$$

Keine Einbußen!

Damit büßt man nichts ein! Benötigt man die reellen Auslenkungsfunktionen, nimmt man die Imaginärteile – die komplexen Größen werden sozusagen auf die y-Achse/imaginäre Achse projiziert. Die beiden Funktionen in (*9.6.15*) könnten sowohl Projektionen auf die y-Achse der xy-Ebene als auch Projektionen auf die imaginäre Achse der Gaußschen Ebene sein.

Strom- und Spannungszeiger rotieren mit derselben Frequenz!

Kunstgriff: Koordinatentransformation in ein rotierendes System

Da der treibende Frequenzgenerator allen elektrischen Größen des Stromkreises (Teilspannungen, Teilströme) **dieselbe Frequenz aufzwingt**, rotieren deren zugehörige Zeiger mit derselben Winkelgeschwindigkeit ω in der Gaußschen Ebene. Das ist die Basis für den folgenden Kunstgriff: Wenn man eine mit dieser Winkelgeschwindigkeit ω rotierende Gaußsche Ebene definiert und von dieser rotierenden Warte aus alle Zeiger betrachtet, stehen diese alle still. Der Winkel zwischen der reellen Achse des ortsfesten Koordinatensystems und der reellen Achse des rotierenden Systems ist jetzt zeitabhängig (*s. 9.6.16*). Der Parameter ψ_0 gibt den Winkel zwischen den reellen Achsen beider Ebenen zur Zeit $t = 0$ an. Beachten Sie, dieser Winkel ist frei wählbar!

(9.6.16)

$$\begin{aligned} \sphericalangle(\text{ortsfeste reelle Achse, rotierende reelle Achse})\big|_t &= \omega \cdot t + \psi_0 \\ \sphericalangle(\text{ortsfeste reelle Achse, rotierende reelle Achse})\big|_{t=0} &= \psi_0 \end{aligned}$$

Ärger: φ_0 ist bereits verbraucht, deshalb ψ_0.

In (*9.6.17*) sind die zugehörigen Transformationsgleichungen in bzw. aus einem rotierenden System aufgeführt. Dabei ist φ' die Phase bezüglich des rotierenden Systems und das ungestrichene φ die Phase bezüglich des ortsfesten Systems (*vgl. (7.13.13)*).

(9.6.17)

$$\varphi' = \varphi - (\omega t + \psi_0) \quad \text{bzw.} \quad \varphi = \varphi' + (\omega t + \psi_0)$$

Ermitteln wir mithilfe von (*9.6.17*) zunächst die Phasenwinkel für Strom und Spannung im rotierenden System! Dazu ersetzt man den Winkel φ durch den Term $\omega \cdot t + \varphi_U$ bzw. $\omega \cdot t + \varphi_I$. Erwartungsgemäß heben sich dabei die für die Zeigerrotation verantwortlichen Zeitanteile $\omega \cdot t$ heraus.

(9.6.18)

$$\begin{aligned} &\text{Für } u(t)\text{: } \varphi' = \varphi_U - \psi_0 \\ &\text{Für } i(t)\text{: } \varphi' = \varphi_I - \psi_0 \end{aligned}$$

Sinnvoll, aber leider abstrakt: komplexe Amplituden und Effektivwerte

Somit ergeben sich für Spannung und Strom im rotierenden System zeitunabhängige komplexe Größen (*s. 9.6.19*). Man nennt die mit einem Phasenfaktor behafteten Amplituden im rotierenden System *komplexe Amplituden*. Teilt man sie durch Wurzelzwei, erhält man für Spannung und Strom *komplexe Effektivwerte* (*s. untere Zeile in (9.6.19)*).

(9.6.19)

$$\begin{aligned} &\underline{\hat{u}} = \hat{u} \cdot \mathrm{e}^{\mathrm{j}(\varphi_U - \psi_0)}, \quad \underline{\hat{i}} = \hat{i} \cdot \mathrm{e}^{\mathrm{j}(\varphi_I - \psi_0)} \quad \Big| : \sqrt{2} \\ &\underline{U} = U \cdot \mathrm{e}^{\mathrm{j}(\varphi_U - \psi_0)}, \quad \underline{I} = I \cdot \mathrm{e}^{\mathrm{j}(\varphi_I - \psi_0)} \end{aligned}$$

Beachten Sie die Schreibweisen der Elektrotechnik!

Für das Verständnis ist es von großer Bedeutung, dass Sie die Schreibweisenkonventionen der Elektrotechnik beherrschen (*s. folgenden Merksatz*). Sie müssen schon sehr gute Gründe haben, um davon abzuweichen.

Schreibkonventionen der Elektrotechnik:

Schreibe komplexe Größen mit einem Unterstrich! $\underline{u}(t), \underline{U}$

Schreibe zeitabhängige Größen mit kleinen Buchstaben! $u(t), u$

Schreibe zeitunabhängige Größen (incl. Effektivwerte) groß! $\underline{U}, U, Z$

Versieh Amplituden (reell oder komplex) mit einem Dach! $\hat{u}, \hat{\underline{u}}$

Schreibe die komplexe Einheit immer mit "j"! j, ~~i~~

Reeller Effektivwert: $U = \dfrac{\hat{u}}{\sqrt{2}}$, Komplexer Effektivwert: $\underline{U} = \dfrac{\hat{\underline{u}}}{\sqrt{2}}$

Betrag des Effektivwertes: $U = \sqrt{\underline{U} \cdot \underline{U}^*}$

Merksatz 9.6.2

Bild 9.6.7 zeigt die beiden Zeiger in der rotierenden Gaußschen Ebene. Der Winkel ψ_0 wurde so gewählt, dass beide Zeiger im 1. Quadranten liegen. Beachten Sie: Wir sind jetzt im rotierenden System! Aus dieser Sicht scheint sich das ortsfeste System im Uhrzeigersinn zu drehen.

Sind Sie schwindelfrei? Hoffentlich, denn wir befinden uns in einem rotierenden System! Unter Ihnen dreht sich alles!

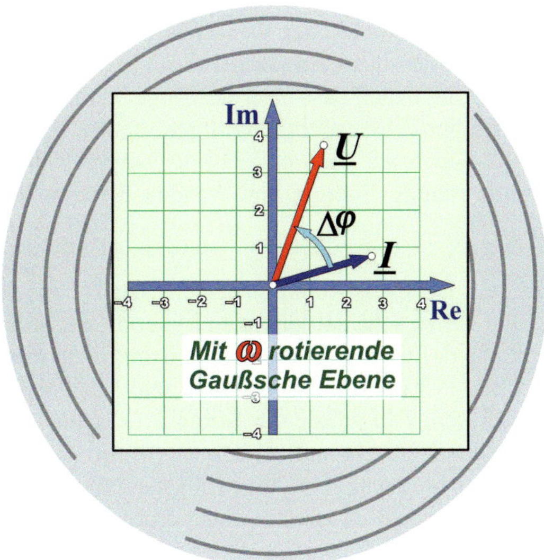

Bild 9.6.7

Strom und Spannung in der rotierenden Gaußschen Ebene

Versuchen wir, analog zum Gleichspannungsstromkreis (*s. 9.6.1*), Spannung und Strom durcheinander zu dividieren! Das machen wir zunächst im ortsfesten System (*s. 9.6.20*). Durch Erweitern mit „Wurzelzwei“ wird aus dem Quotienten der Amplituden ein Quotient der Effektivwerte.

$$\underline{Z} := \frac{\underline{u}(t)}{\underline{i}(t)} = \frac{\hat{u} \cdot e^{j(\omega t + \varphi_U)}}{\hat{i} \cdot e^{j(\omega t + \varphi_I)}} = \frac{\hat{u}}{\hat{i}} \cdot e^{j(\varphi_U - \varphi_I)} = \underline{\underline{\frac{U}{I} \cdot e^{j\Delta\varphi}}} \qquad (9.6.20)$$

Die Zeitabhängigkeit kürzt sich dabei heraus. Im Exponenten der e-Funktion steht die Phasendifferenz zwischen Spannung und Strom $\Delta\varphi$. Versuchen wir das Gleiche im rotierenden System und benutzen von vornherein Effektivwerte.

(9.6.21)

$$\underline{Z} = \frac{\underline{U}}{\underline{I}} = \frac{U \cdot e^{j(\varphi_U - \psi_0)}}{I \cdot e^{j(\varphi_I - \psi_0)}} = \frac{U}{I} \cdot e^{j(\varphi_U - \varphi_I)} = \underline{\underline{\frac{U}{I} \cdot e^{j\Delta\varphi}}}$$

Die Zeitabhängigkeit ist im rotierenden System ohnehin beseitigt – zusätzlich fällt der Anfangswinkel ψ_0 bei der Quotientenbildung heraus. Der Quotient ist im rotierenden System nicht anders als im ortsfesten System. Wir können also getrost im bequemen rotierenden System rechnen. Analog zu *(9.6.1)* ergibt sich ein freundliches „*Ohmsches Gesetz*“ für komplexe Effektivwerte.

(9.6.22)

$$\underline{Z} = \frac{\underline{U}}{\underline{I}} \quad \Rightarrow \quad \underline{\boldsymbol{U}} = \underline{\boldsymbol{Z}} \cdot \underline{\boldsymbol{I}}$$

Beim Abbau eines Feldes wird Energie zurückgeliefert.

Ein ohmscher Widerstand liefert keine Energie zurück.

Das ganze bisherige Kalkül ist natürlich nur dann sinnvoll, wenn die Naturgesetze mitspielen! Der komplexe Quotient aus Spannung und Strom muss eine vom speziellen System abhängige Größe ergeben – das ist tatsächlich der Fall! Man spricht von einem komplexen Widerstand oder Wechselstromwiderstand. Die merkwürdigen Phasenverschiebungen mit dem daraus resultierenden Vorzeichenwechsel des Energiestromes rühren daher, dass Energieströme beim Auf- und Abbau elektrischer oder magnetischer Felder nicht nur aufgenommen, sondern auch zurückgeliefert werden. Im Gegensatz dazu entzieht der so genannte *ohmsche Widerstand* dem Generator ständig Energie und wandelt diese unwiederbringlich in (z. B.) Wärme um.

Setzte man in unserem Beispielstromkreis anstelle der Heizwicklung eine dicht gewickelte Spule aus einem sehr gut leitenden Material, würde der ohmsche Widerstand sehr gering sein. Ein Würstchen könnte damit nicht mehr gebraten werden, die Energie würde fast vollständig zum Auf- und Abbau eines magnetischen Feldes benötigt. In diesem Fall würde der Strom (fast) genau um $\pi/2$ hinterherhinken. Zwar ist der Strom der Spannung nach wie vor proportional, er sinkt aber drastisch mit steigender Frequenz. Die Maxwellsche Theorie sagt, dass bei Spulen mit fehlendem ohmschen Widerstand die Phasenverschiebung zwischen Spannung und Strom exakt $+\pi/2$ beträgt. Oder anders herum: Der Strom hinkt exakt um $\pi/2$ hinterher. Die Eselsbrücke für die Phase bei – wie man sagt – rein induktiven Widerständen heißt: „**In**duktivität ***I*** **n**ach“. Weiterhin sind Strom und Frequenz antiproportional. Setzt man diese Informationen aus der Physik in *(9.6.22)* ein, kürzt sich die Spannung heraus und man erhält den Wechselstromwiderstand einer Idealspule. Der reelle Proportionalitätsfaktor L heißt *Induktivität.*

(9.6.23)

$$\text{Physik liefert: } \varphi_U - \varphi_I = \frac{\pi}{2} \;\wedge\; I \sim \frac{U}{\omega}$$

$$\underline{Z}_L = \frac{\underline{U}}{\underline{I}} = \frac{U}{I} \cdot e^{j\frac{\pi}{2}} \sim \frac{U}{\frac{U}{\omega}} j \sim j\omega \quad \Rightarrow \quad \underline{\boldsymbol{Z}}_L := \mathbf{j}\boldsymbol{\omega L}$$

Für den Einsteiger gibt es einen ärgerlichen Stolperstein, der das Verständnis erschwert. Das ist die Sache mit dem Bezugszeiger. In *Bild 9.6.7* wurde die reelle Achse der rotierenden Gaußschen Ebene so gelegt, dass die beiden Zeiger irgendwo im ersten Quadranten liegen. In der Praxis macht man das nicht, sondern richtet den Parameter ψ_0 so ein, dass entweder der Spannungs- oder der Stromzeiger auf der reellen Achse liegt! Derjenige Zeiger, der auf die reelle Achse gelegt wird, ist der „*Bezugszeiger*". In einer reinen Parallelschaltung nimmt man die Spannung, in einer Hintereinanderschaltung den Strom als Bezugszeiger. Durch diesen Kunstgriff ist im ersten Fall die Spannung, im zweiten der Strom reell.

Bedenken Sie die Wahlmöglichkeit des rotierenden Systems bezüglich ψ_0!

$$\text{Bezugszeiger Spannung: } \psi_0 := \varphi_U \;:\; \underline{U} = U \;,\; \underline{I} = I \cdot \mathrm{e}^{\mathrm{j}(\varphi_I - \varphi_U)}$$
$$\text{Bezugszeiger Strom: } \psi_0 := \varphi_I \;:\; \underline{I} = I \;,\; \underline{U} = U \cdot \mathrm{e}^{\mathrm{j}(\varphi_U - \varphi_I)} \qquad (9.6.24)$$

Im Bezugszeigersystem haben Minuend und Subtrahend der Phasenwinkeldifferenz keine Bedeutung mehr. Wichtig ist nur die Differenz. Deshalb wird sie nicht mehr mit $\Delta\varphi$, sondern nur noch mit φ benannt! Obwohl es sich bei diesem φ gar nicht um die komplette Phase handelt, sagt man trotzdem lediglich Phase dazu. Ein rotierendes System mit Bezugszeiger auf der reellen Achse wird als selbstverständlich vorausgesetzt.

Probleme mit dem Vieh:
Beachten Sie, dass die Phasen von Zeigern bezüglich einer rotierenden Gaußschen Ebene in der Regel nicht besonders ausgezeichnet werden!
Sie heißen auch im rotierenden System Phasen und werden mit φ benannt (evtl. mit Index).

Merksatz 9.6.3

Durch Verwendung eines reellen Bezugszeigers übernimmt der zweite Zeiger zwangsläufig den Phasenwinkel des komplexen Widerstands. Im Falle der Spannung als Bezugszeiger steht der Wechselstromwiderstand im Nenner – also ist das Vorzeichen negativ.

$$\underline{\text{Bezugszeiger Spannung}: \underline{U} = U,\ \underline{I} = I \cdot \mathrm{e}^{\mathrm{j}\varphi}}$$
$$\underline{I} = \frac{U}{\underline{Z}} = \frac{U}{Z \cdot \mathrm{e}^{\mathrm{j}\arg(\underline{Z})}} = \frac{U}{Z}\mathrm{e}^{-\mathrm{j}\arg(\underline{Z})}$$
$$\Rightarrow \quad \underline{\underline{U = Z \cdot I \ \wedge\ \varphi = -\arg(\underline{Z})}} \qquad (9.6.25)$$

Im Falle des Stromes als Bezugzeiger übernimmt die Spannung den Phasenwinkel des Wechselstromwiderstandes vorzeichengetreu.

$$\underline{\text{Bezugszeiger Strom}: \underline{I} = I,\ \underline{U} = U \cdot \mathrm{e}^{\mathrm{j}\varphi}}$$
$$\underline{U} = \underline{Z} \cdot \underline{I} = Z \cdot \mathrm{e}^{\mathrm{j}\arg(\underline{Z})} \cdot I = Z \cdot I \cdot \mathrm{e}^{+\mathrm{j}\arg(\underline{Z})}$$
$$\Rightarrow \quad \underline{\underline{U = Z \cdot I \ \wedge\ \varphi = +\arg(\underline{Z})}} \qquad (9.6.26)$$

Beachten Sie: das Ohmsche Gesetz gilt auch für Beträge! Wenn man dagegen Spannungen oder Ströme von Teilsystemen berechnet, sind alle Größen komplex. $\varphi = |\arg(\underline{Z})|$ gilt dann nicht! Die Phasenwinkel müssen gemäß dem (komplexen) Ohmschen Gesetz aus den komplexen Produkten oder Quotienten ermittelt werden.

In diesen Fällen handelt es sich wieder um Phasendifferenzen!

Reale Widerstände lassen sich durch Kombinationen aus idealen Komponenten darstellen.

In unserem Beispielstromkreis erzeugt die Heizwicklung ebenfalls ein Magnetfeld und verhält sich wie eine Hintereinanderschaltung aus einem ohmschen Widerstand und einer Idealspule. Der Strom, der durch hintereinandergeschaltete Bauelemente fließt, ist überall gleich. Es bietet sich daher an, den Strom als Bezugszeiger zu nehmen! Wie beim Gleichstromkreis addieren sich die Widerstände. Der komplexe Widerstand unseres Beispielstromkreises besteht somit aus Real- und Imaginärteil. Beachten Sie, wie der der Betrag des Wechselstromwiderstandes zu errechnen ist!

(9.6.27)

$$\underline{Z} = R + \mathrm{j}\omega L, \quad Z = \sqrt{\underline{Z} \cdot \underline{Z}^*} = \sqrt{R^2 + (\omega L)^2}$$

Mithilfe des Wechselstromwiderstands (*9.6.27*) kann man die Phase der Spannung und den Betrag des Stromes errechnen.

(9.6.28)

$$\varphi = \arg(\underline{Z}) = \arctan\left(\frac{\omega L}{R}\right), \quad I = \frac{U}{Z} = \frac{U}{\sqrt{R^2 + (\omega L)^2}}$$

Strom und Phasenwinkel sind leicht messbare Größen. Das Ergebnis (*9.6.28*) hält jeder experimentellen Nachprüfung stand! Beachten Sie: Wegen des ohmschen Widerstandes sind Strom und Frequenz nicht mehr antiproportional. In *Bild 9.6.8* sehen Sie die Position des Strom- und des Spannungszeigers. Beachten Sie den Bezugszeiger!

Möglicherweise irritierend: Spannung treibt Strom. Trotzdem dient der Strom als Bezugszeiger.

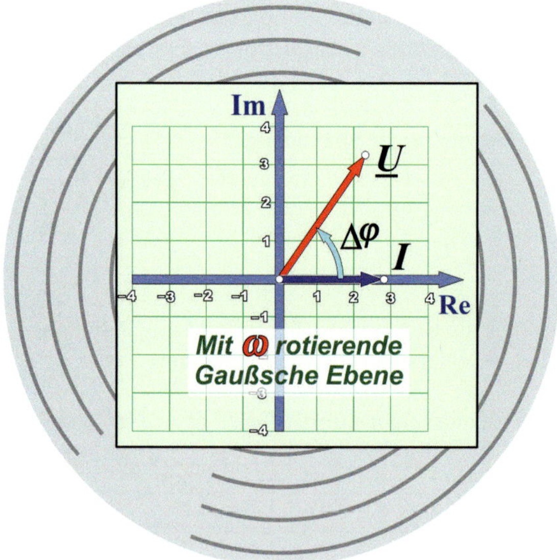

Bild 9.6.8
Rotierende Gaußsche Ebene – Bezugszeiger ist der Strom

Kondensatoren gibt es auch noch!

Es werden elektrische Felder auf- und abgebaut.

Es gibt noch ein weiteres Idealbauelement in Wechselstromkreisen – das ist ein so genannter *Kondensator*. Formal entsteht dieses Bauelement, wenn sich die großen Flächen zweier Bleche in einem sehr kleinen Abstand gegenüberstehen, sich aber nicht berühren (*s. Bild 9.6.9 b*). Im Falle eines Kondensators würde aufgrund der Generatorwechselspannung ein elektrisches Feld auf- und abgebaut. Zwar kann kein Strom die getrennten Platten durchdringen, aber ein Strom kommt trotzdem zustande, weil die Platten ständig umgeladen werden. Ladungsänderungen erfordern Ströme! Bei einem Idealkondensator eilt der Strom der Spannung exakt um π/2 voraus. Strom und Frequenz sind, anders als bei einer Spule, proportional. Das heißt, der Strom steigt mit steigender Frequenz. Analog zu (*9.6.23*) ergibt sich in (*9.6.29*) der komplexe Widerstand eines idealen Kondensators.

Die Ströme „durch" einen Kondensator sind Lade- und Entladeströme!

$$\text{Physik liefert: } \varphi_U - \varphi_I = -\frac{\pi}{2} \wedge I \sim U \cdot \omega$$

$$\underline{Z}_C = \frac{\underline{U}}{\underline{I}} = \frac{U}{I} \cdot e^{-j\frac{\pi}{2}} \sim \frac{U}{U \cdot \omega}(-j) \sim \frac{1}{j\omega} \Rightarrow \underline{\boldsymbol{Z}}_C := \frac{\mathbf{1}}{\mathbf{j}\boldsymbol{\omega}\boldsymbol{C}} \qquad (9.6.29)$$

Es ist in diesem Fall praktisch, den Kehrwert des Proportionalitätsfaktors in den Nenner zu schreiben, denn dann hat dieser Parameter die Bedeutung einer *Kapazität* – Formelzeichen *C*. Die imaginäre Einheit schickt man auch gleich mit in den Nenner und erspart so das negative Vorzeichen.

Die imaginäre Einheit in den Nenner? Kann man machen – muss aber nicht sein!

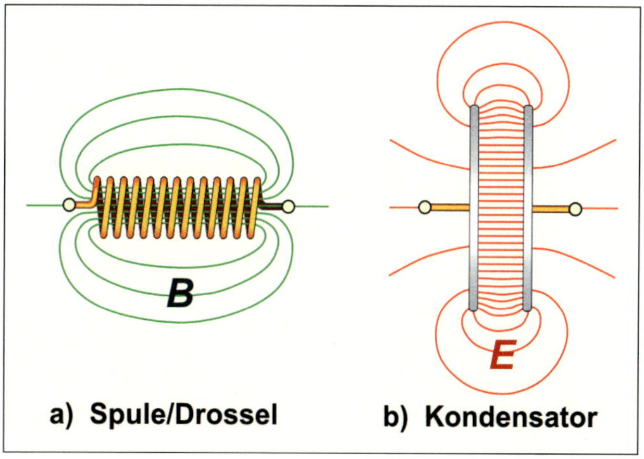

Grüne Linien: B-Feld
Rote Linien: E-Feld

Bild 9.6.9
Frequenzabhängige passive Bauelemente eines Wechselstromkreises

Mit dem komplexen Widerstand eines Kondensators ist das Konzept der Berechnung von Wechselstromkreisen in der rotierenden Gaußschen Ebene komplett. Man kann jeden realen Stromkreis als Schaltung aus ohmschen Widerständen, Induktivitäten und Kapazitäten darstellen. Ein realer Stromkreis ist damit durch einen Satz reeller Parameter aus ohmschen Widerständen, Induktivitäten und Kapazitäten beschreibbar. Für die Kombinationen der komplexen Widerstände gelten die simplen Formeln aus *Bild 9.6.4* – man muss nur die Formelzeichen umschreiben. In *Bild 9.6.10* finden Sie die umbenannten Formeln für Wechselstromkreise.

Ein realer Stromkreis ist durch einen Satz reeller Parameter (ohmsche Widerstände, Induktivitäten und Kapazitäten) beschreibbar.

Die Formelsammlung in *Bild 9.6.10* wurde ergänzt durch die Schaltsymbole der Idealkomponenten ohmscher Widerstand, Spule und Kondensator mit den zugehörigen komplexen Widerständen. Nicht ganz in das Konzept passt der Energiestrom/die Leistung. Der Zeiger des Produktes aus Strom und Spannung rotiert mit der doppelten Winkelgeschwindigkeit, steht also in der mit *ω rotierenden* Gaußschen Ebene nicht still. Den Betrag des Produktes aus den komplexen Effektivwerten aus Strom und Spannung nennt man *Scheinleistung*. Damit werden alle Energieströme erfasst – egal, in welche Richtung sie fließen. Dem Real- und dem Imaginärteil des Produktes kann man nur dann eine brauchbare physikalische Bedeutung zuordnen, wenn der Stromzeiger (oder Spannungszeiger) auf der reellen

Immer noch überschaubar: die Formeln für Wechselstromkreise

Achse liegt. In diesem Fall heißt der Realteil *Wirkleistung* und der Imaginärteil *Blindleistung*. Die Wirkleistung ist der von dem Stromkreis oder einem Teilsystem davon abgegebene Energiestrom. Der Imaginärteil ist der Energiestrom, der abgegeben und wieder aufgenommen wird.

Eine Blackbox für eine Kombination aus komplexen Widerständen

Reihenschaltung zweier komplexer Widerstände

Parallelschaltung zweier komplexer Widerstände

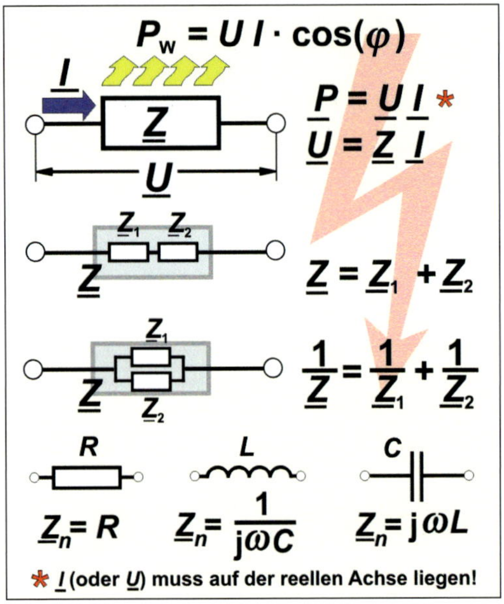

Bild 9.6.10
Formeln für einfache Wechselstromkreise

Die Berechnung von Wechselstromkreisen ist Standard für Auszubildende der Elektrobranche. Allerdings müssen diese in der Regel ohne Hintergrundwissen über komplexe Zahlen und Koordinatentransformationen auskommen. Wir wollen hier exemplarisch den in *Bild 9.6.11* abgebildeten Stromkreis für die Frequenzen $\nu = 159$ kHz und $\nu = 15{,}9$ kHz durchrechnen.

Gestrichelt gezeichnet: Eine Blackbox für die Parallelschaltung. R_1 und die Blackbox sind hintereinandergeschaltet.

In den Zweigen der Parallelschaltung sind Widerstände in Reihe geschaltet.

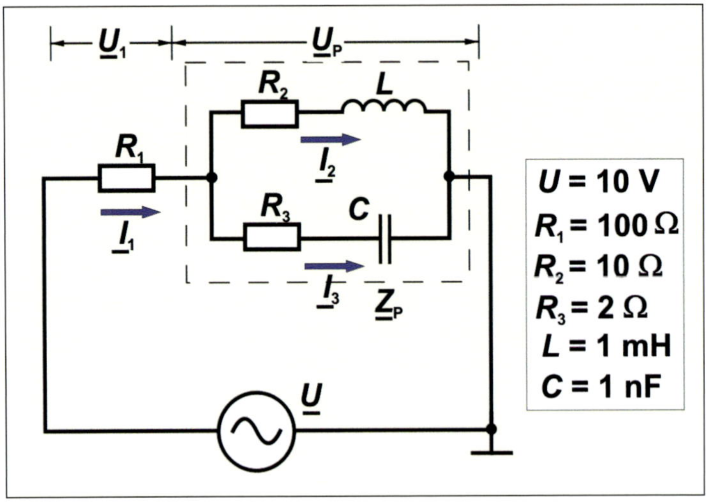

Bild 9.6.11
Beispiel für einen einfachen Wechselstromkreis

Bevor man rechnet, muss man sich auch als Elektrolaie über die Art des Stromkreises klar werden. Unser Beispiel besteht aus einer Hintereinanderschaltung eines ohmschen Widerstandes R_1 und einer Parallelschaltung. Man nimmt daher den Gesamtstrom als Bezugszeiger. Mit dem gestrichelten Kästchen wird angedeutet, dass die Parallelschaltung als Blackbox anzusehen ist. In der Parallelschaltung liegen eine reale Spule und ein realer Kondensator parallel. Die ohmschen Widerstände dieser Bauteile sind hier mit den ohmschen Widerständen R_2 und R_3 berücksichtigt. Die Winkelgeschwindigkeiten sind das 2π-Fache der Frequenzen – hier also 10^6 rad/s bzw. 10^5 rad/s. Der Strom I_1 ist hier der Gesamtstrom. Er teilt sich aufgrund der Parallelschaltung in die Teilströme I_2 und I_3 auf (die Teilströme vereinigen sich am rechten Knoten wieder zu I_1!). U_1 ist der Spannungsabfall über dem ohmschen Widerstand R_1. U_P ist der Spannungsabfall über der Parallelschaltung.

Bezüglich der Hintereinanderschaltung spielt das Innere der Blackbox (noch) keine Rolle!

Bezugszeiger: Strom!

Hier müssen die „Innereien" der Blackbox beachtet werden!

Jetzt können Sie möglicherweise die in *Bild 9.6.12* dargestellte Rechnung verstehen.

$$\omega = 10^6 \frac{\text{rad}}{\text{s}} \quad \omega L = 1000 \quad \frac{1}{\omega C} = 1000$$

$$\underline{Z}_1 = 100 \quad \underline{Z}_2 = 10 + j1000 \quad \underline{Z}_3 = 2 - j1000$$

$$\frac{1}{\underline{Z}_P} = \frac{1}{\underline{Z}_2} + \frac{1}{\underline{Z}_3} \Longrightarrow \underline{Z}_P = \frac{\underline{Z}_2 \cdot \underline{Z}_3}{\underline{Z}_2 + \underline{Z}_3} = 83300 - j667 \quad (\text{Sp A})$$

$$\underline{Z}_{Ges} = \underline{Z}_1 + \underline{Z}_P = 83400 - j667 \quad (\text{Sp B})$$

$$|\underline{Z}_{Ges}| = 83{,}4\,\text{k} \quad \arg(\underline{Z}_{Ges}) = -0{,}46^\circ$$

$$I_1 = \frac{U}{Z_{ges}} = 0{,}000120 = 0{,}12\,\text{mA} \quad (\text{Sp C})$$

Spannungsabfälle:

$$\underline{U}_1 = \underline{I}_1 \underline{Z}_1 = (0{,}0120 + j0)\text{V} \quad \underline{U}_P = \underline{I}_1 \underline{Z}_P = (9{,}99 - j0{,}0799)\text{V} \quad (\text{Sp A})$$

Teilströme:

$$\underline{I}_2 = \frac{\underline{U}_P}{\underline{Z}_2} = (0{,}0200 - j9{,}99)\text{mA}$$

$$\underline{I}_3 = \frac{\underline{U}_P}{\underline{Z}_3} = (0{,}0999 + j9{,}99)\text{mA}$$

Leistung P:

$$P = \underline{U}\,\underline{I}_1 = (1{,}20 + j\,0{,}00963)\text{mW}$$

Der Widerstand der Blackbox (Parallelschaltung) Z_p wird als Erstes berechnet …

… dann können der Gesamtwiderstand, die Phase und der Gesamtstrom ermittelt werden.

Es folgt die Berechnung einzelner Spannungsabfälle und Teilströme.

Bild 9.6.12
Berechnung eines einfachen Wechselstromkreises für 159 kHz

Zunächst wurden die Beträge der frequenzabhängigen komplexen Widerstände berechnet. Sie betragen beide 1000 Ω. In der nächsten Zeile wurden die beiden komplexen Widerstände in den Zweigen der Parallelschaltung bereitgestellt. Damit können mithilfe der Formeln in *Bild 9.6.10* alle relevanten Größen des Strom-

Berechnungen mit dem TR: Gerundete Zwischenergebnisse (übersichtlich) notieren und mit den ungerundeten Ergebnissen weiterrechnen!

Parken Sie ungerundete Zwischenergebnisse zur weiteren Verwendung in den Speichern!

kreises berechnet werden – Bezugszeiger ist der Strom I_1. Die Rechnungen sind mithilfe eines Taschenrechners im COMPLEX-Modus durchgeführt worden. Dabei wurden Zwischenergebnisse in den Speichern A, B, C zur weiteren Verwendung abgelegt. Notiert wurden nur die auf drei signifikante Stellen gerundeten Ergebnisse. Im COMPLEX-Modus stehen auch die Funktionen arg(z) und abs(z) zur Verfügung, sodass auch dort keine besondere Rechnung erforderlich ist. Beachten Sie die Berechnungen der Spannungsabfälle und der Teilströme! Bei den Wechselstromkreisen benutzt man für die Argumente (Winkel) gern das Intervall $[-\pi,+\pi)$.

Unglaublich: Die komplexen Widerstände in der Parallelschaltung heben sich weg!

Die komplette Schaltung verhält sich fast wie ein rein ohmscher Widerstand.

Überraschung: In der Parallelschaltung fließen relativ zum Gesamtstrom hohe Ströme.

Spule und Kondensator tauschen Energien aus!

Schwingkreis im Resonanzfall

Die Ergebnisse sind erstaunlich und lassen einen Laien an der Richtigkeit der Methode zweifeln. Bei der Berechnung des komplexen Widerstandes der Parallelschaltung heben sich im Nenner die imaginären Teile weg und es verbleibt nur die Summe der beiden ohmschen Widerstände. Die könnten bei entsprechender Wahl der Komponenten sehr klein sein, sodass der Widerstand der Parallelschaltung sehr hoch werden kann. Im vorliegenden Fall stand nach der Ermittlung des Widerstandes der Parallelschaltung zusammen mit dem Widerstand R_1 der Gesamtwiderstand des Stromkreises bereit. Anschließend kann der Gesamtstrom, hier I_1, aus der Spannung U und dem Betrag des Gesamtwiderstandes Z_{ges} errechnet werden. Die Phase der Gesamtspannung ist gleich der Phase des Gesamtwiderstandes (*vgl. 9.6.26*). Wegen des im vorliegenden Fall sehr geringen Winkels sind Gesamtstrom und Spannung nahezu gleichphasig. Die Schaltung benimmt sich trotz der Wechselstromkomponenten (fast) wie ein reiner ohmscher Widerstand. Mithilfe des Gesamtstromes können die Spannungsabfälle über R_1 und der Parallelschaltung errechnet werden. Hier kommt zum Tragen, dass das Ohmsche Gesetz auch für Teilspannungen/Spannungsabfälle gilt. Wegen des hohen Widerstandes der Parallelschaltung fällt dort fast die komplette Spannung ab, und für den ohmschen Widerstand R_1 verbleibt gerade noch ein Spannungsabfall von 12 mV. Mithilfe des Spannungsabfalls über der Parallelschaltung lassen sich wiederum die Teilströme I_2 und I_3 berechnen. Dabei gibt es eine weitere Überraschung! In der Parallelschaltung fließt ein Strom, der betragsmäßig den Gesamtstrom um drei Zehnerpotenzen übertrifft. Da die hohen Ströme gegenläufig sind, treten sie nach außen nicht in Erscheinung. Offensichtlich tauschen Spule und Kondensator damit ihre Feldenergien aus. Hier darf man nicht vergessen, dass man sich im rotierenden System befindet. Nach einer Rücktransformation wird deutlich, dass es sich um Wechselströme handelt. Der Austausch der Feldenergie erfolgt somit periodisch. Man nennt eine Parallelschaltung aus Spule und Kondensator deshalb *Schwingkreis*. Im vorliegenden Fall liegt die Frequenz des Generators exakt auf der so genannten *Resonanzfrequenz* des Schwingkreises.

Stromkreisberechnung außerhalb der Resonanzfrequenz

Da Sie wohl keine Möglichkeit haben, die Ergebnisse experimentell zu prüfen, ist es empfehlenswert, die Rechnung noch einmal mit einer Frequenz außerhalb der Resonanzfrequenz zu wiederholen. Wir verkleinern hier deswegen die Frequenz auf den zehnten Teil. Damit sinkt der Widerstand der Spule auf 100 Ω, während der des Kondensators auf 10 000 Ω steigt – in der Berechnung des komplexen Widerstandes der Parallelschaltung heben sich die Imaginärteile im Nenner nicht mehr weg (*s. Bild 9.6.13*).

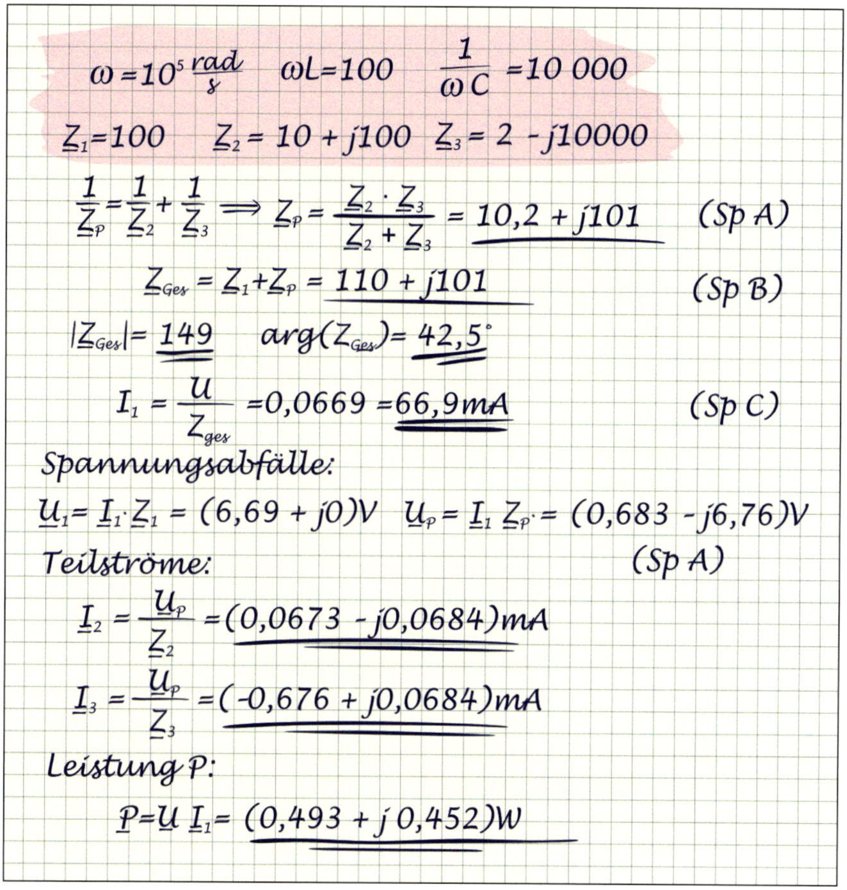

Vergleichen Sie die Werte mit denen im Resonanzfall!

Bild 9.6.13
Berechnung des Wechselstromkreises mit einer anderen Frequenz

Auch die weiteren Berechnungen liefern keine Überraschungen. Wegen des relativ zum induktiven Widerstand relativ hohen kapazitiven Widerstandes – 100 Ω gegenüber 10 000 Ω – verhält sich der komplette Stromkreis so, als wäre der parallele Zweig mit dem Kondensator nicht vorhanden. Allerdings erkennt man in den Teilströmen I_2 und I_3, dass doch ein geringer Feldenergieaustausch stattfindet.

Die in den *Bildern 9.6.12 und 9.6.13* gezeigten Stromkreisberechnungen eignen sich nur für überschaubare Stromkreise. Weist ein Stromkreis viele Verzweigungen auf, nimmt man die *Kirchhoffschen Gesetze* zur Hilfe. Diese Gesetze liefern ein Gleichungssystem; die unbekannten (komplexen) Teilströme sind dabei die Variablen.

Für komplizierte Stromkreise mit vielen Verzweigungen sind die Kichhoffschen Gesetze zuständig!

Der so erfolgreiche Einsatz der komplexen Zahlen in der Elektrotechnik lässt ahnen, dass sich auch auf anderen Gebieten Horizonte öffnen können. Das müsste insbesondere dann der Fall sein, wenn man zwei leistungsstarke Kalküle miteinander verbindet. Darauf ist man natürlich längst gekommen und hat die komplexen Zahlen mit der Vektorrechnung kombiniert. Man braucht dazu nur anstelle der reellen Zahlen die komplexen Zahlen als Skalarenkörper zu verwenden – diese algebraische Struktur heißt dann *komplexer Vektorraum*. Das einzige, was in

Erfolg versprechend: Vektorraum über dem Körper der komplexen Zahlen

Ein äußeres Produkt für komplexe Vektorräume: das Hermitesche Produkt

einem komplexen Vektorraum modifiziert werden muss, ist das „skalare Produkt". Es heißt dann auch nicht mehr so, sondern man spricht von einem *Hermiteschen Produkt*. Ein komplexer Vektorraum, in dem ein solches Produkt erklärt ist, heißt *unitärer Raum*. Leider gibt es für Hermitesche Produkte keine einheitliche Schreibweise. In jeder Anwendung wird es unterschiedlich geschrieben, sodass es im Rahmen dieses Buches nicht möglich ist, Sie gegen alle Fährnisse zu wappnen. Wir benutzen hier zur Darstellung der Axiome des Hermiteschen Produktes gewinkelte Klammern (*s. 9.6.30*).

(9.6.30)

Achtung, das Hermitesche Produkt ist nicht kommutativ!

Hermitesches Produkt $\langle,\rangle : \mathbb{V} \times \mathbb{V} \to \mathbb{C},\ \boldsymbol{x}, \boldsymbol{y} \mapsto \langle \boldsymbol{x}, \boldsymbol{y} \rangle$	
1) $\langle (\boldsymbol{x}+\boldsymbol{y}), \boldsymbol{z} \rangle = \langle \boldsymbol{x}, \boldsymbol{z} \rangle + \langle \boldsymbol{y}, \boldsymbol{z} \rangle$	Distributivgesetz
2) $\langle s \cdot \boldsymbol{x}, \boldsymbol{y} \rangle = s \langle \boldsymbol{x}, \boldsymbol{y} \rangle$	Assoziativgesetz
3) $\langle \boldsymbol{x}, \boldsymbol{y} \rangle = \langle \boldsymbol{x}, \boldsymbol{y} \rangle^*$	"Kommutativgesetz"
4) $\langle \boldsymbol{x}, \boldsymbol{x} \rangle \geq 0$	Reell und positiv definit

Vergleicht man die Axiome des Hermiteschen Produktes mit denen des skalaren Produktes (*8.6.12*), sieht man, dass das Kommutativgesetz modifiziert ist. Bei Vertauschung der Faktoren wird das Produkt konjugiert komplex. Wie Sie wissen, ist der Betrag durch die Konjugiert-komplex-Bildung nicht betroffen. Die Folge von Axiom (3) ist eine Nichtlinearität des Produktes bezüglich des zweiten Faktors. Zieht man einen skalaren Faktor s aus dem zweiten Faktor heraus, wird der skalare Faktor dadurch konjugiert komplex.

(9.6.31)

Abweichung: $\underline{\underline{\langle \boldsymbol{x}, s\boldsymbol{y} \rangle}} = \langle s\boldsymbol{y}, \boldsymbol{x} \rangle^* = s^* \langle \boldsymbol{y}, \boldsymbol{x} \rangle^* = \underline{\underline{s^* \langle \boldsymbol{x}, \boldsymbol{y} \rangle}}$

Kein Unterschied: $\langle \boldsymbol{x}, \boldsymbol{x} \rangle = \langle \boldsymbol{x}, \boldsymbol{x} \rangle^* \Rightarrow \underline{\underline{\langle \boldsymbol{x}, \boldsymbol{x} \rangle \in \mathbb{R}}}$

Wie das „normale" skalare Produkt ist auch das Hermitesche Produkt positiv definit – d. h., es ist mit sich selbst multipliziert reell und positiv. Bezüglich der Längen bzw. Beträge von unitären Vektoren muss daher nicht umgedacht werden.

Kaum zu glauben: Der liebe Gott arbeitet mit unitären Räumen.

Unitäre Vektorräume haben sich beispielsweise in der Naturwissenschaft als mächtige Rechenwerkzeuge erwiesen. Man ist damit in der Lage, den Mikrokosmos bis in den molekularen Bereich hinein zu erfassen (Quantenmechanik) und so dem lieben Gott ein wenig auf die Finger zu schauen.

9.7 Lineare Differenzialgleichungen mit konstanten Koeffizienten

Wichtige Spezialfälle!

Zugegeben, die Überschrift weist auf einen Spezialfall hin. Trotzdem sind Differenzialgleichungen dieses speziellen Typs keine seltenen Ausnahmen, sondern spielen eine große Rolle. Lassen Sie uns einen kleinen Ausflug in die Mechanik machen, um an einem Beispiel zu sehen, worum es in diesem Kapitel geht und was die komplexen Zahlen damit zu tun haben.

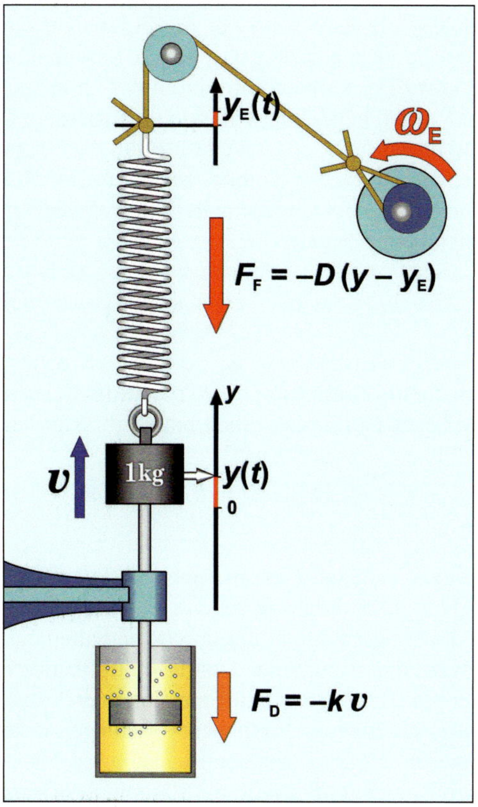

Umlenkrolle

Federaufhängung mit Koordinatensystem

Exzenter als „Erreger"

Schraubenfeder

Gewicht mit Koordinatensystem

Führung

Dämpfung („Stoßdämpfer")

Bild 9.7.1
Feder-Masse-System mit Dämpfung und Erreger

In *Bild 9.7.1* sehen Sie ein *Feder-Masse-System*, das im Vergleich zu dem in *Bild 7.14.3* gezeigten ein wenig ausgebaut ist. Unter das an der Feder hängende Gewicht ist ein Kolben montiert, der in ein Ölbad eintaucht. Das System kann in Bewegung gesetzt werden, indem man es einmalig auslenkt und es dann sich selbst überlässt (*vgl. Abschn. 7.14*). Man kann aber auch die Federaufhängung mittels eines Exzenters in eine Auf- und Abbewegung versetzen und so das System kontinuierlich beeinflussen. Man spricht von einer Erregung. In (*9.7.1*) ist y_E die zeitabhängige y-Koordinate der Federaufhängung.

Kontinuierliche Beeinflussung mittels Exzenter

$$y_E = \hat{y}_E \sin(\omega_E t) \quad \text{bzw.} \quad y_E = \hat{y}_E \exp[\mathrm{j}(\omega_E t)] \qquad (9.7.1)$$

Links: Summe aller Kräfte

Mithilfe des Grundgesetzes der Mechanik (*6.7.1*) kann eine spezielle Gleichung aufgestellt werden, die die Bewegung des in *Bild 9.7.1* dargestellten Systems beschreibt (*s. 9.7.2*). Auf der linken Seite werden **alle** auf das System Gewicht/Kolben einwirkenden Kräfte aufsummiert. Auf der rechten Seite steht, was diese Kräftesumme bewirkt. Da die konstante Gewichtskraft der Kombination Gewicht/Kolben durch eine ebenfalls konstante Gegenkraft der Feder aufgehoben wird, braucht diese Kraft nicht berücksichtigt zu werden.

(9.7.2)

$$F_\mathrm{F} + F_\mathrm{D} = m\frac{\mathrm{d}v}{\mathrm{d}t}$$

In der Praxis nur näherungsweise realisierbar: Federkraft proportional zur Auslenkung und eine geschwindigkeitsproportionale Dämpfung

Der erste Summand ist die Kraft, mit der die gestauchte oder auseinandergezogene Feder auf das Gewicht einwirkt. Der zweite Summand ist eine Dämpfung genannte Reibungskraft. Der Kolben wird durch das Öl in seiner Bewegung behindert. Bei beiden Kräften betrachten wir eine Idealisierung. Die Federkraft soll zu ihrer Auslenkung proportional sein. Weiterhin soll die Dämpfung proportional zur Momentangeschwindigkeit des Kolbens sein. Da diese Kräfte der momentanen Auslenkung und der Momentangeschwindigkeit entgegengerichtet sind, sind die Proportionalitätsfaktoren negativ.

(9.7.3)

$$F_\mathrm{F} = -D\cdot\Delta y = -D\cdot\left(y - y_\mathrm{E}\right),\quad F_\mathrm{D} = -k\cdot v = -k\cdot\frac{\mathrm{d}y}{\mathrm{d}t}$$

Setzt man die Terme für die Kräfte aus (*9.7.3*) sowie den Term für die Auslenkung der Aufhängung (*9.7.2*) in (*9.7.3*) ein, erhält man:

(9.7.4)

$$-k\frac{\mathrm{d}y}{\mathrm{d}t} - D\left(y - \hat{y}_\mathrm{E}\sin\left(\omega_\mathrm{E}t\right)\right) = m\frac{\mathrm{d}v}{\mathrm{d}t}$$

y-Punkt und y-zwei-Punkt

Gleichung (*9.7.4*) muss unbedingt in eine übersichtlichere Form gebracht werden. Dazu ersetzt man $\mathrm{d}v/\mathrm{d}t$ durch die zweite Ableitung der Auslenkung y und bringt alle Terme, die die gesuchte Funktion y(t) enthalten, auf die linke Seite – alles Übrige kommt auf die rechte Seite. Durch Multiplikation mit (–1) sorgt man dafür, dass die meisten Terme (hier alle) ein positives Vorzeichen erhalten (*s. 9.7.5*). Für die Postfixschreibweise zeitlicher Ableitungen werden keine hochgestellten Striche, sondern Punkte verwendet. Beachten Sie: Die zeitliche Ableitung der Geschwindigkeit ist gleich der zweiten Ableitung des Ortes!

(9.7.5)

$$m\ddot{y} + k\dot{y} + Dy = D\hat{y}_\mathrm{E}\sin\left(\omega_\mathrm{E}t\right)$$

Linear mit konstanten Koeffizienten, aber trotzdem nicht ohne Schwierigkeiten!

Mit (*9.7.5*) liegt nun endlich eine überschaubare Differenzialgleichung vor. Da die gesuchte Funktion bzw. ihre Ableitungen nicht mit nichtlinearen Funktionen verkettet sind, stehen auf der linken Seite nur lineare Operatoren. Damit handelt es sich um eine lineare Differenzialgleichung. Vor der Funktion bzw. vor den Ableitungen stehen nur konstante Faktoren. Deshalb heißt die Gleichung *linear mit konstanten Koeffizienten*. Die Gleichung bleibt linear, wenn die Konstanten durch Funktionen der Zeit ersetzt würden. Wenn die Aufhängung der Feder in Ruhe bleibt, ist $y_\mathrm{E} \equiv 0$. In diesem Fall steht auf der rechten Seite der Gleichung eine Null. Es handelt sich um eine homogene Differenzialgleichung. Wird das

Feder-Masse-System andernfalls durch irgendeine Funktion der Zeit gestört, ist die Gleichung *inhomogen*. In der Praxis spricht man von einer *Störfunktion*.

Bei unserem exemplarischen Beispiel handelt es sich also um eine *inhomogene lineare Differenzialgleichung 2. Grades mit konstanten Koeffizienten*. In der Praxis sind konstante Koeffizienten zumeist Näherungen. Es wäre schon ein ziemliches Kunststück, eine Feder zu bauen, deren Kraft über einen größeren Bereich streng proportional zur Auslenkung ist. Noch schwieriger (teurer) ist der Bau eines geschwindigkeitsproportionalen (Stoß-)Dämpfers. Trotzdem sollten Sie idealisierte Systeme nicht gering schätzen. Sie dienen als Modelle für reale Systeme. Der Weg zum realen System vereinfacht sich in der Regel beträchtlich, wenn man von einem Modell ausgeht. Auch wenn der Weg zum realen System (zu) schwierig wird, liefern Modelle immerhin noch wertvolle Abschätzungen.

Leistet auch als Abschätzung oder Modell gute Dienste!

Für homogene lineare Differenzialgleichungen mit konstanten Koeffizienten gibt es ein besonders einfaches Lösungsverfahren. Da das Verfahren von den komplexen Zahlen Gebrauch macht, darf es hier nicht fehlen. Zunächst müssen Sie sich an das Kapitel 8.12 (höherdimensionale Vektorräume) erinnern! Den linken Teil der linearen Differenzialgleichung (*9.7.5*) kann man als Anwendung eines linearen Operators auf eine Funktion auffassen.

Für lineare homogene Differenzialgleichungen mit konstanten Koeffizienten gibt es ein einfaches Lösungsverfahren!

$$\mathcal{L}(y) = 0 \quad \text{mit } \mathcal{L} := m\frac{\mathrm{d}^2}{\mathrm{d}t^2} + k\frac{\mathrm{d}}{\mathrm{d}t} + D \qquad (9.7.6)$$

Wie in (*8.12.11*)/(*8.12.12*) besprochen, ist die Lösungsmenge einer linearen Operatorgleichung ein *Vektorraum*. Da der Operator in (*9.7.6*) keine Scheußlichkeiten enthält, kann man eventuell auf einem Vektorraum endlicher Dimension hoffen. Wir haben im Rahmen dieses Buches bereits zwei homogene lineare Differenzialgleichungen mit konstanten Koeffizienten mitsamt ihren Lösungen kennengelernt. Diese Gleichungen kann man benutzen, um ein allgemeines Lösungsverfahren für diesen Differenzialgleichungstyp zu entwickeln. Die erste war die Gleichung für lawinenartiges Wachstum (*7.20.3*). In (*9.7.7*) sieht sie wegen der Punktschreibweise etwas anders aus. Wie oben ist der Term $\alpha \cdot y$ auf die linke Seite gebracht worden. An der Lösungsmenge ändert eine derartige Äquivalenzumformung selbstverständlich nichts!

Lösungsmenge ist der Vektorraum.

Die Lawinengleichung ist linear, homogen und hat einen konstanten Koeffizienten!

$$\dot{y} - \alpha y = 0 \quad \text{allgemeine Lsg.:} \quad y = C\,\mathrm{e}^{\alpha \cdot t} \qquad (9.7.7)$$

Da die Lösungsmenge ein Vektorraum ist, kann die allgemeine Lösung als Linearkombination linear unabhängiger Lösungen aufgefasst werden. Die Gleichung hat aber nur eine unabhängige Lösung – nämlich $\exp(\alpha \cdot t)$. Dann ist $C \cdot \exp(\alpha \cdot t)$ Linearkombination und allgemeine Lösung. Der Vektorraum hat nur einen Basisvektor und somit die Dimensionszahl eins.

Wie man die (konstanten) Koeffizienten benennt, ist unerheblich. Fest steht: Die Lösungsmenge einer homogenen Differenzialgleichung mit konstanten Koeffizienten erster Ordnung ist ein eindimensionaler Vektorraum. Dass in (*9.7.7*) vor der ersten Ableitung nur eine Eins steht, ist kein Spezialfall. Wenn der Faktor ungleich eins wäre, kann man die Gleichung durch Division durch den Koeffizienten

Lösungsmenge: ein eindimensionaler Vektorraum

immer auf die obige Form bringen. Auf diese Weise wird aus der Gleichung (*9.7.5*) mit dem Spezialfall $k = 0$ (keine Dämpfung!) die in Abschnitt 7.15 behandelte *Schwingungsdifferenzialgleichung* (*vgl.* (*7.15.4*)).

(9.7.8)

$$m\ddot{y} + Dy = 0 \,|: m \quad \Leftrightarrow \quad \ddot{y} + \omega^2 y = 0 \quad \text{mit } \omega^2 := \tfrac{D}{m}$$

Die allgemeine Lösung der Schwingungsdifferenzialgleichung (*7.15.4*)/(*9.7.8*) kennen wir bereits, denn im Abschnitt 7.15 wurde – ausgehend von der „Lösung" – auf die Differenzialgleichung zurückgerechnet. Die allgemeine Lösung lässt sich als verschobener Sinus oder als Linearkombination darstellen.

(9.7.9)

$$y = \hat{y}\sin(\omega t + \varphi_0) \quad \text{bzw.} \quad y = A\sin(\omega t) + B\cos(\omega t)$$

Lösungsmenge: ein zweidimensionaler Vektorraum

Keine Linearkombination aus Sinus und Kosinus verschwindet identisch null – die Funktionen sind linear unabhängig. Die Lösungsmenge der Schwingungsdifferenzialgleichung ist ein zweidimensionaler Raum, was die Vermutung nährt, dass die Dimension gleich dem Grad der Differenzialgleichung ist.

Die Lösungen sind Linearkombinationen aus e-Funktionen (reell oder komplex).

Lösung durch Ansatz: exp(r·t)

Mit der Wiederholung der Lawinen- und Schwingungsgleichung gewappnet, können wir uns an ein Lösungsverfahren für beliebige lineare homogene Differenzialgleichungen mit konstanten Koeffizienten heranwagen. Inzwischen wissen Sie, dass Sinus und Kosinus durch (komplexe) e-Funktionen darstellbar sind. Also bestand die Lösung sowohl der Lawinen- als auch der Schwingungsdifferenzialgleichung aus e-Funktionen. Deswegen könnte ein Lösungsansatz mit einer e-Funktion vom Typ $\exp(r \cdot t)$ erfolgreich sein. (Wir benennen hier den komplexen Parameter zähneknirschend mit dem üblichen „r" und schreiben auch keinen Unterstrich – andernfalls werden die folgenden Rechnungen wegen des Strichwirrwarrs zu unübersichtlich.) Die Differenzialgleichungen beschränken sich nicht auf Funktionen, deren Variable die Zeit ist. Wir schwenken deshalb an dieser Stelle auf die Standardvariable x um und gehen über zu Differenzialgleichungen beliebiger Ordnung mit beliebigen reellen Koeffizienten.

(9.7.10)

$$\mathcal{L} = a_n \frac{\mathrm{d}^n}{\mathrm{d}x^n} + a_{n-1}\frac{\mathrm{d}^{n-1}}{\mathrm{d}x^{n-1}} + \ldots + a_2 \frac{\mathrm{d}^2}{\mathrm{d}x^2} + a_1 \frac{\mathrm{d}}{\mathrm{d}x} + a_0$$

$$\text{Diff.gl.: } \mathcal{L}(y) = 0 \qquad \text{Lösungsansatz: } y = \mathrm{e}^{r\cdot x}$$

Bezüglich der Ableitungen ist die e-Funktion bekanntlich besonders freundlich. Mithilfe der Kettenregel ergibt sich, dass bei der Ableitung der Parameter im Exponenten zum Faktor wird. Die e-Funktion bleibt, wie sie war.

(9.7.11)

$$y(t) = \mathrm{e}^{r\cdot x} = ? \quad u := r\cdot x\,, \quad F(u) = \mathrm{e}^u$$

$$y'(x) = F'(u)\cdot u' = \mathrm{e}^u \cdot r = \underline{\underline{r\,\mathrm{e}^{r\cdot x}}}$$

Da konstante Faktoren und Differenzialoperatoren vertauschbar sind, sind auch die höheren Ableitungen der Lösungsansatzfunktion kein Problem. Man sieht anhand von (*9.7.12*) leicht ein, dass jede Ableitungsstufe den Exponenten des Parameters um eins erhöht.

$$\frac{\mathrm{d}^n}{\mathrm{d}x^n}\mathrm{e}^{r\cdot x} = \frac{\mathrm{d}}{\mathrm{d}x} r\,\mathrm{e}^{r\cdot x} = r\frac{\mathrm{d}}{\mathrm{d}x}\mathrm{e}^{r\cdot x} = r^2\,\mathrm{e}^{r\cdot x}, \ldots, \underline{\underline{\frac{\mathrm{d}^n}{\mathrm{d}x^n}\mathrm{e}^{r\cdot x} = r^n\,\mathrm{e}^{r\cdot x}}} \qquad (9.7.12)$$

Wenden wir den Ansatz bei einer linearen Differenzialgleichung mit konstanten Koeffizienten beliebigen Grades an (die Ableitungen schreiben wir dabei mit den platzsparenden Postfix-Strichen)!

$$\underline{\mathcal{L}\,(y) = a_n y^{(n)} + a_{n-1}y^{(n-1)} + \ldots + a_2 y'' + a_1 y' + a_0 y = 0}$$

$$a_n r^n\,\mathrm{e}^{r\cdot x} + a_{n-1}r^{n-1}\,\mathrm{e}^{r\cdot x} + \ldots + a_2 r^2\,\mathrm{e}^{r\cdot x} + a_1 r\,\mathrm{e}^{r\cdot x} + a_0 = 0 \mid \mathrm{e}^{r\cdot x} \text{ ausklammern} \qquad (9.7.13)$$

$$\Leftrightarrow \left(a_n r^n + a_{n-1}r^{n-1} + \ldots + a_2 r^2 + a_1 r + a_0\right)\cdot \mathrm{e}^{r\cdot x} = 0$$

$$\Leftrightarrow \underline{\underline{a_n r^n + a_{n-1}r^{n-1} + \ldots + a_2 r^2 + a_1 r + a_0 = 0}} \vee \cancel{\mathrm{e}^{r\cdot x} = 0}$$

Aus der Differenzialgleichung wird eine algebraische Gleichung!

Das Ergebnis ist eine Überraschung. Mit dem Lösungsansatz wird aus der Differenzialgleichung eine mehr oder weniger harmlose algebraische Gleichung, die man hier *charakteristische Gleichung* nennt. Nach dem Fundamentalsatz der Algebra hat diese charakteristische Gleichung, wenn wir auch komplexe Zahlen zulassen, genau n Wurzeln (zur Erinnerung: Lösungen algebraischer Gleichungen heißen auch Wurzeln – deshalb auch das „r"). Mit diesen Wurzeln lassen sich n e-Funktionen bestücken – Mehrfachnullstellen lassen wir zunächst einmal außen vor. Dann besteht die allgemeine Lösung der Differenzialgleichung aus einer Linearkombination dieser n e-Funktionen (*s. 9.7.14*). Beachten Sie: Sowohl für die Koeffizienten als auch für die Wurzeln sind komplexe Zahlen zulässig! (In den Exponenten ist zugunsten der Übersichtlichkeit auf Unterstriche verzichtet worden!)

$$y(x) = \underline{C}_1\,\mathrm{e}^{r_1 x} + \underline{C}_2\,\mathrm{e}^{r_2 x} + \ldots + \underline{C}_n\,\mathrm{e}^{r_n x} \quad , \quad r_i \in \mathbb{C} \qquad (9.7.14)$$

Prüfen wir, ob etwas Vernünftiges herauskommt, wenn wir unsere beiden bekannten Differenzialgleichungen (exp. Wachstum und Schwingung) mit dieser Methode bearbeiten. Nehmen wir zunächst das exponentielle Wachstum – Variable ist hier wieder t.

$$\dot{y} - \alpha y = 0 \ , \ y := \mathrm{e}^{rt}$$
$$r - \alpha = 0 \ \Leftrightarrow \ r = \alpha \qquad (9.7.15)$$
$$\underline{\underline{y = \underline{C}\,\mathrm{e}^{\alpha\cdot t}}}$$

Das Ergebnis in (*9.7.15*) ist in Ordnung! Mit einer reellen Anfangsbedingung kommt tatsächlich unsere reelle Lawinenfunktion heraus. Im Folgenden probieren wir, was der Ansatz (*9.7.10*) aus der Schwingungsgleichung (Variable t) macht!

Erster Prüfstein: die Schwingungsgleichung

$$\ddot{y} + \omega^2 y = 0 \ , \ y := \mathrm{e}^{r\cdot t}$$
$$r^2 + \omega^2 = 0 \Leftrightarrow r^2 = -\omega^2 \mid \sqrt{\ldots} \Leftrightarrow r_1 = +\mathrm{j}\omega,\ r_2 = -\mathrm{j}\omega \qquad (9.7.16)$$
$$\underline{\underline{y(t) = \underline{C}_1\,\mathrm{e}^{+\mathrm{j}\omega\cdot t} + \underline{C}_2\,\mathrm{e}^{-\mathrm{j}\omega\cdot t}}}$$

Eine reelle Differenzialgleichung muss mit reellen Anfangsbedingungen automatisch zu einer reellen Lösung führen!

Hier gibt es ein Problem! Die Wurzeln der charakteristischen Gleichung in (*9.7.16*) sind komplex! Damit werden die e-Funktionen komplex! Nun sollte Komplexität für Sie kein Problem mehr darstellen, denn komplexe Funktionen lassen sich immer auf eine der beiden Achsen der Gaußschen Ebene projizieren. Hier ist das aber etwas anderes. Die Lösung muss im Falle einer beliebigen **reellen** Anfangsbedingung auch **ohne** Projektion reell sein! Prüfen wir das nach! Bei einer Differenzialgleichung zweiten Grades besteht die Anfangsbedingung aus einer Bedingung für den Funktionswert und einer für den Wert der ersten Ableitung an der Stelle $t = 0$. In (*9.7.17*) werden dafür zunächst einmal die Terme bereitgestellt.

(9.7.17)

$$y(0) = \underline{C}_1\,e^{+j\omega\cdot 0} + \underline{C}_2\,e^{-j\omega\cdot 0} = \underline{\underline{\underline{C}_1 + \underline{C}_2}}$$
$$\dot{y}(0) = j\omega\underline{C}_1\,e^{+j\omega\cdot 0} - j\omega\underline{C}_2\,e^{-j\omega\cdot 0} = \underline{\underline{j\omega\underline{C}_1 - j\omega\underline{C}_2}}$$

Setzt man nun für den Funktionswert den reellen Wert A und für die erste Ableitung den reellen Wert ωB ein, erhält man ein Gleichungssystem für C_1 und C_2, das sich mithilfe des Additionsverfahrens leicht lösen lässt.

(9.7.18)

$$\underline{\text{Anfangsbedingung: } y(0) := A\,,\quad \dot{y}(0) := \omega B}$$
$$\begin{pmatrix} \underline{C}_1 + \underline{C}_2 = A \\ \wedge\ j\omega\underline{C}_1 - j\omega\underline{C}_2 = \omega B \end{pmatrix} \Leftrightarrow \begin{pmatrix} \underline{C}_1 + \underline{C}_2 = A \\ \wedge\ \underline{C}_1 - \underline{C}_2 = \frac{1}{j}B \end{pmatrix} \Leftrightarrow \underline{\underline{\begin{pmatrix} \underline{C}_1 = \frac{1}{2}\left(A + \frac{1}{j}B\right) \\ \wedge\ \underline{C}_2 = \frac{1}{2}\left(A - \frac{1}{j}B\right) \end{pmatrix}}}$$

Nun müssen die Koeffizienten $\underline{C}_1$ und $\underline{C}_2$ in der allgemeinen (komplexen) Lösung ersetzt werden.

(9.7.19)

$$\begin{aligned} y(t) &= \tfrac{1}{2}\left(A + \tfrac{1}{j}B\right)e^{j\omega t} + \tfrac{1}{2}\left(A - \tfrac{1}{j}B\right)e^{-j\omega t} && \mid \text{Ausmultipl., ordnen} \\ &= \tfrac{1}{2}A\,e^{j\omega t} + \tfrac{1}{2}A\,e^{-j\omega t} + \tfrac{1}{2j}B\,e^{j\omega t} + \tfrac{1}{2j}B\,e^{-j\omega t} && \mid \text{Ausklammern} \\ &= A\,\frac{e^{j\omega t} + e^{-j\omega t}}{2} + B\,\frac{e^{j\omega t} - e^{-j\omega t}}{2j} && \mid \tfrac{\cdots}{2} = \cos(\cdots),\ \tfrac{\cdots}{2j} = \sin(\cdots) \\ &= \underline{\underline{A\cos(\omega t) + B\sin(\omega t)}} \quad \left(= \hat{y}\sin(\omega t + \varphi_0)\right) \end{aligned}$$

Die Lösung ist wirklich reell!

Ansatz funktioniert auch mit komplexen Wurzeln der charakteristischen Gleichung!

Auch wenn die Schreiberei auf den ersten Blick abschreckend wirkt – der Ansatz mittels e-Funktion ist auch bei komplexen Wurzeln der charakteristischen Gleichung erfolgreich. Wie man reelle Winkelfunktionen in Exponentialform ausdrückt, wurde in Abschnitt 9.4 besprochen (*s. Bild 9.4.2*). Das wurde in der letzten Zeile von (*9.7.19*) in entgegengesetzter Richtung benutzt. Man erhält tatsächlich die in den Abschnitten 7.14 und 7.15 beschriebene (reelle) Funktion. Mit der Wahl von A und B lässt sich jede beliebige reelle Anfangsbedingung darstellen – deshalb haben wir in (*9.7.19*) tatsächlich die allgemeine **reelle** Lösung gefunden. Lösungen der Differenzialgleichungen mit komplexen Anfangsbedingungen interessieren hier nicht. Wenn man es denn möchte, kann man mithilfe von (*7.14.10*) die Linearkombination aus Sinus und Kosinus in einen verschobenen Sinus umwandeln.

Leider hat die Lösungsmethode noch einen (dicken) Fehler. Wenn das Charakteristische Polynom keine Mehrfachnullstellen enthält, ist die Dimension des Lösungsraumes gleich dem Grad der Differenzialgleichung. Das bleibt auch so, wenn einige Wurzeln sehr dicht beieinanderliegen, es sich also schon fast um eine Mehrfachnullstelle handelt. Verändert man die Koeffizienten nur ein bisschen, sodass eine Mehrfachnullstelle entsteht, bewirkt diese Miniänderung Gewaltiges. Die Dimension des Lösungsraumes vermindert sich. Das erscheint äußerst fragwürdig. Die Dimension wird sich wohl nicht ändern, aber das bisherige Verfahren liefert offensichtlich nicht mehr alle Lösungen. Kümmern wir uns also darum, die fehlenden Lösungen zu finden. Dazu ist allerdings etwas Schreiberei erforderlich.

Lösungsmethode versagt bei Mehrfachnullstellen.

$$\begin{aligned}\mathcal{L}\left(\mathrm{e}^{rx}\right) &= \left(a_n r^n + a_{n-1} r^{n-1} + \ldots + a_2 r^2 + a_1 r + a_0\right)\cdot \mathrm{e}^{rx} \\ &= (r - r_1)^m \underbrace{\left(b_{n-m} r^{n-m} + \ldots + b_2 r^2 + b_1 r + b_0\right)}_{:=p(r)} \cdot \mathrm{e}^{rx} \;\Big|\, \tfrac{\mathrm{d}}{\mathrm{d}r}\end{aligned} \tag{9.7.20}$$

In (*9.7.20*) steht im Grunde nichts Neues. Es wurde angenommen, dass r_1 eine Nullstelle m-ten Grades ist. Dann lässt sich das charakteristische Polynom faktorisieren (*vgl.* (*7.4.9*) *bzw. Merksatz 7.4.2*) – das wurde in der unteren Zeile gemacht. Um Schreibarbeit zu sparen, nennen wir das reduzierte Polynom in (*9.7.20*) $p(r)$. Nun kommt ein Trick! Beide Seiten der Gleichung sind auch Funktion des Parameters r. Man kommt zu einer neuen Gleichung, wenn man beide Seiten nach r differenziert.

Die Methode sollte man nicht gering schätzen: Ausprobieren (hier d/dr…) und nachsehen, ob sich etwas Brauchbares ergibt

$$\tfrac{\mathrm{d}}{\mathrm{d}r}\mathcal{L}\left(\mathrm{e}^{rx}\right) = (r - r_1)^{m-1}\, p(x)\cdot \mathrm{e}^{rx} + (r - r_1)^m\, \tfrac{\mathrm{d}}{\mathrm{d}r}\left(p(x)\cdot \mathrm{e}^{rx}\right) \tag{9.7.21}$$

Dass sich nach der Differenziation nach r etwas Brauchbares ergeben hat, merkt man erst, wenn man der linken Seite Aufmerksamkeit schenkt. Der lineare Operator und der Differenzialoperator sind, da sie auf eine beliebig oft differenzierbare Funktion einwirken, vertauschbar! Nach der Vertauschung kann man die Ableitung der e-Funktion nach r mithilfe der Kettenregel ausführen.

$$\tfrac{\mathrm{d}}{\mathrm{d}r}\mathcal{L}\left(\mathrm{e}^{rx}\right) = \mathcal{L}\left(\tfrac{\mathrm{d}}{\mathrm{d}r}\left(\mathrm{e}^{rx}\right)\right) = \mathcal{L}\left(x\cdot \mathrm{e}^{rx}\right) \tag{9.7.22}$$

Setzen wir (*9.7.22*) in (*9.7.21*) ein!

$$\mathcal{L}\left(x\cdot \mathrm{e}^{rx}\right) = (r - r_1)^{m-1}\, p(x)\cdot \mathrm{e}^{rx} + (r - r_1)^m\, \tfrac{\mathrm{d}}{\mathrm{d}r}\left(p(x)\cdot \mathrm{e}^{rx}\right) \tag{9.7.23}$$

Es ist wohl nicht auf Anhieb zu erkennen, dass man mit (*9.7.23*) tatsächlich eine neue Lösung gefunden hat. Alle Summanden der rechten Seite in (*9.7.23*) sind mit dem Faktor $(r - r_1)$ behaftet. Das heißt, für $r = r_1$ ist die rechte Seite gleich null. Dann muss aber $y = x\cdot \exp(r_1 x)$ die Differenzialgleichung erfüllen (*s.* (*9.7.24*) *bzw. erste Zeile von 9.7.13*).

Eine neue Lösung ist gefunden!

$$\mathcal{L}\left(x\cdot \mathrm{e}^{r_1\cdot x}\right) = 0 \quad \Rightarrow y = x\cdot \mathrm{e}^{r_1\cdot x} \text{ ist eine Lösung} \tag{9.7.24}$$

Damit ist der Weg zur kompletten Lösungsmenge der Differenzialgleichung frei. Auch bei höheren Ableitungen nach r bleiben die Summanden auf der rechten Seite von (*9.7.21*) mit dem Faktor $(r - r_1)$ behaftet, sofern der Grad der Ableitung

$m-1$ nicht übersteigt. Damit sind endlich die fehlenden Lösungen im Falle einer Mehrfachnullstelle des charakteristischen Polynoms aufgespürt.

(9.7.25)

$$\underline{0 \le \mu \le m-1}$$

$$\frac{\mathrm{d}^{\mu}}{\mathrm{d}r^{\mu}}\mathcal{L}\left(\mathrm{e}^{r\cdot x}\right)=\mathcal{L}\left(\frac{\mathrm{d}^{\mu}}{\mathrm{d}r^{\mu}}\left(\mathrm{e}^{r\cdot x}\right)\right)=\mathcal{L}\left(x^{\mu}\cdot\mathrm{e}^{r\cdot x}\right)=\left(r-r_1\right)\cdot\{\cdots\}$$

$$\mathcal{L}\left(x^{\mu}\cdot\mathrm{e}^{r_1\cdot x}\right)=0 \quad \Rightarrow y=x^{\mu}\cdot\mathrm{e}^{r_1\cdot x} \quad \text{ist Lösung!}$$

Auch wenn das charakteristische Polynom noch mehr Vielfachnullstellen hat, ist das kein Problem. Oben musste nicht vorausgesetzt werden, dass r_1 einzige Mehrfachnullstelle ist. Genauso erhält man die fehlenden Lösungen für die anderen Mehrfachnullstellen des charakteristischen Polynoms. Die allgemeine Lösung der Differenzialgleichung ist nach wie vor die Linearkombination aus allen Lösungen. Im folgenden Merksatz ist das komplette Lösungsverfahren zusammengestellt. Sie können die darin verwendete Indizierung der Konstanten übernehmen. In der Praxis ist ein Doppelindex nicht nötig – die Konstanten werden meistens fortlaufend durchnummeriert.

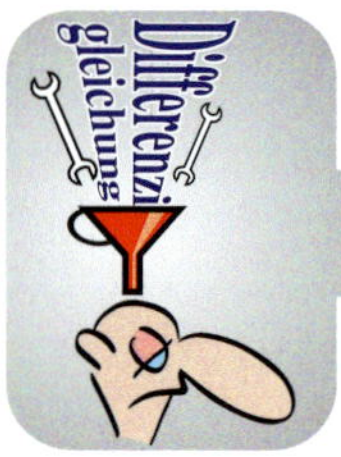

Merksatz 9.7.1

Lineare homogene Differenzialgleichungen mit konstanten Koeffizienten:
Zur Ermittlung der Lösungen einer Differenzialgleichung des Typs

$$a_n y^{(n)} + a_{n-1} y^{(n-1)} + \ldots + a_2 y'' + a_1 y' + a_0 y = 0$$

sucht man zunächst die Wurzeln der charakteristischen Gleichung

$$a_n r^n + a_{n-1} r^{n-1} + \ldots + a_2 r^2 + a_1 r + a_0 = 0.$$

Jede Wurzel der charakteristischen Gleichung steuert Summanden zur allgemeinen Lösung der Differenzialgleichung bei – und zwar jede …

… einfache Wurzel r_i : $\underline{C}_i\, \mathrm{e}^{r_i\cdot x}$

… m-fache Wurzel r_k : $\underline{C}_{k,0}\, \mathrm{e}^{r_k\cdot x}$, $\underline{C}_{k,2} x\, \mathrm{e}^{r_k\cdot x}$, $\underline{C}_{k,1} x^2\, \mathrm{e}^{r_2\cdot x}$, … , $\underline{C}_{k,m-1} x^{m-1}\, \mathrm{e}^{r_k\cdot x}$

Jetzt kommt die Störfunktion!

Es stellt sich noch die Frage, was aus dem kompakten Lösungsverfahren linearer homogener Differenzialgleichungen wird, wenn eine Störfunktion $f(x)$ auf der rechten Seite ihr Unwesen treibt. Die Störfunktion $f(x)$ macht aus der homogenen linearen Differenzialgleichung eine inhomogen.

(9.7.26)

$$\text{Diff.gl.:}\ \mathcal{L}\left(y\right)=f\left(x\right), \quad y_P \text{ sei eine der Lösungen}$$

Partikulärintegral: Eine erratene Lösung.

Ein nicht zu unterschätzendes Lösungsverfahren einer Gleichung ist das Raten (mit anschließender Probe!). Nehmen wir also an, Sie hätten aufgrund eines Geistesblitzes eine Lösung der inhomogenen Differenzialgleichung erraten. Eine solche einzelne Lösung wird gern *Partikulärintegral* (Lösungen von Differenzialgleichungen heißen auch Integrale) genannt. Nehmen wir weiterhin an, jemand anderes hätte ebenfalls ein Partikulärintegral (y) gefunden. Dann stellt sich die Frage, was die beiden Lösungen wohl unterscheidet. Da sowohl y_P als auch y Lösung der Differenzialgleichung sind, muss die oberste Zeile in (*9.7.27*) gelten.

$$\frac{\mathcal{L}\,(y_{\mathrm{P}}) = f(x)\ ,\ \ \mathcal{L}\,(y) = f(x)}{\mathcal{L}\,(y) - \mathcal{L}\,(y_{\mathrm{P}}) = \mathcal{L}\,\underbrace{(y - y_{\mathrm{P}})}_{:=y_{\mathrm{H}}} = 0 \Rightarrow \underline{\underline{y = y_{\mathrm{P}} + y_{\mathrm{H}}}}} \tag{9.7.27}$$

In der zweiten Zeile von (*9.7.27*) wird nach der Subtraktion beider Gleichungen die Linearität des Operators $\mathcal{L}$ ausgenutzt. Auf der rechten Seite hebt sich die Störfunktion weg. Es verbleibt eine homogene Differenzialgleichung, und die Differenz der beiden Partikulärintegrale ist eine Lösung des – wie man sagt – homogenen Teils der Differenzialgleichung. Damit steht fest: Die allgemeine Lösung der inhomogenen Differenzialgleichung ist gleich der Summe aus einem Partikulärintegral und der allgemeinen Lösung des homogenen Teils. Man muss also „nur“ ein Partikulärintegral und die Lösung des homogenen Teils finden. Leider hört beim Partikulärintegral in der Regel der Spaß auf. Das merkt man bereits, wenn man die einfachstmögliche inhomogene Differenzialgleichung betrachtet.

Allgemeine Lösung = Partikulärintegral plus Lösung des homogenen Teils

$$\mathcal{L} = \frac{\mathrm{d}}{\mathrm{d}x}:\ \mathcal{L}\,(y) := \frac{\mathrm{d}}{\mathrm{d}x}y = y' \qquad \underline{\underline{\text{Diff.gl.:}\ \ y' = f(x)}} \tag{9.7.28}$$

Der lineare Operator der Differenzialgleichung (*9.7.28*) besteht lediglich aus der ersten Ableitung. Wenden wir an, was sich in (*9.7.27*) ergeben hat! Zunächst wird die Lösung des homogenen Teils der Gleichung benötigt. Sie ist hier besonders einfach – es handelt sich um eine konstante Funktion.

$$y'_{\mathrm{H}} = 0 \ \Leftrightarrow\ y_{\mathrm{H}} \equiv C \tag{9.7.29}$$

Wenn oben eine Schwierigkeit angedeutet wird, muss die wohl beim Partikulärintegral liegen. Auf den ersten Blick sieht dort alles harmlos aus.

$$y'_{\mathrm{P}} = f(x) \ \Rightarrow\ y_{\mathrm{P}} = F(x) \quad \text{bzw.} \quad \int f(x)\,\mathrm{d}x \tag{9.7.30}$$

Kommt Ihnen Zeile (*9.7.30*) bekannt vor? Wenn nein, blättern Sie zurück zum Abschnitt 5.7 „Von Stammfunktionen und Integralen“! Sie werden bemerken: Das Partikulärintegral ist eine Stammfunktion der Störfunktion und die allgemeine Lösung besteht aus der Summe von Stammfunktion und der Konstanten. Das wurde bereits in *Merksatz 5.7.2* dargelegt. Hier hat die Stammfunktion lediglich einen anderen Namen bekommen – sie heißt hier Partikulärintegral. Notieren wir die allgemeine Lösung der einfachsten inhomogenen linearen Differenzialgleichung getrost noch einmal!

Hier unter einem anderen Gesichtspunkt: Stammfunktion plus Konstante

$$y' = f(x) \ \Leftrightarrow\ y = F(x) + C \quad \text{mit} \quad F(x) = \int f(x)\,\mathrm{d}x \tag{9.7.31}$$

Über die manchmal entsetzlichen Schwierigkeiten, eine Stammfunktion zu finden, hatten wir bereits gesprochen. Keine Frage: Ist Operator $\mathcal{L}$ umfangreicher, wird das Finden eines Partikulärintegrals nicht einfacher. Es gibt für die Praxis allerdings einen Lichtblick! In einer guten Formelsammlung sind (Partikulärintegral-)Ansätze für die allerwichtigsten Störfunktionen aufgeführt.

Für die „einfachste" inhomogene Differenzialgleichung vom Typ (*9.7.31*) haben wir unter anderem in den Abschnitten 5.7 und 7.24 Integrationsregeln besprochen. Regeln gibt es auch für die Integrale komplizierterer Differenzialgleichungen. Diese füllen dann eine komplette Hochschulvorlesung mit dem Namen „Gewöhnliche Differenzialgleichungen". Für Differenzialgleichungen mit mehreren Variablen ist noch einmal mindestens eine Vorlesung erforderlich – „Partielle Differenzialgleichungen".

Einmalig zur Zeit t = 0 auslenken und dann loslassen.

$$m\ddot{y} + k\dot{y} + Dy = 0 \quad /:m$$

$$\ddot{y} + 2c\dot{y} + \omega^2 y = 0 \qquad \omega^2 := \frac{D}{m} \quad c := \frac{k}{2m}$$

Anfangsbed.: $y(0) = \hat{y}, \quad \dot{y}(0) = 0$

Char.Gl.: $r^2 + 2cr + \omega^2 = 0$

r_{12} werden komplex angenommen.

$$r_{1,2} = c \pm \sqrt{c^2 - \omega^2} \qquad \text{Schwingfall! } c^2 < \omega^2,\ \omega_D := \left|\sqrt{\omega^2 - c^2}\right|$$

$$= c \pm j\omega_D$$

Allg.Lsg.: $y(t) = \underline{C}_1 e^{j(-c+\omega_D t)} + \underline{C}_2 e^{j(-c-\omega_D t)}$

$$= e^{-ct}\left(\underline{C}_1 e^{+j\omega_D t} + \underline{C}_2 e^{-j\omega_D t}\right)$$

Spez.Lsg.: $y(0) = \underline{C}_1 + \underline{C}_2 = \hat{y}$

Mithilfe der Anfangsbedingungen gelangt man von der allgemeinen zur speziellen Lösung.

$$\dot{y}(t) = -c e^{-ct}\left(\underline{C}_1 e^{+j\omega_D t} + \underline{C}_2 e^{-j\omega_D t}\right) + j\omega_D e^{-ct}\left(\underline{C}_1 e^{+j\omega_D t} - \underline{C}_2 e^{-j\omega_D t}\right)$$

$$\dot{Y}(0) = -c\underbrace{(\underline{C}_1 + \underline{C}_2)}_{\hat{y}} + j\omega_D(\underline{C}_1 - \underline{C}_2) = 0 \quad /+c\hat{y} \quad /:j\omega_D$$

$$\text{I)}\ \underline{C}_1 + \underline{C}_2 = \hat{y} \qquad \text{I+II)}\ 2\underline{C}_1 = \hat{y} + \frac{c}{j\omega_D}$$

$$\text{II)}\ \underline{C}_1 - \underline{C}_2 = \frac{c}{j\omega_D} \qquad \text{I-II)}\ 2\underline{C}_2 = \hat{y} - \frac{c}{j\omega_D}$$

$$\underline{C}_1 = \tfrac{1}{2}\left(\hat{y} + \frac{c}{j\omega_D}\right) \quad \underline{C}_2 = \tfrac{1}{2}\left(\hat{y} - \frac{c}{j\omega_D}\right)$$

$$y(t) = e^{-ct}\left(\hat{y}\,\frac{e^{+j\omega_D t} + e^{-j\omega_D t}}{2} + \frac{c}{\omega_D}\,\frac{e^{+j\omega_D t} - e^{-j\omega_D t}}{2j}\right)$$

$$y(t) = e^{-ct}\left[\hat{y}\cos(\omega_D t) + \frac{c}{\omega_D}\sin(\omega_D t)\right]$$

Bild 9.7.2
Berechnung einer gedämpften Schwingung

Wir wollen uns an dieser Stelle mit dem Durchrechnen zweier exemplarischer Beispiele begnügen! Im ersten Beispiel wird das Gewicht des Feder-Masse-Systems von *Bild 9.7.1* zur Zeit $t = 0$ um ein Stückchen angehoben und dann sich selbst überlassen. Da anschließend keine äußere Störung mehr hinzukommt, beschreibt eine homogene Differenzialgleichung das zeitliche Verhalten des Gewichtsstückchens. Die Parameter sind so gewählt, dass das System bei fehlender Dämpfung eine sinusförmige Schwingung mit der Periodendauer $T = 2$ s vollführen würde.

Jetzt sei aber eine Dämpfung aktiv! Wie sich diese auswirkt, soll die in *Bild 9.7.2* gezeigte Rechnung klären.

Zunächst dividiert man die Differenzialgleichung durch die Masse und benennt praktischerweise die geänderten Koeffizienten mit c und ω^2. Die oben geschilderte Anfangsbedingung schließt ein, dass das Gewicht lediglich losgelassen wird, es also nicht auch noch einen Schubs mitbekommt. Deshalb ist die Geschwindigkeit des Gewichtes zur Zeit $t = 0$ gleich null. Die charakteristische Gleichung schreibt man im Allgemeinen sofort hin – es brauchen nur die Ableitungen durch entsprechende Potenzen von r ersetzt zu werden. In dem rosa markierten Feld wurde herausgehoben, dass die weitere Rechnung nur für schwache Dämpfungen gelten soll. In diesem Fall ist der Radikand negativ und die Wurzel wird komplex. Der Betrag der Wurzel wird mit ω_D benannt. Damit steht die allgemeine Lösung bereits fest. Natürlich klammert man aus beiden Summanden die reelle e-Funktion aus. Etwas aufwendig erscheint die Anpassung der allgemeinen Lösung an die Anfangsbedingungen, da hierzu die erste Ableitung (= Geschwindigkeit) erforderlich ist. Bei der Ableitung muss die Produktregel angewendet werden. Die Anfangsbedingungen führen dann zu einem einfachen Gleichungssystem für $\underline{C}_1$ und $\underline{C}_2$, das mittels Additionsverfahren gelöst werden kann. Durch Einsetzen von $\underline{C}_1$ und $\underline{C}_2$ in die allgemeine Lösung mutiert diese zur gesuchten speziellen Lösung. Natürlich lässt man die komplexen e-Funktionen nicht stehen, sondern formt daraus reelle Winkelfunktionen.

Es sind zwei Anfangsbedingungen erforderlich!

Die Lösung ist in *Bild 9.7.3* grafisch dargestellt und zeigt, wie sich das Feder-Masse-System aufgrund der Dämpfung verhält.

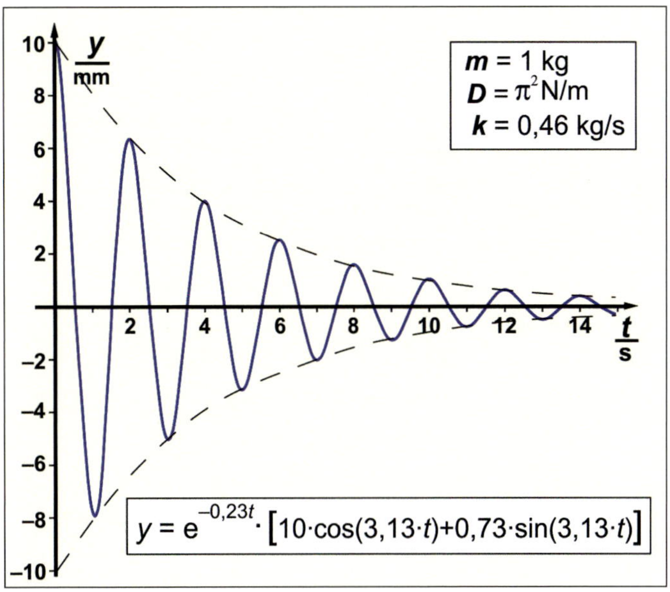

Wenn Ihr Auto nach einer Störung so nachfedern würde, ist die Dämpfung zu schwach (bzw. der Stoßdämpfer ist defekt).

Bild 9.7.3
Graph einer gedämpften Schwingung

Man erkennt, dass der Parameter für die Dämpfung im Exponenten der e-Funktion (e-hoch-minus-…) steckt. Diese Funktion begrenzt als Faktor die Amplituden der Winkelfunktionen und zwingt diese rasch gegen null. Die e-Funktion ist in Form der beiden Einhüllenden mit eingetragen. Aufgrund der Dämpfung hat sich die Frequenz (der Nulldurchgänge) gegenüber dem ungedämpften System etwas verringert (3 ‰). Auch wenn die Weg-Zeit-Funktion noch Winkelfunktionen enthält, so handelt es sich in Bild *9.7.3* weder um einen sinusförmigen noch um einen periodischen Verlauf!

Würde man die Dämpfung drastisch erhöhen, machte sich das in der Wurzel der charakteristischen Gleichung bemerkbar. Die Wurzel wäre dann nicht mehr komplex und die allgemeine Lösung enthielte ausschließlich reelle e-Funktionen. Aus reellen e-Funktionen lassen sich keine Winkelfunktionen mehr zusammenbasteln. Die Weg-Zeit-Funktion hat damit keine Nulldurchgänge mehr. Nannte man den schwach gedämpften Fall „Schwingfall“, spricht man bei starker Dämpfung nur noch von einem „Kriechfall“. Ein „Mittelding“ ist der so genannte „aperiodische Grenzfall“. Der entsteht, wenn ω_D gleich null ist.

Mit periodischer Störfunktion: eine „erzwungene Schwingung“

Vermutung und Ansatz: Im Resonanzfall wächst die Amplitude proportional mit der Zeit.

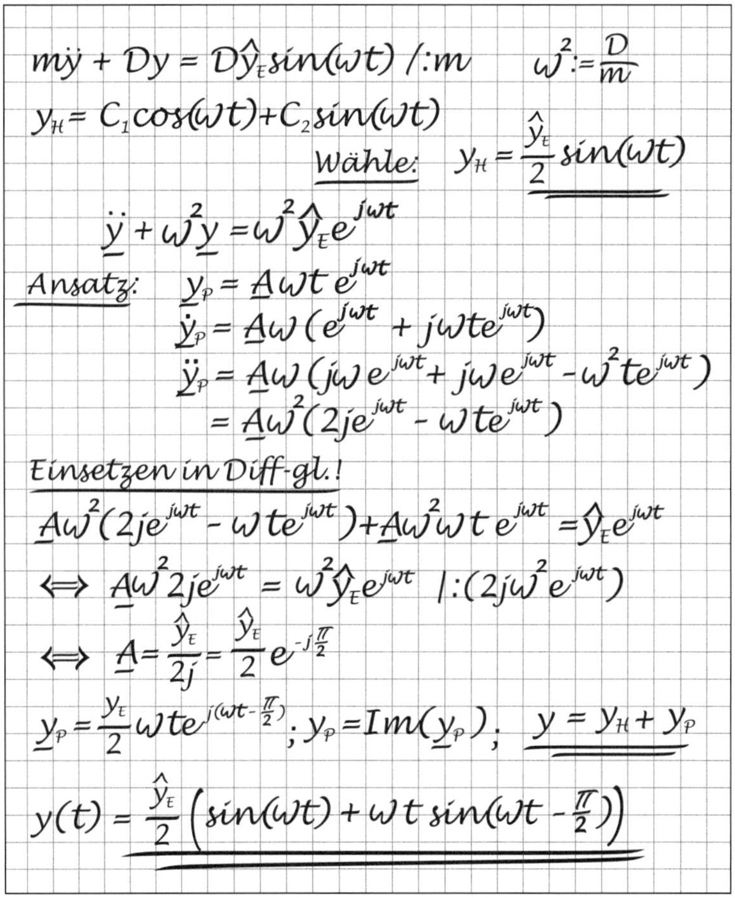

Bild 9.7.4
Berechnung einer erzwungenen Schwingung im Resonanzfall

Im zweiten Beispiel wirkt eine Störfunktion auf ein Feder-Masse-System ohne Dämpfung (*s. Bild 9.7.4*). Jetzt haben wir es mit einer inhomogenen linearen Differenzialgleichung zweiten Grades zu tun. Die Lösung des homogenen Teils der Differenzialgleichung besteht aus einer Linearkombinaion der Kosinus- und der

Sinusfunktion (*vgl.* (*9.7.16*) *bis* (*9.7.19*)). Damit ist in diesem Fall der Sinus der Störfunktion mit beliebiger Amplitude eine der Lösungen. Wir machen uns die Sache einfach und wählen die Sinusfunktion als Lösung und nehmen kühn an, dass die halbe Störfunktionsamplitude auf das Gewicht „durchschlägt". Ob die Wahl vernünftig war, wird zum Schluss geprüft. Mit dieser speziellen Wahl steht ein Summand der Gesamtlösung fest. Der zweite Summand ist das Partikulärintegral, und das steht im Mittelpunkt der in *Bild 9.7.4* dargestellten Rechnung.

Die Situation: Das Feder-Masse-System ist in Ruhe – dann wird die periodische Störung eingeschaltet.

Die *Erregerfrequenz* ist in diesem Beispiel exakt gleich der so genannten *Eigenfrequenz*. Das ist diejenige Frequenz, mit der das System schwingen würde, wenn man es zu Zeit $t = 0$ einmalig auslenken und loslassen würde. In der in *Bild 9.7.4* gezeigten Rechnung wird die Differenzialgleichung zunächst wieder durch die Masse geteilt und der Quotient D/m ω^2 genannt – ω ist die Eigenfrequenz des Systems. Das ist aber leider schon alles, was man nach „Rezept" machen kann. Für das Partikulärintegral benötigt man einen Ansatz und Ideen – man könnte auch sagen Tricks!

Als Erstes setzt man die komplette Gleichung ins Komplexe fort. Zur reellen Gleichung bzw. später zur Lösung kann man mittels der Funktionen **Re**(z) bzw. **Im**(z) problemlos zurückkehren. Damit ist aus der sinusförmigen Störfunktion die leichter handhabbare komplexe e-Funktion geworden. Für den Ansatz kommt uns hier zugute, dass wir wissen, worum es geht: Da unser System mit der Eigenfrequenz erregt wird, können wir annehmen, dass dem System eine Schwingung genau dieser Frequenz aufgezwungen wird. Wir packen deshalb die komplexe e-Funktion der Störfunktion in den Ansatz. Weiterhin ist bekannt, wie sich die Auslenkungen entwickeln, wenn man ein schwingfähiges System (z. B. eine Schaukel) genau mit dessen Eigenfrequenz unterstützt. Die Auslenkungen werden mit der Zeit immer größer. Wir nehmen deshalb die einfachste „Je-mehr-desto-mehr-Funktion" – die Proportionalität – und berücksichtigen das Anwachsen der Auslenkungen mit dem dimensionslosen Faktor $\omega \cdot t$ in der Ansatzfunktion (ω hat die Einheit 1/s, t hat die Einheit s). Um weitere Unwägbarkeiten einzuschließen, wird noch ein unbestimmter Faktor A hinzugefügt. Der Rest der Rechnung oben ist nur noch ein Nachrechnen, ob der Ansatz die Differenzialgleichung erfüllt (oder aber sich als Unsinn herausstellt). Dazu wurde die Ansatzfunktion $y_P(t)$ zweimal abgeleitet (Produktregel!) und in die Differenzialgleichung eingesetzt. Tatsächlich erfüllt die Funktion die Gleichung, wenn der Faktor A aus dem Produkt der halben Erregeramplitude und einem Phasenfaktor besteht. Somit hat man ein Partikulärintegral gefunden.

Das ist anders als vorher! Damit liegt eine komplexe Differenzialgleichung vor.

Der Faktor ω hat hier lediglich kosmetische Gründe!

Es verbleibt noch die Projektion des komplexen Partikulärintegrals auf eine der Achsen der Gaußschen Ebene und wir haben das gesuchte reelle Partikulärintegral. Die Funktion „Im" macht aus der komplexen Störfunktion einen reellen Sinus; deswegen muss ebenfalls „Im" für die Lösung verwendet werden.

Rückkehr ins Reelle durch Projektion mit der Funktion Im.

Für die Gesamtlösung – also für die Summe aus der Lösung des homogenen Teils und dem reellen Partikulärintegral – gilt $y(0) = 0$. Da aber auch die zeitliche Ableitung zur Zeit $t = 0$ verschwindet, sind anfangs Auslenkung und Geschwindigkeit des Gewichtes gleich null. Die Bewegung des Gewichtes erfolgt somit aus der Ruhelage und sanktioniert die kühne Wahl von $y_H(t)$. Die Weg-Zeit-Funktion des Systems ist in *Bild 9.7.5* grafisch dargestellt.

Beachten Sie, die Erregeramplitude beträgt nur 0,4 mm!

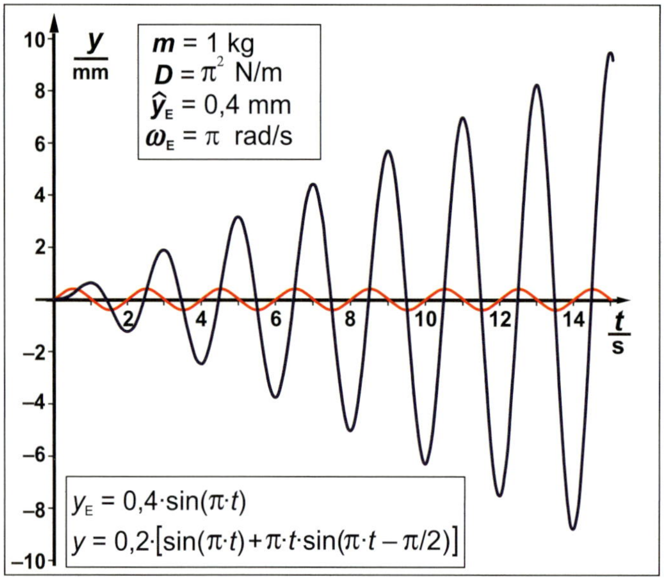

Bild 9.7.5
Zeitliches Verhalten von Erreger und Oszillator im Resonanzfall

Es handelt sich bei diesem Beispiel um das berühmte *Resonanzphänomen*. Erregt man ein schwingfähiges System „exakt" mit seiner *Eigenfrequenz*, so werden die Auslenkungen größer und größer. Dazu reichen bereits kleinste Energien. Das Phänomen besteht nicht nur im „Aufschaukeln" der Auslenkungen, sondern auch darin, dass ein schwingfähiges System selektiv Energie absorbieren kann. Beachten Sie auch die Phase des Systems relativ zum Erreger! Die Phase des Systems hinkt etwa um $\pi/2$ hinterher!

Phänomen: Im Resonanzfall fließt ein kontinuierlicher Energiestrom vom Erreger zu Oszillator.

Selektive Energieabsorption: Außerhalb der Resonanzfrequenz nimmt der Oszillator nur wenig Energie auf.

Ist das System schwach gedämpft, sieht der Einschwingvorgang zunächst genauso wie in *Bild 9.7.5* aus – nach einer gewissen Zeit wachsen die Auslenkungen nicht mehr an. Das System geht in eine Sinusschwingung über; die Amplitude ist auf hohem Niveau konstant. Liegt man mit der Erregerfrequenz neben der Eigenfrequenz, wird es periodisch Energie aufnehmen, aber auch – je nach Dämpfung – wieder an das Erregersystem zurückliefern. Ein Aufschaukeln der Amplitude findet nicht statt. Im Vergleich zum Resonanzfall sind diese Energien sehr gering.

Bezieht man die Dämpfung mit ein, wird die Rechnung aufwendig – insbesondere dann, wenn man nicht von konkreten Zahlenwerten ausgeht. Dies ist der Fall, wenn man den Einfluss **aller** Parameter studieren möchte (oder muss). Das aber fällt bereits in Ihre späteren Vorlesungen „Physik" oder „(Technische) Mechanik".

Ergänzende Hinweise

Formelsammlungen

Wie bereits erwähnt, sind Formelsammlungen für Studium, Weiterbildung und Beruf unabdingbar. Werfen Sie Ihre gute alte Formelsammlung aus der Schule nicht fort – sie wird auch weiterhin gute Dienste tun.

Werfen Sie Ihre gewohnte Formelsammlung nicht fort!

Eine nicht zu unterschätzende Kompetenz ist das Arbeiten mit professionellen Formelsammlungen.

Beispiel:
- Das große Tafelwerk interaktiv, Formelsammlung für die Sekundarstufen I u. II. Cornelsen, Volk und Wissen, Berlin 2003.

Für weitergehende Probleme müssen Sie sich – abhängig von Ihrer speziellen Fachrichtung – für eine Hochschulformelsammlung entscheiden.

Beispiele:
- *Bartsch*: Taschenbuch mathematischer Formeln. Fachbuchverlag Leipzig im Carl Hanser Verlag 21. Auflage, München 2007.
- *Bronstein u.a*: Taschenbuch der Mathematik. Verlag Harri Deutsch. 7. Auflage, Frankfurt/Main 2008

Weiterführende Literatur

Mit dem Kauf und dem Studium dieses Lehrbuches verfügen Sie bereits über einen beträchtlichen Grundstock an **Rüstzeug**, um mit der nicht immer einfachen Literatur Ihres speziellen Studienfaches arbeiten zu können. Welche zusätzliche Literatur Sie in Zukunft benutzen, hängt von Ihrer Fachrichtung ab. Sollte in Ihrem Studiengang ein bestimmtes Werk Standard sein, hat es wenig Sinn gegen den Strom zu schwimmen. Wenn gesichert ist, dass im Rahmen dieses Buches gelehrt (Vorlesungen) und gearbeitet (Übungen) wird, sollten Sie sich das Buch anschaffen. Ansonsten tut man gut daran, so genannten Literaturlisten kritisch gegenüberzustehen.

Ihr Rüstzeug sollte reichen!

Bevor Sie sich neben dem Standardbuch Ihres Instituts zusätzliche Begleitliteratur anschaffen, sollten Sie diese erst in der Bibliothek Ihrer Hochschule ausleihen und auf Verständlichkeit prüfen. Leider ist man trotzdem nicht vor teuren Irrtümern gefeit.

Die Feynman Lectures gibt es auf deutsch. Titel: Vorlesungen über Physik

Eine Lehrbuchreihe kann allerdings bedenkenlos empfohlen werden. Es handelt sich um die ersten beiden Bände der legendären „Feynman Lectures on Physics“.

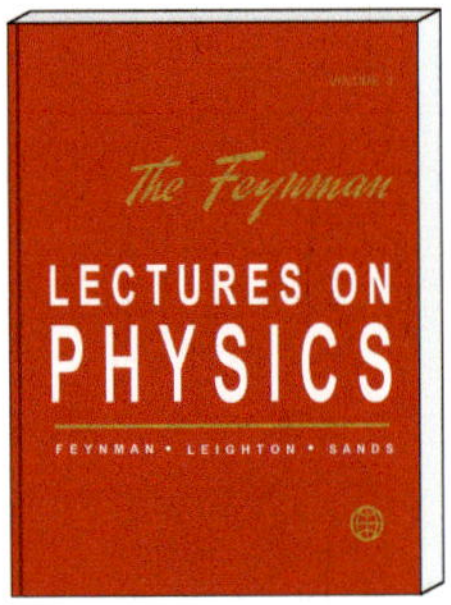

Der Klassiker: Generationen von Studenten in aller Welt benutzen ihn für ihr Studium.

Sie studieren gar nicht Physik? Indirekt doch, denn Physik ist mehr oder weniger Grundlage aller natur- und ingenieurwissenschaftlichen Fachrichtungen. Es bleibt nie aus, dass man bei einem Problem nicht weiter kommt und sich um die Grundlagen kümmern muss.

Professor Richard P. Feynman (1918–1988) war ein genialer Physiker, der zusätzlich die Gabe hatte, didaktisch ausgefeilte Vorlesungen (engl. Lectures) zu halten. Die Ausbildung junger Studenten war für ihn keine lästige Pflichtübung, sondern machte ihm Freude. Er wurde deswegen von seinen Studenten hochverehrt. Die oben erwähnte Lehrbuchreihe geht auf seine Vorlesungen in den sechziger Jahren am California Institute of Technology zurück – und Sie können immer noch ein bisschen daran teilhaben.

Bilder und Bildquellen

Sämtliche grafischen Objekte dieses Buches sind vom Autor selbst gezeichnete Vektorgrafiken, erstellt mit dem Corel-Designer 12. Für eingebundene Bitmaps wurde Poser 5 eingesetzt.

Die Verwendung von Viktor v. Bülows (Loriot) Steinlaus (Copyright © Loriot und Diogenes Verlag AG Zürich) für die e-Funktionsaufgaben und als „Versuchstier“ für das Boyle-Mariottsche Rohr wurde mir großzügigerweise vom Diogenes Verlag gestattet.

Einige Objekte wurden aus Gründen der Authentizität mit aktuellen Firmenlogos beschriftet oder im Falle des Containerschiffs (Kap. 6) bzw. des Traktors (Kap. 8) von Firmenprospekten abgezeichnet. Das erfolgte mit freundlicher Genehmigung folgender Firmen:

BBC Burger Bereederungs Contor GmbH & Co. KG
DFDS Tor Line GmbH
Hamburger Hafen und Logistik AG
Hamburg-Süd KG
Hapag-Lloyd AG
Maersk Deutschland A/S & Co. KG
Same Deutz-Fahr Deutschland GmbH

Sachwortverzeichnis

A

Abbildung 43
  affine 505
  lineare 500
  Matrix 500
ableiten 201 *siehe* differenzieren
Ableitung 201
  Arkustangens 332
  e-Funktion 384
  Exponentialfunktion, Basis *b* 398
  ganzrationale Funktion 209
  natürlicher Logarithmus 392
  Potenzfunktion 206
  Sinus/Kosinus 331
  Tangens 332, 408
Ableitungsregel
  Kettenregel 208, 352
  Produktregel 209
  Quotientenregel 209
  Summe mit konst. Faktoren 206
  Umkehrfunktion 277
abzählbar unendlich 75
Achsenspiegelung 338
Achsensymmetrie 286, 339
Addition
  als Verknüpfung 79
  Brüche 111
  ganze Zahlen 89
  komplexe Zahlen 530
  Koordinatenvektoren 441
  Matrizen 509
  Translationsvektoren 424
Additionstheorem
  Kosinus einer Winkelsumme 326
  Planfigur zur Herleitung 324 f.
  Sinus einer Winkelsumme 326
  Spezialfälle 324
  Tangens einer Winkelsumme 327
Additionsverfahren 495 *siehe* Gleichungssystem
Adjunkte 488 *siehe* Kofaktor (cof)
algebraisches Komplement 488 *siehe* Kofaktor
algebraische Struktur 104
Algorithmus
  Gaußscher 496
  schriftl. Dividieren 136
allgemeingültig 19, 57
Ampere (Einheit A) 472
Amplitude 348
  komplexe 560
Anatomie
  Darstellungen einer komplexen Zahl 541
  ganze Zahl 88
  Gleitkommazahl 162, 165
  Grenzwert (limes) 75
  Größenvektor 443
  Größe (quantity) 152
  komplexe Zahl 529
  Linearkombination 438
  Potenz, rationaler Exponent 291
  rationale Zahl 100
  Schwingungsfunktion 348
Anfangsbedingung 214, 241
Ankathete 190, 319
antiproportional 270, 419, 473
Antiproportionalität 285
Äquijunktion (… genau dann wenn …) 59
Äquipotenzialflächen 469
äquivalent 60
Arbeit, physikalische 263, 455, 467
arc(*z*) 537 *siehe* Argument von *z*
Argumentvektor 500
Argument von *z* 537
Argument (Winkel) 348, 536 *siehe* Phase
arg(*z*) 537 *siehe* Argument von z
Assoziativgesetz 80, 84, 425, 428, 570 *siehe* Axiom
Asymptote 318, 378
asymptotisches Verhalten 294
Atomgewicht 253
Auflagerkräfte 491
Ausklammern 87, 428 f., 570 *siehe* Distributivgesetz
Ausmultiplizieren 87, 428 f., 570 *siehe* Distributivgesetz
Aussage 17
Aussageform 17 *siehe* Formel
Avogadrosche Konstante 252
Axiom
  Assoziativgesetz 80, 84, 425, 428, 570
  Distributivgesetz 87, 428 f., 570
  Existenz
    inverser Elemente (·) 101, 534
    inverser Elemente (+) 90, 299, 426

Existenz eines
neutralen Elements (·) 82, 299, 428, 509
neutralen Elements (+) 79, 299, 425
Kommutativgesetz 79, 83, 424, 447
Axiome
für Gruppe, Ring und Körper 102 f.
für hermitesches Produkt 570
für Skalarprodukt 449
für Vektorraum 431

B

Basis einer Potenz 115
Basiseinheiten 261
Bel (Einheit, B) 400
Beschleunigung 232
Beschleunigung-Zeit-Funktion 234
Betrag
ganze Zahl 88
komplexe Zahl 534
Vektor 449
Betragsfunktion (abs) 95
Beziehung 23, 26, 31, 35 *siehe* Relation
Bezugszeiger 562
bijektiv 45
Bild 33 *siehe* Wertebereich
Bildbereich 33 *siehe* Wertebereich
Bildmenge 33 *siehe* Wertebereich
Bildvektor 500
Bilinearform 447, 449, 454, 518 *siehe* skalares Produkt
Binomialkoeffizient 124 *siehe* binomische Formeln
binomische Formeln 124
Bit, Byte 131
Blackbox 49, 558, 567
Blindleistung 566
Bogenlänge 172
Bogenmaß 174
Bruchrechnung 105
Bruch(zahl) 99

C

C12-Atom 251
charakteristische Gleichung 575
cof 488 *siehe* Kofaktor (cof)
cos 309 *siehe* Kosinus
Cramersche Regel 486, 513

D

d'Alembertoperator 520 *siehe* Quabla
dann und nur dann 59 *siehe* Äquijunktion
Definitionsbereich 33
Definitionsmenge 33 *siehe* Definitionsbereich
de Morgansche Regel 54
Determinante 485, 486 f.
Dezibel (Einheit, dB) 400
Dezimalbruch 133
Dichte 257
Differenz
D-Schreibweise 191
Vektor 429
Differenzenquotient 195
Differenzial 199
Differenzialgleichung
homogene 572
inhomogene 573
lineare mit konstanten Koeffizienten 572
Partikulärintegral 578
Differenzialoperator 202
Differenzialquotient 199
differenzierbar 96, 200, 204
differenzieren 201
dimensionslose Größe 153
Dimensionszahl 436, 438 *siehe* Vektorraum/Dimension
direkter Beweis 58
Disjunktion (… oder …) 52
Distributivgesetz 87, 428 f., 570 *siehe* Axiom
Division
Brüche 108
komplexe Zahlen 535
Potenzen 117
Doppelbruch 109
Doppelintegral 462
Doppelsumme 298
Doppelzentner (ca. 1 kN) 262
Drehmoment 473
Drehzahl 349
Dreisatz
normaler 187, 225, 267, 285 *siehe* Proportionalität
normaler mit Größen 225
umgekehrter 285 *siehe* Antiproportionalität
umgekehrter mit Größen 269
Drossel 562 *siehe* Spule
Dualsystem 131
Durchflussmenge 460

E

Effektivwert 557
  komplexer 560
e-Funktion 384
Eigenfrequenz 583 f.
Eigenvektor 509
Eigenwert 509
eindeutige Zuordnung 33
eineindeutig 45 *siehe* bijektiv
Einheit 152
  Aliasname 260
  gebrochene 227
  imaginäre 528
  SI 261 *siehe* SI-Einheiten
Einheitskreis
  mit rotierendem Zeiger 345
  mit Zeiger 307
Einheitsmatrix 509
Einheitsvektor 443, 450
Eins-zu-Eins-Abbildung 36 *siehe* Injektivität
Energiestrom 264, 446 *siehe* Leistung
Erdbeschleunigung 249 *siehe* Gravitationsfeldstärke
Erfüllungsmenge 18 *siehe* Lösungsmenge
Erregerfrequenz 583
Erweitern 107
Eulersche Formeln 539
Eulersche Zahl e 144
Exklusiv Oder (Xor) 55
Exponent 115
  gebrochener 281
  negativer 118
  null 118
exponentieller Zerfalls- oder Abklingprozess 387
exponentielles Wachstum 379 *siehe* Lawinenwachstum
exp(x) 384, 544 *siehe* e-Funktion

F

F (Formelzeichen) 258 *siehe* Kraft
Faktoren 82 *siehe* Produkt
faktorisieren
  durch Ausklammern 87
  in Linearfaktoren 301
  Polynom 302
Fakultät 144
Fallbeschleunigung 249 *siehe* Gravitationsfeldstärke
Fallunterscheidung 37
Feder-Masse-System 347, 571
Feld
  elektrisches 462
  magnetisches 464 f.
  skalares 457
  stationäres 457
  Strömungsfeld 457 f., 460, 462
  Vektorfeld 457
Feldlinie 459
Feldstärke 458
Flächeneinheiten 223
Flächennormale 461
Flächenvektor 461
Flip-Flop 131 *siehe* Dualsystem
Fluss eines Vektorfeldes 460 f.
Folge 75 *siehe* Zahlenfolge
Formel 17
Formelzeichen 153
Fourierreihe 524
Frequenz 349
Fundamentalsatz
  der Algebra 301, 551, 575
  der Differenzial- und Integralrechnung 243
Funktion 33
  Ableitungsfunktion 201
  algebraische 307
  äußere 208 *siehe* verkettete
  differenzierbar 96
  explizite Darstellung 40
  gerade/ungerade 286
  implizite Darstellung 40
  innere 208 *siehe* verkettete
  Integral 213, 243 *siehe* Integral, unbestimmtes
  mit n Variablen 41
  monoton 273
  n-stellig 41
  periodische 310
  Stammfunktion 210
  stetig/unstetig 95
  transzendente 150, 307
  umkehrbare 272
  verkettete Funktionen 208
Funktionen als Vektorraum 517
Funktion, komplexe
  e-Funktion 544
  Hyperbelkosinus 547
  Hyperbelsinus 547
  Kosinus 547
  natürlicher Logarithmus 544
  n-te Wurzel 548

Potenzfunktion 543
Quadratwurzel 550
Sinus 547
Funktion, reell, algebraisch
Antiproportionalität 285
ganzrationale 209, 296, 355
konstante 205
lineare 191
n-te Wurzel 290
Potenz 285, 291 f.
Proportionalität 285
quadratische 278
Quadratwurzel 278
rationale 303
Wurzel als Potenz 281
Funktion, reell, transzendent
Arkuscosinus 313
Arkussinus 313
Arkustangens 317
e-Funktion 384
Exponential, Basis *b* 397
Hyperbelsinus/-kosinus 545
Hyperbeltangens 545
Kotangens 318
Logarithmus, Basis *b* 397
natürlicher Logarithmus 390
Sinus/Kosinus 309, 545
Tangens 315, 545
Funktionsbildungsoperator 41
Funktionsgleichung 39
Funktion, spezielle
Fakultät 144
Ganzzahldivision (div) 308
Ganzzahl (int) 308
Imaginärteil (Im) 531
konjugiert komplex (…*) 531
Kronecker-Delta (δ) 453
Modulo (mod) 308
Realteil (Re) 531
Signum (sgn) 95
Funktionsterm 50
Funktionsunterprogramm 63
Funktionswert 39
Fuß (Einheit UK, US) 223

G

ganze Zahl (integer) 88
Gaußsche Zahlenebene 529
rotierend 561, 564
Gegenbeispiel 74
Gegenkathete 190, 319
gemischte Zahl 114
genau dann wenn 59 *siehe* Äquijunktion
Gerade
Punktsteigungsform 193
Zweipunkteform 193
Geschwindigkeit 226
Geschwindigkeit-Zeit-Funktion 231
Gewicht 248 *siehe* Masse
Gewichtskraft 248
ggT 300
Gleichungssystem
Additionsverfahren 495
Determinantenverfahren 486, 513 *siehe* Cramersche Regel
Gaußscher Algorithmus 496
homogenes/inhomogenes 489
lineares 483
Matrizendarstellung 484
Gleit- und Festkommadarstellung 160
Glieder (einer Folge) 75
Gon als Winkelmaß 173
Grad als Winkelmaß 171
grafische Darstellung 29
Graph 31
Linkskurve 364
Rechtskurve 364
Gravitationsfeldstärke 249
Gravitationskraft 248 *siehe* Gewichtskraft
Grenzwert 75
Grenzwert einer Summe 239
Größenvektor 444
Größe (quantity) 152
Grundbereich 17 *siehe* Grundmenge
Grundgesetz der Mechanik 258, 572 *siehe* Newtonsches Gesetz II
Grundmenge 17
Gruppe 103

H

Halbwertszeit 389
Häufungspunkt 71
Hauptbruchstrich 109
Hauptnenner 112
Hauptträgheitsmomente 510
Hauptwert eines Winkels 537
Hermitesches Produkt 570
Hertz (Einheit Hz) 349

Hexadezimalsystem 131 *siehe* Sedezimalsystem
hinreichende Bedingung 57, 370
Hochzahl 115 *siehe* Exponent
Hospital, Regel von 376
Hüllenintegral 462
Hyperbel 292
Hyperbelfunktion 545, 547
Hyperbel n-ter Ordnung 292
Hypotenuse 190, 319

I
Identität 54
imaginäre Einheit 528
imaginäre Zahl 528
Imaginärteil 528 *siehe* komplexe Zahl
Implikation 56 *siehe* Subjunktion
Impuls 505
indirekter Beweis 58
Induktivität 562
Infix-Schreibweise 26, 38
Injektivität 36
Integral
  als Flächeninhalt 245
  bestimmtes 216
  Operator 211
  Schreibweisen 213
  unbestimmtes 213, 243
Integralrechnung 210
Integral, speziell
  Beispiele 405, 407, 410
  e-Funktion 384
  ganzrationale Funktion 215
  Kosinus 331
  natürlicher Logarithmus 405, 408
  Potenzfunktion $1/x$ 408
  Potenzfunktion (normiert) 215
  Sinus 331
Integrand 212
Integration 212
  numerische 237
Integrationsgrenze 216
Integrationsregel
  für bestimmte Integrale 218
  nach Partialbruchzerlegung 407, 409
  partielle Integration 404
  Produktintegration 404
  Produkt, Sonderfälle 406
  Substitutionsregel 406
  Summe mit konstanten Faktoren 214

Interpolation 194
Intervall
  abgeschlossenes 71
  offenes 71
invariant gegen 339, 340, 343
inverses Element 101, 534 *siehe* Axiom
irrationale Zahlen 149 f.

J
Joule (Einheit J) 264
Junktor 50

K
Kapazität 565
Kehrbruch 101 *siehe* Kehrwert
Kehrwert 101
Kettenregel 363
kgV 300
Kilogrammdefinition 250
Kilopond 261
kinetische Energie 263
Klammerregel
  Funktionsargument 396
  Punkt-vor-Strich 86
  Tante Sally (US) 121
  Term im Exponenten 120
  Winkelfunktion 314
  Wurzel 279
  Zwischenwert 49
Klang 526
Knoten 227
Kofaktor (cof) 488
kollinear 437
Kommaverschiebungsregel 134
Kommutativgesetz 79, 83, 424, 447 *siehe* Axiom
komplanar 437
komplexe Zahl 528
  Exponentialform 539
  Gaußsche Ebene 529
  Imaginärteil 528
  kartesische Form 541
  Polarform 537
  Realteil 528
  trigonometrische Form 537
Kondensator 564
konjugiert komplexe Zahl 531
Konjunktion (… und …) 54
Konstante 16, 404
Konvergenz 75

Koordinate 24
Koordinatensystem
kartesisches 30, 181
Kugel 184, 334
Polar 186
räumliches 183
räumliches Polarkoordinatensystem 184, 334
sphärisches 184, 334 *siehe* Kugel
Zylinder 184, 333
Koordinatentransformation 333, 337
Beispiel 335, 336, 339, 340, 343
Drehung 341, 514
Kugelk. in kart. Koord. 335
Punktspiegelung 339
Spiegelung 338
Verschiebung 191, 356, 412
Zylinderk. in kart. Koord. 333
Koordinatenvektor
Spaltenvektor 440
Zeilenvektor 440
Körper 104
Kosinus, Definition 309
Kosinussatz 322
Kraft 258
Kräftepaar 481
Kreisfrequenz 348
Kreiszahl π 172
Kreuzprodukt 475
Antikommutativität 476
Sarrussche Regel 477
Krümmung 362
Kurvendiskussion 276, 366
Kurvendiskussion, Beispiel 371
Kürzen 107, 110

L

Länge im R^n 454
Laplacescher Entwicklungssatz 489
Laufindex 81
Lawinenwachstum 379
Leistung 264, 446
Limes 75 *siehe* Grenzwert
lineare Abbildungen (Matrizen) 503
lineare Abhängigkeit 435
linearer Operator 207
lineare Unabhängigkeit 434, 522
Linearfaktor 300
Linearität 207 *siehe* linearer Operator
Linearkombination 433, 500
linear unabhängig 490
logarithmische Skalierung 413
beide Achsen 418
halblogarithmisch 415
Logarithmus
beliebige Basis ($\log_b$) 397
binärer (lb) 397
dekadischer (lg) 397
einer Gleitkommazahl 399
natürlicher (ln) 390
Loschmidtzahl 252 *siehe* Avogadrosche Konstante
Lösung 17
Lösungsmenge 18
Lösungsvektor 483
Lot (fällen) 309

M

m (Formelzeichen) 248 *siehe* Masse
Mac Laurinsche Reihe 357 *siehe* Taylorsche Reihe
Mantisse 161
Masse 248
Masseneinheiten 250
Massenträgheitsmoment 505 *siehe* Trägheitsmoment
Maßzahl 153 *siehe* Zahlenwert
Matrix 24, 484, 495, 500
inverse 512
Matrixelement 483
Matrizengleichung 483
Matrizen, orthogonale 515
Maximum 289, 366
Maxwellsche Gleichung I 462
Maxwellsche Gleichung III 464
Maxwellsche Gleichung IV 465
Menge
abzählbar unendliche 21
Definition 12
Differenzmenge 68
Element 12
Komplementärmenge 68
leere 12
Mächtigkeit 12
Obermenge 13
Potenzmenge 27
Produktmenge 25
Restmenge 68 *siehe* Differenzmenge
Schnittmenge 67
Teilmenge 13
unendliche 20
Vereinigungsmenge 67

Mengenbildungsoperator 21
Meterdefinition 222
Minimum 288, 366
Minusklammer 96
Modell 519
Mol 253 *siehe* Stoffmenge
Molalität 257
molare Masse 253, 255
Molekulargewicht 253
Molvolumen 256
Momentangeschwindigkeit 229
monoton fallend/steigend 273
Multiplikation 82
  Brüche 105
  ganze Zahlen 91
  komplexe Zahlen 532
  Matrizen 507
  S-Multiplikation (Vektoren) 428
Multiplikationsregeln f. ganze Zahlen 90

N
Näherungsfunktion 378
natürliche Zahlen 21, 87
nautische Meile 220, 222 *siehe* Seemeile
Nebenwinkel 537
Negation (nicht ...) 54
negative Zahlen 87
Nennerdeterminante 485
Neper (Einheit Np) 402
Neugrad 173 *siehe* Gon
neutrales Element 79, 299, 425 *siehe* Axiom
Newton (Einheit N) 260
Newtonsches Gesetz II 258, 572
nicht 54 *siehe* Negation
normiert 285, 296
notwendige Bedingung 58, 367 f.
n-te Näherung 360
null durch null 375 *siehe* unbestimmter Ausdruck
Nullfolge 76
Nullstelle
  für Kurvendiskussion 372
  lineare Funktion 193
  mehrfache 301
Numerische Integration 237

O
obere Grenze 216 *siehe* Integrationsgrenze
Oberflächenintegral 462
oder 52 *siehe* Disjunktion
Ohmsches Gesetz 554, 562
Operation 47 *siehe* Verknüpfung
Operation/Operator/Operand 47
orthogonal 451
Orthonormalbasis 453
Orthonormierungsverfahren 519
Ortskurve 456
Ortsvektor 183, 423, 429

P
P (Formelzeichen) 264, 446 *siehe* Leistung
Parabel 278
Parabel *n*-ter Ordnung 285
Parabolspiegel 204
Parameter 40, 404
Partialbruchzerlegung 305
Partialsumme 140 *siehe* unendliche Reihe
partielle Ableitung 203
partielle Integration 523
Partikulärintegral 578 *siehe* Differenzialgleichung
Pascalsches Dreieck 124 *siehe* binomische Formeln
Pegel 400
periodischer Dezimalbruch 137
Pferdestärke (Einheit PS) 265
Phase 348, 536
Phasenwinkel 348, 536 *siehe* Phase
pla als Winkelmaß 171
Platzhalter 14, 16, 39 *siehe* Variable
Polarform 537
Polstelle 294, 317, 373
  mit Vorzeichenwechsel 295
  ohne Vorzeichenwechsel 295
Polynom
  Addition 297
  Division 299, 300, 303
  Funktion 296
  Multiplikation 298
  Ring 299
Postfix-Schreibweise 38
Potenz 115
Potenzen der imaginären Einheit 531
Potenzial 469
Potenzialfunktion 469
potenzielle Energie 469
Potenzieren v. Potenzen 118

Power 264, 446 *siehe* Leistung
Präfixe f. Einheiten 166
Präfix-Schreibweise 38
Produkt 82
  hermitesches 570
  kartesisches 26
  Kreuzprodukt (Vektoren) 475
  Matrizen 507
  Π-Schreibweise 84
  skalares (Axiome) 449
  skalares (Funktionen) 518
  skalares (Größenvektoren) 447
  skalares (Koordinatenvektoren) 454
  Term 86
proportional 189
  umgekehrt 268
Proportionalität 187, 225, 267, 285
Proportionalitätsfaktor 189, 267
Punktspiegelung 339
Punktsymmetrie 286, 339
Punkt-vor-Strich 86
Pythagoras, räumlicher 335
Pythagoras, Satz von 61
  Anwendung 314, 323, 334, 363
  vektorielle Herleitung 451

Q

Quabla(operator) 520
quadratische Funktion 204
quadratische Gleichung 284, 527, 552
Quadratwurzel 278
Quadratwurzel, komplexe 550
Quantor
  Allquantor (für alle) 73
  Existenzquantor (es existiert) 73
Quellergiebigkeit 462
Quotient 107 ff.
quotientengleich 188
Quotientenkriterium 142, 359

R

rad als Winkelmaß 174
Radiant 174
Radiusvektor 183, 423, 429 *siehe* Ortsvektor
Radizieren 279 *siehe* Wurzelziehen
Randintegral 465
Rang einer Matrix 504
rationale Zahlen 100
Realteil 528 *siehe* komplexe Zahl
Rechenbaum 48, 108
Rechenregeln
  für Logarithmen, Basis *b* 397
  für nat. Logarithmen 392
  für Potenzen 116
Rechte-Hand-Regel 178, 475 *siehe* Schraubenregel
reelle Zahlen 22, 150
reguläre Matrix 504
Reihe
  alternierende 359
  divergente 143
  geometrische 141
  konvergente 142
  Quotientenkriterium 142
Rekursionsformel 146
Relation 23, 26, 31, 35
relative Atommasse 253
relative Molekularmasse 253
Resonanz 584
Resonanzfrequenz 568
Restglied 359 *siehe* Taylorpolynom
reziprok 101, 118, 277, 293
reziprok nehmen 101, 118, 277, 293 *siehe* reziprok
Richtungsvektor 450
Ring 103
Römersystem 139
Runden 155
Rundungsstelle ermitteln 155

S

Sägezahnfunktion 521
Sarrussche Regel 487
Sattelpunkt 368
Satz von Moivre 540
Schallintensitätspegel 402
Schaubild 31 *siehe* Graph
Scheinleistung 565
Scheitelpunkt 169
Schraubenregel 178, 475
Schwere 249 *siehe* Gravitationsfeldstärke
Schwerpunkt 491
Schwingkreis 568
Schwingung
  Differenzialgleichung 353, 574
  erzwungene 583
  gedämpfte 581
  harmonische 353
  Sinus 348
Sedezimalsystem 131

Seemeile 220, 222
Sekante 195
Sekunde 225
SI-Einheiten 261
signifikante Stelle 161
Signumfunktion (sgn) 95
Singularität 373
Singularität, hebbare 376
Sinus, Definition 309
Sinus, Kosinus, Tangens
  am rechtwinkligen Dreieck 320
  Miniwinkel 329
Sinussatz 321
Skalar 422
Skalarprodukt 449 *siehe* Produkt
Spalte 24, 484, 495, 500 *siehe* Matrix
Spannung, elektrische 472
Spatprodukt 480
Spule 562
Stammfunktion 210
Steigung 190, 195
Steigungsdreieck 190
Steigungswinkel 190
Stelle 73, 194
Stellenwertsystem 129
stetig 95
Stoffmenge 253
Störfunktion 573
Strahlensatz 319, 429
Streckenkonventionen 320
Strom, elektrischer 472
Stromkreis 553
Subjunktion (wenn … dann …) 56
Substitution 407
Subtraktion
  Brüche 111
  ganze Zahlen 92
  Koordinatenvektoren 441
  Translationsvektoren 426
Summanden 79
Summe 79
  Σ-Schreibweise 81
  Term 86
surjektiv 45
systemangepasste Basis 493, 511

T
Tangens, Definition 315
Tangente 199
Tausendersystem 165
Taylorpolynom 359
Taylorsche Reihe 357
Teilsumme 140 *siehe* unendliche Reihe
Tensor 505
Term 50 *siehe* Funktionsterm
Thales, Satz von 452
Toleranz 154
Toleranz (Winkel) 176
Ton 526
Trägheit 257
Trägheitsmoment 505
Transformationsmatrix 512
Translation 421
transponieren (Matrix) 502
triviale Lösung 490

U
Überschlagsrechnung 163
Umfangswinkelsatz 541
Umgebung (ε-Umgebung) 72
umgekehrt proportional 268
Umkehrfunktion 36, 274
Unbekannte 14, 16, 39 *siehe* Variable
unbestimmter Ausdruck 375
und 54 *siehe* Konjunktion
unechter Bruch 99
unendliche Reihe 140
unitärer Raum 570
Unsicherheit 154
Unterdeterminante 488
untere Grenze 216 *siehe* Integrationsgrenze
Urbild 44

V
Variable
  abhängige 39
  freie 14
  gebundene 16
  unabhängige 39
Variablendeklaration 14
Vektor
  Einheitsvektor 443, 450
  Komponenten 438
  Koordinaten 438, 440
  Koordinatenvektor 440

Länge 450
Nullvektor 425
Ortsvektor 423
Schreibkonventionen 428, 430
Translationsvektor 421
Vektoren 422 *siehe* vektorielle Größen
Vektorfeld 457
Vektorgleichung 482
vektorielle Größen 422
Vektorprodukt 475 *siehe* Kreuzprodukt
Vektorraum 431
Axiome 431
Basis 436, 438
Dimension 436, 438
euklidischer 450
Funktionen 517
komplexer 569
unitärer 570
Unterraum 437
Veränderliche 14, 16, 39 *siehe* Variable
Verbindungsgesetz 80, 84, 425, 428, 570 *siehe* Assoziativgesetz
Verkettung 506
Verknüpfung
äußere 47
innere 47
Verschiebung 421 *siehe* Translation
Verstärker 400
Vertauschungsgesetz 79, 83, 424, 447 *siehe* Kommutativgesetz
Visual Basic 14
Vollständigkeit 523
Vollwinkel 171, 349 *siehe* pla
Volt (Einheit V) 472
Volumeneinheiten 224
Vorzeichen 88

W

W (Formelzeichen) 263, 455, 467 *siehe* Arbeit, physikalische
Wachstumsrate 380
Watt (Einheit W) 265
Wechselspannung 555
Wechselstrom 555
Wechselstromwiderstand 562 *siehe* Widerstand, komplexer
Weg-Zeit-Gesetz 228
Wendepunkt 367
Wendestelle 367 *siehe* Wendepunkt
wenn dann 56 *siehe* Subjunktion
Wertebereich 33
Wertemenge 33 *siehe* Wertebereich
Wertepaare 33
Wertetabelle 33
Wertzuweisung 15, 20
Widerstand
komplexer 562
ohmscher 554
Winkel
als Punktmenge 169, 178
im euklidischen Vektorraum 451
Winkelbeschleunigung 505
Winkelfunktion
komplexe 545
relle 309, 315
Winkelgeschwindigkeit 346
Winkelmaß
in gon 173
in grad 171
in pla (Vollwinkel) 171
in rad 173
Wirbelstärke 465 *siehe* Zirkulation
Wirkleistung 566
Wurzel 278 *siehe* Quadratwurzel
Wurzel, komplexe 548
Wurzel, n-te 290
Wurzelziehen 279

Y

Yard (Einheit UK, US) 223

Z

Zahlenfolge 75
Zahlenstrahl
mit Bruchzahlen 99
mit ganzen Zahlen 88
mit Intervall 70
x-Achse 29
y-Achse 29
Zahlenwert 153
Zählerdeterminante 485
Zeile 24, 484, 495, 500 *siehe* Matrix
Zerfallskonstante 388
Zerfallsrate 388
Zielmenge 44
Zirkulation 465
Zoll (Einheit UK, US) 223
Zuordnungsvorschrift 37
Zuwachsrate 380 *siehe* Wachstumsrate
Zwischenwert 49